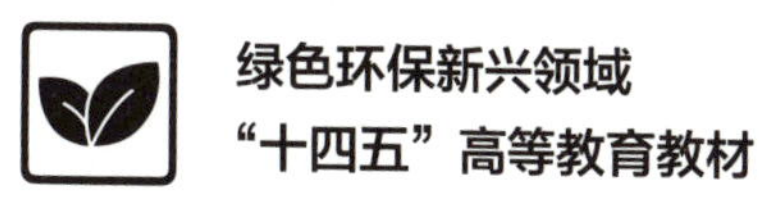

环境工程学

（第四版）

蒋展鹏　杨宏伟　主编

中国教育出版传媒集团
高等教育出版社·北京

内容提要

本书全面、系统地论述了环境工程的基本理论、污染防治技术与控制工程及其发展趋势。全书分为3篇，共11章。第一篇水质净化与水污染控制工程，内容包括水质与水体自净、水的物理化学处理方法、水的生物化学处理方法，以及水处理工程系统与废水最终处置。第二篇大气污染控制工程，内容包括大气污染与空气质量管理、颗粒污染物控制技术、气态污染物控制技术，以及机动车污染控制技术。第三篇固体废物污染控制工程及其他污染防治技术，内容包括固体废物的环境问题及其管理、固体废物处理与资源化技术，以及噪声、电磁辐射与其他污染防治技术。

本书可作为普通高等学校环境科学、环境工程、环境生态工程、化学工程等专业学生的教材，也可供相关领域的科技人员参考使用。

图书在版编目（CIP）数据

环境工程学／蒋展鹏，杨宏伟主编. --4版. 北京：高等教育出版社，2024.9. -- ISBN 978-7-04-062959-0

Ⅰ. X5

中国国家版本馆CIP数据核字第2024L9J278号

Huanjing Gongchengxue

策划编辑 曹 瑛 张梅杰　责任编辑 李 林 曹 瑛　封面设计 李树龙　版式设计 马 云
责任绘图 于 博　责任校对 张 薇　责任印制 高 峰

出版发行	高等教育出版社	网　　址	http://www.hep.edu.cn
社　　址	北京市西城区德外大街4号		http://www.hep.com.cn
邮政编码	100120	网上订购	http://www.hepmall.com.cn
印　　刷	固安县铭成印刷有限公司		http://www.hepmall.com
开　　本	787mm×1092mm 1/16		http://www.hepmall.cn
印　　张	38.75	版　　次	1996年2月第1版
字　　数	930千字		2024年9月第4版
购书热线	010-58581118	印　　次	2024年12月第2次印刷
咨询电话	400-810-0598	定　　价	81.00元

物 料 号　62959-00

第四版前言

《环境工程学》(第一版)成书于1992年,后经修订于2005年出版了第二版,2012年进行了第二次修订后出版了第三版。30多年来,本书一直受到广大读者厚爱,被许多高等学校环境类各专业选作本科生教材,相关专业的科技人员也选用作为参考书。

环境问题已成为众所周知的当今世界重大问题之一。近些年来,环境质量在不断改善,但新的环境问题不断出现,全球环境形势依然严峻,仍需各国为进一步改善人类环境共同努力。环境工程学科在其中承担着重要的责任,也因此而不断有新的进步和发展。

本书第四版在原有体系的基础上,吸收增加了近年来环境工程学领域在理论、原理、工艺、技术和标准等方面的新发展和新成果,并根据环境工程学的发展趋势,对不符合技术发展趋势的内容进行了缩减与整合。

全书由蒋展鹏、杨宏伟主编,参加编写的有蒋展鹏、杨宏伟(绪论、第一、二、三章),王文东(第四章),王书肖、王文东(第五、六、七、八章),王建兵、杨志华(第九、十、十一章)。

由于编者水平有限,恳请广大读者批评指正。

编　者

2024年4月

第三版前言

《环境工程学》(第一版)成书于1992年,后经修订于2005年出版了第二版。20年来,本书一直受到广大读者厚爱,被许多高等院校环境类各专业选作本科生教材,相关专业的科技人员也选用作为参考书。

当今,环境问题已成为全人类的生存发展重大问题之一。在这20年中,经过人们的努力,环境质量虽有改善,但环境形势依然严峻,仍需我们为进一步改善人类环境共同努力。

本书第三版在二版原有体系的基础上,吸收了近年来环境工程学领域在理论、工艺、技术和标准等方面的新发展和新成果,并对大气污染控制工程的个别章节作了部分调整。在书中还增加了例题内容,以加深读者对理论的理解和理论与实际的联系。

全书由蒋展鹏、杨宏伟主编,清华大学许保玖教授主审。参加编写的有蒋展鹏(绪论、第一章、第二章),杨宏伟(第三章、第四章、第十二章),王书肖(第五、六、七、八章),杨志华(第九、十、十一章)。因年龄和健康的原因,原参编者朱联锡和祝万鹏没有参与第三版的编写。编者对朱、祝两位教授曾经付出的辛劳和为本书打下的基础表示诚挚感谢。

由于编者水平有限,恳请广大读者批评指正。

编　者

2012年7月

第二版前言

本书第一版自1992年出版以来，受到读者的广泛欢迎，被许多高等学校环境类各专业选作本科生教材，相关专业的科技人员也选用本书作为参考书。

十多年来，世界范围内的环境质量虽然有了一定程度的改善，但环境问题与污染状况依然严重。与之相应，人们为消除污染、提高环境质量所做的努力也不断加强，因此环境工程学无论在理论上还是在技术、方法上都有了新的进步与发展。

为了更好地反映这些新理论、新技术，也为了更好地适应教学改革发展的需要，本书在第一版的基础上进行了修订。这次修订，重点是对体系作了部分调整，由第一版的4篇15章缩编成3篇12章，删去了教学实验部分；内容上删除了一些过于具体的设计计算和陈旧少用的技术、方法，增添了一些重要的新理论和较成熟的新方法，如清洁生产、膜技术、高级氧化技术、脱氮除磷、水的再生回用、废气生物净化、城市垃圾处理等。

全书由蒋展鹏主编，参加修订的有蒋展鹏（绪论、第一章、第二章），祝万鹏（第三章），杨宏伟（第二章第五节、第四章、第十二章），朱联锡（第五、六、七、八章），杨志华（第九、十、十一章）。

由于编者水平有限，错误和不当之处在所难免，敬请读者批评指正。

编　者

2005年1月

编者的话

“环境工程学”是高等院校环境类各有关专业的一门主要课程。其主要内容是介绍环境工程学的基本理论,特别是水质净化与水污染控制工程、大气污染控制工程、固体废物的处置与管理以及其他公害(如噪声、电磁辐射、振动等)防治技术的基本原理和方法。通过本课程的学习,要求学生初步掌握污染控制工程和公害防治技术的基本原理和基本方法。

本书强调理论联系实际。为了帮助读者牢固掌握基本内容,书中还编有例题、习题和思考题,并附有五个基本教学实验。

本书可供环境科学与工程类各有关专业学生使用,也可供有关专业技术人员学习参考。

本书是根据国家教委环境工程类专业教材委员会制定的课程基本要求编写的。全书由蒋展鹏主编,参加编写的有蒋展鹏(前言,第一章至第三章,教学实验)、朱联锡(第六章至第九章,教学实验)、杨志华(第四章,第十章至第十二章,第十五章)、祝万鹏(第三、五、十三、十四章)。同济大学胡家骏教授主审。在编写过程中得到清华大学环境科学与工程系、成都科技大学环境科学与工程系老师们的支持和关心,高等教育出版社的张月娥、陈文和王永竑对本书的编写和编辑给予了大力的帮助和花费了大量的心血,在此一并表示感谢。

由于编者水平有限,书中难免出现缺点和错误,热诚欢迎读者批评指正。

编　者

一九九一年十一月

目　录

第二篇 大气污染控制工程

第三篇 固体废物污染控制工程及其他污染防治技术

绪　论

随着全球人口的不断增长、社会经济的快速发展、科学技术的飞速进步，人类活动对环境的影响也越来越显著，人类逐步认识到其与环境之间相互作用、相互影响、相互依存的对立统一关系，环境和环境问题也越来越引起人们的普遍关注，从而催生了环境相关学科的产生与快速发展。

一、环境科学与环境工程学

"环境"一词是相对于人类而言的，即指的是人类的环境。人类从周围环境中获得赖以生存、发展的空间和条件，同时其生产和生活活动作用于环境，又会对环境产生影响，引起环境质量的变化；反过来，污染了的或受损害的环境也会对人类的身心健康和经济发展等造成不利的影响。

当代社会的发展使人类与环境之间的作用和反作用不断加剧。在人力所及的范围，上至太空，下至海底，人类的活动对环境的影响空前强化，环境污染和生态环境破坏已达到危险的程度。环境和环境问题已向人们提出了挑战。

1972 年在瑞典斯德哥尔摩举行了世界各国政府第一次共同讨论当代环境问题的联合国人类环境会议。会议通过的宣言呼吁各国政府和人民为维护和改善人类环境、造福全体人民、造福后代而共同努力。此后，1992 年巴西里约热内卢的联合国环境与发展大会和 2002 年南非约翰内斯堡的世界可持续发展首脑会议再次重申了人类对环境与发展的共同关心。联合国 193 个会员国在 2015 年 9 月举行的联合国可持续发展首脑会议上一致通过了《2030 年可持续发展议程》，为全球可持续发展进程注入新的活力，并为推进全球可持续发展合作提供了重要契机。多年来，许多国家都采取了不少措施和对策来防治污染和解决环境问题。各国科学技术工作者也集中精力进行研究和实践，从而促进了环境科学的兴起和发展。

环境科学是在现代社会经济和科学发展过程中逐步形成的一门综合性科学。它的主要任务是研究人类社会发展活动与环境演化规律之间相互作用关系，寻求人类社会与环境协同演化、持续发展途径与方法的科学。

环境科学所涉及的内容异常广阔，包括自然科学和社会科学的许多重要方面，因而形成了与有关学科之间相互渗透、相互交叉的许多分支学科，如环境地学、环境生物学、环境化学、环境物理学、环境工程学、环境管理学、环境经济学、环境法学、环境伦理学等。它们是环境科学这个整体不可分割的组成部分，而且还都处于蓬勃的发展时期。随着环境问题的发展和人类认识的进一步深化，环境科学及其各分支学科也必将不断地充实与完善。

环境工程学是环境科学的一个分支，又是工程学的一个重要组成部分。它是一门运用环境科学、工程学和其他有关学科的理论和方法，研究保护和合理利用自然资源，控制和防治环境污染与生态破坏，以改善环境质量，使人们得以健康和舒适地生存与发展的学科。

因此，环境工程学有着两个方面的任务：既要保护环境，使其免受和消除人类活动对它的有害影响；又要保护人类的健康和安全免受不利的环境因素的损害。

二、环境工程学的形成与发展

环境工程学是在人类保护和改善生存环境并同环境污染作斗争的过程中逐步形成的。这是一门历史悠久而又正在迅速发展的工程技术学科。

人们很早就认识到水对人类生存和发展的重要性。例如，早在公元前2300年前后，中国就创造了凿井取水技术，促进了村落和集市的形成。为了保护水源，还建立了持刀守卫水井的制度。这是人类开发和保护水源的早期记载。公元前2000多年，中国已用陶土管修建地下排水道，并在明朝以前就开始用明矾净水。古罗马大约在公元前6世纪才开始修建下水道；英国在19世纪初开始用砂滤法净化自来水，并在1850年把漂白粉用于饮用水消毒，以防止水媒传染病的流行；1852年美国建立了木炭过滤的自来水厂。19世纪后半叶，英国开始建立公共污水处理厂。第一座有生物滤池装置的城市污水厂建于20世纪初。1914年出现了活性污泥法处理污水的新技术。第二次世界大战后，全球经济迅速发展，饮水安全与水环境保护不断面临新的挑战，这推动了各种水处理新技术、新方法的涌现，给水排水和水污染控制工程得到了极大的发展。

在大气污染方面，早在公元61年，罗马哲学家塞涅卡（Seneca）就已谴责因烹饪和供热用火而引起的空气污染为"烟囱劣行"。公元1081年宋朝的沈括在著名的《梦溪笔谈》中也叙述了炭黑生产所造成的烟尘污染。18世纪清朝乾隆皇帝下旨命令煤烟污染严重的琉璃工厂迁往北京城外。西方工业革命以后，英国不少学者提出了消除烟尘污染的见解。19世纪后半叶，消烟除尘技术已有所发展。1855年美国发明了离心除尘器，20世纪初开始采用布袋除尘器和旋风除尘器。随后，燃烧装置改造、工业废气净化和空气调节等工程技术也逐渐得到推广和应用。

人类对固体废物的处理和利用方面也有着悠久的历史。古希腊早有垃圾填埋覆土的处置方法。我国自古以来就利用粪便和垃圾堆肥施田。英国很早就颁布禁止把垃圾倒入河流的法令。1822年德国利用矿渣制造水泥。1874年英国建立了垃圾焚烧炉。进入20世纪以后，随着人口进一步向城市集中，工业生产的迅速发展，城市垃圾、一般固体废物、危险废物数量剧增，对它们的管理、处置和回收利用技术也不断取得成就，逐步形成为环境工程学的一个重要组成部分。

在噪声控制方面，中国和欧洲的一些古建筑中，墙壁和门窗都考虑了隔音的要求。20世纪50年代以来，噪声已成为现代城市环境的公害之一，人们从物理学、机械学、建筑学等各个方面对噪声问题进行了广泛的研究，各种控制噪声的技术也取得了很大的进展。

公共卫生学与环境工程学的关系十分密切。早在1775年英国医生波特就发现清扫烟囱的工人多患阴囊癌，指出这与接触煤烟有关。1854年英国医生斯诺首先注意到了霍乱疫情与当地水井有关。后来的医学发展证实了水媒传染病与水污染之间的相互关系。饮用水消毒开始于20世纪初，有效地控制了水媒传染病的传播与暴发。人们不仅关心饮水对公众健康的影响，而且认识到现代生活的各个方面，包括食物、空气、噪声、有毒有害物质和其他各种环境因素都与人们健康密切相关。公共卫生学已十分重视环境污染对健康的危害与风险，它的研究和进展也推动了环境工程学的发展。

在环境工程学发展的进程中，人们认识到控制环境污染不仅要采用单项治理技术，还应当采用经济的、法律的和管理的各种手段以及与工程技术相结合的综合防治措施，并运用现代系统科学的方法，并结合当前高速发展的计算机技术和智能算法，对环境问题及其防治措施进行综合分析，以环境质量、技术成熟度、经济可行性等为目标进行优化，得到整体上的最佳效果或优化方案。在这种背景下，环境规划和环境系统工程的研究工作迅速发展起来，逐渐成为环境工程学的一个新的、重要的分支。

多年来，尽管人们为治理各种环境污染做了很大的努力，但环境问题往往只是局部有所控制，总体上仍未得到根本解决，不少地区的环境质量至今仍在继续恶化。20 世纪 90 年代开始，人们提出：污染控制不能只是单纯地对已产生的环境污染物进行处理处置（即所谓“末端治理”模式），而更应着眼于防止这些污染物的产生（即所谓“清洁生产”模式），进而强调把经济活动组织成一个“资源—产品—再生资源”的反馈式流程（即所谓“循环经济”模式），采取污染预防-污染治理-资源再生利用相结合的“全过程控制”的新模式。

现在，环境问题和污染控制已被提到落实科学发展观和可持续发展战略思想的高度，环境工程学界的任务更重，环境工程学也将发展更快。

总之，环境工程学是在人类控制环境污染、保护和改善生存环境的斗争过程中诞生和发展的。它脱胎于土木工程、卫生工程、化学工程、机械工程等母系学科，又融入了其他自然科学和社会科学的有关原理和方法。随着经济的发展和人们对环境质量要求的提高，环境工程学必将得到进一步的完善与发展。

三、环境工程学的主要内容

环境工程学是一个庞大而复杂的学科体系。它不仅研究防治环境污染和生态破坏的技术和措施，而且研究受污染环境的修复及自然资源的保护和合理利用，探讨废物资源化技术，改革生产工艺，发展无废或少废的清洁生产系统，以及对区域环境进行系统规划与科学管理，以获得最优的环境效益、社会效益和经济效益的统一。

具体来说，环境工程学的基本内容主要有以下几个方面：

（1）水质净化与水污染控制工程：研究预防和治理水体污染，保护和改善水环境质量，合理利用水资源以及提供安全饮用水和不同用途与要求的用水的工艺技术和工程措施。其主要研究领域有：水体自净及其利用；给水净化处理；城市污水处理；工业废水处理与利用；废水再生与回用；城市、区域和水系的水污染综合治理和受污染水体的修复；水环境质量标准、供水水质标准、污水回用标准和废水排放标准等。

（2）大气污染控制工程：研究预防和控制大气污染，保护和改善大气质量的工程技术措施。其主要研究领域有：大气质量管理；烟尘等颗粒物控制技术；气体污染物控制技术；城市、区域大气污染综合治理；室内空气污染控制；大气质量标准和废气排放标准等。

（3）固体废物污染控制及噪声、振动与其他公害防治工程：研究城市垃圾、工业废渣、放射性及其他危险固体废物的处理、处置与资源化，以及消除噪声、振动等对人类影响的技术途径和措施。其主要研究领域有：固体废物管理；固体废物无害化处置；固体废物的综合利用和资源化；放射性及其他危险废物的处理；噪声、振动、光污染控制、电磁辐射防护与控制等。

（4）污染预防-污染治理-资源再生利用的“全过程控制”工程：研究在工业等生产过程

中，使用清洁的能源和原料，采用先进的工艺、技术与设备、改善管理、综合利用等措施，从源头削减污染，提高资源利用效率，减少或者避免生产、服务和产品使用过程中污染物的产生与排放，以减轻或者消除对人类健康和环境的危害。

(5) 环境规划、管理和环境系统工程：研究在科学发展观和可持续发展战略思想指导下，利用系统工程的原理和方法，建立区域数学模型，充分采用计算机工具开发智能算法来求解数学模型，从而对区域性的环境问题和防治技术措施进行整体的系统分析，以求取得综合整治的优化方案，进行合理的环境规划、设计与管理；它也研究环境工程单元过程系统的优化工艺条件。

(6) 环境监测与环境质量评价：研究环境中污染物质的性质、成分、来源、含量和分布状态、变化趋势以及对环境的影响；按照一定的标准和方法对环境质量进行定量的判定、解释和预测；此外，它还研究某项工程活动或资源开发所引起的环境质量变化及对人类健康和福利的影响等。

广义的环境工程学还可以包括供暖、通风和空气调节等。

思考题与习题

0-1 请解释下列名词：

环境　环境问题　环境污染　污染物质　公害　环境科学

0-2 试分析人类与环境的关系。

0-3 试讨论我国的环境和环境污染问题。

0-4 什么是环境工程学？它与其他学科之间的关系怎样？

0-5 环境工程师的主要任务是什么？

0-6 环境工程学的主要内容有哪些？

第一篇

水质净化与水污染控制工程

第一章　水质与水体自净

水是自然界普遍存在的物质之一，没有水就没有生命。水对于人类的生存和发展来说是一种不可缺少的重要物质，是基础性的自然资源和战略性的经济资源，是人类环境的重要组成部分。

第一节　水的循环与污染

一、地球上水的分布

地球表面的大部分被蓝色的海洋所覆盖。海洋面积约占地球总表面积的 70%，它的平均深度大约为 3 800 m。因此，海洋可以被视为一个浩瀚的“水库”，地球上的水约有 97%储存在这里，其余 3%左右的水则分别存在于大气、地球陆地表面和地表以下的地壳中。

地球上水的总量很大，据估计约有 14×10^8 km^3。但是，它的分布很不均衡。从表 1-1 可见（联合国资料），人类生命活动所必需的淡水很有限，在占总量不到 3%的淡水中，又有 3/4 存在于冰川和冰帽之中。大多数的大冰块又集中在南北两极，限于现有的经济、技术能力，目前还极少被利用。对人类生活和生产活动关系密切而又比较容易被开发利用的淡水储量约为 400×10^4 km^3，仅占地球总水量的 0.3%，而且这部分淡水在陆地上的分布也很不均匀。

表 1-1　地球上的水量分布

水分类型	水量/10^4 km^3	所占比例/%
海洋水	133 800	96.538
冰川与永久积雪	2 406.41	1.736
地下水	2 340	1.688
永冻层中冰	30	0.021 6
湖泊水	17.64	0.013 2
土壤水	1.65	0.001 19
大气水	1.29	0.000 931
沼泽水	1.15	0.000 845
河流水	0.212	0.000 153
生物体内水	0.112	0.000 081 0
总量	138 598.46	100

我国的年降水量为 61 900×10^8 m^3左右，相当于全球陆地总降水量的 5%；地面水年径流量为 27 115×10^8 m^3左右，仅次于巴西、俄罗斯、美国、印度尼西亚和加拿大，居世界第六位。但是由于我国人口众多，按人均年径流量计，每人每年仅为 2 100 m^3，只相当于世界人均占有量的 1/4。因此，从这个角度上说，我国的水资源并不丰富。

不仅如此，我国的水资源还存在着严重的时空分布不均衡性。在空间（地区）分布上，总体是东南多，西北少，南方长江流域和珠江流域水量丰富，而北方则少雨干旱，不少城市和地区的缺水现象已十分严重。在时间分布上，由于我国大部分地区的降水量主要受季风气候的影响，降水主要集中在夏季。南方各省夏季降水占全年降水量的一半，北方地区则占 70%～80%。这就导致了降水量的年内分配不均，冬春少雨，夏季多雨。此外，年际变化也很大，有时还连续出现枯水年和丰水年的现象，更给水资源的合理利用增加了困难。

二、水循环

水循环分为自然循环和社会循环两种。

（一）自然循环

自然界中的水并不是静止不动的。它们在太阳能的作用下，通过海洋、湖泊、河流等广大水面以及土壤表面、植物茎叶的蒸发和蒸腾形成水汽，上升到空中凝结为云，在大气环流——风的推动下运移到各处。在适当的条件下又以雨、雪、雹等形式降落下来。这些降落下来的水分，在陆地上分成两路流动：一路在地面形成径流，汇入江河湖泊，称为地表径流；另一路渗入地下，成为地下水，称为地下渗流。这两路水流有时相互交流转换，最后都注入海洋。与此同时，一部分水经过地面和水面的蒸发，以及植物吸收后经叶的蒸腾又进入大气圈中。这种川流不息、循环往复的过程称为自然界的水循环或水的自然循环（图 1-1）。

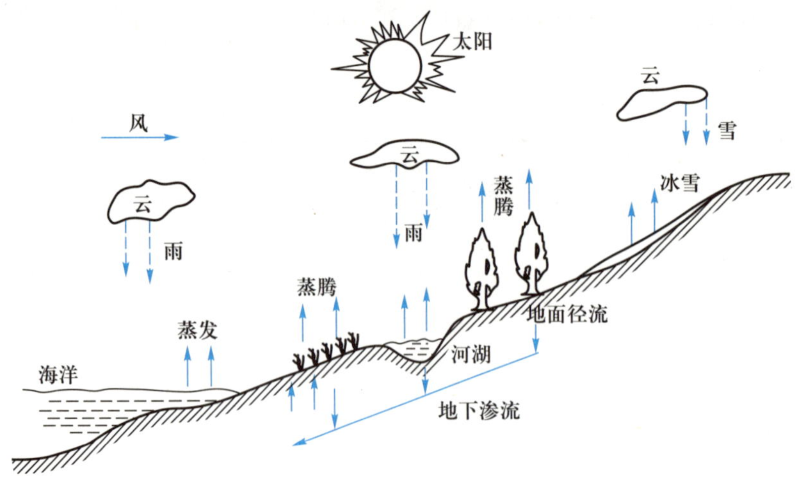

图 1-1 水的自然循环

究竟有多少水参与了水的自然循环呢？一般用降水量作为循环水量的大致尺度。据推算，整个地球上的年降水量大致为 57.7×10^4 km^3。因此，每年的自然循环水量仅约占地球上总水量（约 14×10^8 km^3）的 0.04%。这些循环水量中只有 21%降落于陆地（每年约 12×10^4 km^3）。降水到达地面后，约有 56%的水量被植物蒸腾、土壤和地表水体蒸发所消耗，34%形成地表径流，10%通过下渗补给地下水，形成地下渗流。全球各地区自然条件不同，这些数据也略有差别。当前多数国家以多年平均地表径流量作为年水资源量；而我国的年水资源量则除地表径流量外，还包括浅层地下水中可以取用、又不与地表径流量重复的那一部分。

（二）社会循环

所谓水的社会循环，指的是人类社会为了满足生活和生产的需求，要从各种天然水体中取用大量的水，这些经过使用后的生活和生产用水，混入了各种污染物质，它们经过一定的净化处理，最终又流入天然水体。这样，水在人类社会中构成了一个局部的循环体系，称为水的社会循环。

整个水循环系统应该包括水的自然循环和社会循环（见图1-2）。

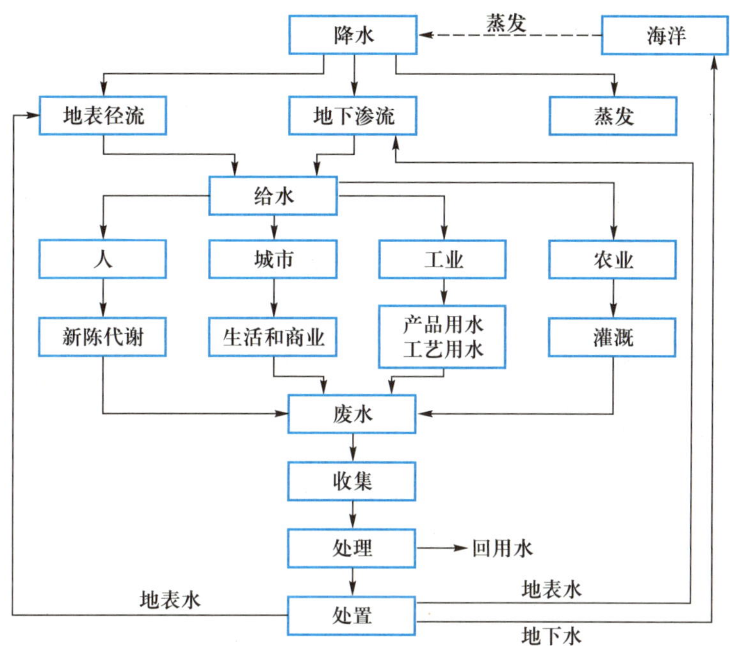

图1-2 水循环系统

人们日常生活需要水。人体中的水约占体重的2/3。因此，水是构成人类机体的基础，又是传输营养和新陈代谢过程的一种介质。水还起着发散热量、调节体温的作用。从医学卫生的观点看，人类为维持正常生命，每人每天至少需要5 L水，如果加上卫生方面的需要，全部生活用水量每人每天约需40 L。一般来说，人们的生活水平较高，生活用水量也较大。目前，发展中国家平均每人每日用水量为40～60 L，而发达国家每人每天用水量达200～300 L，在一些现代化的大城市里还要更高一些。当然，用水量大小也与不同地区的气候条件和人们的生活习惯有关。近年来一些城市采取了各种节约用水的措施，使用水量有所降低。

工业生产更是离不开水。据统计，工业用水一般要占城市用水量的70%～80%。各种工业，无论是发电、冶金、化工、石油，还是纺织、印染、食品、造纸，等等，可以说，几乎没有一种工业不需要水。各类工业产品的单位用水量因原料、工艺过程、管理水平等而有所不同。表1-2列出了各类工业产品的单位用水量。

表 1-2 各类产品的单位用水量 单位：m^3/t

产品	用水量	产品	用水量	产品	用水量
苛性钠	100~150	纸浆	200~250	白铁皮	50
苏打	50	报纸	280	铝	160
90%硫酸	30	毛织品	150~350	煤炭	1~5
硫酸铵	50~250	棉纱	200	石油	4
液氨	30	皮革	50~125	汽油	10~20
电石	60	人造丝浆料	660	水泥	1~4
丙酮	360	黏胶人造丝	2 400	炸药	800
醋酸	400~1 000	玻璃	70	合成橡胶	1 250~2 800
乙醇	200~500	甜菜糖	100~200	电力	0.02 $m^3/(kW \cdot h)$
啤酒	20~80	钢铁	300	汽车	40 m^3/辆
肉类加工	8~35	钢板	70~75		

水是农业的命脉。不少国家尽管工业用水量很大，但用于农田灌溉的水量仍远远超过工业用水量。即使是一些工业发达的国家（如日本和美国），其农业用水量通常也是工业用水量的 1~2 倍。我国向来以农业为基础，农业是主要的用水和耗水部门。据统计，长江流域每公顷水稻田的需水量为 3 750~7 500 m^3。北方地区主要农作物小麦、玉米和棉花每公顷的需水量分别为 3 000~4 500 m^3、2 250~3 750 m^3和 1 200~2 250 m^3。

随着世界人口的增长和工农业的发展，用水量也在日益增加。而用水量增加的结果会使废水量也相应地增加。未经妥善处理的废水如果任意排入水体，就会造成水体严重的污染，使本来已经并不充裕的水资源更加紧张。这就是在水的社会循环中表现出来的人与自然在水量和水质方面存在着的巨大矛盾。环境工程师的任务就是要研究和解决这些矛盾，在合理开发利用水资源的同时，通过必要的水质处理措施，有效地控制水体污染，做到向自然界借“好水”，也应把“好水”还给自然界，使水有良性的社会循环，人类社会得以可持续发展。

三、自然污染和人为污染

众所周知，水是由氢和氧两种元素化合而成的，它的化学分子式是 H_2O。自然界的水在其蒸汽状态下通常是近乎纯净的。由于冷凝过程常常需要有一个表面或晶核，水在变为液滴时就有可能带入杂质。再加上液态水的流动性很大，溶解能力又很强，因此在自然循环中，水与大气、土壤和岩石表面接触的每一个环节都会有较多的杂质混入和溶入，使自然界几乎不存在纯粹的水。通常，在环境中的“水”都是指含有一定杂质的水。

水作为一种宝贵的资源，其用途很广，主要有：① 生活和饮用水；② 工业用水（包括冷却用水、锅炉用水、生产工艺用水等）；③ 农业用水（包括灌溉用水等）；④ 渔业用水；⑤ 娱乐旅游和水上运动；⑥ 水能利用；⑦ 航运；⑧ 景观；⑨ 水生生物和海生生物的生存、繁殖及生态用水等。各种不同的用途对水量和水质都有一定的要求。

以上不同用途的水在社会循环中,会因人类的活动使水受到污染。

水体在一定范围内,具有自身调节和降低污染的能力,通常称之为水的自净能力。但是,当进入水体的外来杂质含量超过了这种自净能力时,就会使水质恶化,对人类环境和水的利用产生不良影响,这就是水的污染。

《中华人民共和国水污染防治法》中为“水污染”下了明确的定义,即水体因某种物质的介入,而导致其化学、物理、生物或者放射性等方面特性的改变,从而影响水的有效利用,危害人体健康或者破坏生态环境,造成水质恶化的现象。

水的污染有两类:一类是自然污染;另一类是人为污染。

自然污染主要是自然原因造成的。例如,特殊的地质条件使某些地区有某种化学元素的大量富集,天然植物的腐烂过程中产生某种有害物质,以及降雨淋洗大气和地面后挟带各种物质流入水体等,都会影响当地水质。通常把由于自然原因而造成的水中杂质含量称为自然本底值或背景水平。例如,某些地区天然水中,氟的本底值为 0.15~0.41 mg/L,镉的本底值为 0.007~0.013 mg/L 等。

人为污染是人类生活和生产活动中产生的废物对水的污染。它们包括生活污水、工业废水、农田排水和矿山排水等。此外,废渣和垃圾堆积在土地上或倾倒在水中、岸边,废气排放到大气中,经降雨淋洗和地面径流后各种杂质又流入水体,这些都会造成水的污染。

当前,对水体造成较大危害的是人为污染。

四、水污染的分类和影响

未经处理的工业废水、矿山废水、农田排水和生活污水中含有各种污染杂质,如果任意排入水体,就会引起水体污染。水污染可根据杂质的不同而分为化学性污染、物理性污染和生物性污染三大类。

(一)化学性污染

1. 无机污染物质

污染水体的无机污染物质有酸、碱和一些无机盐类。酸污染主要来自矿山排水和工业废水。含酸多的工业废水有酸洗、黏胶纤维、染料废水等。雨水淋洗含二氧化硫较多的空气后,流入水体也能引起酸的污染。碱污染主要来自碱法造纸、炼油、制革和制碱等工业废水。酸碱污染使水体的 pH 发生变化,抑制或杀灭细菌和其他微生物的生长,妨碍水体自净作用,还会腐蚀船舶和水下建筑物,影响渔业,破坏生态平衡。一些工业废水中还常含有不少无机盐类,它们排入水体后将提高水的硬度和增加水的渗透压,降低水中的溶解氧,对淡水生物产生不良影响。

2. 无机有毒物质

污染水体的无机有毒物质主要是重金属和类金属等有长期潜在影响的物质,其中汞、镉、铅等危害较大,其他还有砷(特别是三价)、铬(六价)、硒(四价、六价)、铊、钡、钒、锑、氰化物和氟化物等。它们通常来自工业废水的排放。有毒重金属在自然界中一般不会自行消失,却可能通过食物链而积累、富集,以致直接作用于人体而引起严重的疾病或促使慢性病的发生。

3. 有机有毒物质

污染水体的有机有毒物质种类很多，包括各种持久性有机污染物（POPs）、内分泌干扰物（EDCs）、药品与个人护理品（PPCPs）等。这些物质来自农田排水、某些工业废水和生活污水，如焦化、染料、农药、塑料等。它们之中很多是自然界中本来没有而经人工合成的物质，化学性质稳定，很难被生物所分解，如 DDT、六氯苯、多氯联苯、全氟化合物、多溴联苯醚等 POPs 物质。有些有机物质还被认为是致癌的。

4. 需氧污染物质

生活污水、畜禽养殖污水、水产养殖污水和某些工业废水中所含的糖类、蛋白质、脂肪和酚、醇等有机物质可在微生物的作用下进行分解。在分解过程中需要消耗氧气，故称之为需氧污染物质。如果这类物质排入水体过多，将会大量消耗水中的溶解氧，造成溶解氧缺乏，从而影响水中鱼类和其他水生生物的生长。水中的溶解氧耗尽后，有机物质将进行厌氧分解而产生出大量硫化氢、氨、硫醇等物质，使水质变黑发臭，造成环境质量进一步恶化。

5. 植物营养物质

生活污水、畜禽养殖污水、水产养殖污水和某些工业废水中经常含有一定数量的氮、磷等植物营养物质。施用氮肥和磷肥的农田排水中也会有残余的氮和磷。水体中氮、磷的含量较高时，特别是湖泊、水库、港湾、内海等水流缓慢的水域就会因此而使藻类等浮游生物及水草大量繁殖，这种现象称之为水体的“富营养化”。有些藻类还含有毒性。藻类死亡腐败后又分解出大量营养物质，促使藻类进一步发展。如此恶性循环的结果，使水体外观呈绿色或其他色泽，并因通气不良，造成溶解氧含量下降，水质恶化，鱼类死亡，严重的还可能导致水草丛生，湖泊退化。

6. 油类污染物质

油类污染物质有动植物油脂和石油类两种。动植物油脂污染主要来自生活污水和食品工业废水。随着石油事业的发展，石油类物质对水体的污染日益增多。炼油和石油化工工业、海底石油开采、油轮压舱以及大气中碳氢化合物的沉降等都可使水体遭到严重的油类污染，尤其海洋采油和油轮事故污染最甚，影响水质、破坏海滩、危害水生生物。

（二）物理性污染

1. 悬浮物质污染

悬浮物质是指水中含有的不溶性物质，包括固体物质和泡沫等。它们是由生活污水、垃圾和采矿、建筑、食品、造纸等工业产生的废物泄入水中或农田的水土流失所引起的。悬浮物质影响水体外观，妨碍水中植物的光合作用，减少氧气的溶入，对水生生物不利。如果在悬浮颗粒上吸附一些有毒有害的物质和病菌等，则危害更严重。

2. 热污染

来自热电厂、核电站及其他各种工业过程中的冷却水，若不采取措施，直接排入水体，可能引起水温升高、溶解氧含量降低、水中存在的某些有毒物质的毒性增加等现象，从而危及水生生物的生长。

3. 放射性污染

具有自发产生 α、β、γ 射线引起污染的物质称为放射性污染物。由于核工业的发展，放射性矿藏的开采，核试验和核电站的建立以及同位素在医学、工业、研究等领域中的应用，使放射性废水、废物显著增加，特别是由于地震、海啸等自然原因或人为操作失误引起的核电站事故导致放射性物质泄漏等，都会造成一定的放射性污染。在这些放射性污染物中，对人体健康有重要影响的放射性物质有^{90}Sr、^{137}Cs、^{131}I等。

（三）生物性污染

生活污水，特别是医院污水和某些工业废水污染水体后，往往可带入一些病原微生物。例如，某些原来存在于人畜肠道中的病原细菌，伤寒、霍乱、细菌性痢疾等细菌都可以通过人畜粪便进入水体，随水流动而传播。一些病毒，如肝炎病毒、腺病毒、脊髓灰质炎病毒等也常在污染水中发现。某些寄生虫病，如阿米巴痢疾、血吸虫病、钩端螺旋体病等也可通过水进行传播。防止病原微生物对水体的污染也是保护环境、保障人体健康的一大课题。

在环境科学中还常按水体受污染的形式将水污染分为点源污染、非点源污染和内源污染。

点源污染是指有固定排放点的污染源造成的污染，主要包括城镇生活污水及工业废水，经污水处理厂或经管渠输送到水体排放口集中汇入江河湖海。非点源污染（又称面源污染）则没有固定污染排放点，污染物以广域的、分散的形式进入地表及地下水体。如分散的乡村居民和小企业在大面积上的污水分散排放，以及农田灌溉排水等。内源污染也称次生污染，是指江河湖库水体内部由于污染物长期积累产生的污染再排放。例如，受长期污染沉积在湖泊底泥表层的氮、磷营养物质，会通过各种物理、化学和生物作用，又重新释放到水层中造成次生污染。

第二节　水质指标与水质标准

一、水质指标

前面说过，自然界中没有绝对纯净的水。无论是天然水还是各种污水、废水，都含有一定数量的杂质。

所有各种杂质，按它们在水中的存在状态可分为三类：悬浮物质、溶解物质和胶体物质。悬浮物质是由大于分子尺寸的颗粒组成的，它们靠浮力和黏滞力悬浮于水中。溶解物质则由分子或离子组成，它们被水的分子结构所支承。胶体物质的颗粒尺寸则介于悬浮物质与溶解物质之间（图 1-3）。

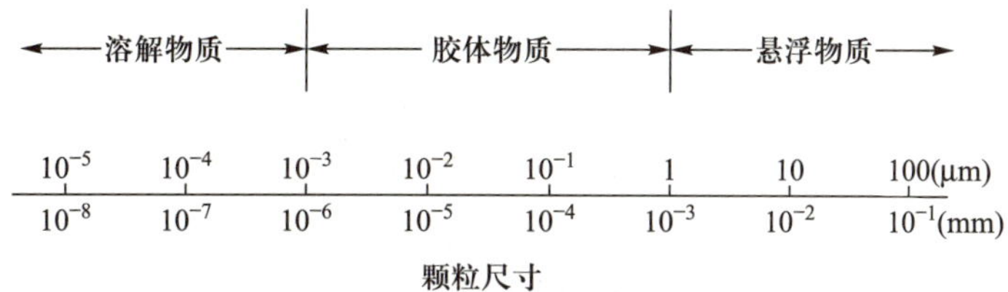

图 1-3　水中杂质按颗粒大小分类

仅仅根据水中杂质的颗粒尺寸还不能全面反映水的物理学、化学和生物学方面的性质。为了评价水的质量，必须建立水质和水质指标的概念。

水质是指水和其中所含的杂质共同表现出来的物理学、化学和生物学的综合性质。各项水质指标则表示水中杂质的种类、成分和数量，是判断水质是否符合要求的具体衡量标准。

水质指标项目烦多，总共可有上百种。它们可以分为物理的、化学的和生物学的三大类。

（一）物理性水质指标

感官物理性状指标，如温度、色度、臭和味、浑浊度和透明度等。

其他物理性水质指标，如总固体、悬浮固体、溶解固体、可沉固体和电导率（电阻率）等。

（二）化学性水质指标

一般化学性水质指标，如 pH、碱度、硬度、各种阳离子、各种阴离子、总含盐量和一般有机物质等。

有毒化学性水质指标，如各种重金属、氰化物、多环芳烃、各种农药等。

氧平衡指标，如溶解氧（DO）、化学需氧量（COD）、生化需氧量（BOD）和总需氧量（TOD）等。

（三）生物学水质指标

一般包括细菌总数、总大肠菌群数、各种病原细菌、病毒等。

下面选择几种常用的和主要的水质指标作简单介绍。

1. 浑浊度（turbidity）

天然水中由于含有各种颗粒大小不等的不溶解物质，如泥沙、纤维、有机物和微生物等而会产生浑浊现象。水的浑浊程度可用浑浊度的大小来表示。所谓浑浊度是指水中的不溶解物质对光线透过时所产生的阻碍程度。也就是说，由于水中有不溶解物质的存在，使通过水样的一部分光线被吸收或被散射了，而不是全部呈直线穿透。因此，浑浊现象是水的一种光学性质。

一般来说，水中的不溶解物质越多，浑浊度也越高，但两者之间并没有固定的定量关系。这是因为浑浊度是一种光学效应，它的大小不仅与不溶解物质的数量、浓度有关，而且还与这些不溶解物质的颗粒尺寸、形状和折射指数等性质有关。例如，一杯清水中的一颗小石头并不会产生浑浊度，但如果把它粉碎成无数细微颗粒，会使水浑浊，就可测出浑浊度来了。

最早用来测定浑浊度的仪器是杰克逊烛光浊度计（Jackson candle turbidimeter）。由于引起浑浊的物质种类非常广泛，故有必要采用一个标准的浑浊度单位，即将 1 L 蒸馏水中含有 1 mg 标准粒径的 SiO_2称为 1 个浑浊度单位或 1 度。由此测得的浑浊度称为杰克逊浊度单位（Jackson turbidity unit，JTU）。由于这种烛光浊度计的测定比较粗略，现已较少使用。

近年来，光电浊度计得到了广泛的应用。它是依照光线的散射原理制成的。根据丁铎尔效应，散射光强度与悬浮颗粒的大小和总数成比例，即与浑浊度成比例，散射光的强度越大，表示浑浊度越高。但要注意，光电浊度计（亦称散射浊度计，nephelometric turbidimeter）与烛光浊度计在光学系统上是有差别的：前者测得的是浑浊物质对光线在一个特定方向（与入射光呈 90°角）的散射光强度；而后者是浑浊物质对光线通过时的总阻碍程度，包括吸收和散射的影响。因此，两者所测得的结果很难完全一致。这种在散射浊度计上测得的浑浊度称为散射浊度单位（nephelometric turbidity unit，NTU）。一种由一定浓度的硫酸肼[$(NH_2)_2SO_4 \cdot H_2SO_4$]和六次甲基四胺[$(CH_2)_6N_4$]混合而成的化合物（称为甲臜聚合物，formazin polymer）配制的浑浊液用来作为测定散射光强度的标准参考浑浊液，于是有些文献中又把散射浊度单位称为甲臜浊度单位(formazin turbidity unit,FTU)。

最初,散射浊度单位(NTU)的标准参考浑浊液是用杰克逊烛光浊度计来校核的。把上述配制得到的甲臜浑浊液的浑浊度定为 40 度,这恰好与用烛光浊度计测得的浑浊度大致相同,即:

$$40 \text{ 度 FTU} = 40 \text{ 度 NTU} \approx 40 \text{ 度 JTU}$$

因此,用甲臜浊度单位和用烛光单位所测得的结果相差不多,但不完全一致,各厂家浊度仪因依据的设计标准不同,列出的 NTU 与 JTU 换算关系也有差异,在测定报告中应予注明。

浑浊度是水的一项非常重要的水质指标,也是水可能受到污染的重要标志。

2. 颜色(color)

纯水是无色的,但自然界中的水往往因受外来杂质的影响而呈现出一定的颜色。

水的颜色有真色和表色之分。真色是由于水中所含溶解物质或胶体物质所致,即除去水中悬浮物质后所呈现的颜色。表色则包括由溶解物质、胶体物质和悬浮物质共同引起的颜色。

通常只对天然水和用水作真色的测定。水样如较浑浊,应事先静置澄清或用离心法除去浑浊物质,但不能用滤纸过滤,因为滤纸可能除去一些真色。测定的方法是用铂钴标准比色法。先用氯铂酸钾(K_2PtCl_6)和氯化钴($CoCl_2 \cdot 6H_2O$)配成与天然水黄色色调相同的标准比色系列,然后将水样与此标准系列进行比色,结果以“度”表示。1 L 水中含有相当于 1 mg 铂时所产生的颜色规定为1 度,亦称 1 个真色单位(true color unit,TCU)。

对于废水和污水的颜色不作上述真色测定,而常用文字描述其表色,如浅黄色、淡红色、深黑色等。必要时也可辅以稀释倍数法,即在比色管中将水样用无色清洁水稀释成不同倍数,并与液面高度相同的清洁水作比较,取其刚好看不见颜色时的稀释倍数者,此即为色度。在此法中,色度用稀释倍数来表示。

近年来,也有用分光光度法进行颜色测定的。

水的色度是评价感官质量的一个重要指标。有异常颜色的水也是受到污染的一种标志。

3. 固体(solids)

严格说来,水中除溶解的气体外,其他一切杂质,包括有机性化合物、无机性化合物和各种生物体都划入水中固体物质之列。但在环境工程中,水中固体的定义是:在一定的温度下将一定体积的水样蒸发至干时所残余的固体物质的总量,因此有时也称作“蒸发残渣”。常用的蒸发烘干温度为 103~105℃。在此温度下烘干的残渣保留结晶水和部分吸着水,重碳酸盐转变为碳酸盐,而有机物挥发逸失甚少。这样所得的残渣总量称为“总固体(total solids,TS)”,结果以 mg/L 计。

水中固体按其溶解性能可分为“溶解固体(dissolved solids,DS)”和“悬浮固体(suspended solids,SS)”。如果对水样经过过滤操作,则滤液(包括溶解物质和一部分胶体物质)在 103~105℃ 下烘干后的残渣就是溶解固体量,也称“总可滤残渣”,而滤渣(包括悬浮物质和另一部分胶体物质)经烘干后的质量就是悬浮固体量,也称作“总不可滤残渣”。过滤可采用石棉古氏坩埚,也可用孔径为 0.45 μm 的滤膜。两种方法所得的结果会有出入,应在报告中注明。

水中固体还可根据其挥发性能分为“挥发性固体(volatile solids,VS)”和“固定性固体(fixed solids,FS)”。挥发性固体是指在一定的温度下(通常用600℃),将水样中经蒸发干燥后的固体灼烧而失去的质量,故亦称“灼烧减重”。它可以约略代表水中的有机物质的含量,因为在此温度下,有机物质将全部被分解成二氧化碳、水蒸气和其他气体而挥发,而无机盐类的分解和挥发则很少。灼烧后残余物质的质量,则称为固定性固体,它可代表无机物质含量的多少。于是,有:

总固体=悬浮固体+溶解固体

或　　总固体=挥发性固体+固定性固体

在污水和废水的固体测定中还有一个称为“可沉固体(settleable solids)”的指标。所谓可沉固体是指将1 L水样在一锥形玻璃筒内静置1 h后所沉下的悬浮物质数量(图1-4),其结果用mL/L来表示。

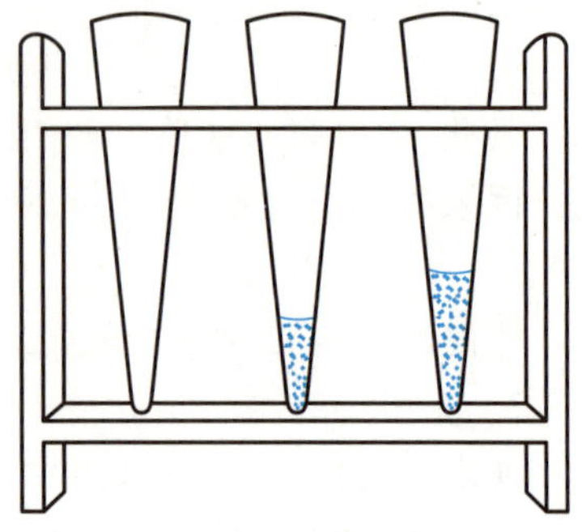
图1-4　可沉固体锥形筒

[例1-1] 将某污水水样100 mL置于质量为46.471 8 g的古氏坩埚中过滤,滤渣留在坩埚内坩埚于105℃下烘干后称重为46.503 6 g,然后再将此坩埚置于600℃下灼烧,最后称重为46.484 8 g。另取同一水样100 mL,放在质量为67.962 4 g的蒸发皿中,在105℃下蒸干后称重为68.013 8 g。试计算该水样的总固体、悬浮固体、溶解固体、挥发性悬浮固体和固定性悬浮固体量各为多少mg/L?

解: 在蒸发皿中测得的是总固体量:

$$总固体=\frac{(68.013\,8-67.962\,4)\times1\,000\times1\,000}{100}\ \mathrm{mg/L}=514\ \mathrm{mg/L}$$

$$悬浮固体=\frac{(46.503\,6-46.471\,8)\times1\,000\times1\,000}{100}\ \mathrm{mg/L}=318\ \mathrm{mg/L}$$

$$溶解固体=总固体-悬浮固体=(514-318)\ \mathrm{mg/L}=196\ \mathrm{mg/L}$$

$$挥发性悬浮固体=\frac{(46.503\,6-46.484\,8)\times1\,000\times1\,000}{100}\ \mathrm{mg/L}=188\ \mathrm{mg/L}$$

$$固定性悬浮固体=悬浮固体-挥发性悬浮固体=(318-188)\ \mathrm{mg/L}=130\ \mathrm{mg/L}$$

4. 电导率(conductivity)

水中溶解的盐类都是以离子状态存在的,它们都具有一定的导电能力。水的导电能力可用电导率来量度。水中所含溶解盐越多,水中的离子数目也越多,水的电导率就越高。

电导率亦称比电导(specific conductance)。它是指25℃时,长1 m、横截面积为1 m^2水中的电导值,通常用根据惠斯通(Wheatstone)电桥原理制成的电导仪来量测,单位是S/m(西门子/米)或mS/m、μS/cm。1 mS/m=0.01 mS/cm=10 μS/cm。

新蒸馏水的电导率为0.5~2 μS/cm,饮用水的电导率可在5~1 500 μS/cm之间,清洁河水的电导率约为100 μS/cm,而海水的电导率高达30 000 μS/cm。

电导是电阻的倒数。因此,习惯上水中溶解盐的多少常用电阻率来量度。所谓水的电阻率是指相距1 cm、面积各为1 cm^2的两片平行板电极,将它们插入被测水中时的电阻值。电阻率越高,表示水中的溶解盐含量越少。电阻率的单位是Ω·cm。

可以换算出电阻率2 000 Ω·cm相当于电导率为500 μS/cm:

$$\frac{1}{2\,000\ \Omega\cdot\mathrm{cm}}=\frac{1}{0.002\times10^{6}\ \Omega\cdot\mathrm{cm}}=500\times10^{-6}\ \mathrm{S/cm}=500\ \mu\mathrm{S/cm}$$

严格说来,水中溶解固体并不全部都是电解质盐类,一些有机物(如蔗糖等)也能溶于水但并不解离。而且不同种类的电解质在水中形成的不同离子具有不同的导电能力。因此,水中溶解固体值与电导率之间并没有确定的一一对应关系。但对于多数天然水而言,溶解固体与电导率之间可用下面的经验公式估算:

$$\mathrm{TDS}=(0.55\sim0.70)\gamma \tag{1-1}$$

式中:TDS——水中的溶解固体量, mg/L;

γ——25℃时水的电导率,μS/cm。

5. 总含盐量和离子平衡

水中所含各种溶解性矿物盐类的总量称为水的总含盐量,也称总矿化度。

$$总含盐量(\mathrm{mg/L})=\sum 阳离子(\mathrm{mg/L})+\sum 阴离子(\mathrm{mg/L}) \tag{1-2}$$

式中:∑阳离子和∑阴离子分别表示水中阳、阴离子含量的总和, mg/L。

天然水中主要的阳、阴离子是 Ca^{2+}、Mg^{2+}、Na^{+}、K^{+}和 HCO_3^-、CO_3^{2-}、SO_4^{2-}、Cl^-等。它们的含量一般占总含盐量的 95%~99%,其次为铁、锶、硝酸盐、硼、氟和硅等。一般情况下,其他的成分都是微量或痕量的。水的总含盐量与溶解固体之间有着一定的关系。前已述及,溶解固体测定时要将水样在 103~105℃的温度下蒸干。这时水中的 HCO_3^-将转变为 CO_3^{2-},同时有 CO_2和 H_2O 的逸失:

$$2HCO_3^- \xrightarrow[103\sim105℃]{} CO_3^{2-}+CO_2\uparrow+H_2O\uparrow \tag{1-3}$$

这部分逸失的量约等于水中原有 HCO_3^-含量的一半,因为

$$\frac{M_{CO_2}+M_{H_2O}}{2M_{HCO_3^-}}=\frac{44+18}{2\times61}=\frac{62}{122}\approx\frac{1}{2}$$

所以,总含盐量约等于测得的溶解固体量再加上水中原有 HCO_3^-含量的一半,即

$$总含盐量=溶解固体+\frac{1}{2}[HCO_3^-] \tag{1-4}$$

式中各量的单位均以 mg/L 计。

根据溶液的电中性原则,在理论上每升水中阳、阴离子的电荷总数应该彼此相等:

$$\sum mc(M^{m+})=\sum ac(A^{a-}) \tag{1-5}$$

式中:m,a——分别为各阳、阴离子所带电荷数;

$c(M^{m+})$,$c(A^{a-})$——分别为各阳、阴离子的“物质的量”浓度,即各种离子的质量浓度(ρ)除以摩尔质量(M):

$$c=\frac{\rho}{M} \tag{1-6}$$

实际的分析测定结果与理论值之间会有误差,其分析误差值(δ)不应该超过±5%:

$$\delta=\frac{\sum mc(M^{m+})-\sum ac(A^{a-})}{\frac{1}{2}[\sum mc(M^{m+})+\sum ac(A^{a-})]}\times100\%\ngtr\pm5\% \tag{1-7}$$

如果 δ 超出此允许范围,说明可能有某项或几项水质指标的测定有误,或者说明分析项目不够全面,有某项或几项重要的水质指标漏测,应予检查补正。

[例 1-2] 某天然水的分析测定结果如下：

$[Ca^{2+}]=55\ mg/L$； $[HCO_3^-]=250\ mg/L$；

$[Mg^{2+}]=18\ mg/L$； $[SO_4^{2-}]=60\ mg/L$；

$[Na^+]=98\ mg/L$； $[Cl^-]=89\ mg/L$。

试检查其分析是否完全？

解：(1) 先将各阳、阴离子的含量由 mg/L 转换为 mmol/L；并算出它们的“物质的量”浓度总和：

阳离子				阴离子			
离子	ρ/(mg·L^{-1})	c/(mmol·L^{-1})	ac/(mmol·L^{-1})	离子	ρ/(mg·L^{-1})	c/(mmol·L^{-1})	ac/(mmol·L^{-1})
Ca^{2+}	55	55/40	2.75	HCO_3^-	250	250/61	4.10
Mg^{2+}	18	18/24.3	1.48	SO_4^{2-}	60	60/96	1.25
Na^+	98	98/23	4.26	Cl^-	89	89/35.5	2.51
总量			8.49	总量			7.86

(2) 再计算误差：

$$\delta=\frac{8.49-7.86}{\frac{1}{2}(8.49+7.86)}\times100\%=7.7\%>5\%$$

测定误差超出了允许范围，说明分析项目不够完全或测定有误。

6. 碱度(alkalinity)

水的碱度是指水接受质子的能力。这个能力的大小可以由水中所有能与强酸发生中和作用的物质所接受质子的总量来量度。因此，水的碱度也就是水中所有能与强酸相作用的物质所接受 H^+ 的“物质的量”之总和。这类物质应包括各种强碱、弱碱和强碱弱酸盐，也包括有机碱等。

天然水中的 HCO_3^-、CO_3^{2-}、OH^-、$HSiO_3^-$、$H_2BO_3^-$、HPO_4^{2-}、$H_2PO_4^-$、HS^- 和 NH_3 等都会引起碱度，但其中重碳酸盐 HCO_3^-、碳酸盐 CO_3^{2-} 和氢氧化物 OH^- 是最主要的致碱阴离子，其他离子的含量往往是极少的。

水的碱度、酸度(指水释放质子的能力)和 pH 都是反映水的酸碱性质的水质指标。pH 反映的是水的酸碱性强度(pH 越高碱性越强；pH 越低酸性越强)，而碱度、酸度则是反映水中致碱、致酸物质的数量。

水中的碱度常用中和滴定法来测定，即用标准浓度的盐酸溶液滴定水样，而以酚酞和甲基橙作指示剂。根据滴定时用去的酸液量，即可测得水样的碱度。如果用酚酞作指示剂，至滴定终点时所得的碱度称为酚酞碱度，酚酞碱度只是总碱度的一部分；如果用甲基橙作指示剂，则所得的碱度称为甲基橙碱度。甲基橙碱度就是总碱度，此时水中的全部致碱物质都已被强酸中和完毕。

由前所述可知，天然水中的碱度主要是由 HCO_3^-、CO_3^{2-}、OH^- 产生的。在一般情况下，其他盐类引起的碱度常可忽略不计。因此，按照水中致碱阴离子的不同，碱度又可分为重碳酸盐碱度、碳酸盐碱度和氢氧化物碱度三种。在水处理工程中，有时不仅需要知道水的总碱度，还要求分别知道这三种碱度的数量。最常用的办法是根据总碱度和酚酞碱度的测定值来计算求得。

假如用 P 表示某水样以酚酞作指示剂用酸液滴定到变色时所用去 H^+ 的物质的量（即酚酞碱度）；用 T 表示该水样直接以甲基橙作指示剂用酸液滴定到变色时所用去 H^+ 的物质的量（即甲基橙碱度或总碱度）；则根据表 1-3 就可以分别算出任何一种情况下各种致碱阴离子的数量。

表 1-3　三种碱度计算表

测定结果	氢氧化物碱度 (OH^-)	碳酸盐碱度 (CO_3^{2-})	重碳酸盐碱度 (HCO_3^-)
(1) $P=0$	0	0	T
(2) $P<\frac{1}{2}T$	0	$2P$	$T-2P$
(3) $P=\frac{1}{2}T$	0	T	0
(4) $P>\frac{1}{2}T$	$2P-T$	$2(T-P)$	0
(5) $P=T$	T	0	0

注意：如果一份水样先加酚酞，用酸液滴定到变色（即 P）后，再接着加甲基橙继续滴定到变色，此时所用去 H^+ 的物质的量不是 T，而另称 M。M 不是总碱度。总碱度 $T=P+M$。

由于上述碱度测定时以 HCl 标准溶液为滴定剂，根据化学计量数和等物质的量反应的规则，这里 H^+ 与 OH^-、CO_3^{2-}、HCO_3^- 的质子传递反应中，OH^- 的基本单元为 OH^-，CO_3^{2-} 的基本单元为 $\frac{1}{2}CO_3^{2-}$，HCO_3^- 的基本单元为 HCO_3^-。

这种计算方法是假定在同一水样中，OH^- 与 HCO_3^- 不能同时存在，它们在水中能互相化合而成为 CO_3^{2-}。于是，水中的碱度只有如表 1-3 中五种可能组合的存在情况：① 只有 HCO_3^-；② CO_3^{2-} 与 HCO_3^-；③ 只有 CO_3^{2-}；④ OH^- 与 CO_3^{2-}；⑤ 只有 OH^-。对于一般天然水而言，特别是在工程实际应用中，这种计算方法既简单方便，又已足够精确。当然，严格说来，OH^- 与 HCO_3^- 是可以同时存在的，只是在通常条件下两者的数量相差悬殊，小者可以被忽略不计。

此外，各种致碱阴离子还可根据碱度、pH 的测定和碳酸的平衡方程式来计算。

碱度的单位常用 mg/L（以 $CaCO_3$ 计），也用 mmol/L（应注意 CO_3^{2-} 的基本单元为 $\frac{1}{2}CO_3^{2-}$）。

碱度 1 mmol/L = 50 mg/L（以 $CaCO_3$ 计）。

[例 1-3] 取某河水水样 100 mL，用 0.100 0 mol/L HCl 溶液测定其碱度，先以酚酞作指示剂，消耗了 HCl 溶液 0.40 mL；另取该水样 100 mL，以甲基橙作指示剂，用此 HCl 溶液滴定消耗了 7.20 mL。试求该水样的总碱度、氢氧化物碱度、碳酸盐碱度、重碳酸盐碱度（结果以 mmol/L 和以 $CaCO_3$ mg/L 计）和各致碱阴离子的含量（结果以 mg/L 计）。

解：按题意可得：

$$酚酞碱度\ P=\frac{0.40\times0.1000\times1000}{100}\ mmol/L=0.40\ mmol/L$$

$$甲基橙碱度\ T=总碱度=\frac{7.20\times0.1000\times1000}{100}\ mmol/L=7.20\ mmol/L$$

故令 $P<\frac{1}{2}T$，查表 1-3 得：

氢氧化物碱度（OH^-碱度）= 0；

碳酸盐碱度（CO_3^{2-}碱度）= $2P$ = 2×0.40 mmol/L = 0.80 mmol/L = 0.80×50 mg/L = 40 mg/L（以 $CaCO_3$计）；

重碳酸盐碱度（HCO_3^-碱度）= $T-2P$ =（7.20－2×0.40）mmol/L = 6.40 mmol/L = 6.40×50 mg/L = 320 mg/L（以 $CaCO_3$计）；

总碱度 = 氢氧化物碱度+碳酸盐碱度+重碳酸盐碱度 =（0+40+320）mg/L = 360 mg/L（以 $CaCO_3$计）。

各致碱阴离子的含量（以 mg/L 计）：

$[OH^-]=0$；

$[CO_3^{2-}]$ = 0.80 mmol/L×30 mg/mmol = 24 mg/L；

$[HCO_3^-]$ = 6.40 mmol/L×61 mg/mmol = 390.4 mg/L。

7. 硬度（hardness）

水的硬度是由于水中存在某些二价金属离子而产生的，它们能与肥皂作用生成沉淀，与水中某些阴离子化合生成水垢。最重要的致硬金属离子是钙离子和镁离子，其次是铁、锰、锶等二价阳离子。但在天然水中，铁、锰、锶的含量一般不高，对硬度的贡献不大。铝离子和三价铁离子因能与肥皂生成沉淀，有时也被认为是致硬的，但它们在天然水中的含量极少，而且现代多用 EDTA 络合滴定法测定硬度，故一般都已不把它们包括在致硬离子的范围之内。因此，通常只以钙、镁的含量计算硬度。

能与这些致硬阳离子化合的相关阴离子有 HCO_3^-、CO_3^{2-}、SO_4^{2-}、Cl^-、NO_3^-和 SiO_3^{2-}等。按相关阴离子可将硬度分为：

碳酸盐硬度：主要由钙、镁的碳酸盐和重碳酸盐所形成，可经煮沸而除去，故也称为“暂时硬度”。

$$Ca(HCO_3)_2 \longrightarrow CaCO_3\downarrow + CO_2\uparrow + H_2O \tag{1-8}$$

非碳酸盐硬度：主要由钙、镁的硫酸盐、氯化物等形成，不受加热的影响，故又称“永久硬度”。

水中碳酸盐硬度与非碳酸盐硬度之和即为总硬度。

水的硬度也可按致硬阳离子而分为钙硬度、镁硬度等。它们的总和也是总硬度。

目前，总硬度的测定方法普遍采用 EDTA（乙二胺四乙酸或其钠盐）络合滴定法。

在水处理工程中，有时要求分别知道碳酸盐硬度和非碳酸盐硬度的含量。如果已经测得水样的总硬度和各种碱度，就可用下面的方法来进行计算：

设 S = 碳酸盐碱度+重碳酸盐碱度，则

（1）当$\frac{1}{2}S<$总硬度时：碳酸盐硬度 = $\frac{1}{2}S$，非碳酸盐硬度 = 总硬度 − $\frac{1}{2}S$；

（2）当$\frac{1}{2}S=$总硬度时：碳酸盐硬度 = 总硬度，非碳酸盐硬度 = 0；

（3）当$\frac{1}{2}S$>总硬度时：碳酸盐硬度＝总硬度，非碳酸盐硬度＝0。这时$\frac{1}{2}S$与总硬度的差值称为“负硬度（pseudo hardness）”，即负硬度＝$\frac{1}{2}S$－总硬度。负硬度主要是由钠、钾的碳酸盐和重碳酸盐构成的。它们并不致硬，不是硬度。相反，它们还能抵消一部分硬度，如：

$$Na_2CO_3+CaSO_4 \longrightarrow CaCO_3\downarrow+Na_2SO_4 \tag{1-9}$$

硬度的单位最常用的是 mmol/L、mg/L（以 $CaCO_3$ 计）和度。

硬度 1 mmol/L＝100 mg/L（以 $CaCO_3$ 计）；

硬度 1 度＝10 mg/L（以 CaO 计）；

硬度 1 mmol/L＝56 mg/L（以 CaO 计）＝$\frac{56}{10}$度＝5.6 度；

硬度 1 度＝$\frac{100}{5.6}$ mg/L＝17.9 mg/L（以 $CaCO_3$ 计）。

［例 1-4］ 今有某处地下水，用 0.100 0 mol/L 的 HCl 溶液滴定此水样 100 mL，以酚酞作指示剂时消耗盐酸溶液量为零；再加甲基橙作指示剂，消耗盐酸溶液量 3.60 mL 至滴定终点。另取此水样 100 mL，用 0.025 0 mol/L 的EDTA 二钠盐试剂滴定至终点，用去 16.76 mL。试求此地下水的总硬度、碳酸盐硬度和非碳酸盐硬度，结果用 mmol/L、mg/L（以 $CaCO_3$ 计）和度表示。

解：先求出各种碱度：

令 $P=0$，$T=\frac{(0+3.60)\times0.100\,0\times1\,000}{100}$ mmol/L＝3.60 mmol/L，故查表 1-3，得：

氢氧化物碱度＝0；碳酸盐碱度＝0；重碳酸盐碱度＝T＝3.60 mmol/L。

再求出总硬度：

$$\begin{aligned}总硬度&=\frac{16.76\times0.025\,0\times1\,000}{100}\ \text{mmol/L}=4.19\ \text{mmol/L}\\&=4.19\times100\ \text{mg/L（以 }CaCO_3\text{ 计）}=419\ \text{mg/L（以 }CaCO_3\text{ 计）}\\&=4.19\times5.6\ 度=23.46\ 度\end{aligned}$$

再计算碳酸盐硬度和非碳酸盐硬度：

由各种碱度值可得：

$$S=CO_3^{2-}碱度+HCO_3^-碱度=(0+3.60)\ \text{mmol/L}=3.60\ \text{mmol/L}$$

令 S＝3.60<4.19，即 S<总硬度，故

$$\begin{aligned}碳酸盐硬度&=S=3.60\ \text{mmol/L}\\&=3.60\times100\ \text{mg/L（以 }CaCO_3\text{ 计）}=360\ \text{mg/L（以 }CaCO_3\text{ 计）}\\&=3.60\times5.6\ 度=20.16\ 度\end{aligned}$$

$$\begin{aligned}非碳酸盐硬度&=总硬度-S=4.19-3.60=0.59\ \text{mmol/L}\\&=0.59\times100\ \text{mg/L（以 }CaCO_3\text{ 计）}=59\ \text{mg/L（以 }CaCO_3\text{ 计）}\\&=0.59\times5.6\ 度=3.30\ 度\end{aligned}$$

8. 化学需氧量和耗氧量

水中的有机物质种类繁多、组成复杂，而且往往含量较低，因此要想对各种有机物质进行逐个分别测定是很困难的。在环境工程实践中，除了对必要的、指定的有机化合物作单项直接测定外，一般都采用间接的方法，即测定一些综合性指标来反映水中有机物质的相对含量。目前最为普遍使用和最具有重要意义的有机物质综合性指标是化学需

氧量、耗氧量和生物化学需氧量三种。

化学需氧量和耗氧量在有些文献、书刊中统称为耗氧量或化学耗氧量。它的定义是：在一定严格的条件下，水中各种有机物质与外加的强氧化剂（如$K_2Cr_2O_7$、$KMnO_4$）作用时所消耗的氧化剂量，结果用氧的 mg/L 来表示。根据所加强氧化剂的不同，它们分别称为重铬酸钾耗氧量（习惯上称为化学需氧量，chemical oxygen demand，简写为 COD 或 COD_{Cr}）和高锰酸钾耗氧量（习惯上称为耗氧量，oxygen consumed，简写为 OC，也称为高锰酸盐指数，简写为 COD_{Mn}）。

重铬酸钾法是水样在强酸性条件下，加热回流 2 h（有时还加入催化剂），使有机物质与重铬酸钾充分作用被氧化的情况下测定的，因此，它可将水中的绝大部分有机物质氧化，但对于苯、甲苯及吡啶等多环芳烃或杂环类化合物则较难氧化。严格说来，化学需氧量也包括了水中存在的无机性还原物质。通常因废水中有机物的数量大大多于无机性还原物质的量，故在一般情况下，化学需氧量可以用来代表废水中有机物质的总量。

高锰酸钾法测定比较快速，但不能代表水中有机物质的全部含量。一般来说，在测定条件下，水中不含氮的有机物质易被高锰酸钾氧化，而含氮的有机物就较难分解。因此，耗氧量适用于测定天然水和含容易被氧化的有机物的一般废水，而成分较复杂的有机工业废水则常测定化学需氧量。

9. 生物化学需氧量

在有氧的条件下，水中可分解的有机物由于好氧微生物（主要是好氧细菌）的作用被氧化分解而无机化，这个过程所需要的氧量叫作生物化学需氧量（biochemical oxygen demand），简称生化需氧量（BOD），结果以氧的 mg/L 表示。

可分解的有机物系指可以作为微生物食料的有机物。这些有机物被微生物氧化分解的过程可用图 1-5 表示。由图可知，微生物通过自身的生命活动（呼吸、合成等）过程，把一部分被吸收的有机物氧化成简单的无机物（如 CO_2、H_2O 等），并释放出其生长、活动所需要的能量，而把另一部分有机物转化为生物体所需的营养物，组成新的细胞物质。O_a 就是微生物氧化被吸收的那一部分有机物所消耗的氧量。在微生物的生长过程中，除进入细菌体内的一部分有机物被氧化、放出能量外，组成微生物细胞的物质也在进行氧化，同时放出能量。这种细胞物质的氧化称为内源呼吸。O_b 表示这部分内源呼吸所消耗的氧量。O_a 与 O_b 之和即表示所产生的生化需氧量。

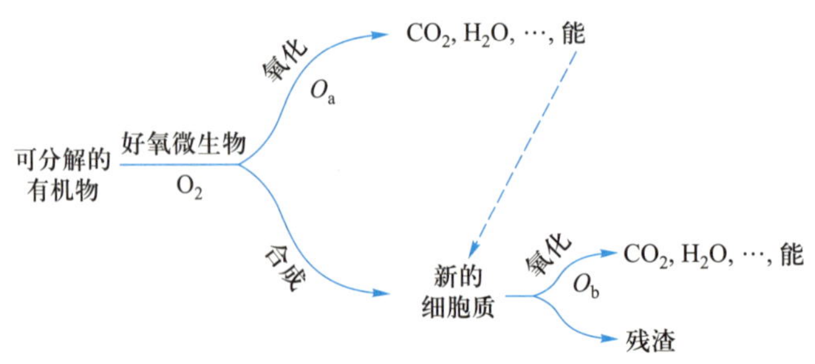

图 1-5 有机物的好氧生物分解

生化需氧量测定是一种生物化学的测定方法，能尽可能地在和天然条件相似的情况下确定微生物利用废水中的有机物时所消耗的氧量，从而间接表示有机物的含量。显然，在生化需氧量所表示的有机物中，不包括不可分解的有机物（或称难生物降解有机物），也不包括变成残渣的那部分有机物。因此，它并不是水中有机物的全部，而只是其中的一部分。尽管如此，生化需氧量仍然是环境工程中最广泛采用的有机物测定方法之一。

有机物质生物氧化过程的速率与温度密切相关。而且这种生物氧化是一个缓慢的过程，需要很长时间才能终结。因此，在一般情况下，各国都规定统一采用 5 d、20℃ 作为生化需氧量测定的标准条件，以便可作相对比较，这样测得的生化需氧量记作 $BOD_{5(20℃)}$，或只写 BOD_5 或 BOD。生化需氧量的基本测定方法是将水样（或经稀释的水样）注入并充满若干个有水封的具塞玻璃瓶中，先测出其中一瓶水样当天的溶解氧量，并将其余各瓶放在 20℃ ± 1℃ 的培养箱内培养 5 d 后再测其溶解氧量。培养前后溶解氧之差值即为此水样的 BOD_5。某些工业废水中缺乏必要的微生物，在测定其生化需氧量时还要作微生物的接种。近年来也有一些生化需氧量的测定仪器可供应用。

前面说过，有机物质的生物氧化是一个缓慢的过程，有人认为需要 100 d 左右才能基本完成。对于多数有机物质来说，经过 20 d 能完成 95%～99%，以后的反应进行得非常缓慢。5 d 的生物氧化只完成 70% 左右。

那么总的生化需氧量或者任何时日的生化需氧量应该是多少呢？

根据研究，在有氧的情况下，废水中有机物质的分解是分两个阶段进行的（图 1-6）。第一阶段称为碳氧化阶段，主要是不含氮有机物的氧化，也包括含氮有机物的氨化，以及氨化后生成的不含氮有机物的继续氧化。碳氧化阶段所消耗的氧量称为碳化生化需氧量（carbonaceous BOD）。总的碳化生化需氧量常称为第一阶段生化需氧量或完全生化需氧量，常以 L_a 或 BOD_u 表示。

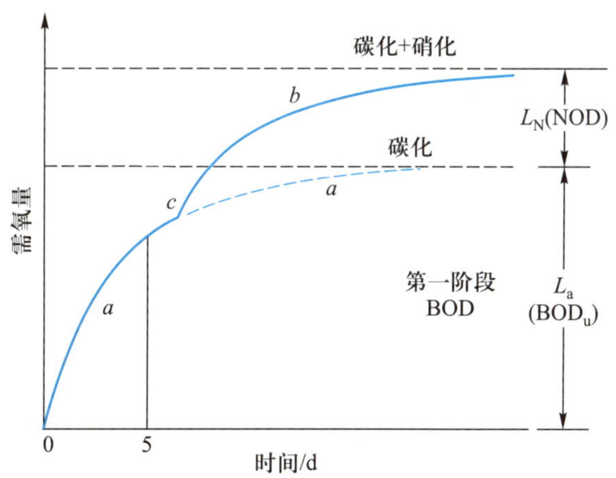

图 1-6 有机物质好氧分解的两个阶段

水中的硝化细菌可以氧化水中原有的氨和含氮有机物氨化分解出来的氨，使之氧化成亚硝酸盐，最终转化成硝酸盐。这个过程也需要氧：

$$NH_3 \xrightarrow[O_2]{\text{亚硝化细菌}} NO_2^- \xrightarrow[O_2]{\text{硝化细菌}} NO_3^- \tag{1-10}$$

由于这种硝化作用所消耗的氧量则称为硝化生化需氧量（nitrogenous BOD），即第二阶段生化需氧量,可以 L_N 或 NOD 表示。

实际测定耗氧结果所得的曲线是 b,即碳化生化需氧量加硝化生化需氧量。通常所说的生化需氧量只是指碳化生化需氧量,即第一阶段生化需氧量 L_a(图 1-6 中之虚线 a),不包括硝化过程所消耗的氧量 L_N。这是因为生化需氧量的定义中只规定:有机物质被氧化分解至无机物质。在第一阶段生物氧化中,有机物中的 C 变成 CO_2,N 变成 NH_3,它们都已无机化了。因此,并不关心 NH_3 继续氧化成 NO_2^- 和 NO_3^-。幸而,对于一般的有机废水,硝化过程在 5~7 d 甚至 10 d 以后才能显著展开,所以在 5 d 的 BOD 测定中通常是可以避免硝化细菌耗氧的干扰的。

研究结果表明:第一阶段生化需氧量的变化,即有机物被微生物的氧化分解作用具有化学动力学上一级反应的性质,也就是任何时日的反应速率与此时日存在的有机物量成正比(图 1-7)。

$$\frac{d(L_a-L)}{dt}=k_1'L \tag{1-11}$$

或

$$\frac{dL}{dt}=-k_1'L \tag{1-12}$$

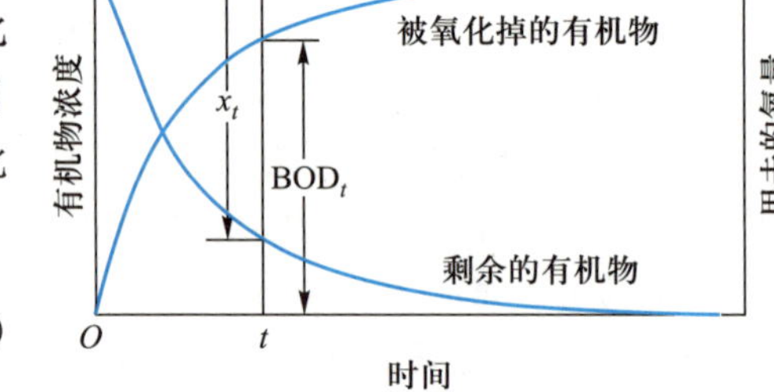

图 1-7 生物氧化过程中,有机物浓度的变化

式中:L_a——有机物质的初始浓度,即第一阶段生化需氧量(BOD_u),mg/L;

L——任何时间 t 剩余的有机物浓度,mg/L;

k_1'——耗氧速率常数,d^{-1}。

将式(1-12)调整重排并积分,得:

$$\ln\frac{L_t}{L_a}=-k_1't \tag{1-13}$$

式中:L_t——时间 t 剩余的有机物浓度,mg/L。

若换成以 10 为底的对数,并使 $k_1=0.434\ k_1'$,则

$$\lg\frac{L_t}{L_a}=-k_1t \tag{1-14}$$

或

$$L_t=L_a\times10^{-k_1t} \tag{1-15}$$

如令 x_t 为时间 t 内所降低的有机物浓度,即 $x_t=L_a-L_t$,则从图 1-7 可看出:x_t 相当于任何时间 t 的生化需氧量(BOD_t)。所以:

$$x_t=L_a(1-10^{-k_1t}) \tag{1-16}$$

或

$$x_t=L_a(1-e^{-k_1't}) \tag{1-17}$$

这就是第一阶段生化需氧量的反应动力学公式。

上式中的 k_1(或 k_1')称为耗氧速率常数。它是天然水体自净和废水生化处理过程中的一个重要参数。k_1(或 k_1')值随水质的不同而有相当大的差异,一般变化在 0.04~0.30 d^{-1} 的范围内,其准确的数值可通过试验确定。对于生活污水,当水温为 20℃ 时,k_1 值为 0.15~0.28 d^{-1},常采用 0.17 d^{-1}。经生化处理后的出水,k_1 值为 0.06~0.10 d^{-1}。轻度污染的河水,k_1 值在 0.05~0.10 d^{-1}。

耗氧速率常数 k_1 与温度 T 的关系可用下式表示：

$$k_{1(T_2)}=k_{1(T_1)}\theta^{(T_2-T_1)} \tag{1-18}$$

θ 称为温度系数，其值随温度而稍有变化。在 10～30℃时，通常可采用 $\theta=1.047$。所以在水污染控制工程中，习惯上写成：

$$k_{1(T)}=k_{1(20)}(1.047)^{(T-20)} \tag{1-19}$$

式中：$k_{1(20)}$——20℃时的耗氧速率常数，d^{-1}；

$k_{1(T)}$——温度为 T 时的耗氧速率常数，d^{-1}。

不同的污水水质有不同的 L_a 值。对于一个给定的水样，L_a 也随温度增加而增大：

$$L_{a(T)}=L_{a(20)}(0.02T+0.6) \tag{1-20}$$

式中：$L_{a(20)}$——20℃时的第一阶段生化需氧量，mg/L；

$L_{a(T)}$——温度为 T 时的第一阶段生化需氧量，mg/L。

于是，根据式(1-16)、式(1-19)和式(1-20)就可以算出某一给定水样任何温度、任何时间下的生化需氧量值。

［例 1-5］　某废水 20℃时的 BOD_5 是 150 mg/L。已知此时的耗氧速率常数 $k_1=0.10\ d^{-1}$，求该废水 15℃时的 BOD_5。

解：(1) 先确定此废水 20℃时的 L_a。根据式(1-16)得：

$$L_a=\frac{x_t}{1-10^{-k_1t}}=\frac{150}{1-10^{-0.10\times5}}\ mg/L=219.3\ mg/L$$

(2) 计算 15℃时的 k_1，由式(1-19)得：

$$k_{1(T)}=k_{1(20)}(1.047)^{(T-20)}=0.10(1.047)^{(15-20)}\ d^{-1}=0.08\ d^{-1}$$

(3) 计算 15℃时的 L_a，由式(1-20)得：

$$L_{a(T)}=L_{a(20)}(0.02T+0.6)=219.3(0.02\times15+0.6)\ mg/L=197.4\ mg/L$$

(4) 计算 15℃时的 BOD_5：

$$BOD_{5(15)}=L_{a(T)}(1-10^{-k_{1(T)}t})=197.4(1-10^{-0.08\times5})\ mg/L=118.8\ mg/L。$$

某一给定水样的 L_a 和 k_1 值，需要用实验的方法求得。在环境工程中最常用的是图解法（也称 Thomas 法）。如果已经用实验测得该水样的一组不同时间的 BOD 值，则可根据测定结果，以培养天数(t)为横坐标，$\left(\frac{t}{x_t}\right)^{\frac{1}{3}}$ 为纵坐标（其中 x_t 为相应于 t 天的 BOD 值）作图。在图中可得一直线（图 1-8）。此直线在 y 轴上的截距为 A，它的斜率为 B。于是可按下式求出该水样的 k_1 和 L_a 值：

$$k_1=2.61\frac{B}{A} \tag{1-21}$$

$$L_a=\frac{1}{2.3k_1A^3} \tag{1-22}$$

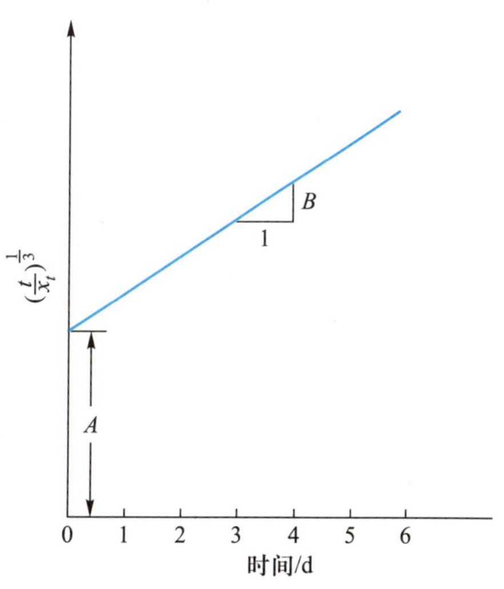

图 1-8　用图解法求 k_1 和 L_a

耗氧量、化学需氧量和生化需氧量都是用定量的数值来间接地、相对地表示水中有机物质数量的重要水质指标。如果同一废水中各种有机物质的相对组成没有变化，则这三者之间的相应关系应是 COD>BOD>OC。

化学需氧量几乎可以表示出水中有机物质的全部含量，而生化需氧量则反映了能被微生物氧化分解的那一部分有机物质的含量。如果同一废水的$\frac{BOD_5}{COD}>0.3$，一般认为此种废水是适宜于采用生物化学处理方法的。比值越大，可生物处理性越强。如果此比值小于 0.3，则说明该废水中不可生物分解的有机物质数量很多，需寻求其他的处理途径。

10. 总有机碳（TOC）和总需氧量（TOD）

总有机碳（total organic carbon）和总需氧量（total oxygen demand）都是近年来发展起来的用以间接表示水中有机物质含量的综合性指标。它们的测定都需要在专门的仪器中进行。这种仪器分别称为总有机碳测定仪或总需氧量测定仪。

将水样在 900~950℃ 高温下燃烧，有机物质中的碳即被氧化成 CO_2，测量所产生的 CO_2 量，即可求出水样的总有机碳值，单位常以碳（C）的 mg/L 计。水样中的无机碳（如 HCO_3^-、CO_3^{2-}）在此高温下也会转化成 CO_2，故测定时须采取措施去除无机碳的干扰。现在的总有机碳测定仪中已安装了去除干扰的装置。

总需氧量是指水样中的有机物，在 900℃ 高温下燃烧变成稳定的氧化物时所需的氧量，结果以氧（O）的 mg/L 表示。

TOC 和 TOD 都几乎可以反映水中有机物质的总量，但个别相当耐久的有机化合物不易被燃烧氧化，故测定值均略稍低于理论值。它们的测定简便快速，且可连续自动监测，但仪器较为昂贵。

11. 持久性有机化合物（POPs）

近半个世纪来，随着全球经济和科技的发展，很多人工合成的有机物通过各种渠道进入水环境。它们之中不少是有毒有害且难以自然降解的，引起了环境科学与工程界的高度重视。一些国家和组织，如美国、欧盟、德国、荷兰、日本等先后颁布了“优先污染物（priority pollutants）”的名单，俗称“黑名单（black list）”和“灰名单（gray list）”，要求对这些化合物优先进行监测和治理，以“消除”或“减少”它们向环境中排放。这些化合物中大多数是有机物，如美国颁布的黑名单 129 种化合物中有机物有 114 种。

与这些优先监测和控制的有机污染物相应，2001 年 127 个国家和地区的代表签订了《关于持久性有机污染物的斯德哥尔摩公约》（POPs 公约）。到 2023 年，公约已有 186 个缔约方，我国是最早的公约缔约方之一。

持久性有机污染物（persistent organic pollutants，POPs）是指具有环境持久性、生物蓄积性、长距离迁移能力和高毒性（如致癌、致畸、致突变，干扰内分泌系统，生殖毒性等）、对人类健康和环境具有严重危害的天然或人工合成的有机污染物质。

符合上述定义的 POPs 物质有上千种，它们通常是具有某些特殊化学结构的同系物或异构体。2004 年 POPs 公约生效时列入的首批受控名单共 12 种，包括：① 农药 9 种（毒杀芬、氯丹、艾氏剂、狄氏剂、异狄氏剂、六氯苯、滴滴涕、灭蚁灵、七氯）；② 工业（如变压器、电容器）用化学品 1 种（多氯联苯）；③ 非有意产生（如燃烧）的杂质或副产物 2 种（多氯代二苯并二噁英、多氯代二苯并呋喃）。公约缔约方政府必须对这 12 种持久性有机污染物进行控制，分别要求禁止或限制生产、使用和进出口。

同时，公约明确指出：这首批名单并非囊括所有 POPs 物质的完整清单。为了控制其他具有 POPs 特性的化学物质，公约还建立了专门的遴选标准和程序以补充和扩大受控 POPs 物质的名单。自 2009 年以来，公约受控名单中又增加了数十种 POPs 物质，具体如表 1-4 所示。截至 2023 年 5 月，POPs 公约受控化学物质增至 34 种。

表 1-4 2009 年以来公约受控清单

公约要求	应采取必要的法律和行政措施，禁止和/或消除的化学品	应限制生产和使用的化学品	应采取控制措施减少或消除的源自无意生产的污染物
首批受控(12 种)(2001.5)	艾氏剂、狄氏剂、异狄氏剂、七氯、毒杀芬、多氯联苯、氯丹、灭蚁灵、六氯苯	滴滴涕	多氯二苯并对二噁英、多氯二苯并呋喃、六氯苯和多氯联苯
首次增列(9 种)(2009.5)	十氯酮、五氯苯、六溴联苯、林丹、α-六氯环己烷、β-六氯环己烷、商用五溴二苯醚和商用八溴二苯醚	全氟辛基磺酸及其盐类和全氟辛基磺酰氟	五氯苯
第二次增列(1 种)(2011.4)	硫丹		
第三次增列(1 种)(2013.5)	六溴环十二烷		
第四次增列(3 种)(2015.5)	六氯丁二烯、五氯苯酚及其盐类和酯类、多氯萘		多氯萘
第五次增列(3 种)(2017.5)	短链氯化石蜡、十溴二苯醚		六氯丁二烯
第六次增列(2 种)(2019.5)	三氯杀螨醇、全氟辛酸及其盐类和相关化合物		
第七次增列(1 种)(2022.6)	全氟己烷磺酸(PFHxS)		
第八次增列(3 种)(2023.5)	得克隆、甲氧滴滴涕、UV-328		
待下届 COP 增列	毒死蜱、中链氯化石蜡、长链 PFCA		

12. 内分泌干扰物(EDCs)

20 世纪 80—90 年代，英、美、法、日等国科学家先后发现鱼类和爬行类动物的雌性化现象、生殖器怪异现象，以及人类内分泌系统紊乱、精子数量下降、胚胎发育不正常和乳腺癌、睾丸癌等疾病增加。研究认为这些现象与环境中的某些化学物质有关。后来把这类化学物质称为内分泌干扰物(endocrine disrupting chemicals,EDCs)。

内分泌干扰物是指可通过干扰动物或人类生物体内保持自身平衡和调节发育过程的内分泌系统,从而对生物体的生殖、神经和免疫系统等的功能产生逆向健康影响,或使生物体后代的内分泌功能发生改变的外源性的化学物质。

它们通过摄入、积累等各种途径,并不直接作为有毒物质给生物体各种器官带来异常影响,而是让生物体的内分泌失衡,出现种种异常现象,导致动物体和人体生殖器障碍、生殖能力下降、幼体死亡,甚至灭绝。

内分泌干扰物多为有机污染物及重金属物质。目前已发现的 EDCs 有 100 多种,其中以具有“雌激素活性”的物质研究得较为清楚,这些物质可作用于 DNA 中的雌激素反应元件,产生“雌激素效应”,干扰内分泌系统。

常见的内分泌干扰物有:烷基酚(AP,包括壬基酚、辛基酚)、烷基酚聚氧乙烯醚(APE)、双酚 A(BPA)、雌酮(E1)、雌二醇(E2)、雌三醇(E3)、乙炔基雌二醇(E2)、邻苯二甲酸酯(PAE)、多氯联苯类(PCB)和农药(如有机氯农药、有机磷农药)等。

持久性有机污染物和内分泌干扰物对人类健康和环境的危害严重,但通常它们在水环境中的浓度很低,多在 μg/L、ng/L 乃至 pg/L 数量级。因此,需用气相色谱仪、气相色谱-质谱联用仪、高效液相色谱仪和同位素稀释高分辨毛细管气相色谱/高分辨质谱仪等现代分析仪器进行检测。随着人们对它们的重视和仪器检测水平的提高,近年来已在许多污水处理厂出水和一些用于饮用水的水源中监测到这些污染物。这表明常规的现有污水处理工艺可能还达不到对它们进行完全的处理,这就更加重了环境工程工作者的责任。

除了上述的水质指标以外,水中的有毒物质(如汞、镉、铬、砷、酚、醛、氰化物、苯胺、硝基苯、苯并[a]芘、农药等)、营养物质(氮、磷)和微生物(细菌、藻类、原生动物,如隐孢子虫、贾第鞭毛虫等)也都是十分重要的。不过,它们的定义或内涵多数可以从其名称上直接反映出来,因此不再赘述。

这里,还要再提一下关于“水质”的概念。在本节的前面曾明确指出:水质是指水和其中所含的杂质共同表现出来的物理学、化学和生物学的综合性质。但在迄今为止的各种有关水质的具体论述中都着重于水中所含的杂质所表现出来的性质,而并未论及“水”分子本身对水质的影响。从化学基础知识中知道,水由 H_2O 分子组成,由于氢键的作用,自然界中的水可以是由 1 个 H_2O 分子,也可以是由 2 个、3 个、…,甚至是 n 个 H_2O 分子组成的,这种现象称为水分子缔合结构,也称团簇结构。

$$nH_2O \rightleftharpoons (H_2O)_n \tag{1-23}$$

现代科学仪器和手段已发现:不同地方采集的不同水样有不同的水质,也有不同的水分子缔合结构。因此,水本身的分子缔合结构也是一种水质,或也会影响水质。它可能会影响到水的密度、溶解力、扩散力、吸附力和水合作用力等,从而影响到水质的变化。虽然目前对此认识还很肤浅,也还没有测定水分子结构缔合度的精确方法,但水分子缔合结构对水质的影响,以及由此引起水质改善新途径的研究已开始受到关注。

二、水质标准

众所周知,水的用途是很广的。无论是作为生活饮用水、工业给水、农业用水、渔业用水,还是作为航运、旅游、景观或水能利用等,都有一定的水质要求。也就是说,针对不同的用途，要建立起相应的物理、化学和生物学的质量标准，对水中的杂质加以一定的限制。对某一种用途不适合的水却可能适合于另一种用途。此外，为了保护环境、保护水体的正常用途，也需要对排入水体的生活污水和工农业废水水质提出一定的限制和要求。这些就是水质的标准。所以，水质标准是用水对象（包括饮用水、工业用水、农业用水等）和废水排放所要求的各项水质指标的数量限值。

在环境工程实践中遇到的有关水质的标准有两类。

一类是国家正式颁布的统一规定，如由国家市场监督管理总局和国家标准化管理委员会2022年联合发布的《生活饮用水卫生标准》，由国家环保总局与国家质量监督检验检疫总局2002年发布的《地表水环境质量标准》，由国家环保局与国家技术监督局1996年发布的《污水综合排放标准》等。这些标准中对各项水质指标都有明确的要求尺度和界限。它们都是一种法定的要求，具有指令性和法律效力，有关部门、企业和单位都必须遵守。水质标准是环境标准的一种。环境标准可分为国家标准和地方标准两级。除国家标准外，必要时地方政府也可以根据当地具体情况，立法颁布地方标准。地方标准应严于国家标准。

另一类是各用水部门或设计、研究单位为进行各项工程建设或工艺生产操作，根据必要的试验研究或一定的经验所确定的各种水质要求，如各种工业企业用水的水质要求等。这类水质要求只是一种行业内部必要的和有益的参考，并不都具有法律性。习惯上常把前一类国家或政府部门正式颁布的统一规定称作水质标准，而把后一类由一些有影响的部门或单位建立的参考规定称为水质要求。

下面着重介绍几种常用的水质标准和水质要求。

（一）饮用水水质标准

饮用水直接关系到人民日常生活和身体健康，因此供给居民以良质、足量的饮用水是现代文明最基本的卫生条件之一。近年来，由于社会进步和人们生活水平提高，而不少地方又因水源受到不同程度的污染，因此饮用水安全保障受到各国各界高度重视。饮用水安全保障的关键在于所提供的饮用水水质。饮用水水质标准则是饮用水安全保障的重要体现之一。

生活饮用水水质标准的制订原则主要是：(1) 流行病学上应安全可靠，即要求饮用水中不得含有各种病原微生物和寄生虫卵，以防止水媒传染病的传播；(2) 化学组成上应对人体无害，即要求水中所含化学物质及放射性物质的浓度不得危害人体健康，保证终生饮用安全；(3) 水的感官性状良好；(4) 在使用上应方便无弊，如水的硬度过高，会在配水系统中形成水垢，洗衣时需耗费过量的肥皂。又如水中含铁量过高会使衣服、器皿有锈斑染色和形成沉淀等。

我国全国性的生活饮用水标准从早期1955年卫生部发布实施的《自来水水质暂行标准》到1985年的《生活饮用水卫生标准》（GB 5749—85），中间经过多次修改与完善，特别是进入21世纪后，为适应人们生活水平的提高和水源污染的实际状况，并考虑到参照国际先进水平，国家卫生部曾于2001年发布《生活饮用水水质卫生规范》，国家建设部于2005年发布《城市供水水质标准》（CJ/T 206—2005），都大幅度地增加了饮用水水质的规定检测指标。

2006年卫生部和国家标准化管理委员会联合发布了新的《生活饮用水卫生标准》（GB 5749—2006），其中将《生活饮用水卫生标准》（GB 5749—85）中规定的检测指标35项增加到 106 项，限值也更趋严格。2022 年国家市场监督管理总局和国家标准化管理委员会对《生活饮用水卫生标准》进行了再次修订，新标准的水质指标在 GB 5749—2006 的基础上由 106 项调整为 97 项，包括常规指标 43 项和扩展指标 54 项。增加了高氯酸盐、乙草胺、2-甲基异莰醇和土臭素 4 项指标，删除了耐热大肠菌群、三氯乙醛、硫化物、氯化氰（以 CN^- 计）、六六六（总量）、对硫磷、甲基对硫磷、林丹、滴滴涕、甲醛、1，1，1-三氯乙烷、1，2-二氯苯和乙苯等 13 项指标，删除了小型集中式供水和分散式供水部分水质指标及限值的暂行规定，更改了部分指标的名称和限值要求。

表 1-5 是《生活饮用水卫生标准》（GB 5749—2022）中生活饮用水水质标准的主要内容。

表 1-5 生活饮用水卫生标准（GB 5749—2022）

（1）生活饮用水水质常规指标及限值　　单位：$mg \cdot L^{-1}$

指标	限值	指标	限值
1. 微生物指标		三溴甲烷	0.1
总大肠菌群/［$MPN \cdot (100\ mL)^{-1}$］或［$CFU \cdot (100\ mL)^{-1}$］[a]	不应检出	三卤甲烷（三氯甲烷、一氯二溴甲烷、二氯一溴甲烷、三溴甲烷的总和）[c]	该类化合物中各种化合物的实测浓度与其各自限值的比值之和不超过 1
大肠埃希氏菌/［$MPN \cdot (100\ mL)^{-1}$］或［$CFU \cdot (100\ mL)^{-1}$］[a]	不应检出	二氯乙酸[c]	0.05
菌落总数/（$MPN \cdot mL^{-1}$ 或 $CFU \cdot mL^{-1}$）[b]	100	三氯乙酸[c]	0.1
2. 毒理指标		溴酸盐[c]	0.01
砷	0.01	亚氯酸盐[c]	0.7
镉	0.005	氯酸盐[c]	0.7
铬（六价，mg/L）	0.05	3. 感官性状和一般化学指标[d]	
铅	0.01	色度（铂钴色度单位，度）	15
汞	0.001	浑浊度（散射浑浊度单位，NTU）[b]	1
氰化物	0.05	臭和味	无异臭、异味
氟化物[b]	1.0	肉眼可见物	无
硝酸盐（以 N 计，mg/L）[b]	10	pH	不小于 6.5 且不大于 8.5
三氯甲烷[c]	0.06	铝	0.2
一氯二溴甲烷[c]	0.1	铁	0.3
二氯一溴甲烷[c]	0.06	锰	0.1

续表

指标	限值	指标	限值
铜	1.0	高锰酸盐指数（以 O_2 计）	3
锌	1.0	氨（以 N 计）	0.5
氯化物	250	4. 放射性指标[e]	
硫酸盐	250	总 α 放射性（Bq/L）	0.5（指导值）
溶解性总固体	1 000	总 β 放射性（Bq/L）	1（指导值）
总硬度（以 $CaCO_3$ 计）	450	a. MPN 表示最可能数；CFU 表示菌落形成单位。当水样检出总大肠菌群时，应进一步检验大肠埃希氏菌；当水样未检出总大肠菌群时，不必检验大肠埃希氏菌。 b. 小型集中式供水和分散式供水因水源与净水技术受限时，菌落总数指标限值按 500 MPN/mL 或 500 CFU/mL 执行，氟化物指标限值按 1.2 mg/L 执行，硝酸盐（以 N 计）指标限值按 20 mg/L 执行，浑浊度指标限值按 3NTU 执行。 c. 水处理工艺流程中预氧化或消毒方式： ——采用液氯、次氯酸钙及氯胺时，应测定三氯甲烷、一氯二溴甲烷、二氯一溴甲烷、三溴甲烷、三卤甲烷、二氯乙酸、三氯乙酸； ——采用次氯酸钠时，应测定三氯甲烷、一氯二溴甲烷、二氯一溴甲烷、三溴甲烷、三卤甲烷、二氯乙酸、三氯乙酸、氯酸盐； ——采用臭氧时，应测定溴酸盐； ——采用二氧化氯时，应测定亚氯酸盐； ——采用二氧化氯与氯混合消毒剂发生器时，应测定亚氯酸盐、氯酸盐、三氯甲烷、一氯二溴甲烷、二氯一溴甲烷、三溴甲烷、三卤甲烷、二氯乙酸、三氯乙酸； ——当原水中含有上述污染物，可能导致出厂水和末梢水的超标风险时，无论采用何种预氧化或消毒方式，都应对其进行测定。	

续表

指标	限值	指标	限值
		d. 当发生影响水质的突发公共事件时，经风险评估，感官性状和一般化学指标可暂时适当放宽。 e. 放射性指标超过指导值（总 β 放射性扣除 ^{40}K 后仍然大于 1 Bq/L），应进行核素分析和评价，判定能否饮用。	

（2）生活饮用水消毒剂常规指标及要求

指标	与水接触时间/min	出厂水和末梢水限值/$(mg \cdot L^{-1})$	出厂水余量/$(mg \cdot L^{-1})$	末梢水余量/$(mg \cdot L^{-1})$
游离氯[a,d]	≥30	≤2	≥0.3	≥0.05
总氯[b]	≥120	≤3	≥0.5	≥0.05
臭氧[c]	≥12	≤0.3	—	≥0.02 如采用其他协同消毒方式，消毒剂限值及余量应满足相应要求
二氧化氯[d]	≥30	≤0.8	≥0.1	≥0.02

a. 采用液氯、次氯酸钠、次氯酸钙消毒方式时，应测定游离氯。
b. 采用氯胺消毒方式时，应测定总氯。
c. 采用臭氧消毒方式时，应测定臭氧。
d. 采用二氧化氯消毒方式时，应测定二氧化氯；采用二氧化氯与氯混合消毒剂发生器消毒方式时，应测定二氧化氯和游离氢。两项指标均应满足限值要求，至少一项指标应满足余量要求。

（3）生活饮用水水质扩展指标及限值　　单位：$mg \cdot L^{-1}$

指标	限值	指标	限值
1. 微生物指标		银	0.05
贾第鞭毛虫/（个 · $10\ L^{-1}$）	<1	铊	0.000 1
隐孢子虫/（个 · $10\ L^{-1}$）	<1	硒	0.01
2. 毒理指标		高氯酸盐	0.07
锑	0.005	二氯甲烷	0.02
钡	0.7	1,2-二氯乙烷	0.03
铍	0.002	四氯化碳	0.002
硼	1.0	氯乙烯	0.001
钼	0.07	1,1-二氯乙烯	0.03
镍	0.02	1,2-二氯乙烯（总量）	0.05

续表

指标	限值	指标	限值
三氯乙烯	0.02	五氯酚	0.009
四氯乙烯	0.04	三氯苯(总量)	0.02
六氯丁二烯	0.000 6	六氯苯	0.001
苯	0.01	七氯	0.000 4
甲苯	0.7	马拉硫磷	0.25
二甲苯(总量)	0.5	乐果	0.006
苯乙烯	0.02	2,4,6-三氯酚	0.2
氯苯	0.3	苯并[a]芘	0.000 01
1,4-二氯苯	0.3	邻苯二甲酸二(2-乙基己基)酯	0.008
灭草松	0.3	丙烯酰胺	0.000 5
百菌清	0.01	环氧氯丙烷	0.000 4
呋喃丹	0.007	微囊藻毒素-LR(藻类暴发情况发生时,mg/L)	0.001
毒死蜱	0.03	3. 感官性状和一般化学指标[a]	
草甘膦	0.7	钠	200
敌敌畏	0.001	挥发酚类(以苯酚计)	0.002
莠去津	0.002	阴离子合成洗涤剂	0.3
溴氰菊酯	0.02	2-甲基异莰醇	0.000 01
2,4-滴	0.03	土臭素	0.000 01
乙草胺	0.02	a. 当发生影响水质的突发公共事件时,经风险评估,感官性状和一般化学指标可暂时适当放宽。	

由于各国的气候条件、饮用习惯和经济发展水平等差异,许多国家和地区都有自己的生活饮用水标准,而且随着经济和科技的进步,不断修订更新。从各国饮用水标准的发展历程看,水质指标项目的选择更加注重健康安全,重视有毒有害物质、微生物、消毒剂和消毒副产物;指标限值的确定更加考虑经济合理性和科学性。世界卫生组织(WHO)的《饮用水水质准则》、欧盟的《饮用水水质指令》和美国的《安全饮用水法规》等都是反映当代水平和具有重要参考意义的饮用水水质标准。在世界卫生组织(WHO)2011 年发布的《饮用水水质准则》(第四版)中列出了有准则值(限值)的指标共 90 项。2020 年欧盟通过的《饮用水指令》(2020/2184)中列出了 56 项水质指标,其中微生物学指标 2 项、化学指标 34 项、指示性指标 18 项和风险指标 2 项。2001 美国颁布的《安全饮用水法规》共列出了 102 项指标,分为两部分:一级法规(强制性标准)共 87 项指标,其中无机物 16 项、有机物 53 项、

消毒剂和消毒副产物7项、微生物学指标7项和放射性指标4项；二级法规（非强制性标准）用于控制水中对容貌（皮肤、牙齿变色）或对感官（如色、臭、味）有影响的污染物浓度，共15项（其中铜、氟化物也包括在一级法规中，但二级法规限值更严），各州可有选择地采纳作为当地强制性标准。

（二）地表水环境质量标准

保护地表水体免受污染是环境保护工作的重要任务之一，它直接影响水环境质量及水资源的合理开发和有效利用。这就要求一方面制定水体的环境质量标准和废水的排放标准；另一方面要求对必须排放的废水进行必要而适当的处理。

2002年国家环境保护总局和国家质量监督检验检疫总局联合发布了《地表水环境质量标准》（GB 3838—2002）。该标准依据地表水水域环境功能和保护目标，将我国地表水按功能高低依次划分为五类：

Ⅰ类：主要适用于源头水、国家自然保护区；

Ⅱ类：主要适用于集中式生活饮用水水源地一级保护区、珍稀水生生物栖息地、鱼虾类产卵场、仔稚幼鱼的索饵场等；

Ⅲ类：主要适用于集中式生活饮用水地表水源地二级保护区，鱼虾类越冬场、洄游通道、水产养殖区等渔业水域及游泳区；

Ⅳ类：主要适用于一般工业用水区及人体非直接接触的娱乐用水区；

Ⅴ类：主要适用于农业用水区及一般景观要求水域。

不同功能的水域执行不同标准值。同一水域兼有多类功能的，执行最高功能类别对应的标准值。表1-6列出了地表水环境质量标准基本项目标准限值。

表1-6 地表水环境质量标准基本项目标准限值 单位：mg/L

序号	分类标准值项目		Ⅰ类	Ⅱ类	Ⅲ类	Ⅳ类	Ⅴ类
1	水温/℃		人为造成的环境水温变化应限制在： 周平均最大温升≤1 周平均最大温降≤2				
2	pH		6~9				
3	溶解氧	≥	饱和率90%（或7.5）	6	5	3	2
4	高锰酸盐指数	≤	2	4	6	10	15
5	化学需氧量（COD_{Cr}）	≤	15	15	20	30	40
6	五日生化需氧量（BOD_5）	≤	3	3	4	6	10
7	氨氮（NH_3-N）	≤	0.15	0.5	1.0	1.5	2.0
8	总磷（以P计）	≤	0.02（湖、库0.01）	0.1（湖、库0.025）	0.2（湖、库0.05）	0.3（湖、库0.1）	0.4（湖、库0.2）

续表

序号	分类标准值项目		Ⅰ类	Ⅱ类	Ⅲ类	Ⅳ类	Ⅴ类
9	总氮(湖、库以 N 计)	≤	0.2	0.5	1.0	1.5	2.0
10	铜	≤	0.01	1.0	1.0	1.0	1.0
11	锌	≤	0.05	1.0	1.0	2.0	2.0
12	氟化物(以 F^- 计)	≤	1.0	1.0	1.0	1.5	1.5
13	硒	≤	0.01	0.01	0.01	0.02	0.02
14	砷	≤	0.05	0.05	0.05	0.1	0.1
15	汞	≤	0.000 05	0.000 05	0.000 1	0.001	0.001
16	镉	≤	0.001	0.005	0.005	0.005	0.01
17	铬(六价)	≤	0.01	0.05	0.05	0.05	0.1
18	铅	≤	0.01	0.01	0.05	0.05	0.1
19	氰化物	≤	0.005	0.05	0.2	0.2	0.2
20	挥发酚	≤	0.002	0.002	0.002	0.01	0.1
21	石油类	≤	0.05	0.05	0.05	0.5	1.0
22	阴离子表面活性剂	≤	0.2	0.2	0.2	0.3	0.3
23	硫化物	≤	0.05	0.1	0.2	0.5	1.0
24	粪大肠菌群(个/L)	≤	200	2 000	10 000	20 000	40 000

此外,该标准还对集中式生活饮用水地表水源地规定了补充项目标准限值(有硫酸盐、氯化物、硝酸盐、铁、锰 5 项)以及特定项目标准限值(主要是各种有毒有机物、重金属和微囊藻毒素等共计 80 项)。

(三)污水排放标准

只对地表水体中有害物质规定容许的标准限值还不能完全控制各种工农业废弃物对水体的污染。为了进一步保护水环境质量,必须从控制污染源着手,应制定有相应的污染物排放标准。1996 年国家环境保护总局颁布的《污水综合排放标准》(GB 8978—1996)就是其中之一。该标准按照污水排放去向,规定了水污染物的最高允许排放浓度。对排入《地表水环境质量标准》(GB 3838—2002)规定的Ⅲ类地表水域的污水执行一级标准;排入《地表水环境质量标准》(GB 3838—2002)规定的Ⅳ、Ⅴ类地表水域的污水执行二级标准;排入设置二级污水处理厂的城镇排水系统的污水执行三级标准。它还将排放的污染物按其性质及控制方式分为两类:第一类污染物是指能在环境和动植物体内蓄积,对人类健康产生长远不良影响者,如汞、镉、铬、铅、砷、苯并[a]芘等,必须在车间或车间处理设施排放口采样;第二类污染物是指长远影响小于前者的,须在排污单位排放口采样。

第一类污染物的最高允许排放浓度见表 1-7。第二类污染物则依据 1997 年 12 月 31

日前或 1998 年 1 月 1 日后建设的单位执行不同的最高允许排放浓度。表 1-8 是 1998 年 1 月 1 日后建设的单位必须执行的最高允许排放浓度。

表 1-7 第一类污染物最高允许排放浓度 单位:mg/L

序号	污染物	最高允许排放浓度	序号	污染物	最高允许排放浓度
1	总汞	0.05	8	总镍	1.0
2	烷基汞	不得检出	9	苯并[a]芘	0.000 03
3	总镉	0.1	10	总铍	0.005
4	总铬	1.5	11	总银	0.5
5	六价铬	0.5	12	总 α 放射性	1 Bq/L
6	总砷	0.5	13	总 β 放射性	10 Bq/L
7	总铅	1.0			

表 1-8 第二类污染物最高允许排放浓度(1998 年 1 月 1 日后建设的单位)

单位:mg/L

序号	污染物	适用范围	一级标准	二级标准	三级标准
1	pH	一切排污单位	6~9	6~9	6~9
2	色度(稀释倍数)	一切排污单位	50	80	—
3	悬浮物(SS)	采矿、选矿、选煤工业	70	300	—
		脉金选矿	70	400	—
		边远地区沙金选矿	70	800	—
		城镇二级污水处理厂	20	30	—
		其他排污单位	70	150	400
4	五日生化需氧量(BOD_5)	甘蔗制糖、苎麻脱胶、湿法纤维板、染料、洗毛工业	20	60	600
		甜菜制糖、酒精、味精、皮革、化纤浆粕工业	20	100	600
		城镇二级污水处理厂	20	30	—
		其他排污单位	20	30	300
5	化学需氧量(COD)	甜菜制糖、合成脂肪酸、湿法纤维板、染料、洗毛、有机磷农药工业	100	200	1 000
		酒精、味精、生物制药、苎麻脱胶、医药原料药、皮革、化纤浆粕工业	100	300	1 000
		石油化工工业(包括石油炼制)	60	120	500
		城镇二级污水处理厂	60	120	—
		其他排污单位	100	150	500

续表

序号	污染物	适用范围	一级标准	二级标准	三级标准
6	石油类	一切排污单位	5	10	20
7	动植物油	一切排污单位	10	15	100
8	挥发酚	一切排污单位	0.5	0.5	2.0
9	总氰化合物	一切排污单位	0.5	0.5	1.0
10	硫化物	一切排污单位	1.0	1.0	1.0
11	氨氮	医药原料药、染料、石油化工工业	15	50	—
		其他排污单位	15	25	—
12	氟化物	黄磷工业	10	15	20
		低氟地区(水体含氟量<0.5 mg/L)	10	20	30
		其他排污单位	10	10	20
13	磷酸盐(以P计)	一切排污单位	0.5	1.0	—
14	甲醛	一切排污单位	1.0	2.0	5.0
15	苯胺类	一切排污单位	1.0	2.0	5.0
16	硝基苯类	一切排污单位	2.0	3.0	5.0
17	阴离子表面活性剂(LAS)	一切排污单位	5.0	10	20
18	总铜	一切排污单位	0.5	1.0	2.0
19	总锌	一切排污单位	2.0	5.0	5.0
20	总锰	合成脂肪酸工业	2.0	5.0	5.0
		其他排污单位	2.0	2.0	5.0
21	彩色显影剂	电影洗片	1.0	2.0	3.0
22	显影剂及氧化物总量	电影洗片	3.0	3.0	6.0
23	元素磷	一切排污单位	0.1	0.1	0.3
24	有机磷农药(以P计)	一切排污单位	不得检出	0.5	0.5
25	乐果	一切排污单位	不得检出	1.0	2.0
26	对硫磷	一切排污单位	不得检出	1.0	2.0
27	甲基对硫磷	一切排污单位	不得检出	1.0	2.0
28	马拉硫磷	一切排污单位	不得检出	5.0	10
29	五氯酚及五氯酚钠(以五氯酚计)	一切排污单位	5.0	8.0	10

续表

序号	污染物	适用范围	一级标准	二级标准	三级标准
30	可吸附有机卤化物AOX(以Cl计)	一切排污单位	1.0	5.0	8.0
31	三氯甲烷	一切排污单位	0.3	0.6	1.0
32	四氯化碳	一切排污单位	0.03	0.06	0.5
33	三氯乙烯	一切排污单位	0.3	0.6	1.0
34	四氯乙烯	一切排污单位	0.1	0.2	0.5
35	苯	一切排污单位	0.1	0.2	0.5
36	甲苯	一切排污单位	0.1	0.2	0.5
37	乙苯	一切排污单位	0.4	0.6	1.0
38	邻二甲苯	一切排污单位	0.4	0.6	1.0
39	对二甲苯	一切排污单位	0.4	0.6	1.0
40	间二甲苯	一切排污单位	0.4	0.6	1.0
41	氯苯	一切排污单位	0.2	0.4	1.0
42	邻二氯苯	一切排污单位	0.4	0.6	1.0
43	对二氯苯	一切排污单位	0.4	0.6	1.0
44	对硝基氯苯	一切排污单位	0.5	1.0	5.0
45	2,4-二硝基氯苯	一切排污单位	0.5	1.0	5.0
46	苯酚	一切排污单位	0.3	0.4	1.0
47	间甲酚	一切排污单位	0.1	0.2	0.5
48	2,4-二氯酚	一切排污单位	0.6	0.8	1.0
49	2,4,6-三氯酚	一切排污单位	0.6	0.8	1.0
50	邻苯二甲酸二丁酯	一切排污单位	0.2	0.4	2.0
51	邻苯二甲酸二辛酯	一切排污单位	0.3	0.6	2.0
52	丙烯腈	一切排污单位	2.0	5.0	5.0
53	总硒	一切排污单位	0.1	0.2	0.5
54	总大肠菌群数	医院*、兽医院及医疗机构含病原体污水	500个/L	1 000个/L	5 000个/L
		传染病、结核病医院污水	100个/L	500个/L	1 000个/L
55	总余氯(采用氯化消毒的医院污水)	医院*、兽医院及医疗机构含病原体污水	<0.5**	>3(接触时间≥1 h)	>2(接触时间≥1 h)
		传染病、结核病医院污水	<0.5**	>6.5(接触时间≥1.5 h)	>5(接触时间≥1.5 h)

续表

序号	污染物	适用范围	一级标准	二级标准	三级标准
56	总有机碳(TOC)	合成脂肪酸工业	20	40	—
		苎麻脱胶工业	20	60	—
		其他排污单位	20	30	—

注:其他排污单位是指除在该控制项目中所列行业以外的一切排污单位;

* 指 50 个床位以上的医院;

** 加氯消毒后须进行脱氯处理,达到本标准。

对于 1997 年 12 月 31 日前建设的单位另有相应的标准。详情可查阅此标准正文。一般来说,生活污水和工业废水在排入水体或城市下水道之前,常需经过一定程度的处理,使其水质符合相应的标准,不得任意排放。为更有效地从源头控制污染物对水体的污染,生态环境部陆续颁布了一系列各种工业的水污染物排放标准,包括兵器、味精、淀粉、啤酒、煤气、制糖、制药、电镀、造纸、合成革和人造革、农药、稀土等工业,乃至城镇污水处理厂的污染物排放标准。对这些已颁布水污染物排放标准的工业,均应按此执行,而不再执行《污水综合排放标准》(GB 8978—1996)。

为促进城镇污水处理厂的建设和发展,加强城镇污水处理厂污染物的排放控制和污水资源化利用,2002 年国家环境保护总局和国家质量监督检验检疫总局联合发布了《城镇污水处理厂污染物排放标准》(GB 18918—2002),规定了城镇污水处理厂出水、废气和污泥中污染物的控制项目和标准值。

表 1-9 是该《标准》中水污染物的控制项目和最高允许排放浓度。根据污染物的来源和性质,将污染物控制项目分为基本控制项目和选择控制项目。基本控制项目包括影响水环境和城镇污水处理厂一般处理工艺可以去除的常规污染物和部分一类污染物,共 19 项。选择控制项目包括对环境有较长期影响或毒性较大的污染物,共计 43 项。基本控制项目必须执行。选择控制项目由地方环境保护行政主管部门根据污水处理厂接纳的工业污染物的类别和水环境质量要求选择控制。

表 1-9 城镇污水处理厂污染物排放标准(GB 18918—2002)

(1) 基本控制项目最高允许排放浓度(日均值) 单位:mg/L

序号	基本控制项目	一级标准		二级标准	三级标准
		A 标准	B 标准		
1	化学需氧量(COD)	50	60	100	120①
2	生化需氧量(BOD_5)	10	20	30	60①
3	悬浮物(SS)	10	20	30	50
4	动植物油	1	3	5	20
5	石油类	1	3	5	15
6	阴离子表面活性剂	0.5	1	2	5

续表

序号	基本控制项目		一级标准		二级标准	三级标准
			A 标准	B 标准		
7	总氮(以 N 计)		15	20	—	—
8	氨氮(以 N 计)②		5(8)	8(15)	25(30)	—
9	总磷(以 P 计)	2005 年 12 月 31 日前建设的	1	1.5	3	5
		2006 年 1 月 1 日起建设的	0.5	1	3	5
10	色度(稀释倍数)		30	30	40	50
11	pH		6~9			
12	粪大肠菌群数(个/L)		10^3	10^4	10^4	—

注:① 下列情况下按去除率指标执行:当进水 COD 大于 350 mg/L 时,去除率应大于 60%;BOD 大于 160 mg/L 时,去除率应大于 50%。

② 括号外数值为水温>12℃时的控制指标,括号内数值为水温≤12℃时的控制指标。

(2) 部分一类污染物最高允许排放浓度(日均值)　　单位:mg/L

序号	项目	标准值	序号	项目	标准值
1	总汞	0.001	5	六价铬	0.05
2	烷基汞	不得检出	6	总砷	0.1
3	总镉	0.01	7	总铅	0.1
4	总铬	0.1			

(3) 选择控制项目最高允许排放浓度(日均值)　　单位:mg/L

序号	选择控制项目	标准值	序号	选择控制项目	标准值
1	总镍	0.05	13	苯胺类	0.5
2	总铍	0.002	14	总硝基化合物	2.0
3	总银	0.1	15	有机磷农药(以 P 计)	0.5
4	总铜	0.5	16	马拉硫磷	1.0
5	总锌	1.0	17	乐果	0.5
6	总锰	2.0	18	对硫磷	0.05
7	总硒	0.1	19	甲基对硫磷	0.2
8	苯并[*a*]芘	0.000 03	20	五氯酚	0.5
9	挥发酚	0.5	21	三氯甲烷	0.3
10	总氰化物	0.5	22	四氯化碳	0.03
11	硫化物	1.0	23	三氯乙烯	0.3
12	甲醛	1.0	24	四氯乙烯	0.1

续表

序号	选择控制项目	标准值	序号	选择控制项目	标准值
25	苯	0.1	35	2,4-二硝基氯苯	0.5
26	甲苯	0.1	36	苯酚	0.3
27	邻二甲苯	0.4	37	间-甲酚	0.1
28	对二甲苯	0.4	38	2,4-二氯酚	0.6
29	间二甲苯	0.4	39	2,4,6-三氯酚	0.6
30	乙苯	0.4	40	邻苯二甲酸二丁酯	0.1
31	氯苯	0.3	41	邻苯二甲酸二辛酯	0.1
32	1,4-二氯苯	0.4	42	丙烯腈	2.0
33	1,2-二氯苯	1.0	43	可吸附有机卤化物（AOX,以 Cl 计）	1.0
34	对硝基氯苯	0.5			

在基本控制项目的常规污染物标准值中还根据城镇污水处理厂排入地表水域环境功能和保护目标,以及污水处理厂的处理工艺,分为一级标准、二级标准、三级标准。一级标准分为 A 标准和 B 标准。一类重金属污染物和选择控制项目不分级。一级标准的 A 标准是城镇污水处理厂出水作为回用水的基本要求。当污水处理厂出水引入稀释能力较小的河湖作为城镇景观用水和一般回用水等用途时,执行一级标准的 A 标准。

城镇污水处理厂出水排入国家和省确定的重点流域及湖泊、水库等封闭或半封闭水域时,执行一级标准的 A 标准;排入《地表水环境质量标准》(GB 3838—2002)规定的地表水Ⅲ类功能水域(划定的饮用水水源保护区和游泳区除外)、《海水水质标准》(GB 3097—1997)规定的海水二类功能水域时,执行一级标准的 B 标准;排入《地表水环境质量标准》(GB 3838—2002)规定的地表水Ⅳ、Ⅴ类功能水域或《海水水质标准》(GB 3097—1997)规定的海水三、四类功能海域时,执行二级标准。

非重点控制流域和非水源保护区的建制镇的污水处理厂,根据当地经济条件和水污染控制要求,采用一级强化处理工艺时,执行三级标准。但必须预留二级处理设施的位置,分期达到二级标准。

(四) 工业用水水质要求

工业企业中水的用途非常广泛,主要可以归纳为以下几类:① 饮用水;② 生产技术用水;③ 锅炉用水;④ 冷却用水。不同的行业、不同的生产工艺过程、不同的使用目的,有不同的水质要求。

饮用水的标准已如前述。

生产技术用水包括原料用水、生产工艺用水和生产过程用水。食品、酿造和饮料工业的原料用水,其水质除有特殊要求外都必须符合饮用水的标准。生产工艺用水和生产过程用水都用于产品的制造过程中,或与原料、半成品等发生化学反应,或进行物理性操作与产品相接触,如原料溶液配制用水、洗涤用水,以及用水来作为传输介质等。这里,水本身不一定是最终产品,但其成分可能进入产品,影响产品质量。因此,这类用水的水质要求基本上与原料用水相同，有时还需要各种不同程度的软化水、除盐水、高纯度水和含铁、锰少的水。有关的企业部门或公司厂家都会制订各自不同的生产技术用水水质要求。表 1-10 列出了部分工业生产用水的水质要求，可供参考。

表 1-10 工业生产用水的水质要求

项目	单位	工业名称						
		高级纸	制糖	纺织	漂染	鞣革	制革	合成橡胶
pH		7	6~7	7~8.5	6.5~7.5	6~8	6~8	6.5~7.5
浑浊度	度	2~5	5	5	5	20	10	2
色度	度	5	10	10~12	5~10	10~100	—	—
总硬度	mg/L ($CaCO_3$)	55	90	35	20	55~90	25	20
总含盐量	mg/L	100	—	400	150	—	—	100
$KMnO_4$ 耗氧量	mg/L	10	10	—	10	—	—	—
铁	mg/L	0.05~0.1	0.1	0.25	0.1	0.1~0.2	0.1	0.05
锰	mg/L	0.05	—	0.25	0.1	0.1~0.2	0.1	—
二氧化硅	mg/L	20	—	—	15~20	—	—	—
氯化物	mg/L	75	20	100	—	10	硫化物 1	20

锅炉用水是锅炉供蒸汽的原料，在一定的温度和压力下生成蒸汽，成为输送热力和动力的介质。不同的锅炉结构型式和压力对锅炉用水中悬浮固体、硬度和溶解氧等各项指标有不同程度的严格要求，以防止腐蚀、结垢和引起汽水共腾现象。例如，对于低压锅炉（压力低于 2.5 MPa），要求硬度不应超过 0.03 mmol/L；对于高压锅炉：压力在 3.8~5.8 MPa 时，硬度不应超过 0.003 mmol/L；压力在 5.9~15.6 MPa 时，硬度不应超过 0.02 mmol/L；而对于压力在 15.7~18.3 MPa 的高压锅炉和 5.9~18.3 MPa 的直流锅炉，要求硬度为零。

作为冷却用水的水质条件可概括为：① 尽可能低的水温，② 不会有水垢和泥渣沉淀，③ 对金属的腐蚀性小，④不产生因为微生物或其他生物的繁殖而使冷却设备和管壁堵塞。为此一般工业对冷却用水的水质要求是：pH 为 7.0~9.2，悬浮固体不大于 10~20 mg/L，甲基橙碱度小于 500 mg/L（以 $CaCO_3$ 计），钙 30~200 mg/L，铁不大于 0.5 mg/L，氯离子应小于 1 000 mg/L（碳钢换热设备）或小于 300 mg/L（不锈钢换热设备）。

现在，很多地方为节约水资源，采用污水经过处理后的再生水作循环冷却用水，此时的水质要求是（单位除注明者外，均为 mg/L）：pH6.5~8.5，混浊度≤5NTU，BOD_5≤10，COD_{Cr}≤60，铁≤0.3，锰≤0.1，总硬度≤450（以 $CaCO_3$ 计），总碱度≤350（以 $CaCO_3$ 计），硫酸根≤250，SiO_2≤450，总溶解固体≤1 000，氨氮≤10（铜质换热器时，1），总磷（TP）≤1，阴离子表面活性剂 ≤0.5，石油类≤1，粪大肠菌群≤2 000 个/L。

其他如农田灌溉用水，渔业用水、海水等都有相应的水质标准，在此不一一赘述。

第三节 废水的成分与性质

各种废水的成分和性质有很大的差别。这首先是因为废水的来源不同，如来自房屋卫生设备的生活污水和来自工厂生产设备的工业废水显然是不同的。其次，即使同一来源的废水，它的成分和性质也不是固定不变，而往往是逐月逐日甚至逐时都有所变动的。

一、生活污水

生活污水是指居民在日常生活活动中所产生的废水，主要是生活废料和人的排泄物，包括厨房洗涤、沐浴、洗衣等的废水以及冲洗厕所等污水。这类废水的成分及其变化取决于居民的生活状况、生活水平与生活习惯，其中污染物质的浓度与用水量有关。

生活污水的特征是水质组成比较稳定，但浑浊、深色且具有恶臭，呈微碱性，一般不含有毒物质。由于生活污水很适宜于各种微生物的繁殖，故其常含有大量的细菌（包括病原菌）、病毒和寄生虫卵。

生活污水所含固体物质占总质量的 0.1%～0.2%，其中溶解固体占污染物总量的 3/5～2/3，主要是各种无机盐类和可溶性的有机物，而在其悬浮固体中有机成分几乎占 3/4 以上。生活污水中还含有氮、磷等营养物质。表 1-11 是典型的生活污水水质情况。

表 1-11 典型的生活污水水质 单位：mg/L

序号	水质项目	高	中	低
1	总固体	1 230	720	390
2	悬浮固体	400	210	120
3	五日生化需氧量（BOD_5）	350	190	110
4	化学需氧量（COD）	800	430	250
5	总氮（以 N 计）	70	40	20
6	氨氮（以 N 计）	45	25	12
7	总磷（以 P 计）	12	7	4
8	氯化物	90	50	30
9	碱度（以 $CaCO_3$ 计）	200	100	50
10	油脂	100	90	50
11	挥发性有机物（VOCs）	>400	100～400	<100
12	大肠菌总数/[个·(100 mL)$^{-1}$]	10^7～10^{10}	10^7～10^9	10^6～10^8
13	隐孢子虫属卵囊虫/[个·(100 mL)$^{-1}$]	10^{-1}～10^2	10^{-1}～10^1	10^{-1}～10^0

当缺乏实测资料时，生活污水的浓度也可以根据每人每日的生活排泄物数量和当地居民的用水量来估算。我国过去多采用苏联 20 世纪 50 年代以前的调查统计资料，认为每人每日所排悬浮固体量为 30～50 g，BOD_5 为 20～35 g。随着经济和社会的发展、人类对生活资料消费的增加，上述数据会有变化，而且由于各地经济水平和生活习惯方面的差异，每人每日的生活排泄物数量也不尽相同。表 1-12 列出了 20 世纪 90 年代统计的几个国家人均生活排泄物数量的资料，总体上看略高于上述苏联资料，尤以发达国家为多。

表 1-12 几个国家的人均生活排泄物数量 单位:g/(人·d)

国家	悬浮固体	BOD_5	TKN	NH_3-N	总 P
美国	60~150	50~120	9~22	5~12	2.7~4.5
德国	82~96	55~68	11~16	—	1.2~1.6
瑞典	82~96	68~82	11~16	—	0.8~1.2
意大利	55~82	49~60	8~14	—	0.6~1
巴西	55~68	55~68	8~14	—	0.6~1
日本	—	40~45	1~3	—	0.15~0.4
土耳其	41~68	27~50	8~14	9~11	0.4~2
埃及	41~68	27~41	8~14	—	0.4~0.6
乌干达	41~55	55~68	8~14	—	0.4~0.6

注:TKN 是凯氏氮,包括有机氮和氨氮(NH_3-N),均以 N 计。

二、工业废水

工业废水是指工业生产过程中排放出来的废水。由于工业类型、所用原料、生产工艺以及用水水质和管理水平等的差异,因此各种工业废水的成分和性质是千变万化、差别极大的。

工业废水中除冷却水等较清洁的生产废水(这种废水只是温度升高,所受污染极轻微,通常可以直接排放或经简单处理后循环使用)外,都含有各种各样的污染物质:有的含有大量有机物质;有的含有有毒有害物质;有的物理性状十分恶劣,成分非常复杂,都需经过适当处理后,才能排入水体或城市下水道系统。某些工厂废水中含有的主要有害物质见表 1-13。一种工业废水往往含有多种成分,通常以其中含量较多的或毒性较强的某种成分来命名这种废水。例如,焦化厂所排生产废水中含有酚、氨、氰化物和硫化物等污染物质,其中酚的含量较多且危害也大,所以这种废水常被称为含酚废水。

表 1-13 某些工厂废水中的主要有害物质

工厂类别	废水中的主要有害物质
焦化厂	酚类、苯类、氰化物、硫化物、焦油、吡啶、氨等
化肥厂	酚类、苯类、氰化物、氟化物、铜、汞、碱、氨等
合成氨厂	挥发酚、氰化物、氨氮、硫化物、石油类等
化工厂	酸、碱、氰化物、硫化物、汞、铅、砷、苯、萘、硝基化合物等
石油化工厂	油、酸、碱、氰化物、硫化物、酚、芳烃、吡啶、砷等
合成橡胶厂	氯丁二烯、丁二烯、苯、二甲苯、苯乙烯等
造船厂	铬、锌、铜、镉、镍、氰化物、苯、甲苯、二甲苯等
航天推进剂厂	甲醛、氰化物、苯胺、一甲基肼、偏二甲基肼、三乙胺、二乙烯三胺等

续表

工厂类别	废水中的主要有害物质
树脂厂	甲酚、甲醛、苯乙烯、氯乙烯、汞等
化纤厂	二硫化碳、胺类、酮类、丙烯腈、乙二醇等
纺织厂	硫化物、纤维素、洗涤剂等
皮革厂	硫化物、碱、铬、甲酸、醛、洗涤剂等
造纸厂	木质素、硫化物、碱、氰化物、汞、酚类等
农药厂	各种农药、苯、氯醛、氯苯、磷、砷、氟、铅、酸、碱等
电镀厂	氰化物、铬、锌、铜、镉、镍等
油漆厂	酚、苯、甲醛、铅、锰、铬、钴等
钢铁厂	酚、氰化物、吡啶、酸等
有色冶金厂	氰化物、氟化物、硼、锰、锌、铜、镉、铅、锗、其他稀有金属等

工业废水是造成水体污染的主要污染源，其危害程度是很大的。由于工业废水的成分和性质的复杂性，因此，不同的工业废水应给予不同的处理和处置。

三、农业废水

随着农药和化肥的大量使用，农田径流排水已成为天然水体的主要污染来源之一。施用于农田的农药和化肥除一部分被农作物吸收、吸附外，其余都残留在土壤和飘浮于大气中。这些残留的农药（杀虫剂、除草剂、植物生长调节剂等）和化肥（氮、磷等）会随着降水的淋洗和冲刷，尤其是农田灌溉排水的径流和渗流进入地表水和地下水中。农田径流和渗流水还会将农业废弃物（如农作物的秆、茎、根、叶以及牲畜粪便等）带入水体中，造成水体的面源污染。

近年来，为了满足肉蛋类消费增长的需要和降低饲养成本，不少地方相继建立了规模较大的养殖场。养殖场每天排放的废水量大、集中，而且含有大量污染物质，如一个机械化奶牛场中，400 头母牛每天可产生约 14 t 固体废物和 4.5 t 液体废物。一个饲养 1.5 万头牲畜的饲养场雨季时流出的污水中，其 BOD_5 相当于一个 10 万人口的城市所排泄的量。许多养殖场废水中除有机物和氮磷含量高以外，还常常含有重金属、残留的兽药和大量的致病细菌、病毒和寄生虫卵等。表 1-14 列出了每一家畜废料排放量的人口当量数。

表 1-14 每一家畜废料排放量的人口当量数

家畜	牛	马	猪	羊	鸡
悬浮固体	18.4	13.0	4.4	3.0	0.3
BOD_5	6.0	3.0	1.8	0.6	0.1

我国是世界第一水产养殖大国，水产品总量连续 30 多年保持世界第一。水产业的不断发展也伴随着大量养殖废水排放。主要污染物有氨氮、亚硝酸盐、有机污染物、磷及污损生物。与生活和工业污水不同，水产鱼污水属污染物成分简单的低浓度有机污水，BOD 一般不超过 80 mg/L。氨氮是水产生物的排泄物，也是残饵、粪便以及动植物尸体等含氮有机物

分解的终产物。水产养殖尾水若得不到及时有效处理，不仅会使养殖水域环境恶化，而且会导致水产品暴发疾病甚至大面积死亡。

第四节 水体自净作用与水环境容量

未经妥善处理的废水（包括生活污水、工业废水和农业废水等）任意排入天然水体，会使水中的物质组成发生变化，破坏了原有的物质平衡，造成水质恶化。与此同时，污染物质也参与水体中的物质转化和循环过程。通过一系列的物理、化学和生物学变化，污染物质被分散、分离或分解，最后，水体基本上恢复到原来状态，这个自然净化的过程叫作水体自净。

水体自净的过程十分复杂，受很多因素的影响。从机理上看，水体自净主要由下列几种过程组成：

（1）物理过程：包括稀释、扩散、挥发、沉淀和上浮等过程；

（2）化学和物理化学过程：包括中和、絮凝、吸附、络合、氧化和还原等过程；

（3）生物学和生物化学过程：进入水体中的污染物质，被水生生物吸附、吸收、吞食消化等，特别是有机物质，由于水中微生物的代谢活动而被氧化分解并转化为无机物的过程。

在实际水体中，以上几个过程常互相交织在一起进行。从水体污染控制的角度来看，水体对废水的稀释、扩散以及生物化学降解是水体自净的几个主要过程。下面分别予以详细讨论。

一、废水在水体中的稀释和扩散

稀释实际上只是将废水中的污染物质扩散到水体中去，从而降低这些物质在水中的相对浓度。单纯的稀释过程并不能除去污染物质。

（一）稀释机理

污染物质进入河流水体后，产生了两种运动形式：一是污染物质由于河流流速的推动沿着水流前进的方向运动。这一水流输送污染物质的形式，可称为推流或平流。以公式表示为：

$$Q_1 = v\rho \tag{1-24}$$

式中：Q_1——污染物质推流量，mg/(m^2·s)；

v——河流流速，m/s；

ρ——污染物质量浓度，mg/m^3。

由式（1-24）可见，河流流速越大，单位时间内通过单位面积输送的污染物质数量（污染物质推流量）越多。

二是由于污染物质的进入，使水流产生了浓度的差异，污染物质就会由高浓度处向低浓度处迁移。这一物质的运动形式称为扩散。浓度差异越大，单位时间内通过单位面积扩散的污染物质的量（污染物质的扩散量）也越多：

$$Q_2 = -K\frac{\mathrm{d}\rho}{\mathrm{d}x} \tag{1-25}$$

式中：Q_2——污染物质扩散量，mg/(m^2·s)；

$\frac{d\rho}{dx}$——单位路程长度上的浓度变化值（ρ 为污染物质量浓度，x 为路程长度。由于 x 值增大时 ρ 值相应变小，故$\frac{d\rho}{dx}$为负值），$mg/(m^3 \cdot m)$；

K——扩散系数，它与河流的弯曲程度、河床底部的粗糙程度以及流速、水深有关，m^2/s。

推流和扩散是两种同时存在而又相互影响的运动形式，由此而产生河流中污染物质的浓度从排入口到下游逐渐降低的稀释现象。

（二）水体混合稀释

废水排入河流后，会因推流和扩散作用而逐渐与河水相混合，污染物质的浓度逐渐降低。这是一个逐渐进行而非瞬刻与全部河水混合的过程，其影响因素主要有：① 河水流量与废水流量的比值。此值大时，就需要通过较长的距离，才能在整个河流断面上达到完全均匀的混合。② 废水排放口的形式。如果废水在岸边集中排放，则完全混合所需的时间和距离较长；如果废水是分散地排放于河流中央，则完全混合所需时间较短。③ 河流的水文条件，如河深、流速、河道弯曲状况，是否有急流、跌水等都会影响混合程度。

从废水排入口到完全混合前这段距离内的河道断面上，只有一部分河水参与对废水的稀释。参与混合稀释的河水流量与河水总流量之比称为混合系数：

$$a=\frac{Q_1}{Q} \quad (Q_1 \leqslant Q) \tag{1-26}$$

式中：a——混合系数；

Q_1——参与混合稀释的河水流量；

Q——河水总流量。

在完全混合前，混合系数 $a<1$；而在完全混合的河道断面上及其下游，$a=1$。

在实际工作中，要达到废水与河水完全混合是不容易的。例如，当河水与废水流量比为 25∶1 时，岸边集中排放的废水与中等流速（0.2~0.3 m/s）的河水完全混合，需要 10~20 h。因此，一般情况下宜考虑采用部分河水流量（即 $a<1$）进行计算。

混合系数（a）需根据废水排放和河流的具体情况来确定。通常可采用经验数值：对于流速在 0.2~0.3 m/s 的河流，取 $a=0.7\sim0.8$；流速较低时，取 $a=0.3\sim0.6$；流速较高时，则可取 a 为 0.9 左右。如果废水排放口的设计较好，能促进废水与河水的混合。例如，采用分散式排放口或将排放口伸入水体，并装置多孔出口等设备，或把废水送到水流湍急的地方，则可考虑取 $a=1$。

废水被河水稀释的程度，用稀释比（n）表示。它是参与混合稀释的河水流量（Q_1）与废水流量（q）的比值：

$$n=\frac{Q_1}{q}=\frac{aQ}{q} \tag{1-27}$$

计算断面上，水中污染物质的浓度可按下式求出：

$$\rho=\frac{\rho_1 q+\rho_2 aQ}{aQ+q} \tag{1-28}$$

式中：ρ——计算断面上，水中污染物质的浓度，mg/L；

ρ_1——废水中污染物质的浓度，mg/L；

ρ_2——原来河水中污染物质的浓度，mg/L；

a、q、Q——同前。

如果河水中原无此污染物质，且河水流量远大于废水流量时，上式可简化为：

$$\rho=\frac{\rho_1 q}{aQ}=\frac{\rho_1}{n} \tag{1-29}$$

二、水体的生化自净

废水进入河流后，除得到稀释外，其中的有机污染物还会在水中微生物的作用下进行氧化分解，逐渐变成无机物质。这一过程称为水体的生化自净。

（一）水体中氧的消耗与溶解

在有机物质被微生物氧化分解的过程中需要消耗一定数量的氧。这部分氧用于碳化作用和硝化作用之中。除此以外，废水中的还原性物质（如 SO_3^{2-} 等）和水底沉积的淤泥在分解时，以及一些水生植物在夜间呼吸时，都要从水中吸收氧气，从而消耗和降低水中的溶解氧（DO）含量。

上述各个过程所消耗的氧一般有三个来源：① 水体和废水中原来含有的氧；② 大气中的氧向含氧不足的水体扩散溶解，直到水体中的溶解氧达到饱和；③ 水生植物白天通过光合作用放出氧气，溶于水中，有时还可使水体中的氧达到过饱和状态。由此可见，水体中的氧气在被消耗的同时，又逐渐得到补充和恢复。这就是水体中的耗氧和复氧过程。所以，当河流接纳有机废水以后，排入口（受污点）下游各点处溶解氧的变化是十分复杂的。一般情况下，邻近排入口的各点，溶解氧逐渐减少（见图 1-9）。这是因为废水排入后，河水中有机物较多，在生物氧化中需要较多的氧，它的耗氧速率超过了河流的复氧速率。随着河水中有机物的逐渐氧化分解，耗氧速率逐渐降低。在排入口下游某点处（图中 C 点）会出现耗氧速率与复氧速率相等的情况。此时水中溶解氧的含量最低，这一点称为最缺氧点（氧垂点）。过了这一点以后，溶解氧又逐渐回升，即复氧速率大于耗氧速率。如果不另外受到新的污染，河水中的溶解氧会逐渐恢复到废水排入口之前的含量。

假如以各点离排入口的距离或水流到该点的时间为横坐标、溶解氧量为纵坐标，就可以得到一条氧垂曲线（图 1-9）。这种氧垂曲线的形状会因各种条件（如废水中有机物浓度、废水和河水的流量、河道弯曲状况、水流湍急情况等）的不同而有一定的差异，但总的趋势是相似的。

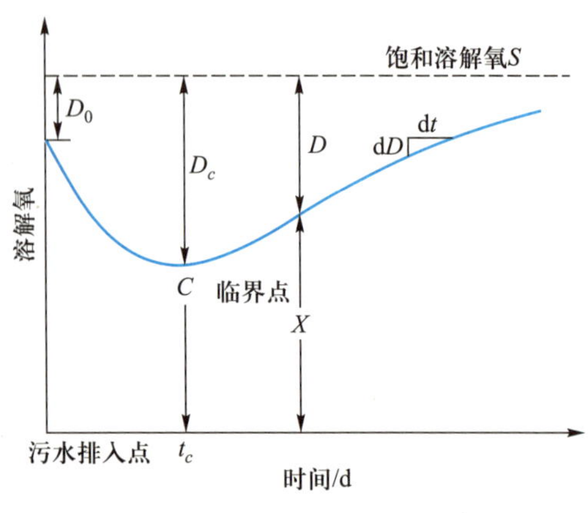

图 1-9 氧垂曲线

如果河流受到有机物污染的量低于它的自净能力，这条曲线的最缺氧点的溶解氧量将大于零，河水始终呈现有氧状态。反之，靠近最缺氧点的一段河流将出现无氧状态。这时，有机污染物将进行厌氧分解，河水变黑发臭，水环境质量恶化。

（二）氧垂曲线公式

有机废水排入水体后，耗氧与复氧是同时进行的。

设废水排入点处河水中原有的溶解氧量为 X_0，经过 t 日后，消耗的氧量为 X_1，溶入的氧量为 X_2，河水中实际的溶解氧量为 X，则 $X=X_0+X_2-X_1$。于是，在此时间内，水中溶解氧量的实际增加速率为：

$$\frac{\mathrm{d}X}{\mathrm{d}t}=\frac{\mathrm{d}X_2}{\mathrm{d}t}-\frac{\mathrm{d}X_1}{\mathrm{d}t} \tag{1-30}$$

这里的 $\frac{\mathrm{d}X_1}{\mathrm{d}t}$ 就是耗氧速率。河流的耗氧是由于排入了有机物质而引起的，故耗氧速率应与有机物质的衰减相一致，即与 BOD 的衰减相一致：

$$\frac{\mathrm{d}X_1}{\mathrm{d}t}=k_1'L \tag{1-31}$$

式中：L——河水中的 BOD；

k_1'——耗氧速率常数。

式(1-30)中的 $\frac{\mathrm{d}X_2}{\mathrm{d}t}$ 是复氧速率。复氧速率的大小与该时刻水中的溶解氧亏缺量（简称亏氧量）成正比。亏氧量是指在某一温度时，水中溶解氧的平衡浓度（即该温度下的饱和溶解氧量）与实际浓度（即实际溶解氧量）之差：

$$D=S-X \tag{1-32}$$

于是：

$$\frac{\mathrm{d}X_2}{\mathrm{d}t}=k_2'D \tag{1-33}$$

式中：D——亏氧量；

S——饱和溶解氧量；

k_2'——复氧速率常数。

将式(1-33)对 dt 微分，可得亏氧量的变化速率：

$$\frac{\mathrm{d}D}{\mathrm{d}t}=\frac{\mathrm{d}(S-X)}{\mathrm{d}t}=-\frac{\mathrm{d}X}{\mathrm{d}t} \tag{1-34}$$

因为某一温度下的饱和溶解氧量（S）是一定值，故

$$\frac{\mathrm{d}D}{\mathrm{d}t}=k_1'L-k_2'D \tag{1-35}$$

上式的解析解就是氧垂曲线公式（Streeter-Phelps 方程）：

$$D_t=\frac{k_1'L_a}{k_2'-k_1'}(\mathrm{e}^{-k_1't}-\mathrm{e}^{-k_2't})+D_0\times\mathrm{e}^{-k_2't} \tag{1-36}$$

或

$$D_t=\frac{k_1'L_a}{k_2'-k_1'}(10^{-k_1t}-10^{-k_2t})+D_0\times10^{-k_2t} \tag{1-37}$$

式中：D_t——废水排入河流 t 时间后，河水与废水混合水中的亏氧量；

D_0——废水排入点（受污点）处河水与废水混合水中的亏氧量；

L_a——废水排入点处河水与废水混合水的第一阶段 BOD；

k_1,k_2——分别为耗氧速率常数和复氧速率常数，$k_1=0.434k_1'$，$k_2=0.434k_2'$。

利用这一方程，可以求出氧垂曲线上任一点处的亏氧量。

在很多情况下，人们希望找到废水排入河流后溶解氧最低的点——临界点。这只需令式（1-36）中$\frac{dD_t}{dt}=0$，就可得到：

$$D_c=\frac{k_1}{k_2}L_0\times 10^{-k_1t_c} \tag{1-38}$$

式中：D_c——临界点的亏氧值；

t_c——从受污点至临界点所需的时间。

$$t_c=\frac{1}{k_2-k_1}\lg\frac{k_2}{k_1}\left[1-\frac{D_0(k_2-k_1)}{k_1L_0}\right] \tag{1-39}$$

复氧速率常数 k_2 与许多因素有关，包括河流的湍急情况、水流速度、河床特征、水深、河水表面积以及水温等。一般来说，在水温 20℃ 的条件下，水流速度小于 0.5 m/s 时，可取 $k_2=0.2\ d^{-1}$。如果是急流，k_2 值可达 0.5 d^{-1}，有时甚至可高达 1.0 d^{-1}。表 1-15 列出了不同水体的复氧速率常数。

表 1-15 不同水体复氧速率常数 k_2（20℃）

水体	k_2/d^{-1}
小池塘和滞水区	0.05～0.10
缓慢流动的河流和湖泊	0.10～0.15
低流速的大河	0.15～0.20
中等流速的大河	0.20～0.30
高流速的河流	0.30～0.50
急流和瀑布	>0.50

k_2 值与水温的关系可用下式表示：

$$k_{2(T)}=k_{2(20)}\theta^{T-20} \tag{1-40}$$

式中：$k_{2(T)}$，$k_{2(20)}$——分别表示温度为 T℃ 和 20℃ 时的 k_2 值；

θ——温度系数，在多数情况下，可取 $\theta=1.016$，也有的文献主张用 $\theta=1.024$。

如果令 $f=\frac{k_2}{k_1}$，f 称为水体的自净比率或水体自净系数。将它代入式（1-36）和式（1-38），得：

$$D_t=\frac{L_0}{f-1}10^{-k_2t}\left\{1-10^{-(f-1)k_2t}\left[1-(f-1)\frac{D_0}{L_0}\right]\right\} \tag{1-41}$$

$$t_c=\frac{1}{k_1(f-1)}\lg f\left[1-(f-1)\frac{D_0}{L_0}\right] \tag{1-42}$$

水体自净系数也是温度的函数，随温度的升高而降低，其变化约为 2%/℃。

以上讨论的氧垂曲线公式（Streeter-Phelps 方程）是河流受有机物污染分析中最常用的公式，具有重要的工程意义：① 用于分析河水中溶解氧的变化动态，推求河流的自净过程及其环境容量，进而确定可排入河流的有机物的最大限量，估算污水处理厂的应处理程度；② 推算确定溶解氧最低点（氧垂点）的位置及到达时间，并以此制定河流水体防护措施。

但式（1-36）和式（1-38）等在导出过程中做了一些假定和简化，故在使用中应注意：① 仅适用于受可生物降解有机物污染的计算；② 仅适用于河流断面变化不大、藻类等水生植物和底泥影响及硝化作用可以忽略不计的河段；③ 仅适用于河水与废水在排放点已完全混合的情况，为此，往往需要设置分散式排放口或采取其他适当措施；④ 所用 k_1、k_2 值必须与水温相对应。

［例 1-6］　某城市污水处理厂的出水排入一河流。最不利的情况将发生在夏季气温高而河水流量小的时候。已知废水的最大流量为 15 000 m^3/d，$BOD_5=30$ mg/L，DO = 2 mg/L，水温 25℃。废水排入口上游处河流最小流量为 0.5 m^3/s，$BOD_5=4$ mg/L，DO = 5 mg/L，水温 22℃。假定废水和河水能瞬时完全混合，耗氧速率常数 $k_1=0.10\ d^{-1}$，复氧速率常数 $k_2=0.17\ d^{-1}$（20℃）。试求临界亏氧量及其发生的时间。

解：（1）确定废水与河水混合后各指标

废水流量：$q=15\ 000\ m^3/d=0.17\ m^3/s$

河水流量：$Q=0.5\ m^3/s$

混合后流量：$Q_{mix}=q+Q=0.67\ m^3/s$

废水 BOD_5：$L_w=30$ mg/L

河水 BOD_5：$L_s=4$ mg/L

混合后 BOD_5：

$$L_{mix}=\frac{L_sQ+L_wq}{Q+q}=\frac{4\times0.5+30\times0.17}{0.5+0.17}\ \text{mg/L}=10.6\ \text{mg/L}$$

$$L_0=\frac{L_{mix}}{1-10^{-k_1t}}=\frac{10.6}{1-10^{-0.10\times5}}\ \text{mg/L}=15.6\ \text{mg/L}$$

混合后水中溶解氧：

$$DO_{mix}=\frac{5\times0.5+2\times0.17}{0.5+0.17}\ \text{mg/L}=4.2\ \text{mg/L}$$

混合后水温：

$$T_{mix}=\frac{22\times0.5+25\times0.17}{0.5+0.17}\ ℃=22.8℃$$

（2）对 k_1、k_2 作温度校正

$$k_{1(22.8)}=k_{1(20)}1.047^{22.8-20}=0.10\times1.047^{22.8-20}\ d^{-1}=0.11\ d^{-1}$$

$$k_{2(22.8)}=k_{2(20)}1.016^{22.8-20}=0.17\times1.016^{22.8-20}\ d^{-1}=0.18\ d^{-1}$$

（3）确定初始亏氧量：

由水质分析手册或有关书籍可查得 22.8℃ 时清洁水的饱和溶解氧为 8.7 mg/L，故废水排入点（受污点）处的初始亏氧量：

$$D_0=(8.7-4.2)\ \text{mg/L}=4.5\ \text{mg/L}$$

（4）确定临界亏氧量及其发生的时间

临界亏氧量发生的时间：

$$t_c=\frac{1}{k_2-k_1}\lg\frac{k_2}{k_1}\left[1-\frac{D_0(k_2-k_1)}{k_1L_0}\right]$$

$$=\frac{1}{0.18-0.11}\lg\frac{0.18}{0.11}\left[1-\frac{4.5(0.18-0.11)}{0.11\times15.6}\right]\ \text{d}=1.8\ \text{d}$$

临界亏氧量：

$$D_c=\frac{k_1}{k_2}L_0\times10^{-k_1t_c}$$

$$=\frac{0.11}{0.18}\times15.6\times10^{-0.11\times1.8}\ \text{mg/L}=6.0\ \text{mg/L}$$

三、水体中生物物种和数量的变化

在研究水体的自净现象时，除污染物稀释和溶解氧浓度变化的规律外，细菌及水生生物物种和数量的变化规律也是很重要的。

当含有一般有机物的废水刚排入水体时，水体中的细菌会大量增加，之后就逐渐减少。细菌的减少和死亡会削弱对有机物的降解，影响水体的自净作用。促使细菌在水体中死亡的原因有：① 水体中作为细菌食料的有机物因氧化分解而逐渐减少，这对细菌生存极为不利；② 污染水体中有大量吞食细菌的生物，如纤毛类原生动物、浮游动物等；③ 生物物理因素，如生物絮凝、沉淀等；④ 其他因素，如 pH、水温、日光等对细菌生活的影响很大，pH 和水温若不合适，细菌会逐渐死亡，日光也具有杀菌能力。

一般情况下，生活污水或性质与生活污水相近的工业废水排入河流后，在 12~24 h 内流过的距离是最大的细菌污染地带，以后此地带细菌数目逐渐减少。如果没有新的污染，三四天后该地带细菌数目一般不超过最大量的 10%。

河流中存在的生物物种和数量通常是水中溶解氧浓度变化的一种反映。图 1-10 是废水排入点前后沿流程微生物物种和数量变化的示意图。在此图中可分为五个区，各区特征如下：

Ⅰ区（清洁区）——废水排入点前，水质如一般天然河流；溶解氧可高达饱和；物种丰富，可发现观赏鱼类。

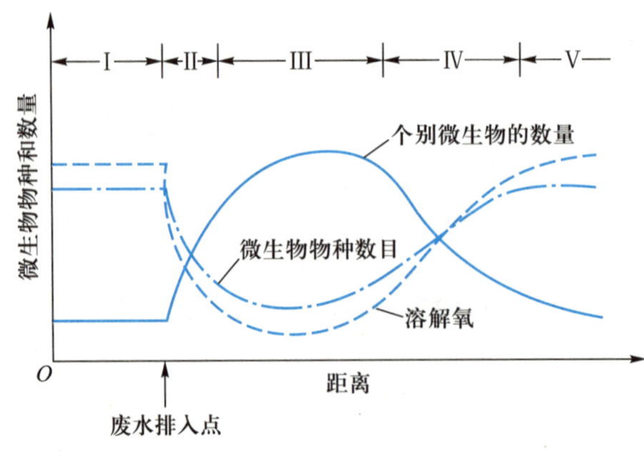

图 1-10 微生物物种和数量变化的示意图

Ⅱ区（降解区）——水质浑浊，污泥下沉或上浮；溶解氧下降；鱼类品种减少，多为下等鱼种，如鲶鱼、鳝鱼、泥鳅等；绿藻减少，蓝绿藻蔓生；底泥中出现颤蚓等蠕虫。

Ⅲ区（强分解区）——水质变灰变黑，可能形成浮渣，腐败情况发生；溶解氧降至40%饱和度以下甚至零，有甲烷、硫化氢逸出；细菌大量繁殖，厌氧取代好氧，物种减少，藻类极少，没有鱼，到处可见污水蝇和蚊子。

Ⅳ区（恢复区）——水质变得较清；溶解氧在40%饱和度以上，出现硝酸盐；出现真菌、浮游动物，藻类增加，苔藓植物出现，底栖生物中包括颤蚓、贻贝等介壳类以及昆虫的幼虫，有下等鱼种，后段或有一般鱼类如青鱼、草鱼、鲢鱼等。

Ⅴ区（清洁区）——水质如一般天然河流；溶解氧可高达饱和；物种增加，可发现观赏鱼类。至此，河流对可生物降解的有机污染物的自净作用过程已基本完成。

四、水环境容量

向水体中排放污染物质时仅仅考虑污染物的浓度是否满足排放标准的要求是不够的，因为浓度可以被人为稀释，但污染物的总量仍全部进入了水体。因此，还必须实行污染物的总量控制。

水体的自净作用说明了自然环境中存在着对污染物质有一定的容纳能力。充分利用这种自净作用和容纳能力，正确、合理、经济地确定废水应该处理的程度，这对于环境管理或环境工程工作者无疑都是十分重要的。

一定水体在规定的环境目标下所能容纳污染物质的最大负荷量称为水环境容量。其容量的大小与下列因素有关：

（1）水体特征：例如，水体的各种水文参数（河宽、河深、流量、流速等），背景参数（水的pH、碱度、硬度、污染物质的背景值等），自净参数（物理的、物理化学的、生物化学的）和工程因素（水上的工程设施，如闸、堤、坝等工程设施以及污水向水体的排放位置和方式等）。

（2）污染物特征：例如，污染物的扩散性、持久性、生物降解性等都影响环境容量。一般来说，污染物的物理化学性质越稳定，环境容量越小。耗氧有机物的水环境容量最大，难降解有机物的水环境容量很小，而重金属的水环境容量则甚微。

（3）水质目标：水体对污染物的纳污能力是相对于水体满足一定的用途和功能而言的。水的用途和功能要求不同，允许存在于水体的污染物量也不同。我国《地表水环境质量标准》将水体分为五类，每类水体允许的标准决定着水环境容量的大小。另外，由于各地自然条件和经济技术条件的差异较大，水质目标的确定还带有一定的社会性。因此，水环境容量还是社会效益参数的函数。

假设某种污染物排入某地表水体，此水体的水环境容量可用下式表示：

$$W=V(S-B)+C \tag{1-43}$$

式中：W——某地表水体的水环境容量；

V——该地表水体的体积；

S——地表水中某污染物的环境标准（水质目标）；

B——地表水中某污染物的环境背景值；

C——地表水的自净能力。

可见，水环境容量既反映了满足特定功能条件下水体的水质目标，也反映了水体对污染物的自净能力。如果污染物的实际排放量超过了水环境容量，就必须削减排放量。

第五节 水处理的基本原则和方法

前已述及，水质净化与水污染控制工程的主要任务是研究控制水体污染、保护和改善水环境质量、合理利用水资源以及提供不同用途和要求的用水等的工艺技术和工程措施。它的主要内容应包括：① 水体污染和自净规律；② 城市污水与工业废水的处理和利用；③ 生活饮用水和工业给水处理；④ 城市、区域或水系的水污染综合防治和受污染水体修复等。

本书要着重讨论的是其中的②和③两部分，亦即通常简称的废水处理和给水处理。

由于近年来环境污染问题日趋严重，很多地表水水体和不少地下水都不同程度地受到了污染。因此，给水处理与废水处理之间的界限已变得模糊起来。尤其是它们的一些处理技术机理和处理构筑物有着许多类似之处，故人们往往将给水处理和废水处理合称为水处理工程。又由于它们所讨论和研究的核心目标和内容是水质的保障与改善及其工程技术和措施，也有人称之为水质工程。

一、给水处理的基本方法

饮用水处理是给水处理的一个主要任务。其目的是通过必要的处理工艺，改善取自天然水源的水质，使之符合生活饮用水水质标准。

当以地表水作为饮用水水源时，处理工艺常包括混凝、沉淀、过滤和消毒。图 1-11 是最常用的地表水处理流程。先在水中投加混凝剂，使其与原水充分混合，逐步长成絮状沉淀物（通常称为絮凝体或矾花），再进入沉淀池和滤池，除去矾花和其他颗粒杂质，再加药剂消毒，出水即可送入给水管网，供应用户。

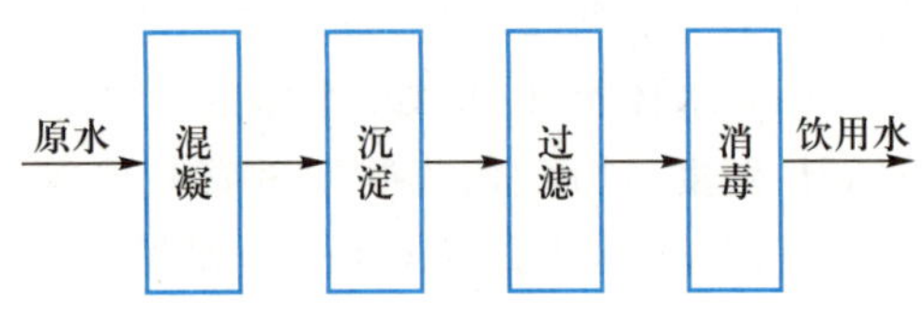

图 1-11 最常用的地表水处理流程

当以地下水作为饮用水水源时，一般只需采用消毒处理后即可满足水质的要求。个别地下水中铁、锰含量较高，还须作除铁、除锰处理。

近年来，由于某些地表水或地下水源受到不同程度的污染，以上常规处理流程已不能满足要求，为此，往往需要在常规处理基础上增加预处理和深度处理。例如，在混凝或消毒工艺之前，增加了氧化（包括化学氧化、生物氧化）、吸附或膜技术等处理工艺，以进一步去除水中的污染物质，确保处理后的水质达到生活饮用水卫生标准的要求。

此外，为满足不同工业用户对水质的特殊要求，还要根据情况对水质进行软化、除盐、冷却、控制结垢与腐蚀等处理。

二、废水处理的基本方法

（一）解决废水问题的主要原则

众所周知，生活污水和工业废水中含有各种有害物质，如果不加处理而任意排放，会污染环境，造成公害，必须加以妥善地控制与治理。然而，对于一个环保工程师来说，绝不能把自己的责任仅满足于排什么废水就处理什么废水（即通常所说的“末端治理”），而是在解决废水问题时，应当考虑下面一些主要原则：

1. 改革生产工艺，大力推进清洁生产，减少废物排放量

环境工程师在解决工业废水问题时，应当首先深入工业生产工艺中去，与工艺人员相结合，力求革新生产工艺，尽量不用水或少用水，使用清洁的原料、助剂、添加剂，采用先进的设备及生产方法，以减少废水的排放量和废水中污染物的种类与浓度，减轻处理构筑物的负担和节省处理费用。例如，采用无水印染工艺，可以消除印染废水的排放；采用无氰电镀可使废水中不再含氰；将水熄焦改为冷氮气“气浴”干熄焦，不仅可消灭废水、减少粉尘、提高焦炭质量，而且升温后的氮气进入热交换器，还成了清洁能源；采用酶法制革代替灰碱法，不仅避免产生危害大的碱性废水，而且酶法脱毛废水稍加处理，即可成为灌溉农田的肥水。因此，改革生产工艺，实行清洁生产是应该首先考虑的原则。

2. 重复利用废水

尽量采用重复用水和循环用水系统，使废水排放量减至最少。根据不同生产工艺对水质的要求，可将甲工段排出的废水送往乙工段使用，实现一水二用或一水多用，即重复用水。例如，利用轻度污染的废水作为锅炉的水力排渣用水。将工业废水经过适当处理后，送回本工段再次利用，即循环用水。例如，高炉煤气洗涤废水经沉淀、冷却后可不断循环使用，只需补充少量的水以补偿循环中的损失。城市污水经深度处理后亦可用作某些工业用水或冲厕、洗车、绿化、景观等生活杂用水。废水的重复利用已成为解决环境污染和水资源短缺问题的重要途径之一。

3. 回收有用物质

工业废水中的污染物质，都是在生产过程中进入水中的原料、半成品、成品、工作介质和能源物质。如果能将这些物质加以回收，便可变废为宝，化害为利，既防止了污染危害，又创造了财富。例如，造纸废液中回收碱和木质素；含酚废水用蒸汽吹脱法回收酚；染料中间体废液用萃取法回收有用物质等。此外，还可厂际协作，变一厂废料为他厂原料，综合利用，实现循环经济。例如，某纸浆厂利用染化厂的含蒽衍生物废液作为蒸煮助剂，利用印染厂废碱液替代部分蒸煮用碱，可降低成本，减少污染。近年来，这种综合利用已经扩展到所谓的“工业生态园”，即在一个工业园区内，模拟自然生态系统形成园区内企业间的共生网络，通过企业成员间副产品和废物交换，能量和水资源的逐级利用来实现整个园区经济与环境的协调发展。

4. 对废水进行妥善处理

废水经过回收利用后，可能还有一些有害物质随水流出；也有一些目前尚无回收价值的废水直接排出。对于这些废水，还必须加以妥善处理，使其无害化，不致污染水体，恶化环境。

5. 经济可行

选择处理工艺与方法时，必须经济合理，并尽量采用先进技术。

（二）废水处理程度的确定

将废水排入水体之前需要处理到何种程度，是选择废水处理方法的重要依据。在确定处理程度时，首先应考虑如何能够防止水体受到污染，保障水环境质量，同时也要适当考虑水体的自净能力。

通常采用有害物质、悬浮固体、溶解氧和生化需氧量这几个水质指标来确定水体的容许负荷，或废水排入水体时的容许浓度，然后再确定废水在排入水体前所需要的处理程度，并选择必要的处理方法。

具体来说，废水处理程度的确定，有以下几种方法：

1. 按水体的水质要求

根据水环境质量标准或其他用水标准对该水体水质目标的要求处理废水：

$$E=\frac{\rho_i-\rho_c}{\rho_i}\times100\% \tag{1-44}$$

式中：E——废水处理的程度；

ρ_i——未处理废水中某污染指标的平均浓度；

ρ_c——废水排入水体时的容许浓度。

2. 按处理厂所能达到的处理程度

对于城市污水来说，目前发达国家多已普及以沉淀和生物处理为主的二级处理，甚至还有深度处理的三级处理（详见后述）。我国也制定了《城镇污水处理厂污染物排放标准》（GB18918—2002），按处理厂出水排入水域的功能，分别执行一级、二级或三级标准。例如：要求城镇污水处理厂出水排入《地表水环境质量标准》（GB 3838—2002）规定的地表水Ⅳ、Ⅴ类功能水域时，应执行二级标准，悬浮固体和 BOD_5 均不超过 30 mg/L（即所谓双“30”标准）；处理厂出水排入《地表水环境质量标准》（GB 3838—2002）规定的地表水Ⅲ类功能水域时，执行一级标准的 B 标准，悬浮固体和 BOD_5 均不超过 20 mg/L（双“20”标准）；处理厂出水排入国家和省确定的重点流域及湖泊、水库等封闭或半封闭水域时，或当处理厂出水引入稀释能力较小的河湖作为城镇景观用水和一般回用水等用途时，应执行一级标准的 A 标准，悬浮固体和 BOD_5 均不超过 10 mg/L（双“10”标准）。以此来确定应有的处理程度。

表 1-16 为几种处理方法对生活污水或与生活污水性质相近的工业废水中悬浮固体和 BOD_5 的一般处理效果，可供确定处理程度时的参考。当表中所列常规处理方法不能满足出水水质要求时，需考虑增加预处理和深度处理方法，如过滤、氧化、吸附等。

表 1-16 几种处理方法的处理程度

单位：%

处理方法	悬浮固体	BOD_5
沉淀	50～70	25～40
沉淀及生物膜法	70～90	75～95
沉淀及活性污泥法	85～95	85～95

3. 考虑水体的稀释和自净能力

当水体的环境容量潜力很大时，利用水体的稀释和自净能力，能减少处理程度，节省处理投资与费用，但须慎重考虑，不能因此造成对水体环境的破坏。

下面的例题可用来说明怎样确定水体的容许负荷及废水所需处理的程度。在计算时，应以不利的情况为准，并同时满足各项标准的要求。河水流量一般采用具有保证率95%的最旱月平均时流量；溶解氧可采用夏季每昼夜平均含量；废水流量可采用最高时流量或平均日流量，但对于有毒废水应采用最高时流量。

［例 1-7］　某河水最旱年最旱月平均时流量（95%保证率）$Q=5\ m^3/s$（流速约为 0.25 m/s），河水溶解氧含量（夏季）DO=7 mg/L。有一含酚废水最大流量 $q=100\ m^3/h$，废水中含挥发酚浓度 $\rho_p=200$ mg/L，废水的 $BOD_{5,F}=450$ mg/L。河水中原来没有酚。该河段为《地表水环境质量标准》中规定的Ⅳ类水体。采用岸边集中排水。

（1）计算此废水排入河流前，废水中酚所需的处理程度；

（2）为了满足水体中溶解氧的含量要求，估算此废水所需的处理程度。

解：（1）废水中酚所需处理的程度：由于废水和河水混合前后含酚的总量应相等，所以

$$\rho_i\times aQ+\rho\times q=(aQ+q)\rho_0$$

$$\rho=\frac{(aQ+q)\rho_0-\rho_i\times aQ}{q}$$

式中：ρ_i——废水排入前河水中的挥发酚浓度；

ρ——允许排入河流的废水中挥发酚浓度；

ρ_0——水体中挥发酚的最大容许浓度；

a——混合系数。

因为河水流速为 0.25 m/s，故取 $a=0.75$。河水中原来没有酚，即 $\rho_i=0$。由表 1-6 可查得Ⅳ类水体的挥发酚最大容许浓度 $\rho_0=0.01$ mg/L。故

$$\rho=\frac{\left(0.75\times5+\dfrac{100}{3\ 600}\right)\times0.01}{\dfrac{100}{3\ 600}}\ \text{mg/L}=1.35\ \text{mg/L}$$

根据《污水综合排放标准》，排入Ⅳ类水体挥发酚的最高容许排放浓度是 $\rho_s=0.5$ mg/L。比较 ρ 与 ρ_s，取小者。所以废水中的挥发酚处理到 0.5 mg/L 就可以同时满足排放标准和地表水环境质量标准。于是，废水中酚所需处理的程度为：

$$E=\frac{\rho_p-\rho_s}{\rho_p}\times100\%=\frac{200-0.5}{200}\times100\%=99.75\%$$

如果计算所得的 $\rho<0.5$，则上式中的 ρ_s 应采用计算所得的 ρ 值。

（2）满足溶解氧要求所需的处理程度：影响水体中溶解氧变化的因素很多，其中主要是有机物生物氧化所消耗的氧量。本题因缺乏必要的资料，故不考虑复氧等因素。

若取混合系数 $a=0.75$。查表 1-6 得Ⅳ类水体的溶解氧含量应不低于3 mg/L，故河水中可以利用的氧量为：

$$DO_1=(DO-DO_s)\times aQ=(7-3)\times0.75\times5\ \text{mg/L}=15\ \text{mg/L}$$

假定原废水中不含溶解氧。为满足废水中有机物氧化分解的需要，并使水体中溶解氧保持在 3 mg/L，故所需的氧量为：

$$DO_2=q\times L+q\times DO_s$$

式中：L——允许排入河流中废水的 BOD_5。

根据物料平衡关系，$DO_1=DO_2$，则

$$15\ \text{mg/L}=\frac{100}{3\ 600}\times L+\frac{100}{3\ 600}\times3\ \text{mg/L}$$

$$L=537\ \text{mg/L}$$

根据《污水综合排放标准》，排入Ⅳ类水体的废水中 BOD_5 最高容许浓度为 30 mg/L。因此，就溶解氧来说，废水 BOD_5 所需处理的程度为：

$$E=\frac{BOD_{5,F}-BOD_{5,s}}{BOD_{5,F}}\times 100\%=\frac{450-30}{450}\times 100\%=93.33\%$$

如果计算所得的 $L<30$，则计算上式时 $BOD_{5,s}$ 应采用计算所得的数字。

综合考虑以上计算结果，应按酚的去除要求来决定该废水所需的处理程度，即应达到 99.75%。

倘若本题中水温、k_1、k_2 等都已知，则可以根据式(1-37)和式(1-39)求出允许排入水体的废水 BOD_5，还可按满足水体 BOD_5 的要求来计算废水 BOD_5 的处理程度。

(三) 废水处理的基本方法

废水处理程度确定以后，就应选择适当的处理方法。废水处理的方法很多，归纳起来可分为物理法、化学法和生物法等。

物理法是利用物理作用来分离废水中呈悬浮状态的污染物质，在处理过程中不改变其化学性质。例如，沉淀法不仅可以除去废水中相对密度大于 1 的悬浮颗粒，同时也是回收这些物质的有效方法；气浮法可去除乳状油或相对密度接近 1 的悬浮物；筛网过滤可除去纤维、纸浆等；利用蒸发法浓缩废水中的溶解性不挥发物质等。此外，还有离心分离、微滤、超滤、反渗透等方法。

化学法是利用化学反应的作用来处理水中的溶解性污染物质或胶体物质的方法。属于化学处理方法的有：中和法、氧化还原法、混凝法、电解法、汽提法、萃取法、吹脱法、吸附法、离子交换法及电渗析法等。

生物法主要是利用微生物的作用，使废水中呈溶解和胶体状态的有机污染物转化为无害的物质。根据微生物的类别，目前常用的生物法可分为好氧生物处理和厌氧生物处理。好氧处理法有活性污泥法、生物膜法、生物氧化塘和土地处理系统等。厌氧处理法有消化、厌氧接触、厌氧污泥等。

以上各种处理方法都有它们各自的特点和适用条件。在实际废水处理中，它们往往是要组合使用的，不能预期只用一种方法就把所有的污染物质都去除干净。这种由若干个处理方法合理组配而成的废水处理系统，通常就称为废水处理流程。

按照不同的处理程度，废水处理系统可分为一级处理、二级处理、三级处理等。

一级处理只去除废水中较大颗粒的悬浮物质。物理法中的大部分方法是用于一级处理的。一级处理有时也叫作机械处理。废水经一级处理后，一般仍达不到排放要求，尚需进行二级处理。从这个角度上说，一级处理只是预处理。

二级处理的主要任务是去除废水中呈溶解和胶体状态的有机物质。生物处理法是最常用的二级处理方法，比较经济有效。因此，二级处理也叫生物处理或生物化学处理。通过二级处理，一般废水均能达到排放要求。

三级处理也称为高级处理或深度处理。当出水水质要求很高时，为了进一步去除废水中的营养物质(氮和磷)、生物难降解的有机物和溶解盐类等，以便达到某些水体要求的水质标准或直接回用于工业及供冲厕、绿化等生活杂用，就需要在二级处理之后再进行三级处理。

对于某一种废水来说，究竟采用哪些处理方法，怎样的处理流程，需根据废水的水质、水量、回收价值、排放标准、处理方法的特点以及经济条件等，通过调查、分析和作出技术经济比较后才能确定。必要时，还要进行实验研究。

城市生活污水的水质比较稳定，已形成了一套行之有效的处理流程。图1-12就是城市生活污水处理的一般流程。

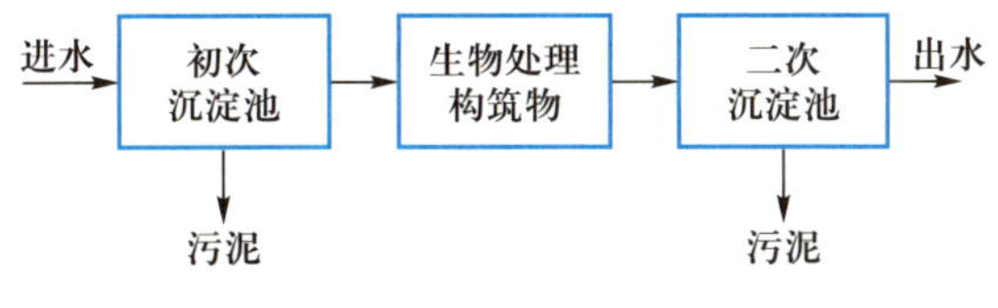

图1-12 城市污水处理的一般流程

工业废水的水质千差万别，处理要求也极不一致，因此处理流程也各不相同。一般的处理程序是：澄清→有用物质回收→毒物处理→一般处理→再用或排放。图1-13为某焦化厂废水（主要含酚）处理和利用的流程。

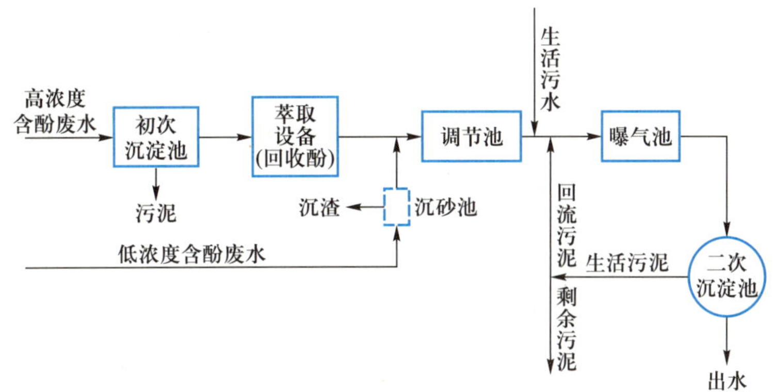

图1-13 某焦化厂废水处理和利用的流程

思考题与习题

1-1 请解释下列名词：

水的循环　水污染　水质　水质指标　水质标准　水环境容量　水体自净

1-2 试区别悬浮固体和可沉固体，区别悬浮固体和浑浊度。它们的测定结果一般是如何表示的？它们在环境工程中有什么用途？

1-3 取某水样250 mL置于空重为54.342 6 g的古氏坩埚中，经过滤、105℃烘干、冷却后称重为54.399 8 g，再移至600℃炉内灼烧，冷却后称重为54.362 2 g。试求此水样的悬浮固体和挥发性悬浮固体量。

1-4 将下列水样的电阻率值（Ω·cm）换算为电导率（μS/cm，mS/m）：

某地咸水100；某地自来水2 000；普通蒸馏水1×10^5；高纯水10×10^6；理论纯水18.3×10^6（25℃）。

1-5 某井水的电导率为80 mS/m，某河水的电阻率为2 500 Ω·cm，试分别估算它们的溶解固体量。

1-6 取某水样100 mL，加酚酞指示剂，用0.100 0 mol/L HCl溶液滴定至终点消耗盐酸溶液1.40 mL。另取此水样100 mL，以甲基橙作指示剂，用此盐酸溶液滴定至终点用去6.60 mL。试计算此水样的总碱度及各致碱阴离子的含量（结果以mmol/L计）。

1-7 取水样100 mL用0.100 0 mol/L HCl溶液测定其碱度。先以酚酞作指示剂，消耗了HCl溶液

0.20 mL，接着再加甲基橙作指示剂，又消耗了 3.40 mL。试求该水样的总碱度和各种致碱阴离子的含量（结果以 mmol/L 计）。

1-8 某水样初始 pH 为 9.5，取 100 mL 用 0.200 0 mol/L HCl 溶液滴定至 pH = 8.3 时需 6.20 mL，若滴定至 pH = 4.4 则还需加此酸液 9.80 mL。试求水样中存在的各种致碱阴离子的浓度（结果分别以 mmol/L 和 $CaCO_3$ 的 mg/L 计）。

1-9 取水样 100 mL 用 0.100 0 mol/L HCl 溶液测其碱度，加入酚酞指示剂后，水样无色，再加甲基橙作指示剂，消耗盐酸溶液量 5.20 mL。另取此水样 100 mL 用 0.050 0 mol/L 的 EDTA 溶液测其硬度，用去 14.60 mL。试求此水样的总硬度、碳酸盐硬度和非碳酸硬度（结果分别以 mmol/L、度和 $CaCO_3$ 的 mg/L 计）。

1-10 高锰酸钾耗氧量、化学需氧量和生化需氧量三者有何区别？它们之间的关系如何？除了它们以外，还有哪些水质指标可以用来判别水中有机物质含量的多寡？

1-11 试讨论有机物好氧生物氧化的两个阶段。什么是第一阶段生化需氧量（L_a）？什么是完全生化需氧量（BOD_u）？为什么通常所说的生化需氧量不包括硝化阶段对氧的消耗？

1-12 某工业区生产废水和生活污水的混合废水的 BOD_5 为 300 mg/L（20℃），它的第一阶段生化需氧量是多少（假定 $k_1 = 0.23/d$）？

1-13 某废水的 $BOD_{5(20)} = 210$ mg/L，试求此废水的 $BOD_{10(20)}$ 以及第一阶段生化需氧量，假定 $k_{1(20)} = 0.17\ d^{-1}$。假如上述废水改放在 30℃条件下培养测定，试问 5 d 的 BOD 应是多少 mg/L？

1-14 三种不同污水水样在 20℃下的 BOD_5 均为 350 mg/L，而它们的 $k_{1(20)}$ 值分别为 $0.25\ d^{-1}$、$0.36\ d^{-1}$ 和 $0.47\ d^{-1}$，试求每种水样的完全生化需氧量。

1-15 一学生测某废水的生化需氧量，星期二将水样放入 25℃的培养箱内，到下星期一才作培养后测定，得 BOD_5 为 206 mg/L。已知此废水 20℃的 $k_{1(20)} = 0.17\ d^{-1}$，试求它的 $BOD_{5(20)}$。

1-16 有一受污染的河水，测得其生化需氧量（20℃）如表 1-17 所示：

表 1-17 习题 1-16 附表

时间/d	2	4	6	8	10
BOD/（$mg \cdot L^{-1}$）	11	18	22	24	26

试用图解法确定此河水的 k_1 和 L_a，并求它的 BOD_5 值。

1-17 通常所说的水质标准和水质要求有什么区别？

1-18 为什么制定了地表水环境质量标准，还要制定废水的排放标准？

1-19 什么叫水体自净？什么叫氧垂曲线？根据氧垂曲线可以说明什么问题？

1-20 解决废水问题的基本原则有哪些？

1-21 什么是“末端治理”？为什么要积极推进“清洁生产”工艺？怎样认识“清洁生产”与“末端治理”的关系？

1-22 举例说明废水处理与利用的物理法、化学法和生物法三者之间的主要区别。

1-23 某废水流量 $q = 0.15\ m^3/s$，钠离子浓度 $\rho_1 = 2\ 500$ mg/L，现排入某河流。排入口上游处，河水流量 $Q = 20\ m^3/s$，流速 $v = 0.3$ m/s，钠离子浓度 $\rho_0 = 12$ mg/L。求河流下游 B 点处的钠离子浓度。

1-24 某污水处理厂出水排入河流。排入口以前河流的流量 $Q = 1.20\ m^3/s$，$BOD_5 = 4.1$ mg/L，$\rho_{Cl^-} = 5.0$ mg/L，$\rho_{NO_3^-} = 3.0$ mg/L；污水厂出水的流量 $q = 8\ 640\ m^3/d$，$BOD_5 = 20$ mg/L，$\rho_{Cl^-} = 80$ mg/L，$\rho_{NO_3^-} = 10$ mg/L。假定排入口下游不远某点处出水与河水即得到完全混合，求该点处的河水水质。

1-25 某生活污水经沉淀处理后的出水排入附近河流。各项参数如表 1-18 所示。试求：① 2 d 后河流中的溶解氧量；② 临界亏氧量及其发生的时间。

表 1-18 习题 1-25 附表

参数	污水厂出水	河水
流量/($m^3 \cdot s^{-1}$)	0.2	5.0
水温/℃	15	20
DO/($mg \cdot L^{-1}$)	1.0	6.0
$BOD_{5(20)}$/($mg \cdot L^{-1}$)	100	3.0
$k_{1(20)}$/d^{-1}	0.2	—
$k_{2(20)}$/d^{-1}	—	0.3

1-26 一城市污水处理厂出水流量为 $q=20\ 000\ m^3/d$，$BOD_5=30$ mg/L，DO=2 mg/L，水温 20℃，$k_1=0.17\ d^{-1}$。将此出水排入某河流，排放口上游处河水流量为 $Q=0.65\ m^3/s$，$BOD_5=5.0$ mg/L，DO=7.5 mg/L，水温 23℃，混合后水流速度 $v=0.5$ m/s，k_2可取 0.25/d。试求混合后溶解氧最低值及其发生在距排放口多远处？

1-27 一奶制品工厂废水欲排入某河流。各项参数如表 1-19 所示。

表 1-19 习题 1-27 附表

参数	废水	河水
流量/($m^3 \cdot d^{-1}$)	1 000	19 000
水温/℃	50	10
DO/($mg \cdot L^{-1}$)	0	7.0
$BOD_{5(20)}$/($mg \cdot L^{-1}$)	1 250	3.0
$k_{1(20)}$/d^{-1}	0.35	—
$k_{2(20)}$/d^{-1}	—	0.5

问：① 如果废水不作任何处理，排入河流后，最低溶解氧量是多少？② 如果该河流规定为Ⅲ类水体，要求溶解氧量最低值不得低于 5.0 mg/L，工厂应将废水的 $BOD_{5(20)}$ 处理到什么浓度时才允许排放？

1-28 有一含氰有机废水，最大流量为 100 m^3/h，$\rho_{CN^-}=10$ mg/L，$BOD_5=300$ mg/L，DO=0 mg/L，欲排入附近某河流。该河流属于Ⅲ类水体，河水最小流量（95%保证率）为3 m^3/s，最小流量时流速为 0.2 m/s，夏季 DO=7 mg/L，河水中原先没有氰化物。假定夏季废水和河水水温均为 20℃。试估计此废水所需的处理程度。

第二章　水的物理化学处理方法

第一节　水中粗大颗粒物质的去除

前已述及，水处理的目的是利用物理的、化学的、生物学的一种或几种方法的联合，以去除水中不需要的杂质。这些杂质可以是由于非人为因素而自然地进入水中的，也可以是由于人为污染而造成的；它们可以是无机的，也可以是有机的或两者兼有。

水中被去除的杂质按其颗粒大小可分为：粗大颗粒物质、悬浮物质和胶体物质，以及溶解物质三大类。它们的处理方法有所不同，但由于这种分类的界限不是严格的、绝对的，故有些方法可以兼用。

本节要讨论的是水中粗大颗粒物质的去除，它们的粒径约在 0.1 mm，包括沙粒、小卵石、砾石、树枝、菜叶、碎布、垃圾等。去除它们的方法多为借助物理作用的物理处理法，有筛滤截留、重力沉降和离心分离等。相应的处理设备有格栅、筛网、微滤机、沉砂池、离心机和旋流分离器等。

一、格栅、筛网和微滤机

格栅和筛网是处理厂的第一个处理单元，通常设置在处理厂各处理构筑物（泵站集水池、沉砂池、沉淀池、取水口进口端部）之前。它们的主要作用是去除水中的粗大物质，保护处理厂的机械设备（特别是泵）并防止管道的堵塞。

（一）格栅

格栅由一组平行的金属栅条制成，栅条间形成隙缝。水流通过它时粗大的物质被截留下来。截留效率取决于隙缝宽度。用在进水泵站的格栅隙缝应根据水泵要求确定，通常大于 50 mm。沉砂池或沉淀池前的格栅隙缝一般采用 15～30 mm，最大为 40 mm。当水泵前的格栅隙缝不大于 25 mm 时，处理系统前可不再设置格栅。图 2-1 为简单的人工清捞的格栅。机械清除格栅的安装角度为 60°～90°，人工清除格栅一般为 30°～60°。

通过格栅的水流速度应保持在 0.6～1.0 m/s 之间，一般可取 0.7 m/s（平均流量时）。由此可计算所需格栅的总宽度。格栅本身的水头损失很小，阻力主要是截留污物堵塞造成的。一般当通过格栅时的水头损失达 10～15 cm 时应予清捞。为了避免造成壅水现象，栅后的渠底应比栅前低 10～15 cm。

如果只安装一套格栅时，应设置溢流旁通道。旁通道进口处应设有间距为 75～100 mm 的垂直栅条。

大型处理厂宜采用机械清除格栅，以减轻工人劳动强度。机械清除格栅有履带式、钢丝绳牵引式的圆周回转式（扇形栅）等。图 2-2 为常见的履带式机械格栅。

截留污物的数量与格栅隙缝宽度有关。对于生活污水处理，格栅截留污物的大致数量为：隙

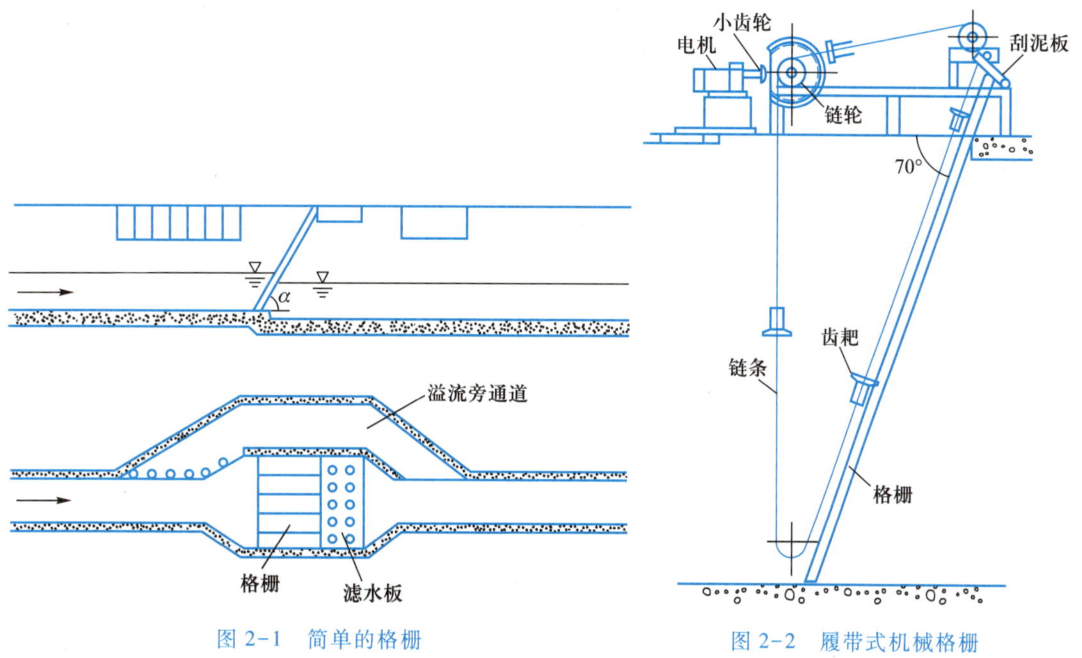

图 2-1 简单的格栅

图 2-2 履带式机械格栅

缝宽度 10~25 mm 时，污物量 22~60 L/(1 000 m^3)；隙缝宽度 25~50 mm 时，污物量 5~22 L/(1 000 m^3)；隙缝宽度 50~75 mm 时，污物量2~5 L/(1 000 m^3)。污物的含水率为 75%~85%，容重为 950 kg/m^3左右，污物中有机物占 80%~85%。截留污物的处置方法有填埋、土地卫生堆弃、堆肥发酵、焚烧或与其他有机污泥混合后送去消化等，也可将污物粉碎后送回到污水中，作为可沉固体与初次沉淀的污泥合并处置。

在给水处理厂的岸边式取水口进水部位，一般设置可垂直起吊的格栅。栅条厚度或直径通常采用 10 mm，隙缝宽度 30~120 mm。水流通过格栅时的水头损失为 5~10 cm。

（二）筛网

筛网是由金属滤网制成的筛滤设备。当需要去除水中纤维、纸浆、藻类等稍小的杂物时，可选用不同孔径的筛网。孔径小于 10 mm 的筛网主要用于工业废水的预处理，它可将尺寸大于 3 mm 的漂浮物截留在网上。孔径小于 0.1 mm 的细筛网则用于处理后出水的最终处理或作为重复利用水的处理。

筛网装置有转鼓式、旋转式、转盘式和振动筛等。图 2-3 是转鼓式筛网的示意图。

在大型地表水处理厂的取水口处常装有旋转式筛网，它是由绕在上、下两个旋转轴上的金属丝网组成的。网丝直径常为 2 mm，网丝间净距一般为 4~10 mm。旋转筛网由电机带动，线速度 4 m/min，可自动连续进行高压水清洗。

（三）微滤机

微滤机是一种截留细小悬浮物的筛网过滤装置，如图 2-4 所示。在一个鼓状的金属框架，上面覆盖有不锈钢丝（也可用铜丝或化纤丝）编织成的支撑网和工作网。旋转鼓筒 1 置于池 2 中，其 1/3 的直径露出水面。水由水槽 3 经孔管 4（同时作为鼓筒的轴）进入鼓筒从里向外过滤，过滤后的清水沿槽 8 引出。鼓筒上方有冲洗滤网的设备 5，高压冲洗水将鼓筒内壁的滤渣冲入集渣斗 6，连同冲洗水由排渣管 7（作为鼓筒的支撑）排走。

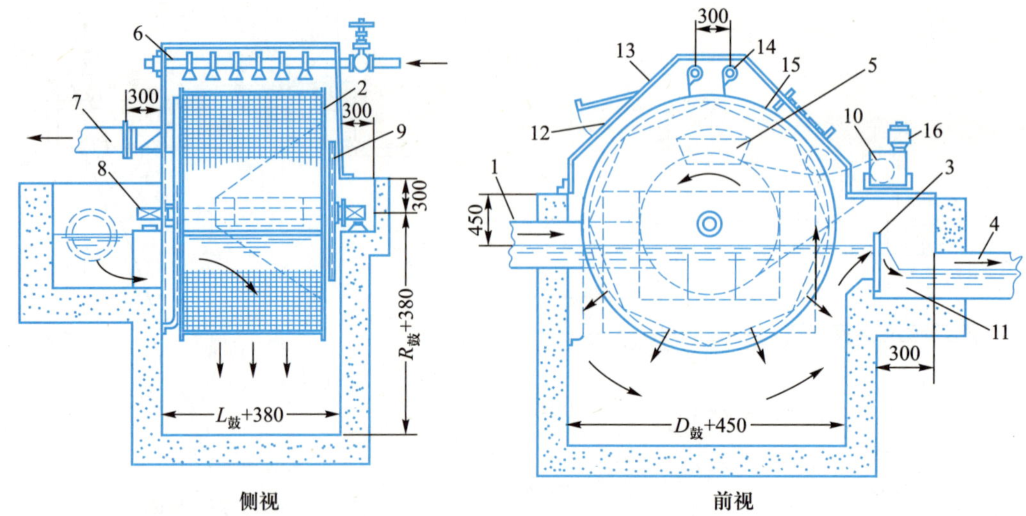

1. 进水管;2. 筛网;3. 溢水板;4. 出水管;5. 集渣槽;6. 冲洗水管;7. 排渣槽;8. 转鼓轴;
9. 传动链及驱动齿轮;10. 传动齿轮;11. 调节转鼓内水位的溢水板;12. 视孔;13. 保护罩;
14. 喷嘴;15. 遮板;16. 电极及变速装置

图 2-3 转鼓式筛网

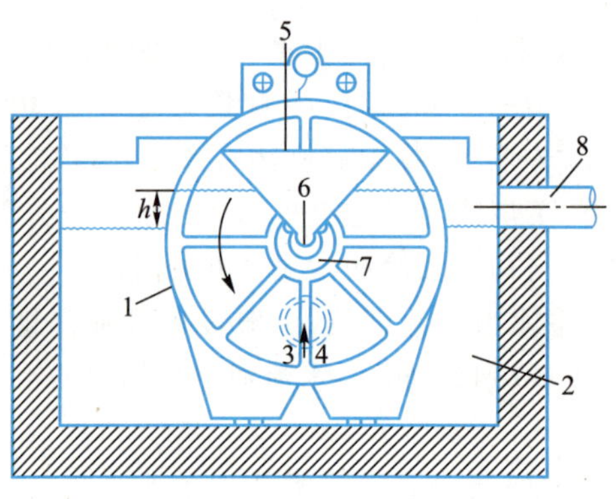

图 2-4 微滤机示意图

微滤机具有占地面积小,过滤能力大、操作方便等优点,可用于自来水厂原水过滤以去除藻类、水蚤等浮游生物,也可用于工业用水的过滤处理、工业废水中有用物质的回收(如造纸废水的白水微滤净化和纸浆回收)以及污水的最终处理等。

微滤机的处理能力与滤网孔径及悬浮物的性质和浓度有关。例如用孔径为 35 μm 的滤网处理含藻湖水时,产水率可达 30~127 $m^3/(m^2 \cdot h)$,除藻率在 60%以上;用孔径 65 μm 的滤网处理造纸白水时,纸浆回收率达 80%~90%。

二、沉砂池

沉砂池的功能主要是去除水中沙粒、煤渣等相对密度较大的无机颗粒杂质,同时也去除少量较大、较重的有机杂质,如骨屑、种子等。沉砂池一般设在泵站、沉淀池之前,这样可以防止对水泵和污泥处置设备的磨损,还可使沉淀池中的污泥具有良好的流动性。

沉砂池的工作原理是重力沉降。在沉降过程中颗粒杂质的尺寸、形状和相对密度不随时间而改变。这种沉降称为自由沉降。

最简单的沉降原理可从图 2-5 中看出。当原来在水面上的颗粒沉降到某一深度后,该深度以上的水即变得澄清。因此澄清流量为:

$$Q=\frac{h}{t}A=uA \tag{2-1}$$

式中:Q——澄清流量,m^3/s;

h——颗粒在 t 时间内所沉降的距离,m;

A——与沉降方向垂直的矩形容器截面积,m^2;

u——颗粒沉降速度,m/s。

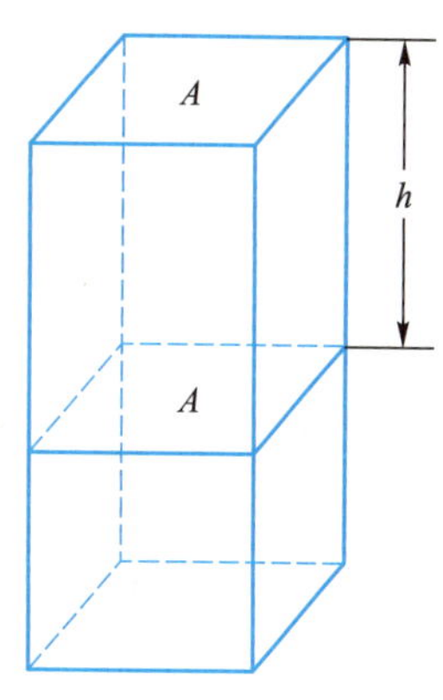

图 2-5 静水自由沉降

从式(2-1)可知,在自由沉降的沉砂池中,其澄清流量与池深无关,仅为池表面积和颗粒沉降速度的函数。

颗粒在静水中沉降速度可用 Stokes 公式表示:

$$u=\frac{g}{18\mu}(\rho_s-\rho)d^2 \tag{2-2}$$

式中:d——颗粒直径,m;

ρ_s——颗粒密度,kg/m^3;

ρ——液体密度,kg/m^3;

μ——水的动力黏度,Pa·s;

g——重力加速度,m/s^2。

这一著名公式历来都作为固体颗粒在水中沉降速度的基础公式,它说明颗粒从液体中分离的主要影响因素有:颗粒与液体的密度差、颗粒直径和液体的动力黏度。密度差 $\rho_s-\rho$ 越大,沉降越快。当 $\rho_s-\rho$ 为负值时,颗粒将上浮,此时 u 为其上浮速度。从这个角度上说,水中颗粒的上浮或下沉,在分离本质上是一致的。

由于 Stokes 公式的导出是基于均匀球形颗粒的假定,而水和废水中的颗粒大小、形状、密度各不相同,故在水处理工程实际中,沉砂池的设计并不直接采用这一公式,大多是根据实际水样的沉降试验或经验资料来进行设计的。

对于城市污水处理厂来说,沉砂池通常都按去除密度为 2 650 kg/m^3、粒径 0.2 mm 以上的沙粒来考虑。沉砂量与气候、服务面积、街道清洁程度、垃圾情况、工业废水排入情况等因素有关,一般可按每 10^6 m^3污水沉砂 15~30 m^3计算,其含水率为 60%,容重为 1 500 kg/m^3。生活污水的沉砂量则可按 0.01~0.02 L/(人·d)考虑。沉砂的处置一般采用填埋或土地卫生堆弃,也可以焚烧。

沉砂池有三种类型:平流式、竖流式和曝气式。

(一) 平流式沉砂池

平流式矩形沉砂池是最常用的一种沉砂池,具有构造简单、工作稳定、处理效果好且易于排砂等优点。它的水流部分实际上是一个加深、加宽了的明渠,两端设有闸板;池底一般应有 0.01~0.02 的坡度,并设有 1~2 个贮砂斗。贮砂斗的容积按 2 d 以内的沉砂量计算,斗壁与水平面的倾角不应小于 55°,下接排砂管。沉砂可用闸阀或射流泵、螺旋泵排除。如果采用机械除砂设备,则池底形状可按设备要求考虑。图 2-6 是平流式沉砂池的示意图。

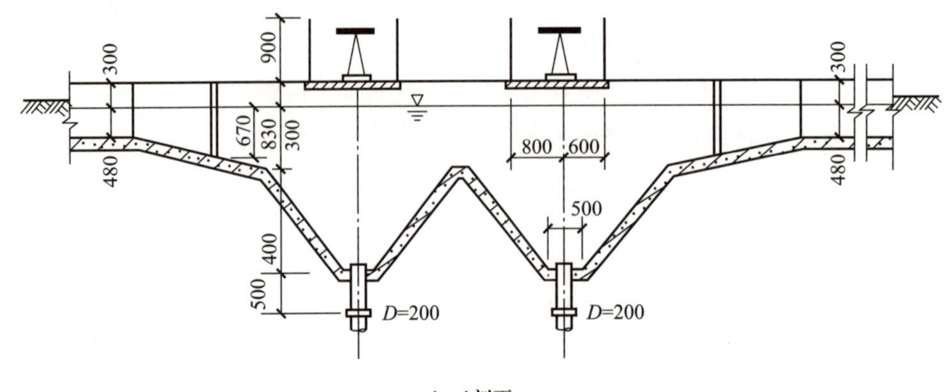

1—1剖面

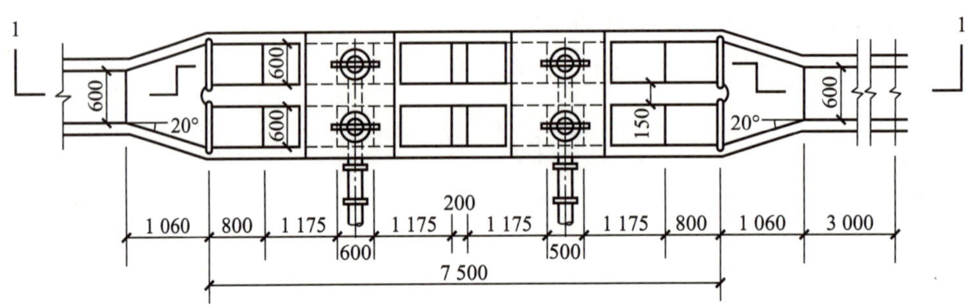

图 2-6 平流式沉砂池

沉砂池应按最大设计流量计算,通常最大流速为 0.3 m/s,最小流速为 0.15 m/s。池子个数或分格数不应少于两个。当污水量较小时可考虑一格工作,一格备用。为了控制池内流速,还可在出口端设置比例流量堰。

当无实际水样砂粒沉降试验资料时,平流式沉砂池的主要设计参数的计算公式有:

沉砂池的水流面积(A,m^2):

$$A=\frac{Q_{max}}{v} \tag{2-3}$$

池总宽度(B,m):

$$B=\frac{A}{h_2} \tag{2-4}$$

池长(L,m):

$$L=vt \tag{2-5}$$

沉砂斗所需容积(V,m^3):

$$V=\frac{86\ 400Q_{max}X_1T}{K_z\cdot 10^6} \tag{2-6}$$

或

$$V=N\cdot X_2T \tag{2-7}$$

池总高度(H,m):

$$H = h_1 + h_2 + h_3 \tag{2-8}$$

验算最小流速(v_{min},m/s):

$$v_{min} = \frac{Q_{min}}{n_1 w_{min}} \tag{2-9}$$

式中:Q_{max}——最大设计流量，m^3/s;

v——最大设计流量时的流速,m/s;

t——最大设计流量时的停留时间,s,不得小于 30 s,一般采用 30~60 s;

X_1——城市污水沉砂量，$m^3/(10^6\ m^3)$(污水);

X_2——生活污水沉砂量,L/(人·d);

N——沉砂池服务人口数;

T——清除沉砂的时间间隔,d;

K_z——流量总变化系数,见表 2-1;

$$Q_{max} = K_z Q_{ave}$$

Q_{ave}——平均流量，m^3/s;

h_1——沉砂池超高,m,一般不小于 0.3 m;

h_2——有效水深,m,一般采用 0.25~1 m,不大于 1.2 m;

h_3——贮砂斗高度,m;

Q_{min}——最小流量，m^3/s,一般采用 $0.75Q_{ave}$;

n_1——最小流量时工作的沉砂池数目(或格数);

w_{min}——最小流量时沉砂池中的水流断面面积，m^2。

表 2-1　城市污水流量总变化系数

平均流量/($L\cdot s^{-1}$)	5	15	40	70	100	200	500	≥1 000
总变化系数 K_z	2.3	2.0	1.8	1.7	1.6	1.5	1.4	1.3

(二) 曝气沉砂池

前已述及,沉砂池主要功能是去除无机颗粒,但难免在沉渣中夹杂有机物,容易腐败发臭。目前广泛使用的曝气沉砂池就可使沉渣中有机物含量低于 10%。

曝气沉砂池是一个长形渠道,池的一侧通入空气,使污水在池中以螺旋状向前流动,从而产生与主流垂直的横向环流。在离心力的作用下,密度较大的无机颗粒被甩沉下,而有机颗粒则经常处于悬浮状态,并使砂粒互相摩擦,剥除砂粒表面附着的有机污染物。排出的沉渣一般只含约 5%的有机物。此外,曝气沉砂池受流量变化的影响较小,可以通过调节曝气量,控制污水的旋流速度,使除砂效率稳定;同时还能起到对污水的预曝气作用,有利于后续的生化处理过程。图 2-7 是曝气沉砂池的截面图。

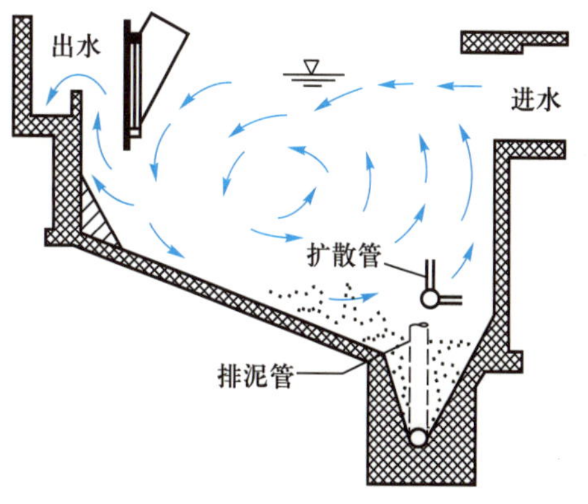

图 2-7　曝气沉砂池截面图

曝气沉砂池的典型设计参数是：最大设计流量时池内水平流速为不大于 0.1 m/s；停留时间为大于 5 min；曝气量可采用 0.1~0.2 m^3/m^3（污水），或 0.5~1.0 $m^3/[h \cdot m^3$（池容积）]；有效水深为 2~3 m，宽深比一般采用 1.0~1.5。当曝气沉砂池用作污水预曝气目的时，停留时间可延长至 15~20 min。通过例 2-1 可以了解曝气沉砂池设计的基本计算公式。

[例 2-1] 某城市污水最大流量为 1 m^3/s，试设计一个曝气沉砂池。

解： 取污水在沉砂池内的停留时间 $t=3$ min，则池子总有效容积（V）：

$$V=Q_{max} \cdot t \cdot 60=1\times3\times60\ m^3=180\ m^3$$

最大流量（Q_{max}）时的水平流速（v）取 0.1 m/s，于是水流断面积（A）：

$$A=\frac{Q_{max}}{v}=\frac{1}{0.1}\ m^2=10\ m^2$$

设计有效水深（h_2）取 2.5 m，则池总宽度（B）：

$$B=\frac{A}{h_2}=\frac{10}{2.5}\ m=4\ m$$

分两格，每格宽度（b）：

$$b=\frac{B}{2}=\frac{4}{2}\ m=2\ m$$

池长（L）：

$$L=\frac{V}{A}=\frac{180}{10}\ m=18\ m$$

取 1 m^3污水所需空气量 $a=0.1\ m^3$，于是，每小时曝气量（q）：

$$q=a \cdot Q_{max} \cdot 3\ 600=0.1\times1\times3\ 600\ m^3/h=360\ m^3/h$$

空气扩散装置设在池的一侧，距池底 0.6 m。

曝气沉砂池出水中的溶解氧含量较高，有利于后续的好氧生化处理过程，但不利于后续生化处理过程的前段工序为厌氧或缺氧的工艺。近年来，机械力或水力旋流沉砂池的出现和应用，可以很好地克服曝气沉砂池的这一不足。

三、离心分离

含悬浮颗粒（或乳化油）的水在高速旋转时，由于颗粒和水分子的密度不同，其受到的离心力大小也不同，密度比较大的颗粒被甩到外围，密度小的油粒则留在内层。如果适当安排颗粒（油粒）和水的不同出口，就可使颗粒（油粒）物质与水分离，水质得以净化。用这种借助离心力分离水中悬浮颗粒的方法称为离心分离法。

在离心力场内，水中颗粒所受的离心力（F_c）为：

$$F_c=(m-m_0)\frac{v^2}{r} \tag{2-10}$$

式中：m，m_0——分别为颗粒和水的质量，kg；

v——颗粒的圆周线速度，$v=2\pi rn/60$，m/s；

r——旋转半径，m；

n——转速，r/min。

同一颗粒所受到的重力(G)为：

$$G=(m-m_0)g \tag{2-11}$$

离心力与重力之比值称为分离因素(a)：

$$a=\frac{F_c}{G}\approx\frac{rn^2}{900} \tag{2-12}$$

在进行离心分离时，离心力对悬浮颗粒的作用远远超过重力，因而能大大强化悬浮颗粒的分离过程。分离因素越大，分离性能也越好。

按离心力产生的方式不同，离心分离设备可分为两大类型：

(1) 水旋分离设备：容器固定不动，由沿切向高速进入器内的水流本身造成的旋转来产生离心力。这类分离设备称为水力旋流器(或旋流分离器)，常用的有压力式和重力式两种。

(2) 器旋分离设备：依靠容器的高速旋转带动器内水流旋转来产生离心力。这就是常说的离心机。

(一) 压力式水力旋流器

沿切线方向进入水力旋流器的高速水流沿器壁向下旋转运动，产生一次涡流，较大的颗粒在离心力的作用下被甩向器壁，并因其本身重力而沿器壁向下滑动，在底部形成浓稠液排出。较小的颗粒向下旋转到一定程度后又随水流向上旋转(称为二次涡流)运动至顶部由清液管排出。旋流器的中心部分还上下贯通有空气旋涡柱，空气由下部进入，上部排出(图 2-8)。

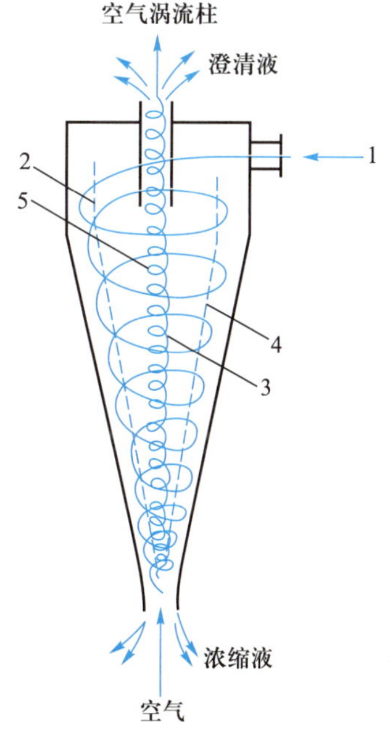

1. 入流；2. 一次涡流；3. 二次涡流；
4. 零锥面；5. 空气漩涡柱
图 2-8　压力式水流旋流器

水力旋流器具有体积小、用料少、单位容积的处理能力高等优点，所以广泛应用于轧钢废水去除氧化铁皮的处理，纸浆、矿浆、洗毛废水的除砂，以及建材工业中金刚砂的分离等。此外，还用于高浊度河水去除泥沙的预处理。水力旋流器的缺点是设备易受磨损及电耗较大。

(二) 重力式水力旋流器

重力式水力旋流器也称水力旋流沉淀池。废水由切线方向进入池内，造成旋流。与压力式旋流器相比，这种水力旋流沉淀池直径要大得多，离心力的作用减弱，颗粒的分离主要是由重力决定的。在这两种力的作用下，颗粒被抛向池壁并沉于池底，定期由抓斗排渣。

压力式水力旋流器的表面负荷比较高，如在用于轧钢废水去除氧化铁皮的处理时，可达 1 000 $m^3/(m^2\cdot h)$，但重力式水力旋流器的表面负荷一般只有 25~30 $m^3/(m^2\cdot h)$，而普通沉淀池的表面负荷仅有 2.5 $m^3/(m^2\cdot h)$。

(三) 离心机

离心机的种类很多，按分离因素(a)的大小可分为低速离心机(a<1 500)、中速离心机(a=1 500~3 000)和高速离心机(a>3 000)。中、低速离心机又统称常速离心机。按离心机分离容器几何形状的不同，又可分为转筒式离心机、管式离心机、盘式离心机和板式离心机等。在水处理工程中，常速离心机多用于污泥或化学沉渣的脱水，而高速离心机（转速达 5 000～15 000 r/min）则适用于废水中乳化油的分离等。例如，用高速离心机来处理洗毛废水，不仅可净化水质，还可回收经济价值甚高的羊毛脂。

第二节 水中悬浮物质和胶体物质的去除

对于水中的悬浮物质，可通过颗粒与水的密度差，在重力作用下进行分离。一般来说，20～100 μm 以上的颗粒可以直接用沉降法去除。但沉降法不适用于较小的颗粒，特别是胶体微粒（10^{-9}～10^{-6} m），因为它们的自然沉速太慢了（表 2-2），需采取一些措施或用别的方法才能去除，如混凝、沉淀、澄清、过滤、气浮和膜技术等。

表 2-2 不同直径颗粒的自然沉降速度（10℃） 单位：m/h

颗粒种类	颗粒直径/mm						
	1.0	0.5	0.2	0.1	0.05	0.01	0.005
石英砂	502	258	82	24	6.1	0.3	0.06
煤	152	76	26	7.6	1.5	0.08	0.015
典型污水可沉固体（小于）	152	61	18	3	0.76	0.03	0.008

一、沉淀

（一）理论基础

悬浮颗粒在水中的沉降，根据其浓度及特性，可分为四种基本类型：

（1）自由沉降：颗粒在沉降过程中呈离散状态，其形状、尺寸、质量均不改变，下沉速度不受干扰。在上节所述的沉砂池以及在初次沉淀池内的初期沉降就是这种类型。

（2）絮凝沉降：沉降过程中各颗粒之间能互相黏结，其尺寸、质量会随深度的增加而逐渐变大，沉速亦随深度而增加。在混凝沉淀池以及初次沉淀池的后期和二次沉淀池中初期的沉降属于此类型。

（3）拥挤沉降（成层沉降）：颗粒在水中的浓度较大时，各颗粒间互相靠得很近，在下沉过程中彼此受到周围颗粒作用力的干扰，但颗粒间的相对位置不变，作为一个整体而成层下降。在清水与浑水之间形成明显的界面，沉降过程实际上就是这个界面的下沉过程。高浊度水的沉淀以及二次沉淀池后期的沉降通常属于这一类型。

（4）压缩沉降：颗粒在水中的浓度很高时会互相接触。上层颗粒的重力作用可将下层颗粒间的水挤压出界面，使颗粒群被压缩。这种沉降往往发生在沉淀池底部的污泥斗中或污泥浓缩池内。

1. 自由沉降

对于低浓度的离散颗粒，如砂砾、铁屑等，沉降不受周围其他颗粒的影响。颗粒在静水中受到两个基本力的作用：一个是重力（F_g）；另一个是水对它的浮力（F_b）。两个力的方向相反，因此颗粒所受的净作用力（F_n）为：

$$F_n = F_g - F_b = (\rho_s - \rho) g V_s \tag{2-13}$$

式中：ρ_s、ρ——分别为颗粒和水的密度；

g——重力加速度；

V_s——颗粒体积。

这个净作用力(F_n)就是颗粒沉降的推动力。当颗粒下沉时，立即会受到阻力(F_d)的作用：

$$F_d = C_D \rho A_s \frac{u^2}{2} \tag{2-14}$$

式中：C_D——阻力系数；

A_s——颗粒在运动方向上的投影面积；

u——颗粒沉降速度。

当推动力和阻力达到平衡时，颗粒将以等速下沉。如果颗粒是直径为 d 的均质球形，则此时的沉速应为：

$$u^2 = \frac{4}{3} \frac{(\rho_s - \rho)}{C_D \rho} g d \tag{2-15}$$

图 2-9 是由实验得到的球形颗粒阻力系数(C_D)与雷诺数(Re)的关系曲线。由图可知，C_D不是常数，它随着表征颗粒沉降的流体力学特征值——雷诺数(Re)的改变而变化。在层流区，$Re \leqslant 2$，有：

$$C_D = \frac{24}{Re} \tag{2-16}$$

而

$$Re = \frac{\phi \rho u d}{\mu} \tag{2-17}$$

式中：μ——水的动力黏度；

ϕ——形状系数，对于完好的球形，$\phi = 1.0$。

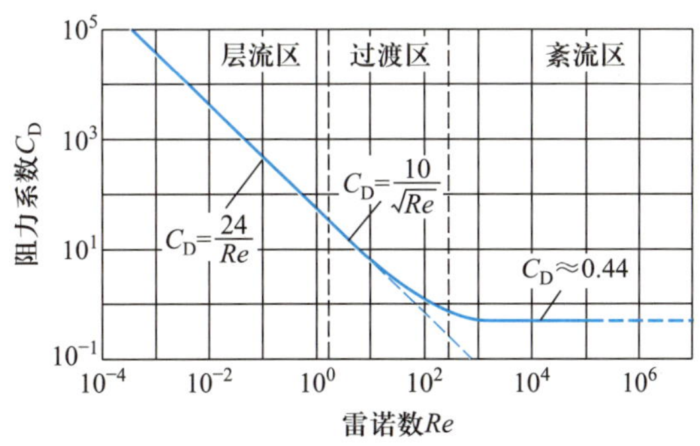

图 2-9　球形颗粒阻力系数与雷诺数的关系

将式(2-16)、式(2-17)代入式(2-15)，就得到在本章第一节中提到的 Stokes 公式：

$$u = \frac{g}{18\mu} (\rho_s - \rho) d^2$$

在紊流区和过渡流区，Re 不同，应采用不同的沉速公式，见表 2-3。

表 2-3 沉降速度公式

流态区	Re 范围	C_D公式	沉降速度公式
层流区	$Re\leqslant 2$	$\dfrac{24}{Re}$	$u=\dfrac{g}{18\mu}(\rho_s-\rho)d^2$(Stokes 公式)
过渡流区	$2<Re\leqslant 500$	$\dfrac{10}{\sqrt{Re}}$或 $\dfrac{24}{Re}+\dfrac{3}{\sqrt{Re}}+0.34$	$u=\left[\dfrac{4}{225}\times\dfrac{(\rho_s-\rho)^2g^2}{\mu\rho}\right]^{1/3}d$ (Allen 公式)
紊流区	$500<Re\leqslant 10^5$	~ 0.44	$u=\left[\dfrac{3g(\rho_s-\rho)d}{\rho}\right]^{1/2}$(Newton 公式)

前已述及,由于在水处理实践中遇到的颗粒形状、大小、密度各不相同,因此要用上面的方法来计算真实颗粒的沉降速度是困难的。在实际应用时,一般都通过沉淀试验来判定水样的沉降性能。

试验在沉淀柱中进行(图 2-10)。沉淀柱的有效水深为 H,试验用水样需缓慢地搅拌均匀,水样中悬浮物质的原始浓度为 ρ_0。沉降开始后,在时间为 t_1时从水深为 H 处取一水样样品,测出其悬浮物质浓度为 ρ_1,则沉速大于$u_1\left(u_1=\dfrac{H}{t_1}\right)$的所有颗粒均已通过取样点,而残余的颗粒必然具有小于 u_1的沉速。这样,具有沉速小于 u_1的颗粒与全部颗粒的比例为 $x_1=\dfrac{\rho_1}{\rho_0}$。在时间为 $t_2,t_3,\cdots$时重复操作上述过程,则具有沉速小于 $u_2,u_3,\cdots$的颗粒比例 $x_2,x_3,\cdots$也可求得。整理这些数据可绘出如图 2-11 所示的曲线。

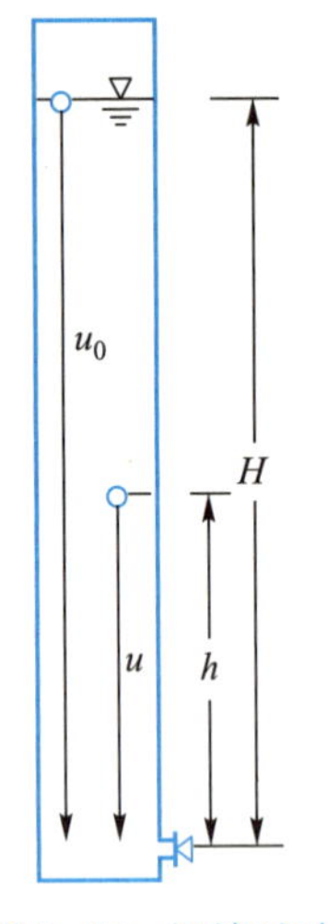

图 2-10 沉淀试验

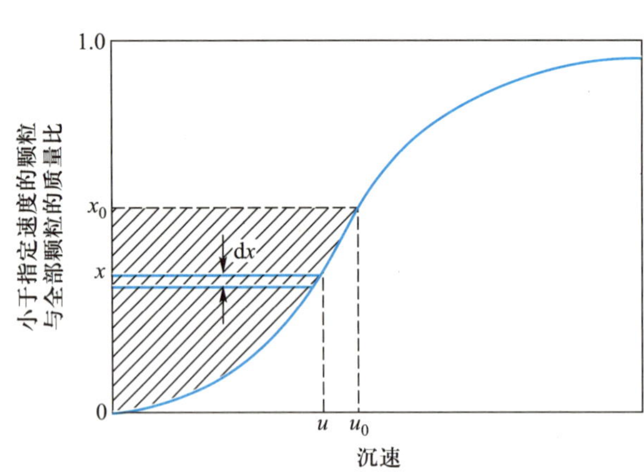

图 2-11 颗粒沉速累积频率分配曲线

对于指定的沉淀时间 t_0,可求得颗粒沉速 u_0,这时在整个有效深度(H)上,沉速 $u\geqslant u_0$的颗粒在 t_0时可全部去除;而沉速 $u<u_0$的颗粒则只有一部分能去除,其去除的比例为 h/H,h 代表在 t_0时刚好沉到水深 H 处的某种颗粒的沉降距离(图 2-10)。

设 x_0代表 $u<u_0$的颗粒所占的比例,于是在悬浮颗粒总数中,沉速 $u\geqslant u_0$的颗粒所占的比

例可用$(1-x_0)$表示。这部分颗粒在t_0时间内均可被除去。此外,由于

$$\frac{h}{H}=\frac{ut_0}{u_0t_0}=\frac{u}{u_0} \tag{2-18}$$

所以沉速$u<u_0$的各种粒径的颗粒在t_0时间内按u/u_0的比例被去除。因此,总去除率为:

$$E=(1-x_0)+\frac{1}{u_0}\int_0^{x_0}u\mathrm{d}x \tag{2-19}$$

式中第二项可根据沉淀分析曲线用图解积分法确定,如图2-11中的阴影部分。

[例2-2] 某废水中的悬浮物质浓度不高,且均为离散颗粒,在一有效水深H为1.8 m的沉淀柱内进行沉降试验,结果如表2-4所示:

表2-4 例2-2附表1

时间 t/min	0	60	80	100	130	200	240	420
取样浓度 $\rho/(\mathrm{mg\cdot L^{-1}})$	300	189	180	168	156	111	78	27

试求此废水在负荷为25 $\mathrm{m^3/(m^2\cdot d)}$的沉淀设备内悬浮物质的理论总沉降去除率。

解:计算各沉降时间下,水中残余颗粒所占比例与相应的沉降速度,列于表2-5中。

表2-5 例2-2附表2

时间 t/min	60	80	100	130	200	240	420
残余颗粒比例 x/%	63	60	56	52	37	26	9
沉降速度$(u=H/t)/(\mathrm{m\cdot min^{-1}})$	0.03	0.022 5	0.018	0.013 8	0.009	0.007 5	0.004 3

绘残余颗粒比例与沉降速度间的关系曲线(图2-12)。

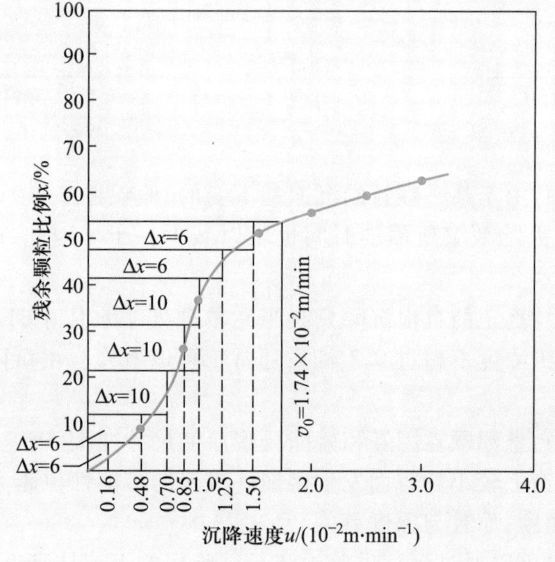

图2-12 残余颗粒比例与沉降速度关系曲线

计算指定的颗粒沉速：

$$u_0 = 25\ \mathrm{m^3/(m^2 \cdot d)} = 0.017\ 4\ \mathrm{m/min}$$

由图 2-12 可查得：小于指定沉速 u_0 的颗粒与全部颗粒的比值 $x_0 = 54\%$。

式(2-19)中的积分部分 $\int_0^{x_0} u\mathrm{d}x$ 可由图 2-12 求出，相当于各矩形面积 $u_i \cdot \Delta x$ 之和（表 2-6）：

表 2-6 例 2-2 附表 3

$\Delta x/\%$	6	6	10	10	10	6	6
u_i	0.015	0.012 2	0.01	0.008 5	0.007 0	0.004 8	0.001 6
$u_i \cdot \Delta x/\%$	0.09	0.07	0.10	0.09	0.07	0.03	0.01

$$\sum(u_i \cdot \Delta x) = 0.46\% = 0.004\ 6$$

悬浮物质理论总沉降去除率：

$$E = (1-x_0) + \frac{1}{u_0}\int_0^{x_0} u\mathrm{d}x = (1-x_0) + \frac{1}{u_0}\sum(u_i \Delta x)$$

$$= (1-0.54) + \frac{0.004\ 6}{0.017\ 4} = 0.46 + 0.26 = 0.72 = 72\%。$$

根据试验及计算结果，可将沉淀时间（t）、沉淀效率（E）、颗粒沉速（u）绘出沉淀特性曲线，如图 2-13 和图 2-14 所示。

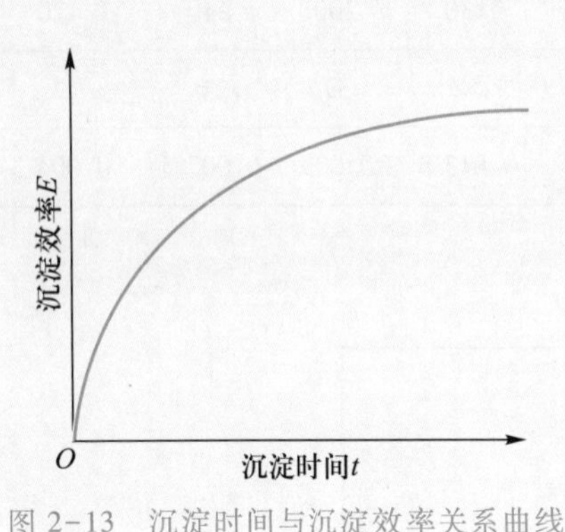

图 2-13 沉淀时间与沉淀效率关系曲线

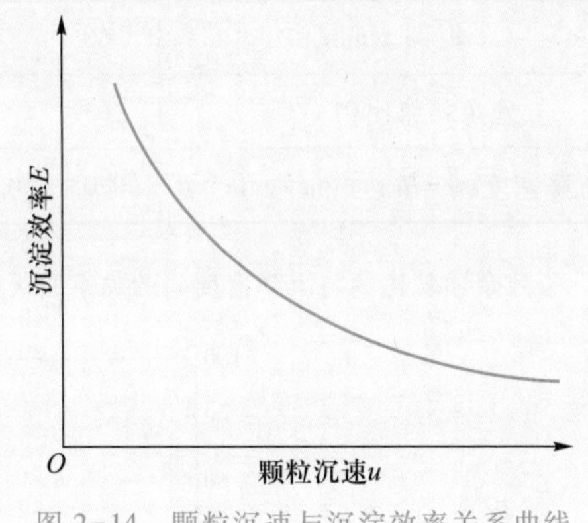

图 2-14 颗粒沉速与沉淀效率关系曲线

在自由沉降过程中，由于某一颗粒的沉速是不变的，假设图 2-10 试验柱的有效水深 H 减少一半，则达到相同去除效率所需的时间也可以减少一半。因此，$E-u$ 曲线与试验水深无关。

理论上讲，一个颗粒真正的自由沉降只有当它单独处于水体中时才能得到。但工程实际中，当水中颗粒的体积浓度不超过 0.2%时，通常都可以看作自由沉降过程。

2. 絮凝沉降

在絮凝沉降过程中，悬浮颗粒因互相碰撞凝聚而使尺寸变大，沉速将随深度而增加。同时水深越深，较大颗粒追上较小颗粒而发生碰撞并凝聚的可能性也越大。因此，悬浮物的去除率不仅取决于沉淀速度，而且与深度有关。

絮凝沉降的特性也可以通过沉淀试验确定。试验用的沉淀柱高度应当与拟采用的实际沉淀设备的高度相同，而且要尽量避免剧烈搅动造成已凝聚的颗粒破碎，影响沉淀效果。

絮凝沉降试验在沉淀柱中静置状态下进行。在柱筒的不同深度处设有取样口[图 2-15(a)]。在不同的沉淀时间,从不同的深度取样,测出悬浮物的浓度,并计算出悬浮物的去除率。将这些去除率点绘于相应的深度与时间的坐标上,得到等浓度曲线,如图 2-15(b)所示。这些曲线代表相等的去除率,同时也表示对应于某一去除率时颗粒沉淀路线位置最高的轨迹。

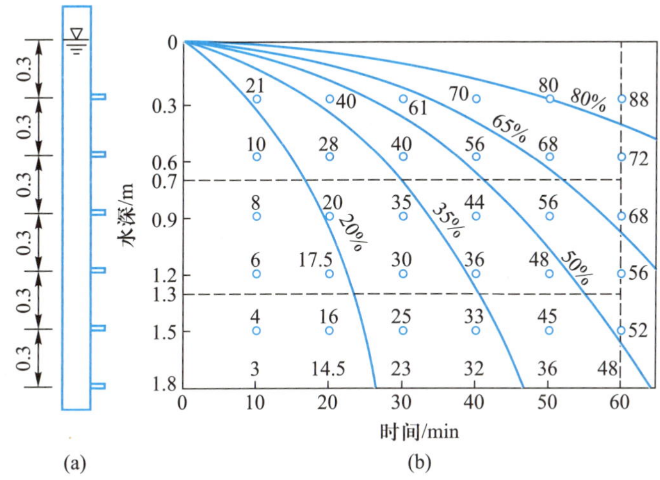

图 2-15　絮凝沉降的等效率曲线

对于某一指定时间的悬浮物总去除率,可以采用与离散颗粒相似的计算方法求得。举例说明如下。

[例 2-3]　某一废水在有效水深为 1.8 m 的沉淀柱内进行沉降试验。由沉淀柱分析得到在不同沉淀时间、不同深度的悬浮物去除率标示于图 2-15(b)中。去除率曲线是用这些数据以内插法绘制的。求沉淀 60 min 时的悬浮物总去除率。

解:由图 2-15(b)看出,60 min 时底部取样口的悬浮物去除率为 48%,即有 48% 的颗粒大于或等于 1 800/(60×60)(mm/s)= 0.5 mm/s 的沉降速度,它们将被全部去除。小于该沉速的颗粒只有一部分沉到底部,而且按 u/u_0的比例除去。在去除率为 50%~65%(增量为 15%)的颗粒将具有一个平均沉降速度,其值等于平均高度除以时间(t_0),平均高度为去除率 50% 与 65% 曲线之间中点的高度。由图可知中点高度为 1.3 m,平均沉降速度为 1 300/(60×60)(mm/s)= 0.36 mm/s。同样,在去除率为 65%~80%之间的颗粒其平均沉速为 700/(60×60)(mm/s)= 0.2 mm/s。以后的增量之间颗粒沉速很小,可忽略不计。因此,总去除率为:

$$E=E_0+\frac{u_1}{u_0}(P_1)+\frac{u_2}{u_0}(P_2)+\cdots+\frac{u_n}{u_0}(P_n) \tag{2-20}$$

式中:　E——沉降高度为 H、沉降时间为 t_0时的去除率;

$P_1,P_2,\cdots,P_n$——沉淀百分数之间的数值差。

因为$\frac{u_1}{u_0}=\frac{h_1}{H}$,$\frac{u_2}{u_0}=\frac{h_2}{H}$,在此 h_1、h_2是由水面向下量测的,于是总去除率:

$$E=48+\frac{1.7}{1.8}(50-48)+\frac{1.3}{1.8}(65-50)+\frac{0.7}{1.8}(80-65)=66.5\%$$

同理，可计算出不同沉淀历时的悬浮物总去除率，由此画出如图 2-13、图 2-14 的沉淀特性曲线，作为设计沉淀设备的依据。

应当指出，在絮凝沉淀过程中，对于一定的颗粒，不同水深将有不同的沉淀效率，水深增大，沉淀效率也增高，这是因为絮凝后颗粒的沉速加大。所以，$E-u$ 曲线与试验水深有关。这与自由沉降过程是不同的。

3. 拥挤沉降和压缩沉降

当水中悬浮物质的浓度很高时，颗粒间隙相应减小，在沉降过程中会产生颗粒彼此干扰的拥挤沉降现象。同时，沉速较快的颗粒下沉时所置换的液体的上涌也会对周围颗粒的下沉产生影响。因此，颗粒的实际沉降速度应是自由沉降时的沉速减去液体的上涌速度。经过一段时间后，上层逐渐变清而下层的颗粒浓度增高，使上涌速度加大，最终使全部颗粒以接近相同的沉速下沉，出现了一个清水和浑水的界面，此界面称为浑液面，即图 2-16 中 A、B 之界面。沉降过程也就成了浑液面的等速下沉过程，故又称之为成层沉降。

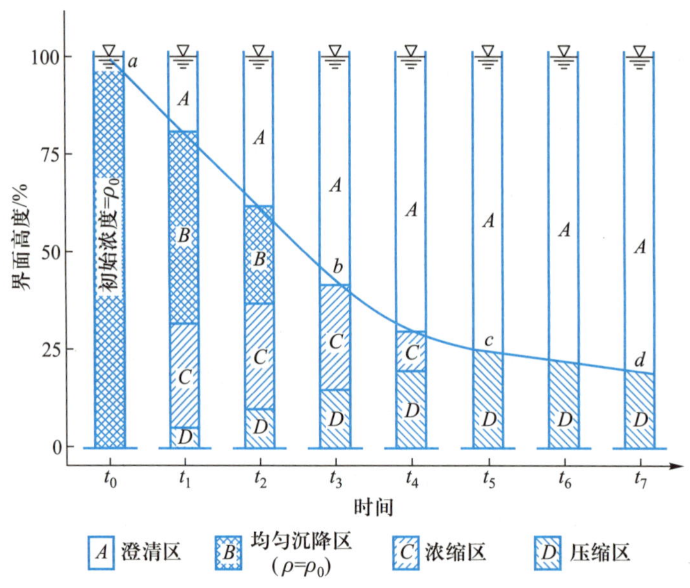

图 2-16 拥挤沉降和压缩沉降

有资料介绍，当悬浮物质的数量占液体体积的 1%左右时就会出现拥挤沉降现象。如果颗粒的絮凝性能增加，则出现拥挤沉降的悬浮物质浓度将会减小。在水处理中，高浊度水的沉淀、混凝沉淀、生物处理（如曝气池）后活性污泥的沉淀等都有可能出现拥挤沉降。

压缩沉降亦即污泥浓缩。先沉到底部的颗粒受到上部污泥质量的压力，颗粒间的孔隙水将因压力的增加和结构的变形而被挤出，使污泥浓度增高。因此，污泥的浓缩过程也就是不断排除孔隙水的过程。压缩沉降常见于各种污泥浓缩池和沉淀池积泥区内的污泥浓缩过程。

4. 理想沉淀池

在水处理工程中，通过颗粒沉降来分离去除悬浮物质的设备称为沉淀池。为了便于说明沉淀池的工作原理，先作一些简化假定：① 沉淀池中过水断面上各点的流速均相同；② 在沉降过程中悬浮颗粒以等速下降，颗粒的水平分速等于水流速度；③ 悬浮颗粒落到池底后不再浮起，就认为已被除去。这样的沉淀池称为理想沉淀池。

根据上述假定，进入理想沉淀池的每个颗粒均具有随水流运动的水平分速度以及垂直下沉的分速度，其运动轨迹是向下倾斜的直线（图 2-17）。沉速$u \geqslant u_0$的颗粒可全部被除去；$u<u_0$的颗粒只能部分被除去，视该颗粒进入沉淀池时的位置距池底深度而定。例如，沉速$u=u_1$的颗粒，若它进池时的位置为 A，运动转轨为 AD，即不能沉于池底，此颗粒将随水流出。但若它进池时位置为 C，运动轨迹 CB，则将落于池底而被除去。设池深为 H，C 点距池底为 h，于是 $u=u_1$的颗粒被除去的比例为 h/H 或 u_1/u_0。

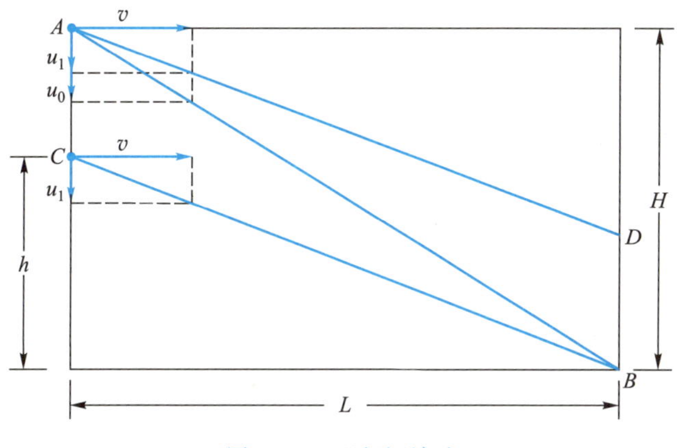

图 2-17 理想沉淀池

如果沉淀池容积为 $V(m^3)$，池表面积为 $A(m^2)$，进水流量为 $Q(m^3/s)$，因为 $u_0t_0=H$，$V=HA=Qt_0$，所以

$$u_0=\frac{H}{t_0}=\frac{Qt_0}{At_0}=\frac{Q}{A} \tag{2-21}$$

令

$$q_0=\frac{Q}{A} \tag{2-22}$$

式中：q_0——表面负荷或过流率，表示单位沉淀池表面积在单位时间内所能处理的水量，即沉淀池的沉淀能力，$m^3/(m^2 \cdot s)$或 $m^3/(m^2 \cdot h)$。它是沉淀池设计中的一个重要参数。

比较式(2-21)和式(2-22)可知，q_0在数值上等于 u_0。q_0越大，虽然沉淀池容积和表面积可减少，但因 u_0也越大，具有沉速 $u \geqslant u_0$的颗粒占悬浮颗粒总量的比例就越少，即沉淀效率越低。

通过静置沉淀试验，根据要求达到的沉淀效率，求出应去除的最小颗粒的沉速 u_0后，也就得到了沉淀池的过流率(q_0)。

在实际沉淀池中，情况要比理想沉淀池复杂得多，前面的简化假定都会因紊流（实际沉淀池中水流的雷诺数 Re 一般大于 500）、风吹、水温温差和密度差引起的对流以及池内水流死角等影响而产生偏差。这些因素影响的综合结果，使达到一定沉淀效率所需要的停留时间比理论沉降时间要长，而过流率则比理论值低。因此，在应用静置沉降试验资料时，应加以修正。通常可取：

$$q=\left(\frac{1}{1.25}\sim\frac{1}{1.75}\right)u_0 \tag{2-23}$$

$$t=(1.5\sim2.0)\,t_0 \tag{2-24}$$

式中：q，t——分别为沉淀池的设计过流率和设计沉淀时间；

u_0，t_0——分别为沉降试验所得的应去除的最小颗粒沉速和沉降时间。

（二）普通沉淀池

按池内水流方向的不同，沉淀池形式可分为平流式、竖流式和辐流式三种。

1. 平流式沉淀池

平流式沉淀池是最早和最常用的形式，尤其在较大流量的水处理厂中应用较多。从平面上看，它是一个矩形的池子。图 2-18 为设有链带式刮泥机械的平流式沉淀池。水通过进水槽和孔口流入池内，经挡板消能稳流后均匀地分布在池子的整个宽度上。水在池内缓缓流动，水中悬浮物逐渐沉向池底。沉淀后的清水溢过沉淀池末端的溢流堰，经出水槽排出池外。若水中有浮渣，堰口前还应设有挡板及浮渣收集设备。

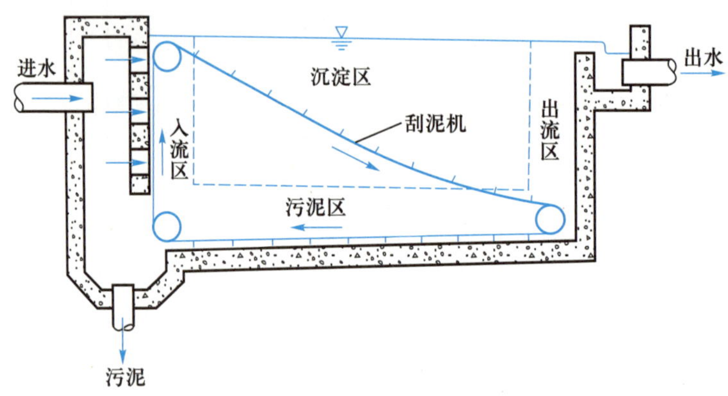

图 2-18　平流式沉淀池

沉淀池底微有坡度，一般采用 0.01～0.02。池底污泥在刮泥机的推动下刮入设在沉淀池底部前端的污泥斗中。开启排泥管上的闸阀，斗中污泥在静水压力（1.5～2.0 m 水头）的作用下由排泥管排出池外。排泥管管径采用 200 mm，以防堵塞。如果沉渣相对密度大、含水率低、流动性差（如铁渣、煤屑等），不能靠静水压力排泥时，可采用电动抓斗来清除。

如沉淀池体积不大，底部常做成多斗形（图 2-19）。斗壁与水平面的倾角采用 45°～50°，这样污泥通过每斗单独设置的排泥管排出，可省去刮泥机械。

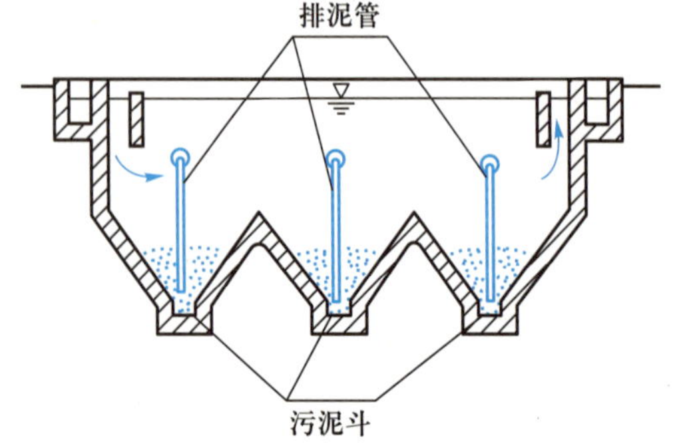

图 2-19　多斗底的沉淀池

在沉淀池的进、出口区，应使流量尽可能均匀地分布在整个过水断面上，以有利于悬浮物的沉降；出水中挟带的悬浮物应尽量少，以提高出水质量。进口的整流措施通常可采用挡板（竖直的或水平的）、穿孔墙或淹没孔，也可以是它们的组合。出口则常采用溢流式集水槽，也可用淹没孔口。锯齿形三角堰口出流应用最为普遍。为适应流量变化或构筑物的不均匀沉降，在堰口处应设有能使堰板上下移动的调整装置。

平流式沉淀池的设计包括功能设计和构造设计。功能设计是指沉降区、污泥区的尺寸计算和池子个数的确定；构造设计是指进、出口区的设计、排泥除渣方法的选定和相应设备的配置。

沉淀区尺寸的计算有两种情况：

当有被处理水的沉降特性资料时，常按表面负荷（过流率）（q）或颗粒最小沉速（u）和沉淀时间（t）来计算。q 和 t 可由式（2-23）和式（2-24）求定。

沉降区的有效表面积（A，m^2）为：

$$A=\frac{Q}{q} \quad 或 \quad A=\frac{Q}{u} \tag{2-25}$$

式中：Q——设计流量，m^3/h。

沉降区的有效水深（H，m）为：

$$H=\frac{Qt}{A}=qt=ut \tag{2-26}$$

沉淀池的长宽比 L/B 以 3~5 为宜，一般不小于 4。若池宽 B 过大，可将池子分隔为数格（n），每格宽度（b）：

$$b=\frac{B}{n} \tag{2-27}$$

按过流率设计后，还应按水平流速（v）校核。最大设计流量时的水平流速（v_{max}）：初次沉淀池为 7 mm/s，二次沉淀池为 5 mm/s。因此，池长（L，m）为：

$$L=v_{max}t\times3.6 \tag{2-28}$$

池子的长深比（L/H）一般采用 8~12。为了防止水流将沉泥冲起，在有效水深下面和污泥区之间还需有一定高度的缓冲区。无机械刮泥时，缓冲层高度为 0.5 m；有机械刮泥时，缓冲层的上缘应高出刮泥顶板 0.3 m。在有效水深以上还应有 0.3 m 的保护高度（常称超高）。池子的个数不应少于 2 个，按并联设计，以便其中一个池子发生故障或检修时不致停产。

当缺乏沉降特性资料时，可根据同类被处理水沉淀池的运行资料选用经验数据。表 2-7 列出了城市污水和给水沉淀池的设计参数，可参照选用。

表 2-7　沉淀池设计参数

沉淀池类别		沉淀时间/h	表面水力负荷/($m^3\cdot m^{-2}\cdot h^{-1}$)	每人每日污泥量/(g·人$^{-1}$·d^{-1})	污泥含水率/%
初次沉淀池	单独沉淀池	1.5~2.0	1.5~2.5	15~27	95~97
	二级处理前	1.0~2.0	1.5~3.0	1~25	95~97
二次沉淀池	活性污泥法后	1.5~2.5	0.6~1.5	12~32	99.2~99.6
	生物膜法后	1.5~2.5	1.0~2.0	10~26	96~98
给水沉淀池	自然沉淀	1.0~3.0	0.5~1.0	—	—
	混凝沉淀	1.0~2.0	1.0~3.0	—	—

污泥区所需的总容积（V，m^3）应根据排泥周期（两次排泥的时间间隔）内的沉泥量来确定，即：

$$V=\frac{Q(\rho_1-\rho_2)\times 24}{\gamma(1-p)}\times T \tag{2-29}$$

或

$$V=\frac{SNT}{1\ 000} \tag{2-30}$$

式中：Q——设计流量，m^3/h；

ρ_1,ρ_2——分别表示进水和出水的悬浮固体浓度，kg/m^3；

γ——污泥的密度，kg/m^3，当污泥主要为有机物且含水率在 95%以上时，其值可按 1 000 kg/m^3计；

p——污泥含水率，%；

T——排泥周期，d，一般按 1~2 d 考虑；

N——设计人口数；

S——每人每日污泥量，一般采用 0.3~0.8 L/(人·d)。

根据污泥量可计算污泥斗的尺寸。

下面的例题可以进一步说明平流式沉淀池的设计计算。

[例 2-4] 一生活污水流量 500 m^3/h，悬浮固体浓度 250 mg/L，静置沉淀试验结果经整理后如图 2-15 所示。若要求悬浮固体去除率为 65%，求平流式沉淀池的主要尺寸。

解：由图 2-15 及例 2-3 可知：去除率 65%时相应的沉淀时间大致为 1 h，相应于该沉淀效果的颗粒截流速度 $u_0=1.8\ m/h=q_0$。

设计过流率：

$$q=\frac{1}{1.5}\times q_0=\frac{1.8}{1.5}\ m^3/(m^2\cdot h)=1.2\ m^3/(m^2\cdot h)$$

沉淀池面积：

$$A=\frac{Q}{q}=\frac{500}{1.2}\ m^2=417\ m^2$$

采用 4 座池子，每座池子面积为 104 m^2。每池宽度根据刮泥机规格，取 4.5 m，则池长为：

$$L=\frac{104}{4.5}\ m=23\ m$$

$$长:宽=23/4.5=5.1>4$$

池深采用试验柱有效水深 1.8 m，池子的有效容积为：

$$W=417\ m^2\times 1.8\ m=750.6\ m^3$$

设计停留时间为：

$$t=\frac{750.6}{500}\ h=1.5\ h$$

进水区、出水区长度可分别取 0.5 m、0.3 m，于是池子总长度为：

$$L=23\ m+0.5\ m+0.3\ m=23.8\ m$$

取排泥周期 $T=1$ d，则污泥体积为：

$$\begin{aligned}V&=\frac{Q(\rho_1-\rho_2)\times 24}{\gamma(1-p)}\times T\\&=\frac{\frac{500}{4}\times(250-250\times 0.35)\times 24}{1\ 000\times 1\ 000}\times\frac{1}{1-95\%}\ m^3\\&=9.75\ m^3\end{aligned}$$

方锥形污泥斗体积为：

$$V_1=\frac{1}{3}h_4(A_1+A_2+\sqrt{A_1A_2})$$

式中：h_4——污泥斗高度；

A_1，A_2——分别代表污泥斗上、下底的面积。

本例题污泥斗设计如图 2-20，由图可得：

$$V_1=\frac{1}{3}\times2.05(4.5^2+0.4^2+\sqrt{4.5^2\times0.4^2})\ \text{m}^3=17\ \text{m}^3。$$

池底坡度采取 0.02，$h_3=(23.8-4.5)\times0.02$ m $=0.4$ m。池子保护高（h_1）和缓冲层高（h_2）均取 0.3 m，则池子总深为：

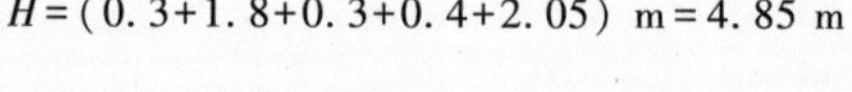

$$H=(0.3+1.8+0.3+0.4+2.05)\ \text{m}=4.85\ \text{m}$$

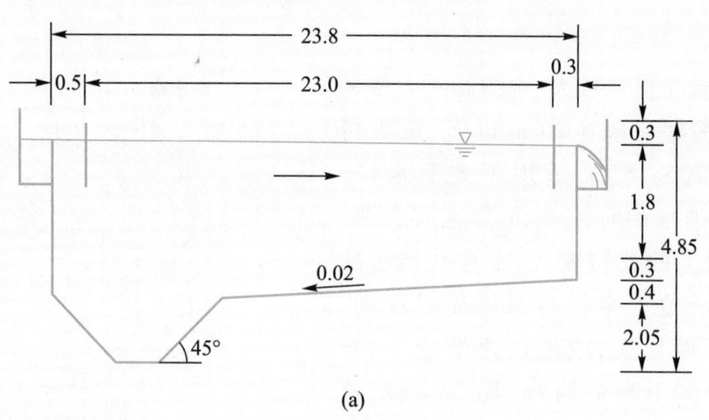

(a)

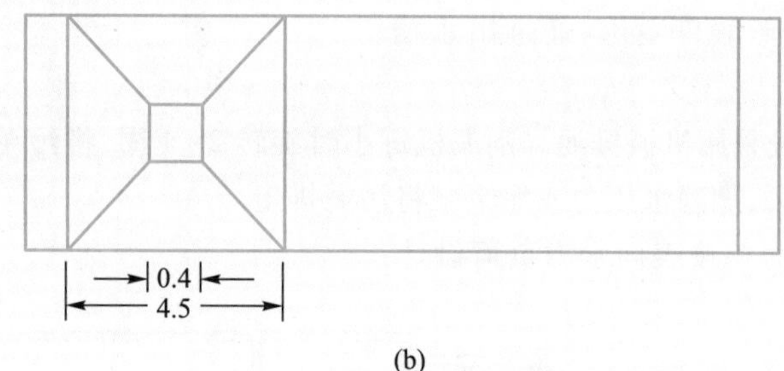

(b)

图 2-20　沉淀池计算草图

废水处理中的平流式沉砂池和给水处理中的河水预沉池等也是一种沉淀池。它们主要用于去除相对密度较大的泥沙颗粒，其基本内容已如前述，不再重复。

2. 竖流式沉淀池

竖流式沉淀池的平面形状一般做成圆形或方形。图 2-21 为圆形竖流式沉淀池。水由中心管的下口进入池中，通过反射板的拦阻向四周分布于整个水平断面上，缓缓向上流动。水中的悬浮颗粒也随之上升，但同时它又受重力作用而有下沉的趋势。重力下沉速度超过上升流速的颗粒就沉降到污泥斗中，澄清后的水由池子四周的堰口溢出池外。污泥斗壁倾斜角为 45°～60°，靠 1.5～2.0 m 的静水压头排泥，不必装设排泥机械。

竖流式沉淀池的直径与沉淀区深度（中心管下口和堰口的间距）的比值不宜超过 3，以使水流较稳定和保证竖直运动。池子直径一般为 4~7 m,不超过 10 m。中心管内流速不大于 30 mm/s。

沉淀区的上升流速(v)不应大于设计的颗粒截流速度(u),后者可通过静置沉淀试验确定 u_0 后求得。若无试验资料时,对于生活污水,v 一般可采用 0.3~0.5 mm/s,沉淀时间为 1.5~2.0 h。

竖流式沉淀池的单池容量小,当水量较大时,池子个数过多,故不宜采用,给水处理中亦不多用。

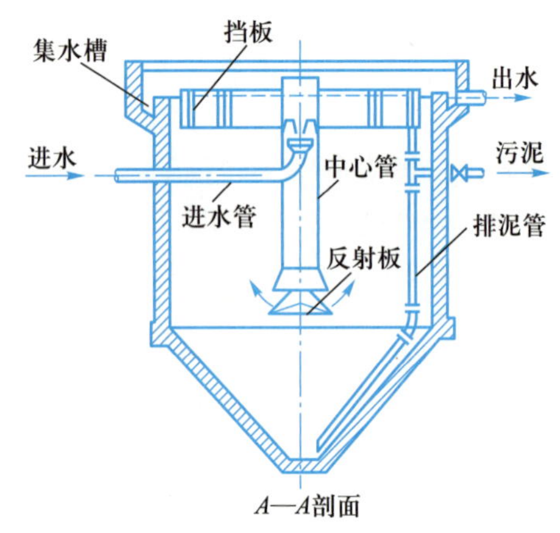

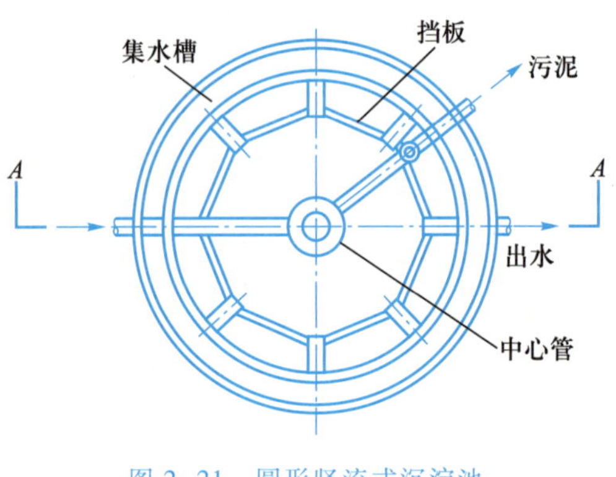

图 2-21 圆形竖流式沉淀池

3. 辐流式沉淀池

辐流式沉淀池是直径较大、水深相对较浅的圆形池子。它的直径一般在 20 m 以上,最大可达 100 m,池深 2.5~5 m,适用于大型水厂。图 2-22 为中央进水的辐流式沉淀池示意图。水由中心管管壁上的孔口流入,在穿孔挡板的作用下,均匀地沿池子半径向四周辐射流动。由于过水断面不断增大,故流速逐渐变小,颗粒的沉降轨迹是向下弯的曲线(图 2-23),这就可使更多的颗粒沉入池底。澄清后的水从设在池壁顶端的锯齿形堰口溢出,通过出水槽流出池外。

辐流式沉淀池一般采用机械排泥。刮泥机每小时旋转 2~4 周,将污泥顺着坡度为 0.05~0.10 的池底刮到中央去,靠静水压力或泥浆泵将污泥排走。

辐流式沉淀池的面积按表面水力负荷设计:

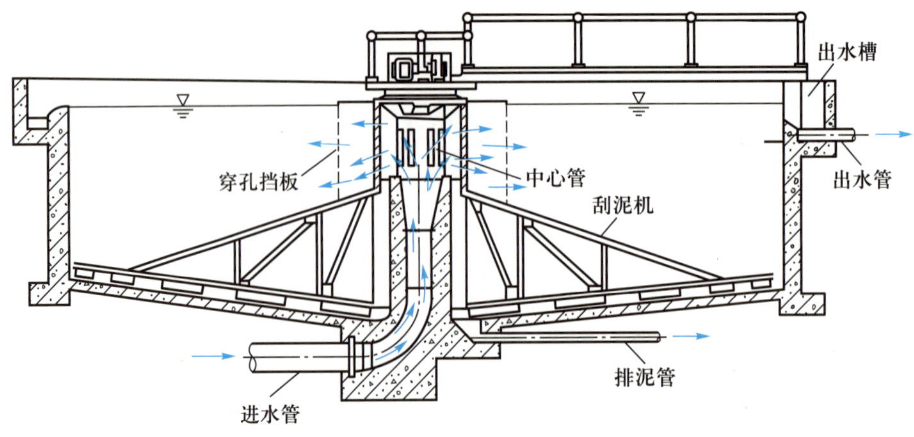

图 2-22 辐流式沉淀池

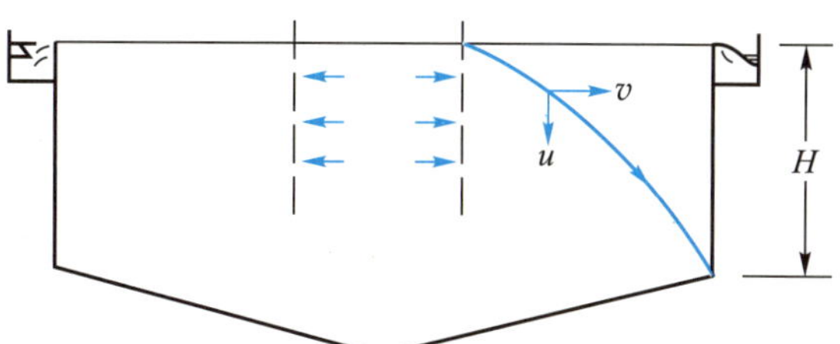

图 2-23　辐流式沉淀池中颗粒下沉轨迹

$$A=\frac{Q}{q}=\frac{Q}{u}$$

池深按停留时间设计：

$$H=ut$$

如无静置沉淀试验资料，可按设计规范选定。

对生活污水及性质相似的工业废水，表面水力负荷可取 1.5~3.0 $m^3/(m^2 \cdot h)$；初沉池停留时间一般取 1.0~2.0 h，二沉池取 1.5~2.5 h。

中央进水的辐流式沉淀池，进口处流速很大，呈紊流状，影响沉降效果，尤其当进水悬浮物浓度较高时更为明显。为了克服这一缺点，可采用周边进水、中央出水的辐流式沉淀池或周边进水、周边出水的辐流式沉淀池（图 2-24、图 2-25）。

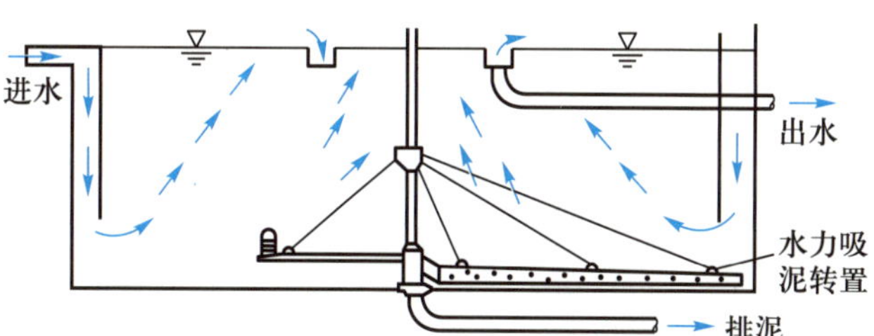

图 2-24　周边进水、中央出水的辐流式沉淀池

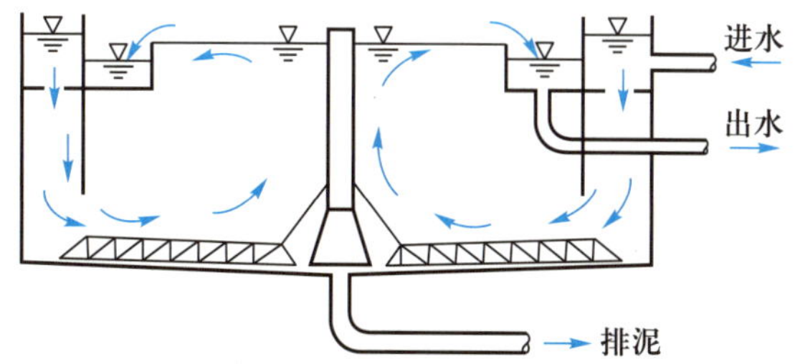

图 2-25　周边进水、周边出水的辐流式沉淀池

4. 沉淀池类型选择

选择沉淀池类型时应综合考虑以下因素：① 水量的大小；② 水中悬浮物质的物理性质及其沉降特性；③ 处理厂的总体布置与地形地质情况等。

表 2-8 列出了各种类型沉淀池的比较，表 2-9 是有关的一些设计参数，可供参考。

表 2-8　各种沉淀池的比较

池型	优点	缺点	适用条件
平流式	① 沉淀效果好； ② 对冲击负荷和温度变化的适应能力强； ③ 施工简易，造价较低	① 配水不易均匀； ② 采用多斗排泥时，每个泥斗需单独设排泥管，操作量大，管理复杂； ③ 采用链带式刮泥排泥时，机件浸于水中，易腐蚀	① 适用于地下水位高及地质较差地区； ② 适用于大、中、小型水处理厂
竖流式	① 排泥方便，管理简单； ② 单池占地面积较小	① 池子深度大，施工困难； ② 造价较高； ③ 对冲击负荷和温度变化的适应能力差； ④ 池径不宜过大，否则布水不均匀	适用于小型污水处理厂，给水厂多不用
辐流式	① 多为机械排泥，运行较好，管理较简单； ② 排泥设备已趋稳定	① 水流不易均匀，沉淀效果较差； ② 机械排泥设备复杂，对施工质量要求高	① 适用于地下水位较高地区； ② 适用于大、中型水处理厂

表 2-9　沉淀池的设计参数

项目	平流式	竖流式	辐流式	备注
表面水力负荷/($m^3 \cdot m^{-2} \cdot d^{-1}$)	30~45	25~30	≤45	城市污水
	14~22	20~25	14~22	混凝沉淀
	22~45	—	22~45	石灰软化
	20~24	20~24	20~24	活性污泥
停留时间/h	1.5~2.0	1.5~2.0	1.5~2.0	城市污水
	2~4	—	2~4	给水
堰顶溢流率/($m^3 \cdot m^{-1} \cdot d^{-1}$)	300~450	100~130	<300	污水初沉池
	100~150	—	100	絮凝物
悬浮物去除效率/%	40~65	60~65	50~65	城市污水

（三）斜板斜管沉淀池

普通沉淀池的主要缺点在于悬浮物质的去除率不高（40%~70%）、体积庞大和占地面积多。为了克服这些缺点，可从两个方面采取措施，即改善悬浮物的沉降性能和改进沉淀池的结构。投加混凝剂、助凝剂等化学药剂是前者的主要手段；斜板斜管沉淀池的出现和应用，则是改进沉淀池结构的典型例子。

1. 浅池沉降原理

理想沉淀池的公式 $u_0=Q/A$ 表明，如果水量（Q）不变，则增大沉淀池面积（A），就可减小 u_0，即有更多的悬浮物可以沉下，提高了沉淀效率。又因 $t=H/u_0$，则在保持 u_0 不变的条件下，随着有效水深 H 的减小，沉淀时间 t 就可按比例缩短，从而减少了沉淀池的体积。由此可知：若将水深为 H 的沉淀池分隔为 n 个水深为 H/n 的沉淀池，则当沉淀区长度为原来长度的 $1/n$ 时，就可处理与原来的沉淀池相同的水量，并达到完全相同的处理效果（图 2-26）。这说明，沉淀池越浅，就越能缩短沉淀时间。这就是浅池沉降原理。

为了让沉到底部的污泥便于排除，将这些浅的沉淀区按倾斜 60°设置，以使污泥能顺利滑下，故其称为斜板沉淀池。如将浅沉淀区内的斜板做成蜂窝形或波纹形管（图 2-27），则称为斜管沉淀池。近来也有人统称它们为斜流式沉淀池。

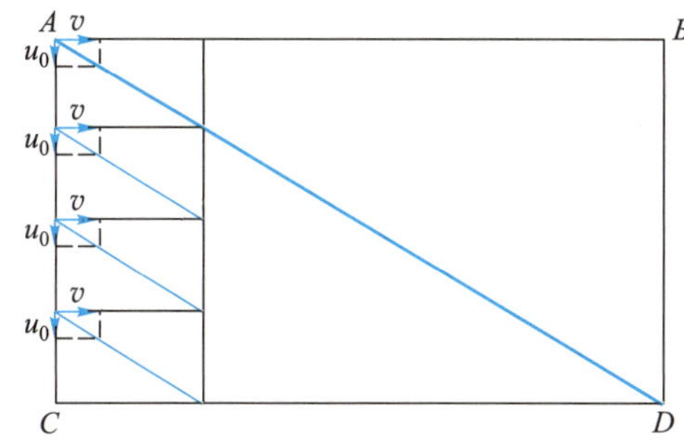

图 2-26　缩小沉淀池深度对沉淀过程的影响

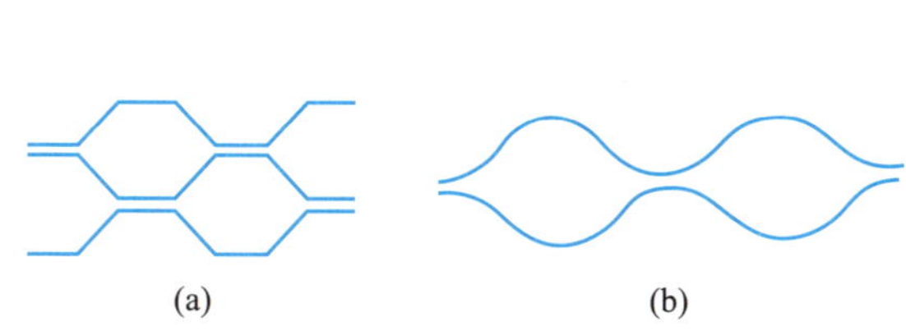

图 2-27　斜管断面

（a）蜂窝形；（b）波纹形

在斜板（斜管）沉淀池内，由于雷诺数 $Re=\dfrac{4vR}{\mu}$ 中的水力半径 R 很小，使 Re 远小于 500（一般为 30~300），水流处于稳定的层流状态，颗粒沉降状况会得到显著改善。而一般沉淀池内 Re 远大于 500，因而干扰了颗粒的下沉。

综上所述，与普通沉淀池相比，斜板斜管沉淀池之所以能大幅度提高处理能力，主要是由于增加了沉淀池的面积和改善了水力条件的缘故。

2. 构造

根据水流和泥流的相对方向，可将斜板（斜管）沉淀池分为异向流（逆向流）、同向流和侧向流（横向流）三种类型（图 2-28），其中以异向流应用最为广泛。异向流的特点是水流向上、泥流向下，倾角为 60°。

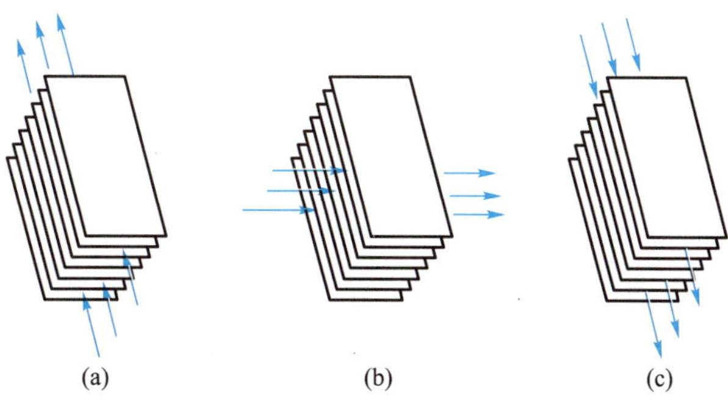

图 2-28　斜板（斜管）沉淀池的水流方向

（a）异向流；（b）侧向流；（c）同向流

斜板（斜管）的长度通常为 1~1.2 m。为了防止污泥堵塞和斜板变形，斜管孔径或板间垂直距离以 80~100 mm 为宜。用于给水处理时，斜板间距不应小于 50 mm，斜管直径则采用 25~35 mm。斜板斜管应选用轻质的薄壁材料制造，如木材和塑料等。当用于生活饮用水处理时，板材必须是无毒性的。图 2-29 是装有斜板（管）的沉淀池示意图。

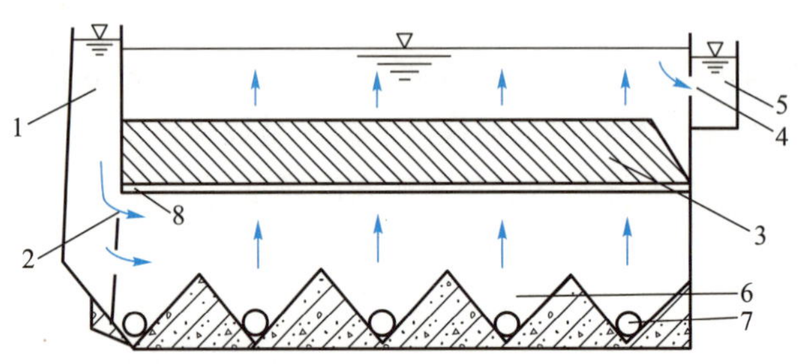

1. 配水槽；2. 穿孔墙；3. 斜板或斜管；4. 淹没孔口；5. 集水槽；
6. 集泥斗；7. 穿孔排泥管；8. 阻流板

图 2-29　斜板斜管沉淀池示意图

3. 斜板沉淀池计算

设异向流斜板沉淀池的斜板长度为 l，倾斜角为 θ，水中颗粒沿水流方向的上升流速为 v，受重力作用往下沉降的速度为 u，颗粒沿两者矢量之和的方向移动，碰到斜板就认为是已被除去。由 a 移动到 b 的那种颗粒的沉速为 u_0，即：当颗粒以速度 v 上升 $l+l_1$ 的距离所需时间和以 u_0 的速度沉降 l_2 的距离所需时间相同时，颗粒恰从 a 运动到 b（图 2-30）。因此可列出下式：

$$\frac{l_2}{u_0}=\frac{l_1+l}{v} \tag{2-31}$$

设沉淀池内共有 $n+1$ 块斜板，则每块斜板的水平间距为 L/n，L 为起端斜板到终端斜板的水平距离，板厚可忽略不计。根据图示的几何关系，得：

$$l_1=\frac{L}{n}\times\sec\theta;\quad l_2=\frac{L}{n}\times\tan\theta$$

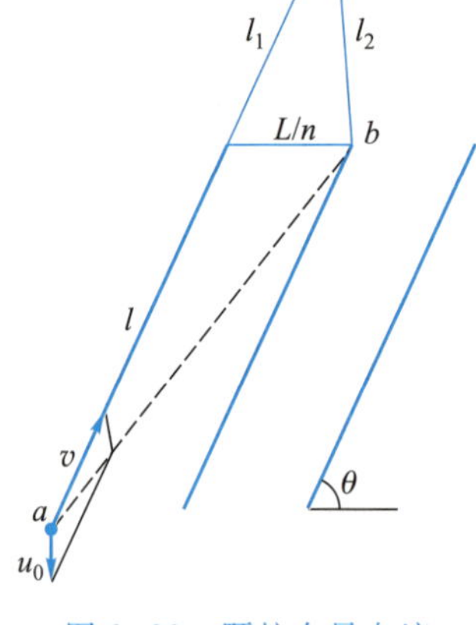

图 2-30　颗粒在异向流斜板间的沉降轨迹

斜板中的过水流量为与水流垂直的过水断面面积（w）乘以流速（v）：

$$Q=vw=vBL\sin\theta$$

即
$$v=\frac{Q}{BL\sin\theta}$$

式中：B——沉淀池宽度。

将 l_1、l_2、v 代入式（2-31），移项整理得：

$$u_0=\frac{vl_2}{l_1+l}=\frac{\dfrac{Q}{BL\sin\theta}\times\dfrac{L}{n}\tan\theta}{\dfrac{L}{n}\sec\theta+l}=\frac{Q}{nlB\cos\theta+LB} \tag{2-32}$$

$$Q=u_0(nlB\cos\theta+LB) \tag{2-33}$$

式(2-33)中,$nlB\cos\theta$ 是全部斜板的水平断面投影,LB 是沉淀池的水表面积。由此可得,在异向流斜板沉淀池中,处理水量与斜板总面积的水平投影($A_斜$)及液面面积($A_原$)之和成正比:

$$Q=u_0(A_斜+A_原) \tag{2-34}$$

与未加斜板时沉淀池的出流量 $Q'=u_0A_原$ 相比,斜板沉淀池在相同的沉淀效率下,处理能力大大提高了。

考虑到在实际沉淀池中,由于进出口构造、水温、沉积物等影响,斜板的有效容积不可能全部得到利用,故在设计斜板沉淀池时,应乘以斜板效率(η),此值可取 0.6~0.8,即:

$$Q=\eta u_0(A_斜+A_原) \tag{2-35}$$

同理,对于同向流和侧向流板沉淀池,分别有:

$$Q=\eta u_0(A_斜-A_原) \tag{2-36}$$

$$Q=\eta u_0A_斜 \tag{2-37}$$

[例 2-5]　原始设计资料同例 2-4,试计算异向流斜板沉淀池的主要尺寸。

解:由沉淀试验曲线可知,当要求去除 65%的悬浮固体时,颗粒截留速度 $u_0=1.8\ \text{m/h}=0.5\ \text{mm/s}$,取 $u_设=u_0/1.5=1.8/1.5\ \text{m/h}=1.2\ \text{m/h}=0.33\ \text{mm/s}$。斜板内水流的上升速度($v$)采用 3 mm/s。斜板倾斜角度 $\theta=60°$。采用 4 座池子。

根据 $Q=\eta vBL\sin\theta$,并取 $\eta=0.7$,可得:

$$\frac{500}{4\times3\ 600}=0.7\times0.003\times BL\times0.866$$

池宽(B)采用 2.5 m,由上式可求得 $L=7.65$ m。

斜板长(l)采用 1 m,代入式(2-31):

$$\frac{l_2}{u_设}=\frac{l+l_1}{v}=\frac{l+\dfrac{l_2}{\sin\theta}}{v}$$

$$l_2=\frac{0.33}{3}\left(1+\frac{l_2}{0.866}\right)$$

$$l_2=0.13\ \text{m}$$

斜板之间的水平间距:

$$x=\frac{l_2}{\tan\theta}=\frac{0.13}{1.73}\ \text{m}=0.075\ \text{m}$$

斜板块数:

$$n+1=\frac{L}{x}+1=\frac{7.65}{0.075}+1=103$$

每块斜板厚度采用 3 mm,则池长增加 3 mm×103=309 mm=0.309 m。$L=7.65\ \text{m}+0.309\ \text{m}=7.959\ \text{m}$,取整数 8 m。

沉淀池前端进水部分长度取 0.5 m,后端死水区长度$=l\times\cos\theta=1\ \text{m}\times0.5=0.5\ \text{m}$,则沉淀池总长度$=0.5\ \text{m}+8\ \text{m}+0.5\ \text{m}=9\ \text{m}$。斜板下部配水区及缓冲层高度之和取 0.75 m,斜板上部清水区高度取 0.5 m,超高取 0.23 m。沉淀池污泥斗采用两个,底坡 45°,斗底 0.4 m×0.4 m。出水槽采用 4 条,槽间距 2 m。计算草图见图 2-31。

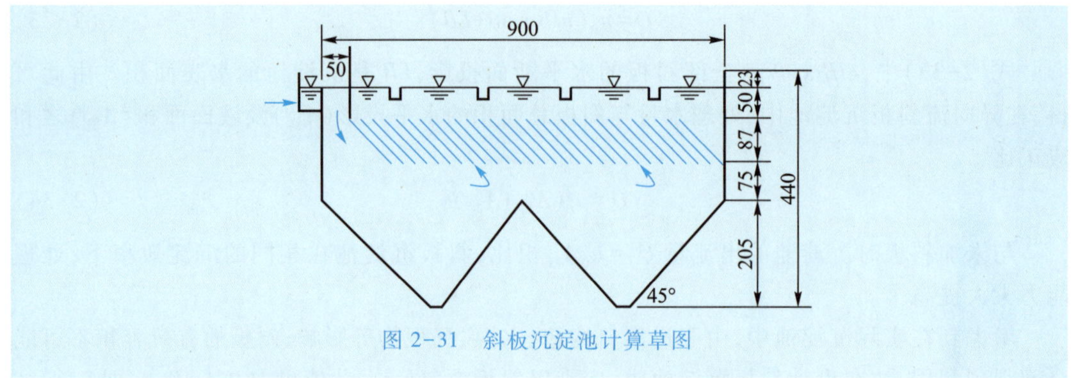

图 2-31 斜板沉淀池计算草图

斜板(斜管)沉淀池的生产能力可比一般沉淀池有大幅度提高,但由于池子体积缩小,使单位面积上的泥量增加,如排泥不畅,将产生泛泥现象,导致出水水质恶化;由于水流在池中停留时间短,来水水质、水量发生变化时,来不及调整运行,耐冲击负荷的能力差;由于斜板间距或斜管管径较小,若施工质量欠佳,造成变形,更容易在板间或管内积泥,需用高压水周期冲刷。此外,斜板或斜管的上部在日光照射下会大量滋长藻类,这些都会给运行带来困难。

由于存在上述问题,在城市污水处理厂(尤其是二次沉淀池)不推广采用斜板(斜管)沉淀池。但在给水处理厂和一些工业废水处理厂(如选矿废水、含油污水隔油池中)则应用较多,并不断有所创新和发展。例如,所谓"迷宫式"斜板沉淀池(图 2-32),它实际上是一种带翼片的斜板分离器,具有较高的除浊效率。

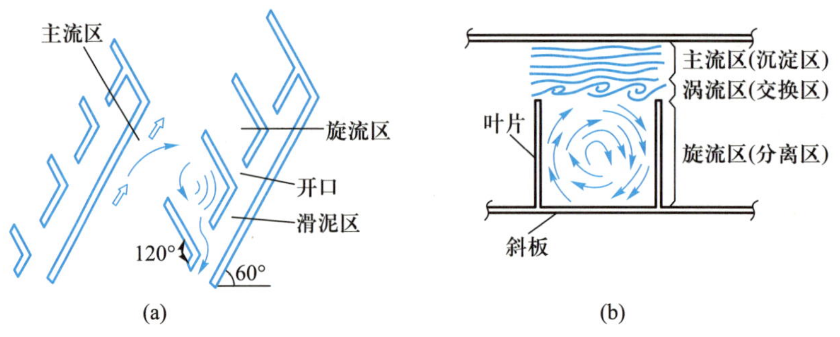

图 2-32 迷宫式斜板沉淀池及其水流示意图

(四)浓悬浮液的沉淀

当水中悬浮颗粒的浓度高、颗粒在沉淀过程中相互干扰大时,会出现拥挤沉降和压缩沉降现象。在水处理过程中,用于处理高浊度水的沉淀池或活性污泥法处理系统内的二次沉淀池以及用于浓缩污泥的浓缩池就是如此。它们在构造上与一般沉淀池相同,但在运行上有自己的特点。由于进水中不断带入新的悬浮物,为了使泥水交界面不致上升而影响出水水质,或者为了按回流工艺的要求运行时,就需要连续地从池底排出经过浓缩的污泥。因此,这种沉淀池同时起着水的澄清和污泥浓缩的作用。

上述沉淀池的设计除选择池型外,应包括确定它的面积、有效水深和污泥斗容积等,其中最重要的是确定面积。计算方法有以下几种:

1. 表面负荷法

与普通沉淀池的计算相同，沉淀池的面积可由式(2-25)求出。表面负荷(q)通常可根据进水悬浮固体浓度的大小，选取 1.0~2.5 $m^3/(m^2 \cdot h)$。用于高浊度水处理的沉淀池和用于废水处理的二次沉淀池及浓缩池可采用不同的表面负荷(表 2-7)。

2. 临界浓度法

在沉淀池内，液体流量和固体流量的平衡关系分别是：

$$Q_0 = Q_e + Q_u \tag{2-38}$$

$$Q_0 \rho_0 = Q_e \rho_e + Q_u \rho_u \tag{2-39}$$

式中：$Q_0, Q_e, Q_u, \rho_0, \rho_e, \rho_u$——沉淀池进水、出水和排出污泥的流量及其中的悬浮固体浓度。

由于 ρ_e 很小，式(2-39)中 $Q_e \rho_e$ 项可忽略不计，故可近似地认为：

$$Q_0 \rho_0 = Q_u \rho_u \tag{2-40}$$

沉泥受到压缩后，悬浮固体浓度由进水时的 ρ_0 逐渐增浓至底流排出时的 ρ_u，这样，会逐渐"挤出"一部分清水。不同水平断面上的悬浮固体浓度是不同的。任一断面 i 处，有着以下质量流衡算关系：

$$Q_i \gamma_{i,液} - Q_u \gamma_{u,液} = q_i \gamma_{H_2O} \tag{2-41}$$

式中： Q_i, Q_u——进入 i 断面的混合液和从底流中排出的混合液流量；

$\gamma_{i,液}, \gamma_{u,液}$ 和 γ_{H_2O}——分别为 i 进入断面和底流中液体与清水的密度；

q_i——从 i 断面起在沉降过程中被"挤出"的清水流量。

以 γ_{H_2O} 及沉淀池面积 A_i 除上式两边，并根据式(2-40) $Q_i \rho_i = Q_u \rho_u$，代入并整理得：

$$\frac{Q_i \rho_i}{A_i}\left(\frac{\gamma_{i,液}}{\rho_i \gamma_{H_2O}} - \frac{\gamma_{u,液}}{\rho_u \gamma_{H_2O}}\right) = \frac{q_i}{A_i} \tag{2-42}$$

式中：$\gamma_{i,液}/\gamma_{H_2O}, \gamma_{u,液}/\gamma_{H_2O}$——$i$ 断面处液体和底流的相对密度，可用 S_i 和 S_u 表示；

q_i/A_i——i 断面处被"挤出"的清水上升速度，此速度不应超过该断面处浓度为 ρ_i 的悬浮颗粒下沉速度，否则悬浮物会随清水上升而进入出水中，影响沉淀效果。

因此，断面 i 处允许的悬浮颗粒最小沉降速度(u_i)应为 q_i/A_i，于是式(2-42)变为：

$$\frac{Q_i \rho_i}{A_i}\left(\frac{S_i}{\rho_i} - \frac{S_u}{\rho_u}\right) = \frac{q_i}{A_i} \tag{2-43}$$

又以 $Q_0 \rho_0 = Q_i \rho_i$ 代入上式得：

$$A_i = \frac{Q_0 \rho_0}{u_i}\left(\frac{S_i}{\rho_i} - \frac{S_u}{\rho_u}\right) \tag{2-44}$$

不同高度断面处的 ρ_i、S_i 和 u_i 都是不同的，故可以求出不同的沉淀池表面积，其中存在一个极大值(A_{max})，此即为沉淀池所需的表面积。

有人认为，在浑液面沉降曲线(图 2-16)中，拥挤沉降(ab 段)和压缩沉降(cd 段)之间的临界沉降点上，沉淀池面积有极大值。作曲线 ab 段和 cd 段的切线交角的平分线，与过渡段曲线 bc 相交于 C 点，这一点即为临界点(图 2-33)。其相应的悬浮固体临界浓度为 ρ_2，时间为 t_2，界面高度为 H_2。临界点的切线斜率表示浑液面的沉降速度(u_2)：

$$u_2 = \frac{H_1 - H_2}{t_2} \tag{2-45}$$

根据肯奇(Kynch)提出的沉淀理论：

$$\rho_0 H_0 = \rho_2 H_2 \tag{2-46}$$

有

$$\rho_2 = \frac{\rho_0 H_0}{H_2} \tag{2-47}$$

而

$$S_i = \frac{\gamma_{i,液}}{\gamma_{H_2O}} = \frac{\gamma_{i,液}}{1\ 000} = 1 + \frac{\rho_i (S-1)}{1\ 000S} \tag{2-48}$$

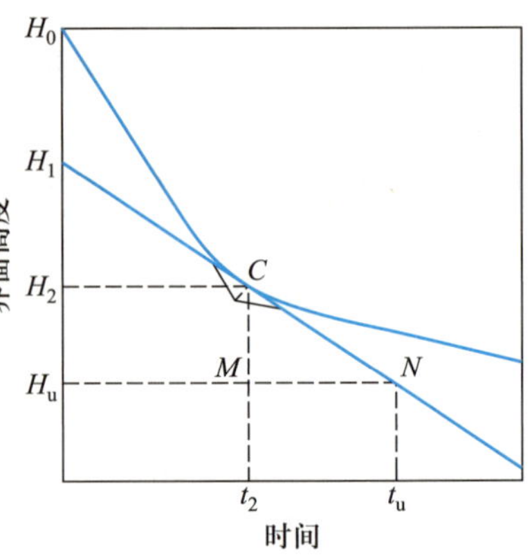

图 2-33 图解法求临界浓度

式中：S——所沉固体干物质的相对密度，如泥沙的相对密度为 2.65。

将式(2-45)、式(2-47)和式(2-48)分别代入式(2-44)中的 u_i、ρ_i和 S_i，即可求出所需的沉淀池表面积。

此方法的理论依据是 Kynch 提出的沉淀理论，因此也称 Kynch 法。

3. 固体通量法

近年来，在设计浓悬浮液的沉淀池或浓缩池时，常用固体通量法。固体通量的定义是：单位时间内通过单位面积的固体质量。它是固体浓度(ρ)和流速(v)的乘积：

$$G = v\rho \tag{2-49}$$

在连续流的沉淀池中，悬浮物的下沉速度是由两部分组成的，即由重力作用引起的下沉和由于底部排泥引起的下沉。

底部排泥引起的下沉速度(v)是底流流量(Q_u)和池子表面积(A)的函数，即

$$v = \frac{Q_u}{A} \tag{2-50}$$

由它引起的固体通量称为底流通量(G_v)：

$$G_v = v\rho = \frac{Q_u}{A}\rho \tag{2-51}$$

当底流流量一定时，v 为一常数，故在固体通量对固体浓度作图时应为一直线(图 2-34)。

重力作用引起的固体通量称为重力通量(G_u)：

$$G_u = u\rho \tag{2-52}$$

式中：u——悬浮固体浓度为 ρ 时的固体沉降速度。

在沉降过程中，u 是变化的。

对于大多数浓悬浮液体系来说，在浓缩区的上部，浓度与速度的乘积将逐渐增大，因为浓度的增加要比速度的减小快。当固体到达压缩区时，重力沉降速度已变得极小，浓度与速度的乘积趋近于零。

总固体通量(G)是底流通量(G_v)和重力通量(G_u)之和：

$$G = G_v + G_u \tag{2-53}$$

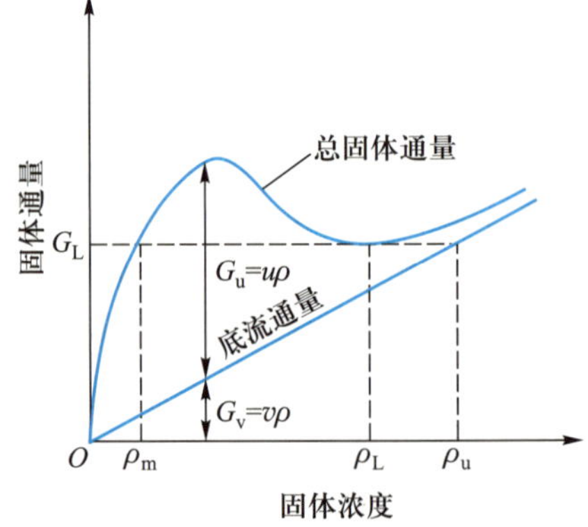

图 2-34 固体通量曲线

图 2-34 表明，总固体通量有一个最小值，称为极限固体通量 G_L，相应的极限固体浓度为 ρ_L。只要进水的悬浮固体浓度小于 ρ_L，根据极限固体通量（G_L）设计的沉淀池就可以同时满足水的澄清和污泥浓缩的要求。图中的 ρ_u 为极限固体通量时底流的固体浓度。

所需沉淀池的面积至少应为：

$$A=\frac{Q_0\rho_0}{G_L} \tag{2-54}$$

当缺乏试验曲线资料时，可根据经验选取 G_L 值。用于普通曝气池后的二沉池为 3.0~6.0 kg/(m^2·h)，最高可取 9.0 kg/(m^2·h)；用于延时曝气后的二沉池则为 1.0~5.0 kg/(m^2·h)，最高可取 7.0 kg/(m^2·h)。

浓悬浮液沉淀池的有效水深按经验选定，一般可取 3.5~5.0 m，有时也可根据停留时间确定。例如，对于污泥浓缩池，一般取 9~12 h；对于活性污泥法系统的二沉池则取 1.5~2 h。有效水深不宜太小，这样当较高浓度的水进入池中时，可暂时起到储留浓缩污泥的作用，不至于立即影响出水水质。

二、混凝

水和废水中常常含有用自然沉降法不能除去的悬浮微粒和胶体污染物。对于这类原水，必须首先投加化学药剂来破坏胶体和悬浮微粒在水中形成的稳定分散体系，使其聚集为具有明显沉降性能的絮凝体，然后才能用重力沉降法予以分离。这一过程包括凝聚和絮凝两个步骤，统称为混凝。具体地说，凝聚是指使胶体脱稳并聚集为微絮粒的过程；而絮凝则指微絮粒通过吸附、卷带和桥连而成长为更大的絮体的过程。

（一）理论基础

1. 胶体的稳定性和胶体结构

水中的同种胶体微粒带有同号电荷。在静电斥力的作用下，不易相互聚集，具有一定的稳定性。

胶体的稳定性可以用胶体结构的双电层理论来解释。它是 Stern 于 1924 年在修正了前人的双电层模型的基础上提出的。图 2-35 是胶体结构示意图。它的中心是由数十至数千个不溶于水的分散相物质分子组成的胶核。在其表面选择性地吸附了一层带同号电荷的离子，这些离子可以是胶核表层分子解离产生的，也可以是水中原来就存在的离子。这层离子称为胶粒的电位离子，它决定了胶粒的带电符号和电荷多少，构成了双电层的内层。由于电位离子的静电引力，在其周围的溶液里又吸引了众多的异号离子，形成了反离子层，它构成了双电层的外层。其中紧靠内层的反离子被电位离子牢固地吸引着，当胶核运动时，它们也随着一起运动，称为（反离子）吸附层，它和电位离子一起组

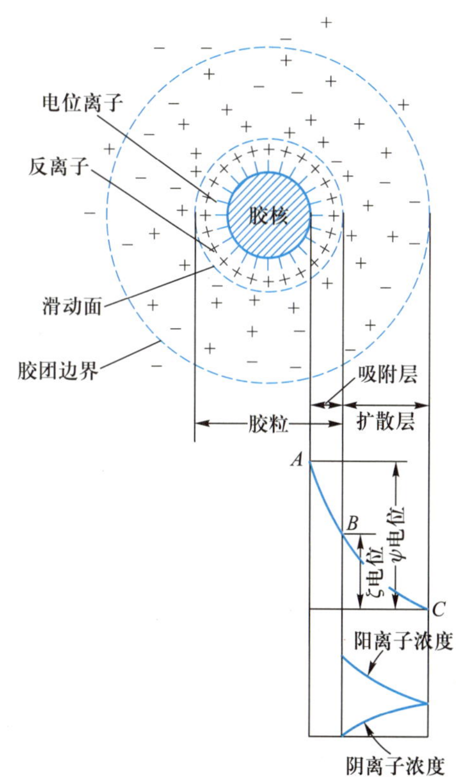

图 2-35　胶体结构示意图

成胶团的固定层。固定层以外的反离子，由于电位离子对它们的引力较弱，不随胶核一起运动，并有向水中扩散的趋势，称为（反离子）扩散层。固定层与扩散层之间的交界面称为滑动面，滑动面以内的部分称为胶粒，胶粒是带电的微粒。胶粒与扩散层一起构成了电中性的胶团。

当胶粒运动时，扩散层中的大部分反离子就会脱离胶团，向溶液主体扩散。其结果必然使胶粒产生剩余电荷（剩余电荷量等于脱离胶团的反离子所带电荷量，符号与电位离子相同），使胶粒与扩散层之间形成一个电位差，此电位称为胶体的电动电位，常称为 ζ 电位。而胶核表面的电位离子与溶液主体之间的电位差则称为总电位或 ψ 电位。在总电位一定时，扩散层愈厚，ζ 电位愈高；反之，扩散层愈薄，ζ 电位愈低。同类胶核所带电荷同号，其胶粒及 ζ 电位的电号也相同。电位引起的静电斥力（库仑力），阻止胶粒间互相接近和接触碰撞，胶粒在水分子的无规则撞击下做布朗运动，从而长期稳定地分散于水中。ζ 电位的大小反映胶粒带电的多少，可以用来衡量胶体稳定性的大小。ζ 电位（正或负）越大，胶体的稳定性就越高。

ζ 电位可以根据胶体颗粒的电泳速度或扩散层反离子溶液的电渗速度计算出来：

$$\zeta=\frac{4\pi\mu u}{DE} \tag{2-55}$$

式中：μ——水的动力黏度，Pa·s；

u——水的流动速度，cm/s；

D——水的介电常数；

E——两电极间单位距离外加电位差，V/cm。

ζ 电位也可用专门的 ζ 电位测定仪测得。

ζ 电位的一般范围为±10～200 mV。天然水中的胶体杂质通常是带负电荷的，如黏土胶体的 ζ 电位为-15～-40 mV，细菌的 ζ 电位为-30～-70 mV，藻类的 ζ 电位为-10～-15 mV，天然水的 ζ 电位为-10～-30 mV，生活污水的 ζ 电位为-15～-45 mV。一些化学电解质的胶体杂质则通常是带正电荷的，如氢氧化铁溶胶的 ζ 电位为 56 mV 左右，氢氧化铝溶胶的 ζ 电位为 10～30 mV。

ζ 电位的大小与水中杂质成分、粒径有关。同一种胶体颗粒在不同的水体中因杂质的不同而会有不完全相同的 ζ 电位值。

2. 胶体的脱稳和水的混凝机理

不同的化学药剂能使胶体以不同的方式脱稳。20 世纪 40 年代苏联学者 Derjaguin、Landau 与荷兰学者 Verwey、Overbeek 分别提出和发展了关于胶体颗粒稳定性的理论，后被简称为 DLVO 理论。根据这一理论，胶体脱稳的机理可归结为以下四种。

（1）压缩双电层：如前所述，带同号电荷的胶粒之间总是存在着 ζ 电位引起的静电斥力。与此同时，胶粒之间又总是存在着范德华引力。胶体的稳定性就取决于两种力中何者占主导地位。当距离很近时，范德华力占优势，合力为引力，两个颗粒可以互相吸住，使胶体脱稳。当距离较远时，库仑力占优势，合力为斥力，颗粒间互相排斥，胶体将保持稳定。图 2-36 表示出了颗粒间的作用力与距离的关系。

有研究指出，当两个胶体颗粒表面的距离（d）大于 3nm 时，两个颗粒总是处于相斥状态。对憎水胶体颗粒来说，它们的胶核表面间隔着两个滑动面内的离子层厚度，在 3nm 以上，使颗粒处于相斥的状态，这就是憎水胶体保持稳定的根源。亲水胶体颗粒则是因为所吸附的大量水分子构成的水壳，使它们不能靠近而保持稳定。

从图 2-36 还可以看出，当胶体微粒表面距离为 Oa 时斥力最大，一般情况下，胶体颗粒的布朗运动的动能不足以克服这个最大斥力，所以不能聚合。这个最大斥力因而称为"能垒(energy barrier)"，如能设法克服这个能垒，则颗粒就有可能进一步接近，直至吸力大于斥力而使它们吸附聚合。

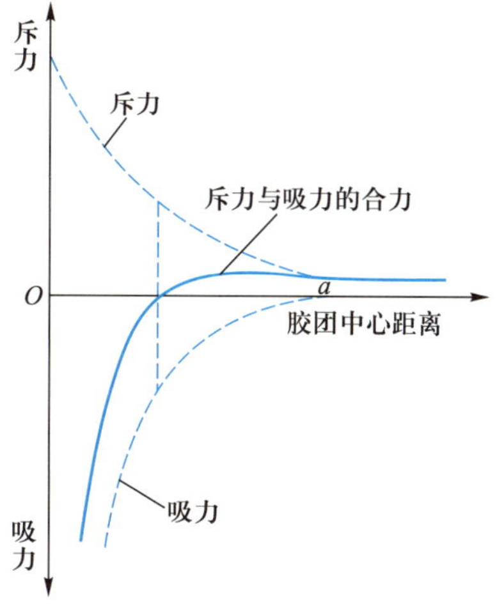

图 2-36 胶体间作用力和距离间的关系

在水处理中使胶体凝聚的主要方法是向水中投加电解质。当投入电解质后，水中与胶粒上反离子具有相同电荷的离子浓度增加了。这些离子可与胶粒吸附的反离子发生交换或挤入吸附层，使胶粒带电荷数减少，降低 ζ 电位，并使扩散层厚度缩小。这种作用称为压缩双电层。

各种电解质离子压缩双电子层的能力是不同的。在浓度相等的条件下，电解质离子破坏胶体稳定性的能力随离子价的增高而加大。根据 Schulze-Hardy 法则，这种能力大致与离子价数的 6 次方成比例，即一价：二价：三价=1：8：500。实验表明，对同一胶体体系，要获得相同的压缩双电层效果时，如采用一价离子，浓度需 25~150 mmol/L；用二价离子，浓度只要 0.5~2 mmol/L；而用三价离子，则浓度可小到 0.01~0.1 mmol/L。

(2) 吸附电中和作用：吸附电中和作用是指胶粒表面对异号离子、异号胶粒或链状高分子带异号电荷的部位有强烈的吸附作用，由于这种吸附作用中和了部分或全部电荷，减少了静电斥力，因而容易与其他颗粒接近而互相吸附。

图 2-37(a)为吸附电中和的示意图，左上图表示高分子物质的带电部位与胶粒表面所带异号电荷的中和作用，下图则表示小的带正号胶粒被带异号电荷的大胶粒表面所吸附。

(3) 吸附架桥作用：当两个同号胶粒吸附在同一个异号胶粒上，胶粒间形成架桥，就能联结、团聚成絮凝体而被除去。如果投加的化学药剂是链状或树枝状高分子聚合物，它具有的化学基团能与胶粒表面互相吸附，同一个高分子聚合物有多个化学基团，因而能吸附多个胶粒，起到了胶粒与胶粒间的架桥联结作用。这就是吸附架桥作用，如图 2-37(b)所示。聚合物在胶粒表面的吸附力来源于各种物理化学作用，如范德华引力、静电引力、氢键、配位键等，取决于聚合物与胶粒表面二者化学结构的特点。高分子聚合物有阳离子型(带正电)的，也有阴离子型(带负电)或中性的。对于天然水的混凝而言，阳离子型聚合物具有吸附电中和与吸附架桥双重作用；阴离子型或中性的聚合物只能起到架桥作用。

(4) 网捕作用：向水中投加含铁、铝等金属离子的化学药剂后，由于金属离子的水解和聚合，会以水中的胶粒为晶核形成胶体状沉淀物；或者在这种沉淀物从水中析出的过程中，会吸附和网捕周围的胶粒而共同沉降下来，这称为网捕作用，如图 2-37(c)所示。

在实际水处理过程中，往往是上述四种机理综合在一起发挥作用，只不过在某些条件下以某种作用为主而已。

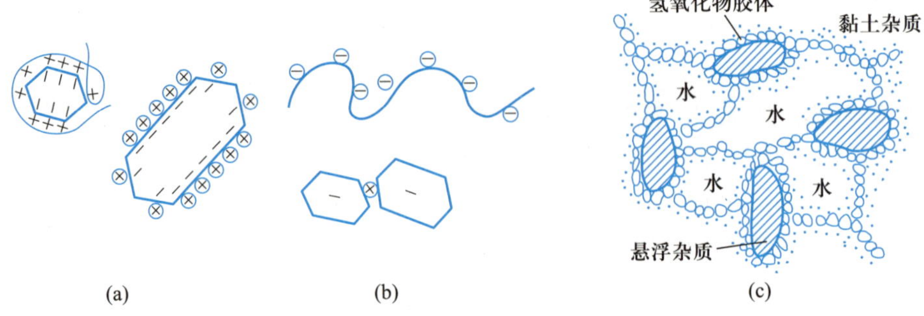

图 2-37 吸附电中和、吸附架桥和网捕示意图

(a) 吸附电中和；(b) 吸附架桥；(c) 网捕

(二) 混凝剂、助凝剂及其作用

水处理工程中把为使胶体微粒脱稳沉淀而投加的电解质称为混凝剂，最常用的混凝剂是铝盐和铁盐。

1. 铝盐和铁盐混凝剂

铝盐的水解过程：将硫酸铝、明矾、聚合氯化铝等铝盐投入水中后，会解离出三价铝离子 Al^{3+}。实际上，由于 H_2O 是极性分子，在 $pH \leqslant 4$ 的条件下，水溶液中的 Al^{3+} 以 $[Al(H_2O)_6]^{3+}$ 为主要存在形态。如 pH 升高，$[Al(H_2O)_6]^{3+}$ 就会发生水解，生成各种羟基合铝离子。随着 pH 的升高，水解逐级进行，最终将形成氢氧化铝沉淀：

$$[Al(H_2O)_6]^{3+} \rightleftharpoons [Al(OH)(H_2O)_5]^{2+} + H^+ \tag{2-56}$$

$$[Al(OH)(H_2O)_5]^{2+} \rightleftharpoons [Al(OH)(H_2O)_4]^{+} + H^+ \tag{2-57}$$

$$[Al(OH)(H_2O)_4]^{+} \rightleftharpoons Al(OH)(H_2O)_3 \downarrow + H^+ \tag{2-58}$$

当然，实际反应要复杂得多。当 pH>4 时，羟基合铝离子增加，各离子的羟基之间还可发生架桥联结（羟基架桥），产生多核羟基配合物（这是一种高分子缩聚反应），它们还会继续水解。水解反应与缩聚反应交错进行，结果生成聚合度极大的中性氢氧化铝。当其量超过溶解度时，即析出氢氧化铝沉淀。

所以，在铝盐的水溶液中，存在着 Al^{3+}（或 $[Al(H_2O)_6]^{3+}$，下同）、$Al(OH)^{2+}$、$Al(OH)_2^+$、$Al(OH)_4^-$ 等单体形态（称为 Al_a）和 $[Al_3(OH)_4]^{5+}$、$[Al_6(OH)_{14}]^{4+}$、$[Al_7(OH)_{17}]^{4+}$、$[Al_8(OH)_{20}]^{4+}$、$[Al_{13}O_4(OH)_{24}]^{7+}$ 等聚合形态（Al_b）以及 $Al(OH)_3$ 溶胶形态（Al_c）。它们在混凝过程中都会发挥作用，其中聚合形态（Al_b），特别是高价的聚合正价离子，如 Al_{13}（$[Al_{13}O_4(OH)_{24}]^{7+}$）对中和黏土胶粒的负电荷，以及压缩其双电层的能力都很大，是铝盐各种水解形态中的较优形态。提高铝盐混凝剂中 Al_b 和 Al_{13} 的百分含量，将使混凝效果大幅度增加。

常用的铁盐混凝剂有硫酸亚铁、三氯化铁、聚合硫酸铁和聚合氯化铁等。在不同 pH 时它们也会水解生成各种羟基配合离子。三价铁盐（Fe^{3+}）在水溶液中存在形态的变化大致与 Al^{3+} 相似。

铝盐和铁盐作为混凝剂在水处理过程中发挥以下三种作用：Al^{3+} 或 Fe^{3+} 和低聚合度高电荷的多核羟基配合物的脱稳凝聚作用、高聚合度羟基配合物的桥联絮凝作用以及以氢氧化物溶胶形态存在时的网捕絮凝作用。一般情况下，在 pH 偏低、胶体及悬浮微粒浓度高、投药量尚不足的反应初期，以脱稳凝聚作用为主；在 pH 较高、污染物浓度较低、投药量充分时，以网捕絮凝作用为主；而在 pH 和投药量适中时，桥联絮凝则成为主要的作用形式。

图 2-38 表示在一定 pH 下用铝、铁盐混凝剂处理天然水的凝聚曲线。图 2-38(a)中共列出四条曲线，分别表示原水中胶体的平均浓度为 S_1、S_2、S_3、S_4，且 $S_1<S_2<S_3<S_4$ 时出水剩余浊度随混凝剂投加量而变化的规律。每条曲线可分为四个区域。在第 1 区内，混凝剂投量不足以起到脱稳作用。随着投加量的增大，在第 2 区内发生了快速凝聚。投加量继续增大，则在第 3 区内胶体复稳。在第 4 区内，混凝剂量大到足以生成氢氧化物溶胶而对颗粒产生网捕絮凝。图 2-38(b)中绘出了在不同胶粒浓度下发生凝聚的混凝剂投加量范围。据此，可得混凝剂投加量的一般规律：① 当用铝铁盐处理含低浓度胶粒的原水时，凝聚方式以网捕作用最为有效，此时混凝剂的投加量必须超过它们的氢氧化物在水中的极限溶解度，且最佳用量(G_2)随胶粒浓度的增大而降低；② 胶粒浓度较高时，宜用电性中和压缩双电层来脱稳，此时凝聚剂的最佳用量(G_1)低于网捕絮凝用量，且与胶粒浓度之间存在线性的化学计量关系；③ 胶粒浓度很高时，混凝剂用量低于①而高于②。此时，采用高分子絮凝剂比用无机金属盐更经济有效，其最佳用量与胶体浓度之间亦存在线性的化学计量关系；④ 不论使用何种混凝剂，投加量都必须适当。量不足，达不到应有的混凝效果；量过大则会造成胶体复稳。

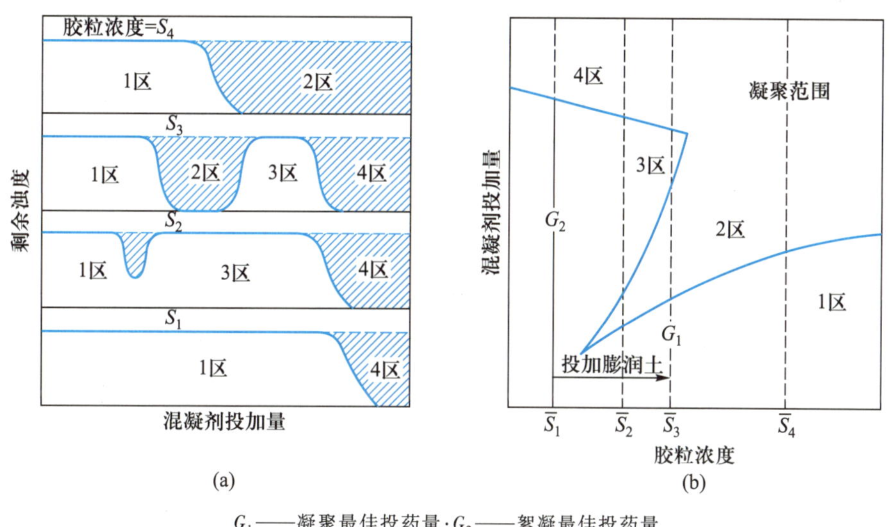

G_1——凝聚最佳投药量；G_2——絮凝最佳投药量

图 2-38 混凝投药量与胶体浓度和剩余浊度间的关系曲线

2. 有机高分子絮凝剂

目前，在水处理工程中使用的有机高分子絮凝剂一般都是人工合成的线性高分子聚合物，它们的分子呈链状，并由很多链节组成，每一链节为一化学单体，各单体以共价键结合。聚合物的分子量是各单体的分子量的总和，单体的总数称聚合度。

聚丙烯酰胺(PAM)的结构式为 $\left[\!-CH_2-\underset{\displaystyle CONH_2}{\underset{|}{CH}}-\!\right]_n$。它是一种使用最广的高分子絮凝剂，常作为助凝剂发挥吸附架桥作用，与其他混凝剂一起使用，能产生良好的混凝效果。高分子絮凝剂的凝聚作用如图 2-39 所示。

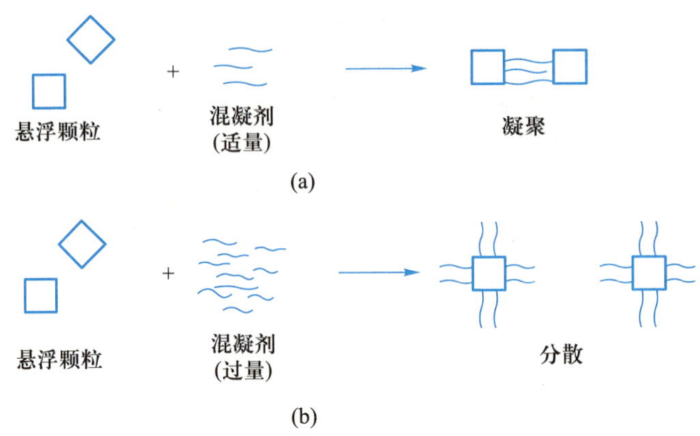

图 2-39 高分子混凝剂凝聚示意图

由于单体丙烯酰胺被认为有一定的生物毒性，当它用于自来水厂混凝时，其投加量应适当限制。我国《生活饮用水卫生标准》(GB 5749—2006)中规定丙烯酰胺的限值是0.000 5 mg/L。

此外，也有天然有机高分子絮凝剂，如淀粉类、纤维素衍生物类、微生物多糖类等。近来有不少微生物絮凝剂的研究报道。微生物絮凝剂是利用生物技术，从微生物体(称为絮凝剂产生菌)或其分泌物提取、纯化而获得的一类具有絮凝功能且能自然降解的高分子有机物。其主要成分有：糖蛋白、糖胺聚糖、纤维素、核酸等。它具有广谱的絮凝活性、无毒安全和生物可降解性、产生菌的不致病性等优点，但目前离规模性实际应用还有不小距离。

3. 助凝剂

助凝剂本身可起凝聚作用，也可以不起凝聚作用，但与混凝剂一起使用时，它能促进水的混凝过程，产生大而结实的矾花。常用的助凝剂有酸碱类(用以调整水的 pH)、绒粒核心类(用以改善矾花结构)和氧化剂类(用以去除干扰混凝作用的有机物)等。

活化硅酸作为绒粒核心类助凝剂应用已有较长历史。它是以硅酸钠(俗称水玻璃)为原料，用各种活化剂(常用硫酸、盐酸)处理而得，可以改善矾花结构、增加矾花用量，提高沉淀效果，适用于低温、低浊度水的处理。

聚硅酸铝盐[$Al_a(OH)_b(SO_4)_c(SiO_2)_d(H_2O)_e$]是一种兼具混凝剂和助凝剂性能的复合物，其中的铝盐电中和能力强，聚硅酸则分子量高，吸附架桥能力强，有着较好的开发前景。

(三) 混合与反应设备

1. 混凝剂投配

混凝剂的投配方法分干投法与湿投法两种，实践中多用湿投法。采用湿投法时，需将固体混凝剂溶解，配成一定浓度的溶液后再投入水中。图 2-40 为溶药、配药及投药过程的示意图。

混凝剂在溶解时需进行搅拌。一般药量小时采用水力搅拌，药量大时采用机械搅拌。

溶液池通常设两个，交替使用。溶药池、溶液池、搅拌设备、泵及管道都应考虑防腐。当采用 $FeCl_3$ 作混凝剂时，工作间的墙面和地面也要考虑防腐。

药剂的投加可采用计量泵、水射器、虹吸等设备，也可用孔口计量设备重力投加。

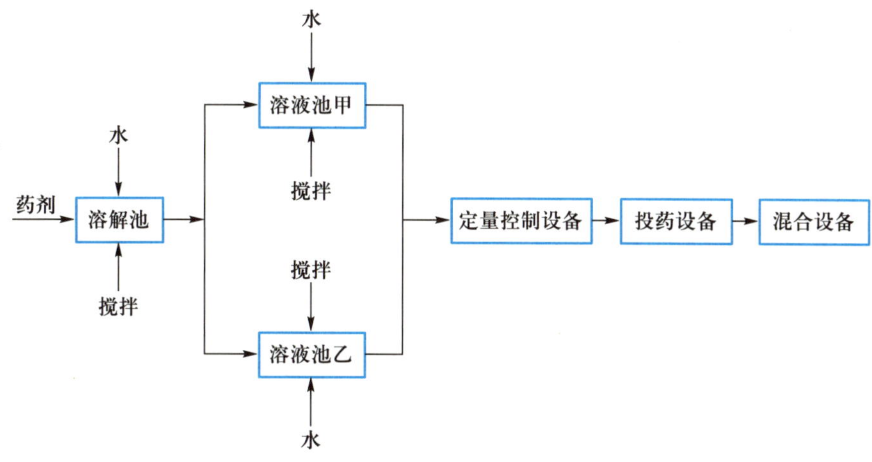

图 2-40 溶药、配药及投药过程示意图

2. 混合设备

混合的目的在于使药剂迅速均匀地扩散到水中，并与水中的悬浮微粒等接触，生成微小的矾花。这一过程要求搅拌强度要大，使水流产生激烈的湍流。混合时的流速应在 1.5 m/s 以上，但混合时间要短，一般不超过 2 min。

图 2-41 为常用混合设备的示意图。桨板式搅拌机能调节转速，适应不同水质，故混合效果好，消耗的功率可按每立方米设备容积需要 0.75 kW 来估算。

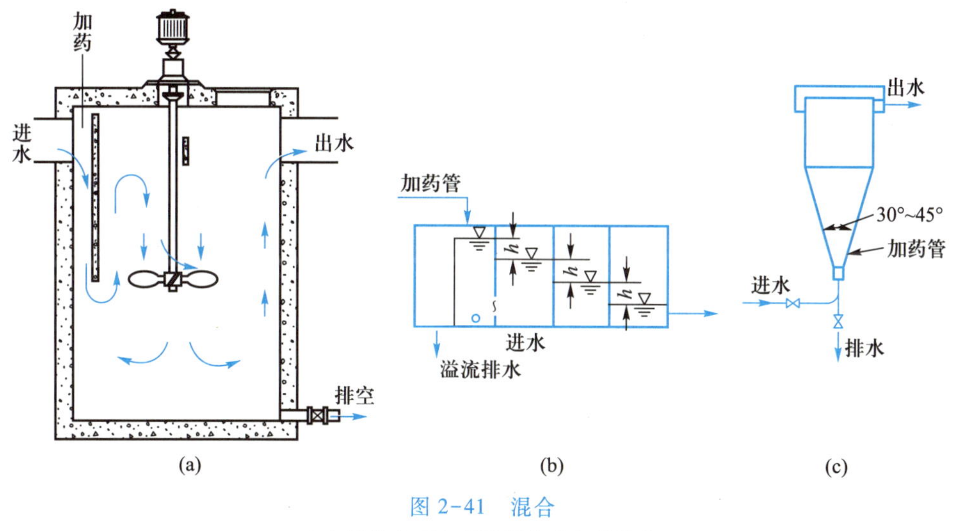

图 2-41 混合

(a) 桨板式;(b) 穿孔板式;(c) 涡流式

当提升泵站与反应设备距离很近时，可以利用水泵叶轮进行混合。将药剂溶液投入反应池前的进水管中，使药剂与水在管道内混合，也可得到较好的效果。

3. 反应设备

反应设备的任务是使细小矾花逐渐絮凝成较大颗粒，以便于沉淀除去。反应设备中要求水流有适宜的搅拌强度，既要为细小絮体的逐渐长大创造良好的碰撞机会和吸附条件，又要防止已形成的较大矾花被碰撞打碎。因此，搅拌强度比在混合设备中要小，但时间比较长。

反应设备的主要设计参数为搅拌强度与搅拌时间。

搅拌强度用相邻两水层中两个颗粒运动的速度梯度来衡量。速度梯度 G 是指垂直于水流方向的两水层间的速度差 $\mathrm{d}u$ 和两水层距离 $\mathrm{d}y$ 的比值。

$$G=\frac{\mathrm{d}u}{\mathrm{d}y} \tag{2-59}$$

对相邻水层中的两个颗粒来说,速度差越大,速度快的颗粒越易赶上速度慢的颗粒引起碰撞;而两水层间距越小,越易相碰。因此,速度梯度(G)实质上反映了单位时间、单位体积水流中颗粒碰撞的机会或次数。

根据水力学原理,两层水流间的摩擦力(F)和水层接触面积(A)之间有如下的关系:

$$F=\mu A\frac{\mathrm{d}u}{\mathrm{d}y} \tag{2-60}$$

单位体积液体搅拌所需功率为:

$$P=F\frac{\mathrm{d}u}{A\mathrm{d}y} \tag{2-61}$$

将式(2-59)、式(2-60)代入式(2-61)得:

$$G=\sqrt{\frac{P}{\mu}} \tag{2-62}$$

式中:P——单位体积水流所需功率,$\mathrm{kg\cdot m/(s\cdot m^3)}$;

μ——水的动力黏滞系数,$\mathrm{kg\cdot s/m^2}$,当水温为 15℃时,$\mu=1.165\times10^{-4}\ \mathrm{kg\cdot s/m^2}$;

G——水流速度梯度,$\mathrm{s^{-1}}$。

当用机械搅拌时,P 为单位体积液体所耗机械的功率,此时:

$$G=\sqrt{\frac{102\eta N}{\mu V}} \tag{2-63}$$

式中:N——电功功率,kW;

η——搅拌机效率;

V——池容积,$\mathrm{m^3}$。

当用水力搅拌时,P 可由水头损失计算:

$$P=\frac{\gamma Qh}{V} \tag{2-64}$$

而

$$V=QT \tag{2-65}$$

$$G=\sqrt{\frac{\gamma h}{\mu T}} \tag{2-66}$$

式中:Q——流量,$\mathrm{m^3/s}$;

γ——水的密度,$\mathrm{kg/m^3}$;

h——水流过池子的水头损失,m;

T——混合或反应时间,s。

在一般水处理工程中,混合阶段的 G 在 500~1 000 $\mathrm{s^{-1}}$ 的范围内,混合时间为 10~30 s,不超过 2 min。而在反应阶段,G 为 10~100 $\mathrm{s^{-1}}$,反应时间为 10~30 min。

速度梯度与停留时间的乘积间接地表示了整个停留时间内颗粒碰撞的总次数。因此，可以用 GT 来控制反应效果。通常，反应设备中的 GT 在 $1\times10^4\sim1\times10^5$ 之间。近年来一些学者提出采用 $GT\rho$ 控制反应效果，因为水中颗粒浓度（ρ）也是影响碰撞总次数的因素。资料建议 $GT\rho$ 以 100 左右为宜。

图 2-42 列出了目前使用较多的几种反应池。

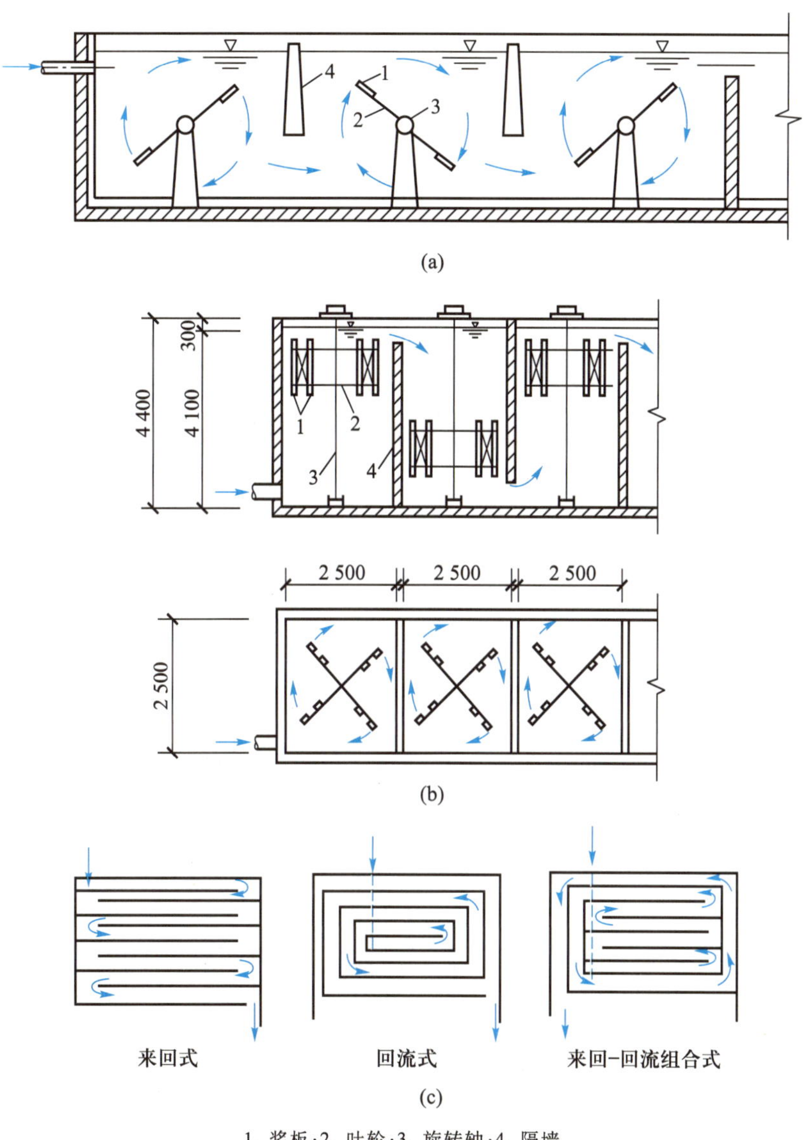

1. 桨板；2. 叶轮；3. 旋转轴；4. 隔墙

图 2-42 反应池

（a）水平轴式机械搅拌反应池；（b）垂直轴式机械搅拌反应池；（c）水平隔板反应池

为强化混凝效果，实际应用中可将磁粉与混凝剂和助凝剂按照一定的顺序加入混合设备，在反应池中形成以磁粉为凝结核的稳定絮体；由于絮体密度大、易沉降，沉淀后无须过滤即可出水，称为磁混凝技术。为控制运行成本，采用磁混凝技术时，还需配备磁粉回收系统，包括高速剪切机和磁分离器。高速剪切机可实现絮体中的磁粉脱离，然后通过磁粉分离器对磁粉进行回收，回收率达到99%以上。该技术具有混凝效果好、抗冲击负荷能力强的特点，在高水量或高污染负荷的情况下依然可以稳定运行，因而在市政污水、工业废水处理等工程上均有应用。

三、澄清

前已述及，水和废水的混凝处理工艺包括水和药剂的混合、反应以及絮凝体与水的分离三个阶段。通常情况下，它们分别在混合池、反应池和沉淀池内完成。澄清池则是完成上述三个过程于一体的设备。

澄清池中起到截留分离杂质颗粒作用的介质是呈悬浮状态的泥渣。当水中的杂质颗粒与混凝剂作用而形成微小絮凝体后，一旦在运动中与相对巨大的悬浮泥渣接触碰撞，就会吸附在泥渣颗粒表面而被迅速除去。因此，保持悬浮状态、浓度稳定且均匀分布的泥渣区就成为决定澄清处理效果的关键。

根据泥渣与水接触方式的不同，澄清池可分为两大类：泥渣循环分离型和悬浮泥渣过滤型。前者是让泥渣在垂直方向不断循环，在运动中捕捉原水中形成的絮凝体，并在分离区加以分离；后者是靠上升水流的能量在池内形成一层悬浮状态的泥渣，当原水自下而上通过这一泥渣层时，其中的絮凝体就被截留下来。在常用的澄清池中，属于泥渣循环分离型的有机械加速澄清池和水力循环澄清池；属于悬浮泥渣过滤型的有普通悬浮澄清池和脉冲澄清池。

（一）机械加速澄清池

机械加速澄清池是利用机械搅拌作用来完成混合、泥渣循环和接触絮凝过程的。图2-43是机械加速澄清池的结构简图。整个池体由一次混合反应区、二次混合反应区、导流筒、分离室和泥渣浓缩区五个主要部分组成。投药后的原水由进水管导入三角形的配水槽，然后由槽底的配水孔进入一次混合反应区。池中心装有转动叶轮，叶轮下方的叶片起着水和药剂及水和泥渣间的混合搅拌作用；叶片上方的圆盘实际上是一个低水头的离心泵，起着提升

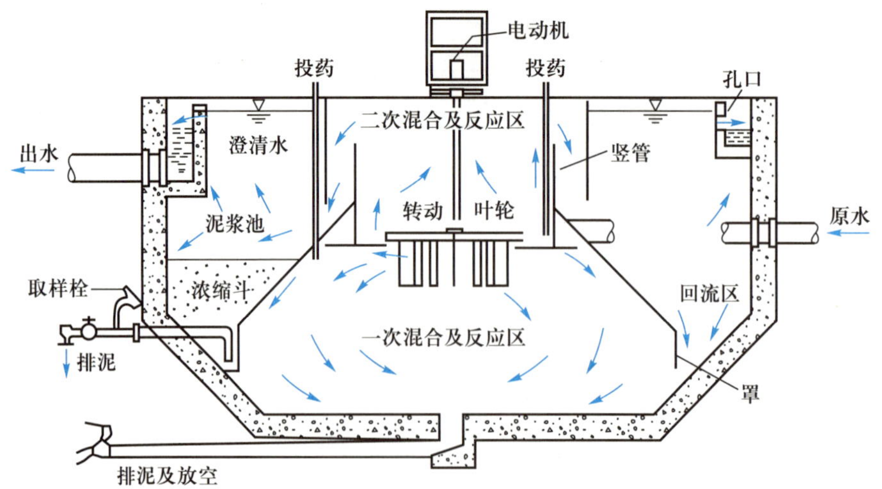

图2-43 机械加速澄清池

泥水混合液的作用。分离区沉降下来的泥浆由回流区下部的回流缝流入一次混合反应区。泥浆回流量为进水量的 3~5 倍，可通过调节叶轮开启度（叶轮顶和第二反应区底板间的距离称为开启度）来控制回流量。

为了保持池内悬浮层浓度稳定，需要不断排走多余的污泥。因此，在池内设有 1~3 个泥渣浓缩斗。当池子直径较大或进水含沙量较高时，澄清池底部常常积泥，为此需装设机械刮泥机，将泥刮向池中央，再排出池外。

机械加速澄清池的优点是效率较高，且运行比较稳定，对原水水质（如浊度、温度）和处理水量的变化适应性较强，操作比较方便。

（二）水力循环澄清池

图 2-44 为水力循环澄清池的断面图。原水投加混凝剂混合后，由池子底部中心进入池内，经喷嘴喷出，进入上面的混合室、喉管和第一反应室。喷嘴和混合室组成一个射流器，喷嘴高速水流把池子锥形底部含大量矾花的泥水吸进混合室内，并和加药后的原水混合，经第一反应室喇叭口溢流出来，进入第二反应室中。吸进混合室的泥水量一般为进口流量的 2~4 倍，从混合室到第二反应室的实际流量为进口流量的 3~5 倍。第一反应室和第二反应室构成了一个悬浮区，其中矾花发挥了接触絮凝的作用，去除了进水中的细小悬浮杂质。第二反应室出水进入分离室，澄清后的水经环形集水槽流出池外，沉淀泥渣则向下流动，经喷嘴吸入与进水混合，再重复上述水流过程。

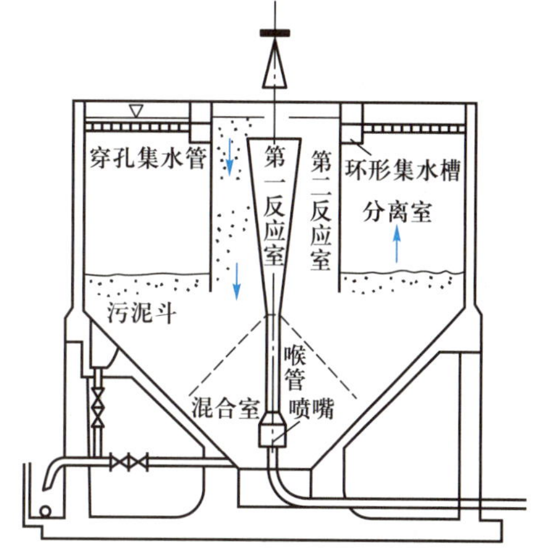

图 2-44　水力循环澄清池

水力循环澄清池的优点是无须机械搅拌设备，运行管理较方便；锥底角度大，排泥效果好。缺点是反应时间短，造成运行不够稳定，不能适用于大水量等。

（三）悬浮澄清池

图 2-45 为悬浮澄清池的示意图。投加混凝剂后的原水经气-水分离器除去水中空气后（为避免扰动悬浮层）由池底进入，在矾花悬浮层（靠向上的水流使其处于悬浮状态）发生接触絮凝作用，使进水中的悬浮杂质得到去除。悬浮层中的矾花在吸附了水中悬浮颗粒后会不断增加，使悬浮层逐渐膨胀，当它超过一定高度时，则通过排泥窗口自动排入泥渣浓缩室，压实后定期排出池外。

悬浮澄清池适用于小型水厂，但由于在进水量或水温发生变化时，悬浮层工作不稳定，这种池型现在已很少采用。

（四）脉冲澄清池

图 2-46 为脉冲澄清池的工作原理示意图。进水通过配水竖井在脉冲水流发生器的控制下向池内脉冲式间歇进水，使池内泥渣一直处于周期性的膨胀悬浮和下沉压缩状态。水流在穿过泥渣层时，水中颗粒已形成的絮凝体便被泥渣截留而去除，使水得到澄清。脉冲作用可使悬浮层的工作稳定，断面上的浓度分布均匀，加强了颗粒的接触碰撞，从而改善混合

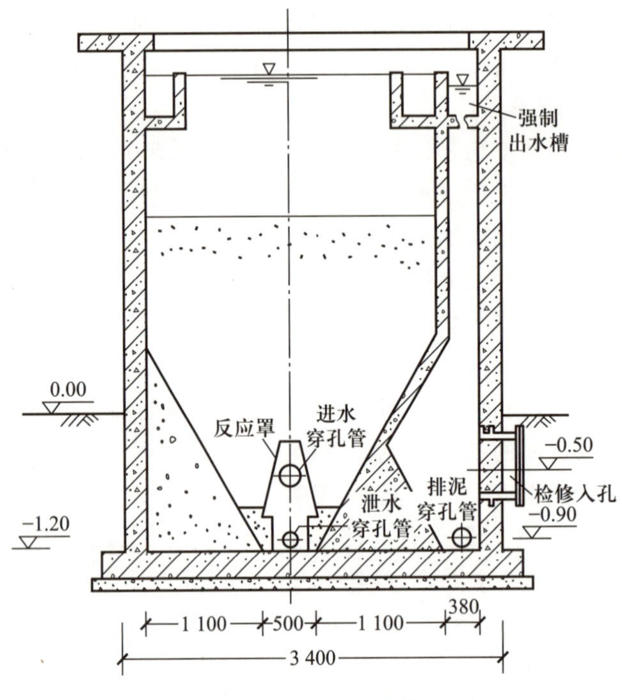

图 2-45 悬浮澄清池

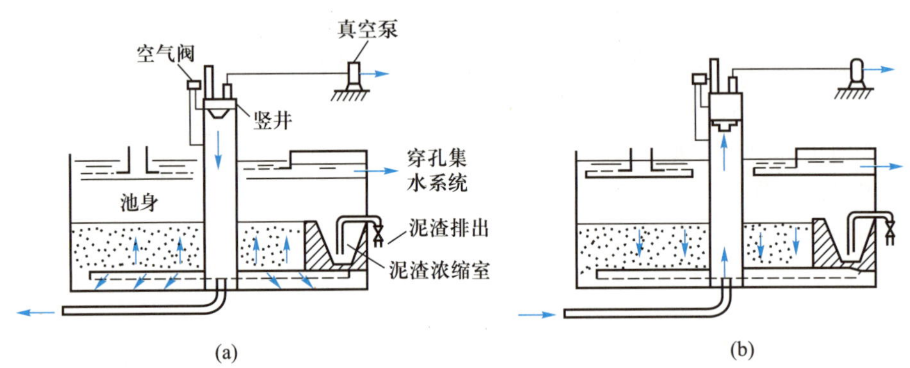

图 2-46 脉冲澄清池工作原理

(a) 竖井排空期;(b) 竖井充水期

絮凝的条件,提高了净水效果。脉冲澄清池的处理效果受水量水质变化较大,构造也较复杂,新设计的水厂采用不多。

(五) 新型澄清池

为提高澄清效率,近年来开发出了加砂澄清池和高密度澄清池。加砂澄清池采用投加微砂及回流技术,在絮凝室中投加粒径为 100~150 μm 的微砂作为絮体的核心。以微砂为核心形成的絮体密度非常大,因此更容易与水分离并沉淀下来,从而有效提高了水流的上升流速和固水分离效率。高密度澄清池主要由反应室、斜板沉降室、集水槽、搅拌机、刮泥机等部分组成,是在传统的平流沉淀池的基础上,利用动态混凝、加速絮凝和浅池理论,实现水中固体微粒的强化澄清分离。

四、过滤

过滤是水处理工程中最常用的工艺过程之一。自 1685 年意大利物理学家 Porzio 最早用文字记载砂滤池以来，过滤技术有了很大的发展，至今仍在不断发展中。如：滤池构造上有双阀滤池、瓣阀滤池、转盘滤池；过滤材料上有泡沫塑料、纤维球滤料、硅藻土及预涂层过滤器；运行工作方式上有移动冲洗罩滤池、幅向连续过滤器、直接过滤（原水加药混凝后不经沉淀，直接进入滤池）等。早先的慢滤池曾因滤速太慢（0.1～0.3 m/h）、占地多、效率低而被快滤池取代，但近年来发现它砂层表面长期形成的生物滤膜是其去污的重要机理，可除去微量有机物、色度、臭和一些细菌与原生动物，出水水质好，因而又重新得到了重视。

（一）过滤机理

水和废水通过粒状滤料（如石英砂）床层时，其中的悬浮颗粒和胶体就被截留在滤料的表面和内部空隙中，这种通过粒状介质层分离不溶性污染物的方法称为粒状介质过滤。它既可用于化学混凝和生化处理之后作为后续处理，也可用于活性炭吸附和离子交换等深度处理之前的预处理。

粒状介质过滤的机理，可概括为以下三个方面。

1. 阻力截留

当原水自上而下流过粒状滤料层时，粒径较大的悬浮颗粒首先被截留在表层滤料的空隙中，从而使此层滤料间的空隙越来越小，截污能力随之变得越来越强，结果逐渐形成一层主要由被截留的固体颗粒构成的滤膜，并由它起主要的过滤作用。这种作用属于阻力截留或筛滤作用。筛滤作用的强度，主要取决于表层滤料的最小粒径和水中悬浮物的粒径，并与过滤速度有关。悬浮物粒径越大，表层滤料和滤速越小，就越容易形成表层滤膜，滤膜的截污能力也越高。

2. 重力沉降

原水通过滤料层时，众多的滤料表面提供了巨大的可供悬浮物沉降的面积。据估计，粒径为 0.5 mm 的 1 m^3滤料中就拥有 400 m^2有效的沉降面积，形成无数的小“沉淀池”，悬浮颗粒极易在此沉降下来。重力沉降强度主要与滤料直径和过滤速度有关。滤料越小，沉降面积越大；滤速越小，则水流越平稳，这些都有利于悬浮物的沉降。

3. 接触絮凝

由于滤料具有巨大的表面积，它与悬浮物之间有明显的物理吸附作用。此外，通常用作滤料的沙粒在水中常带有表面负电荷，能吸附带正电荷的铁、铝等胶体，从而在滤料表面形成带正电荷的薄膜，并进而吸附带负电荷的黏土杂质和多种有机物等胶体，在沙粒上发生接触絮凝。在大多数情况下，滤料表面对尚未凝聚的胶体还能起到接触碰撞的媒介作用，从而促进其凝聚过程。

在实际过滤过程中，上述三种机理往往同时起作用，只是依条件不同而有主次之分。对粒径较大的悬浮颗粒，以阻力截留为主，由于这一过程主要发生在滤料表层，通常称为表面过滤。对于细微悬浮物，以发生在滤料深层的重力沉降和接触絮凝为主，称为深层过滤。

目前常用的滤池类型很多，从滤料的种类分，有单层滤池、双层滤池和多层滤池；按作用水头分，有重力式滤池（作用水头 4～5 m）和压力滤池（10～20 m）；按过滤速度分，有慢滤池和快滤池；按进、出水及反冲洗水的供给与排除方式分，有普通快滤池、虹吸滤池和无阀滤池等。

各种滤池的基本构造是相似的。下面以普通快滤池为重点，介绍各种滤池的构造和工作原理。

（二）普通快滤池

1. 快滤池的基本构造和过滤工艺过程

普通快滤池是应用较广的池型之一，一般是矩形的钢筋混凝土池子，可以几个池子相连成单行或双行排列。图 2-47 为单行布置的普通快滤池构造示意图。

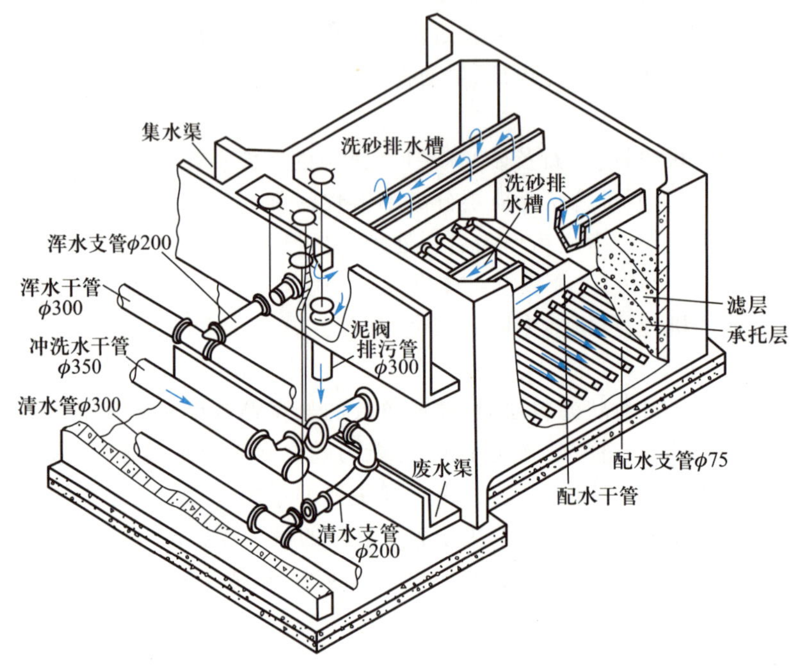

图 2-47 普通快滤池构造图

过滤工艺过程包括过滤和反洗两个基本阶段。过滤即截留污染物；反洗即把被截留的污染物从滤料层中洗去，使之恢复过滤能力。从过滤开始到结束所延续的时间称为滤池的工作周期，一般应大于 8 h，最长可达 48 h 以上。从过滤开始到反洗结束称为一个过滤循环。

过滤开始时，原水自进水管（浑水管）经集水渠、洗砂排水槽分配进入滤池，在池内水自上而下穿过滤料层、垫料层（承托层），由配水系统收集，并经清水管排出。经过一段时间过滤后，滤料层被悬浮颗粒所阻塞，水头损失逐渐增大至一个极限值，以致滤池出水量锐减；另一方面，由于水流的冲刷力又会使一些已截留的悬浮颗粒从滤料表面剥落下来而被大量带出，影响出水水质。这时，滤池应停止工作，进行反冲洗。

反冲洗时，关闭浑水管及清水管，开启排水阀及反冲洗进水管，反冲洗水自下而上通过配水系统、垫料层、滤料层，并由洗砂排水槽收集，经集水渠内的排水管排走。反洗过程中，由于反洗水的进入会使滤料层膨胀流化，滤料颗粒之间相互摩擦、碰撞，附着在滤料表面的悬浮物质被冲刷下来，由反洗水带走。

滤池经反冲洗后，恢复了过滤和截污的能力，又可重新投入工作。如果刚开始过滤的出水水质较差，则应排入下水道，直至出水合格，这称为初滤排水。

2. 滤料和垫层结构

滤料是滤池中最重要的组成部分，是完成过滤的主要介质。优良的滤料必须满足以下要求：有足够的机械强度，有较好的化学稳定性，有适宜的级配和足够的空隙率。所谓级配，就是滤料的粒径范围以及在此范围内各种粒径的滤料数量之比例。滤料的外形最好接近于球形，表面粗糙而有棱角，以获得较大的空隙率和比表面积。目前常用的滤料有石英砂、无烟煤、陶粒、高炉渣、天然矿石，以及聚苯乙烯球、塑料纤维球等。滤料的性能指标有以下几项：

（1）有效直径和不均匀系数：有效直径是指能使10%的滤料通过的筛孔直径（mm），以 d_{10} 表示，即粒径小于 d_{10} 的滤料占总量的10%。同样，d_{80} 表示能使80%的滤料通过的筛孔直径（mm）。d_{80} 与 d_{10} 的比值就称为滤料的不均匀系数，以 k_{80} 表示。例如，$d_{10}=0.60$ mm，$d_{80}=1.0$ mm，则 $k_{80}=1.0/0.60=1.67$。显然，不均匀系数越大，滤料越不均匀，小颗粒会填充于大颗粒的间隙内，从而使滤料的空隙率和纳污能力降低，水头损失增大。因此，不均匀系数以小为佳。但是，不均匀系数越小，加工费用也越高。通常 k_{80} 值应控制在1.65~1.80的范围内。

（2）滤料的纳污能力：滤料层承纳污染物的容量常用纳污能力来表示。其含义是在保证出水水质的前提下，在过滤周期内单位体积滤料中能截留的污物量，以 kg/m^3 或 g/cm^3 表示。其大小与滤料的粒径、形状和级配等因素有关。

（3）滤料的孔隙率和比表面积：孔隙率是指在一定体积的滤层中孔隙所占的体积与总体积的比值。常用的石英砂和无烟煤滤料的孔隙率分别为0.4和0.5。滤料的比表面积，是指单位质量或单位体积滤料所具有的表面积，单位为 cm^2/g 或 cm^2/cm^3。

单层滤池通常以石英砂作为滤料。由于石英砂粒度较小，因而虽能获得较好的出水水质，但污物穿透深度浅，不能充分利用整个滤层的纳污能力。此外，沉积于细砂顶面上的污物极易固结，反洗时也不易被冲去，增加了水头损失。这种现象在过滤悬浮固体浓度较高的原水时尤为严重。

双层滤池正是为了克服上述缺点而产生的，一般是在石英砂滤层上铺一层相对密度小而粒度较大的无烟煤滤料。无烟煤的棱角多，孔隙率比砂大，因而具有较大的纳污能力，能除去进水中的大部分悬浮物。下层的细砂则主要起“精滤”作用，以保证较好的出水水质。图2-48为单层和双层滤料中杂质分布示意图。由图可见，双层滤料的纳污能力明显地增大了。此外，无烟煤的相对密度比砂小（两者分别为1.4~1.7和2.55~2.65），在反洗时比较容易膨胀，只要粒度适宜，反洗后仍能处于滤床的上层，而不致产生很大程度的混杂。

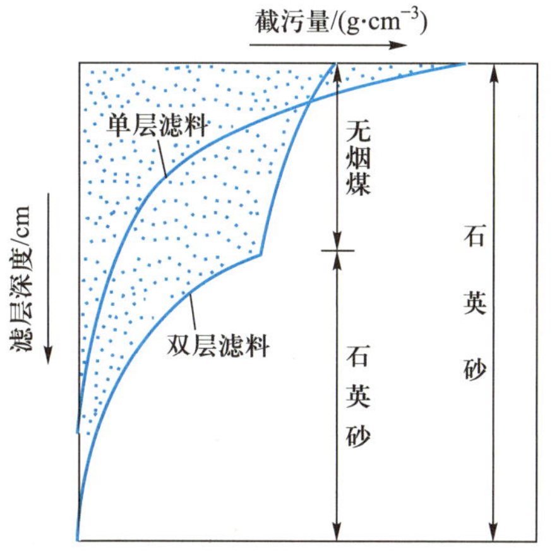

图2-48　单层和双层滤料中杂质分布示意图

表2-10列出了单层砂滤料和双层滤料（无烟煤与石英砂）滤池的常用滤速、滤料层组成及含污能力对比。

表 2-10 滤池的滤速与滤料层组成

<table>
<tr><th rowspan="2">类别</th><th colspan="3">滤料层组成</th><th rowspan="2">滤速/
(m · h^{-1})</th><th rowspan="2">强制滤速/
(m · h^{-1})</th><th rowspan="2">含污能力/
(kg · m^{-3})</th></tr>
<tr><th>粒径/mm</th><th>不均匀
系数 k_{80}</th><th>厚度/mm</th></tr>
<tr><td rowspan="2">石英砂
滤料滤池</td><td>$d_{min}=0.5$</td><td rowspan="2">2.0</td><td rowspan="2">700</td><td rowspan="2">8~12</td><td rowspan="2">10~14</td><td rowspan="2">0.75~0.85</td></tr>
<tr><td>$d_{max}=1.2$</td></tr>
<tr><td rowspan="6">双层滤
料滤池</td><td>无烟煤</td><td rowspan="3">2.0</td><td rowspan="3">300~400</td><td rowspan="6">12~16</td><td rowspan="6">14~18</td><td rowspan="6">1.5~1.8</td></tr>
<tr><td>$d_{min}=0.8$</td></tr>
<tr><td>$d_{max}=1.8$</td></tr>
<tr><td>石英砂</td><td rowspan="3">2.0</td><td rowspan="3">400</td></tr>
<tr><td>$d_{min}=0.5$</td></tr>
<tr><td>$d_{max}=1.2$</td></tr>
</table>

垫层填充于滤层与集(配)水系统之间,其作用是过滤时阻挡滤料进入集水系统,反洗时还能起到均匀布水的作用。垫层材料亦应有足够的机械强度和化学稳定性,一般采用天然卵石或碎石,其最小粒径不应小于滤料的最大粒径,从上至下按粒度由小到大分层铺设,反洗时不能被水冲动而发生位移。垫层的规格如表 2-11 所示。

表 2-11 垫层规格

层次	粒径/mm	厚度/cm
1	2~4	10
2	4~8	10
3	8~16	10
4	16~32	10

3. 过滤时的水头损失

假设在整个过滤周期内,滤池的水位和滤速都保持不变,那么如果测得滤池进水、出水以及出水阀后的水头,就能得出滤池各部位水头损失的变化情况(如图 2-49 所示)。滤池的总水头(H)可分解为五部分:流经滤料层的水头损失 H_t(从开始时的 H_0,随时间呈直线增加);流经垫层和集水系统的水头损失 h_1(不随时间而变);流经流量控制阀的水头损失 h_t(开始时为 h_0,可通过开启阀门改变);出水管内流速水头 $v^2/2g$;剩余水头 h_2。于是总水头应为:

$$H=H_t+h_1+h_t+\frac{v^2}{2g}+h_2 \tag{2-67}$$

过滤时,H_t逐渐增加,为使剩余水头 h_2不变,可开大出水阀,使 h_t减小。当过滤周期快结束时,出水阀已全开,h_t已达最小,此时继续过滤,h_2就要逐渐减小,直至水头被消耗完,滤池不再出水。实际操作时,一般在出水阀全开时(过滤时间为 t)就停止过滤而进行反冲洗。时间 t 即为过滤周期。

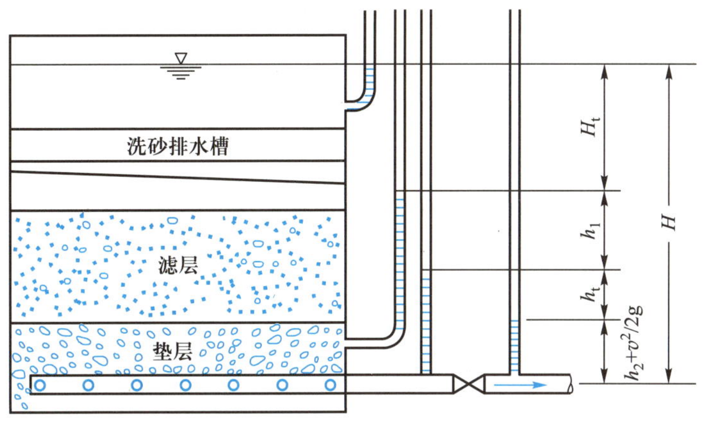

图 2-49　水头损失示意图

4. 滤速、滤池总表面积及滤池数的确定

进行滤池设计时，必须首先选择适宜的过滤速度。单层砂滤池的滤速一般采用 8~12 m/h，以无烟煤和石英砂为滤料的双层滤池则一般采用 12~16 m/h。滤速确定后，可按下式计算滤池的总表面积(A)：

$$A=\frac{Q}{v} \tag{2-68}$$

式中：Q——设计流量，m^3/h；

v——设计滤速，m/h。

滤池个数的确定应考虑运行的灵活性，以及基建和运行费用的经济性两个方面，但一般不能少于 2 个。滤池总表面积(A)与个数(n)的合理关系如表 2-12 所示。

表 2-12　滤池总面积与个数的关系

滤池总表面积 A/m^2	滤池个数	滤池总表面积 A/m^2	滤池个数
<30	2	150	4~6
30~50	3	200	5~6
100	3~4	300	6~8

单个滤池的表面积 $a=A/n$。滤池的平面形状可为正方形或矩形。当 $a<30\ m^2$时，宜选用正方形，当 $a>30\ m^2$时，宜选用长宽比为 1.25∶1~1.5∶1 的矩形。

滤池的总深度应包括底部集水系统高度、垫层厚度、滤层厚度、工作水深及保护高度。各层高度一般为：垫层 0.4~0.45 m，滤层 0.7~0.75 m，工作水深(滤层上面的水深)1.5~2.0 m，保护高度 0.25~0.3 m，滤池总深度为 3.0~3.5 m。

[例 2-6]　试设计一座处理水量为 50 000 m^3/d 的单层细砂滤料的普通快滤池，计算其主要尺寸。

解： 由设计处理水量 50 000 m^3/d 得每小时流量为 50 000÷24 m^3/h = 2 083.3 m^3/h

选用滤速 10 m/h，计算滤池的总表面积(A)：

$$A=\frac{2\ 083.3}{10}\ m^2=208.33\ m^2$$

参考表 2-12,采用 6 个池子,其中一个备用,则每个池子的面积为:

$$\frac{208.33}{5}\ \mathrm{m^2}=41.67\ \mathrm{m^2}$$

滤池的平面形状选用长宽比为 1.5∶1 的矩形。经计算,每个池长长约为8 m,宽约为 5.3 m。

滤池深度包括:卵石垫层 0.4 m,石英砂滤层 0.7 m,滤层上面最大水深 1.88 m,(它是根据滤池水面与清水池进水堰顶的高差 1.8 m 另加 0.08 m 确定的,0.08 m 保证了滤层处于淹没状态,不致进气),保护高度 0.3 m。总深度为 3.28 m。

5. 快滤池的反冲洗

滤池多采用逆流冲洗方式,有时也兼有压缩空气反冲、水力表面冲洗以及机械或超声波搅动等辅助冲洗措施。

沉积于滤层内的污物是靠上升的反洗水流剪力以及滤料颗粒间的碰撞、摩擦而剥落下来,并随水流冲走的。因此,反洗强度要足以使滤料悬浮起来,即必须造成滤层的膨胀,形成滤层流化床。但反洗强度过大,滤层膨胀过高,会减少单位体积流化床内的滤料颗粒数,使碰撞机会减少,反洗效果变差;此外,还会造成滤料流失和冲洗水的浪费。因此,确定适宜的反洗强度和滤层膨胀率是十分重要的。

设静止滤层的厚度为 l_0,空隙率为 ε_0;反冲洗时流化床高度为 l,空隙率为 ε,则滤层膨胀率(e)可用下式表示:

$$e=\frac{l-l_0}{l_0}\times100\%=\left(\frac{\varepsilon-\varepsilon_0}{1-\varepsilon}\right)\times100\% \tag{2-69}$$

反洗时单位滤池面积上通过的反洗水流量称为反洗强度,以 q 表示,单位常用 $\mathrm{L/(m^2\cdot s)}$。适宜的反洗强度因滤料级配、相对密度和水温而异。滤料粒径相同时,相对密度大的要求较大反洗强度;相对密度相同时,粒径较大的要求反洗强度也大。此外,水温高时水的黏度小,不利于污物的剥离,因此要求有较大的反洗强度。

单层砂滤池常用的反冲洗强度为 12~15 $\mathrm{L/(m^2\cdot s)}$,e 约为 45%,历时 5~7 min;双层滤料滤池反冲洗强度为 13~16 $\mathrm{L/(m^2\cdot s)}$,相应的 e 为 50%,历时6~8 min。

6. 配水系统

配(集)水系统的作用是保证反洗水能均匀地分布在整个滤池断面上,而在过滤时也能均匀地收集滤过水。如果反洗水分布不均,则流量小的部位滤料冲洗不净,污物逐渐黏结成“泥球”或“泥饼”;流量大的部位则可能使垫层被冲动,滤料和垫层混杂,并造成“跑砂”,最终必然导致过滤过程的破坏。

配水不均匀是由于反冲洗水从进口到滤池各部分距离不同,水头损失不同而引起的。为克服配水的不均匀性,目前常用的做法是增大整个配水系统布水孔眼的阻力,降低由于距离不同而引起的水头损失的差异在总水头损失中的比例;或者减小整个配水系统的总水头损失,使距离不同引起的水头损失的差异减小。前者称为大阻力配水系统,后者称为小阻力配水系统。

管式大阻力配水系统的结构如图 2-50 所示。系统由一条总管和许多配水支管组成,每根支管上钻有若干数目相同的配水孔眼或装上滤头。

大阻力配水系统水力计算的主要内容是确定其总管和支管的直径,以及反洗水通过布水孔的水头损失。与此有关的设计参数列于表 2-13。

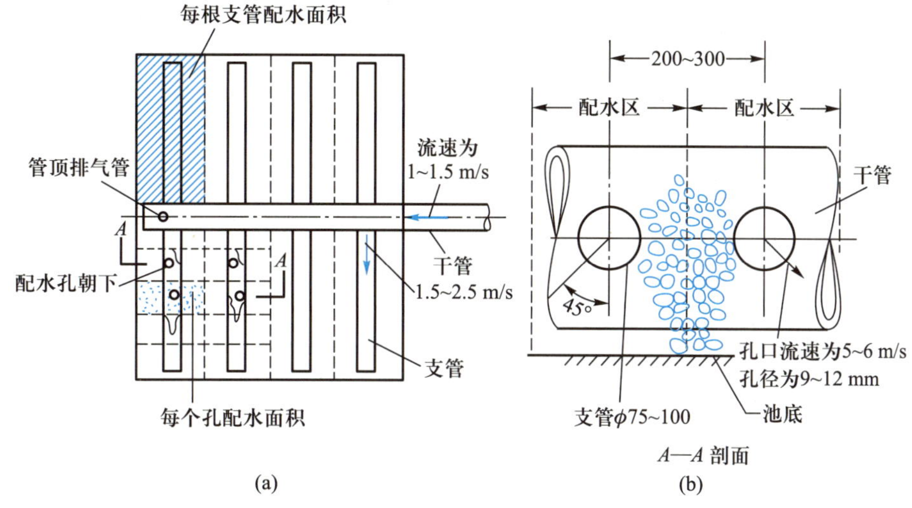

图 2-50　管式大阻力配水系统

表 2-13　管式大阻力配水系统设计数据

设计参数	数值
总管进口流速/($m\cdot s^{-1}$)	1.0~1.5
支管进口流速/($m\cdot s^{-1}$)	1.5~2.5
支管中心距/m	0.2~0.3
支管直径/mm	75~100
布水孔总面积	占滤池面积的 0.2%~0.25%
布水孔中心距/mm	75~300
布水孔直径/mm	9~12

大阻力配水系统配水均匀，在生产运行中工作可靠，是主要的配水方式，普通快滤池多采用。

小阻力系统则是采用配水室代替配水管，在配水室顶部安装栅条、尼龙网和多孔板等配水装置。由于配水室中水流速度很小，反洗水流经配水系统的水头损失也大大减小，要求的冲洗水头在 2 m 以下，而且结构也比较简单，但配水均匀性较差，常应用于面积较小的滤池，如虹吸滤池等。图 2-51 为小阻力配水系统构造示意图。

(三) V 型滤池

V 型滤池是一种滤料粒径较为均匀的重力式快滤池，因为其进水槽形状呈 V 形，故也称 V 型滤池。这种滤池有以下特点：

① 采用单层加厚均粒滤料，滤层含污能力增大，滤料粒径一般为 0.95~1.35 mm。反冲洗后滤料不会发生明显的水力分级现象，滤料空隙尺寸相对较大，过滤时杂质穿透深度大，且因滤料层较厚(通常为 0.9~1.5 m)，过滤周期延长。

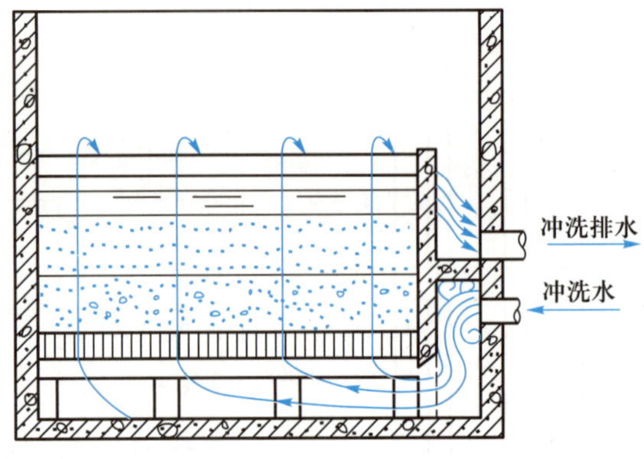

图 2-51 小阻力配水系统

② 等水头恒速过滤。各分格滤池的进水渠相互连通，出水阀门随砂面上水位变化不断调节开启度，使砂面上水位在整个过滤周期内保持不变。在这种恒速过滤情况下，滤层的截污量与过滤时间呈线性关系，可通过控制过滤周期以保证滤后水质。

③ 采用气-水联合反冲洗。反冲洗过程分气冲、气-水同时反冲、水冲三步。空气泡与滤料颗粒摩擦，将附着在滤料表面的污染物剥离，滤料沉下去，污染物浮上来被水冲走，反冲洗效果好。气冲强度通常为 50~60 $m^3/(h \cdot m^2)$，清水冲洗强度为 13~15 $m^3/(h \cdot m^2)$。

V 型滤池的滤速可达 7~20 m/h，一般为 12.5~15.0 m/h。过滤周期长，处理效率高，操作自动化程度高，适用于大、中型水厂。

（四）虹吸滤池

虹吸滤池是一种利用虹吸作用来替代进水阀门和反冲洗水排水阀门的重力式滤池。一座虹吸滤池通常是由 6~8 个单元滤池组成的一个整体。单元滤池之间采用真空系统或继电系统控制进水虹吸管和排水虹吸管进行连锁式的过滤和反冲洗运行。滤池的形状主要是矩形，水量较少时也可建成圆形。图 2-52 为圆形虹吸滤池构造和工作示意图。

图 2-52 的右半部表示过滤时的情况：经过澄清的水由进水槽流入滤池上部的配水槽，经进水虹吸管流入单元滤池的进水槽，再经过进水堰和布水管流入滤池。水经过滤层和配水系统而流入集水槽，再经出水管流入出水井，通过控制堰由清水管流出滤池。

在过滤过程中滤层含污量不断增加，水头损失不断增大，要保持出水控制堰上的水位，即维持一定的滤速，则滤池内的水位应该不断地上升，才能克服滤层增长的水头损失。当滤池内的水位上升到预定高度时，水头损失达到了最大允许值（一般采用 1.5~2.0 m），滤层就需要进行冲洗。

图 2-52 的左半部表示滤池冲洗时的情况：首先破坏进水虹吸的真空，则配水槽的水不再进入滤池，滤池继续过滤。起初滤池内水位下降较快，但很快就无显著下降，此时就可以开始冲洗。利用真空控制系统抽出冲洗虹吸管中的空气，使它形成虹吸，并把滤池内的存水通过冲洗虹吸管抽到池中心的下部，再由冲洗排水管排走。此时滤池内水位降低，当集水槽的水位与池内水位形成一定的水位差时，冲洗工作就正式开始了。冲洗水的流程与普通快滤池相似。当滤料冲洗干净后，破坏冲洗虹吸管的真空，冲洗立即停止。启动虹吸管，滤池又可以进行过滤。

虹吸滤池采用小阻力配水系统，因此可以借出水堰顶与冲洗排水槽顶之间的高差作为反

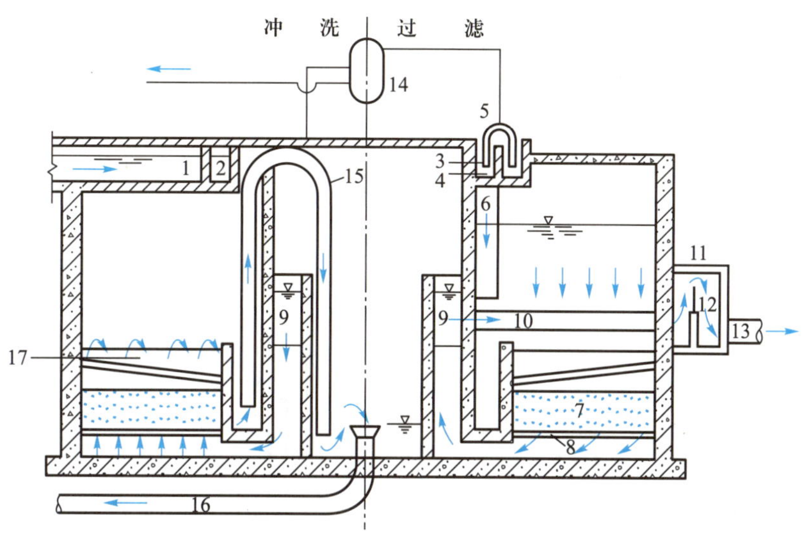

1. 进水槽；2. 配水槽；3. 进水虹吸管；4. 单个滤池进水槽；5. 进水堰；6. 布水管；7. 滤层；8. 配水系统；9. 集水槽；10. 出水管；11. 出水井；12. 控制堰；13. 清水管；14. 真空系统；15. 冲洗虹吸管；16. 冲洗排水管；17. 冲洗排水槽

图 2-52　虹吸滤池构造和工作示意图

冲洗所需的水头。冲洗水头一般采用 1.0~1.2 m，平均冲洗强度一般采用 10~15 L/(m^2·s)，冲洗历时 5~6 min。

虹吸滤池利用虹吸作用控制滤池运行，不需大型闸阀及电动、水力等控制设备，能利用滤池本身的水位反冲洗，便于实现自动控制。缺点是池深较大（一般在 5~6 m），且冲洗水头受池深限制，有时冲洗效果不够理想。适用于中小型水处理厂。

（五）重力式无阀滤池

无阀滤池有重力式和压力式两种，前者应用较广。图 2-53 为重力式无阀滤池示意图。原水自进水管进入滤池后，自上而下穿过滤层，滤后水经排水系统，通过联络管进入顶部冲洗水箱，待水箱充满后，滤后水由出水管溢流排出至清水池。

随着过滤时间的延长，过滤阻力逐步增加，与进水连通的虹吸上升管中的水位不断上升，当达到虹吸辅助管的管口时，水从辅助管下落，通过水射器由抽气管抽吸虹吸管顶部的空气，在短时间内，虹吸管因出现负压，使上升管和下降管中的水位上升汇合，形成虹吸。冲洗水箱中的水便从联络管经排水系统反向流过滤层，再经上升管和下降管进入排水井排走，这就滤池的反冲洗。直至水箱内水位下降至虹吸破坏管管口以下时，虹吸管吸进空气，虹吸破坏，反冲洗结束。滤池恢复自上而下过滤。

因冲洗水头有限，无阀滤池常用小阻力配水系统。

无阀滤池的冲洗强度可用升降锥形挡板进行调整。起始冲洗强度一般采用 12 L/(m^2·s)，终了强度为 8 L/(m^2·s)，滤层膨胀率为 30%~50%，冲洗时间为 3.5~5.0 min。

无阀滤池的运行全部自动，操作方便，工作稳定可靠；结构简单，材料节省，造价比普通快滤池低 30%~50%。但滤池的总高度较大；滤池冲洗时，进水管照样进水，并被排走，浪费了一部分澄清水。这种滤池适用于小型水处理厂。

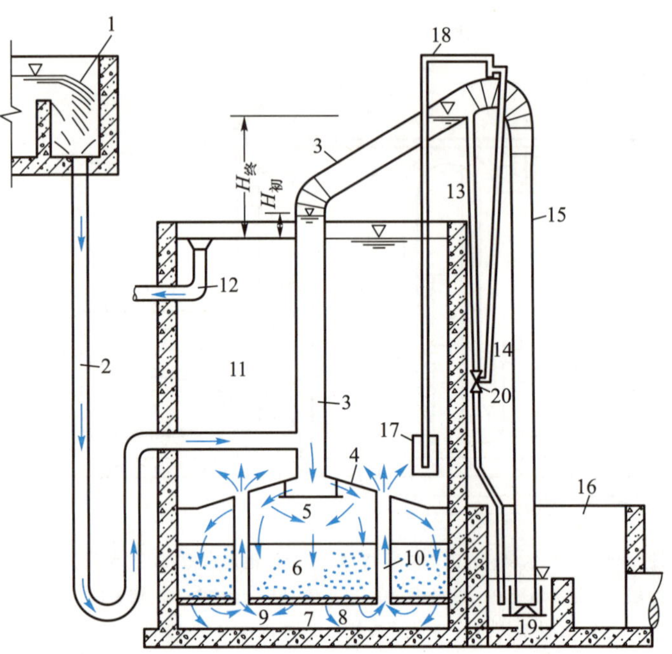

1. 进水配水槽;2. 进水管;3. 虹吸上升管;4. 顶盖;5. 配水挡板;
6. 滤层;7. 滤头;8. 垫板;9. 集水空间;10. 联络管;11. 冲洗水箱;
12. 出水管;13. 虹吸辅助管;14. 抽气管;15. 虹吸下降管;16. 排水井;
17. 虹吸破坏斗;18. 虹吸破坏管;19. 锥形挡板;20. 水射器

图 2-53 重力式无阀滤池

(六) 压力滤池

压力滤池是密闭的钢罐,里面装有和快滤池相似的配水系统和滤料等,是在压力下进行工作的。在工业给水处理中,它常与离子交换软化器串联使用,过滤后的水往往可以直接送到用水点。

压力滤池的构造见图 2-54。滤料的粒径和厚度都比普通快滤池大,分别为 0.6~1.0 mm 和 1.1~1.2 m。滤速常采用 8~10 m/h 以上,甚至更大。配水系统多采用小阻力系统中的缝隙式滤头。压力滤池的水头损失可允许达 5~6 m,甚至 10 m 以上。反洗常用空气助洗和压力水反洗的混合方式,以节省冲洗水量,提高反洗效果。

压力滤池分竖式和卧式,竖式滤池有现成的产品,直径一般不超过 3 m。卧式滤池直径不超过 3 m,但长度可达 10 m。

压力滤池耗费钢材多,投资较大,但因占地少,又有定型产品,可缩短建设周期,且运转管理方便,因而在工业中采用较广。

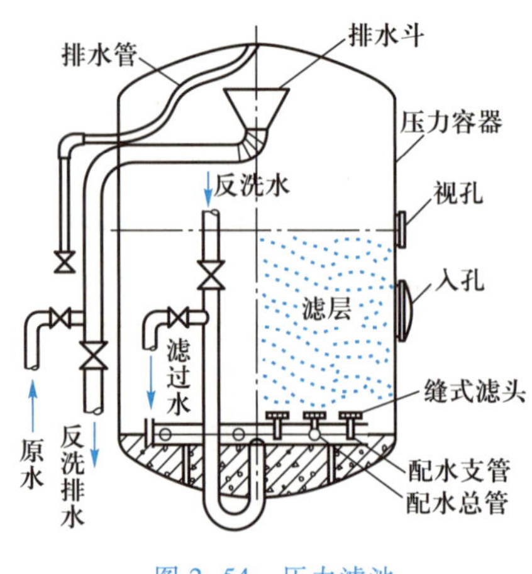

图 2-54 压力滤池

五、气浮

（一）理论基础

气浮法是利用高度分散的微小气泡作为载体去黏附水中的悬浮颗粒，使其随气泡浮升到水面而加以分离去除的一种水处理方法。气浮分离的对象是疏水性细微固体或液体悬浮物质，如细沙、纤维、藻类及乳化油滴等。

药剂浮选法是在废水中投加浮选药剂，选择性地将亲水性的污染物变为疏水性物质，从而附着在气泡上一起浮升到水面而加以去除的又一种水处理方法。浮选分离的对象是亲水性固体悬浮物及重金属离子等。两者的理论基础是相同的，有时统称为气浮法。

实现气浮分离过程的必要条件是使污染物能够黏附在气泡上。显然，这是一个涉及气、液、固（液）三相介质的问题。

众所周知，液体和固体都具有表面，任何两相之间都具有界面。当气泡和颗粒共存于水中时，即液、气、固三相介质共存的情况下，每两相之间的界面上都存在着界面张力和界面能。界面能（ω）的大小可用下式表示：

$$\omega=\gamma\cdot S \tag{2-70}$$

式中：γ——界面张力，N/m；

S——界面面积，m^2。

界面能有降低到最小的趋势。当水中有气泡存在时，悬浮颗粒就力图黏附在气泡上而降低其界面能。但是，并非所有的颗粒都能黏附上去，这取决于水对该种颗粒的润湿性。一般的规律是疏水性颗粒易与气泡黏附，而亲水性颗粒难以与气泡黏附。

水对各种物质润湿性的大小，可用它们与水的接触角 θ（以对着水的角为准）来衡量。接触角 $\theta<90°$ 者为亲水性物质，$\theta>90°$ 者为疏水性物质。这种关系可以从图 2-55 中表示的颗粒与水接触面积（即被水润湿的面积）的大小清楚地看出。

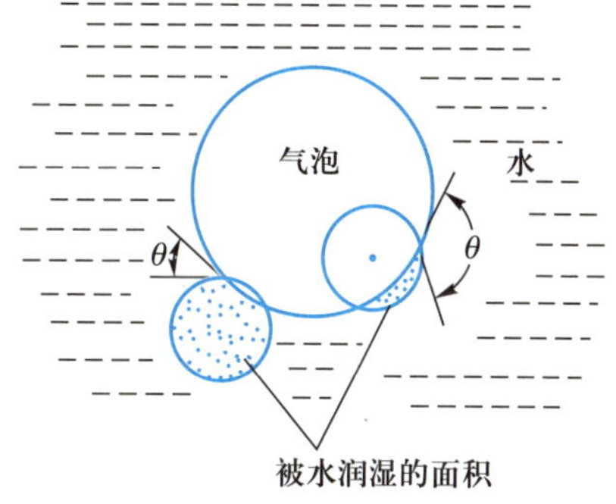

图 2-55 亲水性和疏水性物质的接触角

当气泡与颗粒共存于水中时，在其附着前的体系界面能为：

$$\omega_1=\gamma_{水-气}S_{水-气}+\gamma_{水-粒}S_{水-粒} \tag{2-71}$$

附着后，相当于 1 m^2 附着面积时的体系界面能为：

$$\omega_2=\gamma_{水-气}(S_{水-气}-1)+\gamma_{水-粒}(S_{水-粒}-1)+\gamma_{气-粒}\times1 \tag{2-72}$$

因此，该体系界面能的变化值（即减小值）为：

$$\Delta\omega=\omega_1-\omega_2=\gamma_{水-气}+\gamma_{水-粒}-\gamma_{气-粒} \tag{2-73}$$

根据热力学的概念，气泡和颗粒的附着过程是向该体系界面能减小的方向自发地进行的，因此 $\Delta\omega$ 必然大于零，即附着后的总界面能必须小于附着前的界面能，否则气泡就不能从颗粒表面取代水，此能量差即转化为挤开颗粒表面上的水膜所做的功。

当颗粒处于平衡状态时（图 2-56），水、气、固三相界面张力的关系应当是：

$$\gamma_{水-粒}=\gamma_{水-气}\cos(180°-\theta)+\gamma_{气-粒} \tag{2-74}$$

代入式（2-73），得

$$\Delta\omega=\gamma_{水-气}+\gamma_{水-粒}-(\gamma_{水-气}\cos\theta+\gamma_{水-粒})$$

$$\Delta\omega=\gamma_{水-气}(1-\cos\theta) \tag{2-75}$$

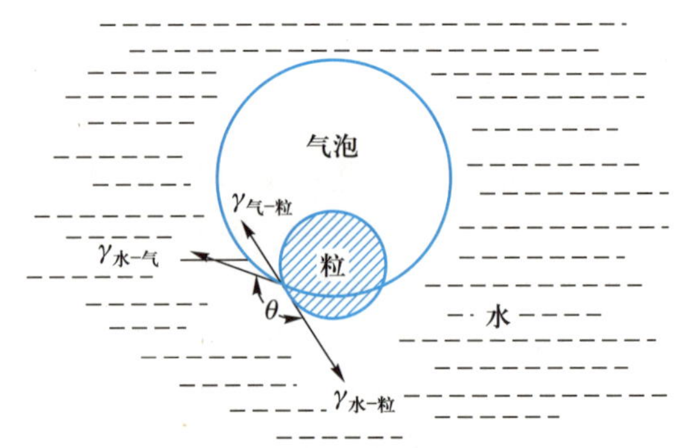

图 2-56 水—颗粒—气泡间的表面张力

式(2-75)说明：当 $\theta\to0°$ 时，这种物质不能气浮；$\theta<90°$，这种物质与气泡附着不牢，易于分离；当 $\theta\to180°$ 时，这种物质易被气浮。对于乳化油类，$\theta>90°$，其本身相对密度又小于1，用气浮法分离就很有效。油粒黏附到气泡上以后，上浮速度将大大加快。例如，d = 1.5 μm 的油粒单独上浮时，根据 Stokes 公式计算，上浮速度 $v<0.001$ mm/s；黏附到气泡上后，由于气泡的平均上浮速度可达 0.9 mm/s，使油粒浮速增加了约 900 倍。

另外，从式(2-75)还可看出，水的表面张力 $\gamma_{水-气}$ 越小，界面的气浮活性越低，即体系的界面能减小值 $\Delta\omega$ 越小。含表面活性物质多的废水，其表面张力低，气浮效果较差。例如，煤气发生站的洗涤煤气废水就比石油炼厂的含油废水差。

由于在颗粒表面上生成气泡所消耗的功小于在水中生成气泡所消耗的功，颗粒越是疏水，即接触角(θ)越大，则水中析出的气泡在颗粒表面形成的可能性越大。

为了增大水中被气浮物质的疏水性，可以投加合适的化学药剂。常用的药剂分混凝剂和浮选剂两类。

各种无机的或有机高分子混凝剂在水中与悬浮颗粒形成的矾花为网状结构，在气泡上升过程中，能截留气泡，将气泡包裹在矾花内，靠气泡的浮力将矾花带到水面。

对于细分散的亲水性颗粒(如 $d<0.5$ mm 的煤粉、纸浆等)，若用气浮法进行分离，则需要经过浮选剂处理，使颗粒表面转变为疏水性而附着于气泡上。同时，浮选剂还有促进起泡的作用，可使废水中的空气泡形成稳定的小气泡，以利于气浮。浮选剂大多数是由极性-非极性分子所组成，一般用符号○—表示。圆头端表示极性基，易溶于水(因水是强极性分子)，尾端表示非极性基，有疏水性。例如，肥皂中的有用成分硬脂酸 $C_{17}H_{35}COOH$，它的—$C_{17}H_{35}$是非极性端，疏水；而—COOH 是极性端，亲水。

浮选剂的极性基团能选择性地被亲水性物质所吸附，非极性基团则朝向水。这样亲水性物质的表面就被具有疏水性物质而黏附在空气泡上(图 2-57)，随气泡一起上浮到水面。

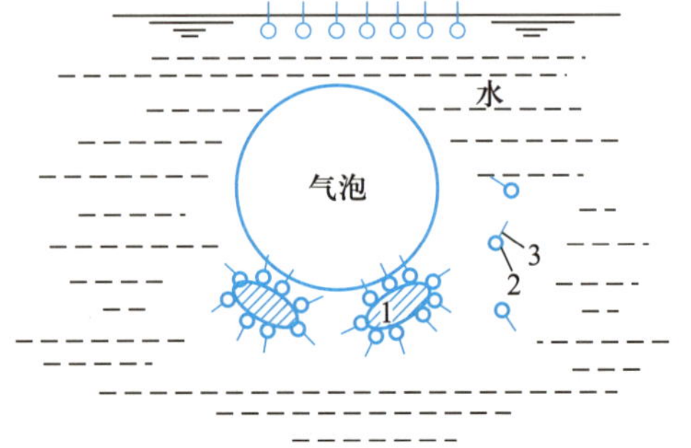

1. 亲水性物质；2. 极性基；3. 非极性基

图 2-57 亲水性物质与气泡的黏附情况

浮选剂的种类很多，如松香油、煤油产品、脂肪酸盐等表面活性剂等。应根据被处理水的性质通过试验选择。

(二)气浮设备

在一定条件下，气泡在水中的分散程度是影响气浮效率的重要因素，所以气浮设备一般以产生气泡的方法来分类。常用的气浮设备有加压溶气气浮与叶轮气浮设备等。

1. 加压溶气设备

加压溶气气浮的流程，如图 2-58 所示。进水与混凝剂在混合器混合均匀后进入反应室中，反应后进入气浮池（浮选池）的入流室，循环水（由气浮池出水中分出，其量为进水量的 25%～50%）经过泵加压到 3×10^5～4×10^5 Pa 后送往溶气罐，同时由水泵出水管引出，进入射流器，把通过气体流量计的空气吸入泵入口处，一并被加压送入溶气罐，使空气充分溶于水中，然后经过释放器，进入气浮池入流室。由于突然减到常压，这时溶解于水中的过饱和空气便形成许多微细的气泡逸出，在气浮池内可以看到许多小气泡上升。分离室内形成的浮渣用刮渣机刮到浮渣槽内排出池外。根据来水的性质，如有沉渣产生，则应在气浮池底部考虑设置沉渣的排除装置。采用泵前射流进水方式，可使空气加速溶解，但进气量不能超过进水量的 5%～7%，泵前进水还可省去空压机。

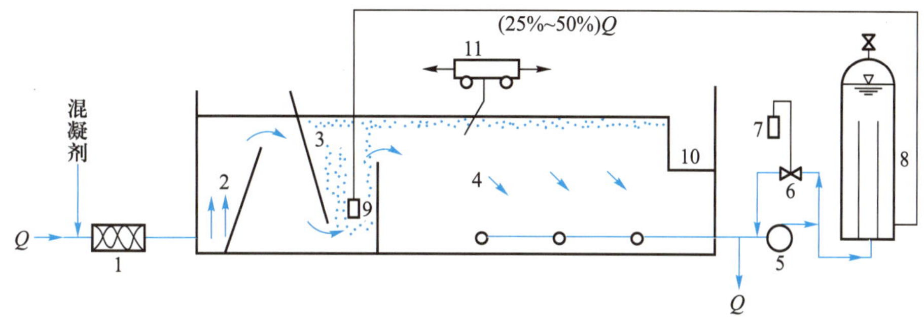

1. 混合器；2. 反应室；3. 入流室；4. 分离室；5. 泵；6. 射流器；7. 气体流量计；8. 溶气罐；9. 释放器；10. 浮渣槽；11. 刮渣机

图 2-58　加压力溶气气浮流程

溶气罐顶应设置排气阀，定期排气。为操作方便，可采用图 2-59 所示流程。罐顶积存的有压空气与水组成的混合体作为射流器的工作液体，并依靠它吸入外界的空气，与进水一起经泵又压入溶气罐内。气泡的数量、大小及均匀性直接与溶气压力有关，压力越大，空气在水中的溶解度越大，气泡分散度也越高、越均匀。空气的溶解度还与进水的加压时间有关，两者关系如图 2-60 所示。加压溶气气浮的效率可达 90%以上。产生的浮渣收集后，如泡沫很多，可经加热处理消泡。

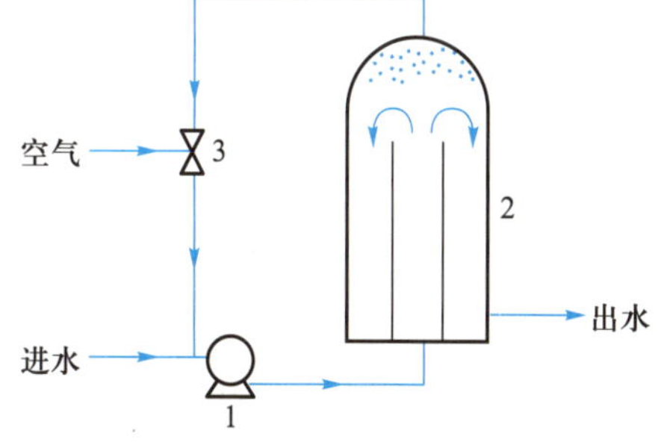

1. 泵；2. 溶气罐；3. 射流器

图 2-59　溶气水制造流程

上述加压溶气气浮设备为卧式，工程实际中还有如图 2-61 所示的竖流式气浮池。

2. 叶轮气浮

叶轮气浮装置如图 2-62 所示。叶轮气浮的充气是靠叶轮高速旋转时在固定的盖板处形成负压，从进气管中吸入空气。进入水中的空气与循环水流被叶轮充分搅拌，成为细小的气泡甩出导向叶片外面，经过整流板消能，气泡垂直上升，进行气浮。形成的浮渣不断被缓慢旋转的刮沫板刮出槽外。

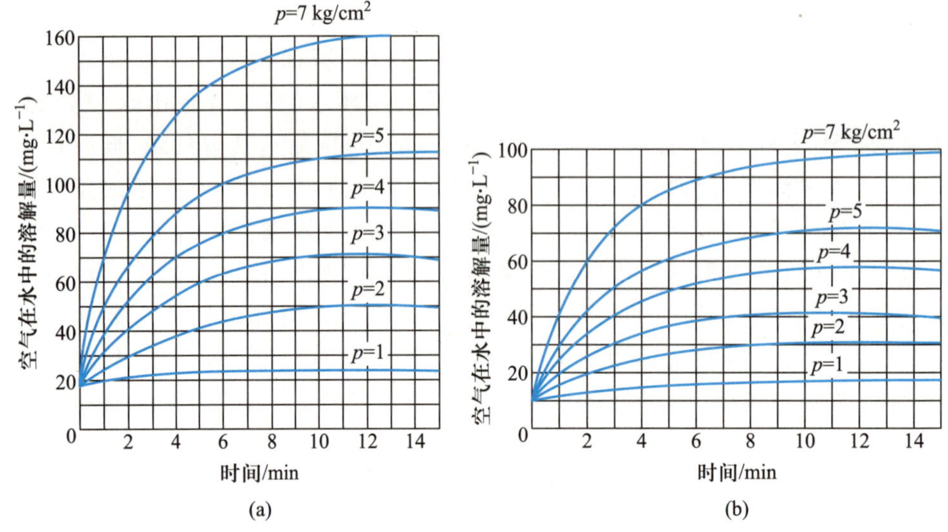

图 2-60 空气在水中的溶解量与加压时间的关系

(a) 20℃;(b) 40℃

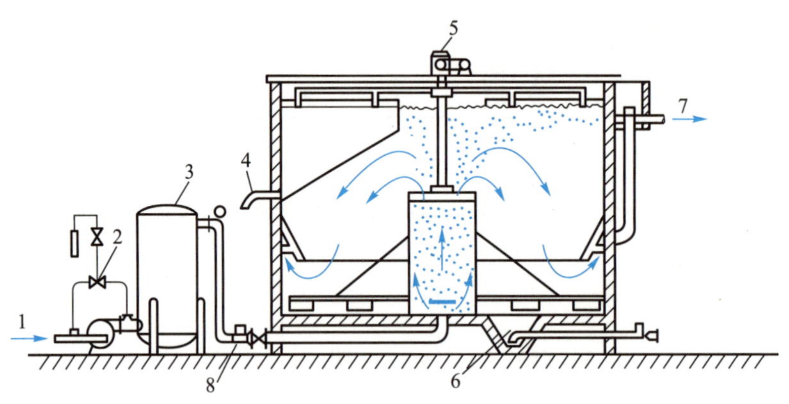

1. 进水管;2. 水射器;3. 溶气罐;4. 泡沫排出管;5. 变速装置;
6. 沉渣斗;7. 出水管;8. 减压阀

图 2-61 竖流式气浮池

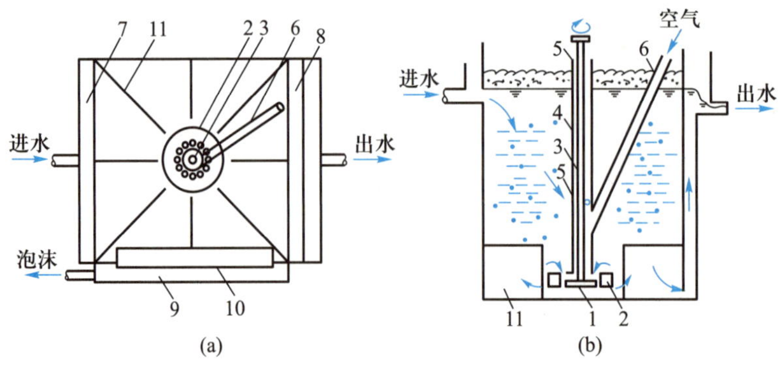

1. 叶轮;2. 盖板;3. 转轴;4. 轴套;5. 向心轴承;6. 进气管;7. 进水槽;8. 出水槽;
9. 泡沫槽;10. 刮沫板;11. 整流板

图 2-62 叶轮气浮装置

叶轮气浮产生的气泡直径约 1 mm，效率比加压溶气气浮差 80%左右。叶轮气浮适用于悬浮物浓度高的废水，如用于从洗煤水中回收细煤粉。设备不易堵塞。

3. 曝气气浮和射流气浮

曝气气浮是将压缩空气直接打入装在气浮池底的扩散板或微孔管、穿孔管、帆布管中，使空气形成细小的气泡进入废水中进行气浮。射流气浮则利用射流器将水从其喷嘴高速喷出，周围空气被卷带一同进入射流器喉管和扩散管，使空气与水充分混合并减压变成微小气泡，在气浮池内上升进行气浮。这种方法设备比较简单，但气泡尺寸较大，以致单位体积气泡总面积不大，影响气浮效果。

电解气浮将在本章第五节中介绍。

近年来，也有将气浮与斜板沉淀、气浮与过滤相结合的工艺形式。

气浮法在水处理领域内主要用于洗煤水、石油、造纸、食品和电镀等工业废水的处理。在给水处理中也常用来作为饮用水的前处理措施，特别对于含藻的湖水或水库水，低温、低浊水，是一种较好的处理方法。

气浮法的主要优点是处理效率较高，一般只需 10~20 min 即可完成固液分离，且占地较少；生成的污泥比较干燥，表面刮泥也较方便；在处理废水时由于向水中曝气，增加了水中的溶解氧，有利于后续的生化处理。

气浮法的缺点在于电耗较大，设备的维修与管理工作量增加，特别是减压阀、释放器或射流器等易被堵塞。另外，浮渣也怕较大风雨的袭击。

第三节　水中溶解物质的去除

天然水中的溶解物质大多是离子和溶解气体。离子中含量较多的是 Ca^{2+}、Mg^{2+}、Na^{+}、K^{+}等阳离子和 HCO_3^-、SO_4^{2-}、Cl^-等阴离子。此外，还有少量的 Fe^{2+}、Mn^{2+}、SiO_3^{2-}、NO_3^-等。水中的溶解气体主要有 O_2和 CO_2等。污水和废水的成分比较复杂，溶解物质中还会有不少重金属离子、有机物质和 CH_4、NH_3、H_2S 等气体。

去除水中溶解物质的方法主要有软化除盐、离子交换、吸附和膜分离等。水中溶解性有机物质的去除，除本节讨论的吸附和膜分离等方法外，还有生物化学处理法，这将在第三章中加以讨论。

一、水的软化和除盐

在第一章中已述及水中的 Ca^{2+}、Mg^{2+}等二价金属阳离子会形成硬度，HCO_3^-等阴离子会形成碱度，而水中阳离子和阴离子的总量称为水的含盐量。许多工业用水对水的硬度、碱度和含盐量有一定的要求，生活饮用水的硬度和含盐量也不能太高。降低水中 Ca^{2+}、Mg^{2+}含量的处理称为水的软化；降低部分和全部水中含盐量的处理称为水的除盐。

（一）软化的基本方法

软化就是降低水中 Ca^{2+}、Mg^{2+}的含量，即降低水的硬度，以防止它们在管道和设备中结垢。形成硬度的假想化合物主要有 $Ca(HCO_3)_2$和 $Mg(HCO_3)_2$，这些盐类加热就会分解。

$$Ca(HCO_3)_2 \xrightarrow{\triangle} CaCO_3 + H_2O + CO_2 \uparrow \tag{2-76}$$

$$Mg(HCO_3)_2 \xrightarrow{\triangle} MgCO_3 + H_2O + CO_2 \uparrow \quad (2-77)$$

$$MgCO_3 + H_2O \xrightarrow{\triangle} Mg(OH)_2 + CO_2 \uparrow \quad (2-78)$$

生成的 $CaCO_3$ 和 $Mg(OH)_2$ 在水中的溶解度很小，而且随着温度的升高而降低。有些钙、镁的其他盐类（如 $CaSO_4$ 等）也有类似的溶解特性。各种钠盐在水中的溶解度都很高，并且还随着温度的升高而增大。表 2-14 列出了有关化合物在水中的溶解度情况。根据钙、镁盐类和钠盐的溶解特性，可以得出三种软化的基本方法：

表 2-14 有关化合物在水中的溶解度 单位：mg/L

化合物	溶解度		
	0℃	100℃	200℃
$Ca(HCO_3)_2$	2 630	分解	—
$Mg(HCO_3)_2$	5. 1%	分解	—
$CaCO_3$	15	13	<5
$MgCO_3$	85	63	—
$Ca(OH)_2$	1 170	660	—
$Mg(OH)_2$	10	5	0. 9
$CaSO_4$	1 750	1 700	76
$CaCl_2$	37. 4%	61. 5%	75. 7%
$MgSO_4$	20. 4%	40. 5%	1. 5%
$MgCl_2$	34. 4%	42%	—
Na_2SO_4	4. 8%	29. 8%	30. 7%
NaCl	26. 3%	28. 2%	31. 6%
Na_2CO_3	6. 5%	30. 7%	23. 3%
$NaHCO_3$	6. 5%	分解	—
NaOH	29. 6%	77. 6%	84. 8%

1. 加热软化法

借助加热把碳酸盐硬度转化成溶解度很小的 $CaCO_3$ 和 $Mg(OH)_2$ 沉淀出来，从而达到软化的目的，这就是加热软化法。从表 2-14 可以看出，此法不能降低非碳酸盐硬度。目前工业上已很少采用。

2. 药剂软化法

借助化学药剂把钙、镁盐类（包括非碳酸盐）转化成 $CaCO_3$ 和 $Mg(OH)_2$ 沉淀出来，从而达到软化的目的，这就是药剂软化法。常用的药剂法为石灰法、石灰-纯碱法与石灰-石膏法。由于 $CaCO_3$ 和 $Mg(OH)_2$ 在水中仍然有很小的溶解度，所以经药剂软化法处理后的水还会含有少量的 Ca^{2+}、Mg^{2+}，这部分硬度称为残余硬度，它仍然会产生结垢问题。

3. 离子交换法

利用离子交换剂将水中的 Ca^{2+}、Mg^{2+} 转换成 Na^+，其他阴离子成分不改变，也可以达到软化的目的。这个方法能够比较彻底地去除水中的 Ca^{2+}、Mg^{2+} 等，所以比前两个方法优越。

（二）除盐的基本方法

除盐就是减少水中溶解盐类（包括各种阳离子和阴离子）的总量。除盐的方法有很多，如蒸馏法、电渗析法、反渗透法、离子交换法等，但以离子交换除盐应用最为广泛。蒸馏法、电渗析和反渗透法的基本原理和应用将在本书有关章、节中进行讨论。

二、离子交换法

离子交换法是给水水质软化和除盐的主要方法之一。在废水处理中，主要用于去除废水中的金属离子。离子交换的实质是不溶性离子化合物（离子交换剂）上的可交换离子与溶液中的其他同性离子之间的交换反应。它是一种特殊的吸附过程，通常称为离子交换吸附。

离子交换是可逆反应，其反应式可表达为：

$$RH+M^{+} \rightleftharpoons RM+H^{+} \tag{2-79}$$

在平衡状态下，反应物浓度符合下列关系式：

$$\frac{[RM][H^{+}]}{[RH][M^{+}]}=k \tag{2-80}$$

式中：k——平衡常数，$k>1$ 表示反应能顺利地向右方进行。k 值越大，越有利于交换反应，而越不利于逆反应。k 值的大小能定量地反映离子交换选择性的大小。

（一）离子交换剂

给水处理中常用的离子交换剂有磺化煤和离子交换树脂；废水处理中使用的主要是离子交换树脂。

离子交换树脂是人工合成的高分子化合物，由树脂本体（又称母体）和活性基团两个部分组成。生成离子交换剂的树脂母体最常用的是苯乙烯的聚合物，其结构如图 2-63 所示。树脂的外形呈球状，粒径为 0.6~1.2 mm（大粒径树脂）、0.3~0.6 mm（中粒径树脂）和 0.02~

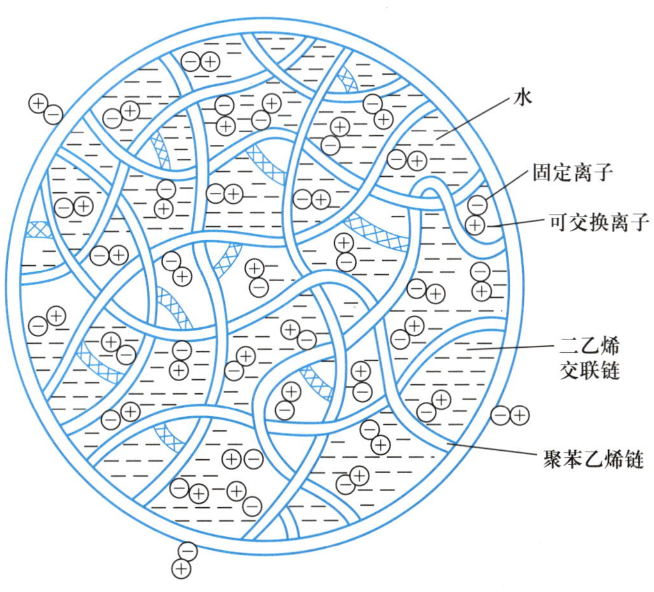

图 2-63　阳离子交换树脂结构示意图

0.1 mm(小粒径树脂)。树脂本身不是离子化合物,并无离子交换能力,须经适当处理加上活性基团后,才成为离子化合物,具有离子交换能力。活性基团由固定离子和活动离子组成。固定离子固定在树脂的网状骨架上,活动离子(或称交换离子)则依靠静电引力与固定离子结合在一起,两者电性相反、电荷相等。

离子交换树脂按树脂的类型和孔隙结构的不同,可分为凝胶型树脂、大孔型树脂、多孔凝胶性树脂、巨孔型(MR 型)树脂和高巨孔型(超 MR 型)树脂等;按活性基团的不同,可分为含有酸性基团的阳离子交换树脂,含有碱性基团的阴离子交换树脂,含有胺羧基团等的螯合树脂,含有氧化-还原基团的氧化-还原树脂及两性树脂等。其中,阳、阴离子交换树脂按照活性基团解离的强弱程度,又分为强酸性(离子性基团为$—SO_3H$)、弱酸性(离子性基团为—COOH)、强碱性(季胺型 R_4NOH)和弱碱性(伯胺型 RNH_3OH,仲胺型 R_2NH_2OH,叔胺型 R_3NHOH)树脂。

(二)离子交换树脂的性质

1. 物理性能指标

物理性能指标主要有粒度、密度、含水率、溶胀性、机械强度和耐热性等。

(1) 外观和粒度:离子交换树脂的外观多呈透明或半透明的球形,颜色有黄、白、深褐色等。树脂的粒径一般为 0.3~1.2 mm(相当于 50~16 目)。

(2) 密度:树脂的密度有干真密度、湿真密度和湿视密度之分。干真密度是干燥恒重后的树脂质量与体积之比,通常为 1.2~1.4 g/cm^3,但该性能指标除生产厂家研究外,对应用者意义不大。水处理工程中常用的湿真密度和湿视密度都是在树脂含水状态下测得的。

湿真密度是指树脂在水中经充分膨胀后的颗粒密度,即

$$湿真密度(g/mL)=\frac{湿树脂质量}{湿树脂颗粒的体积} \tag{2-81}$$

这里湿树脂颗粒的体积是颗粒本身的体积,不包括颗粒之间的空隙体积。一般阳树脂的湿真密度为 1.20~1.35 g/mL;阴树脂的湿真密度为 1.04~1.12 g/mL。在确定反冲洗强度和选择混床阴阳离子树脂时都要用到湿真密度。

湿视密度是指树脂在水中经充分膨胀后的堆积密度,即

$$湿视密度(g/mL)=\frac{湿树脂质量}{湿树脂堆积体积} \tag{2-82}$$

这里湿树脂堆积体积包括颗粒之间的空隙体积。树脂的湿视密度一般为 0.6~0.85 g/mL,常用来计算离子交换器内树脂的用量。

(3) 含水率:树脂的含水率一般以在水中充分膨胀的湿树脂所含水分的质量分数表示,即

$$含水率=\frac{溶胀水质量}{干树脂质量+溶胀水质量}\times 100\% \tag{2-83}$$

树脂的含水率主要取决于树脂的交联度,反映了树脂网架中的孔隙率。交联度越小,孔隙率越大,含水率就越高。一般树脂的含水率在 50%左右。

(4) 溶胀性:树脂由于吸水或转型等条件改变,而引起的体积变化现象称为溶胀性。树脂由干变湿的膨胀度称绝对溶胀度;由一种可交换离子变为另一种可交换离子时的体积变化称相对溶胀度。相对溶胀度的大小与可交换离子水合半径的大小有关。强酸性阳树脂由

Na^+型转为H^+型和强碱性阴树脂由Cl^-型转为OH^-型时,体积均会增加5%~10%;反之则缩小。树脂在交换和再生过程中都会发生离子转型,因而体积有胀缩。多次反复地胀缩就会使树脂颗粒碎裂。

(5) 耐热性:各种树脂都有一定的耐热性。一般阳树脂可耐受100℃或更高的温度,阴树脂可耐受60~80℃。过高的温度易使树脂的交换基团分解,影响交换性能;温度过低(如0℃),会使树脂孔隙水分结冰而冻裂。

(6) 机械强度:树脂颗粒在应用过程中,由于受到摩擦、碰撞等机械作用和胀缩影响,会产生碎裂现象而损耗。因此,树脂应具有一定的机械强度。树脂颗粒的机械强度主要决定于交联度,交联度大,机械强度就高。水处理工程中要求树脂的机械强度应能保证每年使用的损耗量不超过7%。

树脂的孔隙率、比表面积等物理性能指标不另细述。

2. 化学性能指标

化学性能指标主要有树脂的交联度、酸碱性、离子交换选择性和交换容量等。

(1) 树脂的交联度:树脂在合成时采用的交联剂(如二乙烯苯)的用量,影响树脂分子的交联度。交联度对树脂的许多性能具有决定性的影响。交联度较高的树脂,孔隙率较低,密度较大,离子扩散速率较低,对半径较大离子的交换量较小;浸泡在水中时,溶胀性较低,比较稳定,不易碎裂。水处理中使用的离子交换树脂,交联度常为8%~12%。

(2) 树脂的酸碱性和有效pH范围:离子交换树脂可以被视为是一种具有不溶性固态本体的酸或碱,它的活性基团在水中可解离出H^+或OH^-。根据活性基团解离能力的大小,树脂可分为强酸、弱酸、强碱和弱碱性。强酸、强碱性交换树脂的活性基团解离能力强,其交换能力基本上不受pH的影响,在pH为1~14的范围内均可应用。弱酸性交换树脂在水的pH低时不解离或仅部分解离,故其只能在碱性溶液中才有较高的交换能力,其有效pH范围为5~14。弱碱性交换树脂则相反,只能在酸性溶液中有较高的交换能力,其有效pH范围为1~7。

(3) 离子交换选择性:前已述及,离子交换是可逆反应。对同一种交换树脂RH来说,交换反应的平衡常数(k)随交换离子M而异,k的大小表明溶液中的交换离子取代树脂上的可交换离子的难易程度。k越大,越有利于取代反应。溶液中的交换离子不同时,k的大小也不同。k能定量地反映离子交换选择性的大小,故有时也称其为树脂的选择性系数。它除了与溶液中交换离子的种类、树脂上活性基团的性能有关外,还受温度和交换离子的浓度等的影响。水处理工程中,多为相对低浓度,水温变化也不大,在这种情况下,离子交换选择性一般有以下规律:

① 水中离子所带电荷越多(原子价越高)越易被树脂交换;同价离子的原子序数越大,越易被树脂交换:

$$Th^{4+}>Al^{3+}>Ca^{2+}>Na^+$$

$$Cs^+>Ag^+>Rb^+>K^+>NH_4^+>Na^+>H^+>Li^+$$

$$Ba^{2+}>Zn^{2+}>Cu^{2+}>Mn^{2+}>Ca^{2+}>Mg^{2+}$$

$$PO_4^{3-}>SO_4^{2-}>Cl^-$$

$$I^->NO_3^->Br^->Cl^->OH^->F^->HCO_3^->HSiO_3^-$$

② H^+和OH^-的交换位置随着树脂上活性基团的性质而有所变化,取决于基团与H^+和

OH^-所形成酸或碱的强度:酸或碱越强,则交换位置越低。如弱酸性树脂—COOH 中 H^+的交换位置很高,而在强酸性树脂—SO_3H 中 H^+的交换位置就很低。所以弱酸性树脂的选择性顺序为:$H^+>Fe^{3+}>Al^{3+}>Ca^{2+}>Mg^{2+}>Na^+$。同样,弱碱性树脂对 OH^-的亲和力很强,选择性顺序为:$OH^->SO_4^{2-}>NO_3^->Cl^->HCO_3^-$。

如果水中离子浓度过高(如 3 mol/L 以上),由于水合作用不充分,上述顺序有可能发生改变,需通过试验确定。

(4) 交换容量:交换容量是离子交换树脂最重要的性能,它定量地描述树脂交换能力的大小。交换容量的单位是 mol/kg(干树脂)或 mol/L(湿树脂)。两者的相互关系是:

$$E_V=E_m\times(1-\text{含水率})\times\text{湿视密度} \tag{2-84}$$

式中:E_V——单位体积湿树脂的交换容量,mol/L;

E_m——单位质量干树脂的交换容量,mol/kg。

交换容量又可区分为全交换容量与工作交换容量。前者指一定量的树脂所具有的活性基团或可交换离子的总数量,后者指树脂在给定工作条件下实际的交换能力。

树脂的全交换容量可由滴定法测定。市售商品树脂所标的交换容量常指全交换容量,一般为 2~5 mol/kg。但实际应用中工作交换容量更重要,其数值随工作条件的不同而不同,通常只有全交换容量的 60%~70%。

离子交换树脂的品种很多,性能各异,价格差别也很大。而被处理水,尤其是废水的成分复杂,要求去除的离子和处理的程度各不相同。因此,合理地选择离子交换树脂,在技术和经济上都有重要意义。一般来说,当去除无机阳离子或有机碱性物质时,宜选用阳树脂;去除无机阴离子或有机酸时,宜选用阴树脂;对有机物则宜用低交联度的大孔树脂来处理。

严格地讲,对于不同的原水水质和处理要求,应通过一定的实验以确定合适的离子交换剂牌号和采用的处理流程。

表 2-15 是水处理中几种常用离子交换树脂的技术参数。

表 2-15 几种常用离子交换树脂的技术参数

产品牌号		001×7	111	201×7	301×2	D001	D301
树脂名称		苯乙烯系强酸性阳离子交换树脂	丙烯酸系弱酸性阳离子交换树脂	苯乙烯系季铵Ⅰ型强碱性阴离子交换树脂	苯乙烯系弱碱性阴离子交换树脂	大孔苯乙烯系强酸性阳离子交换树脂	大孔苯乙烯系弱碱性阴离子交换树脂
功能基团		$—SO_3^-$	—COOH	$—N^+(CH_3)_3$	$—N(CH_3)_2$	$—SO_3H$	$—N(CH_3)_2$
全交换容量	$mmol\cdot g^{-1}$(干)	≥4.2,Na	≥12.0,H	≥3.0,Cl	≥3.0,Cl	≥4.0,Na	≥4.0
	$mmol\cdot mL^{-1}$(湿)	≥2.0,Na	≥4.0,H	≥1.2,Cl	—	—	≥1.4

续表

外观颜色	棕黄色至棕褐色球状颗粒	近乳白色半透明球状颗粒	淡黄色至金黄色球状颗粒	淡黄色球状颗粒	灰褐色至深褐色不透明球状颗粒	乳白色至淡黄色不透明球状颗粒
粒径范围/mm	0.3~1.2	0.3~1.2	0.3~1.2	0.3~1.2	0.3~1.2	0.3~1.2
含水率/%	45~55	50~60	40~50	45~55	50~55	50~60
湿真密度/($g\cdot mL^{-1}$),(20℃)	1.25~1.35	1.10~1.15	1.06~1.11	1.05~1.10	1.23~1.27	1.05~1.12
湿视密度/($g\cdot mL^{-1}$)	0.75~0.85	0.70~0.80	0.65~0.75	0.65~0.75	0.75~0.85	0.66~0.71
适用 pH 范围	1~14	4~14	1~12	1~9	1~14	1~9
最高使用温度/℃	H^+ 型 100 Na^+ 型 120	100	OH^- 型 40 Cl^- 型 80	—	Na^+ 型 120	OH^- 型 40 Cl^- 型 80
出厂类型	Na^+ 型	H^+ 型	Cl^- 型	Cl^- 型	Na^+ 型	碱型

(三)离子交换的工艺及其应用

1. 离子交换的工艺与操作

按照工艺进行方式的不同,离子交换装置可分为固定床和连续床两大类:

离子交换装置
- 固定床
  - 单层床
  - 双层床
  - 混合床
- 连续床
  - 移动床
  - 流动床

在水处理中,单层固定床离子交换装置是最常用、最基本的一种型式。离子交换系统一般包括:预处理设备(用以去除悬浮物,防止离子交换树脂受污染和交换床堵塞,一般采用砂滤器)、离子交换器和再生附属设备(再生液配制设备)。

离子交换的运行操作包括四个步骤:交换、反洗、再生和清洗。

(1) 交换:交换过程就是产水过程,即离子交换剂上的可交换离子与原水中的其他同性离子之间进行交换,使原水得到软化或除盐的过程。交换过程运行时间的长短主要与树脂性能、树脂层高度、原水浓度、水流速度,以及再生程度等因素有关。用于软化或除盐过程的交换流速通常在 10~30 m/h。当出水中欲去除的离子浓度达到限值时,应进行再生。

(2) 反洗:再生之前要对树脂层进行反洗,目的在于松动树脂层,以便再生时注入的再生液能分布均匀,同时也及时地清除积存在树脂层内的杂质、碎粒和气泡。反洗时应使树脂层膨胀 40%~60%。反冲流速约 15 m/h,历时约 15 min。

(3) 再生:再生过程也就是交换反应的逆过程。使具有较高浓度的再生液流过树脂层,将先前吸附的离子置换出来，从而使树脂的交换能力得到恢复。再生液的浓度对树脂再生程度有较大影响。在一定范围内，浓度越大再生程度越高；但超过一定范围，再生程度反而下降。对于阳离子交换树脂，食盐再生液浓度一般为 5%～10%；盐酸再生液浓度一般为 4%～6%；硫酸再生液浓度则不应大于 2%，以免再生时生成 $CaSO_4$ 黏着在树脂颗粒上。

（4）清洗：清洗是将树脂层内残留的再生废液清洗掉，直到出水水质符合要求为止。清洗用水量一般为树脂体积的 4～13 倍。

2. 离子交换法在给水处理中的应用

离子交换法在给水处理中主要用于水质软化与除盐。

一般水质软化采用 Na^+ 型阳离子交换柱固定型单床，如图 2-64 所示。原水（硬水）通过交换柱后，水中 Ca^{2+}、Mg^{2+} 被交换去除，转化为 Na^+ 盐，使水得到软化；而树脂则逐渐转为 Ca^{2+}、Mg^{2+} 型。当树脂失效时就需用食盐水（NaCl 溶液）再生。

$$2RNa+Ca^{2+} \longrightarrow R_2Ca+2Na^+ \tag{2-85}$$

$$2RNa+Mg^{2+} \longrightarrow R_2Mg+2Na^+ \tag{2-86}$$

式中： RNa——Na^+ 型阳离子交换树脂；

R_2Ca、R_2Mg——Ca^{2+} 型和 Mg^{2+} 型的失效树脂。

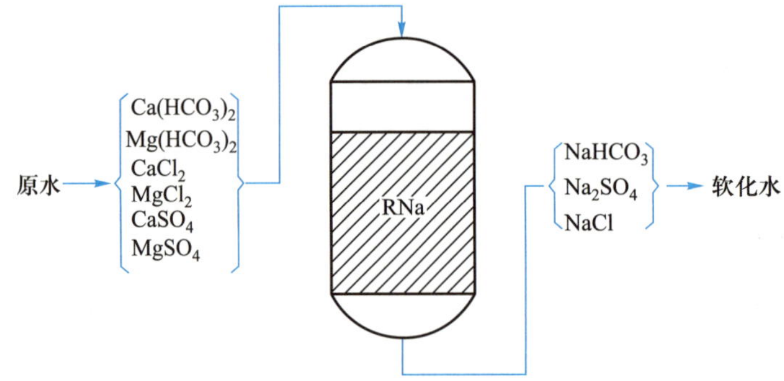

图 2-64 Na^+ 型离子交换柱

［例 2-7］ 现有一圆柱形离子交换反应器，直径 $d=1$ m，拟装填牌号为 001×7 强酸性阳离子交换树脂，树脂装填高度 $H=1.5$ m，计算所需装填树脂的质量；如果此离子交换反应器用于处理硬度 $\rho_0=4.35$ mmol/L 的原水，使其出水硬度 ρ 不超过 0.03 mmol/L 以供应低压锅炉作补充用水，水流速度 $v=20$ m/h，试估算制取多少软水和运行长时间后需进行树脂再生。

解：（1）需装填树脂的质量

由反应器直径和装填高度可计算出装填树脂的体积（V）：

$$V=\left(\frac{d}{2}\right)^2 \pi H=0.785d^2H=0.785\times1^2\times1.5\ m^3=1.18\ m^3$$

查表 2-15 知 001×7 树脂的湿视密度 $D_v=0.75\sim0.85$ g/mL，取 0.8 g/mL = 0.8 t/m³，则所需装填树脂的质量（m）：

$$m=1.18\times0.8\ t=0.944\ t=944\ kg$$

（2）估算制取软水量

查表 2-15 取 001×7 树脂的全交换容量为 2.0 mmol/mL，实际应用中工作交换容量约为全交换容量的 60%~70%，按 65%估算，得工作交换容量 E_t：

$$E_t = 0.65 \times 2.0\ \text{mmol/mL} = 1.3\ \text{mmol/mL}$$

上述装填树脂的可交换离子物质的量（n_B）：

$$n_B = V \times E_t = 1.18 \times 1.3 \times 1\,000\,000\ \text{mmol} = 1\,534\,000\ \text{mmol}$$

能制取软水量（W）：

$$W = \frac{n_B}{\rho_0 - \rho} = \frac{1\,534\,000}{4.35 - 0.03}\ \text{L} = 355\,092\ \text{L} = 355\ \text{m}^3$$

（3）估算制水运行时间（T）

$$T = \frac{W}{0.785d^2 \times v} = \frac{355}{0.785 \times 1^2 \times 20}\ \text{h} = 22.6\ \text{h}$$

水的除盐则需用 H^+型阳离子交换柱与 OH^-型阴离子交换柱串联工艺，其流程如图 2-65 所示，当原水（含盐水）通过阳离子交换柱时，各金属离子 M^+被 H^+交换去除，其出水 pH 显酸性，再通过阴离子交换柱时，水中的各类酸根 A^-被 OH^-交换去除，出水即得到脱盐处理。

$$RH + M^+ \rightleftharpoons RM + H^+ \tag{2-87}$$

$$ROH + A^- \rightleftharpoons RA + OH^- \tag{2-88}$$

$$H^+ + OH^- \rightleftharpoons H_2O \tag{2-89}$$

式中：RH，ROH——H^+型阳离子交换树脂与 OH^-型阴离子交换树脂；

RM，RA——失效的阳、阴离子交换树脂，它们分别需用酸（如 HCl）、碱（如 NaOH）溶液再生。

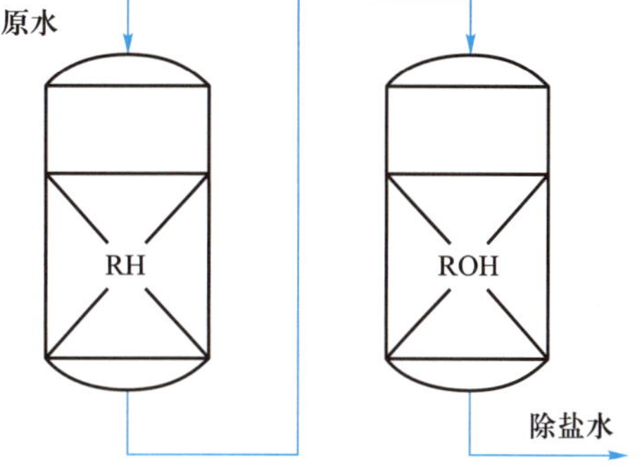

图 2-65　H^+柱和 OH^-柱串联除盐

用 1 个阳离子交换柱与 1 个阴离子交换柱的串联工艺称为复合床。如果把阳离子交换树脂和阴离子交换树脂按一定比例混合均匀填充于同一个交换柱中，原水通过交换柱时 M^+和 A^-同时分别被阳树脂和阴树脂交换，得到了脱盐处理。这种工艺称为混合床。由于一般阴树脂的交换容量约为阳树脂的一半，所以都按阳树脂：阴树脂=1：2 的比例混合。混合床相当于无数多个复合床的组合，其脱盐效果高，出水水质好，通常出水的电导率可降至 0.1 μS/cm 以下。混合床的再生比较复杂，需先将阳、阴树脂分层，再移出阳（或阴）树脂，分别用酸（或碱）溶液完成再生后再填充于同一个交换柱中。

在实际工程中，水质软化与除盐多用强酸性阳离子交换树脂和强碱性阴离子交换树脂；根据原水的具体情况，也有选用弱酸性树脂和弱碱性树脂的；还有的用磺化煤或天然沸石。

3. 离子交换法在废水处理中的应用

离子交换法已广泛应用于含重金属废水的处理与金属回收方面。如去除废水中的铬、铜、锌、镉、汞、金、银、铂等金属以及净化放射性废水（尤其是含量较低的放射性废水）等。现以处理含锌废水为例讨论如下：

某化学纤维厂用 732 苯乙烯强酸钠型树脂回收纺丝酸性废水中的锌，回收率达 95%以上。该酸性废水中含有硫酸锌约 500 mg/L，硫酸约 5 000 mg/L，硫酸钠约 13 000 mg/L，废水量为 1 120 m^3/d。

交换罐采用两个并联的内径为 1 m、高为 2.5 m 的衬胶钢罐，用粒径为 2~4 mm 的石英砂作垫层，垫层上树脂层厚为 2.0 m。再生剂用芒硝（$Na_2SO_4 \cdot 10H_2O$）溶液，浓度是 100~200 g/L，或用 25%的硫酸。

交换与再生的反应如下：

$$2RSO_3+2Na+ZnSO_4 \underset{\text{再生}}{\overset{\text{交换}}{\rightleftharpoons}} (RSO_3)_2Zn+Na_2SO_4 \tag{2-90}$$

生产流程如图 2-66 所示。酸性废水通过砂滤器去掉机械杂质，然后进入交换罐，Zn^{2+}被优先交换，几乎全部去除。而 Na^+、H^+则被交换较少部分。出水中含有 Na_2SO_4和 H_2SO_4，一部分利用作厂内软化罐磺化煤的再生液，多余部分经中和处理后排放。

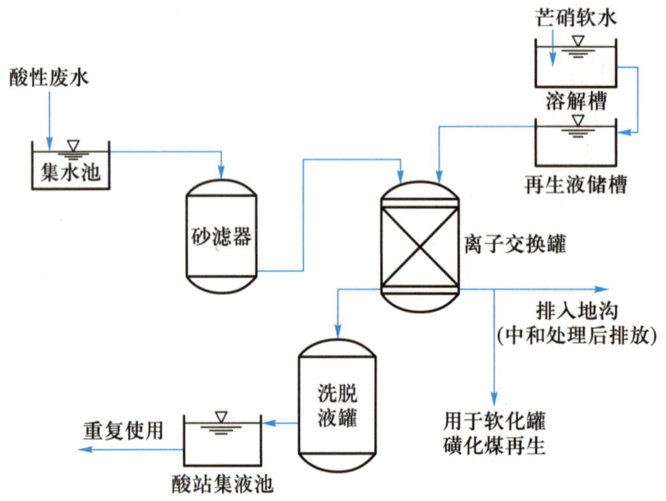

图 2-66 含锌酸性废水离子交换处理流程

该厂树脂每天再生一次，过水速度按 40 m/h 计，两个交换罐 18 h 可以处理一天的废水量，其余 6 h 可以安排树脂的再生。每天耗用芒硝为 900 kg，再生液量为 4 500 L，再生洗脱液中硫酸锌浓度约为 30 g/L，与原水浓度相比，浓缩了 240 倍，可以直接回用于纺丝车间的酸浴。

离子交换法还用于含汞、含镉废水等的处理，所用树脂分别以含巯基（—SH）的聚硫代苯乙烯阳树脂和大孔叔胺型弱碱性阴树脂（电镀含镉废水中的镉为 $Cd(CN)_4^{2-}$络阴离子）效果为好。近年来，在城市污水深度处理中也有用离子交换法去除氮和磷的。

与给水处理中水的软化、除盐相比，由于废水成分和性质复杂，在应用离子交换法时要注意考虑：实际废水中悬浮杂质、油类、其他溶解盐类、高价金属离子的影响；pH、水温的影响；以及废水中有机物和氧化剂对树脂的污染和破坏。

三、吸附法

水处理中的吸附法主要用于去除溶解性的有机物质，还能除去合成洗涤剂、微生物、病毒和痕量重金属等，并能脱色、除臭。

（一）吸附类型

在相界面上，物质自动发生累积或浓集的现象称为吸附。吸附作用虽然可发生在各种不同的相界面上，但在水处理中，主要是利用固体物质表面对水中物质的吸附作用。本节只讨论固体表面的吸附作用。

吸附法就是利用多孔性的固体物质，使水中的一种或多种物质被吸附在固体表面而分离去除的方法。具有吸附能力的多孔性固体物质称为吸附剂，水中被吸附的物质则称为吸附质。

根据固体表面吸附力性质的不同，吸附可分为物理吸附和化学吸附两种类型。

1. 物理吸附

吸附剂和吸附质之间通过分子间作用力（范德华力）产生的吸附称之为物理吸附。物理吸附是一种常见的吸附现象。由于吸附是分子间作用力引起的，所以吸附热较小，一般在 41.9 kJ/mol 以内。物理吸附因不发生化学作用，所以在低温下就能进行。被吸附的分子由于热运动还会离开吸附剂表面，这种现象称为解吸，它是吸附的逆过程。物理吸附可形成单分子吸附层或多分子吸附层。由于分子间作用力是普遍存在的，所以一种吸附剂可吸附多种吸附质。但由于吸附剂和吸附质的极性强弱不同，某一种吸附剂对不同吸附质的吸附量是不同的。

2. 化学吸附

化学吸附是吸附剂和吸附质之间发生的化学作用而产生的吸附，是由于化学键力引起的。化学吸附一般在较高温度下进行，吸附热较大，相当于化学反应热，一般为 83.7～418.7 kJ/mol。一种吸附剂只能对某种或几种吸附质发生化学吸附，因此化学吸附具有选择性。由于化学吸附是靠吸附剂与吸附质之间的化学键力进行的，所以只能形成单分子吸附层。当化学键力大时，化学吸附是不可逆的。

物理吸附和化学吸附并不是孤立的，往往相伴发生。在水处理中，大部分的吸附往往是两种吸附综合作用的结果，只是由于吸附质、吸附剂及其他因素的影响，可能某种吸附是主要的。例如，有的吸附作用在低温时主要是物理吸附，在高温时主要是化学吸附。

依靠分子间作用力的物理吸附和化学键力的化学吸附都是吸附剂与吸附质分子之间的吸附，故统称为分子吸附。吸附质的离子因静电引力或化学键力而聚集到吸附剂表面的带电点上的现象称为离子吸附。前面讨论过的离子交换就属于交换性的离子吸附，又称离子交换吸附。下面重点介绍分子吸附。

（二）吸附剂

广义而言，一切固体表面都有吸附作用。但实际上，只有多孔物质或磨得很细的物质具有巨大的表面积，所以才有明显吸附能力。水处理中常用的吸附剂有活性炭、磺化煤、活化煤、沸石、活性白土、硅藻土、焦炭、木炭和木屑等。本节着重介绍在水处理中应用较广的活性炭。

活性炭是用含碳为主的物质，如煤、木材、骨头、硬果壳等做原料经高温碳化和活化制成的。碳化温度为 300～400℃，将原料热解为炭渣。活化的目的是使碳晶格间形成形状和大小不一的发达的细孔，其结构如图 2-67 所示。吸附作用主要发生在细孔的表面上。每克吸附剂所具有的表面积称为比表面积。活性炭的比表面积可达 500～1 700 m^2/g。活性炭的吸附量不仅与比表面积有关，而且还取决于细孔的构造和分布情况。

活性炭的细孔构造主要和活化方法及活化条件有关。常用的气体活化法是在 920～960℃高温下通入水蒸气、二氧化碳和空气。活性炭的细孔有效半径一般为 1～10 000 nm：小孔半径在 2 nm 以下，过渡孔半径为 2～100 nm，大孔半径为 100～10 000 nm。活性炭的小

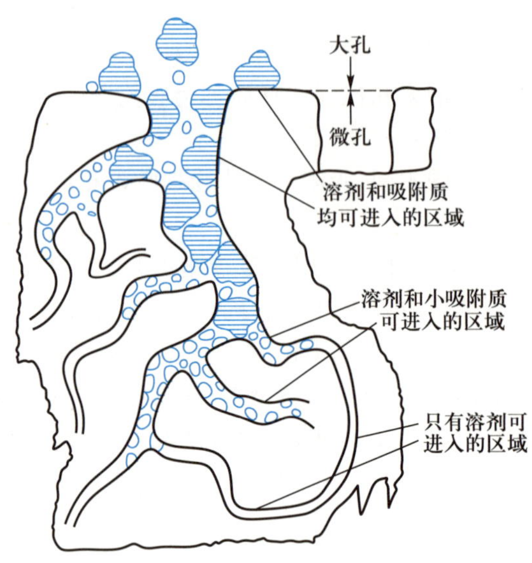

图 2-67 活性炭的微孔结构

孔容积一般为 0.15~0.90 mL/g,表面积占比表面积的 95%以上。过渡孔容积一般为 0.02~0.10 mL/g,其表面积占比表面积的 5%以下。用特殊的方法,如延长活化时间,减慢加温速度或用药剂活化时,可得到过渡孔特别发达的活性炭。大孔容积一般为 0.2~0.5 mL/g,表面积只有 0.5~2 m^2/g。

细孔大小不同,它在吸附过程中所起的主要作用也就不同。对液相吸附来说,吸附质虽可被吸附在大孔表面,但由于活性炭大孔表面积所占比例较小,故对吸附量影响不大。大孔主要为吸附质的扩散提供通道,使吸附质通过此通道扩散到过渡孔和小孔中去。因此,吸附质的扩散速度受大孔影响。过渡孔也可为吸附质的扩散提供通道,促使吸附质通过它扩散到小孔中去,在小孔中被吸附。活性炭小孔的表面积占比表面积的 95%以上,所以吸附量主要受小孔支配。当吸附质的分子直径较大时,小孔几乎不起作用,活性炭对吸附质的吸附主要靠过渡孔来完成。由于活性炭的原料和制造方法不同。细孔的分布情况相差很大,应根据吸附质的分子直径和活性炭的细孔分布情况选择合适的活性炭。

活性炭的吸附特性不仅与细孔构造和分布情况有关,而且还与活性炭的表面化学性质有关。活性炭由形状扁平的石墨型微晶体构成,本身是非极性的。但处于微晶体边缘的碳原子,由于共价键不饱和而易与其他元素(如氧、氢等)结合形成各种含氧官能团,使活性炭具有一定的极性。目前,对活性炭含有官能团(又称表面氧化物)的研究还不够充分,但已证实的有—OH、—COOH 等。

活性炭可制成不同的形状,常用的有粉状和粒状两种,近年来也有活性炭纤维商品出售。

(三) 吸附平衡和吸附等温线

前已述及,吸附与解吸是一个可逆的平衡过程。当吸附速度和解吸速度相等,即单位时间内吸附的数量等于解吸的数量时,吸附质在吸附剂表面的浓度与在溶液中的浓度都不再改变,这就达到了吸附平衡。此时吸附质在溶液中的剩余浓度称为平衡浓度,而在吸附剂上的浓度叫作单位吸附量或平衡吸附量,简称吸附量。所以,吸附量就是吸附平衡时单位质量吸附剂上所吸附的吸附质的质量。

吸附量的测定方法如下：在一定体积和一定浓度的吸附质溶液中，投加一定量的吸附剂，搅拌混合，直至吸附平衡（即测定溶液中吸附质的剩余浓度稳定不变时）为止，此时：

$$q=\frac{V(\rho_0-\rho_e)}{m} \tag{2-91}$$

式中：q——吸附量，g/g；

V——溶液体积，L；

ρ_0、ρ_e——吸附质的初始浓度和平衡浓度，g/L；

m——吸附剂的投加量，g。

在一定温度下，活性炭与被处理的水接触并达到平衡时，吸附质在溶液中的浓度和活性炭吸附量之间的关系曲线叫作吸附等温线。吸附等温线按形状可分为几种类型，其中有代表性的有：Langmuir 型、BET 型和 Freundlich 型（见图 2-68）。

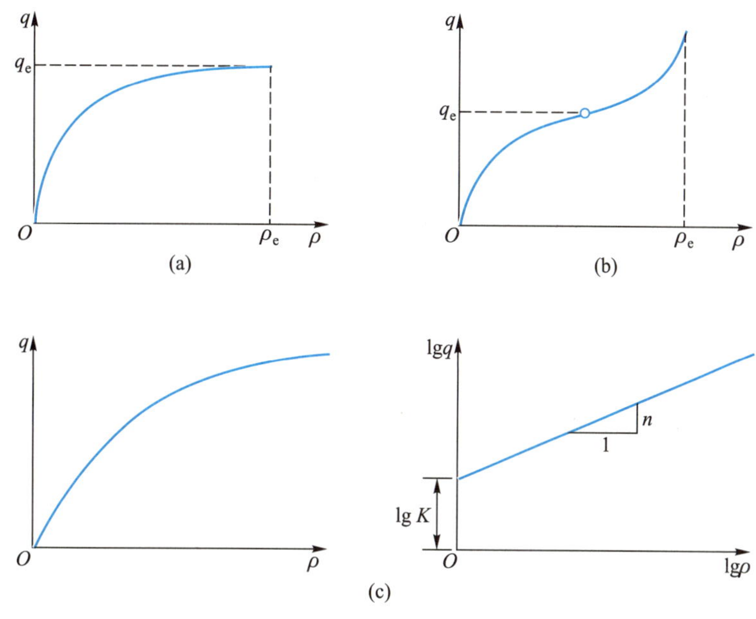

图 2-68　吸附等温线

（a）Langmuir 型；（b）BET 型；（c）Freundlich 型

1. Langmuir 型

Langmuir 认为，吸附剂表面与被吸附气体分子之间的结合力是由弱的化学吸附所造成的，并假定吸附结合力的作用范围最多不过是单分子层的厚度，超过这个范围就不会发生吸附，以这种模型为基础推导出被吸附到吸附剂上的物质数量和气体压力之间的关系，即 Langmuir 公式。所以，Langmuir 吸附也称为单分子层吸附。

平衡浓度（ρ）和吸附量（q）的关系用 Langmuir 公式表示如下：

$$q=\frac{ab\rho}{1+b\rho} \tag{2-92}$$

式中：a——与最大吸附量有关的常数；

b——与吸附能量有关的常数。

对式(2-92)进行变换,则

$$\frac{1}{q}=\frac{1}{ab}\cdot\frac{1}{\rho}+\frac{1}{a} \tag{2-93}$$

当 Langmuir 型的吸附平衡成立时,以 $1/q$ 为纵坐标,$1/\rho$ 为横坐标,将数值点绘在坐标图中,则得如图 2-69 所示的直线。

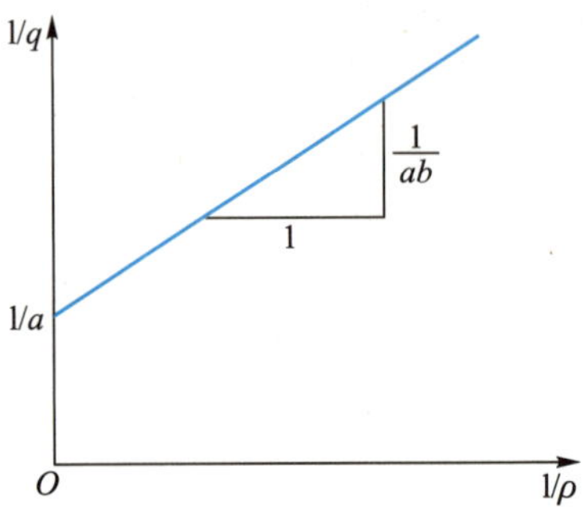

图 2-69 Langmuir 吸附等温线直线式

当液相浓度很低时,$b\rho\ll1$,所以可省略式(2-92)分母中的 $b\rho$,并写成如下形式:

$$q=ab\rho \tag{2-94}$$

相反高浓度时,$b\rho\gg1$,公式(2-92)可近似写成:

$$q=a \tag{2-95}$$

这意味着当溶液浓度增加时,吸附量将接近于某个极限值。该极限就是分子层的最大吸附量,设该值为 q_m,则式(2-92)可写成下列形式:

$$q=\frac{q_m b\rho}{1+b\rho} \tag{2-96}$$

根据式(2-94)或式(2-95)可以认为,在低浓度时,吸附量与浓度成正比;达到高浓度时,吸附量接近于一个定值。那么中间浓度范围的吸附量可用下式表示:

$$q=K\rho^{\frac{1}{n}} \tag{2-97}$$

式(2-97)就是 Freundlich 公式。

2. BET 型

BET 型与 Langmuir 的单分子模型不同,Brunauer、Emmett 和 Teller 三人假设分子在吸附剂表面上能够连续重叠、无限地吸附,是一种多分子层吸附模型,并由此推导出了如式(2-98)所示的吸附等温式:

$$q=\frac{V_m A_m\rho}{(\rho_s-\rho)[1+(A_m-1)(\rho/\rho_s)]} \tag{2-98}$$

式中:V_m——单分子层吸附时的最大吸附量;

A_m——与吸附能量有关的常数;

ρ_s——饱和浓度。

通常把式(2-98)称为 BET 公式。对上式进行变换,得:

$$\frac{\rho}{q(\rho_s-\rho)}=\frac{1}{A_m V_m}+\left(\frac{A_m-1}{A_m V_m}\right)\frac{\rho}{\rho_s} \tag{2-99}$$

若以$\frac{\rho}{q(\rho_s-\rho)}$为纵坐标,以 ρ/ρ_s为横坐标绘图,便可以得到 BET 吸附直线关系式。

当 $\rho_s\gg\rho$,即 ρ 小到可以忽略时,则$\frac{\rho}{\rho_s}\approx0$。令$\frac{A_m}{\rho_s}=b$,那么,式(2-98)可写成如下形式:

$$q=\frac{V_m b\rho}{1+b\rho} \tag{2-100}$$

由此可见,式(2-100)与 Langmuir 公式有完全相同的形式。

在计算反映活性炭物理性质的比表面积时,经常采用 BET 公式。

3. Freundlich 型

水处理中的污染物质浓度相对较低，在利用活性炭吸附时，常常用 Freundlich 公式来表示平衡关系。该公式本来是个经验公式，但已经得到证实，这个公式与根据不均匀表面上的吸附理论而得到的吸附量和吸附热的关系相符：

$$q=K\rho^{\frac{1}{n}} \tag{2-101}$$

式(2-101)两边取对数，则

$$\lg q=\lg K+\frac{1}{n}\lg\rho \tag{2-102}$$

当符合 Freundlich 型吸附平衡时，在双对数坐标图上绘制平衡浓度和吸附量的关系就可得到一直线。根据 $\rho=1$ 时的 q 值，可以求得 K 值。K 称为 Freundlich 吸附系数，与吸附剂对吸附质的吸附容量有关。K 值越大，吸附容量越大。另外，根据直线的斜率可求得公式(2-102)中的常数 $1/n$，$1/n$ 亦称为吸附指数。它是吸附力强弱的函数，$1/n$ 值越小，吸附作用越强。水处理中一般认为：$1/n$ 介于 0.1~0.5，易于吸附；$1/n>2$，则难以吸附。

[例 2-8]　一废水中苯酚浓度为 9.70 mg/L，用粉末状活性炭做吸附等温线试验，在一系列废水体积为 250 mL 的试验瓶中投加不同质量的活性炭，置于恒温振荡器中，7 d 后达到吸附平衡，测定每瓶废水中苯酚的平衡浓度，所得数据如表 2-16 所示：

表 2-16　例 2-8 附表 1

瓶号	1	2	3	4	5	6
活性炭质量/g	0	10	20	30	40	50
酚平衡浓度/($mg\cdot L^{-1}$)	9.70	7.15	5.05	3.49	2.28	1.49

问：该吸附平衡是否符合 Freundlich 吸附等温公式？如果考虑达到废水综合排放一级标准(0.5 mg/L)，计算处理 1 L 废水所需的活性炭量。

解：按式(2-91)计算吸附量(q)，并取平衡浓度(ρ_e)和相应(q)的对数。

以 2 号瓶为例，得：

$$q=\frac{V(\rho_0-\rho_e)}{m}=\frac{0.250(9.70-7.15)}{10}\ \text{mg/g}=0.064\ \text{mg/g}$$

并可得：$\lg\rho_e=\lg 7.15=0.85$ 及 $\lg q=\lg 0.064=-1.20$

以此类推，将结果列于表 2-17 中。

表 2-17　例 2-8 附表 2

瓶号	活性炭质量/g	平衡浓度 $\rho_e/(mg\cdot L^{-1})$	$\lg\rho_e$	吸附量 $q/(mg\cdot g^{-1})$	$\lg q$
1	0	9.70	—	—	—
2	10	7.15	0.85	0.064	−1.20
3	20	5.05	0.70	0.058	−1.24
4	30	3.49	0.54	0.052	−1.29
5	40	2.28	0.36	0.046	−1.33
6	50	1.49	0.17	0.041	−1.39

绘制 $\lg q$-$\lg\rho_e$ 曲线（见图 2-70）。

由图 2-70 知，吸附等温线是一条直线，故该吸附平衡符合 Freundlich 吸附等温公式。直线斜率 $1/n$ 为 0.28，$n=3.57$。截距 $\lg K$ 为 -1.44，$K=0.036$。于是，本试验中 Freundlich 吸附等温公式为：

$$q=0.036\rho^{\frac{1}{3.57}}$$

若要达到废水排放标准（0.5 mg/L），则可得吸附量 $q=0.03$ mg/g。按式（2-91）可计算得到处理 1 L 废水所需的活性炭量为 306 g。

也可将本试验中 Freundlich 吸附等温公式写为：

$$\lg q=\lg K+0.036\lg\rho$$

同样可计算得到吸附量 $q=0.03$ mg/g，处理 1 L 废水所需的活性炭量为 306 g。

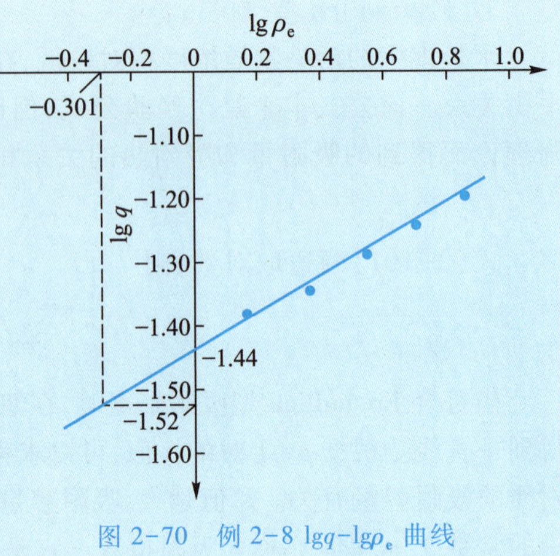

图 2-70　例 2-8 $\lg q$-$\lg\rho_e$ 曲线

亦可根据排放标准 0.5 mg/L 时，$\lg\rho=-0.301$，从 $\lg q-\lg\rho_e$ 曲线的延长线上查得 $\lg q=-1.52$（见图 2-70），得 $q=0.03$ mg/g。再按式（2-91）可计算得到处理 1 L 废水所需的活性炭量为 306 g。

在吸附质有两个或两个以上的多组分吸附体系中，会产生竞争吸附现象。不同的吸附质被活性炭吸附的能力有强有弱，不仅吸附能力弱的吸附质不易被吸附或吸附量减少，有时甚至原先已被吸附的吸附质会因吸附能力强的吸附质的进入而被排代出来。如果被排代的吸附质是有毒有害的，就会使出水水质恶化。因此，对竞争吸附的研究是很有必要的。

与单组分吸附相比，多组分吸附体系的吸附模型要复杂得多。不同的学者从建立在宏观实验基础上或根据物理化学理论推演，提出了不同的竞争吸附模型，其中有 Langmuir 竞争吸附模型、理想吸附溶液模型（ideal adsorbed solution）、三参数模型（three parameter model）和 Polanyi 吸附位理论、憎溶剂吸附理论（solvophobic theory）等。

（四）活性炭柱吸附操作设计

水处理中使用的活性炭有粒状炭（GAC）和粉末炭（PAC）两类，以粒状炭应用较为广泛。

1. 操作方式

在进行吸附操作之前，原水应经过预处理，去除水中悬浮物及油类等杂质，以免堵塞吸附剂的孔隙。

吸附操作分静态及动态两种。前者为间歇式，将活性炭投入水中，不断搅拌，然后将炭分离。这种操作在生产上很少采用，除非在小水量、间歇排放的情况下才考虑。后者为连续操作，有固定床、移动床和流动床三种方式。

（1）固定床：固定床有降流式（又分重力式和压力式），也有升流式，或称膨胀式，炭层的膨胀度为 10%～15%，两种形式的处理效果基本相同。

通常固定床炭层高与塔直径的比为（2～4）：1，塔内流速（空塔速度）采用 5～10 m/h。为了使炭床从上到下都发挥最大的吸附作用，即达到吸附平衡，生产上多采用多塔串联操作（一般 2～4 塔）。

（2）移动床：移动床的操作方式是水从吸附塔底部进入，由塔顶流出。塔底部接近饱和的某一段高度的吸附剂间歇地排出塔外，再生后从顶部加入。空塔速度采用 10～30 m/h。

其优点是占地面积小，连接管路少，基本上不需要反冲洗。缺点是要防止塔内吸附剂上下层互混，操作要求较高；不利于生物协同作用。移动床适用于较大水量的处理厂。

(3) 流动床（流化床）：流动床的特点是由下往上的水流使吸附剂处于膨胀状态，颗粒相互之间有相对运动，一般可以通过整个床层进行循环，适于处理悬浮物含量较高的水。缺点是设备较复杂，且不易操作。

2. 吸附穿透曲线

在设计活性炭吸附柱时，首先应通过静态吸附试验测出不同类型的活性炭的吸附等温线，据此选择活性炭，并估算出处理每立方米水所需的活性炭量。在此基础上进行动态吸附柱试验以确定具体的设计参数。

动态吸附柱的工作过程可用图 2-71 所示的穿透曲线来表示。纵坐标为吸附质浓度（ρ），横坐标为出流时间（t）（或出水量 V）。溶质浓度为 ρ_0 的原水流过炭柱时，溶质就逐渐地被吸附。炭层中除去溶质最多的区域称为吸附带（或吸附区）。在此带上部的炭层已达饱和状态，不再起吸附作用。当吸附带的下缘达到柱底部后，出水溶质浓度开始迅速上升，到达容许出水浓度（ρ_a），此点即为穿透点；当出水溶质浓度到达进水浓度的 90%～95%，即 ρ_b 时，可认为吸附柱的吸附能力已经耗竭，此点即为吸附终点。在从穿透点到吸附终点这段时间（Δt）内，吸附带所移动的距离即为吸附带的长度（δ）。很明显，若活性炭柱的总长度小于吸附带的长度，则出水中的溶质浓度一开始就不合格。

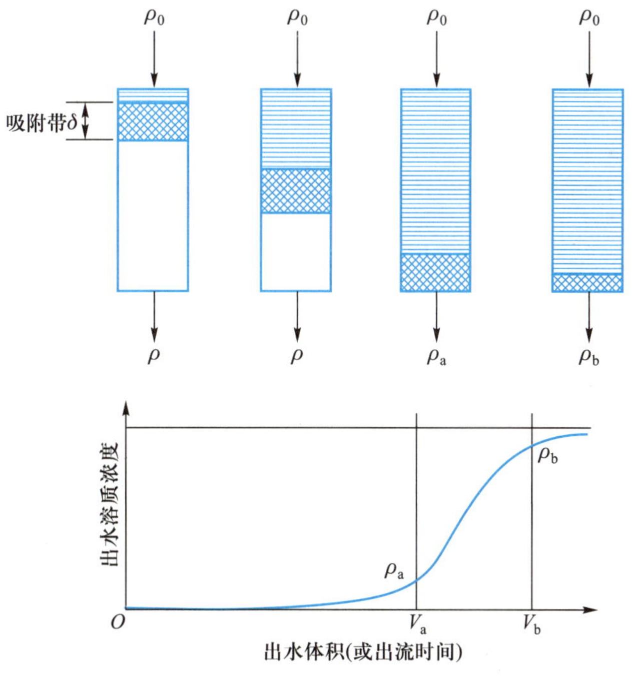

图 2-71　穿透曲线

由图 2-71 可看出，如果只用单柱吸附操作，活性炭的处理水量只有 V_a；如采用多柱串联操作，使活性炭的吸附量达到饱和，则处理水量可得到 V_b，通水倍数（水/炭）就由 V_a/M 增到 V_b/M。在吸附柱设计时应充分利用这部分吸附容量。到达吸附终点时，去除的溶质总量

(W)相当于穿透曲线与ρ_0点的横坐标平行线之间的面积,即

$$W=\int_0^{V_b}(\rho_0-\rho)\mathrm{d}V \tag{2-103}$$

上列积分可用图解法求得。由此可得到活性炭的吸附量(q)和通水倍数。这是活性炭吸附柱的重要设计参数。

3. 吸附剂的再生

吸附饱和后的吸附剂,经再生后可重复使用。再生的目的,就是在吸附剂本身结构不发生或极少发生变化的情况下,用某种方法将吸附质从吸附剂的细孔中除去,使吸附剂能够重复使用。

活性炭的再生方法主要有加热法、蒸汽法、溶剂法、臭氧氧化法与生物法等,具体采用的方法应根据实际情况确定。

高温加热再生是水处理中粒状活性炭最常用的再生方法。再生过程分为三个阶段:先是将活性炭在100~150℃下加热干燥(干燥阶段),再升温至700℃左右使吸附在孔隙中的有机物挥发、分解、碳化(碳化阶段),最后温度升高至700~1 000 ℃,并通入水蒸气、二氧化碳和氧气等进行活化,达到重新造孔的目的(活化阶段)。经过高温加热再生后活性炭的吸附能力恢复率可达95%以上,烧损率在5%以下。

活性炭吸附法在水处理中的应用有许多新的发展,如将粉末炭直接加入混凝沉淀池或曝气池中以提高处理效果,特别是投入曝气池中,同时对废水进行物理吸附和生物氧化处理,即生物活性炭法(PACT法)。另外,臭氧与活性炭的联合处理可使两种方法协同作用、相得益彰,大大提高了出水水质,并延长了活性炭的再生周期。

四、膜分离技术

在溶液中凡是有一种或几种成分不能透过,而其他成分能透过的膜,都叫作半透膜。膜分离法是用一种特殊的半透膜将溶液隔开,使一侧溶液中的某种溶质透过膜或者溶剂(水)渗透出来,从而达到分离溶质的目的。根据膜种类的不同和推动力的不同,膜分离法可分为不同的过程(表2-18)。

表2-18 膜分离法

分离过程	推动力	膜	用途
扩散渗析	浓度差	渗析膜	分离溶质,用于回收酸、碱等
微滤	压力差	微滤膜	分离悬浮固体、浊度、原生动物、细菌等
超滤	压力差	超滤膜	截留分子量>1 000的大分子,去除胶体、蛋白质、细菌等
纳滤	压力差	纳滤膜	截留分子量>400的大分子,分离溶质、某些硬度、病毒等
反渗透	压力差	反渗透膜	分离小分子溶质,用于海水淡化,去除无机离子、色素、有机物等
电渗析	电位差	离子交换膜	分离离子、盐类,用于苦咸水淡化、除盐、回收酸、碱等

膜分离法的优点是可在一般温度下操作、没有相的变化、设备可工厂化生产、容易操作等。缺点是需要消耗相当的能量(扩散渗析除外)、处理能力较小。

（一）电渗析（electrodialysis，ED）

1. 原理

电渗析是在直流电场的作用下，利用阴、阳离子交换膜对溶液中阴、阳离子的选择透过性（即阳膜只允许阳离子通过，阴膜只允许阴离子通过），使溶液中的溶质与水分离的一种物理化学过程。

电渗析器由置于正负电极之间的一系列阴、阳膜相间组成，如图 2-72 所示。在电场作用下，水中阴、阳离子都做定向运动。阴离子朝向正极，如遇到阴膜，就能透过；同样，阳离子朝向负极，如遇到阳膜，也能透过。离子减少的隔室称淡室，其出水为淡水；相反，离子增多的隔室称浓室，其出水为浓水。与电极板接触的隔室称极室，其出水为极水。这里要注意的是，每个室内离子的正负电荷仍是平衡的。

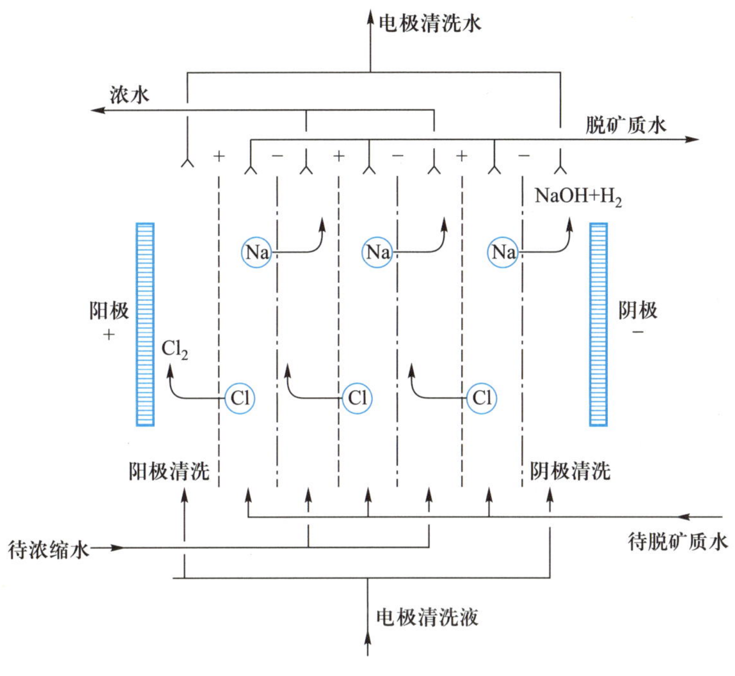

图 2-72　电渗析原理图

电渗析常用的膜有异向膜和均相膜两种。异向膜是将离子交换树脂磨成粉末，加入黏合剂（如聚苯乙烯等），滚压在纤维网上（如尼龙网、涤纶网等）而制成的，也有直接滚压成膜的。均相膜与一般离子交换树脂具有同样的组成，它是将制造离子交换树脂的母体材料制成膜状物，作为底膜，然后在上面嵌接上具有交换能力的活性基团而制成。阳离子交换膜在 H_2SO_4 中磺化，属聚苯乙烯磺酸型 R—SO_3H。它在水中解离为 R—SO_3^- 和 H^+。固定在母体上的 R—SO_3^- 呈负电性，使溶液中的阴离子受排斥，而阳离子可被该膜吸附，在直流电场作用下向负极方向传递交换并透过阳离子交换膜。阴离子交换膜属聚苯乙烯季铵型 R—$CH_2(CH_3)_3NCl$，在水中解离成 R—$CH_2(CH_3)_3N^+$ 和 Cl^-，前者排斥阳离子，而吸附阴离子并透过膜向正极传递交换。离子交换膜与普通的离子交换树脂不同，电渗析过程中膜体上活性基团所吸附的离子，在直流电场作用下通过相互接触的活性基团或它们之间的溶液不停地定向传递迁移,直到透过膜体进入浓室为止。因此,电渗析离子交换膜在使用期内无所谓失效,也不需要再生。

离子交换膜是电渗析器的关键部件,良好的电渗析膜应具备下列条件:① 离子选择透过性高,即阳膜只允许阳离子透过,阴膜则相反。实际应用的膜选择透过性一般在 80%~95%。② 渗水性低。③ 导电性好,膜电阻低。膜电阻越小,电渗析所需电压越低。膜电阻通常为 2~10 Ω。④ 化学稳定性良好,能耐酸、碱、抗氧、抗氯。紧靠正、负电极的膜多用抗腐蚀性较强的阳膜。⑤ 有足够的机械强度,较小的收缩性和溶胀性,以适应使用和安装。

电渗析脱盐的效率遵循电化学中的法拉第定律:① 电流通过电解质溶液时,在电极上析出的物质量与电流强度和通电时间成正比;② 为了析出 1 mol 任何物质所需的电量与物质的本性无关,均为 96 500 C(A · s)(这里,任何物质均以其当量粒子为基本单元,如 1 mol H^+、1 mol $\frac{1}{2}Ca^{2+}$ 等)。

实际工作中,通以一定电流时所去除的盐量要比理论去除量少,两者的比值称为电流效率(η):

$$\eta=\frac{\text{实际除盐量}}{\text{理论除盐量}}\times100\%$$
$$=\frac{\text{按照法拉第定律析出一定量物质所需的电流}}{\text{实际通过电极的电流}}\times100\%$$
$$=\frac{Q(c_0-c_1)\times F}{nI}\times100\%=\frac{q(c_0-c_1)\times F}{I}\times100\% \tag{2-104}$$

式中:Q——处理水流量,L/s;

q——一个淡室的处理水流量,L/s;

c_0、c_1——进、出水含盐量,计算时以其当量粒子为基本单元, mmol/L;

F——法拉第常数,96 500 mA · s/mmol;

I——操作电流,mA;

n——并联膜对数。

电渗析的电流效率(η)一般在 75%~90%。

2. 设备

电渗析器包括压板,电极托板、电极、极框、阳膜、阴膜、隔板甲、隔板乙等部件,将这些部件按一定顺序组装并压紧,组成电渗析器。

用于隔开阴、阳膜的隔板本身就是水流的通道,隔板上有配水孔、布水槽、流水道以及隔网(为使水流搅动,并防止相邻阳膜与阴膜粘连)。为了增加水的流程长度,流水道可设计成多条回路状。图 2-73 是有 4 条回路的隔板构造示意图。通过此隔板时水的流程长度就是 $4l$。隔板材料要求绝缘性能好、化学稳定性好,常用的有聚氯乙烯和聚丙烯等,厚度为 0.5~2.5 mm。

电极材料常用铅板、石墨和不锈钢等,以防腐蚀。现有用钛涂钌电极的,效果甚好。极框用于防止膜贴到电极上,保证极室水流畅通。电极托板用来承托电极并连接进、出水管。

电渗析器的组装方式有几种,如图 2-74 所示。一对正、负电极之间称一级;具有同一水流方向的并联膜称一段。在一台装置中,膜的对数(阴、阳膜各 1 张称为 1 对)可在

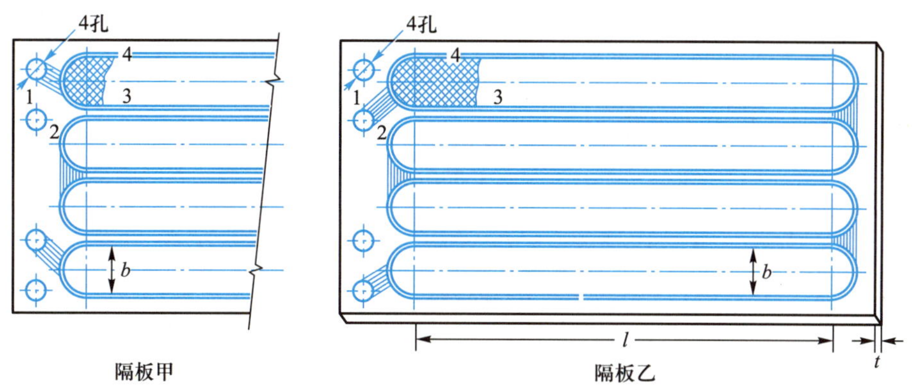

1. 进出水孔;2. 布水槽;3. 流水道;4. 隔网

图 2-73 隔板构造

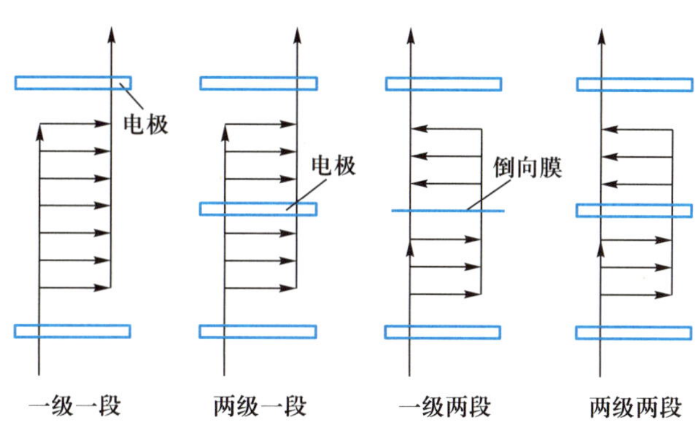

图 2-74 电渗析器的组装方式

120 对以上。一台电渗析器分为几级的目的是降低两个电极间的电压;分为几段的原因则是为了使几个段串联起来,加长水的流程长度。

电渗析器在操作运行时应控制合适的电流密度(单位面积膜通过的电流,A/cm^2)。电流密度过大,会产生浓差极化现象,导致水垢生成、效率降低。根据经验,原水含盐量为 500 mg/L 以下时适用的操作电流密度为 0.2~1 mA/cm^2;含盐量为 500~2 000 mg/L 或 2 000~5 000 mg/L 时,可分别采用 1~3 mA/cm^{2}和 3~10 mA/cm^2。

3. 设计

在给定的进出水水质要求条件下,电渗析器的设计主要是确定所需的总流程长度和膜对数。

如果电渗析器隔板上的流水道宽度为(b,cm),流程长度为(l,cm),则电流密度(i,mA/cm^2):

$$i=\frac{I}{A}=\frac{I}{lb} \tag{2-105}$$

一个淡室的流量(q,L/s)为:

$$q=\frac{vtb}{1\ 000} \tag{2-106}$$

式中：v——水流在隔板流水道中的线速度，cm/s，一般采用 5～10 cm/s；

t——隔板厚度，cm，一般为 0.05～0.25 cm。

将式(2-105)和式(2-106)代入式(2-104)并整理，得流程长度(l)：

$$l=\frac{vtF(c_0-c_1)}{1\,000i\eta} \tag{2-107}$$

并联膜对数(n)：

$$n=\frac{\text{总处理水流量}}{\text{一个淡室的流量}}=\frac{Q}{q}=\frac{1\,000Q}{tbv} \tag{2-108}$$

［例 2-9］ 某处一苦咸水含有 3 500 mg/L 的 NaCl。拟采用电渗析将此水淡化至 NaCl 含量为 500 mg/L，淡水产量为 15 m^3/h。试计算此电渗析器主要尺寸。

解：按题意，进、出水浓度分别为：

$$c_0=3\ 500\ \text{mg/L}\div 58.5\ \text{mmol/L}=59.83\ \text{mmol/L}$$

$$c_1=500\ \text{mg/L}\div 58.5\ \text{mmol/L}=8.55\ \text{mmol/L}$$

根据一般电渗析器的规格，选用隔板厚度 t=2 mm=0.2 cm，隔板流水道中的线速度(v)采用 8 cm/s，电流密度(i)参考经验数据采用 6 mA/cm^2，电流效率(η)取 0.8，代入式(2-107)，得所需总流程长度：

$$l=\frac{8\times 0.2\times 96\ 500\times(59.83-8.55)}{1\ 000\times 0.8\times 6}\ \text{cm}=1\ 649.5\ \text{cm}$$

选用 800 mm×1 600 mm 的隔板，每张隔板上有 4 条回路串联的流水道（如图 2-73），流水道宽度为 b=15 cm，每条回路流水道有效长度为 140 cm。则一张隔板上流水道总长度为 140×4 cm=560 cm。电渗析器所需段数：

$$1\ 649.5\div 560=2.95\text{，取 3 段}$$

已知总处理水量 Q=15 m^3/h=15×1 000÷3 600 L/s=4.17 L/s

代入式(2-108)，得每段所需膜对数：

$$n=\frac{1\ 000\times 4.17}{0.2\times 15\times 8}=173.8\text{，取 174 对}$$

3 段串联，共需 800 mm×1 600 mm 的隔板 174×3 对=522 对。

考虑到总流程长度较长、总膜对数数量较多，故该电渗析装置由 2 台电渗析器组成。每台电渗析器组装成 3 段 1 级形式：每段内有 174÷2=87 对膜并联，3 段串联；1 级电极供电。每台电渗析器可生产淡水 7.5 m^3/h。

粗略估算每台电渗析器总高度约 167 cm（包括：每张隔板厚 0.2 cm，每张膜厚 0.1 cm，每块电极板厚 5 cm，故电渗析器总高度=(0.2+0.1)×2×87×3 cm+5×2 cm=166.6 cm。）

4. 应用

电渗析主要用于水的淡化、除盐。海水和苦咸水（盐度小于 10 g/L）的淡化是电渗析最主要的用途。它也可作为离子交换法制取纯水的预处理，使离子交换柱的生产能力提高，延长交换周期，节省再生剂的用量，操作简便。现在也有将离子交换树脂装填在电渗析的淡室隔板中，使水中离子被树脂吸附、交换、传递，及至透过离子交换膜到浓室，可以直接制取纯水和高纯水。

在给水处理中，电渗析器的浓、淡室的进水往往是同一种原水，有时为节约原水，可使浓水循环使用，浓度到一定数值后再排放更换。

电渗析也用于废水中离子杂质的分离和回收。在处理工业废水时，根据废水组成和处理的目的不同，浓、淡室可以进不同组成的溶液。例如，用电渗析法从酸洗废液中回收硫酸和铁时，在正、负极之间只放置阴膜，使之与正、负极构成阳极室和阴极室。阴极室进酸洗废液（含 H_2SO_4、$FeSO_4$），阳极室进稀硫酸。通直流电后，阳极室中利用电极反应生成的 H^+，与透过阴膜来的 SO_4^{2-} 结合生成纯净的 H_2SO_4，流出回收；而阴极板上则可回收纯铁。如果阴膜两侧都进酸洗废液，则得不到纯净的 H_2SO_4。

图 2-75 是从芒硝（Na_2SO_4）废液中回收 H_2SO_4 和 NaOH 的电渗析工艺示意图。阳极室进稀硫酸，阴极室进稀 NaOH，阴、阳膜之间的隔室进芒硝废液。在阳极室，H^+ 与透过阴膜的 SO_4^{2-} 结合生成 H_2SO_4；在阴极室，OH^- 与透过阳膜的 Na^+ 结合生成 NaOH，中间隔室流出的水中芒硝浓度也大大降低了。

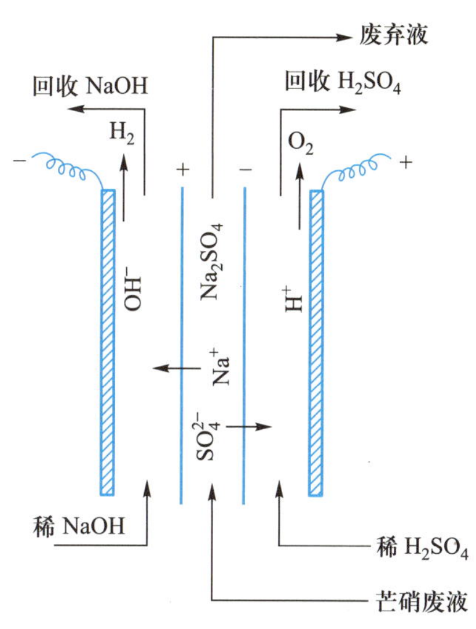

图 2-75　电渗析法处理芒硝废水

在处理工业废水时，要注意酸、碱或强氧化剂以及有机物等对膜的侵害和污染作用，它们往往是限制电渗析法使用的原因。

（二）反渗透（reverse osmosis，RO）

1. 原理

用一种半透膜将淡水和盐水隔开（如图 2-76 所示），该膜只让水分子通过，而不让溶质通过。由于淡水中水分子的化学位比盐水中水分子的化学位高，所以淡水中的水分子自发地通过膜而渗流入盐水中，如图 2-76（a）所示，直到盐水侧的水位上升到一定高度为止，此高度称为盐水的渗透压（Π），如图 2-76（b）所示。如在盐水侧施加压力 p，当 $p=\Pi$ 时，水分子在膜两侧通过的数目相等，达到平衡状态。当压力 $P>\Pi$ 时，则盐水中的水分子将流向淡水中去，使盐水增浓，这就是反渗透现象，如图 2-76（c）所示。

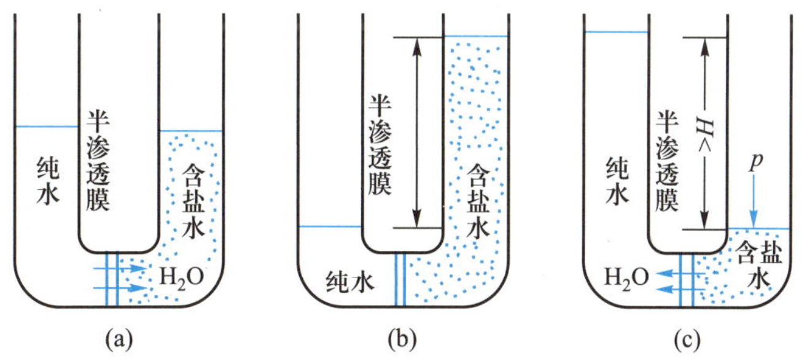

图 2-76　渗透与反渗透

渗透压（Π，10^5 Pa）是区别盐溶液与纯水性质的一种标志，其值为：

$$\Pi = iRTc \tag{2-109}$$

式中：R——摩尔气体常数，8.314 $J \cdot mol^{-1} \cdot K^{-1}$；

T——绝对温度，K；

c——溶液的浓度，mol/L；

i——范特霍夫系数，它表示溶质的解离状态（对于非电解质溶液，$i=1$；对于电解质溶液，当其解离时，溶液的浓度应等于解离的阴、阳离子的总 mol 数，即完全解离时，$i=2$，如海水的 i 约等于 1.8）。

例如，含盐量为 32 000 mg/L 的海水，其主要成分是 NaCl，浓度为 32 000÷58.5 = 547 mmol/L = 0.547 mol/L，25℃（298 K）时的渗透压为：

$$\Pi = 1.8\times0.547\times0.082\times10^5\times298\ \text{Pa} = 24\times10^5\ \text{Pa} = 2.4\ \text{MPa}。$$

表 2-19 列出了几种常见水溶液的渗透压。

表 2-19 几种常见水溶液的渗透压

成分	浓度/($mg\cdot L^{-1}$)	渗透压/MPa	成分	浓度/($mg\cdot L^{-1}$)	渗透压/MPa
海水	32 000	2.4	$MgSO_4$	1 000	0.025
苦咸水	2 000~5 000	0.105~0.28	$MgCl_2$	1 000	0.068
NaCl	35 000	2.8	$CaCl_2$	1 000	0.058
NaCl	2 000	0.16	蔗糖	1 000	0.014
Na_2SO_4	1 000	0.042	葡萄糖	1 000	0.007
$NaHCO_3$	1 000	0.09			

如半透膜两侧为不同浓度的溶液，则渗透的驱动力为该两溶液渗透压之差，较稀溶液内的水分子将渗入较浓溶液中。

2. 反渗透装置

反渗透膜的孔径极小，表皮致密层处仅约 0.8~1.0 nm，可以截留 0.000 1~0.001 μm 以上的颗粒，如水中的盐类离子或有机物。反渗透膜有醋酸纤维膜、聚酰胺膜、聚丙烯腈膜、聚醚砜膜等多种有机高分子膜，近年来还出现了无机膜（如陶瓷膜）。目前常用的反渗透装置有管式、螺旋式、空心纤维式及板式四种，各类装置的性能见表 2-20。

表 2-20 几种反渗透装置的性能比较

类型	膜的装填密度/($m^2\cdot m^{-3}$)	压力/($kg\cdot cm^{-2}$)	透水量①/($m^{-3}\cdot d^{-1}$)	透水量密度/($m^3\cdot m^{-3}\cdot d^{-1}$)
管式（d=13 mm）	330	56	1 000	330
螺卷式	656	56	1 000	660
空心纤维式	9 200	28	73	670
板框式	490	56	1 000	490

注：① 指以 3 000 mg/L 的 NaCl 溶液为原液，去除率为 92%~96%时的透水量。

随着反渗透膜制造技术及装置的迅速发展与完善，反渗透工艺已在海水及苦咸水淡化、饮用水处理、高纯水制备等给水领域得到了较多的应用；在电镀、食品工业等废水处理方面也有应用的报道。

（三）微滤（microfiltration，MF）、超滤（ultrafiltration，UF）和纳滤（nanofiltration，NF）

在水处理工程中，很多情况下要去除的目标主要不是无机盐类，而是腐殖酸等大分子有机物、胶体物、病毒、细菌乃至藻类，如用反渗透膜就需施加过高的外压。于是，微滤、超滤和纳滤等膜技术应运而生。微滤、超滤和纳滤与反渗透类似，也是依靠压力和膜进行工作，制膜的原料也是醋酸纤维素或聚酰胺、聚砜等，但除去了热处理工序，使制成的膜孔径比较大，能够在较小的压力下工作，而且有较大的水通量。表 2-21 列出了各类膜技术的相关比较。

表 2-21 各类膜技术的比较

膜技术	驱动力	膜孔径/nm	分离范围/μm	操作压力/MPa	能耗 $\frac{}{kW\cdot h\cdot m^{-3}}$
微滤	压力差	>50（大孔）	0.08～2.0	0.07～0.10	0.4
超滤	压力差	2～50（中孔）	0.005～0.5	0.10～0.70	3.0
纳滤	压力差	<2（微孔）	0.001～0.01	0.35～1.60	5.3
反渗透	压力差	<2（致密孔）	0.000 1～0.001	2.0～6.0	18.2
渗析	浓度差	2～50（中孔）	—	—	—
电渗析	电位差	<2（微孔）	荷电离子	—	9.5

微滤技术适合于去除胶体、悬浮固体和细菌，现多用来取代深床过滤，降低出水浊度，强化水的消毒，有时也用作反渗透的预处理。超滤能去除相对分子量大于 1 000 的物质，如胶体、蛋白质、颜料、油类和微生物等。纳滤也称为低压反渗透，可分离分子量大于 200 的物质，如硬度离子和色素等，有些较大分子的有机物也可被除去。

近年来，国产水处理膜及设备产业得到了很大的发展，为微滤、超滤和纳滤、反渗透技术的广泛应用提供了有利条件。反渗透和纳滤主要用于海水淡化、苦咸水脱盐和纯水制造，微滤和超滤则多用于微污染水源水的处理、中水回用处理等。膜生物反应器（MBR）是将膜技术与生物处理组合在一起的一种新工艺，可用于去除有机物和氨氮等的污水处理系统中。

反渗透、微滤、超滤和纳滤膜在使用中要注意防止水中杂质对界面层的影响，避免和消除膜污染。膜污染是指不能滤过膜的残留物在膜表面或空隙中的浓聚、沉积而产生浓差极化，导致结垢，使水通量急剧减少、操作压力升高、出水水质下降的现象。造成膜污染的物质有无机物、有机物和微生物，常见的如金属氧化物、钙沉淀物、腐殖酸和细菌等。在膜处理装置前设置预处理（如混凝、沉淀、过滤、活性炭吸附、投加消毒剂等）是必要的，可以减少污染物进入膜组件。为防止浓差极化现象，膜处理装置在运行中应使沿膜表面平行流动的水的流速大于3 m/s，使溶质不断地从膜表面送回到主流层中，以减少界面层的厚度，保持一定的通水速度和截留率。在运行过程中还需要定期对膜进行水力反冲洗，必要时可作化学清洗。常用的化学清洗剂有酸、碱、次氯酸钠等，需根据膜的种类和污染物性质选用。关于膜污染和清洗在第三章第二节膜生物反应器中进行详细讨论。

（四）液膜（liquid membrane，LM）分离技术

前面讨论过的无论是微滤、超滤、纳滤膜还是反渗透、电渗析膜都是固体的。它们是分隔液-液（或气-液、气-气）两相的一个中介相，是两相间进行传质的“桥梁”。如果此中介相（膜）是一种与被它分隔的两相互不相溶的液体，则这种膜就称为“液膜”。液膜分离是模

拟生物膜功能而发展的一种以有机溶剂制备的液相膜分离技术。

1. 液膜的制备过程与分离原理

选择一种能透过废水中欲提取溶质组分且与水不互溶的有机溶剂，配以表面活性剂与添加剂作为液膜的基体，再选择一种能与欲提取组分发生理化作用的化学品水溶液作为液膜的内水相（或称内相），用两相混合制备成油包水的乳浊液，油包水的液滴粒径为 0.5~2 mm。再将此乳浊液投入被处理的废水中，适当搅拌，使形成水包油-油包水的三相微液滴分散系。此种分散系液滴中的有机溶剂即成为球形薄膜，膜内水溶液称为膜内相，膜外的废水相称为膜外相（或称连续相）。这一分散系形成了巨大的传质交换面积。图 2-77 表示了液膜分离分散系中的一个单体微粒结构。

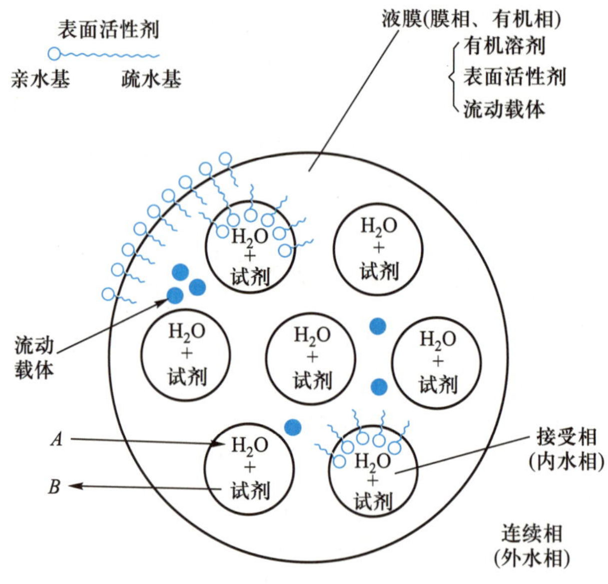

图 2-77 液膜分离体系示意图

液膜分离有三种不同的传质途径：第一种途径是废水外相中欲提取组分能选择性地透过液膜进入内水相，与内水相形成不可反渗的物质，而其他组分则为液膜所阻而不能进入内相，从而达到提取分离的目的；第二种途径是被提取组分在膜内发生化学反应生成新产物，该产物又易于与内水相之试剂反应生成另一种不易反渗的产物，并放出膜反应物返回膜相，从而达到提取分离的目的；第三种途径是膜相恰好是废水外相中某种欲提取组分的萃取剂，而内相为反萃取液，因此该组分首先通过膜相被萃取，然后进入内相而形成产品。这一连续过程即达到提取分离的目的。

当完成液膜分离（达到平衡）后，需再进行破乳。将乳浊液由废水相中分离，然后破乳，将有机膜相与内水相分离，回收内水相中被提取组分的产品。

2. 液膜分离技术在废水处理中的应用

液膜分离技术在废水处理中实际应用尚不多见，但一些研究证明，此技术在以下几个方面有较好的应用前景：

（1）含酚废水处理：用煤油为膜相，NaOH 溶液为膜内相，可以在内相提取富集酚钠。结果表明,含酚 1 000 mg/L 以上的废水,通过液膜一次接触分离,废水中含酚量可降至 10 mg/L 以下,并获得纯净的酚钠产品。

(2) 含 NH_3废水处理:以石油产品为膜相,酸溶液为内相,可以提取富集废水中的 NH_3,使其转化为铵盐产品。

(3) 含重金属废水的处理:对重金属废水,可以采用萃取-反萃取型液膜分离体系实现某种重金属的分离提取与富集。以不同的萃取剂与反萃液制成不同的液膜分离体系,可以使废水中的多种重金属一一得到分离与回收。

第四节 水中有害微生物的去除

一、概述

(一) 水中的细菌和病毒

各类水体是微生物生长繁殖的天然环境。在雨水、雪水和其他各种地表水中,都含有多种多样的微生物。就是在地下水中,也会有微生物存在。大多数微生物对人体无害,但不少病原微生物可通过粪便、污水和垃圾等进入水体,从而有可能导致传染病的流行,对人类健康造成极大的威胁。这种经水传播的疾病,称为水致传染病或水性传染病,主要有肠道传染病,如伤寒、霍乱、痢疾、马鼻疽、钩端螺旋体病、肠炎、病毒性肝炎和脊髓灰质炎(小儿麻痹症)等。传播这些疾病的病原微生物有细菌和病毒。此外,还有一些借水传播的寄生虫病,如蛔虫、血吸虫等。因此,保证饮用水中没有病原微生物,有效地控制水致传染病的发生,是环境保护的一项重要任务。

(二) 水的消毒

在城市给水厂中,水经过混凝沉淀和过滤能除去不少细菌和其他微生物,但不能保证去除所有的病原微生物。因此,还必须进行水的消毒。消毒的目的是杀死水中的病原细菌和其他对人体健康有害的微生物。消毒与灭菌不同。消毒并非要杀灭水中的一切微生物,只要求将水中的病原微生物除去。

生活污水和某些工业废水中也含有大量细菌,有时还含有较多的病原细菌、病毒和寄生虫卵等。通过一般的废水处理,它们不能被全部去除,为了防止疾病的传播,在排入水体之前,也需要进行消毒。

水消毒的方法很多。我国人民不习惯喝生水,而将水煮沸,实际上这就是一种普遍的消毒方法。但是,水厂最常用、最简单、最经济且效果良好的当推氯消毒。此外,臭氧消毒、二氧化氯消毒和紫外线消毒等方法也在世界各国应用。

氯消毒起源于 1850 年。1904 年英国正式将它用于公共给水的消毒。常用的化学药剂有液氯、漂白粉和漂粉精(次氯酸钙)等。液氯是将氯气密闭压缩而成。1 体积的液氯在常压下约能产生 450 体积的氯气。商品漂白粉 Ca(OCl)Cl 含有效氯 25%~35%;漂粉精 $Ca(OCl)_2$可含有效氯 60%~70%。

在水处理工程中,氯除了用作给水和废水的消毒剂以外,还常用作强氧化剂来处理含氰废水、含硫废水和废水脱氮、脱色、除臭等。所有这些以水的消毒或处理为目的的加氯工艺统称为水的氯化处理。

二、氯消毒

（一）氯的性质

氯在气态时呈黄绿色，是空气密度的 2.48 倍。液氯为琥珀色，约为水密度的 1.44 倍。氯有刺激臭，有很强的氧化能力。

1. 氯与水的作用

氯气略溶于水，10℃时最大溶解度约 1%。氯气溶于水后能发生如下水解反应：

$$Cl_2+H_2O \rightleftharpoons HOCl+H^++Cl^- \quad K_1=4\times10^{-4}(25℃) \tag{2-110}$$

上述反应在几分钟内基本完成。生成的次氯酸 HOCl 是一种弱酸，可解离为 H^+ 和 OCl^-，

$$HOCl \rightleftharpoons H^++OCl^- \quad K_2=2.7\times10^{-8}(20℃) \tag{2-111}$$

从上述两个反应方程式可以看出，平衡受水中氢离子浓度的影响。图 2-78 和图 2-79 分别给出了不同 pH 时水中 Cl_2、HOCl 和 OCl^- 所占的比例。

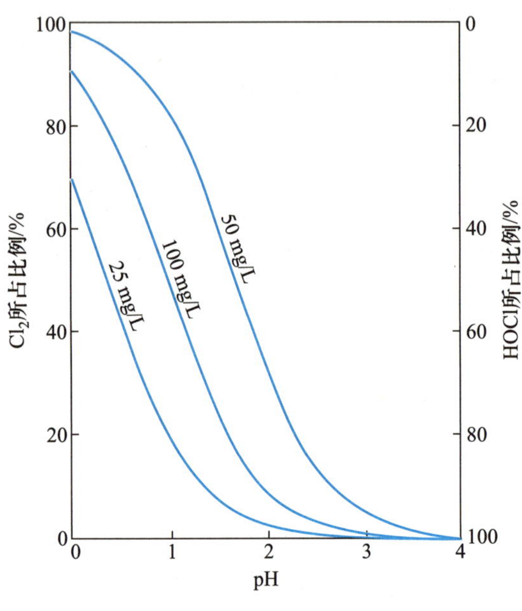

图 2-78 不同 pH 时，水中 Cl_2 与 HOCl 所占比例（25℃）

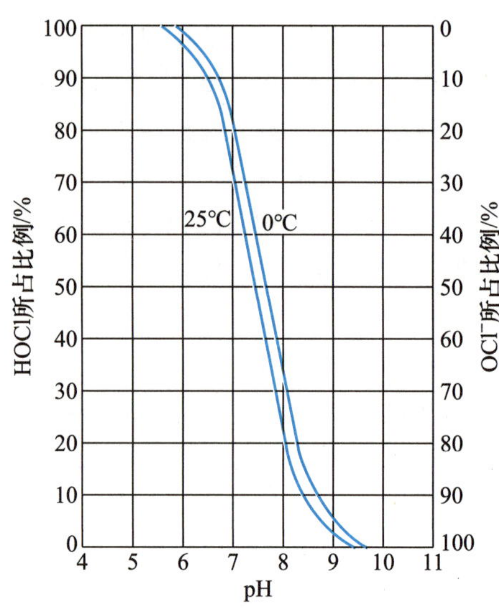

图 2-79 不同 pH，水中 HOCl 和 OCl^- 所占比例

从图 2-78 和图 2-79 看出：当 pH>4 时，溶于水中的 Cl_2 几乎都变成了 HOCl 和 OCl^-，极少以 Cl_2 的形式存在；当 pH=7 时，HOCl 约占 80%，OCl^- 约占 20%。

一般认为，Cl_2、HOCl 和 OCl^- 均具有氧化能力；但不少研究者指出，HOCl 的杀菌能力比 OCl^- 强得多，大约要高出 70~80 倍以上。这是因为 HOCl 系中性分子，可以扩散到带负电的细菌表面，并穿过细胞膜渗入细胞体内，由于氯原子的氧化作用破坏了细菌体内的酶而使细菌死亡；OCl^- 带负电，难于靠近带负电的细菌，所以虽有氧化作用，也难起到消毒作用。

2. 氯与氨的作用

氯和次氯酸不仅能与细菌作用，杀死细菌，也能与存在于水中的多种物质作用。

当水中有氨存在时，氯和次氯酸极易与氨化合成各种氯胺：

$$NH_3+HOCl \rightleftharpoons H_2O+NH_2Cl \tag{2-112}$$

$$NH_3+2HOCl \rightleftharpoons 2H_2O+NHCl_2 \tag{2-113}$$

$$NH_3+3HOCl \rightleftharpoons 3H_2O+NCl_3 \tag{2-114}$$

NH_2Cl、$NHCl_2$和 NCl_3分别称为一氯胺、二氯胺和三氯胺（三氯化氮）。各种氯胺生成的比例也与水的 pH 密切相关。当 pH>8.5 时，绝大部分生成一氯胺；当 pH<5 时，则大部分生成二氯胺；三氯胺在一般水的 pH（6～9）时很不稳定。有人认为只有当氯和氨的质量比大于10，且 pH<4.4 时才能产生。

由反应式（2-112）～式（2-114）可知，各种氯胺水解后又变成 HOCl。因此，它们也具有消毒杀菌的能力，但不及 HOCl 强，而且杀菌作用进行得比较缓慢。这是因为只有当 HOCl 消耗完毕后，反应才向左方进行，继续供给消毒所需的 HOCl。所以，氯胺的消毒作用实质上还是依靠了 HOCl。

氯胺杀菌作用虽比较慢，但氯胺在水中较为稳定，杀菌效能的持续时间长。利用这个特性，有些水厂在加氯消毒的同时，还外加一些氨（如液氨、氯化铵或硫酸铵等），使生成一定量的氯胺，以保障距水厂较远的供水管网中仍有持续的杀菌作用。这种消毒方法就叫作氯胺消毒法。近年来发现氯胺还具有减少有害的氯消毒副产物的作用。

3. 氯与其他杂质的作用

氯还可以与水中的其他杂质特别是还原性物质起化学作用，如 Fe^{2+}、Mn^{2+}、NO_2^-、S^{2-}等无机性还原物质以及一些有机性还原物质。尤其是在废水的消毒过程中，这些还原性物质都可能受到氯的氧化。因此，也要消耗一部分投加的氯气。

上面刚提到的氯消毒副产物专指在氯消毒时，氯与水中有机物（如腐殖酸、酚等）生成的副产物（如三氯甲烷、氯乙酸等氯代有机物），它们通常有致癌的可能。应注意有效控制氯消毒副产物的产生，特别是水源受微量有机物污染时。

（二）余氯及其分类

从上面的讨论可以看出：氯加入水中后，不只是杀死细菌，还会同水中的有机物质和其他还原性物质作用。为了保证水中所有的病原细菌都能确实地受到氯的作用，水和氯接触一定时间后，所投加的氯除与细菌和杂质作用消耗外，应该还有适量的氯留在水中以保证持续杀菌能力，这部分剩余的氯称为余氯。

消毒效果（K）与氯的剂量（C）和接触时间（t）有关：

$$K \propto C^n t (n>0) \tag{2-115}$$

可见，在给定的消毒效果下，如氯和水有较长的接触时间，低的氯剂量就够了；若接触时间短，就需要有较高的氯剂量。

前已述及，水中的 Cl_2、HOCl、OCl^-和 NH_2Cl、$NHCl_2$、NCl_3都有消毒杀菌的能力。我们把 Cl_2、HOCl、OCl^-称为游离性余氯（自由性余氯），而把 NH_2Cl、$NHCl_2$及其他氯胺化合物称为化合性余氯。两者之和是总余氯。

我国的生活饮用水卫生标准规定，加氯接触 30 min 后，游离性余氯不应低于 0.3 mg/L，集中式给水厂的出厂水除应符合上述要求外，管网末梢水的游离性余氯不应低于 0.05 mg/L。

（三）需氯量

从饮用水消毒的角度看，为了保证水中的余氯，加氯过少固然要发生危险；但加得过多，不只是浪费，还会使水发生氯臭味，特别是当水中有酚存在时，氯与酚作用会生成难闻的氯酚化合物，如一氯酚、二氯酚等，其中，2,6-二氯酚最为突出。因此，所加氯量只要在杀死细菌和氧化其他还原性物质后，能保证水中的余氯要求即可。

同样，当水的氯化是用于其他处理目的时，加氯量也只需考虑氯在水中的消耗及保证出水的预期结果。这个预期结果根据不同的氯化目的而定，如出水的余氯要求，色度要求或出水中某种物质的剩余含量等。

在水的氯化处理实践中，加氯量常常是通过需氯量的测定来确定的。所谓需氯量就是指在一定的条件（如温度、pH、接触时间等）下，单位体积水样中所投加的氯量与为达到预期氯化结果所需的剩余氯量之差，即

$$需氯量=加氯量-余氯量 \tag{2-116}$$

需氯量是水中那些能被氯氧化的物质所消耗的氯量和氯在水中被光氧化分解的量。洁净的水需氯量不会太高。因此，水的需氯量在一定程度上可以反映水受污染的程度。

测定需氯量时，可在一组相同体积的水样中加入不同剂量的氯，经过一定的接触时间后测定水中余氯含量，这样可以绘出一条需氯量曲线（图 2-80）。

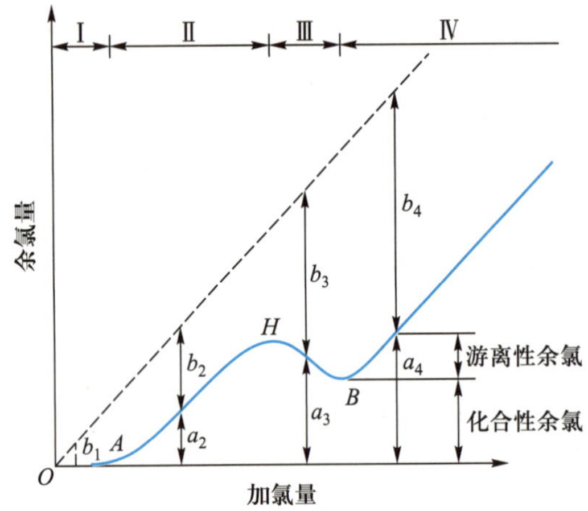

图 2-80 需氯量曲线

图中有一条通过坐标原点的 45°斜线，表示水的需氯量为零（即水中无杂质）时余氯量等于加氯量。另外一条是折线，表示需氯量不等于零时余氯量与加氯量的关系。两条线之间的纵坐标 b 值即为需氯量。余氯量 a 与需氯量 b 之和恰好等于加氯量。

我们把折线分为四个区。在Ⅰ区内，加入的氯均被水中还原性杂质（如 Fe^{2+}、Mn^{2+}、NO_2^- 等）反应消耗而变成 Cl^-，没有氯胺，余氯量为零。在这一区内，虽然也可杀死一些细菌，但消毒效果是不可靠的。在Ⅱ区内，氯与氨开始反应，产生了氯胺，有余氯存在，但余氯是化合性氯，有一定的消毒效果。到了Ⅲ区，产生的仍然是化合性氯，但由于加氯量的增加，氯对氨的比例加大，使一部分氨和氯胺被氧化成 HCl、N_2 和 N_2O 等，如式（2-117）~式（2-119）所示，因此余氯量反而逐渐减少了，直到最低点 B。最低点 B 称为折点（break point）。折点 B 以前的余氯全部都是化合性余氯，没有游离性余氯。

$$2NH_3+3HOCl \longrightarrow 3H_2O+N_2+3HCl \tag{2-117}$$

$$2NH_2Cl+HOCl \longrightarrow H_2O+N_2+3HCl \tag{2-118}$$

$$NH_2Cl+NHCl_2+HOCl \longrightarrow N_2O+4HCl \tag{2-119}$$

折点 B 以后进入Ⅳ区，这时余氯量又呈 45°直线上升，所增加的加氯量完全以游离性余氯存在。这一区内既有化合性余氯，又有游离性余氯，消毒效果最好。当按照大于需氯量曲线上所出现折点 B 的量来加氯的方法，常称为折点加氯法。

需氯量曲线的形状与试验条件、试验方法等有关。接触时间长，氯化更完全，折点 B 的余氯量有可能接近于零，使Ⅵ区余氯全部是游离性余氯。

加氯设备通常采用加氯机。国内最常用的加氯机有转子加氯机和真空加氯机两种。加氯间和氯库应防火、保温、通风。

三、其他消毒法

（一）物理消毒法

1. 加热消毒

消耗大量燃料，只适用于少量饮用水。

2. 紫外线消毒

紫外线（UV）的波长在 100~400 nm 之间，又可分为：长波紫外线（UV-A）330~400 nm；中波紫外线（UV-B）270~330 nm；短波紫外线（UV-C）170~270 nm，亦称远紫外；170 nm 以下属真空紫外。对紫外线杀菌的原理，目前看法还不一致，较普遍的看法为细菌受紫外线照射后，紫外光谱的能量被细菌的重要组成部分核酸所吸收，使核酸的结构破坏。根据试验，波长为 220~320 nm 的紫外线有杀菌能力，其中波长为 254~260 nm 的紫外线杀菌能力最强。当紫外线的能量达到细菌致死剂量而又保持一定的照射时间时，细菌便大量死亡。

紫外线光源为高压石英汞灯，杀菌设备主要有浸水式和水面式两种形式。前者将灯管置于水中，其特点是辐射能的利用率较高，杀菌效能较好，但结构复杂；后者构造简单，但由于反光罩吸收紫外线以及光线散射，杀菌效果不如前者。

紫外线与氯消毒相比，具有下列优点：① 消毒速度快，效率高。据试验，经紫外线照射几十秒钟即能杀菌。一般大肠杆菌的平均去除率可达 98%，细菌总数的平均去除率可达 96.6%。此外还能去除加氯法难以杀死的某些芽孢和病毒。② 不影响水的物理性质和化学成分，不增加水的臭和味。③ 操作简单，便于管理，易于实现自动化。

紫外线消毒的缺点是不能解决消毒后在管网中再受污染的问题，电耗较大，水中悬浮杂质妨碍光线透射等。

（二）臭氧消毒

臭氧由三个氧原子组成，在常温常压下为淡蓝色气体，有强刺激臭。臭氧极不稳定，分解时放出新生态氧：

$$O_3 \longrightarrow O_2+[O] \tag{2-120}$$

[O]具有强氧化能力，是除氟以外最活泼的氧化剂，能杀灭病毒、芽孢等具有顽强抵抗力的微生物，其机理尚不甚清楚。药剂的氧化能力不足以衡量其杀菌能力（譬如过氧化氢 H_2O_2 亦为强氧化剂，但杀菌能力很差），杀菌必须是药剂能穿透细菌的细胞壁。臭氧杀菌效率高，除因为其氧化能力强以外，还可能由于渗入细胞壁的能力强，也有可能由于臭氧破坏细菌有机体链状结构而导致细菌死亡。

空气中含有21%氧气，臭氧是以空气中的氧或已制备的纯氧为原料通过高压放电产生的(图2-81)。

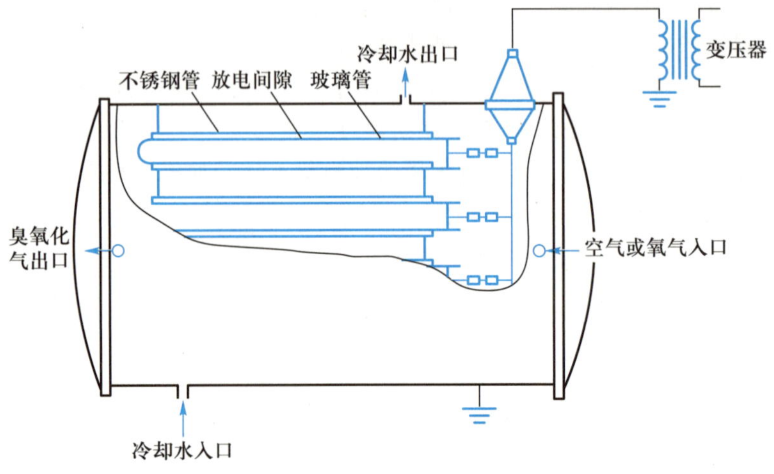

图2-81 管式臭氧发生器

制造臭氧的空气必须先净化和干燥，以提高臭氧发生器的效率并减少腐蚀。空压机将空气送至冷却器，并经过滤器加以净化，再经过1~2级硅胶或分子筛干燥器，将空气干燥至露点(-50℃)以下，最后经臭氧发生器，通过15 000~17 500 V高压电，由电晕放电后产生臭氧。严格说来，臭氧发生器生产的是含臭氧的空气，其中臭氧的含量为2%~3%(质量分数)；若用纯氧为原料，臭氧的含量可提高约3倍。据报道，以空气为原料生产1 kg臭氧需耗电20~25 kW·h。

臭氧在水中的溶解度虽比氧高，但在一般温度和近乎中性的条件下，每升水中仅能溶解十几毫克。因此，不能充分利用发生器所制造出来的全部臭氧，损失会达40%。为了使臭氧在水中充分混合，提高臭氧利用率，一般需要水深5~6 m(甚至10 m)或通过几个串联的接触器。还必须使进入接触器的臭氧化空气(即含臭氧的空气)变成微小气泡均匀散布。在接触器底部可设管式或板式微孔扩散器。扩散器常用陶瓷或微孔塑料，也可由不锈钢或钛制成。

臭氧消毒不需要很长的接触时间，不受水中氨氮和pH影响。臭氧能氧化水中的有机物，可用于除去水中的铁、锰，并能去除臭、味和色度。臭氧还能完全去除水中的酚。

臭氧单独用于消毒过滤水时，其投加量一般不大于1 mg/L；如用于去色、除臭和除味，则可增加至4~5 mg/L。据报道，剩余臭氧量和接触时间为决定臭氧处理效果的主要因素。如维持剩余臭氧量为0.4 mg/L，接触时间为15 min，可达到良好的消毒效果，包括病毒的杀灭。

臭氧法的主要缺点为基本建设投资大、耗电量大；臭氧在水中不稳定，容易分解，因而不能在配水管网中保持持续的杀菌能力；臭氧需边生产边使用，不能储存；当水量和水质发生变化时，调节臭氧投加量比较困难。此外，臭氧消毒虽然不会产生三氯甲烷、氯乙酸等消毒副产物，但当水中含有溴化物时，经臭氧化后会产生有潜在致癌作用的溴酸盐，已引起了广泛关注。

臭氧作为一种氧化剂在水处理中的应用，将在下一节的高级氧化技术中讨论。

（三）二氧化氯消毒

二氧化氯（ClO_2）在常温下是一种黄绿色至橘红色的气体，有刺激臭，沸点 11℃，熔点-59℃，极不稳定，受热或遇光易分解成氧和氯，可能引起爆炸，故必须在现场制造，即时使用。二氧化氯气体易溶于水，其溶解度约是 Cl_2 的 5 倍，当浓度在 10 g/L 以下时，没有爆炸的危险。水处理工程中所用的浓度远低于此。

二氧化氯是强氧化剂，氧化能力是氯的 2.63 倍，能与很多物质发生剧烈反应，如酚、氰、硫化物、硫醇等，故可用于水的除臭和除味。ClO_2 在广泛的 pH 范围内对大肠杆菌等细菌、芽孢、病毒均有很强的杀灭作用。其杀菌机理被解释为：细菌和病毒的蛋白质胨外膜吸附了 ClO_2，渗透进入细胞内，有效地氧化破坏含巯基的酶，抑制了生长。由于 ClO_2 对肠道病毒、疱疹病毒、脑髓炎病毒、脊髓灰质炎病毒、鸡禽的病毒性肺炎等众多病毒有良好的灭活效果，因此，是很好的污水消毒剂。

一般情况下，上述几种化学品的消毒有效性顺序为：O_3>ClO_2>Cl_2>氯胺。作为饮水消毒剂，ClO_2 的投加量通常为 1.0~2.0 mg/L；若用作污水消毒，尤其是医院污水消毒，投加量就要大一些，可达 5~10 mg/L。

二氧化氯的制取方法有化学法和电解法两类。化学法以亚氯酸钠（$NaClO_2$）、氯酸钠（$NaClO_3$）或氯酸钾（$KClO_3$）为主要原料，其中最普遍的是亚氯酸钠的氯氧化法，反应式是：

$$2NaClO_2+Cl_2(g)\longrightarrow 2ClO_2+2NaCl \tag{2-121}$$

或

$$Cl_2+H_2O\longrightarrow HClO+HCl \tag{2-122}$$

$$HClO+HCl+2NaClO_2\longrightarrow 2ClO_2+2NaCl+H_2O \tag{2-123}$$

电解法则以食盐溶液为原料。两类方法均有商品设备出售。

二氧化氯不会与水中有机物作用生成三氯甲烷，且消毒能力比氯强，ClO_2 的投加量比 Cl_2 少，消毒效果受水的 pH 影响小，ClO_2 的余量能在管网中保持较长时间等，这些优点都是二氧化氯消毒受到重视的原因。不过，消毒后水中残留的 ClO_2 和参与氧化还原反应生成的 ClO_2^- 对人体健康的影响也应引起注意。

（四）其他化学消毒法

1. 重金属消毒

据研究，银离子能凝固微生物的蛋白质，破坏细胞结构，达到杀菌目的。消毒方法有：利用表面积很大的银片与水接触，或用电解银的方法，或使水流过镀银的沙粒等。此法的缺点是价格高、杀菌慢，只能用于少量饮用水的应急消毒。至于长期饮用重金属离子消毒的水，对人体有何影响，尚无定论。

在杀灭湖泊或水库水中藻类时，硫酸铜为最常用的化学药剂。

2. 其他氧化剂消毒

除臭氧、氯以外，其他卤素如溴和碘等氧化剂都有杀菌作用，但价格高，未用于公共给水的消毒。

高锰酸钾也有消毒杀菌作用，早为民间作水果等生食消毒之用。高锰酸钾作为氧化剂用于微污染水源水预氧化能破坏水中氯化消毒副产物的前驱物质（如腐殖酸等），减少三氯甲烷等氯化消毒副产物的生成量。此外，高锰酸钾预氧化还有强化混凝除浊除藻、去除色度和臭味、除铁除锰等效能。

（五）各种消毒法的结合使用

近年来，各种消毒法结合使用已被国外水厂所提倡，其步骤为：先用臭氧氧化水中酚等有机物和消灭病毒，改善水的物理性质，然后在水中加氯，以保证配水管网中的灭菌能力。有的水厂也用臭氧-紫外线-氯消毒。

第五节 水的其他物理化学处理方法

一、中和法

酸性废水和碱性废水是常见的一类工业废水，如化工厂、化纤厂、电镀厂、金属加工厂等的酸性废水，造纸厂、炼油厂、印染厂、皮革厂等的碱性废水。这些废水若直接排放，会腐蚀管渠，损坏农作物，伤害鱼类等水生物，危害人类健康，破坏生物处理系统的正常运行。因此，必须妥善处置。浓度较高的酸、碱废水（3%以上），应首先考虑回收和综合利用；低浓度酸、碱废水，回收或综合利用意义不大时，排放前应进行中和处理。利用化学药剂，使废水的 pH 达到中性的过程称为中和处理。常用的中和处理方法有以下几种。

（一）酸、碱废水中和法

这是一种既简单又经济的以废治废的方法。这种方法是将酸、碱废水共同引入中和池，混合搅拌。酸、碱废水的水量比应考虑两种废水中酸、碱量的平衡。中和池的容积应按 1.5~2.0 h 的废水量考虑。

（二）药剂中和法

酸性废水的中和药剂有石灰、苛性钠、碳酸钠、石灰石、电石渣、锅炉灰和软水站废渣等；碱性废水的中和药剂有硫酸、盐酸和酸性废气（例如烟道废气）等。中和药剂的投加量应按试验测定的酸碱中和曲线确定。

石灰为酸性废水最常用的中和剂，不仅可以中和任何浓度的酸性废水，而且生成的 $Ca(OH)_2$ 还有凝聚作用。石灰投加方法有干投和湿投两种。干投法是将经粉碎的生石灰用振荡设备直接加入水中，而湿投法是将生石灰在消解槽内消解至 40%~50%浓度后配成 5%~10%的 $Ca(OH)_2$ 乳液，经投加设备，加入水中与水混合。酸碱中和反应速率较快，混合和反应可在一个池内完成。池内设机械搅拌，反应 2~4 min。废水中含重金属离子时，反应时间宜按去除重金属离子的要求确定。

（三）过滤中和法

以石灰石、大理石（$CaCO_3$）、白云石（$MgCO_3 \cdot CaCO_3$）等作滤料，让酸性废水通过滤层使水中和的方法，称为过滤中和法。常用的过滤设备有重力式中和滤池、升流式膨胀滤池、变速膨胀滤池和滚筒中和滤池。

重力式中和滤池的滤料粒径大（3~8 cm），流速低（5 m/h），废水自上而下通过滤料，设备简单，管理方便；但当废水中硫酸含量大时，易在滤料表面生成 $CaSO_4$ 硬垢，阻碍反应的继续进行。处理硫酸废水时宜采用白云石作滤料。

图 2-82 为升流式膨胀滤池示意图。废水自下而上流过滤料，在高流速（60~70 m/h）下，滤料呈悬浮状态，中和时生成的 $CaSO_4$ 和 CO_2 被高速水流带出池外，同时由于滤料相互碰撞摩擦，有助于表面更新。此外，由于采用小粒径滤料（0.5~3 mm），接触面积大大增加，所以这种滤池中和效果较好，在实际中得到广泛应用。

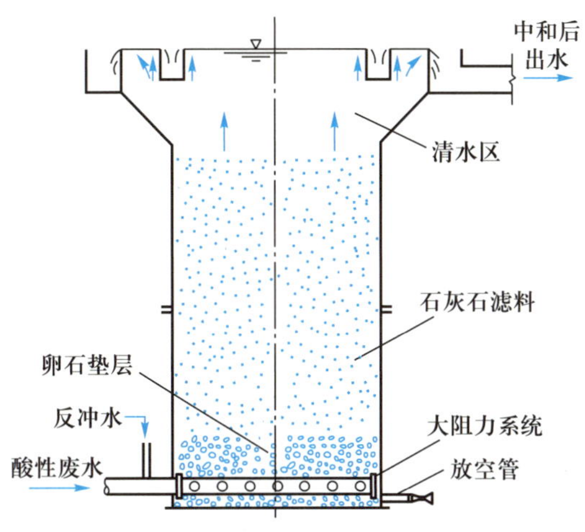

图 2-82　升流式石灰石膨胀滤池

二、高级氧化技术

随着工业的发展，一些高浓度难降解有毒有害有机废水的处理一直是困扰着环境工程师的难题之一，同时，饮用水源中的微污染有机物也直接威胁到人类的饮水安全。高级氧化技术是近 30 年来兴起的水处理新技术，它通过化学或物理化学的方法将污水中的污染物直接氧化成无机物，或将其转化为低毒的易生物降解的中间产物。通常认为，凡反应涉及水中羟基自由基（·OH）的氧化过程，即为高级氧化过程（advanced oxidation process，AOP）。因此，高级氧化过程或高级氧化技术（AOT）可定义为，在一定条件下依靠体系中实时生成的羟基自由基（·OH）等强氧化物种来氧化降解水中污染物的技术。能激发产生羟基自由基的过程，如图 2-83 所示。

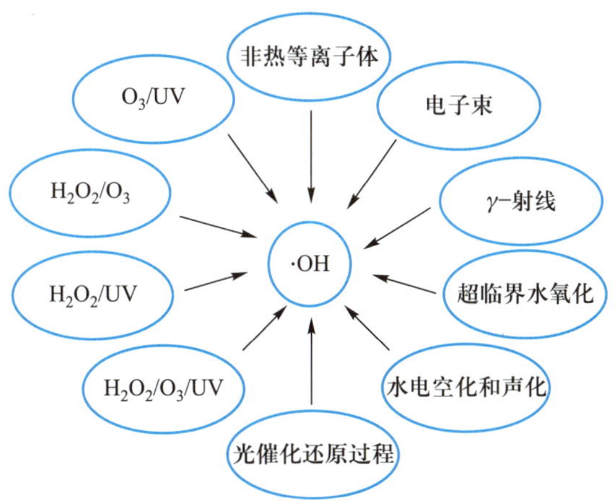

图 2-83　能激发产生羟基自由基的过程

羟基自由基是一族带有不成对电子的游离羟基活性基团。它的物种形式有·OH、HO_2·和 RHO_2·等。·OH 是典型的羟基自由基物种，其氧化还原电位为 2.85 V，仅次于氟，是一种强氧化剂（表 2-22）。因此，在高级氧化过程中，所产生的羟基自由基能氧化大部分的有机物和具有还原性的无机物。以下简单介绍高级氧化的几种典型过程。

表 2-22 羟基自由基与其他氧化剂的氧化还原电位的比较

半反应	E/V	半反应	E/V
$F_2+2H^++2e^- \rightleftharpoons 2HF(aq)$	3.06	$C_2H_4(g)+2H^++2e^- \rightleftharpoons C_2H_6(g)$	0.52
$\cdot OH+H^++e^- \rightleftharpoons H_2O$	2.85	$CO+6H^++6e^- \rightleftharpoons CH_4+H_2O$	0.497
$F_2+2e^- \rightleftharpoons 2F^-$	2.65	$O_2^-+H_2O+e^- \rightleftharpoons HO_2^-+OH^-$	0.413
$O(g)+2H^++2e^- \rightleftharpoons H_2O$	2.442	$O_2+2H_2O+4e^- \rightleftharpoons 4OH^-$	0.401
$O_3+2H^++2e^- \rightleftharpoons O_2+H_2O$	2.07	$CO_2+4H^++4e^- \rightleftharpoons C+2H_2O$	0.207
$\cdot OH+e^- \rightleftharpoons OH^-$	2.0	$HCOOH(aq)+2H^++2e^- \rightleftharpoons HCHO(aq)+H_2O$	0.056
$H_2O_2+2H^++2e^- \rightleftharpoons 2H_2O$	1.776	$H_2CO_3+6H^++6e^- \rightleftharpoons CH_3OH+2H_2O$	0.044
$HO_2\cdot+3H^++3e^- \rightleftharpoons 2H_2O$	1.7	$2H^++2e^- \rightleftharpoons H_2$	0.000
$O(g)+H_2O+2e^- \rightleftharpoons 2OH^-$	1.59	$O_2+H_2O+2e^- \rightleftharpoons HO_2^-+OH^-$	-0.076
$O_3+H_2O+2e^- \rightleftharpoons O_2+2OH^-$	1.24	$CO_2+2H^++2e^- \rightleftharpoons CO+H_2O$	-0.103
$O_2+4H^++4e^- \rightleftharpoons 2H_2O$	1.229	$O_2+H^++e^- \rightleftharpoons HO_2\cdot$	-0.13
$H_2O_2+H^++e^- \rightleftharpoons \cdot OH+H_2O$	0.71	$CO_2(g)+2H^++2e^- \rightleftharpoons HCOOH(aq)$	-0.199
$O_2+2H_2O+4e^- \rightleftharpoons 4OH^-$	0.7	$HO_2^-+H_2O+e^- \rightleftharpoons \cdot OH+2OH^-$	-0.245
$C_6H_4O_2+2H^++2e^- \rightleftharpoons C_6H_4(OH)_2$	0.699	$2CO_2(g)+2H^++2e^- \rightleftharpoons H_2C_2O_4(aq)$	-0.49
$O_2+2H^++2e^- \rightleftharpoons H_2O_2$	0.682	$O_2+e^- \rightleftharpoons O_2^-$	-0.563
$CH_3OH(aq)+2H^++2e^- \rightleftharpoons CH_4(g)+H_2O$	0.588	$H_2O+e^- \rightleftharpoons H(g)+OH^-$	-2.931 5

（一）臭氧氧化技术

臭氧（O_3）自 20 世纪 60 年代起在水处理中得到广泛的应用，如用于饮用水、冷却水、游泳池水等，其目的主要是杀菌消毒，改善色度、臭和味，氧化还原性的锰和铁离子等。近年来还开始应用于氧化和降解水中有机物。

臭氧与有机物的反应方式有两类，一类是臭氧与反应物直接作用，另一类是臭氧转化为羟基自由基后与有机物反应。

1. 臭氧分子的直接反应

臭氧与反应物的直接作用主要是通过末端亲电氧原子进行的。最常见的水中臭氧的反应如下：

（1）电子转移反应：

$$O_2^- + O_3 \longrightarrow O_2 + O_3^- \tag{2-124}$$

$$HO_2^- + O_3 \longrightarrow HO_2 \cdot + O_3^- \tag{2-125}$$

（2）氧原子转移反应：

$$OH^- + O_3 \longrightarrow HO_2^- + O_2 \tag{2-126}$$

$$Fe^{2+} + O_3 \longrightarrow FeO^{2+} + O_2 \tag{2-127}$$

$$NO_2^- + O_3 \longrightarrow O_2 + NO_3^- \tag{2-128}$$

$$Br^- + O_3 \longrightarrow BrO^- + O_2 \tag{2-129}$$

$$I^- + O_3 \longrightarrow IO^- + O_2 \tag{2-130}$$

（3）臭氧加成反应：根据 Criegee 机理，臭氧分子可以与烯烃发生如图2-84所示的反应。

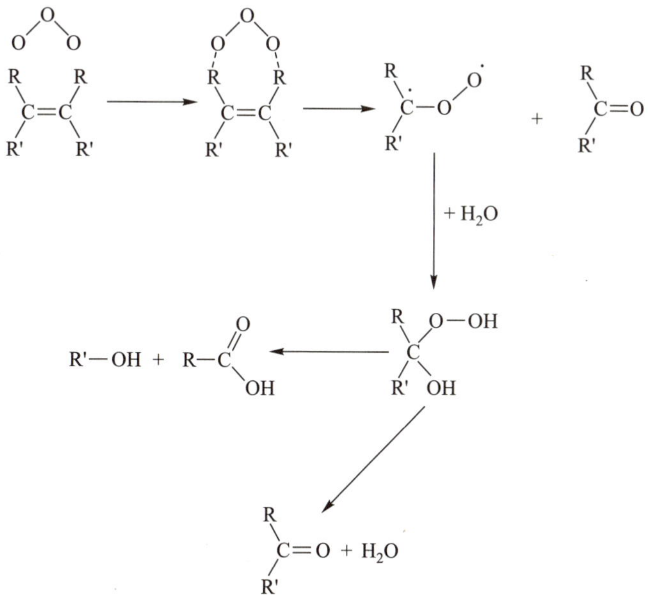

图 2-84 臭氧分子与烯烃的直接反应

臭氧加成、重排是有机烯烃化合物臭氧化的典型反应。在水溶液中，初始加成产物——五元环的臭氧化物分解成羰基和羰基氧化物。羰基氧化物水解形成羧酸。臭氧与其他有机基团反应的初始臭氧加成产物常常重排释放 O_2或 CO_2。

臭氧的电子转移反应途径不常见，这是与其他氧化剂不同的。

2. 臭氧转化为羟基自由基的链式反应

臭氧在水中通过与 OH^- 或溶质的反应，被消耗而转化为 H_2O_2 或 HO_2^-。臭氧将一个氧转移给 OH^- 产生 HO_2^-，后者与 H_2O_2 形成平衡。而全部 H_2O_2 中有一部分解离成为 HO_2^-，又与臭氧很快反应产生 O_3^- 和 $HO_2\cdot$。这里，OH^- 作为链反应的促发剂，H_2O_2/HO_2^- 作为次生促发剂。所以，在高 pH 时臭氧容易与解离的物质发生亲电反应，从而有较快的反应速率。

在实际水中，许多污染物与臭氧竞争羟基自由基。大多数反应产物进一步被 O_2 氧化生成过氧自由基和氧自由基，它们又与 O_2 反应生成 $HO_2\cdot/O_2^-\cdot$ 或者 H_2O_2，当污染物是甲酸根、醇或糖类时，以这种转变为主。这说明许多类型的有机物将非选择性的羟基自由基转变成高度选择臭氧的 $HO_2\cdot/O_2^-\cdot$ 或者 H_2O_2，从而使链反应不断继续。但是，另一些溶质如 HCO_3^-/CO_3^{2-} 和一些类型的化合物（如烷烃、烷基醇或烷基羧酸）会清除羟基自由基而不生成自由基型链载体，所以这些物质抑制了自由基型链反应，一定程度上稳定了水中的臭氧。

（二）过氧化氢氧化技术

过氧化氢（H_2O_2）于 1818 年被发现，直到 1925 年有了 H_2O_2 的电解生产技术，才开始了大规模的生产和使用。H_2O_2 的结构特征是有一个 O—O 共价键，它所有的性质都和这个共价键直接相关。常温下 H_2O_2 是液体，熔点为 -0.43℃，标准气压下沸点为 15.2℃。由于 H_2O_2 商品一般都是水溶液，因此关于 H_2O_2 的很多物理化学常数都和其水溶液有关，而不是针对 H_2O_2 纯物质。

H_2O_2 是一种多用途的、高效的氧化剂，它可以作为活性氧的来源，比简单从水分子中分解得到的分子氧的氧化能力强。有关 H_2O_2 的全部反应可以总结为以下五种类型：

（1）分解反应：

$$2H_2O_2 \longrightarrow 2H_2O+O_2 \tag{2-131}$$

（2）分子附加反应：

$$H_2O_2+Y \longrightarrow Y\cdot H_2O_2 \tag{2-132}$$

（3）取代反应：

$$H_2O_2+RX \longrightarrow ROOH+HX \tag{2-133}$$

或

$$H_2O_2+2RX \longrightarrow ROOR+2HX \tag{2-134}$$

（4）H_2O_2 作为还原剂：

$$H_2O_2+Z \longrightarrow ZH_2+O_2 \tag{2-135}$$

（5）H_2O_2 作为氧化剂：

$$H_2O_2+W \longrightarrow WO+H_2O \tag{2-136}$$

在这些反应中，H_2O_2 可直接以分子形式反应，或离子化后再反应，也可以解离为自由基后再反应。实际上在很多情况下，H_2O_2 的反应机理是非常复杂的，并且反应取决于催化剂类型和反应条件。

H_2O_2 在工业上有很多应用，同时在环境保护领域也扮演着非常重要的角色。H_2O_2 可以通过将废水中的氰化物氧化为氰酸盐而达到去毒的目的，可以将地下水中的铁和锰氧化为不溶于水的氢氧化物，再通过沉淀而得以去除；H_2O_2 分解可以产生氧气，故应用在废水好氧生物处理中可以促进处理效果；它还可用于含有亚硫酸盐和银离子的光化学废水处理，将其中的亚硫酸盐氧化为硫酸盐，将银离子氧化为不溶于水的化合态银。此外，在废水脱硫除臭、去除纺织品漂白废水中的剩余次氯酸盐等都有应用。

对于废水生物处理中对微生物具有抑制或者毒性作用的有机物，可以采用 H_2O_2 来处理，促进这类有机物的生物降解性和降低它们的毒性。这类有机物主要有：硝基苯、苯胺、酚、甲酚、氯酚、甲醛和脂肪等。

影响 H_2O_2 反应的主要因素有 pH、温度、接触时间、处理负荷以及化合物的反应性。一般而言，水中的无机物质与 H_2O_2 的反应要比有机物与 H_2O_2 的反应速率快，痕量有机物与 H_2O_2 反应的速度最慢，这是因为受到传质的限制。

过渡金属盐（如铁盐）以及紫外光可以催化 H_2O_2 产生羟基自由基，而后者的氧化能力是非常强的。利用亚铁盐来催化的 H_2O_2 试剂就是著名的 Fenton 试剂。它是 19 世纪末法国科学家 H. Fenton 发现的。Fenton 试剂与有机物的反应也是一个链反应过程，其反应机理如下：

$$Fe^{2+}+H_2O_2 \longrightarrow Fe^{3+}+OH^-+\cdot OH \tag{2-137}$$

$$Fe^{3+}+H_2O_2 \longrightarrow Fe^{2+}+HO_2\cdot+H^+ \tag{2-138}$$

式（2-137）是一个快速反应，除产生羟基自由基 ·OH 外，氧化生成的 Fe^{3+} 又与 H_2O_2 反应，被还原为 Fe^{2+}，并产生另一种羟基自由基 $HO_2\cdot$。Fe^{2+} 在反应中起激发和传递的作用，使链反应能持续进行，不断生成 ·OH 和 $HO_2\cdot$，直到 H_2O_2 耗尽。上述反应生成的 ·OH 和 $HO_2\cdot$ 可将有机物氧化：

$$RCH_2OH+\cdot OH \rightleftharpoons RCHOH\cdot+H_2O \tag{2-139}$$

$$RCHOH\cdot+H_2O_2 \rightleftharpoons RCHO+\cdot OH+H_2O \tag{2-140}$$

$$2RCHOH\cdot \rightleftharpoons RCHO+RCH_2OH \tag{2-141}$$

Fenton 试剂是一种经济的、相对简单的去除有毒有机物的方法。商业化的 Fenton 反应器已经用于工业废水的处理，如可将航空工业脱漆漂洗水中的苯酚浓度由 20 g/L 降低至 1 mg/L。

Fenton 试剂不仅可用于一个单独过程，也可与其他废水处理技术（如活性炭吸附、生物法、光化学氧化等）结合使用，有着很好的应用前景。

（三）光化学氧化技术

光氧化法是利用光和催化剂或氧化剂产生很强的氧化作用来氧化分解废水中有机物和无机物的一种方法。催化剂最常用的是二氧化钛（TiO_2），氧化剂有臭氧、氯、次氯酸盐、过氧化氢及空气等，光源多用紫外灯（UV）。下面简单介绍一下光催化氧化技术。

图 2-85 是半导体的能带结构示意图。由图可见，半导体能带结构与金属不同的是价带（VB）和导带（CB）之间存在一个禁带。用作光催化剂的半导体大多为金属的氧化物和硫化物，一般具有较大的禁带宽度，有时称为宽带隙半导体。例如，被经常研究的 TiO_2 在 pH = 1 时的带隙为 3.2 eV，其他常用半导体的禁带宽度以及与标准氢电极电位、真空能级的相对位置如图 2-86 所示。

当光子能量高于半导体吸收阈值的光照射半导体时，半导体的价带电子会发生带间跃迁，即从价带跃迁到导带，从而产生光生电子（e^-）和空穴（h^+）。

$$TiO_2+UV \longrightarrow e^-+h^+ \tag{2-142}$$

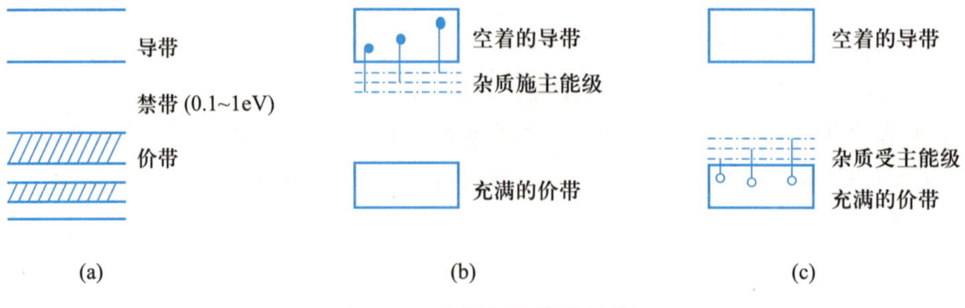

图 2-85 半导体的能带结构

(a) 本征半导体;(b) N 型半导体;(c) P 型半导体

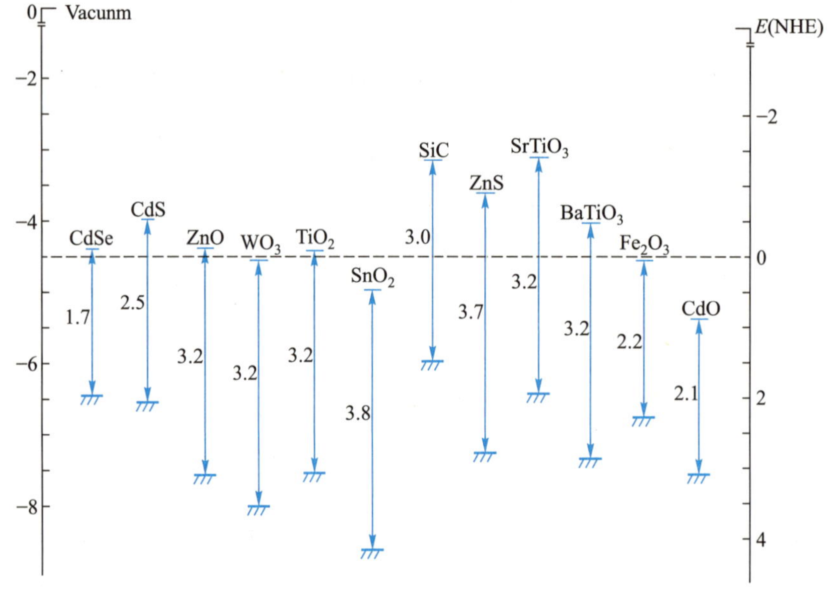

图 2-86 各种半导体在 pH=1 时导带和价带的位置

(ZnS,$SrTiO_3$,$BaTiO_3$,Fe_2O_3,CdO 在 pH=7)

半导体的光吸收阈值与带隙具有式(2-143)所示的关系。从公式可知,常用的宽带隙半导体的吸收波长阈值大都在紫外区域。

$$\lambda_g = \frac{1\ 240}{E_g} \tag{2-143}$$

式中:λ_g——波长,nm;

E_g——电位,eV。

该过程中所产生的电子和空穴将进一步与水中的离子和分子发生反应而产生强氧化性的·OH、·HO_2、·O_2^-等活泼自由基,具体的反应式如下所示:

$$H_2O + h^+ \longrightarrow \cdot OH + H^+ \tag{2-144}$$

$$OH^- + h^+ \longrightarrow \cdot OH \tag{2-145}$$

$$O_2 + e^- \longrightarrow \cdot O_2^- \tag{2-146}$$

$$H_2O + \cdot O_2^- \longrightarrow HO_2 \cdot + OH^- \tag{2-147}$$

$$2HO_2\cdot \longrightarrow O_2+H_2O_2 \quad (2-148)$$

$$HO_2\cdot +H_2O+e^- \longrightarrow OH^- +H_2O_2 \quad (2-149)$$

$$H_2O_2+e^- \longrightarrow \cdot OH+OH^- \quad (2-150)$$

这些活泼自由基将进一步与水中的有机物等发生反应。

对 TiO_2/UV 的进一步研究发现,在光照射 TiO_2 的悬浮液时,很多有机化合物可被完全矿化,且反应后可通过过滤或离心的方法使 TiO_2 颗粒再生,恢复大部分催化活性。已有研究证实所有的氯代脂肪类化合物,氯代芳香化合物,一些杀虫剂,除草剂和表面活性剂均可被完全矿化为 H_2O、CO_2 和无机酸。TiO_2/UV 还可应用于空气和水的净化,以去除微生物和病毒、灭活癌细胞、控制臭味等。

光催化氧化的量子化效率不高,仅在约 1%的量级,光激发产生的光生电子和空穴绝大部分都会重新复合,失去进一步与水中的离子和分子反应产生 ·OH 等活泼自由基的机会。为了提高光催化氧化的效率,可将电引入光催化体系中,形成所谓电助光催化法。通过外加直流偏电压把光生电子迁移至外电路,抑制光生电子和空穴的复合,促进它们分离,提高量子化效率。

(四) 湿式氧化技术和超临界氧化技术

不少工业废水具有有机物浓度高、生物降解性差,甚至有生物毒性等特点,难以通过组合传统的工艺得到彻底处理。因此,发展新型实用的处理技术是非常必要的。湿式氧化技术即为针对这一问题而开发的一项有效的技术。

湿式氧化(wet air oxidation,WAO)是在高温、高压下,利用氧气或空气中的氧将废水中的有机物氧化成 CO_2 和 H_2O,从而达到去除污染物的目的。与常规方法相比,湿式氧化具有氧化速率快,处理效率高,适用范围广,极少有二次污染,可回收能量及有用物料等特点。

影响湿式氧化过程的主要因素有温度、压力、pH、反应时间和废水性质等。

湿式氧化法典型的操作条件如下:温度 150~350℃,压力 2~15 MPa,停留时间 15~120 min。迄今为止,已有用湿式氧化法处理焦化废水、化工废水、染料中间体废水和农药废水等的报道,进水 COD 浓度都在 10 000 mg/L 以上,去除率可达 95%~99%。

尽管湿式氧化技术具有很多优点,但是在实际推广应用方面仍然存在着一定的局限性:湿式氧化一般要求在高温、高压的条件下进行,其中间产物往往为有机酸,对设备材料的要求较高,须耐高温、高压和耐腐蚀,故设备费用大,处理系统的一次性投资高;即使在很高的温度下,对某些有机物如多氯联苯、小分子羧酸的去除效果也不理想,难以做到完全氧化。

为降低反应温度和压力并提高处理效果,出现了使用催化剂的催化湿式氧化技术(catalytic wet air oxidation,CWAO)和加入更强的氧化剂(过氧化物)的湿式过氧化物氧化法(wet peroxide oxidation,WPO)。为彻底去除一些 WAO 难以去除的有机物,还出现了将废液温度升至水的临界点温度以上,利用超临界水的良好特性来加速反应进程的超临界水氧化技术(supercritical water oxidation,SCWO)。

无论 WAO、CWAO、WPO 和 SCWO,都可用自由基反应机理来解释有机物被氧化过程,只是不同的技术产生自由基的过程有所差异。产生自由基的基本过程如下所示:

$$RH+O_2 \longrightarrow R\cdot +HO_2\cdot \quad (2-151)$$

$$RH+HO_2\cdot \longrightarrow R\cdot +H_2O_2 \quad (2-152)$$

$$PhOH+O_2 \longrightarrow PhO\cdot +HO_2\cdot \quad (2-153)$$

$$PhOH + HO_2 \cdot \longrightarrow PhO \cdot + H_2O_2 \tag{2-154}$$

式中：Ph——芳香族化合物。

反应式中产生的 H_2O_2 是一个中间产物，进一步分解产生羟基自由基：

$$H_2O_2 \xrightarrow{M} 2HO \cdot \tag{2-155}$$

式中：M——均相或多相物质。

在湿式氧化反应条件下，H_2O_2 的热分解 $2H_2O_2 \longrightarrow 2H_2O + O_2$ 也十分显著。

羟基自由基与有机物的反应与其他高级氧化过程是相似的，即产生有机自由基，而有机自由基与 O_2 反应生成有机过氧自由基，有机过氧自由基与有机物反应生成有机过氧氢化物和有机自由基。有机过氧氢化物会发生键断裂从而生成低碳有机物，直至生成乙酸或甲酸，最后成为 CO_2。

催化湿式氧化（CWAO）中所用的催化剂有均相和非均相两种状态。

均相催化剂的特点是反应温度温和，反应性能专一，有特定的选择性；其缺点就是催化剂的回收困难，以及由此带来的二次污染问题。常用的均相催化剂有 Cu 盐和 Fe 盐，对于不同废水，均相 Cu^{2+}[尤其是 $Cu(NO_3)_2$]都有较好的催化去除效果。

非均相催化剂主要有贵金属系列、稀土系列和铜系列催化剂。其中贵金属系列的催化剂催化效果最好，性能稳定，但是成本太高。常用的贵金属催化剂有 Ru、Rh、Pd、Ir、Pt 等。过渡金属（如铜）系列催化剂主要是铜的氧化物，在多种废水的催化湿式氧化中显示出了很好的催化性能，经济、高效；但主要缺点是 Cu^{2+} 的溶出使催化剂流失和失活，并造成二次污染的问题。对于稀土系列催化剂，最常用的是 Ce、Ti、Bi 等，多将它们掺杂到贵金属或过渡金属催化剂中，可以提高贵金属的表面分散度，改变催化剂的电子结构和表面性质，从而提高催化剂的活性和稳定性；加入 Cu 催化剂中可以抑制铜的溶出。其优点是比贵金属系列催化剂经济，比过渡金属（如铜）系列催化剂稳定性好，是近年来研究开发的热点之一。

湿式氧化工艺系统有间歇式和连续式两种。前者在专门制造的高压反应釜中进行，容积从 0.25 L 到 2 000 L 不等，适用于小废水量处理；后者则由反应器、高压泵、空压机、热交换器和气液分离器等组成（图 2-87），适用于较大废水量的处理。

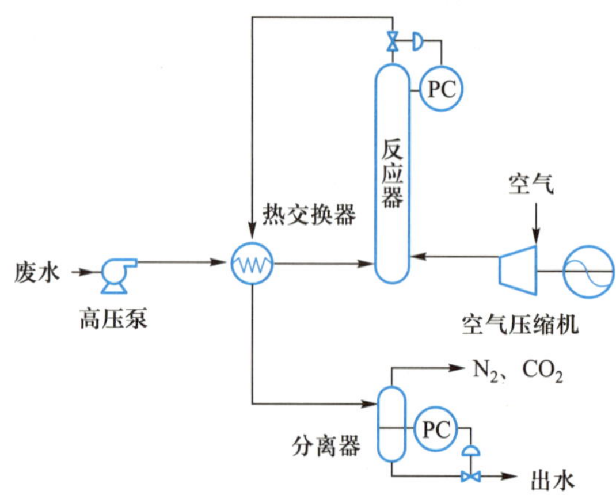

图 2-87 连续式湿式氧化工艺系统示意图

超临界氧化技术(SCWO)是湿式氧化技术的强化和改进,其原理是在水的超临界状态下,用氧气将水中有机物氧化分解成 CO_2 和 H_2O。水的临界点温度为374.3℃、压力为22.05 MPa。当水在超临界状态下,气相和液相的区别已不存在,相界面消失,水的性质发生了极大的变化,其密度、介电常数、黏度、溶剂化性能等都不同于普通水。超临界水对有机物和氧气都是极好的溶剂,因此有机物的氧化可以在富氧的均一相中进行,反应不因相间转移而受限制。同时,高的反应温度(T>374.3℃)可在极短时间内破坏分解有机物,使有机物的去除率达到99%以上。在氧化过程中释放出大量热量,反应一旦开始便可以自行维持,无须再加外界能量。

图2-88是连续式超临界水氧化反应装置示意图。

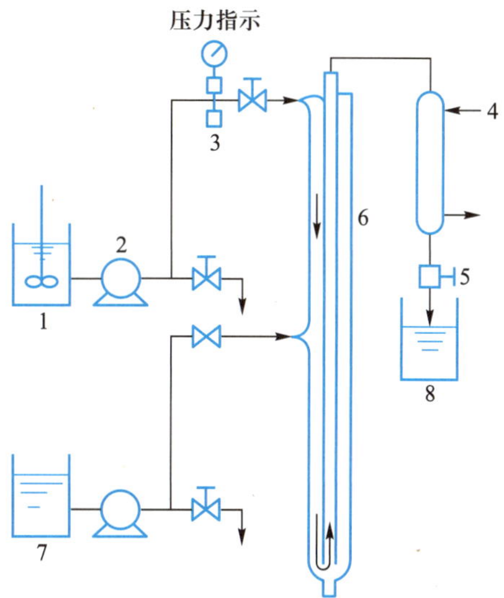

1. 样品;2. 泵;3. 压力转化器;4. 热交换器;5. 减压器;6. 垂直反应器;7. 氧化剂;8. 出水槽

图2-88　连续式超临界水氧化反应装置

超临界氧化的典型操作条件:温度为400~600℃,压力为25~40 MPa。该技术最大的特点就是反应速率快,通常在几秒到十几分钟的时间内就能完成反应,有机物去除效率高,氧化较完全,一般无须进一步处理。超临界氧化技术虽有以上优点,但其工艺必须在高温、高压下操作,故设备需耐高温、高压和耐腐蚀,设备费用大,操作管理技术要求也高,这很大程度上限制了它的应用与推广。

(五)组合高级氧化技术和其他高级氧化技术

前面简单介绍了一些在环境工程中常见的高级氧化技术,在这些基本的高级氧化技术基础上,通过组合可以产生新的高级氧化技术。此外,其他一些能产生羟基自由基的物理化学过程,也可认为是高级氧化技术。表2-23列出了一些高级氧化技术。

表2-23　组合高级氧化技术及其他高级氧化技术

氧化剂	金属和离子			金属氧化物		氧化剂			光	超声	电子
	Fe^{2+}	Fe	Pt	TiO_2	Fe_2O_3	OH^-	O_3	H_2O_2	UV	超声	e^-
O_3	√	√	√		√	√		√	√	√	
H_2O_2	√	√	√	√	√		√		√	√	
O_2	√	√	√	√						√	
H_2O				√						√	√
TiO_2									√		

注:√表示这种组合可以产生羟基自由基。

从表2-23中可以看出,O_3/UV、O_3/H_2O_2、O_3/TiO_2/UV、O_3/H_2O_2/UV、H_2O_2/UV、H_2O_2/TiO_2/UV等基本高级氧化过程的组合都可产生羟基自由基,在处理特定的废水时,这些高级氧化过程有着各自的特点。此外,超声、等离子体、电子束以及射线等都可促使有关的氧化剂产生羟基自由基，目前有关高级氧化过程的研究也开始受到重视，但离实际应用还有一定的距离。

三、化学还原法

目前，化学还原法主要用于含铬和含汞废水的处理以及水的脱氯。

1. 硫酸亚铁-石灰法除铬

电镀工业的含铬废水主要为含极毒的六价铬，加入硫酸亚铁等还原剂后，六价铬即被还原为三价铬，然后投加石灰，使 pH=7.5~9.0，生成难溶于水的氢氧化铬沉淀，反应式如下：

$$Cr_2O_7^{2-}+6Fe^{2+}+14H^+ \rightleftharpoons 2Cr^{3+}+6Fe^{3+}+7H_2O \tag{2-156}$$

$$Cr^{3+}+3OH^- \rightleftharpoons Cr(OH)_3\downarrow \tag{2-157}$$

硫酸亚铁投加量与废水含铬浓度有关，生产中控制 Cr^{6+} : $FeSO_4\cdot 7H_2O$ =1 : 50~1 : 16（质量比）。投加硫酸亚铁后搅拌 10~15 min，再投加石灰，继续搅拌 15~30 min，沉淀 1.5~2.0 h，废水即得到澄清。

2. 化学还原法除汞

常用的还原剂为比汞活泼的金属（铁屑、锌粉、铝粉、铜屑等）和硼氢化钠等。

金属还原汞时，可将含汞废水通过金属屑滤床，或使废水与金属粉混合反应，二价汞离子即成金属汞析出。

硼氢化钠（$NaBH_4$）能在碱性条件下（pH=9~11）将汞离子还原成金属汞，其反应为：

$$Hg^{2+}+BH_4^-+2OH^- = Hg\downarrow+3H_2+BO_2^- \tag{2-158}$$

3. 水的还原法脱氯

废水经氯或二氧化氯消毒后会留下一定量的余氯，如果数量过多，可能会与受纳水体中的有机物形成有毒化合物，对水体有不利影响，故有必要对废水脱氯。除可用活性炭吸附外，还原法脱氯是经济而常用的，其中尤以二氧化硫脱氯最为常见。

市售的二氧化硫为钢瓶盛装的压缩液态气，投加到水中后生成亚硫酸，再与余氯作用，使余氯还原成氯离子：

$$SO_2+H_2O \longrightarrow HSO_3^-+H^+ \tag{2-159}$$

$$HSO_3^-+HOCl \longrightarrow Cl^-+SO_4^{2-}+2H^+ \tag{2-160}$$

二氧化硫也会把一氯胺、二氯胺和三氯化氮还原成氯离子，以一氯胺为例：

$$SO_2+NH_2Cl+2H_2O \longrightarrow Cl^-+SO_4^{2-}+NH_4^++2H^+ \tag{2-161}$$

废水用二氧化氯消毒时，也可用二氧化硫脱氯：

$$5SO_2+2ClO_2+6H_2O \longrightarrow 5H_2SO_4+2HCl \tag{2-162}$$

此外，亚硫酸钠（Na_2SO_3）、亚硫酸氢钠（$NaHSO_3$）、硫代硫酸钠（$Na_2S_2O_3$）也常用于废水脱氯。

四、化学沉淀法

化学沉淀法是指向水中投加沉淀剂，使之与废水中的污染物发生沉淀反应，形成难溶的固体，然后进行固液分离，从而除去废水中污染物的一种方法。

（一）氢氧化物沉淀法

工业废水中某些金属离子与石灰作用后，可形成氢氧化物沉淀而从水中分离去除。此法适用于不准备回收的低浓度金属废水（如 Cd^{2+}、Zn^{2+} 等）的处理。沉淀剂也可用苛性钠，但费用较大。

（二）硫化物沉淀法

金属硫化物是比氢氧化物更为难溶的沉淀物，对除去水中的重金属离子有更好的效果。常用的沉淀剂有 H_2S、NaHS、Na_2S、$(NH_4)_2S$、FeS 等。由于沉淀反应生成的硫化物颗粒细，沉淀困难，一般需投加絮凝剂以强化去除效果，所以处理费用较高。图 2-89 为某化工厂采用硫化物沉淀法处理含汞废水的流程示意图。

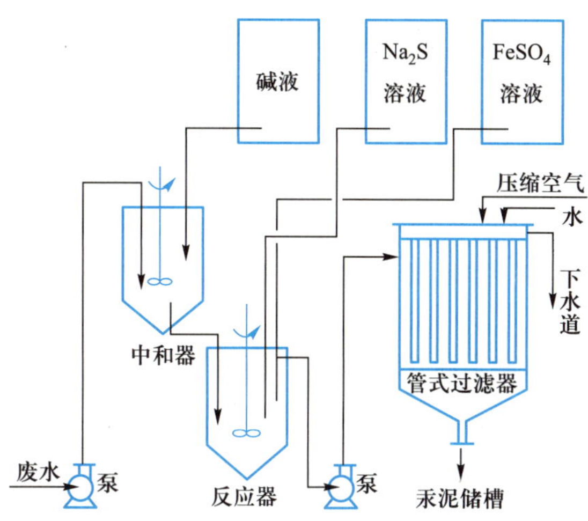

图 2-89 硫化物沉淀法处理含汞废水流程示意图

（三）钡盐沉淀法

这种方法主要用于处理含六价铬的废水，沉淀剂为 $BaCO_3$、$BaCl_2$、$Ba(NO_3)_2$、$Ba(OH)_2$ 等。例如，$BaCO_3$ 与废水中六价铬 CrO_4^{2-} 反应生成难溶的铬酸钡沉淀：

$$BaCO_3+CrO_4^{2-}+2H^+ \xlongequal{} BaCrO_4\downarrow+CO_2\uparrow+H_2O \tag{2-163}$$

图 2-90 为某电镀厂用钡盐法处理含铬废水的流程示意图。废水用硫酸调节 pH＝4.5～5.0 后，经投配箱加入 $BaCO_3$，搅拌混合，进入反应池，水在通过斜管沉淀区时，大部分铬酸钡被截留，溢流水经过微孔管抽滤，送至石膏过滤池除钡，过滤后则流到硫酸钡沉淀池，溢流水再经过微孔管抽滤，送回车间回用。

（四）化学沉淀法除磷

磷作为营养元素，对动植物是不可缺少的，但水中磷含量过高会导致富营养化。因此，废水除磷十分必要。

化学沉淀法除磷是通过投加二价或三价金属盐来产生微溶磷酸盐沉淀而分离除磷的。常用的金属盐有 Ca^{2+}、Fe^{3+}、Al^{3+} 等。

Ca^{2+} 通常是以石灰 $Ca(OH)_2$ 的形式投加的。当废水的 pH 增加到 10 以上时，过量的 Ca^{2+} 离子将与磷酸盐反应生成羟基磷灰石 $Ca_{10}(PO_4)_6(OH)_2$：

$$10Ca^{2+}+6PO_4^{3-}+2OH^- \rightleftharpoons Ca_{10}(PO_4)_6(OH)_2\downarrow \tag{2-164}$$

由于投加的石灰首先要与废水中的碱度（如 HCO_3^-）反应，因此，磷在废水中沉淀所需的

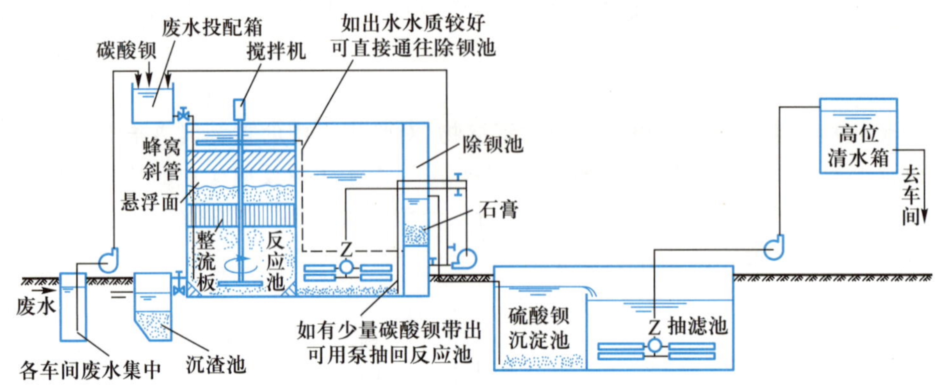

图 2-90 钡盐法处理含铬废水流程示意图

石灰量一般为废水中总碱度(以 $CaCO_3$计)的 1.4~1.5 倍。要注意的是,沉淀脱磷后废水的 pH 已在 10 以上,如还需后续处理或排入水体,必须调节 pH。为降低 pH,可用 CO_2进行再碳酸化处理。

化学沉淀法除磷也可以用铝和铁作沉淀剂,基本反应如下:

$$Al^{3+}+H_nPO_4^{3-n} \rightleftharpoons AlPO_4+nH^+ \tag{2-165}$$

$$Fe^{3+}+H_nPO_4^{3-n} \rightleftharpoons FePO_4+nH^+ \tag{2-166}$$

在实际工程中,因废水中碱度和其他成分的竞争反应等影响,铝和铁的投加量比按式(2-165)和式(2-166)计算所需的要多,一般为计算量的 1.5~2.5 倍。通常需根据试验来确定。

五、电化学法

电解质溶液在直流电的作用下发生电化学反应的过程叫电解。电解是电能转换为化学能的过程,实现这种转换的装置称为电解槽。在电解槽中,与电源正极相连接的极称为阳极,与电源负极相连接的极称为阴极,两电极插在电解质溶液中,接通直流电源后,阴极和阳极间存在电位差,驱使溶液中正离子移向阴极,在阴极得到电子,进行还原反应;负离子移向阳极,在阳极放出电子,进行氧化反应,这个过程称为离子的放电。阳极能接纳电子,起氧化剂的作用,而阴极能放出电子,起还原剂的作用。电化学法处理废水的实质就是利用电解作用对废水进行电解,使废水中有害物质在阳极和阴极上发生氧化-还原反应,沉淀在电极表面或电解槽中,或生成气体从水中逸出,从而降低废水中有害物质的浓度或把有害物质变成无毒、低毒物质。

电解既需要电量,也需要一定的电压。实际电解所需要的槽电压,不仅包括理论分解电压,还包括阴、阳极的超电压以及克服各种电阻的电压降。

电解槽的主要参数有极水比和极板中心距。极水比是指浸入水中的有效极板面积(dm^2)与槽中有效水容积(dm^3)之比;极板中心距为相邻两个极板的中心距离。极水比大,放电面积大,电流密度小,超电压就小;极板中心距小,溶液间电阻就小。两者均可降低槽电压。

电解的主要工艺条件有电流密度(单位电极面积上流过的电流,A/cm^2)、槽温、废水成分、搅拌强度等,应由试验确定。

废水的电化学处理可分为电化学氧化、电化学还原，电气浮和电解凝聚等几种。

（一）电化学氧化法

电解槽的阳极可以通过氧化反应过程使污染物氧化破坏，也可通过某些阳极反应产物（Cl_2、ClO^-、O_2、H_2O_2等）间接破坏污染物。电化学氧化法主要用于去除水中氰、酚及其他各种有机物。

1. 电化学氧化法处理含氰废水

含氰废水在碱性条件下进入电解槽电解，氰在阳极上被氧化，反应如下：

$$CN^- + 2OH^- - 2e^- \rightleftharpoons CNO^- + H_2O \tag{2-167}$$

$$2CNO^- + 6OH^- - 6e^- \rightleftharpoons N_2\uparrow + 2HCO_3^- + 2H_2O \tag{2-168}$$

$$CNO^- + 2H_2O \rightleftharpoons NH_3 + HCO_3^- \tag{2-169}$$

$$4OH^- - 4e^- \rightleftharpoons 2H_2O + O_2\uparrow \tag{2-170}$$

电解除氰一般用石墨板作阳极，普通钢板作阴极。槽内用压缩空气搅拌，以帮助离子扩散。电解时宜投入少量 NaCl，可提高废水电导率，强化阳极的氧化作用，这通常称为电氯化。食盐能解离出 Cl^-，在阳极放电生成 Cl_2，进而生成 HOCl，与氰发生反应，其作用类似于氯氧化法。

电化学氧化处理含氰废水，可使游离 CN^- 浓度降低至 0.1 mg/L 以下，并且不必设置沉淀池和污泥处理设施。缺点是处理成本高于氯氧化法。

2. 电化学氧化法处理含酚废水

在含酚废水中投加食盐作电解质，以石墨作阳极、铁板作阴极进行电解处理，可使酚浓度降至 0.01 mg/L 以下。电解氧化除酚的原理是食盐电解产生次氯酸，进而分解出原子氧，使酚氧化成邻苯二酚、邻苯二醌、顺丁烯二酸而被破坏。试验表明，当电流密度为 1.5～6.0 A/dm^2，投加 NaCl 20 g/L，经 6～38 min 的电解，能使酚浓度从 250～600 mg/L 降至 0.8～4.3 mg/L。

（二）电化学还原法

电解槽的阴极相当于还原剂，可使废水中的重金属还原并沉积于阴极，从而得以回收利用，同时废水得到处理。

电解除铬是一种间接电化学还原法。含六价铬的废水以铁为阳极和阴极电解时，阳极不断溶解产生亚铁离子，在酸性条件下，将六价铬还原为三价铬：

$$Cr_2O_7^{2-} + 6Fe^{2+} + 14H^+ \rightleftharpoons 2Cr^{3+} + 6Fe^{3+} + 7H_2O \tag{2-171}$$

$$CrO_4^{2-} + 3Fe^{2+} + 8H^+ \rightleftharpoons Cr^{3+} + 3Fe^{3+} + 4H_2O \tag{2-172}$$

在阴极上也能直接还原六价铬，但不是主要的。

电解过程中消耗大量的 H^+，使废水 pH 逐步提高，这使 Cr^{3+} 和 Fe^{3+} 形成氢氧化物而从溶液中沉淀析出。

电化学还原法除铬，操作和管理简单，效果稳定可靠，能使六价铬降至0.1 mg/L以下，效果比化学还原法好。

电镀液中铬主要以 $Cr_2O_7^{2-}$ 存在，为从废电镀液中回收 $Cr_2O_7^{2-}$，可采用隔膜电解法，其原理与电渗析相似，如图 2-91 所示。电解槽中用阳膜隔

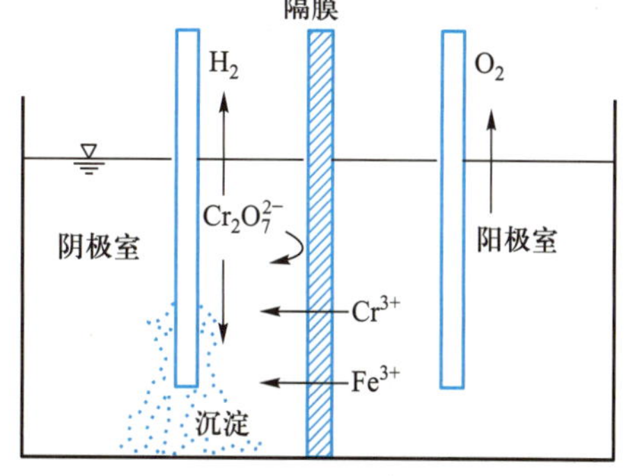

图 2-91　隔膜电解法回收镀铬废液

开，阳膜只允许阳离子透过，不允许阴离子透过。通电后，废液中的 H^+、Fe^{3+}、Cr^{3+} 透过阳膜向阴极迁移，H^+、Fe^{3+} 在阴极放电析出 H_2 和 Fe，溶液 pH 升高，从而使部分 Fe^{3+} 和 Cr^{3+} 以氢氧化物沉淀析出，从废液中去除。$Cr_2O_7^{2-}$ 既不能在阴极放电，也不能透过阳膜，留在阴极室内，成为较纯净的 $Cr_2O_7^{2-}$ 溶液，可经调节后返回电解槽重复使用。

（三）电解气浮和电解凝聚法

废水在电解时，水解离放电产生 H_2 和 O_2，废水中有机物和氯化物电解氧化也会析出 CO_2、Cl_2 等气体，这些气体能将废水中的疏水性微粒（悬浮物、乳化油等）带到水面，发生气浮作用，这就是电解气浮。由于电解过程生成的气泡直径小于 60 μm，远比一般气浮法产生的气泡直径（>100 μm）小，因此，捕获杂质微粒能力强，气浮效果显著，经处理后的水质较好。图 2-92 为脱除重金属离子的电解气浮示意图。调整 pH 后的废水在电解凝聚槽进行氧化-还原处理，阳极溶蚀产生的氢氧化铁（或铝）胶体同时起凝聚共沉反应。然后废水进入电解浮上槽，借助电解产生的大量气泡进行电气浮处理。

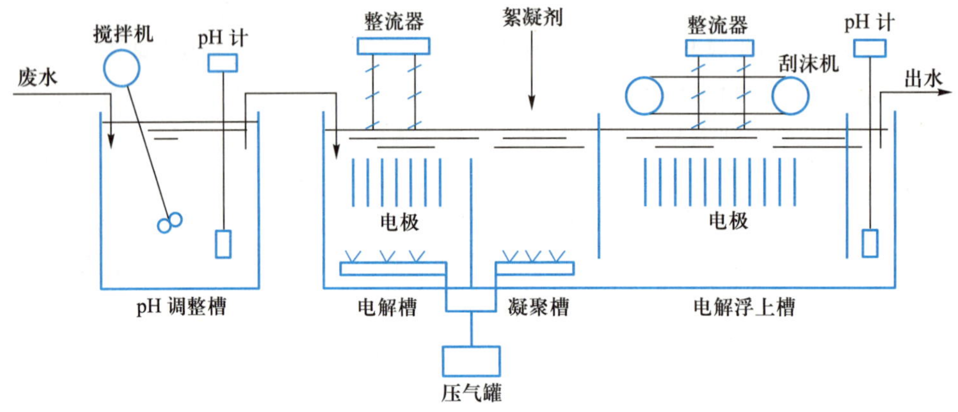

图 2-92 电解气浮示意图

电解气浮能去除的污染物范围广、产生泥渣量少，工艺简单，设备小；主要缺点是耗电量较大。

电解时，由于铁或铝制金属阳极溶解，产生 Fe^{3+}、Al^{3+} 等离子，经水解、聚合反应能形成一系列凝聚体，对废水中污染物起凝聚和吸附作用，形成絮状颗粒一起沉降而分离，这种方法称为电解凝聚法。图 2-92 中的电解凝聚槽就同时起到电凝聚作用。

电解凝聚处理用于废水脱色、除油，以及含重金属离子废水和造纸制浆废水的处理，能取得很好的效果。与化学凝聚相比，它具有适用范围广，反应迅速，形成的沉渣密实易沉淀等优点。

六、磁力分离法

磁力分离法是一种利用磁场力截留废水中污染物的固液分离方法。分离的效率取决于磁场力、物质的磁性和流体动力学特性。

根据物质的磁力性质，水中污染物可分为三类：

（1）抗磁性物质：本身无磁性，在外加磁场作用下产生的附加磁场与外磁场方向相反，这类物质必须采用特别的磁化技术才能进行磁分离。

(2) 顺磁性物质:本身无磁性,在外加磁场作用下产生与外磁场方向一致的附加磁场,这类物质如锰、铜、铬、钡等,可用高梯度磁分离装置去除。

(3) 铁磁性物质:这类物质中存在排列杂乱无章的磁畴,对外不显磁性,在外磁场作用下,所有磁畴与外磁场取向一致,磁场强度随外磁场增强而增大,增大到某一限度即达磁饱和,此时再增大外磁场,其磁场强度不再增大。铁磁性物质容易磁化,可直接采用磁分离法去除,铁质悬浮物、氧化铁、铁、钴、镍及其合金等均属此类。

在磁分离操作时,水中磁性粒子同时受磁场吸引力和外力(重力、粒子相互作用力等)的作用。当磁力小于合外力时,粒子被水带走,反之则被磁性物质捕获而从水中分离出来。

按产生磁场的方法不同,磁分离设备可分为永磁型、电磁型和超导型三类。永磁型分离器的磁场由磁铁产生,构造简单,电能消耗少,但磁场强度小且不能调节,仅用于分离铁磁性物质;电磁分离器可获得高磁场强度和高磁场梯度,分离能力强,可分离细小铁质和弱磁性物质;超导型分离器可产生超强磁场,运行基本不消耗电能,但造价高。

按设备的功能,磁分离器可分为磁凝聚器、磁吸离器和磁过滤器三种,后两者使用较多。磁吸离器结构和运转过程与生物转盘(将在第三章中介绍)类似,圆盘用不锈钢制成,上面黏接极性交错排列的数百上千块永久磁铁,并用铝板覆盖。运转时,圆盘转动,浸没部分吸引水中磁性物质,转离水面后,表面泥渣即被刮走。磁过滤器结构类型繁多,它的主要部分为电磁铁和铁磁性过滤介质(金属球、钢毛等)。图 2-93 所示的高梯度磁分离器是使用较多的磁过滤器之一,它采用不锈钢导磁丝毛(钢毛)产生高磁场梯度。

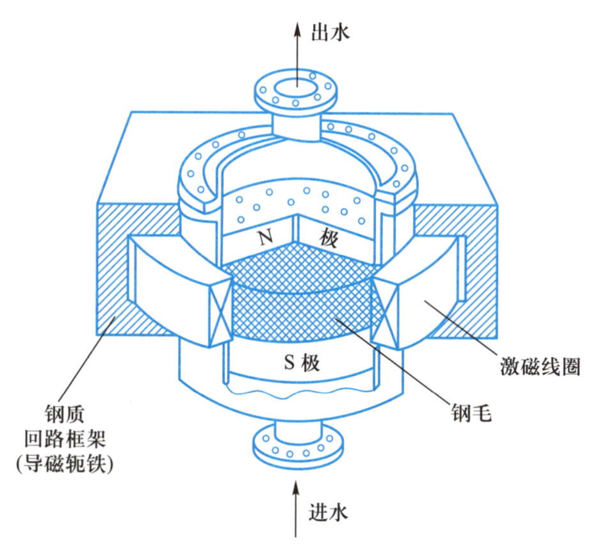

图 2-93　高梯度的磁分离器

水处理中,磁力分离法主要用于:① 去除钢铁工业废水中磁性及非磁性悬浮物;② 去除重金属离子;③ 去除废水中有机物和植物营养元素;④ 去除生活污水中细菌和病毒;⑤ 去除废水中的油类物质。

七、溶剂萃取

萃取法用于水处理过程，主要以含高浓度重金属离子与某些高浓度有机工业废水（如含酚或染料废水等）为对象，提取回收其中的有用资源，从而达到综合治理的目的。

（一）基本原理

萃取过程是指将与水不互溶且密度小于水的特定有机溶剂（称为萃取剂或有机相）和被处理水接触，在物理（溶解）或化学（包括络合，螯合式离子缔合）作用下，使原溶解于水的某种组分由水相转移至有机相的过程。这一物质转移过程的必要条件是被萃取组分在有机相中的溶解度大于水相。因此，在两相接触过程达到分配平衡之前，被萃取组分在两相中的浓度与各自的平衡浓度之差，即为传质的推动力。当达到接触分配平衡时，被萃取组分在两相中的平衡浓度之比称为分配系数，由下式表示：

$$\alpha=\frac{c_0}{c_\alpha} \tag{2-173}$$

式中：α——分配系数；

c_0——有机相中被萃取组分的平衡浓度；

c_α——水相中被萃取组分的平衡浓度。

由式（2-173）可见，α 值是选择的萃取剂对被萃取组分萃取性能的重要指标。一般情况下，选用萃取剂的分配系数应大于 1。废水中成分复杂，除被萃取组分外，还有多种污染杂质，因此选用的萃取剂应对被萃取组分的分配系数最大，而对其他杂质组分分配系数尽可能小，才能保证提取物达到较高纯度。表明两种组分分离难易程度的一个指标，称为分离系数，由下式表示：

$$\beta=\frac{\alpha_A}{\alpha_B} \tag{2-174}$$

式中：β——分离系数；

α_A——被萃取组分 A 的分配系数；

α_B——某杂质组分 B 的分配系数。

可见，β 值越大，A 组分与 B 组分分离效果越好，被萃取组分 A 的纯度就越高，经济价值越大，当需要回收利用被萃取组分时，必须再选择一种特定的水溶液（酸或碱溶液，称为反萃取液）与有机相接触，将被萃取组分由饱和的萃取剂中再转入水相，这一过程称为反萃取。反萃取是萃取的逆过程，这一过程必须使被萃取组分在反萃取液中的分配系数远高于萃取剂中的分配系数，反萃取过程应具有浓缩性质。图 2-94 是萃取法回收资源的全过程示意图。

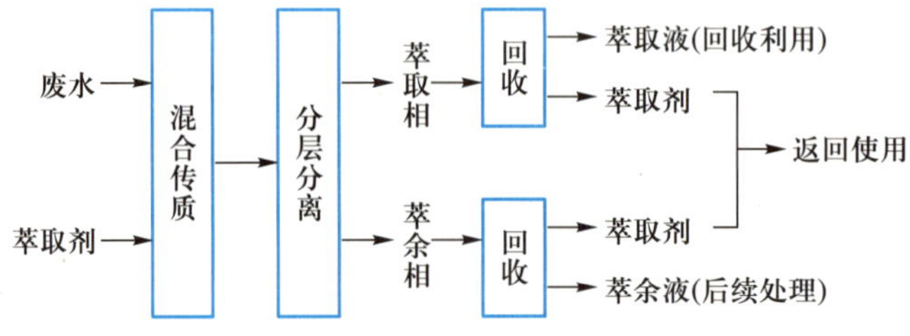

图 2-94 萃取过程示意图

萃取过程中,水相与萃取剂经过一次混合接触平衡称为一级萃取。一般情况下只用一级萃取往往不能满足被萃取组分高回收率的要求,需要通过多级逆流萃取流程,才可满足高回收率的要求,并获得最佳污染处理效果。

(二) 萃取过程的影响因素

影响萃取效率的主要因素有:

(1) 两相接触体积比:两相接触体积(或流量)比是指萃取过程水相与有机相的体积比(或流量比),统称为相比,用下式表示:

$$n=\frac{V_0}{V_\alpha} \tag{2-175}$$

式中:n——相比;

V_0——有机相体积;

V_α——水相体积。

显然,相比越大,萃取效率越高。然而较高的相比将增加萃取剂的投入量,且使被萃取组分浓度降低。因而选用适宜的相比,在经济上与技术上是必要的,应通过实验确定,一般 $n\leqslant 1$ 为宜。

(2) 萃取剂浓度:大多数萃取剂黏度较大,流动性差,如采用纯萃取剂操作,相混合与分层较难。因此,往往需要选择一种惰性有机溶剂作为稀释剂(多采用磺化煤油),按一定比例配制成适宜浓度的萃取液,萃取剂浓度常用百分数表示。

(3) 水相 pH(或酸碱度):多数萃取剂的萃取过程为络合、螯合式离子缔合的化学反应,有的伴有离子交换。这些化学作用均受水相中酸碱度或 pH 的显著影响,不同萃取体系均有一最佳 pH 范围。

(三) 萃取剂的选择

选择某种废水处理的萃取剂应遵循下述原则:① 萃取剂应无毒,有较高的理化稳定性,闪点较高,不溶于水,易溶于有机溶剂,密度小于水;② 对被萃取组分有较大的分配系数;③ 价格适中,易于购买。

在废水处理中,常用的萃取剂有:仲辛醇、中性的磷酸三丁酯(TBP)、甲基磷酸二甲庚脂(P_{350})、酸性的二(2-乙基己基)磷酸(P_{204})、三烷基胺(N_{235})、2-羟基-5-仲辛基二苯甲酮肟(N_{510})等。其中 TBP 与 P_{204}是处理含重金属离子废水有效的广谱性萃取剂。N_{510}对废水中 Cu^{2+}有特殊的选择萃取效果。这些萃取剂与金属离子的萃合物,用一定浓度的酸溶液(如 H_2SO_4)可以有效地将金属离子反萃于酸液中。N_{235}在酸性条件下能有效地萃取染料中间体废水中苯、萘与蒽醌系带磺酸基的染料中间体,萃合物用 NaOH 溶液反萃,可以获得纯度较高的该类染料中间体原料,处理后废水有较高的脱色效果。

(四) 萃取技术在废水处理中的应用

萃取设备可分为间歇型与连续型两类。间歇操作型以槽型设备为主。

连续型萃取设备有槽式与塔式两种。塔式萃取器种类较多,其中最常用的为脉冲筛板塔与转盘萃取塔,分别如图 2-95 与图 2-96 所示。脉冲筛板塔内设多层筛板,废水由上向下流动,萃取剂由下向上流动,形成逆流。各筛板由中心轴连接,用电机与偏心轮带动轴,形成上下脉动作用,达到两相充分混合接触效果。脉冲作用也可以通过空气压缩与负压相间的操作形成。

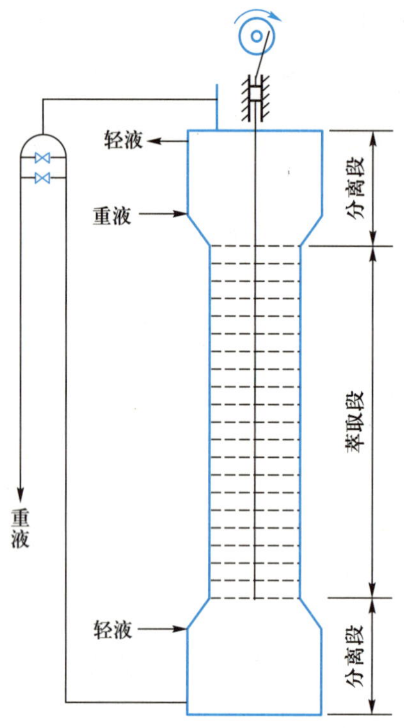

图 2-95 脉冲筛板萃取塔示意图

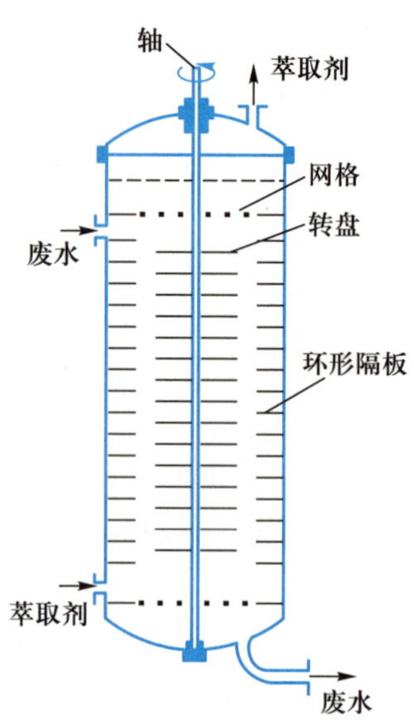

图 2-96 转盘萃取塔示意图

转盘塔是利用连接在一起的中心转盘组快速转动而使两相达到充分混合的。

溶剂萃取法除处理含重金属废水外，对高浓度含酚废水的处理也有比较成熟的工艺。利用二甲苯为萃取剂，NaOH 溶液为反萃取剂，可以回收废水中的大部分酚，并将其转化为酚钠产品。溶剂萃取法对苯、萘与蒽醌系带磺酸基的染料中间体废水也有很好的回收和处理效果，在实际工程中有成功的应用。

八、吹脱与汽提

（一）吹脱原理

吹脱法是去除废水中溶解气体或某些易挥发性溶质的处理方法。其实质是让废水与空气充分接触使水中溶解气体或易挥发物质通过气-液界面，向空气中扩散的传质过程，从而达到除污的目的，并可回收有用资源。

气体溶于水的过程称为吸收，溶解的气体由水中向大气中扩散的过程称为解吸。吸收与解吸速率达到相等的状态，称为气液扩散平衡。在定温条件下，压力接近常压，稀溶液的气液扩散平衡遵循亨利定律：

$$c=\frac{p}{E} \tag{2-176}$$

式中：c——气体在水中的溶解度；

p——该气体在液面上方的分压；

E——亨利常数。

由式(2-176)可知，在给定温度下，减少液面外该气体的分压，可以降低该气体在水中的溶解度，使气体逸出液面，向大气扩散。在定压下提高水温亦可实现上述结果。在实际废水吹脱工程中，往往既升高废水温度，又不断提供新鲜空气与废水充分接触，或采用负压操作，降低液面上气体分压。

通过吹脱设备被吹脱解吸的气体量可用下式确定：

$$G=KA(\rho_0-\rho)t \tag{2-177}$$

式中：G——t 时间内气体吹脱量，kg；

K——解吸系数，m/s；

A——气-液接触面积，m^2；

ρ_0——废水中溶解气体的原始浓度，kg/m^3；

ρ——吹脱后平衡浓度，kg/m^3；

t——吹脱设备中气-液接触时间，s。

由式(2-177)可知，增大气-液接触面积或延长吹脱接触时间，均可提高吹脱效率。

(二) 吹脱设备及其在废水处理中的应用

吹脱设备分为池式与塔式两类。池式采用鼓风曝气操作方式，适于废水温度高，风速较大，土地开阔，不产生二次污染的情况。塔式吹脱设备应用比较广泛，多采用填料塔，塔内装置瓷环填料或栅板、筛板(如图 2-97 所示)，以促进气、液两相的混合，增加传质面积。填料塔分为单层填料塔与多层填料塔两种。图 2-98 为单层拉西瓷环填料吹脱塔处理废水的工艺流程示意图。这种工艺流程可以应用于含 H_2S、HCN 与有机氰等有毒废水的吹脱处理。该吹脱过程尚伴有氧化处理效果。如果被吹脱处理的废水中含有乳化油或浮油、高浓度悬浮物，则进入吹脱塔前应预先去除。

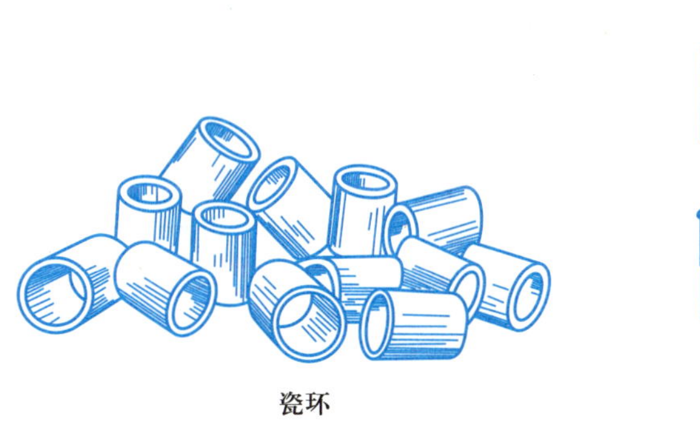

图 2-97　瓷环填料和栅板

(三) 汽提原理

汽提是采用蒸汽与废水接触，使废水升温至沸点，利用蒸馏作用使废水中挥发性溶解污染物挥发到大气中的一种处理方法。汽提分离分为简单蒸馏与蒸汽蒸馏两类。简单蒸馏适用于去除水溶性的挥发性污染物。由于气、液间达到平衡时，这类污染物在气相中的平衡浓度远大于液相，当用蒸汽把水加热至沸点后，它便随水蒸气挥发而转移到气相中。蒸汽蒸馏适用于去除水中不溶解的分散性挥发污染物。它利用混合液沸点低于水、也低于污染物的特性，可将较高沸点的挥发污染物在混合液较低的沸点下挥发去除。

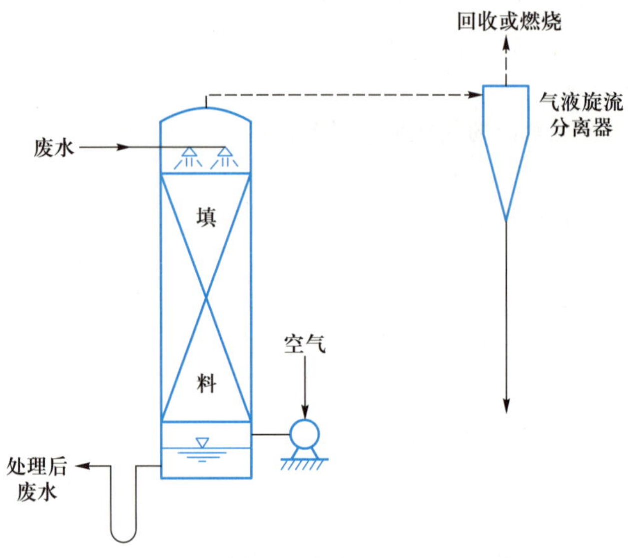

图 2-98 吹脱塔处理废水的工艺流程示意图

（四）汽提设备及其在废水处理中的应用

汽提过程在封闭而保温的塔设备内进行。塔型主要有填料塔与板式塔两类。汽提填料塔与吹脱填料塔结构相同。板式塔又分为泡罩塔、浮阀塔和筛板塔。这三种塔型的共同结构特点是塔内均设多层固定塔板，废水由上向下流动，蒸汽与气体馏分由下向上与废水形成逆流，通过塔板接触。泡罩塔的塔板上设废水下流的降液管，上端伸出至塔板的一定高度，以维持板上一定液面高。下端伸入下层板液面内。蒸汽与气体馏分通过板上带钟罩的上升管，由钟罩四周通过液层鼓泡上升。浮阀塔是以浮阀代替钟罩上升管。筛板塔塔板为多孔板，形如筛，气体由各孔通过板上液层鼓泡上升。

汽提法是处理含挥发酚废水与含氨废水的有效方法。图 2-99 为含酚废水汽提处理流程示意图。塔上段为汽提段，是脱酚部分，下段为回收段，是利用碱液从蒸汽馏分中吸收酚蒸汽，形成酚钠盐而回收。此流程适于处理含挥发酚 1 000 mg/L 以上的废水，有一定的经济效益，但出水中还含有较高浓度（约400 mg/L）的残余酚，须作进一步后续处理。对于低浓度废水，不宜采用汽提法。

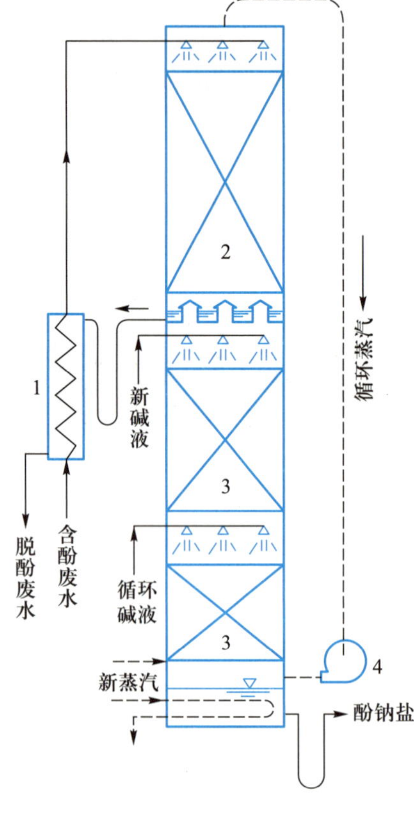

1. 预热器；2. 汽提段；3. 再生段；4. 鼓风机

图 2-99 汽提塔

九、蒸发、结晶和冷冻

（一）蒸发过程及其在废水处理中的应用

水转化为蒸汽的过程称为汽化。在低于水沸点温度下的汽化称为蒸发汽化，在水沸点温度时的汽化称为沸腾汽化。工业中主要采用沸腾汽化。沸腾汽化既有传热过程，又有传质过程。为沸腾汽化加热用的热源蒸汽称为一次蒸汽，废水经沸腾而汽化产生的蒸汽称为二次蒸汽。利用蒸发过程处理废水时，常采用多个串联的蒸发器，将一个蒸发器使废水沸腾汽化产生的二次蒸汽作为下一个蒸发器的热源，连续多级串联加热，废水与二次蒸汽呈逆行串联浓缩，这种加热蒸发过程称为多效蒸发。多效蒸发是节省能源的有效途径。

蒸发过程在多种废水处理中得到应用，主要是用于在回收废水中有用成分过程中作为浓缩富集环节。如造纸工业中，由纸浆黑液中回收碱的过程，先采用多效蒸发浓缩，使黑液浓度达到能在炉内全部自燃的条件。在放射性废水处理中，可通过蒸发将废水浓缩，使放射性物质高度富集于浓液中，以便于作进一步安全处置。

蒸发器结构类型较多，包括列管式、薄膜式与螺旋卷板式等。由于结构种类繁多，每种结构又各有其操作特性与效率，在选择蒸发器时应根据废水的性质、浓缩要求与达到的目的而确定。例如放射性废液处理操作要求严格，浓缩倍数要高，因而常选用内循环列管式蒸发器或外循环型；而对于电镀废水的浓缩，常选用小型升膜蒸发器；造纸黑液的浓缩则常用强制列管蒸发器。

（二）结晶过程及其在废水处理中的应用

结晶过程是指含某种盐类的废水经蒸发浓缩，达到饱和状态，使盐在溶液中先形成晶核，继而逐步生成晶状固体的过程。这一过程是以回收盐的纯净产品为目的的。结晶是溶解的逆过程。当水中溶质在定温下达到溶解平衡时，单位溶液中溶质的含量为溶解度。溶解度与温度有关，多数盐类的溶解度随温度升高而增大，只有少数盐类的溶解度与温度有较复杂的关系。废水中存在其他溶质（如酸碱类）时，对盐的溶解度有显著影响。

（三）冷冻过程及其在废水处理中的应用

冷冻过程是使废水在低于冰点的温度下结冰的过程。在此过程中，部分水凝结成冰，从废水中分离出来，当废水中含冰率达到 35%～50%时，即停止冷冻，然后用滤网进行固液分离，分离出的冰再经过洗冰与融冰等过程，即可回收净化水，而污染物仍留在水中得到浓缩，便于进一步处理或回收有用物质。实际应用中，废水先经换热器降温，至结冰室冰化。冰浆在分离室洗涤净化后，固液分离，净化冰至融冰室化冰后，即可得到净水；浓缩液再进一步进行处理。

思考题与习题

2-1 自由沉淀、絮凝沉淀、拥挤沉淀与压缩沉淀各有什么特点？说明它们的内在联系与区别。

2-2 水中颗粒的密度 $\rho_0=2.6\ g/cm^3$，粒径 $d=0.1$ mm，求它在水温 20℃ 情况下的单颗粒沉降速度。

2-3 非凝聚性悬浮颗粒在静止条件下的沉降数据列于表 2-24 中。试确定理想平流式沉淀池过流率为 1.8 $m^3/(m^2\cdot h)$ 时的悬浮颗粒去除率。试验用的沉淀柱取样口离水面 120 cm 和 240 cm。ρ 表示在时间 t 时由各个取样口取出的水样中悬浮物浓度，ρ_0 代表初始的悬浮物浓度。

表 2-24 习题 2-3 附表

时间 t/min	0	15	30	45	60	90	180
120 cm 处的 ρ/ρ_0	1	0.96	0.81	0.62	0.46	0.23	0.06
240 cm 处的 ρ/ρ_0	1	0.99	0.97	0.93	0.86	0.70	0.32

2-4 生活污水的悬浮物浓度 300 mg/L,静置沉淀试验所得资料如表 2-25 所示。求沉淀效率为 65%时的颗粒截留速度。

表 2-25 习题 2-4 附表

取样口离水面高度/m	在下列时间(min)测定的悬浮物去除率/%						
	5	10	20	40	60	90	120
0.6	41	55	60	67	72	73	76
1.2	19	33	45	58	62	70	74
1.8	15	31	38	54	59	63	71

2-5 污水性质及沉淀试验资料同习题 2-4,污水流量 1 000 m^3/h,试求:

① 采用平流式、竖流式、辐流式沉淀池时所需的池数及澄清区的有效尺寸;

② 污泥的含水率为 96%时的每日污泥容积。

2-6 已知平流式沉淀池的长度 $L=20$ m,池宽 $B=4$ m,池深 $H=2$ m。今欲改装成斜板沉淀池,斜板水平间距 10 cm,斜板长度 $l=1$ m,倾角 60°。如不考虑斜板厚度,当废水中悬浮颗粒的截留速度 $u_0=1$ m/h 时,改装后沉淀池的处理能力与原池相比提高多少倍?

2-7 试叙述胶体颗粒脱稳和凝聚的原理和方法。

2-8 铝盐的混凝作用表现在哪些方面?

2-9 混合和絮凝反应主要作用是什么?对搅拌各有什么要求?

2-10 为什么反应池的效果可用 GT 值表示?一般水处理中,混合和反应阶段的 GT 值约为多少?

2-11 澄清池的工作原理与沉淀池有何异同?

2-12 常见澄清池有哪几种?各有什么优缺点?适用于什么情况?

2-13 怎样选择滤池个数?试估算 1 000 m^3/h 水厂的面积和滤池分隔个数。

2-14 试叙述虹吸滤池、无阀滤池和压力过滤器的优缺点和使用范围。

2-15 水中悬浮物能否黏附于气泡上取决于哪些因素?

2-16 在处理同样水量条件下,试比较加压溶气气浮和叶轮气浮的电耗比值。

2-17 水的软化与除盐在意义上有何差异?

2-18 水的软化方法有几种?各有什么特点?

2-19 离子交换树脂的结构有什么特点?试述其主要性能。

2-20 影响离子交换速度的因素有哪些?

2-21 试述离子交换工艺的操作程序。

2-22 试述离子交换工艺在废水处理中的应用范围。

2-23 活性炭吸附的基本原理是什么?

2-24 常用的吸附等温线有哪几种?各种等温线的意义何在?

2-25 在 6 个 500 mL 的三角烧瓶中分别投加不同质量的 200 目粉末状活性炭,然后各加入 250 mL 苯酚溶液,置于恒温振荡器中,达到吸附平衡后分别测定各瓶中苯酚溶液的平衡浓度,所得结果见表 2-26 所示。试以 Freundlich 方程的形式求出其吸附方程式，并计算欲使苯酚浓度降至 0.5 mg/L 需投加 200 目粉末状活性炭的剂量。

表 2-26　习题 2-25 附表

瓶号	1	2	3	4	5	6
活性炭质量/mg	0	19.9	60.8	120.2	201.2	300.2
苯酚平衡浓度/($mg \cdot L^{-1}$)	97.8	89.1	73.4	51.7	31.9	14.0

2-26　活性炭吸附操作有几种类型？各有什么特点？

2-27　试分析几种膜分离技术的原理、特点与应用。

2-28　电渗析膜有几种？良好的电渗析膜应具备哪些条件？

2-29　反渗透装置有几种？各种类型操作特点是什么？

2-30　微滤、超滤、纳滤和反渗透有何区别？

2-31　试述加氯消毒的原理。

2-32　臭氧和二氧化氯消毒各有什么优缺点？

2-33　什么是氯消毒副产物？它对人体健康有何害处？怎样控制和减少其产生？

2-34　除氯以外，还有哪些消毒方法？发展前途如何？

2-35　比较投药和过滤中和的优缺点和适用条件。

2-36　试述高级氧化的基本特点。你所知道的高级氧化法有哪些？它们各有什么特点？

2-37　臭氧氧化的主要设备是什么？有什么类型？各适用于什么情况？

2-38　什么是 Fenton 试剂？它在水处理中有何用处？

2-39　常用的化学沉淀法除磷法有哪些？

2-40　电解可以产生哪些反应过程？对污染物有什么作用？

2-41　磁分离设备有哪些类型？各适用于什么条件？

2-42　说明溶剂萃取法在水处理中的主要应用。

第三章　水的生物化学处理方法

在自然环境(土壤和水体)中,存在着大量微生物,它们具有氧化分解有机物并将其转化为无机物的巨大能力。水的生物化学处理法就是在人工创造的有利于微生物生命活动的环境中,使微生物大量繁殖,提高微生物氧化分解有机物效率的一种水处理方法。它主要用于去除污水中溶解性和胶体性有机物,降低水中氮磷等营养物的含量。生物化学处理法分为好氧和厌氧两大类,分别利用好氧微生物和厌氧微生物分解有机物;按照微生物的生长状态,又可分为悬浮生长系统和附着生长系统两种。在悬浮生长系统中,微生物群体在处理设备内呈悬浮状态生长,污水通过与之接触得到净化;在附着生长系统中,微生物附着在某些惰性介质上呈膜状生长,污水流经膜的表面得到净化。生物化学处理具有投资省,运转费用低,处理效果好,操作简单等优点,在城市污水和工业废水的处理中得到广泛的应用。

第一节　废水处理微生物学基础

一、废水处理中的微生物

在废水生物处理过程中,净化污水的微生物主要是细菌、真菌、藻类、原生动物和一些小型的后生动物等。各类微生物的种类和数量常和污水水质及其处理工艺有密切关系,在特定的污水中,会形成与之相适应的微生物群落。

微生物要不断地进行繁殖和正常活动,必须拥有必要的能源、碳源和其他无机元素。其中,碳是构成微生物细胞的主要成分,碳的主要来源是二氧化碳和有机物。如果微生物由二氧化碳取得组成细胞的碳,就称为自养型微生物;如果微生物利用有机碳进行细胞合成,则称为异养型微生物。在废水处理过程中,起有机物分解作用的主要是异养型微生物。

微生物按其利用氧的能力可分为好氧、厌氧和兼性三类:好氧微生物只能存在于有分子氧供给的条件下;厌氧微生物只能在无氧或缺氧的环境中生存;而兼性微生物则既能在有分子氧的环境中生存,也可在无分子氧的环境中生存。

细菌是单细胞微生物,按它们的形态可分为球菌、杆菌和螺旋菌三类。球菌直径为0.5~1.0 μm;杆菌长为 1.5~3.0 μm,宽为 0.5~1.5 μm;螺旋菌一般长为 6~15 μm,宽为 0.5~5 μm。废水处理设备中出现的细菌种类很多,对净化污水有重要作用的细菌有无色杆菌属(*Achromobacter*)、产碱杆菌属(*Alcaligenes*)、芽孢杆菌属(*Bacillus*)、黄杆菌属(*Flavobacterium*)、微球菌属(*Micrococcus*)及假单孢菌属(*Pseuclomonas*)。其中,假单孢菌属是污水处理中最有代表性的活性细菌之一,它能利用有机物作为氮源和碳源。属于这类的细菌有曲扩假单孢菌、尾假单孢菌、结合假单孢菌、清亮假单孢菌等,它们各自具有特殊的代谢过程,因而可以分解各种不同的有机物,地球上存在的天然有机物都可以被假单孢菌属的细菌所分解。

真菌种类繁多,污水处理中分离出的真菌主要是霉菌。霉菌是微小的腐生或寄生的丝状真菌，能够分解糖类、脂肪、蛋白质及其他含氮化合物。大多数真菌都是好氧菌，它们具有在温度较低的环境条件下生长繁殖的能力，适宜生存的 pH 为 2~9。真菌对氮素营养要求较低，约为细菌需氮量的一半。

藻类都是具有光合作用的自养型微生物，为单细胞或多细胞生物，其中较有代表性的是绿球藻科、水网藻科、栅藻科和联球藻科的藻类。藻类能通过光合作用放出氧气，对污水的净化具有重要的作用。

原生动物是极微小的能运动的微生物，通常为单细胞生物，大多属于好氧的异养型，少数为厌氧型。原生动物形体比细菌大得多，多摄取细菌充作营养。生物处理中常见的原生动物有肉足纲、鞭毛纲、纤毛纲和吸管纲等动物。原生动物不仅能吞食部分有机物、游离细菌，降低污水浑浊度，一些原生动物还能分泌黏液，促进生物污泥絮凝。当运行条件和处理水质发生变化时，原生动物的种类也随之变化。因此，原生动物能起指示生物的作用。

后生动物在水处理设备中一般不常出现。轮虫是后生动物的典型代表，因其头部有两支转动如轮的鞭毛而得名，轮虫可非常有效地吞食分散和絮凝的细菌及颗粒较小的有机物。轮虫是好氧生物净化程度的有效指示生物。

在生物处理中，净化污水的主要承担者是细菌，而原生动物是细菌的首要捕食者，后生动物是细菌的第二捕食者。它们在食物链中互为利用、互相关联的关系示于图 3-1 中。

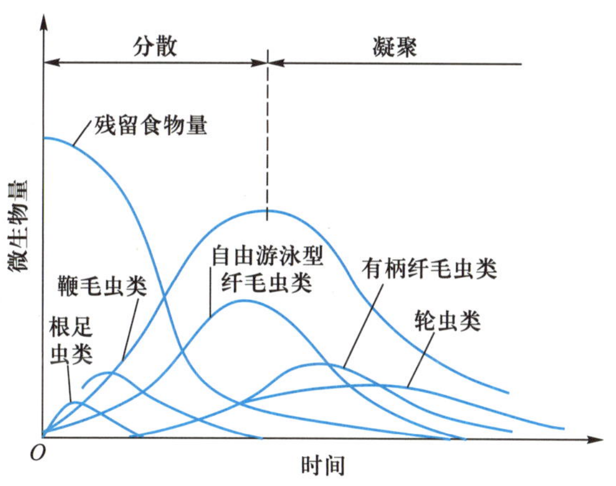

图 3-1　微生物增长与递变的模式

二、微生物的生理学特性

在废水生物化学处理过程中，细菌对净化作用最为重要，所以本文将集中论述细菌的细胞生理学，但其基本原理也适用于其他微生物。

（一）微生物酶

微生物生长繁殖及获取能量过程中的必要反应都是在酶的作用下完成的。酶是微生物细胞特有的一种蛋白质，是具有高度专一性的有机催化剂。任何一种酶只能对一类反应起催化作用。

微生物酶的种类很多，按国际生物化学会的分类法可分为六大类：氧化还原酶、转移酶、水解酶、裂解酶、异构酶和合成酶。它们催化的反应主要有三种:水解、氧化和合成。

酶有细胞外酶和细胞内酶两种。当基质和细胞合成需要的营养物不能进入细胞膜时,微生物向周围介质中分泌的酶为细胞外酶,其作用是将基质或营养物转化为能迁移到细胞内部的形态。而在细胞内进行新物质合成及产能反应所需要的酶为细胞内酶。水解酶是一种细胞外酶,它能使复杂的不溶性有机物水解为简单的可溶性成分,使之能透过细胞壁进入细胞内部;而氧化还原酶、转移酶和合成酶等属于细胞内酶。

酶的活性由许多环境条件决定,特别是温度、pH 和某些离子。每一种酶都有其适宜的特定最佳 pH 和温度范围。一般说,温度以 20~30℃为宜,高于 35℃或低于 10℃,酶的活性降低(嗜冷菌和嗜热菌除外)。对大多数细菌来说,能适应的 pH 为 4~9,最佳为 6.5~7.5。某些离子的存在影响酶的活性,如 PO_4^{3-}、Mg^{2+}、Ca^{2+} 等能激发某些酶的活性,而重金属离子能使酶失去活性。

(二) 微生物的代谢过程

在细胞内部进行生物化学反应时,除需要酶外,还需要能量。微生物通过有机物或无机物在细胞内部的氧化作用或光合作用释放出能量,这些能量被某些化合物获取,储存在细胞内。最常见的贮能化合物是三磷酸腺苷(ATP)。微生物从三磷酸腺苷获取能量,用于机体新细胞的合成、维持生命及运动,而 ATP 则变成释能态的二磷酸腺苷(ADP);二磷酸腺苷再获取有机物和无机物分解过程中释放出的能量,重新转化为贮能态的三磷酸腺苷。

通常将能量的生产和获取的生物过程称为异化作用,将细胞组织生产的生物过程称为同化作用。微生物就是这样不断地从外界环境中摄取营养物质,满足自身生长和繁殖过程对物质和能量的需要,并同时排出代谢产物而完成整个代谢过程。图 3-2 是异养菌的代谢过程图式。

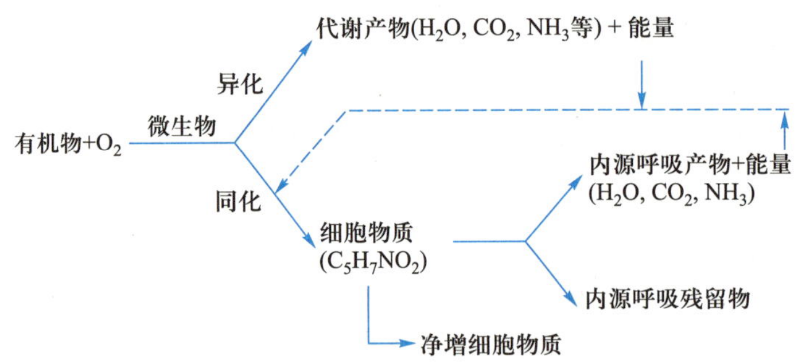

图 3-2 异养菌的代谢过程图式

从图 3-2 可知,异养菌代谢过程中只将一部分有机物转化为最终产物,并由这一过程中获取能量,用于使剩余有机物合成新细胞(原生质)的反应。应该指出,在新细胞合成与微生物增长过程中,除氧化一部分有机物以获得能量外,还有一部分微生物细胞物质也被氧化分解,并供应能量,这一过程称为内源呼吸。当有机物充足时,内源呼吸不明显。但当有机物近乎耗尽时,内源呼吸就成为供应能量的主要方式。

三、细菌生长曲线及 Monod 公式

(一) 细菌生长曲线

研究细菌的生长情况,大多采用静态培养法,即在一个无进出水的密闭系统中,给细菌

提供完全、充分的营养及环境条件。在这种条件下,大多数细菌的生长过程都遵循图 3-3 的模式,大体上具有四个明显的生长阶段:

(1) 迟缓期:表示细菌适应新环境需要的时间。

(2) 对数增长期:由于营养物浓度超过细菌的需要量,生长不受限制,生物量呈对数增加。

(3) 减速增长期:由于营养物浓度随细菌的消耗逐渐下降,细菌繁殖世代时间增长,毒性代谢产物逐渐增高,当营养物浓度达到生长限度时,细菌即进入减速生长期。

(4) 内源呼吸期:生长阶段到内源呼吸期时,营养物耗尽,迫使细菌代谢自身的原生质,生物量逐渐减少。

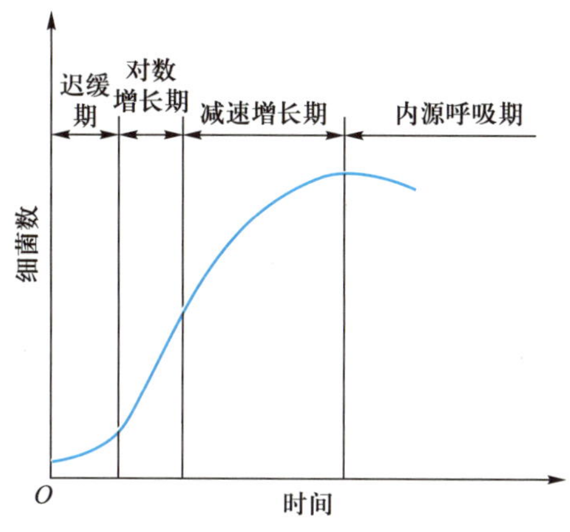

图 3-3　细菌生长曲线

应当指出,上述细菌生长曲线是在营养物没有补给的密封系统中得到的,而在一个有营养物补充的开放系统中,在相当长时间内维持细菌的对数增长是完全可能的,这是高负荷生物处理能够正常运行的微生物学基础。

(二) 微生长动力学

在对数生长期,假如细菌生长需要的一种基本物质(基质)供给量不足时,该基质就成为细菌生长的控制因素,这时细菌的比增长速率和限制性基质浓度间的关系用 Monod 公式表示:

$$\mu=\mu_m \frac{S}{k_s+S} \tag{3-1}$$

式中:μ——细菌比增长速率,d^{-1};

μ_m——基质达到饱和浓度时,细菌最大比增长速率,d^{-1};

S——残存于溶液中的基质浓度,mg/L;

k_s——半速度常数,也称饱和常数,即 $\mu=\frac{1}{2}\mu_m$ 时的基质浓度,mg/L。

基质浓度对比增长速率的影响示于图 3-4 中。

按式(3-1),细菌的增殖速率可用式(3-2)表示:

$$\frac{dX}{dt}=\mu_m\left(\frac{S}{k_s+S}\right)X \tag{3-2}$$

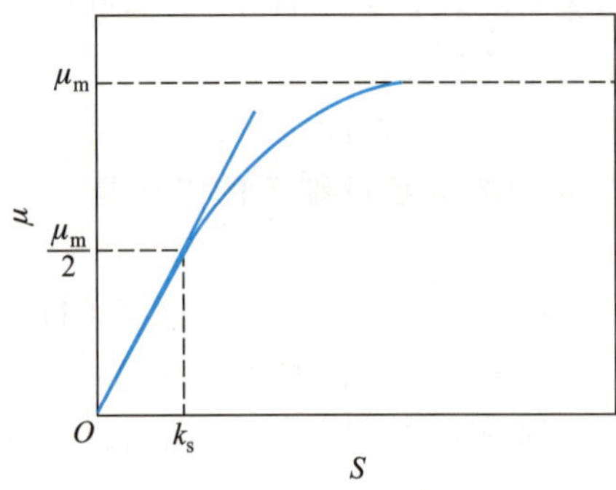

图 3-4 比增长速率与基质浓度间的关系

式中：X——细菌浓度，mg/L。

从式(3-2)可知，细菌的增长速率取决于 k_s 和 S 的大小：

在基质非常充分的初期阶段，$S \gg k_s$，k_s 可忽略不计，式(3-1)和式(3-2)简化为：

$$\mu = \mu_m$$
$$\frac{dX}{dt} = \mu_m X = k_0 X \tag{3-3}$$

即细菌增长速率与基质浓度无关，为零级反应，式中 $k_0 = \mu_m$。

在低基质浓度时，$S \ll k_s$，S 可忽略不计，此时：

$$\mu = \mu_m \frac{S}{k_s}$$
$$\frac{dX}{dt} = \frac{\mu_m}{k_s} XS = k_1 XS \tag{3-4}$$

细菌的增长速率遵从一级反应规律。

细菌利用基质时，只有一部分基质转化为新细胞，另一部分则氧化成为无机的和有机的最终产物。对于给定的基质，转化为新细胞的基质的比例是一定的。因此，基质降解的速率和细菌增长的速率间有以下关系：

$$-\frac{dX}{dt} = Y \frac{dS}{dt} \tag{3-5}$$

式中：Y——降解单位质量基质产生细菌的数量，称为产率系数。

因此，基质降解速率与基质浓度间的关系为：

$$\frac{dS}{dt} = -\frac{\mu_m XS}{Y(k_s + S)} \tag{3-6}$$

在实际废水处理系统中，并非所有细菌都同时处于对数生长期，总有部分细菌处于内源代谢过程中，内源代谢的速率一般与细菌浓度成正比。因此，若同时考虑生物合成和内源代谢，细菌的净增长速率为：

$$\frac{dX}{dt} = \frac{\mu_m XS}{k_s + S} - k_d X = \frac{k_0 XS}{k_s + S} - k_d X \tag{3-7}$$

或

$$\frac{dX}{dt}=-Y\frac{dS}{dt}-k_dX \tag{3-8}$$

式中：k_d——内源衰减系数，d^{-1}。

第二节　好氧悬浮生长处理技术

好氧悬浮生长生物处理工艺主要有以下几类：① 活性污泥法；② 曝气氧化塘；③ 好氧消化法；④ 高负荷氧化塘。本节重点介绍活性污泥法。

一、活性污泥法

（一）活性污泥法的基本原理

向生活污水中不断地注入空气，维持水中有足够的溶解氧，经过一段时间后，污水中即生成一种絮凝体。该絮凝体是由大量微生物构成的，易于沉淀分离，使污水得到澄清，这就是"活性污泥"。活性污泥法就是以悬浮在水中的活性污泥为主体，在有利于微生物生长的环境条件下和污水充分接触，使污水净化的一种方法。活性污泥法的主要构筑物是曝气池和二次沉淀池，其基本流程如图 3-5 所示。需处理的污水和回流活性污泥一起进入曝气池，成为悬浮混合液，沿曝气池注入压缩空气曝气，使污水和活性污泥充分混合接触，并供给混合液足够的溶解氧。这时污水中的有机物被活性污泥中的好氧微生物群体分解，然后混合液进入二次沉淀池，活性污泥与水澄清分离，部分活性污泥回流到曝气池，继续进行净化过程，澄清水则溢流排放。由于在处理过程中活性污泥不断增长，部分剩余污泥从系统排出，以维持系统稳定。

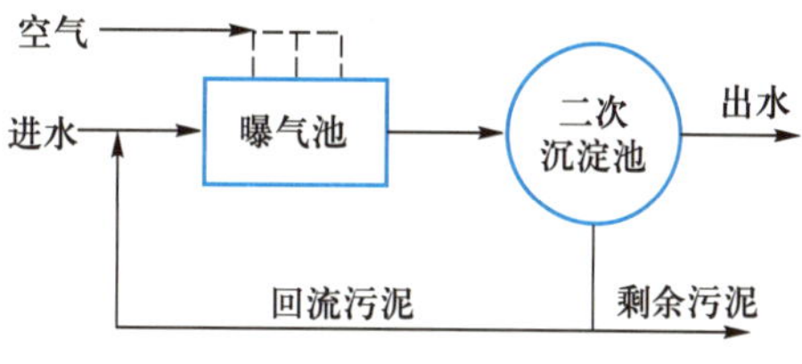

图 3-5　活性污泥法基本流程

1. 活性污泥法的净化过程与机理

活性污泥去除水中有机物，主要经历三个阶段：

（1）吸附阶段：污水与活性污泥接触后的很短时间内，水中有机物 BOD 迅速降低，这主要是吸附作用引起的。由于絮状的活性污泥表面积很大[2 000～10 000 m^2/m^3（混合液）]，表面具有多糖类黏液层，污水中悬浮的和胶体的物质被絮凝和吸附而迅速去除。活性污泥的初期吸附性能取决于污泥的活性。

（2）氧化阶段：在有氧的条件下，微生物将一部分吸附阶段吸附的有机物氧化分解获取能量，另一部分则合成新的细胞。从污水处理的角度看，不论是氧化还是合成都能从水中去除有机物，只是合成的细胞必须易于絮凝沉淀，从而能从水中分离出来。这一阶段比吸附阶段慢得多。

（3）絮凝体形成与凝聚沉淀阶段：氧化阶段合成的菌体有机体絮凝形成絮凝体，通过重力沉淀从水中分离出来，使水得到净化。

活性污泥的吸附凝聚性能、有机物的去除速率及活性污泥增长速率与活性污泥中微生物的生长期有关。在对数增长期，微生物活动能力强，有机物氧化和转换成新细胞的速率最大，但不易形成良好的活性污泥絮凝体；在减速增长期，有机物去除速率与残存有机物呈一级反应，速率有所降低，但污泥絮凝体易于形成；在内源呼吸期，有机物迅速耗尽，污泥量减少，絮凝体形成速率高，吸附有机物的能力强。

2. 影响活性污泥增长的因素

活性污泥法是水体自净过程的人工强化。要充分发挥活性污泥微生物的代谢作用，必须创造有利于微生物生长繁殖的良好条件。影响活性污泥增长的主要因素有：

（1）溶解氧：活性污泥法是好氧的生物处理法，氧是好氧微生物生存的必要条件，供氧不足会妨碍微生物的代谢过程，造成丝状菌等耐低溶解氧环境的微生物滋长，使污泥不易沉淀，这种现象称为污泥膨胀。活性污泥混合液中溶解氧浓度以 2 mg/L 左右为宜。

（2）营养物：微生物生长繁殖需要一定的营养物。碳元素的需要量一般以 BOD_5负荷表示，它直接影响到污泥的增长、有机物降解速率、需氧量和污泥沉降性能。若以混合液悬浮固体（MLSS）表示活性污泥，则一般活性污泥法 BOD_5负荷控制在 0.3 kg（BOD_5）/［kg（MLSS）·d］左右；高负荷活性污泥法 BOD_5负荷高达 2.0 kg（BOD_5）/［kg（MLSS）·d］左右。除碳外，微生物生长繁殖还需氮、磷、硫、钾、镁、钙、铁以及各种微量元素。一般对氮、磷的需要量应满足 BOD_5 : N : P = 100 : 5 : 1。

（3）pH 和温度：为维持活性泥泥法处理设施正常运转，混合液的 pH 应控制在 6.5～9.0，温度应控制在 20～30℃为宜。

除此之外，还应控制对生物处理有毒害作用的物质的浓度。对微生物有毒害或抑制作用的物质有重金属、氰化物、H_2S、卤族元素及其化合物等无机物以及酚、醇、醛、染料等有机物。

3. 评价活性污泥的指标

活性污泥是由细菌、真菌、原生动物和少量后生动物等多种微生物群体组成的一个小生态系统。在性能良好的活性污泥中，占优势的主要是以菌胶团存在的细菌和固着型纤毛类原生动物，如钟虫、盖纤虫和等枝虫等。评价活性污泥性能时，除进行生物相的观察外，还使用以下指标：

（1）混合液悬浮固体（MLSS）：指曝气池中污水和活性污泥混合后的混合液悬浮固体数量，也称混合液污泥浓度，单位为 mg/L，是计量曝气池中活性污泥数量的指标。MLSS 是具有活性的微生物（M_a），微生物自身氧化的残留物（M_e），吸附在污泥上不能被生物降解的有机物（M_i）和无机物（M_{ii}）四者的总量。

（2）混合液挥发性悬浮固体（MLVSS）：指混合液悬浮固体中有机物的数量。由于不包括 M_{ii}，MLVSS 能较好地表示活性污泥微生物的数量，但由于包括了 M_e和 M_i，也不是最理想的指标。

（3）污泥沉降比（SV）：指曝气池混合液在 100 mL 量筒中静置沉淀30 min后，沉淀污泥占混合液的体积分数（%）。污泥沉降比反映曝气池正常运行时的污泥量，用以控制剩余污泥的排放，它还能及时反映出污泥膨胀等异常情况。

（4）污泥指数（SVI）：污泥指数是污泥容积指数的简称，指曝气池出口处混合液经 30 min沉淀后，1 g 干污泥所占的容积，以 mL 计。

$$SVI=\frac{\text{混合液沉淀 30 min 后污泥容积(mL)}}{\text{污泥干重(g)}} \tag{3-9}$$

SVI 能较好地反映出活性污泥的松散程度（活性）和凝聚、沉淀性能。对于一般城市污水，SVI 在 50~150。SVI 过低，说明泥粒细小紧密、无机物多、缺乏活性和吸附能力；SVI 过高，说明污泥难以沉淀分离。

（5）污泥龄（θ_c）：是指曝气池中工作的活性污泥总量与每日排放的剩余污泥量的比值，单位是天（d）。它表示新增长的污泥在曝气池中的平均停留时间。污泥龄和细菌的增长处于什么阶段直接相关，以它作为生物处理过程的主要参数是很有价值的。

（二）活性污泥系统生物过程动力学

在活性污泥法中，按照污水在曝气池中的水流状态可分为完全混合式和推流式两种。图 3-6 所示完全混合式活性污泥曝气系统有下列质量平衡式：

$$Q_0X_0+V\left(\frac{k_0XS}{k_s+S}-k_dX\right)=(Q_0-Q_w)X_e+Q_wX_u \tag{3-10}$$

进入系统的微生物量　系统中增长微生物量　流出系统的微生物量

$$Q_0S_0-V\frac{k_0XS}{Y(k_s+S)}=(Q_0-Q_w)S+Q_wS \tag{3-11}$$

进入系统的有机物量　系统中有机物消耗量　流出系统的有机物量

式中：Q_0,Q_w——进水和排放污泥流量，m^3/d；

X_0,X,X_e,X_u——进水、曝气池混合液中、出水、底流中污泥浓度，kg/m^3；

S_0,S——进水、曝气池中有机物浓度，kg/m^3；

V——曝气池容积，m^3；

k_s,k_0,k_d,Y——动力学常数，参见本章第一节。

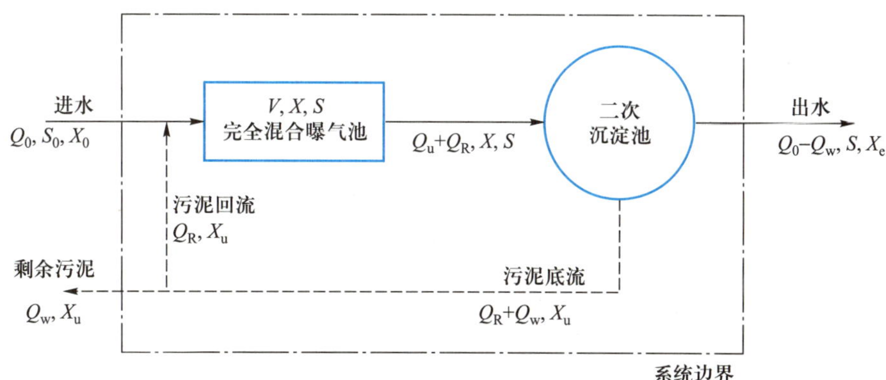

图 3-6　完全混合式活性污泥曝气系统示意图

由于进水和出水中微生物量很少，$X_0\approx0$，$X_e\approx0$。又假设进水一流入曝气池即得到完全混合，所有的生物反应都在曝气池中完成，则式(3-10)和式(3-11)可简化为：

$$\frac{k_0 S}{k_s+S}=\frac{Q_w X_w}{VX}+k_d \tag{3-12}$$

$$\frac{k_0 S}{k_s+S}=\frac{Q_0}{V}\cdot\frac{Y}{X}(S_0-S) \tag{3-13}$$

由式(3-12)、式(3-13)可得：

$$\frac{Q_w X_u}{VX}=\frac{Q_0 Y}{VX}(S_0-S)-k_d \tag{3-14}$$

式(3-14)中，$\frac{V}{Q_0}$和$\frac{VX}{Q_w X_u}$分别称为水力停留时间和平均细胞停留时间（即污泥龄），分别用符号 θ 和 θ_c 表示，则式(3-14)变为：

$$\frac{1}{\theta_c}=\frac{Y(S_0-S)}{\theta X}-k_d \tag{3-15}$$

或

$$\frac{1}{\theta_c}=\frac{YQ(S_0-S)}{VX}-k_d \tag{3-16}$$

推流式活性污泥系统的典型流程与图 3-6 相似，所不同的是曝气池中水流的方式。在推流式系统中，假定水和回流污泥在曝气池中流动时，只发生横向混合，不发生纵向混合。建立推流系统的数学模型比较困难，Lawrence 和 MaCarty 假定当 $\theta_c/\theta>5$，曝气池进出水中微生物浓度近似相等，废水通过曝气池时，基质利用速率由下式给出：

$$\frac{dS}{dt}=-\frac{k_0 S\overline{X}}{Y(k_s+S)} \tag{3-17}$$

式中：$\overline{X}$——曝气池内微生物平均浓度。

以废水在曝气池内整个停留时间为积分区间，对式(3-17)积分，经化简可得：

$$\frac{1}{\theta_c}=\frac{Yk_0(S_0-S)}{(S_0-S)+(1+\alpha)k_s\ln(S_i/S)}-k_d \tag{3-18}$$

式中：S_0——进水基质浓度，mg/L；

S——出水基质浓度，mg/L；

α——回流比；

S_i——经回流稀释后曝气池进水基质浓度，$S_i=\frac{S_0+\alpha S}{1+\alpha}$，mg/L。

理论上，对于溶解有机物降解过程来说，有回流的推流系统比有回流的完全混合系统效果更好。但在实际中，由于纵向扩散现象的存在，很难得到真正的推流状态，加之推流系统不如完全混合系统耐冲击负荷能力强，从而缩小了这两种方式在处理效果上的差别。事实证明，将一个曝气池分成总体积相同的一系列串联的小曝气池可以改善处理性能，但耐冲击负荷能力会下降。

活性污泥系统的 k_s、k_d、Y、μ_m 值可通过实验确定，表 3-1 给出了活性污泥动力学常数。

表 3-1　活性污泥动力学常数

常数	单位	20℃时的常数值	
		范围	典型值
μ_m	d^{-1}	2~10	5
$k_s(BOD_5)$	mg/L	25~100	60
$k_s(COD)$	mg/L	15~70	40
k_d	d^{-1}	0.025~0.075	0.06
Y	mg(VSS)/mg(BOD_5)	0.4~0.8	0.6
	mg(VSS)/mg(COD)	0.25~0.4	0.3

（三）曝气方法与曝气池的构造

1. 曝气过程的机理

活性污泥法的正常运行，除在曝气池内保持足够数量的活性污泥外，还需有充足的溶解氧，并保持活性污泥处在悬浮状态。曝气的目的就是将空气中的氧强制溶解到曝气池混合液中去，并提供适宜的搅拌。

曝气池内氧转移速率用下列数学式表达：

$$\frac{d\rho}{dt}=K_{La}(\rho_s-\rho_L) \tag{3-19}$$

式中：$\frac{d\rho}{dt}$——单位容积内氧的转移速率，mg/(L·h)；

K_{La}——氧的总转移系数，h^{-1}；

ρ_s——液体的饱和溶解氧浓度，mg/L；

ρ_L——液体的实际溶解氧浓度，mg/L。

由式(3-19)可知，氧转移速率受 K_{La} 和 $(\rho_s-\rho_L)$ 影响。K_{La} 的大小因空气量、水温、搅拌方法和水质等条件而变化，可通过实验测定。缩小气泡直径，延长气液接触时间，更新液界膜并减少界膜厚度，都能增大 K_{La}，从而增大氧转移速率。其次，加大水深，增加空气中氧含量（甚至纯氧）等，都有助于加大 ρ_s 值，也能提高氧的转移速率。

曝气用曝气设备完成，衡量曝气设备效能的指标有动力效率(E_P)和氧转移效率(E_A)或充氧能力。动力效率是指 1 度电所能转移到液体中去的氧量，单位为 kg/(kW·h)；氧转移效率是指鼓风曝气转移到液体中的氧占供给量的比例；充氧能力指叶轮或转刷在单位时间内转移到液体中的氧量，单位为 kg/h。

2. 曝气方法

通常采用的曝气方法有鼓风曝气、机械曝气及鼓风与机械并用曝气三种。

(1) 鼓风曝气：鼓风曝气是常用的曝气方法，它由加压设备、管道系统和扩散装置三部分组成。加压设备一般是回转式或离心式鼓风机。扩散装置可分为小气泡、中气泡、大气泡、水力剪切和机械剪切等类型。

微气泡曝气器是由多孔材料和黏合剂（如酚醛树脂）在高温下烧结而成，有扩散板、扩散管和扩散罩等几种形式。特点是能产生微小气泡，气液接触面大，氧转移率可达 10% 以上；缺点是压力损失较大，易堵塞。这类曝气器常安装在可提升出水面的摇臂上，以方便清洗和更换。

中气泡曝气器常用的是穿孔管扩散器，由带有直径 3~5 mm 小孔的钢管或塑料管制成。孔开在管下侧与垂直面成 45°角处，间距 10~15 mm。穿孔管连接成栅状安装在曝气池一侧池底以上 10~20 cm 处，一般每组 2~3 排。穿孔管比扩散管阻力小，不易堵塞，氧的转移效率为 6%~8%，动力效率为 2.3~3.0 kg/(kW·h)。

水力剪切扩散装置有倒盆式、射流式和固定螺旋式三种：① 倒盆式扩散器上缘为塑料，下面为橡胶板，空气从橡胶板四周吹出，呈喷流旋转上升，造成剪切和紊流作用，使气泡尺寸变小，液膜更新加快，氧转移效率可达 10%左右。虽阻力较大，但无堵塞问题；② 射流扩散装置氧转移过程是在一个喷嘴内使高速水流与被吸入的大量空气强烈混合，在扩散部分速头变成压头，喷入曝气池，从而强化了曝气过程，氧的转移效率可达到 25%以上。③ 固定螺旋曝气器的主要部件是直径为 0.30~0.45 m，高为 1.5 m 的圆筒，筒内交替放着方向不同的螺旋曲面板，空气从筒底进入，形成气水混合，通过曲面板强化气液接触。螺旋曝气器氧转移效率约为 10%，作用直径为 1~2 m。

（2）机械曝气：机械曝气一般是利用装设在曝气池内叶轮等设备的转动，剧烈地搅动水面，将空气吸入水中，迅速更新气-液界面，使空气中的氧溶入水中。机械曝气设备可分为叶轮和转刷两类。

常用的曝气叶轮有泵型、倒伞型和平板型三种。当把叶轮安装在水表面时，称为“表面曝气”。表面曝气叶轮充氧通过三种作用实现：① 叶轮的提水与输水作用，使池内液体循环流动，促进气-液接触面，更新和吸入氧气；② 叶轮旋转带动水飞溅形成水跃而夹带进空气；③ 叶轮叶片背面形成负压，吸入空气。

表面曝气器一般有竖放的旋转轴，靠电机和减速装置带动。叶轮的直径为 1.0~1.8 m，线速为 4~5 m/s。线速过大，将打碎活性污泥，影响处理效果；线速过小则影响充氧能力。一般表面曝气叶轮的动力效率为 3 kg/(kW·h)左右。表面曝气叶轮构造简单，运行管理方便，充氧效率较高，在国内得到广泛应用。

曝气转刷是一个装有辐射状板条或不锈钢丝的横轴，用电机带动，安装时转刷部分浸在水中。转动时钢丝和板条把水滴抛向空中，使液面剧烈波动，促进氧的转移，同时推动混合液在池内流动。转刷直径为 0.35~1.0 m，长为 1.5~7.5 m，转速为 40~120 r/min，动力效率为1.7~2.4 kg/(kW·h)。

3. 曝气池的类型与构造

曝气池的类型很多，可从以下几个方面进行分类：从混合液的流型可分为推流式、完全混合式和循环混合式三种；从平面形状可分为长方廊道形、圆形、方形和环状跑道形四种；从曝气池与二次沉淀池的关系可分为分建式和合建式两种。

（1）推流式曝气池：推流式曝气池为长方廊道形池子，常采用鼓风曝气，扩散装置设在池子的一侧，使水流在池子中呈螺旋状前进，前段水流与后段水流不发生混合。曝气池的典型横断面示于图 3-7 中。为运转和维修的方便，常将所需要的曝气池总容积分为可独立操作的两个或更多的单元，每个单元包括几个池子，每个池子由 1~4 个折流的廊道组成。

曝气池的长度可达 150 m，为防止短流，廊道长、宽比应大于 4~6。池内水深应保持在 3~5 m，使空气扩散器能有效地进行工作。一般正常水位以上留有 0.5~1.0 m(排水设计规范)超高。曝气池出水设备可用溢流堰或出水孔，通过出水孔的流速宜小些(不大于

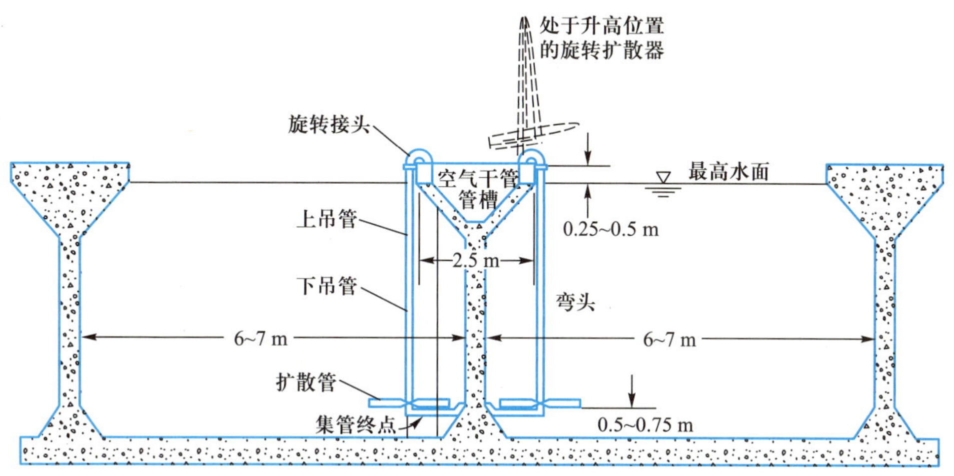

图 3-7　采用小气泡扩散器曝气系统的活性污泥曝气池典型断面图

0.2 m/s)，以免污泥受到破坏，每个池子应设置泄水管或排水坑。

(2) 完全混合式曝气池：废水进入反应池与池中混合液充分混合，池内废水组成、微生物群的组成和数量完全均匀一致。此种曝气池多为圆形、方形或多边形池子，常采用叶轮式机械曝气。为节省占地面积，可以把几个方形池子连接在一起，组成一个长方形池子。图 3-8 是一种采用较多的表面曝气完全混合式曝气池示意图。它由曝气区、导流区、沉淀区和回流区四部分构成。池子可以是圆形或方形，中心进水，从位于四周的溢流槽出水。在曝气区，废水、回流污泥和混合液充分迅速混合后，经导流区使污泥凝聚和气水分离，然后流入沉淀区，澄清水经出流堰排出，沉淀污泥沿曝气区底部的回流缝流入曝气区。在导流区设径向整流挡板，以阻止混合液在导流区和沉淀区旋转，影响气水和泥水分离。

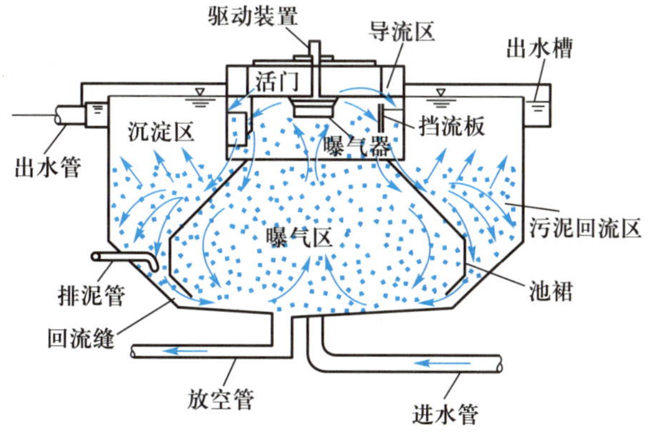

图 3-8　圆形曝气沉淀池

(3) 循环混合式曝气池(氧化沟)：循环混合式曝气池多采用转刷曝气，其平面形状像跑道，如图 3-9 所示。转刷设在直段上，转刷转动使混合液曝气并在池内循环流动，使活性污泥保持悬浮状态。从整体上看，流态是完全混合的，但一般混合液的环流量为进水量的数百倍以上，流速较大，在局部又具有推流的特征。氧化沟断面可为矩形或梯形，有效深度为 0.9~2.5 m。

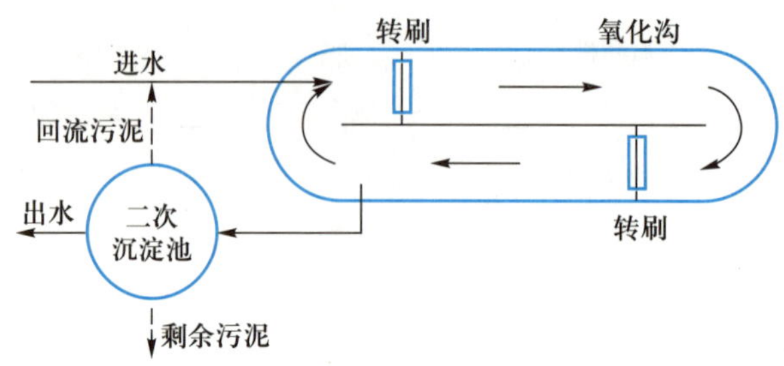

图 3-9 氧化沟典型流程图

氧化沟连续运行时，需另设二次沉淀池和污泥回流系统。间歇运行可省去二次沉淀池，停止曝气时，氧化沟作沉淀池用，剩余污泥通过设于沟内的污泥收集器排出。一般，采用两个池交替进行曝气和沉淀操作。氧化沟流程简单，施工方便，曝气转刷易制作，布置紧凑，是一种有前途的活性污泥处理方法。

（四）活性污泥法的运行方式

活性污泥法的工作效率除决定于活性污泥的质量和充足的氧气供应外，还与运行方式有密切的关系。下面介绍几种常用的运行方式：

1. 普通活性污泥法

普通活性污泥法又称传统活性污泥法，其工艺流程如图 3-6 所示。曝气池呈长方形，水流形态为推流式。污水净化的吸附阶段和氧化阶段在一个曝气池中完成。进口处有机物浓度高，并沿池长逐渐降低，需氧量也沿池长逐渐降低。处理工业废水时的 BOD_5 负荷为 0.2~0.4 kg(BOD_5)/[kg(MLSS)·d]，MLSS 浓度为 1.5~3.5 g/L。普通活性污泥法对有机物(BOD)和悬浮物去除率高，可达到 85%~95%。因此，特别适用于处理要求高而水质比较稳定的废水。它的主要缺点是：① 不能适应冲击负荷；② 需氧量沿池长前大后小，而空气的供应是均匀的，这就造成前段氧量不足，后段氧量过剩的现象。若要维持前段足够的溶解氧，则后段会大大超过需要，造成浪费。此外，由于曝气时间长，曝气池体积大，占地面积和基建费用也相应增大。

2. 阶段曝气法

阶段曝气法又称逐步曝气法，是为了克服普通法的第②个缺点而发展起来的。在阶段曝气法中，污水沿池长分段多点进入，使有机物负荷分布较为均匀，对氧的需求也较为均匀。微生物能充分发挥分解有机物的能力。阶段曝气法的另一特点是污泥浓度沿池长逐步降低，出流污泥浓度低，有利于二次沉淀池的运行。因此，阶段曝气法可以提高空气利用率和曝气池的工作能力，并且能减轻二沉池的负荷。阶段曝气法特别适用于大型曝气池及高浓度废水。

3. 完全混合法

完全混合法的流程和普通活性污泥法相同。该法有两个特点，一是进入曝气池的污水立即与池内原有浓度低的大量混合液混合，得到了很好的稀释，所以进水水质的变化对污泥的影响将降低到很小程度，能较好地承受冲击负荷；二是池内各点有机物浓度(F)均匀一致，微生物群的性质和数量（M）基本相同，池内各部分工作情况几乎完全一致。由于微生物生长所处阶段主要取决于 F/M，所以完全混合法有可能把整个池子工作情况控制在良好的同一条件下进行，微生物活性能够充分发挥，这一特点是推流式曝气池所不具备的。

完全混合法分为加速曝气法和延时曝气法两种。加速曝气法是利用处于对数增长阶段的微生物处理废水的方法。由于微生物活力强，分解有机物快而多，大大提高了曝气池的处理能力。一般有机废水采用这种方法时，曝气时间仅需 2~4 h，BOD_5去除率即可达到90%。池中污泥浓度一般为 3~6 g/L。该法的主要缺点是微生物活力强，凝聚性能较差，出水中含有机物较多，处理效果不如普通法。

延时曝气法的特征是曝气时间长（1~3 d），微生物生长在内源代谢阶段，不但去除了水中污染物，而且氧化了合成的细胞物质，基本上没有污泥外排，省去了污泥处理设施，管理方便，处理效果稳定。缺点是池容积大，曝气时间长，基建费用和动力费用都较高。这种方法一般适用于要求高，又不便于污泥处理的中小城镇或工业废水处理。

4. 生物吸附法

生物吸附法又称接触稳定法或吸附再生法。前已述及，活性污泥法净化水质的第一阶段是吸附阶段，良好的活性污泥同生活污水混合 10~30 min 就能基本完成吸附作用，污水中的 BOD_5即可除去 85%~90%。生物吸附法就是根据这一发现发展起来的，其流程如图 3-10 所示。污水和活性污泥在吸附池内混合接触 0.5~1.0 h，使污泥吸附大部分悬浮、胶体状及部分溶解有机物后，在二沉池中进行分离，分离出的回流污泥先在再生池内进行 2~3 h 曝气，进行生物代谢，充分恢复活性后再回到吸附池。吸附池和再生池可分建、也可合建。

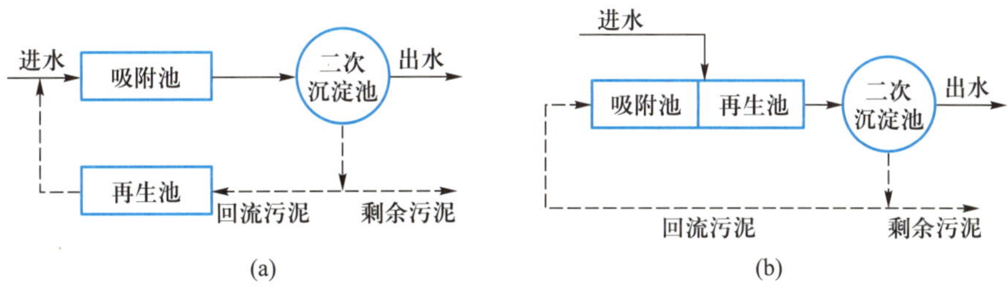

图 3-10　生物吸附法流程图

（a）分建式；（b）合建式

生物吸附法采用推流式流型。由于吸附时间短，再生池和吸附池内 MLSS 浓度分别可达 1.0~3.0 g/L 和 4.0~10.0 g/L，BOD_5 负荷 0.2~0.6 kg（BOD_5）/[kg（MLSS）·d]。在污泥负荷率相同时，生物吸附法两池总容积比普通法要小得多，而空气量并不增加，因而可大大降低建筑费用。其缺点是处理效果稍差，不适用于含溶解性有机物多的废水。

5. 纯氧曝气法

用氧气代替空气曝气，可使氧的转移率有很大提高，曝气池内溶解氧可上升到 6~10 mg/L。这种方法 BOD_5负荷高达 0.4~1.0 kg（BOD_5）/[kg（MLSS）·d]，MLSS 浓度高达 4.0~7.0 g/L，曝气时间为普通法的 1/3~1/4，可大大缩小曝气池的体积和处理构筑物的占地面积。此外，由于曝气池中污泥密实、浓度高、体积小，可减小二沉池容积和排泥体积，有利于污泥的处理和利用。

纯氧曝气要求采用密闭的曝气池，以避免氧气散失。因此，设备较复杂，维护不便。目前已研制出超微气泡扩散器、泡沫扩散器等，氧的转移率可达 90%，因而可采用敞开式曝气池。

6. 深水曝气法和深井曝气法

曝气池的深度，前者为 8.5~30 m，后者为 50~150 m。根据亨利定律，气体在水中溶解度随压力而提高，深水曝气可使氧的转移率和水中溶解氧浓度大幅度提高。据研究，在水深 100 m 条件下，氧的利用效率可达 90%（普通曝气为 10%），动力效率可达 6 kg/(kW·h)［纯氧曝气仅为 1.5 kg/(kW·h)］，使处理成本降低。由于溶解氧浓度高，可提高负荷，缩短曝气时间，减少剩余污泥量，节约用地。深井曝气 BOD_5 负荷为 1.0~1.2 kg(BOD_5)/[kg(MLSS)·d]，MLSS 浓度为 3.0~5.0 g/L。

深水曝气方式有深水底层曝气和深水中层曝气两种，后者曝气装置设在池深中间，形成液-气流的循环，可节省能耗。曝气池形式有单侧旋流式、双侧旋流式和完全混合式等。

7. 浅层曝气法

由瑞典 Inka 公司开发，又称因卡（Inka）曝气。曝气池中间设置纵向隔板，一侧曝气，使水流形成环流。曝气设备装在液面下 800~900 mm 处，可用低压风机。由于气泡在刚形成瞬间的吸氧率最高，故减少曝气设备的深度并不会对曝气效果有大的影响，但可降低能耗，动力效率达 1.8~2.6 kg/(kW·h)。

8. 氧化沟（oxidation ditch）

氧化沟即循环混合曝气池，传统的氧化沟工艺在前已有叙述。表 3-2 汇总了不同条件下氧化沟的设计参数。

表 3-2 不同条件下氧化沟的设计参数

参数	氧化沟	备注
污泥龄/d	10~20（热带地区） 20~30（温带地区） >30（寒带地区）	依赖是否硝化
污泥负荷/[kg(BOD)·kg(MLVSS)$^{-1}$·d^{-1}]	0.2~0.25（热带地区） 0.1~0.25（温带地区） <0.1（寒带地区）	依赖是否硝化
水力停留时间/h	12~36	
污泥浓度(MLSS)/(mg·L^{-1})	4 000~5 000	
VSS/MLSS	0.5~0.8	
VSS 可生物降解常数(f_b)	0.4~0.65	
MLVSS 的 BOD/(mg·mg^{-1})	0.4~0.65	
基质去除率常数(k)	8.35	
产率系数(Y)	0.4~0.7	
内源代谢常数(k_d)	0.035~0.09	

续表

参数	氧化沟	备注
净 VSS 产率/[g·g($BOD_{u去除}$)$^{-1}$]	0.25~0.4	
污泥消化	不需要	
需氧量/[kg·kg($BOD_{u去除}$)$^{-1}$]	0.8~0.85(不硝化) 1.0~1.3(硝化,不稳定化) 1.4(硝化,稳定化)	

注:引自聂梅生,许泽美等主编.水工业设计手册:废水处理及再利用.北京:中国建筑工业出版社,2002。

氧化沟自问世以来,发展很快,已演变出多种工艺和设备,下面是几种具有代表性的类型:

(1) 卡鲁塞尔(Carrousel)氧化沟:又称平行多渠形氧化沟,由荷兰 DHV 公司开发,应用立式低速表面曝气器供氧并推动水流前进,沟深较大(4.0~4.5 m),占地面积较小,沟内流速达 0.3~0.4 m/s,循环混合液流量为入流废水量的 30~50 倍,图 3-11 是典型卡鲁塞尔氧化沟的构造图。卡鲁塞尔 2000 型氧化沟如图 3-12 所示,在进水区设置了缺氧区(占氧化沟体积的 15%),具有脱氮、除磷的性能。BOD_5、氮和磷的去除率分别达 95%、90%和 50%以上。此外,还有卡鲁塞尔 3000 型氧化沟,它的水深可达 7.5~8 m,故又称深型卡鲁塞尔氧化沟,也具有脱氮、除磷的性能。

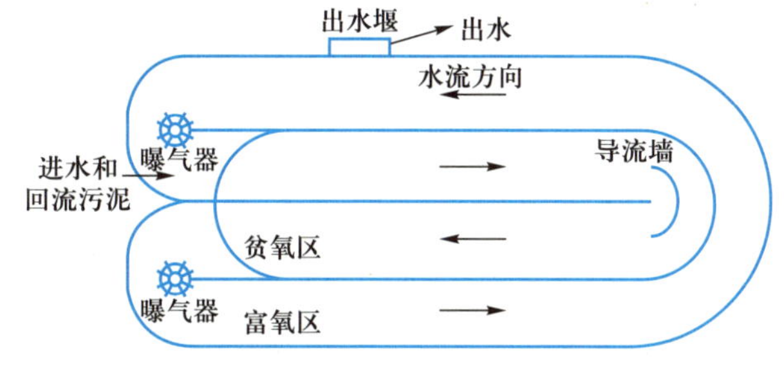

图 3-11　典型卡鲁塞尔氧化沟

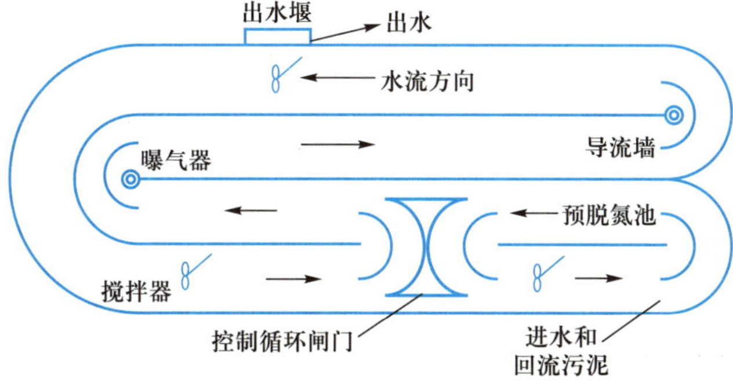

图 3-12　卡鲁塞尔 2000 型氧化沟

(2) 奥贝尔(Orbal)氧化沟:又称同心沟形氧化沟,其平面类似田径场的跑道,有多条沟渠,污水依次从外沟流向内沟,从内沟流出,进入二沉池。这实际上是将普通氧化沟分成串联的数个小氧化沟，根据反应器理论，如此可减少水流短路，提高去除效率。常用的是三沟型，三条沟的容积比为(6~7)：(2~3)：1。各沟内溶解氧和有机物浓度均不相同，可以实现脱氮、除磷的要求。

(3) 曝气-沉淀一体化氧化沟：这是20世纪80年代由美国开发的氧化沟与二沉池合建的一种氧化沟形式，可在一个沟中完成曝气、沉淀、泥水分离和污泥回流的功能，省去污泥回流系统，节省基建投资。固液分离器是这类氧化沟的关键设备，根据分离器的位置可分内置式和外置式，分别设置在氧化沟内部和外部。前者有船式和BMTS式等，后者有中心岛式和侧沟式等。

侧沟式是在氧化沟的一侧设二座作为二次沉淀池的侧沟，交替运行。

BMTS式是在沟内截出一个沉淀区，两侧有隔板，底部设一排三角形的导流板，一部分混合液从导流板间隙上升进入沉淀区，沉淀的污泥也通过间隙回流进氧化沟，澄清水从设在表面的管排出。

船式是在氧化沟的一侧设置宽度小于氧化沟的船形沉淀槽，混合液由下游一端进入船形沉淀槽，从设在另一端的溢流堰流出(水流方向与氧化沟中相反)，沉淀污泥从船底部回流氧化沟。

(4) 交替工作式氧化沟：由丹麦Kurger公司首创的双沟(D型)氧化沟，采取串联运行，在两沟中交替进行好氧活性污泥过程和沉淀过程，不建二沉池，可以实现脱氮；缺点是转刷曝气器的利用率不足40%。三沟式(T型)氧化沟，提高了曝气器利用率(达58%)。串联运行时，两侧的沟交替作为曝气池和沉淀池，中间的沟一直为曝气池。原废水交替从一个侧沟进入，从位于另一侧的沟流出。三沟式具有良好的BOD去除和脱氮效果，但需有自动控制系统。

(5) 其他类型：包括射流曝气(JAC)系统，U型氧化沟和采用微孔曝气的逆流氧化沟等。

9. 序批式活性污泥法(SBR)

序批式活性污泥法(sequencing batch activated sludge process)的主要装置是序批式反应器(sequencing batch reactor)，又简称为SBR法，是一种间歇运行的活性污泥法。

图3-13是SBR的基本操作过程。SBR工艺操作顺序依次为进水(fill)、反应(react)、沉淀(settle)、出水(draw)和待机(idle)，一批污水完成五个步骤为一个周期，所有操作均在设有曝气或搅拌的同一设备中进行。新的一批污水进入反应器即为另一周期开始。不需要沉淀池和污泥回流装置。因此，SBR法与传统活性污泥法不同的是操作方法，前者在同一反应器、不同时间段完成不同的操作，而后者是在同一时间、不同设备中完成不同的操作，在机理上并无根本不同。

SBR采用周期间歇排水，排水时池中水位不断下降，为不扰动污泥层和不使水面上的浮渣进入出水中，需要一种出水口淹没于水下，能适应水位变化的排水装置，常称为滗水器。SBR工艺要求滗水器能迅速、稳定、均匀地排出池中的上清液。滗水器有多种形式，从传动形式上可分为机械式、水力浮动式以及两方式的组合式；从连通方式上可分为虹吸式、软管式和套筒式；从堰口型式可分为浮船式和圆盘式等；从运行方式上可分为摇臂式和旋转式等。

滗水器由收水装置、连接装置和传动装置三部分组成：① 收水装置的作用是收集处理

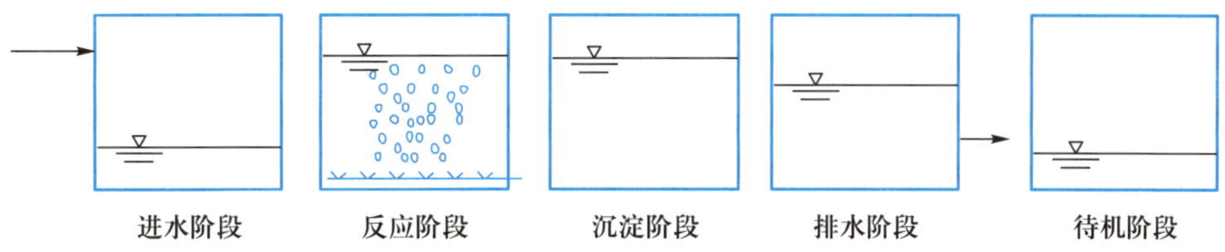

图 3-13 SBR 工艺基本操作过程

好的上清液，并用导管引出池外。一般由出水堰、保持堰口在水面下适当位置的装置（指浮力式滗水器的浮球、浮筒等）和导水管组成。② 连接装置的作用是连接导水管与池外排水管。如果导水管不是柔性软管时，导水管将随水位升降而转动，因此要求连接装置转动自如，密封性好。③ 传动装置用于机械式和液压式滗水器中，用于控制滗水动作。

SBR 工艺要按照一定的时间顺序完成五个操作步骤，因此需要由自动控制系统（包括电脑系统和仪器、仪表系统）来控制。

由于 SBR 操作灵活，耐冲击负荷，可防止污泥膨胀，运行管理自动化，可脱氮、除磷，易实现推流式流态，出水水质好，占地面积和基建投资小，因此，特别适用于中小水量的污水处理。

SBR 工艺已发展出多种新的形式：

（1）间歇式循环延时曝气法（intermittent cycle extended aeration systerm，ICEAS）：与传统 SBR 的区别有两个，一是在反应器的进水端加设预反应区（在 SBR 反应池中设隔板而成，预反应区与反应区在下部连通）；二是运行方式采用连续进水（包括沉淀和排水期），间歇排水。此法没有待机阶段，通常水力停留时间较长。由于沉淀期也进水，会干扰沉淀过程，进水量不宜太大。这种系统比传统 SBR 管理更方便，费用更小，国内外得到广泛应用。

（2）循环式活性污泥系统［cyclic activated sludge technology，CAST（或 CASS/CASP）］：每个 CAST 反应器分生物选择区（厌氧或兼氧）、兼氧区和好氧区，三者的容积比为 1∶5∶30。运行时在进水和曝气阶段将好氧区的污泥回流至生物选择区与进水混合，充分利用污泥快速吸附和水解污水中的有机物，并使污泥中的磷在厌氧条件下释放。生物选择区的设置能改善污泥沉降性能，防止污泥膨胀，能使回流污泥中的硝酸盐得到有效反硝化。生物选择区中絮体负荷高，有利于絮凝性细菌生长，能有效抑制丝状菌的生长，即具有生物选择作用。沉淀、排水和待机阶段不曝气，保证沉淀池有良好的效果。兼氧区对进水水质和水量起缓冲作用，可促进磷的释放和强化氮的反硝化作用。

经过改进，CAST 工艺可演变为间歇排水延时曝气工艺（intermittently decanted extended aeration，IDEA），后者采用连续进水，间歇曝气，周期排水的运行方式，并设立独立的预反应池。

（3）连续曝气-间歇曝气串联工艺（demand aeration tank-intermittent aeration tank，DAT-IAT）：污水连续进入 DAT，进行初步的生物处理，出水进入 IAT，依次完成曝气、沉淀、排水和排除剩余污泥等工序。IAT 部分剩余污泥回流至 DAT，使两池能保持较高的污泥龄和 MLSS 浓度。

连续曝气使水混合均匀，提高了耐冲击负荷的能力，有利于整个工艺的稳定性；连续进水提高了反应池的利用率,简化了管理;IAT 间歇曝气可以根据需要调整曝气时间,造成缺氧或厌氧环境,达到脱氮、除磷的要求。DAT-IAT 工艺的曝气容积比达到 66.7%,是所有工艺中最高的。因此,DAT-IAT 工艺是一种适应性强、操作简便、基建投资较省的工艺。

(4) UNITANK 系统:典型的 UNITANK 系统是一个矩形池,有三个平行而又互相连通的廊道。每个廊道均设有鼓风或表面曝气系统和搅拌系统,两端的廊道交替作为曝气池和沉淀池,其外侧设有固定的出水堰和剩余污泥排放口。

通过阀门自动控制原水按一定的时序依次连续进入第三个廊道,经曝气处理后的水进入作为沉淀池的另一端的廊道(从第二廊道进水时,则第一和第三廊道均可作为沉淀池),沉淀后从出水堰排出,进入下一周期的操作,如此周而复始。因此,原水是连续地进入反应池,通过控制曝气强度和时间,在廊道的不同位置形成好氧、缺氧和厌氧区,以达到不同的处理要求。

UNITANK 系统保持了传统 SBR 的自动控制,出水控制简单,不需要污泥回流,在国内外得到广泛的应用。

SBR 是一种应用范围较广的新工艺,将随工程应用的需要,不断开发出新的形式。

10. 膜生物反应器(MBR)

膜生物反应器(membrane bioreactor)是一种将生物反应器与膜过滤相结合的污水处理工艺,膜直接与污泥混合液接触,并进行过滤,降解或去除污水中污染物质的生化反应过程则在生物反应器中完成。膜生物反应器出现于 20 世纪 60 年代末,主要是为了获取更优质的处理水,经简单消毒后可作为中水进行回用,或者用于农业灌溉。随着膜性能的提高和膜价格的大幅降低,在世界很多地区,膜生物反应器得到越来越广泛的应用。除应用于生活污水处理以外,膜生物反应器还应用于化工、医药、电子、金属处理和汽车制造等工业废水,以及屠宰场废水、粪便水、医院废水和垃圾渗滤液的处理。目前,最大的膜生物反应器处理规模已达到数十万 m^3/d。

(1) 膜生物反应器的形式:根据膜过滤单元的运行方式和在工艺流程中的位置不同,膜生物反应器可分为分置式膜生物反应器和一体式膜生物反应器两种基本类型(图 3-14)。

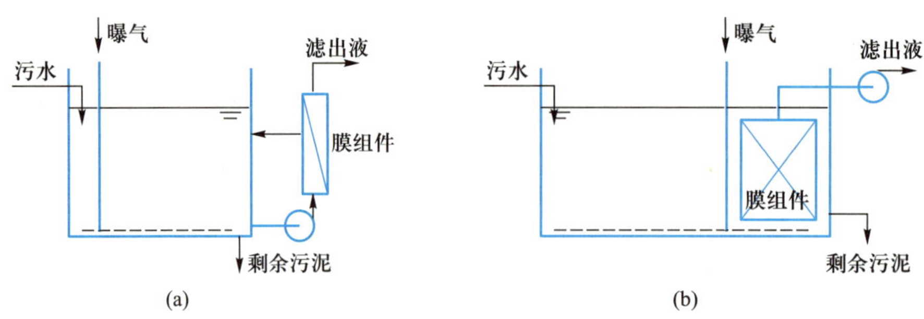

图 3-14 两种主要膜生物反应器的形式

(a) 分置式;(b) 一体式

分置式膜生物反应器也叫侧流式膜生物反应器,是最早开发的膜生物反应器形式。在该类型膜生物反应器中,膜组件及其装载容器组成膜过滤单元,并与生物反应器分置。在泵的作用下，污泥混合液在生物反应器和膜过滤单元之间循环。泵同时提供过滤压力，实现泥水分离。过滤压力通常在 1~5 bar① 之间。目前，分置式膜生物反应器主要应用于高浓度有机废水和难降解废水的处理。

一体式膜生物反应器也称浸没式膜生物反应器。在该类型膜生物反应器中，膜组件直接浸没在污泥混合液中，在抽吸泵的作用下进行膜过滤实现泥水分离。抽吸压力通常小于 50 kPa。由于运行成本低，一体式膜生物反应器是目前应用最广泛的形式，主要用于生活污水的处理和回用。

由于运行方式不同，两类膜生物反应器常用膜组件形式也有很大不同。分置式膜生物反应器中膜过滤单元通常使用由有机中空纤维膜或无机陶瓷膜组成的多通道管式膜组件，有时也使用平板式膜组件。一体式膜生物反应器中的膜组件则通常为帘式中空纤维膜或板框式平板膜。

(2) 膜生物反应器与传统活性污泥法的比较：同传统活性污泥法工艺相比，膜生物反应器具有非常明显的优势。在传统活性污泥法工艺中，二沉池的效率与污泥沉降性能以及运行负荷密切相关。当活性污泥浓度增加从而使二沉池运行负荷增加时，会导致二沉池效率的下降、污泥流失。因此，传统活性污泥法工艺系统的污泥浓度不能太高，即容积负荷或有机负荷不会太高。特别是当发生污泥膨胀时，二沉池的效率急剧下降，污泥流失更为严重。而在膜生物反应器中，膜过滤单元可以实现对活性污泥的完全截留，与污泥的沉降性或污泥浓度无关。理论上讲，膜生物反应器的污泥龄可以无限长。污泥龄越长，污泥浓度越高。提高反应器污泥浓度的益处包括：① 减少排泥量，从而降低剩余污泥的处理成本；② 提高反应器的容积负荷，从而降低反应器的体积或占地面积；③ 提高一些非优势微生物在活性污泥中的浓度（如硝化细菌）有利于氨氮的去除；此外，微量有机物降解菌浓度的提高有利于这些微量污染物的降解；④ 具有较好的脱氮效果，若在工艺中增添缺氧反硝化池，则可进一步提高总氮的去除效果。

膜生物反应器的处理水水质同二级生物处理后加膜过滤的出水水质相当，其中浊度在 1 NTU 以下，而 BOD_5 和 COD 的浓度则分别在 5 mg/L 和 30 mg/L 以下（表 3-3）。

(3) 膜生物反应器主要运行参数：膜生物反应器的生物反应器部分的主要运行参数同其他生物反应器相同，包括污泥龄（或 F/M 值）、水力停留时间、容积负荷和溶解氧浓度等，但在通常的运行范围上有较大差别（表 3-3）。膜生物反应器的容积负荷可以很高，相应地，膜生物反应器的污泥浓度也很高，通常在 10 g/L 以上。

表 3-3　膜生物反应器主要运行参数和通量范围以及出水水质

运行参数	数值范围	
	一体式	分置式
有机负荷/[kg(COD)·m^{-3}·d^{-1}]	1.2~3.2	
MLSS/(g·L^{-1})	5~20	10~30
MLVSS/(g·L^{-1})	4~16	8~30

① 1 bar = 10^5 Pa。

续表

运行参数	数值范围	
	一体式	分置式
$F/M/[g(COD)\cdot g(MLVSS)^{-1}\cdot d^{-1}]$	0.1~0.4	0.04~0.2
污泥龄/d	5~20	10~50
水力停留时间/h	4~6	
溶解氧/$(mg\cdot L^{-1})$	0.5~1.0	
膜通量/$(L\cdot m^{-2}\cdot h^{-1})$	25~45	80~200
过滤压力/bar	0.04~0.35	1~5
曝气强度/$(m_N^3\cdot m^{-2}\cdot h^{-1})$	0.2~1.5	—
错流流速/$(m\cdot s^{-1})$	—	0.1~5
出水水质		
$BOD_5/(mg\cdot L^{-1})$	<5	
$COD/(mg\cdot L^{-1})$	<30	
$NH_4^+-N/(mg\cdot L^{-1})$	<1	
总氮/$(mg\cdot L^{-1})$	<10	
浊度/NTU	<1	

膜过滤单元的主要运行参数包括:过膜通量或操作压力、错流流速或曝气强度。膜通量即单位膜面积单位时间内的滤出液量,标准单位为 $m^3/(m^2\cdot s)$,有时也用 m/d 或 $L/(m^2\cdot h)$ 等单位。膜生物反应器所采用的膜为微滤或超滤膜。微滤和超滤膜都是有孔膜,过滤时膜通量和操作压力之间的关系可以用 Darcy 定律进行描述。Darcy 定律的数学表达式为:

$$J=\frac{\Delta p}{\mu R} \tag{3-20}$$

式中:J——膜通量,$m^3/(m^2\cdot s)$;

Δp——操作压力,也叫跨膜压差,即位于膜两侧的过滤液侧和滤出液侧的压力差,Pa;

μ——水的黏度,Pa·s;

R——过滤阻力,m^{-1}。

膜组件的总膜面积大小,即

$$A=\frac{Q}{J} \tag{3-21}$$

式中:Q——流量,m^3/s;

A——膜面积,m^2。

由于分置式膜生物反应器膜过滤单元的操作压力要远远高于一体式膜生物反应器,前者的膜通量也远远大于后者。相应地,在处理能力相同的情况下,分置式膜生物反应器所需的膜面积要小很多。

错流流速和曝气强度分别是分置式膜生物反应器和一体式膜生物反应器的重要运行参

数。分置式膜生物反应器的污泥混合液在循环过程中会在膜表面形成错流，即产生水力剪切力；而一体式膜生物反应器运行时，通常会在膜组件下面进行粗曝气，粗曝气产生的气泡较大，可达 6~10 mm。曝气不但会形成上升水流，在膜表面形成错流，同时会对中空纤维膜膜丝产生扰动。错流或曝气的存在，使得膜生物反应器的过滤单元不同于“死端”过滤。

(4) 膜污染：同所有膜过滤过程一样，膜污染对膜生物反应器的膜过滤单元而言不可避免。膜污染是有机物质、无机物质或微生物在膜表面或膜内部沉积或生长的过程。由于污泥混合液成分复杂，而膜组件直接与污泥混合液接触，故膜生物反应器的膜污染状况非常复杂。膜污染的形式有膜孔堵塞、膜孔孔径减小、凝胶层沉积、污泥层沉积和生物膜生长等（图 3-15）。

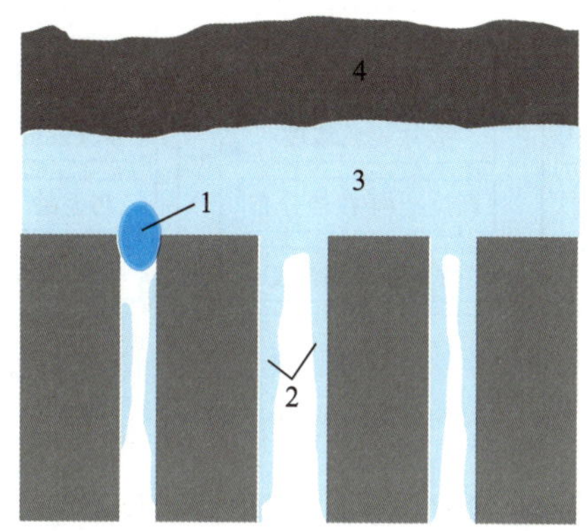

1. 膜孔堵塞；2. 膜孔缩小；3. 凝胶层污染；4. 泥饼层污染

图 3-15　膜生物反应器膜污染示意图

为简化起见，各种形式的膜污染所造成的膜过滤阻力被认为是可以叠加的，数学上可以表示为：

$$R_t = R_m + R_p + R_g + R_c \tag{3-22}$$

式中：R_t——总的过滤阻力；

R_m——膜自身固有阻力；

R_p——膜孔污染引起的阻力；

R_g——凝胶层污染引起的阻力；

R_c——泥饼层引起的阻力。

式(3-20)和式(3-22)合并可以得到：

$$J = \frac{\Delta p}{\mu(R_m + R_p + R_g + R_c)} \tag{3-23}$$

膜生物反应器的膜过滤单元可以在恒膜通量或恒操作压力下运行。当在恒膜通量运行时，随着膜污染程度的增加，即膜污染阻力的增加，操作压力必须增加。在恒操作压运行时，随着膜污染程度的增加，膜通量必然要减小。

膜生物反应器的总污染速率及每种膜污染形式的贡献率受诸多因素的影响（图 3-16）。这些影响因素可以归纳为膜自身特性、混合液特性及操作条件。其中一些操作条件的改变会影响到污泥混合液的性质。如污泥龄的提高会增加污泥浓度；曝气/水力剪切强度的增加会减小微生物絮体的平均粒径；水温升高会降低混合液的黏度。一般情况下，就膜自身特性而言，膜孔径分布越均匀、表面亲水性越高、粗糙度越小，膜污染越轻，这是因为在这些条件下不利于膜孔堵塞的发生和污染物质在膜表面的黏附；就混合液性质而言，污染物（包括微生物絮体、胶体类物质和微生物产物）浓度越高、混合液黏度越高、微生物絮体粒径分布越不均匀、平均粒径越小，膜污染越严重，这是因为在这些条件下污染物组分或浓度会增加；就操作条件而言，过滤通量越小、曝气强度/错流流速越大、水温越高，膜污染就越轻，因为在这些条件下不利于污染物在膜表面的沉积。

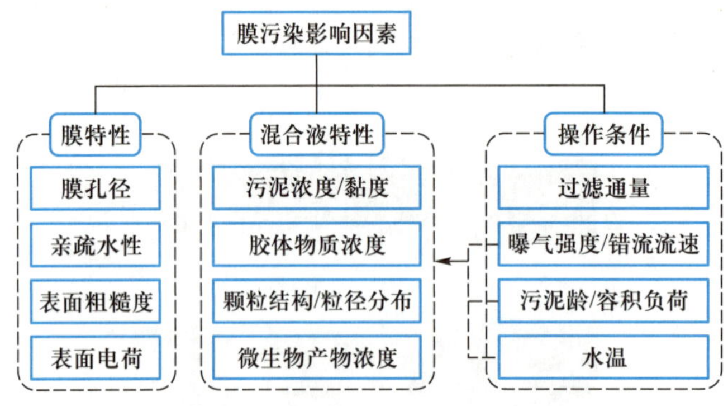

图 3-16 膜生物反应器膜污染主要影响因素及相互关系

（Chang et al.，2002）

（5）膜污染控制方法：对膜生物反应器而言，膜污染必须控制在一个可容忍的水平以下，否则其经济性就会大幅下降。膜污染的控制分为减缓和清除两个层次。

从膜污染影响因素分析，膜污染的减缓需要选择合适的膜和膜组件、降低污泥混合液浓度、降低过滤通量以及提高曝气强度或错流流速。但从经济性方面考虑，污泥浓度不能太低，否则反应器的容积负荷过低；过滤通量不能太低，否则所需膜面积即投资成本太高；曝气强度或错流流速不能太高，否则运行成本太高。因此，膜生物反应器的污泥浓度、膜通量和曝气强度或错流流速有一定的经济有效性范围，它们与膜生物反应器的形式有很大关系。一般情况下，分置式膜生物反应器中通常的污泥浓度、污泥龄和膜通量要高于一体式膜生物反应器。

当膜污染发生后，为了防止膜污染的继续发展，需要对膜污染进行清除。通常的做法是“间歇式”运行膜过滤单元，即每当在膜过滤一定时间后（15～30 min），停止过滤一小段时间（0.5～1 min），在持续强曝气或水力冲刷作用下对膜污染进行一定程度的清除。为了增加膜污染清除效果，有时还会对膜进行“反冲洗”，即用滤后水对膜进行反向过滤。反冲洗时的膜通量通常大于正常过滤时的膜通量。可以通过上述物理手段被清除的膜污染叫作“可逆污染”。可逆污染通常包括泥饼层污染和部分凝胶层污染。

不能被物理手段清除的污染叫作“不可逆污染”，主要包括膜孔污染和部分凝胶层污染。不可逆污染需要通过化学方法去除。针对不同膜污染物质，使用的化学药剂主要包括酸（如柠檬酸和草酸）和氧化剂（如次氯酸钠）（表 3-4）。化学清洗通常是在线运行。在线化学清洗又分为日常化学清洗和维护性化学清洗。日常化学清洗的频率每天数次，具体做法通常是在膜的反冲洗水中加入较低浓度的氧化剂。维护性化学清洗所需化学药剂的浓度要远高于日常化学清洗。维护性化学清洗 1 周进行数次，每次时间约为 1 h。

表 3-4 化学清洗类型及清洗频率、持续时间和所需化学药剂浓度的通常范围

类型	清洗频率	持续时间	化学药剂浓度
日常化学清洗	数次/d	0.5~1 min	1~5 mg/L 的次氯酸钠溶液(以氯计)
维护性化学清洗	数次/周	约 1 h	约 100 mg/L 的次氯酸钠溶液(以氯计)
离线化学清洗	2~4 次/a	约 1 d	0.2%~0.3%的柠檬酸溶液及 0.2%~0.5%的次氯酸钠溶液

当在线化学清洗不能完全控制膜污染时,需要对膜组件进行离线化学清洗,即恢复性化学清洗,即将膜组件吊离膜生物反应器,并用化学药剂进行浸泡。离线清洗时,化学药剂的浓度更高。柠檬酸溶液的浓度通常在 0.2%~0.3%,而次氯酸钠溶液的浓度则在 0.2%~0.5%。离线化学清洗大约每半年进行一次,浸泡时间通常为 1 d。无论是在线还是离线化学清洗,都可能对膜结构造成损害,进而降低膜的使用寿命。因此,膜化学清洗应尽量减少或避免。

表 3-5 列出了几种活性污泥法的运行参数,供参考。

表 3-5 几种活性污泥法运行参数表

运行方式	BOD_5负荷/($kg\cdot kg^{-1}\cdot d^{-1}$)	MLSS/($g\cdot L^{-1}$)	污泥龄/d	气水比	曝气时间/h	回流比/%	SVI	BOD_5去除率/%
普通活性污泥	0.2~0.4	1.5~3.0	2~4	3~7	6~8	20~30	60~120	85~95
阶段曝气	0.2~0.4	2.0~3.0	2~4	3~7	4~6	20~30	100~200	85~95
生物吸附	0.2~0.6	2.0~8.0	2~4	≥12	5	50~100	50~100	80~90
曝气沉淀	0.2~0.4	3.0~6.0	2~4	5~8	2~3	50~150	—	85~90
延时曝气	0.03~0.05	3.0~6.0	15~30	≥15	16~24	50~150	40~60	75~90
氧化沟	0.03~0.05	3.0~6.0	15~30	—	24~48	50~150	—	75~90

(五)活性污泥法处理系统工艺设计基础

活性污泥法处理系统由曝气池、曝气设备、污泥回流设备和二次沉淀池等组成。一个完整的工艺设计应当包括:① 流程的选择;② 曝气池容积计算和工艺设计;③ 曝气设备的计算与设计;④ 回流污泥设备的计算和设计;⑤ 二次沉淀池的计算和设计等。在设计前应掌握必要的工艺参数或设计数据。对于生活污水或性质相近的工业废水,目前设计部门已总结出一套较为成熟的设计数据供设计时参考或使用;对于其他类型废水,由于水质变化很大,往往需要进行试验研究,才能提供所需的数据。进行工艺设计时,有时还需进行多方案

的比较和优化分析。这里仅简单介绍一些设计计算方法。

1. 曝气池的容积

曝气池容积的计算方法很多，多年来已经提出了许多适用曝气池设计的经验和理论参数，其中最常用的两个参数是污泥龄和食物/微生物（F/M）。关于污泥龄的计算公式，前面已有论述。从细菌的增长曲线看，F/M 的变动将会引起细菌生长期的变动，从而影响到活性污泥法去除有机物的效果。因此，F/M 是一个有重要意义的参数。

活性污泥中微生物的数量一般用曝气池混合液悬浮固体（MLSS）或挥发性悬浮固体（MLVSS）来代表，而食物的量一般用 BOD_5 表示。这样 F/M 实际上可用单位时间内供给处理系统的BOD_5与曝气池混合液悬浮固体或挥发性悬浮固体的比值来表示，记作 F_w：

$$F_w=\frac{S_0Q}{VX} \tag{3-24}$$

式中：F_w——BOD_5 污泥负荷，kg（BOD_5）/[kg（MLSS）·d]；

S_0——曝气池进水 BOD_5浓度，mg/L；

Q——进水流量，m^3/d；

V——曝气池有效容积，m^3；

X——混合液污泥浓度，mg/L。

实际上，供给微生物所需的 BOD_5在处理过程中只有一部分被微生物所利用，另一部分则残留在出水中。因此，必须结合处理效果或出水 BOD_5浓度来考虑污泥负荷，由此得到以有机物去除量为基础的污泥负荷（U），U 可用式（3-25）表示：

$$U=\frac{(S_0-S)Q}{XV} \tag{3-25}$$

式中：U——BOD_5去除污泥负荷，kg（BOD_5）/[kg（MLSS）·d]；

S——出水中 BOD_5浓度，mg/L。

U 与 F_w（即 F/M）的关系为：

$$U=F_wE \tag{3-26}$$

式中：E——处理效率，%。

$$E=\frac{S_0-S}{S_0}\times 100\%$$

根据式（3-24）和式（3-25）计算曝气池有效容积时，必须首先确定污泥负荷和 X。一般来说，污泥负荷为 0.3～0.5 kg（BOD_5）/[kg（MLSS）·d]时，BOD_5去除率可达 90%以上；SVI 为 80～150 时，污泥的吸附性能和沉淀性能都很好。对于易降解的污水，应着重从污泥的沉淀性能来确定污泥负荷；对于难降解的污水，则应着重从出水水质的要求来确定污泥负荷。X 值一般为 2～6 g/L。各种活性污泥法污泥负荷和混合液污泥浓度的典型值参见表 3-5。

污泥龄可根据定义用下式计算：

$$\theta_c=\frac{VX}{Q_wX_u+Q_eX_e} \tag{3-27}$$

式中各符号的意义参见图 3-6。

2. 曝气系统

鼓风曝气系统的设计主要解决三个问题：① 扩散设备的选择和布置；② 空气管的

布置和管径的确定；③ 鼓风机和空气压缩机的规格和台数。采用机械曝气法时，设计上要确定曝气机械的类型和规格。在解决这些问题之前，首先要计算需氧量和供气量。

活性污泥系统去除单位 BOD_5 日平均需氧量按表 3-6 所列经验数据估算。

表 3-6　污泥负荷与去除单位 BOD_5 日平均需氧量的关系

挥发性污泥负荷/ $[kg(BOD_5)\cdot kg(MLSS)^{-1}\cdot d^{-1}]$	平均需氧量/ $kg(O_2)\cdot kg(BOD_5)^{-1}$	最大需氧量/ $kg(O_2)\cdot kg(BOD_5)^{-1}$
0.10	1.60	2.40
0.15	1.38	2.21
0.20	1.22	2.07
0.25	1.11	2.00
0.30	1.00	1.90
0.40	0.88	1.76
0.50	0.79	1.66
0.60	0.74	1.63
0.80	0.68	1.63
≥1.00	0.65	1.63

由于制造厂提供的曝气设备和性能参数只适用于标准条件，因此，根据表3-6数值算得的需氧量（R）必须换算成水温为 20℃、气压为 101.325 kPa 的脱氧清水的充氧量（R_0）：

$$R_0=\frac{R\rho_{s(20)}}{\alpha(\beta\gamma\rho_{s(T)}-\rho_L)1.02^{T-20}} \tag{3-28}$$

式中：R_0——水温为 20℃、气压为 101.325 kPa 的脱氧清水的充氧量，$kg(O_2)/h$；

$\rho_{s(20)}$、$\rho_{s(T)}$——20℃和实际温度为 T 时氧饱和浓度，mg/L；

ρ_L——水中实际溶解氧浓度，mg/L；

T——水温，℃。

上式中 α、β、γ 为修正系数：

$$\alpha=\frac{\text{污水中的 }K_La}{\text{清水中的 }K_La}\qquad \beta=\frac{\text{污水中的 }\rho_s}{\text{清水中的 }\rho_s}\qquad \gamma=\frac{\text{实际气压(Pa)}}{1.013\times10^5\ \text{Pa}}$$

对于鼓风曝气池，ρ_s 值应取扩散器出口和曝气池混合液表面两处溶解氧饱和浓度的平均值（ρ_{sm}）：

$$\rho_{sm}=\rho_s\left(\frac{p_b}{2.026\times10^5}+\frac{Q_t}{0.42}\right) \tag{3-29}$$

式中：ρ_s——大气压力下水中氧饱和浓度，mg/L；

p_b——扩散装置出口处绝对压力，Pa；

Q_t——气泡离开池面时氧的比例，%；

$$Q_t=\frac{21(1-E_A)}{79+21(1-E_A)}\times100\%$$

E_A——扩散器氧转移效率,%。

鼓风曝气所需的供气量(G_s,m^3/h)可用下式计算:

$$G_s = \frac{R_0}{0.3E_A} \tag{3-30}$$

对于机械曝气,可直接根据R_0查有关叶轮的性能图表选择所需的叶轮。

3. 二次沉淀池

这是活性污泥系统的重要组成部分,用以澄清混合液和回流、浓缩活性污泥,二沉池沉淀性能的好坏直接影响出水水质和回流污泥浓度。二次沉淀池有竖流、平流和辐流三种型式,也有采用斜板或斜管的沉淀池。

二次沉淀池在设计上的特点为:① 二次沉淀池除一般沉淀池进行的泥水分离过程外,还进行污泥的浓缩过程,所以一般分成澄清和浓缩两个区,按污泥浓缩要求设计所需的池面积往往大于只进行泥水分离所需要的池面积;② 活性污泥混合液沉淀属于拥挤沉淀,沉速(u)常在 0.2~0.5 mm/s 之间,且随混合液污泥浓度而变,浓度高时沉速偏小;③ 活性污泥相对密度小,易随出水流出,当采用平流式沉淀池时,水平流速不宜过大,一般为初次沉淀池的一半;出流堰的长度也要适当增加,使单位堰长出流量不超过 5~8 $m^3/(m \cdot h)$。

二次沉淀池中易产生二次流和异重流现象,使过水断面缩小,因此,设计时过水断面面积应留有一定余地。

4. 设计计算举例

[例 3-1] 某城市拟建活性污泥法污水处理厂,污水流量为 10 000 m^3/d,进曝气池污水的 BOD_5浓度为 300 mg/L,时变化系数 1.4,要求出水 BOD_5浓度为 25 mg/L,试计算曝气池有效容积和曝气系统供气量。

解:(1) 曝气池有效容积:采用传统活性污泥法,从表 3-5 选定 $F_w = 0.4$ kg(BOD_5)/[kg(MLSS)·d],X=3 000 mg/L,根据式(3-24),曝气池有效容积为:

$$V = \frac{QS_0}{F_w X} = \frac{10\ 000 \times 300}{0.4 \times 3\ 000}\ \mathrm{m^3} = 2\ 500\ \mathrm{m^3}$$

(2) 供气量:一般生活污水污泥的 MLVSS/MLSS = 0.75,所以挥发性污泥负荷为 $F_w/0.75$ = 0.5 kg(BOD_5)/[kg(MLSS)·d],从表 3-6 选定去除 1 kg BOD_5的需氧量为 0.79 kg,则最大时需氧量为:

$$R = \frac{10\ 000 \times 1.4(300-25)}{24 \times 1\ 000} \times 0.79\ \mathrm{kg(O_2)/h}$$
$$= 127\ \mathrm{kg(O_2)/h}$$

采用穿孔管,E_A=6%,计算温度定为 30℃,氧的饱和浓度为 $\rho_{s(20)}$ = 9.2 mg/L,$\rho_{s(30)}$ = 7.6 mg/L。设穿孔管设计深度为 2.5 m,则

$$p_b = (1.013 \times 10^5 + 9.8 \times 2.5 \times 10^3)\ \mathrm{Pa} = 1.258 \times 10^5\ \mathrm{Pa}$$

离开曝气池时氧的比例为:

$$Q_t = \frac{21(1-E_A)}{79+21(1-E_A)} \times 100\%$$
$$= \frac{21(1-0.06)}{79+21(1-0.06)} \times 100\% = 20\%$$

$$\rho_{sm(20)}=\rho_{sm(30)}\left(\frac{p_b}{2.026\times10^5}+\frac{Q_t}{0.42}\right)$$

$$=7.6\left(\frac{1.258}{2.026}+\frac{20}{42}\right)\text{ mg/L}=8.37\text{ mg/L}$$

同理可算得 $\rho_{s(20)}=10.1$ mg/L

取 $\alpha=0.82$，$\beta=0.95$，$\rho_L=1.5$ mg/L，由式(3-28)得：

$$R_0=\frac{R\rho_{s(20)}}{\alpha(\beta\gamma\rho_{s(T)}-\rho_L)1.02^{T-20}}$$

$$=\frac{127\times10.1}{0.82(0.95\times8.37-1.5)\times1.219}\text{ kg}(O_2)/\text{h}=198.87\text{ kg}(O_2)/\text{h}$$

曝气池的供气量为：

$$G_s=\frac{R_0}{0.3E_A}=\frac{198.87}{0.3\times0.06}\text{ m}^3/\text{h}=1.10\times10^4\text{ m}^3/\text{h}$$

[例 3-2]　某城市计划建立以完全混合曝气池为主体的二级处理厂（流程见图 3-6）。已知设计污水流量 Q 为 10 000 m^3/d，经初次沉淀后 BOD_5浓度 $S_0=150$ mg/L，要求出水 BOD_5浓度 $S<5$ mg/L。经试验研究，得到参数值为 $Y=0.5$ kg/kg，$k_d=0.05\ d^{-1}$。假设 $X=3\ 000$ mg/L，二次沉淀池排出污泥浓度 $X_u=10\ 000$ mg/L，试确定曝气池体积、每天排出剩余污泥量和回流比。

解：(1) 曝气池有效容积

从表 3-5，选择 $\theta_c=4$ d，则根据式(3-16)有：

$$\frac{1}{\theta_c}=\frac{YQ(S_0-S)}{VX}-k_d$$

$$0.25=\frac{10\ 000\times0.5\times(150-5)}{V\times3\ 000}-0.05$$

解得：$V=806\ m^3$

(2) 每天排出剩余污泥量

根据式(3-14)可知：

$$\theta_c=\frac{VX}{Q_wX_u}$$

则
$$Q_w=\frac{VX}{\theta_cX_u}=\frac{806\times3\ 000}{4\times10\ 000}(\text{m}^3/\text{d})=60.5\text{ m}^3/\text{d}$$

(3) 回流比

对二次沉淀池作质量平衡：

$$(Q+Q_R)X=(Q+Q_R-Q_w)X_e+(Q_R+Q_w)X_u$$

设 X_0很小，可以忽略，可求得回流污泥量为：

$$Q_R=\frac{QX-Q_wX_u}{X_u-X}=\frac{10\ 000\times3\ 000-60.5\times10\ 000}{10\ 000-3\ 000}\text{ m}^3/\text{d}=4\ 199\text{ m}^3/\text{d}$$

则回流比为：$\dfrac{Q_R}{Q}=\dfrac{4\ 199}{10\ 000}=0.42$

(六) 活性污泥法运行中的监测项目

为使活性污泥法正常运转，需对运转情况进行定期监测，主要项目有：

（1）反映处理效果的指标：进出水 BOD_5、COD，进出水总的 SS 和挥发性 SS、进出水有毒物质等。

（2）反映污泥情况的指标：SV、MLSS、MLVSS、SVI，溶解氧和微生物等。

（3）反映污泥营养和环境条件的指标：氮、磷、水温及 pH 等。

一般 SV 和溶解氧每 2~4 h 测定 1 次，微生物观察每班 1 次，其他各项每天 1 次。

二、氧化塘

氧化塘又称稳定塘或生物塘，是一种类似池塘（天然的或人工修整的）的处理设备。氧化塘净化污水的过程和天然水体的自净过程很相近，污水在塘内经长时间缓慢流动和停留，通过微生物（细菌、真菌、藻类和原生动物）的代谢活动，使有机物降解，污水得到净化。水中溶解氧主要由塘内藻类的光合作用和塘表面的复氧作用提供。

氧化塘可分为好氧氧化塘、兼性氧化塘、曝气氧化塘和厌氧塘四类。

（一）好氧氧化塘

好氧塘深度一般在 0.5 m 左右，阳光能透入塘底，塘内存在藻类—细菌—原生动物的共生系统。由于藻类光合作用释放氧气和表面复氧作用，全部塘水都处于良好的好氧状态，好氧异养微生物通过代谢活动氧化有机物，代谢产物 CO_2 作为藻类的碳源，藻类利用太阳光能合成细胞并放出氧。图 3-17 为好氧塘净化功能示意图。好氧塘的处理效果受有机负荷、混合程度、pH、营养物、阳光和温度等因素的影响，尤其是温度对好氧塘的运行有显著影响，冬季处理效率很低。因此，塘的容积应能容纳这一时期排入的全部污水。

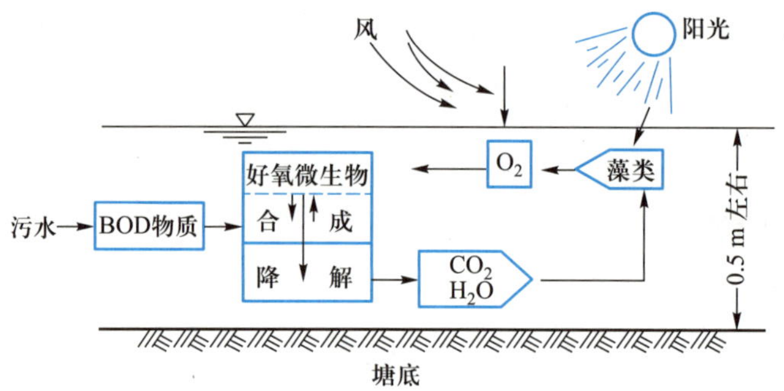

图 3-17 好氧塘净化功能示意图

好氧塘设计影响因素复杂，目前还没有建立起合理的设计方法，一般仍采用经验数据进行设计，表 3-7 列出了好氧塘的设计参考数据。由于好氧塘的净化功能很大程度上取决于地理条件和气候条件，因此采用表 3-7 中的参考数据必须因地制宜。好氧塘可采用面积负荷法设计，水面面积按下式计算：

$$A=\frac{(S_0-S_e)Q}{L_0} \tag{3-31}$$

式中：A——塘的面积，m^2；

Q——设计污水量，m^3/d；

L_0——设计 BOD_5 负荷，$g/(m^2 \cdot d)$；

S_0、S_e——进出水 BOD_5 浓度，mg/L。

表 3-7　好氧塘设计参考数据

设计数据	高负荷好氧塘	普通好氧塘
深度/m	0.30~0.45	~0.5
停留时间/d	4~6	10~40
BOD_5负荷/($g\cdot m^{-2}\cdot d^{-1}$)	8~16	4~12
BOD_5去除率/%	80~90	80~95
出水 SS 浓度/($mg\cdot L^{-1}$)	150~300	80~140
藻类浓度/($mg\cdot L^{-1}$)	100~260	40~100

（二）兼性塘

兼性塘的水深一般为 1.2~2.5 m，如图 3-18 所示。塘内好氧反应与厌氧反应同时进行。在阳光能透入的上层为好氧层，由好氧微生物对有机物进行氧化分解，水层中各项指标的变化和发生的反应与好氧塘相同；阳光不能透入的底部，沉淀的污泥和死亡藻类形成污泥层，由于缺氧，由厌氧微生物进行厌氧发酵，为厌氧层。厌氧发酵的液态产物（氨基酸、脂肪酸等）与塘水混合，其气态产物（CO_2、CH_4等）则逸出水面或在通过好氧层时被藻类等微生物利用。厌氧层作用主要在于氧化分解塘底污泥，使污泥不至于过分累积，这一层也有对水中 BOD_5的降解功能。兼性塘的好氧层虽基本上与好氧塘相同，但污水停留时间较长，能使降解反应进入硝化阶段，其产物 NO_3^-可在下层进行反硝化而脱去氮，因此，兼性塘具有脱氮功能。此外，兼性塘还能除去 COD 和某些难降解有机物，如木质素、合成洗涤剂、ABS 和农药等，是各类氧化塘中应用最为广泛的一种。

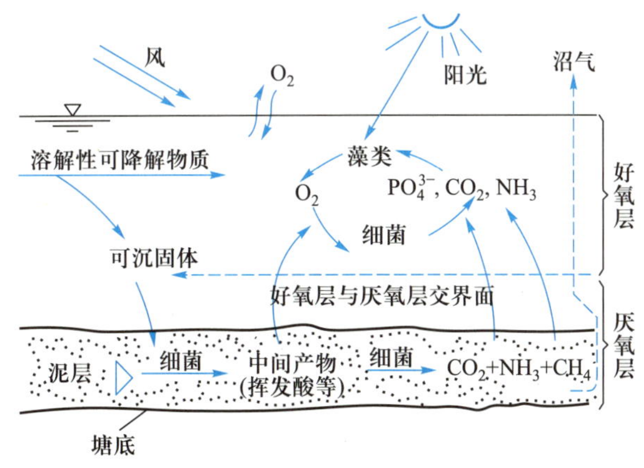

图 3-18　兼性塘净化功能示意图

兼性塘 BOD_5表面负荷如表 3-8 所示。停留时间一般规定为 7~180 天，低值用于我国南方地区，高值用于我国北方地区。除小规模的处理系统可以采用单塘外，一般采用多塘串联系统。

表 3-8 兼性塘 BOD_5 表面负荷

冬季平均气温/℃	塘深/m	BOD_5表面负荷/$(g\cdot m^{-2}\cdot d^{-1})$
<0	1.5~2.1	1.1~2.2
0~15	1.2~1.8	2.2~4.5
>15	1.1	4.5~9.0

注:引自聂梅生,许泽美等.美国城市污水处理厂设计手册.1992.

兼性塘一般也采用面积负荷法计算水面面积。

(三) 曝气氧化塘

曝气氧化塘是一种人工强化的氧化塘,它主要依靠安装在塘面上的人工曝气设备供氧,使好氧微生物在塘水中呈悬浮状态。它的净化机理与活性污泥法非常相似,但分离的污泥并不回流,靠延长污水在塘中停留时间来提高处理效率。所以,曝气氧化塘实质上是一种介于氧化塘和延时曝气活性污泥法之间的废水处理方法。

曝气氧化塘分为好氧和兼性两种:在好氧曝气氧化塘中,曝气强度大,塘水全部保持好氧条件,微生物都处于悬浮状态;而在兼性曝气氧化塘内,曝气混合只限于塘的上层,池底呈厌氧状态,上层增长的污泥在这里被发酵分解。污水在曝气氧化塘中停留时间为 3~8 天,BOD_5平均去除率为 50%~90%。

曝气氧化塘内污水接近完全混合,假设塘中 BOD_5的去除遵从一级反应规律,则氧化塘的 BOD_5的平衡式为:

$$QS_0=QS+V(kS) \tag{3-32}$$

式中:Q——污水流量,m^3/d;

S_0、S——进、出水中 BOD_5浓度,mg/L;

V——曝气氧化塘有效容积,m^3;

k——BOD_5降解速率常数。

经整理可得:

$$\frac{S}{S_0}=\frac{1}{1+k(V/Q)} \tag{3-33}$$

对兼性曝气塘,由于塘底污泥厌氧分解,部分 BOD_5还原并进入塘水中,增加了出水 BOD_5,考虑这一因素,有:

$$\frac{S}{S_0}=\frac{1}{1+k(V/Q)}\cdot f \tag{3-34}$$

式中的 f 值夏季取 1.4,冬季取 1.0。上列各式中 k 值一般介于 0.05~0.8 之间,可通过试验确定。水温对 k 值的影响很大,可用下式修正:

$$k_{(T)}=k_{(20)}\times 1.065^{T-20} \tag{3-35}$$

式中:$k_{(T)}$、$k_{(20)}$——水温 T℃和 20℃时的 BOD_5降解速率常数。

曝气氧化塘也可按表面负荷进行设计,其表面负荷为 30~60 $g/(m^2\cdot d)$,塘深介于 2.5~5.0 m 之间。

(四) 水生生物氧化塘

水生生物氧化塘是近年来在国内外逐渐发展起来的,通过在塘内养殖具有除污功能的水生生物，既可强化氧化塘的净化功能，又可使氧化塘得到利用，获得一定的经济效益。

1. 养鱼氧化塘

氧化塘具有鱼类生长的良好条件，排入氧化塘的污水含有大量可作鱼饵的有机物。在光合作用下，水中溶解氧充足，塘内繁殖的各种微生物和动物性浮游生物又是鱼类的良好食料。在塘内通过藻类—浮游动物—鱼类这一食物链，既净化了污水，又收获了鱼类。因此，养鱼是氧化塘利用最适宜的方法。

养鱼氧化塘采用多级串联的形式，一般为四级：前两级培养藻类，使污水中 BOD_5大幅度降低；第三级利用前两级排入的藻类培养浮游动物；第四级则为养鱼塘。各级塘的深度根据其作用而定，培养藻类的塘浅一些，放养鱼类的塘如接纳一级处理水，塘深以 1.0~1.5 m 为宜，接纳二级处理水时可取塘深为 1.5~3.0 m。养鱼塘一般需人工曝气。

2. 水生植物氧化塘

近年来，发现多种水生植物具有净化污水的作用，在塘内种植水生植物可提高氧化塘净化效率，这就是水生植物氧化塘。常种植的水生植物有水葫芦、水浮莲、水葱、芦苇和荷花等。塘内水深一般为 0.2~1.0 m，污水停留时间可取 1~3 d。

（五）氧化塘系统的前处理、后处理及流程组合

为防止氧化塘淤积，污水在进入氧化塘前必须去除悬浮物质。因此，在氧化塘前应设置沉砂池、沉淀池，使水中悬浮物降至 100 mg/L 以下。

好氧氧化塘和兼性氧化塘出水中含有大量藻类，在排放前应进行除藻处理。常用的除藻方法是混凝加气浮，藻类浓度较低时也可采用过滤法，如砂滤和微滤机等。

城市污水氧化塘典型流程如图 3-19 所示。

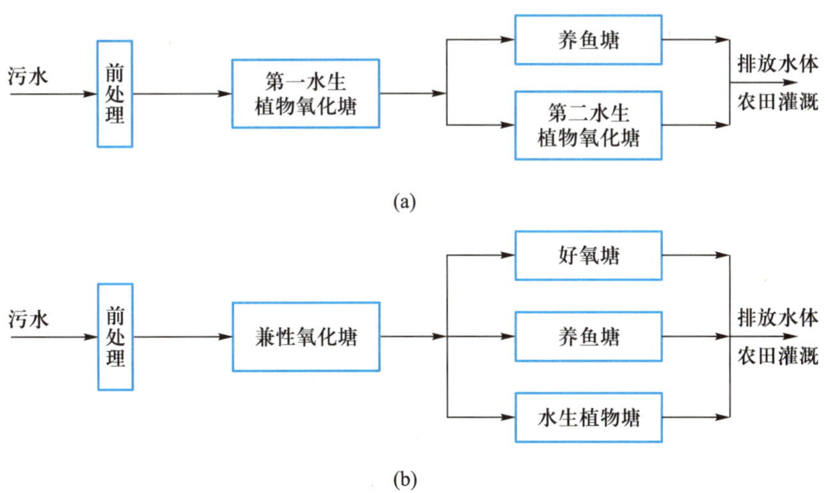

图 3-19　城市污水氧化塘系统典型流程图

处理工业废水的氧化塘组合方案更多，应根据具体条件确定。当处理对象为高浓度有机废水时，则一般以厌氧塘（见第四节）为首塘。

氧化塘由于具有基建设备费和运转费低，维护管理简单，适应能力强，能实现污水资源化等优点。其不足之处是占地面积大；净化效果受季节、气温、光照等自然因素控制，不够稳定；

易散发臭气，滋长蚊蝇，影响环境卫生，污染地下水等。因此，采用氧化塘处理污水，应因地制宜，并采取一定措施，减少其不利影响。

第三节 好氧附着生长处理技术

好氧附着生长系统是利用细菌等好氧微生物和原生动物、后生动物等好氧微型动物附着在某些载体上进行生长繁殖、形成生物膜，当污水与膜接触时，水中的有机污染物作为营养被膜中生物摄取并分解，从而使污水得到净化的系统。其代表性的处理工艺有生物滤池、生物转盘和生物接触氧化等。

一、生物膜的构造及其对有机物的降解机理

当污水与滤料等载体长期流动接触，在载体的表面上就会逐渐形成生物膜。生物膜主要由细菌（好氧菌、厌氧菌和兼性菌）的菌胶团和大量的真菌菌丝组成。此外，生物膜上线虫类、轮虫类以及寡毛类等微型动物出现的频率也较高；在日光照射的部位还生长藻类，有些滤料中甚至还出现昆虫类。由于生物膜是生长在载体上的，微生物停留时间长，像硝化菌等生长世代期较长的微生物也能生长。所以，生物膜上生长繁育的生物类型丰富、种类繁多、食物链长而复杂是该处理技术的显著特征。

图 3-20 是生物膜的构造示意图。生物膜是高度亲水的物质，其外侧表面总存在一层附着水层。附着水层中的有机物由于微生物的氧化作用而消耗，浓度远比流动水层中低。因此，流动层中的有机物就扩散转移到附着水层，然后进入生物膜，并通过微生物的代谢活动而被降解，使流动水层得到净化；空气中的氧溶解于流动水层中，通过附着水层传递给生物膜，供微生物呼吸用；微生物代谢有机物的产物则沿着相反方向从生物膜经过附着水层进入流动水层排走，气态产物又从水层逸出进入空气中。随着有机物的降解，微生物不断增殖，生物膜厚度不断增加，在氧不能透入的内侧就形成了厌氧层。外侧的好氧层一般厚2 mm，有机物的降解主要在好氧层内完成。当厌氧层厚度增加到一定程度时，靠近载体表面处的微生物由于得不到作为营养的有机物，其生长进入内源呼吸期，附着于载体的能力减弱，生物膜在外部水流剪切力作用下脱落。老化生物膜脱落后，又开始生成新的生物膜。因此，在处理系统的工作过程中，生物膜不断生长、脱落和更新，从而保持生物膜的活性。

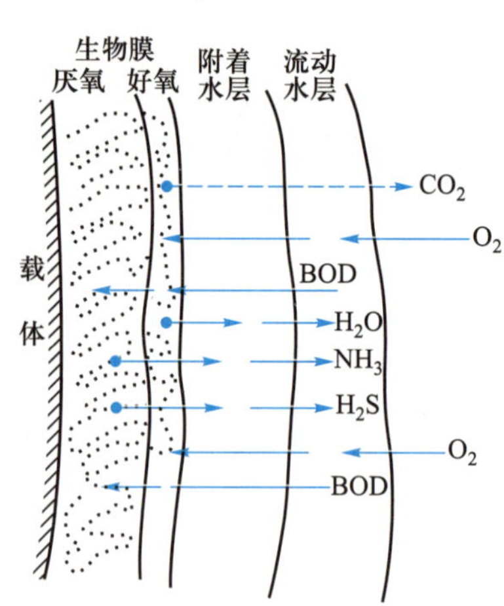

图 3-20 生物膜构造示意图

二、生物滤池

根据构造特征和净化功能，生物滤池可分成普通生物滤池、高负荷生物滤池和塔式生物滤池三类。下面主要介绍后两类。

（一）高负荷生物滤池

高负荷生物滤池是在解决和改善普通生物滤池在净化功能和运行中存在问题的基础上发展起来的。高负荷生物滤池的 BOD_5 容积负荷是普通生物滤池的 6~8 倍，水力负荷则为 10 倍。因此，滤池的处理能力得到大幅度提高。此外，由于水力负荷的加大可以冲刷过厚和老化的生物膜，促进生物膜更新，防止滤料堵塞。但其出水水质不如普通生物滤池，出水 BOD_5 常大于 30 mg/L。

高负荷生物滤池要求进水的 BOD_5 不大于 200 mg/L，否则需用处理出水回流稀释。回流水量（Q_R）与原污水量（Q）的比称为回流比（R，$R=Q_R/Q$）。表 3-9 列出了根据原水浓度确定的回流比。

表 3-9 高负荷生物滤池回流比

污水 BOD_5/(mg·L^{-1})	回流比 R	
	单级滤池	二级滤池（各级）
<150	0.75~1.00	0.50
150~300	1.50~2.00	1.00
300~450	2.25~3.00	1.50
450~600	3.00~4.00	2.00
600~750	3.75~5.00	2.50
750~900	4.50~6.00	3.00

图 3-21 是高负荷生物滤池结构示意图。高负荷生物滤池多为圆形，为防止堵塞，滤料粒径较大（4~10 cm），空隙率较大；滤料层厚 1.8 m，承托层厚 0.2 m。当采用的滤料层厚超过 2 m 时，应强制通风。近年来，高负荷生物滤池开始使用由聚氯乙烯、聚苯乙烯和聚酰胺为原料的波形板式、列管式和蜂窝式塑料滤料，这种滤料质量轻、强度高、耐腐蚀，比表面积和空隙率大，可提高滤池的处理能力和处理效率。

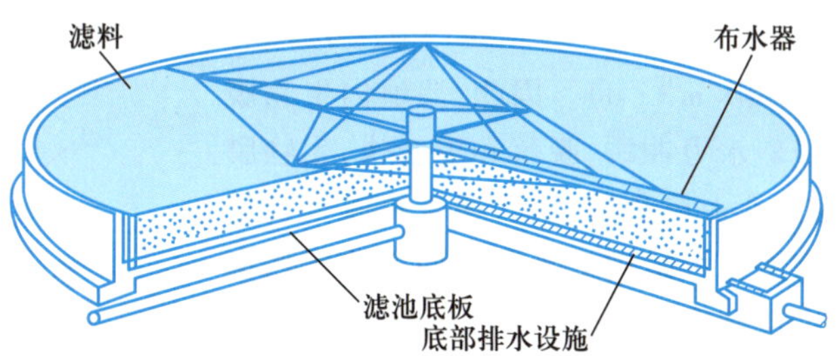

图 3-21 高负荷生物滤池结构示意图

高负荷生物滤池多使用旋转布水器，如图 3-21 所示。污水以一定压力流入池中央的进水竖管，再流入可绕竖管旋转的布水横管（一般为 2~4 根）。布水横管的同一侧开有间距不等的孔口（自中心向外逐渐变密），污水从孔口喷出，产生反作用力，使横管沿喷水的反方向旋转。这种布水器布水均匀，使用较广。

高负荷生物滤池的典型流程如图 3-22 所示。流程（a）应用最广泛，初次沉淀池容积较小；流程（b）有助于生物膜的接种和更新；流程（c）可省去二次沉淀池，提高初次沉淀池的沉淀效果。

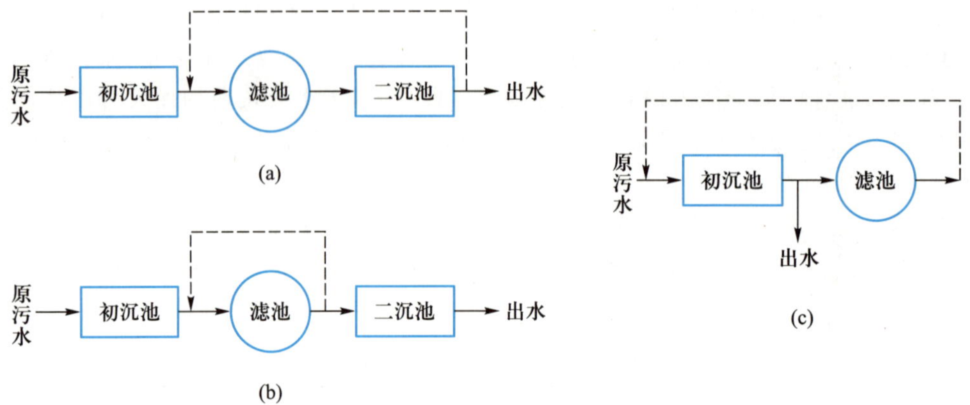

图 3-22 高负荷生物滤池典型流程

当原污水浓度较高，对处理水要求又较高时，可将两个高负荷滤池串联起来，形成二段滤池处理系统。该系统的主要问题是一级滤池负荷过大，生物膜增长快，易堵塞，二级滤池负荷过低。为此，可将串联的两个池交替地用作一级池，从而提高滤池的处理效率。

此外，还有采用人工鼓风代替自然通风的滤池，可大大强化滤池的通风能力，提高效率。

（二）塔式生物滤池

塔式生物滤池是根据化学工程中气体洗涤塔的原理开创的，一般高达 8~24 m，直径 1~4 m。由于滤池形似高塔，使池内部形成拔风状态，因而改善了通风。当污水自上而下滴落时，产生强烈紊动，使污水、空气、生物膜三者接触更加充分，可大大提高传质速度和滤池的净化能力。

塔式生物滤池负荷远比高负荷生物滤池高，当采用塑料滤料时，水力负荷可高达 80~200 $m^3/(m^2\cdot d)$，BOD_5容积负荷达 2 000~3 000 $g/(m^3\cdot d)$。因此，滤池内生物膜生长迅速，同时受到强烈水力冲刷，脱落和更新快，生物膜具有较好的活性。为防止上层负荷过大，使生物膜生长过厚造成堵塞，塔式生物滤池可采用多级布水的方法来均衡负荷。同时进水的 BOD_5浓度应控制在 500 mg/L 以下，否则必须采用处理水回流稀释。

图 3-23 是塔式生物滤池构造示意图。塔式滤池平面可以是圆形、方形或矩形，塔身可以是砖结构、钢结构、钢筋混凝土结构或钢框架和塑料板围护结构。塔身分层建造，每层有测温孔、观测孔和检修孔，层之间设格栅，承托在塔身上，使滤料质量分层负担，每层的高度以不大于 2 m 为宜。布水装置大多采用旋转布水器，小型塔式生物滤池也可采用固定喷嘴式布水器或多孔管和溅水筛板。

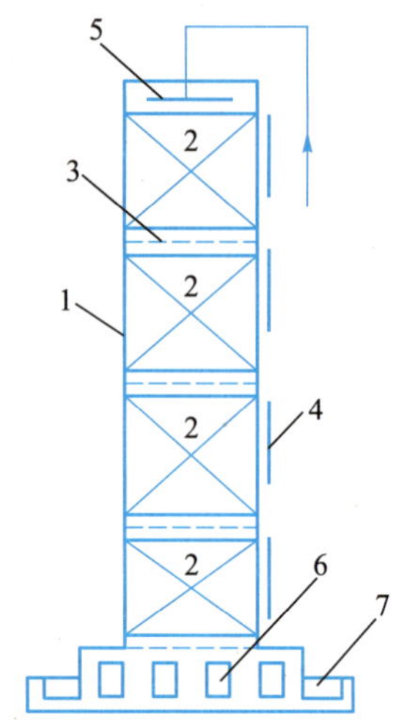

1. 塔身；2. 滤料；3. 格栅；4. 检修口；5. 布水器；6. 通风口；7. 集水槽

图 3-23 塔式生物滤池构造示意图

塔式生物滤池宜采用轻质塑料滤料，广泛使用的是环氧树脂固化的玻璃布蜂窝滤料和大孔径波纹板滤料。

塔式滤池一般采用自然通风，当供氧不足时，采用机械通风。机械通风的风量可按气水比(100∶1)~(150∶1)取用，或通过需氧量计算。计算时，选用的氧的有效利用率以不大于8%为宜。

塔式生物滤池占地面积小，对水量、水质突变的适应性强，产生污泥量少，具有一定硝化脱氮能力。缺点是一次投资较大，塔身高运行管理不方便，运转费用较高。塔式生物滤池既适用于处理城市污水，也适用于处理能生物降解的工业废水，常用作高浓度污水二段生化处理的第一段，它对含氰、腈、酚和醛废水有一定净化功能。

(三) 曝气生物滤池

曝气生物滤池(biological aerated filter，BAF)是20世纪80年代末和90年代初兴起的一种生物膜法污水处理工艺。该工艺最初用作三级处理，后逐步发展成直接用于二级处理。随着研究的深入，曝气生物滤池从单一的工艺逐渐发展成系列综合工艺。其最大的特点是集生物氧化和截留悬浮固体于一体，节省了后续沉淀池(如二沉池)。此外，该处理工艺容积负荷、水力负荷大，水力停留时间短，所需基建投资少，同时该工艺出水水质高。与传统活性污泥法和接触氧化法的不同点主要有：

① BAF粗糙多孔的粒状填料为微生物提供了更佳的生长环境，易挂膜；微生物量大，可达10~15 g/L，高浓度的微生物量使得BAF的容积负荷增大，进而减少了池容和占地面积。池容和占地面积一般为常规二级处理的1/5~1/10，并使基建投资大大降低。

② 粒状填料可使充氧效率大大增加，一般氧利用率可增加10%~15%，降低了运转费用。

③ 粒状填料的使用使得BAF具有优良的过滤和吸附作用，省去了二沉池，进一步降低了基建费用。

④ 在一个反应器中同时实现有机物氧化、硝化和反硝化，实现有机物去除和脱氮的作用，在反应器的上部，异养微生物为优势菌，碳污染物(COD、BOD_5和SS)主要在这里被去除；而在池的下部，自养菌如硝化细菌占优势，氨氮被硝化。在生物膜的内部，以及部分填料之间的缝隙，还存在兼性微生物，可实现反硝化反应。

⑤ BAF的处理出水不但可以满足环保排放标准，同时可被重复利用。如冷却用水等。

⑥ BAF抗冲击负荷能力强，无污泥膨胀问题，一段时间不运转(几天或几个月)，微生物不会流失，几天内即可恢复到正常处理水平。

曝气生物滤池的基本类型根据进水流向主要分为上向流曝气生物滤池和下向流曝气生物滤池。

1. 上向流曝气生物滤池

上向流曝气生物滤池的结构如图3-24所示。滤池底部进水，经长柄滤头配水后通过垫层进入过滤层，同时压缩空气通过过滤层与垫层之间的配气管进入过滤层，在过滤层实现有机物的去除、硝化反应以及SS的去除；反冲洗时，气、水同时进入气水混合室，经长柄滤头进入滤料，反冲洗出水回流入初沉池，与原水合并处理。

上向流曝气生物滤池的主要特点：① 同向流可促进布水、布气均匀；② SS的截留可发生在滤池各个高层，从而加大过滤层的纳污率，延长滤池的反冲洗周期；③ 通过改变运

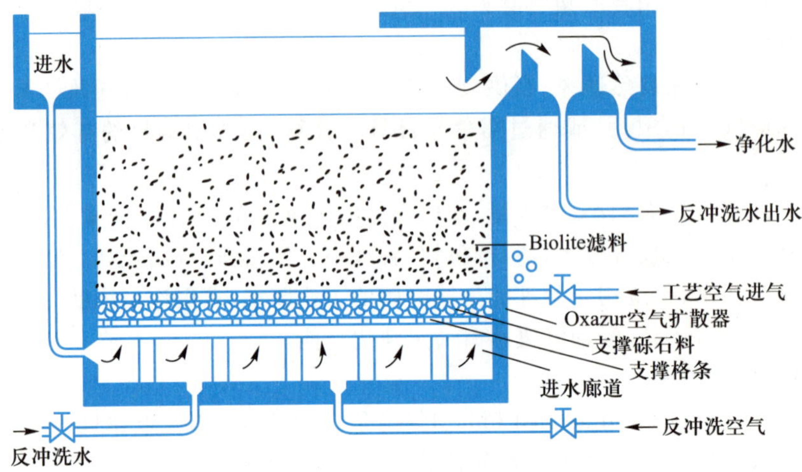

图 3-24 上向流曝气生物滤池结构图

（引自：范瑾初，金兆丰主编.水质工程.北京：中国建筑工业出版社，2009.）

行条件，可实现对不同污染物的去除，如将碳源通入空气管中，调整水力负荷，则可实现反硝化。

2. 下向流曝气生物滤池

早期开发的曝气生物滤池基本都为下向流式，如图 3-25 所示。与上向流相比，其最大的缺点是 SS 只能被截留在滤床表层，该部分的水头损失占整个滤床水头损失的绝大部分，造成滤池的截污能力没有被充分发挥，纳污量较低，容易堵塞，运行周期短。

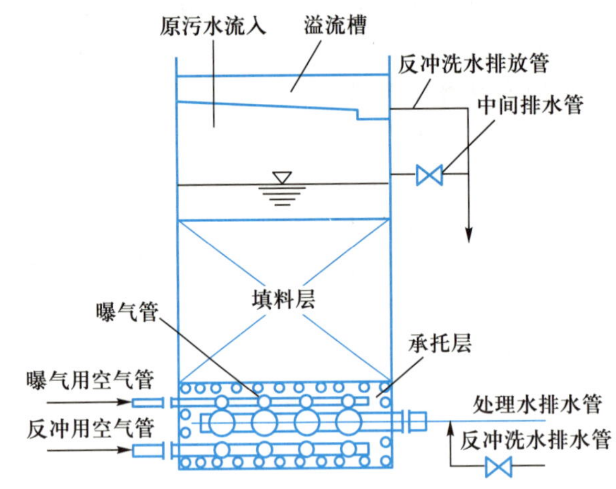

图 3-25 下向流曝气生物滤池结构图

（引自：范瑾初，金兆丰主编.水质工程.北京：中国建筑工业出版社，2009.）

（四）生物滤池的设计计算

生物滤池设计包括滤料体积计算、池体设计、布水装置的计算和设计四部分。

生物滤池滤料体积一般按负荷进行计算。计算时常用的 BOD_5 容积负荷是指在保证处理水达到要求质量条件下，单位体积滤料在单位时间内所能接受的 BOD_5，单位为 $g/(m^3 \cdot d)$；水力负荷是指单位滤料表面积在单位时间内所能接受的污水量，单位为 $m^3/(m^2 \cdot d)$。以上两种滤池典型负荷值范围列于表 3-10 中，供设计参考。

表 3-10　生物滤池典型负荷

生物滤池类型	BOD_5容积负荷/$(g \cdot m^{-3} \cdot d^{-1})$	水力负荷/$(m^3 \cdot m^{-2} \cdot d^{-1})$
高负荷生物滤池	800~1 200	10~40
塔式生物滤池	2 000~3 000	80~200

利用有机负荷值，按下式可算出滤料的体积（V，m^3）：

$$V=\frac{(S_a-S_e)Q_s}{N_V} \tag{3-36}$$

式中：Q_s——滤池设计污水流量，m^3/d；

S_a、S_e——滤池进、出水 BOD_5 浓度，mg/L；

N_V——BOD_5容积负荷，$g/(m^3 \cdot d)$。

当滤池无回流时，Q_s等于原污水量，S_a等于原污水浓度 S_0；当有回流时（回流比为 R），则

$$Q_s=(R+1)Q$$

$$S_a=\frac{S_0+RS_e}{R+1}$$

滤池面积（A）为：

$$A=V/D$$

式中：D——滤料层高度，m。

求得滤池面积后，按下式校核水力负荷（q）：

$$q=Q_s/A$$

若水力负荷不在合适的范围，则可调整滤料层高度或回流比，以满足水力负荷的要求。

生物滤池的水力负荷也可根据 Eckenfelder 提出的关系式计算。埃氏认为生物滤池是一种推流式反应器，BOD_5降解遵循一级反应动力学公式，对于无回流的生物滤池有：

$$\frac{S_e}{S_a}=e^{-kD/q^n} \tag{3-37}$$

式中：k——BOD_5降解速率常数，min^{-1}；

n——滤料的特性参数，对于塑料滤料 $n \approx 0.5$。

有回流的生物滤池有：

$$\frac{S_e}{S_a}=\frac{e^{-kD/q^n}}{(1+R)-Re^{-kD/q^n}} \tag{3-38}$$

水温对 k 的影响，可用下式计算：

$$k_{(T)}=k_{(20)} \times 1.035^{T-20} \tag{3-39}$$

k 值应通过试验确定，其数值常在 0.01~0.10 范围内。

[例 3-3] 某城镇的污水处理厂拟采用高负荷生物滤池为主要构筑物，已知设计污水流量为 5 200 m^3/d，进滤池原水的 BOD_5 浓度 $S_0=250$ mg/L，要求出水 BOD_5 浓度 $S_e \leqslant 20$ mg/L。经试验测得 $k_{(20)}=0.042\ min^{-1}$，若冬季平均水温为 15℃，试确定滤池的表面积和有效深度。

解：查表 3-9，选用 $R=2$，则

$$S_a=\frac{250+2\times20}{1+2}\ mg/L=97\ mg/L$$

$$k_{(15)}=k_{(20)}\times1.035^{15-20}=0.042\times1.035^{-5}\ min^{-1}=0.035\ min^{-1}$$

取滤池有效深 $D=2$ m，由式（3-38）得：

$$\frac{20}{97}=\frac{e^{-0.035\times2/q^{0.5}}}{(1+2)-2e^{-0.035\times2/q^{0.5}}}$$

则 $q=0.007\ 2\ m^3/(m^2\cdot min)=10\ m^3/(m^2\cdot d)$

$A=5\ 200/10\ m^2=520\ m^2$

此时

$$N_V=\frac{Q(R+1)(S_a-S_e)}{V}=\frac{500(2+1)(97-20)}{520\times2}\ g/(m^3\cdot d)=1\ 155\ g/(m^3\cdot d)$$

此值在 800～1 200 $g/(m^3\cdot d)$ 的范围内，合乎要求。

三、生物转盘

（一）生物转盘的构造和工作原理

生物转盘又称旋转式生物反应器，它是由盘片、接触反应槽、转轴和驱动装置等部分组成（图 3-26）。盘片成组串联在转轴上，转轴支承在半圆形反应槽两端的支座上，转轴距槽中水面 10～25 cm，由电机带动旋转。转盘约有 40% 的面积浸没在槽内的污水中。

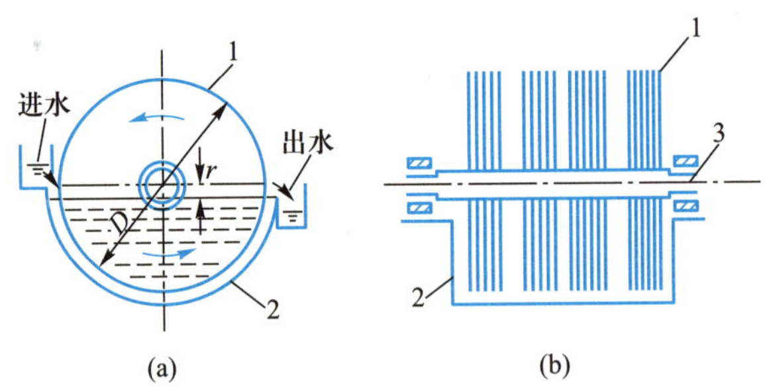

1. 盘片；2. 氧化槽；3. 转轴

图 3-26 生物转盘

生物转盘运转时，污水在反应槽中顺盘片间隙流动，盘片在转轴带动下缓慢转动，污水中的有机污染物被转盘上的生物膜所吸附，当这部分盘片转离水面时，盘片表面形成一层污水薄膜，空气中的氧不断地溶解到水膜中，生物膜中微生物吸收溶解氧，氧化分解被吸附的有机污染物。盘片每转动一周，即进行一次吸附—吸氧—氧化分解的过程。转盘不断转动，污染物不断地被氧化分解，生物膜也逐渐变厚，衰老的生物膜在水流剪刀作用下脱落，并随污水排至沉淀池。转盘转动也使槽中污水不断地被搅动充氧，脱落的生物膜在槽中呈悬浮状态，继续起净化作用。因此，生物转盘兼有活性污泥池的功能。

生物转盘的盘片由质轻、高强、耐蚀的聚氯乙烯、聚酯玻璃钢或低发泡聚苯乙烯（密度仅为 0.105 g/m^3）制成，厚度 2~10 mm，直径多介于 2.0~4.0 m 之间，表面最好呈波形，以增加表面积。盘片间距应保证通风良好，一般为 10~30 mm，污水 BOD_5 浓度高时取上限。接触反应槽断面呈与盘片外形吻合的半圆形，与盘片外缘间距为 20~50 mm。转轴一般为实心钢轴或无缝钢管，直径50~80 mm，长度不宜超过 7.0 m。驱动装置常包括电动机和减速装置。转盘转速以 0.8~3.0 r/min 为宜，线速度以 10~20 m/min 为宜。

（二）生物转盘系统布置形式

生物转盘系统不需污泥回流，其工艺流程比较简单。它的布置形式一般分为单轴单级、单轴多级和多轴多级。采取的布置形式主要根据污水水质、水量、净化要求和现场条件而定。实践证明，对同一污水，在盘片总面积不变前提下，采用多级串联能够提高出水水质和水中溶解氧含量。

当污水浓度较高时，可将几个生物转盘串联运行。这时，由于污水经处理后逐级净化，生物转盘的面积可以逐级减少。

（三）生物转盘的设计计算

生物转盘设计计算的主要内容是转盘总面积、盘片数、反应槽容积、转轴长度及污水停留时间，其中主要的计算项目是确定转盘总面积。现在通用的计算法是负荷法和经验公式法。

在生物转盘设计中使用的负荷一般是面积负荷。BOD_5 面积负荷 F_A 是单位盘片面积（m^2）在单位时间内所能接受并达到预期效果的 BOD_5 数量，单位为g/（m^2 · d）；水力负荷是单位盘片面积在单位时间内能够接受的水量，单位为 m^3/（m^2 · d）。负荷值应通过试验确定，处理生活污水时的 BOD_5 负荷为 10~25 g/（m^2 · d）（处理出水 $BOD_5 \leqslant 30$ mg/L）。根据负荷值可算出盘片的总面积，再根据选定的盘片直径（D）确定所需盘片数（n），即可进行盘片的布置。每台转盘的转轴长度（L）按下式计算：

$$L=n(d+b)k \tag{3-40}$$

式中：d——盘片间距，m；

b——盘片厚度，m；

k——考虑循环沟道的系数，取 1.2。

国外有些研究者在进行试验研究的基础上，提出了许多计算盘片总面积的经验公式和计算图表，读者可参阅有关专著。例如，式（3-41）是德国勃别尔教授提出的简化计算公式：

$$A=Q\frac{0.022(S_a-S_e)^{0.4}}{S_a^{0.4}} \tag{3-41}$$

式中：A——盘片总面积，m^2；

Q——污水流量，m^3/d；

S_a、S_e——进、出水 BOD_5 浓度，mg/L。

四、生物接触氧化法

生物接触氧化法是在曝气池中设置填料（作为生物膜的载体），当经过充氧的废水以一定的流速流过填料与生物膜接触，利用生物膜和悬浮活性污泥中微生物的联合作用净化污水的方法。这种方法是介于活性污泥法和生物滤池两者之间的生物处理法，所以又称接触曝气法或淹没式生物滤池。由于生物接触氧化法兼具两种方法的优点,所以很有发展前途。

生物接触氧化装置运转时,污水在填料中流动,水力条件良好,通过曝气使水中溶解氧充足,适于微生物生长繁殖,故生物膜上生物相丰富,除细菌(包括球衣细菌等丝状菌)外,还有多种原生动物和后生动物,保持着较高的生物量。据实测,每平方米填料表面生物量在100 g以上,如折算成MLSS,可达10 g/L之多,能有效地提高污水的净化效果。BOD_5容积负荷可达3~6 kg/(m^3 · d)。生物接触氧化法不需污泥回流,也不存在污泥膨胀问题,管理简便。

(一)生物接触氧化装置的构造

生物接触氧化装置的中心处理构筑物为接触氧化池,它由池体、填料、布水装置和曝气系统等几部分组成。接触氧化池有分流式和直流式两种池型,如图3-27和图3-28所示。在分流式中,废水的充氧、污水与填料的接触分别在不同的隔间里进行。在充氧隔间进行剧烈曝气和充氧,水中氧充足;在装填料的接触隔间,污水缓缓向下流经填料,有利于生物的生长。但在这种池型中,污水在填料间流动慢,冲刷作用小,生物膜更新慢,易堵塞,适用于BOD_5负荷低的处理过程。在直流式池子中,直接在填料底部鼓风曝气,从而在填料区产生向上的升流,生物膜受上升水流和气流冲刷,脱落更新快,活性好,不易堵塞。

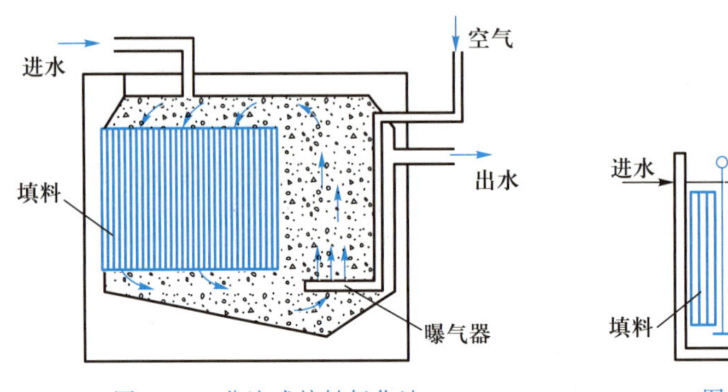

图3-27 分流式接触氧化池

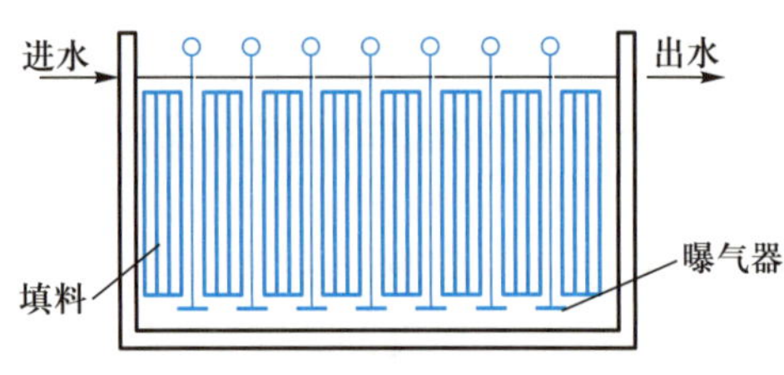

图3-28 直流式接触氧化池

接触氧化池填料分硬性、软性、半软性和不规则粒状等类型:

(1)硬填料:硬填料主要是由聚氯乙烯、聚丙烯塑料或环氧玻璃钢和纸板制成的蜂窝管状或立体波纹填料,具有比表面积大(130~360 m^2/m^3)、空隙率大(98%)、质量轻、强度高、表面光滑、生物膜易脱落等优点,其缺点是填料易填塞。

(2)软填料:软填料是一种新型填料,又称纤维填料,一般用尼龙、维纶、涤纶或腈纶等化纤材料结成束,或结成球状。由于其比表面积大、生物膜附着力强,接触效率高,纤维束随水漂动,不易堵塞,价格便宜,安装简单,可广泛用于工业废水处理中。缺点是易黏结在一起,产生结球现象,导致内部形成厌氧区,影响继续使用。

此外,还有一种疏水性中空微孔纤维束填料,空气在纤维中空通道中流过,经微孔渗出,使整个膜都能保持好氧状态,氧的利用率高。纤维束安装在支架上以固定束距,避免结球现象,是一种性能良好、经济实用的填料。

(3) 半软性填料:半软性填料是由变性聚乙烯塑料制成的多孔的薄圆片,用支撑杆串联,安装在支架上。这种填料有一定的柔性,也有一定的刚性,不易结球,具有很好的使用性能。与软性填料比,在相同条件下,水中溶解氧浓度和 COD 去除率均可提高 10%左右。

(4) 不规则粒状填料:不规则粒状填料有砂、碎石、焦炭、无烟煤、陶粒等。采用这种滤料的生物接触氧化装置又称生物曝气滤池。由于被截留的悬浮物和新形成的生物固体逐渐增多,引起水头损失增加,故 BAF 系统应设立反冲洗系统。滤料粒径的选择取决于进水水质和反冲周期,对于城市污水二(三)级处理,建议采用粒径为 3~5 mm,滤料层高取1.8~3.0 m,一般为 2.0 m。

(二) 生物接触氧化装置设计

生物接触氧化池填料体积按填料容积负荷计算,容积负荷应通过试验确定,一般城市污水为 1.0~1.8 kg(BOD_5)/(m^3·d)。

生物接触氧化池进水 BOD_5浓度应控制在 100~300 mg/L,浓度大时用处理水回流稀释。污水在池内停留时间为 2.0~4.0 h;池中溶解氧浓度应维持在 2.5~3.5 mg/L,曝气装置供气量按气水比(15∶1)~(20∶1)考虑;填料总高度一般取 3 m,采用硬填料时应分层装填,每层高 1 m;每格生物接触氧化池面积不宜大于 25 m^2,以保证布水布气均匀。

五、生物流化床

生物流化床是 20 世纪 70 年代出现的一种新型的生物接触氧化装置,它是根据化学工程中的流化床技术开创的。

生物流化床是以粒径小于 1 mm 的砂、焦炭、活性炭一类的颗粒材料为载体,填充于设备中,充氧的污水自下而上流动,使载体流态化。生物膜附着在载体表面,由于载体粒径小,比表面积高达 2 000~3 000 m^2/m^3,能够维持较高浓度的生物量,折算成 MLSS 可达 10~15 g/L。由于载体流态化,使污水与生物膜广泛接触,强化了传质过程,载体相互间的碰撞、摩擦,促进了生物膜的更新,可有效防止流化床被生物膜堵塞。因此,生物流化床具有负荷高[BOD_5容积负荷高达 8 kg/(m^3·d),甚至更高]、处理效果好、占地少的特点。

根据供氧、脱膜和床体结构的不同,生物流化床主要有二相生物流化床和三相生物流化床两种工艺,如图 3-29 和图 3-30 所示。在二相生物流化床系统中,污水的充氧及充氧污水与载体的接触在两个设备中进行。为了更新生物膜,系统中应设置间歇工作的脱膜设备。在三相流化床中,污水和空气从设备底部一起进入,设备中气、液、固三相强烈搅动接触,使有机物降解。由于生物膜能自行脱落,可不设脱膜设备。

生物流化床内部流化状态受流体分布的均匀性影响很大,布水器的性能对流化床是至关重要的。布水器设计的关键是做到各流线的速度和阻力基本相近,保证在运行时流体分布和载体膨胀均匀。目前应用较多的是管式大阻力布水器(可参见第二章滤池的配水系统)。近年来喷嘴式布水器也得到了应用,其反应器底部设计成锥形(流化床直径大时设计成多个底锥),锥体顶角不大于 30°,每个锥体设一个喷嘴,向下喷射废水,喷射速度为 2~4 m/s,最大流化直径为 1 m。

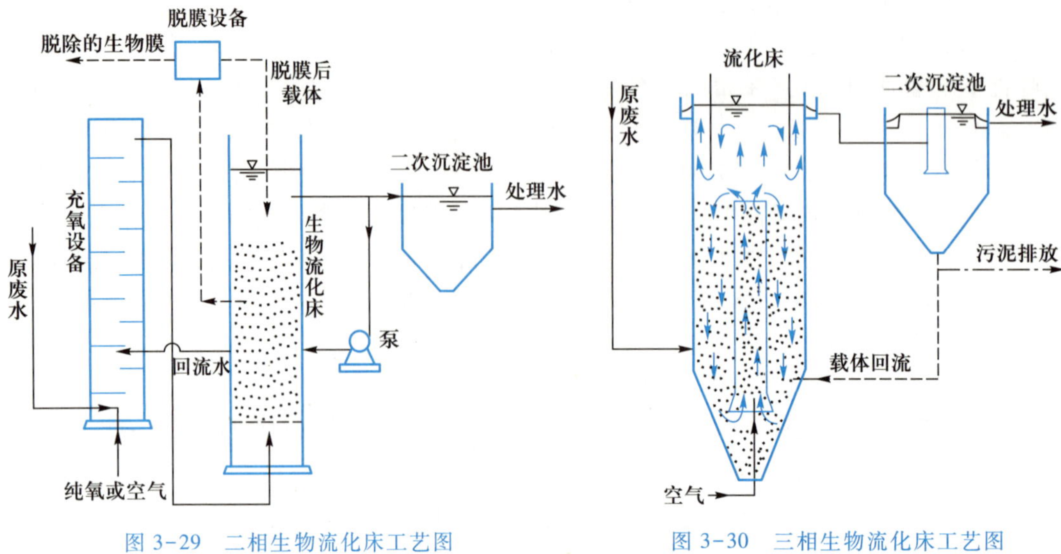

图 3-29 二相生物流化床工艺图　　图 3-30 三相生物流化床工艺图

生物流化床上部设沉淀区，用以分离出水和悬浮物（包括生物颗粒、脱落的生物膜和 SS）。如果流化床后设二沉池，不在流化床中排除剩余污泥，只要分离生物颗粒即可，水力负荷可稍大，对石英砂载体取 4～5 $m^3/(m^2 \cdot h)$。如不设二沉池，则水力负荷宜取 1.0～4.5 $m^3/(m^2 \cdot h)$。在三相流化床中还要分离气泡，流化床上部是一个三相分离器。

六、高效生物膜法工艺

生物膜法出水中含有较多难以沉降的生物膜，出水的 BOD_5浓度较高。因此，生物膜法二沉池的设计应考虑这一因素，留有充分的余地。有鉴于此，还出现了一些组合工艺，图 3-31 是高效生物滤池-固体接触法（trickling filter-solids contact process，简称 TF-SC 工艺）流程示意图，该流程综合了生物滤池和活性污泥法的优点，并应用了生物絮凝技术，提高了分离效果和出水水质。

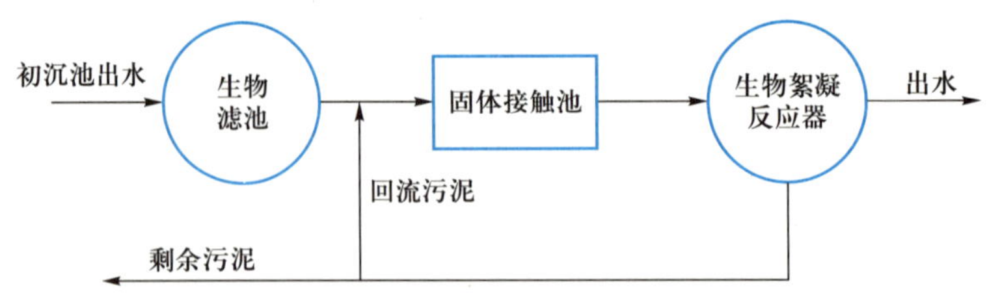

图 3-31 TF-SC 工艺流程图

图 3-31 中的固体接触池类似活性污法中的曝气池，生物滤池出水在池中可与回流污泥充分接触，废水中细小的悬浮物被吸附或黏附在活性污泥上，形成易沉淀的絮体；废水中的有机物也在此被进一步生物氧化。出水进入生物絮凝沉淀池，通过控制反应条件，使之适合絮凝过程，进一步除去微细的胶体颗粒，获得优良的出水水质。

第四节　厌氧生物处理技术

厌氧生物处理是在无氧的条件下，利用兼性菌和厌氧菌分解有机物的一种生物处理法。厌氧生物处理技术最早仅用于城市污水处理厂污泥的稳定处理。由于有机物厌氧生物处理的最终产物是以甲烷为主体的可燃性气体（沼气），可以作为能源回收利用；处理过程产生的剩余污泥量较少且易于脱水浓缩，可作为肥料使用；运转费也远比好氧生物处理低。因此，在当前能源日趋紧张的形势下，厌氧处理作为一种低能耗，可回收资源的处理工艺，重新受到世界各国的重视。最近的研究结果表明，厌氧生物处理技术不仅适用于污泥稳定处理，而且适用于高浓度和中等浓度有机废水的处理。有的国家还对低浓度城市污水进行厌氧处理研究，并取得了显著进展。

一、厌氧生物处理的机理

有机物的厌氧分解（又称厌氧消化）过程在微生物学上可分为前后两个阶段：酸性消化（或酸性发酵）阶段和碱性消化（或碱性发酵）阶段，分别由两类微生物群体接替完成，如图 3-32 所示。

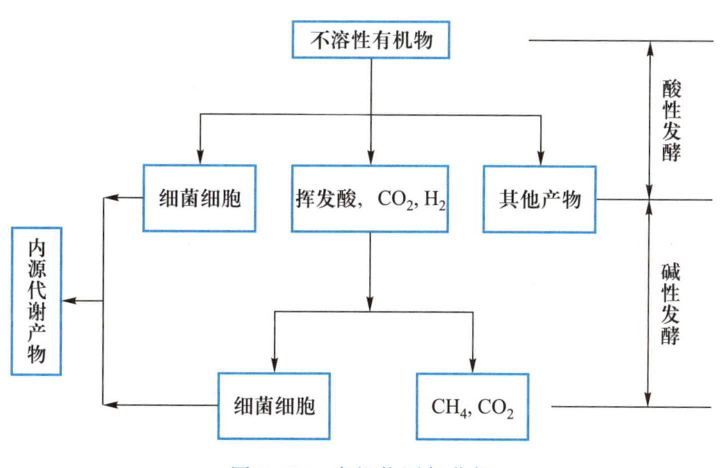

图 3-32　有机物厌氧分解

（一）酸性消化阶段

厌氧消化过程中，首先发生的是酸性消化阶段，参与这一阶段的微生物主要是产酸细菌（又称酸性腐化细菌或水解细菌），它们属于兼性厌氧细菌或专性厌氧细菌。在这一阶段中，不溶性的有机物在细菌释放出的外酶的作用下，水解生成水溶性的有机物。例如，淀粉和纤维素水解为单糖，蛋白质水解为肽和氨基酸，脂肪水解为丙三醇和脂肪酸。接着，水解产物渗入细胞，在内酶的作用下，转化为丁酸、丙酸、乙酸等挥发性有机酸类和醇、氨、硫化物、二氧化碳、氢等无机物和能量。

酸性消化的前期，由于细菌首先分解的是糖类，产生大量有机酸，溶液的 pH 迅速下降至 6，有时甚至可达 5 以下，故名为酸性发酵期。随糖类的减少，有机酸及含氮有机物开始分解，生成氨、胺、碳酸盐等碱性物质，pH 不再下降，并逐渐上升到 6.6~6.8，同时放出硫化氢、吲哚、硫醇等恶臭气体，称为酸性减退期。产酸细菌对 pH 及温度的适应性很强，几分钟到几小时即可繁殖一代，多属于异养型兼性细菌群。

（二）碱性消化阶段

酸性消化阶段后期，随 pH 的逐渐回升，甲烷细菌经一段时间的适应后，开始分解有机酸，使溶液 pH 上升，产气量增加，有机物厌氧分解进入碱性消化阶段，当 pH 达到 7.0~7.5 时，产气量达到最大值。

在碱性消化阶段，起主要作用的甲烷细菌是专性很强的一类绝对厌氧菌。甲烷菌能利用产酸菌产生的挥发性脂肪酸、挥发醇、氢作为营养来源，代谢产物为甲烷、二氧化碳、微量硫化氢、氨和氢组成的气体。一般生活污水污泥厌氧消化所产生的气体中，甲烷占 50%~75%，二氧化碳占 20%~30%，发热量一般为 $2.10\times10^7\sim2.50\times10^7\ J/m^3$，是一种很好的燃料。

甲烷细菌对 pH 的要求很严格，适宜的范围是 6.8~7.8，最佳范围 6.8~7.2；甲烷细菌对温度的适应性较差，在一定温度下驯化的甲烷细菌，当温度变化 1~2℃ 时，就可能使消化过程受到破坏；甲烷细菌的繁殖很慢，一般要 4~6 d 繁殖一代，因此，必须注意避免过多地从处理构筑物中排出熟污泥，或采用回流污泥的办法，以利于保持较多的甲烷细菌。此外，甲烷细菌的专一性很强，每种菌只能代谢特定的基质，因此，有机物的厌氧分解往往是不完全的。

正常的厌氧消化过程应保持酸的形成速度与甲烷的形成速度相平衡。由于甲烷细菌的世代期比产酸细菌长，对环境的适应性差，甲烷的形成速度较慢，所以碱性消化阶段控制着整个系统的反应速率，整个过程中必须维持有效的碱性消化条件。

一般认为厌氧生物处理过程中，有机物的降解速率遵循一级反应规律，所以前面叙述的有机物降解原理也适用于厌氧生物处理，只是酸性消化阶段有机物降解速率远大于碱性消化阶段。因此，厌氧生物处理构筑物的设计应以碱性消化阶段各参数为依据。

不含氮有机物厌氧分解成 CH_4 和 CO_2 的通式为：

$$C_nH_aO_b+\left(n-\frac{a}{4}-\frac{b}{4}\right)H_2O\longrightarrow\left(\frac{n}{2}-\frac{a}{8}+\frac{b}{4}\right)CO_2+\left(\frac{n}{2}+\frac{a}{8}-\frac{b}{4}\right)CH_4$$

劳伦斯（Lawrence）和麦卡蒂（McCarty）建议 CH_4 的产量（Q_{CH_4}，m^3/d）用下式计算：

$$Q_{CH_4}=0.35(QS_r-1.42VX_v)\times10^{-3} \tag{3-42}$$

式中：Q——废水或污泥流量，m^3/d；

S_r——去除的有机物浓度，以 COD 计，mg/L；

X_v——消化池内挥发性污泥浓度，mg/L；

V——消化池有效容积，m^3。

二、影响厌氧生物处理的主要因素

（一）温度

甲烷细菌对温度的变化十分敏感，所以温度是影响厌氧生物处理的主要因素。厌氧消化可根据细菌对温度的适应范围分为三类：低温消化（5~15℃）、中温消化（30~35℃）和高温消化（50~55℃）。消化时间（指产气量达到总气量 90%时所需的天数）与温度有关，高温消化和中温消化时间分别为 10~12 d 和 25 d。

高温消化比中温消化时间短，产气率稍高，对寄生虫卵的杀灭率可达 90%，而中温消化的杀灭率很低。高温消化耗热量大，管理复杂，因此，只有在卫生要求较高时才考虑采用高温消化。

（二）酸碱度

甲烷细菌生长最佳的 pH 范围是 6.8~7.2，若 pH 低于 6 或高于 8，正常消化就遭到破坏。因此，消化系统内必须存在足够的缓冲物质（如重碳酸盐），用以中和产酸细菌产生过量的酸。一般消化系统中应保持碱度 2 000~3 000 mg/L（以 $CaCO_3$ 计）。

（三）负荷

负荷是厌氧处理过程中决定污水、污泥中有机物进行厌氧消化速率高低的综合性指标，是厌氧消化的重要控制参数。

负荷常以投配率表示。投配率指每日加入消化池的新鲜污泥体积或高浓度污水容积与消化池容积的比率。投配率过高，则产酸速度大于甲烷菌的耗酸速度，挥发酸累积，使 pH 下降，破坏碱性消化，产气率降低；投配率过低，虽可提高产气率，消化完全，但设备容积大，基建投资高。

完全混合型消化池处理生活污水时，中温消化污泥投配率以 6%~8% 为宜。根据有关污水处理厂资料，投配率（p）和产气量（q）关系如式（3-43）所示：

$$q=32.2p^{0.5} \tag{3-43}$$

式中：q——产气量，m^3/m^3；

p——投配率，%。

对污水厌氧消化，还可用污泥负荷、容积负荷和水力负荷表示。

（四）碳氮比

有机物质中的碳氮比（C/N）对消化过程有较大影响。碳氮比过高，组成细菌的氮量不足，消化液的缓冲能力较低，pH 易下降；碳氮比太低，则氮量过高，pH 可能上升到 8.0 以上，脂肪酸的铵盐积累，对甲烷菌产生毒害作用。实验表明，碳氮化为（10∶1）~（20∶1）时，消化效果较好。生活污水初次沉淀污泥的碳氮比约为 10∶1，活性污泥的碳氮比约为 5∶1。后者单独进行消化时效果不好，宜在消化时投加高碳氮比的原料，如牲畜粪便、植物茎秆等。

（五）有毒物质

污泥中的有毒物质会影响消化的正常进行，故必须严格控制有毒物质排入城市污水系统。主要的有毒物质是重金属离子和某些阴离子。

三、污泥的厌氧消化

污泥的消化处理是污泥稳定化的有效方法，一般可分为厌氧消化和好氧消化两种。好氧消化是在延时曝气活性污泥法基础上发展起来的。厌氧消化和好氧消化相比，虽然有机物分解速度慢，分解不完全，但它具有能耗小等优点，仍然是污泥稳定处理最基本的方法。

（一）污泥消化设备的构造

常见的污泥消化池有传统消化池和高速消化池两种。

传统消化池没有搅拌，因而池内污泥有分层现象。由于微生物和有机物得不到充分的接触，仅一部分池容起作用，所以这种消化池消化时间长，池容利用率低。此外，产酸菌大多集中于浮渣层，甲烷细菌在下面的泥层内活动，消化的速度较慢，故传统消化池已被效率更高的高速消化池所替代。

高速消化池是用钢筋混凝土建成的拱顶圆池，池径一般为几米至三四十米，柱体部分高度约为直径的一半，池底为圆锥形，便于排泥。为保持厌氧条件，保持池温和收集污泥气，消化池都有顶盖。顶盖有固定式和浮动式两种。固定盖式消化池在加泥和排泥时，如操作不当，易在池内造成高压或负压，引起池体破裂，空气渗入，影响消化过程，严重时能引起爆炸。另外，固定盖式消化池还需另设污泥气贮气罐。浮盖式消化池（见图 3-33）顶盖用钢板焊制，可随消化池内污泥气压力的变化或污泥面高低变化而升降，运行比较安全，不用另设贮气罐。但结构较复杂，造价较高，运行管理较麻烦。

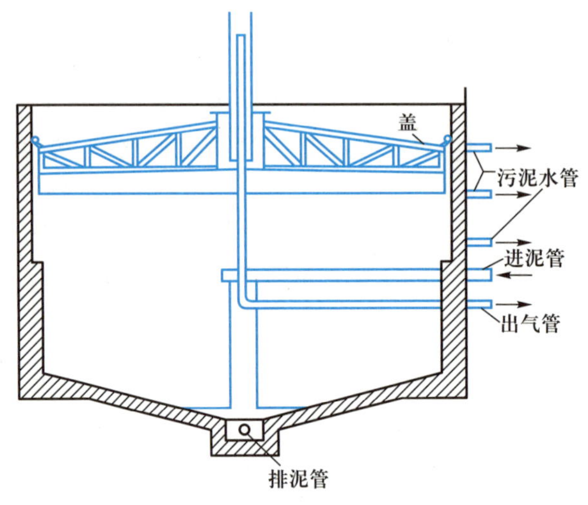

图 3-33 浮盖式消化池

高速消化池都装有加热设备，污泥加热有池内直接加热和池外预热两种方法，池内直接加热是利用插在消化池内的蒸汽竖管直接向消化池内通入蒸汽的加热方法。这种方法设备比较简单，热效率高，但蒸气管周围局部污泥过热，影响细菌正常活动，还会增加污泥的含水率；池外预热法是用热交换器或投配池在池外将新鲜污泥加热后送入消化池。这种方法的优点是预热的只是新鲜污泥，泥量少，易于控制，达到的温度较高，有利于杀灭寄生虫卵，且不会使池内的甲烷细菌受过热影响，是一种较理想的加热方法，但加热设备比较复杂。

搅拌可以保证细菌与基质的充分接触，并使池内温度、酸碱度均匀，对消化池的运转有很大影响。消化池内搅拌一般有三种方法：机械法、水力法和污泥气法。水射器搅拌效果好，但效率低；螺旋桨搅拌效率高，但结构较复杂；利用压缩污泥气循环搅拌消化池可使细菌与基质混合更完全，还可缩短消化时间，是一种较好的搅拌方法。

（二）消化池的设计

目前，国内一般用污泥的投配率计算消化池的有效容积：

$$V=\frac{W_i}{p} \tag{3-44}$$

式中：V——消化池的有效容积，m^3；

W_i——湿污泥投入量，m^3；

p——污泥投配率，%。中温消化用6%～8%，高温消化用10%～16%（含水率低用下限，含水率高用上限）。

按污泥投配率计算消化池容积比较简单，但并不合理。因为消化池中细菌分解的仅是污泥中的有机物，而污泥的有机物含量是各不相同的，所以，按有机物负荷计算消化池容积更为合理。一般的生活污水污泥，采用中温消化时，BOD_5挥发性固体负荷为1.6～6.5 kg/(m^3·d)。

消化池的计算草图见图3-34。集气罩的高度h_1和直径d_1分别取1 m与2 m；池盖锥角为20°～30°；下锥体角α'用20°～30°；下锥体顶直径d_2为0.5～1.0 m。消化池设计污泥面一般位于池盖容积的1/2～1/3处。浮盖式消化池容积还需增加污泥气贮存体积，一般可取每日产气量的20%～40%。

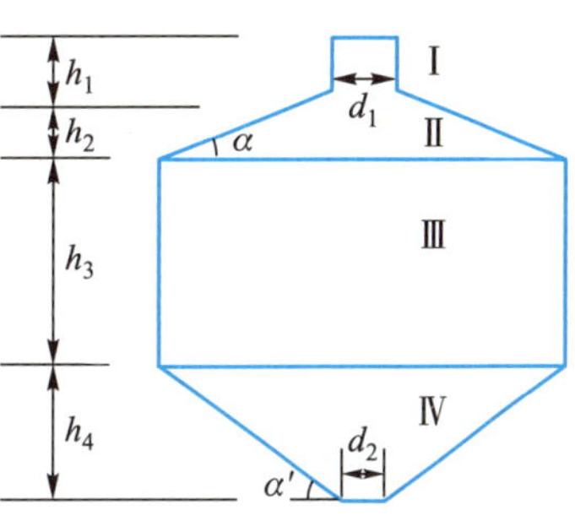

图3-34　消化池计算草图

（三）消化池的投产与运行管理

消化池在投产时，首先需培养和驯化甲烷细菌，最方便的方法是用已运行的消化池污泥接种，接种量最好能达到消化池有效容积的90%。如无条件，也可自行培养。自行培养有两种方法：

1. 逐步培养法

将一定量的污泥投入消化池，逐渐升温，升温速度控制在每小时1℃。待温度达到预期后，保持恒定，并逐日投加一定量的新鲜污泥，达到设计泥面后停止投泥。中温消化时在不加搅拌条件下，成熟时间为30～40 d，然后投入正式运行。

2. 一次培养法

用池塘陈腐污泥投入消化池，直到有效容积的1/10，再加入新鲜污泥至设计污泥面，以每小时1℃的速率升温到预定温度。此时污泥呈酸性，可加碱（石灰）调节pH至6.8～7.4之间，保持温度一段时间，使污泥成熟后投入正常运行。

消化池应密封，不得漏入空气，以保证甲烷细菌活动的条件。污泥气中带有少量水蒸气，应在污泥气管最低处设凝结水罐，以保证污泥气管畅通。消化池中的浮渣和沉砂应定期清除。污泥水应经常从池中排出，以减少消化污泥含水率。排出的污泥水不宜直接排放，宜回流处理或加以利用。运行中必须充分注意安全，污泥气易燃易爆，消化池周围严禁明火。

四、有机废水的厌氧生物处理

有些工业废水的有机物含量很高，用好氧法处理时常需稀释数百甚至上千倍，很不经济，这类废水用厌氧法处理则较适宜。

（一）厌氧悬浮生长处理技术

污泥消化用的消化池采用的悬浮生长处理技术，也可用于有机废水的厌氧处理。消化池用于处理有机废水时，一般采用叶片或螺旋装置进行搅拌，使池内物质混合，其设计应根据实验所得数据进行计算。除此之外，常用的悬浮生长处理工艺还有厌氧接触法和升流式厌氧污泥床。

1. 厌氧接触法

厌氧接触法又称厌氧活性污泥法，其工艺流程如图 3-35 所示。污水经调节池调节后进入厌氧消化池，池内设有搅拌器，细菌以悬浮絮体形式存在，污水在此与厌氧微生物充分接触。微生物吸附、分解污水中有机物，分解过程中产生的气体经气水分离后进入贮气罐。由消化池流出的污水和污泥进入沉淀池进行固液分离，污水由上部排出，沉淀污泥回流至消化池。污泥回流可使消化池中污泥保持较高的浓度(固体浓度约为 6~12 g/L)。从而使运行稳定，在一定程度上提高了消化池的有机负荷和处理效率。回流量一般为入流污水量的 2~3 倍。由于消化产生的气体易黏附在污泥上影响沉淀，在污水进入沉淀池前应设脱气器，以改善污泥的沉降性能，避免污泥流失。

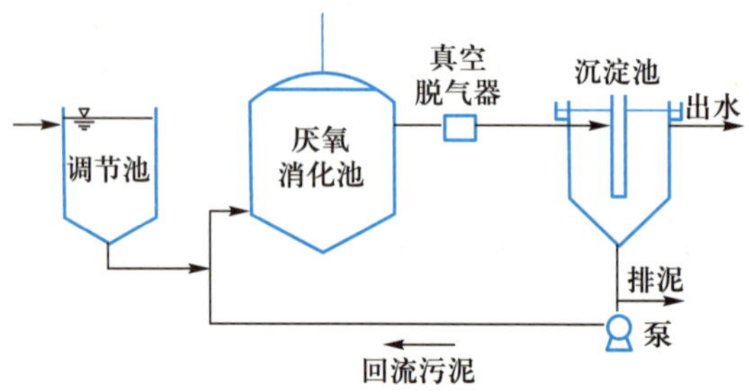

图 3-35 厌氧接触法工艺流程

由于厌氧接触法提高了消化池中的污泥浓度，增加了甲烷细菌在池中的停留时间，可大大提高处理效率，消化时间可缩短至 6~12 h，且有较大的耐冲击负荷的能力。

厌氧接触法消化池容积按有机负荷计算，设计负荷可根据试验确定，一般 COD 负荷为 2~6 kg/(m^3 · d)。池子高度与直径之比为 1 ∶ 1 左右，搅拌器的能力应足以保证在 2~5 h 内将全部污泥搅拌一次。厌氧沉淀池可按污水沉淀的一般构造设计，上升流速可采用 0.5 mm/s，停留时间约为 2 h。

2. 升流式厌氧污泥床法(UASB 法)

升流式厌氧污泥床反应器如图 3-36 所示。污水自反应器底部进入，首先通过一个高浓度的污泥床(SS 浓度高达 60~80 g/L)，污水中的有机物在此进行厌氧分解，转化为消化气。由于消化气的搅动，使污水与厌氧微生物充分接触。消化气的微小气泡在上升过程中夹带着污泥上浮，在污泥床上部形成污泥悬浮层。反应器的上部是固、液、气三相分离装置，上浮的污泥与分离装置的挡板碰撞后，气体分离，储集在分离装置斜板下部，然后用管道引出反应器。污泥与污水则穿过缝隙上升，在沉淀室进行泥水分离，污泥下沉，沿斜板下滑至污泥床内，污水则由溢流槽引出。

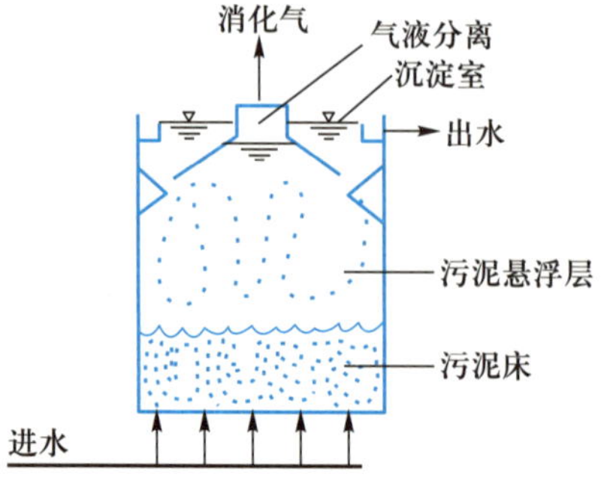

图 3-36 升流式厌氧污泥床反应器

UASB 反应器的污泥床中，生物体以直径为 3~4 mm的小颗粒的形式存在。UASB 反应器运行成功的关键是要形成沉淀性能良好的高活性的颗粒污泥床。上升水流和消化气的搅动使污水和污泥得到完全混合。运行经验表明，利用多个进水口(每 5 m^2 面积设一进水口）可使水流分布均匀，混合充分。

UASB 反应器高度一般为 3.0~6.5 m，反应器容积可按容积有机负荷或污泥有机负荷计算。UASB 的 COD 负荷高达 10~30 kg/(m^3·d)，COD 的去除效率可达 90%以上。

升流式厌氧污泥床法一般不适用于含高浓度悬浮固体的废水，进水的 TSS 应控制在 500 mg/L 以下。

（二）厌氧附着生长处理技术

常用的厌氧附着生长处理技术有以下几种：

1. 厌氧生物滤池

除无须供氧外，厌氧生物滤池与好氧生物接触氧化池（淹没式生物滤池）的原理相同，其构造类似一般的生物滤池，但池顶密封。池中放置填料（碎石、卵石、焦炭或各种形状塑料制品），填料表面附生着一层厌氧生物膜。污水通过滤层时，微生物吸附污水中有机物，并将其分解为甲烷和二氧化碳。生物膜不断新陈代谢，老化的生物膜随水流带出，产生的消化气从滤池顶部引出。填料上生物膜数量较高，达 10~20 g/L，污泥龄较长，有可能长达100 d以上，所以运行稳定，处理效果很好。试验表明，当温度为 25~35℃，块石填料（粒径约 40 mm）滤池的 COD 体积负荷为 3~6 kg/(m^3·d)，比普通消化池高 2~3 倍；使用塑料填料时，COD 负荷可提高至 3~16 kg/(m^3·d)，且空隙率高，质量轻，不易堵塞。

厌氧滤池的缺点是易堵塞，主要适用于含悬浮物较少的中等浓度与低浓度有机废水。但当废水 COD<750 mg/L，特别是温度低于 20℃时，不能获得满意的处理效果。采用空隙率大的填料或定期冲洗等办法，均能在一定程度上克服堵塞问题。

厌氧生物滤池按水流的方向分为上流式厌氧滤池（AF）和下流式厌氧固定膜反应器（DSFF）两种主要形式。此外，还有一种厌氧复合床反应器，它的特点是减小了滤层厚度，在池底布水系统和滤料层之间形成絮状污泥或颗粒污泥区。因此，这是 UASB 反应器和厌氧生物滤池结合的形式，在一定条件下可不设三相分离器，并减少堵塞。

2. 厌氧膨胀床和厌氧流化床

典型的厌氧膨胀床和流化床为圆柱形结构（如图 3-37 所示），床内装有一定量（约占其体积的 10%）惰性细颗粒载体（砂、砾石、焦炭或塑料），厌氧细菌组成的生物膜附着在载体上。除不需供氧，维持厌氧条件外，厌氧膨胀床和流化床的工作原理和好氧流化床相同。当水向上流经床体时，载体会产生膨胀，生物体的生长和有机物厌氧分解产生的消化气又会使床体进一步膨胀，在膨胀床内膨胀率为 10%~20%。如果膨胀床上升水流速度继续增加，到一定程度，通过床内颗粒载体层压力降恰等于介质的质量时，则载体颗粒将在水中自由悬浮，达到最小流化点，流速再增加，膨胀床即向流化床转化。流化床的膨胀率一般为 20%~40%。

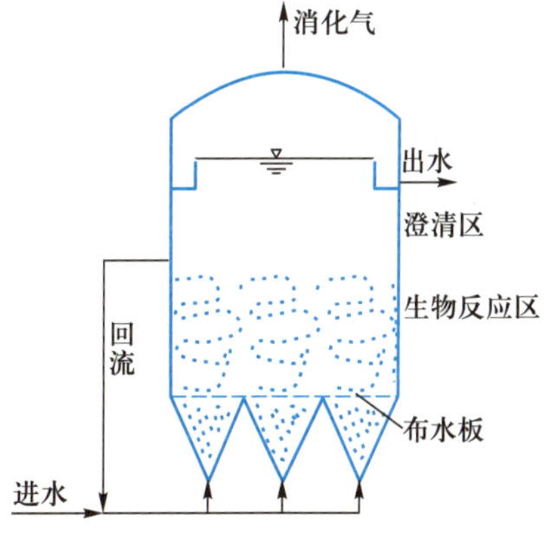

图 3-37　厌氧膨胀床/流化床

膨胀床中载体粒径一般为 0.3~3.0 mm，而流化床中载体粒径很少超过 1 mm，其具有较大比表面积，反应器内生物体浓度可达到 8~40 g/L,最高可达60 g/L。

膨胀床和流化床反应器具有良好的传质条件,细菌易与污水中有机物接触,代谢产物也较易排出;生物膜薄,传质条件好,细菌具有很高活性,设备的处理效率高,不易堵塞。有关资料表明,膨胀床和流化床反应器不仅适用于高浓度有机废水,也适用于低浓度有机废水(COD<900 mg/L)的处理。在较低的水力停留时间(几小时至几天),较高的 COD 负荷[大于 8 kg/(m^3·d)]条件下,COD 去除率均可达 80%以上。为保持载体膨胀或流化,需要大量的回流水,因此,该反应器能耗较高;需要较高的运行和设计水平。

3. 厌氧生物转盘

厌氧生物转盘与好氧生物转盘相似,但转盘完全淹没在水中,整个系统维持厌氧条件,适用于处理较高浓度的有机废水。

麦卡蒂(McCarty)研究表明,转盘的旋转对厌氧生物转盘的处理效率影响不大,因此,又发明了盘片不动的隔板式厌氧反应器。有关资料表明在 COD 负荷为 10~20 kg/(m^3·d)时,COD 的去除率达 60%~80%。

(三) 厌氧塘

厌氧塘一般是水深 2.5 m 以上的池塘,塘表面往往形成浮渣层,以维持厌氧状态并保持塘水温度,塘内生长着厌氧细菌,污水于下部进入塘内与厌氧菌接触,有机物被分解成 CH_4 和 CO_2,污水得到净化。

处理城市污水时塘深为 1.0~3.6 m,处理工业废水时深度要大一些,一般为 2.5~4.5 m。厌氧塘有机负荷较高,停留时间也较长。由于受地理位置、气候条件等影响,有机负荷应根据试验确定。处理城市污水时,BOD_5负荷可取20~60 g/(m^2·d),停留时间以30~50 d为宜。

厌氧塘适于处理温度较高的高浓度有机废水,由于对有机物的去除率不高,出水有机物浓度仍很高,一般很少单独使用,多作为兼性塘等后续处理单元的前处理。

五、厌氧生物处理技术的发展

随着对厌氧生物处理机理认识的深化,又出现了几种新的运行方式,提高了处理效率。

(一) 多级厌氧处理系统

由于有机物的厌氧分解速率慢,分解不完全,单个厌氧反应器出水中残留有较高浓度的有机物,为了降低出水有机物浓度,出现了多级厌氧系统。实验证明,多级厌氧系统不仅可提高 COD 去除率,还能增加产气量,减少停留时间和节省能量。例如,污泥中温消化,有机物只有 45%~55%被分解,排出的污泥会继续分解,污染环境。采用两级消化系统,污泥先在第一级消化池(有加热和搅拌)中停留 7~10 d,这段时间消化最快,产气量约占总产气量的 80%。排出的污泥在第二级消化池(无加热和搅拌)中利用余热继续消化。两级消化系统设备总容积并不增加,但能耗和电耗都较低。

在污水处理工艺中,预处理阶段常采用近年来出现的水解(酸化)工艺。根据厌氧发酵三阶段理论,厌氧过程可分为三阶段:水解、酸化和甲烷化。水解工艺是将厌氧过程控制在第二阶段完成以前,这一阶段的产物主要是小分子的有机物,易于生物降解,并能把部分有机固体转化为溶解性物质(污泥水解率为 30%~50%)。尽管该工艺本身 COD 去除率不高(小于 50%),但用作预处理工艺,具有高的 SS 去除率(平均 85%),可以提高后续生物处理的效率;由于水解酸化阶段反应迅速,所需水力停留时间短(2~3 h),可以在高的水力负荷下工作[$>1.0\ m^3/(m^2 \cdot h)$],相同条件下,可减小整个工艺设备的总体积。

水解池构造有多种形式,常用类似于 UASB 的反应器,但不设三相分离器,不需密闭和搅拌,故称为水解升流式污泥床反应器(HUSB)。反应器内水的上升流速为 1.5~1.8 m/h,水力停留时间视废水种类而异:生活污水、啤酒废水和屠宰废水 2~4 h,焦化废水 4 h,造纸中段水 4~6 h,印染废水 6~10 h。

(二)两相厌氧处理系统

前已述及,厌氧消化过程由产酸细菌和产甲烷细菌两类微生物接替完成。但是,这两类细菌群体对环境条件要求有很大差异,因此在同一反应器中生活栖息时,环境条件不可能使它们都处在生长繁殖的最佳状态,甚至会互相抑制,不能充分发挥各自的作用,运行管理比较复杂。近年提出的两相厌氧处理系统使酸性消化阶段与碱性消化阶段分别在两个反应器中完成,这样可分别保证产酸菌和产甲烷菌都处在生长最佳状态,从而可以大大提高有机物的分解速度和程度,提高消化气中的甲烷浓度,使整个系统设备容积小,反应时间短。

两相厌氧处理的两个反应器可采用多种工艺组合。酸性消化采用厌氧接触消化池居多,工业废水处理则采用 UASB 反应器;甲烷消化采用厌氧滤池较宜,也可采用厌氧接触消化或 UASB 反应器。

六、厌氧-好氧联合处理系统

厌氧生物处理法具有许多好氧生物处理法所不具备的优点,但对于高浓度和某些中等浓度的有机废水,仅经过厌氧处理,一般难以达到污水排放的水质要求。所以,厌氧生物处理法常和好氧生物处理法结合,组成厌氧-好氧联合处理系统。这种系统发挥了两种处理法各自的长处,在城市污水和工业废水处理中应用越来越广泛。详见本章第五节有关内容。

生物处理技术近年来发展很快,新方法、新工艺不断出现,本书因篇幅所限不能一一介绍,读者可参阅有关著作。表 3-11 和表 3-12 列出了好氧处理和厌氧处理各种不同方法的比较,以供参考。

表 3-11 各类好氧工艺的比较

项目	处理法				
	活性污泥法	生物接触氧化	生物滤池	氧化塘	生物转盘
BOD 去除率	80%~95%	85%~95%	80%~90%	30%~60%	85%~95%
负荷变化时稳定性	小	大	中	中	大
有无污泥膨胀	有	无	无	有	无

续表

项目	处理法				
	活性污泥法	生物接触氧化	生物滤池	氧化塘	生物转盘
有无污泥回流	有（20%~200%）	无	无	无	无
日常运行是否简易	难，需专门培养人才	易，为防止填料堵塞，需注意进水均匀，不夹杂大量的沉淀物	易，冬季运行，生物活性降低，处理效率低	易，表面曝气有令人讨厌的噪声，需定时停止曝气	易，不使剥离污泥沉积槽底产生腐化现象
运行成本	高，使用鼓风机，耗电高	中~低	低~中，高效生物滤池费用较高	低	低，仅需转盘旋转动力，费用最低
占地面积	大，若采用深层曝气或纯氧曝气可减少占地	小，可呈塔式布置，原水 BOD<100 mg/L，可做5~6 m深	大，若塔式布置，把沉淀池放在最下部则占地面积可能缩小	最大	中，氧化槽面积占地较大

表 3-12 各类厌氧工艺的比较

项目	处理法			
	普通消化池	厌氧接触工艺	厌氧生物滤池	升流式污泥反应器
处理可溶性有机污水负荷（以 COD 计）/（$kg \cdot m^{-3} \cdot d^{-1}$）	<3.0	3.0~5.0	5.0~10.0	8.0~30.0
允许进水的 SS	大，可高达 50 g/L	大，可高达 50 g/L	小，一般小于 200 mg/L	一般小于 4 g/L
进水 COD≥	5 000 mg/L	3 000 mg/L	300 mg/L	1 000 mg/L
COD 去除率	较低	较低	较高	较高
动力消耗	较大	较大	较小	较小
生产控制	较容易	较容易	较容易	较难
投资	较大	较大	较大	较小
占地	较大	较大	较小	较小

续表

项目	处理法			
	普通消化池	厌氧接触工艺	厌氧生物滤池	升流式污泥反应器
堵塞	无	无	有可能	无
低温	效率差	效率差	影响较小	影响较小
设备内流态	完全混合型	完全混合型	接近推流	介于二者之间

第五节　生物脱氮除磷技术

随着工业的发展与居民生活水平的不断提高，城市污水与工业废水中的污染物种类日趋增多，许多污染物通过常规二级处理已不能去除或去除甚少。其中对环境影响很大，又普遍存在的两类污染物是氮和磷。水中的有机氮和氨氮会消耗水中的溶解氧，使水体变黑、发臭；水体中的氮和磷过多，造成水体富营养化，使水环境恶化。因此，有必要从污水中除去氮和磷。脱氮除磷方法很多，本节仅讨论生物脱氮除磷技术。

一、生物脱氮处理技术

氮化合物进入天然水体的途径有多种，其中城市污水、某些工业废水和农田排水是主要的氮污染源。

（一）生物脱氮机理

未经处理的城市污水中总氮浓度常在 20~85 mg/L，其中主要是有机氮和氨氮（NH_3-N）。在氨化细菌的作用下，有机氮化合物分解，转化为氨氮。氨氮转化的第一步是硝化，硝化菌将氨氮转化成硝酸盐的过程称为硝化。整个硝化过程是由两类细菌依次完成的，分别是氨氧化菌（也称亚硝化菌）和亚硝酸盐氧化菌（也称硝化菌），统称为硝化细菌，它们都是专性的自养型革兰氏阴性好氧菌，以碳酸盐和二氧化碳等无机碳作为碳源，利用氨氮转化过程中释放的能量作为自身新陈代谢的能源。反应过程分两步：

$$NH_4^+ + \frac{3}{2}O_2 \xrightarrow{\text{亚硝化菌}} NO_2^- + 2H^+ + H_2O - 278.42\ \text{kJ}$$

$$NO_2^- + \frac{1}{2}O_2 \xrightarrow{\text{硝化菌}} NO_3^- - 72.27\ \text{kJ}$$

总反应为：

$$NH_4^+ + 2O_2 \longrightarrow NO_3^- + 2H^+ + H_2O - 351\ \text{kJ}$$

在上述生物反应过程中，细菌获得能量的同时，部分 NH_4^+ 被同化为细胞组织。

可以算出，氧化 1 g 氨氮需要 4.57 g O_2。由反应式可以看出，反应中产生 H^+，要消耗水中的碱度，氧化 1 g 氨氮需要 7.14 g 碱度（以 $CaCO_3$ 计）。硝化阶段，pH 宜维持在 7.5~9.0 范围。

水温对亚硝化菌的活性有很大影响，最适宜的温度是 35℃，随水温下降，亚硝化速率急剧下降。

BOD_5/TKN(总凯氏氮)对硝化作用影响很大,一般认为 $BOD_5/TKN<3$ 为宜。BOD 负荷是设计生物脱氮系统的重要参数,BOD 负荷不应大于 0.1 kg(BOD_5)/[kg(MLSS)·d]。

溶解氧对硝化过程有很大影响,硝化过程中 DO 不能低于 0.5 mg/L,控制在 1.5~2.0 mg/L能得到较好的硝化效果。

好氧生物硝化过程只能将氨氮转化为硝酸盐,不能最终脱氮。欲最终脱氮,还必须进一步将 NO_3^-转化为气态 N_2,使其逸入大气,通常将这一生物转化过程称为反硝化(或脱硝)。

NO_3^-的反硝化过程在生物化学过程中是还原反应,NO_3^-作为电子受体,在兼性异养型厌氧菌的作用下被还原。该反应必须具备两个条件:一是污水中应含有充足的电子供体,二是厌氧或缺氧条件。电子供体包括与氧结合的氢源和异养菌所需的碳源。当污水中含有充足的可生物降解的有机物,可以作为自源电子供体;若此类有机质不足,则必须额外投加适量营养物,称为外源电子供体。一般常用甲醇作为外源电子供体,实际应用中常采用生活污水或其他易生物降解的含碳废物,如粪便与食品废物等。反硝化反应亦为两步:

$$6NO_3^- + 2CH_3OH \xrightarrow{\text{厌氧菌}} 6NO_2^- + 2CO_2 + 4H_2O$$

$$6NO_2^- + 3CH_3OH \xrightarrow{\text{厌氧菌}} 3N_2 + 3CO_2 + 3H_2O + 6OH^-$$

总反应:

$$6NO_3^- + 5CH_3OH \xrightarrow{\text{厌氧菌}} 5CO_2 + 3N_2 + 7H_2O + 6OH^-$$

由于细胞合成消耗一定量的甲醇,McCarty 依据实验结果,提出计算脱氮需要的甲醇量的公式:

$$\rho_m = 2.47N_0 + 1.53N_1 + 0.87D_0 \tag{3-45}$$

式中:ρ_m——需要的甲醇浓度,mg/L;

N_0——NO_3^-的初始浓度,mg/L;

N_1——NO_2^-的初始浓度,mg/L;

D_0——溶解氧的初始浓度,mg/L。

可以算出,将 1 mg NO_3-N 还原为 N_2,需 2.47 mg 甲醇(合 3.7 mg COD),产生 3.57 mg 碱度(以 $CaCO_3$计)和 0.45 mg VSS(新细胞)。如果废水的 $BOD_5/TKN>3$,则不需外加碳源。

反硝化适宜的温度为 15~30℃,适宜的 pH 范围是 7.0~7.5,DO 应严格控制在 0.5 mg/L以下。

传统的生物脱氮技术需要将氨氮完全氧化为硝酸盐氮,再通过厌氧反硝化转化为氮气,基于该理论的脱氮技术通常处理工艺流程较长,硝化过程需要补充碱度,反硝化过程需要补充碳源,同时需要污泥回流和消化液回流,运行成本较高,运行控制较为复杂。鉴于传统生物脱氮技术中的缺点,新的生物脱氮理论已经突破了传统的脱氮理论,从而为开发新型高效的脱氮处理技术提供了理论依据。新的脱氮理论主要为:

① 由于亚硝化细菌和硝化细菌的生长特性的差异,可通过控制运行条件,氨氮的氧化过程控制到 NO_2^-阶段,不氧化到 NO_3^-,然后再通过反硝化作用直接将 NO_2^-还原到 N_2。有人也简称它为“短程反硝化”。

② 在厌氧条件下,某些细菌可利用 NH_4^+为电子供体,NO_3^-或 NO_2^-为电子受体,直接将 NH_4^+和 NO_2^-转化为 N_2和气态氮化物。这一生化过程称为“厌氧氨氧化”。

③ 一些硝化细菌除了能进行正常的硝化作用外，还能进行反硝化作用。反硝化作用不只在厌氧条件下进行，某些细菌也可在好氧条件下进行。

基于以上生物脱氮新理论，在生物脱氮新技术、新工艺上取得了一些突破，目前已被工程应用的包括 SHARON-ANOMMOX 工艺、CANON 工艺和 OLAND 工艺。

（二）生物脱氮处理工艺

1. 二段生物脱氮处理工艺

在 BOD_5与 NH_3-N 共存的污水的好氧处理过程中，都存在着一定比例的硝化细菌，其数量受 BOD_5与总氮浓度比的制约。当 BOD_5与总氮比在 1～3 时，硝化细菌比例较高，此种条件下的好氧处理相当于单独的硝化处理；而当 BOD_5与总氮比大于 5 时，则完成硝化处理过程相当于碳氧化与硝化相结合的处理过程。因此，污水脱氮处理工艺流程因硝化处理工艺的不同而有差别。图 3-38 给出曝气氧化硝化-反硝化脱氮两段工艺流程。该流程的主要工艺参数列于表 3-13 中。

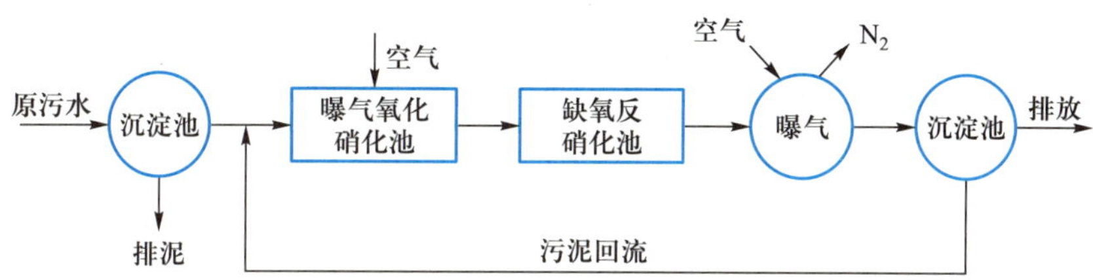

图 3-38 内碳源二段生物脱氮工艺

表 3-13 二段生物处理脱氮工艺参数

处理段	反应器	细胞停留时间 θ_c/d	水力停留时间 θ/h	pH	MLVSS/($g\cdot L^{-1}$)
碳氧化+硝化	推流曝气池	10～20	6.0～8.0	6.5～8.5	1～2
反硝化	推流厌氧池	1～5	0.5～3.0	6.5～7.0	1～2

2. 三段生物脱氮工艺

图 3-39 为含碳有机物氧化-硝化-反硝化脱氮三段工艺流程。该流程主要工艺参数列于表 3-14 中。二段工艺适于 BOD_5与总氮比小于 3 的废水，而三段工艺适于此比值大于 5 的废水。这种流程脱氮效率高，但在脱氮阶段必须投加碳源，而且流程长，构筑物多。

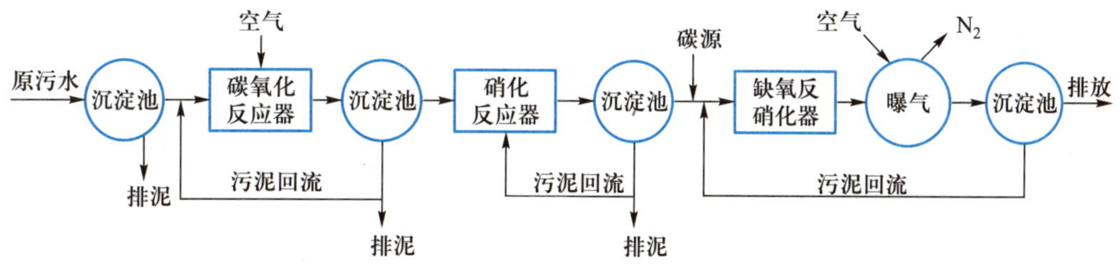

图 3-39 外碳源三段生物脱氮工艺

表 3-14 三段生物处理脱氮工艺参数

处理段	反应器	细胞停留时间 θ_c/d	水力停留时间/h	pH	MLVSS/($g\cdot L^{-1}$)
碳氧化	连续流搅拌	2~5	1.0~3.0	6.5~8.0	—
硝化	推流曝气池	10~20	0.5~3.0	7.0~8.0	1~2
反硝化	推流厌氧池	1~5	0.2~2.0	6.5~7.0	1~2

3. 前置反硝化脱氮工艺

前置反硝化生物脱氮工艺，也称为循环法生物脱氮工艺及 A/O(缺氧/好氧)脱氮工艺(如图 3-40 所示)。这种工艺能充分利用原污水中有机成分作为碳源，不需外加碳源，可以减少曝气量，不设中间沉淀池和回流系统，显著减少了基建投资和运行费用。

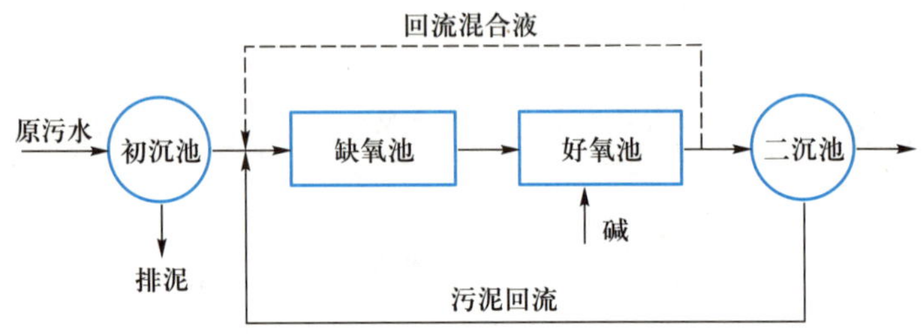

图 3-40 缺氧/好氧(A/O)脱氮工艺

4. SHARON-ANAMMOX 工艺

该工艺是一种短流程生物脱氮技术。其基本原理就是通过控制温度、水力停留时间、pH 等条件，在 SHARON 反应器中将污水中 50% 的 NH_4^+ 氧化为 NO_2^-，然后将含有 NH_4^+ 和 NO_2^- 的污水排入 ANAMMOX 反应器，在厌氧条件下将 NH_4^+ 和 NO_2^- 转化为 N_2 和 H_2O，反应式如下：

$$NH_4^+ + HCO_3^- + 0.75O_2 \longrightarrow 0.5NH_4^+ + 0.5NO_2^- + CO_2 + 1.5H_2O$$

由于该工艺无须外加碳源，只需要对脱氮过程进行控制，避免了传统硝化、反硝化过程中对 COD 的控制；此外，与传统的硝化、反硝化工艺相比，该工艺可以节约氧气 50%左右，无须外加碳源，污泥产量低，而且不向环境排放 CO_2，还能消耗 CO_2。总体上，与传统工艺相比，该组合工艺可以节约 90%以上的运行成本，具有很好的应用前景。

该工艺适用于污泥浓缩排放污水(污泥上清液)和高氨氮、低碳源工业废水的处理。

5. CANON 工艺

该工艺是一种短流程生物脱氮工艺，是基于亚硝化和厌氧氨氧化技术而发展的，其核心是在单个反应器内，通过控制溶解氧实现亚硝化和厌氧氨氧化，从而达到除氮的目的。

该工艺的基本原理是在限氧条件下(<0.5%饱和空气)，建立好氧和厌氧氨氧化菌的共生系统，即可实现在一个反应器中同时进行硝化和反硝化过程，达到脱氮的目的。在限氧条件下，NH_4^+ 被氧化为 NO_2^- 的反应式如下：

$$NH_4^+ + 1.5O_2 \longrightarrow NO_2^- + 2H^+ + H_2O$$

随后厌氧氨氧化菌将 NH_4^+ 与 NO_2^- 以及痕量 NO_3^- 转化为 N_2：

$$NH_4^+ + 1.32NO_2^- \longrightarrow 1.02N_2 + 0.26NO_3^- + 2H_2O$$

该工艺比较适合含高氨氮、低有机物的污水的处理，由于 CANON 工艺所涉及的微生物均为自养菌，故无须外加碳源。此外，整个脱氮过程在单一、微量曝气的反应器中发生，从而大大减少了占地面积和能耗，与传统脱氮工艺相比，这一过程可减少 63%的供氧量、100%的碳源。CANON 工艺的关键是要控制过程中 O_2的过量而导致 NO_2^-的累积。

（三）生物脱氮处理系统设计基础

生物脱氮处理系统常采用污泥负荷法或污泥龄法设计。

硝化池体积和污泥负荷的关系：

$$V = \frac{Q\rho_0}{N_s X} \tag{3-46}$$

式中：V——硝化池体积，m^3；

Q——污水流量，m^3/d；

N_s——污泥负荷，kg(有机物)/[kg(SS)·d]（有机物可以是 BOD_5或 COD）；

ρ_0——进水有机物浓度，mg/L（有机物可以是 BOD_5或 COD）；

X——污泥浓度，mg/L。

反硝化池体积：

$$V = \frac{1\,000\ N}{\mathrm{DNR} \times X} \tag{3-47}$$

式中：V——反硝化池体积，m^3；

N——每日需还原的硝酸盐氮（进水氮总量减去出水中和剩余污泥中的氮含量），$kg(NO_3\text{-}N)/d$；

DNR——反硝化速率，kg(N)/[kg(MLSS)·d]。

污泥龄法考虑了硝化菌的生长情况，因此设计更合理。按下式计算：

$$V = \frac{\theta_c F_{sp}}{X} \tag{3-48}$$

式中：F_{sp}——每日污泥产量可按$(0.5\sim0.7)Q(S_0 - S_e)$估算，kg(VSS)/d；

θ_c——污泥龄，d。

θ_c随温度而变，硝化过程可参照图 3-41 选用。

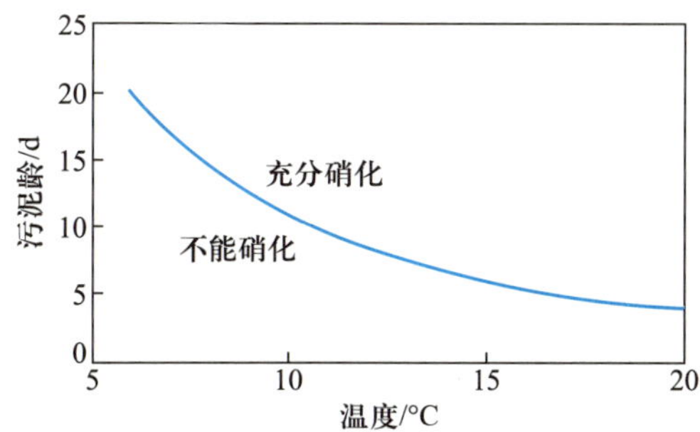

图 3-41 活性污泥处理厂硝化所需的污泥龄和温度间的关系（DO 为 2 mg/L）

反硝化的污泥龄不宜小于3 d,但也不能太长。硝化过程水力停留时间是反硝化的2~5倍,污泥浓度应在3 g/L以上。

总的氧需要量应包括去除BOD和氮时的氧需要量,计算时应考虑扣除胞细胞合成消耗的NH_3-N和剩余污泥带出的BOD_5。氧需要量用下式计算:

$$O=Q\left[\frac{S_0-S_e}{1-e^{kt}}-1.42P_X\left(\frac{VSS}{SS}\right)+4.75(N_0-N_e)-0.56\left(\frac{VSS}{SS}\right)-0.26\Delta\rho_{NO_3-N}\right] \quad (3-49)$$

式中:O——需氧量,kgO_2/d;

Q——废水流量,m^3/d;

S_0及S_e——分别为进出水BOD_5浓度,mg/L;

k——BOD_5降解速率常数,d^{-1};

t——BOD分析测定天数,d;

P_X——剩余污泥排放量,kg/d;

VSS/SS——污泥中挥发性固体占的比例,%;

N_0及N_e——分别为进出水NH_3-N浓度,mg/L(以N计);

$\Delta\rho_{NO_3-N}$——需还原的NO_3-N浓度,mg/L(以N计)。

污泥的回流比取70%~100%,混合液内循环回流比与脱氮率有关,常用300%~600%。

生物脱氮系统的设计有多种方法,读者可参考相关手册。

二、生物除磷工艺

水环境中的磷化合物主要来源于生活污水与农田排水,部分来自工业废水。磷化合物是地表水是否富营养化的主要限制性元素。水中的磷以正磷酸盐、聚磷酸盐与有机磷三种形态存在,生活污水中后两项占总磷的70%左右,约10%以固体形式存在。

一般污水二级处理过程,约有10%的磷在一级沉淀中被去除,相当于污水中固态磷含量。在好氧生物处理过程,污水中部分磷作为微生物的营养物被细胞同化吸收,转化为细胞组织而被去除,去除率取决于活性污泥的产量。细胞组织对磷的吸收量,相当于总磷的1/5左右。

(一)生物除磷机理

污水中磷的去除主要由聚磷菌等微生物来完成。在好氧条件下,聚磷菌不断摄取并氧化分解有机物,产生的能量一部分用于磷的吸收和聚磷的合成,一部分则使ADP通过与H_3PO_4结合,转化为ATP贮存起来。细菌以聚磷(一种高能无机化合物)的形式在细胞中储存磷,其量可以超过生长所需,这一过程称为聚磷菌磷的摄取。处理过程中,通过从系统中排除高磷污泥以达到去除磷的目的。

在厌氧和无氮氧化物存在的条件下,聚磷菌体内的ATP进行水解,放出H_3PO_4和能量,形成ADP。这一过程称为聚磷菌磷的释放。

生物除磷技术就是通过上述两个过程来完成的。在好氧反应器内应保持充足的溶解氧,在厌氧反应器内应保持绝对厌氧条件,氮氧化物含量接近零;适宜的pH范围是6~8,在温度5~30℃范围内都能取得较好的除磷效果。一般认为,较高的BOD_5负荷对除磷有利,BOD_5/TP应大于20,小分子的易降解有机物能促进磷的释放,磷的释放越充分,磷的摄取量就越大；硝酸盐和亚硝酸盐会抑制厌氧细菌释放磷，从而影响在好氧条件下磷的吸收；生物除磷是通过排除剩余污泥完成的，一般污泥龄短的系统，产生的剩余污泥量较多，可以取得较高的除磷效率。

（二）生物除磷处理工艺

1. 厌氧-好氧除磷工艺（A/O 工艺）

工艺流程与图 3-40 类似，只是将缺氧池改为厌氧池。在厌氧池中释放磷，然后在好氧池中吸收磷、去除 BOD，当停留时间足够长时，还会进行硝化，通过二沉池排泥除去磷。厌氧池水力停留时间为 1~2 h，污泥浓度为 2.7~3.0 g/L，污泥龄在 2~25 d 之间。污泥含磷量约为 4%，污泥的回流比一般为 25%~40%。磷去除率 75% 左右，出水磷浓度可达 1.0 mg/L 以下。

2. Phostrip 除磷工艺

工艺流程如图 3-42 所示。原水与释放磷后的污泥一起进入曝气池，去除有机物和聚磷菌过量摄取磷，混合液经二沉池沉淀，上清液排放。含磷污泥一部分进入厌氧释磷池，一部分回流曝气池，还有一部分作为剩余污泥排放；厌氧池的上清液进入石灰沉淀池，去除磷后，上清液回流至曝气池，污泥从系统中排出。

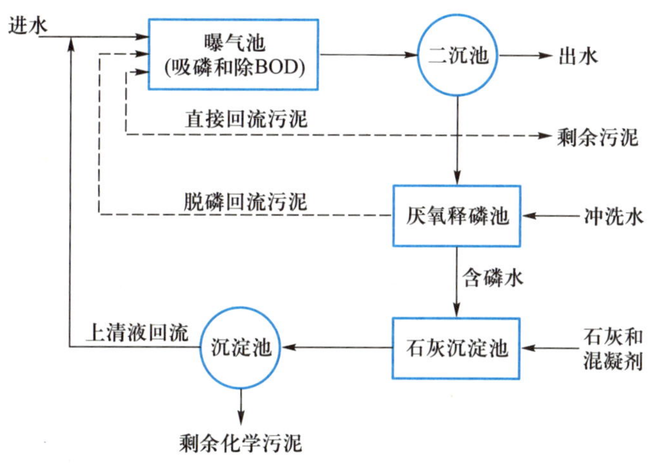

图 3-42 Phostrip 工艺流程图

Phostrip 工艺除磷效果好，出水磷浓度一般小于 1.0 mg/L。缺点是工艺流程长，运行管理复杂，费用高。

（三）生物除磷工艺计算

设计生物除磷系统时，$BOD_5/P=20\sim30$，水力停留时间取 1 h 左右；A/O 系统的厌氧与好氧段的容积比取 1∶3~1∶2.5，污泥龄以 5~10 d 为宜。

三、同步脱氮除磷工艺

（一）A^2/O 工艺

A^2/O 中 A^2 是英文 Anaerobic-Anoxic 的简称，是 A/O 工艺的改进，流程如图 3-43 所示。污水与回流污泥先进入厌氧池（溶解氧<0.5 mg/L）完全混合，经一定时间（1~2 h）的厌氧

分解，去除部分 BOD，部分含氮化合物转化成 N_2（反硝化）而释放，回流污泥中的聚磷微生物释放出磷，满足细菌对磷的需求；然后污水流入缺氧池，池中的反硝化细菌利用污水中未分解的含碳有机物作碳源，将好氧池通过内循环回流进来的 NO_3^- 还原为 N_2 而释放；接着污水流入好氧池，水中 NH_3-N 进行硝化反应生成 NO_3^-，同时水中有机物氧化分解供给吸磷微生物以能量，从水中吸收磷，磷进入细胞组织，经沉淀池分离后以富磷污泥的形式从系统中排出。

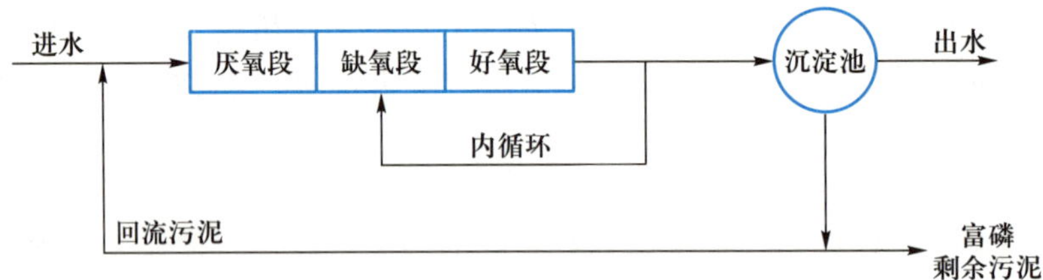

图 3-43 A^2/O 脱氮除磷工艺系统

A^2/O 系统中厌氧、缺氧、好氧过程可以在不同的设备中进行，也可在同一设备的不同部位完成。例如，在氧化沟中可以通过控制转刷的供氧量，使氧化沟各段分别处于厌氧、缺氧和好氧状态；或者可使设备在不同时间处于不同的状态间歇运行。例如，日本日立公司提供的 RC 环游式间歇曝气处理装置，运转时，曝气 0.5 h，停止曝气 1.5 h，交替进行，使设备在不同时段处于好氧、缺氧、厌氧状态。后两种方式可节省基建投资和运行费用。

表 3-15 为不同处理对象的 A^2/O 系统设计参数。

表 3-15 A^2/O 系统设计参数

项 目	去除 BOD 和 P	去除 BOD、N 和 P
厌氧停留时间/h	0.5~1.0	0.5~1.0
缺氧停留时间/h	—	0.5~1.0
好氧停留时间/h	1.0~3.0	3.5~6.0
F/M/[kg(BOD_5)·kg(MLSS)$^{-1}$·d^{-1}]	0.2~0.6	0.15~0.70
MLVSS/(mg·L^{-1})	2 000~4 000	3 000~5 000
氧利用率/[kg(O_2)·kg(BOD_5)$^{-1}$]	1.0	1.2
污泥回流率/%	10~30	50~100
内循环占进水比例/%	—	100~300
BOD_5/P	—	5~25

（二）Bardenpho 工艺

Bardenpho 发展了内源碳循序利用生物脱氮除磷（A/O-A/O）工艺，如图3-44所示。该工艺的特点是各项反应都重复了二次以上，脱氮除磷效果良好，缺点是工艺较长，反应器多，运行复杂，费用高。

（三）Phoredox 工艺

Phoredox 工艺是在 Bardenpho 工艺的最前端增加了一个厌氧反应器以强化磷的释放，

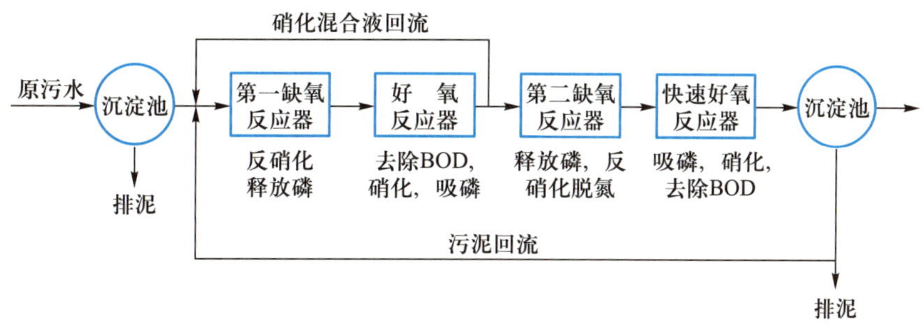

图 3-44 Bandenpho 脱氮工艺

从而使好氧段具有更强的吸收磷的能力。表 3-16 是该工艺的主要设计参数。由于脱氮除磷效果好，该工艺在国外应用广泛。

表 3-16 Phoredox 同步脱氮除磷工艺设计参数

反应器	水力停留时间/h
厌氧反应器	1.0~2.0
第一缺氧反应器	2.0~4.0
第一好氧反应器	3.8
第二缺氧反应器	2.0~4.0
第二好氧反应器	0.5~1.0

脱氮除磷可用氧化沟工艺来实现，通过安装或不安装曝气设备、控制曝气强度的方法在氧化沟的不同部位形成好氧、厌氧或缺氧区，形成不同的工艺。现在已经出现了采用 A^2/O、Bardenpho 和 Phoredox 工艺的氧化沟脱氮除磷工艺，使处理厂更加紧凑，运行管理更为简便。

此外，通过改变运行方式，同步脱氮除磷也可以在 SBR 工艺中实现。

第六节 水处理厂污泥处理技术

在给水、污水和废水的处理过程中，常产生大量的污泥和沉渣。如净水厂沉淀池污泥，滤池反冲洗排水；城市污水处理厂初沉池和二沉池中的污泥，沉砂池中的沉渣，隔油池中的浮渣等。一个二级污水厂产生的污泥量是处理污水量的 0.3%~0.5%（体积）。净水厂污泥由原水中的悬浮物质和混凝剂形成的絮状物构成，其主要成分是无机性的，有时也带有相当量的有机物质；污水处理厂污泥不仅含有氮、磷、钾、有机物等植物营养成分，还含有重金属离子、病原微生物、寄生虫卵等有毒有害物质。所以，污泥和沉渣如不妥善处置，任意排放，就会污染水体、土壤和空气，危害环境，影响人类健康。相反，若处理得当，则会变害为利。一般来说，用于污泥处理与处置设施的建设费用占污水处理厂总投资的40%~60%，运转费用占总运行费用的 20%~50%。因此，在水处理工程的设计和运转中，对污泥的处理与处置必须给予充分的注意。

污泥的处理和处置技术有稳定处理(包括生物法、化学法和物理法),去水处理(包括浓缩、脱水和干化)和最终处置(包括填地、投海、焚烧和综合利用)三类。污泥处理的典型流程如图 3-45 所示。图中消化处理是稳定处理法的一种,主要用于去除污泥中的有机成分。净水厂污泥等含有机成分少的污泥或沉渣,可不经消化处理,只需经浓缩和预处理后直接进行脱水等后续处理。

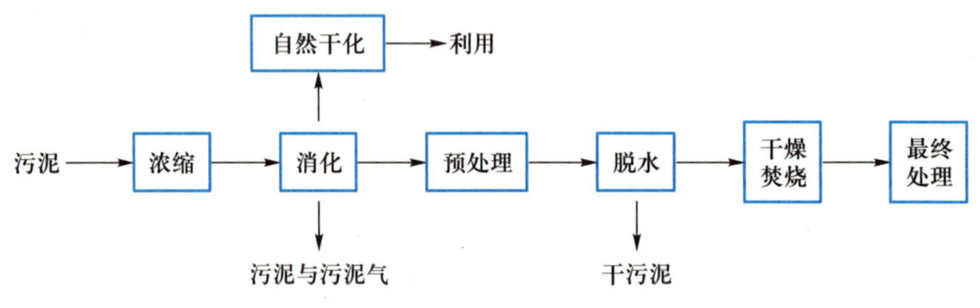

图 3-45 污泥处理流程图

本节仅就污泥的性质和浓缩处理进行讨论,其他请参阅本章和第三篇有关内容。

一、污泥的性质

(一) 污泥的分类与特征

污泥的组成和性质主要决定于污泥的来源和水处理的工艺。按主要成分的不同,污泥可分为污泥和沉渣。以有机物为主要成分的称为污泥,处理生活污水的沉淀池排出的污泥、食品厂、屠宰场及有机化工厂的污泥、生物处理后二次沉淀池中的污泥都属于这一类。

污泥的主要特征是:① 含有机物多,性质不稳定,易腐化发臭;② 颗粒较细,相对密度接近 1;③ 含水率高,呈胶状结构,不易脱水;④ 易用管道输送;⑤ 含较多植物营养素,有肥效;⑥ 含病原菌及寄生虫卵,流行病学上不安全。

污泥中以无机物为主要成分的称为沉渣。沉砂池,给水和某些工业废水处理过程中的沉淀物(泥沙、铁屑、石灰渣等)属于这一类。沉渣的主要特征是:① 颗粒粗、相对密度大;② 易脱水,不易腐化;③ 流动性差,不易用管道输送。

此外,污泥也可按它的来源分:来自初沉池的污泥叫初次沉淀污泥;来自生物膜法与活性污泥法二次沉淀池的污泥分别称为腐殖污泥和剩余活性污泥;经消化处理后的污泥称为消化污泥或熟污泥;用化学法处理废水所产生的污泥(如给水处理中混凝沉淀产物等)称为化学污泥,等等。

(二) 表示污泥性质的指标

分析鉴定污泥的性质,常用到以下几个指标:

1. 污泥的含水率

污泥在排出时都带有大量的水分,含水的多少对污泥的输送、处理都有很大影响。污泥中所含水分的质量占污泥总质量的比例称为污泥的含水率。城市污泥含水率的典型值列于表 3-17 中。

表 3-17 城市污泥的含水率

污泥种类	含水率/%	污泥种类	含水率/%
初次沉淀池污泥		活性污泥	
原污泥	95.0~97.5	原污泥	99.0~99.5
消化污泥	85.0~90.0	消化污泥	97.0~98.0
生物滤池污泥		活性污泥和初沉池污泥	
原污泥	90.0~95.0	原污泥	95.0~96.0
消化污泥	90.0~93.0	消化污泥	92.0~94.0
生物滤池和初沉池污泥		化学絮凝污泥	
原污泥	94.0~97.0	原污泥	90.0~95.0
消化污泥	93.0	消化污泥	90.0~93.0

污泥的含水率一般都很高，相对密度接近水。污泥含水率、污泥体积、质量及污泥所含固体物质浓度间有如下式所示的关系（适用于含水率 $p>65\%$ 的污泥）：

$$\frac{V_1}{V_2}=\frac{m_1}{m_2}=\frac{1-p_2}{1-p_1}=\frac{\rho_2}{\rho_1} \tag{3-50}$$

式中：p_1,p_2——污泥含水率，%；

V_1,V_2——含水率分别为 p_1,p_2 时的污泥体积，m^3；

m_1,m_2——含水率分别为 p_1,p_2 时的污泥质量，kg；

ρ_1,ρ_2——含水率分别为 p_1,p_2 时污泥的固体浓度，kg/m^3。

［例 3-4］ 污泥含水率从 97.5%降至 95.0%时，污泥体积有什么变化？

解：由式(3-50)有：

$$V_2=V_1\frac{100-p_1}{100-p_2}=V_1\frac{100-97.5}{100-95.0}=\frac{1}{2}V_1$$

可见污泥含水率从 97.5%降至 95.0%时，体积减小一半。

2. 污泥的相对密度

污泥的质量与同体积水质量的比值称为污泥的相对密度，用 S 表示：

$$S=\frac{1}{\sum_{i=1}^{n}\left(\frac{p_i}{S_i}\right)} \tag{3-51}$$

式中：p_i——污泥中组分 i 的含量，%；

S_i——污泥中组分 i 的相对密度。

湿污泥是由水和干固体两部分组成的，若干固体的平均相对密度为 S_d，含水率为 p，水的相对密度为 1，代入式(3-51)，整理后可得湿污泥的相对密度(S)为：

$$S=\frac{100S_d}{pS_d+(100-p)} \tag{3-52}$$

干污泥可以看成由挥发性固体（灼烧减重）和固定性固体（灰分）两部分组成。如果干污泥中挥发性固体占的比例为p_v，相对密度为S_v，固定性固体占的比例为p_f，相对密度为S_f，则由式(3-52)得干污泥平均相对密度(S_d)为：

$$S_d=\frac{100S_vS_f}{100S_v+p_v(S_f-S_v)} \tag{3-53}$$

挥发性固体约略代表有机物含量，一般$S_v\approx 1$，固定性固体相对密度为2.5~2.65，如以2.5计，则：

$$S_d=\frac{250}{100+1.5p_v} \tag{3-54}$$

[例3-5] 已知初次沉淀池污泥含水率为95%，挥发性固体含量为60%，求干污泥和湿污泥相对密度。

解：由式(3-54)和式(3-52)可得：

$$S_d=\frac{250}{100+1.5p_v}=\frac{250}{100+1.5\times 60}=1.3$$

$$S=\frac{100S_d}{pS_d+(100-p)}=\frac{100\times 1.3}{95\times 1.3+(100-95)}=1.01$$

表3-18列出了水处理过程产生各种污泥相对密度的典型值。

表3-18 各种处理过程产生污泥的数量和相对密度的典型值

处理过程	污泥固体相对密度	污泥相对密度	干固体/($kg\cdot 10^{-3}\cdot m^{-3}$)	
			范围	典型值
初次污泥	1.40	1.020	110~170	150
活性污泥(剩余污泥)	1.25	1.005	70~100	85
生物滤池(剩余污泥)	1.45	1.025	55~90	70
延时曝气(剩余污泥)	1.30	1.015	80~120	100
曝气塘	1.30	1.010	80~120	100
过滤	1.20	1.005	10~20	15
除藻	1.20	1.005	10~25	15
除磷时向初次沉淀池加药剂				
小量石灰(350~500 mg/L)	1.90	1.040	250~400	300
大量石灰(800~1 600 mg/L)	2.20	1.050	600~128	800
悬浮生长脱氮	1.20	1.005	10~30	16
粗滤	1.28	1.020		

注：引自 Tchobanoglous G, Burton. G, Franklin L. Wastewater Engineering: Treatment, Disposal, Reuse. 3rd editon. New York: McGraw Hill Inc., 1991.

3. 污泥的脱水性能

污泥的处理与处置过程中，常要求对污泥进行脱水处理。污泥的脱水性能表示污泥脱水的难易程度，一般用真空过滤法测定。测定时先在布氏漏斗中放一张滤纸，用水润湿，用塞子紧密地与量筒连接，量筒用水射器抽气，使量筒中成为负压，滤纸紧贴漏斗，关闭水射器。把100 mL泥样倒入漏斗，再次开动水射器，使污泥在一定真空度下过滤脱水。用泥面出现龟裂或滤液达到 85 mL 时所需的时间作为参数衡量污泥的脱水性能,脱水时间越短,脱水性能越好。

此外,表征污泥性质的指标还有污泥的肥分及污泥的细菌组成等。

(三)污泥量

各种处理设备产生污泥的数量与污水的性质和处理工艺有关。因此,污泥量的估计应以类似条件和处理工艺的经验数据为依据,也可根据污水的水质分析资料进行估算。

初次沉淀池污泥量用式(3-55)估算:

$$V=\frac{X\eta Q}{10^3(1-p)\rho} \tag{3-55}$$

式中:V——初次沉淀池污泥量,m^3/d;

X——污泥浓度,mg/L;

Q——污水流量,m^3/d;

η——初次沉淀池沉淀效率,%;

p——污泥含水率,%;

ρ——初次沉淀污泥密度,约 1 000 kg/m^3。

剩余活性污泥量(ΔX_p)用式(3-56)估算:

$$\Delta X_p=\frac{\Delta X}{f}=\frac{(aQS_r-bX_vV)}{10^3 f} \tag{3-56}$$

式中:X——挥发性剩余活性污泥量,kg/d;

f——MLVSS 与 MLSS 之比;

Q——污水日流量,m^3/d;

S_r——进出水有机物浓度差,mg/L;

V——曝气池容积,m^3;

X_v——混合液挥发性污泥浓度,mg/L;

a——污泥产率系数,kg(MLVSS)/kg(BOD_5);

b——污泥自身氧化率,d^{-1}。

若剩余活性污泥含水率为 p,则污泥体积为:

$$V=\frac{\Delta X_T}{p} \tag{3-57}$$

二、污泥浓缩处理

污泥的含水率很高,在进行处理前需要进行浓缩,降低它的含水率,以减小处理设备容积和处理成本(化学药剂、加热、管道输送和提升费用等)。

污泥中的水分可分成四类:颗粒间的空隙水(约占污泥水分的 70%),颗粒间的毛细水(约占 20%),颗粒的吸附水和颗粒内部水(共占 10%)。这四类水的去除方法是不同的,污泥浓缩脱水只能除去颗粒间的空隙水,而它是减少污泥体积的最经济有效的方法。

污泥浓缩的方法分为重力浓缩法、气浮浓缩法和离心浓缩法三种。

(一)重力浓缩法

重力浓缩法是应用最广、操作最简便的一种浓缩方法,它的主要设备是浓缩池。按浓缩池操作方式可分为间歇式和连续式两种。图 3-46 是连续式重力浓缩池的工作状况、固体与液体平衡的示意图。入流污泥由中心管流入,其流量与固体浓度分别用 Q_0(m^3/h)和ρ_0(kg/m^3)表示;上清液从溢流堰流出,出流流量与固体浓度分别用 Q_e和ρ_e表示;浓缩后的污泥从池底排出,称为底流,底流流量与固体浓度分别以 Q_u和 ρ_u表示。沿浓缩池垂直方向存在着明显的三个区域:上部为澄清区,该区内固体浓度极低;中间为阻滞区,该区的固体浓度基本恒定,不起浓缩作用,其厚度对下部压缩区有很大影响;下部为压缩区,由于重力的作用,污泥中的空隙水被挤出,固体浓度从上到下逐渐提高。

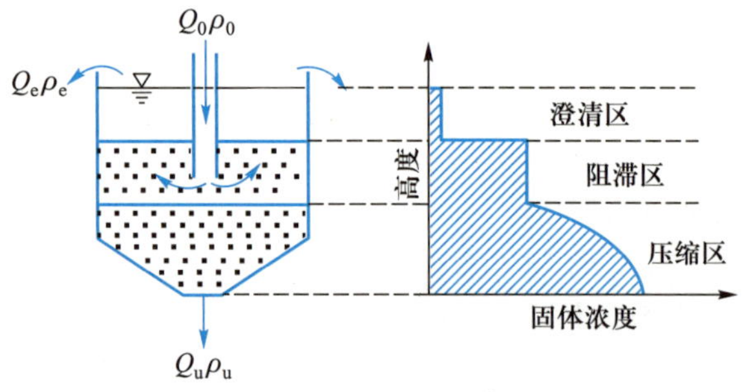

图 3-46 连续式重力浓缩池示意图

污泥的浓缩具有拥挤沉降的特性。污泥的浓度、性质及来源不同,沉降特性会有很大差别。设计重力浓缩池时,一般先进行污泥的静态沉降试验,掌握沉降特性,得出设计参数。重力浓缩池的主要设计参数是:① 浓缩池的固体通量(固体过流率),即单位时间内通过浓缩池任一断面上单位面积的固体质量,单位是 $kg/(m^2 \cdot h)$或 $kg/(m^2 \cdot d)$;② 水面积负荷,即单位时间内、单位表面积上溢流出的上清液流量,单位为 $m^3/(m^2 \cdot h)$;③ 污泥容积比,即浓缩池体积与每日排出污泥体积之比,表示固体物在浓缩池中的平均停留时间。根据上述参数就可算出所要求的浓缩池表面积、有效容积和深度。

1. 浓缩池面积

重力浓缩池面积的计算方法很多,常用的是固体通量法(详见第二章)。

根据固体通量理论和图 3-46,可以得到浓缩池面积计算式为:

$$A=\frac{Q_0\rho_0}{G} \tag{3-58}$$

式中:G——浓缩池固体通量,$kg/(m^2 \cdot h)$。

图 3-47 是连续式浓缩池的固体通量曲线,其中曲线 1、2、3 分别表示底流牵动通量(G_u)、自重压密固体通量(G_i)和总固体通量(G)。

由于浓缩池各断面处固体浓度(ρ_i)是变化的,G 随 ρ_i而变,并有一极小值(G_L)(极限固体通量)。设计浓缩池断面时,宜用 G_L进行计算。在实际工作中,先根据污泥静态沉降试验资料作出曲线 2,确定底流排泥浓度 ρ_u,自横坐标上 ρ_u点作曲线 2 的切线,该切线的纵坐标截距为 G_L,切点横坐标为污泥的极限浓度 ρ_L。自点(ρ_u,G_L)与原点的连线即是直线 1,其斜率即为该条件下底流流速(u)。

从图 3-47 可看出,若实际要求的排泥浓度低于 ρ_u,则极限固体通量变大,需要的浓缩池面积也较小，按 G_L 计算求得的浓缩池面积已足够，但污泥的浓缩系数（ρ_u/ρ_0）较低；相反，实际要求的排泥浓度高于 ρ_u，则需要的浓缩池面积较大，设计求得的浓缩池面积就不够。因此，浓缩池设计时，需合理选择浓缩污泥浓度、浓缩系数和底流流量，否则浓缩池设计不经济或不能正常运转。

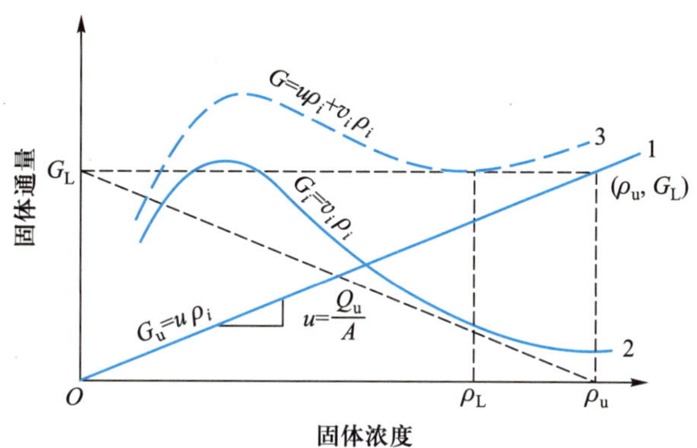

图 3-47　连续式浓缩池固体通量曲线

［例 3-6］　污泥的静态沉降资料列于表 3-19 中，已知入流污泥流量 $Q_0=3\ 785\ m^3/d$，固体浓度 $\rho_0=10\ kg/m^3$，要求浓缩后污泥的固体浓度达到 42 kg/m^3，求浓缩池面积（A）和底流流量（Q_u）。

表 3-19　污泥沉降资料

起始固体浓度/（$kg\cdot m^{-3}$）	沉降曲线始端直线段的沉速 v/（$m\cdot d^{-1}$）	自重压密固体通量 G_i/（$kg\cdot m^{-3}$）
5	34	170
10	26	260
15	19	285
20	9.5	190
25	4.0	100
30	2.0	60
35	1.3	46
40	0.9	36
45	0.7	32
50	0.6	30

解：根据表 3-19 资料，作自重压密固体通量曲线，见图 3-48 中曲线 2。在横坐标上，由 $\rho_u=42\ kg/m^3$ 这一点作曲线 2 的切线，从纵坐标上的截距求得 $G_L=208\ kg/(m^2\cdot d)$。所以浓缩池的面积为：

$$A=\frac{Q_0\rho_0}{G_L}=\frac{3\ 785\times10}{208}\ m^2=182\ m^2$$

由物料平衡知，入流的固体量等于排泥的固体量（忽略上清液带走的悬浮固体），则

$$Q_0\rho_0=Q_u\rho_u$$

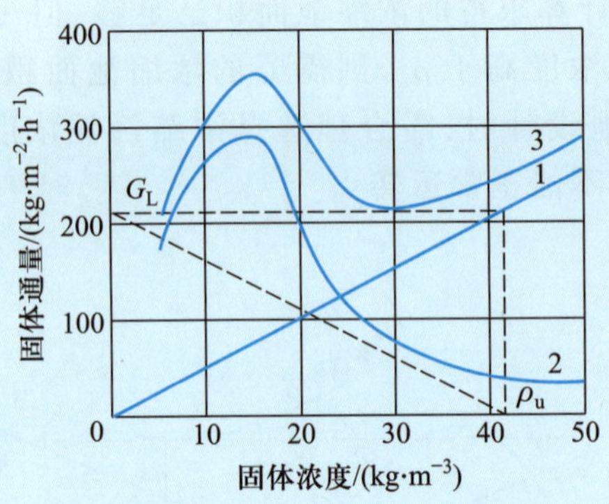

图 3-48 例 3-6 的固体能量曲线

$$Q_u=\frac{Q_0\rho_0}{C_u}=\frac{3\ 785\times10}{42}\ \mathrm{m^3/d}=901\ \mathrm{m^3/d}$$

重力浓缩池可以参考现有浓缩池运行的经验数据进行设计：活性污泥含水率一般在 99%以上，G_L取 20~30 kg/(m^2·d)，经浓缩后，含水率可降至 97.5%左右。

2. 浓缩池的深度

浓缩池的深度主要由压缩区和澄清区的高度决定。一般要满足上清液不带出固体物的要求，澄清区高度宜为 2~3 m。压缩区高度应通过计算确定。

设达到浓缩污泥浓度(ρ_u)所需时间为 t_u(t_u求法请参阅第二章)，则压缩区污泥总质量为：

$$\gamma V_s=Q_0\rho_0t_u+\left(V_s-\frac{Q_0\rho_0t_u}{\gamma_s}\right)\gamma_w \tag{3-59}$$

式中：V_s——浓缩池中压缩区污泥体积，m^3；

γ——压缩区污泥平均密度，kg/m^3；

γ_s——压缩区固体物平均密度，kg/m^3；

γ_w——水的密度，1 000 kg/m^3。

式(3-59)右边第一项是压缩区固体的质量，第二项为压缩区内水的质量。

故

$$V_s=\frac{Q_0\rho_0t_u(\gamma_s-\gamma_w)}{\gamma_s(\gamma-\gamma_w)} \tag{3-60}$$

则压缩区高(H_s)为：

$$H_s=\frac{V_s}{A}=\frac{Q_0\rho_0t_u(\gamma_s-\gamma_w)}{\gamma_s(\gamma-\gamma_w)A} \tag{3-61}$$

γ 由式(3-59)计算

$$\gamma=\frac{1}{2}(\gamma_c+\gamma_u) \tag{3-62}$$

式中：γ_c——压缩点的污泥密度，kg/m^3；

γ_u——底流污泥浓度为 ρ_u时的污泥密度，kg/m^3。

γ_c和γ_u的求法如下：

根据第二章拥挤沉淀有关理论，求得压缩点污泥层高度(H_c)，则

$$H_0\rho_0 = H_c\rho_c \tag{3-63}$$

式中：H_0——污泥起始高度，m；

ρ_0——污泥起始浓度，mg/L；

ρ_c——压缩点时固体浓度，mg/L。

用ρ_0、ρ_u、ρ_c和污泥起始含水率，按照式(3-50)算出含水率p_u和p_c，代入式(3-52)求得γ_c和γ_u。

浓缩池的总深度(H)为：

$$H = H_s + (2 \sim 3)\ \text{m}$$

3. 重力浓缩池的构造

浓缩池有间歇式和连续式两种。间歇式浓缩池截面一般是圆形或方形，污泥的排入和浓缩污泥的排出都是间歇进行。每次新污泥排入前，应先放掉上清液，腾出池容。为适应不同浓缩污泥层的高度，需在不同高度上设置上清液排出管。间歇式浓缩池主要用于小型污水处理厂，其设计方法与连续式相同。

连续式重力浓缩池一般采用圆形竖流或辐流沉淀池的形式。浓缩池较小时采用竖流式，不设刮泥设备，污泥室锥体部分的顶角不宜大于80°；浓缩池较大时采用辐流式，并带有刮泥和污泥搅动装置，如图3-49所示。池底坡度为(1∶100)~(1∶12)，污泥用刮泥机集中到池中心，然后用排泥管排出。刮泥机上附有竖向栅条，随刮泥机一起转动，起搅动作用，以便提高浓缩效果。

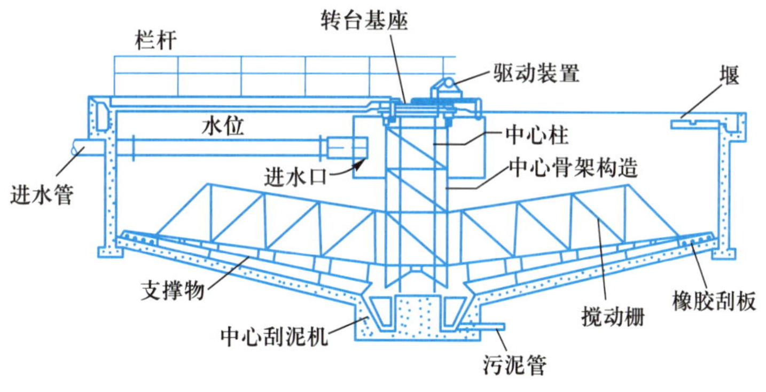

图3-49　带刮泥机和搅动装置的连续式重力浓缩池

（二）气浮浓缩法

气浮浓缩法适用于相对密度接近水的活性污泥和生物滤池中较轻污泥的浓缩，能把含水率从99.5%降至94%~96%，澄清液悬浮物浓度低于0.1%。气浮浓缩法分为加压溶气气浮法与真空气浮法两种。加压气浮浓缩法流程与废水的气浮处理相似，可参见第二章。

气浮浓缩池可根据试验资料和已有气浮池的经验数据进行设计。主要设计参数包括气固比、水力负荷、回流比及加压水停留时间等。

气固比是气浮浓缩设备最主要参数，单位质量固体所需空气量由式(3-64)计算：

$$\frac{A_a}{S}=\frac{RS_a(10^{-5}fp-1)}{\rho_0} \tag{3-64}$$

式中：A_a——气浮池释放的气体量，等于进池和出池溶解气体量的差，kg/h；

S——流入的污泥固体量，kg/h；

ρ_0——入流污泥浓度，mg/L；

S_a——常压下空气在水中饱和溶解度，可由表 3-20 空气在水中溶解度（L/L）与空气密度（mg/L）相乘求得，mg/L；

R——回流比，等于加压溶气水流量与流入污泥流量 Q_0 的比值；

f——空气在回流水中的饱和度，一般取 0.5～0.8；

p——溶气罐中的压力，一般为 3×10^5～5×10^5 Pa（绝对压力）。

表 3-20 空气在水中溶解度与空气密度

温度/℃	溶解度/(L·L⁻¹)	空气密度/(mg·L⁻¹)
0	0.028 8	1 252
10	0.022 1	1 206
20	0.018 7	1 164
30	0.016 1	1 127
40	0.014 2	1 097

加压溶气的气固比一般取 0.03～0.04（质量比）。A_a/S 的值可在实验室中通过气浮实验确定。A_a/S 已知后，再由式（3-64）求出回流比 R。

气浮池的面积可根据气浮池面积水力负荷［q，$m^3/(m^2\cdot d)$］和回流比（R），用式（3-65）计算：

$$A=\frac{Q_0(R+1)}{q} \tag{3-65}$$

浓缩曝气池混合液时的水力负荷为 46～75 $m^3/(m^2\cdot d)$，浓缩剩余活性污泥时的水力负荷为 40～80 $m^3/(m^2\cdot d)$。

溶气罐的容积按加压水停留 1～3 min 计算。

［例 3-7］ 剩余活性污泥流量为 720 m^3/d，浓度为 5 kg/m^3，含水率 99.5%。气浮实验确定气固比为 0.03，污泥温度 20℃，采用加压溶气气浮法浓缩，要求浓缩污泥含水率为 96%。加压溶气的绝对压力采用 5×10^5 Pa，试计算回流比（R）和气浮浓缩池面积（A）。

解：由表 3-20 得 20℃ 时 $S_a=1\ 164\times0.018\ 7=21.8$ mg/L，取 $f=0.5$，代入式（3-64）：

$$0.03=\frac{R\times21.8(10^{-5}\times0.5\times5\times10^5-1)}{5\ 000}$$

求得 $R=4.6$。

取气浮池面积水力负荷 60 $m^3/(m^2\cdot d)$，代入式（3-65）得：

$$A=\frac{Q_0(R+1)}{q}=\frac{720(4.6+1)}{60}\ m^2=67.2\ m^2$$

取浓缩池的面积为 70 m^2。

气浮浓缩要求的污泥停留时间较短，在同等条件下，池容积比重力浓缩池小。由于在浓缩的同时向污泥中溶入了空气，满足了污泥的好氧条件，故可避免污泥的腐化发臭和脱氮上浮。气浮浓缩法的缺点是管理较复杂，运行费用较高，约为重力浓缩法的3～4倍。

（三）其他浓缩法

1. 离心浓缩法

利用污泥中固、液相对密度不同，用离心机进行浓缩。该法占地面积小，造价低，但运行维修费用高。

2. 微滤机浓缩法

污泥经混凝处理后，用微滤机进行浓缩脱水，可将含水率从99%降低到95%。

此外，还有超滤浓缩法、反渗透浓缩法、生物气浮浓缩法和振动筛浓缩法等，由于实际中应用不广，在此不作介绍。

第七节　废水土地和人工湿地处理技术

一、废水土地处理技术

土地处理是利用土壤的物理、化学与生物化学作用，将污水中污染物去除，使之转化为新的水资源，得到重新回收、利用的污水处理方法。根据污水处理的目的、场地土壤与水文地质性质以及当地气候条件，土地处理系统分为四大类型，即慢速渗滤、快速渗滤、地表漫流与地下渗滤等。

慢速渗滤是指有控制地将污水投配到种植粮食或经济作物的土壤表面，使污水在土壤和植物系统的作用下得到净化的一种土地处理系统。慢速渗滤系统该系统的布水方式有喷灌、漫灌与垄沟布水三种方式。植物在慢速渗滤处理中的作用非常重要，要根据当地的具体情况选择植物。冬季、雨季和作物播种、收割期不能投配污水，需有相应的贮存污水的措施。投配的污水一部分被植物吸收，其余蒸发损失和渗入地下补给地下水，一般不回收再生水。由于处理效果好，渗入地下水不会产生二次污染。

快速渗滤是以高渗透性的砂质土壤表土层为天然滤床，使污水滤过表层土时，通过生物氧化、硝化、反硝化以及沉淀、过滤，氧化还原等过程而得到净化的一种土地处理系统。这种系统不受季节的影响，因此，作物的种植不是关键因素，仅起防止土壤冲刷作用。快速渗滤与慢速渗滤的运行操作方式有显著不同，快速渗滤是在选择的场地内修建一些相间的条形漫水池，布水方式可以采用喷灌或漫灌，要求间歇布水，保证系统交替处于好氧与厌氧环境，以便有较好的脱氮效果。为防止地表冲刷，地表可种植多年生耐水牧草类，或铺垫砾石层。

再生水可以作为地下水的补给水源，但必须充分了解地下水流向、水质与下层土壤地质条件。若作为水资源回收，可采用地下集水管和水井两种方法。前者适用于土层中有埋深较浅的不透水层的场地，且排水管起到控制地下水位的作用；而后者则适用于渗滤层较深的地质条件。

快速渗滤系统对氨氮、有机物、SS 等污染物有很好的处理效果，需土地面积小、投资少、管理简便、可常年运行。但对总氮去除率不高,易污染地下水;对土壤的渗透性要求高,为防止土壤堵塞,对进水的水质要求较高。

地表漫流是将污水投配到土壤渗透性低,生长植物的具有一定坡度(2%~8%)的土地表面,使污水在地表缓慢流动过程中得到净化的一种土地处理系统。地表漫流主要靠生物系统的作用来净化水,相对于前两种系统,净化效果较差。收集到明渠中的再生水,可以回用或作为地表水补给水源。这种系统对进水水质和土壤条件要求低,建设和管理简单,投资少,出水一般可达到二级标准。缺点是受气候的影响较大,在结冰期和雨季应用受限制。

地下渗滤是将污水引至地表下一定的深度,利用土壤的渗滤作用和毛细管浸润作用使污水得到处理的土地处理系统。进入地下渗滤系统的污水分成两路:植物吸收(部分经植物的蒸腾作用进入大气)和渗入地下。地下渗滤非常类似于废水慢速过滤处理过程,停留时间长,负荷低,出水水质好;地下渗滤的布水和污水流动过程都在地下,因此卫生条件好,不影响地景观。但施工工程量大,建设费用高,受土壤性质影响大,如设计运行不当,易于堵塞。

表 3-21 和表 3-22 列出了四种土地处理系统的主要特性和处理效果。

表 3-21 各类土地处理系统的特性

特性	慢速渗滤	快速渗滤	地表漫流	地下渗滤
土壤类型	沙壤土与黏壤土	砂与沙壤土	黏壤土与黏土	沙壤土与黏壤土
土壤渗滤速度/($cm \cdot h^{-1}$)	≥0.15	≥5.0	≤0.5	0.15~5.0
地下水埋深/m	0.6~3.0	淹水期:>1.0 干化期:1.5~3.0	无要求	>1.0
土层厚度/m	>0.6	>1.5	>0.3	>0.6
植物要求	谷物,牧草,林木	无要求	牧草	草皮,花木
适用气候	较温暖	无要求	较温暖	无要求
水力负荷/($cm \cdot d^{-1}$)	1.2~1.5	6~122	3~21	0.2~0.4

表 3-22 各类土地处理系统的处理效果 单位:mg/L

废水成分	慢速渗滤		快速渗滤		地表漫流		地下渗滤	
	平均	最高	平均	最高	平均	最高	平均	最高
BOD_5	<2	<5	5	<10	10	<15	<2	<5
SS	<1	<5	2	<5	10	<20	<1	<5
TN	3	<8	10	<20	5	<10	3	<8
NH_3-N	<0.5	<2	0.5	<2	<4	<6	<0.5	<2
TP	<0.1	<0.3	1	<5	4	<6	<0.1	<0.3

土地处理系统需用的总面积包括田间面积、缓冲面积、污水贮存用地、道路、沟渠与建筑物,并须考虑远期发展。其中田间面积占的比例最大,可根据进水负荷估算。气候条件不仅

影响污水水力负荷，而且影响土地处理效果。在多雨地区的雨季，污水水力负荷将大幅度降低。而寒冷地区的冬季，大部分土地处理系统需要停止运行，应考虑污水另外的出路或贮存设施。设计和建设土地处理系统时要采取必要的措施，防止污水中携带的致病菌传播或传染病的蔓延，防止水中有毒有害物质污染地下水和危害农作物。

二、废水人工湿地处理技术

湿地是指地下水位通常在土地的表面或接近表面，土壤处于饱和状态，其上并生长有植物的土地。湿地是一种栖息着复杂动植物的生态系统，它具有优良的净化废水的功能，许多国家应用湿地净化废水的历史悠久，但有目的地利用天然湿地来处理废水则始于 20 世纪 70 年代。由于天然湿地生态系统的珍贵性和脆弱性，20 世纪 80 年代后，人工（或构筑）湿地废水处理系统逐渐被开发和应用。

所谓废水人工湿地处理系统，是将废水有控制地投配到人工构筑的湿地上，利用土壤、植物和微生物的联合作用处理废水的一种处理系统，可以分为三种类型：表面流湿地、地下潜流湿地和垂直下渗湿地。

表面流湿地与地表漫流土地处理系统非常相似，不同的是：① 在表面流湿地系统中，四周筑有一定高度的围墙，维持一定的水层厚度（一般为 10～30cm）；② 湿地中种植挺水型植物（如芦苇等）。水流在湿地表面呈推流式前进，在流动过程中，与土壤、植物及植物根部的生物膜接触，通过物理、化学以及生物反应，水得到净化，并在终端出流。

地下潜流湿地床体纵向由三层组成，最上层为生长植物的土壤层，第二层为孔隙率较大的滤水层，最下部是防止水下渗的隔水层。湿地的始端沿床宽构筑有与滤水层同深的布水沟，沟内置砾石，废水进入布水沟，均匀地在滤水层中水平潜流，通过滤水介质上生长的生物膜的作用，污水得到净化，净化的水进入设置在湿地床另一端的砾石沟，经设在砾石沟底部的多孔集水管收集，流入兼有调节床内水位作用的出水管流出湿地床。湿地床上生长的植物的根系能伸入滤水层，可以吸收污水中营养元素而使污水得到净化；另一方面，通过根系向滤水层输送氧气，形成局部的好氧区，使污水中的有机物能在好氧菌和厌氧菌的共同作用下得到去除。

垂直下渗湿地又称渗滤湿地，是地下潜流型湿地和渗滤型土地处理系统相结合的一种湿地系统。向湿地表面布水，水向下和水平方向渗滤（由于土壤垂直渗透系数远大于水平渗透系数，水主要向下渗滤），通过土壤过滤和微生物的作用得到净化，由设置在地下的多孔集水管收集，排出湿地。这种湿地系统出水水质好，对各种污染物均有很好的去除效果，冬季也能安全运行，工程建设费用低于潜流型湿地，是一种有推广价值的湿地系统之一。缺点是对进水的预处理要求高，特别是 SS，否则易使土壤堵塞。

人工湿地废水处理系统的优点是：基建投资和运行费用低（分别为生物处理的 1/3～1/5 和 1/5～1/6）；可长年运行，运行管理简便；水力负荷远高于天然湿地，处理效果好，出水水质优于生物处理，对氮、磷、重金属和难降解有机物也有处理效果；湿地植物有一定经济价值；具有一定的景观功能。缺点是需要的土地面积大，净化效果受气候和植物生长期影响大，有蚊蝇滋生。

湿地系统所需土地面积可根据水力负荷进行计算，计算方法与土地处理系统类似。表 3-23为根据天津环境保护科学研究院的研究成果汇总的不同湿地系统的技术参数。

表 3-23 湿地系统设计参数

技术参数	表面流湿地	潜流湿地	垂直下渗湿地	天然湿地
水力负荷($cm\cdot d^{-1}$)	2.4~5.8	3.3~8.2	3.4~6.7	2.4~6.0
水层深度/m	0.1~0.4	0	0.1~0.4	0.2~0.8
水力停留时间/d	1.5~4.0	4.0~5.0	>10.0	<10.0
有机负荷/[$kgBOD_5\cdot(hm^2\cdot d)^{-1}$]	65	64~150	80~130	60
氮负荷/[$kgN\cdot(hm^2\cdot d)^{-1}$]	16	28	25	11

思考题与习题

3-1 水中微生物主要分哪几类？简述它们在废水处理过程中所起的作用。

3-2 试简单说明悬浮生长法净化污水的基本原理。

3-3 污泥沉降比、污泥浓度和污泥指数在活性污泥法运行中有什么作用？良好的活性污泥具有哪些性能？

3-4 试比较推流式曝气池和完全混合曝气池的优缺点。

3-5 常用的曝气池有哪些型式？各适用于什么条件？

3-6 普通活性污泥法、生物吸附法和完全混合曝气法各有什么特点？根据细菌增长曲线看，这几种运行方式的基本区别在什么地方？试比较它们的优缺点。

3-7 简单说明附着生长系统处理废水的基本原理。

3-8 高负荷生物滤池和塔式生物滤池各有什么特点？适用于什么具体情况？

3-9 生物滤池设计中，什么情况下必须采用回流？采用回流后水力负荷、有机负荷及有机物去除率应如何计算？

3-10 生物转盘处理能力比生物滤池高的主要原因是什么？

3-11 氧化塘有哪几种形式？它们的处理效果如何？适用于什么条件？

3-12 什么叫氧化沟？有什么优点？

3-13 试比较厌氧法和好氧法处理的优缺点和适用范围。

3-14 简要说明影响消化的主要因素。传统消化法和高速消化法各有什么特点？

3-15 近年来生物处理技术有哪些新发展？

3-16 污水生物脱氮处理技术必须满足哪些条件？说明各种生物脱氮工艺的适用条件。

3-17 试述污水土地处理系统和人工湿地处理系统去除污染物的机理和主要影响因素。

3-18 污水土地处理系统有几种类型？试述它们的特点。

3-19 人工湿地处理系统有几种类型？试述它们的特点。

3-20 从活性污泥曝气池中取混合液 500 mL，盛于 500 mL 量筒中，半小时后沉淀污泥量为 150 mL，试计算活性污泥的沉降比。曝气池中的污泥浓度为 3 000 mg/L，求污泥指数。你认为曝气池运行是否正常？

3-21 某居住区拟采用活性污泥法处理其生活污水，污水量为 8 000 m^3/d，进入曝气池时 BOD_5 浓度为 300 mg/L，时变化系数 1.4，要求处理后出水 BOD_5 为 20 mg/L。试计算曝气池有效容积和曝气系统供气量。

3-22 设计流量为 10 000 m^3/d，进曝气池 BOD_5 浓度为 150 mg/L，要求去除率为 90%。有关设计参数为 $Y=0.4$，$k_d=0.1/d$，$X=2\ 000$ mg/L，二沉池排出污泥浓度 $X_u=9\ 000$ mg/L。求曝气池有效容积、每天排除

污泥量和回流比。

3-23 某城镇生活污水量为 10 000 m^3/d,经初次沉淀后污水 BOD_5浓度为 220 mg/L,拟采用高负荷生物滤池进行处理,处理后出水要求达到 BOD_5<30 mg/L。试估算此生物滤池的主要尺寸。

3-24 某工厂生产废水水量为 100 m^3/h,BOD_5浓度为 210 mg/L。生物转盘小型试验结果如下:转盘直径为 0.5 m,废水流量为 38 L/h,BOD_5进水浓度为 200 mg/L,出水为 30 mg/L。试根据上述试验结果设计生物转盘。

3-25 剩余活性污泥流量为 800 m^3/d,浓度为 4 000 mg/L,含水率 99.6%,溶气罐压力为4×10^5 Pa,要求浓缩污泥含水率为 96%,求气浮浓缩池面积和回流比。

3-26 某地区设计人口为 80 000,人平均日污水量为 100 L,污泥含水率为 95%,试估算完全混合污泥消化池的有效容积。

第四章　水处理工程系统与废水最终处置

第一节　给水与排水工程系统

水处理工程系统是环境与市政工程的重要组成部分之一。它一般包括取水系统、水处理系统、输配水系统(以上统称给水工程系统),以及废水收集系统、废水处理系统(以上统称排水工程系统)几部分。

一、给水工程系统

给水工程系统的任务是从水源取水,根据用户对水质的要求进行适当净化处理后,输送到各用水点。

图 4-1 为从地表水源取水的给水工程系统。取水构筑物从江河取水,经一级泵站提升送往水处理构筑物,处理后的合格水贮存在清水池中,二级泵站从清水池取水,加压经输水管送往配水管网,供应用户。水塔用于调节水量和保持管网水压。从取水至二级泵站都属于自来水厂管辖范围。

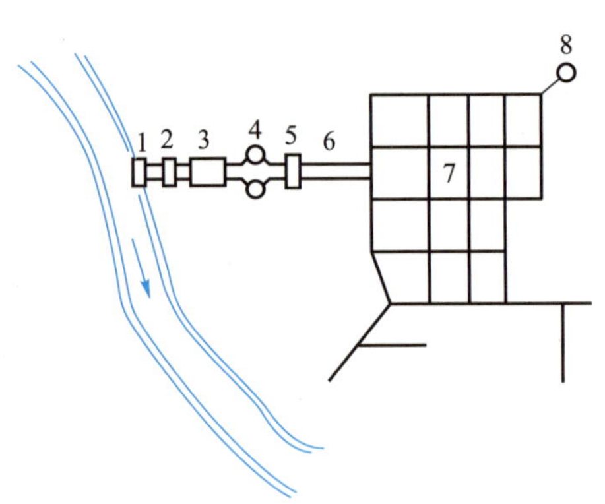

1. 取水构筑物;2. 一级泵站;3. 水处理构筑物;4. 清水池;
5. 二级泵站;6. 输水管;7. 管网;8. 水塔

图 4-1　地表水源给水系统示意图

当地下水水质符合用水要求时,以地下水为水源的给水工程系统可省去处理构筑物,用深井泵从管井取水,经消毒后直接送往配水管网,如图 4-2 所示。

根据城市规划、水源情况、自然条件及用户对水量、水质、水压要求等不同,给水系统有不同的布置方式。常见的是用一个配水管网或两个以上配水管网满足不同水质水压要求的分质给水系统、分压给水系统和分区给水系统。除此之外,工业企业为节约用水,还采用重复使用水的循环给水系统。

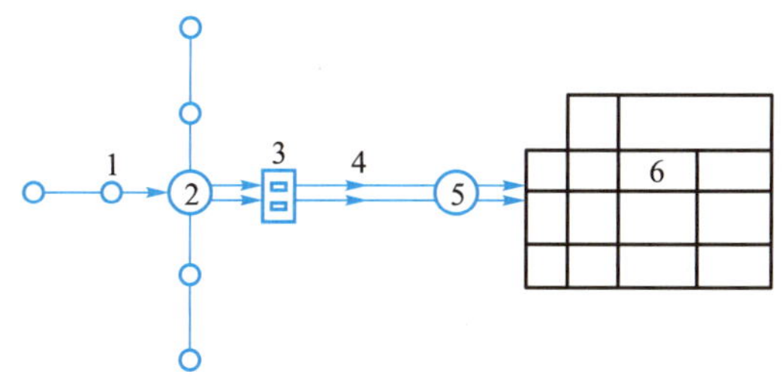

1. 管井群；2. 集水池；3. 泵站；4. 输水管；5. 水塔；6. 管网

图 4-2　地下水源时给水系统示意图

（一）供水管路系统

给水管网的作用是将水从水处理厂输送至用户，按其功能一般分为输水管和配水管网两部分。输水管是指从水源到水厂或从水厂到配水管网的管道；配水管是指直接向用户送水的管道，一般成网状，所以又称管网。前者管中流量沿程无变化，后者管中流量随用水情况而变化。

1. 配水管网的布置

配水管网的布置形式基本上可分为树枝网和环状网两种，如图 4-3 所示。树枝网构造简单，供水直接，基建费用较低，但树枝管线末端水流停滞，水质易变坏，且当某段管线损坏时，其下游所有管线就会断水。环状网的管线连接成环，当某管段损坏时，还可由另一方向供水，断水范围小，但基建费用较高。

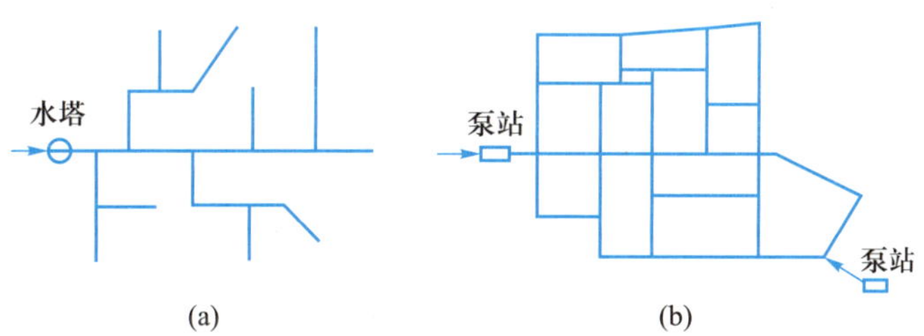

图 4-3　树枝网和环状网

（a）树枝网；（b）环状网

为检修和使用方便，配水干管上每隔 500~1 000 m 应设置闸阀。

2. 设计水量计算

用水量是设计配水管网的基本数据，各种用途的用水量大小，取决于用水量标准。用水量标准除查阅国家有关规定外，还应根据当地国民经济和社会发展规划、城市总体规划和水资源充沛程度，在现有用水定额基础上，结合给水专业规划，以及给水工程发展的条件综合分析确定。

有时，用水量标准只给出一个平均值，实际上，用水量是逐月逐时变化的。用水量的变化规律常用变化系数表示。一年中用水最多一天的用水量称为最高日用水量。在最高日内用水量最大的一小时用水量称为最高时用水量。最高日用水量与平均日用水量之比称为日变化系数（k_d），其值为 1.3~2.0。最高日一天之内最高时用水量与其平均时用水量之比称为时变化系数（k_h），其值为1.3~2.5。

供水区域居民人数、工业企业职工数分别乘以最高日生活用水量标准，得到综合最高日生活用水量（Q_1）和工业企业职工最高日生活用水量（Q_2）；根据工业企业发展规模和用水量标准可求得最高日生产用水总量（Q_3）；根据相关规范计算得到消防用水量（Q_4）以及浇洒道路和绿化用水量（Q_5），再根据总用水量的 15%～25%估算未预见水量和管网漏损水量，由此可得到最高日用水量（Q_d）为：

$$Q_d = (1.15 \sim 1.25)(Q_1+Q_2+Q_3+Q_4+Q_5) \tag{4-1}$$

（二）给水处理系统

给水处理厂处理的目的是去除水中悬浮物、胶体物质、细菌及其他有害成分，使处理后的水质能满足生活饮用和工业生产的需要。水处理工艺流程的选择及主要构筑物的组成，应根据原水水质、设计生产能力、处理后水质要求，参照相似条件下其他水厂的运行经验、结合当地条件，通过技术经济比较，综合研究确定。常用的处理工艺有混凝、沉淀、澄清、过滤和消毒。其中混凝沉淀（或澄清）及过滤为地表水作为水源时，水处理厂的主体工艺。

当原水浊度不大于 2 000 NTU 时，处理工艺流程如图 4-4 所示：

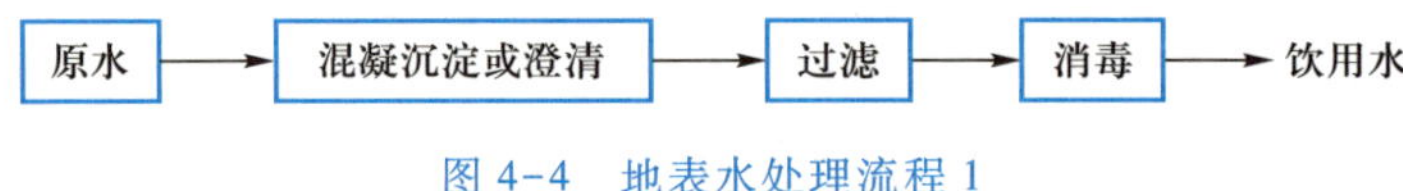

图 4-4 地表水处理流程 1

当原水浊度不大于 100 NTU，水质稳定，无藻类繁殖，没有受工业废水污染时，可省去混凝沉淀（或澄清）构筑物，采用双层滤料接触滤池或微絮凝-深床过滤工艺，其工艺流程如图 4-5所示。

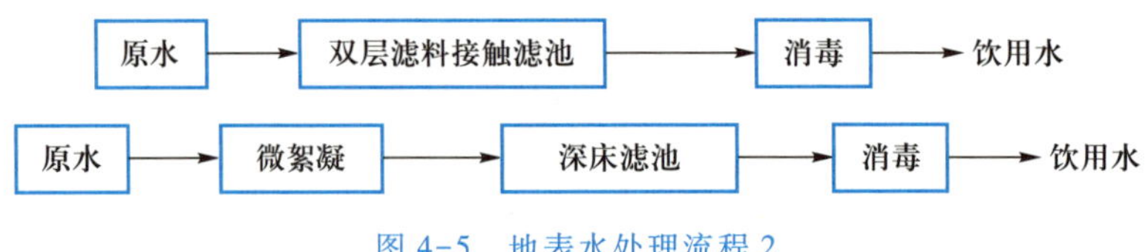

图 4-5 地表水处理流程 2

而当原水为低温、低浊水或含有较高浓度的藻类时，则用气浮工艺代替图4-4中的沉淀工艺，可以获得更好的效果。

当原水浊度高、含砂量大时，应先采用预沉池或沉砂池使含砂量降到 1 000 mg/L 以下，工艺流程如图 4-6。

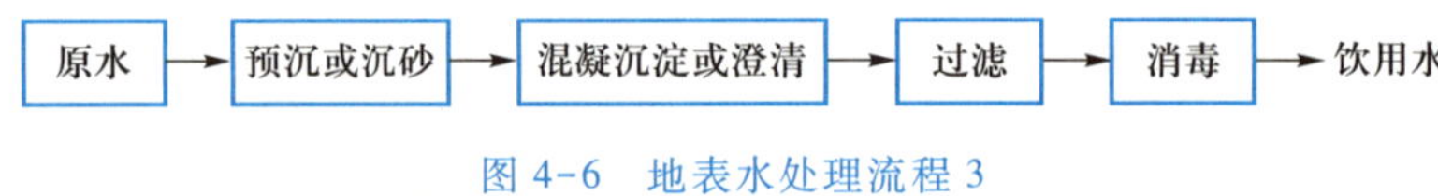

图 4-6 地表水处理流程 3

随着人们生活水平的提高，和部分地区水源水中有机污染的加重，对饮用水的水质提出了更高的要求，故在饮用水处理中也开始应用一些深度处理工艺，例如，臭氧生物活性炭工艺、活性炭吸附工艺等。这些深度处理工艺一般加在过滤和消毒之间。

膜分离是出现于 20 个世纪 60 年代的技术，利用它可以将水和水中的污染物分离，得到品质优良的水。膜分离技术中的超滤和微滤技术的处理效果与传统的砂滤工艺比较接近，而纳滤和反渗透技术则可去除水中绝大部分的污染物。给水膜处理技术具有工艺流程简单、操作管理易于自动化、水质稳定优良等优点。近来，膜材料技术发展迅速，膜的价格越来越低、性能越来越稳定，使膜技术在城市给水领域得到了越来越多的应用。

地下水水质较好，一般不需混凝沉淀或过滤处理，仅经消毒即可，流程简单。但当铁、锰含量超过饮用水标准时，应采取除铁除锰处理。

工业用水的水质要求差别很大，其采用的处理工艺流程变化很多，常见的流程如图 4-7 所示。

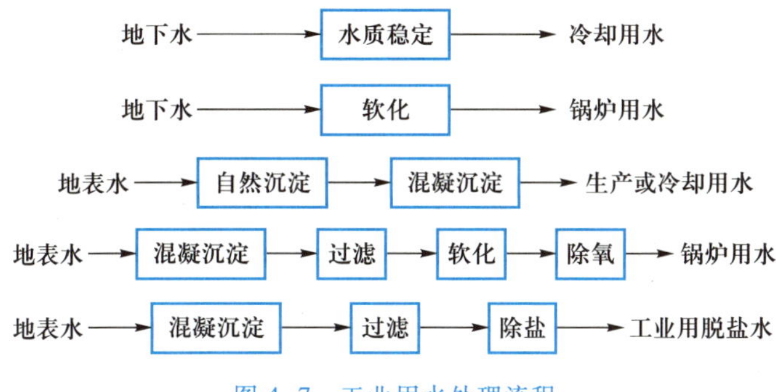

图 4-7 工业用水处理流程

二、排水工程系统

将污水、废水和城市降水系统有组织地排除与处理的工程设施称为排水系统。排水系统通常由管道系统（或称排水管网）和污水处理系统（统称污水处理厂）组成。管道系统的任务是收集和输送废水，把废水从发源地送到污水处理厂或排放口，包括排水设备、检查井、管渠和水泵站等工程设施；污水处理系统的任务是处理或利用废水，它包括各种处理构筑物。

由于生活污水、工业废水及降水的来源和特性不同，排水系统构成也有所差别。

（一）污水收集系统

1. 污水排出系统

污水排出系统通常是指收集和排出生活污水和工业废水的排水系统。它主要由下列几个主要部分组成：

（1）室内污水管道系统及用水设备：它用来收集污水并排至室外庭院或街坊污水管中去。图 4-8是住宅内部排水设备的示意图。从卫生设备排出的污水经水封管、支管、竖管、出户管等室内管道系统流入室外庭院污水管中，然后通过连接支管将污水排入街道下面的管道中。在每一出户管与室外庭院或街坊管道相接点设检查井，供检查或清通管道。

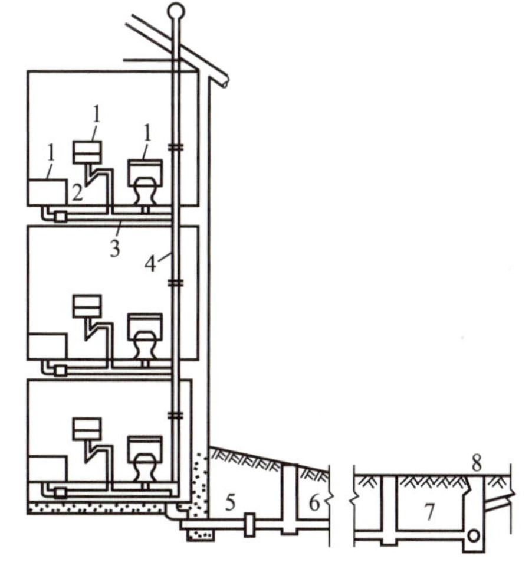

1. 卫生设备；2. 水封管；3. 支管；4. 竖管；5. 出户管；6. 室外庭院污水管；7. 连接支管；8. 街道下管道

图 4-8 房屋内部的排水设备

（2）室外管道系统：分布在地面下的依靠重力流输送污水至泵站、污水处理厂或天然水体的管道系统统称室外管道系统。它又可分为庭院(或街坊)管道系统及街道管道系统,如图 4-9 所示。街道污水管道系统又由支管、干管、主干管等组成,如图 4-10 所示。

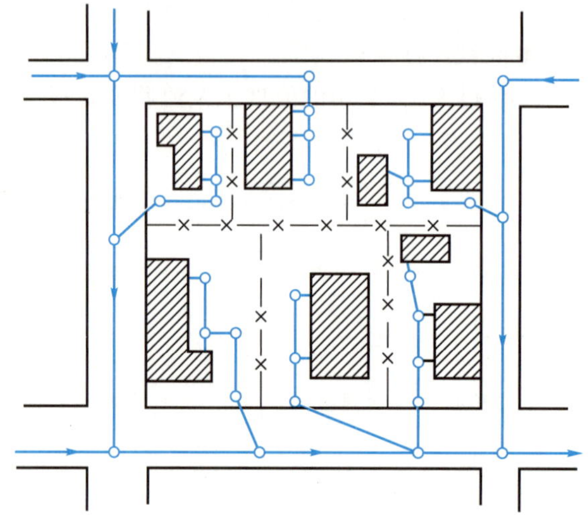

图 4-9 室外管道平面布置

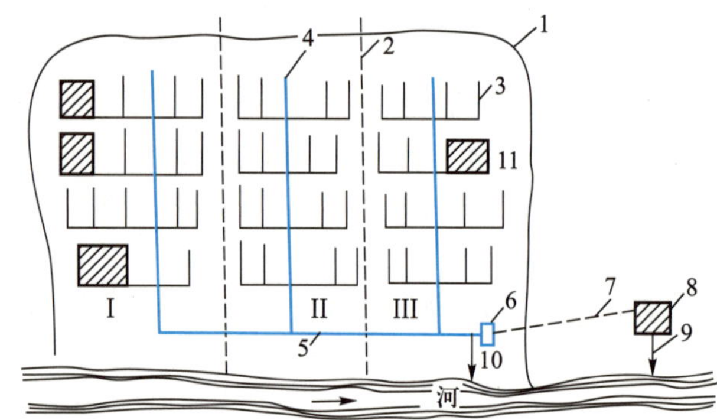

Ⅰ、Ⅱ、Ⅲ为排水流域

1. 城市边界;2. 排水流域分界线;3. 支管;4. 干管;5. 主干管;6. 总泵站;
7. 压力管道;8. 城市污水处理厂;9. 出水口;10. 事故排出口;11. 工厂

图 4-10 城市污水排水系统平面图

(3) 污水泵站及压力管道:城市污水通常依靠重力流排出,故污水管的铺设应有一定坡度。当污水管埋设很深时,需将污水提升,以减少埋深,这时就需要设污水泵站。污水泵站后的管道一般是压力管道。

(4) 污水处理厂。

(5) 出水口和事故排出口。

2. 工业废水排水系统

有些工业废水污染不严重或性质与城市污水相近,则可不经处理直接排入城市排水管道。但有些工业废水含有害和有毒物质,可能破坏排水管道,影响城市污水处理厂的处理和运行,所以就必须单独设置工业废水排水系统,它主要由下列几部分组成:① 车间内部管道系统及排水设备;② 厂区管道系统及附属设备;③ 污水泵站和压力管道;④ 污水处理站;

⑤ 出水口。

在管道系统上同样设检查井等附属构筑物。

3. 雨水排水系统

收集屋面的雨水用雨水斗或天沟;收集地面的雨水用雨水口。雨水排水系统的室外管渠系统基本上和污水排水系统相同。

影响排水系统在平面上布置的因素很多,主要有城市的地形、城市的规划、污水厂和出水口的位置、土壤条件、河流情况等。在设计工作中,应综合考虑各个因素,因地制宜地采用合理的布置形式。

在污水管道系统的布置中,要尽量用最短的管线,尽可能使污水管的坡降与地面坡度一致,以减少埋深,不设或少设提升泵站;一般,污水的主干管应布置在地势较低的地带、沿集水线或沿河岸铺设,以利支管、干管的接入;干管沿城市道路布置,设置在污水量较大、地下障碍较少的一边的人行道、绿化带或慢车道下,必要时考虑在道路两侧各设一条干管;污水管应尽可能避免穿越河道、铁路、地下建筑等障碍物,减少与其他管线的交叉。

污水干管的布置形式可分为正交式、平行式和分散式三种,如图 4-11 所示。

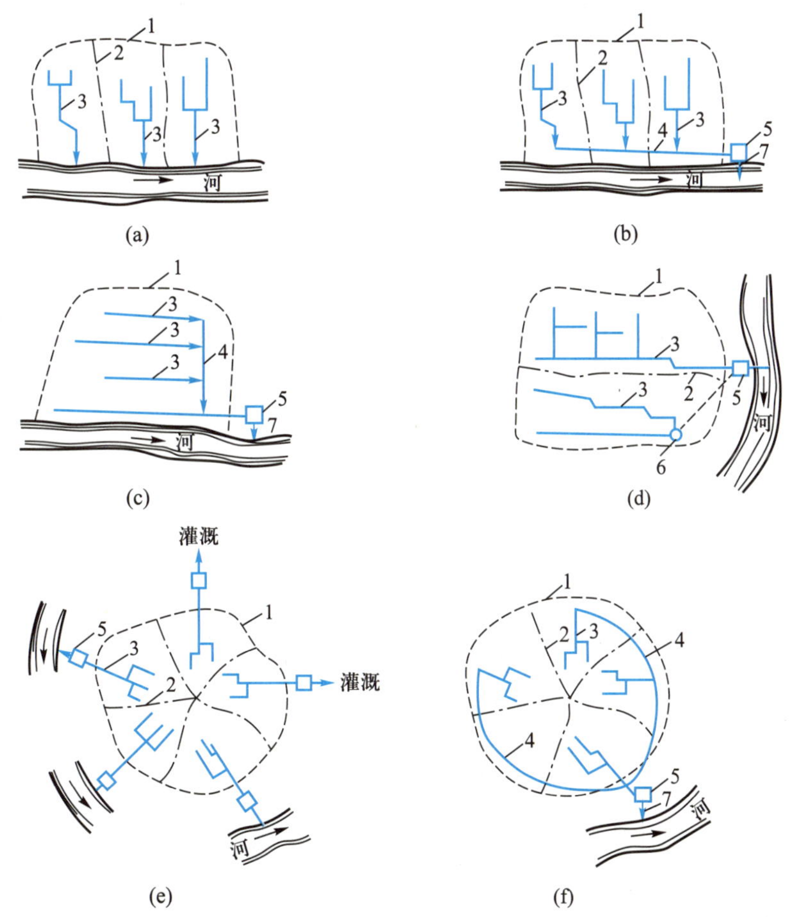

1. 城市边界;2. 排水流域分界线;3. 干管;4. 主干管;5. 污水处理厂;6. 污水泵站;7. 出水口

图 4-11 排水系统的布置形式

(a) 正交式;(b) 截流式;(c) 平行式;(d) 分区式;(e) 分散式;(f) 环绕式

正交式的特点是污水干管与地形等高线基本垂直，主干管布置在城市和工厂区较低一边。这种布置适用于地形平坦，略向一边倾斜的城市或工厂区。

平行式的特点是污水干管与等高线平行，而主干管与等高线垂直。这种布置适用于地形坡度较大的城市，它可克服正交式布置干管坡度过大，管道受到严重冲刷的缺点。

当服务区域较大、周围有河流或该区域中央部分地势高时，污水干管可分流域采用辐射状的分散布置。这种布置具有干管长度短、管径小、埋深浅的特点，但污水处理厂的数量增多。由于小污水处理厂基建投资和运行管理费用相对于大污水处理厂都要高，现在也有把分散式发展成环绕式，即在城市周围设主干管把分散的各干管的污水截流送往污水处理厂。

污水支管的布置形式可分为底边式、围坊式和穿坊式三种，如图 4-12 所示。

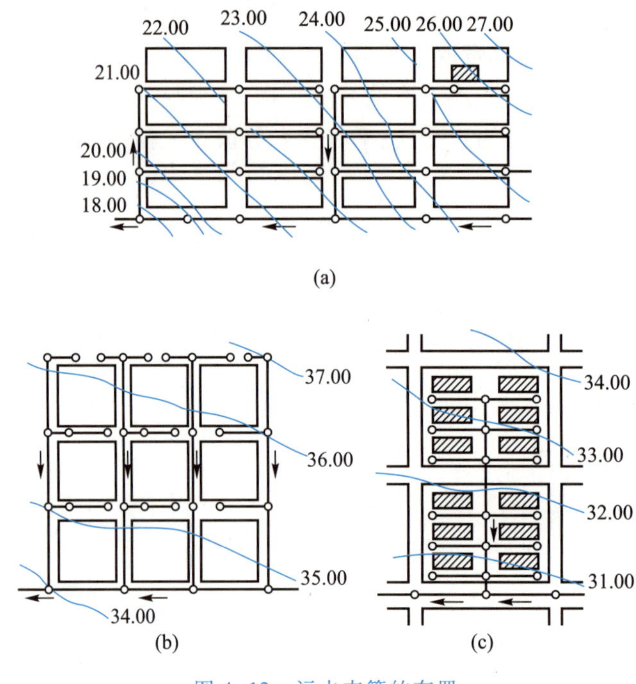

图 4-12 污水支管的布置

(a) 底边式；(b) 围坊式；(c) 穿坊式

4. 排水系统的体制与选择

在城市和工厂内，通常同时有生活污水、工业废水和雨水，这些污水可以用一个管渠系统，也可以用两个或三个管渠系统来排出，这种不同的排出方式称为排水系统的体制（简称排水体制）。排水系统的体制可分为合流制和分流制两种基本类型。

（1）合流制排水系统：将生活污水、工业废水和雨水用一个管渠系统汇集排出的系统称为合流制排水系统。这种排水体制又可分为两种情况：一是直泄式合流制，该方式是用管渠系统，分若干排出口将混合污水不经任何处理直接就近排入水体。这种系统在工业尚不发达，污水量不大时，对水体污染还不严重。在目前，由于污水量不断增加，水质日趋复杂，不宜采用这种合流制排水系统。二是截流式合流制，该方式是在河岸修建截流干管，合流干管和截流干管交点设溢流井。晴天时，混合污水全部由截流干管送污水处理厂；雨天时，当雨水、生活污水和工业废水混合水量超过截流干管输水能力后，其超出部分通过溢流井泄入水体。这种方式比直泄式前进了一步，但仍有部分混合污水未经处理进入水体，这种排水体制适于老城市合流制排水系统改造时采用。

（2）分流制排水系统：当生活污水、工业废水和雨水用两个或两个以上排水管渠系统排出时，统称为分流制排水系统。其中排出生活污水、工业废水的系统称为污水排水系统；排出雨水的系统称为雨水排水系统。

有时，城市只建了污水排水系统，未建雨水排水系统，雨水沿地面、道路边沟和明渠泄入水体，这种系统称不完全分流制排水系统；而同时具有污水排水系统和雨水排水系统的就称完全分流制排水系统。

排水体制的选择是城市和工厂排水系统规划和设计的重要问题。它不仅影响排水系统施工、运行管理，而且影响到环境保护、工程投资等方面。因此，排水体制的选择，应根据当地的实际条件和环境保护要求，通过技术经济比较确定。对于上述各种系统，可从下列几个方面进行比较：

从对环境的影响方面看，若将城市生活污水、工业废水和雨水全部送往污水处理厂处理后排放，对环境的影响最小。截流式合流制排水系统能将生活和工业废水及较脏的初期雨水截走，送往污水处理厂，这对保护水体是有利的，但在暴雨时，仍有部分生活污水、工业废水通过溢流井泄入水体，对水体造成污染。分流制排水系统，将城市污水全部送至污水处理厂处理，但初期雨水未经处理直接排入水体，是其不足之处。一般情况下，截流式合流制排水系统对防止水体污染方面不如分流制排水系统，后者比较灵活，较易适应发展需要，故应用较广泛。

从基建投资方面看，合流制排水系统只需一套管渠系统，其断面尺寸与完全分流制的雨水管渠基本相同，因此合流制排水管渠造价比完全分流制要低20%～40%，虽然合流制排水系统的泵站和污水处理厂规模大，造价高，但总造价还是低于完全分流制系统。不完全分流制由于没有雨水排水系统，投资最省，施工期最短，发挥效益也快，所以一般新建地区初期均采用不完全分流制，随着建设的发展，再逐步建造雨水管渠。

从维护管理方面看，合流制管渠可利用雨天的大流量来冲刷管渠中沉积物，维护管理较简单，但泵站和污水处理厂因晴雨天的流量变化幅度大，运行管理较复杂。分流制管渠分别按维护的要求设计，流量变化不大，不致产生沉淀，有利于污水处理厂的运行管理。

（二）污水处理系统

1. 污水处理厂的总体设计

污水处理厂位置的选择，应符合城镇总体规划和排水工程总体规划的要求，并应根据下列因素综合确定：在城镇水体的下游；在城镇夏季最小频率风向的上风侧；有良好的工程地质条件；少拆迁，少占农田，有一定的卫生防护距离；有扩建的可能；便于污水、污泥的排放和利用；厂区地形不受水淹，有良好的排水条件；有方便的交通、运输和水电条件。

污水处理厂的总体布置应根据厂内各建筑物和构筑物的功能及流程要求，结合厂址地形、气象和地质条件等因素，经过技术经济比较确定，并应便于施工、维护和管理。污水和污泥的处理构筑物宜根据情况尽可能分别集中布置。处理构筑物的间距应紧凑、合理，并应满足各构筑物的施工、设备安装和埋设各种管道以及养护维修管理的要求。污水处理厂的工艺流程、竖向设计宜充分利用原有地形，符合排水通畅，降低能耗、平衡土方的要求。污水处理厂的绿化面积不宜小于全厂总面积的30%。污水处理厂并联运行的处理构筑物间应设均匀配水装置,各处理构筑物系统间宜设可切换的连通管渠。污水处理厂内各种管渠应全面安排,避免相互干扰,管道复杂时宜设置管廊,处理构筑物间的输水、输泥和输气管线的布置应使管渠长度短、水头损失小、流行通畅、不易堵塞和便于清通,各污水处理构筑物间的通连,在条件适宜时,应采用明渠。位于寒冷地区的污水处理厂,应有保温防冻措施。

2. 污水处理厂的工艺选择

污水处理工艺流程的选择受污水水质的影响较大。一般生活污水水质比较稳定,处理的主要目标是降低污水的生化需氧量和悬浮固体,常用的处理方法包括沉淀、生物处理、消毒等。而工业废水水质多种多样,无论是废水中污染物的种类还是浓度,差异都很大。

在选择城市污水处理厂的处理工艺流程时,必须首先确定工业废水与生活污水是一并处理还是分别处理。通常除水量较大的重点污染企业采用独立的污水处理系统外,大多数分散的中小型企业的一般废水,排入城市下水道,与生活污水一起送往城市污水处理厂统一处理。某些特殊工业废水,含有有毒有害物质时,则要求在厂内经过预处理,达到规定的标准后方能排往城市污水处理厂。

污水处理流程的确定主要是依据处理程度,而处理程度则主要取决于接受处理后污水的水体的自净能力和处理后的出路。处理程度确定后,再按各种不同处理方法的处理效率,选定处理流程。

前已述及,城市污水按处理程度划分为一级处理、二级处理和三级处理。一级处理一般指用沉淀法去除可沉固体,有时为了提高处理效率,也可采用一级强化处理工艺,即在沉淀之前投加混凝剂,混凝剂可包括有机、无机絮凝剂,也可采用生物絮凝剂,该处理工艺一般可用于受纳水体自净能力强、原水有机污染轻的污水处理,其流程如图4-13所示;二级处理一般指采用沉淀法和生物处理法处理以降低污水的悬浮固体和有机物,该处理工艺是目前最常采用的城市污水集中处理工艺,如图4-14所示,其中生物处理单元可采用活性污泥法或者膜生物法。三级处理一般是为了进一步提高出水水质,降低对环境的污染负荷,对于缺水地区,三级处理后的出水可作为再生水循环利用,有关再生水的讨论可参考本章第二节。

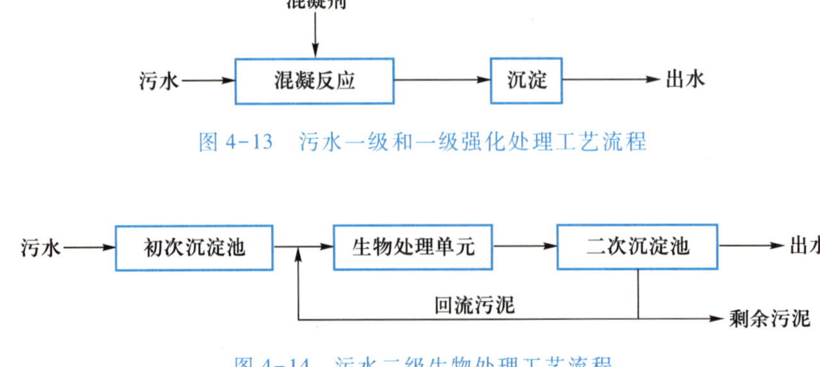

图4-13 污水一级和一级强化处理工艺流程

图4-14 污水二级生物处理工艺流程

第二节　再生水系统

一、水的回用与废水资源化

（一）水的回用与废水资源化的意义

全球可供开采的天然水资源是有限的。随着世界人口不断增长及工、农业生产迅速发展，水资源的开采量急剧增加，许多国家与地区已出现水资源的供需矛盾。而水资源比较缺乏的我国，这一矛盾尤为突出。我国人均水资源占有量仅 2 100 m^3，只有世界人均占有量的 1/4，属于世界 13 个贫水国家之一。水资源匮乏已成为制约我国社会经济发展的主要因素之一。

污、废水的回用问题，特别是用于农田灌溉，在国内外已有较久的历史。早期，水的回用仅限于局部的、无组织与非自觉性的行为，直至 20 世纪中叶，由于工农业的迅速发展，水环境严重污染与水资源矛盾逐步加剧，才使人们清醒地认识到水污染控制、水的回用与废水资源化的意义。在各国制定与逐步完善的水资源管理和污染控制法规中，均强调了水的回用与废水资源化条款。水的回用已在比较广泛的领域内逐步成为人们的一种自觉而有组织的行为。

污水再生利用产生的经济、社会和生态效益主要体现在：降低给水处理和供水费用；减少城市污水排放及相应的排水工程投资与运行费用；改善生态与社会经济环境，促进工业、旅游业、水产养殖业、农林牧业的发展；改善生存环境，促进和保障人体健康，减少疾病（特别是致癌、致畸、致基因突变）危害；增加可供水量，促进经济发展，并避免因缺水而造成的损失等。

（二）水的回用系统

再生水的水源主要来自三个部分：经过处理的工业废水、城市集中污水处理厂二级处理出水以及建筑和住宅小区生活污水。根据不同的再生水水源，可以将污水回用分为三个系统：工业废水回用系统、城市污水回用系统和建筑及住宅小区污水回用系统。

1. 工业废水回用系统

提高工业用水的循环比例，降低工业万元产值的耗水量是当前工业发展的趋势，因此在这样的背景下，逐渐发展形成了各行业的闭环水循环再生系统。工业用水的闭环水循环系统，如图 4-15 所示。

2. 城市污水回用系统

现在越来越多的城市都建有集中式的二级污水处理厂。经过二级处理的污水水量和水质都非常稳定，适合采取进一步的处理来实现污水回用。这种污水回用系统如图 4-16 所示。

3. 建筑及小区污水回用系统

建筑和住宅小区内的污水以生活污水为主，相对容易处理，可单独收集起来，经过深度处理后再回用于建筑和小区内的生活杂用。这种回用系统如图 4-17 所示。

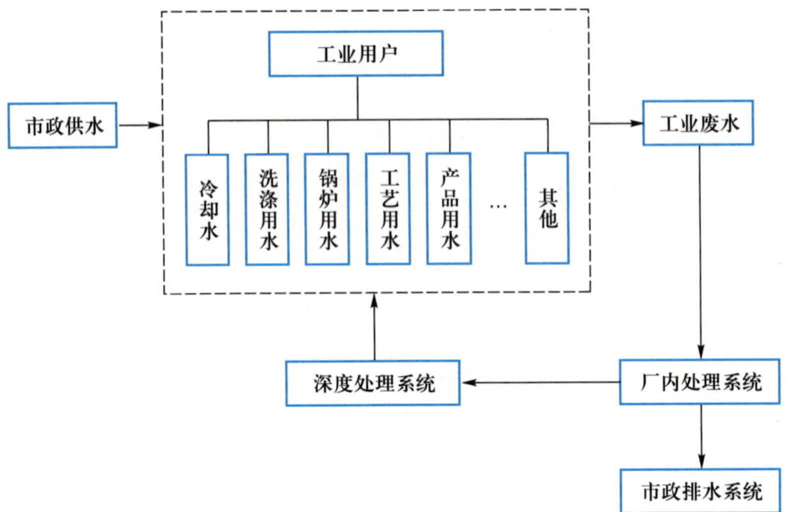

图 4-15 工业废水回用系统示意图

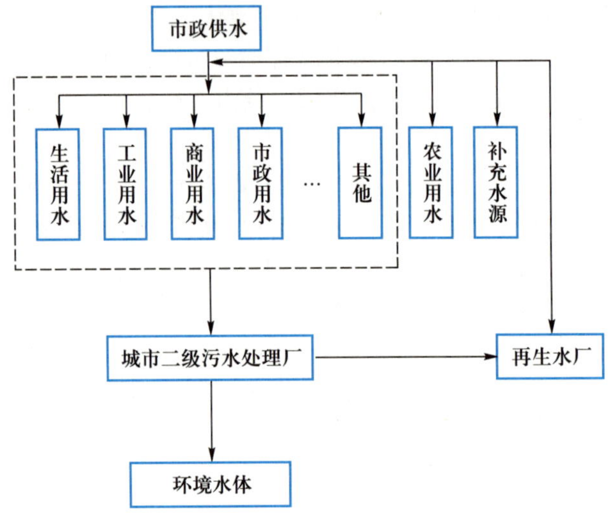

图 4-16 城市污水回用系统示意图

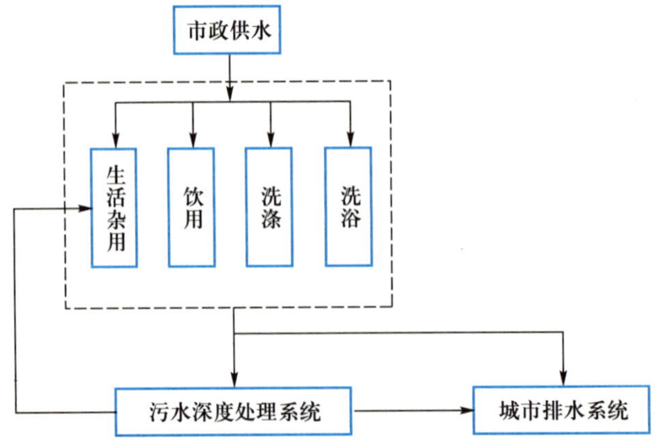

图 4-17 建筑及小区污水回用系统示意图

二、水回用标准体系

污水回用标准是介于饮用水标准和污水排放标准之间的一类标准。饮用水标准是为了保证人们饮用的安全,污水排放标准则是为了保证受纳水体的环境质量要求,而污水回用标准则是根据不同的回用对象和回用目的来制定的。根据污水回用对象的不同,污水回用标准可分为工业回用标准、农业灌溉标准、景观娱乐用水标准、城市杂用水标准以及地下水回灌标准等。

(一) 回用于工业的水质标准

再生水回用于工业用水主要有

(1) 冷却用水,包括直流式和循环式冷却水;

(2) 洗涤用水,包括冲渣、冲灰、消烟除尘和清洗;

(3) 锅炉用水,包括低压、中压锅炉补给水;

(4) 工艺用水,包括溶料、蒸煮、漂洗、水力开采、水力输送、增湿、稀释、搅拌、选矿和油田回注等;

(5) 产品用水,包括浆料、化工制剂和涂料等。

不同的回用对象对再生水的水质要求相差很大,其中工业冷却水的用水量最大,相应的水质标准为《城市污水再生利用　工业用水水质》(GB/T 19923—2022),如表 4-1 所示。再生水用作工业生产工艺用水、锅炉用水时,其水质应达到相应的水质标准。如无相应标准,可通过试验或参照对天然水的水质要求,经技术经济综合比较确定。当再生水回用多种用途时,其水质标准应按最高要求确定。对于向工业区多用户成片供水的城市再生水厂,可按用水量最大的工业冷却用水水质标准考虑。个别水质要求高的用户,可自行补充处理,直至达到该用户的回用水质标准。

表 4-1 《城市污水再生利用　工业用水水质》(GB/T 19923—2022)

序号	控制项目	冷却用水		洗涤用水	锅炉补给水	工艺与产品用水
		直流式冷却水	敞开式循环冷却水系统补充水			
1	pH	6.5~9.0	6.5~8.5	6.5~9.0	6.5~8.5	6.5~8.5
2	悬浮物(SS)(mg/L)≤	30	—	30	—	—
3	浊度(NTU)≤	—	5	—	5	5
4	色度(度)≤	30	30	30	30	30
5	生化需氧量(BOD_5)(mg/L)≤	30	10	30	10	10
6	化学需氧量(BOD_{cr})(mg/L)≤	—	60	—	60	60
7	铁(mg/L)≤	—	0.3	0.3	0.3	0.3

续表

序号	控制项目		冷却用水		洗涤用水	锅炉补给水	工艺与产品用水
			直流式冷却水	敞开式循环冷却水系统补充水			
8	锰/($mg \cdot L^{-1}$)	≤	—	0.1	0.1	0.1	0.1
9	氯离子/($mg \cdot L^{-1}$)	≤	250	250	250	250	250
10	二氧化硅(SiO_2)/($mg \cdot L^{-1}$)	≤	50	50	—	30	30
11	总硬度(以$CaCO_3$计)/($mg \cdot L^{-1}$)	≤	450	450	450	450	450
12	总碱度(以$CaCO_3$计)/($mg \cdot L^{-1}$)	≤	350	350	350	350	350
13	硫酸盐/($mg \cdot L^{-1}$)	≤	600	250	250	250	250
14	氨氮(以N计)/($mg \cdot L^{-1}$)	≤	—	10①	—	10	10
15	总磷(以P计)/($mg \cdot L^{-1}$)	≤	—	1	—	1	1
16	溶解性总固体/($mg \cdot L^{-1}$)	≤	1 000	1 000	1 000	1 000	1 000
17	石油类/($mg \cdot L^{-1}$)	≤	—	1	—	1	1
18	阴离子表面活性剂/($mg \cdot L^{-1}$)	≤	—	0.5	—	0.5	0.5
19	余氯②/($mg \cdot L^{-1}$)	≥	0.05	0.05	0.05	0.05	0.05
20	类大肠杆菌/(个 · L^{-1})	≤	2 000	2 000	2 000	2 000	2 000

注:① 当敞开式循环冷却水系统换热器为铜质时,循环冷却系统中循环水的氨氮指标应小于 1mg/L。② 加氯消毒时管网末梢值。

(二)回用于农业的水质标准

污水回用于农业主要是指农田灌溉。污水灌溉在我国具有很长的历史,但是早期的污水灌溉是一种无计划的行为,对环境造成了很多的影响,如农田的污染、地下水污染、农产品质量下降和对人体健康的影响等。目前,国际上许多国家对污水回用于农业都有相应的水质标准,其中比较权威的标准是 1978 年美国加州的再生水回用于农业规章和 1989 年的 WHO 再生水农业回用指南。我国城市生活污水回用于农田灌溉的标准出台较晚,1992 年针对污水灌溉可能造成的危害对农田灌溉水质标准(GB5084-92)做了修订,2007 年正式颁布了《城市污水再生利用 农田灌溉用水水质》(GB/T 20922—2007),标准规定了基本控制项目和选择控制项目的最大限值(表 4-2)。

表 4-2 《城市污水再生利用　农田灌溉用水水质》(GB/T 20922—2007)

单位：mg/L

<table>
<tr><th rowspan="2">序号</th><th rowspan="2">基本控制项目</th><th colspan="4">灌溉作物类型</th></tr>
<tr><th>纤维作物</th><th>旱地谷物
油料作物</th><th>水田谷物</th><th>露地蔬菜</th></tr>
<tr><td>1</td><td>生化需氧量(BOD_5)</td><td>100</td><td>80</td><td>60</td><td>40</td></tr>
<tr><td>2</td><td>化学需氧量(COD_{Cr})</td><td>200</td><td>180</td><td>150</td><td>100</td></tr>
<tr><td>3</td><td>悬浮物(SS)</td><td>100</td><td>90</td><td>80</td><td>60</td></tr>
<tr><td>4</td><td>溶解氧(DO)≥</td><td colspan="4">0.5</td></tr>
<tr><td>5</td><td>pH(无量纲)</td><td colspan="4">5.5~8.5</td></tr>
<tr><td>6</td><td>溶解性总固体(TDS)</td><td colspan="3">非盐碱地地区 1 000，盐碱地地区 2 000</td><td>1 000</td></tr>
<tr><td>7</td><td>氯化物</td><td colspan="4">350</td></tr>
<tr><td>8</td><td>硫化物</td><td colspan="4">1.0</td></tr>
<tr><td>9</td><td>余氯</td><td colspan="2">1.5</td><td colspan="2">1.0</td></tr>
<tr><td>10</td><td>石油类</td><td colspan="2">10</td><td>5.0</td><td>1.0</td></tr>
<tr><td>11</td><td>挥发酚</td><td colspan="4">1.0</td></tr>
<tr><td>12</td><td>阴离子表面活性剂(LAS)</td><td colspan="2">8.0</td><td colspan="2">5.0</td></tr>
<tr><td>13</td><td>汞</td><td colspan="4">0.001</td></tr>
<tr><td>14</td><td>镉</td><td colspan="4">0.01</td></tr>
<tr><td>15</td><td>砷</td><td colspan="2">0.1</td><td colspan="2">0.05</td></tr>
<tr><td>16</td><td>铬(六价)</td><td colspan="4">0.1</td></tr>
<tr><td>17</td><td>铅</td><td colspan="4">0.2</td></tr>
<tr><td>18</td><td>粪大肠菌群数(个/L)</td><td colspan="3">40 000</td><td>20 000</td></tr>
<tr><td>19</td><td>蛔虫卵数(个/L)</td><td colspan="4">2</td></tr>
</table>

单位：mg/L

序号	选择控制项目	限值	序号	选择控制项目	限值
1	铍	0.002	10	锌	2.0
2	钴	1.0	11	硼	1.0
3	铜	1.0	12	钒	0.1
4	氟化物	2.0	13	氰化物	0.5
5	铁	1.5	14	三氯乙醛	0.5
6	锰	0.3	15	丙烯醛	0.5
7	铅	0.5	16	甲醛	1.0
8	镍	0.1	17	苯	2.5
9	硒	0.02			

（三）回用于杂用和景观的水质标准

城市杂用水指的是用于冲厕、道路清扫、消防、城市绿化、车辆冲洗、建筑施工的非饮用水。其中冲厕杂用水包括公共及住宅卫生间便器冲洗的用水；道路清扫杂用水包括道路灰尘抑制、道路扫除的用水；消防杂用水包括市政及小区消火栓系统的用水；城市绿化杂用水包括除特种树木及特种花卉以外的公园、道边树及道路隔离绿化带、运动场、草坪，以及相似地区的用水；建筑施工杂用水包括建筑施工现场的土壤压实、灰尘抑制、混凝土冲洗、混凝土拌合的用水。

景观用水主要指观赏性景观环境用水和娱乐性景观环境用水，其中观赏性景观环境用水指人体非直接接触的景观环境用水，包括不设娱乐设施的景观河道、景观湖泊及其他观赏性景观用水；娱乐性景观环境用水指人体非全身性接触的景观环境用水，包括设有娱乐设施的景观河道、景观湖泊及其他娱乐性景观用水。

《城市污水再生利用　城市杂用水水质》（GB/T 18920—2020）规定了城市污水再生回用于杂用水的基本控制项目限值，如表 4-3 所示。同时，根据再生水厂的水源情况，标准还对氯化物和硫酸盐两项选择性控制项目做了规定。《城市污水再生利用　景观环境用水水质》（GB/T 18921—2019）规定了城市污水再生回用于景观环境用水的水质要求，如表 4-4 所示。

表 4-3 《城市污水再生利用　城市杂用水水质》（GB/T 18920—2020）

序号	项目		冲厕、车辆冲洗	城市绿化、道路清扫、消防、建筑施工
1	pH		6.0~9.0	6.0~9.0
2	色度，铂钴色度单位	≤	15	30
3	臭		无不快感	无不快感
4	浊度/NTU	≤	5	10
5	五日生化需氧量（BOD_5）/（$mg \cdot L^{-1}$）	≤	10	10
6	氨氮/（$mg \cdot L^{-1}$）	≤	5	8
7	阴离子表面活性剂/（$mg \cdot L^{-1}$）	≤	0.5	0.5
8	铁/（$mg \cdot L^{-1}$）	≤	0.3	—
9	锰/（$mg \cdot L^{-1}$）	≤	0.1	—
10	溶解性总固体/（$mg \cdot L^{-1}$）	≤	1 000（2 000）[a]	1 000（2 000）[a]
11	溶解氧/（$mg \cdot L^{-1}$）	≥	2.0	2.0
12	总氯/（$mg \cdot L^{-1}$）		1.0（出厂），0.2（管网末端）	1.0（出厂），0.2[b]（管网末端）
13	大肠埃希氏菌/（$MPN \cdot (100\ mL)^{-1}$，或 $CFU \cdot (100\ mL)^{-1}$）		无[c]	无[c]

注：“—”表示对此项无要求。

a 括号内指标值为沿海及本地水源中溶解性固体含量较高的区域的指标。

b 用于城市绿化时，不应超过 2.5 mg/L。

c 大肠埃希氏菌不应检出。

表 4-4 城市污水再生利用 景观环境用水水质(GB/T 18921—2019)

序号	项目	观赏性景观环境用水			娱乐性景观环境用水			景观湿地环境用水
		河道类	湖泊类	水景类	河道类	湖泊类	水景类	
1	基本要求	无漂浮物,无令人不愉快的臭和味						
2	pH(无量纲)	6.0~9.0						
3	五日生化需氧量(BOD_5)/($mg \cdot L^{-1}$)	≤10	≤6		≤10	≤6		≤10
4	浊度/NTU	≤10	≤5		≤10	≤5		≤10
5	总磷(以P计)/($mg \cdot L^{-1}$)	≤0.5	≤0.3		≤0.5	≤0.3		≤0.5
6	总氮(以N计)/($mg \cdot L^{-1}$)	≤15	≤10		≤15	≤10		≤15
7	氨氮(以N计)/($mg \cdot L^{-1}$)	≤5	≤3		≤5	≤3		≤5
8	粪大肠菌群/(个$\cdot L^{-1}$)	≤1 000			≤1 000		≤3	≤1 000
9	余氯/($mg \cdot L^{-1}$)	—					0.05~0.1	—
10	色度/度	≤20						

注:1. 未采用加氯消毒方式的再生水,其补水点无余氯要求。

2. “—”表示对此项无要求。

(四) 回用于补充水源水的水质标准

补充水源水主要是补充地表水,即河流与湖泊,应满足国家和地方相应的受纳水体污染物排放控制要求。城市再生水也可以用于补充地下水,作为水源补给、防止海水入侵、防止地面沉降等。回灌到地下的再生水,在地下水循环过程中,很可能会进入饮用水含水层中。一旦污染物进入含水层中,其去除是非常困难的,因此地下水回灌的水质标准对人类健康非常重要,要求也非常严格。《城市污水再生利用 地下水回灌水质》(GB/T 19772—2005)对城市再生水用于地下水回灌的基本控制项目和选择控制项目做了明确规定,详见表 4-5 和表 4-6。

表 4-5 城市污水再生水地下水回灌基本控制项目及限值

序号	基本控制项目	单位	地表回灌[a]	井灌
1	色度	稀释倍数	30	15
2	浊度	NTU	10	5
3	pH	—	6.5~8.5	6.5~8.5
4	总硬度(以 $CaCO_3$ 计)	mg/L	450	450
5	溶解性总固体	mg/L	1 000	1 000
6	硫酸盐	mg/L	250	250
7	氯化物	mg/L	250	250
8	挥发酚类(以苯酚计)	mg/L	0.5	0.002

续表

序号	基本控制项目	单位	地表回灌[a]	井灌
9	阴离子表面活性剂	mg/L	0.3	0.3
10	化学需氧量(COD)	mg/L	40	15
11	五日生化需氧量(BOD_5)	mg/L	10	4
12	硝酸盐(以N计)	mg/L	15	15
13	亚硝酸盐(以N计)	mg/L	0.02	0.02
14	氨氮(以N计)	mg/L	1.0	0.2
15	总磷(以P计)	mg/L	1.0	1.0
16	动植物油	mg/L	0.5	0.05
17	石油类	mg/L	0.5	0.05
18	氰化物	mg/L	0.05	0.05
19	硫化物	mg/L	0.2	0.2
20	氟化物	mg/L	1.0	1.0
21	粪大肠菌群数	个/L	1 000	3

a 表层黏性土厚度不宜小于 1 m,若小于 1 m 按井灌要求执行。

表 4-6 城市污水再生水地下水回灌选择控制项目及限值 单位:mg/L

序号	选择控制项目	限值	序号	选择控制项目	限值
1	总汞	0.001	16	苯并[a]芘	0.000 01
2	烷基汞	不得检出	17	甲醛	0.9
3	总镉	0.01	18	苯胺	0.1
4	六价铬	0.05	19	硝基苯	0.017
5	总砷	0.05	20	马拉硫磷	0.05
6	总铅	0.05	21	乐果	0.08
7	总镍	0.05	22	对硫磷	0.003
8	总铍	0.000 2	23	甲基对硫磷	0.002
9	总银	0.05	24	五氯酚	0.009
10	总铜	1.0	25	三氯甲烷	0.06
11	总锌	1.0	26	四氯化碳	0.002
12	总锰	0.1	27	三氯乙烯	0.07
13	总硒	0.01	28	四氯乙烯	0.04
14	总铁	0.3	29	苯	0.01
15	总钡	1.0	30	甲苯	0.7

续表

序号	选择控制项目	限值	序号	选择控制项目	限值
31	二甲苯[a]	0.5	42	丙烯腈	0.1
32	乙苯	0.3	43	滴滴涕	0.001
33	氯苯	0.3	44	六六六	0.005
34	1,4-二氯苯	0.3	45	六氯苯	0.05
35	1,2-二氯苯	1.0	46	七氯	0.000 4
36	硝基氯苯[b]	0.05	47	林丹	0.002
37	2,4-二硝基氯苯	0.5	48	三氯乙醛	0.01
38	2,4-二氯苯酚	0.093	49	丙烯醛	0.1
39	2,4,6-三氯苯酚	0.2	50	硼	0.5
40	邻苯二甲酸二丁酯	0.003	51	总α放射性	0.1
41	邻苯二甲酸二(2-乙基己基)酯	0.008	52	总β放射性	1

注：除51、52项的单位是Bq/L外，其他项目的单位均为mg/L。

a 二甲苯：指对-二甲苯、间-二甲苯、邻-二甲苯。

b 硝基氯苯：指对硝基氯苯、间硝基氯苯、邻硝基氯苯。

三、水再生处理工艺流程

（一）工业废水回用系统的处理工艺流程

不同的工业所产生的废水性质有很大的差异，同一行业不同的工艺所产生的废水水质也不同，因此不同工业废水要达到污染排放标准所采取的处理流程也有很大的差异。在工业废水的回用中，最大的回用对象是循环冷却水，其他也包括洗涤用水、锅炉用水、工艺用水以及厂内杂用水等。不同的回用对象对水质的要求不同，所需要采取的深度处理流程也不同。

当再生水用作冷却水时，可能造成以下三方面的危害：

（1）腐蚀：污水中溶解盐含量高，除了自身会引起金属腐蚀外，还使水的电导率加大，加速了水中电化学腐蚀。水中的氯离子是一种腐蚀性很强的物质，即使对于不锈钢也易造成应力腐蚀而致破裂。氨氮则会对铜材产生腐蚀。

（2）结垢：由于污水的硬度、碱度、磷酸盐含量增高，而致使水垢产生。水中的钙、镁盐类，在循环浓缩过程中，由于过饱和而析出$CaCO_3$、$CaSO_4$、$Ca_3(PO_4)_2$或$MgSiO_3$沉淀。这些沉淀物同悬浮物、金属腐蚀产物和微生物一起，在金属表面结成多孔的垢层，造成局部垢下腐蚀。

（3）微生物黏泥（生物垢）：污水中往往含有大量的细菌等微生物，加上氮、磷等营养物质，为细菌、真菌及藻类大量繁殖创造了条件。在敞开式废水处理设施和冷却塔中，温度和光照都适宜藻类繁殖。这些微生物絮体连同黏土质和金属的氢氧化物等，附着在热交换器、输配水管道内，形成污泥状黏性物质，他们堵塞交换器管道，降低热交换效率，并产生垢下坑蚀。生物垢本身还起黏结作用，它的黏液外壳黏结水中杂质，使垢层增厚。形成生物垢的主要菌种有异氧菌、铁细菌、硫酸盐还原菌、真菌和藻类等。有些细菌本身亦可引起腐蚀，如硫氧化菌代谢产物为强酸，可腐蚀金属；铁细菌氧化亚铁成高铁化合物沉积于管壁形成锈瘤，不但使管壁热交换率下降，且造成氧浓度差电池腐蚀。

因此，循环冷却水在水质达到基本要求的基础上，还应该对其进行稳定性分析和必要的处理。

1. 循环水水质稳定性及其判断方法

水中普遍存在着各种形态的碳酸化合物。这类化合物主要来源于岩石、土壤中碳酸盐、重碳酸盐矿物的溶解与大气中二氧化碳的交换。此外，还有部分来源于水生物的新陈代谢与有机质的氧化产物。因此，天然水中存在着下列碳酸体系的平衡：

$$CaCO_3+CO_2+H_2O \rightleftharpoons Ca^{2+}+2HCO_3^- \tag{4-2}$$

$$CO_2+H_2O \rightleftharpoons H_2CO_3 \rightleftharpoons H^++HCO_3^- \tag{4-3}$$

$$HCO_3^- \rightleftharpoons H^++CO_3^{2-} \tag{4-4}$$

$$CaCO_3 \rightleftharpoons Ca^{2+}+CO_3^{2-} \tag{4-5}$$

$$H_2O \rightleftharpoons H^++OH^- \tag{4-6}$$

在标准状态下，各平衡关系式分别为：

$$k_1=\frac{[H^+][HCO_3^-]}{[H_2CO_3]}=4.45\times10^{-7} \tag{4-7}$$

$$k_2=\frac{[H^+][CO_3^{2-}]}{[HCO_3^-]}=4.69\times10^{-11} \tag{4-8}$$

$$K_s=[Ca^{2+}][CO_3^{2-}] \tag{4-9}$$

$$K_w=[H^+][OH^-] \tag{4-10}$$

实际上，式(4-2)是式(4-3)~式(4-6)的综合平衡式。各平衡式之间相互关联与制约。水中的碳酸体系对水质起着多方面的作用。当水中的碳酸体系在某条件下处于平衡时，水中的碱度、pH、硬度及各离子态物质均达到一平衡的定值。此时，既不会出现碳酸钙的沉淀倾向，也不会出现水中游离二氧化碳对设备与管道的侵蚀倾向，此水质为稳定性水质。若当条件变化，导致水中某些成分(如 CO_2等浓度)发生变化时，原有平衡被破坏，使平衡发生转移。例如，若式(4-2)平衡向左移动，导致水中 $CaCO_3$过饱和而发生结垢(沉淀)倾向；若平衡向右转移，导致 $CaCO_3$的溶解，水中 CO_2增加，水质有侵蚀倾向。这两种情况的水质均属不稳定水质。判断水质稳定性的方法有多种，下面介绍几种常用的方法。

(1) 利用饱和指数判断水质稳定性：饱和指数是判断水中 $CaCO_3$是否处于平衡状态的指数，其表达式为：

$$I_L=pH_0-pH_s \tag{4-11}$$

式中：I_L——饱和指数；

pH_0——循环水操作温度实测 pH；

pH_s——循环水操作温度下碳酸盐体系平衡的理论 pH。

当 $I_L=0$ 时，表明水中 $CaCO_3$处于饱和平衡状态，水质是稳定的；$I_L>0$ 时，$CaCO_3$处于过饱和状态，水质有结垢倾向；$I_L<0$ 时，$CaCO_3$处于不饱和状态，水中有过量游离 CO_2，有腐蚀倾向。实际应用中 I_L在±0.25~0.3 范围内，可以认为水是稳定的。

(2) 利用稳定性指数判断水质稳定性：水质稳定性指数表达式为：

$$I_R=2pH_s-pH_{20} \tag{4-12}$$

式中：I_R——水质稳定性指数；

pH_{20}——水温 20℃时的 pH 测定值。

当 $I_R=6.0\sim6.5$，表明水质是稳定的；当 $I_R<6.0$ 时，水质肯定结垢，必须处理；$I_R>6.5$ 时，水质有腐蚀倾向；$I_R>7.5$ 时，水质显示明显腐蚀倾向。

下面推导 pH_s的理论计算公式。

当水的 pH 在 6.5~9.0 范围内，水的碱度以碳酸碱度占据主导地位，即：

$$[\mathrm{Alk}]=2[\mathrm{CO_3^{2-}}]+[\mathrm{HCO_3^-}] \tag{4-13}$$

式中：[Alk]——水的碱度。

整理式(4-8)代入式(4-13)：

$$[\mathrm{Alk}]=\frac{[\mathrm{H^+}][\mathrm{CO_3^{2-}}]}{k_2}+2[\mathrm{CO_3^{2-}}]$$

经整理后：

$$\frac{k_2[\mathrm{Alk}]}{[\mathrm{H^+}]+2k_2}=[\mathrm{CO_3^{2-}}] \tag{4-14}$$

整理式(4-9)代入式(4-14)：

$$\frac{k_2[\mathrm{Alk}][\mathrm{Ca^{2+}}]}{[\mathrm{H^+}]\left(1+\dfrac{2k_2}{[\mathrm{H^+}]}\right)}=K_s \tag{4-15}$$

式(4-15)取负对数并经整理，可得：

$$pH_s=pk_2-pK_s+p[\mathrm{Ca^{2+}}]+p([\mathrm{Alk}])-\lg\left[1+\frac{k_2}{[\mathrm{H^+}]}\right] \tag{4-16}$$

式(4-16)最后一项中，因 k_2甚小，此项可以忽略，式(4-16)可改写为：

$$pH_s=pk_2-pK_s+p[\mathrm{Ca^{2+}}]+p([\mathrm{Alk}]) \tag{4-17}$$

在非标准状态，须用式(4-18)与式(4-19)修正 pk_2与 pK_s，修正后以 pk_2'与 pK_s'表示：

$$pk_2'=\frac{2\,902.39}{T}+0.023\,79T-6.498 \tag{4-18}$$

$$pK_s'=0.011\,83\,T+8.03 \tag{4-19}$$

则：

$$pH_s=pk_2'-pK_s'+p[\mathrm{Ca^{2+}}]+p([\mathrm{Alk}]) \tag{4-20}$$

式(4-20)即为 pH_s的理论计算公式。式中$[\mathrm{Ca^{2+}}]$与[Alk]为该水质实际条件下的 Ca^{2+}浓度与碱度实测值。

(3) 极限碳酸盐判断法：这种判断是根据循环冷却水在一定水温下，保持不结垢的碳酸盐硬度应有一最大值这一概念，引入了极限碳酸盐硬度这一指标。其值可根据相似条件的实际运行数据或模拟实验确定。可以用下述经验公式计算：

$$H_l=\frac{1}{2.8}\left[8+\frac{O_s}{3}-\frac{t-40}{5.5-\dfrac{O_s}{7}}-\frac{2.8H_{sn}}{6-\dfrac{O_s}{7}+\left(\dfrac{t-40}{10}\right)^3}\right] \tag{4-21}$$

式中：H_l——极限碳酸盐硬度，meg/L(毫克当量浓度)；

O_s——补充水耗氧量,mg/L;

H_{sn}——补充水非碳酸盐硬度,meg/L;

t——循环水最高温度,℃(当 $t<40$℃时,以40℃计)。

当补充水中碳酸盐硬度为 H_c,循环水浓缩倍数为 K 时,则

$KH_c>H_1$时,该循环水结垢;$KH_c\leqslant H_1$时,该循环水不结垢。

以上三种水质稳定性的判断方法中,第一种方法是严格的理论判断法,只能判断水在定温下是否达到碳酸体系的平衡状态,不能确切判断在不平衡条件下是否一定结垢或腐蚀。尤其是结垢问题与各种因素相关,常发生实际与判断不符的现象。第三种方法表示了补充水中有机质对碳酸盐结垢的干扰作用,此法仅判断在未加阻垢剂时,水温差较小的循环水的结垢性,不能判断腐蚀性。第二种方法是一种经验性指数判断法,是针对第一种方法的不足而提出的,其不仅能判断水在定温下的稳定性,且能判断其不稳定的程度,较之方法一更加接近于实际。但在应用时,常以方法一与方法二结合使用。

2. 循环冷却水稳定性处理

循环冷却水稳定性处理包括阻垢处理、防腐蚀处理与污垢控制三个方面。

(1) 循环水阻垢处理:防止循环冷却水结垢有下述三种途径。

a. 软化:水垢主要是由于钙、镁盐的沉积所致,若将水中钙、镁离子降低到一定程度,即可防止水垢的产生,这种方法即为软化法,包括药剂软化与离子交换软化。水的软化在第二章中已有较详细的论述。在循环冷却水中,软化法仅限于水量小、控垢要求比较严格的情况下使用。

b. 投加阻垢剂:结垢是在水中钙、镁阳离子与相应的阴离子过饱和状态下,有晶核的存在,使结晶长大过程的产物。若在其结晶之前,向水中投加某种药剂,使之破坏或控制该结晶过程中的某一环节,导致水垢无法生成,这种方法称为药剂阻垢处理,所用药剂称为阻(缓)垢剂。目前,常用的阻垢剂有以下三类:

聚合磷酸盐类:这类阻垢剂的主要作用是与水中的 Ca^{2+}、Mg^{2+}生成螯合物或络合物,阻止其与相应阴离子结合而产垢;由于这类药剂在水中有表面活性性质,可吸附于已形成的微晶粒表面,以阻止其增长;由于其在固体表面的强吸附作用,这类药剂也具有分散作用。常用的聚合磷酸盐类有聚合磷酸钠 $x\mathrm{Na_2O}\cdot y\mathrm{P_2O_5}$,其中六偏磷酸钠与三聚磷酸钠应用最为普遍。

有机磷酸盐类:有机磷酸盐中的膦酸酯与二磷酯是十分有效的阻垢剂。它们不仅具有与磷酸盐防垢的共性,同时还有提高结垢物微晶粒表面电荷密度,增大晶粒斥力,降低结垢的速度,使晶格结垢畸变而失去桥键的作用。目前,广泛应用的有乙二胺四亚甲基膦酸盐(EDTMP)与羟基乙叉二膦酸盐(HEDP)。这类阻垢剂不仅能阻垢,且有防腐作用。

聚羧酸盐类:这类阻垢剂是以分散与絮凝作用而阻垢,可使硬度盐类形成的微晶粒生成絮体随水流走。常用的有聚甲基丙烯酸、聚丙烯酸等。近年来发展的聚天冬氨酸也是一种很有前景的阻垢剂。

如将以上三类阻垢剂配制成复合阻垢剂,效果更好。

c. 酸化或碳酸化:由于水垢的生成原因是水中 CO_2减少、碱度增大,导致原有碳酸体系的平衡被破坏,因此可以通过适量投加 CO_2或酸类,调整水中碳酸体系的平衡状态,达到阻垢的目的。投加 CO_2阻垢,除采用工业 CO_2气体直接投加外,也可采用烟道气吸收法实施碳酸化,但必须经过严格净化后方能使用。硫酸或盐酸常作为酸化阻垢的投加剂。其主要缺

点是易造成设备或管道的腐蚀。

(2) 循环冷却水系统防腐蚀处理:防止循环冷却水对设备与管路腐蚀的主要途径是投加缓蚀剂,使与水接触的金属表面形成保护膜,达到防腐蚀目的。也有采用金属接触表面喷涂耐腐蚀材料防腐蚀的方法,但由于技术复杂,费用较高,较少采用。

投加缓蚀剂成膜防蚀法,根据成膜类型,可分为氧化膜、沉积膜与吸附膜三类。

a. 氧化膜型缓蚀剂:这种缓蚀剂多为重金属的含氧酸盐,如铬酸盐、钼酸盐、钨酸盐等,亚硝酸盐也可作为缓蚀剂。该类缓蚀剂投加在循环水中起氧化作用,并使生成的金属氧化物或氢氧化物均匀地沉积在金属表面,形成结合紧密而质坚的保护薄膜。这种保护膜达到一定厚度时,又阻止了电极反应,使薄膜厚度的增长几乎自动停止。因此,该缓蚀剂的缓蚀效果是良好的。但由于其多为重金属含氧酸,且投加浓度较高(大于 100 mg/L),对环境污染严重,因而使用受到限制。当用亚硝酸盐作为缓蚀剂时,需借助水中的溶解氧形成金属表面氧化膜,若水中含氧化剂(如氯等),则不能使用此种盐为缓蚀剂。

b. 沉积膜型缓蚀剂:这类缓蚀剂的缓蚀作用主要通过水中含有的金属阳离子,如 Ca^{2+}、Mg^{2+}等,或投加某种金属盐,如锌盐,使之在循环水中形成固体沉积物,均匀地沉积在接触金属表面,形成保护膜。

聚磷酸盐是水中 Ca^{2+}、Mg^{2+}与 Fe^{2+}的主要沉积膜型缓蚀剂,这种缓蚀剂在金属表面电化学阳极反应过程中产生聚磷酸钙、镁或铁的沉积膜。因此,使用这种缓蚀剂必须保持水中有足够的 Ca^{2+}、Mg^{2+}或 Fe^{2+},并需一定浓度的溶解氧,才能达到缓蚀效果。聚磷酸盐投加量成膜初期为 200~300 mg/L,运行过程为 20~30 mg/L。这种缓蚀剂有诸多缺点,如成膜速度慢,膜疏松多孔,且成膜厚度大,以及促进微生物的繁殖等,从而限制了缓蚀效果。

锌盐也是金属表面阴极反应的沉积成膜缓蚀剂,Zn^{2+}在阴极反应中生成$Zn(OH)_2$沉积于金属表面起到保护膜的作用。Zn^{2+}的投加浓度为 3~10 mg/L。这种缓蚀剂常与聚磷酸盐缓蚀剂联合应用。

c. 吸附膜型缓蚀剂:这是一种新发展的有机缓蚀剂,其分子带有亲水与疏水基团,亲水基团能有效地吸附于洁净的金属表面,而疏水基朝向水侧,阻止水、溶解氧与金属离子向金属表面扩散,达到缓蚀目的。这类缓蚀剂主要有胺类化合物及其衍生物,一般多为 C_{10}~C_{20}的烷基碳链结构,其中 $C_{16}H_{33}N_2(C_{16}H_{33})_2NH$、$C_{18}H_{37}NH_2$与$(C_{18}H_{37})_2NH$ 等,缓蚀效果较好。该缓蚀剂在成膜初期投加约为15 mg/L,正常运行时,保持浓度小于 10 mg/L。其缺点是不易控制浓度,费用较高。

综上所述,目前最常采用的成膜缓蚀剂以水中离子形成沉积膜为主,而向组合型缓蚀剂发展。

(3) 循环水系统污垢控制:循环水系统中污垢的产生是由于水中含有的悬浮物、微生物的繁殖与藻类生长所致。因此,控制污垢主要应控制水中的悬浮物、杀灭微生物和藻类。

a. 水中悬浮物的控制:主要采用投加混凝剂,并在集水池内沉淀而去除。此外,还可采用旁滤系统去除。一般抽取循环水系统水量的 1%~5%实施旁路过滤,滤后水并入系统中。

b. 微生物与藻类的控制:主要采用化学药剂杀灭法。用于冷却水系统的杀菌剂较多,大体可分为氧化型灭菌剂与非氧化型灭菌剂。

氧化型灭菌剂主要为液氯、氯酸盐或次氯酸盐。虽然这类灭菌剂灭菌速度快,但效果持续时间短,对系统的材料有腐蚀破坏作用。因此,通常采用氧化型与非氧化型灭菌剂联合使用。这类灭菌剂也不适用于含有有机质较高或还原性物质的水质。

非氧化型灭菌剂包括硫酸铜、氯酚类与表面活性灭菌剂。

硫酸铜是常用的灭藻剂，但为避免 Cu^{2+} 对系统产生的电化学腐蚀，常与 EDTA 联合使用。为使 Cu^{2+} 能有效地渗入附着于冷却塔结构上藻类体内，又常将硫酸铜与表面活性剂共同投加。

氯酚类灭菌剂，尤以五氯酚钠应用较为广泛，三氯酚钠也有应用。这类灭菌剂在水中应保持每升数十毫克的浓度才能有效地灭菌。硫酸铜与氯酚杀菌剂联合应用，可以有效地杀灭藻类。由于氯酚类化合物具有环境可持久性和内分泌干扰特性，现在已经禁止或限制使用。

表面活性灭菌剂以季铵盐类为代表，为阳离子型表面活性剂，其中烷基三甲基氯化铵（ATM）、二甲基苄基氯化铵（DBA）与十二烷基二甲基苄基氯化铵应用较为广泛。这类灭菌剂的机理是因其带正电荷，易被带负电荷的菌类所吸引，集聚于微生物的体表，形成离子键，破坏微生物原有的理化性质，引起细胞代谢功能的变异等。该灭菌剂效果不如氯酚类，需要浓度较高，而过高的浓度易导致水中发生泡沫。

总之，要维持循环冷却水系统正常运行，需要一套较为复杂的管理体制。

3. 工业废水深度处理工艺

（1）石油行业废水：石油化工企业在不同的工艺段会产生含油废水、含硫废水、酸性废水、碱性废水等。这些废水经过厂内的污水处理站可以达到行业排放标准，再经过深度处理后可回用于动力站用水、循环冷却水、绿化、喷洒和冲洗用水等。一般的深度处理工艺如图 4-18 所示。

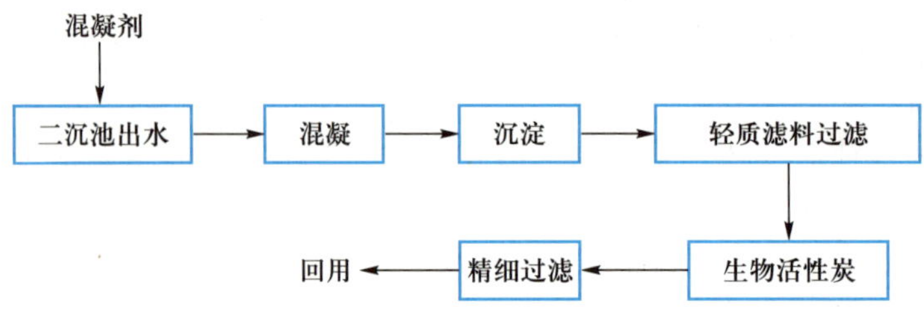

图 4-18 石油废水再生处理流程示意图

（2）化工行业废水：不同的化工行业以及不同化工工艺所产生的废水水质相差很大，这些废水经处理达到行业排放标准后再进行深度处理，生产的再生水可回用于循环冷却水、基建、冲厕、绿化和洗车用水等，常用的深度处理工艺如图 4-19 所示。

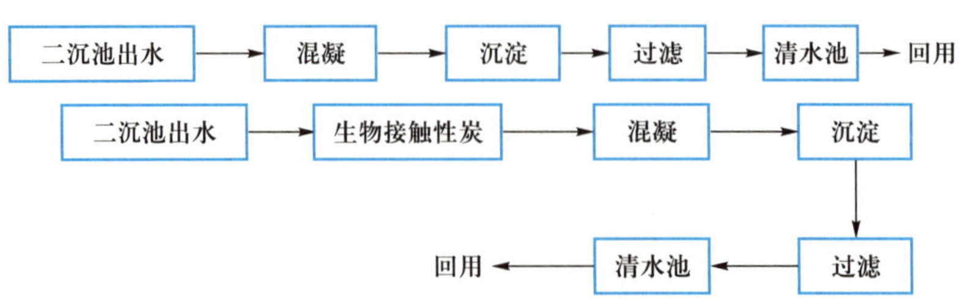

图 4-19 化工废水再生处理流程示意图

（3）印染行业废水：印染行业的废水一直是工业废水中比较难处理的一类，当然在这类废水处理达到行业排放标准后，通过进一步的深度处理也可回用于一些对于水质要求不高的工艺，如印染前的工序，其经常采用的深度处理工艺如图 4-20 所示。

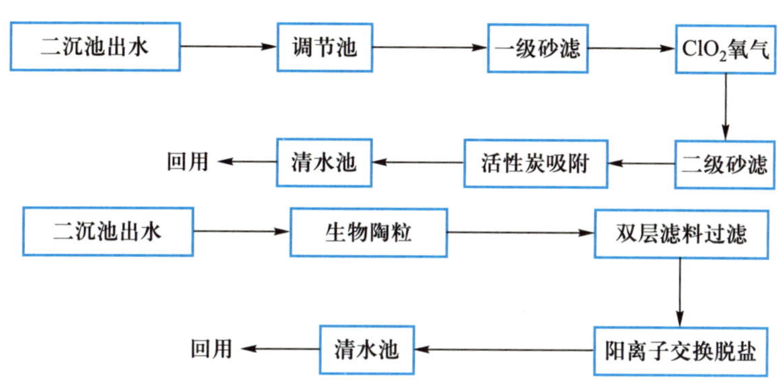

图 4-20　印染废水再生处理流程示意图

此外，其他行业也都在努力提高水的循环利用效率，如在电镀企业中，很多都建立了水的闭环循环系统，在这样的闭环循环系统中，膜处理（包括纳滤和反渗透）等技术得到了应用，使得水的循环利用效率有所提高。

（二）城市污水回用系统的处理工艺流程

1. 回用于农业

由于使用原生污水而导致土壤板结、作物和土壤残毒积累，农产品质量降低，特别是对污灌区人群和食用农产品人群的健康造成了危害，故我国在 1992 年颁布实施了《农田灌溉水质标准》，对污水浇灌提出较严格的要求，严禁使用污水浇灌生食的蔬菜和瓜果。2017 年进一步颁布了《城市污水再生利用，农田灌溉用水水质》（GB/T 20922—2017），规定了基本控制项目和选择控制项目及其指标最大限值。对于水作、旱作和蔬菜，必须将污水处理达标才能灌溉。对于旱作和蔬菜，常规二级处理加消毒可以满足要求；对于水作，由于其对氮磷的要求高，需要采用强化二级处理脱氮除磷，或采用常规二级处理加过滤等深度处理才能达标。

2. 回用于工业

城市污水再生回用于工业主要是用作工业冷却水，包括直接冷却水和循环冷却水，其他也可用作洗涤用水、锅炉用水、工艺用水和产品用水等。城市污水再生回用于工业的基本工艺流程，如图 4-21 所示。

图 4-21　城市污水回用于工业的基本工艺流程

经过该处理工艺处理后的水可回用于部分工业的生产工艺，如金属初级加工、制浆造纸、石油化工、采矿及矿石加工等行业。如果回用对象是工业冷却水，则可省去活性炭工艺，但仍需进行稳定化处理才能作为工业冷却水。以下简单介绍几个再生水回用于工业冷却水的典型工艺。

图 4-22 所示的工艺流程简单可靠、技术成熟、管理方便，易于实现。由于氨氮对铜材的腐蚀比较厉害，因此需要通过除氨氮工艺将水中的氨氮浓度降低到 1 mg/L 以下。图 4-22 所示的工艺中含有除氨氮单元，适用于以铜材作为冷凝器管材的电厂冷却水。

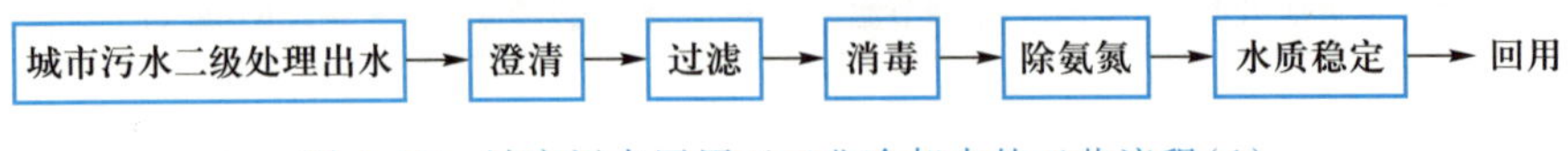

图 4-22 城市污水回用于工业冷却水的工艺流程(1)

图 4-23 所示工艺流程的特点是能有效地去除二级出水中的 COD 和 SS，使出水 COD≤40 mg/L，SS≤5 mg/L，氨氮去除率超过 30%。由于是生物和物理化学处理技术相结合，故该工艺的运行费用要比投加化学药剂的混凝沉淀过滤工艺低。

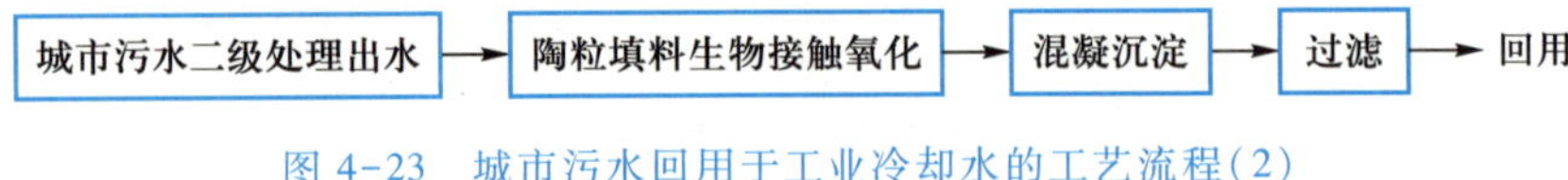

图 4-23 城市污水回用于工业冷却水的工艺流程(2)

图 4-24 为长污泥龄、不投加碳源的 A^2/O 生物脱氮除磷工艺，对氮、磷有较高的去除作用，出水中氨氮浓度低，适合回用作工业冷却水。

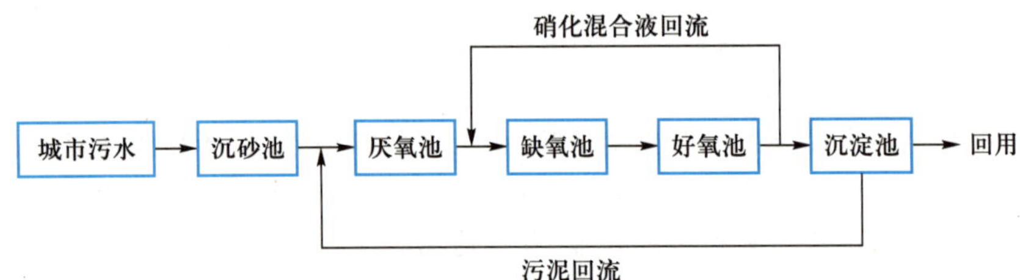

图 4-24 城市污水回用于工业冷却水的工艺流程(3)

图 4-25 所示工艺流程对再生水中的无机盐具有很好的去除效果，主要用于低压锅炉的补给水。

此外城市污水二级处理出水经过膜处理工艺后，水质可达到相关的工业用水水质标准，如采用微滤膜工艺，出水可达到冷却水的水质标准，微滤后再经过反渗透工艺，则可使得出水水质达到产品工艺用水的水质标准。

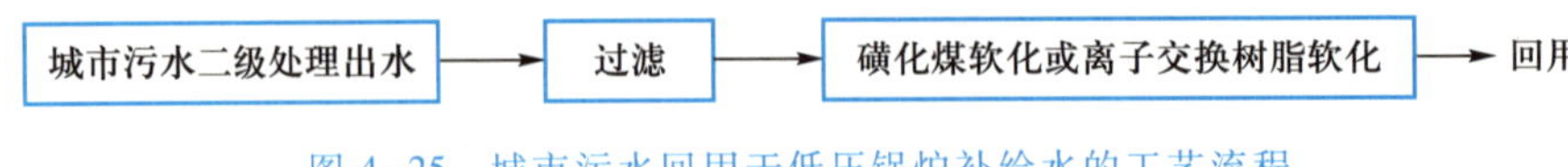

图 4-25 城市污水回用于低压锅炉补给水的工艺流程

3. 市政杂用

城市污水二级处理后要达到城市杂用水的水质标准还需要进一步的深度处理。对于达标排放的二级处理出水，其典型的深度处理流程见图 4-26。

该流程与传统的给水处理流程类似，技术成熟，运行稳定，是当前再生水厂中应用得最为普遍的工艺流程。

图 4-26　回用于市政杂用的再生处理流程图

城市污水二级处理出水经过微滤膜处理后,也可达到城市杂用水的水质标准。

4. 景观用水

随着城市污水截流干管的修建,原有的城市河流、湖泊常出现缺水断流现象,影响城市美观与居民生活环境。将再生水回用于景观水体的规模在美国、日本等已逐年扩大。再生水回用于景观水体要注意水体的富营养化问题,防止再生水中存在病原菌和有毒有害有机物对人体健康和生态环境的危害。城市污水二级处理出水回用作景观用水的典型工艺流程,如图 4-27 所示。

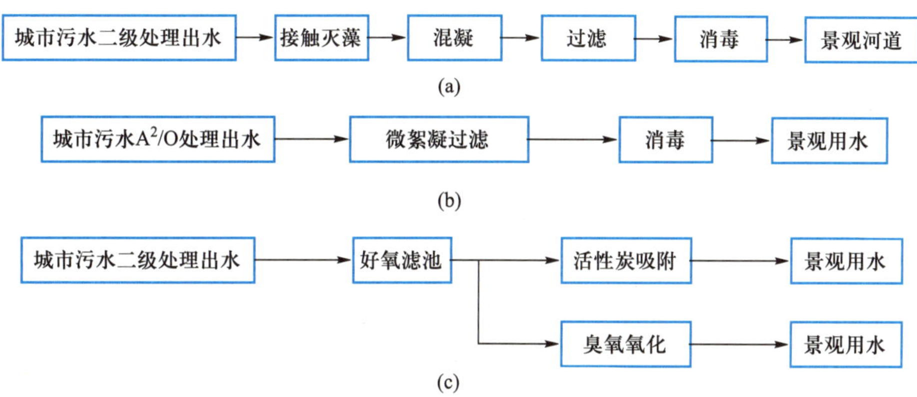

图 4-27　回用于景观用水的再生工艺流程图

5. 地下水回灌

再生水回灌地下,对水质要求比较严格,并且对不同的回灌方式,其水质要求也有差别。城市污水二级处理出水回灌地下的典型处理工艺流程,如图 4-28 所示。

城市污水二级处理出水经过滤和消毒处理后,也可通过地面喷洒由土壤渗滤回灌地下。

(三) 建筑及小区回用的水处理工艺流程

建筑或住宅小区的排水系统可分为分流系统和合流系统,分流系统即为杂排水和粪便污水分流排放系统,其中杂排水包括冷却排水、泳池排水、沐浴排水、盥洗排水以及洗衣排水等;合流系统即为杂排水和粪便污水混合排放系统。由于杂排水的水质较好,故要达到再生水水质标准所需要的工艺流程也相对比较简单,一般采用物化处理技术即可。相对于杂排水水质,合流系统排水水质中的有机污染要严重得多,故达到中水回用水质标准所需要的工艺流程也相对较为复杂,一般需要物化处理和生物处理技术相结合才能达到要求。

当以杂排水作为水源时,其典型处理工艺流程如图 4-29 所示。

当以混合排水作为中水水源时,宜采用二段生物处理与物化处理相结合的处理工艺流程,其典型处理工艺流程如图 4-30 所示:

上述流程中的生物处理单元可采用多种生物处理技术。例如,接触氧化、生物转盘、A/O 和 A^2/O 工艺以及膜生物反应器等。

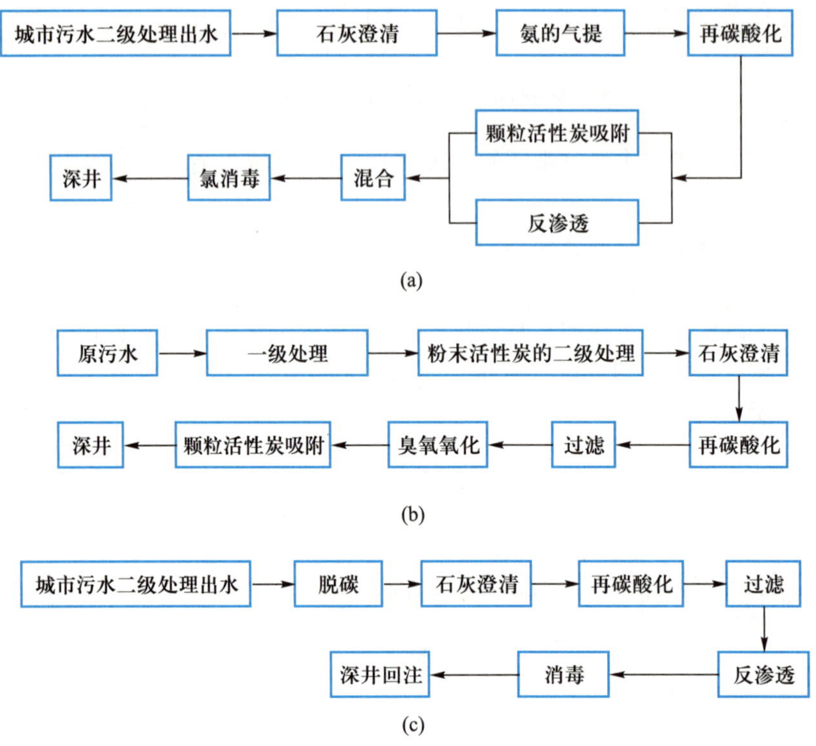

图 4-28 城市污水回灌地下水的再生处理工艺流程图

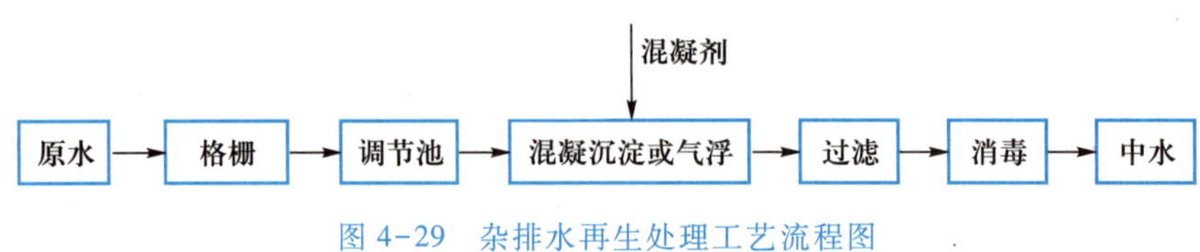

图 4-29 杂排水再生处理工艺流程图

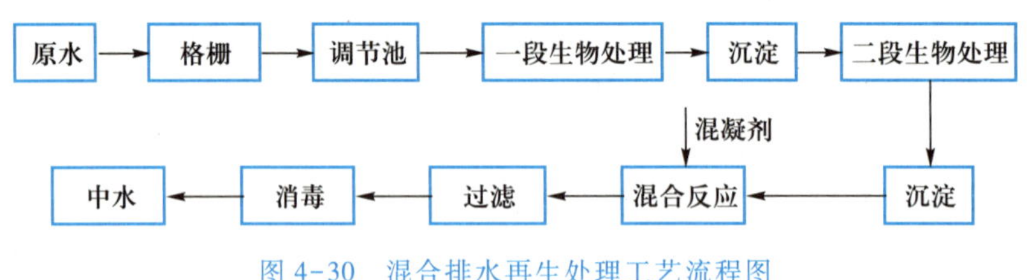

图 4-30 混合排水再生处理工艺流程图

第三节 废水的最终处置

城市污水和工业废水无论怎样重复利用或循环回用，但终究有相当大量的废水要排入天然水体中，使用水量与排水量形成一平衡关系，这就是废水的最终处置。

一、废水最终处置的途径与水污染控制

废水最终处置的途径，原则上是就近排放于天然水体中，包括江、河、湖（水库）与海。作为地下水补给源，如土地处理系统中的快速渗滤，也是最终处置途径之一。

废水最终处置的基本要求是根据污水受纳水体的功能、水质标准与纳污能力（水环境容量），确定污水处理水平与排放标准，并慎重考虑适当的排放口地点以及对下游水体功能的影响。污水向受纳水体中排放必须保证不降低该水体总体功能与水质标准。有的城市就近的水体环境容量较小，即使实施污水的二级处理，仍不能保持水体功能与水质标准，如此则需考虑向较远的大容量水体转输，或采取高级（深度）污水处理，或降低就近水体功能。方案的确定需要通过技术、经济与环境分析后确定。

无论采用哪种处置方案，废水中的有毒有害污染物与重金属离子都必须严格处理，达到控制排放标准。

二、废水湖泊（水库）处置及数学分析

小型湖泊或水库可以作为内陆城市污水就近处置的受纳水体。这类水体环境容量小，易于造成水质污染。对这类受纳水体的处置过程，主要分析污染物对水质造成的影响，以确定污水处理标准。

由于这类水体小，易受外界环境的变化（如风吹等）造成扰动，因而可作为完全混合型反应器处理，其图解模型如图 4-31 所示。污染物在水中的分解可用一级反应描述。其污染物平衡关系：

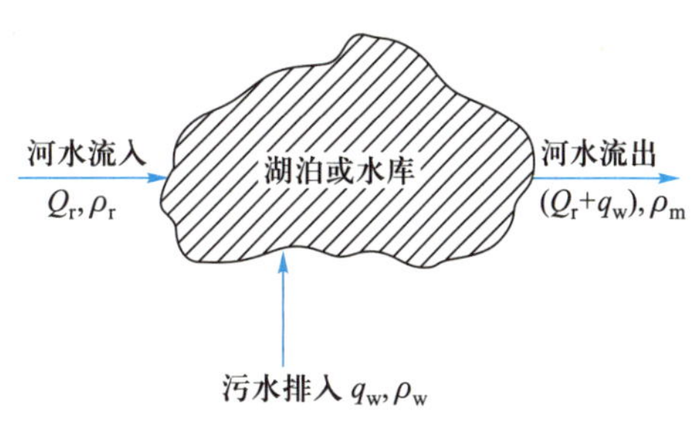

图 4-31　湖泊污水处置推流模型

累积量 = 入流量 - 出流量 + 产生量 + 消耗量

其数学表达式：

$$V\frac{\mathrm{d}\rho}{\mathrm{d}t}=(Q_r\rho_r+q_w\rho_w)-(Q_r+q_w)\rho_m+0+(-k_1'\rho_m)V \tag{4-22}$$

式中：V——湖泊容量；

$\mathrm{d}\rho/\mathrm{d}t$——湖泊中某种污染物浓度随时间的变化率；

Q_r——进湖河流水量；

ρ_r——湖泊中该污染物浓度；

q_w——入湖污水流量；

ρ_w——污水中该污染物浓度；

ρ_m——湖中该污染物混合平均浓度；

k_1'——污染物一级分解常数（以 e 为底）。

设

$$W=Q_r\rho_r+q_w\rho_w \qquad \frac{V}{Q_r+q_w}=t_0$$

则式（4-22）可改写成：

$$\frac{\mathrm{d}\rho}{\mathrm{d}t}+\rho_{\mathrm{m}}\left(\frac{1}{t_0}+k'\right)=\frac{W}{V} \tag{4-23}$$

令

$$\frac{1}{t_0}+k'=\beta$$

则

$$\frac{\mathrm{d}\rho}{\mathrm{d}t}+\rho_{\mathrm{m}}\beta=\frac{W}{V} \tag{4-24}$$

式(4-24)即为湖泊污水处置中污染物浓度变化的一级线性微分方程式，经积分可得：

$$\rho=\frac{W}{\beta V}(1-\mathrm{e}^{-\beta t})+\rho_0\mathrm{e}^{-\beta t} \tag{4-25}$$

式中：ρ_0——时间 t_0时湖中该污染物浓度，令 $t=\infty$，则其平衡浓度（ρ_{e}）为：

$$\rho_{\mathrm{e}}=\frac{W}{\beta V} \tag{4-26}$$

利用式(4-26)的计算结果，根据湖水的质量标准可以反馈排湖污水应达到的处理水平。

对大型湖泊，由于其有较大深度与面积，需用二维甚至三维稀释扩散模型分析。

三、废水河海处置

（一）废水中、小河流处置

中、小河流污水排放口通常采用如图 4-32 所示的两种形式。第一种为传统的岸边排放口，这种形式易于形成岸边污染带。第二种形式为水下单口排放，比第一种有较多优点；水量较大的排放也可以采用水下多孔扩散器，但对水位不深又作为航道的河流，采用垂向流扩散器应当慎重。

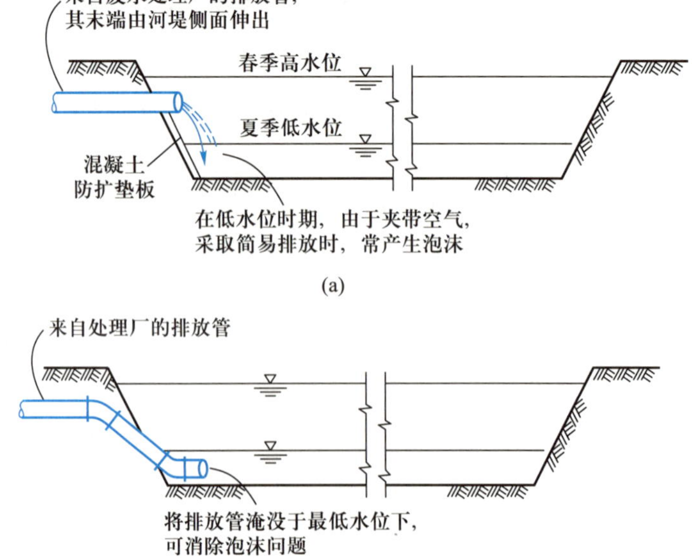

图 4-32 小中河流污水排放口形式

中、小河流平均水深与河床宽度都比较小，这类河流处置污水的稀释倍数有限。可以假设废水排放口下游水能迅速完全混合，符合一维推流模型，进而得到河流的最大亏氧断面位置与最低溶解氧浓度。

$$D_t=\frac{k_1'\cdot L_a}{k_1'-k_2'}(e^{-k_1't}-e^{-k_2't})+D_0\cdot e^{-k_2't} \tag{4-27}$$

式中，L_a值应用完全混合稀释公式确定：

$$L_a=\rho=\frac{Q_r\rho_r+q_w\rho_w}{Q_r+q_w} \tag{4-28}$$

同时，应用有机物生物降解模式来分析排放口下游有机物降解规律，并确定下游重点断面 BOD_5浓度。

$$L_t=L_a\cdot e^{-k_1't} \tag{4-29}$$

应用上述模式时，k_1'与k_2'值常需要通过现场跟踪或同步实验测定，按季节逐月进行，取得足够的数据，通过参数估值法求得。由分析结果，可以评价污水排放后对下游河段功能的影响，反馈污水排放前应达到的处理标准与排放方式。

（二）废水排江处置

城市污水向大型江河中排放处置，其性质完全不同于中、小河流。这种受纳水体的自净能力，稀释作用占主导地位，生物降解作用相对较小，甚至在自净分析中可以忽略不计。污水排入属于不完全混合型排放，其稀释公式为：

$$\rho=\frac{aQ_r\rho_r+q_w\rho_w}{aQ_r+q_w} \tag{4-30}$$

污水采用水底扩散器排放时，常采用二维扩散模式，假定垂向为均匀混合，而顺流向与江面横向为扩散性非均匀混合，污染物沿顺流向的浓度分布如图 4-33 所示。

$$\frac{\partial\rho}{\partial t}+\bar{u}_x\frac{\partial\rho}{\partial x}+\bar{u}_y\frac{\partial\rho}{\partial y}=\frac{\partial}{\partial x}\left(D_x\frac{\partial\rho}{\partial x}\right)+\frac{\partial}{\partial y}\left(D_y\frac{\partial\rho}{\partial y}\right) \tag{4-31}$$

式中：C——污染物浓度，mg/L；

u_x——江水顺流向平均流速，m/s；

u_y——江水横向平均流速，m/s；

D_x——顺流向弥散系数，m^2/s；

D_y——横向弥散系数，m^2/s。

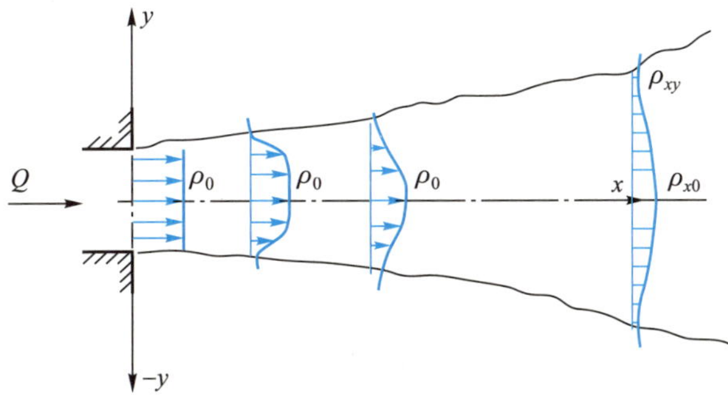

图 4-33　污染物沿顺流向的浓度分布

实际应用中，须充分掌握江水水文、水质资料，在有条件的情况下，应通过示踪剂进行水上现场扩散试验，以获得可靠的扩散参数。

（三）废水河口处置

河口即江河之入海交汇区，水面较宽。此种污水处置的分析方法比河流、湖泊更为复杂。由于潮汐作用，引起涡流现象，形成水平方向混合，或导致水流方向的改变。又由于海水掺入，可引起河口水的分层现象。直接运用数学方法分析污水河口区扩散规律是困难的。一般都要借助示踪剂进行物理模型实验。

对具有强烈扩散作用的河口污水处置，常用下述方程式描述其扩散效应：

$$\frac{\partial M}{\partial t}=-EA\frac{\partial \rho}{\partial x} \tag{4-32}$$

式中：$\frac{\partial M}{\partial t}$——涡流扩散造成的质量流；

E——涡流扩散系数；

A——横断面积。

（四）废水排海处置

利用海洋处置污水是当前工业化国家沿海城市常用的污水最终处置的途径。污水排海是用水下扩散器将污水排入海水下。污水海洋处置工程中，扩散器污水排出口是关键，而污水排出的初始稀释度、污水场的扩散稀释规律与污水中大肠杆菌的衰减率是排放口设计的主要因素。

1. 污水排放的初始稀释度

污水由单孔或多孔扩散器排出时，因紊流作用与海水发生初始混合，这种混合水的密度仍小于海水，因而以羽状流向海面上升。因海水上下之温差，可能使混合的污水场停留于海面温水层之下，如图 4-34 所示。初始稀释度 D_1 与排放口淹没深度 z_0、排放口直径 D、弗劳德数间的关系如图 4-35 所示。

2. 扩散稀释

海面形成的初始稀释污水场，随海流主导流向漂移过程，其边缘与海水不断的紊流混合，向外扩散稀释，扩散稀释系数 D_2 可由图 4-36（诺模图）求解。

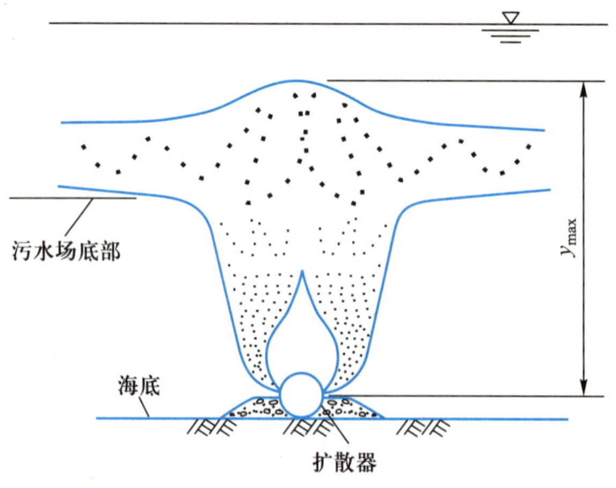

图 4-34 污水海底排放的羽状流与污水场的形成

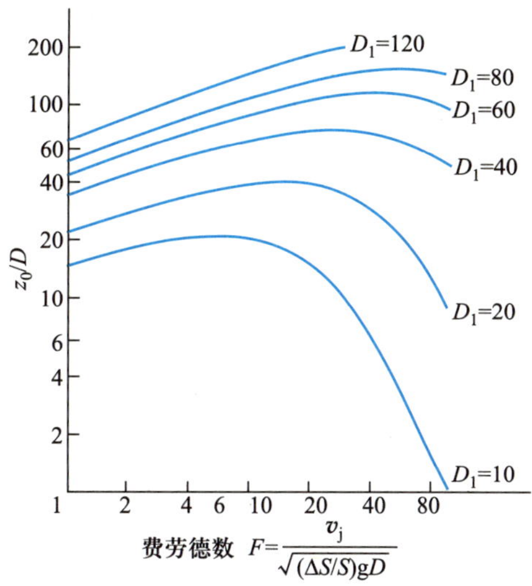

图 4-35　喷射紊流混合的初始稀释度的关系

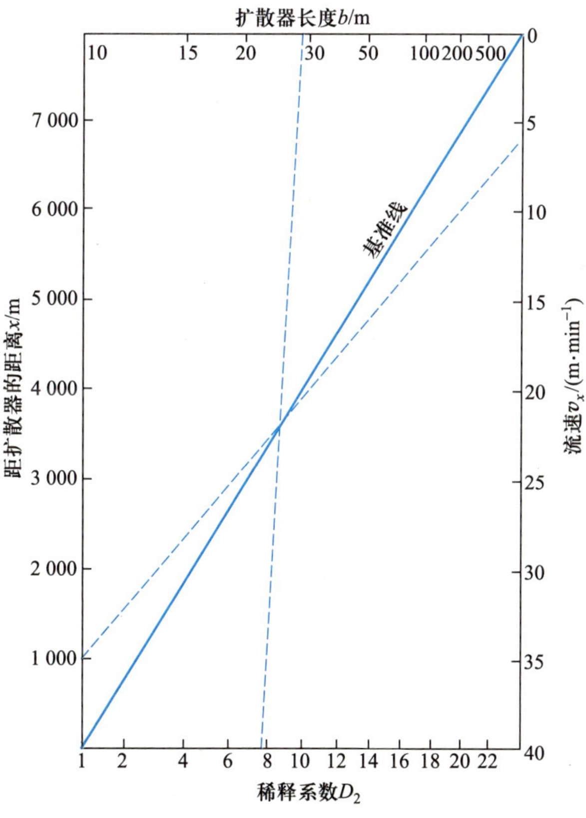

图 4-36　扩散稀释系数 D_2的解法诺模图

3. 大肠杆菌的衰减稀释

污水中大肠杆菌在海水中的衰减稀释是影响污水海洋处置中稀释扩散的另一重要因

素。这一衰减包括因细菌死亡及絮凝沉淀作用造成的细菌数的下降。通常假定大肠杆菌衰减遵循一级反应动力学规律。大量试验结果表明，细菌总数在 2~6 h 内衰减 90%，称细菌衰减 90%的时间为 t_{90}。因水温、含盐量和 pH 不同，衰减时间有一定的差异。大肠杆菌衰减稀释系数 D_3 可由图 4-37 求解。

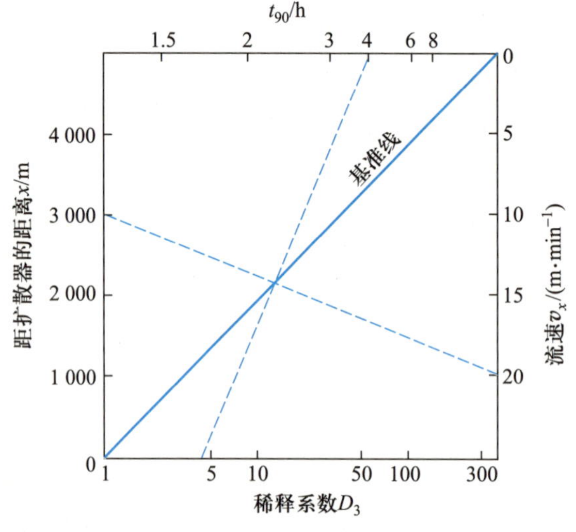

图 4-37 解 D_3 的诺模图

4. 输水管与扩散器

输水管是将污水由岸边输送至扩散器的管道。输水管径应根据污水平均流量、水头损失、结构与经济因素确定。推荐管内平均流速为 0.6~0.9 m/s，以避免水头损失过大。污水中的悬浮物应尽量在进入输水管之前进行沉淀处理。

扩散器是污水向海水排放的专用装置。图 4-38 给出了水下扩散器的结构形式。扩散管应与海水主导流向垂直设置，若海水无主导流向，则常采用 Y 形或 V 形布设方式。扩散器设计的关键是使每孔喷水量相等，因此，沿扩散孔的孔径可由小到大地布局，孔径在 76~230 mm，特别情况可以小于 76 mm。扩散孔形状有多种，常采用孔口与喷头两种。孔的方向以水平布置较多，若扩散器双侧布孔，每侧孔口交错排列，以免相邻羽状流彼此干扰。

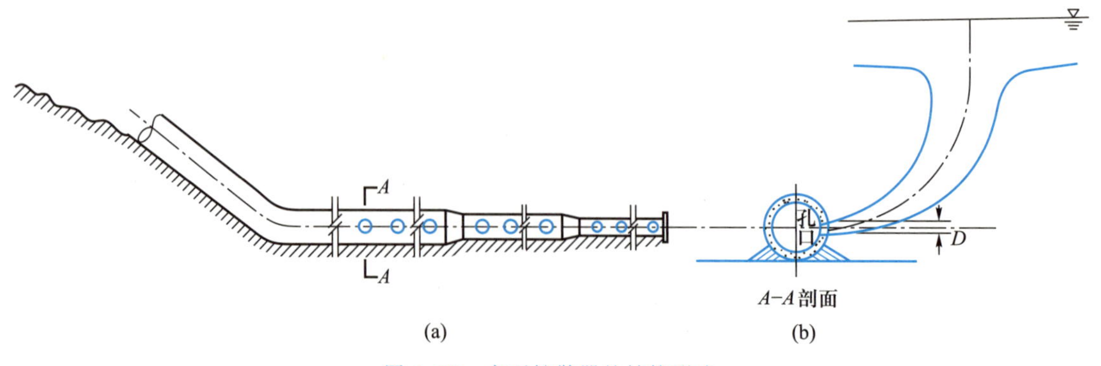

图 4-38 水下扩散器的结构形式

思考题与习题

4-1 配水管网有哪两种布置形式？应如何布置配水管网？

4-2 自来水厂和污水处理厂的应遵循哪些原则，两者之间有何区别？

4-3 试述自来水厂的主要水处理工艺有哪些，各有什么特点？

4-4 试述污水处理厂的主要水处理工艺有哪些，各有什么特点？

4-5 污水回用的对象有哪些？不同的回用对象对回用水质的要求有何特点？

4-6 污水再生回用可分为哪几个系统？每个系统的污水处理工艺各有何特点？

4-7 某一沿海城市污水拟采用排海处置方案，污水日平均排放量为 40 000 m^3，高峰流量为 80 000 m^3，污水中大肠菌数为 10^6个/mL。海底深度为 12.5 m，海水向岸极限流速为6 m/min。污水海底扩散器总长度为 40 m，以 V 字形布设海底，各边与海岸线呈 45°角。排水孔口高峰出流速度为 5 m/s，污水海下输水管内流速按平均流速为 0.75 m/s，求：

① 排水孔个数与孔径；

② 水下输水管直径；

③ 当海底扩散器距海岸 2 700 m 铺设，污水场漂移至海岸时的 D_1、D_2、D_3与总稀释系数；

④ 若污水通过一级处理后，大肠菌总去除率为 25%，污水场漂移至海岸时，能否满足混合水中总大肠菌数小于 10 个/mL？

第二篇

大气污染控制工程

第五章 大气污染与空气质量管理

第一节 大气结构与大气污染

一、大气及其垂直结构

地球表面环绕着一层很厚的气体,称为环境大气或地球大气,简称大气。按照国际标准化组织对大气的定义:大气是指环绕地球的全部空气的总和。大气是自然环境的重要组成部分,为人类及生物提供了适宜生存的气体环境。

自然地理学将受地心引力而随地球旋转的大气层称为大气圈。大气圈与宇宙空间之间的界限很难确切划分,在大气物理学和污染气象学研究中,常把大气圈的上界定为地球表面以上 1 200~1 400 km。1 400 km 以外,气体非常稀薄,就是宇宙空间了。

根据气温在垂直于下垫面(即地球表面情况)方向上的分布,可将大气圈分为五层,即对流层、平流层、中间层、暖层和散逸层,如图 5-1 所示。

(一)对流层

对流层是大气圈最接近地面的一层。由于对流程度在热带要比寒带强烈,故自下垫面算起的对流层的厚度随纬度增加而降低:赤道处 16~17 km,中纬度地区 10~12 km,两极附近只有 8~9 km。对流层集中了整个大气质量的 3/4 和几乎全部水蒸气,主要的大气现象都发生在这一层中,它是天气变化最复杂、对人类活动影响最大的一层。

对流层的主要特征是:① 大气温度随高度增加而降低,每升高 100 m 气温约下降 0.65℃;② 空气具有强烈的对流运动,主要是由于下垫面受热不均及其本身特性不同造成的;③ 温度和湿度的水平分布不均匀,在热带海洋上空,空气比较温暖潮湿,在高纬度内陆上空,空气比较寒冷干燥,因此经常发生大规模空气的水平运动。

对流层的下层,厚度为 1~2 km,其中气流受地面阻滞和摩擦的影响很大,称为大气边界层(或摩擦层)。其中从地面到 50~100 m 的一层又称近地层。在近地层中,垂直方向上热量和动量的交换甚微,所以上下气温之差很大,可达 1~2℃。在近地层以上,气流受地面摩擦的影响越来越小。在大气边界层以上的气流,几乎不受地面摩擦的影响,所以称为自由大气。

在大气边界层中,由于受地面冷热的直接影响,气温的日变化很明显,特别是近地层,昼夜可相差十几甚至几十摄氏度。由于气流运动受地面摩擦的影响,风速随高度的增高而增大。在这一层中,大气上下有规则地对流和无规则地湍流运动都比较盛行,加上水汽充足,直接影响着大气污染物的传输、扩散和转化。

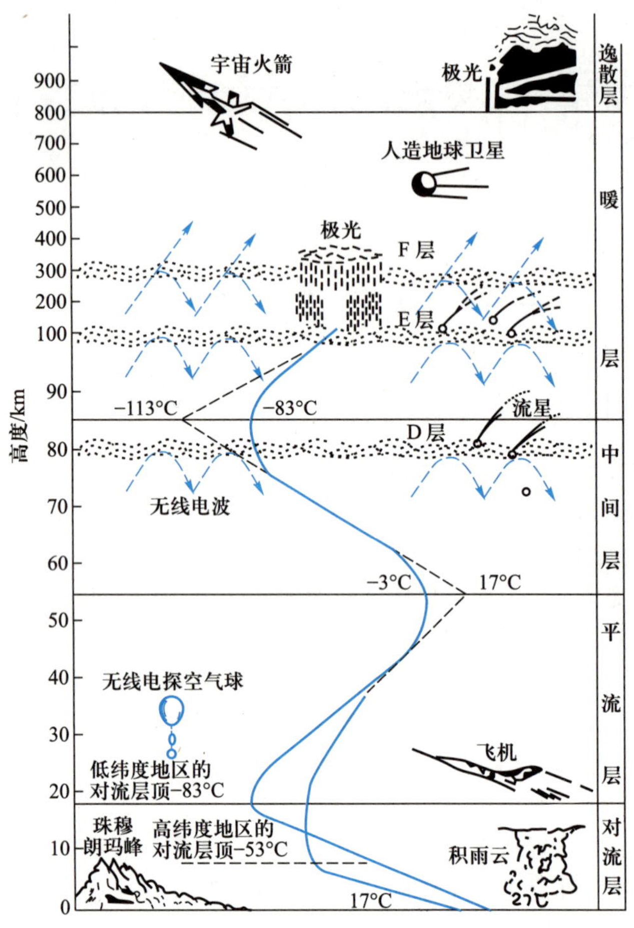

图 5-1 大气垂直方向的分层

（二）平流层

从对流层顶到距下垫面 50～55 km 高度的一层称为平流层。从对流层顶到 35～40 km 的一层，气温几乎不随高度变化，为−55℃左右，故称为同温层。从这以上到平流层顶，气温随高度增高而增高，至平流层顶达−3℃左右，亦称逆温层。

平流层集中了大气中大部分臭氧（O_3），并在 20～25 km 高度上达到最大值，形成臭氧层。臭氧层能强烈吸收波长为 200～300 nm 的太阳紫外线，保护了地球上的生命免受紫外线伤害。

在平流层中，几乎没有大气对流运动，大气垂直混合微弱，极少出现雨雪天气，所以进入平流层中的大气污染物的停留时间很长。特别是进入平流层的氟氯碳（CFCs）等大气污染物，能与臭氧发生光化学反应，致使臭氧层的臭氧逐渐减少，在局部地区形成了“臭氧空洞”。

（三）中间层

从平流层顶到距下垫面 85 km 高度的一层称为中间层。这一层没有臭氧吸收太阳紫外线，故气温随高度升高而迅速降低，其顶部气温可达−83℃以下。由于下暖上凉，大气的对流运动强烈，垂直混合明显。

（四）暖层

从中间层顶到距下垫面 800 km 高度为暖层。其特点是，在强烈的太阳紫外线和宇宙射线作用下，再度出现气温随高度升高而增高的现象。暖层气体分子被高度电离，存在着大量的离子和电子，故又称为电离层。电离层能使无线电波返回地面，因此对远距离通信极为重要。

（五）散逸层

暖层以上的大气层统称为散逸层。它是大气的外层，气温很高，空气极为稀薄，空气粒子的运动速度很高，可以摆脱地球引力而散逸到太空中。

二、大气组成

人类活动的主要范围限于近地面的 20 km 以下的大气层。把人类经常活动的空间的大气称为环境空气，是环境工程领域中主要接触的大气范围。本书以后论述中，无论使用“大气”或“空气”一词，皆主要指“环境空气”。

大气是由多种气体混合而成的，其组成可以分为三部分：干燥清洁的空气、水蒸气和各种杂质。干洁空气的主要成分是氮、氧、氩和二氧化碳气体，其含量占全部干洁空气的 99.996%（体积）；氖、氦、氪、甲烷等次要成分只占 0.004%左右。表 5-1 列出了干洁空气的组成。

表 5-1　干洁空气的组成

成分	分子量	体积分数/%	成分	分子量	体积分数/%
氮（N_2）	28.01	78.08	甲烷（CH_4）	16.04	1.2×10^{-4}
氧（O_2）	32.00	20.95	氪（Kr）	83.80	0.5×10^{-4}
氩（Ar）	39.94	0.93	氢（H_2）	2.016	0.5×10^{-4}
二氧化碳（CO_2）	44.01	0.03	氙（Xe）	131.30	0.08×10^{-4}
氖（Ne）	20.18	1.8×10^{-4}	二氧化氮（NO_2）	46.05	0.02×10^{-4}
氦（He）	4.003	5.24×10^{-4}	臭氧（O_3）	48.00	0.01×10^{-4}

由于大气的垂直运动、水平运动、湍流运动及分子扩散，不同高度、不同地区的大气得以交换和混合。因而从地面到 90 km 的高度，干洁空气的组成基本保持不变。也就是说，在人类经常活动的范围内，地球上任何地方干洁空气的物理性质是基本相同的。例如，干洁空气的平均分子量为 28.966，在标准状态下（273.15 K，101 325 Pa）密度为 1.293 kg/m^3。在自然界大气的温度和压力条件下，干洁空气的所有成分都处于气态，不可能液化，因此可以看成是理想气体。

大气中的水蒸气含量，平均不到 0.5%，而且随着时间、地点和气象条件等不同而有较大变化，其变化范围可达 0.01%~4%。大气中的水蒸气含量虽然很少，但却导致了云、雾、雨、雪、霜、露等各种复杂的天气现象。这些现象不仅引起大气中湿度的变化，而且还导致大气中热能的输送和交换。此外，水蒸气吸收太阳辐射的能力较弱，但吸收地面长波辐射的能力却较强，所以对地面的保温起着重要的作用。

大气中的各种杂质是由于自然过程和人类活动排到大气中的各种悬浮微粒和气态物质形成的。大气中的悬浮微粒，除了由水蒸气凝结成的水滴和冰晶外，主要是各种有机的或无机的固体微粒。有机微粒数量较少，主要是植物花粉、细菌、病毒等。无机微粒数量较多，主要有岩石或土壤风化后的尘粒、火山喷发后留在空中的火山灰、海洋中浪花溅起在空中蒸发留下的盐粒及地面上燃料燃烧和人类活动产生的烟尘等。

大气中的各种气态物质，也是由于自然过程和人类活动产生的，主要有硫氧化物、氮氧化物、一氧化碳、二氧化碳、硫化氢、氨、甲烷、甲醛、烃蒸气和恶臭气体等。

大气中各种悬浮微粒和气态物质的分布是随时间、地点和气象条件的变化而变化的，通常是陆地多于海洋，城市多于乡村，冬季多于夏季。它们的存在，对辐射的吸收和散射，对云、雾和降水的形成，对大气中的各种光学现象，皆具有重要影响。

三、大气污染

大气污染通常是指由于人类活动或自然过程引起某些物质进入大气中，呈现出足够的浓度，达到了足够的时间，并因此而危害了人体的舒适、健康和福利或危害了生态环境的现象。

所谓人类活动不仅包括生产活动，而且也包括生活活动，如做饭、取暖和交通等。自然过程，包括火山活动、森林火灾、海啸、土壤和岩石的风化及大气圈的空气运动等。一般说来，自然环境所具有的物理、化学和生物机能（即自然环境的自净作用），会使自然过程造成的大气污染经过一定时间后自动消除，从而使生态平衡自动恢复。所以可以说，大气污染主要是人类活动造成的。

大气污染对人体的舒适、健康的危害，包括对人体的正常生活环境和生理机能的影响，引起急性病、慢性病以致死亡等；而所谓福利，系指与人类协调并共存的生物、自然资源以及财产、器物等。

按照大气污染的范围来分，大致可分为四类：① 局部地区污染，局限于小范围的大气污染，如受到某些烟囱排气的直接影响；② 地区性污染，涉及一个地区的大气污染，如工业区及其附近地区或整个城市大气受到污染；③ 广域污染，涉及比一个地区或大城市更广泛地区的大气污染；④ 全球性污染，涉及全球范围的大气污染，包括温室效应、臭氧层破坏和酸雨等三大问题。

第二节 大气污染的来源和影响

一、大气污染物

大气污染物系指由于人类活动或自然过程排入大气的并对人和环境产生有害影响的那些物质。大气污染物的种类很多，按其存在状态可概括为两大类：气溶胶状态污染物和气体状态污染物。

（一）气溶胶状态污染物

气体介质和悬浮在其中的分散粒子所组成的系统称为气溶胶。按照气溶胶粒子的来源和物理性质，可将其分为如下 5 种：

1. 粉尘

粉尘系指悬浮于气体介质中的小固体颗粒，受重力作用能发生沉降，但在一段时间内能保持悬浮状态。它通常是由于固体物质的破碎、研磨、分级和输送等机械过程，或土壤、岩石的风化等自然过程形成的。颗粒的形状往往是不规则的。

颗粒的尺寸范围，一般为 1~200 μm。在我国的环境空气质量标准中，还根据粉尘颗粒的大小，将其分为总悬浮颗粒物（total suspended particles，TSP）、可吸入颗粒物（inhalable particles，PM_{10}）、细颗粒物（fine particles，$PM_{2.5}$）。TSP 是指能悬浮在空气中，空气动力学当量直径≤100 μm的颗粒物。PM_{10} 是指悬浮在空气中，空气动力学当量直径≤10 μm 的颗粒物。$PM_{2.5}$ 是指悬浮在空气中，空气动力学当量直径≤2.5 μm 的颗粒物，也称为细粒子。与较粗的大气颗粒物相比，$PM_{2.5}$ 粒径小，富含大量的有毒、有害物质且在大气中的停留时间长、输送距离远，因而对人体健康和大气环境质量的影响更大。2012 年 2 月，国家发布新修订的《环境空气质量标准》中增加了 $PM_{2.5}$ 监测指标。

2. 飞灰（fly ash）

飞灰指随燃料燃烧产生的烟气排出的分散得较细的粒子。

3. 冷凝物微粒

冷凝物微粒指由冶金过程形成的固体颗粒。它是由熔融物质挥发后生成的气态物质的冷凝物，在生成过程中总是伴有诸如氧化之类的化学反应。颗粒的尺寸很小，一般为0.01~1 μm。

4. 碳粒

碳粒一般产生于燃料燃烧过程，其粒度范围在 0.05~1 μm，所形成的气溶胶常以黑烟的形式存在。

5. 液滴悬浮体

液滴悬浮体在气象中指造成能见度小于 1 km 的小水滴悬浮体。在工程中，雾一般泛指小液体粒子悬浮体，它可能是由于液体蒸气的凝结、液体的雾化及化学反应等过程产生的。常见的液滴悬浮体气溶胶有水雾、酸雾、碱雾和油雾等。

霾天气是大气中悬浮的大量微小尘粒使空气浑浊，能见度降低到 10 km 以下的天气现象，易出现在逆温、静风、相对湿度较大等气象条件下。自然条件下，霾每年出现只有几天，而且强度不大。由于人类活动使大气气溶胶污染日趋严重，一些大城市区域霾的出现频率增加，可达到 100~200 d，强度也大大增加，能见度可降至 1~2 km，被称为灰霾。因此，灰霾指由于人类活动增加导致的城市区域近地层大气的霾现象，灰霾天气的本质是细粒子气溶胶污染。

（二）气体状态污染物

气体状态污染物是以气体分子状态存在的污染物，简称气态污染物。气态污染物的种类很多，总体上可以分为五大类：以二氧化硫（SO_2）为主的含硫化合物，以一氧化氮（NO）和二氧化氮（NO_2）为主的含氮化合物，碳的氧化物，有机化合物及卤素化合物等，如表 5-2 所示。

气态污染物又可分为一次污染物和二次污染物。一次污染物是指直接从污染源排放到大气中的原始污染物质；二次污染物是指由一次污染物与大气中已有组分或几种一次污染物之间经过一系列化学或光化学反应而生成的与一次污染物性质不同的新的污染物质，主要有光化学烟雾（photochemical smog）等。

表 5-2 气态污染物的分类

污染物	一次污染物	二次污染物
含硫化合物	SO_2、H_2S	SO_3、H_2SO_4、MSO_4
含氮化合物	NO、NH_3	NO_2、HNO_3、MNO_3
碳的氧化物	CO、CO_2	—
有机化合物	C_1 ~ C_{10} 化合物	醛、酮、过氧乙酰硝酸酯、O_3
卤素化合物	HF、HCl	—

注：MSO_4、MNO_3 分别为硫酸盐和硝酸盐。

下面介绍几种常见的主要气态污染物：

1. 硫氧化物

硫氧化物中主要有 SO_2 和 SO_3。SO_2 是目前大气污染物中数量较大、影响范围较广的一种气态污染物。大气中 SO_2 的来源很广，几乎所有工业企业都可能产生。它主要来自化石燃料的燃烧过程，以及硫化物矿石的焙烧和冶炼等热处理过程。

2. 氮氧化物

氮和氧的化合物有 N_2O、NO、NO_2、N_2O_3、N_2O_4 和 N_2O_5，统称为氮氧化物(NO_x)，其中污染大气的主要是 NO 和 NO_2。NO 毒性不太大，但进入大气后可被缓慢地氧化成 NO_2，当大气中有 O_3 等强氧化剂存在时，或在催化剂作用下，其氧化速率会加快。NO_2 的毒性约为一氧化氮的 5 倍。当 NO_2 参与大气中的光化学反应，形成光化学烟雾后，其毒性更强。人类活动产生的 NO_x，主要来自各种炉窑、机动车和柴油机的排气，其次是硝酸生产、硝化过程、炸药生产及金属表面处理等过程。其中由燃料燃烧产生的 NO_x 约占 83%。

3. 碳氧化物

CO 和 CO_2 是各种大气污染物中发生量最大的一类污染物，主要来自燃料燃烧和机动车排气。CO 是一种窒息性气体，进入大气后，由于大气的扩散稀释作用和氧化作用，一般不会造成危害。但在城市冬季采暖季节或在交通繁忙的十字路口，当气象条件不利于排气扩散稀释时，CO 的浓度有可能达到危害人体健康的水平。CO_2 是无毒气体，但当其在大气中的浓度过高时，使氧气含量相对减小，对人体产生不良影响。地球上 CO_2 浓度的增加，能产生“温室效应”，对全球气候产生影响。

4. 有机化合物

有机化合物种类很多，从甲烷到长链聚合物的烃类。大气中的挥发性有机化合物(VOCs)，一般是 C_1 ~ C_{10} 化合物，它不完全等同于严格意义上的碳氢化合物，因为它除含有碳和氢原子外，还常含有氧、氮和硫的原子。甲烷被认为是一种非活性烃，所以人们以非甲烷总烃类(NMHC)的形式来报道环境中烃的浓度。特别是多环芳烃类(PAH)中的苯并[*a*]芘(B[*a*]P)，是强致癌物质，因而作为大气受 PAH 污染的依据。VOCs 是光化学氧化剂臭氧和过氧乙酰硝酸酯(PAN)的主要贡献者，也是温室效应的贡献者之一，所以必须进行控制。VOCs 主要来自机动车和燃料燃烧排气，以及石油炼制和有机化工生产等。

5. 光化学烟雾

光化学烟雾是在阳光照射下，大气中的氮氧化物、碳氢化合物和氧化剂之间发生一系列光化学反应而生成的蓝色烟雾(有时带些紫色或黄褐色)。其主要成分有臭氧、过氧乙酰硝酸酯、酮类和醛类等。光化学烟雾的刺激性和危害要比一次污染物强烈得多。

二、大气污染物的来源

(一)大气污染源

大气污染物的来源可分为自然污染源和人为污染源两类。自然污染源包括火山喷发、森林火灾、飓风、海啸、土壤和岩石的风化及生物腐烂等自然现象。人为污染源有各种分类方法。按污染源的空间分布可分为:点源,即污染物集中于一点或相当于一点的小范围排放源,如工厂的烟囱排放源;面源,即在相当大的面积范围内有许多个污染物排放源,如一个居住区或商业区内许多大小不同的污染物排放源。按照人们的社会活动功能不同,大气污染源又可概括为三大方面:燃料燃烧、工业生产和交通运输。前两类污染源统称为固定源,交通运输工具(机动车、火车、轮船和飞机等)则称为流动源。

(二)大气污染物的发生量和排放量的计算方法

确定某一污染源大气污染物发生量的方法有三种:物料衡算法、排放系数法和实测法。

1. 物料衡算法

这个方法的根据是物质守恒定律,燃料和原料在燃烧或其他工艺过程中产生多少污染物和燃料原料品质及工况条件有很大的关系,但总体上是物质守恒。例如:

$$\text{二氧化硫产生量}=\text{燃煤量}\times\text{煤炭硫分}\times\alpha\times 2$$

式中:α——煤中的硫向 SO_2 的转化率,对电站锅炉取 0.9,工业锅炉取 0.85。

2. 排污系数法

国家按现有炉窑污染物排放和治理水平,分不同工艺调查总结出了排污系数,一般表示为单位产品的大气污染物排放量。例如,干法旋窑窑外分解法制水泥,排污系数是 0.311 kg(SO_2)/t(水泥熟料)。

3. 现场监测法

现场监测法是通过对某个污染源进行现场测定,得到烟气流量、污染物排放浓度或排放速率,进而计算出大气污染物的排放量。

(三)全球和中国大气污染物的排放量

全球主要大气污染物的来源、排放量、背景浓度和主要反应等如表 5-3 所示。

三、大气污染的影响

大气污染对人体健康、植物、建筑和材料、气象及气候都会产生重要影响。

(一)对人体健康的影响

大气污染对人体健康的危害主要表现为引起呼吸道疾病。在突然的高浓度污染物作用下,可造成急性中毒,甚至在短时间内死亡。长期接触低浓度污染物,会引起支气管炎、支气管哮喘、肺气肿和肺癌等病症。

1. 颗粒物

颗粒物对人体健康的危害是复杂的、多方面的。可吸入颗粒物随人们呼吸空气而进入人体,以碰撞、扩散、沉积等方式滞留在呼吸道不同的部位。一般大于 5 μm 的颗粒物多滞留在上呼吸道,小于 5 μm 的颗粒物多滞留在细支气管和肺部,尤其是 2.5 μm 以下的颗粒

表 5-3 全球主要大气污染物的来源、排放量、背景浓度和主要反应

物质	人为源	自然源	排放量/($t \cdot a^{-1}$)		大气中背景浓度（体积分数）	推算的在大气中的留存时间	传输中的反应和沉降	备注
			人为源	自然源				
SO_2	燃烧过程、含硫矿石冶炼	火山活动	146×10^6	$148\times10^{6*}$	0.2×10^{-9}	4 d	由于臭氧或固体和液体气溶胶的吸收而被氧化为硫酸盐	与 NO_2 和 HC 发生光化学氧化，使 SO_2 迅速转化为 SO_4^{2-}
H_2S	化学过程、污水处理	火山活动、沼泽中的生物作用	3×10^6	100×10^6	0.2×10^{-9}	2 d	氧化为 SO_2	只有一组背景浓度是可用的
CO	机动车和其他燃烧过程	森林火灾、海洋、萜烯反应	304×10^6	33×10^6	10^{-7}	<3 a	很可能是土壤中的有机体	海洋提供的自然源可能是小的
NO/NO_2	燃烧过程	土壤中的细菌作用	53×10^6	NO:430×10^6 NO_2:658×10^6	NO:$(0.2\sim2)\times10^{-9}$ NO_2:$(0.5\sim4)\times10^{-9}$	5 d	由于固体和液体气溶胶的吸着、HC 和光化学反应被氧化为硝酸盐	关于自然源所做的工作很少
NH_3	废物处理	生物腐烂	4×10^6	$1\ 160\times10^6$	$6\times10^{-9}\sim20\times10^{-9}$	7 d	与 SO_2 反应形成 $(NH_4)_2SO_4$，被氧化为硝酸盐	NH_3 的消除主要是形成铵盐

续表

物质	人为源	自然源	排放量/$(t \cdot a^{-1})$		大气中背景浓度(体积分数)	推算的在大气中的留存时间	传输中的反应和沉降	备注
			人为源	自然源				
N_2O	无	土壤中的生物作用	无	590×10^6	0.25×10^{-6}	4 a	在平流层中光解离，在土壤中的生物作用	还未提出用植物吸收 N_2O 的报告
HC	燃烧和化学过程	生物作用	88×10^6	CH_4:1.6×10^9 萜烯:200×10^6	CH_4:1.5×10^{-6} 非 $CH_4<10^{-9}$	4 a(CH_4)	与 NO/NO_2、O_3 发生光化学反应，CH_4 必然大量消除	从污染源排出的“活性”HC 为 27×10^6 t
CO_2	燃烧过程	生物腐烂、海洋释放	1.4×10^{10}	10^{12}	320×10^{-6}	2~4 a	生物吸附和光合作用，海洋的吸收	大气中浓度增长率为 $0.7\times10^{-6}a^{-1}$
颗粒物	燃料燃烧、工农业生产	火山活动、森林火灾、风沙、海盐	<5 μm 颗粒 240×10^6	<5 μm 颗粒 630×10^6		对流层:7~14 d; 平流层:1~3 a	参与 SO_2、NO_x、HC 的化学或光化学反应，生成硫酸盐或硝酸盐，降水冲刷	

注:引自礒野謙治编.大气污染物的动态.东京大学出版社,1979。

物多进入人体肺部,引起各种尘肺病。粒径越小,颗粒的比表面积越大,物理、化学活性越高,加剧了生理效应的发生与发展。此外,颗粒的表面可以吸附空气中的各种有害气体及其他污染物,而成为它们的载体,如可以承载强致癌物质苯并[*a*]芘及细菌等。表 5-4 列举了颗粒物浓度及其相应的影响。

表 5-4 颗粒物浓度及其相应影响

颗粒物浓度/($mg\cdot m^{-3}$)	测量时间及并存的污染物	影响
0.06~0.18	年度几何平均,SO_2 和水分	加快钢和锌板的腐蚀
0.08	年平均	环境空气质量一级标准
0.15	相对湿度<70%	能见度缩短到 8 km
0.10~0.15	—	直射日光减少 1/3
0.08~0.10	硫酸盐水平 30 $mg/(cm^2\cdot$月)	50 岁以上的人死亡率增加
0.10~0.13	$SO_2>0.12\ mg/m^3$	儿童呼吸道发病率增加
0.20	24 h 平均值,$SO_2>0.25\ mg/m^3$	工人因病未上班人数增加
0.30	24 h 最大值,$SO_2>0.63\ mg/m^3$	慢性支气管炎患者可能出现急性恶化的症状
0.75	24 h 平均值,$SO_2>0.715\ mg/m^3$	患者数量明显增加,可能发生大量死亡

2. 硫氧化物

二氧化硫易溶于水,当其通过鼻腔、气管、支气管时多被管腔内膜水分吸收阻留,形成亚硫酸、硫酸和硫酸盐,使刺激作用增强。空气中 SO_2 的体积分数为 0.5×10^{-6}以上,对人体健康已有某种潜在性影响;$1\times10^{-6}\sim3\times10^{-6}$时,多数人开始受到刺激;$10\times10^{-6}$时,刺激加剧,个别人还会出现严重的支气管痉挛。

二氧化硫和气溶胶颗粒一起进入人体,气溶胶微粒能把二氧化硫带到肺的深部,使毒性增加 3~4 倍。此外,当颗粒物中含有三氧化二铁等金属成分时,可以催化二氧化硫氧化成酸雾,吸附在微粒表面,被带入呼吸道深部。硫酸雾的刺激作用比二氧化硫约强 10 倍。

3. 一氧化碳

CO 是一种能夺去人体组织所需氧的有毒吸入物,暴露于高浓度($>750\times10^{-6}$)的 CO 中就会导致死亡。CO 与血红蛋白结合生成碳氧血红蛋白(COHb),氧和血红蛋白结合生成氧合血红蛋白(O_2Hb)。血红蛋白对 CO 的亲和力大约为对氧的亲和力的 210 倍。这就是说,要使血红蛋白饱和所需的 CO 的分压只是与氧饱和所需的氧的分压的 1/200~1/250。暴露于两种气体混合物中所产生的 COHb 和 O_2Hb 的平衡浓度可用如下方程表示:

$$\frac{[\mathrm{COHb}]}{[\mathrm{O_2Hb}]}=M\frac{p_{\mathrm{CO}}}{p_{\mathrm{O_2}}} \tag{5-1}$$

式中:p_{CO}、$p_{\mathrm{O_2}}$——吸入气体中 CO 和 O_2 的分压;

M——常数,在人的血液范围中为 200~250。

因此,血液中 COHb 的浓度是吸入空气中 CO 浓度的函数。而且,COHb 在血液中的形成是一个可逆过程,暴露一旦中断,与血红蛋白结合的 CO 就会自动释放出来,健康人经过 3~4 h,血液中的 CO 就会被清除掉一半。

COHb 的直接作用是降低血液的载氧能力,次要作用是阻碍其余血红蛋白释放所载的氧,进一步降低血液的输氧能力。在 CO 浓度 $10\times10^{-6}\sim15\times10^{-6}$下暴露 8 h 或更长时间的有些人,对时间间隔的辨别力就会受到损害。这种浓度范围是白天商业区街道上的普遍现象,这种暴露情况能在血液中产生大约 2.5%的 COHb 浓度。在 30×10^{-6}浓度下暴露 8 h 或更长时间,会造成损害,出现呆滞现象,血液中能产生 5% COHb 的平衡值。一般认为,CO 浓度 100×10^{-6} 是一定年龄范围内健康人暴露 8 h 的工业安全上限。CO 浓度达到 100×10^{-6} 时,大多数人感觉晕眩、头痛和倦怠。

[例 5-1] 受污染的空气中 CO 浓度为 100×10^{-6},如果吸入人体肺中的 CO 全被血液吸收,试估算人体血液中 COHb 的饱和度。

解:设人体肺部气体中氧的含量与环境空气中氧含量相同,即为 21%,取 $M=210$,则应用式(5-1)得到:

$$\frac{[\mathrm{COHb}]}{[\mathrm{O_2Hb}]}=M\frac{p_{\mathrm{CO}}}{p_{\mathrm{O_2}}}=\frac{210\times100\times10^{-6}}{21\times10^{-2}}=0.1$$

即血液中 CO 与 O_2 之比为 1∶10,则血液中 CO 的饱和度为:

$$\rho_{\mathrm{CO}}=\frac{[\mathrm{COHb}]}{[\mathrm{COHb}]+[\mathrm{O_2Hb}]}=\frac{[\mathrm{COHb}]/[\mathrm{O_2Hb}]}{1+[\mathrm{COHb}]/[\mathrm{O_2Hb}]}=\frac{0.1}{1+0.1}=0.091=9.1\%$$

这一值略偏低,是因为吸入空气中的氧被停留在肺中的气体所稀释。

4. 氮氧化物

NO 对生物的影响尚不清楚,经动物实验认为,其毒性仅为 NO_2 的 1/5。NO_2 是棕红色气体,对呼吸器官有强烈刺激作用,当其浓度与 NO 相同时,它的伤害性更大。据实验表明,NO_2 会迅速破坏肺细胞,可能是哮喘病、肺气肿和肺癌的一种病因。环境空气中 NO_2 浓度低于 0.01×10^{-6} 时,儿童(2~3 周岁)支气管炎的发病率有所增加;NO_2 浓度为 $1\times10^{-6}\sim3\times10^{-6}$ 时,可闻到臭味;浓度为 13×10^{-6} 时,眼、鼻有急性刺激感;在浓度为 17×10^{-6} 的环境下,呼吸10 min,会使肺活量减少,肺部气流阻力增加。NO_x 与碳氢化合物混合时,在阳光照射下发生光化学反应生成光化学烟雾。光化学烟雾的成分是光化学氧化剂,它的危害更加严重。

5. 光化学烟雾

光化学烟雾对人体最突出的危害是刺激眼睛和上呼吸道黏膜,引起眼睛红肿和喉炎,这可能与产生的醛类等二次污染物的刺激有关。光化学烟雾对人的另一些危害则与臭氧浓度有关。大气中臭氧的浓度达到 200 $\mu g/m^3$ 时,会引起哮喘发作,导致上呼吸道疾患恶化,同时也刺激眼睛,使视觉敏感度和视力降低;浓度在 400~1 600 $\mu g/m^3$ 时,只要接触 2 h 就会出现器官刺激症状,引起胸骨下疼痛和肺通透性降低,使肌体缺氧;浓度再高,就会出现头痛并使肺部气道变窄,出现肺气肿。

6. 有机化合物

城市大气中有很多有机化合物是可疑的致变物和致癌物,包括卤代甲烷、卤代乙烷、卤代丙烷、氯烯烃、氯芳烃、芳烃、氧化产物和氮化产物等。特别是多环芳烃(PAH)类大气污染物,大多数有致癌作用,其中苯并[a]芘是强致癌物质。城市大气中的苯并[a]芘主要来自煤、油等燃料的未完全燃烧及机动车排气。苯并[a]芘主要通过呼吸道侵入肺部,并引起肺癌。实测数据表明,肺癌与大气污染、苯并[a]芘含量的相关性是显著的。从世界范围看,城市肺癌死亡率约比农村高2倍,有的城市高达9倍。

(二)对植物的危害

大气污染对植物的危害,通常发生在植物叶子结构中。常见的毒害植物的气体是:二氧化硫、臭氧、PAN、氟化氢、乙烯、氯化氢、氯、硫化氢和氨。

大气中含 SO_2 过高,对叶子的危害首先是对叶肉的海绵状软组织部分,其次是对栅栏细胞部分。侵蚀开始时,叶子出现水浸透现象,干燥后,受影响的叶面部分呈漂白色或乳白色。如果 SO_2 的浓度为 $0.3\times10^{-6}\sim0.5\times10^{-6}$,并持续几天后,就会对敏感性植物产生慢性损害。$SO_2$ 直接进入气孔,叶肉中的植物细胞使其转化为亚硫酸盐,再转化成硫酸盐。当过量的 SO_2 存在时,植物细胞就不能尽快地把亚硫酸盐转化成硫酸盐,并开始破坏细胞结构。菠菜、莴苣和其他叶状蔬菜对 SO_2 最为敏感,棉花和苜蓿也都很敏感。松针也受其影响,不论叶尖或是整片针叶都会变成褐色,并且很脆弱。

20世纪50年代后期,臭氧对植物的损害才引起人们的注意。臭氧首先侵袭叶肉中的栅栏细胞区。叶子的细胞结构瓦解,叶子表面出现浅黄色或棕红色斑点。针叶树的叶尖变成棕色,而且坏死。菠菜、斑豆、西红柿和白松显得特别敏感。在某些森林中的很多松树,似乎由于长期暴露在光化学烟雾中而濒临死亡。据估计,损害阈值约为 0.03×10^{-6},暴露时间为4 h。上述植物在 0.1×10^{-6} 或更低的浓度中暴露1~8 h,也可能受害。

过氧乙酰硝酸酯(PAN)侵害叶子气孔周围空间的海绵状薄壁细胞。可以窥见的主要影响是叶子的下部变成银白色或古铜色。有害的阈值估计为 0.01×10^{-6},暴露时间为6 h。以成熟状况看,幼叶是最敏感的。

氟化氢对植物是一种累积性毒物。即使暴露在极低的浓度中,植物也会最终把氟化物累积到足以损害其叶子组织的程度。最早出现的影响表现为叶尖和叶边呈烧焦状。显然,氟化物通过气孔进入叶子,然后被正常的流动水分带向叶尖和叶边,最后使内部细胞遭受破坏。当细胞被破坏变干时,受害部分就由深棕色变成棕褐色。桃树、葡萄藤和糖菖蒲等对氟化物十分敏感,超过4~5个星期暴露期的损害阈低至 0.1×10^{-9}。氟化氢的浓度接近 1×10^{-9} 时,就值得人们重视了。

在普通碳氢化合物中,乙烯是唯一的在已知环境水平时就能引起植物遭受损害的物质。浓度为 $0.001\times10^{-6}\sim0.5\times10^{-6}$ 的乙烯,曾使敏感的植物受到损害。乙烯对植物的影响包括花朵凋落和叶子不能很好地舒展。确信它对兰花和棉花有害。在乙烯下暴露6 h的阈值为 0.05×10^{-6}。

其他气体和蒸气,如氯化氢、氯、硫化氢和氨,比别的气体尤其能引起叶子组织剧烈瓦解。

(三)对器物和材料的影响

大气污染对金属制品、油漆涂料、皮革制品、纸制品、纺织品、橡胶制品和建筑物等的损害也是严重的。这种损害包括沾污性损害和化学性损害两个方面。沾污性损害主要是粉尘、烟等颗粒物落在器物上面造成的,有的可以清扫、冲洗除去,有的很难除去,如煤油中的焦油等。化学性损害是由于污染物的化学作用,使器物和材料腐蚀或损坏。

颗粒物因其固有的腐蚀性,或惰性颗粒物进入大气后因吸收或吸附了腐蚀性化学物质,而产生直接的化学性损害。金属通常能在干空气中抗拒腐蚀，甚至在清洁的湿空气中也是如此。然而，在大气中普遍存在吸湿性颗粒物时，即使在没有其他污染物的情况下，也能腐蚀金属表面。

大气中的 SO_2、NO_x 及其生成的酸雾和酸滴等，能使金属表面产生严重的腐蚀，使纺织品、纸品、皮革制品等腐蚀破损，使金属涂料变质，降低其保护效果。造成金属腐蚀最为有害的污染物一般是 SO_2，已观察到城市大气中金属的腐蚀率约是农村环境中腐蚀率的 1.5~5 倍。温度尤其是相对湿度皆显著影响着腐蚀速度。铝对 SO_2 的腐蚀作用具有很好的抗拒力。但是，在相对湿度高于 70%时，其腐蚀率就会明显上升。据研究，铝在农村地区暴露达 20 年以上，其抗张强度只减小 1%或更少些。而同样长的时间内，在工业区大气中铝的抗张强度却减小了 14%~17%。含硫物质或硫酸会侵蚀多种建筑材料，如石灰石、大理石、花岗岩、水泥砂浆等，这些建筑材料先形成较易溶解的硫酸盐，然后被雨水冲刷掉。尼龙织物，尤其是尼龙管道等，对大气污染物也很敏感，其老化显然是由 SO_2 或硫酸气溶胶造成的。

光化学氧化剂中的臭氧，会使橡胶绝缘性能的寿命缩短，使橡胶制品迅速老化脆裂。臭氧还侵蚀纺织品的纤维素，使其强度减弱。所有氧化剂都能使纺织品发生不同程度的褪色。

(四) 对能见度和气候的影响

1. 对能见度的影响

大气污染最常见的后果之一是大气能见度降低。一般说来，对大气能见度或清晰度有影响的污染物应是气溶胶粒子或能通过大气反应生成气溶胶粒子的气体或有色气体。因此，对能见度有潜在影响的污染物有：① 总悬浮颗粒物(TSP)；② SO_2 和其他气态含硫化合物，因为这些气体在大气中以较大的反应速率生成硫酸盐和硫酸气溶胶粒子；③ NO 和 NO_2，在大气中反应生成硝酸盐和硝酸气溶胶粒子，在某些条件下，红棕色的 NO_2 会导致烟羽和城市霾云出现可见着色；④ 光化学烟雾，这类反应生成亚微米的气溶胶粒子。

能见度的气象学定义是：在指定方向上仅用肉眼能看见和辨认的最大距离：① 在白天，能看见地平线上直指天空的一个显著的深色物体；② 在夜间，能看见一个已知的、最好未经聚焦的中等强度的光源。能见度观测是观测者通过对指定方向上一个目标的反差度的估计而对光衰减的主观评价。如果观测者视力完好，则这种反差度极限约为 2%。通常认为，普通观测者需要接近 5%的反差度才能辨别出以背景为衬托的物体。

反差度的降低及大气能见度的下降，主要是大气中微粒对光的散射和吸收作用所造成的。还有某些散射是空气分子引起的，这就是瑞利散射过程。大气中由散射引起的光衰减，主要是由大小与入射光波长相近的粒子造成的。可见光辐射波长为 0.4~0.8 μm，其最大强度为 0.52 μm 左右。因此，粒径处于 0.1~1.0 μm 的固体和液体粒子对能见度降低的影响很大。城市大气中硫酸盐的粒径大多小于 2 μm，粒径分布峰值为 0.2~0.9 μm，因而这类气溶胶的存在会引起能见度明显降低。

假设光衰减只是由于微粒散射造成的，微粒为尺寸相同的球体，且分布均匀，则能见度可按如下近似方程估算：

$$L_v = \frac{2.6\rho_p d_p}{K\rho} \tag{5-2}$$

式中：L_v——能见度，m；

ρ——视线方向上的颗粒浓度，mg/m^3；

ρ_p——颗粒的密度，kg/m^3；

d_p——颗粒直径，μm；

K——散射率，即受颗粒作用的波阵面积与颗粒面积之比。

根据范德赫尔斯(van de Hulst)提出的数据，不吸收光的球体散射率(K)一般为 1.7~2.5。

实测数据表明，在空气相对湿度超过 70%时，按上式计算可能产生较大误差。因为天然的气溶胶微粒及很多大气污染物都是吸湿的，在相对湿度为 70%~80%，开始潮解或发生吸湿反应，从而使颗粒粒径增大。

[例 5-2] 大气中悬浮颗粒物的平均粒径为 1.0 μm，密度为 2 500 kg/m^3，如果散射率 $K=2$，能见度为 8 km 时颗粒物的浓度是多少？

解： 将各数据代入式(5-2)得出：

$$\rho=\frac{2.6\rho_p d_p}{KL_v}=\frac{2.6\times 2\,500\times 1.0}{2\times 8\,000}\ mg/m^3=0.406\ mg/m^3$$

这是城市大气中颗粒物浓度的典型值。当大气能见度低于 8 km 时，主要机场飞机的起降率则必须减少。

2. 对气候的影响

大气污染对气候的影响包括 CO_2 等温室气体引起的温室效应以及 SO_2、NO_x 排放产生的酸雨等。此外，在较低大气层中的悬浮颗粒物形成水蒸气的“凝结核”，当大气中水蒸气达到饱和时，就会发生凝结现象。在较高的温度下，凝结成液态小水滴；而在温度很低时，则会形成冰晶。这种“凝结核”作用有可能潜在地导致降水的增加或减少。

1999 年，一个国际科学合作项目——“印度洋试验”在印度洋、南亚、东南亚和中国南部的上空，发现了厚度约 3 km 的棕色云团，面积相当于美国陆地面积大小。后来，它被命名为大气棕色云。除了亚洲这些区域，非洲南部、南美亚马孙盆地、北美东海岸和欧洲的部分地区也被棕色云团覆盖。根据联合国环境规划署(UNEP)的定义，人为源气溶胶光学厚度(aerosol optical depth，AOD)的年均值超过 0.3，而且吸收气溶胶的比例达 10%以上的区域为全球大气棕色云热点区域。大气棕色云中的元素碳颗粒能够吸收阳光，导致大气变暖，它们又被称为黑炭。大气中的黑炭主要来自化石燃料和生物质燃料的燃烧过程。黑炭气溶胶以两种方式改变地球上阳光能量的分布：一方面，它们吸收原本会到达地球表面的阳光，提高了上层空气的温度，减弱了地表温度，使得地球空气上冷下热的稳定模式受到了很大的影响，抑制了积云和积雨。由于地表温度降低，从地表蒸发的水分将减少，这也影响降雨的形成。另一方面，它们吸收了从地表发射回大气层的热量，增加了大气-地表系统的热吸收，导致气候变暖。而棕色云团中所含的一些硫酸盐、硝酸盐和有机物等成分可以反射阳光，从而减少到达地表的阳光量。因此，大气棕色云团对气候变化的影响非常复杂，其影响具有双重性。

第三节　大气污染综合防治途径

一、大气污染综合防治的含义

所谓大气污染综合防治，实质上就是为了达到区域环境空气质量目标，对多种大气污染控制方案的技术可行性、经济合理性、区域适应性和实施可能性等进行最优化选择和评价，从而得出最优的控制技术方案和工程措施。

例如，对于我国大中城市存在的颗粒物和 SO_2 等污染的控制，除了应对工业企业的集中点源进行污染物排放总量控制外，还应同时对分散的居民生活用燃料结构、燃用方式、炉具等进行控制和改革，对机动车排气污染、城市道路扬尘、建筑施工现场环境、城市绿化、城市环境卫生、城市功能区规划等方面，一并纳入城市环境规划与管理，才能取得综合防治的显著效果。

二、大气污染综合防治措施

(一) 调整产业结构，优化能源构成

推进产业结构调整和能源优化是减少各种大气污染物排放的根本措施，从源头上降低大气污染物排放是大气污染控制的优先选择。因此，应当从调整经济结构和推进技术进步入手，将降低资源和能源消耗、推进清洁生产、防治工业污染作为中国产业政策的重要组成部分，减少各种相关大气污染物的产生，实现环境和经济的协调发展。

(二) 控制污染的产业政策

国家发展改革委会同国务院有关部门依据国家有关法律法规制定，经国务院批准后公布的《产业结构调整指导目录》，由鼓励、限制和淘汰三类目录组成。

(1) 鼓励类：主要是对经济社会发展有重要促进作用，有利于节约资源、保护环境、产业结构优化升级，需要采取政策措施予以鼓励和支持的关键技术、装备及产品。

(2) 限制类：主要是工艺技术落后，不符合行业准入条件和有关规定，不利于产业结构优化升级，需要督促改造和禁止新建的生产能力、工艺技术、装备及产品。

(3) 淘汰类：主要是不符合有关法律法规规定，严重浪费资源、污染环境、不具备安全生产条件，需要淘汰的落后工艺技术、装备及产品。

通过淘汰污染严重的生产工艺技术、装备及产品，限制工艺技术落后和不符合行业准入条件项目的建设，来逐步改善环境质量。

(三) 控制污染的经济政策

1. 保证必要的环境保护投资

目前，发展中国家用于环境保护方面的投资占国民生产总值(GNP)的比例为 0.5%~1%，发达国家为 1%~2%。我国为 0.7%~0.8%，如果能达到 1.5%，则我国的环境污染将会得到基本控制。

2. 实行“污染者和使用者支付原则”

可以采用的经济手段包括：① 建立市场(如可交易的排污许可证、土地许可证、资源配额和环境股票等)；② 税收手段(如污染税、原料税、资源税和产品税等)；③ 收费制度

（如排污费、使用者费和环境补偿费等）；④ 财政手段（如治理污染的财政补贴、低息长期贷款、生态环境基金和绿色基金等）；⑤ 责任制度（如赔偿损失和罚款，追究行政及法律责任等）。

我国已实行的经济政策有排污收费制度、排污许可证制度、治理污染的排污费返还和低息贷款制度，以及综合利用产品的减免税制度等。

（四）严格大气环境管理

环境管理的概念，一般有两种范畴：一种是狭义的环境管理，即对环境污染源和污染物的管理，通过对污染物的排放、传输、承受三个环节的调控达到改善环境的目的；另一种是广义的环境管理，即对环境经济、环境资源、环境生态的平衡管理，通过经济发展的全面规划和自然资源的合理利用，达到保护生态和改善环境的目的。环境管理的方法是运用法律、经济、技术、教育和行政等手段，对人类的社会和经济活动实施管理，从而协调社会和经济发展与环境保护之间的关系。

完整的环境管理体制是由环境立法、环境监测和环境保护管理机构三部分组成的。环境法是进行环境管理的依据，它以法律、法令、条例、规定和标准等形式构成一个完整的体系。环境监测是环境管理的重要手段，可为环境管理及时提供准确的监测数据。环境保护管理机构是实施环境管理的领导者和组织者。

我国的环境管理体制已逐步建立和完善，相继制定（或修订）并公布了一系列法律，如《中华人民共和国环境保护法》《中华人民共和国大气污染防治法》《中华人民共和国森林法》《中华人民共和国草原法》，以及各种环境保护方面的条例、规定和标准等。与此同时，从国务院到各省、市、地、县甚至各工业企业，都建立了相应的环境保护管理机构及环境监测中心、站、室，为环境法的实施和严格环境管理提供了组织保证。

（五）实施大气污染物总量控制

大气污染物总量控制是控制大气污染的有效方法。2005 年我国二氧化硫排放总量为2 549 万 t，居世界第一位，约有 40% 以上的城市达不到国家的二级标准（年均值 60 μg/m^3），是我国大气污染最需要解决的问题之一。《国民经济和社会发展第十一个五年规划纲要》要求到 2010 年我国二氧化硫年排放总量要在 2005 年的基础上削减 10%。到 2010 年，我国 SO_2 排放总量减少了 14%，成效显著。国家“十二五”规划纲要进一步提出 SO_2 排放总量减少 8%、NO_x 排放总量减少 10% 的约束性指标，并将削减任务分配给各级政府，作为政府领导干部综合考核评价和企业负责人业绩考核的重要内容，实行严格的问责制。

（六）推广大气污染控制技术

大气污染控制的重点是控制污染源。将污染工艺更换为清洁生产工艺是最理想的方法，其次是安装大气污染控制设备。

1. 实施清洁生产

清洁生产包括清洁的生产过程和清洁的产品两个方面：对生产工艺而言，节约资源与能源、避免使用有毒有害原材料和降低排放物的数量和毒性，实现生产过程的无污染或少污染；对产品而言，使用过程中不危害生态环境、人体健康和安全，使用寿命长，易于回收再利用。

2. 安装废气净化装置

有些生产工艺目前无法实现用清洁生产工艺替代现有工艺，安装除尘、脱硫、脱硝等大气污染控制设备是减少大气污染物排放的有效技术手段。安装废气净化装置，是控制环境空气质量的基础，也是实行环境规划与管理等项综合防治措施的前提。各种净化装置的结构原理、性能特点和设计计算等，是本书的重要内容，将在以后各章中详细介绍。

（七）绿化造林

绿色植物是区域生态环境中不可缺少的重要组成部分，绿化造林不仅能美化环境，调节空气温湿度或城市小气候，保持水土，防治风沙，而且在净化空气（吸收二氧化碳、有害气体、颗粒物、杀菌）和降低噪声方面皆会起到显著作用。

第四节　大气污染防治管理体系

一、大气污染防治法律法规

1. 我国环境保护法律法规体系

大气环境保护是我国环境保护的重要构成部分。我国环境保护法律法规体系由宪法关于环境保护的条文、国家环境保护法、国家环境保护单行法、国务院环境保护行政法规、环境保护部门规章、环境保护地方性法规及规章等构成。在我国环境保护法律法规体系中，宪法处于最高的地位，宪法关于环境保护的规定是国家环境保护法的基础，是各种环境保护法律、法规、规章制定的依据。环境保护法是环境领域的“基本法”，其地位仅次于宪法。环境保护单行法是针对某种环境要素或对环境资源开发、利用、保护、改善及其管理的某个方面的问题做出规定，地位仅次于环境保护法。环境保护行政法规是国务院依照宪法和规律的授权，按照法定程序颁布或通过的关于环境保护方面的行政法规，可以起到解释法律、规定环境执法的行政程序等作用，在一定程度上弥补环境保护基本法和单行法的不足。环境保护部门制定的行政规章，地位低于环境保护行政法规。环境保护地方性法规及规章地位最低，其内容不得与法律、行政法规相抵触。

2. 大气污染防治法

《中华人民共和国大气污染防治法》（简称“大气污染防治法”）是为保护和改善环境，防治大气污染，保障公众健康，推进生态文明建设，促进经济社会可持续发展制定。最早颁布于 1987 年，之后分别于 1995 年、2000 年、2015 年和 2018 年进行了四次修订（正）。2018 年 10 月 26 日发布实施的最新修正版大气污染防治法共 8 章 129 条，按照中央加快推进生态文明建设的精神，主要从以下几个方面做了修改完善。

（1）以改善大气环境质量为责任目标，强化地方政府责任，加强考核和监督。法律明确地方政府对辖区大气环境质量负责，生态环境部对省级政府实行考核，未达标城市政府应负责编制限期达标规划。

（2）坚持源头治理，规划先行，转变经济发展方式，优化产业结构和布局，调整能源结构，推广清洁能源的生产和使用。

（3）新增“大气污染防治标准和限期达标规划”，列为法律的第二章，规范大气环境质量标准和污染物排放标准等的制定、标准运用落实及考核机制；明确燃煤、燃油、涂料和生物质燃料等产品的质量标准应当符合国家大气污染控制要求。

(4) 着力解决燃煤、机动车船等大气污染问题,推动从单一污染物控制向多污染物协同控制、由末端治理向全过程控制转变。

(5) "重点区域大气污染联合防治"和"重污染天气应对"各独立设章。为推动重点区域大气污染联合防治,要求对颗粒物、二氧化硫、氮氧化物、挥发性有机物、氨等大气污染物和温室气体实施协同控制。为应对不利气象条件出现的重污染,明确国家建立重污染天气监测预警体系,县级以上地方人民政府应当将重污染天气应对纳入突发事件应急管理体系。

(6) 强化法律责任。现行大气污染防治法的 129 条中,法律责任条款占 30 条,规定了具体有针对性的措施,提出相应的处罚责任。提高了罚款上限,规定了按日处罚,丰富了处罚种类。

(7) 坚持立法为民,积极响应社会关切。秉承环境保护法强化信息公开和公众参与的立法要求,大气污染防治法完善了环境信息公开制度,引导公众有序参与监督。

二、大气污染防治标准

大气污染防治标准是执行大气污染防治法律法规、实施环境空气质量管理及防治大气污染的依据和手段。大气污染防治标准按其用途可分为环境空气质量标准、大气污染物排放标准、大气污染控制技术标准及大气污染警报标准等。按其使用范围可分为国家标准、地方标准和行业标准。

1. 环境空气质量标准

环境空气质量标准是以保护生态环境和人群健康的基本要求为目标而对各种污染物在环境空气中的允许浓度所作的限制规定。它是进行环境空气质量管理、大气环境质量评价及制定大气污染防治规划和大气污染物排放标准的依据。

制定环境空气质量标准,首先要考虑保障人体健康和保护生态环境这一空气质量目标。为此,需综合研究这一目标与空气中污染物浓度之间关系的资料,并进行定量的相关分析,以确定符合这一目标的污染物的允许浓度。我国 1982 年制定了《环境空气质量标准》(GB 3095—1982),并于 1996 年和 2012 年进行了修订。现行的《环境空气质量标准》(GB 3095—2012)强调以保护人体健康为首要目标,调整了环境空气功能区的分类,进一步扩大了人群保护范围;调整了污染物项目及限值,增设了 $PM_{2.5}$ 平均浓度限值和臭氧 8 h 平均浓度限值,加严了 PM_{10} 等污染物的浓度限值。

《环境空气质量标准》(GB 3095—2012)将环境空气功能区分为二类:一类区为自然保护区、风景名胜区和其他需要特殊保护的区域;二类区为居住区、商业交通居民混合区、文化区、工业区和农村地区。不同的功能区执行不同级别的大气污染物的浓度限值:一类区适用一级浓度限值,二类区适用二级浓度限值。一、二类功能区空气质量要求见表 5-5。

在 2018 年生态环境部发布的关于发布《环境空气质量标准》(GB 3095—2012)修改单的公告中,进一步明确了本标准中的二氧化硫(SO_2)、二氧化氮(NO_2)、一氧化碳(CO)、臭氧(O_3)等气态污染物浓度为参比状态下的浓度。可吸入颗粒物(PM_{10},空气动力学直径小于等于 10 μm)、细颗粒物($PM_{2.5}$,空气动力学直径小于等于 2.5 μm)、总悬浮颗粒物及其组分铅、苯并[*a*]芘等浓度为监测时大气温度和压力下的浓度。其中,参比状态指的是大气温度为 298.15 K,大气压力为 101.325 kPa 时的状态。新标准还提高了对了监测数据统计有效性的要求,将

表 5-5　《环境空气质量标准》(GB 3095—2012)中各项大气污染物的浓度限值

序号	污染物项目	平均时间	浓度限值 一级	浓度限值 二级	单位
1	二氧化硫 (SO_2)	年平均	20	60	$\mu g/m^3$
		24 h 平均	50	150	
		1 h 平均	150	500	
2	二氧化氮(NO_2)	年平均	40	40	
		24 h 平均	80	80	
		1 h 平均	200	200	
3	一氧化碳(CO)	24 h 平均	4	4	mg/m^3
		1 h 平均	10	10	
4	臭氧 (O_3)	日最大 8 h 平均	100	160	$\mu g/m^3$
		1 h 平均	160	200	
5	颗粒物(粒径小于等于 10 μm)	年平均	40	70	
		24 h 平均	50	150	
6	颗粒物(粒径小于等于 2.5 μm)	年平均	15	35	
		24 h 平均	35	75	
7	总悬浮颗粒物(TSP)	年平均	80	200	$\mu g/m^3$
		24 h 平均	120	300	
8	氮氧化物 (NO_x)	年平均	50	50	
		24 h 平均	100	100	
		1 h 平均	250	250	
9	铅 (Pb)	年平均	0.5	0.5	
		季平均	1	1	
10	苯并[*a*]芘(BaP)	年平均	0.001	0.001	
		24 h 平均	0.002 5	0.002 5	

有效数据要求由 50%~75%提高至 75%~90%;更新了 SO_2、NO_2、O_3、颗粒物等污染物的分析方法,增加了自动监测分析方法;明确了标准分期实施的规定,规定不达标的大气污染防治重点城市应当依法制定并实施达标规划。

2012 年 2 月,环境保护部发布了《环境空气质量指数(AQI)技术规定(试行)》(HJ 633—2012),与《环境空气质量标准》(GB 3095—2012)同步实施。空气质量分级指数及对应的污染物项目浓度限值如表 5-6 所示。以最大的分指数(IAQI)作为环境空气质量指数(AQI)。AQI大于50时,IAQI最大的污染物为首要污染物。若IAQI最大的污染物为两项或两项以上时,并列为首要污染物。IAQI大于100的污染物为超标污染物。该标准适用于环境空气质量指数日报、实时报和预报工作,用于向公众提供健康指引。

表5-6 空气质量分级指数及对应的污染物项目浓度限值

空气质量分指数(IAQI)		0	50	100	150	200	300	400	500
污染物项目浓度值	二氧化硫(SO_2)24 h平均/($\mu g \cdot m^{-3}$)	0	50	150	475	800	1 600	2 100	2 620
	二氧化硫(SO_2)1 h平均/($\mu g \cdot m^{-3}$)(1)	0	150	500	650	800	(2)	(2)	(2)
	二氧化氮(NO_2)24 h平均/($\mu g \cdot m^{-3}$)	0	40	80	180	280	565	750	940
	二氧化氮(NO_2)1 h平均/($\mu g \cdot m^{-3}$)(1)	0	100	200	700	1 200	2 340	3 090	3 840
	颗粒物(粒径小于等于10 μm)24 h平均/($\mu g \cdot m^{-3}$)	0	50	150	250	350	420	500	600
	一氧化碳(CO)24 h平均/($mg \cdot m^{-3}$)	0	2	4	14	24	36	48	60
	一氧化碳(CO)1 h平均/($mg \cdot m^{-3}$)(1)	0	5	10	35	60	90	120	150
	臭氧(O_3)1 h滑动平均/($\mu g \cdot m^{-3}$)	0	160	200	300	400	800	1 000	1 200
	臭氧(O_3)8 h滑动平均/($\mu g \cdot m^{-3}$)	0	100	160	215	265	800	(3)	(3)
	颗粒物(粒径小于等于2.5 μm)24 h平均/($\mu g \cdot m^{-3}$)	0	35	75	115	150	250	350	500
说明	(1) 二氧化硫(SO_2)、二氧化氮(NO_2)和一氧化碳(CO)的1 h平均浓度限值仅用于实时报,在日报中需使用相应污染物的24 h平均浓度限值。 (2) 二氧化硫(SO_2)1 h平均浓度值高于800 $\mu g/m^3$的,不再进行其空气质量分指数计算,二氧化硫(SO_2)空气质量分指数按24 h平均浓度计算的分指数报告。 (3) 臭氧(O_3)8 h平均浓度值高于800 $\mu g/m^3$的,不再进行其空气质量分指数计算,臭氧(O_3)空气质量分指数按1 h平均浓度值计算的分指数报告。								

2. 大气污染物排放标准

大气污染物排放标准是以实现环境空气质量标准为目标,对从污染源排入大气的污染物浓度(或数量)所作的限制规定。它是控制大气污染物的排放量和进行净化装置设计的依据。制定大气污染物排放标准应遵循的原则是,以环境空气质量标准为依据,综合考虑控制技术的可能性和经济合理性以及地区的差异性,并尽量做到简明易行。排放标准的制定方法,大体上有两种:按最佳适用技术确定的方法和按污染物在大气中的扩散规律推算的方法。

最佳适用技术是指现阶段控制效果最好,经济合理的实用控制技术。按最佳适用技术确定污染物排放标准的方法,就是根据污染现状,最佳控制技术的效果和对现有控制得好的污染源进行损益分析来确定排放标准。这样确定的排放标准便于实施,便于管理,但有时不一定能满足环境空气质量标准,有时又可能显得过严。这类排放标准的形式,可以是浓度标准，林格曼黑度标准和单位产品允许排放量标准等。

按污染物在大气中扩散规律推算排放标准的方法，是以环境空气质量标准为依据，应用污染物在大气中的扩散模式推算出不同烟囱高度时的污染物允许排放量或排放浓度，或者根据污染物排放量推算出最低烟囱高度。这样确定的排放标准，由于模式的准确性可能受到各地的地理环境、气象条件和污染源密集程度等的影响，对不同地区可能偏严或偏宽。

我国于 1996 年制定了《大气污染物综合排放标准》(GB 16297—1996)，于 1997 年 1 月 1 日实施。该标准规定了 33 种大气污染物的排放限值，其指标体系为最高允许排放浓度、最高允许排放速率和无组织排放监控浓度限值。该标准要求任何一个排气筒必须同时遵守最高允许排放浓度(任何 1 h 浓度平均值)和最高允许排放速率(任何 1 h 排放污染物的质量)两项指标，超过其中任何一项均为超标排放。

针对火电、冶金、建材、石油化工、工业锅炉等特定行业，我国陆续出台了一系列行业性大气污染物排放标准。其中，火电钢铁等行业还实施了超低排放要求，其排放污染物浓度限值比大多数发达国家还要低。针对移动源，我国修订颁布了《轻型汽车污染物排放限值及测量方法》(GB 18352.6—2016)(中国第六阶段)、《城市车辆用柴油发动机排气污染物排放限值及测量方法(WHTC 工况法)》(HJ 689—2014)、《非道路移动机械用柴油机排气污染物排放限值及测量方法》(GB 20891—2014)(中国第三、四阶段)、《摩托车和轻便摩托车排气污染物排放限值及测量方法(双怠速法)》(GB 14621—2011)等。

我国于 1983 年制定并于 1991 年修订的《制定地方大气污染物排放标准的技术方法》(GB/T 13201—91)，以环境空气质量标准为控制目标，在大气污染物扩散稀释规律的基础上，使用控制区排放总量允许限值和点源排放允许限值控制大气污染的方法，制定地方大气污染物排放标准。此外，各地还可结合当地技术经济条件，应用最佳可行和最佳实用技术方法或其他总量控制方法制定地方大气污染物排放标准。按照综合性排放标准与行业和地方排放标准不交叉执行的原则，对于这些行业或地区，应优先执行地方和行业排放标准。

3. 大气污染控制技术标准

大气污染控制技术标准是根据污染物排放标准引申出来的辅助标准，如燃料、原料使用标准，净化装置选用标准，排气筒高度标准及卫生防护距离标准等。它们都是为保证达到污染物排放标准而从某一方面做出的具体技术规定，目的是使生产、设计和管理人员容易掌握和执行。

4. 大气污染警报标准

大气污染警报标准是为保护环境空气质量不致恶化或根据大气污染发展趋势，预防发生污染事故而规定的污染物含量的极限值。达到这一极限值时就发出警报，以便采取必要的措施。警报标准的制定，主要建立在对人体健康的影响和生物承受限度的综合研究基础之上。

第五节　环境空气质量模型

环境空气质量模型是模拟大气污染物平流输送、湍流扩散、干湿沉降、化学转化等过程，预测特定污染物在不同污染源、气象和下垫面条件下浓度时空分布的数学模型，是大气中污染物行为规律的简化数学描述。连续性方程是建立大气扩散模型的最基本方程形式。从流体力学的角度，环境空气质量模型可以分为欧拉模型和拉格朗日模型两大类。前者相对于固定坐标系研究污染物的运动，以空间内固定的微元为研究对象；后者由跟随流体移行的空气微团来描述污染物浓度的变化。本节侧重对环境空气质量模型的发展历程、常用污染物扩散模式及其在大气污染控制中的应用进行简要介绍。

一、环境空气质量模型发展历程

空气质量模型起步于20世纪60年代，在一系列“公害事件”发生之后，随着人们对空气质量预测和控制的需要应运而生。高斯在大量实测资料分析的基础上，应用湍流统计理论得到了正态分布模型，即高斯模式；帕斯奎尔（Pasquill）和吉福德（Gifford）等基于野外观测数据，建立了各种气象条件下的扩散曲线，使高斯模式得到了广泛的应用。同时，为解决城市光化学烟雾问题，箱式光化学模型也得到了较快的发展。美国国家环保局在科学评估的基础上，推荐采用复杂工业源模型（ISC）、拉格朗日烟团模型（CALPUFF）和经验动力学建模方法（EKMA）进行空气质量预测，构成了第一代空气质量模型的主要组成部分。

20世纪70年代末期以后，酸雨问题推动了大尺度空气质量模拟的研究。随着大气化学、云雨物理、干湿沉降等方面的研究取得进展，空气质量模型也得到了长足的发展；通过加入较为复杂的气象和化学反应机制，逐渐形成了以美国国家环保局开发的城市大气质量模型（UAM）、区域大气氧化模型（ROM）和区域酸沉降模型（RADM）等为代表的第二代模型。第二代模型采用更为先进的三维欧拉网格算法，但与第一代模型类似，一般只能进行单一污染物或污染问题的模拟。大气物理、化学过程机制或者算法的改动需要对源程序进行改写，比较复杂。

20世纪90年代中期以后，美国国家环保局致力于第三代模型（Model-3）的开发，主要目的在于同时为法规制定和科学研究提供一个功能强大且易于使用的模拟平台，克服第一、二代模型在功能上的局限和使用上的难度，促进模型的评估、交流和合作。第三代模型-通用多尺度空气质量模型（CMAQ）于1998年7月首次发布，之后一直处于发展更新和应用研究过程中。常用的第三代模型还有美国西北太平洋国家实验室开发的天气研究和预报化学耦合模型（WRF-Chem）、美国哈佛大学开发的戈达德地球观测系统化学耦合模型（Geos-Chem）、美国Environ公司开发的综合空气质量扩展模型（CAMx），以及我国中科院大气物理所开发的嵌套网格空气质量预报模式（NAQPMS）等。

相比第二代模型，第三代模型的主要优势可归纳为以下几点：① 可同时实现多种污染物和污染问题的模拟计算，包括光化学反应、颗粒物、酸沉降和能见度的模拟。② 可实现从全球/半球尺度到区域城市的多尺度、多层网格嵌套，在空间上具备很好的通用性和灵活性。③ 具有模块化的结构（图5-2），易于对大气物理、化学过程的机理或算法进行改动或加入新的过程模块，为使用者提供了化学反应机理研究的平台。④ 模型前端可以使用不同气象模型，为后续排放和化学转化模块提供了较为详细和准确的气象场，也为应用于空气质量预报提供了很好的条件，模型后端可以耦合进多介质集成模型系统（MIMS）进行跨媒介（土壤、地表水）的模拟。⑤ 模型不断纳入大气物理化学机制新发现的同时，结合了近年来计算机技术的发展，不断完善模型的科学性，提升模拟性能。

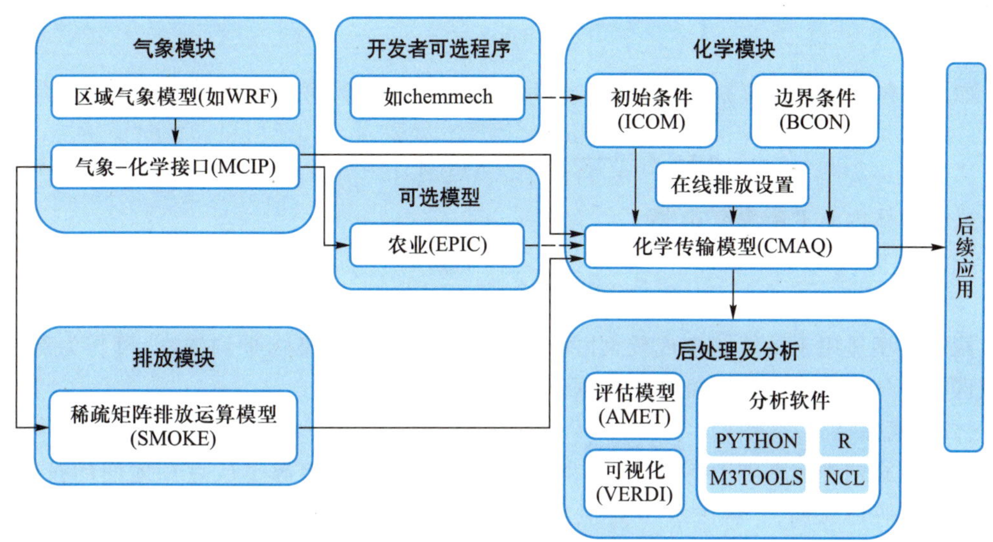

图 5-2 Models-3/CMAQ 的结构

二、常用大气污染物扩散模式

（一）箱模式

箱模式是最简化的零维模型，其基本假设是：在估算大气污染物浓度时，把所研究的区域看成“箱子”的底，箱子的高度就是该区域的混合层高度，而污染物浓度在箱子内处处相等。根据整个箱子大气污染物的输入和输出量，可以写出大气污染物的质量平衡方程：

$$\frac{\mathrm{d}\rho}{\mathrm{d}t}lbh=\bar{u}bh(\rho_{\mathrm{b}}-\rho)+lbQ-K\rho lbh \tag{5-3}$$

式中：l——箱的长度（风方向上），m；

b——箱的宽度，m；

h——箱的高度（混合层高度），m；

ρ_{b}——上风向空气中污染物的背景浓度，$\mathrm{mg/m^3}$；

ρ——箱体内的污染物浓度，$\mathrm{mg/m^3}$；

Q——箱体内单位面积的污染源强，$\mathrm{mg/(m^2 \cdot s)}$；

K——箱体内的大气污染物衰减速率常数，$\mathrm{s^{-1}}$；

$\bar{u}$——箱体内的平均风速，m/s；

t——时间，s。

如果大气污染物的衰减可以忽略，即 $K=0$，当大气污染源排放稳定时，可以得到式(5-3)的解为：

$$\rho=\rho_{\mathrm{b}}+\frac{Ql}{\bar{u}h}\left(1-\mathrm{e}^{-\frac{\bar{u}t}{l}}\right) \tag{5-4}$$

当时间 t 很长时，箱体内的大气污染物浓度 ρ 随时间的变化趋于稳定，这时的大气污染物浓度称为平衡浓度 ρ_{P}：

$$\rho_P=\rho_b+\frac{Ql}{\bar{u}h} \tag{5-5}$$

如果大气污染物的衰减不能忽略，当污染源排放稳定时，可以得到式(5-3)的解为：

$$\rho=\rho_b+\frac{Q/h-\rho_b K}{\bar{u}/l+K}\left[1-\exp\left(-\left(\frac{\bar{u}}{l}+K\right)t\right)\right] \tag{5-6}$$

这时箱体内的平衡浓度 ρ_P 为：

$$\rho_P=\rho_b+\frac{Q/h-\rho_b K}{\bar{u}/l+K} \tag{5-7}$$

箱式模型适用于估算城市或较大区域较长时间的大气污染物平均浓度，可作为制定城市或区域大气环境质量控制规划的依据。

（二）高斯模式

高斯模式的坐标系如图 5-3 所示，其原点为排放点或高架源排放点在地面的投影点，x 轴正向为平均风向，y 轴在水平面上垂直于 x 轴，正向在 x 轴的左侧，z 轴垂直于水平面 xOy，向上为正向，即为右手坐标系。在这种坐标系中，烟流中心线与 x 轴重合。大量研究表明，对于连续的平均烟流，其浓度分布是符合正态分布的。因此，作如下假定：① 烟羽的扩散在水平和垂直方向都是正态分布；② 在扩散的整个空间风速是均匀的、稳定的；③ 污染源排放是连续的、均匀的；④ 污染物在扩散过程中没有衰减和增生；⑤ 在 x 方向，平流作用远大于扩散作用；⑥ 地面足够平坦。

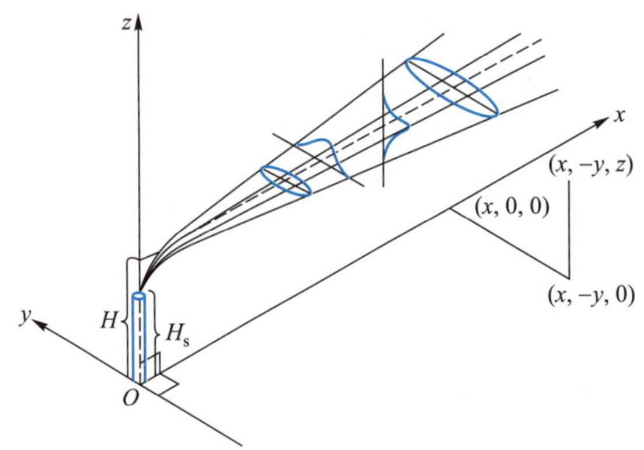

图 5-3 高斯模式的坐标系

基于上述假设可得高架连续点源扩散的基本公式，即高斯模式如下：

$$C(x,y,z,H)=\frac{Q}{2\pi\bar{u}\sigma_y\sigma_z}\exp\left(-\frac{y^2}{2\sigma_y^2}\right)\left\{\exp\left[-\frac{(z-H)^2}{2\sigma_z^2}\right]+\exp\left[-\frac{(z+H)^2}{2\sigma_z^2}\right]\right\} \tag{5-8}$$

式中：C——下风向空间某一位置的污染物浓度，mg/m^3；

σ_y——y 方向上的标准差（水平扩散参数），m；

σ_z——z 方向上的标准差（垂直扩散参数），m；

$\bar{u}$——平均风速，m/s；

Q——源强，mg/s；

H——有效烟囱高度，m，为烟囱几何高度 H_s 和烟气抬升高度 ΔH 之和 $H=H_s+\Delta H$。

令式(5-8)中 $z=0$,可以得到地面浓度计算公式:

$$C(x,y,0,H)=\frac{Q}{\pi\bar{u}\sigma_y\sigma_z}\exp\left(-\frac{y^2}{2\sigma_y^2}\right)\exp\left(-\frac{H^2}{2\sigma_z^2}\right) \tag{5-9}$$

地面轴线浓度可由式(5-9)在 $y=0$ 时得到:

$$C(x,0,0,H)=\frac{Q}{\pi\bar{u}\sigma_y\sigma_z}\exp\left(-\frac{H^2}{2\sigma_z^2}\right) \tag{5-10}$$

假设 $\sigma_y/\sigma_z=$ 常数时,对式(5-10)求极值,可得到高架连续点源的最大地面浓度:

$$C_{\max}(x_{\max},0,0,H)=\frac{2Q}{\pi e\bar{u}H^2}\cdot\frac{\sigma_z}{\sigma_y} \tag{5-11}$$

$$\sigma_z\big|_{x=x_{\max}}=H/\sqrt{2} \tag{5-12}$$

令式(5-9)中 $H=0$,则得到地面连续点源下风向地面上任一点的浓度:

$$C(x,y,0,0)=\frac{Q}{\pi\bar{u}\sigma_y\sigma_z}\exp\left[-\left(\frac{y^2}{2\sigma_y^2}+\frac{z^2}{2\sigma_z^2}\right)\right] \tag{5-13}$$

烟气的抬升高度 ΔH 可由霍兰德烟气抬升高度公式计算:

$$\Delta H=\frac{v_sD}{\bar{u}}\left(1.5+2.7\frac{T_s-T_a}{T_s}D\right)=\frac{1}{\bar{u}}(1.5v_sD+9.6\times10^{-3}Q_H) \tag{5-14}$$

式中:v_s——烟囱出口流速,m/s;

D——烟囱出口内径,m;

$\bar{u}$——烟囱出口处的平均风速,m/s;

T_s、T_a——烟囱出口处的烟气和环境大气温度,K;

Q_H——单位时间排出烟气的热量,kJ/s。

大气稳定度是指大气团由于与周围空气存在密度、温度和流速等的强度差而产生的浮力使其产生加速度而上升或下降的程度,分为极不稳定、不稳定、弱不稳定、中性、较稳定和极稳定6类,分别用A、B、C、D、E、F来表示,具体可依据太阳倾角、云量和地面风速等参数查表确定。式(5-14)适用于中性大气条件。用于非中性大气条件时,建议作如下修正:对不稳定条件,烟气抬升高度增加10%~20%;对稳定条件,减小10%~20%。

大气污染物的扩散参数与气象条件、地形地貌及与源的距离密切相关,可以通过野外现场测定,也可以通过风洞模拟实验确定。GB/T 13201-91 推荐了不同地区扩散参数 σ_y 和 σ_z 的确定方法:

$$\sigma_y=\gamma_1x^{\alpha_1} \tag{5-15}$$

$$\sigma_z=\gamma_2x^{\alpha_2} \tag{5-16}$$

式中:α_1、α_2、γ_1、γ_2 根据地形确定。

平原地区农村及城市远郊区:A、B、C级稳定度直接由表5-7和表5-8查出扩散参数 σ_y 和 σ_z 的幂指数;D、E、F级稳定度则需要向不稳定方向提半级后查算。工业区或城区:工业区A、B级不提级,C级提到B级,D、E、F级向不稳定方向提一级再按表5-7和表5-8查算。丘陵山区的农村或城市:其扩散参数的选取法同城市工业区。

表 5-7 水平扩散参数幂函数表达式系数

稳定度	α_1	γ_1	下风距离/m
A	0. 901 074	0. 425 809	0~1 000
	0. 850 934	0. 602 052	>1 000
B	0. 914 370	0. 281 846	0~1 000
	0. 865 014	0. 396 353	>1 000
B-C	0. 919 325	0. 229 500	0~1 000
	0. 875 086	0. 314 238	>1 000
C	0. 924 279	0. 177 154	0~1 000
	0. 885 157	0. 232 123	>1 000
C-D	0. 926 849	0. 143 940	0~1 000
	0. 886 723	0. 189 396	>1 000
D	0. 929 418	0. 110 726	0~1 000
	0. 888 723	0. 146 669	>1 000
D-E	0. 925 118	0. 098 563 1	0~1 000
	0. 892 794	0. 124 308	>1 000
E	0. 920 818	0. 086 400 1	0~1 000
	0. 896 864	0. 101 947	>1 000
F	0. 929 418	0. 055 363 4	0~1 000
	0. 888 723	0. 073 334 8	>1 000

表 5-8 铅直扩散参数幂函数表达式系数

稳定度	α_1	γ_1	下风距离/m
A	1. 121 54	0. 079 990 4	0~300
	1. 513 60	0. 008 547 71	300~500
	2. 108 81	0. 000 211 545	>500
B	0. 964 435	0. 127 190	0~500
	1. 093 56	0. 057 025	>500
B-C	0. 941 015	0. 114 682	0~500
	1. 007 70	0. 075 718 2	>500
C	0. 917 595	0. 106 803	>0
C-D	0. 838 628	0. 126 152	0~2 000
	0. 756 410	0. 235 667	2 000~10 000
	0. 815 575	0. 136 659	>10 000

续表

稳定度	α_1	γ_1	下风距离/m
D	0.826 212 0.632 023 0.555 36	0.104 634 0.400 167 0.810 763	1~1 000 1 000~10 000 >10 000
D-E	0.776 864 0.572 347 0.499 149	0.111 771 0.528 992 2 1.038 10	0~2 000 2 000~10 000 >10 000
E	0.788 370 0.565 188 0.414 743	0.092 7529 0.433 384 1.732 41	0~1 000 1 000~10 000 >10 000
F	0.784 400 0.525 969 0.323 659	0.062 076 5 0.370 015 2.406 91	0~1 000 1 000~10 000 >10 000

在确定了污染物的扩散参数和烟气抬升高度后，通过高斯模式可计算特定气象条件下的污染物的浓度分布。在实际工作中，往往需要了解污染源对环境的长期平均浓度的影响，如计算月、季、年平均浓度，可以采用不同类型气象条件下的若干个短期平均浓度与相应不同气象条件出现的频率加权平均的方法得到长期平均浓度：

$$\overline{C}=\sum_i\sum_j\sum_k C(D_i,u_j,A_k)f(D_i,u_j,A_k) \tag{5-17}$$

式中： $\overline{C}$——长期平均浓度，mg/m^3；

$C(D_i,u_j,A_k)$——风向为 D_i、风速等级为 u_j、稳定度级别为 A_k 的气象条件下的 1 h 浓度，mg/m^3；

$f(D_i,u_j,A_k)$——相应气象条件的出现频率。

三、环境空气质量模拟与决策应用

空气质量模型对于决策支持的核心内容包括再现污染过程、判断污染成因和量化可控源的影响，辅助制定可行的控制对策。

再现污染过程，验证模拟结果的可靠性，是开展空气质量模型研究的基础。因此，空气质量模型模拟研究的首要工作是利用观测数据对模拟结果进行校验。国外的地表监测网络发展相对较好，有可靠的公开数据供公众下载，如欧洲的 EMEP，有针对包括臭氧、颗粒物、VOCs、重金属、POPs 和酸化富营养化物质的长期监测数据。近年来，我国也逐渐建立了常规污染物监测网络，中国环境监测总站自 2013 年开始发布各城市国控站点大气常规污染物的小时浓度。这些长时间序列的连续观测资料，为验证及评价空气质量模型，提供了重要的研究基础。美国国家环保局制定了模型准确性评估方法和标准的指导意见，认定当平均相对误差和平均相对偏差，分别小于±75%和±60%时，模型的模拟精度基本上能满足应用的需要。此外，卫星遥感技术的快速发展，也为空气质量模型的验证提供了有力的支持。地球观测卫星能够在全球范围内,对陆地上空的空气质量进行大尺度的监测,提供高分辨率大范围的污染物浓度数据产品,用以模型的验证,甚至修正改进区域排放清单。卫星遥感资料可以弥补地面观测在某些地区缺失的问题。目前,常用的基于卫星遥感资料的污染物包括NO_2、SO_2、CO、气溶胶光学厚度(AOD)、对流层臭氧剩余(TOR)等。

情景分析是使用模型开展研究的最常用方法,即借助模型在基准情景的基础上,通过改变某输入进行假想实验的模拟。模型的基准情景一般是指在历史的气象和排放水平下的现状模拟结果,而假想情景是指通过改变输入模型中的特定变量(模型的基本输入变量如图5-4所示,可以是某一地区的排放量或某一时段的气象要素等)重新进行的模拟结果。通过与基准情景的模拟结果进行对比,即可得到该变量对模拟结果的影响程度或贡献水平。空气质量预报其实就是将未来气象因子,输入空气质量模型中,实现的对大气污染物浓度的预测。

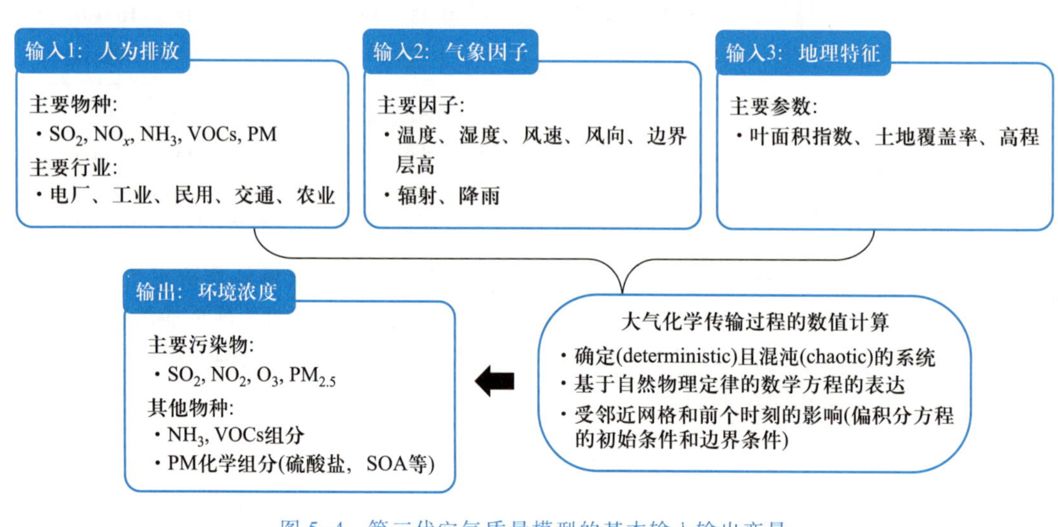

图5-4 第三代空气质量模型的基本输入输出变量

污染源解析是采用模型方法对造成大气污染的各类污染源的贡献进行量化,源解析研究也是在大气污染防治工作中的重要研究内容。开发可靠、高效的污染物源识别技术,一直以来都是大气环境研究领域的重要课题。特别是针对以臭氧和大气细粒子为代表的二次污染的来源解析。目前,常用的基于模型的源解析方法有强力法、直接解耦法、伴随法、示踪法和统计法。其中,示踪法通过标识某些源排放的污染物,追踪其在大气中的物理化学过程;由于该方法将相互作用的非线性影响也计入了源的贡献分配中,常用于评估区域、行业、物种排放的源解析。统计法是将复杂的空气质量模型作为一个黑箱系统,通过对不同的输入参数进行仿真实验,然后采用统计方法建立输入与输出的响应关系;由于方法本身依赖于统计,样本越多模型越准确,但计算成本也会显著增加,可以用于任意复杂模型建立,适合用于辅助污染控制策略的制定及优化。

基于空气质量模型对污染源解析方面的研究成果,还可以进一步结合费用效益评估、最优化的数值方法,建立大气污染防治综合决策费效评估系统。通过模型快速评估减排效果,为污染控制对策提供更科学的依据。

思考题与习题

5-1 大气污染的定义是什么？

5-2 干洁空气中 N_2、O_2、Ar 和 CO_2 气体所占的比例是多少？

5-3 列举大气中主要的气态污染物及其来源。

5-4 气溶胶状态污染物按粒径、来源和物理属性可分为哪几类？各自的特点是什么？

5-5 主要的大气质量控制标准有哪几类？各自的作用是什么？

5-6 以 1 kg/s 的速度燃烧煤，已知煤的含硫量为 3%，试计算每年 SO_2 的排放量（假设有 5% 的硫残留在灰分中）。

5-7 设人体肺中的气体含 CO 为 2.2×10^{-4}，平均含氧量为 19.5%。如果这种浓度保持不变，求 COHb 浓度最终将达到饱和水平的百分率。

5-8 粉尘密度 1 400 kg/m^3，平均粒径 1.4 μm，在大气中的浓度为 0.2 mg/m^3，对光的散射率为 2.2，计算大气的最大能见度。

5-9 在室外吸烟的人有时被指责造成了大气环境污染，不妨比较一下吸烟和机动车造成的 CO 排放：假设机动车的排放因子刚好满足轻型汽车的排放标准，为 5.17 g/km；香烟的排放因子为 50 mg/支。假设吸烟者每日消耗半盒（10 支）烟，机动车的年均行驶里程约 20 000 km，大约多少吸烟者才能够排放与机动车等量的 CO？

5-10 某市的空气质量日报显示如下：二氧化硫 38，氮氧化物 59，可吸入颗粒物 91，请判断当日的首要污染物和空气质量，并估算当日三种污染物的日均浓度。

5-11 如何确定大气稳定度级别？如何计算扩散参数 σ_x、σ_y 的值？

5-12 某一工业锅炉烟囱高 30 m，直径 0.6 m，烟气出口速度为 20 m/s，烟气温度为 405 K，大气温度为 293 K，烟囱出口处风速 4 m/s，SO_2 排放量为 10 mg/m^3。试计算中性大气条件下 SO_2 的地面最大浓度和出现的位置。

第六章　颗粒污染物控制技术

第一节　颗粒污染物控制原理

充分认识颗粒的粒径、比表面积、导电性、黏性等物理特性，是研究颗粒物的捕集机理及选择和设计除尘装置的基础。

一、颗粒的粒径及粒径分布

（一）颗粒的粒径

颗粒的大小不同，其物理、化学特性不同，对人和环境的危害亦不同，而且对除尘装置的性能影响很大，所以颗粒的大小是颗粒物的基本特性之一。实际颗粒的形状多是不规则的，所以需要按一定方法确定表示颗粒大小的代表性尺寸，作为颗粒的直径，简称为粒径。颗粒物粒径有多种表示方法，除尘技术中常用的有投影直径、等体积直径、斯托克斯（Stokes）直径、空气动力学当量直径和分割直径等。

1. 投影直径

投影直径是在显微镜下观察到的粒径（图 6-1），分为以下几种：

（1）定向直径（d_F）：指颗粒投影面上两平行切线之间的距离，可取任意方向，通常取与底边平行的线。

（2）面积等分直径（d_M）：指将颗粒的投影面积二等分的直线长度，因与所采取的方向有关，常采用与底边平行的线段作为粒径。

2. 几何当量直径

几何当量直径是取颗粒的某一几何量（面积、体积等）相同时球形颗粒的直径。

（1）等投影面积直径（d_A）：指与颗粒投影面积相等的圆的直径。若颗粒的投影面积为 A_p，则 $d_A=(4A_p/\pi)^{1/2}$。

（2）等体积直径（d_v）：指与颗粒体积相等的球形颗粒的直径。若颗粒的体积为 V_p，则$d_v=(6V_p/\pi)^{1/3}$。

（3）等表面积直径（d_s）：指与颗粒表面积相等的球形颗粒的直径。若颗粒的表面积为 S_p，则 $d_s=(S_p/\pi)^{1/2}$。

（4）体积-表面积平均直径（d_e）：指与颗粒体积和表面积之比相等的球形颗粒的直径，则 $d_e=6V_p/S_p$。

3. 物理当量直径

取颗粒某一物理量相同时球形颗粒的直径，包括：

（1）斯托克斯直径（d_{st}）：指在同一流体中与颗粒的密度相同和沉降速度相等的圆球的直径。

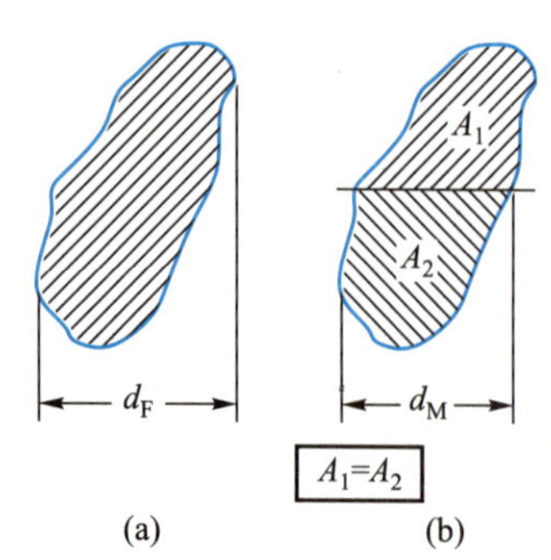

图 6-1　颗粒投影直径的表示方法

（a）定向直径；（b）面积等分直径

(2) 空气动力学当量直径(d_a)：指在空气中与颗粒的沉降速度相等的单位密度($\rho_p = 1\ g/cm^3$)的圆球的直径。

(二) 粒径分布

粒径分布是指不同粒径范围内的颗粒的个数(或质量或表面积)所占的比例。以颗粒的个数表示所占的比例时，称为个数分布；以颗粒的质量(或表面积)表示时，称为质量分布(或表面积分布)。

按粒径间隔给出的个数分布测定数据列在表6-1中，图6-2为其个数分布直方图，其中 n_i 为每一间隔测得的颗粒个数，$N=\sum n_i$ 为颗粒的总个数(该例中 N=1 000个)。

表6-1　颗粒个数分布的测定数据及其计算结果

分级号 i	粒径范围 d_p/μm	颗粒个数 n_i/个	频率 f_i	间隔上限粒径/μm	筛下累积频率 F_i	粒径间隔 Δd_{pi}/μm	频率密度 p/μm^{-1}
1	0~4	104	0.104	4	0.104	4	0.026
2	4~6	160	0.160	6	0.264	2	0.080
3	6~8	161	0.161	8	0.425	2	0.080 5
4	8~9	75	0.075	9	0.500	1	0.075
5	9~10	67	0.067	10	0.567	1	0.067
6	10~14	186	0.186	14	0.753	4	0.046 5
7	14~16	61	0.061	16	0.814	2	0.030 5
8	16~20	79	0.079	20	0.893	4	0.019 7
9	20~35	103	0.103	35	0.996	15	0.006 8
10	35~50	4	0.004	50	1.000	15	0.003
11	>50	0	0.00	∞	1.000		0.00
总计		1 000	1.000				

1. 个数频率

个数频率为第 i 间隔中的颗粒个数 n_i 与颗粒总个数 $\sum n_i$ 之比，即

$$f_i = \frac{n_i}{\sum n_i} \tag{6-1}$$

并有 $\sum^{N} f_i = 1$

2. 个数筛下累积频率

个数筛下累积频率为小于第 i 间隔上限粒径的所有颗粒个数与颗粒总个数之比，即

$$F_i = \frac{\sum^{i} n_i}{\sum^{N} n_i} \quad 或 \quad F_i = \sum^{i} f_i \tag{6-2}$$

并有 $$F_N = \sum^{N} f_i = 1$$

类似地，可以将大于第 i 间隔上限粒径的所

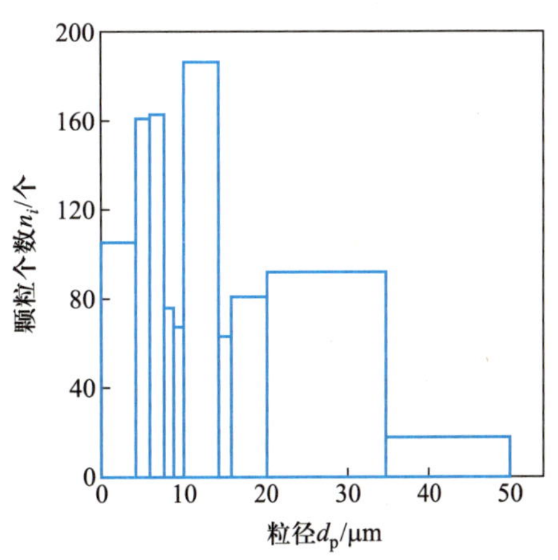

图6-2　颗粒个数分布直方图

有颗粒个数与颗粒总个数之比称为筛上累积频率。根据计算出的各级筛下累积频率（F_i）对各级上限粒径（d_p）可以画出筛下累积频率分布曲线（图 6-3）。

由累积频率曲线可以求出任一粒径间隔的频率 f 值。例如，F 曲线上任取两点 a 和 b，对应的粒径 d_{pa} 和 d_{pb} 之间的 F 值之差（F_a-F_b），即为该间隔的 $f_{a\sim b}$ 值。按 F 曲线的斜率还可列出计算式：

$$f_{a\sim b}=F_a-F_b=\int_{F_b}^{F_a}\mathrm{d}F=\int_{d_{pb}}^{d_{pa}}\frac{\mathrm{d}F}{\mathrm{d}d_p}\cdot \mathrm{d}d_p=\int_{d_{pb}}^{d_{pa}}p\cdot \mathrm{d}d_p \tag{6-3}$$

3. 个数频率密度

函数 $p(d_p)=\mathrm{d}F/\mathrm{d}d_p$ 称为个数频率密度，简称个数频度，采用单位为 μm^{-1}。显然，频率密度为单位粒径间隔（即 1 μm）时的频率。

根据表 6-1 中的数据可以计算出每一间隔的平均频度（$\bar{p}_i$），按平均频度值对粒径间隔中值（d_{pi}）作出频率密度分布曲线（图 6-4）。由图可见，用有限的若干点可以画出一条光滑的频率密度曲线。

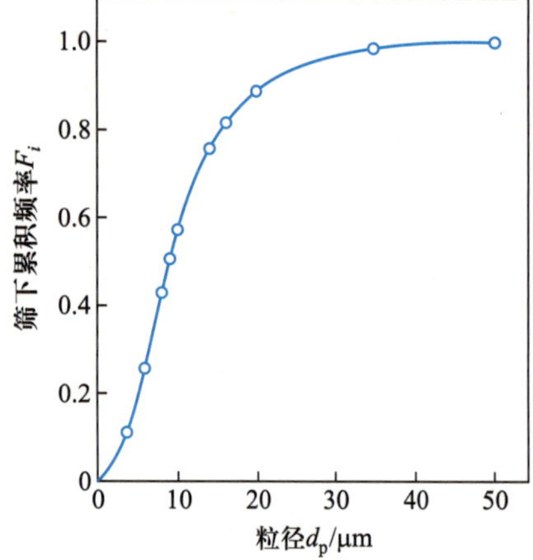

图 6-3 个数筛下累积频率分布曲线

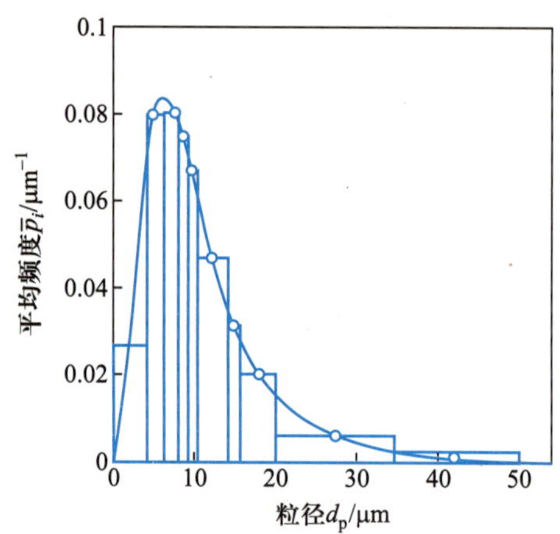

图 6-4 个数频率密度分布曲线

筛下累积频率（F）和频率密度（p）皆是粒径（d_p）的连续函数，由其定义可以得到：

$$F=\int_0^{d_p}p\cdot \mathrm{d}d_p \quad 和 \quad \int_0^{\infty}p\cdot \mathrm{d}d_p=1 \tag{6-4}$$

在极限条件下，当 $d_p\to 0$ 时，$p\to 0$，$F\to 0$，$\mathrm{d}p/\mathrm{d}d_p\to 0$；当 $d_p\to\infty$ 时，$p\to 0$，$F\to 1$，$\mathrm{d}p/\mathrm{d}d_p\to 0$。$F$ 曲线应是有一拐点的 S 形曲线，拐点发生在频率密度（p）为最大值时对应的粒径处，这一粒径称为众径（d_d），即此处：

$$\frac{\mathrm{d}p}{\mathrm{d}d_p}=\frac{\mathrm{d}^2F}{\mathrm{d}d_p^2}=0 \tag{6-5}$$

累积频率 $F=0.5$ 时，对应的粒径 d_{50} 称为个数中位粒径（NMD）。

以颗粒个数给出的粒径分布数据，可以转换为以颗粒质量表示的粒径分布数据，或者进行相反的换算。

（三）平均粒径

为了简明地表示颗粒群的某一物理特性和平均尺寸的大小，往往需要求出颗粒群的平均粒径。前面定义的众径(d_d)和中位直径(d_{50})皆是常用的平均粒径之一。下面给出几种常用的平均粒径。

1. 长度平均(或算术平均)粒径

$$\bar{d}_L=\frac{\sum n_i d_{pi}}{\sum n_i}=\sum f_i d_{pi} \tag{6-6}$$

2. 表面积平均粒径

$$\bar{d}_s=\left(\frac{\sum n_i d_{pi}^2}{\sum n_i}\right)^{1/2}=\left(\sum f_i d_{pi}^2\right)^{1/2} \tag{6-7}$$

3. 体积平均粒径

$$\bar{d}_v=\left(\frac{\sum n_i d_{pi}^3}{\sum n_i}\right)^{1/3}=\left(\sum f_i d_{pi}^3\right)^{1/3} \tag{6-8}$$

4. 表面积-体积平均粒径

$$\bar{d}_{sv}=\frac{\sum n_i d_{pi}^3}{\sum n_i d_{pi}^2}=\frac{\sum f_i d_{pi}^3}{\sum f_i d_{pi}^2} \tag{6-9}$$

5. 几何平均粒径

$$d_g=(d_1 d_2 d_3\cdots)^{1/N} \tag{6-10}$$

或

$$d_g=(d_1^{n_1} d_2^{n_2} d_3^{n_3}\cdots)^{1/N} \tag{6-11}$$

(四) 粒径分布函数

常见的粒径分布函数有正态分布函数、对数正态分布函数、罗辛-拉姆勒(Rosin-Rammler,R-R)分布函数等。正态分布函数很少用于描述粉尘的粒径分布,实际大气中气溶胶、工业粉尘多服从对数正态分布,破碎筛分过程多服从 R-R 分布。

1. 对数正态分布

对数正态分布是最常用的粒径分布函数。对数正态分布的频率密度(p)函数表达式为:

$$p(d_p)=\frac{dF(d_p)}{dd_p}=\frac{1}{\sqrt{2\pi}\,d_p\ln\sigma_g}\exp\left[-\left(\frac{\ln d_p/d_g}{\sqrt{2}\ln\sigma_g}\right)^2\right] \tag{6-12}$$

筛下累积频率(F)由积分得到:

$$F(d_p)=\frac{1}{\sqrt{2\pi}\ln\sigma_g}\int_{-\infty}^{\ln d_p}\exp\left[-\left(\frac{\ln d_p/d_g}{\sqrt{2}\ln\sigma_g}\right)^2\right]d(\ln d_p) \tag{6-13}$$

式中:d_g——几何平均粒径;

σ_g——几何标准差,定义为:

$$\ln\sigma_g=\left[\frac{\sum n_i(\ln d_{pi}/d_g)^2}{N-1}\right]^{1/2} \tag{6-14}$$

2. R-R 分布

R-R 分布的质量筛下累积频率表达式为:

$$G=1-\exp(-\beta d_p^n) \tag{6-15}$$

式中:n——分布指数;

β——分布系数。

若设 $\bar{d}_p=(1/\beta)^{1/n}$，则得到：

$$G=1-\exp\left[-\left(\frac{d_p}{\bar{d}_p}\right)^n\right] \tag{6-16}$$

式中：$\bar{d}_p$——任意选取的某一粒径，一般多选用质量中位粒径 d_{50}(MMD)或 $d_{63.2}$(与 $G=63.2\%$ 相应的粒径)。

则式(6-16)的形式变成为：

$$G=1-\exp\left[-0.693\left(\frac{d_p}{d_{50}}\right)^n\right] \tag{6-17}$$

或

$$G=1-\exp\left[-\left(\frac{d_p}{d_{63.2}}\right)^n\right] \tag{6-18}$$

二、颗粒的物理性质

与除尘密切相关的颗粒物物理性质包括粉尘的密度、悬浮特性、流动特性、荷电性、导电性和黏附性等。

(一) 粉尘的密度

单位体积颗粒物的质量称为粉尘的密度，单位为 kg/m^3 或 g/cm^3。若所指的体积不包括颗粒之间和颗粒内部的空隙体积，而是颗粒自身所占的真实体积，则以此真实体积求得的密度称为真密度，以 ρ_p 表示。呈堆积状态存在的粉尘，它的堆积体积包括颗粒之间和颗粒内部的空隙体积，以此堆积体积求得的密度称为堆积密度，以 ρ_b 表示。将颗粒间和内部空隙的体积与堆积粉尘的总体积之比称为空隙率，用 ε 表示。

粉尘密度对除尘器的除尘性能影响很大，表现最为明显的是重力、惯性力和离心力等机械除尘器。工程经验表明，对真密度与堆积密度之比大于 10 的粉尘，选择除尘器时要特别注意粉尘的二次扬起现象。

(二) 粉尘的含水率和润湿性

粉尘中的水分含量，一般用含水率表示，指粉尘中所含水分质量与粉尘总质量(包括干粉尘与水分)之比。粉尘含水率的大小，会影响粉尘的其他物理性质，如导电性、黏性和流动性等，所有这些在设计除尘装置时都必须加以考虑。

粉尘的含水率与粉尘的润湿性，即粉尘从周围空气中吸收水分的能力有关。当尘粒与液体接触时，如果接触面能扩大而相互附着，则称其为润湿性粉尘；如果接触面趋于缩小而不能附着，则称为非润湿性粉尘。粉尘的润湿性与粉尘的种类、粒径和形状、生成条件、组分、温度、含水率、表面粗糙度及荷电性等性质有关。例如，水对飞灰的润湿性要比对滑石粉好得多；球形颗粒的润湿性要比形状不规则表面粗糙的颗粒差；粉尘越细，润湿性越差，如石英的润湿性虽好，但粉碎成粉末后润湿性将大为降低。粉尘的润湿性随压力的增大而增大，随温度的升高而下降。粉尘的润湿性还与液体的表面张力及尘粒与液体之间的黏附力和接触方式有关。

粉尘的润湿性可以用液体对试管中粉尘的润湿速度来表征。通常取润湿时间为

20 min，测出此时的润湿高度（L_{20}，mm），于是润湿速度为：

$$v_{20}=\frac{L_{20}}{20} \tag{6-19}$$

式中：v_{20}——润湿速度，mm/min。

按润湿速度（v_{20}）作为评定粉尘润湿性的指标，可将粉尘分为四类（表 6-2）。

表 6-2 粉尘对水的润湿性

粉尘类型	Ⅰ	Ⅱ	Ⅲ	Ⅳ
润湿性	绝对憎水	憎水	中等亲水	强亲水
v_{20}/(mm · min^{-1})	<0.5	0.5~2.5	2.5~8.0	>8.0
举例	石蜡、聚四氟乙烯、沥青	石墨、煤、硫	玻璃微珠、石英	锅炉飞灰、钙

粉尘的润湿性是选用湿式除尘器的主要依据。对于润湿性好的亲水性粉尘（中等亲水、强亲水），可以选用湿式除尘器净化；对于润湿性差的憎水性粉尘，则不宜采用湿法除尘。

（三）粉尘的黏性

粉尘颗粒附着在固体表面上，或者颗粒彼此相互附着的现象称为黏附。附着的强度，即克服附着现象所需要的力（垂直作用于颗粒重心上）称为黏附力。粉尘的黏附是一种常见的现象。例如，如果没有黏附，降落到地面上的粉尘就会连续地被气流带回到大气中，而达到很高的浓度。一些除尘器的捕集机制是依靠施加捕集力以后，尘粒在捕集表面上的黏附。但在含尘气体管道和净化设备中，又要防止粉尘在壁面上的黏附，以免造成管道和设备的堵塞。

粉尘的粒径、形状、表面粗糙度、含水率和电荷量等因素皆对粉尘黏性有重要影响。实验研究表明，黏附力与颗粒粒径成反比关系，当粉尘中含有60%~70%小于 10 μm 的粉尘时，其黏性会大大增加。

通常采用粉尘层的断裂强度作为表征粉尘黏性的基本指标。在数值上，断裂强度等于粉尘层断裂所需的力除以其断裂的接触面积。根据粉尘层的断裂强度大小，将各种粉尘分成四类：不黏性、微黏性、中等黏性和强黏性。各类粉尘的断裂强度及举例列于表 6-3 中。

表 6-3 各类粉尘的断裂强度及举例

分类	粉尘性质	断裂强度/Pa	举　例
Ⅰ	不黏性	<60	干矿渣粉、石英粉（干沙）、干黏土
Ⅱ	微黏性	60~300	含有未燃烧完全产物的飞灰、焦粉、干镁粉、页岩灰、干滑石粉、高炉灰和炉料粉
Ⅲ	中等黏性	300~600	完全燃尽的飞灰、泥煤粉、泥煤灰、湿镁粉、金属粉、黄铁矿粉、氧化铅、氧化锌、氧化锡、干水泥、炭黑、干牛奶粉、面粉和锯末
Ⅳ	强黏性	>600	潮湿空气中的水泥、石膏粉、雪花石膏粉、熟料灰和纤维尘（石棉、棉纤维、毛纤维）

（四）粉尘的流动性

粉尘从漏斗连续落到水平面上，自然堆积成一个圆锥体，圆锥体母线与水平面的夹角称为粉尘的安息角，一般为35°~45°。粉尘的滑动角系指自然堆放在光滑平板上的粉尘，随平板做倾斜运动时，粉尘开始发生滑动时的平板倾斜角，也称静安息角，一般为40°~55°。

粉尘的安息角与滑动角是评价粉尘流动特性的一个重要指标。安息角小的粉尘，其流动性好；安息角大的粉尘，其流动性就差。粉尘的安息角与滑动角是设计除尘器灰斗（或粉料仓）的锥度及除尘管路或输灰管路倾斜度的主要依据。

影响粉尘安息角和滑动角的因素主要有：粉尘粒径、含水率、颗粒形状、颗粒表面光滑程度及粉尘黏性等。对同一种粉尘，粒径越小，安息角越大，这是由于细颗粒之间黏性增大的缘故；粉尘含水率增加，安息角增大；表面越光滑和越接近球形的颗粒，安息角越小。表6-4为几种工业粉尘的安息角。

表6-4 几种工业粉尘的安息角

粉尘名称	安息角/(°)	滑动角/(°)	堆积密度/($g\cdot cm^{-3}$)
无烟煤粉	30	37~45	0.84~0.98
烟煤粉	—	37~45	0.4~0.7
飞灰	—	15~20	0.7
焦炭	35	50	0.36~0.53
铁粉	—	40~42	2.21~2.43
烧结混合料	35~40	—	1.6
烧结返矿	35	—	1.4~1.6
粉状镁砂	—	45~50	2.1~2.2
铜精矿	—	40	1.3~1.8
高炉炉灰	25	—	1.4~1.5
黏土（小块）	40	50	0.7~1.5
白云石	35	41	1.2~1.6
石灰石（小块）	30~35	40~45	1.2~1.5
水泥	35	40~45	0.9~1.7

（五）粉尘的荷电和导电特性

1. 粉尘的荷电性

由于天然辐射、离子或者电子附着、颗粒之间或粉尘与物体之间的摩擦，粉尘几乎都带有一定的电荷。表6-5为某些粉尘的天然电荷数据。粉尘荷电后，将改变其某些物理特性，如凝聚性、附着性及其在气体中的稳定性等。这种荷电特性对粉尘的捕集和清灰都有很大影响。例如，电除尘器就是利用粉尘荷电而除尘的。

表 6-5 某些粉尘的天然电荷

粉尘	电荷分布/%			比电荷/($C \cdot g^{-1}$)	
	正	负	中性	正	负
飞 灰	31	26	43	6.3×10^{-6}	7.0×10^{-6}
石膏尘	44	50	6	5.3×10^{-10}	5.3×10^{-10}
熔铜炉尘	40	50	10	6.7×10^{-11}	1.3×10^{-10}
铅烟	25	25	50	1.0×10^{-12}	1.0×10^{-12}
实验室油烟	0	0	100	0	0

2. 粉尘的导电性

粉尘的导电性通常用比电阻来表示：

$$\rho_d = \frac{V}{j\delta} \tag{6-20}$$

式中：ρ_d——粉尘比电阻，$\Omega \cdot cm$；

V——通过粉尘层的电压，V；

j——通过粉尘层的电流密度，A/cm^2；

δ——粉尘层的厚度，cm。

粉尘的导电机制有两种，取决于粉尘、气体的温度和组成成分。在 200℃ 以下时，粉尘的导电主要靠尘粒表面吸附的水分，或其他化学物质中的离子进行。这种表面导电占优的粉尘电阻率为表面电阻率。在 200℃ 以上的高温下，粉尘层的导电主要靠粉尘本体内部的电子或离子进行。这种本体导电占优势的粉尘比电阻称为体积比电阻。粉尘比电阻对电除尘器的运行有很大影响，最适宜于电除尘器运行的比电阻范围为 $10^4 \sim 10^{10}\ \Omega \cdot cm$。当粉尘比电阻值超出这一范围时，则需采取措施进行调节。

（六）粉尘的自燃和爆炸特性

1. 粉尘的自燃性

粉尘的自燃是指粉尘在常温下存放过程中自然发热，此热量经长时间的积累，达到该粉尘的燃点而引起燃烧的现象。

影响粉尘自燃的因素，除了决定于粉尘本身的结构和物理化学性质外，还取决于粉尘的存在状态和环境。处于悬浮状态的粉尘的自燃温度要比堆积状态粉体的自燃温度高很多。悬浮粉尘的粒径越小、比表面积越大、浓度越高，越易自燃。堆积粉体较松散，环境温度较低，通风良好，就不易自燃。

2. 粉尘的爆炸性

这里所说的爆炸是指可燃物的剧烈氧化作用，在瞬间产生大量的热量和燃烧产物，在空间造成很高的温度和压力，故称为化学爆炸。可燃物包括可燃粉尘、可燃气体和蒸气等，引起可燃物爆炸必须具备的条件有两个：一是由可燃物与空气或氧构成的可燃混合物达到一定的浓度范围；二是存在能量足够的火源。

可燃混合物中可燃物的浓度，只有在一定范围内才能引起爆炸。能够引起可燃混合物爆炸的最低可燃物浓度，称为爆炸浓度下限；最高可燃物浓度称为爆炸浓度上限。在可燃物浓度低于爆炸浓度下限或高于爆炸浓度上限时,均无爆炸危险。

此外,有些粉尘与水接触后会引起自燃或爆炸,如镁粉、碳化钙粉等;有些粉尘互相接触或混合后也会引起爆炸,如溴与磷、锌粉与镁粉等。

三、颗粒物捕集的理论基础

颗粒捕集过程所要考虑的作用力有重力、离心力、惯性力和静电力等外力、流体阻力和颗粒间的相互作用力。颗粒间的相互作用力,在颗粒浓度不很高时是可以忽略的。

(一)流体阻力

流体阻力的大小取决于颗粒的形状、粒径、表面特性、运动速度及流体的种类和性质。阻力的方向总是和速度向量方向相反,其大小可按下式计算:

$$F_D=\frac{1}{2}C_D A_p \rho u^2 \tag{6-21}$$

式中:F_D——流体阻力,N;

C_D——由实验确定的阻力系数(无量纲);

A_p——颗粒在其运动方向上的投影面积,m^2;

ρ——流体的密度,kg/m^3;

u——颗粒与流体之间的相对运动速度,m/s。

阻力系数是颗粒雷诺数的函数,即

$$C_D=f(Re_p)$$

$$Re_p=d_p\rho u/\mu$$

式中:d_p——颗粒的定性尺寸,m,对球形颗粒为其直径;

μ——流体的黏度,Pa · s。

当 $Re_p \leqslant 1$ 时,颗粒运动处于层流状态,C_D 与 Re_p 近似呈直线关系:

$$C_D=\frac{24}{Re_p} \tag{6-22}$$

对于球形颗粒,将上式代入式(6-21)中得到:

$$F_D=3\pi\mu d_p u \tag{6-23}$$

上式即著名的斯托克斯(Stokes)阻力定律。通常把 $Re_p \leqslant 1$ 的区域称为斯托克斯区域。

当 $1<Re_p<500$ 时,颗粒运动处于湍流过渡区,C_D 与 Re_p 呈曲线关系,可采用伯德(Bird)公式计算 C_D:

$$C_D=\frac{18.5}{Re_p^{0.6}} \tag{6-24}$$

当 $500<Re_p<2\times10^5$ 时,颗粒运动处于湍流状态,C_D 几乎不随 Re_p 变化,近似取 $C_D\approx0.44$,是通常所说的牛顿区域,流体阻力公式为:

$$F_D=0.055\pi\rho d_p^2 u^2 \tag{6-25}$$

当颗粒尺寸小到与气体分子平均自由程大小差不多时,颗粒开始脱离与气体分子接触,颗粒运动发生所谓"滑动"。这时,相对颗粒来说,气体不再具有连续流体介质的特性,流体阻力将减小。为了对这种滑流运动进行修正,可以将坎宁汉(Cunningham)修正系数(C)引入斯托克斯定律,则流体阻力计算公式为:

$$F_D=\frac{3\pi\mu d_p u}{C} \tag{6-26}$$

坎宁汉系数的值取决于努森(Knudsen)数 $Kn=2\lambda/d_p$,可用戴维斯(Davis)建议的公式计算:

$$C=1+Kn\left[1.257+0.400\exp\left(-\frac{1.10}{Kn}\right)\right] \tag{6-27}$$

气体分子平均自由程 λ 可按下式计算:

$$\lambda=\frac{\mu}{0.499\rho\bar{v}} \tag{6-28}$$

式中:$\bar{v}$——气体分子的算术平均速度,m/s。

$$\bar{v}=\sqrt{\frac{8RT}{\pi M}} \tag{6-29}$$

式中:R——摩尔气体常数,$R=8.314$ J/(mol·K);

T——气体温度,K;

M——气体的摩尔质量,kg/mol。

坎宁汉修正系数(C)与气体的温度、压力和颗粒大小有关,温度越高、压力越低、粒径越小,C 值越大。作为粗略估计,在 293 K 和 101 325 Pa 下,$C\approx1+0.165/d_p$,其中 d_p 用 μm 单位。

(二) 重力沉降

静止流体中的单个球形颗粒,在重力作用下沉降时,所受的作用力有重力(F_G)、流体浮力(F_B)和流体阻力(F_D),三力平衡关系式为:

$$F_D=F_G-F_B=\frac{\pi d_p^3}{6}(\rho_p-\rho)g \tag{6-30}$$

对于斯托克斯区域的颗粒,代入阻力计算式(6-23),得到颗粒的重力沉降末端速度:

$$u_s=\frac{d_p^2(\rho_p-\rho)g}{18\mu} \tag{6-31}$$

当流体介质是气体时,$\rho_p\gg\rho$,可忽略浮力的影响,则式(6-31)简化为:

$$u_s=\frac{d_p^2\rho_p}{18\mu}g=\tau g \tag{6-32}$$

对于坎宁汉滑流区域的小颗粒,应修正为:

$$u_s=\frac{d_p^2\rho_p}{18\mu}gC=\tau gC \tag{6-33}$$

式(6-32)对粒径为 1.5~75 μm 的颗粒计算精度在±10%以内。当考虑坎宁汉修正后,对小至 0.001 μm 的微粒也是精确的。对于较大的球形颗粒($Re_p>1$),重力作用下的末端沉降速度:

$$u_s=\left[\frac{4d_p(\rho_p-\rho)g}{3C_D\rho}\right]^{1/2} \tag{6-34}$$

按上式计算 u_s,必须确定 C_D。对于湍流过渡区:

$$u_s=\frac{0.153d_p^{1.14}(\rho_p-\rho)^{0.714}g^{0.714}}{\mu^{0.428}\rho^{0.286}} \tag{6-35}$$

对于牛顿区，$C_D=0.44$，则

$$u_s=1.74[d_p(\rho_p-\rho)g/\rho]^{1/2} \tag{6-36}$$

（三）离心沉降

随着气流一起旋转的球形颗粒，所受离心力可用牛顿定律确定：

$$F_c=\frac{\pi}{6}d_p^3\rho_p\frac{u_t^2}{R} \tag{6-37}$$

式中：R——旋转气流流线的半径，m；

u_t——R 处气流的切向速度，m/s。

在离心力作用下，颗粒将产生离心的径向运动。若颗粒运动处于斯托克斯区，则颗粒所受向心的径向流体阻力可用斯托克斯阻力定律确定。当颗粒所受离心力和向心阻力达到平衡时，颗粒便达到了一个离心沉降的末端速度：

$$u_c=\frac{d_p^2\rho_p}{18\mu}\cdot\frac{u_t^2}{R}=\tau a_c \tag{6-38}$$

式中：a_c——离心加速度，$a_c=u_t^2/R$。若颗粒运动处于滑流区，还应乘以坎宁汉修正系数 C。

（四）静电沉降

在强电场中（如在电除尘器中），若忽略重力和惯性力等的作用，荷电颗粒所受作用力主要是静电力（即库仑力）和气流阻力。静电力为：

$$F_C=qE \tag{6-39}$$

式中：q——颗粒的电荷量，C；

E——颗粒所处位置的电场强度，V/m。

对于斯托克斯区域的颗粒，当静电力和气流阻力达到平衡时，颗粒便达到一个静电沉降的末端速度，习惯上称为颗粒的驱进速度，并用 ω 表示：

$$\omega=\frac{qE}{3\pi\mu d_p} \tag{6-40}$$

（五）惯性沉降

1. 惯性碰撞

颗粒环绕捕集体（即靶）运动时，由于气流方向改变产生离心力而发生的惯性碰撞作用，是从气流中分离颗粒的一种常用机制。惯性碰撞的捕集效率主要取决于三个因素：一是气流速度在靶周围的分布，它随气体相对捕集体流动的雷诺数（Re_D）而变化；二是颗粒的运动轨迹，它取决于颗粒的质量、气流阻力、捕集体的尺寸和形状及气流速度，可由惯性碰撞参数或斯托克斯准数（St）表征；三是颗粒对捕集体的附着，通常假定与捕集体碰撞的颗粒能100%附着。

捕集体雷诺数（Re_D）定义为：

$$Re_D=\frac{u_0\rho D_c}{\mu} \tag{6-41}$$

式中：u_0——未被扰动的上游气流相对捕集体的流速，m/s；

D_c——捕集体的定性尺寸，m。

当 Re_D 较高时（势流），除了邻近捕集体表面外，气流流型与理想气体一致；当 Re_D 较低时，气流受黏性力支配（黏性流）。

表示颗粒运动特征的斯托克斯准数是颗粒运动的停止距离（x_s）与捕集体直径（D_c）之比。对于球形的斯托克斯颗粒：

$$St=\frac{x_s C}{D_c}=\frac{u_0\tau C}{D_c}=\frac{d_p^2\rho_p u_0 C}{18\mu D_c} \tag{6-42}$$

在 $St\geqslant 0.1$ 的区域，有势流的情况下，球形捕集体的惯性碰撞捕集效率可用下式确定：

$$\eta_{St}=\left(\frac{St}{St+0.35}\right)^2 \tag{6-43}$$

2. 拦截

颗粒在捕集体上的直接拦截，一般发生在颗粒距捕集体表面 $d_p/2$ 的距离内。直接拦截用直接拦截比（R）来表示：

$$R=\frac{d_p}{D_c} \tag{6-44}$$

对于惯性大、沿直线运动的颗粒，即 St 很大时，除了在直径为 D_c 的流管内的颗粒都能与捕集体碰撞外，与捕集体表面的距离为 $d_p/2$ 的颗粒也会与捕集体表面接触，而被拦截。因此，靠拦截引起的捕集效率的增量 η_{DI} 是：对于圆柱形捕集体 $\eta_{DI}=R$；对于球形捕集体 $\eta_{DI}=2R+R^2\approx 2R$。

对于惯性小、沿流线运动的颗粒，即 St 很小时，拦截效率分别为：

对于绕过圆柱体的势流：

$$\eta_{DI}=1+R-\frac{1}{1+R}\approx 2R \quad (R<0.1) \tag{6-45}$$

对于绕过球体的势流：

$$\eta_{DI}=(1+R)^2-\frac{1}{1+R}\approx 3R \quad (R<0.1) \tag{6-46}$$

对于绕过圆柱体的黏性流（$Re_D<1$）：

$$\eta_{DI}=\frac{1}{2.002-\ln Re_D}\left[(1+R)\ln(1+R)-\frac{R(2+R)}{2(1+R)}\right]$$

$$\approx\frac{R^2}{2.002-\ln Re_D} \quad (R<0.07) \tag{6-47}$$

对于绕过球体的黏性流（$Re_D<1$）：

$$\eta_{DI}=(1+R)^2-\frac{3(1+R)}{2}+\frac{1}{2(1+R)}\approx\frac{3R^2}{2} \quad (R<0.1) \tag{6-48}$$

（六）扩散沉降

1. 颗粒的扩散

由于热能的作用，小颗粒处于不断的无规则运动之中。如果颗粒的浓度分布不均匀，将发生颗粒从浓度较高的一侧向浓度较低的一侧扩散。颗粒的扩散过程类似于气体分子的扩散过程，并可用相同形式的微分方程式来描述：

$$\frac{\partial n}{\partial t}=D\left(\frac{\partial^2 n}{\partial x^2}+\frac{\partial^2 n}{\partial y^2}+\frac{\partial^2 n}{\partial z^2}\right) \tag{6-49}$$

式中：n——颗粒的个数（或质量）浓度，个/m^3（或 g/m^3）；

t——时间，s；

D——颗粒的扩散系数，m^2/s。

颗粒的扩散系数（D）取决于气体的种类、温度及颗粒的粒径。对于粒径约等于或大于气体分子平均自由程（$Kn \leqslant 0.5$）的颗粒，可用爱因斯坦公式计算：

$$D=\frac{CkT}{3\pi\mu d_{p}} \tag{6-50}$$

式中：k——玻耳兹曼常数，$k=1.38\times10^{-23}$ J/K；

T——气体温度，K。

对于粒径大于气体分子但小于气体分子平均自由程（$Kn>0.5$）的颗粒，可由朗缪尔公式计算：

$$D=\frac{4kT}{3\pi d_{p}^{2}p}\sqrt{\frac{8RT}{\pi M}} \tag{6-51}$$

式中：p——气体的压力，Pa；

R——摩尔气体常数，$R=8.314$ J/(mol · K)；

M——气体的摩尔质量，kg/mol。

根据爱因斯坦研究的结果，由于布朗扩散颗粒在时间 t 内沿 x 轴的均方根位移为：

$$\bar{x}=\sqrt{2Dt} \tag{6-52}$$

表 6-6 给出了单位密度的球形颗粒在标准状态下布朗扩散的平均位移（x_{BM}）与重力沉降距离（x_G）的比较。可见，随着粒径的减小，在相同时间内，颗粒由于布朗扩散的平均位移要比重力沉降距离大得多。

表 6-6 在标准状态下布朗扩散的平均位移与重力沉降距离的比较

粒径 d_p/μm	x_{BM}/m	x_G/m	x_{BM}/x_G
0.000 37①	6×10^{-3}	2.4×10^{-9}	2.5×10^{6}
0.01	2.6×10^{-4}	6.6×10^{-8}	3 900
0.1	3.0×10^{-5}	8.6×10^{-7}	35
1.0	5.9×10^{-6}	3.5×10^{-5}	0.17
10	1.7×10^{-6}	3.0×10^{-3}	5.7×10^{-4}

注：① 等于一个“空气分子”的直径。

2. 扩散沉降效率

随着颗粒尺寸的减小，扩散沉降比重力沉降、离心沉降及惯性沉降更重要。扩散沉降效率取决于佩克莱（Peclet）数（Pe）和雷诺数（Re_D）。佩克莱数（Pe）定义为：

$$Pe=\frac{u_0 D_c}{D} \tag{6-53}$$

佩克莱数（Pe）是由惯性力产生的颗粒的迁移量与布朗扩散产生的颗粒的迁移量之比，是捕集过程中扩散沉降重要性的特征参数。Pe 越小，颗粒的扩散沉降越重要。

对于黏性流，朗缪尔给出的计算颗粒在孤立的单个圆柱形捕集体上的扩散沉降效率为：

$$\eta_{BD}=\frac{1.71Pe^{-2/3}}{(2-\ln Re_D)^{1/3}} \tag{6-54}$$

对于势流，速度场与 Re_D 无关，在高 Re_D 下纳坦森(Natanson)等提出了如下方程：

$$\eta_{BD}=\frac{3.19}{Pe^{1/2}} \tag{6-55}$$

除非 Pe 非常小，否则颗粒的扩散沉降效率将是非常低的。此外，从理论上讲，$\eta_{BD}>1$ 是可能的，因为布朗扩散可能导致来自 D_c 距离之外的颗粒与捕集体碰撞。

对于孤立的单个球形捕集体，约翰斯通(Johnstone)和罗伯特(Roberts)建议用下式计算扩散沉降效率：

$$\eta_{BD}=\frac{8}{Pe}+2.23Re_D^{1/8}Pe^{-5/8} \tag{6-56}$$

[例 6-1] 试比较靠惯性碰撞、直接拦截和布朗扩散捕集粒径为 0.001~20 μm 的单位密度球形颗粒的相对重要性。捕集体为直径 100 μm 的纤维，在 293 K 和 101 325 Pa 下的气流速度为 0.1 m/s。

解：在给定条件下

$$Re_D=\frac{100\times10^{-6}\times1.205\times0.1}{1.81\times10^{-5}}=0.66$$

所以应采用黏性流条件下的颗粒沉降效率公式，计算结果列入表 6-7 中，其中惯性碰撞效率(η_{II})是由式(6-43)估算的，拦截效率(η_{DI})用式(6-47)、扩散沉降效率(η_{BD})用式(6-54)计算。

表 6-7 例 6-1 附表

d_p/μm	St	η_{II}/%	R	η_{DI}/%	Pe	η_{BD}/%
0.001	—	—	—	—	1.28	108
0.01	—	—	—	—	1.90×10^2	3.86
0.2	—	—	—	—	4.52×10^4	0.10
1	3.57×10^{-3}	0	0.01	0.004	3.62×10^5	0.025
10	0.312	22.2	0.1	0.5	—	—
20	1.23	60.6	0.2	1.5	—	—

由上例可见，对于大颗粒的捕集，布朗扩散的作用很小，主要靠惯性碰撞作用；反之，对于很小的颗粒，惯性碰撞的作用微乎其微，主要是靠扩散沉降。在惯性碰撞和扩散沉降均无效的粒径范围内(本例中为 0.2~1 μm)捕集效率最低。

第二节 机械除尘技术

机械除尘是指利用质量力从气体中分离颗粒物的净化技术，常用的机械除尘设备包括重力沉降室、惯性除尘器和旋风除尘器等。

一、重力沉降室

重力沉降室是通过重力作用使尘粒从气流中沉降分离的除尘装置。含尘气流进入重力沉降室后，由于扩大了流动截面积而使气体流速大大降低，使较重颗粒在重力作用下缓慢向灰斗沉降。

重力沉降室的主要优点是结构简单，投资少，压力损失小(一般为 50~130 Pa)，维修容易。但它的体积大，效率低，故只能作为高效除尘的预除尘装置，除去较大和较重的粒子。

二、惯性除尘器

(一) 惯性除尘器的工作原理

惯性除尘器是使气流方向发生急剧转变，利用尘粒本身的惯性力作用使其与气流分离的除尘装置。图 6-5 所示是含尘气流冲击在两块挡板上时尘粒分离的机理。当含尘气流冲击到挡板 B_1 上时，惯性大的粗尘粒(d_1)首先被分离下来。被气流带走的尘粒(d_2，且 $d_2<d_1$)，由于挡板 B_2 使气流方向转变，借助离心力作用也被分离下来。若设该点气流的旋转半径为 R_2 切向速度为 u_t，则尘粒 d_2 所受离心力与 $d_2^3 \cdot \frac{u_t^2}{R_2}$ 成正比。

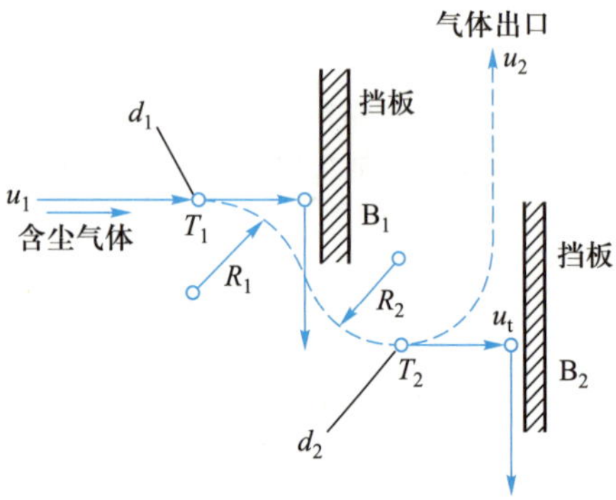

图 6-5 惯性除尘器的分离机理

(二) 惯性除尘器的结构类型

惯性除尘器结构类型很多，可分为以气流中粒子冲击挡板捕集较粗粒子的冲击式和通过改变气流流动方向而捕集较细粒子的反转式，如图 6-6 和图 6-7 所示。

一般，惯性除尘器的气流速度越高，气流方向转变角度越大，转变次数越多，净化效率越高，压力损失也越大。惯性除尘器用于净化密度和粒径较大的金属或矿物性粉尘具有较高除尘效率。对黏结性和纤维性粉尘，则因易堵塞而不宜采用。由于惯性除尘器的净化效率不高，故一般只用于多级除尘中的第一级除尘，捕集 10 μm 以上的粗尘粒。压力损失依类型而定，一般为 100~1 000 Pa。

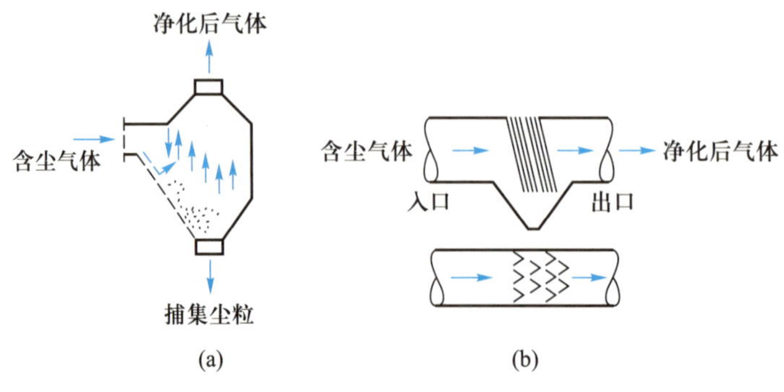

图 6-6 冲击式惯性除尘装置

(a) 单级型；(b) 多级型

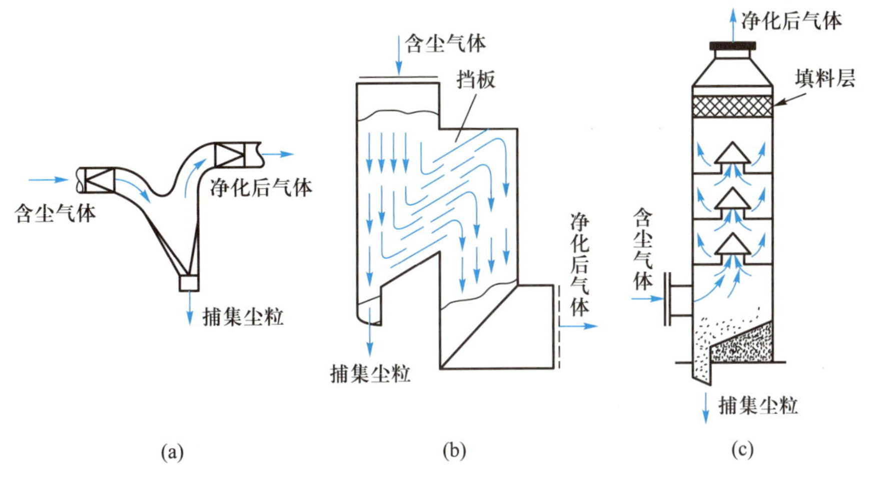

图 6-7 反转式惯性除尘装置

(a) 弯管型;(b) 百叶窗型;(c) 多层隔板型

三、旋风除尘器

旋风除尘是使含尘气流做旋转运动,利用离心力的作用将颗粒从气流中分离的除尘技术,所用除尘设备统称为旋风除尘器。

(一) 旋风除尘器的工作原理

旋风除尘器内气流的流动状况如图 6-8 所示。进入除尘器的含尘气流沿筒体内壁由上向下作旋转运动,同时有少量气体沿径向运动到中心区域。气流中所含尘粒在旋转运动过程中,在离心力作用下沉降到外壁上,到达外壁的尘粒在气流和重力的共同作用下沿壁面落入灰斗。当旋转气流的大部分到达锥体底部后,转而向上沿轴心旋转,最后经排出管排出。通常将旋转向下的外圈气流称为外涡旋,旋转向上的中心气流称为内涡旋。气流从除尘器顶部向下高速旋转时,顶部的压力下降,一部分气流带着细小的尘粒沿筒壁旋转向上,到达顶部后,再沿排出管外壁旋转向下,最后到达排出管下端附近被上升的内涡旋带走从排出管排出,这股旋转气流称上涡旋。

(二) 旋风除尘器的除尘效率及影响因素

旋风除尘器的除尘效率与其结构形式和运行条件等多种因素有关。为研究方便,通常把内外涡旋气体的运动分解成为三个速度分量:切向速度、径向速度和轴向速度。通过对除尘器内气流流型做适当简化,可以导出除尘效率计算公式。

在旋风除尘器内,粒子的沉降主要取决于离心力 F_C 和向心运动气流作用于尘粒上的阻力 F_D。在内、外涡旋界面上,如果 $F_C>F_D$,粒子在离心力推动下移向外壁而被捕集;如果 $F_C<F_D$,粒子在向心气流的带动下进入内涡旋,最后由排出管排出;如果 $F_C=F_D$,作用在尘粒上的

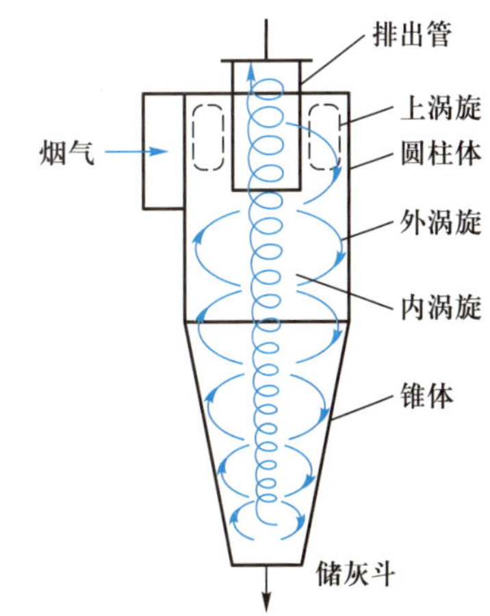

图 6-8 旋风除尘器内部气流流型

外力之和等于零，粒子在交界面上不停地旋转。实际上由于各种随机因素的影响，处于这种平衡状态的尘粒有 50%的可能性进入内涡旋，也有 50%的可能性移向外壁，它的除尘效率为 50%，此时的粒径即为除尘器的分割直径，用 d_c表示。

因为 $F_C = F_D$，对于球形粒子，由斯托克斯定律得到：

$$\frac{\pi}{6}d_c^3\rho_p\frac{v_{T0}^2}{r_0} = 3\pi\mu d_c v_r \tag{6-57}$$

式中：v_{T0}——交界面处气流的切向速度，m/s，可由式（6-58）估算；

v_r——交界面处气流的径向速度，m/s，近似为外涡旋气流均匀地经过内、外涡旋交界圆柱面进入内涡旋，气流通过这个圆柱面时的平均速度，可由式（6-59）估算，则：

$$v_{T0} = r_0\omega \tag{6-58}$$

$$v_r = \frac{Q}{2\pi r_0 h_0} \tag{6-59}$$

$$d_c = \left[\frac{18\mu v_r r_0}{\rho_p v_{T0}^2}\right]^{1/2} \tag{6-60}$$

式中：Q——旋风除尘器处理气量，m^3/s；

r_0——交界圆柱面的半径，m；

h_0——交界圆柱面的高度，m。

在内、外涡旋交界圆柱面上，其径向位置$r_0 = (0.6\sim0.7)d_e$（d_e是排出管直径）。d_c越小，说明除尘效率越高，性能越好。当 d_c确定后，可以根据雷思-利希特模式计算其他粒子的分级效率：

$$\eta_i = 1-\exp\left[-0.6931\times\left(\frac{d_p}{d_c}\right)^{\frac{1}{n+1}}\right] \tag{6-61}$$

式中：n——涡流指数，可由式(6-62)计算：

$$n = 1-[1-0.67(D)^{0.14}]\left(\frac{T}{283}\right)^{0.3} \tag{6-62}$$

式中：D——旋风除尘器直径，m；

T——气体温度，K。

对于给定的旋风除尘器，随着气体流量的增加、颗粒密度的增大、气体黏度的减小、气体温度的降低，分级效率升高。

旋风除尘器的结构和尺寸对其效率也有重要影响，在相同的切向速度下筒体直径 D 越小，粒子受到的惯性离心力越大，除尘效率越高，但若筒体直径过小，粒子容易逃逸，使效率下降。另外，锥体适当加长，对提高除尘效率有利。除尘器分割直径的推导过程表明，排出管直径越小分割直径愈小，即除尘效率越高。但排出管直径太小，会导致压力降的增加，一般取排出管直径 $d_e = (0.4\sim0.65)D$。

除尘器下部的严密性也是影响除尘效率的一个重要因素。如果除尘器下部不严密，外部空气漏入，会使正在落入灰斗的粉尘重新被带走，造成除尘效率显著下降。

（三）旋风除尘器的压力损失

旋风除尘器的压力损失与其结构和运行条件等有关。旋风除尘器操作运行中可接受的压力损失一般低于 2 kPa。实验表明，旋风除尘器的压力损失 Δp 一般与气体入口速度的平

方成正比，即

$$\Delta p=\frac{1}{2}\zeta\rho v_1^2 \tag{6-63}$$

式中：ρ——气体的密度，kg/m³；

v_1——气体入口速度，m/s；

ξ——局部阻力系数，一般根据实验确定，在缺少实验数据的情况下可用下式估算：

$$\zeta=16A/de^2 \tag{6-64}$$

式中：A——旋风除尘器进口面积，m²。

（四）旋风除尘器的结构型式

旋风除尘器的结构型式很多，按气流进入方式可分为切向进入式和轴向进入式两类，如图6-9所示。切向进入式又分为直入式和蜗壳式，前者的进气管外壁与筒体相切，后者进气管内壁与筒体相切。蜗壳式入口型式进口处有一环状空间，减少进气流与内涡旋气流的相互干扰，使进口压力降减小，但易于增大进口面积。轴向进入式是利用固定的导流叶片促进气流旋转，在相同的压力损失下，能够处理的气体量大，且气流分布较均匀，主要用于处理气体量大的场合。

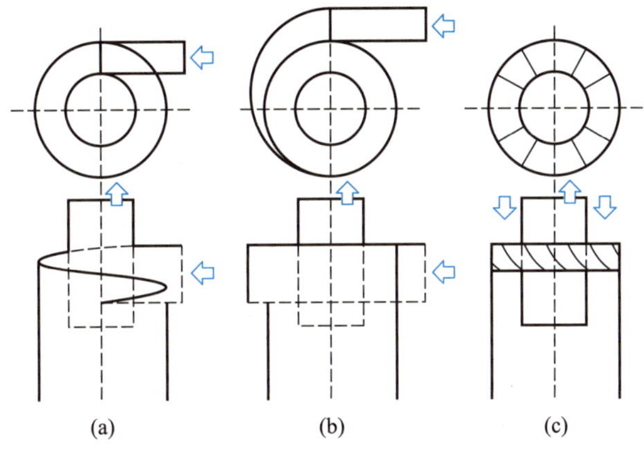

图6-9 旋风除尘器进口型式示意图

(a) 直入切向进入式；(b) 蜗壳切向进入式；(c) 轴向进入式

当处理气量较大时，可将多个相同构造形状和尺寸的小型旋风除尘器（又叫旋风子）组合在一个壳体内并联使用，称为多管旋风除尘器。多管旋风除尘器布置紧凑，外形尺寸小，可以用直径较小的旋风子（D=100、150、250 mm）来组合，能够有效地捕集5~10 μm的粉尘。

常见的多管旋风除尘器有回流式和直流式两种，图6-10给出的是回流式多管旋风除尘器。在这种装置中，每个旋风子都是轴向进气。就回流式旋风除尘器来说，必须保证每个旋风子的压力损失大体一致，否则，在一个或几个旋风子中可能会发生烟气倒流，从而使除尘效率大大降低。为了防止烟气倒流，要求气流分布尽量均匀，下旋气流进入灰斗的风量尽量减少。也可采用在灰斗内抽风的办法，保持一定负压，一般抽风量约为总风量的10%。

直流式多管除尘器由直流式旋风子组合而成，虽然不会出现倒流现象，但有时可能仅仅起到浓集器的作用。

多管旋风除尘器具有效率高，处理气量大，有利于布置和烟道连接方便等特点。但是，对旋风子制造、安装和装配的质量要求较高。

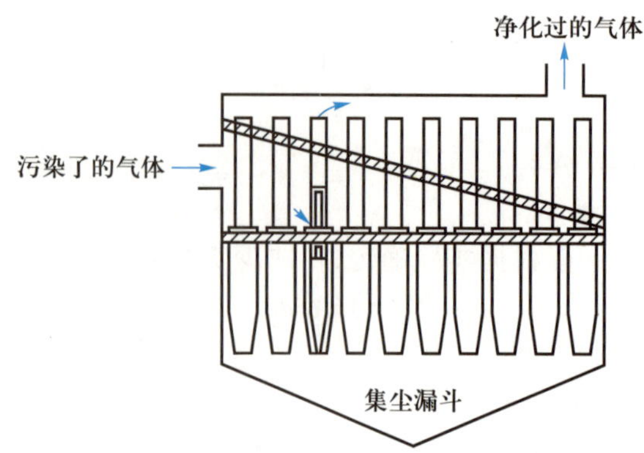

图 6-10 回流式多管旋风除尘器

(五) 旋风除尘器的设计

1. 收集设计资料

需要收集的设计资料包括:

(1) 含尘气体特性:成分、温度、湿度、腐蚀性和流量等。

(2) 粉尘特性:浓度、成分、密度、粒径分布、黏度、含水率和爆炸性等。

(3) 除尘要求:除尘效率和压力损失等。

(4) 成本要求及其他资料:粉尘回收利用要求、设备价格、运行费用、电源、安装现场及有关资料。

2. 旋风除尘器的选型设计

根据含尘浓度、粒度分布、密度等烟气特征,以及除尘要求、允许的阻力和制造条件等因素全面分析,合理地选择旋风除尘器的类型。选型步骤大致包括:

① 计算要求的除尘效率。

② 选定除尘器的结构形式。

③ 根据所选除尘器的效率-速度实验曲线或者压力损失要求确定入口风速。

如果制造厂已提供有各种操作温度下进口气速与压力降的关系,则根据工艺条件允许的压降就可选定气速(v_1);若没有气速与压降的数据,则根据允许的压降计算进口气速,即

$$v_1=\sqrt{\frac{2\Delta p}{\zeta\rho}} \tag{6-65}$$

若没有提供允许的压力损失数据,一般取进口气速为 12~25 m/s。

④ 根据处理气体流量和入口风速计算除尘器的进口面积(A)。

$$A=bh=\frac{q_v}{v_1} \tag{6-66}$$

式中:q_v——旋风除尘器处理烟气量,m^3/s。

⑤ 确定各部分几何尺寸。

常用旋风除尘器的标准尺寸比例见表 6-8。表中除尘器型号:X 为除尘器,L 为离心,T 为筒式,P 为旁路式,A、B 为产品代号。

⑥ 计算运行条件下的压力损失。

表 6-8　几种旋风除尘器的主要尺寸比例

尺寸名称		XLP/A	XLP/B	XLT/A	XLT
入口宽度(b)		$\sqrt{A/3}$	$\sqrt{A/2}$	$\sqrt{A/2.5}$	$\sqrt{A/1.75}$
入口高度(h)		$\sqrt{3A}$	$\sqrt{2A}$	$\sqrt{2.5A}$	$\sqrt{1.75A}$
筒体直径(D)		上 3.85b 下 0.7D	3.33b (b=0.3D)	3.85b	4.9b
排出筒直径(d_e)		上 0.6D 下 0.6D	0.6D	0.6D	0.58D
筒体长度(L)		上 1.35D 下 1.0D	1.7D	2.26D	1.6D
锥体长度(H)		上 0.50D 下 1.0D	2.3D	2.0D	1.3D
灰口直径(d_1)		0.029 6D	0.43D	0.3D	0.145D
进口速度为右值时的压力损失	12 m/s	700(600)①	5 000(420)	860(770)	440(490)
	15 m/s	1 100(940)	890(700)②	1 350(1 210)	440(490)
	18 m/s	1 400(1 260)	1 450(1 150)③	1 950(1 740)	990(1 110)

注:① 括号内的数字为出口无蜗壳式的压力损失;② 进口速度为 16 m/s 时的压力损失;③ 进口速度为 20 m/s 时的压力损失。

第三节　电除尘技术

电除尘是利用静电力实现颗粒与气流分离的除尘技术。与其他除尘技术相比,电除尘能耗小,压力损失一般为 200~500 Pa,除尘效率可高于 99%。此外,处理烟气量大,可达 10^5~10^6 m^3/h,还可以用于高温或强腐蚀性的场合。电除尘的缺点是投资高,对制造、安装和运行管理的技术水平要求高。在收集细粉尘的场合,已是主要的除尘装置之一。

一、电除尘器的原理

电除尘器的工作原理见图 6-11,涉及粉尘荷电、荷电粒子的迁移、沉积和集尘极表面清灰三个基本过程。

(一) 粒子荷电

粒子荷电是电除尘过程的第一步。在放电极与集尘极之间施加直流高电压,使放电极附近发生电晕放电,气体电离,生成大量的自由电子和正离子。在放电极附近的电晕区内,正离子立即被吸引过去而失去电荷。自由电子和随即形成的负离子则因受电场力的作用向集尘极移动,并充满两极间的绝大部分空间。含尘气流通过电场空间时,自由电子、负离子与粉尘碰撞并附着其上,便实现了粉尘的荷电。

在除尘器电晕电场中存在两种不同的粒子荷电机理。一种是离子在静电力作用下做定向

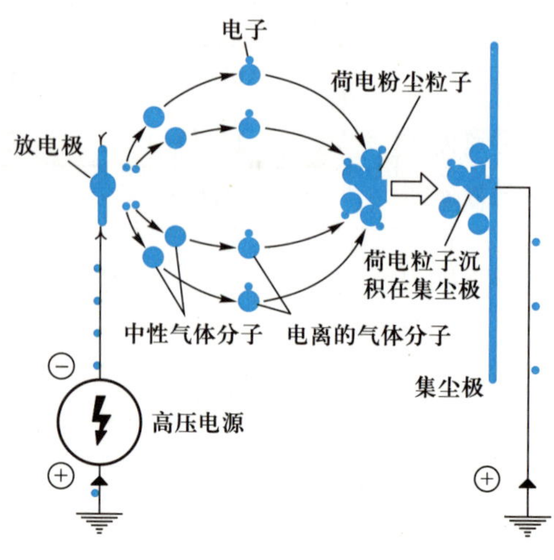

图 6-11 电除尘器的除尘过程示意图

运动，与粒子碰撞而使粒子荷电，称为电场荷电或碰撞荷电。另一种是由离子的扩散现象而导致的粒子荷电过程，称之为扩散荷电。这种过程依赖于离子的热能，而不依赖于电场。

1. 电场荷电

用经典静电学方法可以求得电场荷电的饱和电荷：

$$q=3\pi\left(\frac{\varepsilon}{\varepsilon+2}\right)\varepsilon_0 d_p^2 E_0 \tag{6-67}$$

式中：ε——粒子相对介电常数（与真空条件下的介电常数相比较）；

ε_0——真空介电常数，等于 8.85×10^{-12} F/m；

E_0——电场强度，V/m；

d_p——粉尘粒径，m；

q——电荷量，C；

饱和电荷主要取决于粒子直径（d_p）、介电常数（ε）和电场强度（E_0）。大多数工业电除尘器荷电电场强度为3~6 kV/cm，某些特殊设计有可能超过10 kV/cm。对于大多数材料，$1<\varepsilon<100$，如硫黄约为4.2，石英为4.3，真空为1.0，空气为1.000 59，纯水为80，导电粒子 ε 为∞ 。

一般电场荷电所需要的时间小于0.1 s。这个时间相当于气流在除尘器内流动10~20 cm所需要的时间，所以可以认为粒子进入除尘器后立刻达到了饱和电荷。

2. 扩散荷电

利用分子热运动理论可以导出扩散荷电的理论方程：

$$q_n=\frac{2\pi\varepsilon_0 kTd_p}{e}\ln\left(1+\frac{e^2\bar{u}d_pN_0t}{8\varepsilon_0 kT}\right) \tag{6-68}$$

式中：k——玻耳兹曼常数，1.38×10^{-23} J/K；

T——气体温度，K；

N_0——离子密度，个/m^3；

e——电子电荷量，1 $e=1.6\times10^{-19}$ C；

t——停留时间，s；

$\bar{u}$——气体离子的平均热运动速度，计算方法见式（6-29），m/s。

3. 电场荷电和扩散荷电的综合作用

粒子的主要荷电过程取决于粒径，对于 $d_p>0.5$ μm 的微粒，以电场荷电为主；对 $d_p<0.15$ μm 的微粒，则以扩散荷电为主；对于粒径介于0.15~0.5 μm 的粒子，则需要同时考虑这两种过程。电场荷电、扩散荷电和两种过程综合作用时，电荷量的理论值随粒径的变化示于图6-12。

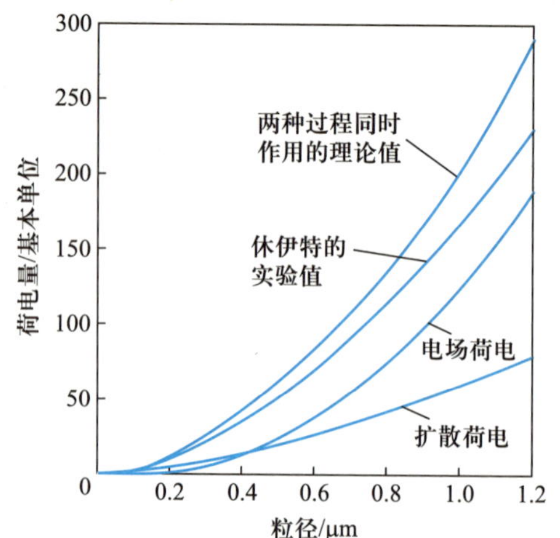

图 6-12 典型条件下粒子的电荷量的理论值随粒径的变化

［例 6-2］　计算板式电除尘器中，粒径为 0.5 μm 的尘粒在荷电时间分别为 0.1 s、1.0 s 和 10 s 时的近似电荷量，已知条件为 $\varepsilon=5$，$E_0=3\times10^5$ V/m，$T=300$ K，$N_0=10^{14}$ 个/m³，单个离子质量 $m=5.3\times10^{-26}$ kg/mol。

解：0.5 μm 的尘粒，属于粒径的中间范围，故两种荷电机制均需考虑。这里采用最简单的一种近似计算方法，取尘粒的总荷电量等于电场荷电量和扩散荷电量之和。

由已知条件可看出，所给荷电时间均大于 0.1 s，所以电场电荷量可按饱和电荷量式(6-67)计算。

将离子的平均速度：$\bar{u}=\sqrt{\dfrac{8kT}{m\pi}}$ 代入扩散荷电量计算式(6-68)中，则有：

$$q_n=\frac{2\pi\varepsilon_0 d_p kT}{e}\ln\left(1+\frac{e^2 d_p N_0 t}{2\varepsilon_0\sqrt{2m\pi kT}}\right)$$

再将上式与饱和荷电量计算公式相加，则得尘粒总荷电量的近似计算公式：

$$q_n'=3\pi\varepsilon_0 E_0 d_p^2\left(\frac{\varepsilon}{\varepsilon+2}\right)+\frac{2\pi\varepsilon_0 d_p kT}{e}\ln\left(1+\frac{e^2 d_p N_0 t}{2\varepsilon_0\sqrt{2m\pi kT}}\right)$$

代入数值后得：

$$q_n'=44.7\times10^{-19}+7.19\times10^{-19}\ln(1+1.95\times10^3 t)$$

因此，当荷电时间 $t=0.1$ s 时，电荷量 $q=8.26\times10^{-18}$ C；$t=1$ s 时，电荷量 $q=9.92\times10^{-18}$ C；$t=10$ s 时，电荷量 $q=11.57\times10^{-18}$ C。

（二）荷电粒子的迁移

荷电粉尘在电场中受库仑力的作用向集尘极移动，经过一定时间后到达集尘极表面，放出所带电荷而沉积其上。荷电粒子向集尘极移动的速度即驱进速度，其计算公式为：

$$\omega=qE_p/(3\pi\mu d_p) \tag{6-69}$$

式中：d_p——尘粒的直径；

q——电荷量；

E_p——集尘区电场强度。

在一般电除尘器中，荷电（电晕）电场强度（E_0）和集尘区电场强度（E_p）是近似相等的。图 6-13 给出了在典型粒径和场强条件下驱进速度与粒径和电场强度的关系。当颗粒直径为 2～50 μm 时，ω 与颗粒直径成正比。

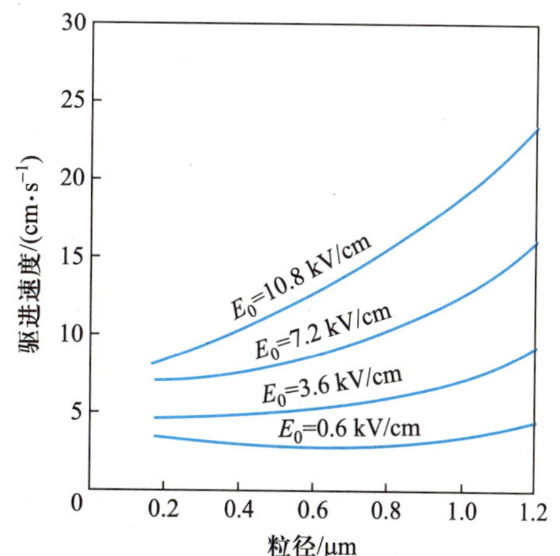

图 6-13　驱进速度与粒径和场强的关系

（三）被捕集粉尘的清除

电晕极和集尘极上都会有粉尘沉积，粉尘层厚度为几毫米，甚至几厘米。粉尘沉积在电晕极上会影响电晕电流的大小和均匀性。集尘极表面上的粉尘沉积到一定厚度时，为保证放电效果，防止粉尘重新进入气流，需要用机械振打等方法将其清除掉，使之落入下部灰斗中。放电极也会附着少量粉尘，隔一定时间也需进行清灰。

二、电除尘器的性能及其影响因素

（一）电除尘器的捕集效率

电除尘器的捕集效率与粒子性质、电场强度、气流速度、气体性质及除尘器结构等因素有关。严格地从理论上推导捕集效率方程是困难的，必须作一些假定。安德森（Anderson）根据现场实验的分析，德意希（Deustch）通过理论推导，得到了形式相同的粒子捕集效率公式。德意希在推导该公式时做了如下假定：除尘器中气流为紊流状态；在垂直于集尘面的任一横断面上，粒子浓度和气流分布是均匀的；粒子进入除尘器后，立即完成了荷电过程；忽略电风、气流分布不均匀、被捕集粒子重新进入气流等影响。

如图 6-14 所示，设气体流向为 x，气体和粉尘在 x 方向的流速皆为 v（m/s），气体流量为 q_v（m^3/s）；x 方向上每单位长度的集尘板面积为 a（m^2/m），总集尘板面积为 A（m^2）；电场长度为 L（m），气体流动截面积为 F（m^2）；直径为 d_{pi} 的颗粒其驱进速度为 ω（m/s），在气体中的浓度为 ρ_i（g/m^3）；则

在 dt 时间内于长度为 dx 的空间所捕集的粉尘量为

$$\mathrm{d}m=a\cdot \mathrm{d}x\cdot\rho_i\cdot\omega_i\mathrm{d}t=-F\mathrm{d}x\cdot\mathrm{d}\rho_i$$

由于 $\mathrm{d}t=\dfrac{\mathrm{d}x}{v}$，代入上式得

$$\frac{a\omega_i}{Fv}\cdot\mathrm{d}x=-\frac{\mathrm{d}\rho}{\rho_i}$$

将其由除尘器入口（含尘浓度为 ρ_{1i}）到出口（含尘浓度为 ρ_{2i}）进行积分，并考虑到 $Fv=q_v$，$aL=A$，得

$$\frac{a\omega_i}{Fv}\int_0^L\mathrm{d}x=-\int_{\rho_{1i}}^{\rho_{2i}}\frac{\mathrm{d}\rho}{\rho_i}$$

$$\frac{A\omega_i}{q_v}=-\ln\frac{\rho_{2i}}{\rho_{1i}}$$

则理论分级捕集效率方程（即德意希方程）为：

$$\eta_i=1-\frac{\rho_{2i}}{\rho_{1i}}=1-\exp\left(-\frac{A}{q_v}\omega_i\right) \tag{6-70}$$

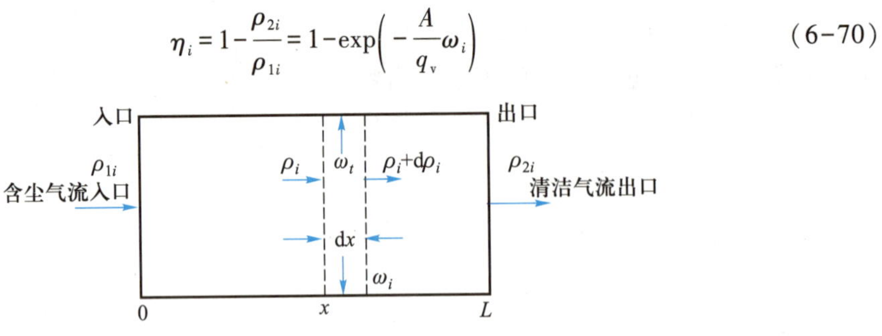

图 6-14 捕集效率方程式推导示意图

德意希方程概括了分级除尘效率与集尘板面积、气体流量和颗粒驱进速度之间的关系，指明了提高电除尘器捕集效率的途径，因而在除尘器性能分析和设计中被广泛采用。

沿着气流方向，随着大颗粒的不断捕集，烟气中的颗粒越来越小，也就变得越来越难以捕集。为将这一现象考虑进设计过程，有些设计者采用修正的德意希方程：

$$\eta=1-\exp\left[-\left(\frac{\omega A}{q_v}\right)^k\right] \tag{6-71}$$

式中：k——指数，一般取 0.5。

由于各种因素的影响，由式(6-70)计算得到的理论捕集效率要比实际值高得多。为此，实际中常常根据在一定的除尘器结构和运行条件下测得的总捕集效率代入德意希方程反算出相应的驱进速度，并称其为有效驱进速度，以 ω_e 表示。表 6-9 列出了各种工业粉尘的有效驱进速度。

表 6-9　各种工业粉尘的有效驱进速度

粉尘种类	驱进速度/($m\cdot s^{-1}$)	粉尘种类	驱进速度/($m\cdot s^{-1}$)
煤粉(飞灰)	0.10~0.14	冲天炉(铁-焦比=10)	0.03~0.04
纸浆及选纸	0.08	水泥生产(干法)	0.06~0.07
平炉	0.06	水泥生产(湿法)	0.10~0.11
酸雾(H_2SO_4)	0.06~0.08	多层床式焙烧炉	0.08
酸雾(TiO_2)	0.06~0.08	红磷	0.03
飘旋焙烧炉	0.08	石膏	0.16~0.20
催化剂粉尘	0.08	二级高炉(80%生铁)	0.125

许多电除尘器效率的实际测量表明，对于粒径在亚微米区间的粒子，除尘效率有增大的趋势。例如，粒径为 1 μm 的粒子的捕集效率为 90%~95%，对粒径 0.1 μm 的粒子，捕集效率可能上升到 99%或更高，这说明电除尘过程是去除微小粒子的有效办法。

[例 6-3]　某电除尘器实测除尘效率为 90%，现欲使其除尘效率提高至 99%，集尘板面积应增加多少？

解：根据式(6-70)，

$$P_{目前}=1-\eta_{目前}=\exp\left(-\frac{\omega A_{目前}}{q_v}\right)$$

$$P_{新}=1-\eta_{新}=\exp\left(-\frac{\omega A_{新}}{q_v}\right)$$

$$\frac{\ln 0.1}{\ln 0.01}=0.5=\frac{-\dfrac{\omega A_{目前}}{q_v}}{-\dfrac{\omega A_{新}}{q_v}}=\frac{A_{目前}}{A_{新}}$$

即 $\dfrac{A_{新}}{A_{目前}}=2$，集尘板面积要增加 1 倍。

若根据式(6-71)，取 $k=0.5$，则

对于目前的系统 $\dfrac{\omega A}{q_v}=(-\ln P)^{1/k}=(-\ln 0.1)^2=5.30$

对于改造后的新系统需要 $\dfrac{\omega A}{q_v}=(-\ln P)^{1/k}=(-\ln 0.01)^2=21.20$

假定驱进速度不变，则集尘板面积要增加 21.20/5.30=4.0 倍。

（二）影响电除尘器捕集效率的因素

1. 粉尘的导电性

工业气体中粉尘的比电阻往往差别很大，电除尘运行的适宜粉尘比电阻范围为10^4~10^{10} Ω·cm。比电阻大于10^{10} Ω·cm 的粉尘，通常称为高比电阻粉尘。高比电阻粉尘将影响电除尘器操作和性能。

烟气中存在的水汽和化学物质能使粉尘具有电除尘器操作所需要的微弱导电性，在某些情况下，较高的烟气温度也会使粉尘具有满意的导电性。影响粉尘层比电阻的因素除粒子温度和组成之外，还包括一些次要因素，如粒子大小和形状，粉尘层厚度和压缩程度，施加于粉尘层的电场强度等，图 6-15 给出了烟气温度和湿度对飞灰和水泥窑粉尘比电阻的影响。

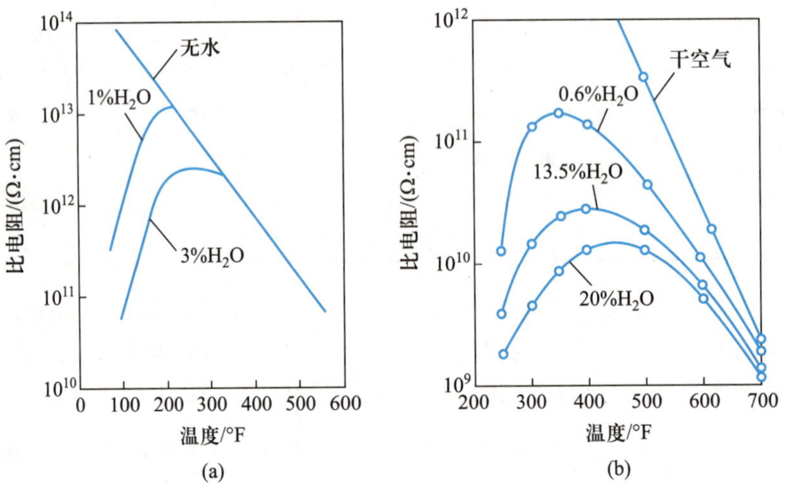

图 6-15　烟气湿度和温度对（a）飞灰和（b）水泥窑粉尘比电阻的影响

2. 高比电阻粉尘对电除尘器性能的影响

工业实践表明，当比电阻低于10^{10} Ω·cm 时，比电阻几乎对除尘器操作和性能没有影响；当比电阻介于10^{10}~10^{11} Ω·cm 时，火花率增加，操作电压降低；当比电阻高于10^{11} Ω·cm 时，集尘板粉尘层内会出现电火花，即会产生明显反电晕。反电晕的产生导致电晕电流密度大大降低，进而严重干扰粒子荷电和捕集。

基于对直径 20 cm 的管式电除尘器的理论计算，图 6-16 给出了粉尘比电阻对伏安特性的影响。根据现场综合试验，图 6-17 示出了飞灰比电阻对有效驱进速度的影响，图 6-18 给出了燃煤飞灰比电阻对场强分布的影响。

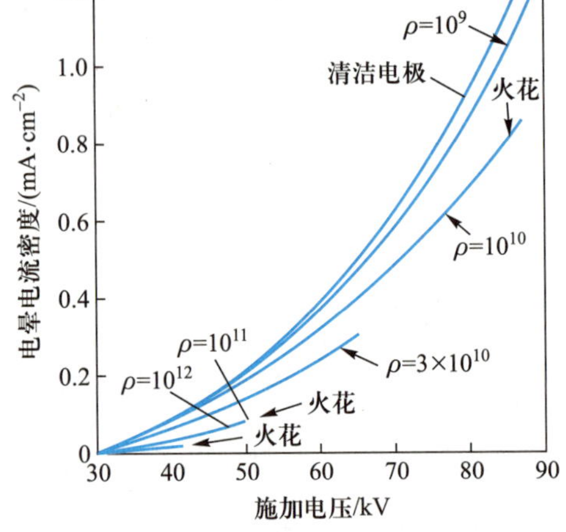

图 6-16　粉尘比电阻对伏安特性的影响

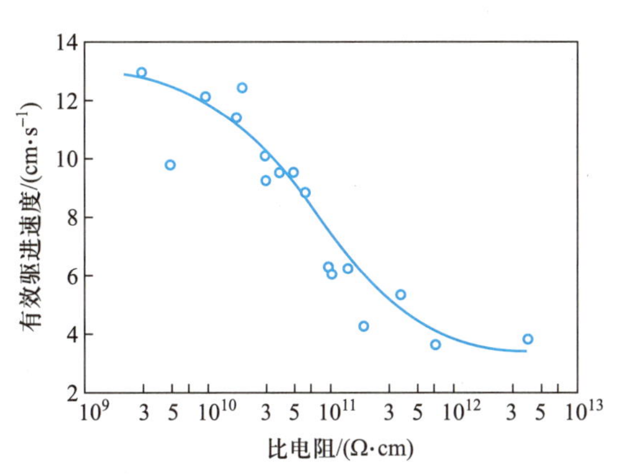

图 6-17 飞灰比电阻对有效驱进速度的影响

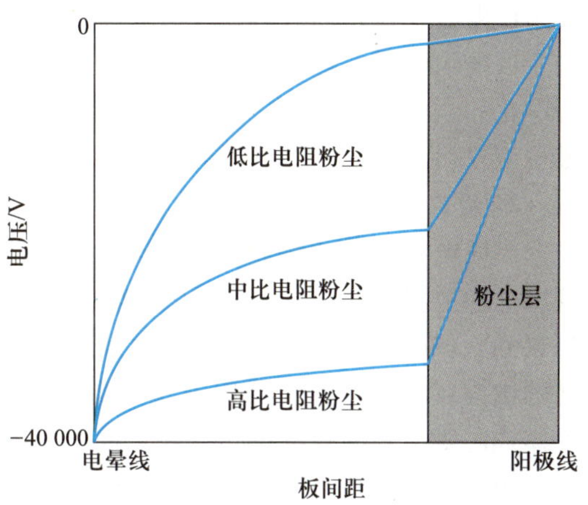

图 6-18 燃煤飞灰比电阻对场强分布的影响

3. 克服高比电阻影响的方法

实践中克服高比电阻影响的方法有保持电极表面尽可能清洁,采用较好的供电系统、烟气调质,以及发展新型电除尘器。

提高振打强度可以使电极表面粉尘层的厚度保持在 1 mm 以下。这样就能基本上消除高比电阻的不利影响。

增加烟气湿度,或向烟气中加入 SO_3、NH_3 及 Na_2CO_3 等化合物,可使粒子导电性增加,此种方法称为烟气调质。到目前为止,最常用的化学调质剂是 SO_3。此外,实验室和现场研究表明,向煤中加入少量的钠化合物可以减小飞灰的比电阻。

许多工业粉尘在 423~427 K 温度范围内比电阻较高,但若将烟气温度降至 403 K 以下,或升至 623 K 以上,则可使粉尘具有足够的导电性。

向烟气中喷水可以达到同时增加烟气湿度和降低温度的双重目的。

4. 气体的含尘浓度

电除尘器内同时存在着两种空间电荷,一种是气体离子的电荷,一种是带电颗粒的电荷。由于气体离子运动速度(为 60~100 m/s),大大高于带电颗粒的运动速度(一般在 6 cm/s以下),所以含尘气流通过电除尘器时的电晕电流要比通过清洁气流时小。如果气体含尘浓度很高,电场内尘粒的空间电荷很高,会使电除尘器电晕电流急剧下降,严重时可能会趋近于零,这种情况称为电晕闭塞,为了防止电晕闭塞的发生,处理含尘浓度较高的气体时,必须采取一定的措施,如提高工作电压,采用放电强烈的芒刺型电晕极,电除尘器前增设预净化设备等。一般,当气体含尘浓度超过 30 g/m^3 时,宜加设预净化设备。

三、电除尘器的类型和结构

为了满足所涉及的气体和粉尘性质、周围环境、捕集效率和厂房等需要,电除尘器有不同的类型。这里仅对设备的类型和结构作一般介绍。

(一) 电除尘器的类型

1. 单区和双区电除尘器

电除尘器分为单区和双区(图 6-19)。粉尘的荷电和沉降在同一区域内的电除尘器称为单区电除尘器;反之,将分设荷电区与沉降区的称为双区电除尘器。双区电除尘器主要用于通风空气的净化和某些轻工业部门。为控制各种工艺尾气和燃烧烟气污染,则主要应用单区电除尘器。

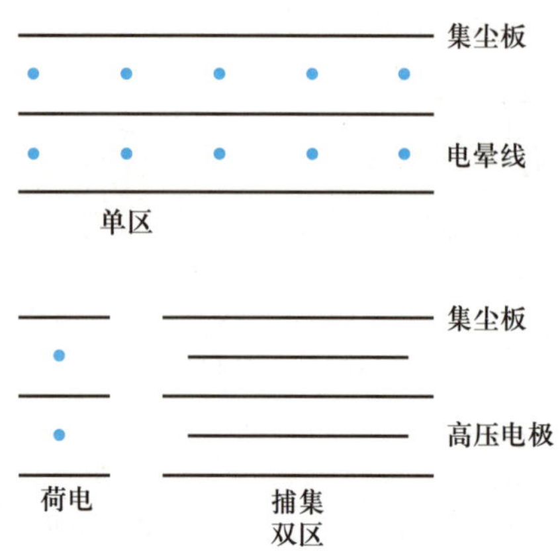

图 6-19 单区和双区电除尘器示意图

2. 管式和板式电除尘器

单区电除尘器的两种主要形式为管式和板式。管式电除尘器的集尘极一般为圆形金属管,管径为150~600 mm,管长为2~6 m,通常采用多根圆管并列的结构。管式电除尘器用于气体流量小,含雾滴气体或需要用水洗刷电极的场合。板式电除尘器一般采用压制成各种断面形状的平行钢板作为集尘电极,极板之间均布电晕线。板式电除尘器为工业上应用的主要类型,气体处理量一般为25 m^3/s以上。

3. 湿式和干式电除尘器

最常见的是干式电除尘器,它是用机械振打等方法来实现极板和极线的清灰。回收的干粉尘便于处置和利用,但振打清灰时存在二次扬尘问题,导致除尘效率降低。

湿式电除尘器是用喷水或溢流水等方式使集尘极表面形成一层水膜,将沉积在极板上的粉尘冲走。湿式清灰可以避免沉积粉尘的再飞扬,但是存在着腐蚀、污泥和污水的处理问题,所以只是在气体含水量较大、要求除尘效率较高时采用。

4. 立式和卧式电除尘器

在立式电除尘器中,气流通常是自下而上流动的。管式电除尘器都是立式的,板式电除尘器也有采用立式的。立式电除尘器高度较高,气体通常从上部直接排入大气,所以在正压下运行。在卧式电除尘器中,气体水平流过电除尘器。根据结构和供电的要求,通常每隔3 m左右分隔成单独的电场,根据所需除尘效率确定设几个电场,常用的是2~4个电场,也有用5个电场的。卧式的板式电除尘器是工业废气除尘中应用最广泛的一种。

5. 冷端和热端电除尘器

在传统的烟气处理系统中,干式电除尘器安装在空气预热器的后面,除尘器入口烟气温度为130~150℃,这种电除尘器称为低温或冷端电除尘器。安装在空气预热器之前,在300~400℃运行的电除尘器称为高温电除尘器或热端电除尘器。

热端电除尘器的主要优点是可避免使用低硫煤时在大约150℃的烟气温度下经常遇到的高比电阻飞灰,这个温度是空气预热器之后烟气的典型温度。它的主要缺点是:在高温下,气体流量大约增加50%;由于高温,气体密度低,电除尘器运行电压显著降低,气体黏度随气体温度而增加,因而降低了粉尘的驱进速度;还会出现一些结构和机械方面的问题,如除尘器壳体和支撑构件热膨胀不同,会导致壳体的破坏和支撑构件的变形。但是,最主要的问题是集尘表面上残留粉尘层中钠的含量过低时($Na_2O<0.5\%$)电除尘器性能的恶化。向煤中加入相当于飞灰1%~2%的Na_2O,就可适当地恢复电除尘器的性能,从而防止性能的恶化。

(二) 电除尘器的结构

电除尘器主要包括以下几个主要部分:电晕电极、集尘电极、电晕极与集尘极的清灰装置、气流分布装置、高压供电装置、壳体、保温箱及输灰装置等(图 6-20)。

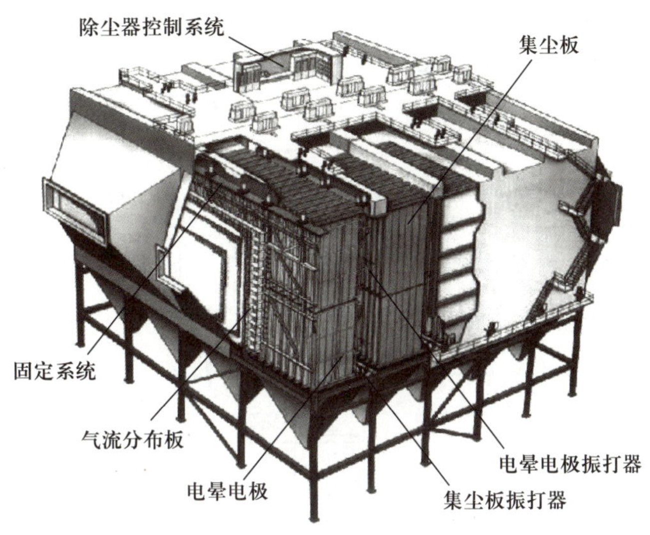

图 6-20 电除尘器的结构

1. 电晕电极

电晕电极是电除尘器中使气体产生电晕放电的电极，主要包括电晕线、电晕框架、电晕框悬吊架、悬吊杆和支持绝缘套管等。电晕电极的类型很多，目前常用的有直径 3 mm 左右的圆形线、星形线、锯齿线及芒刺线等，其形状见图 6-21。对电晕线的一般要求是：起晕电压低、电晕电流大、机械强度高、能维持准确的极距以及易清灰等。电晕线固定方式有两种：一种为重锤悬吊式（图 6-22），重锤质量 10 kg；另一种为管框绷线式（图 6-23）。

2. 集尘电极

集尘极结构类型很多。小型管式电除尘器的集尘极直径约为 15 cm、长为 3 m 左右的管，大型的直径可加大到 40 cm，长6 m。每个除尘器所含集尘管数目少则几个，多则可达 100 个以上。板式电除尘器的集尘板垂直安装，电晕电极置于相邻的两板之间。集尘极长一般为 10～20 m、高为 10～15 m，板间距为 0.2～0.4 m。处理气量达 1 000 m^3/s 以上，效率高达 99.5%的大型电除尘器含有上百对极板。常用的几种形式见图 6-24。极板两侧通常设有沟槽和挡板，既能加强板的刚性，又能防止气流直接冲刷极板表面，从而降低了二次扬尘。

极板之间的间距，对电除尘器的电场性能和除尘效率影响较大。通常采用 72～100 kV 变压器的情况下，极板间距一般取 250～350 mm，多取 300 mm。近年来发展的宽间距电除尘器（板间距 400～600 mm），由于极距增大，使集尘电极和电晕电极数量减少，钢材耗量减少，并使电极的安装和维护更方便，平均场强提高，板电流密度并不增加，有利于捕集高比电阻粉尘。

3. 电极清灰装置

在干式电除尘器中沉积的粉尘，是由机械撞击或电极振动产生的振动力清除的。振打系统必须高度可靠，既能产生高强度的振打力，又能调节振打强度和频率。两种常用的振打器是电磁型和挠臂锤型。

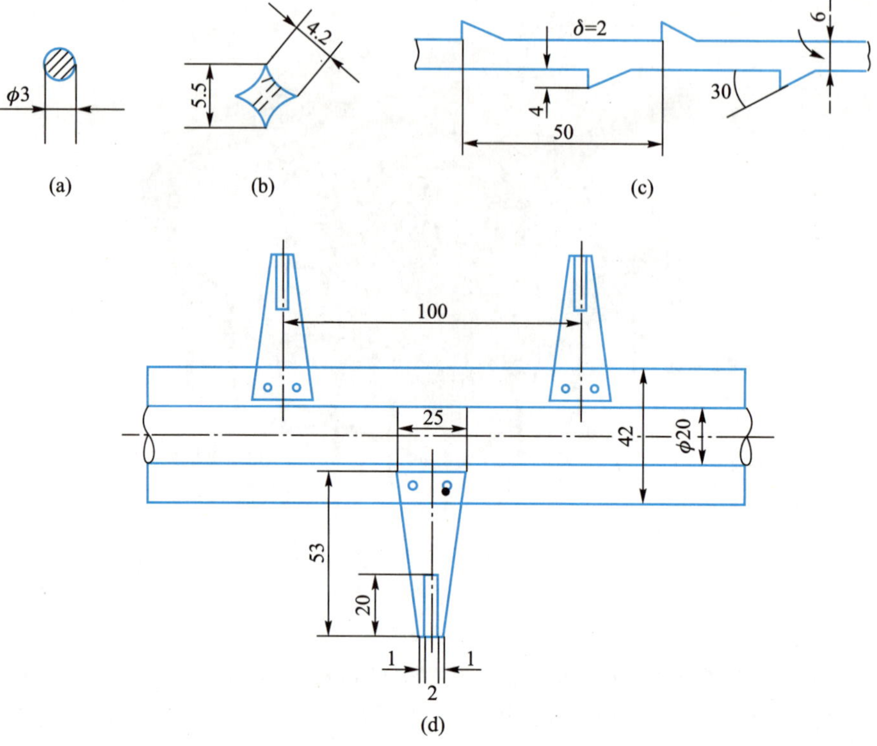

图 6-21 常用电晕电极形状

(a) 圆形线；(b) 星形线；(c) 锯齿线；(d) 芒刺线

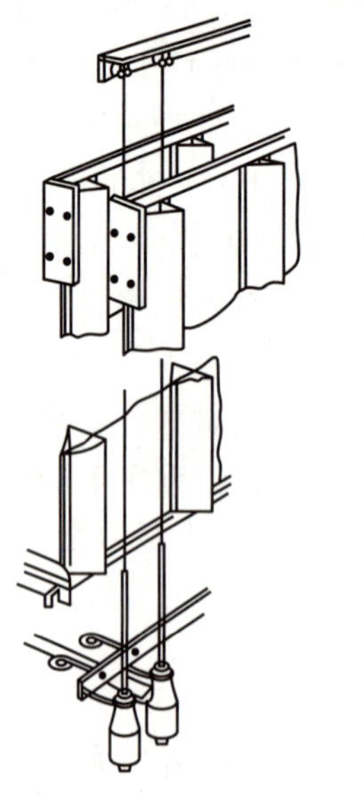

图 6-22 重锤悬吊式电晕电极示意图

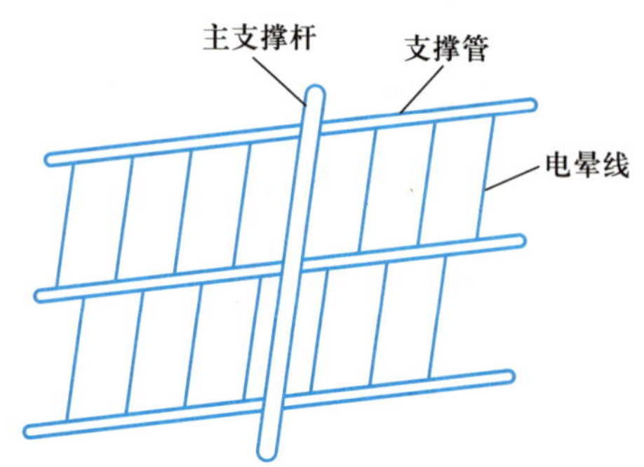

图 6-23 管框绷线式电晕电极示意图

电磁振打器一般垂直安装在除尘器顶部，通过连接棒平行地振打几块板。挠臂锤型振打装置由传动轴、承打铁砧和振打杆等组成。随着轴的转动，锤头打到一定位置，然后靠自重落下打在铁砧上，振打力通过振打杆传到极板各点，见图 6-25。

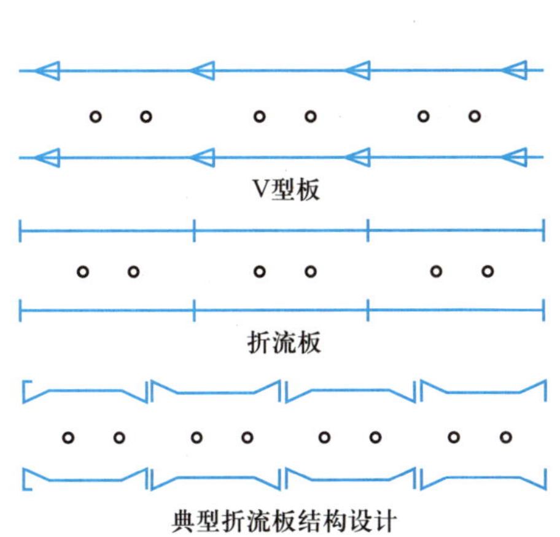

图 6-24　常用板式电除尘器电极排列示意图

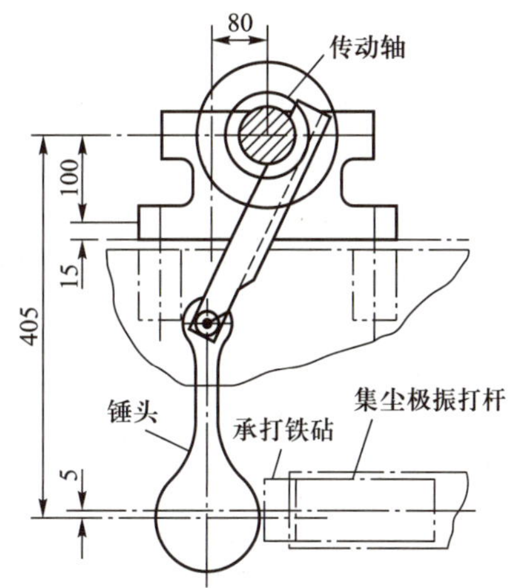

图 6-25　挠臂锤型振打装置

振打强度的大小取决于很多因素，主要由除尘器的容量，极板安装方式、振打方向、粉尘性质和烟气温度等决定。一般要求极板上各点的振打强度不小于 50～200 g。实际上，振打强度也不宜过大，只要能使板面上残留极薄的一层粉尘即可，否则二次扬尘增多，结构损坏加重。

电晕电极上沉积粉尘一般都比较少，但对电晕放电的影响很大。常用的是与集尘极振打装置基本相同的侧部机械振打装置，所不同的是电晕电极带有高压电，振打轴上需要装电瓷轴，使之与集尘极和壳体绝缘。此外，电瓷轴两端还需装万向联轴节，以补偿振打轴同轴度的偏差。

4. 气流分布装置

电除尘器中气流分布的均匀性对除尘效率影响很大。当气流分布不均匀时，在流速低处所增加的除尘效率远不足以弥补流速高处效率的降低，因而总效率降低。图 6-26 给出了因流速分布不均匀导致的电除尘器通过率增大的校正系数。

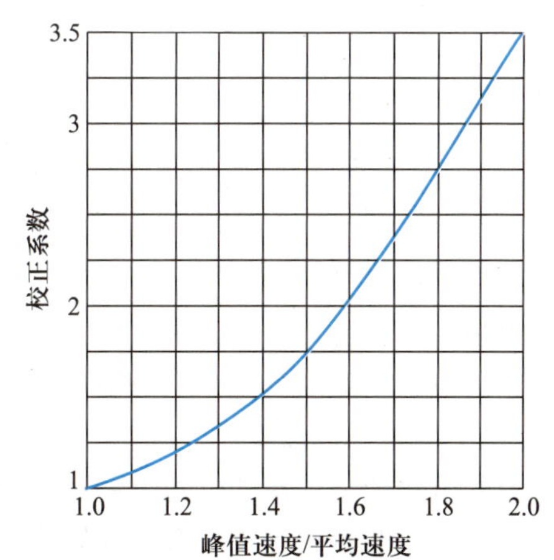

图 6-26　因流速分布不均匀导致的电除尘器通过率增大的校正系数

为了减少涡流，保证气流分布均匀，在进出口处应设变径管道，进口变径管内应设气流分布板。最常见的气流分布板有百叶窗式、多孔板分布格子、槽形钢式和栏杆型分布板等，而以多孔板使用最为广泛。通常采用厚度为 3～3.5 mm 的钢板，孔径为 30～50 mm，分布板层数为 2～3。开孔率需要通过试验确定。

电除尘器正式投入运行前,必须进行测试、调整、检查气流分布是否均匀。对气流分布的具体要求是:① 任何一点的流速不得超过该断面平均流速的±40%;② 在任何一个测定断面上,85%以上测点的流速与平均流速不得相差±25%。

近年来开发的电除尘器斜气流技术,采用电除尘器进气端以上小下大,出气端以上大下小的不均匀气流分布形式,并引入工业应用,取得了一定效果。

5. 高压供电设备

高压供电设备提供粒子荷电和捕集所需要的高场强和电晕电流。高压供电装置是一个以电压、电流为控制对象的闭环控制系统,主要包括升压变压器、高压整流器、控制元件和控制系统的传感元件四部分。通常高压供电设备的输出峰值电压为70~1 000 kV,电流为100~2 000 mA。

电压升到一定值时,电除尘器内将产生火花放电。为使电除尘器能在高压下操作,又同时避免火花放电,高压电源不能太大,必须分组供电。大型电除尘器常常采用6个或更多的供电机组。增加供电机组的数目,减少每个机组供电的电晕线数,能改善电除尘器性能。但是,增加供电机组数和增加电场分组数,必然增加投资。因此,电场分组数的确定必须考虑保证效率和减少投资两方面因素。

四、电除尘器设计

(一)收集有关资料

选择设计电除尘器时所需原始资料除了与旋风除尘器各项相同外,还需要下列原始数据:① 粉尘的比电阻及其随运行条件的变化情况;② 电除尘器壳体承受压力;③ 电除尘器的风载、雪载以及地震载荷;④ 安装除尘器处的海拔高度;⑤ 车间、现场平面图。

(二)确定粉尘的有效驱进速度(ω_e)

确定 ω_e 值是项复杂而困难的工作,因为影响 ω_e 值的因素很多,它既与除尘器结构形式有关,又与其运行条件有关。通常是依靠对现有装置的分析或经验得到。

(三)确定所要求的除尘效率(η)和集尘板面积

按烟气含尘浓度和允许出口排放浓度考虑,同时考虑技术、经济、环保三方面的综合影响,确定电除尘器的除尘效率。

根据给定的气体流量、除尘效率和有效驱进速度(ω_e),按德意希方程求得比集尘表面积(A/q_v):

$$A/q_v=\frac{1}{\omega_e}\ln\left(\frac{1}{1-\eta}\right)=\frac{1}{\omega_e}\ln\left(\frac{1}{P}\right) \tag{6-72}$$

(四)确定电除尘器长高比

电除尘器长高比定义为集尘板有效长度与高度之比,它直接影响振打清灰时二次扬尘的多少。当要求除尘效率大于99%时,除尘器的长高比至少达到1.0。

(五)确定气流速度

通常由处理烟气量和电除尘器过气断面积,计算烟气的平均流速。烟气平均流速对振打方式和粉尘的重新进入量有重要影响。当平均流速高于某一临界速度时,作用在粒子上的空气动力学阻力会迅速增加,进而使粉尘的重新进入量亦迅速增加。对于给定的集尘板类型,这个临界速度的大小取决于烟气流动特征、板的形状、供电方式、除尘器的大小和其他因素。当捕集电站飞灰时，临界速度可以近似取 1.5~2.0 m/s。

（六）选择电除尘器型号

由集尘极板面积、长高比可查阅相关资料进行电除尘器的选型。选定型号后应验算电场风速，若在 0.7~1.3 m/s 之内，说明选型合理，若不在此范围，则还需重新计算选型。

表 6-10 概括了通用的电除尘器设计参数，同时给出了捕集燃煤飞灰时的取值范围。对于给定的设计，这些参数取决于粒子和烟气性质、需处理烟气量和要求的除尘效率。另外，必须考虑的一些辅助设计因素列于表 6-11。

表 6-10　电除尘器设计参数

参数	符号	取值范围
板间距	S	23~28 cm
驱进速度	ω	3~18 cm/s
比集尘极表面积	A/q_v	300~2 400 m^2/(1 000 $m^3\cdot min^{-1}$)
气流速度	v	1~2 m/s
长高比	L/H	0.5~1.5
比电晕功率	P_c/q_v	1 800~18 000 W/(1 000 $m^3\cdot min^{-1}$)
电晕电流密度	I_c/A	0.05~1.0 A/m^2
平均气流速度	v(烟煤锅炉)	1.1~1.6 m/s
	v(褐煤锅炉)	1.8~2.6 m/s

表 6-11　电除尘器的辅助设计因素

电晕电极：支撑方式和方法
集尘电极：类型、尺寸、装配、机械性能和空气动力学性能
整流装置：额定功率、自动控制系统、总数、仪表和监测装置
电晕电极和集尘电极的振打机构：类型、尺寸、频率范围和强度调整、总数和排列
灰斗：几何形状、尺寸、容量、总数和位置
输灰系统：类型、能力、预防空气泄漏和粉尘反吹
壳体和灰斗的保温，电除尘器顶盖的防雨雪措施
便于电除尘器内部检查和维修的检修门
高强度框架的支撑体绝缘器：类型、数目、可靠性
气体入口和出口管道的排列
获得均匀的低湍流气流分布的措施

[例 6-4] 某钢厂 90 m^2烧结机机尾废气电除尘器的实测结果为:入口含尘浓度为 26.8 g/m^3,出口含尘浓度为 0.133 g/m^3,气体流量 q_v 为 44.4 m^3/s。该电除尘器断面积 F 为 40 m^2,集尘极板总面积 A 为 1 982 m^2。试参考以上数据设计另一新建 130 m^2烧结机机尾的电除尘器,要求除尘效率 99.8%,工艺设计给出的总烟气量为 70.0 m^3/s。

解:根据实测数据计算原电除尘器的除尘效率和有效驱进速度:

$$\eta=1-\frac{\rho_2}{\rho_1}=1-\frac{0.133}{26.8}=0.995=99.5\%$$

$$\omega_e=-\frac{q_v}{A}\ln(1-\eta)=-\frac{44.4}{1\ 982}\ln(1-0.995)\ \text{m/s}=0.119\ \text{m/s}$$

除尘器横断面风速:

$$v=\frac{q_v}{F}=\frac{44.4}{40}\ \text{m/s}=1.11\ \text{m/s}$$

按要求的 $\eta=99.8\%$,选取 $\omega_e=0.119$ m/s,求得新除尘器比集尘极板面积 $A/q_v=52.3$ s/m,则所需集尘极板总面积:

$$A=52.3\times70=3\ 661\ \text{m}^2$$

若选取系列产品 SHWB60 型,则集尘极板总面积为 3 743 m^2,有效断面积为 63.3 m^2,此时除尘器断面风速为:

$$v=\frac{q_v}{F}=\frac{70.0}{63.3}=1.1\ \text{m/s}$$

计算所得 v 在 0.7~1.3 m/s 范围之内,符合要求,说明选型合适。

五、电除尘新技术

电除尘技术源于国外,早期主要应用于金属冶炼厂,因未考虑粉尘比电阻,除尘效率相对较低,如 1910 年美国加利福尼亚州的铅冶炼厂电除尘效率仅有 90%;后经颗粒电场荷电、扩散荷电等理论完善,及粉尘层与火花放电关系等的提出,电除尘器的基础理论及工程设计均得到明显提升;如今,电除尘器的除尘效率已经可达 99.9%以上。中国电除尘技术虽然起步较晚,但发展迅速,尤其在电力行业应用占绝对优势。尤其是自 2014 年燃煤电厂烟气超低排放实施以来,电除尘器的设计、制造能力及工程应用,均已达到世界先进水平。与此同时,电除尘新技术也不断涌现,使用较多的主要有泛比电阻电除尘技术、移动电极电除尘技术、薄膜电除尘技术、层流电凝聚技术、低低温电除尘技术和径流式电除尘技术等。

(一) 泛比电阻电除尘技术

泛比电阻电除尘技术是在常规电除尘器的阴极框架上添加辅助电极,阳极采用轻型极板,板面平行于气流且在垂直于气流方向上交错布置。一方面提高工作电压,增强粉尘的荷电效果;另一方面减小收尘辅助极与阳极的间距,提高平均收尘电场强度。这种结构形式能有效地抑制粉尘的二次飞扬,提高对低比电阻粉尘和微细粉尘的适应性,满足日益严格的环保要求。

(二) 移动电极电除尘技术

移动电极电除尘技术(图 6-27)是采用可移动的收尘极板和可旋转的刷子来构成移动电极电场。当含尘烟气通过收集区时,会在静电力的作用下被吸附到位于烟气下游的移动

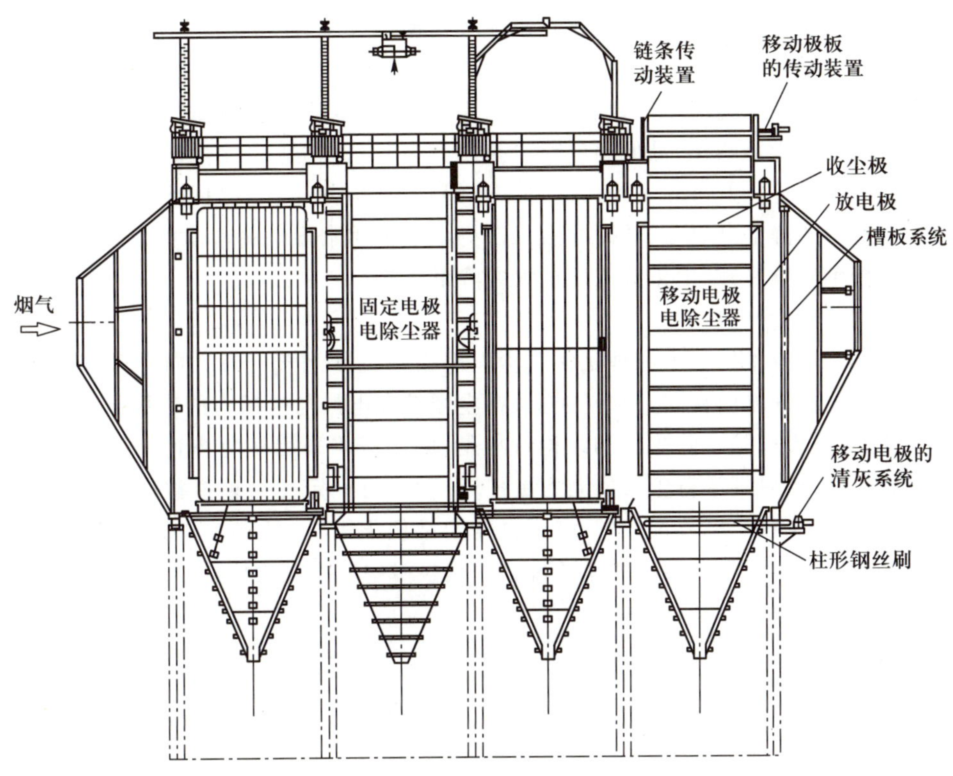

图 6-27　移动电极电除尘器示意图

电极板上，并在烟尘未累积形成反电晕厚度前就随移动电极一起转移到没有烟气通过的灰斗内，被旋转的刷子彻底清除，收尘极板仍保持清洁状态。由于清灰是在无烟气流通的灰斗内进行，有效克服了困扰常规电除尘器对高比电阻粉尘的反电晕和振打二次扬尘等问题。

（三）薄膜电除尘技术

薄膜电除尘技术是用纤维薄膜来代替金属收尘极，使湿式电除尘器在处理高比电阻微细粉尘时达到高除尘效率，且解决了湿式电除尘器在潮湿环境中金属极板被腐蚀的难题。纤维薄膜是以玻璃纤维、塑料等抗腐蚀、绝缘材料为添加剂，制成可导电的薄膜收尘极板。其工作原理是：在纤维薄膜收尘极板上喷洒液体，利用薄膜上毛细管的作用原理将收尘极表面被收集的粉尘不断被冲洗干净。这种设备不但制造成本低、除尘效率高，而且由于所需的冲洗水量仅为采用金属收尘极板时的 1/60，使其运行成本也大大降低。

（四）层流电凝聚技术

层流电凝聚技术采用呈层流状态的烟气流速，其收尘效率与收尘极板面积成正比，收集于收尘极板上的粉尘不会因为烟气的流通而返混到烟气中，且其中的微细粉尘颗粒也会相互碰撞、浓缩凝聚“长大”，进一步减少二次飞扬的程度。在具体结构上，传统电除尘器的设计是尽量采用大的极间距以求得高的驱进速度。而层流电凝聚技术采用比较小的极间距（100 mm），且极板表面平整光洁，使气流保持层流状态，故收尘效率大大提高，可以用较小的代价实现烟尘（尤其是 $PM_{2.5}$）显著减排。

（五）低低温电除尘技术

低低温电除尘技术是从传统电除尘及湿法烟气脱硫工艺演变而来。其原理是在电除尘器上游设热回收装置,如低温省煤器或热媒体气气换热装置,使得电除尘器入口烟气温度降低至硫酸的露点温度以下(一般90℃左右),此时烟气中的大部分SO_3将冷凝形成硫酸雾,黏附在粉尘上并被碱性物质中和,大幅降低粉尘的比电阻,避免反电晕现象,从而提高除尘效率。与传统电除尘器相比,低低温电除尘技术具有烟气排量小、除尘效率高、采用低温省煤器时节能效果明显以及可除去绝大部分SO_3等优点,但粉尘比电阻的降低会削弱捕集到阳极板上的粉尘的静电黏附力,从而导致二次扬尘现象比常规电除尘器更为严重,但在采取离线振打等特别对策后,烟尘排放浓度可大幅降低。

(六)径流式电除尘技术

径流式电除尘技术的基本原理是将收尘阳极板垂直于烟气气流方向布置,使电场力的方向与电风作用力的方向在同一水平线上,粉尘颗粒在电风与电场力的作用下,在新型阳极板上完成捕集(图6-28)。除尘器的结构特点是:阴阳极均采用横向布置;新型阳极板采用多孔金属材料制成,对细微粉尘收集能力更强,对粉尘有一定的物理拦截作用,能适应较高的比电阻工况,减少收尘极数量,运行电压也高于常规阳极板,可有效降低可吸入细颗粒物的排放浓度,除尘效率高,在污染物超低排放控制技术中应用较为广泛。

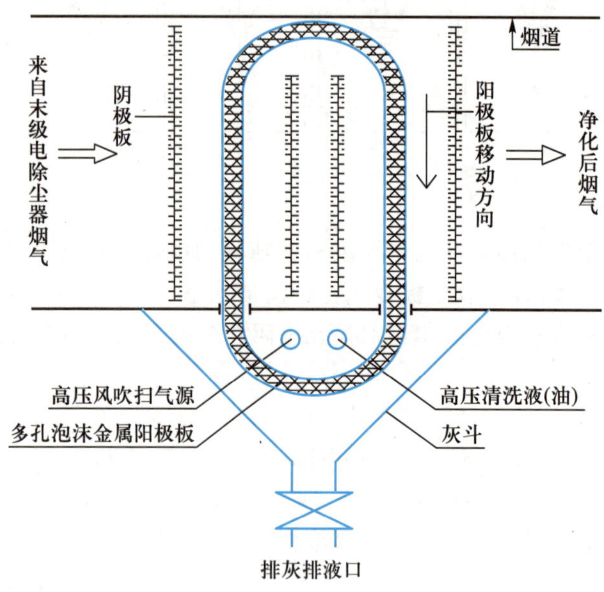

图6-28 径流式电除尘原理图

第四节 袋式除尘技术

袋式除尘是使含尘气流通过纤维织物(滤料)将粉尘分离捕集的大气污染控制技术。袋式除尘具有以下特点:① 除尘效率高,一般可达99%以上,特别是对细粉也有较高的捕集效率;② 适应性强,能处理不同类型的颗粒污染物,包括电除尘不易处理的高比电阻粉尘;③ 操作稳定,入口气体含尘浓度变化较大时,对除尘效率影响不大;④ 结构简单,使用灵活,便于回收粉尘。袋式除尘技术的应用主要受到滤料的耐温、耐腐蚀性能的限制,一般使用温度应小于300℃,但烟气温度也不能低于露点温度,否则会在滤料上结露;此外,袋式除尘不适于去除黏性强和吸湿性强的粉尘。

一、袋式除尘原理

袋式除尘的除尘机制包括筛分、惯性碰撞、拦截、扩散等作用。袋式除尘过程分为两个阶段：首先是含尘气体通过清洁滤袋，这时起捕集作用的主要是滤料纤维（图 6-29）。常用滤料由棉、毛、人造纤维等加工而成，滤料本身网孔较大，一般为 20~50 μm，表面起绒的滤料为 5~10 μm，远大于粉尘粒径，因而新鲜滤料的除尘效率较低。随着捕集的粉尘量不断增加，一部分粉尘嵌入滤料内部，一部分粉尘在滤料表面形成粉尘初层（图 6-30）。初层形成后，它成为袋式除尘器的主要过滤层，使除尘效率大大提高。但随着颗粒在滤袋上积聚，滤袋两侧的压力差增大，会把有些已附在滤料上的细小粉尘挤压过去，使除尘效率下降。因此，除尘器阻力达到一定数值后，要及时清灰。但清灰不能过分，即不应破坏粉尘初层，否则会引起除尘效率显著降低。

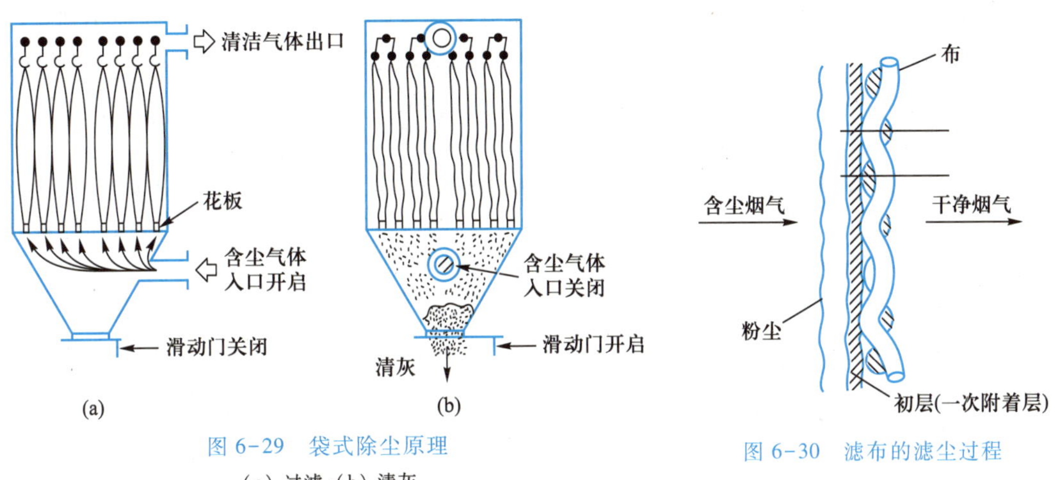

图 6-29　袋式除尘原理

（a）过滤；（b）清灰

图 6-30　滤布的滤尘过程

二、袋式除尘器的性能及其影响因素

（一）袋式除尘器的除尘效率

丹尼斯（Dennis）和克莱姆（Klemm）针对玻璃纤维滤袋和飞灰提出了袋式除尘器颗粒物出口浓度和穿透率的公式：

$$\rho_2=[P_{ns}+(0.1-P_{ns})e^{-\alpha W}]\rho_1+\rho_R \tag{6-73}$$

$$P_{ns}=1.5\times10^{-7}\exp[12.7(1-e^{1.03v})] \tag{6-74}$$

$$\alpha=3.6\times10^{-3}v^{-4}+0.094 \tag{6-75}$$

式中：ρ_2——颗粒物出口浓度，g/m^3；

P_{ns}——无量纲常数；

v——表面过滤速度，m/s；

ρ_1——颗粒物入口浓度，g/m^3；

ρ_R——脱落浓度（常数），可取 0.5 g/m^3；

W——颗粒物负荷，g/m^2。

（二）影响袋式除尘器除尘效率的因素

影响袋式除尘器效率的因素包括粉尘特性、滤料特性、运行参数（主要是粉尘层厚度、过滤速度和压力损失），以及清灰方式等。

1. 滤料的结构

袋式除尘器采用的滤布有机织布、针刺毡和表面过滤材料等。不同结构滤布的滤尘过程不同，对滤尘效率的影响也不同。

素布中的孔隙存在于经纬线及纤维之间，后者占全部孔隙的 30%～50%，其过滤过程如前所述。绒布是素布通过起绒机拉刮成具有绒毛的织物。开始滤尘时，尘粒首先被多孔的绒毛层所捕获，经纬线主要起支撑作用。随后，很快在绒毛层上形成一层强度较高，且较厚的多孔粉尘层。由于绒布的容尘量比素布大，所以滤尘效率比素布高。针刺毡滤料具有更细小、分布均匀且有一定纵深的孔隙结构，能使尘粒深入滤料内部，因而在未形成粉尘层的情况下，也能获得较好的滤尘效果。

近年来发展的表面过滤材料，是在滤布表面造成具有微小孔隙的薄层，其孔径小到足以使所有粉尘都被阻留在滤料表面，即靠滤布的作用捕集粉尘。在获得更高滤尘效率的同时，也使清灰变得容易，从而保持较低的压力损失。

2. 粉尘粒径

从袋式除尘器的分级效率曲线可以看出（图 6-31），对于粒径为 0.2～0.4 μm 的粉尘，在不同状况下的过滤效率皆最低。这是因为这一粒径范围的尘粒正处于惯性碰撞和拦截作用范围的下限、扩散作用范围的上限。

3. 粉尘层厚度

滤布表面粉尘层的厚度，一般用粉尘负荷（m）表示，它代表每平方米滤布上沉积的粉尘质量（kg/m^2）。粉尘层厚度对不同结构的滤料的影响是不同的，只是在使用机织布滤料的条件下，对滤尘效率的影响才显著。对于针刺毡滤料，这一影响则较小，对表面过滤材料则几乎没有影响。

4. 过滤速度

袋式除尘器的过滤速度定义为烟气实际体积流量与滤布面积之比，所以也称为气布比。若以 q_v 表示通过滤料的气体流量（m^3/h），以 A 表示滤料总面积（m^2），则过滤速度（v）为：

$$v=\frac{q_v}{60A} \tag{6-76}$$

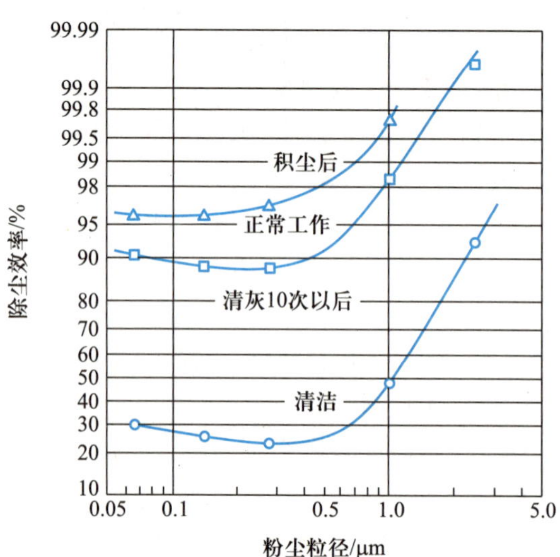

图 6-31 袋式除尘器的分级效率曲线

过滤速度是代表袋式除尘器处理气体能力的重要技术经济指标。从经济上考虑，选用高的过滤速度，处理相应体积烟气所需要的滤布面积小，则除尘器体积、占地面积和一次投资等都会减小，但除尘器的压力损失却会加大。选取过滤速度时，还应当考虑欲捕集粉尘的粒径及其分布。一般来讲，除尘效率随过滤速度增加而下降。另外，过滤速度的选取还与滤料种类和清灰方式有关。在下列条件下可选取较高的过滤速度：采用强力清灰方式；清灰周期较短；粉尘颗粒较大、黏性较小；入口含尘浓度较低；处理常温气体；采用针刺毡滤料或表面过滤材料。

5. 清灰方式的影响

袋式除尘器的清灰方式是影响其除尘效率的重要因素。如图 6-31 中所示，滤料刚清灰后其滤尘效率是最低的，随着粉尘层厚度的增加，滤尘效率迅速上升。当粉尘层厚度进一步增加时，效率保持在几乎恒定的高水平上。清灰方式不同，清灰时逸散粉尘量不同，清灰后残留粉尘量也不同。

（三）袋式除尘器的压力损失

袋式除尘器的压力损失与它的结构形式、滤料特性、过滤速率、粉尘浓度、清灰方式和气体黏度等因素有关，可表达成如下形式：

$$\Delta p=\Delta p_c+\Delta p_f \tag{6-77}$$

式中：Δp——袋式除尘器的压力损失，Pa；

Δp_c——除尘器结构的压力损失，Pa；

Δp_f——过滤层的压力损失，Pa。

过滤层的压力损失（Δp_f）由通过清洁滤料的压力损失（Δp_0）和通过灰层的压力损失（Δp_p）组成。假设通过滤袋和颗粒层的气流为黏滞流，Δp_0和 Δp_p则均可以用达西（Darcy）方程表示。达西方程的一般形式为：

$$\frac{\Delta p}{x}=\frac{v\mu_g}{K} \tag{6-78}$$

式中：K——颗粒层或滤料的渗透率；

x——颗粒层或滤料厚度。

根据达西方程，则

$$\Delta p_f=\Delta p_0+\Delta p_p=\frac{x_0\mu_g v}{K_0}+\frac{x_p\mu_g v}{K_p} \tag{6-79}$$

对于给定的滤料和操作条件，滤料的压力损失（Δp_0）基本上是一个常数，一般为 100~130 Pa。因此，通过袋式除尘器的压力损失主要由 Δp_p决定。对于给定的操作条件（气体黏度和过滤速度），Δp_p主要由灰层渗透率（K_p）和厚度（x_p）决定。进而，x_p又直接是操作时间（t）的函数。

在时间 t 内，沉积在滤袋上的飞灰质量（m）可以表示为：

$$m=v\cdot A\cdot t\cdot\rho \tag{6-80}$$

式中：A——滤袋的过滤面积；

ρ——烟气中粉尘浓度。

$x=v\rho t/\rho_c$，其中 ρ_c是灰层的密度。因此，气流通过新沉积灰层的压力损失为：

$$\Delta p_p=\frac{x_p\mu_g v}{K_p}=\frac{v\rho t}{\rho_c}\left(\frac{\mu_g v}{K_p}\right)=\frac{v^2\rho t\mu_g}{K_p\rho_c} \tag{6-81}$$

对于给定的含尘气体，μ_g、ρ_c和 K_p的值是常量，令飞灰的比阻力系数 $R_p=\frac{\mu_g}{K_p\rho_c}$，则

式(6-80)变为:

$$\Delta p_{\mathrm{p}}=R_{\mathrm{p}}v^{2}\rho t \tag{6-82}$$

对于给定的烟气特征和颗粒层渗透率,Δp_{p}与颗粒物浓度(ρ)和过滤时间(t)呈线性关系,而与过滤速度的平方成正比。比阻力系数(R_{p})主要由颗粒物特性决定,假如已知颗粒的粒径分布、堆积密度和真密度,可以利用丹尼斯和克莱姆提出的下述方程式估算:

$$R_{\mathrm{p}}=\frac{\mu_{\mathrm{g}}S_{0}^{2}}{6\rho_{\mathrm{p}}C}=\frac{3+2\beta^{5/3}}{3-4.5\beta^{1/3}+4.5\beta^{5/3}-3\beta^{2}} \tag{6-83}$$

式中:μ_{g}——气体黏度,10^{-1} Pa·s;

S_0——比表面参数,$S_0=6\left(\frac{10^{1.151\lg^2\sigma_{\mathrm{g}}}}{\mathrm{MMD}}\right)$,$\mathrm{cm}^{-1}$,MMD——颗粒的质量中位径,cm;

σ_{g}——颗粒直径的几何标准偏差;

ρ_{p}——粒子的真密度,$\mathrm{g/cm^3}$;

C——坎宁汉校正系数;

$\beta=\rho_{\mathrm{c}}/\rho_{\mathrm{p}}$。

三、袋式除尘器的类型和结构

袋式除尘器的结构形式多种多样,可以按照清灰方式、滤袋形状、过滤方向等进行分类。

(一)按清灰方式分类

清灰是袋式除尘器运行中十分重要的一环,实际上多数袋式除尘器是按清灰方式命名和分类的。常用的清灰方式有三种,机械振动清灰、逆气流清灰和脉冲喷吹清灰。对于难以清除的颗粒,也有同时并用两种清灰方法的,如逆气流和振动结合式。

1. 机械振动清灰

机械振动清灰是利用手动、电动或气动的机械装置使滤袋产生振动而清灰。振动方式大致有三种:滤袋沿水平方向摆动、沿垂直方向振动及靠机械转动定期将滤袋扭转一定的角度(见图6-32)。振动频率有高、中、低之分。清灰时必须停止过滤,有的还辅以反向气流,因而箱体多做成分室结构,逐室清灰。

机械振动袋式除尘器的过滤风速一般取1.0~2.0 m/min,压力损失为800~1 200 Pa。该类型袋式除尘器的优点是工作性能稳定,清灰效果较好。但滤袋常受机械力作用损坏较快,滤袋检修与更换工作量大。

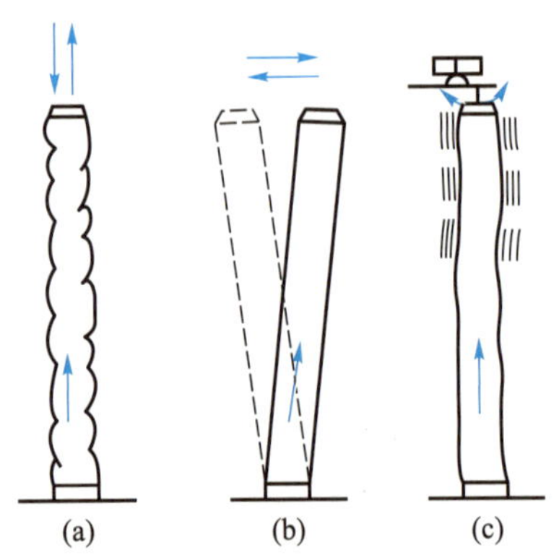

图6-32 机械振动清灰的振动方式

2. 逆气流清灰

逆气流清灰指清灰时气流方向与正常过滤时相反,其形式有反吹风和反吸风两种。过滤操作过程与机械振动清灰式相同,但在清灰时,要关闭含尘气流,开启逆气流进行反吹风。此时,滤袋变形,沉积在滤袋内表面的灰层破坏、脱落，通过花板落入灰斗。图 6-33 为逆气流清灰袋式除尘器工作过程的示意图。安装在滤袋内的支撑环可以防止滤袋完全被压瘪。逆气流清灰式除尘器的过滤风速一般为 0.3~1.2 m/min，压力损失控制范围为 1 000~1 500 Pa。

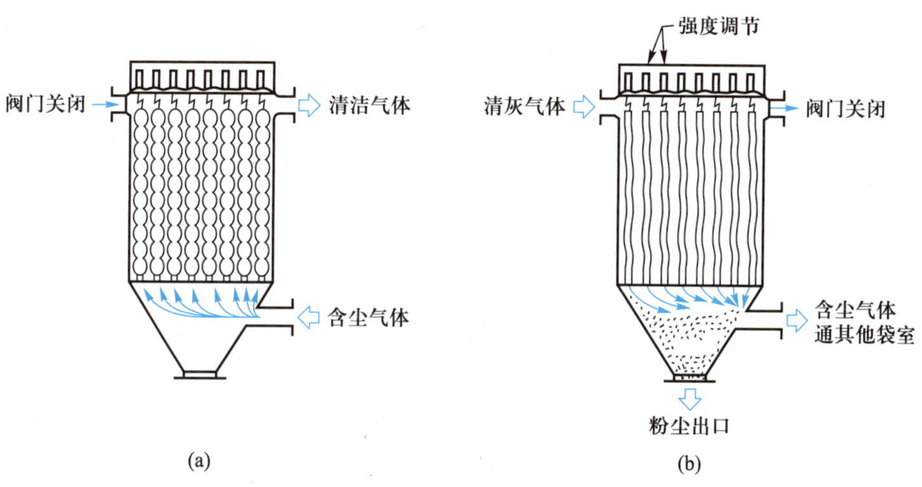

图 6-33　逆气流清灰袋式除尘器工作过程

(a) 过滤；(b) 清灰

逆气流反吹清灰袋式除尘器多采用分室工作制度，也有使部分滤袋逐次清灰而不取分室结构的形式。这种清灰方式的除尘器结构简单，清灰效果好，滤袋磨损少，特别适用于粉尘黏性小的玻璃纤维滤袋的情况。

3. 脉冲喷吹清灰

脉冲清灰方法是利用 4~7 atm 的压缩空气反吹，产生强度较大的清灰效果。压缩空气的脉冲产生冲击波，使滤袋振动，导致积附在滤袋上的灰层脱落。这种清灰方式有可能使滤袋清灰过度，继而使粉尘通过率上升。因此，必须选择适当压力的压缩空气和适当的脉冲持续时间（通常为 0.1~0.2 s）。每清灰一次，叫作一个脉冲，全部滤袋完成一个清灰循环的时间称为脉冲周期，通常为60 s。因喷吹时间很短，且只有少部分滤袋清灰，一般不采用分室结构。

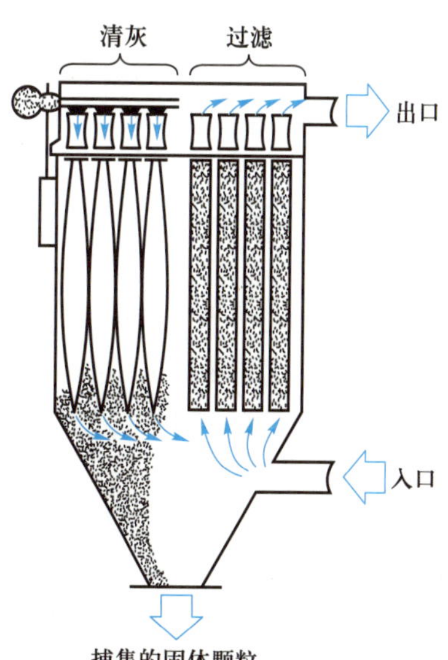

图 6-34　脉冲喷吹清灰袋式除尘器

如图 6-34 所示，脉冲喷吹清灰经常采用上部开口、下部封闭的滤袋。含尘气体通过滤袋时粉尘被阻留于滤袋外表面上，净化后的气体由袋内经文氏管进入上部净化箱，然后由出气口排走。为防止滤袋压扁，布袋内安置笼形支撑结构。毡制的滤袋常采用脉冲喷吹清灰，过滤速度由气体含尘浓度决定，一般为 2~4 m/min。

在上述三种清灰方式中，以脉冲喷吹清灰方式最新，但也已应用了四十多年。过去它广泛用于中、小烟气量的场合(<3 000 m^3/min),目前已成功地应用于处理烟气量相当大的装置。由于它实现了全自动清灰,净化效率达 99%,过滤负荷较高,滤袋磨损减轻,运行安全可靠,应用越来越广泛。

(二) 按滤袋形状分类

1. 圆袋

袋式除尘器多采用圆筒形滤袋,通常直径为 120~300 mm,袋长为 2~12 m。圆袋受力较好,袋笼及连接简单,易获得较好的清灰效果。

2. 扁袋

扁袋有板形、菱形、楔形、椭圆形和人字形等多种形状。特点是均为外滤式,内部都有相应的骨架支撑。扁袋布置紧凑,在体积相同时,可布置较多的过滤面积,一般能增加 20%~40%。

(三) 按过滤方向分类

1. 外滤式

气体由滤袋外侧穿过滤料流入滤袋的内侧,粉尘被阻留在滤袋的外表面。外滤式滤袋内需设支撑骨架。脉冲喷吹类和高压反吹类多为外滤式。

2. 内滤式

含尘气体由袋口进入滤袋内,然后穿过滤袋流向外侧,粉尘被阻留在滤袋的内表面。内滤式多用于圆袋。机械振动、逆气流反吹等清灰方式多用内滤式。

四、袋式除尘器的滤料

滤料是组成袋式除尘器的核心部分,其性能对袋式除尘器操作有很大的影响。选择滤料时必须考虑含尘气体的特征,如颗粒和气体性质(温度、湿度、粒径和含尘浓度等)。性能良好的滤料应容尘量大、吸湿性小、效率高、阻力低、使用寿命长,同时具备耐温、耐磨、耐腐蚀、机械强度高等优点。

袋式除尘器的滤料种类较多。滤料按材质可分为天然纤维、无机纤维和合成纤维等。棉毛等天然纤维价格较低,适用于净化没有腐蚀性、温度在 350 K 以下的含尘气体。无机纤维滤料主要指玻璃纤维滤料,其具有过滤性能好、阻力低、化学稳定性好、价格便宜等优点。用硅酮树脂处理玻璃纤维滤料能提高其耐磨性、疏水性和柔软性,还可使其表面光滑易于清灰,可在 523 K 下长期使用。缺点是玻璃纤维较脆,经不起揉折和摩擦,使用上有一定局限性。

滤料按结构可分为机织布、针刺毡和表面过滤材料等。机织布是将经纱和纬纱按一定的规则呈直角连续交错制成的织物,基本结构有平纹、斜纹、缎纹三种。针刺毡是在底布两面铺以纤维,或完全采用纤维以针刺法成型,再经后处理而制成的滤料。针刺毡的孔隙是在单根纤维之间形成的,因而在厚度方向上有多层孔隙,孔隙率可达 70%~80%,而且孔隙分布均匀。表面过滤材料是指粉尘几乎全部阻留在其表面而不能透入其内部的滤料,如美国戈尔公司生产的戈尔-特克斯(GORE - TEX)薄膜滤料,其表面有一层由聚四氯乙烯经膨化处理而形成的薄膜。

随着化学工业的发展,出现了许多新型滤料。尼龙织布的最高使用温度可达 353 K,耐酸性不如毛织物,但耐磨性很好,适合过滤磨损性很强的粉尘,如黏土、水泥熟料和石灰石等。奥纶的耐酸性好，耐磨性差，最高使用温度在 400 K 左右。涤纶的耐热、耐酸性能较好，耐磨性能仅次于尼龙，可长期在 410 K 下使用。芳香族聚酰胺、聚四氟乙烯等耐高温滤料的出现，扩大了袋式除尘器的应用领域。此外，国外还出现了耐 720 K 以上高温的金属纤维毡，但价格昂贵，不便大量采用。

几种常用滤料的性能如表 6-12 所示。

表 6-12　几种常用滤料的性能

滤料名称	耐温性能/K		吸水率/%	耐酸性	耐碱性	强度	应用
	长期	最高					
棉织物	348~358	368	8	很差	稍好	1	低温粉尘
毛料	353~363	373	10~15	稍好	很差	0.4	冶炼炉
尼龙	348~358	368	4.0~4.5	稍好	好	2.5	低温破碎粉尘作业
奥纶	398~408	423	6	好	差	1.6	冶炼炉、化工厂
涤纶	413	433	6.5	好	差	1.6	冶炼炉、电弧炉、化工厂
玻璃纤维	523		4.0	好	差	1	冶炼炉、电弧炉、炭黑厂
芳香族聚酰胺（诺梅克斯）	493	533	4.5~5.0	差	好	2.5	冶炼炉、电弧炉
聚四氟乙烯	493~523		0	很好	很好	2.5	化工厂

五、袋式除尘器设计

（一）袋式除尘器的选型

1. 收集有关资料（内容与旋风除尘器相同）

2. 初步确定袋式除尘器的型式

主要包括除尘器类型、滤料及滤袋形状、过滤及清灰方式等的选择及确定。例如，对除尘效率要求高、厂房面积受限制、投资和设备订货皆有条件的情况，可以采用脉冲喷吹袋式除尘器，否则采用机械振动清灰或逆气流清灰。

3. 选择合适的滤料

滤料是袋式除尘器的主要部件，其造价一般占设备投资的 10%~15%。滤料的选择主要是依据含尘气体特性，如气体温度超过 410 K，但低于 530 K 时，可选用玻璃纤维滤袋；对纤维状粉尘则应选用表面光滑的滤料，如平绸和尼龙等；对一般工业性粉尘，可采用涤纶布和棉绒布等。

4. 计算过滤面积

根据处理风量及过滤风速（参照产品样本），按式（6-76）计算过滤面积。过滤风速（v）可根据含尘浓度、粉尘特性、滤料种类及清灰方式等从有关手册选取。

5. 袋式除尘器型号规格的确定

过滤面积确定后，根据风量和过滤面积可选定袋式除尘器的型号规格。

(二) 袋式除尘器的设计

当无法采用定型产品,必须自行设计时,可按下述步骤进行。

(1) 计算总过滤面积

根据含尘浓度、滤料种类及清灰方式等,即可确定过滤气速(v_F)。一般情况下的过滤气速可以采用以下数据:简易清灰,v_F=0. 20~0. 75 m/min;机械振动清灰,v_F=1. 0~2. 0 m/min;逆气流反吹清灰,v_F=0. 5~2. 0 m/min;脉冲喷吹清灰,v_F=2. 0~4. 0 m/min。

总过滤面积可以根据烟气体积流量和过滤气速,按式(6-76)求得:

$$A=\frac{q_v}{60v_F} \tag{6-84}$$

式中:q_v——欲处理的烟气体积流量,m^3/h。

(2) 确定滤袋尺寸

滤袋直径一般为 100~300 mm,袋长多为 2~10 m。脉冲喷吹式袋长较小,回转反吹风式滤袋可长一些。一般说来,直径小,滤袋短;直径大,滤袋长。

(3) 计算每条滤袋的面积(a)

$$a=\pi dl \tag{6-85}$$

(4) 计算滤袋条数(n)

$$n=A/a \tag{6-86}$$

当所需滤袋数较多时,可根据清灰方式及运行条件,按一定间隔将其分为若干组,以方便检修和换袋。每组内相邻两滤袋之间的净距一般取 50~70 mm。组与组之间以及滤袋与外壳之间的距离,应考虑到检修、换袋等操作需要,如对简易清灰的袋式除尘器,一般取 600~800 mm。

(5) 壳体及附属装置设计

该部分内容包括除尘器箱体、进排气口形式、灰斗形状、支架结构、检修孔及操作平台等。

(6) 粉尘清灰机构设计与清灰制度确定,以及卸灰输灰装置设计

[例 6-5] 已知一水泥磨的废气风量 q_v 为 6 120 m^3/h,含尘浓度 ρ 为50 g/m^3,气体温度为 100℃。若该地区粉尘排放标准为 150 mg/m_N^3,试设计该设备的袋式除尘系统(忽略流体在系统中的温度变化)。

解:(1) 预除尘器的选型

由于磨机废气含尘浓度较大,考虑采用二级收尘器。第一级选用 CLG 多管旋风除尘器。考虑到管道漏风,假设其漏风率为 10%,则旋风除尘器的处理风量为:

$$q_1=6\ 120\times1.1\ m^3/h=6\ 732\ m^3/h$$

查设计手册;选取 CLG－12×2. 5X 型多管旋风除尘器;在正常工作时;其工作和性能参数为:除尘效率 η=80%~90%;阻力损失 Δp 约为 670 Pa。

(2) 袋式除尘器的选型设计

① 处理风量的确定。考虑从旋风除尘器到袋式除尘器的管道漏风率为 10%,则进入袋式除尘器的风量为:

$$q_2=q_1\times1.1=6\ 732\times1.1\ m^3/h=7\ 405\ m^3/h$$

② 入口含尘浓度的确定。设旋风除尘器的除尘效率为 80%,则袋式收尘器的流体入口含尘浓度为:

$$\rho_j=\rho q(1-\eta)/q_2=50\times6\ 120(1-0.8)/7\ 405\ g/m^3=8.26\ g/m^3$$

③ 计算滤袋总过滤面积。由于水泥磨废气温度及湿度相对较高，滤料选用“208”工业涤纶绒布；初步考虑采用回转反吹清灰，由于温度、湿度及滤料的影响，过滤风速选择 1.2 m/min，则滤袋总过滤面积为：

$$A_f = q/60V_f = 7\,405/(60\times1.2)\ \text{m}^2 = 102.8\ \text{m}^2$$

④ 确定袋式除尘器型号规格。查设计手册及产品样本，初步确定采用 72ZC200 回转反吹扁袋除尘器。其基本工作及性能参数为：公称过滤面积 110 m^2；过滤风速 1.0～1.5 m/s；处理风量 6 600～9 900 m^3/s；滤袋数量 72 个；本体总高 6 030 mm；筒体直径 2 530 mm。入口含尘浓度≤15 g/m^3；正常工作时其阻力损失为 780～1 270 Pa，除尘效率 $\eta\geqslant99\%$。

⑤ 计算袋式除尘器正常工作时的粉尘排放浓度。其工况排放浓度为：

$$\rho=\rho_j(1-\eta)=8.26(1-0.99)\ \text{g/m}^3=0.082\,6\ \text{g/m}^3=82.6\ \text{mg/m}^3$$

折算为标准状态的排放浓度 ρ_n 为：

$$\rho_n=82.6\times(273.15+100)/273.15\ \text{mg/m}_N^3=112.8\ \text{mg/m}_N^3$$

（三）袋式除尘器的应用

袋式除尘器作为一种高效除尘器，广泛地用于各种工业部门的尾气除尘。它比电除尘器结构简单、投资省、运行稳定，可以回收高比电阻粉尘；与湿式除尘器相比，动力消耗小，回收的干颗粒物便于综合利用。因此，对于微细的干燥颗粒物，采用袋式除尘器捕集是适宜的。表 6-13 为袋式除尘器的使用情况。

表 6-13　袋式除尘器的使用情况

粉尘种类	纤维种类	清灰方式	过滤气速 /($m\cdot min^{-1}$)	粉尘比阻力系数 /($N\cdot min\cdot g^{-1}\cdot m^{-1}$)
飞灰(煤)	玻璃、聚四氟乙烯	逆气流脉冲喷吹机械振动	0.58～1.8	1.17～2.51
飞灰(油)	玻璃	逆气流	1.98～2.35	0.79
水泥	玻璃、丙烯酸系	机械振动	0.46～0.64	2.00～11.69
铜	玻璃、丙烯酸系	机械振动逆气流	0.18～0.82	2.51～10.86
电炉	玻璃、丙烯酸系	逆气流机械振动	0.46～1.22	7.5～11.9
硫酸钙	聚酯		2.28	0.067
炭黑	玻璃、诺梅克斯、聚四氯乙烯、丙烯酸系	逆气流机械振动	0.34～0.49	3.67～9.35
白云石	聚酯	逆气流	1.00	11.2
飞灰(焚烧)	玻璃	逆气流	0.76	30.00
石膏	棉、丙烯酸系	机械振动	0.76	1.05～3.16
氧化铁	诺梅克斯	—	0.64	20.17
石灰窑	玻璃	逆气流	0.70	1.50
氧化铅	聚酯	逆气流机械振动	0.30	9.50
烧结尘	玻璃	逆气流	0.70	2.08

六、电袋除尘技术

电袋除尘技术是将静电除尘与袋式除尘作有机组合的一种新型高效除尘技术，综合了二者的技术优点，收尘效率一般可达 99.9% 以上。电除尘单元作为捕集烟气粉尘的前级设备，发挥了除尘效率高、能处理高温大烟气量含尘气体，且占地面积小、阻力小等优点。通过电场先将烟气中的大部分粉尘颗粒捕集，由电除尘部分出来的高比电阻、细颗粒且难以捕集的烟尘进行袋式除尘。由于粉尘含量已大大减少，则袋式除尘单元的气布比增大，使袋式除尘部分的尺寸可以设计得比较小。

（一）电袋除尘器的结构

在工业领域获得应用的主要有串联式电袋除尘器和混合式电袋除尘器两种形式。

1. 串联式电袋除尘器

串联式电袋除尘器是将前级电除尘和后级袋式除尘串联成一体的电袋结合形式。根据电除尘和袋式除尘的连接方式，串联式电袋除尘器又可分为分体式和一体式两种结构。

分体式结构的基本构思比较简单，就是在电除尘器的下游加一台袋式除尘器，来捕集电除尘器未能捕集的微细粉尘。前后两级除尘设备相互独立，一般应用于厂区烟气排放浓度过高，无法达到国家标准时，在原有电除尘器基础上进行改造设计，如图 6-35 所示。

一体式串联式电袋除尘器结构如图 6-36 所示，含尘气体经气流分布板均流后进入电除尘区，在高压电场作用下，尘粒荷电，并在电场力的作用下使大部分的尘粒沉积在收尘极上；余下的少量荷电粉尘进入袋式除尘区通过滤袋的过滤作用而被收集下来。

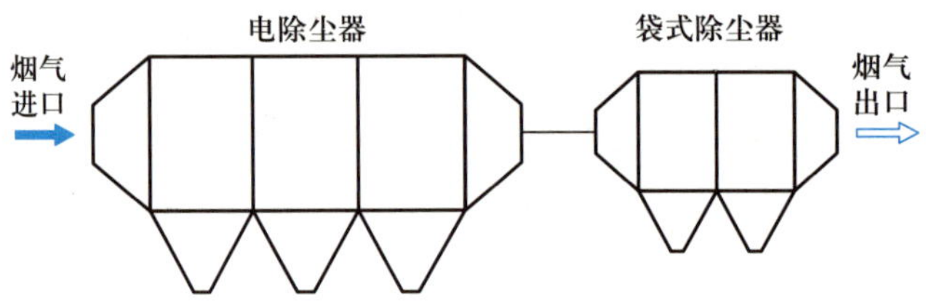

图 6-35 分体式串联式电袋除尘器结构

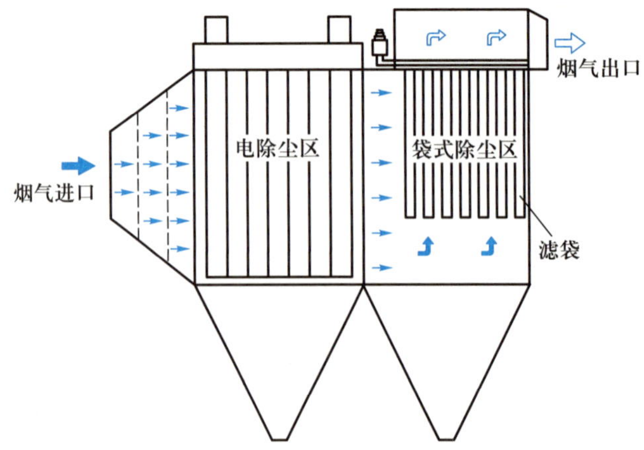

图 6-36 一体式串联式电袋除尘器结构

在电除尘区与袋式除尘区之间的过渡区设有气流调节装置；该装置既要保证电除尘区气流分布均匀，避免因后置袋式除尘区的设置影响电除尘区的气流分布，降低电除尘区的收尘效率；又要引导气流在袋式除尘区合理分布，避免局部气流流速过高，冲刷滤袋，降低滤袋使用寿命。

2. 混合式电袋除尘器

混合式电袋除尘器内部构造如图 6-37 所示。电除尘的放电极和收尘极与袋式除尘的滤袋交错排列，放电极、收尘极和滤袋布置在同一个单元内。含尘气体首先被导向电除尘区，将 90%左右的粉尘去除，然后含有剩余粉尘的气体通过多孔收尘极板上的小孔流向滤袋，经滤袋的过滤作用，捕集剩余的粉尘。

在滤袋清灰时，脱离滤袋的部分粉尘经过多孔收尘极板的小孔进入电除尘区，在该区域被再次捕集，这样就大大减少了粉尘重返滤袋的机会；同样，收尘极板振打清灰时的二次扬尘也会经过小孔被滤袋捕集；多孔收尘极板除了捕集荷电的尘粒外，还能保护滤袋免受电晕放电的危害。

混合式电袋除尘器的主要技术特点与收尘原理与串联式相似，但前者结构更为紧凑、性能稳定，在降低滤袋清灰时的粉尘再吸附等方面也要优于后者，但结构较为复杂。

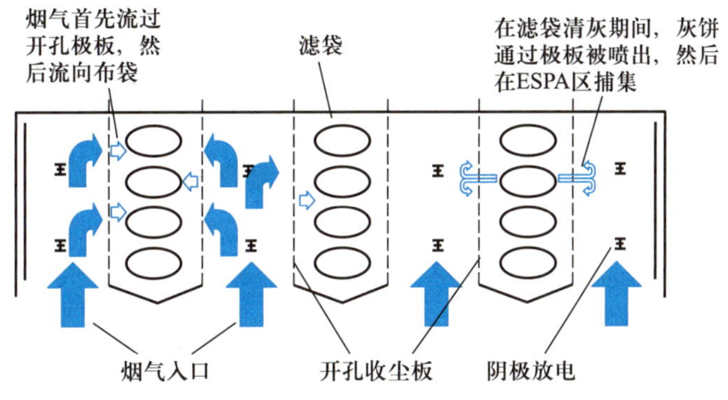

图 6-37　混合式电袋除尘器内部构造

（二）电袋除尘器的技术特点

（1）由于电除尘捕集大部分的粉尘，一般在 80%以上，进入滤袋捕集的粉尘量仅为常规袋式除尘的 1/5，使滤袋的粉尘负荷量大大降低，可以提高袋式除尘的过滤速度，从而减少滤袋和配件数量。

（2）当荷电粉尘随烟气气流趋近滤袋纤维时，使纤维感应带电，在静电力作用下使尘粒向纤维表面沉降，故粉尘的荷电增强了纤维层的过滤效率；特别是对于 0.15～0.5 μm 的粉尘，过滤效率有很大的提高；实践表明：电袋除尘器对这一粒径段粉尘的除尘效率可达 99.99%以上，高于电除尘器和袋式除尘器。

（3）荷电粉尘在滤袋表面形成的粉尘层结构疏松，有着良好的透气性，从而降低了过滤阻力，且剥落性好、易于清灰。

（4）粉尘最后经过袋式除尘后排放，可以回收高比电阻粉尘，且处理烟气量和粉尘负荷的波动对粉尘排放影响不大，运行稳定。

（三）电袋除尘器的选择和设计

一体式电袋除尘器在我国的应用较多，以应用于燃煤电厂的该类除尘器为例加以说明。

1. 收集相关资料

收集设计所需的主要参数，包括处理风量、烟气温度、入口气体含尘浓度、气体的露点或含湿量、气体化学成分、粉尘粒径分布及化学成分、除尘器阻力和漏风率要求、出口粉尘排放要求、滤袋寿命要求等。

2. 确定电除尘区的规格

（1）确定收尘面积：电除尘区的收尘效率一般按照 80%左右考虑，根据德意希方程，并参考类似工程的有效驱进速度数据，计算出所需的收尘面积。

（2）确定气流速度：气流速度是决定电除尘规格的重要参数，根据电力行业的经验，电场风速一般取小于 1.2 m/s。

（3）确定电除尘区的流通截面积：根据处理风量和气流速度即可计算出流通截面积。

（4）确定电场高度、宽度、电场通道数等：按照电除尘器设计的相应规范，确定电场高度、宽度、电场通道数。

（5）确定电场长度：一体式电袋除尘器一般设置一个电场，单电场的电场长度为 2.5～5.4 m；根据收尘面积、电场高度、宽度、电场通道数可以确定电场长度。

（6）计算结构尺寸：确定上述电除尘主要技术参数后，即可进行高压供电设备的选型、结构尺寸的设计等工作。

3. 确定袋除尘区的规格

（1）选定袋除尘区的清灰方式和滤料：根据烟气温度、湿度、粉尘特性、粉尘排放要求、使用寿命要求、清灰方式等因素选定滤料。

（2）确定过滤速度：过滤速度国外一般选取在 2.4～4.7 m/min 范围，国内多选取 1.2～2.0 m/min范围。

（3）计算过滤面积：根据处理烟气量和过滤速度即可计算出总的过滤面积。

（4）计算结构尺寸：确定上述袋式除尘主要技术参数后，结合电除尘区的电场宽度和高度，即可进行袋除尘区的滤袋规格、结构尺寸等的选型和设计。

4. 电除尘区和袋除尘区的结合

在电除尘区与袋式除尘区之间的过渡区设置气流调节装置，包括气流分布板及导流板等；可以通过模型实验确定气流分布板的开孔、导流板的结构与布置，或通过计算流体动力学软件进行数值模拟加以确定；气流调节装置既要保证电除尘区气流分布均匀，又要引导气流在袋式除尘区合理分布。

第五节 湿式除尘技术

湿式除尘是使含尘气体与液体（一般为水）充分接触，将尘粒洗涤下来而使气体净化的大气污染控制技术。湿式除尘技术可以有效地将直径为 0.1～20 μm 的液态或固态粒子从气流中除去，同时也能脱除气态污染物。湿式除尘器具有结构简单、造价低、占地面积小，操作及维修方便和净化效率高等优点，能够处理高温、高湿的气流，将着火、爆炸的可能减至最低。但采用湿式除尘器时，要特别注意设备和管道腐蚀以及污水和污泥的处理等问题。湿式除尘过程也不利于副产品的回收。如果设备安装在室外，还必须考虑在冬天设备可能冻结的问题。

一、湿式除尘原理

湿式除尘机理涉及惯性碰撞和拦截、扩散、黏附、凝聚等作用，但主要是惯性碰撞和拦截作用。

含尘气体在运动中与液滴相遇，在液滴前 x_d 处气流开始改变方向，绕过液滴流动，而惯性较大的颗粒将继续保持其原来直线运动的趋势。定义颗粒从脱离流线到惯性运动结束时所移动的直线距离为粒子的停止距离（x_s），若 x_s 大于粒子开始偏离流线那一点至液滴的距离（x_d），颗粒和液滴就会发生碰撞。定义 x_s 与液滴直径 d_D 的比值为惯性碰撞参数（N_I），对于斯托克斯粒子：

$$St=N_I=\frac{x_s}{d_D}=\frac{d_p^2\rho_p(u_p-u_d)C}{18\mu D_c} \tag{6-87}$$

式中：u_d——液滴的速度，m/s；

u_p——在流动方向上粒子的速度，m/s。

对于粒径小于 5.0 μm 的粒子，必须考虑坎宁汉校正系数 C。

由式（6-87）可以看出，当颗粒直径和密度确定以后，碰撞系数和液滴之间的相对速度成正比，而与液滴直径成反比。所以对于给定的烟气系统，要提高 N_I，必须提高液气相对运动速度和减小液滴直径。但液滴直径也不是越小越好，直径过小，液滴容易随气流一起运动，减小了液气相对运动速度。因此，对于给定颗粒，为获得最大除尘效率，应有一个最佳液滴直径。

二、湿式除尘器的效率

（一）根据碰撞参数计算除尘效率

根据碰撞系数的物理意义，N_I越大，则粒子惯性越大，碰撞捕集效率越高。理论上讲，针对势流和黏性流，捕集效率可以根据惯性碰撞参数（N_I）进行计算。约翰斯顿（Johnstone）等人的研究结果是：

$$\eta=1-\exp(-KL\sqrt{N_I}) \tag{6-88}$$

式中：K——关联系数，其值取决于设备几何结构和系统操作条件；

L——液气比，L/1 000 m^3（气体）。

（二）根据接触功率计算除尘效率

一般说来，对一定特性粉尘的除尘效率愈高，湿式除尘器消耗的能量越大。总能耗（E_t）由气流通过洗涤器时的能量损失（E_g）和雾化喷淋液体过程中的能量消耗（E_l）组成，即

$$E_t=E_g+E_l=\frac{1}{3\ 600}\left(\Delta p_g+p_l\frac{q_l}{q_g}\right)\quad \text{kW·h/1 000 m}^3\text{（气体）} \tag{6-89}$$

式中：Δp_g——气体通过洗涤器的压力损失，Pa；

p_l——液体入口压力，Pa；

q_l，q_g——液体和气体的流量，m^3/s。

湿式除尘器的总除尘效率是气液两相之间接触率的函数，且可以用传质单元数（N_t）表示：

$$\eta = 1 - e^{-N_t} \tag{6-90}$$

对于给定的洗涤器和颗粒物，传质单元数和接触功率之间有明确的关联。对一系列洗涤器的研究表明，在双对数坐标系内，传质单元数与总能量消耗之间的关系为一直线。因此，可用如下方程表示：

$$N_t = \alpha E_t^{\beta} \tag{6-91}$$

式中：α，β——特性参数，由被捕集粉尘的特性和洗涤器类型决定。表 6-14 给出了各种工业应用中的 α 和 β。

表 6-14 式(6-91)中的参数值

序号	粉尘和尘源类型	α	β
1	L-D 转炉粉尘	4. 450	0. 466 3
2	滑石粉	3. 626	0. 350 6
3	磷酸雾	2. 324	0. 631 2
4	化铁炉粉尘	2. 255	0. 621 0
5	炼钢平炉粉尘	2. 000	0. 568 8
6	滑石粉	2. 000	0. 656 6
7	从硅钢炉升华的粉尘	1. 226	0. 450 0
8	鼓风炉粉尘	0. 955	0. 891 0
9	石灰窑粉尘	3. 567	1. 052 9
10	从黄铜熔炉排出的氧化锌	2. 180	0. 531 7
11	从石灰窑排出的碱	2. 200	1. 229 5
12	硫酸铜气溶胶	1. 350	1. 067 9
13	肥皂生产排出的雾	1. 169	1. 414 6
14	从吹氧平炉升华的粉尘	0. 880	1. 619 0
15	没有吹氧的平炉粉尘	0. 795	1. 594 0

三、湿式除尘器类型和结构

在工程上使用的湿式除尘器类型很多。总体上可分为低能和高能两类。低能湿式除尘器的压力损失为 0. 2~1. 5 kPa，包括喷雾塔和旋风洗涤器等，在一般运行条件下的耗水量（液气比）为 0. 5~3. 0 L/m^3，对 10 μm 以上颗粒的净化效率可达 90%~95%；高能湿式除尘器的压力损失为 2. 5~9. 0 kPa，净化效率可达 99. 5%以上，如文丘里洗涤器等。

根据湿式除尘器的净化机理，可以将其大致分成七类：① 重力喷雾洗涤器；② 旋风洗涤器；③ 自激喷雾洗涤器；④ 板式洗涤器；⑤ 填料洗涤器；⑥ 文丘里洗涤器；⑦ 机械诱导喷雾洗涤器。主要湿式除尘装置的性能和操作范围列于表 6-15，为简化讨论，本书将主要介绍应用广泛的三类湿式除尘器，即喷雾塔洗涤器、旋风洗涤器和文丘里洗涤器。

表 6-15　主要湿式除尘装置的性能和操作范围

序号	洗涤器类型	对 5 μm 尘粒的近似分级效率/%	压力损失/Pa	液气比/(L·m^{-3})
1	喷雾塔	80	125～500	0.67～2.68
2	旋风洗涤器	87	250～4 000	0.27～2.0
3	自激喷雾	93	500～4 000	0.067～0.134
4	泡沫板式	97	250～2 000	0.4～0.67
5	填料床	99	50～250	1.07～2.67
6	文丘里	>99	1 250～9 000	0.27～1.34
7	机械诱导喷雾	>99	400～1 000	0.53～0.67

(一) 喷雾塔洗涤器

喷雾塔洗涤器是最简单的一种湿式除尘装置,如图 6-38 所示。在逆流式喷雾塔中,含尘气体向上运动,液滴由喷嘴喷出向下运动,通过粉尘颗粒与液滴之间的惯性碰撞、拦截和凝聚等作用,使较大的粒子被液滴捕集。假如气体流速较小,夹带了颗粒的液滴将因重力作用而沉于塔底,净化后的气体通过脱水器去除夹带颗粒的细小液滴由顶部排出。

1. 喷雾塔洗涤器的基本构造

根据喷雾塔洗涤器内截面的形状,可分为圆形和方形两种;按其内的气液流动方向可分为顺流、逆流和错流三种形式。

在逆流式喷雾塔中,含尘气体从喷雾塔除尘器底部进入,为保证塔内气流分布均匀,常采用孔板型气流分布板。液滴由喷嘴喷出从上而下喷淋,喷嘴可以设在一个截面上,也可以分几层布置在几个截面上。通常在塔的顶部安装除雾器,以除去那些十分小的液滴。

在顺流喷雾塔中,液体和含尘气流在塔内按同一方向运动,一般是从顶部淋下来,对于液滴从气流中分离有利,缺点是碰撞效果差,主要用于气体降温和增湿等过程。而错流喷雾塔,液体从塔顶喷淋下来,而含尘气体水平流过喷雾塔。

喷雾塔的下部一般设有集液管槽,并附设沉淀池,使液体能循环使用。

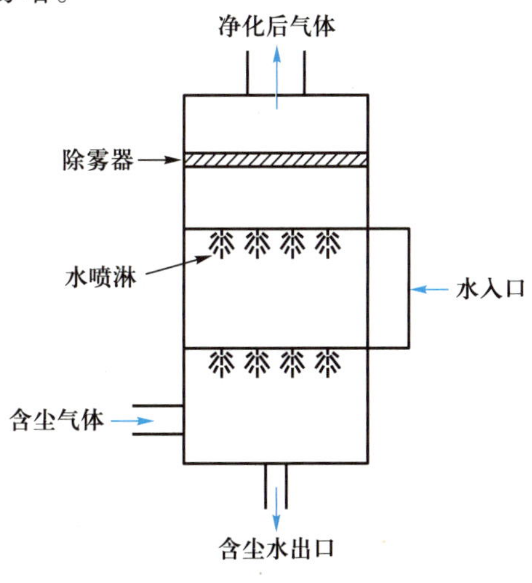

图 6-38　喷雾塔洗涤器示意图

2. 喷雾塔洗涤器的除尘效率

喷雾塔的除尘效率取决于液滴大小、颗粒的空气动力学直径、液气流量比以及气体性质。

(1) 逆流喷雾塔洗涤器:通常假定所有液滴具有相同直径,且进入洗涤器后立刻以终末沉降速度沉降;液滴在整个过气断面上分布均匀、无聚结现象。基于这些假定,立式逆流喷雾塔靠惯性碰撞捕集粉尘的效率可以用下式表示:

$$\eta=1-\exp\left[-\frac{3q_{l}u_{t}z\eta_{d}}{2q_{g}d_{d}(u_{t}-V_{g})}\right] \qquad (6-92)$$

式中：u_t——液滴的终末沉降速度，m/s；

V_g——空塔断面气速，m/s；

z——气液接触的总塔高度，m；

η_d——单个液滴的碰撞效率。

单个液滴的集尘效率受液滴运动雷诺数的影响很大，根据液滴周围为黏性流和势流时的集尘效率，内插得到如下近似表达式：

$$\eta_d=\left(\frac{St}{St+0.7}\right)^2 \tag{6-93}$$

根据斯台尔曼对逆流喷雾塔洗涤器的实验，当尘粒密度为 2 g/cm^3 时，不同液滴捕集尘粒的效率如图 6-39 所示。可见，当液滴直径为 0.8 mm 时，对尘粒的捕集效率最高。

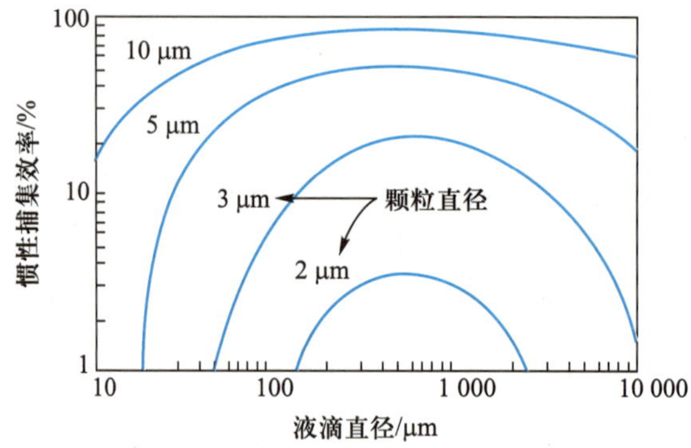

图 6-39 逆流喷雾塔中惯性捕集效率和液滴直径的关系

（2）错流喷雾塔洗涤器：对于粒子的惯性捕集，可用下式估算错流形喷雾塔粒子的总通过率：

$$\eta=1-\exp\left[-\frac{3q_1u_tz\eta_d}{2q_gd_d(u_t-V_g)}\right]=1-\exp\left[-\frac{3q_1z\eta_d}{2q_gd_d}\right] \tag{6-94}$$

［例 6-6］ 某错流式喷雾塔洗涤器的粉尘净化效率为 90%。现在需要将气体流量提高到原来的两倍，在其他条件均保持不变的情况下，除尘效率变为多少？

解：错流情况下，式(6-92)可化为：

$$\eta=1-\exp\left[-\frac{3q_1u_tz\eta_d}{2q_gd_d(u_t-V_g)}\right]=1-\exp\left[-\frac{3q_1z\eta_d}{2q_gd_d}\right]$$

气速不变时，$\eta=1-\exp\left[-\frac{3q_1z\eta_d}{2q_{g0}d_d}\right]=90\%$，得到$\frac{3q_1z\eta_d}{2q_{g0}d_d}=2.30$

气速变为原来的两倍时，$\frac{3q_1z\eta_d}{2q_{g1}d_d}=\frac{3q_1z\eta_d}{2(2q_{g0})d_d}=1.15$

所以除尘效率：$\eta=1-\exp\left[-\frac{3q_1z\eta_d}{4q_{g0}d_d}\right]=68\%$

3. 喷雾塔洗涤器的特点与应用

喷塔洗涤器的主要特点是结构简单、压力损失小，一般为 250～500 Pa，操作方便，运行稳定。其主要缺点是耗水量及占地面积大，对于小于 10 μm 的颗粒捕集效率较低。

喷雾塔洗涤器适用于捕集粒径较大的颗粒，当气体需要除尘、降温或除尘兼有去除其他有害气体时，往往与高效除尘器串联使用。

（二）旋风洗涤器

在干式旋风分离器内部以环形方式安装一排喷嘴，这就构成一种最简单的旋风洗涤器。喷雾作用发生在外涡旋区，并捕集颗粒，携带颗粒的液滴被甩向旋风洗涤器的湿壁上，然后沿壁面沉落到器底。旋风洗涤器和干式旋风除尘器相比，由于附加了液滴的捕集作用，消除了粉尘的返混，除尘效率明显提高。

1. 旋风洗涤器的基本构造

旋风洗涤器可以分为立式旋风水膜除尘器和中心喷雾的旋风洗涤器。

（1）立式旋风水膜除尘器：立式旋风水膜除尘器的基本结构，如图 6-40 所示。喷雾切向筒壁，使壁面形成一层很薄的不断向下流的水幕。含尘气流从筒体下部导入，旋转上升，靠离心力甩向壁面。粉尘颗粒被水膜所黏附，沿壁面流下排出。进水喷嘴也可安装在旋风洗涤器入口处。在出口处通常需要安装除雾器。

立式旋风水膜除尘器的气体入口速度一般采用 18~22 m/s。喷嘴间距一般不超过 400 mm，以保证除尘器壁上形成稳定而均匀的水膜。耗水量一般为0.5~1.5 L/m^3，水压 300~500 kPa。

（2）中心喷雾的旋风洗涤器：中心喷雾的旋风洗涤器，如图 6-41 所示。含尘气体由筒体的下部切向引入，水通过轴上安装的多头喷嘴喷出，径向喷出的水雾与螺旋形旋转气流相碰，使颗粒被捕集下来。如果在喷雾段上面有足够的高度，也能起一定的除雾作用。

旋风洗涤器气体入口速度范围一般为15~45m/s。随着入口速度的提高，气流与液滴之

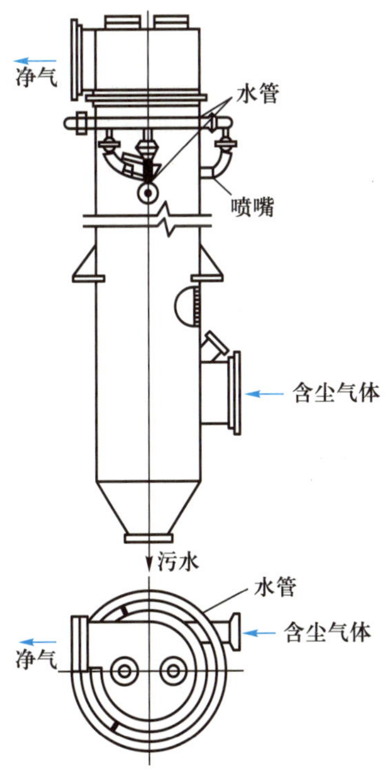

图 6-40　立式旋风水膜除尘器

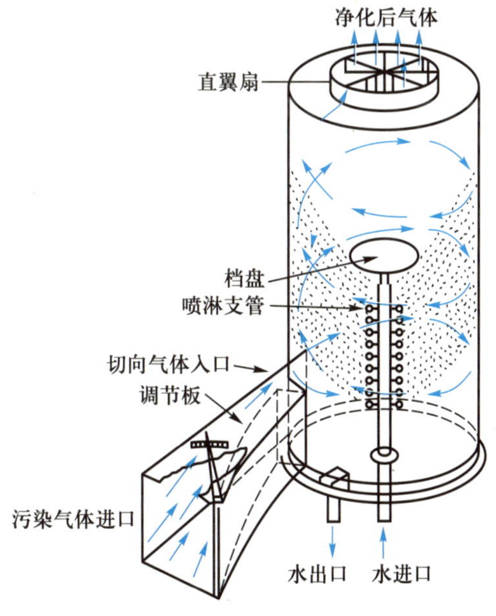

图 6-41　中心喷雾的旋风洗涤器

间相对运动速度增加。通常假定颗粒与气流的速度相等,因此,颗粒与液滴之间相对运动速度亦增加,靠惯性碰撞的集尘效率提高。同时气体在塔内旋转运动的路程比在喷雾塔内加长,使颗粒被捕集的概率增大。通常中心喷雾的旋风洗涤器对于 0.5 μm 以上颗粒的捕集效率可达 95%。

2. 旋风洗涤器的压力损失

旋风洗涤器的压力损失范围一般为 0.5~1.5 kPa,可以采用下式进行估算:

$$\Delta p=\Delta p_0+\frac{q_1}{q_g}\rho_1\bar{u}_d^{\ 2} \tag{6-95}$$

式中:Δp——旋风洗涤器的压力损失,Pa;

Δp_0——喷雾系统关闭时的压力损失,Pa;

ρ_1——液滴密度,kg/m^3;

$\bar{u}_d$——液滴初始平均速度,m/s。

3. 旋风洗涤器的应用

旋风洗涤器适合于处理烟气量大和含尘浓度高的场合。它可以单独使用,也可以安装在文丘里洗涤器之后作为脱水器,还可用于吸收某些气体,如净化含有 SO_2、SO_3、H_2S、NO_x 等有毒有害气体。

(三) 文丘里洗涤器

文丘里洗涤器是一种高效湿式洗涤器,多用于高温烟气的除尘和降温。

1. 文丘里洗涤器的结构和工作原理

文丘里洗涤器由收缩管、喉管和扩散管组成,如图 6-42 所示。含尘气体由进气管进入收缩管后,流速逐渐增大,气流的压力能逐渐转变为动能,在喉管入口处,气速达到最大,一般为 50~180 m/s。洗涤液(一般为水)沿喉管周边均匀分布的喷嘴进入,液滴被高速气流雾化和加速。充分的雾化是实现高效除尘的基本条件。通常假定:① 微细颗粒以与气流相同的速度进入喉管;② 洗涤液滴的轴向初速度为零,由于气流曳力在喉管部分被逐渐加速。在液滴加速过程中,通过液滴与颗粒之间惯性碰撞,实现微细颗粒的捕集。当液滴速度接近气流速度时,液滴与颗粒之间相对速度接近零。在喉管下游,惯性碰撞的可能性迅速减小。因为碰撞捕集效率随相对速度增加而增加,因此,气流入口速度必须高。在扩散管中,气流速度减小和压力的回升,使以颗粒为凝结核的凝聚作用的速度加快,形成直径较大的含尘液滴,以便于被低能洗涤器或除雾器捕集下来。

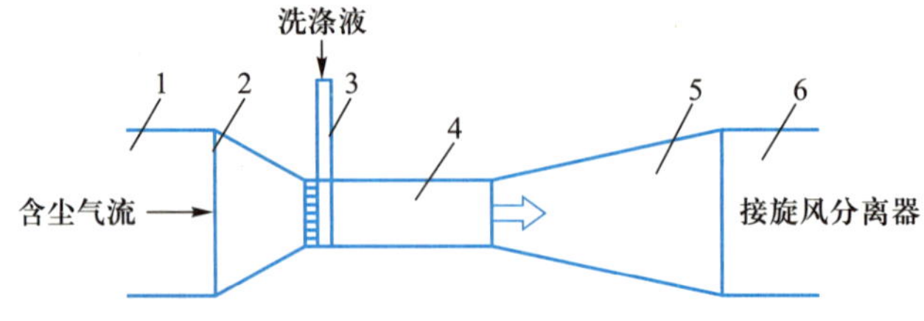

1. 进气管;2. 收缩管;3. 喷嘴;4. 喉管;5. 扩散管;6. 连接管

图 6-42 文丘里洗涤器示意图

2. 文丘里洗涤器的几何尺寸

文丘里洗涤器的几何尺寸主要包括收缩管、喉管和扩散管的长度、直径,以及收缩管和扩散管的张开角度等。进气管直径(D_1)按与之相连管道直径确定，管道中气流速度一般为16~22 m/s。收缩管的收缩角 α_1 常取23°~25°，喉管直径(D_T)按喉管气速(v_T)确定，其截面积与进口管截面积之比的典型值为1:4，v_T的选择要考虑粉尘、气体和洗涤液的物理化学性质，对洗涤器效率和阻力的要求等因素。扩散管的扩散角 α_2 一般为5°~7°，出口管的直径(D_2)按与其相连的除雾器要求的气速确定。由于扩散管后面的直管道还具有凝聚和恢复压力的作用，一般设1~2 m长的连接管，再接除雾器。收缩管和扩散管的长度(L_1)及(L_2)由下面的式子决定：

$$L_1=\frac{D_1-D_T}{2}\cot\frac{\alpha_1}{2} \tag{6-96}$$

$$L_2=\frac{D_2-D_T}{2}\cot\frac{\alpha_2}{2} \tag{6-97}$$

喉管长度一般取喉管直径的0.8~1.5倍，或取200~500 mm。

3. 文丘里洗涤器的压力损失

文氏管的压力损失是一个很重要的性能参数。影响文氏管压力损失的因素很多，如结构尺寸、喷雾方式、压力、液气比和气体流动状况等。

卡尔弗特等人基于气流损失的能量全部用于在喉管内加速液滴的假定，发展了计算文丘里洗涤器压力损失的数学模式。假定：① 在喉管内气流速度为常数；② 气体流动为不可压缩的绝热过程；③ 任何断面的液气比不变；④ 液滴直径为常数；⑤ 液滴周围压力是对称的，因而可以忽略。则有：

$$\Delta p=-\rho_L v_T^2\left(\frac{q_L}{q_G}\right) \tag{6-98}$$

或者

$$\Delta p=-1.03\times10^{-3}v_T^2\left(\frac{q_L}{q_G}\right) \tag{6-99}$$

式中：Δp——压力损失，cmH_2O；

v_T——喉管气速，cm/s；

q_L、q_G——液体和气体流量。

根据由多种文丘里洗涤器得到的实验数据间的关系，海斯凯茨(Hesketh)提出了如下方程式：

$$\Delta p=0.863\rho_G(A)^{0.133}v_T^2\left(\frac{q_L}{q_G}\right)^{0.78} \tag{6-100}$$

$$\frac{q_L}{q_G}=L$$

式中：Δp——压力损失，Pa；

ρ_G——气体密度，kg/m^3；

A——喉管的横断面积，m^2；

v_T——喉管气速，m/s；

L——气液比，L/m^3。

4. 文丘里洗涤器的除尘效率

虽然文丘里洗涤器广泛用于除尘过程，但尚缺乏可靠的计算除尘效率的方程式。卡尔弗特等人作了一系列简化后提出文丘里洗涤器的通过率的计算公式：

$$P=\exp\left(\frac{-6.1\times10^{-9}\rho_{\rm L}\rho_{\rm P}Cd_{\rm p}^2f^2\Delta p}{\mu_{\rm G}^2}\right) \tag{6-101}$$

式中：P——通过率，%；

$\rho_{\rm L}$、$\rho_{\rm P}$——分别为洗涤液和颗粒的密度，g/cm^3；

$\mu_{\rm G}$——气体黏度，10^{-1}Pa·s；

Δp——文丘里洗涤器压力损失，cmH_2O；

$d_{\rm p}$——颗粒粒径，μm；

f——经验常数，0.1～0.4；

$C=1+\dfrac{0.172}{d_{\rm p}}$，粒径校正系数。

[例 6-7] 以液气比为 1.0 L/m^3 的速率将水喷入文丘里洗涤器的喉部，气体流速为 122 m/s，密度和黏度分别为 1.15 kg/m^3 和 2.08×10^{-5}kg/(m·s)，喉管横断面积为 0.08 m^2，参数 f 取为 0.25，对于粒径为 1.0 μm、密度为 1.5 g/cm^3 的粒子，试确定气流通过该洗涤器的压力损失和粒子的通过率。

解：将已知数据代入式(6-98)：

$$\Delta p=-1.03\times10^{-3}v_{\rm T}^2\left(\frac{q_{\rm L}}{q_{\rm G}}\right)=-1.03\times10^{-3}(12\ 200)^2\left(\frac{1.0\times10^{-3}}{1}\right)\ {\rm cmH_2O}$$

$$=153.3\ {\rm cmH_2O}$$

利用式(6-101)计算粒子的通过率：

$$C_{\rm c}=1+\frac{0.172}{d_{\rm p}}=1.172$$

$$P=\exp\left(\frac{-6.1\times10^{-9}\rho_{\rm L}\rho_{\rm P}Cd_{\rm P}^2f^2\Delta p}{\mu_{\rm g}^2}\right)$$

$$=\exp\left[-\frac{6.1\times10^{-9}\times1\times1.5\times1.172\times1^2\times(0.25)^2\times153.3}{(2.08\times10^{-4})^2}\right]$$

$$=\exp(-2.375)=0.093.$$

四、湿式除尘器设计

湿式除尘器的设计步骤如下：

① 收集需处理的废气的有关资料，包括废气流量、废气温度、废气密度、废气中粉尘的浓度、粉尘的密度和粒尘的粒径分布，以及当地政府对该污染源下达的粉尘排放标准。

② 确定要达到的处理效率。

③ 根据废气和粉尘的特点、性质及需要达到的处理效率，选取恰当的湿式除尘设备。

④ 根据工程经验，选取设备的有关参数。

⑤ 计算各种粒径的粉尘的分级效率，由此得到总去除率，并与要求的除尘效率比较，如

达到要求，则继续向下计算；如达不到要求，则重新选择设备参数，再计算分级效率和总除尘效率，直至达到要求为止。

⑥ 计算设备的其他结构参数。

⑦ 计算设备的阻力降。

第六节　除尘设备的比较和选择

一、常用除尘器性能比较

选择除尘器时必须全面考虑除尘器的投资和运行费用、除尘效率、压力损失和适用性等。表 6-16 列出了常用除尘器的综合性能，可供设计选用除尘器时参考。

表 6-16　常用除尘器的综合性能

除尘器名称	适用的粒径范围/μm	效率/%	阻力/Pa	设备费	运行费
重力沉降室	>50	<50	50～130	少	少
惯性除尘器	20～50	50～70	300～800	少	少
旋风除尘器	5～30	60～70	800～1 500	少	中
冲击水浴除尘器	1～10	80～90	600～1 200	少	中
卧式旋风水膜除尘器	>5	90～95	800～1 200	中	中
文丘里洗涤器	0.5～1	90～98	4 000～10 000	少	大
电除尘器	0.5～1	95～99	50～130	大	大
袋式除尘器	0.5～1	95～99	1 000～1 500	大	大

二、除尘器的选择原则

（一）排放标准和排放要求

除尘器的除尘效率必须满足国家或地方政府环境主管部门制定的排放标准的要求，按标准所规定的时段控制要求确定排放限值。对于运行状况不稳定的系统，要注意烟气处理量变化对除尘效率和压力损失的影响，如旋风除尘器除尘效率和压力损失随处理烟气量增加而增加，但大多数除尘器（如电除尘器）的效率却随处理烟气量的增加而下降。

正常运行时，除尘器的效率高低排序是：袋式除尘器、电除尘器及文丘里除尘器、旋风水膜除尘器、旋风除尘器、惯性除尘器、重力除尘器。

（二）粉尘性质

被捕集粉尘的性质直接影响装置的性能，尤其是粉尘的粒径分布，对装置性能影响更大。

1. 粒径分布

不同的除尘器对不同粒径颗粒的除尘效率是完全不同的，选择除尘器时必须首先了解欲捕集粉尘的粒径分布，再根据除尘器除尘分级效率和除尘要求选择适当的除尘器。

表 6-17 列出了典型粉尘对不同除尘器进行试验后得出的分级效率，试验用的粉尘是二氧化硅尘，密度 $\rho_p = 2.7\ g/cm^3$。图 6-43 为不同类型除尘器可以捕集粉尘的大致粒径范围，供选择除尘器时参考。一般而言，重力沉降室对于 50 μm 以上、惯性除尘器对于 20 μm 以上、离心除尘器对于 10 μm 以上粉尘的净化效果较好，10 μm 以下颗粒所占比例较大时应选择湿式、布袋或者电除尘器。

表 6-17　除尘器的分级效率

除尘器名称	总效率/%	不同粒径时的分级效率/%				
		0～5 μm	>5～10 μm	>10～20 μm	>20～44 μm	>44 μm
带挡板的沉降室	58.6	7.5	22	43	80	90
普通的旋风除尘器	65.3	12	33	57	82	91
长锥体旋风除尘器	84.2	40	79	92	99.5	100
喷淋塔	94.5	72	96	98	100	100
电除尘器	97.0	90	94.5	97	99.5	100
文丘里除尘器（$\Delta p = 7.5$ kPa）	99.5	99	99.5	100	100	100
袋式除尘器	99.7	99.5	100	100	100	100

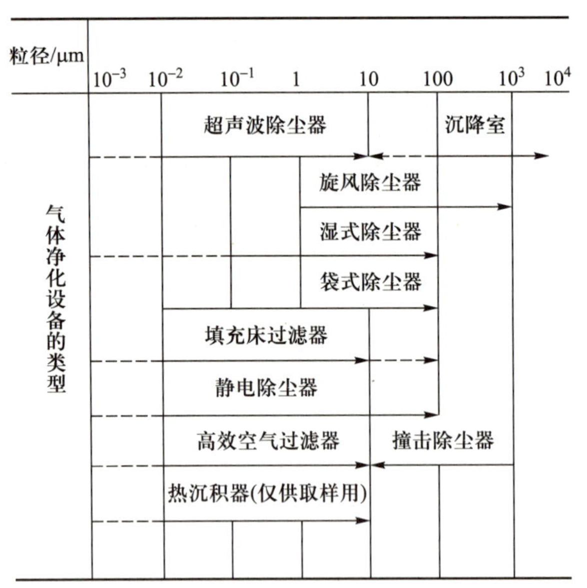

图 6-43　不同类型除尘器可以捕集粉尘的大致粒径范围

注：---表示可沿用的范围

2. 含尘浓度

重力、惯性及离心式除尘器的入口粉尘浓度增大，除尘效率有增大的趋势；文丘里和喷淋塔等湿式洗涤器，考虑到喉管的磨损和喷嘴的堵塞等，一般要求含尘浓度在 10 g/m^3 以下；袋式除尘器的理想含尘浓度为 0.2～10 g/m^3；电除尘器处理的含尘浓度应在 30 g/m^3 以下，以免发生电晕闭塞。

3. 粉尘的其他性质

除考虑粉尘的粒径分布和浓度外，还必须全面了解粉尘的其他物理性质。例如，对于湿式洗涤器，粉尘的湿润性应为首先考虑的因素；对于电除尘器，则应考虑粉尘的比电阻；对于含有易燃易爆粉尘或气体的净化，则不宜选用电除尘器，最适合的是湿式洗涤器；对于含水率高，黏附性强的粉尘，则不宜选用袋式除尘器。

（三）运行条件

运行条件主要指系统的操作工况（温度、压力等）和气体的性质。如前所述，分级效率曲线是选择除尘器的重要依据。但是，分级效率曲线仅适用于某一特定的温度和压力状况及特定的含尘气体，即随运行条件的改变，曲线必然发生变化。所以，选择装置时，还必须考虑装置本身对运行条件的适应性。

1. 烟气温度

烟气温度对除尘器性能的影响主要有三个方面：一是对气体体积流量的影响。气体体积流量的改变会使含尘浓度改变，并且决定装置体积的大小和设备费用。二是各种除尘器因其结构材料不同，对温度有一定的适应范围。表6-18 列出了各种除尘器的耐温性，除尘器结构材料的选择应符合处理烟气温度的需要。例如，多管旋风除尘器用于高温时采用铸铁制造旋风子；袋式除尘器用于高温时应选择耐温滤料等。三是温度还将影响气体的黏度、密度和粉尘的比电阻等技术参数，黏度增大将使粉尘的沉降速度减小。

表 6-18　各种除尘器的耐温性

除尘器种类	旋风除尘器	袋式除尘器		电除尘器		湿式洗涤器
		普通滤料	玻璃丝滤料	干式	湿式	
最高使用温度/℃	400	80～120	250	350	80	400
备注	特高温者（<1 000℃）可采用内衬耐火材料以提高耐温性	温度随滤料种类而异	聚四氟乙烯滤料的耐温性和价格与之差不多	高温时易产生粉尘比电阻随温度而变化的问题	温度过高会产生使绝缘部分失效的问题	特高温时，在入口内衬的耐火材料，由于与水接触，存在因冷却而出现的问题

2. 气体压力

除尘系统通常在常压下运行。一般说来，气体压力对除尘机制的影响较小，但当系统运行压力比大气压力高或低很多时，就需要按压力容器来设计除尘器。当生产过程本身产生高压时，可以利用其克服除尘过程的压力损失，选择高能洗涤器将变得经济可靠。

3. 气体成分

气体性质亦直接影响除尘装置的选择。对于含尘气体中同时含气态污染物时，采用湿式洗涤器可同时实现除尘和脱除气态污染物的双重效果；对于湿度很大的气体，容易造成机械式除尘器的堵塞,易使袋式除尘器的滤料结块,因此是否选用湿式洗涤器要适当考虑;当处理腐蚀性气体时,则必须考虑装置的防腐问题。

(四) 投资和运行成本

设备的一次投资以及操作和维修费用等经济因素也必须考虑。表 6-19 给出了常见除尘设备的投资费用和运行费用的比较。需要指出的是:任何除尘系统的一次投资只是总费用的一部分,所以,仅以一次投资作为选择系统的准则是不全面的,还需考虑其他费用,包括安装费、动力消耗、杂项开支以及维修费等。以袋式除尘器为例,一次投资和年运行费用包括的细目及所占比例列于表 6-20。

表 6-19 常见除尘设备的投资费用和运行费用 单位:万元

设备	投资费用	运行费用
高效旋风除尘器	100	100
袋式除尘器	250	250
电除尘器	450	150
塔式洗涤器	270	260
文丘里洗涤器	220	500

表 6-20 袋式除尘器的一次投资及年运行费

一次投资		年运行费	
细目	所占比例/%	细目	所占比例/%
除尘器本体	30~70	劳务	20~40
烟道及烟囱	10~30	动力	10~20
基础及安装	5~10	滤布及部件更换	10~30
风机及电动机	10~20	装置杂项开支	25~35
规划及设计	1~10	—	—

(五) 其他因素

选择除尘器时,必须同时考虑收集粉尘的处理问题。有些工厂工艺本身设有泥浆、废水处理系统,或采用水力输灰方式,在这种情况下可以考虑采用湿法除尘,把除尘系统的泥浆和废水纳入此系统。选择除尘器还必须考虑设备的位置,可利用的空间,环境条件等因素。

思考题与习题

6-1 根据以往的分析知道,由破碎过程产生的粉尘的粒径分布符合对数正态分布,为此在对该粉尘进行粒径分布测定时只取了四组数据(见表 6-21),试确定:① 几何平均直径和几何标准差;② 绘制频率密度分布曲线。

表 6-21 习题 6-1 附表

粉尘粒径 $d_p/\mu m$	0~10	10~20	20~40	>40
质量分数/%	36.9	19.1	18.0	26.0

6-2 根据表 6-22 中四种污染源排放的烟尘的对数正态分布数据，在对数概率坐标纸上绘出它们的筛下累积频率曲线。

表 6-22 习题 6-2 附表

污染源	质量中位直径/μm	几何标准差
平炉	0.36	2.14
飞灰	6.8	4.54
水泥窑	16.5	2.35
化铁炉	60.0	17.65

6-3 计算粒径不同的三种飞灰颗粒在空气中的重力沉降速度，以及每种颗粒在 30 s 内的沉降高度。假定飞灰颗粒为球形，颗粒直径分别为 0.4 μm、40 μm、4 000 μm，空气温度为 387.5 K，压力为 101 325 Pa，飞灰真密度为 2 310 kg/m^3。

6-4 某旋风除尘器的阻力系数为 9.9，进口速度 15 m/s，试计算标准状态下的压力损失。

6-5 板间距为 25 cm 的板式电除尘器的分割直径为 0.9 μm，使用者希望总效率不小于 98%，有关法规规定排气中含尘浓度不得超过 0.1 g/m^3。假定电除尘器入口处粉尘浓度为 30 g/m^3，且粒径分布如表 6-23 所示。

表 6-23 习题 6-5 附表

质量分数/%	20	20	20	20	20
平均粒径/μm	3.5	8.0	13.0	19.0	45.0

假定德意希方程的形式为 $\eta=1-e^{-Kd_p}$，其中 η 为捕集效率；K 为经验常数；d_p 为颗粒直径。试确定：① 该除尘器效率能否等于或大于 98%；② 出口处烟气中含尘浓度能否满足环保规定。

6-6 某板式电除尘器的平均电场强度为 3.4 kV/cm，烟气温度为 423 K，电场中离子浓度为 108 个/m^3，离子质量为 5×10^{-26} kg，粉尘在电场中的停留时间为 5 s。假定：① 烟气性质近似于空气；② 粉尘的相对介电系数为 1.5。试计算：① 粒径为 5 mm 的粉尘的饱和电荷值；② 粒径为 0.2 mm 的粉尘的荷电量；③ 计算上述两种粒径粉尘的驱进速度。

6-7 电除尘器的集尘效率为 95%，某工程师推荐使用一种添加剂以降低集尘板上粉尘层的比电阻，预期可使电除尘器的有效驱进速度提高 1 倍。若工程师的推荐成立，试求使用该添加剂后电除尘器的集尘效率。

6-8 烟气中含有三种粒径的粒子：10 μm、7 μm 和 3 μm，每种粒径粒子的质量浓度均占总浓度的 1/3。假定粒子在电除尘器内的驱进速度正比于粒径，电除尘器的总除尘效率为 95%，试求这三种粒径粒子的分级除尘效率。

6-9 利用清洁滤袋进行一次实验，以测定粉尘的渗透率，气流通过清洁滤袋的压力损失为 250 Pa，300 K的气体以 1.8 m/min 的流速通过滤袋，滤饼密度 1.2 g/cm^3，总压力损失与沉积粉尘质量的关系如表 6-24 所示。试确定粉尘的渗透率（以 m^2 表示），假如滤袋面积为 100.0 cm^2。

表 6-24 习题 6-9 附表

Δp/Pa	612	666	774	900	990	1 062	1 152
m/kg	0.002	0.004	0.010	0.02	0.028	0.034	0.042

6-10 一个文丘里洗涤器用来净化含尘气体。操作条件如下：液气比 $L=1.36\ \mathrm{L/m^3}$，喉管气速为 83 m/s，粉尘密度为 0.7 $\mathrm{g/cm^3}$，烟气黏度为 $2.23\times10^{-5}\ \mathrm{Pa\cdot s}$，取校正系数 $f=0.2$，忽略 C，计算除尘器效率。烟气中粉尘的粒度分布如表 6-25 所示。

表 6-25 习题 6-10 附表

粒径/μm	质量分数/%	粒径/μm	质量分数/%
<0.1	0.01	5.0~10.0	16.0
0.1~0.5	0.21	10.0~15.0	12.0
0.5~1.0	0.78	15.0~20.0	8.0
1.0~5.0	13.0	>20.0	50.0

6-11 水以液气比 12 $\mathrm{L/m^3}$ 的速率进入文丘里管，喉管气速 116 m/s，气体黏度为 $1.845\times10^{-5}\ \mathrm{Pa\cdot s}$，颗粒密度为 1.789 $\mathrm{g/cm^3}$，平均粒径为 1.2 mm，f 取 0.22。求文丘里管洗涤器的压力损失和穿透率。

第七章　气态污染物控制技术

第一节　气态污染物净化原理

从废气中去除气态污染物，控制气态污染物向大气的排放，常常涉及到气体吸收、气体吸附和气体催化转化等单元操作。这里对气体吸收、气体吸附和气体催化转化的基本原理作一概要介绍。

一、吸收法净化气态污染物

吸收是根据气体混合物中各组分在液体溶剂中物理溶解度或化学反应活性的不同，而将有害组分从气流中分离出来的过程。吸收净化法具有效率高，设备简单，一次投资费用相对较低等优点，广泛地应用于 SO_2、H_2S、HF 等气态污染物控制中。

吸收分为物理吸收和化学吸收。在大气污染控制工程中，废气量大、污染物浓度低且成分复杂，一般情况下靠物理吸收难以达到排放标准，因此多采用化学吸收。

（一）吸收平衡

物理吸收时，常用亨利定律来描述气液相间的相平衡关系。当总压不太高（一般约小于 5×10^5 Pa）时，在一定温度下，稀溶液中溶质的溶解度与其在气相中的平衡分压成正比，即：

$$c_A = H_A \cdot p_A^* \tag{7-1}$$

$$p_A^* = E_A \cdot x_A \tag{7-2}$$

式中：p_A^*——气相组分 A 的分压，Pa；

c_A——液相中组分 A 的浓度，mol/m^3；

x_A——组分 A 溶于溶剂中的浓度，摩尔分率；

H_A，E_A——亨利系数，单位分别为 $mol/(m^3 \cdot Pa)$ 和 Pa。

为了加快净化速率、提高净化效率，实际气态污染物净化过程通常采用化学吸收法。此时，气体溶于液体中，且与液体中某组分发生化学反应，被吸收组分既遵从相平衡关系，又遵从化学平衡的关系。设气态污染物 A 与吸收液中所含组分 B 发生如下反应：

$$aA + bB \rightleftharpoons mM + nN$$

则气态污染物 A 在溶液中的转化过程可表示为：

$$\begin{array}{l} aA_{(气)} \\ \quad\updownarrow \\ aA_{(液)} + bB \rightleftharpoons mM + nN \end{array}$$

气态污染物的总净化量由液相物理吸收量和化学反应消耗量两部分组成，即：

$$[A]_{净化}=[A]_{物理平衡}+[A]_{化学消耗} \tag{7-3}$$

其中$[A]_{物理平衡}$采用亨利定律计算：

$$[A]_{物理平衡}=H_A\cdot p_A^* \tag{7-4}$$

$[A]_{化学消耗}$根据化学平衡进行计算：

$$K=\frac{[M]^m[N]^n}{[A]^a[B]^b} \tag{7-5}$$

由于吸收组分既遵从相平衡关系，又遵从化学平衡的关系，式(7-5)中[A]就是式(7-4)中的$[A]_{物理平衡}$，在已知化学平衡常数(K)及反应前后反应物 B 的浓度变化的情况下可求出生成物 M、N 的浓度，再由化学反应式可求出$[A]_{化学消耗}$，从而可由式(7-3)求出$[A]_{净化}$。

下面讨论不同反应情况下的平衡。

1. 被吸收组分 A 与溶剂相互作用

水对氨的吸收过程就属于这种情况。这种情况下气态污染物 A 在溶液中的转化过程的通式可表示为：

$$\begin{array}{l}A_{(气)}\\ \Updownarrow\\ A_{(液)}+B_{(溶剂)}\rightleftharpoons M_{(液)}\end{array}$$

吸收前[M]=0，被吸收组分 A 从气相溶入液相后，与溶剂 B 进行化学反应生成 M，最后达到平衡，此时组分 A 进入溶剂的总浓度(c_A)由式(7-3)得：

$$c_A=[A]+[M] \tag{7-6}$$

由亨利定律有：

$$[A]=H_A\cdot p_A^* \tag{7-7}$$

由化学平衡有：

$$[M]=K[A][B] \tag{7-8}$$

将以上三式联解得：

$$c_A=H_A\cdot(1+K[B])\cdot p_A^* \tag{7-9}$$

或

$$p_A^*=\frac{1}{H_A\cdot(1+K[B])}\cdot c_A \tag{7-10}$$

在 A 的稀溶液中，溶剂 B 的浓度很大，可视为常数，且 K 也为常量，此时$(1+K[B])$近似为常数，因此式(7-10)在形式上可看成与亨利系数相符，p_A^* 与 c_A表观上仍遵从亨利定律，但溶解度系数是无化学作用时的$(1+K[B])$倍，使过程有利于对气体组分 A 的吸收。

2. 被吸收组分在溶液中的解离

如果用水来吸收 SO_2，生成的产物为 H_2SO_3，H_2SO_3 会进一步解离。这种情况可以表示为：

$$\begin{array}{l}A_{(气)}\\ \Updownarrow\\ A_{(液)}\rightleftharpoons M^++N^-\end{array}$$

由式(7-3)有：

$$c_A = [A] + [M^+] \tag{7-11}$$

由化学平衡有

$$K = \frac{[M^+][N^-]}{[A]} \tag{7-12}$$

当溶液中没有同离子存在时，则$[M^+]=[N^-]$，代入式(7-12)得：

$$[M^+] = \sqrt{K[A]} \tag{7-13}$$

把式(7-13)代入式(7-11)有：

$$c_A = [A] + \sqrt{K[A]} \tag{7-14}$$

由气液相平衡$[A]=H_A p_A^*$则得到进入溶液中A的总浓度(c_A)：

$$c_A = H_A \cdot p_A^* + \sqrt{K \cdot H_A \cdot p_A^*} \tag{7-15}$$

上式表示A组分的溶解度为物理溶解量与解离量之和。

3. 被吸收组分与溶剂中活性组分作用

用含亚硫酸铵、亚硫酸氢铵、碳酸钠和亚硫酸钠等溶液吸收烟气中二氧化硫就属于这种情况。这时组分A在溶液中的转化过程为：

$$\begin{array}{l} A_{(气)} \\ \Updownarrow \\ A_{(液)} + B_{(液)} \rightleftharpoons M_{(液)} \end{array}$$

设溶剂中活性组分B的初始浓度为c_{B0}，若平衡转化率为x，则溶液中组分B的平衡浓度为$[B]=c_{B0}(1-x)$，而生成物M的平衡浓度为$[M]=c_{B0} \cdot x$。

由化学平衡关系式有：

$$K = \frac{[M]}{[A] \cdot [B]} = \frac{x}{[A] \cdot [1-x]} \tag{7-16}$$

将气液平衡关系$[A]=H_A \cdot p_A^*$代入式(7-16)得：

$$p_A^* = \frac{x}{K \cdot H_A \cdot (1-x)} \tag{7-17}$$

进入溶液中A的总浓度：

$$c_A = [A] + x c_{B0} = H_A p_A^* + \frac{K_1 p_A^*}{1+K_1 p_A^*} c_{B0} \tag{7-18}$$

式中：K_1——平衡常数K与溶解度系数H_A的乘积，即$K_1 = K \times H_A$，它表征了化学反应气液平衡的特征。

若物理溶解量与化学溶解量相比可忽略不计，则由式(7-18)可得：

$$c_A = x \cdot c_{B0} = \frac{K_1 p_A^*}{1+K_1 p_A^*} c_{B0} \tag{7-19}$$

在式(7-19)中，随着p_A^*的增加，组分A在液相内的溶解度c_A^*变大，但无论p_A^*怎样增大，式中$\frac{K_1 \cdot p_A^*}{1+K_1 \cdot p_A^*}$总是小于1的，也就是说在此种反应类型情况下，对纯粹的化学吸收而言，A组分的溶解度c_A^*的最大值不超过吸收活性组分的初始浓度值。

（二）吸收速率

1. 物理吸收速率

吸收是气态污染物从气相向液相转移的过程，对于吸收机理以双膜理论应用较为普遍。图 7-1是双膜理论模型，它假设在气-液相界面两侧各存在一层滞留膜，即气膜和液膜。在气膜和液膜以外的气相或液相主体中，由于湍流扩散作用不存在浓度梯度。气相的扩散阻力全部在气膜内，液相的扩散阻力全部在液膜内，膜内仅发生分子扩散。因此气液相间的传质速率取决于通过气膜和液膜的分子扩散速率。被吸收组分 A 在气膜和液膜内的传质速率可用费克定律推出。

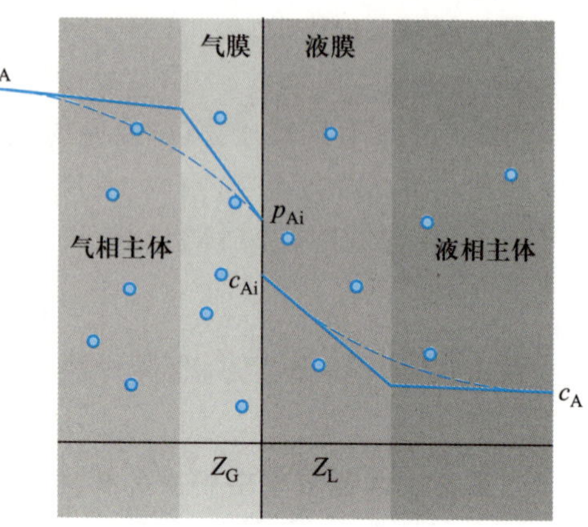

图 7-1 双膜理论模型

对于气膜：

$$N_A=\frac{D_{AG}}{Z_G}(P_{AG}-P_{Ai})=k_{AG}(P_{AG}-P_{Ai}) \tag{7-20}$$

式中：N_A——被吸收组分 A 的传质速率，kmol/(m^2·s)；

D_{AG}——组分 A 在气相中的分子扩散系数，kmol/(m·s·Pa)；

Z_G——气膜厚度，m；

P_{AG}、P_{Ai}——气相主体与界面处的分压，Pa；

k_{AG}——气相传质系数，kmol/(m^2·s·Pa)。

对于液膜：

$$N_A=\frac{D_{AL}}{Z_L}(c_{Ai}-c_{AL})=k_{AL}(c_{Ai}-c_{AL}) \tag{7-21}$$

式中：D_{AL}——A 在液相中的分子扩散系数，m^2/s；

Z_L——液膜厚度，m；

C_{AL}、C_{Ai}——液相主体与界面处的浓度，kmol/m^3；

k_{AL}——液相传质系数，m/s。

式(7-20)和式(7-21)中的 P_{AG}、c_A 可以直接测得，而 c_{Ai}、P_{Ai} 则难以直接测定。组分 A 在界面位置处于气液平衡状态时，根据亨利定律有：

$$c_{Ai}=H_A\cdot P_{Ai} \tag{7-22}$$

因此，式(7-21)可改写为：

$$N_A=k_{AL}\cdot H_A(P_{Ai}-P_A^*)=\frac{P_{Ai}-P_A^*}{\dfrac{1}{k_{AL}\cdot H_A}} \tag{7-23}$$

式中：P_A^*——与液相主体浓度 c_{AL} 平衡的气相中 A 的分压，Pa；为方便理解，$P_{Ai}-P_A^*$ 可视为液模一侧的驱动力，分母$\dfrac{1}{k_{AL}\cdot H_A}$为液膜阻力；

同理，式(7-20)可改写为：

$$N_A=\frac{P_{AG}-P_{Ai}}{\frac{1}{k_{AG}}} \tag{7-24}$$

式中：$P_{AG}-P_{Ai}$为气膜一侧的驱动力，$\frac{1}{k_{AG}}$为气膜阻力。

综上，总驱动力为 $P_{AG}-P_A^*$，总传质阻力为$\frac{1}{k_{AG}}+\frac{1}{K_{AL}\cdot H_A}$，故总传质速率方程为：

$$N_A=\frac{P_{AG}-P_A^*}{\frac{1}{k_{AG}}+\frac{1}{K_{AL}\cdot H_A}}=K_{AG}(P_{AG}-P_A^*) \tag{7-25}$$

或

$$N_A=\frac{c_A^*-c_{AL}}{\frac{1}{k_{AL}}+\frac{H_A}{K_{AG}}}=K_{AL}(c_A^*-c_{AL}) \tag{7-26}$$

式中：K_{AG}——以分压表示的气膜总传质系数；

K_{AL}——以液相浓度表示的液膜总传质系数。

2. 化学吸收速率

在化学吸收过程中，气膜的传质速率仍可按与物理吸收相同的公式表示。在气液界面处，组分 A 仍处于平衡状态，可用亨利定律描述。组分 A 按分子扩散从气膜扩散至界面溶解后，在液膜内一面进行扩散，一面与吸收剂组分 B 进行化学反应。由于被吸收气体组分与吸收剂或吸收剂中活性组分发生化学反应，从而降低了被吸收气体组分在液相中的游离浓度，相应增大了传质推动力和吸收系数，从而加快了吸收过程的速率。单位接触表面积的气液间化学反应吸收速率：

$$N=\beta k_1(c_{Ai}-c_{AL}) \tag{7-27}$$

式中：k_1——未发生化学反应时液相传质分系数，亦即物理吸收的液相分吸收系数，m/h；

β——由于化学反应使吸收速率增强的系数，简称增强系数，量纲为一；

c_{Ai}——气液界面处未反应的溶质浓度，kmol/m^3；

c_{AL}——在液相中未反应的溶质浓度，kmol/m^3。

c_{AL}值通常由假定液相中达到化学平衡条件下求出，反应为不可逆反应时，即化学平衡常数 K 为∞时，$c_{AL}=0$。如果忽略液相主体中组分 A 的浓度，增强系数可近似用下式计算：

$$\beta=\frac{2(M+1)}{1+\sqrt{1+4\left(\frac{M}{R}\right)^2}} \tag{7-28}$$

式中：M——组分 B 和组分 A 通过液膜的扩散速率之比，即

$$M=\frac{D_Bc_B}{bD_Ac_{Ai}} \tag{7-29}$$

R 是组分 A 在液膜内的反应速率与通过液膜的扩散速率之比，对于二级反应：

$$R=\frac{1}{k_L}\sqrt{\gamma D_Ac_B} \tag{7-30}$$

式中：γ——二级反应速率常数，$m^3/(kmol \cdot s)$。

（三）吸收设备及设计

1. 吸收设备

工程中最常用的吸收设备有填料塔、板式塔、喷淋塔和文丘里吸收器等。

（1）填料塔：填料塔是以塔内的填料作为气液两相间接触构件的传质设备。填料塔的塔身是一直立式圆筒，底部装有填料支承板，填料以乱堆或整砌的方式放置在支承板上，如图7-2(a)所示。填料的上方安装填料压板，以防被上升气流吹动。液体从塔顶经液体分布器喷淋到填料上，并沿填料表面流下。气体从塔底送入，经气体分布装置后，与液体呈逆流连续通过填料层的空隙。在填料表面上，气液两相密切接触进行传质。

填料塔具有生产能力大，分离效率高，压降小，持液量小，操作弹性大等优点，广泛地应用于气体净化过程。填料对吸收塔的性能影响很大，其主要类型有拉西环、鲍尔环和鞍形填料等。

（2）板式塔：板式塔通常是由一个呈圆柱形的壳体及沿塔高按一定的间距，水平设置的若干层塔板所组成，如图7-2(b)所示。在操作时，吸收液从塔顶进入，借重力流到下一块塔板，最后从塔底排出。气体向上通过塔板中的各种孔眼，然后鼓泡穿过液体，分离泡沫后到上面的另一塔板，在这一过程中有害气体组分扩散至气液接触表面进入液相被除去。

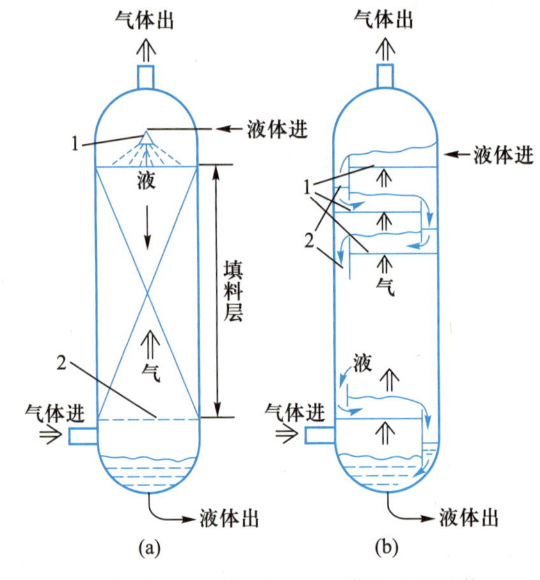

图7-2 填料塔和板式塔结构示意图

（a）填料塔；（b）板式塔

板式塔的类型很多，主要是在于塔内所设置的塔板结构不同。板式塔的塔板可分为有降液管及无降液管两大类。在有降液管的塔板上，设有专供液体流通的降液管，每层板上的液层高度可以由适当的溢流挡板调节。在塔板上气、液两相呈错流方式接触。常用的板型有泡罩塔、浮阀塔和筛板塔等。在无降液管的塔板上，没有降液管，气、液两相同时逆向通过塔板上的小孔，故又称穿流板。常用的板型有筛孔及栅缝式穿流板等。

板式塔的空塔速度较高，因而生产能力较大，塔板效率稳定，且造价低，检修、清洗方便；缺点是压力损失大。

（3）文丘里吸收器：文丘里吸收器由文丘里管凝聚器和气液分离器组成。其结构与第六章介绍的文丘里洗涤器相同，适用于吸收剂用量小的吸收操作。

文丘里吸收器的优点是体积虽小，但处理能力很大，又可兼作冷却除尘设备；缺点是压力损失大，能耗高。

2. 吸收设备设计

以填料塔设计为例介绍吸收塔的设计。

（1）吸收剂用量：吸收剂用量取决于适宜的液气比。工程中，一般取最小液气比的1.1~1.2倍，即

$$L_S=(1.1\sim1.2)G_B\left(\frac{L_S}{G_B}\right)_{min} \quad (7-31)$$

$$\left(\frac{L_S}{G_S}\right)_{min}=\frac{Y_1-Y_2}{X_1^*-X_2} \quad (7-32)$$

式中：L_S——单位时间通过塔任意截面单位面积吸收剂摩尔流率，kmol/(m^2·s)；

G_B——单位时间通过塔任意截面单位面积惰性气体摩尔流率，kmol/(m^2·s)；

Y_1，Y_2——入口和出口混合气体中吸收质与惰性气体的摩尔比；

X_2——入口液相中吸收质与吸收剂的摩尔比；

X_1^*——吸收液与进 Y_1 平衡的吸收质与吸收剂的摩尔比。

［例 7-1］　含有 12%SO_2 的废气以 200 m^3/h 的流量从填料塔底送入。塔内在 1 atm 条件下，用 30℃水向下淋洗与工业废气呈逆流接触。要求洗涤后废气中 SO_2 去除率为 90%，试问达到此要求所需最小喷液量为多少千克？SO_2 在水中的溶解度如表 7-1 所示。

表 7-1　例 7-1 附表

$y\times10^2$	0.224	0.618	1.07	1.55	2.59	4.74	6.84	10.40	16.50	28.40
$x\times10^3$	0.141	0.281	0.422	0.562	0.843	1.400	1.960	2.800	4.200	6.980

解：（1）由塔底送入的工业废气标准状况下的摩尔流量（G_{M1}）为

$$G_{M1}=G_1\times\frac{T_0}{T_1}\times\frac{1}{22.4}=200\times\frac{273}{273+30}\times\frac{1}{22.4}=8.044\ \text{kmol/h}$$

（2）在入口废气中 SO_2 的含量（G_{SO_2}）为：

$$G_{SO_2}=G_{M1}\times12\%=8.044\times0.12\ \text{kmol/h}=0.965\ \text{kmol/h}$$

废气中惰性气体量（G_0）为：

$$G_0=G_{M1}-G_{SO_2}=(8.044-0.965)\ \text{kmol/h}=7.079\ \text{kmol/h}$$

被淋洗吸收的 SO_2 量（g_{SO_2}）为：

$$g_{SO_2}=G_{SO_2}\times90\%=0.965\times0.90\ \text{kmol/h}=0.869\ \text{kmol/h}$$

塔顶净化后气体中 SO_2 的含量（G_{M2}）为：

$$G_{M2}=G_{M1}-g_{SO_2}=(8.044-0.869)\ \text{kmol/h}=7.175\ \text{kmol/h}$$

塔顶排气中残留的 SO_2 量（g'_{SO_2}）为：

$$g'_{SO_2}=G_{SO_2}-g_{SO_2}=(0.965-0.869)\ \text{kmol/h}=0.096\ \text{kmol/h}$$

塔顶排气中 SO_2 的摩尔分率(y_2)为:

$$y_2=\frac{g'_{SO_2}}{G_{M2}}=\frac{0.096}{7.175}=0.013=1.3\%$$

根据已知的溶解度表中数据,得到与塔底进气 $y_1=12\%$ 呈平衡时液相中 SO_2 的摩尔分率 $x_1=0.32\%$

最小液体摩尔流量 L_{min} 可由式(7-31)求得,即

$$L_{min}(X_1^*-X_2)=G_0(Y_1-Y_2)$$

或写为:

$$L_{min}\left(\frac{x_1}{1-x_1}-\frac{x_2}{1-x_2}\right)=G_0\left(\frac{y_1}{1-y_1}-\frac{y_2}{1-y_2}\right)$$

将 $G_0=7.079, y_1=12\%, y_2=1.3\%, x_1=0.32\%, x_2=0$ 代入上式,得:

$$L_{min}=\frac{0.869}{0.003\ 2}\ \text{kmol/h}=271.56\ \text{kmol/h}$$

或 $L_{min}=271.56\times\frac{1\times1\ 000}{3\ 600}\times M_{H_2O}=75.433\times18\ \text{kg/h}=1\ 357.8\ \text{kg/h}$

(2) 塔径的计算:填料吸收塔塔径取决于处理的气量(q_v,m^3/s)和适宜的空塔气速(v_0,m/s)。

$$D_T=\sqrt{\frac{4q_v}{\pi\cdot v_0}} \tag{7-33}$$

其中空塔气速(v_0)一般由填料塔的液泛速率(v_f)确定,通常取 $v_0=0.60\sim0.75v_f$。液泛气速是填料塔正常操作气速的上限,可采用埃克特(Eckert)提出的通用关联图来计算,也可以根据特定条件查相关手册获得。

(3) 填料层高的计算:填料层高度由过程吸收速率(N_A)和对吸收率的要求来确定。对于按如下化学计量方程式进行的化学吸收过程:

$$A_{(气)}+bB_{(液)}\longrightarrow rR_{(液)}$$

每吸收 1 mol 组分 A 要消耗 b mol 的反应组分 B,对如图 7-3 所示填料塔作物料衡算:

设 L_S、G_S 分别是除吸收组分 B 以外的液相惰性组分流量和除被吸收组分 A 以外的气相惰性组分流量($mol/m^2\cdot s$);Y_{A1}、Y_{A2} 分别是塔顶和塔底组分 A 的气相浓度[mol(组分 A)/mol(气相惰性组分)];X_{B1}、X_{B2} 分别是塔顶和塔底组分 B 的液相浓度[mol(组分 B)/mol(液相惰性组分)];L、G 分别是液相和气相的总流量($mol/m^2\cdot s$);c_I、c_T 分别是液相中惰性组分浓度和液相总浓度(mol/m^3);p_I、p 分别是气相中惰性组分分压和气相总压(Pa)。则有

$$G_S dY_A=-\frac{1}{b}L_S dX_B=N_A\cdot a dh \tag{7-34}$$

式中:a——单位填充层内填料的表面积,m^2/m^3;

h——任一截面填料层高度,m。

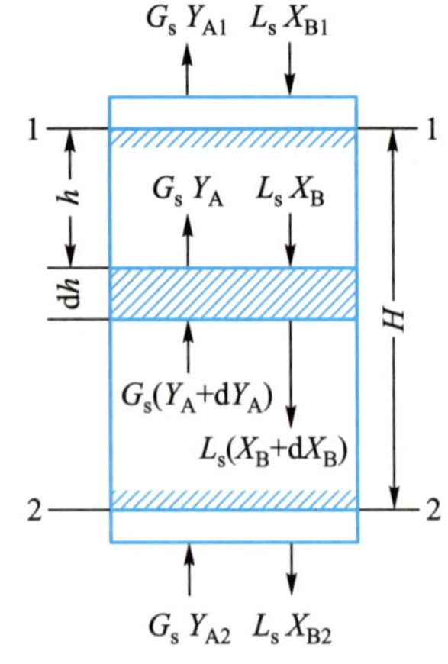

图 7-3 填料塔物料衡算图

积分上式,得任一截面处组分 Y_A 与 X_B 的关系:

$$G_S(Y_{A1}-Y_{A2})=-\frac{L_S}{b}(X_{B1}-X_{B2}) \tag{7-35}$$

填料层高度 H 为：

$$H=G_S\int_{Y_{A1}}^{Y_{A2}}\frac{dY_A}{N_A\cdot a}=\frac{G_S}{p_I}\int_{p_{AG1}}^{p_{AG2}}\frac{dp_{AC}}{N_A\cdot a} \tag{7-36}$$

$$H=-\frac{L_S}{b}\int_{X_{B1}}^{X_{B2}}\frac{dX_B}{N_A\cdot a}=\frac{L_S}{b\cdot c_I}\int_{c_{BL1}}^{c_{BL2}}\frac{dc_{BL}}{N_A\cdot a} \tag{7-37}$$

通常，气态污染物的浓度很低，化学吸附剂的浓度也不高，即 $p_I\approx p, c_I\approx c_T$，则

$$H=\frac{G}{p}\int_{p_{AC1}}^{p_{AC2}}\frac{dp_{AC}}{N_A\cdot a}=\frac{L}{b\cdot c_T}\int_{c_{BL2}}^{c_{BL1}}\frac{dc_{BL}}{N_A\cdot a} \tag{7-38}$$

［例 7-2］　在填料塔中，用清水吸收尾气中的 SO_2，进塔气体的 SO_2 摩尔分数为 10%，要求出塔气体的摩尔分数不大于 0.5%。水的流率为 1.5 倍最小流率，入塔气体流量（不含 SO_2）为 500 kg/(m²·h)，操作条件为 1 atm、303 K，求所需的填料层高度 Z。

在 303 K 时水吸收 SO_2 的吸收系数方程式为

$$k_x a=0.663\,4L^{0.82}\qquad k_y a=0.099\,44L^{0.25}G^{0.7}$$

式中：L，G——水和气体的质量流量，kg/(m²·h)；

$k_x a$，$k_y a$ 单位为 kg/(m³·h)。

解：入塔空气流量 500 kg/(m²·h)

空气的摩尔质量 0.029 kg/mol

入塔空气摩尔数 G_B = 500/0.029 mol/(m²·h) = 17.24 kmol/(m²·h)

入塔 SO_2 摩尔数（n_{SO_2}）根据 $n_{SO_2}/(17.24+n_{SO_2})$ = 10%求得：

n_{SO_2} = 1.91 kmol/(m²·h)

入塔 SO_2 流量 = 64×1.91 kg/(m²·h) = 122 kg/(m²·h)

入塔的总气体流量为 622 kg/(m²·h)

出塔 SO_2 摩尔数（n'_{SO_2}）根据 $n'_{SO_2}/(17.24+n'_{SO_2})$ = 0.5%求得：

n'_{SO_2} = 0.086 6 kmol

出塔 SO_2 流量 = 64×0.086 6 kg/(m²·h) ≈ 5.5 kg/(m²·h)

出塔的总气体流量为 505.5 kg/(m²·h)

303 K 时 SO_2 在水中的溶解度数据如表 7-2 所示。

表 7-2　例 7-2 附表

溶解度	1	0.7	0.5	0.3	0.2	0.15	0.1	0.05	0.02
液相摩尔分数 $x/10^{-3}$	2.800	1.960	1.400	0.843	0.562	0.422	0.281	0.141	0.056
液相比摩尔分数 $X/10^{-3}$	2.808	1.964	1.402	0.844	0.562	0.422	0.281	0.141	0.056
SO_2 气相分压 p/kPa	10.535	6.929	4.802	2.624	1.570	1.084	0.626	0.227	0.079
SO_2 气相摩尔分数 y	0.104 0	0.068 4	0.047 4	0.025 9	0.015 5	0.010 7	0.006 2	0.002 2	0.000 8
SO_2 气相比摩尔分数 Y	0.116 1	0.073 4	0.049 8	0.026 6	0.015 7	0.010 8	0.006 2	0.002 2	0.000 8

利用这些数据可计算平衡曲线，y 轴为气相比摩尔分数，x 轴为在水中的比摩尔分数，如图 7-4 所示。

首先计算水的最小流量。根据逆流吸收塔的操作线方程：

$$L_S(X-X_1)=G_B(Y-Y_1)$$

或

$$L_S\left(\frac{x}{1-x}-\frac{x_1}{1-x_1}\right)=G_B\left(\frac{y}{1-y}-\frac{y_1}{1-y_1}\right)$$

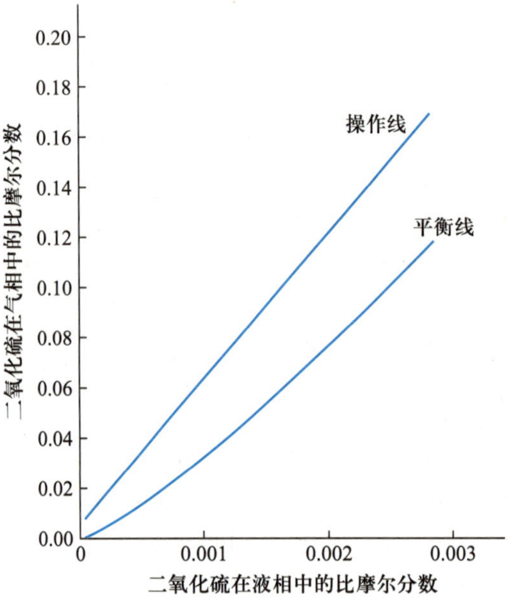

图 7-4 水吸收 SO_2 的平衡线和操作线

由图 7-4 得到，$y_1=10\%$ 时，$x_1=0.002\,7$；$y=0.5\%$ 时，$x=0$，将这些值代入上式，得：

$$(L_S)_{min}=675\ \text{kmol/(m}^2\cdot\text{h)}$$

实际所用的水流量为 675×1.5 kmol/(m^2 · h) = 1 013 kmol/(m^2 · h)

出塔液体中 SO_2 的摩尔分数 x_1 为

$$(1.91-0.086\,6)/(1\,013+1.91-0.086\,6)=0.001\,8$$

操作线方程为：

$$X=\frac{G_B}{L_S}(Y-Y_1)+X_1$$

$$=\frac{17.24}{1\,013}\left(Y-\frac{10\%}{1-10\%}\right)+\frac{0.001\,8}{1-0.001\,8}=0.017\,2Y-0.000\,085$$

塔顶清水的流量 = 1 013×18 = 18 234 kg/(m^2 · h)

离开塔底的富液流量 = (18 234+122−5.5) kg/(m^2 · h) = 18 350.5 kg/(m^2 · h)

由于总气体流量在塔顶到塔底之间变化，k_ya 随之在塔高范围内变化，其在塔顶和塔底的值分别为：

$$k_ya=0.099\,44L^{0.25}G^{0.7}$$

$$(k_ya)_1=104.4\quad (k_ya)_2=90.3$$

则

$$\left(\frac{G}{k_ya}\right)_1=\frac{622}{104.4}=5.958\quad \left(\frac{G}{k_ya}\right)_2=\frac{505.5}{90.3}=5.598$$

可取平均值 5.778。

沿操作线在 Y_1 及 Y_2 范围内任选若干操作点，联系平衡线求出相应的 $(Y-Y^*)$，计算得到 $\frac{1}{Y-Y^*}$；以 Y 为横坐标，$\frac{1}{Y-Y^*}$ 为纵坐标，将各组 Y、$\frac{1}{Y-Y^*}$ 数据作曲线，如图 7-5 所示。图解积分得到气相总传质单元数为 5.625。

由此估算填料层高度为 $5.625\times5.778\ \text{m}=32.5\ \text{m}$。

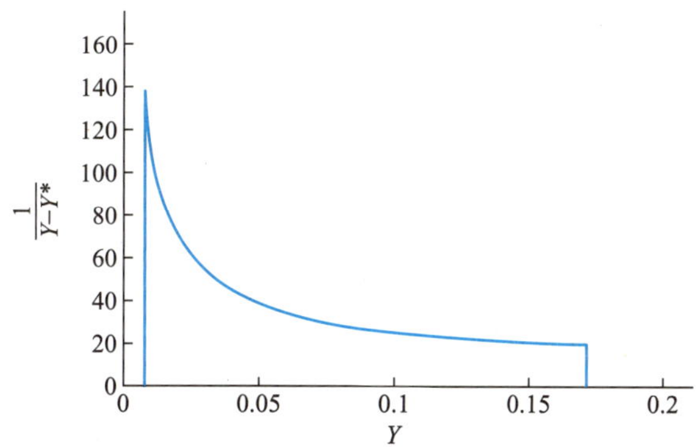

图 7-5　图解积分法求解水吸收 SO_2 的传质单元数

二、吸附法净化气态污染物

气体吸附是用多孔固体吸附剂将气体（或液体）混合物中一种或数种组分浓集于固体表面，而与其他组分分离的过程。吸附过程能够有效脱除一般方法难以分离的低浓度有害物质，具有净化效率高、可回收有用组分、设备简单、易实现自动化控制等优点；缺点是吸附容量较小、设备体积大。

有关吸附平衡和吸附剂的内容见第二章，这里主要介绍吸附速率、气体吸附设备及其设计。

（一）吸附速率

1. 吸附过程

吸附过程的物质传递可分为以下几个步骤（图 7-6）：

（1）外扩散：吸附质分子从气流主体穿过气膜扩散至吸附剂外表面。

（2）内扩散：吸附质由外表面经微孔扩散至吸附剂微孔表面。

（3）吸附：到达吸附剂微孔表面的吸附质被吸附。对于化学吸附，吸附之后还有化学反应过程发生。

在吸附质分子被吸附的同时，由于分子不断运动，吸附质分子可能从吸附剂中脱附出来，经历的过程与上述过程相反。

由此可见，吸附过程的阻力主要来自以下三个方面：

（1）外扩散阻力：即吸附质分子经过气膜扩散的阻力。

（2）内扩散阻力：即吸附质分子经过微孔扩散的阻力。

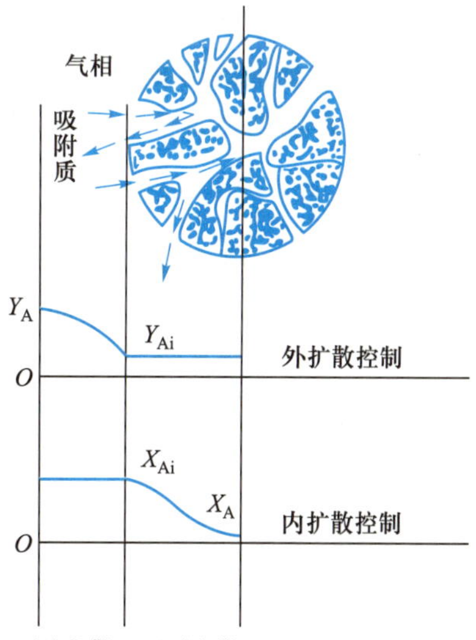

图 7-6　吸附过程与两种极端浓度曲线

(3) 吸附本身的阻力。

因此,吸附速率的大小将取决于外扩散速率、内扩散速率及吸附本身的速率。可以把外扩散和内扩散过程称为是物理过程,而把吸附过程称为动力学过程。对一般的物理吸附,吸附本身的速率是很快的,即动力学过程的阻力可以忽略;而对化学吸附或称动力学控制的吸附,则吸附阻力不可忽略。

2. 吸附速率方程

(1) 物理吸附的速率方程:吸附质 A 的外扩散吸附速率计算式为:

$$\frac{\mathrm{d}M_{\mathrm{A}}}{\mathrm{d}t}=k_y a_{\mathrm{p}}(Y_{\mathrm{A}}-Y_{\mathrm{Ai}}) \tag{7-39}$$

式中:$\mathrm{d}M_{\mathrm{A}}$——$\mathrm{d}t$ 时间内吸附质从气相扩散至固体表面的质量,$\mathrm{kg/m^3}$;

k_y——外扩散吸附分系数,$\mathrm{kg/(m^2\cdot s)}$;

a_{p}——单位体积吸附剂的吸附表面积,$\mathrm{m^2/m^3}$;

Y_{A}、Y_{Ai}——A 在气相中及吸附剂外表面的质量分数。

吸附质 A 的内扩散传质速率计算式为:

$$\frac{\mathrm{d}M_{\mathrm{A}}}{\mathrm{d}t}=k_x a_{\mathrm{p}}(X_{\mathrm{Ai}}-X_{\mathrm{A}}) \tag{7-40}$$

式中:k_x——内扩散吸附分系数,$\mathrm{kg/(m^2\cdot s)}$;

X_{A}、X_{Ai}——A 在固相外表面及内表面的质量分数。

稳定状态时,外扩散吸附速率与内扩散吸附速率相等。

由于表面浓度不易测定,吸附速率常用总吸附系数表示:

$$\frac{\mathrm{d}M_{\mathrm{A}}}{\mathrm{d}t}=K_Y a_{\mathrm{p}}(Y_{\mathrm{A}}-Y_{\mathrm{A}}^{*})=K_X a_{\mathrm{p}}(X_{\mathrm{A}}^{*}-X_{\mathrm{A}}) \tag{7-41}$$

式中:K_Y,K_X——气相及吸附相吸附总系数,$\mathrm{kg/(m^2\cdot s)}$;

Y_{A}^{*},X_{A}^{*}——吸附平衡时气相及吸附相中 A 的质量分数。

设吸附过程中,当吸附达到平衡时,气相中的吸附质浓度与固相中的吸附质浓度(吸附量)间的关系,可以近似表示为:

$$Y_{\mathrm{A}}^{*}=mX_{\mathrm{A}} \tag{7-42}$$

式中:m——平衡曲线的斜率常数。

(2) 动力学控制的吸附速率方程:动力学过程控制时,吸附速率方程为:

$$\frac{\mathrm{d}M_{\mathrm{A}}}{\mathrm{d}t}=K\left[Y_{\mathrm{A}}(M_{\infty}-M_{\mathrm{A}})-\frac{M_{\mathrm{A}}}{m}\right] \tag{7-43}$$

式中:K——化学平衡常数;

M_{∞}——系统平衡时的吸附量,$\mathrm{kg/m^3}$。

(3) 活性炭吸附速率计算公式:班厄姆(D. H. Bangham)曾发表了用活性炭吸附二氧化硫、二硫化碳、甲苯及氨等气体的吸附速率计算式:

$$\frac{\mathrm{d}M_{\mathrm{A}}}{\mathrm{d}t}=k\frac{(M_{\infty}-M_{\mathrm{A}})}{t^n} \tag{7-44}$$

式中:k、n——常数。

对上式积分,可得:

$$\ln\frac{M_{\infty}}{M_{\infty}-M_{\mathrm{A}}}=kt^n \tag{7-45}$$

（二）吸附设备与工艺

1. 吸附设备

吸附设备按吸附剂在吸附器中的工作状态可分为固定床吸附器、移动床吸附器及流化床吸附器。各种吸附器的结构和特点见表 7-3。

表 7-3　吸附设备的主要类型和特点

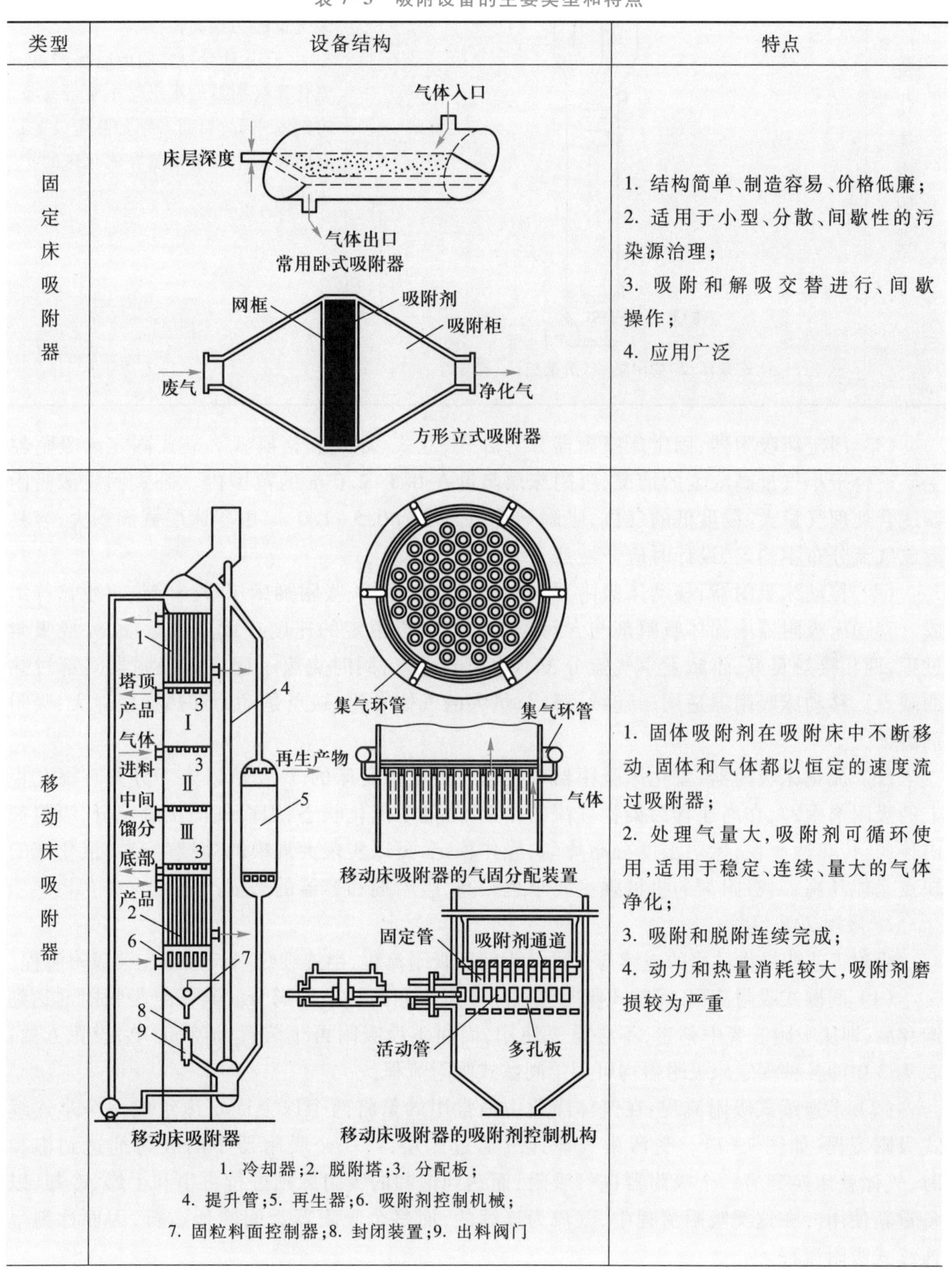

类型	设备结构	特点
固定床吸附器	常用卧式吸附器 方形立式吸附器	1. 结构简单、制造容易、价格低廉； 2. 适用于小型、分散、间歇性的污染源治理； 3. 吸附和解吸交替进行、间歇操作； 4. 应用广泛
移动床吸附器	移动床吸附器 1. 冷却器；2. 脱附塔；3. 分配板； 4. 提升管；5. 再生器；6. 吸附剂控制机械； 7. 固粒料面控制器；8. 封闭装置；9. 出料阀门 移动床吸附器的气固分配装置 移动床吸附器的吸附剂控制机构	1. 固体吸附剂在吸附床中不断移动，固体和气体都以恒定的速度流过吸附器； 2. 处理气量大，吸附剂可循环使用，适用于稳定、连续、量大的气体净化； 3. 吸附和脱附连续完成； 4. 动力和热量消耗较大，吸附剂磨损较为严重

续表

类型	设备结构	特点
流化床吸附器	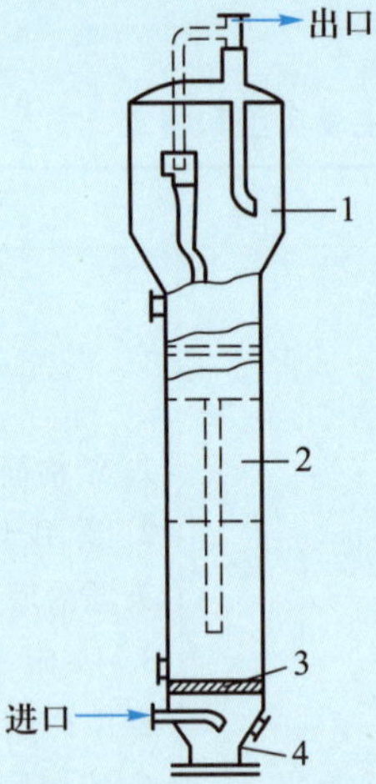 出口 1 2 3 进口 4 1. 冷却器;2. 脱附塔;3. 分配板;4. 提升管	1. 气体与固体接触相当充分、气速是固定床的 4 倍以上; 2. 生产能力大,适合治理连续性、大气量的污染源; 3. 由于吸附剂和容器的磨损严重,流化床吸附器的排出气中常带有吸附剂粉末,故后面必须加除尘设备,有时将除尘器直接装在流化床的扩大段内

(1) 固定床吸附器:固定床吸附器分为卧式、立式、环式和格屉式。立式固定床吸附器主要适合于小气量高浓度的情况,吸附床层高度在 0.5~2.0 m 的范围内。卧式固定床吸附器适合处理气量大、浓度低的气体,吸附剂装填高度为 0.5~1.0 m,由于床层截面积大,容易造成气流分布不均匀,设计时应予注意。

(2) 移动床吸附器:移动床吸附器主要由气流分配板、吸附剂床层、冷却器、再生器等组成。移动床吸附器中固体吸附剂与含污染物的气体以恒定的速度连续逆流运动,完成吸附过程,两相接触良好,不致发生气流分布不均匀的现象,同时克服了固定床吸附器局部过热的缺点。移动床吸附器适用于连续、稳定、量大的气体净化;缺点是动力和热量消耗大,吸附剂磨损大。

(3) 流化床吸附器:流化床吸附器中气速一般是固定床的 3~4 倍以上。分置在筛孔板上的吸附剂颗粒,在高速含污染物气流的作用下,处于流化状态,因而气固接触充分,吸附剂内传质、传热速率快,床层温度分布均匀,操作稳定,可以实现大规模的连续生产。流化床的缺点是能耗高,对吸附剂的机械强度要求也较高,吸附剂和容器的磨损严重。

2. 吸附工艺流程

吸附工艺按操作过程的连续与否可分为间歇吸附流程、半连续吸附流程或连续吸附流程。

(1) 间歇式吸附流程:间歇式吸附流程用于废气间断排出的场合。其特点是吸附剂达到饱和后,即从吸附装置中移走,不必重复使用,因而不设吸附再生装置,流程简单,设置方便。表 7-3 中的各种固定床吸附器均可用于间歇式吸附流程。

(2) 半连续式吸附流程:在气体净化中最常用的是将两个以上固定床组成一个半连续式吸附流程(如图 7-7)。受污染气体连续通过床层,当一个吸附器中的吸附剂达到饱和时,气体就切换到另一个吸附器进行吸附,而达到饱和的吸附床则进行再生和干燥、冷却,以备重新使用。在这类吸附流程中,气流为连续的,而每个吸附器为间断地运行,因而称为半连续式吸附流程。

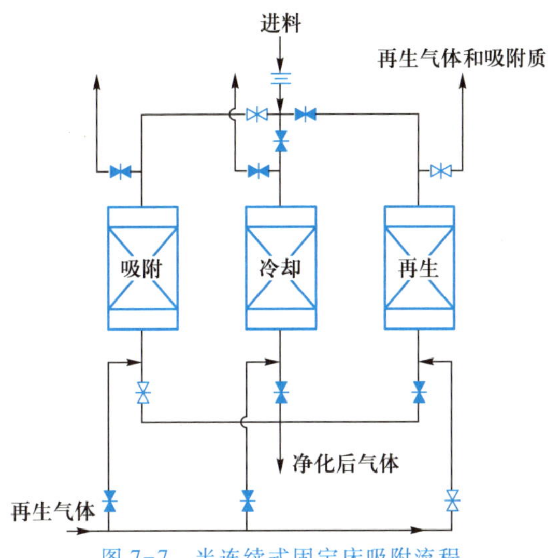

图 7-7　半连续式固定床吸附流程

(3) 连续式吸附流程：在连续式吸附流程中，气流和吸附器都处于连续运转状态。表 7-3 中的移动床吸附器和流化床吸附器均可用于连续式吸附流程。

3. 吸附剂再生

在吸附床层达到饱和时，就必须对吸附床进行再生。常用的吸附剂再生方法如表 7-4 所示。

表 7-4　吸附剂再生方法

吸附剂再生方法	特　点
热再生	使热气流（蒸汽、热空气或惰性气体）与床层接触直接加热床层，吸附质可解吸释放，吸附剂恢复吸附性能。不同吸附剂允许的加热温度不同
降压再生	再生时压力低于吸附操作时的压力，或对床层抽真空，使吸附质解吸出来，再生温度可与吸附温度相同
通气吹扫再生	向再生设备中通入基本上无吸附性的吹扫气，降低吸附质在气相中分压，使其解吸出来。操作温度愈高，通气温度愈低，效果愈好
置换脱附再生	采用可吸附的吹扫气，置换床层中已被吸附的物质，吹扫气的吸附性愈强，床层解吸效果愈好，比较适用于对温度敏感的物质。为使吸附剂再生，还需对再吸附物进行解吸
化学再生	向床层通入某种物质使吸附质发生化学反应，生成不易被吸附物质而解吸下来

用来进行再生的物质称为再生剂。水蒸气是常用的再生剂，特别适合于吸附有机溶剂类污染物吸附剂的再生，主要原因是由于水蒸气饱和温度适中，不会对有回收价值的有机溶剂引起破坏；它的冷凝热很高，因此饱和蒸汽实际上是在恒定和适中的温度下把大量热量迅速传递给吸附剂；许多有机溶剂不溶于水，这样汽-气混合物冷凝相成为互不相溶的两相，可以使溶剂的回收达到满意的效果；水蒸气与多数有机溶剂不起反应，在可燃有机蒸气浓度高的环境中，用水蒸气作再生剂十分安全。利用有机化合物与水的不互溶性，脱附后的有机蒸气，经冷凝、分离后可以回收有机溶剂。表 7-5 列举了适宜于水蒸气再生的有机蒸气。

表 7-5 适用于水蒸气再生的有机蒸气

丙酮	二硫化碳	脂肪烃	二氯化乙烯	甲醇	三氯乙烷
苯	二氧化碳	芳香烃	氟代烃	氯苯	三氯乙烯
粗苯	汽油	异丙醇	丁酮	四氯乙烯	二甲苯
溴氯甲烷	碳卤化合物	酮类	二氯甲烷	甲苯	混合二甲苯
丁醇	庚烷	乙酸乙酯	二乙醚	粗甲苯	四氢呋喃

（三）固定床吸附器的设计

1. 固定床吸附器内的浓度分布

含有一定浓度污染物的气流，连续通过固定床吸附器，在不同时间内，吸附床不同截面处气流中污染物的浓度分布，如图 7-8 所示。图中横坐标表示床层的长度，纵坐标表示通过床层某一截面处气流中污染物的浓度。

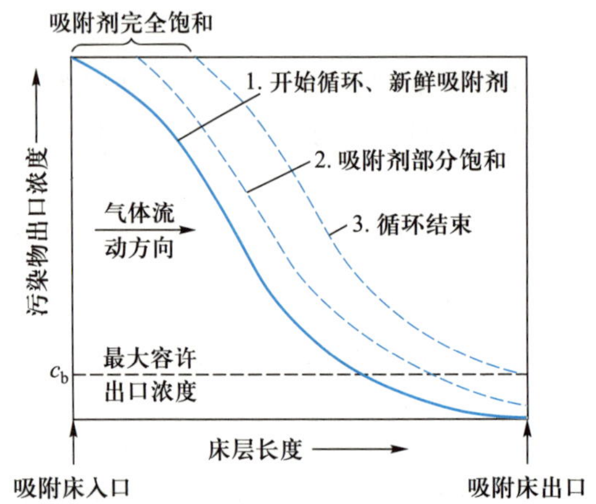

图 7-8 在不同时间内吸附床不同截面处气流中污染物的浓度分布

（1）未吸附区：当含污染物的气流开始通入时，最左边的吸附层可以将气流中的污染物完全吸附（曲线 1），因而进入后续吸附层的气流中就不含污染物了。经过一段时间后，最左边的吸附层吸附质含量高，而由左向右吸附剂上吸附质含量逐渐降低，到一定长度以后的吸附剂上吸附质含量为零，即仍保持初始状态，称该区为未吸附区。此时出口气体中吸附质含量接近于零。

（2）饱和区：继续操作一段时间，由于吸附剂不断吸附，吸附器最左边有一段吸附剂上吸附质的含量已经达到饱和，称为饱和区。浓度分布曲线就沿着床层平行地向右移动（曲线 2）。

（3）吸附传质区、吸附传质区高度：从吸附饱和区向右，形成一段吸附质含量从大到小的 S 形分布的区域，这一区域为吸附传质区，其所占床层高度称为吸附传质区高度，此区右边仍是未吸附区。

（4）穿透点与穿透曲线：水平虚线 c_b 是根据排放标准确定的污染物在净化后气流中的最大容许浓度。对于设计合理的吸附器，污染物出口浓度大大低于这个极限。但当吸附床使用一定时间后，污染物出口浓度最后达到 c_b（曲线 3），此时吸附床已经穿透，吸附剂必须再生。从含污染物的气流开始通入吸附床到“穿透点”这段时间称为穿透时间，或保护作用时间。以吸附器出口气流中吸附质浓度为纵坐标，以吸附时间为横坐标作图，可得到表示吸附床处理气体量与出口气体中污染物浓度之间关系的曲线，称为穿透曲线。图 7-9 给出了理想穿透曲线的形状。穿透曲线的形状和穿透时间取决于固定吸附床的操作方法。操作过程的实际速率和机理、吸附平衡性质、气体流速、污染物入口浓度及床层厚度等都影响穿透曲线的形状。

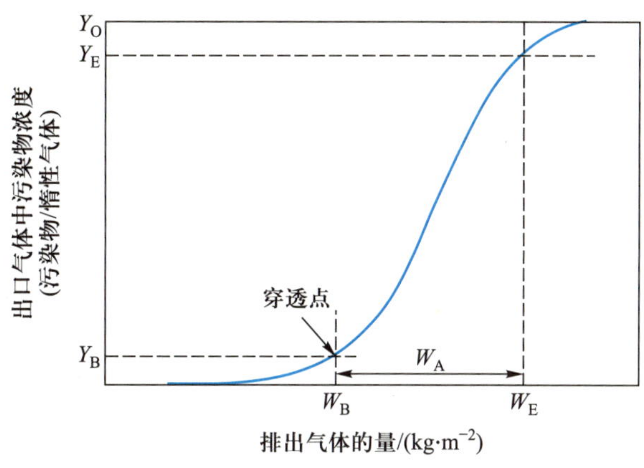

图 7-9　理想穿透曲线

（5）饱和时间与饱和度：当达到穿透点后，若继续向吸附器通入含污染物的气体，则吸附剂层末端未饱和的吸附剂会逐渐达到饱和，吸附传质区将逐渐缩小，当吸附剂层的总吸附容量达到该操作条件下的最大值（即静活性），此时吸附器出口气体中吸附质的浓度接近起始浓度 Y_o，如图 7-9 所示。气流从开始进入吸附层到整个吸附层达到饱和这段时间称为饱和时间。吸附层的实际吸附量与该操作条件下的饱和吸附量之比称为吸附层的饱和度。

2. 保护作用时间的确定

假定吸附层达到穿透点时全部处于饱和状态，即达到它的平衡吸附容量(a)，也称静活度；同时，假定吸附过程按照朗格缪尔等温线的第三段，即气相中 p 相当大，那么 $a=V_m$，静活度不再与气相浓度有关。在吸附持续时间 τ' 内，所吸附污染物的量为：

$$x=a\cdot S\cdot L\cdot \rho_b \tag{7-46}$$

同时

$$x=v\cdot S\cdot \rho_0\cdot \tau' \tag{7-47}$$

式中：x——在时间 τ' 内的吸附量，kg；

a——静活度值，%；

S——吸附层的截面积，m^2；

L——吸附层厚度，m；

ρ_b——吸附剂的堆积密度，kg/m^3；

v——气体流速，m/s；

ρ_0——气流中污染物初浓度，kg/m^3。

由式(7-46)和(7-47),得:

$$\tau'=\frac{a\rho_b}{v\rho_0}L \tag{7-48}$$

因此,当吸附速率无穷大时,保护作用时间与吸附层长度的关系在 $\tau-L$ 图上是一条过原点的直线(见图 7-10 中理想线)。但实际上,吸附操作的实际连续时间 τ 要比吸附速度为无穷大时的保护作用时间(τ')小(见图 7-10 实际曲线)。实际曲线为实际测得的,当 $L>L_0$(吸附区长度)时,它是直线且与直线 1 平行;在 $L<L_0$时,是一条通过原点的曲线。由图 7-10 可以看出:

$$\tau'=\tau+\tau_0$$

即 $\tau=\tau'-\tau_0$,代入式(7-47),得:

$$\tau=\frac{a\rho_b}{v\rho_0}\cdot L-\tau_0 \tag{7-49}$$

令$\frac{a\rho_b}{v\rho_0}=K$,则

$$\tau=KL-\tau_0 \tag{7-50}$$

此即著名的希洛夫方程式。式中 K 称为吸附层保护作用系数,其物理意义是:当浓度分布曲线进入平移阶段后,浓度分布曲线在吸附层中移动单位长度所需要的时间。那么 $1/K$ 就表示此浓度分布曲线在吸附层中前进的线速度,单位为 m/s。式中 τ_0称为保护作用时间损失。有时将式(7-50)改写为:

$$\tau=K(L-h) \tag{7-51}$$

式中:h——吸附层中未被利用部分的长度,亦称为“死层”,它与 τ_0的关系为:$\tau_0=Kh$。

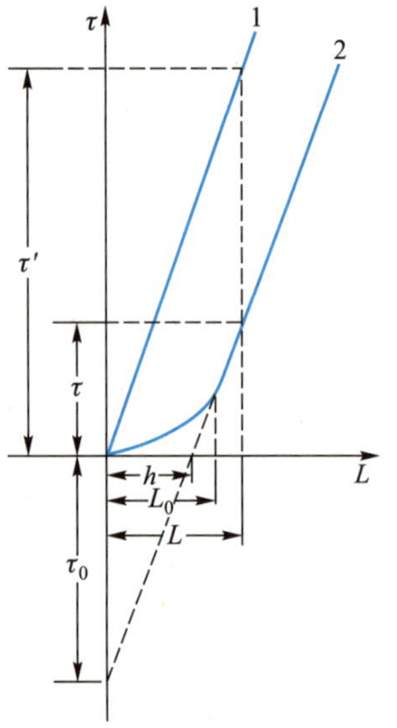

1. 理想线;2. 实际曲线

图 7-10 $\tau-L$ 实际曲线与理想线的比较

[例 7-3] 由实验测得,含 CCl_4 蒸气 15 g/m^{3}的空气混合物,以 5 m/min 的速度通过粒径为3 mm 的活性炭层,得数据如下:

吸附层长度/m:0.1 0.2 0.35

保护作用时间/min:220 520 850

活性炭层的堆积密度为 500 kg/m^3。

试求:(1) 希洛夫公式中的常数 K 和 τ_0值;

(2) 浓度分布曲线在吸附层中前进的线速度;

(3) 在此操作条件下活性炭吸附 CCl_4 的吸附容量。

解:(1) 由希洛夫公式

$$\tau=KL-\tau_0$$

以 τ 对 L 作图(见图 7-11),其斜率为 K,在 τ 轴上的截距为$-\tau_0$,由图得:

$$K=\frac{220}{0.078}\text{ min/m}=2\ 820\text{ min/m}$$

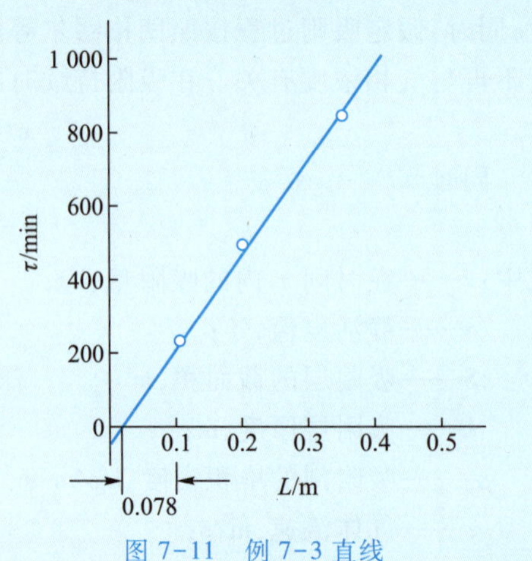

图 7-11 例 7-3 直线

$$\tau_0 = 65\ \text{min}$$

(2) 浓度分布曲线在吸附层中前进的线速度等于 $1/K$,即 0.355 mm/min。

(3) 吸附容量 $a=\dfrac{Kv\rho_0}{\rho_b}$,得到:

$$a=\frac{2\ 820\times5\times15}{500\times1\ 000}=0.423$$

即在此操作条件下活性炭吸附 CCl_4 的吸附容量为 0.423 kg(CCl_4)/kg(活性炭)。

3. 用希洛夫公式进行固定床设计计算

① 选定吸附剂和操作条件,如温度、压力和气体流速等。空床流速一般取 0.1~0.6 m/s,可根据已知处理气量确定。

② 根据排放标准或者净化要求,确定穿透点浓度。在载气流量一定的前提下,选取不同吸附层厚度做实验,测得相应的穿透时间。

③ 以吸附剂床层高度为横坐标,以穿透时间为纵坐标,标出各测定值,作出希洛夫直线。

④ 根据计划采用的脱附方法和脱附再生时间、能耗等因素确定操作周期,从而确定所需要的穿透时间(τ)。

⑤ 用希洛夫公式计算所需的吸附剂床层高度。根据求出的高度,确定是否分层布置或者串联吸附床布置。

⑥ 根据气体流量与空床气速求吸附剂层截面积(A)。根据求得的截面积,确定是否并联吸附器。根据截面积求出吸附器的直径或者边长。

⑦ 求出所需的吸附剂质量。每次吸附剂装填总质量(m)用下式计算:

$$m=SL\rho_b \tag{7-52}$$

考虑到装填损失,每次新装吸附剂时需要的吸附剂量为(1.05~1.2)m。

⑧ 计算压力损失。通过固定填充床的压力损失取决于吸附剂的形状、大小、床层厚度,以及气体流速。吸附层的气流压力损失可根据欧根公式估算:

$$\Delta p=\left[\frac{150(1-\varepsilon)}{Re_p}+1.75\right]\frac{(1-\varepsilon)v^2\rho}{\varepsilon^3 d_p}L \tag{7-53}$$

式中:Δp——气流通过吸附剂床层的压力损失,Pa;

ε——吸附剂床层的空隙率;

d_p——吸附剂颗粒的平均直径,m;

ρ——气体密度,kg/m^3;

Re_p——气体通过吸附剂的粒子雷诺数,$Re_p=\dfrac{d_p\rho v}{\mu}$;

μ——气体黏度,Pa/s。

三、催化法净化气态污染物

催化转化是借助催化剂的催化作用,使气体污染物在催化剂表面上发生化学反应,转化为无害或易于处理与回收利用物质的净化方法。催化转化方法对不同浓度的污染物都有较高的转化率,无须使污染物与主气流分离,避免了其他方法可能产生的二次污染,并使操作过程简化。因此,该方法在大气污染控制中得到较多应用,如高浓度 SO_2 的回收利用、汽车尾气的净化等。但催化剂较贵,且污染气体预热需消耗一定能量。

(一) 催化剂

凡能加速化学反应速率,而本身的化学组成在反应前后保持不变的物质,称为催化剂。它的特点是能降低该反应的活化能,使它进行得比均相时更快,但它并不影响化学反应的平衡。

1. 催化剂的组成

工业催化剂大多数是由多种物质组成的复杂体系。按其存在状态可分为气态、液态和固态三类,其中固体催化剂在工业上应用最广泛。催化剂通常由主活性组分、助催化剂和载体组成。

(1) 活性组分:活性组分是催化剂中能加快化学反应速率的主要成分。它是催化剂的核心,能单独对化学反应起催化作用,因此可作为催化剂单独使用。如 SO_2 被氧化成 SO_3 的时使用的钒系催化剂中的 V_2O_5。

(2) 助催化剂:这类物质本身对化学反应无催化性能,但它与活性物质共同存在时,能显著提高活性组分的催化能力,如 K_2SO_4-V_2O_5 催化剂中,K_2SO_4 的存在可使 V_2O_5 催化 $SO_2 \longrightarrow SO_3$ 的活性大为提高。

(3) 载体:载体起承载活性组分的作用,使催化剂具有合适形状与粒度,从而有大的比表面积,增大催化活性、节约活性组分用量,并有传热、稀释和增强机械强度的作用,可延长催化剂使用寿命。常用的载体材料有硅藻土、硅胶、活性炭、分子筛以及某些金属氧化物(如氧化铝、氧化镁)等多孔性惰性材料。助催化剂和活性组分都附于载体上,制成球状、柱状、网状、片状、蜂窝状等。

净化气态污染物的几种常用催化剂组成见表 7-6。

表 7-6 净化气态污染物所用的几种催化剂的组成

用途	主要活性物质	载体	助催化剂
SO_2 氧化为 SO_3	V_2O_5 6%~12%	SiO_2	K_2O 或 Na_2O
HC 和 CO 氧化为 CO_2 和 H_2O	Pt、Pd、Rh CuO、Cr_2O_3、Mn_2O_3 和稀土类氧化物	Ni、NiO Al_2O_3	
苯、甲苯氧化为 CO_2 和 H_2O	Pt、Pd 等 CuO、Cr_2O_3、MnO_2	Ni 或 Al_2O_3 Al_2O_3	
汽车尾气中 HC 和 CO 的氧化	V_2O_5 4%~7% CuO 3%~7%	Al_2O_3-SiO_2	Pt 0.01%~0.015%
NO_x 还原为 N_2	Pt 或 Pd 0.5%	Al_2O_3-SiO_2 Al_2O_3-MgO Ni	
	$CuCrO_2$	Al_2O_3-SiO_2 Al_2O_3-MgO	

2. 催化剂的性能

催化剂的性能主要指其活性、选择性和稳定性。

（1）催化剂的活性：催化剂的活性常用单位体积（或质量）催化剂在一定条件（温度、压力、空速和反应物浓度）下，单位时间内所得的产品量来表示：

$$A=\frac{m}{tm_{\mathrm{R}}} \tag{7-54}$$

式中：A——催化剂活性，kg/(h · g)；

m——产品质量，kg；

t——反应时间，h；

m_{R}——催化剂质量，g。

在工业上，常把产品量换算成转化率（x）表示：

$$x=\frac{\text{反应物反应了的摩尔数}}{\text{通过催化剂床层的反应物摩尔数}}\times 100\%$$

（2）催化剂的选择性：催化剂的选择性是指当化学反应在热力学上有几个反应方向时，一种催化剂在一定条件下只对其中的一个反应起加速作用的特性。它表示催化剂对提高原料利用率的作用，用 B 表示：

$$B=\frac{\text{反应所得目的产物的摩尔数}}{\text{通过催化剂床层后反应了的反应物摩尔数}}\times 100\%$$

（3）催化剂的稳定性：催化剂在化学反应过程中保持活性的能力称为催化剂稳定性，包括热稳定性、机械稳定性和化学稳定性三个方面。三者共同决定了催化剂在反应装置中的使用寿命，所以常用寿命表示催化剂的稳定性。

影响催化剂寿命的因素主要有催化剂的老化和中毒两个方面。所谓催化剂的老化是指催化剂在正常工作条件下逐渐失去活性的过程。这种失活是由低熔点活性组分的流失、催化剂烧结、低温表面积炭结焦、内部杂质向表面迁移和冷热应力交替作用所造成的机械性粉碎等因素引起的。温度对于老化影响较大，工作温度越高，老化速度越快。所谓中毒是指反应物中少量的杂质使催化剂活性迅速下降的现象。导致催化剂中毒的物质称为催化剂的毒物。对大多数催化反应来说，HCN、CO、H_2S、S、As 和 Pb 等都是较强的毒物。为了避免催化剂中毒，应了解反应烟气中哪些是该反应所用催化剂的毒物及致毒剂量。如果烟气中混有毒物，就应进行预净化处理以去除毒物。

（二）气固催化反应速率

1. 表面化学反应速率方程

对于达到稳定时的气固催化连续系统，其反应速率通常以单位体积中某反应物流量的变化率来表示，即

$$r_{\mathrm{A}}=-\frac{\mathrm{d}N_{\mathrm{A}}}{\mathrm{d}V} \tag{7-55}$$

式中：N_{A}——反应物 A 的瞬时流量，kmol/h。

由于反应在催化剂表面进行，式（7-55）中的反应体积改用催化剂的参数（体积、质量、表面积）来表示，因而得到三种反应速率表示式：

$$r_A = -\frac{dN_A}{dV_R} \tag{7-56}$$

$$r_A = -\frac{dN_A}{dm_R} \tag{7-57}$$

$$r_A = -\frac{dN_A}{dS_R} \tag{7-58}$$

式中：V_R——催化剂体积，m^3；

m_R——催化剂质量，kg；

S_R——催化剂表面积，m^2。

工程上，常以反应物的转化率 x 来表示反应速率。设气体中反应物 A 的初始摩尔流量为 N_{A0}，则转化率与反应物流量之间的关系为：

$$x = \frac{N_{A0} - N_A}{N_{A0}}$$

所以

$$N_A = N_{A0}(1-x) \tag{7-59}$$

将式(7-59)代入式(7-56)中，得到：

$$r_A = N_{A0}\frac{dx}{dV_R} = \frac{N_{A0}dx}{AdL} = \frac{N_{A0}dx}{q_v dt} = c_{A0}\frac{dx}{dt} \tag{7-60}$$

式中：N_{A0}——反应物初始流量，kmol/h；

x——转化率，%；

L——反应床长度，m；

A——反应床截面积，m^2；

q_v——反应气体流量，m^3/h；

t——反应气体与催化剂表面接触时间，h；

c_{A0}——反应物的初始浓度，$kmol/m^3$。

2. 化学反应动力学方程

对于 A $\longrightarrow$B 的 n 级不可逆反应，幂函数形式的动力学方程表示为：

$$r_A = kc_A{}^n \tag{7-61}$$

式中：k——n 级反应速率常数，是反应物浓度为 1 时的反应速率，$(m^3)^{n-1}/[(kmol)^{n-1}\cdot h]$；

n——反应级数；

c_A——反应物 A 的瞬时浓度，kmol/h。

对于可逆反应，其反应速率常用正、逆反应速率之差来表示 $r_A = r_正 - r_逆$。以均相可逆反应 $aA+bB \rightleftharpoons lL+mM$ 为例，其动力学方程式可用幂函数形式的通式表示：

$$r_A = k_1 c_A^{m1} c_B^{m2} c_L^{m3} c_M^{m4} - k_2 c_A^{n1} c_B^{n2} c_L^{n3} c_M^{n4} \tag{7-62}$$

式中：幂指数——分别为各组分的反应级数；

k_1, k_2——以浓度表示的正、逆反应速率常数。

如果反应为基元反应，则幂指数与化学反应式中化学计量系数相等，式(7-62)可简化为：

$$r_A = k_1 c_A^a c_B^b - k_2 c_L^l c_M^m \tag{7-63}$$

若反应为非基元反应，幂指数只能由实验测定。

3. 内扩散过程对表面化学反应速率的影响

催化剂微孔内扩散过程对反应速率有很大影响，故催化剂内表面积虽然很大，但不是全部有效。若反应为一级反应，则内扩散控制的速率方程为：

$$r_A = k_s S_i (c_{As} - c_A^*) \eta \tag{7-64}$$

式中：k_s——表面反应速率常数，单位视反应级数而定；

c_{As}——颗粒外表面反应物 A 浓度；

c_A^*——颗粒内 A 实际浓度；

S_i——单位床层体积催化剂的内表面积，m^2/m^3；

η——催化剂有效系数。

如等温时，催化一级不可逆反应的球形催化剂的 η 计算式为：

$$\eta = \frac{3}{\varphi_s}\left(\frac{1}{\tan(n\varphi_s)} - \frac{1}{\varphi_s}\right) \tag{7-65}$$

$$\varphi_s = R\sqrt{\frac{k_s c_{As}^{n-1}}{D_{eff}}} \tag{7-66}$$

式中：φ_s——球形催化剂的齐勒模数；

R——催化剂的特性长度，即为球形颗粒半径；

D_{eff}——催化剂颗粒内有效扩散系数，m^2/h；

k_s——表面反应速率常数；

n——反应级数。

如把特性长度定义为催化剂颗粒的体积（V_p）和其外表面积（A_p）之比，则任意形状催化剂的齐勒模数为：

$$\varphi_p = \frac{V_p}{A_p}\sqrt{\frac{k_s c_{As}^{n-1}}{D_{eff}}} \tag{7-67}$$

对于球形催化剂 $V_p/A_p = R/3$，故 $\varphi_p = 1/3\varphi_s$；不规则形状颗粒 $V_p/A_p = \varphi d_p/6$。

式中：d_p——非球形颗粒的相当直径，单位 m；

φ——外表面的有效表面积系数，球形为 1，无定形为 0.91。

对于大多数气固催化反应，可用一个简单的标准来判断内扩散的影响，即当 $R^2 \frac{r_p}{D_{eff} c_s} < 1$ 时，内扩散影响可以忽略。

4. 外扩散控制的反应速率方程

对于一级不可逆反应，外扩散控制的反应速率方程为：

$$r_A = k_G S_e (c_{Ag} - c_{As}) \eta \tag{7-68}$$

式中：k_G——以浓度差为推动力的外扩散吸收系数，m/s；

S_e——单位体积催化床层中颗粒的外表面积，m^2/m^3。

［例 7-4］ 粒径为 2.4 mm 球形粒子催化剂参与反应物 A 的一级分解反应。已知分解反应速率r_p = 100 kmol/(m^3·h)，气相中 A 的浓度为 0.02 kmol/m^3，催化剂颗粒内部有效扩散系数 $D_{eff}=5\times10^{-5}\ m^2/h$，外扩散系数 k_G = 300 m/h。试判断外扩散和内扩散对气-固相化学反应总反应速率的影响。

解：(1) 判断外扩散对总反应速率的影响

对于球形催化剂，气相主体流中 A 组分与催化剂外表面发生外扩散传质速度为：

$$r_A=k_G S_e(c_{Ag}-c_{As})$$

其中 $S_e=A_p/V_p$，则 $r_A=k_G(c_{Ag}-c_{As})A_p/V_p$

外扩散传质速度还可表示为：$r_A=k_G'c_{Ag}$

其中 k_G'为实测的反应速度常数。将上两式联解，即$\dfrac{k_G'V_p}{k_GA_p}=\dfrac{c_{Ag}-c_{As}}{c_{Ag}}$

如果外扩散速度很快，则必然是 $c_{Ag}\approx c_{As}$，从而推断$\dfrac{k_G'V_p}{k_GA_p}\approx0$；

如果外扩散速度很慢，则必然是 $c_{As}\approx0$，从而推断$\dfrac{k_G'V_p}{k_GA_p}\approx1$。

根据本题中数据：

$$\frac{k_G'V_p}{k_GA_p}=\frac{(r_{pA}/c_{Ag})(\pi d_p^{\ 3}/6)}{k_G(\pi d_p^{\ 2})}=\frac{r_pd_p}{6\ k_Gc_{Ag}}=\frac{100\times0.002\ 4}{6\times300\times0.02}=6.67\times10^{-3}\approx0$$

所以外扩散速率很快，可以忽略其对总反应速率的影响。

(2) 判断内扩散对总反应速率的影响

$$\frac{R^2r_p}{D_{eff}c_{Ag}}=\frac{(0.001\ 2)^2\times100}{5\times10^{-5}\times0.02}=144>1$$

所以内扩散的影响不容忽视。

(三) 催化反应器及其设计

工业上常见的气固相催化反应器分固定床和流化床两大类，而以固定床应用最为广泛。固定床反应器的优点在于催化剂不易磨损，可长期使用；其流动模型简单，容易控制；反应气体与催化剂接触紧密。缺点主要是床层温度分布不均匀。

1. 固定床催化反应器的结构类型

固定床催化反应器大体有以下几类：

(1) 绝热反应器：绝热反应器即不与外界进行热交换的反应器。可分为单段绝热式和多段绝热式反应器。

单段绝热式反应器(图 7-12)为一高径比不大的圆筒体，内无换热构件，下部装有均匀堆置催化剂的筛板，预热到适当温度的反应气体从反应器上部通入，经气体预分布装置，均匀通过床层进行反应，反应后气体经下部引出。此反应器的优点是结构简单，造价便宜，反应体积得到充分利用；缺点是只适用于反应热效应较小、反应温度允许波动范围较宽的场合。

多段绝热式反应器(图 7-13)与单段绝热式反应器结构相似，只是增加了分段及段间反应物料的换热，能在一定程度上调节反应温度。根据换热要求可以在反应器外另设换热器，也可在反应器内各段之间设置换热构件。

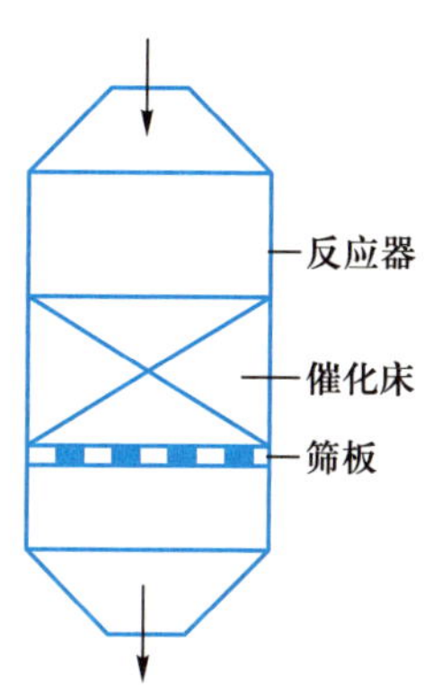

图 7-12　单段绝热反应器结构示意图

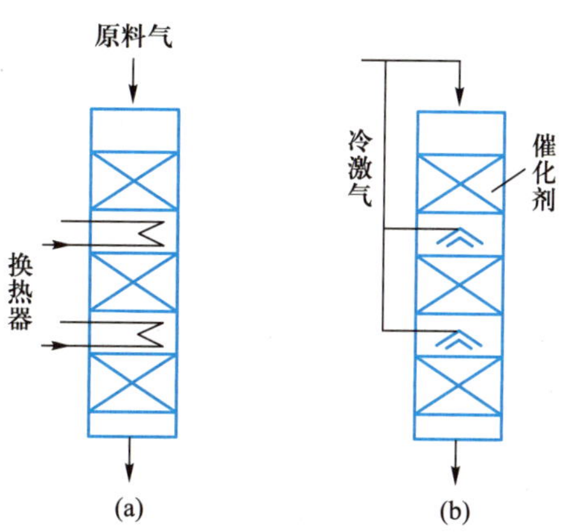

图 7-13　多段绝热反应器结构示意图

（a）间接换热；（b）直接换热

（2）列管式反应器：列管式反应器如图 7-14 所示。它适用于温度分布要求很高或者反应热特别大的催化反应。列管式反应器通常在管内装催化剂，管外装载热体。根据反应温度、反应热效应、操作情况，以及过程对温度波动的敏感性来选择载热体。管径一般取20 mm 以上，最小不小于 15 mm。催化剂的颗粒直径不得超过管内径的 1/8，一般为 2~6 mm 的颗粒。

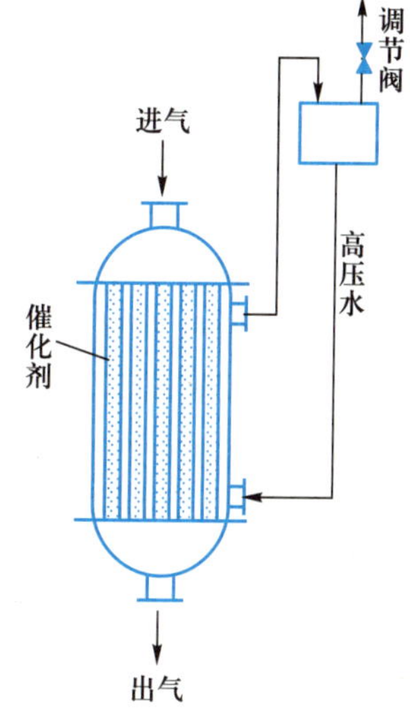

图 7-14　列管式反应器结构示意图

2. 固定床反应器的设计

催化剂装量的计算方法有数学模型法和经验计算法两种。其中，经验计算法是采用实验室、中间试验装置及其工厂现有装置中测得的一些最佳条件作为设计依据来进行气固催化反应器计算的一种方法。该法简单可靠，应用广泛。

空间速度是指单位时间内单位体积催化剂所能处理的气体体积，即：

$$v_{sp}=q_N/V_R \tag{7-69}$$

式中：v_{sp}——空间速度，$m_N^3/[m^3$（催化剂）$\cdot h]$，或 h^{-1}；

q_N——标准状态下初始反应气体流量，m_N^3/h；

V_R——催化剂体积，m^3。

已知空速（v_{sp}）和需要处理的气体量（q_0），则所需的催化剂体积为：

$$V_R=q_0/v_{sp} \tag{7-70}$$

由空塔气流速度（u_0）求出反应器直径（D_T），进而可求得床层高度为：

$$L=4V_R/[(1-\varepsilon)\pi D_T^2] \tag{7-71}$$

第二节 二氧化硫污染控制技术

二氧化硫污染不仅影响人体健康，还会导致区域性的酸沉降，引起水体和土壤酸化，破坏植被，腐蚀金属和建筑材料。此外，二氧化硫等气态污染物在大气中形成的二次微细粒子，进一步影响人体健康、大气能见度和全球气候。因此，控制二氧化硫的排放已经成为世界各国的共同行动。我国已把二氧化硫列为节能减排的总量控制指标。

由于90%以上的二氧化硫排放来自燃料燃烧（尤其是煤炭燃烧），故二氧化硫控制的重点是燃煤的排放，其方法有燃烧前燃料脱硫、燃烧过程中脱硫和燃烧后烟气脱硫。燃烧前燃料脱硫主要包括煤炭洗选、型煤固硫、煤炭的气化和液化、重油脱硫等。燃烧过程中脱硫主要包括流化床燃烧脱硫和炉内喷钙脱硫技术。燃烧后烟气脱硫可按脱硫剂状态分为湿法、干法和半干法脱硫，也可按脱硫产物是否再生分为抛弃法和再生法。

一、石灰石/石灰湿法烟气脱硫

石灰石/石灰法湿法脱硫是采用石灰石或者石灰浆液脱除烟气中 SO_2 的方法。在现有的烟气脱硫技术中，该方法脱硫效率高，技术最为成熟，运行最为可靠，应用也最为广泛。

（一）基本原理

用石灰石或者石灰浆液吸收烟气中的 SO_2，首先生成亚硫酸钙，然后再被氧化为硫酸钙。其总的化学反应式分别为：

石灰石：$CaCO_3+SO_2+2H_2O \longrightarrow CaSO_3 \cdot 2H_2O+CO_2\uparrow$

石灰：$CaO+SO_2+2H_2O \longrightarrow CaSO_3 \cdot 2H_2O$

一般在脱硫塔底部设浆液循环池，并通入空气将生成的亚硫酸钙氧化为硫酸钙（石膏），再回收利用，反应式为：

$$CaSO_3 \cdot 2H_2O+0.5O_2 \longrightarrow CaSO_4 \cdot 2H_2O$$

［例7-5］ 计算石灰石/石灰脱硫的反应平衡常数。这些数据说明了什么？

解：石灰石/石灰脱硫的化学反应方程为：

石灰石：$SO_2+CaCO_3+2H_2O \longrightarrow CaSO_3 \cdot 2H_2O+CO_2\uparrow$

石灰：$SO_2+CaO+2H_2O \longrightarrow CaSO_3 \cdot 2H_2O$

从手册查得各反应物和产物在25℃的生成焓为：

物质	CaO	SO_2	H_2O	$CaCO_3$	$CaSO_3 \cdot 2H_2O$	CO_2
生成焓，kcal/mol	-144.4	-71.8	-56.7	-269.5	-374.1	-94.3

对石灰石反应：

$\Delta G=\{-374.1-94.3-[-269.5-2\times(56.7)-71.8]\}$ kcal/mol $=-13.4$ kcal/mol

对石灰反应：

$\Delta G=\{-374.1-[-144.4-2\times(56.7)-71.8]\}$ kcal/mol $=-44.5$ kcal/mol

从而求得其化学平衡常数：

石灰石：$\lg K_{eq}=\dfrac{13.4\times1\,000\times4.2}{8.314\times298}=22.7$

石灰：$\lg K_{eq}=\dfrac{44.5\times1\ 000\times4.2}{8.314\times298}=75.43$

上述结果说明，石灰石/石灰脱硫都属于易发生反应，但石灰脱硫反应比石灰石脱硫反应更容易进行。

（二）工艺流程及主要设备

典型的石灰石/石灰法工艺流程，如图 7-15 所示。锅炉烟气经除尘、冷却后送入吸收塔，吸收塔内用配置好的石灰石或石灰浆液洗涤含 SO_2 的烟气，洗涤净化后的烟气经除雾和再热后排放。吸收塔内排出的吸收液流入循环槽，加入新鲜的石灰石或者石灰浆液进行再生。

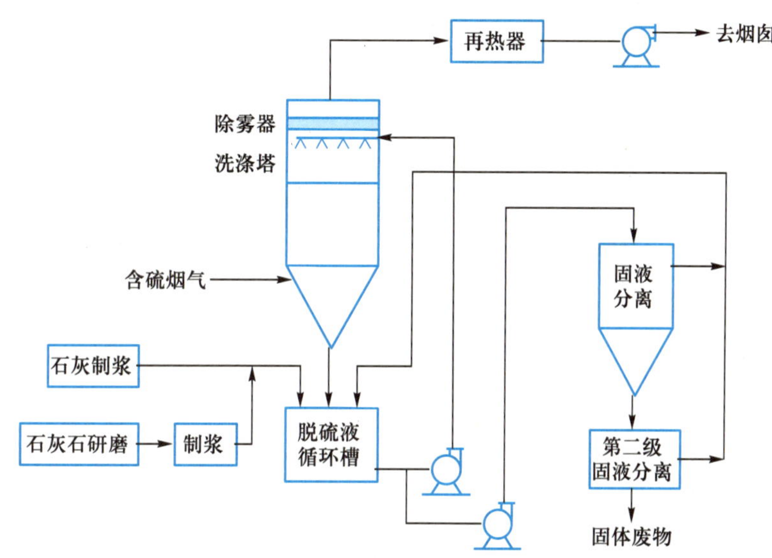

图 7-15 石灰石/石灰法烟气脱硫工艺流程示意图

石灰石/石灰湿法烟气脱硫装置应由吸收剂制备系统、烟气吸收及氧化系统、烟气系统、脱硫副产物处置系统、脱硫废水处理系统、自控和在线监测系统等组成。下面以石灰石-石膏法为例说明其主要设备。

1. 石灰石制备系统

对石灰石粉细度的一般要求为 90%通过 325 目筛（44 μm）或 250 目筛（63 μm）；石灰石纯度需大于 90%。工艺对其活性也有一定要求，活性可根据《烟气湿法脱硫石灰石粉反应速率的测定》（DT/T 943—2015）实验测定。

将石灰石粉由罐车运到料仓存储，然后通过给料机、输粉机将石灰石粉输入浆池，加水制备成固体质量分数为 10%～15%的浆液。

2. 烟气吸收和氧化系统

（1）吸收塔：吸收塔是烟气脱硫系统的核心装置，要求持液量大、气液相间的相对速度高、气液接触面积大、内部构件少、压力降小等特点。目前，较常用的吸收塔主要有喷淋塔、填料塔、喷射鼓泡塔和道尔顿型塔四类，其中喷淋塔是湿法脱硫工艺的主流塔型。

喷淋塔多采用逆流方式布置，烟气从喷淋区下部进入吸收塔，与均匀喷出的吸收浆液逆流接触（图 7-16）。烟气流速为 3 m/s 左右，液气比与煤含硫量和脱硫率关系较大，一般在 8～25 L/m^3之间。空塔优点是塔内部件少，故结垢可能性小，压力损失也小。逆流运行有利于烟气与吸收液充分接触，但阻力损失比顺流大。

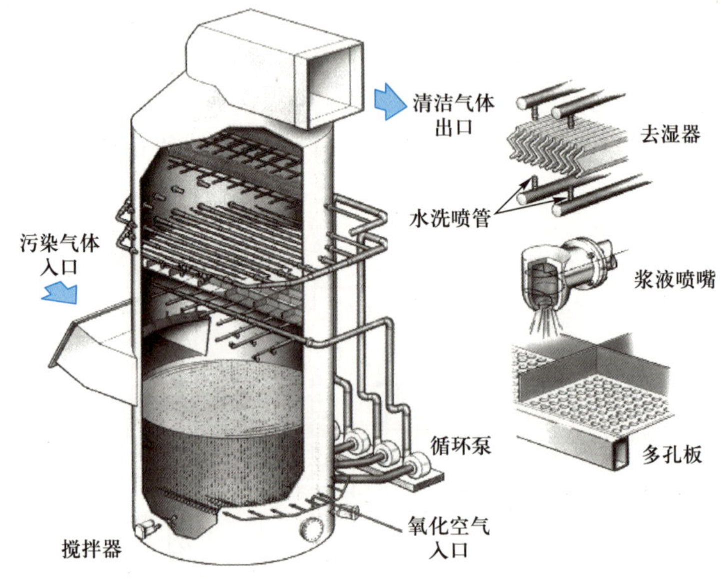

图 7-16 喷淋吸收塔结构示意图

吸收区高度为 5～15 m，如按塔内流速 3 m/s 计算，接触反应时间 2～5 s。区内设 3～6 个喷淋层，每个喷淋层都装有多个雾化喷嘴，交叉布置，覆盖率达 200%～300%。喷嘴入口压力不能太高，在 0.5×10^5～2×10^5 Pa 之间。喷嘴出口流速约 10 m/s。雾滴直径一般为 1 320～2 950 μm，大水滴在塔内的滞留时间 1～10 s，小水滴在一定条件下呈悬浮状态。喷嘴用碳化硅制造，耐磨性好，使用寿命十年以上。

近年来开发的双回路吸收塔，将吸收塔用一个集液斗体分成两个回路：下段作为预冷却区，并进行一级脱硫，控制较低的 pH（4.0～5.0），有利于氧化和石灰石的溶解，防止结垢和提高吸收剂的利用率；上段为吸收区，其排水经集液斗引入塔外另设的加料槽，在此加入新鲜石灰石浆液，维持较高的 pH（6.0 左右），以获得较高的脱硫率。

（2）除雾器：净烟气出口设除雾器，通常为二级除雾器，装在塔的圆筒顶部或塔出口弯道后的平直烟道上，并设置冲洗水，间歇冲洗除雾器。冷烟气中残余水分一般不能超过 100 mg/m^3，否则会玷污热交换器、烟道和风机等。

（3）氧化槽：氧化槽的功能是接收和储存脱硫剂，溶解石灰石，鼓风氧化 $CaSO_3$，结晶生成石膏。早期的湿式石灰石/石灰法几乎都是在脱硫塔外另设氧化塔，这种工艺易发生结垢和堵塞问题。目前，多将氧化系统组合在塔底的浆池内，利用大容积浆池完成石膏的结晶过程，即就地强制氧化。循环的吸收剂在氧化槽内的设计停留时间与石灰石反应性能有关，一般为 4～8 min。石灰石反应性越差，为使之完全溶解，则要求它在池内滞留时间越长。氧化空气采用罗茨风机或离心风机鼓入，压力一般为 5×10^4～8.6×10^4 Pa，一般氧化 1 mol SO_2，需要1 mol O_2。

3. 烟气系统

(1) 脱硫风机：整个烟气脱硫系统的烟气阻力约为 2 940 Pa，单靠原有锅炉引风机(IDF)不足以克服这些阻力，需增设脱硫风机。脱硫风机有四种布置方案(见图 7-17)。四种布置方案的比较见表 7-7。

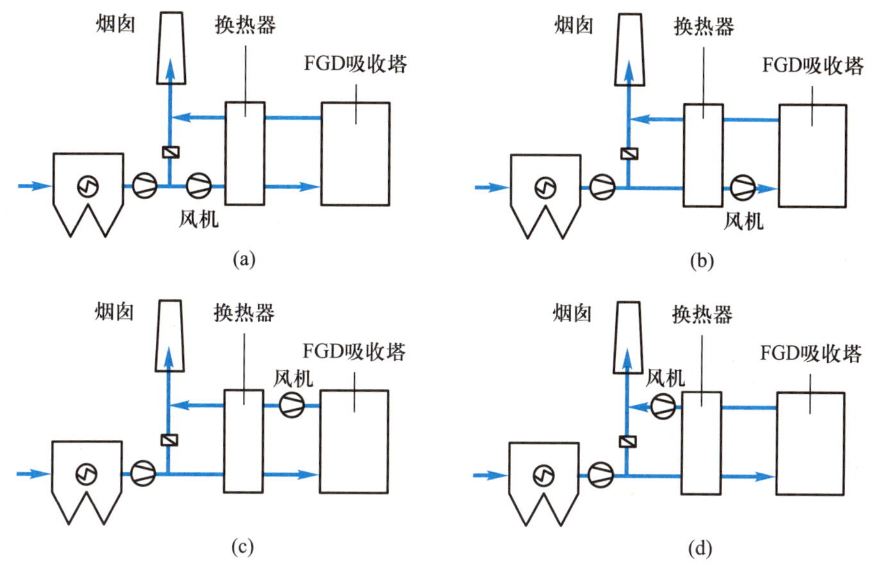

图 7-17 脱硫风机的位置

表 7-7 脱硫风机不同布置方案比较

风机位置	(a)	(b)	(c)	(d)
烟气温度/℃	100～150	70～110	45～55	70～100
磨损	少	少	无	无
腐蚀	无	有	有	少
沾污	少	少	有	无
漏风率/%	3.0	0.3	0.3	3.0
能耗/%	100	90	82	95

(2) 烟气再热系统：经过洗涤的烟气温度已低于露点，是否需进行再热，取决于各国的环保要求。美国一般不采用烟气再加热系统，而对烟囱采取防腐措施。我国《火电厂烟气脱硫工程技术规范：石灰石/石灰-石膏法》(HJ/T 179—2005)建议机组在安装脱硫装置时配置烟气换热器。在设计工况下，经烟气换热器后的烟气温度应不低于 80℃。当采用回转式换热器时，其漏风率不大于 1%。

近年来发展的冷却塔排烟技术，烟气不通过烟囱排放，而被送至自然通风冷却塔。在塔内，烟气从配水装置上方均匀排放，与冷却水不接触。由于烟气温度约 50℃，高于塔内湿空气温度，发生混合换热现象，混合的结果改变了塔内气体流动工况。塔内气体向上流动的原动力是湿空气(或湿空气与烟气的混合物)产生的热浮力，热浮力克服流动阻力而使气体流动。热浮力为：

$$Z=h_c\times\Delta\rho\times g \tag{7-72}$$

式中：h_c——冷却塔有效高度；

$\Delta\rho$——塔外空气密度与塔内气体密度之差。

一般情况下，进入冷却塔的烟气密度低于塔内气体的密度，对冷却塔的热浮力产生正面影响。而且，进入塔内的烟气占塔内气体的容积份额一般不超过10%，占容积份额小，对塔内气体流速影响甚微。此外，烟气在配水装置以上进入，对配水装置区间段阻力不产生影响。因此，对总阻力的影响甚微，在工程上亦可以忽略不计，所以烟气能够通过双曲线自然通风冷却塔顺利排放。

4. 脱硫副产物处置系统

（1）石膏脱水系统：来自吸收塔底槽的石膏浆先在一台水力旋流分离器中稠化到其固体含量约40%~60%，同时按其粒度分级。然后将稠化的石膏浆用真空皮带过滤器脱水到所需要的残留湿度10%。用离心机脱水可使石膏含水量降到5%，但运行费用高。为了使氯含量减少到不影响石膏使用的程度，必须在过滤皮带上对其进行洗涤。

（2）石膏存储系统：湿石膏的存储方法取决于发电厂烟气脱硫系统石膏的产量、用户的需求量、运输手段以及石膏中间储仓的大小。对于容量为300~700 m^3的中间储仓，石膏在其中的存放时间不应超过一个月。

5. 脱硫废水处理系统

为了防止烟气中可溶部分即氯气浓度超过规定值和保证石膏的质量，必须从系统中排放一定量的废水。排放的废水或者是水力旋流分离器的溢流水，或者是皮带过滤机第一段的过滤水，这部分水需通过废水处理装置。废水排放量与氯离子含量有关，一般应控制氯离子质量浓度小于20 000 mg/L。

（三）主要工艺参数

影响石灰石/石灰法脱硫的主要工艺参数包括pH、石灰石粒度、液气比、钙硫比、气体流速、浆液的固体含量和气体中SO_2的浓度，以及吸收塔结构等。表7-8中列出了石灰石/石灰法脱硫的典型操作条件。

表7-8 石灰石和石灰法烟气脱硫的典型操作条件

参数	石灰石	石灰
烟气中SO_2浓度（体积分数）/10^{-6}	4 000	4 000
浆液固体含量/%	10~15	10~15
浆液pH	5.6	7.5
钙/硫比	1.1~1.3	1.05~1.1
液/气比/($L\cdot m^{-3}$)	>8.8	4.7
气体速度/($m\cdot s^{-1}$)	3.0	3.0

［例7-6］ 某2×300 MW新建电厂，其设计用煤的硫含量为4.5%，热值为6 500 kcal/kg，电厂设计热效率为35%。要求脱硫效率90%，计算：

（1）钙硫比为1.2时，每天消耗多少石灰石？假设石灰石纯度为96%。

（2）脱硫剂的利用率是多少？

（3）如果脱硫污泥为含水60%的浆液，每天产生多少脱硫污泥？电厂燃煤含灰8%。

解：该电厂的煤炭消耗量为 $2\times300\times10^3/(6\ 500\times4.2)/35\%$ kg/s = 62.8 kg/s

电站锅炉 SO_2 排放系数取 0.85，则其实际 SO_2 排放量为：

$$62.8\times4.5\%\times0.85\times(64/32)\ \text{kg/s}=4.8\ \text{kg/s}$$

（1）石灰石消耗量

石灰石脱硫的总化学反应式为：$SO_2+CaCO_3+2H_2O \longrightarrow CaSO_3\cdot2H_2O+CO_2\uparrow$

该电厂的实际 SO_2 排放量为 4.8 kg/s，则钙硫比为 1.2 时消耗的石灰石量为：

$$4.8\times100/64\times1.2/(96\%)\ \text{kg/s}=9.375\ \text{kg/s}=810\ \text{t/d}$$

（2）脱硫剂的利用率

实际参加反应的石灰石量为：$(4.8\times90\%\times100/64)$ kg/s

则脱硫剂的利用率为：$(4.8\times90\%\times100/64)/9.375=72\%$

（3）脱硫污泥中 60%为水分，其余 40%包括飞灰、$CaSO_3\cdot2H_2O$ 和未反应的脱硫剂。

其中灰分为：$62.8\times8\%$ kg/s = 5.2 kg/s = 868 t/d

$$CaSO_3\cdot2H_2O:4.8\times90\%\times156/64\ \text{kg/s}=10.53\ \text{kg/s}=910\ \text{t/d}$$

未反应的脱硫剂：$810\times28\%$ t/d = 226.8 t/d

从而得到脱硫污泥的产生量：$(868+910+226.8)/40\%$ t/d = 5 012 t/d

二、氧化镁湿法烟气脱硫

氧化镁法具有脱硫效率高（可达 90%以上）、可回收硫、可避免产生固体废物等特点，在有镁矿资源的地区，是一种有竞争性的脱硫技术。氧化镁法可分为抛弃法、再生法和氧化回收法。

（一）基本原理

1. 氧化镁浆液的制备

$$MgO(s)+H_2O \longrightarrow Mg(OH)_2(aq)$$

2. SO_2 的吸收

$$Mg(OH)_2+SO_2(aq) \longrightarrow MgSO_3(aq)+H_2O$$

$$MgSO_3(aq)+H_2O+SO_2 \longrightarrow Mg(HSO_3)_2(aq)$$

$$Mg(HSO_3)_2+Mg(OH)_2+4H_2O \longrightarrow 2MgSO_3\cdot3H_2O$$

3. 氧化

$$MgSO_3(aq)+1/2O_2 \longrightarrow MgSO_4(aq)$$

4. 氧化镁再生

$$MgSO_3 \longrightarrow MgO+SO_2$$

（二）工艺流程及主要设备

代表氧化镁法的简单流程，如图 7-18 所示。其基本工艺是用 MgO 的浆液吸收 SO_2，生成含水亚硫酸镁和少量硫酸镁，然后送流化床加热，当温度在约为 1 143 K 时释放出 MgO 和高浓度 SO_2。再生的 MgO 可循环利用，SO_2 可回收制酸。整个过程可分为烟气预处理、SO_2 吸收、固体分离和干燥和 $MgSO_3$ 再生等主要系统。

1. 烟气预处理系统

从锅炉出来的烟气温度大都在 140℃以上，里面含有大量的二氧化碳、灰尘和二氧化硫，同时也包括氢氟酸、氢氯酸和三氧化硫等酸性气体。烟气首先进入除尘系统，通过静电

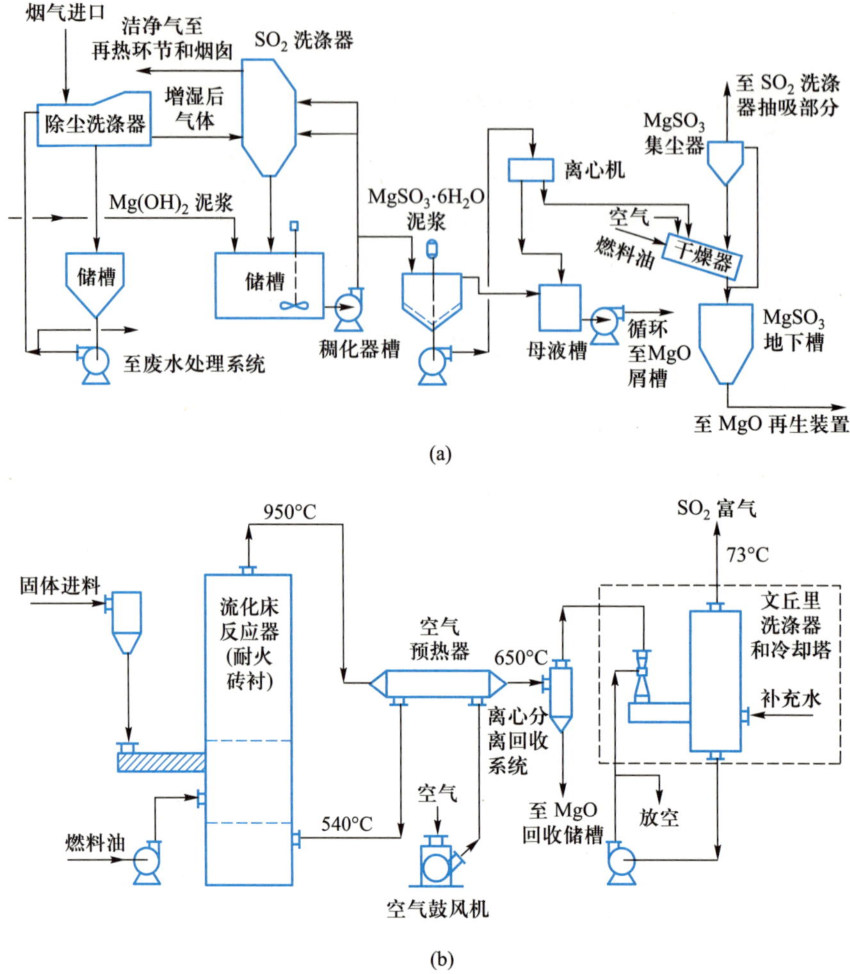

图 7-18 氧化镁法烟气脱硫工艺流程示意图

（a）洗涤部分；（b）吸收剂再生部分

除尘器或者布袋除尘器将 99%以上的灰尘收集下来，或用文丘里洗涤器进行烟气预处理，使烟气温度降低、湿度增加，同时降低了腐蚀性强的氯的含量，有利于吸收。

2. 二氧化硫吸收系统

SO_2 吸收装置一般采用喷淋塔，由高速气体雾化吸收液，气液比一般为 2.7～5.4 L/m_N^3。因为在再生工序中热分解 $MgSO_4$ 需要的温度要比 $MgSO_3$ 高，而温度的控制对 MgO 的性质影响很大，故需要控制 $MgSO_3$ 的氧化，以减少 $MgSO_4$ 生成。由于烟气中飞灰含有铁和钒等化合物，需要在脱硫前预先除去烟气中的飞灰。

从脱硫塔内出来的烟气温度一般为 55～60℃，并且烟气中仍含有少许水分，直接排放容易造成风机带水腐蚀风机叶片和烟囱。因此，在风机前面通过加热将烟气温度提高后再进行排放，这样就能避免风机的烟囱的腐蚀。

对于氧化镁来说，在吸收塔内与二氧化硫反应后变成亚硫酸镁，部分被烟气中的氧气氧化变成硫酸镁。

3. 固体分离与干燥系统

在吸收塔排出的吸收浆液中的固体浓度约为10%，要通过脱水干燥工序将固体的表面水分和结晶水除去，产生干燥的$MgSO_3$、$MgSO_4$、MgO和飞灰的混合物。由干燥过程排出的尾气需通过旋风分离器回收其中的固体颗粒。

4. 脱硫剂再生系统

在再生工序中将干燥后的$MgSO_3$和$MgSO_4$进行焙烧，使其热分解，可得到MgO，并同时析出SO_2。焙烧的温度对MgO的性质影响很大，适合于MgO再生的焙烧温度为660~870℃。当温度超过1 200℃时，会发生MgO会被"烧结"，烧硬或烧结的MgO不能再用作脱硫剂。

焙烧炉的排气中SO_2浓度为10%~16%，经除尘后可用于制造硫酸，再生的MgO可重新循环用于脱硫。我国氧化镁资源丰富，氧化镁法可考虑作为在我国发展的烟气脱硫方法之一。但是，该方法要求预先必须对烟气除尘和除氯，而且在此过程中约有8%的MgO会流失，造成二次污染，这些都是在应用中应该考虑的。

三、湿式氨法烟气脱硫

湿式氨法脱硫工艺采用一定浓度的氨水做吸收剂，最终的脱硫副产物是可做农用肥的硫酸铵，脱硫率为90%~99%。相对于低廉的石灰石等吸收剂，氨的价格要高得多，高运行成本及复杂的工艺流程影响了氨法脱硫工艺的推广应用。但在有氨稳定来源、副产品有市场的某些地区，氨法仍具有一定的吸引力。

（一）基本原理

氨法烟气脱硫主要包括SO_2吸收和吸收后溶液的处理两大部分。

以氨溶液吸收SO_2时，其化学反应迅速，质量传递主要受气相阻力控制。吸收塔内发生的主要反应为：

$$2NH_3+SO_2+H_2O \longrightarrow (NH_4)_2SO_3$$

$$(NH_4)_2SO_3+SO_2+H_2O \longrightarrow 2NH_4HSO_3$$

$(NH_4)_2SO_3$对SO_2有很强的吸收能力，它是氨法中的主要吸收剂。随着SO_2的吸收，NH_4HSO_3的比例增大，吸收能力降低，这时需要补充氨水将NH_4HSO_3转化为$(NH_4)_2SO_3$。含NH_4HSO_3量高的溶液，可以从吸收系统中引出，以各种方法再生得到SO_2或其他产品。

由于尾气中含有O_2和CO_2，在吸收过程中还会发生下列副反应：

$$2(NH_4)_2SO_3+O_2 \longrightarrow 2(NH_4)_2SO_4$$

$$2NH_4HSO_3+O_2 \longrightarrow 2NH_4HSO_4$$

$$2NH_3+H_2O+CO_2 \longrightarrow (NH_4)_2CO_3$$

用氨吸收SO_2与其他碱类的不同之处在于阳离子和阴离子都是挥发性的，因此设计洗涤吸收器时必须考虑两者的回收。

（二）新氨法烟气脱硫工艺

新氨法（NADS）烟气脱硫在工艺上的主要特点是，不仅可生产硫酸铵，还生产磷酸铵和硝酸铵，同时联产高浓度硫酸。结合不同条件，生产不同化肥，灵活性较大，因此也称为氨-肥法。

脱硫反应为： $SO_2+xNH_3+H_2O \longrightarrow (NH_4)_xH_{2-x}SO_3$

副产化肥的反应为：

$$2(NH_4)_xH_{2-x}SO_3+xH_2SO_4 \longrightarrow x(NH_4)_2SO_4+2SO_2\uparrow+2H_2O$$

或

$$(NH_4)_xH_{2-x}SO_3+xH_3PO_4 \longrightarrow x(NH_4)H_2PO_4+SO_2\uparrow+H_2O$$

$$(NH_4)_xH_{2-x}SO_3+xHNO_3 \longrightarrow xNH_4NO_3+SO_2\uparrow+H_2O$$

浓缩后的 SO_2 气体用于生产高质量的工业硫酸：

$$SO_2+0.5O_2+H_2O \longrightarrow H_2SO_4$$

NADS 的工艺流程如图 7-19 所示。由电除尘器来的 SO_2 烟气（温度 140～160℃）经过再热器回收热量后，温度降为 100～120℃，再经水喷淋冷却到低于 80℃，进入 SO_2 吸收塔。吸收塔的吸收温度为 50℃左右，SO_2 吸收率大于 95%，烟气出口 NH_3 体积分数小于 20×10^{-6}。吸收后的烟气进入再热器，升温到高于 70℃，进入烟囱排放。吸收塔为多级循环吸收，一般级数为 3～5 级。

由吸收塔出来的亚硫铵溶液经过离心分离除去灰尘后，进入硫酸中和反应釜，得到硫铵溶液和高浓度的 SO_2 气体。硫铵溶液经过蒸发结晶、干燥、包装得到商品硫铵化肥。SO_2 气体进入硫酸装置生产质量分数为 98% 的硫酸，约70%～80%返回中和反应釜，20%～30%作为商品出售。

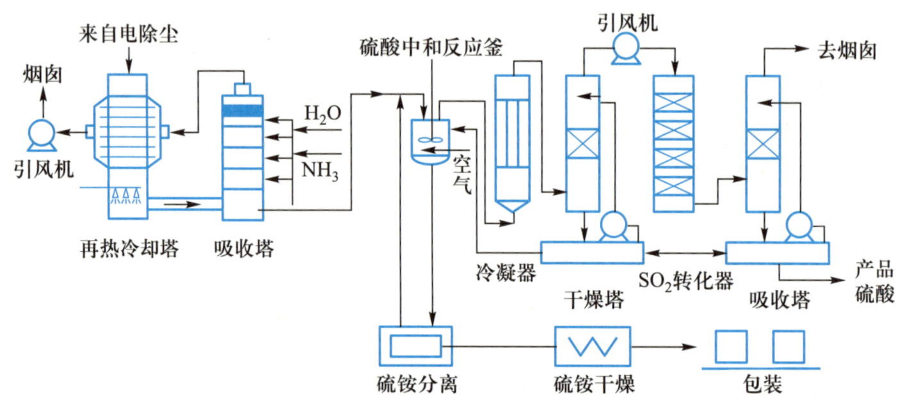

图 7-19 NADS 工艺流程简图

NADS 的关键设备是吸收塔。它是一种大孔径、高开孔率的筛板塔，阻力低，通量大。在 25MW 机组的装置上，每块塔板的压降为 150～300 Pa，是传统塔板的 50%，空塔气速达到 4 m/s，是传统塔板的 2 倍。

NADS 在 4×260 t/h 锅炉上运行 168 h 结果表明，系统脱硫效率大于 95%，脱氮效率能达到 30%左右。得到的副产品含氮量为 20.60%～20.75%。

四、循环流化床烟气脱硫

（一）基本原理

循环流化床烟气脱硫（CFB-FGD）原理是利用循环流化床强烈的传热和传质特性，在流化床内加入石灰脱硫剂从而达到脱硫，并除掉部分有害气体的目的。主要化学反应如下：

$$CaO+SO_2+2H_2O \longrightarrow CaSO_3\cdot 2H_2O$$

$$CaSO_3\cdot 2H_2O+0.5O_2 \longrightarrow CaSO_4\cdot 2H_2O\text{（石膏）}$$

同时也可脱除烟气中的 HCl 和 HF 等酸性气体，反应为：

$$CaO+2HCl+H_2O \longrightarrow CaCl_2+2H_2O$$

$$CaO+2HF+H_2O \longrightarrow CaF_2+2H_2O$$

（二）工艺流程

整个循环流化床脱硫系统由石灰浆制备系统、脱硫反应系统和收尘引风系统三个部分组成，其工艺流程见图 7-20。

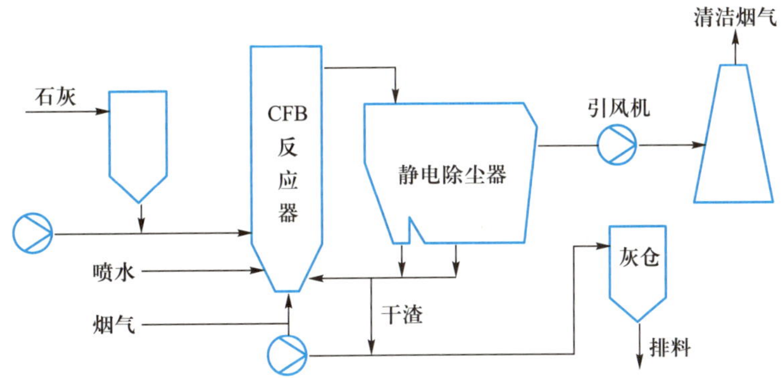

图 7-20 循环流化床烟气脱硫（CFB-FGD）工艺流程

烟气进入循环流化床反应器，然后在其中与石灰浆反应，石灰浆固体在反应器内同时完成蒸发和脱硫的过程。烟气经过分离器和除尘器后，部分物料循环进入流化床反应塔，其他的物料则收集后集中处理。利用物料的循环增长脱硫剂的停留时间，来提高钙利用率和反应器的脱硫效率。

循环流化床烟气脱硫的主要优点是脱硫剂反应停留时间长及对锅炉负荷变化的适应性强。由于床料有 98%参与循环，新鲜石灰在反应器内停留时间累计可达到 30 min 以上，提高了石灰利用率。反应器内烟气流速可在 1.83～6.1 m/s 范围内变化，可以满足锅炉负荷在 30%～100%范围内变化。目前，循环流化床烟气脱硫系统只在较小规模电厂锅炉上得到应用，尚缺乏大型化的应用业绩。

（三）主要工艺参数

钙硫比、含水量、塔内温度、塔内平均温度和绝热饱和温度差等脱硫运行中的参数，也会影响脱硫效率。

1. 钙硫比

一般情况下，钙硫比越大脱硫效率越高，但过大的钙硫比是不必要的，实际操作中选择的钙硫比为 1.1～1.4。

2. 脱硫剂含水量

脱硫剂要有一定的含水量，颗粒在进入塔内可以通过造粒过程制成含有一定水分、一定粒径的脱硫剂颗粒。一般要求颗粒表面含水量控制在 3%～7%之间，过量的含水量对增大脱硫率效果并不明显。有实验表明，颗粒表面含水量从 0 增加到 8%，脱硫反应速率增加了 27.4 倍；而含水量从 8%增加到 50%，反应速率增加还不到 1 倍。

3. 脱硫温度

循环流化床脱硫的最佳温度为 70～90℃。但由于受烟气温度的控制，塔内实际温度往往高于此值。通过向塔内喷水可以降低温度，但喷水量受运行条件影响，不能过大。实际上，塔内温度可以控制在 90～150℃。

塔内平均温度和绝热饱和温度之差（ΔT）对脱硫率也有很大影响。ΔT 越大，脱硫剂表面的水在蒸发的就越快，脱硫效率就会越低；ΔT 越小，脱硫剂表面水蒸发就越慢，有可能在颗粒到达壁面时还没有蒸发完，颗粒容易附在壁面上。通常认为，在 ΔT 为 15～20℃时，脱硫效率可以达到 80%以上。

五、海水吸收法烟气脱硫

海水烟气脱硫是利用天然海水的碱度，实现脱除烟气中二氧化硫的一种脱硫方法，适用于靠海边、海水置换条件较好、用海水作为冷却水和燃用低硫煤的电厂。

（一）基本原理

由于雨水将陆上岩层的碱性物质带到海中，天然海水含有大量的可溶性盐，其中主要成分是氯化钠和硫酸盐，以及一定量的可溶性碳酸盐。海水通常呈碱性，自然碱度约为 1.2～2.5 mmol/L，这使得海水具有天然的酸碱缓冲能力及吸收 SO_2 的能力。国外一些脱硫公司利用海水的这种特性，成功地开发出海水脱硫工艺。当 SO_2 被海水吸收，再经处理氧化为无害的硫酸盐而溶于海水中。其实硫酸盐是海水的天然成分。经脱硫而流回海洋的海水，其硫酸盐成分只会稍微提高，当离开排放口一定距离，这种差异就会消灭。

烟气中 SO_2 与海水接触发生以下主要反应：

$$SO_2+H_2O \longrightarrow H_2SO_3$$

$$H_2SO_3 \longrightarrow H^++HSO_3^-$$

$$HSO_3^- \longrightarrow H^++SO_3^{2-}$$

吸收了二氧化硫的海水在曝气池中发生以下反应：

$$SO_3^{2-}+0.5O_2 \longrightarrow SO_4^{2-}$$

$$CO_3^{2-}+H^+ \longrightarrow HCO_3^-$$

$$HCO_3^-+H^+ \longrightarrow H_2CO_3 \longrightarrow H_2O+CO_2\uparrow$$

（二）工艺流程及主要设备

根据是否添加其他化学吸收剂，海水脱硫工艺可分为两类：① 用纯海水作为吸收剂的工艺，以挪威 ABB 公司开发的 Flakt-Hydro 工艺为代表，有较多的工业应用。② 在海水中添加一定量石灰以调节吸收液的碱度，以美国 Bechtel 公司的脱硫工艺为代表，在美国已建成示范工程，但未推广应用。这里以 Flakt-Hydro 海水脱硫工艺为例进行介绍。

在 Flakt-Hydro 海水脱硫工艺（图 7-21）中，海水采用一次直流的方式吸收烟气中的二氧化硫，然后进入曝气池，在曝气池中注入大量的海水和空气，将二氧化硫氧化成硫酸根离子，至其水质恢复后又流入大海。工艺装置主要由烟气系统、二氧化硫吸收系统、供排海水系统和海水恢复系统等组成。

1. 烟气系统

含尘烟气的除尘装置安装在海水吸收塔之前，锅炉排出的烟气由除尘器除尘后，先经烟气换热器冷却，以提高吸收塔内的二氧化硫吸收效率，同时可以防止塔的内体受到热破坏。

2. 二氧化硫吸收系统

该工艺为直流洗涤系统，在吸收塔内喷淋海水吸收烟气中的二氧化硫。吸收塔为气-

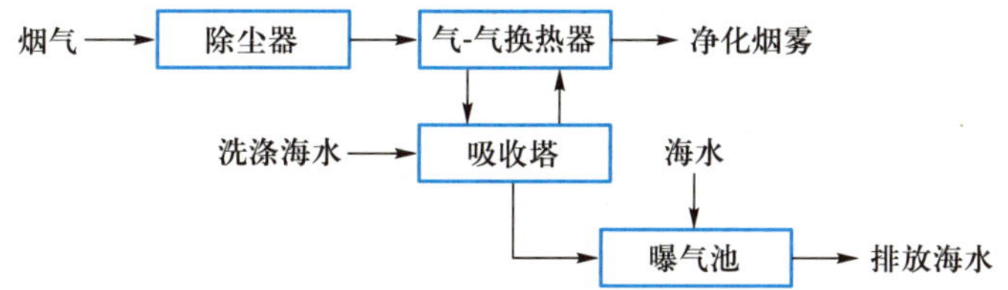

图 7-21　Flakt-Hydro 海水脱硫工艺流程示意图

液逆流填料塔，冷却后的烟气从塔底送入吸收塔，在吸收塔中与由塔顶均匀喷洒的纯海水逆向充分接触混合，海水将烟气中二氧化硫吸收，生成亚硫酸根离子。净化后的烟气，通过烟气换热器升温后，经高烟囱排入大气。出塔酸性废水依靠重力流入水质恢复系统。

3. 海水恢复系统

海水恢复系统的主体结构是曝气池。来自吸收塔的酸性海水与凝汽器排出的碱性海水在曝气池中充分混合，同时通过曝气系统向池中鼓入适量的压缩空气，使海水中的亚硫酸盐转化为稳定无害的硫酸盐，同时释放出 CO_2，使海水的 pH 达到 6.5 以上，符合排放标准后，排入大海。

与石灰石/石灰湿法相比，海水脱硫由于无脱硫剂成本、工艺设备较简单、无后续的脱硫产物处理处置，其投资和运行费用相对较低。但由于海水的碱度有限，通常适用于燃用低硫煤（<1%）电厂的脱硫。

海水脱硫的另一问题是排海的水质是否会对海洋环境造成二次污染和对海洋生物的长期影响，目前仍在跟踪监测和研究之中。

六、二氧化硫超低排放技术

2014 年 9 月，国家发展和改革委员会、环境保护部和国家能源局三部门联合下发《煤电节能减排升级与改造行动计划（2014—2020 年）》（发改能源〔2014〕2093 号），要求燃煤发电机组大气污染物排放浓度基本达到燃气轮机组排放限值（即在基准氧含量 6% 条件下，烟尘、二氧化硫和氮氧化物排放浓度分别不高于 10、35、50 mg/m^3），推进燃煤电厂脱硫系统升级改造。从技术成熟度、脱硫效果、技术经济指标等因素综合分析，大型燃煤电厂实现二氧化硫超低排放，主要在石灰石/石灰脱硫技术的基础上，通过系统优化和强化传质，进一步提高脱硫效率。常用的二氧化硫超低排放技术有双循环、托盘等，脱硫效率达 98% 以上。

（1）双循环脱硫技术

双循环脱硫技术分为单塔双循环和双塔双循环，单塔双循环工艺流程如图 7-22 所示。单塔双循环脱硫是将一个吸收塔分为上下两段，使两段吸收处在不同的 pH 下，具有较高的脱硫效率和石灰石利用率。采用两级浆液循环反应工艺，两级反应的浆液泵和浆池独立、分开设置，每级反应对应不同的运行参数。一般地，一级循环 pH 较低，为 4.6~5.0，有利于氧化结晶；二级循环 pH 较高，为 5.8~6.4，有利于二氧化硫吸收。分区运行有利于保证亚硫酸钙的氧化和降低循环浆液总量 10% 左右。

单塔双循环技术的两级浆液反应循环系统相互独立，可以分开调节运行参数而互不影响，脱硫系统具有较高的稳定性。对于一些不利的工况，如负荷或燃料的变化能够迅速反

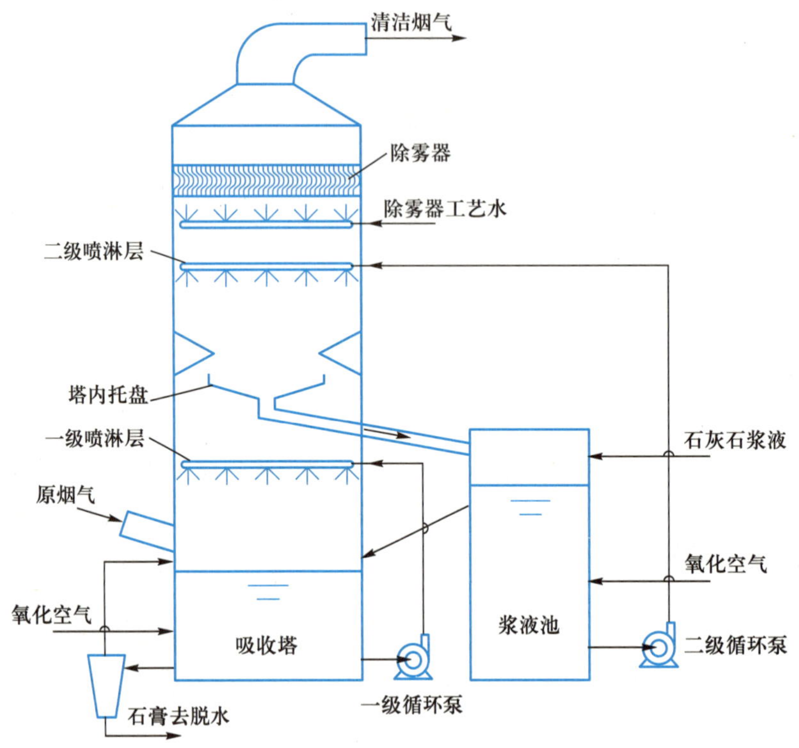

图 7-22 单塔双循环脱硫工艺示意图

应,通过分别调整一级或二级循环的 pH 来应对变化,稳定脱硫效率。单塔双循环技术也存在如初始投资费用较高、占地面积较大等问题。

双塔双循环技术烟气先后通过两个串联的喷淋空塔完成脱硫过程。两个吸收塔中各自都设置喷淋层、氧化空气分布系统、氧化浆液池。双塔串联系统脱硫效率可达 99%。一级塔脱硫效率可保证约 80%,二级塔设计入口二氧化硫浓度不超过 2 000 mg/m^3 时,能够实现出口浓度超低排放要求。但是双塔串联系统复杂,占地较大,阻力大,投资高,而且运行中水平衡、浆液密度、氧化效果难以控制,两级吸收塔之间的联络烟道中还存在石膏堆积严重的问题。根据运行经验,对于硫含量不超过 1.25%的煤质,采用单塔脱硫系统基本可以满足需要;当煤种硫含量超过 1.25%或煤质变化较大时,可采用双塔脱硫技术。

(2) 单塔强化吸收脱硫技术

烟气由吸收塔入口侧面进入向上流动,气体分布很不均匀,这是造成脱硫效率低下的重要原因。在脱硫塔底部浆液池及其上部的喷淋层之间以及各喷淋层之间加装湍流类、托盘类、鼓泡类气液强化传质装置,能形成稳定的持液层,提高烟气穿过持液层时的气液固三相传质效率。通过调整喷淋密度及雾化效果,改善气液分布。单塔强化吸收脱硫技术主要通过喷淋层优化设计,增加塔内构件,提高吸收塔内的浆液喷淋密度,增加浆液循环量,从而增大气液传质表面积,强化二氧化硫吸收效果。

托盘脱硫技术在脱硫喷淋空塔的基础上,设置一层多孔托盘塔板,当气体通过时,气液接触更充分,提高了吸收剂的利用率。同时,托盘可以提高石灰石的溶解量,利用托盘上浆液 pH 的差异,增强二氧化硫的吸收。同时,这些二氧化硫脱除手段还有协同捕集烟气中颗粒物的辅助功能，配合脱硫塔内、外加装的高效除雾器，复合塔系统的颗粒物脱除效率可达70%以上。

第三节　氮氧化物污染控制技术

控制 NO_x 排放是大气污染控制中的一项重要任务。人为源 NO_x 排放 90%以上来自燃料的高温燃烧，其次是化工生产中的硝酸生产、硝化过程、炸药生产和金属表面硝酸处理等。从燃烧系统中排出的 NO_x 有 95%以上是 NO，其余的主要为 NO_2。

燃烧过程中形成的 NO_x 分为三类。一类由燃料中固定氮生成的 NO_x，称为燃料型 NO_x。第二类 NO_x 由大气中的氮生成，主要产生于高温下原子氧和氮之间的化学反应，通常称作热力型 NO_x。在低温火焰中由于含碳自由基的存在还会生成第三类 NO_x，称为瞬时型 NO_x。图 7-23 给出了煤燃烧过程三种 NO 形成机理对 NO_x 排放总量的相对贡献。

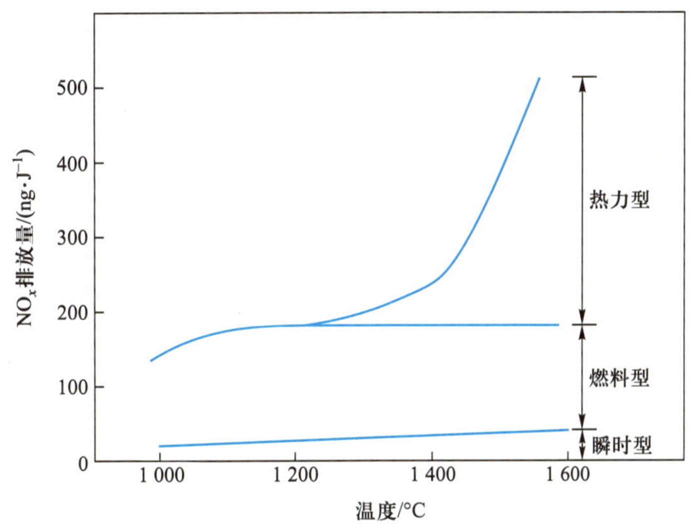

图 7-23　煤燃烧过程中三种 NO 形成机理对 NO_x 排放总量的相对贡献

燃烧源 NO_x 控制主要有三种方法：燃料脱硝、低氮燃烧技术和烟气脱硝。前两种方法减少燃烧生成的 NO_x 量，第三种方法则是对燃烧后烟气中的 NO_x 进行治理。通常固体燃料的含氮量为 0.5%～2.5%，燃料脱硝就是通过处理将燃料煤转化为低氮燃料。总体而言，燃料脱硝难度很大，成本很高，目前尚无成熟技术。低氮燃烧技术成本低，应用广泛，但对 NO_x 的去除效率小于 60%。当低氮燃烧技术不能达到 NO_x 排放标准时，就需要对烟气进一步处理，即烟气脱硝。烟气脱硝技术主要包括选择性催化还原（SCR）、选择性非催化还原法（SNCR）、液体吸收法和吸附法等。烟气脱硝效率可达 80%以上，但成本较高。本章主要介绍低氮燃烧技术和烟气脱硝技术。

一、低氮燃烧技术

根据 NO_x 的生成机理，抑制燃烧过程中 NO_x 生成的技术原理主要是减少燃料周围的氧浓度，降低火焰峰值温度，以及将已经生成的 NO_x 还原为 N_2。按技术形式分类可分为：低过量空气燃烧技术、烟气再循环技术、空气分级燃烧技术、燃料分级燃烧技术和低 NO_x 燃烧器(LNB)。

国外低氮燃烧技术发展已经历三代。第一代技术不要求对燃烧系统做大的改动,只作燃烧设备改进和运行方式调整。例如,低空气过量系数运行、烟气再循环等,这类技术简单易行,但 NO_x 降低幅度有限。第二代技术以空气分级燃烧器及炉内整体空气分级为特征,燃烧空气分级送入燃烧设备,降低初始燃烧区的氧浓度,相应地降低火焰峰值温度。第三代技术是空气、燃料都分级送入炉膛,即低 NO_x 燃烧器。另外,采用循环流化床锅炉也是控制氮氧化物排放的先进技术,循环流化床炉膛的燃烧温度低,只有 850~950℃,在此温度下产生的热力型 NO_x 极少,可有效地抑制燃料型氮氧化物的生成。

(一) 烟气再循环技术(FGR)

烟气再循环技术的原理是从锅炉尾部烟道抽出一部分烟气,通常的做法是从省煤器烟道出口抽出烟气加到二次风、一次风中,或者通过单独的再循环烟气喷口送入炉膛(见图 7-24),这会使燃料燃烧在更低的氧浓度气氛下进行,起到降低氧浓度和燃烧区温度的作用,以达到减少 NO 生成量的目的。

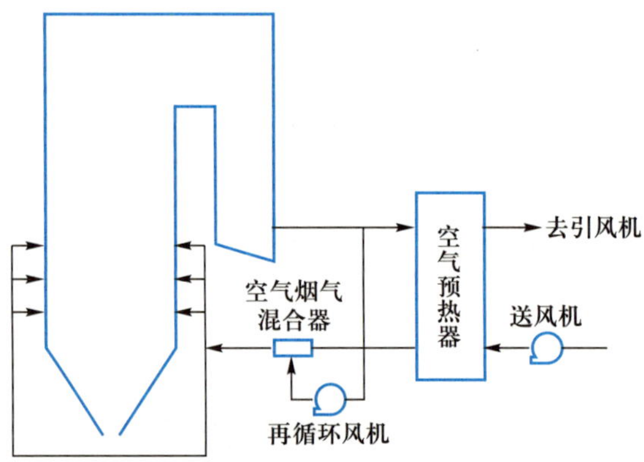

图 7-24 锅炉烟气再循环系统示意图

烟气再循环技术可以显著地减少热力型 NO_x 的生成,但是对燃料型 NO_x 生成量影响较小。对燃气、燃油锅炉以及液态排渣煤粉炉,由于热力型 NO_x 的排放量比较高,采用烟气再循环一般可以使 NO_x 排放量减少 10%~50%。对固态排渣锅炉,烟气中大约 80%的 NO 是由燃料氮生成的,这种方法的作用就非常有限,NO_x 排放量的降低幅度一般小于 15%。

采用烟气再循环技术时,烟气再循环率是主要控制参数之一,一般可作如下定义:

$$\beta=\frac{q_{v2}}{q_{v1}}\times 100\% \tag{7-73}$$

式中:β——烟气再循环率;

q_{v1}——无烟气再循环时的烟气量;

q_{v2}——循环烟气量。

从图 7-25 可以看出,随着烟气再循环率(β) 的增加,NO_x 排放浓度降低。另一方面,烟气再循环的量过大,会降低火焰稳定性,增加不完全燃烧热损失。受到燃烧稳定性的限制,烟气再循环率一般不超过 30%，对于大型锅炉一般为 10%～20%；对于燃烧贫煤、无烟煤等难燃煤种以及煤质很不稳定的电站锅炉，则不宜采用烟气再循环技术。

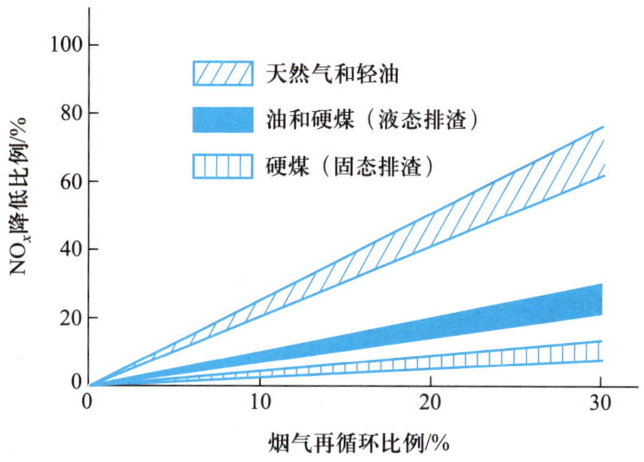

图 7-25 烟气循环燃烧对降低 NO_x 的影响

（二）空气分级燃烧技术

空气分级燃烧技术是目前使用最为普遍的低 NO_x 燃烧技术之一，其基本原理是将燃烧所需的空气分级送入炉内，使燃料在炉内分级、分段燃烧。主燃区内过量空气系数在 0.8 左右，燃料先在富燃条件下燃烧，燃烧温度低，从而抑制了热力型 NO_x 的生成。同时，燃烧生成的 CO 与 NO 进行还原反应，燃料氮分解的中间产物（CN、HCN 等）相互作用或与 NO 还原分解，抑制了燃料型 NO_x 的生成。由于主燃区过量空气系数小于 1，燃烧不完全，为了保证燃料充分燃烧，需要在主燃区火焰下游喷入助燃空气，这常被称为燃尽风或火上风（Over Fire Air，OFA）。在燃尽区，过量空气系数大于 1，可使燃料在富氧条件下充分燃尽，同时会不可避免地有一小部分残留的氮被氧化生成 NO_x。但由于氮的残留量很少，火焰温度又较低，在燃尽区产生的 NO_x 数量有限，所以采用空气分级技术可以有效地降低 NO_x 排放量。

空气分级燃烧技术可以分成两种：轴向空气分级燃烧和径向空气分级燃烧。轴向空气分级燃烧是炉内垂直空气分级技术，基本原理是设置了一层或两层燃尽风喷口，一部分助燃空气（5%～30%）通过这些喷口进入炉膛，将炉膛分成主燃区和燃尽区两个相对独立的空间分别组织燃料燃烧，如图 7-26 所示。燃尽风能减少 NO_x 排放 20%～60%，控制效果与燃煤性质、锅炉设计、燃烧器设计和初始 NO_x 浓度有关。

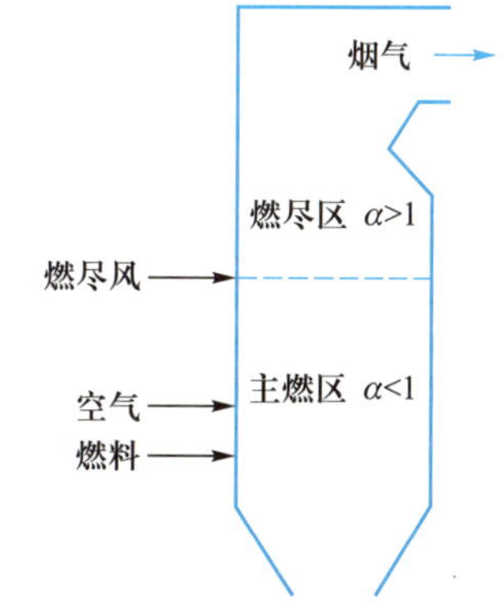

图 7-26 炉内空气分级示意图

空气分级的低 NO_x 旋流燃烧器是一种径向空气分级燃烧技术。在这种燃烧器的出口，助燃空气便逐渐混入煤粉-空气射流。图 7-27 给出了用于壁燃锅炉的分级混合低 NO_x 燃烧器的原理图。实际上该设计在紧靠燃烧器的前沿产生了一个主燃烧区，常称为一次火焰区。一次火焰区内燃料相对比较富裕，经常形成实际空气量低于理论空气量的状况。在一次火焰区的外围供入过剩的空气，形成二次火焰区，将燃料燃尽。挥发分和含氮组分的大部分在一次火焰区析出，但因处于缺氧、高 CO 和高 CH 浓度区，限制了含氮组分向 NO_x 的转化。

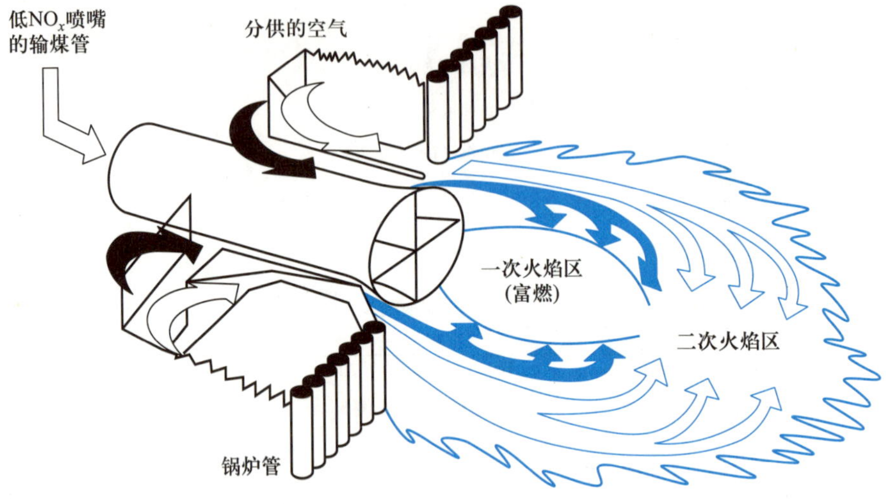

图 7-27 用于壁燃锅炉的分级混合低 NO_x 燃烧器的原理图

（三）燃料分级燃烧技术

燃料分级燃烧技术也称再燃技术，是降低 NO_x 排放的诸多炉内方法中最有效的措施之一，其原理如图 7-28 所示。再燃技术将燃烧分为三个区，其中 80%～85%的燃料送入主燃区，在过量空气系数大于 1 的条件下燃烧，其余 15%～20%的燃料作为还原剂在主燃烧器的上部某一合适位置喷入，再燃燃料燃烧形成再燃区，再燃区的过量空气系数小于 1，再燃区不仅使主燃区生成的 NO_x 得到还原，同时还抑制了新的 NO_x 生成，进一步降低 NO_x。再燃区上方布置燃尽风以形成燃尽区，保证再燃区出口的未完全燃烧产物燃尽。

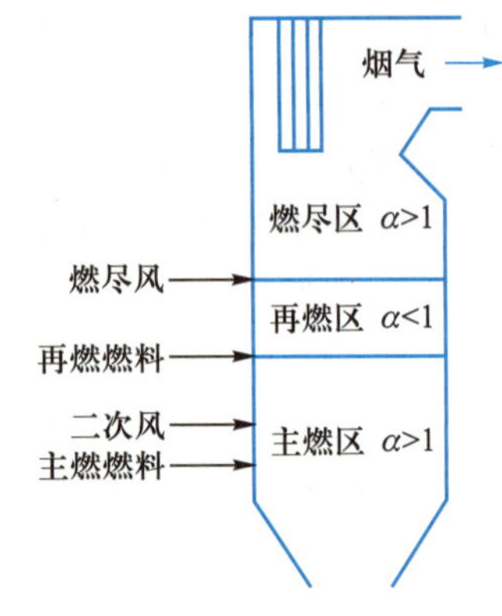

图 7-28 再燃原理示意图

一般情况下，再燃低 NO_x 燃烧技术可以使 NO_x 排放降低 50%以上。这是因为所形成的再燃区还原性气氛稳定，NH_3、HC、CO 浓度较高，烟气停留时间较长，有利于 NO_x 的还原。

影响再燃 NO_x 脱除率的因素主要有再燃燃料种类、再燃区过量空气系数、再燃区停留时间、再燃区温度和再燃燃料的比例等。

1. 再燃燃料种类

再燃燃料可以是各种化石燃料（油、煤粉等）、生物质、水煤浆、天然气、煤渣，甚至沥青。在再燃区的还原性气氛中，最有利于 NO_x 还原的成分是烃类，因此选择再燃燃料时应采用能在燃烧时产生大量烃根而又不含氮类的物质。由于天然气中不含燃料氮，避免了燃料型 NO_x 的生成，所以天然气还原 NO_x 的效果最好。

2. 再燃区过量空气系数

对于多数再燃燃料，如丙烷、褐煤和烟煤，当再燃区的过量空气系数接近 0.9 时，

总的 NO_x 还原率达到最高。为了用最小的再燃燃料量达到再燃区最佳的化学当量比，要求主燃区在尽可能接近理论空气量的条件下运行。对于燃煤锅炉，主燃区比较理想的运行状况是过量空气系数控制在≤1.1 的水平。

3. 再燃区停留时间

再燃区的温度越高、停留时间越长，则还原反应越充分，NO_x 的还原率就越高。当停留时间小于 0.4 s 时，NO 脱除率随着停留时间的增加而显著升高；当停留时间大于 0.4 s 后，NO 脱除率逐渐趋于稳定。

4. 再燃区温度

再燃区温度对 NO_x 的还原率有很大的影响。随着再燃区温度的升高，再燃还原 NO_x 的效果越好。但 1 300℃ 又是热力型 NO_x 生成的转折温度，所以通常要求再燃区的温度水平控制在 1 200℃ 左右，以保持较高的还原效率。

5. 再燃燃料的比例

随着再燃燃料份额的增加，NO_x 排放降低，但降低幅度减小。经验表明再燃燃料份额一般在 10%～20%之间。

（四）空气/燃料分级低 NO_x 燃烧器

这种燃烧器的主要特征是空气和燃料都是分级送入炉膛，燃料分级送入可在一次火焰区的下游形成一个富集 NH_3、CH、HCN 的低氧还原区，燃烧产物通过此区时，已经生成的 NO_x 会部分的被还原为 N_2。分级送入的燃料常称为辅助燃料或还原燃料。图 7-29 为斯坦缪勒（Steimuller）公司开发的空气/燃料分级低 NO_x 燃烧器的原理图。与空气分级低 NO_x 燃烧器一样形成一次火焰区，接近理论空气量燃烧可以保证火焰稳定性；还原燃料在一次火焰下游一定距离混入，形成二次火焰（超低氧条件），在此区域内，已经生成的 NO_x 被 NH_3、HCN 和 CO 等还原基还原为 N_2；分级风在第三阶段送入完成燃尽阶段。

增加还原燃料量有利于 NO_x 的还原，但还原燃料过多会使一次火焰不能维持其主导作用并产生不稳状况，最佳还原燃料比为 20%～30%。还原燃料的反应活性会影响燃尽时间和燃烧产物在还原区的停留时间。用氮含量低、挥发分高的燃料作为还原燃料较佳。

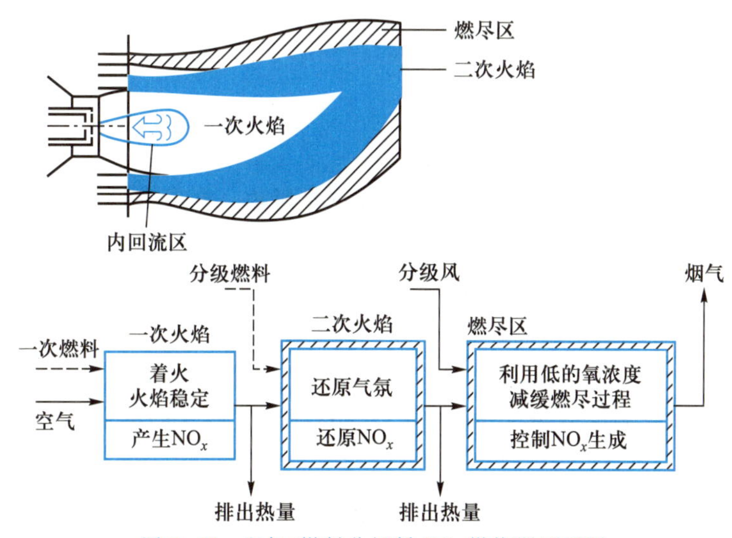

图 7-29　空气/燃料分级低 NO_x 燃烧器原理图

二、选择性非催化还原法脱硝

(一) 基本原理

在选择性非催化还原法(SNCR)脱硝工艺中,尿素或氨基化合物在较高的反应温度(930~1 090℃)注入烟气,将 NO_x 还原为 N_2。还原剂通常注进炉膛或者紧靠炉膛出口的烟道。主要的化学反应可以表示为:

$$2NH_3+2NO+1/2O_2 \longrightarrow 2N_2+3H_2O$$

基于尿素为还原剂的 SNCR 系统,尿素的水溶液在炉膛的上部注入,总反应可表示为:

$$(NH_2)_2CO+2NO+1/2O_2 \longrightarrow 2N_2+CO_2+2H_2O$$

工业运行的数据表明,SNCR 工艺的 NO 还原率较低,通常在 30%~60%的范围。

(二) 工艺流程

典型的 SNCR 系统由还原剂储液罐、还原剂喷射装置和相关的控制系统组成,如图 7-30 所示。

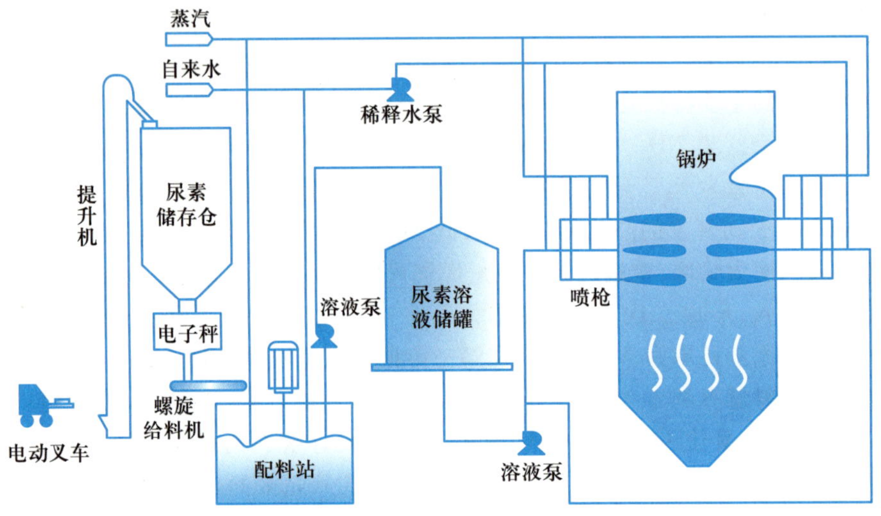

图 7-30 SNCR 工艺流程示意图

(三) 主要工艺参数和影响因素

1. 反应温度

反应温度对 SNCR 反应中 NO_x 的脱除率有重要影响。温度太低会导致 NH_3 反应不完全,增大氨泄漏量,造成新的污染;温度升高,分子运动加快,氨水的蒸发与扩散过程得到加强。对上述反应而言,当温度上升到 800℃,化学反应速率明显加快,在 900℃左右时,NO 的脱除率达到最大;然而当温度过高时,NH_3 被氧化生成 N_2、N_2O 或者 NO,增大烟气中的 NO_x 浓度。

对于氨,最佳反应温度区域为 870℃~1 100℃;尿素最佳的反应温度区域为 900℃~1 150℃。

2. 摩尔比

为达到一定的 NO_x 脱除率,需添加的还原剂用量由摩尔比(NSR)来决定。可用下式表述：

NSR＝还原剂与入口 NO_x 的实际摩尔比/还原剂与入口 NO_x 的化学计量摩尔比

根据 NO_x 和氨或尿素的反应式，理论上，用 1 个摩尔的尿素和 2 个摩尔的氨可脱除 2 个摩尔的 NO_x。而实际上，商业化的 SNCR 系统的还原剂应用率一般只有 20%～60%。

对于所有还原剂，随着氨氮摩尔比的增加，脱硝效率逐渐增加。但是，当 NSR 增加 2 以上时，NSR 再增加 NO_x 还原反应的增值将按指数下降。NH_3/NO_x 摩尔比一般控制在 1.0～2.0 之间，最大不要超过 2.5。

3. 混合程度

为使还原反应发生，还原剂必须被分散并与烟气混匀。由于氨的挥发性强，其分散可很快地完成。还原剂与烟气的混合用喷射系统来实现。喷射系统将还原剂雾化，并控制其喷射角度、速度及轨迹。

还原剂与烟气混合不好会使 NO_x 还原反应效果降低，可用下列方法改善混合效果：① 增加传给液滴的能量；② 增加喷嘴的个数；③ 增加喷射区的数量；④ 改进雾化喷嘴的设计以改善液滴的大小、分布、喷雾角度和方向。

较大的锅炉使用 SNCR 时脱硝率往往较低，原因可能是炉中的反应物难以达到均匀。锅炉的运行负荷也对 SNCR 的脱硝率产生影响，这主要是锅炉负荷影响了烟气温度及烟气在炉膛的停留时间。

三、选择性催化还原烟气脱硝

选择性催化还原（SCR）是目前世界上应用最多、最为成熟，且最有成效的一种烟气脱硝技术，其基本原理是采用氨（NH_3）作为还原剂，将 NO_x 还原成 N_2。SCR 技术具有以下特点：① NO_x 脱除效率高，可达到在 80%～90%；② 二次污染小；③ 技术较成熟，应用广泛；④ 投资和运行成本高。

（一）基本原理

SCR 脱硝的基本过程是：将还原剂 NH_3 均匀分布到 320～400℃ 的烟气中，并与烟气一道通过一个填充催化剂的脱氮反应器，在催化剂（如 V_2O_5-TiO_2）作用下，NO_x 和 NH_3 发生如下反应：

$$4NH_3+4NO+O_2 \longrightarrow 4N_2+6H_2O$$

$$8NH_3+6NO_2 \longrightarrow 7N_2+12H_2O$$

与氨有关的潜在氧化反应包括：

$$4NH_3+5O_2 \longrightarrow 4NO+6H_2O$$

$$4NH_3+3O_2 \longrightarrow 2N_2+6H_2O$$

（二）脱硝催化剂

脱硝催化剂是 SCR 烟气脱硝工艺的核心技术，其成本通常占脱硝装置总投资的 30%～50%。脱硝催化剂一般为蜂窝式或板式，组合成 2×1×1 m^3 的模块，其比表面积为 500～1 000 m^2/m^3。

催化剂的活性材料通常由贵金属、碱性金属氧化物和沸石等组成。几种常见 NO_x 催化剂的性能如表 7-9 所示。

表 7-9 常见 NO_x 催化剂的性能

主要成分	25% $Cu_2Cr_2O_5$	10% $Cu_2Cr_2O_5$	钒锰催化剂	γ-Al_2O_3/Cu
反应温度/℃	250~350	230~330	190~250	190~230
NH_3 与 NO_x 摩尔比	1.0~1.4	1.4~1.6	0.9~1.0	0.9~1.0
空间速度/h^{-1}	5 000	10 000~14 000	5 000	10 000
转化率/%	≥90	~95	≥95	≥95

目前火电机组脱硝装置的催化剂多以 TiO_2 为载体，主要成分为 V_2O_5-WO_3(MoO_3)等金属氧化物，这些成分占总量的 99% 以上，其余的微量组分，根据锅炉燃用的具体煤种添加。这种催化剂具有较高的选择性和脱硝效率，反应温度一般为 300~400℃。

(三) 工艺流程和主要设备

对于 SCR 过程，主要以氨作还原剂，通常催化剂安装在单独的反应器内，反应器位于省煤器之后或者空气预热器之前。在低负荷时，需要绕过省煤器的烟气旁路系统，以保证 SCR 反应器入口的烟气温度。图 7-31 所示的系统，通常称为“高粉尘”SCR，当采用热端电除尘器时，可以安装“低粉尘”SCR。所谓“尾部”SCR，安装在烟气脱硫系统之后，这种安装方式，需要额外燃料或其他方法加热烟气。出于经济考虑，目前多数电厂采用“高粉尘”SCR，将还原剂 NH_3 在催化反应器的上游注入含 NO_x 的烟气。此处烟气温度为 290~400℃，是还原反应的最佳温度，在含有催化剂的反应器内 NO_x 被还原为 N_2 和水。

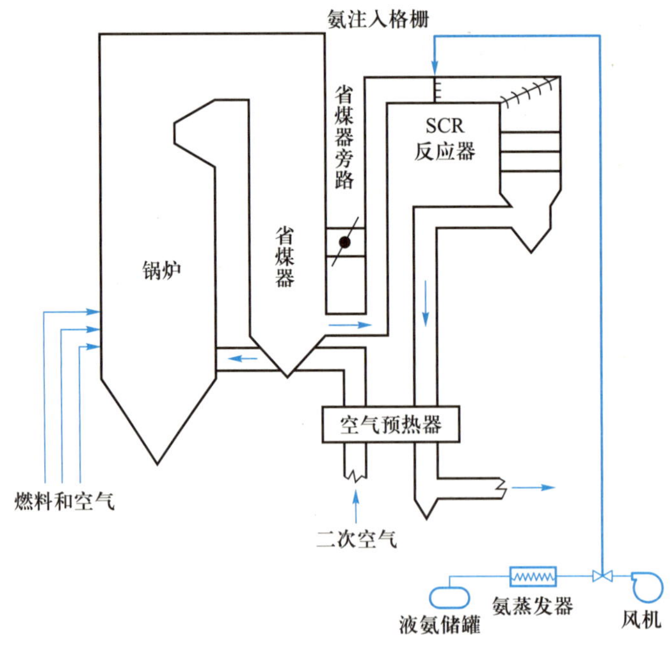

图 7-31 “高粉尘”SCR 布置图

1. 脱硝反应器

当催化剂反应器在尾部烟道的位置确定以后，含有 NO_x 的烟气和混有适当空气的 NH_3 在反应器入口处进行混合，然后进入反应器内的催化剂层。脱硝反应器是 SCR 工艺的核心装置，内装有催化剂以及吹灰器等。在脱氮反应器的前面还装有烟气流动转向阀、矫正阀等导向设备，有利于脱硝反应充分高效地进行。此外，通过改变省煤器旁路的烟气流量来调节温度。

选择性催化反应器的内部结构如图 7-32 所示。通常，先将催化剂制成板状或蜂窝状的催化剂元件，然后再将这些元件制成催化剂组块，最后将这些组块构成反应器内的催化剂层。反应器内的催化剂层数取决于所需的催化剂反应表面积。对于工作在高尘烟气中的催化反应器，典型的布置方式是布置三层催化剂层。在最上一层催化剂层的上面，是一层无催化剂的整流层，其作用是保证烟气进入催化剂层时分布均匀。通常，在第三层催化剂下面还有一层备用空间，以便在上面某一层的催化剂失效时加入第四层催化剂层。

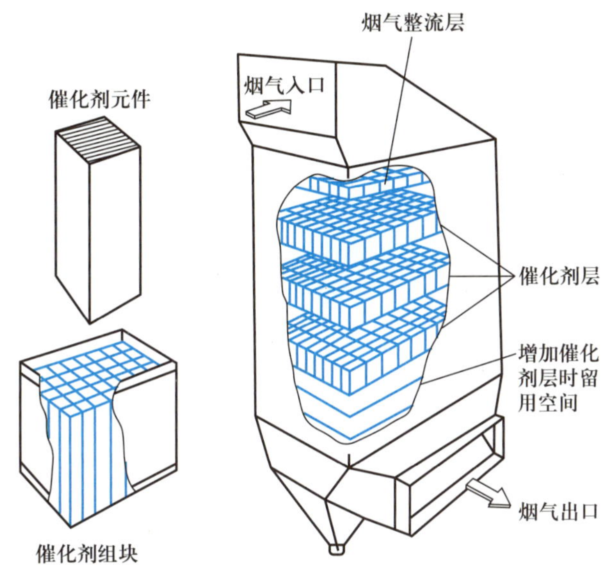

图 7-32 选择性催化剂反应器的内部结构

SCR 系统大多采用固定床反应器。其优点是反应器体积小、催化剂用量少、轴向返混少、催化剂磨损不严重、能在高温高压下工作，并能够调节温度分布。主要缺点是传热条件差，不方便进行催化剂再生和更换，温度分布不均匀等。

在 SCR 反应器上一般都安装吹灰器，以去除催化剂表面和气流通道中的颗粒物，保持空气预热器畅通，降低压降。吹灰器一般为能伸缩的耙型，使用空气或蒸汽进行清洁。每层催化剂都有自己的吹灰器，根据经验每周使用 1~2 次，各层时间交错进行，每次 0.5~2 h。

2. 还原剂储存及供应系统

在 SCR 系统中的还原剂是氨，通常有三个来源：液氨，尿素或氨水。

液氨作为还原剂时，液氨由槽车运送到液氨贮槽，液氨贮槽输出的液氨在氨气蒸发器内经 40℃ 左右的温水蒸发为氨气，并将氨气加热至常温后，送到氨气缓冲槽备用。缓冲槽的氨气经调压阀减压后，送入各机组的氨气/空气混合器中，与来自送风机的空气充分混合后，通过喷氨格栅（AIG）或其他方式与烟气混合后进入 SCR 反应器。

用尿素制氨时，需将尿素送入混合罐，在混合罐中被搅拌器搅拌，确保尿素的完全溶解，然后用循环泵将溶液抽出来，送入水解槽。在水解槽中，尿素溶液首先通过蒸汽预热器加热到反应温度，然后与水反应成氨和二氧化碳。

氨水制氨法通常是用25%的氨水溶液，将其置于存储罐中，然后通过加热装置使其蒸发，形成氨气和水蒸气。可以采用接触式蒸发器法或采用喷淋式蒸发器法。

三种方法的比较如表7-10所示。在考虑选择何种还原剂进行脱硝时，一方面要考虑其投资和运转成本，另一方面也要充分考虑还原剂处理有关的其他成本（如风险成本）。尿素与氨均可作为SCR脱硝的还原剂，但是尿素在安全操作（如运输和储存）等方面更具有优点。

表7-10 常见的3种制氨方法比较

SCR还原剂	液氨	氨水	尿素
成本	便宜（100%）	贵（约150%）	最贵（180%）
生产1 kg氨气所需要的原料量	1.01 kg（99%氨）	4 kg（25%氨）	1.76 kg
运输成本	便宜	贵	便宜
安全性	有毒	有害	无害
储存条件	高压	高压	常压、干态
储存方式	储罐（液态）	储罐（液态）	料仓（颗粒状）
初始投资费用	便宜	贵	贵
运行费用	便宜，需要热量蒸发液氨	贵，需要高热量蒸发、蒸馏水和氨	贵，需要高热量分解尿素和蒸发氨
设备安全要求	有相关法律规定	需要	基本不需要

3. 氨喷射器

氨喷射器是SCR系统的重要设备之一。氨喷射器的安装位置、喷嘴的结构与布置方式，都要尽量保证喷入的氨气与烟气充分混合。在将氨气喷入烟气之前，利用热水或蒸汽，或者小型电器设备对液氨进行汽化。将汽化后的氨气与空气混合，通过均流装置流向喷射网格（AIG），将氨气和空气混合物（95%~98%空气、2%~5%氨）均匀地喷入烟气中。

AIG由主管道、支管和喷嘴等组成。支管网络纵横分布，保证氨气能均匀射入烟气。喷射的角度和速度能够调整，改变轨迹。喷嘴要能够承受高温和烟气的磨损，一般由不锈钢制造，部件方便替换。为了喷射均匀，通常有数个喷射区域。

为使氨气与烟气在进入SCR反应器前混合均匀，通常将氨气喷射位置选在催化剂上游较远的地方。另外，还往往通过设置导流板强化混合程度。

4. 旁路装置

（1）SCR旁路：锅炉低负荷运行，SCR反应器入口烟气温度降低；锅炉启动停止也会使温度上下波动。因此，美国的SCR系统常常加装旁路，使烟气跳过SCR反应器。在系统停运时能够防止积尘和催化剂失活。另外在美国，设置旁路还可以满足季节性运行的要求。而日本很少使用SCR旁路，只要控制严格，管理得当，就能够降低负面影响。

(2) 省煤器旁路:在省煤器烟道中用可调节挡板控制经旁路的热烟气和经省煤器的冷烟气的比例。其设计目的是保证烟气处于最佳温度范围内,并确保气流的混合均匀。

(四) 主要工艺参数和影响因素

1. 反应温度

温度对还原效率有显著影响,提高温度能改进 NO_x 的还原,但当温度进一步提高,氧化反应变得越来越快,导致 NO_x 的产生。图 7-33 给出了对于典型的选择性催化还原催化剂脱氮效率(NO_x 转化率)随反应温度的变化。铂、钯等贵金属催化剂的最佳操作温度为 175~290℃;金属氧化物催化剂,例如,以二氧化钛为载体的五氧化二钒催化剂,在 260~450℃下操作效果最好;沸石催化剂则可在 540℃下操作。

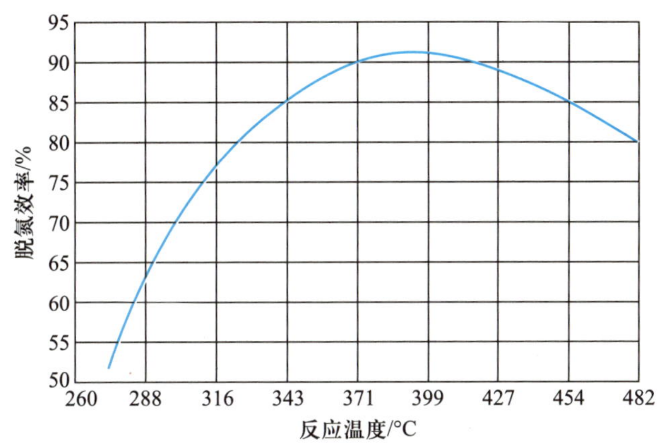

图 7-33 反应温度对 SCR 脱氮效率的影响

2. 停留时间

停留时间是指反应物留在反应器内部的时间。一般来说,停留时间越长,NO_x 去除率越高。温度越接近最佳温度,所需停留时间越短。NH_3 和 NO_x 在催化剂作用下的化学反应十分迅速,只需 200 ms 即可。工程中采用的停留时间约为 0.5~0.6 s。

空间速度是停留时间的倒数。当 NO_x 的转化率为 60%~90%时,空间气速可选为 2 200~7 000 h^{-1}。

3. 化学计量比与氨泄漏

喷入烟气中的 NH_3 过少,达不到预期的降低 NO_x 的要求;NH_3 的喷入量越大,NO_x 的降低率越高,NH_3 的泄漏量也越大。NH_3 的输入量必须既能保证 NO_x 排放浓度达标,又能保证较低的氨逃逸量。一般以 NH_3 与 NO_x 的摩尔比为 1.0 为宜,此时可以达到 NO_x 降低率 80%~90%,排烟中的 NH_3 浓度一般低于 5×10^{-6}(体积分数)。

[例 7-7] 一锅炉每分钟燃煤 1 000 kg,煤炭热值为 26 000 kJ/kg,煤中氮的含量为 2%(质量分数),其中 20%在燃烧中转化为 NO_x。如果燃料型 NO_x 占总排放的 80%,计算:

(1) 此锅炉的 NO_x 排放量;

(2) 此锅炉的 NO_x 排放系数;

(3) 安装 SCR,要求脱氮率为 90%,需要 NH_3 的量。

解：(1) 对于燃煤工业锅炉，假设燃料型 NO_x 以 NO 形式排放，则其排放量为：

$$1\,000\times2\%\times20\%\times(30/14)\ \text{kg/min}=8.57\ \text{kg/min}$$

燃料型 NO_x 占总排放的 80%，则 NO_x 排放总量为：

$$8.57/80\%\ \text{kg/min}=10.71\ \text{kg/min}$$

(2) 锅炉的 NO_x 排放系数为：

$$10.71/1\,000\ \text{kg/t}=10.71\ \text{kg/t}$$

(3) 假设烟气中含 95%的 NO 和 5%的 NO_2，按照以下反应计算氨的理论需要量：

$$4NH_3+4NO+O_2\longrightarrow4N_2+6H_2O$$

$$8NH_3+6NO_2\longrightarrow7N_2+12H_2O$$

$$[10.71\times95\%\times(17/30)+10.71\times5\%\times(17/46)]\ \text{kg/min}=5.96\ \text{kg/min}=8.58\ \text{t/d}$$

四、湿法烟气脱硝

湿法烟气脱硝是利用液体吸收剂将 NO_x 溶解的原理来净化烟气。其最大的障碍是 NO 很难溶于水，往往要求将 NO 首先氧化为 NO_2，然后 NO_2 被水或碱性溶液吸收，实现烟气脱硝。当 NO/NO_2 比等于 1 时，吸收效果最佳。

电厂用碱溶液脱硫的过程已经证明，NO_x 可以被 NaOH、KOH、Na_2CO_3 和氨水等碱溶液吸收，其中氨水的吸收效率最高。在烟气进入洗涤器之前，烟气中的 NO 约有 10%被氧化为 NO_2，洗涤器大约可以去除总氮氧化物的 20%，即等摩尔的 NO 和 NO_2。碱溶液吸收 NO_x 的反应过程可以简单地表示为

$$2NO_2+2MOH\longrightarrow MNO_3+MNO_2+H_2O$$

$$NO+NO_2+2MOH\longrightarrow2MNO_2+H_2O$$

$$2NO_2+Na_2CO_3\longrightarrow NaNO_3+NaNO_2+CO_2$$

$$NO+NO_2+Na_2CO_3\longrightarrow2NaNO_2+CO_2$$

式中的 M 为 K^+、Na^+、Ca^{2+}、Mg^{2+}、$(NH_4)^+$等阳离子。

为进一步提高对 NO_x 的吸收效率，又开发了氨-碱溶液两级吸收：首先氨与 NO_x 和水蒸气进行完全气相反应，生成硝酸铵和亚硝酸铵白烟雾；然后用碱性溶液进一步吸收未反应的 NO_x，生成硝酸盐和亚硝酸盐，硝酸盐和亚硝酸盐也溶解于碱性溶液中。吸收液经多次循环，碱液耗尽之后，将含有硝酸盐和亚硝酸盐的溶液浓缩结晶，可作肥料使用。

该法广泛用于我国常压法、全低压法硝酸尾气处理和其他场合的含 NO_x 的废气治理。采用该法的优点是能将 NO_x 回收为有销路的亚硝酸盐或硝酸盐产品，有一定经济效益，工艺流程和设备也较简单；缺点是吸收效率不高，对烟气中 NO/NO_2 的比例有一定限制。

五、烟气同时脱硫脱硝

(一) 电子束辐射法

1. 基本原理

电子束辐射同时脱硫脱硝工艺的基本原理是：在反应器内，烟气经受高能电子束照射，其中的 N_2、O_2 和水蒸气等发生辐射反应，生成大量的离子、自由基、原子、电子和各种激发态的原子、分子等活性物质，它们将烟气中的 SO_2 和 NO_x 氧化为 SO_3 和 NO_2。这些高价的

硫氧化物和氮氧化物与水蒸气反应生成雾状的硫酸和硝酸，这些酸再与事先注入反应器的氨反应，生成硫铵和硝铵。主要反应过程如下：

（1）自由基生成：$N_2, O_2, H_2O+e^- \longrightarrow OH^*, O^*, HO_2^*, N^*$

（2）SO_2 氧化并生成 H_2SO_4：

$$SO_2 \xrightarrow{O^*} SO_3 \xrightarrow{H_2O} H_2SO_4$$

$$SO_2 \xrightarrow{OH^*} HSO_3^* \xrightarrow{OH^*} H_2SO_4$$

（3）NO_x 氧化并生成硝酸：

$$NO \xrightarrow{O^*} NO_2 \xrightarrow{OH^*} HNO_3$$

$$NO \xrightarrow{HO_2^*} NO_2 + OH^* \longrightarrow HNO_3$$

（4）酸与氨反应生成硫铵和硝铵：

$$H_2SO_4 + 2NH_3 \longrightarrow (NH_4)_2SO_4$$

$$HNO_3 + NH_3 \longrightarrow NH_4NO_3$$

2. 工艺流程和主要设备

图 7-34 为电子束辐射同时脱硫脱硝工艺流程。锅炉烟气经除尘后，进入冷却塔，在塔中由喷雾水冷却到 65～70℃。在烟气进入反应器之前，注入接近化学计量比的氨气。烟气中的 SO_2 和 NO_x 在反应器中被氧化为 SO_3 和 NO_2，再与氨反应生成硫铵和硝铵。最后用静电除尘器收集气溶胶状的硫铵和硝铵，净化后的烟气经烟囱排放。副产品经造粒处理后可作化肥销售。

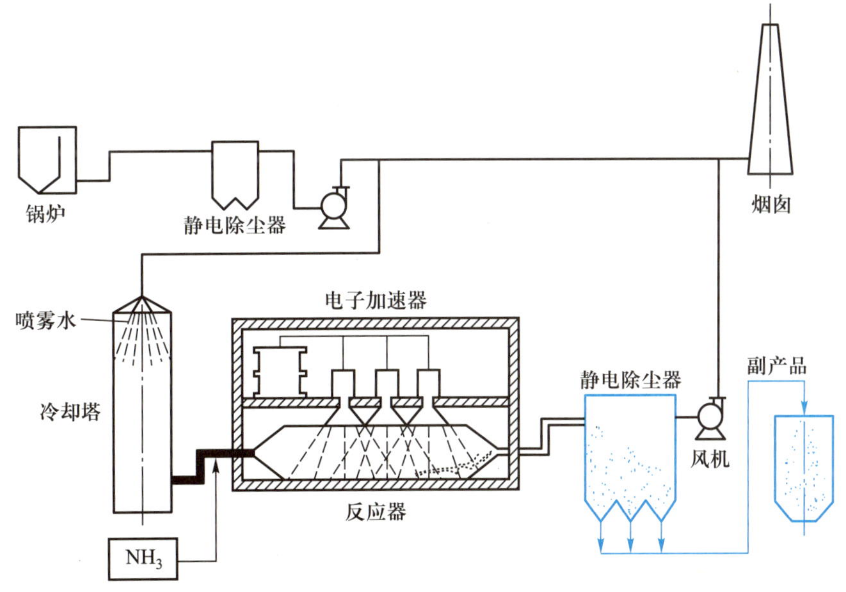

图 7-34　电子束辐射同时脱硫脱硝工艺流程

脱硫系统的关键设备是电子束发生装置。图 7-35 为电子加速器结构示意图。电子束发生装置由发生电子束的直流高压电源、电子加速器及窗箔冷却装置组成。电子在高真空的加速管里通过高电压加速。加速后的电子通过保持高真空的扫描管透射过一次窗箔及二次窗箔(均为 30~50 μm 的金属箔)照射烟气。窗箔冷却装置由窗箔间喷射空气进行冷却,控制因电子束透过的能量损失引起的窗箔温度的上升。

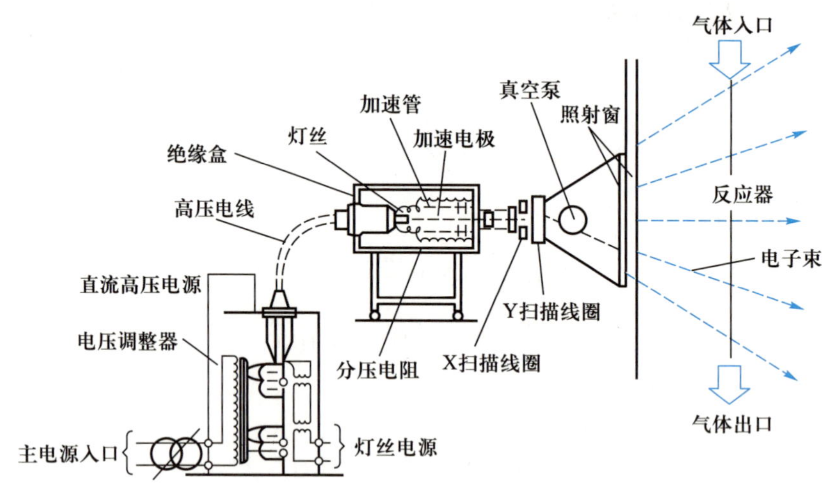

图 7-35 电子加速器结构示意图

3. 主要影响因素

影响硫硝脱除率的主要因素是电子辐照剂量和温度。剂量由 0 升到 9 kGy,脱硫率显著增加。当剂量达到 6 kGy 时,脱硫率接近 90%;剂量更高时,脱硫率趋于稳定(图 7-36)。温度也是一个极敏感的参数,温度每升高 5℃,脱硫率约下降 10%。NO_x 的去除主要决定于剂量。随着剂量增加,NO_x脱除率可接近 100%,在 27 kGy 时,脱硝率达 89%(图 7-37)。

电子束辐射法同时脱硫脱硝技术的主要特点是:过程为干法,不产生废水、废渣;能同时脱硫脱硝,可达到 90%以上的脱硫率和 80%以上的脱硝率;系统简单,操作方便,过程易于控制;对于不同含硫量的烟气和烟气量的变化有较好的适应性和负荷跟踪性;副产品为硫铵和硝铵混合物,可用作化肥。

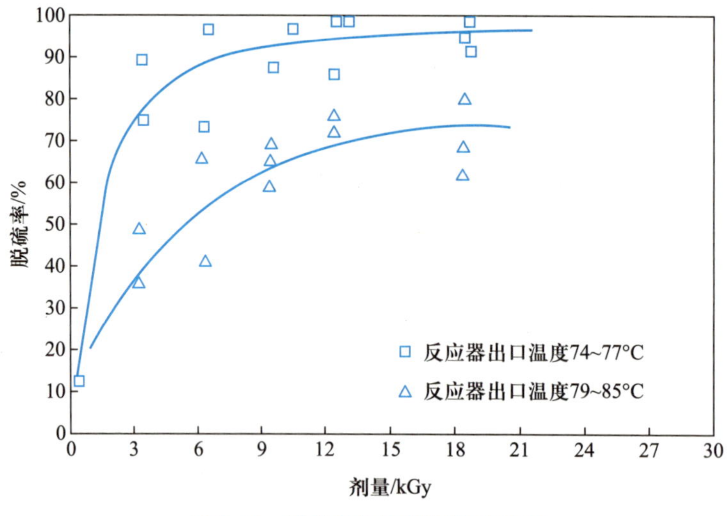

图 7-36 脱硫率与辐射剂量的关系

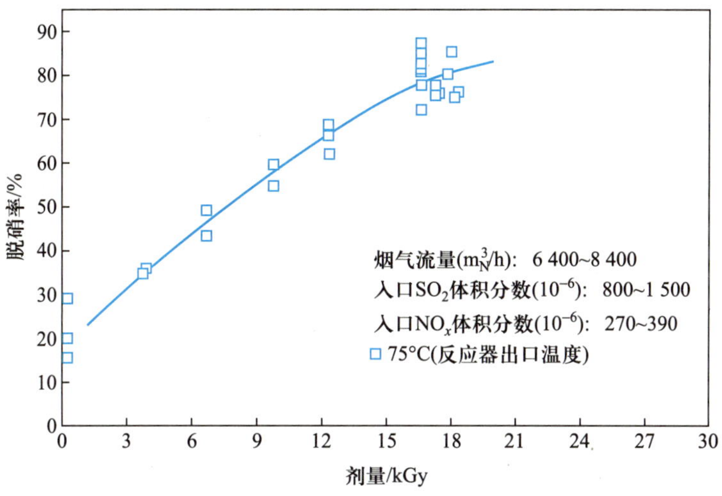

图 7-37 脱硝率与辐射剂量的关系

(二) 氯酸氧化法

氯酸氧化法脱硫脱硝采用氧化吸收塔和碱式吸收塔两段工艺,见图 7-38。氧化吸收塔是采用氧化剂 $HClO_3$ 来氧化 NO、SO_2 和有毒金属,碱式吸收塔则作为后续工艺,采用 Na_2S 及 NaOH 作为吸收剂,吸收残余的碱性气体。该工艺脱除效率达 95%以上。

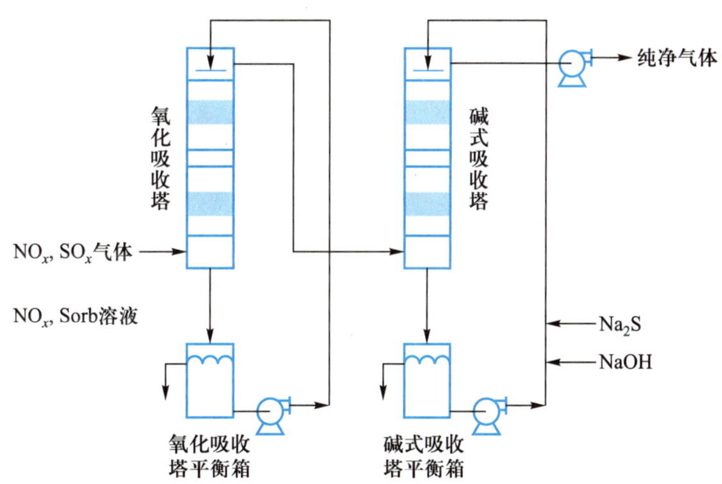

图 7-38 氯酸氧化脱硫脱硝流程图

氯酸是一种强酸,比硫酸酸性强,浓度为 35%的氯酸溶液 99%可解离。氯酸是一种强氧化剂,氧化电位受液相 pH 控制。在酸性介质条件下,氯酸的氧化性比高氯酸($HClO_4$)还要强。

理论上,NO 与氯酸反应产生 ClO_2 和 NO_2,反应如下:

$$NO+2HClO_3 \longrightarrow NO_2+2ClO_2+H_2O$$

ClO_2 进一步与气液两相中的 NO 与 NO_2 反应:

$$5NO+2ClO_2+H_2O \longrightarrow 2HCl+5NO_2$$

$$5NO_2+ClO_2+3H_2O \longrightarrow HCl+5HNO_3$$

脱氮总反应为：$13NO+6HClO_3+5H_2O \longrightarrow 6HCl+10HNO_3+3NO_2$

氯酸氧化 SO_2 的反应过程为：

$$SO_2+2HClO_3 \longrightarrow SO_3+2ClO_2+H_2O$$

$$SO_3+H_2O \longrightarrow H_2SO_4$$

以上净反应为：$SO_2+2HClO_3 \longrightarrow H_2SO_4+2ClO_2$

产生的副产品 ClO_2 与多余的 SO_2 在气相中反应：

$$4SO_2+2ClO_2 \longrightarrow 4SO_3+Cl_2$$

产生的 Cl_2 进一步与 H_2O 和 SO_2 在气相、液相中反应生成 HCl 和 SO_3：

$$Cl_2+H_2O \longrightarrow HCl+HOCl$$

$$SO_2+HOCl \longrightarrow SO_3+HCl$$

脱硫的总反应为：$6SO_2+2HClO_3+6H_2O \longrightarrow 6H_2SO_4+2HCl$

与 SCR、SNCR 相比较，氯酸氧化法可以在更大的 NO_x 入口浓度范围内脱除 NO_x；同时，操作温度低，可在常温下进行；但该工艺产生酸性废液，存在运输及贮存等问题；由于氯酸对设备的腐蚀性较强，设备需加防腐内衬，增加了投资。

（三）活性炭吸附法

活性炭具有较大的表面积、良好的孔结构、丰富的表面基团、高效的原位脱氧能力，同时有负载性能和还原性能，所以既可作载体制得高分散的催化体系，又可作还原剂参与反应提供一个还原环境，降低反应温度。SO_2、O_2 与 H_2O 被吸附剂吸附，发生下述总反应：

$$2SO_2+O_2+2H_2O \longrightarrow 2H_2SO_4$$

如果在活性炭脱硫系统中加入氨，即可同时脱除 NO_x，反应方程式如下：

$$4NO+4NH_3+O_2 \longrightarrow 4N_2+6H_2O$$

与此同时在吸收塔内还存在以下的副反应：

$$NH_3+H_2SO_4 \longrightarrow NH_4HSO_4$$

$$2NH_3+H_2SO_4 \longrightarrow (NH_4)_2SO_4$$

SO_2 脱除反应一般优先于 NO_x 的脱除反应，烟气中 SO_2 浓度较高时，活性炭内进行的是 SO_2 脱除反应；SO_2 浓度较低时，NO_x 脱除反应占主导地位。

活性炭吸收 SO_2 和 NO_x 后，生成的物质存在于活性炭表面的微孔中，降低了活性炭的吸附能力。因此，对吸附 SO_2 后表面上生成硫酸的活性炭要定期再生，先用水洗，得到稀硫酸溶液，然后对活性炭进行干燥。对吸附 SO_2 的活性炭加热，硫酸在炭的作用下还原为 SO_2，得到富集，可用于生产硫酸或硫黄，但要消耗一部分活性炭。

图 7-39 是活性炭吸附脱硫脱硝工艺流程示意图。

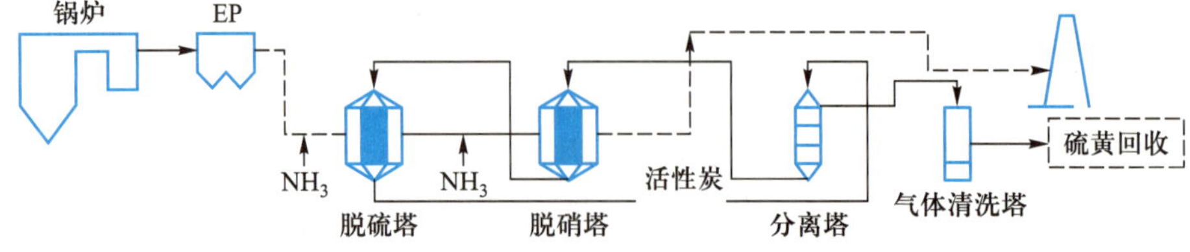

图 7-39 活性炭吸附脱硫脱硝工艺流程示意图

第四节　挥发性有机物污染控制技术

挥发性有机物(VOCs)是指室温下饱和蒸气压大于70.91 Pa,常压下沸点小于260℃的有机化合物,是一类化合物的总称。判断是否属于挥发性有机物,主要依据有机物的蒸气压。VOCs主要包括烷烃类、芳烃类、烯烃类、卤烃类、酯类、酮类、醛类和其他有机化合物。

VOCs的人为排放大量来自交通运输、石化行业以及有机溶剂使用过程。大气环境中VOCs的浓度虽低,却影响着大气的氧化性、二次气溶胶的形成和大气辐射平衡等,对一些区域或全球气候环境问题有着重要影响。此外,乙醛、苯、甲苯等VOCs还具有毒性、致畸致癌性,严重危害人体健康。因此,对VOCs的排放及控制研究成为大气污染控制的一个重要方向,也被纳入了世界各国的限制法规中。中国的《大气污染物综合排放标准》(GB16297—1996)对14类VOCs规定了最高允许排放浓度、最高允许排放速率和无组织排放限值。

VOCs污染控制技术基本上可分为两大类:第一类是以替代产品、改进工艺、更换设备和防止泄漏为主的预防性措施;第二类是以末端治理为主的控制性措施。工艺技术的改进和设备的更新通常是减少VOCs排放的最佳选择。主要包括替换原材料以减少引入生产过程中的VOCs总量,改变运行条件减少VOCs的形成和挥发,更换设备以减少VOCs泄漏等手段。VOCs的末端控制技术有冷凝法、燃烧法、生物法、吸收法和吸附法等。

一、燃烧法控制VOCs污染

将有害气体、蒸汽、液体或烟尘通过燃烧转化为无害物质的过程称为燃烧法净化,该法适用于净化可燃的或在高温情况下可以分解的有害物质。化工、喷漆、绝缘材料等行业的生产装置中所排出的有机废气广泛采用燃烧净化的手段。燃烧法还可以用来消除恶臭。

(一)VOCs燃烧转化原理及燃烧动力学

1. 燃烧反应

燃烧反应是放热的化学反应,可用普通的热化学反应方程式来表示:

$$C_8H_{17}+12.25O_2 \longrightarrow 8CO_2+8.5H_2O+Q$$

$$C_6H_6+7.5O_2 \longrightarrow 6CO_2+3H_2O+Q$$

$$H_2S+1.5O_2 \longrightarrow SO_2+H_2O+Q$$

式中:Q——反应时放出的热量,J。

每摩尔燃料燃烧时所放出的热量称为燃烧热,单位为kJ/mol。部分VOCs的燃烧热见表7-11。热化学反应方程式是进行物料衡算、热量衡算及设计燃烧装置的依据。

2. 燃烧动力学

VOCs燃烧反应速率,即单位时间浓度减少量,可以表示为:

$$-\frac{dc_{VOCs}}{dt}=r=k'c_{VOCs}^{n}c_{O_2}^{m} \tag{7-74}$$

表 7-11 部分有机物的燃烧热(1 atm,298 K)

物质	$-\Delta H/(\mathrm{kJ\cdot mol^{-1}})$	物质	$-\Delta H/(\mathrm{kJ\cdot mol^{-1}})$
甲烷	890.31	甲醛	570.78
乙烷	1 559.8	乙醛	1 166.4
丙烷	2 219.9	丙醛	1 816
正戊烷	3 536.1	丙酮	1 790.4
正己烷	4 163.1	甲酸	254.6
乙烯	1 411.0	乙酸	874.5
乙炔	1 299.6	丙酸	1 527.3
环丙烷	2 091.5	丙烯酸	1 368
环丁烷	2 720.5	正丁酸	2 183.5
环戊烷	3 290.9	乙酸酐	1 806.2
环己烷	3 919.9	甲酸甲酯	979.5
苯	3 267.5	苯酚	3 053.5
萘	5 153.9	苯甲醛	3 528
甲醇	726.51	苯乙酮	4 148.9
乙醇	1 366.8	苯甲酸	3 226.9
正丙醇	2 019.8	邻苯二甲酸	3 223.5
正丁醇	2 675.8	邻苯二甲酸二甲酯	4 680.3
二乙醚	2 751.1		

多数情况下,VOCs 的浓度很低,可以假设在燃烧过程中氧气的浓度几乎不变,式(7-74)可表示为:

$$r=-\frac{\mathrm{d}c_{\mathrm{VOCs}}}{\mathrm{d}t}=kc_{\mathrm{VOCs}}^{n} \tag{7-75}$$

式中:r——燃烧速率;

k——燃烧动力学速率常数;

c_{VOCs}——VOCs 的浓度;

n——反应级数。

动力学速率常数(k)和温度(T)之间的关系通常由阿伦尼乌斯方程表示:

$$k=A\exp\left(-\frac{E}{RT}\right)$$

式中:A——频率分数,实验常数,与反应分子的碰撞频率有关;

E——活化能,实验常数,与分子的键能有关;

R——气体常数;

T——反应温度,K。

表 7-12 为部分有机物的热氧化参数。

表 7-12　部分有机物的热氧化参数(基于一级反应)

VOCs	A/s^{-1}	$E/(kcal \cdot mol^{-1})$	k/s^{-1}		
			538℃	649℃	760℃
丙烯醛	3.30E+10	35.9	6.992 58	102.37	841.47
丙烯腈	2.13E+12	52.1	0.019 46	0.96	20.34
丙醇	1.75E+06	21.4	2.995 28	14.83	52.07
氯丙烷	3.89E+07	29.1	0.560 34	4.93	27.21
苯	7.43E+21	95.9	0.000 11	0.14	38.59
1-丁烯	3.74E+14	58.2	0.077 60	6.02	183.05
氯苯	1.34E+17	76.6	0.000 31	0.09	8.41
环己胺	5.13E+12	47.6	0.764 67	26.84	438.42
1,2-二氯乙烷	4.82E+11	45.6	0.248 51	7.51	109.11
乙烷	5.65E+14	63.6	0.004 11	0.48	19.93
乙醇	5.37E+11	48.1	0.058 69	2.14	35.97
乙基丙烯酸酯	2.19E+12	46.0	0.880 94	27.44	407.99
乙烯	1.37E+12	50.8	0.028 04	1.25	24.64
甲酸甲酯	4.39E+11	44.7	0.395 62	11.18	154.04
乙硫醇	5.20E+05	14.7	58.863 53	170.64	404.29
正己烷	6.02E+08	34.2	0.366 28	4.72	35.13
甲烷	1.68E+11	52.1	0.001 53	0.08	1.60
氯甲烷	7.43E+08	40.9	0.007 08	0.15	1.66
丙酮	1.45E+14	58.4	0.026 58	2.09	64.38
天然气	1.65E+12	49.3	0.085 65	3.41	61.61
丙烷	5.25E+19	85.2	0.000 58	0.34	49.99
丙烯	4.63E+08	34.2	0.281 71	3.63	27.02
甲苯	2.28E+13	56.5	0.013 58	0.93	25.54
三乙胺	8.10E+11	43.2	1.851 39	46.78	590.11
乙酸乙酯	2.54E+09	35.9	0.538 22	7.88	64.77
氯乙烯	3.57E+14	63.3	0.003 13	0.36	14.58

注:1 kcal=4.2 kJ。

[例 7-8]　试计算燃烧温度分别为 538℃、649℃和 760℃时,去除废气中 99.9%的苯所需的时间。

解:假设燃烧反应为一级,即 $n=1$,一级反应,对式(7-73)积分,得:

$$\frac{c}{c_0}=\exp[-k(t-t_0)]$$

当 $T=538℃$ 时,由表 7-10,得 $k=0.000\ 11/s$,代入上式,得:

$$t=\frac{1}{k}\ln\frac{c_0}{c}=\frac{1}{0.000\ 11}\ln\frac{1}{0.001}=62\ 800\ s=17.4\ h$$

同理可求得 $T=649℃$、760℃时所需的燃烧时间分别为 49 s 和 0.2 s。

(二) 燃烧工艺

目前,在实际中使用的燃烧净化方法有直接燃烧、热力燃烧和催化燃烧。

1. 直接燃烧法

直接燃烧法是把废气中可燃有害组分当作燃料来燃烧,适用于净化含可燃有害组分浓度较高的废气,或者用于净化有害组分燃烧时热值较高的废气。如果可燃组分的浓度高于燃烧上限,可以混入空气后燃烧;如果可燃组分的浓度低于燃烧下限则可以加入一定数量的辅助燃料维持燃烧。

直接燃烧的温度一般需在 1 100℃左右,燃烧的最终产物为 CO_2、H_2O 和 N_2。直接燃烧设备包括一般的燃烧炉、窑,或通过某种装置将废气导入锅炉作为燃料气进行燃烧。

2. 热力燃烧法

热力燃烧用于可燃有机物质含量较低的废气的净化处理,通过燃烧其他燃料(如煤气、天然气、油等),把废气温度提高到热力燃烧所需的温度,使其中的气态污染物氧化分解。

(1) 工艺流程:热力燃烧的工艺流程如图 7-40 所示。热力燃烧的过程可分为三个步骤:辅助燃料燃烧——提供热量;废气与高温燃气混合——达到反应温度;在反应温度下,保持废气有足够的停留时间,使废气中可燃的有害组分氧化分解——达到净化排气的目的。

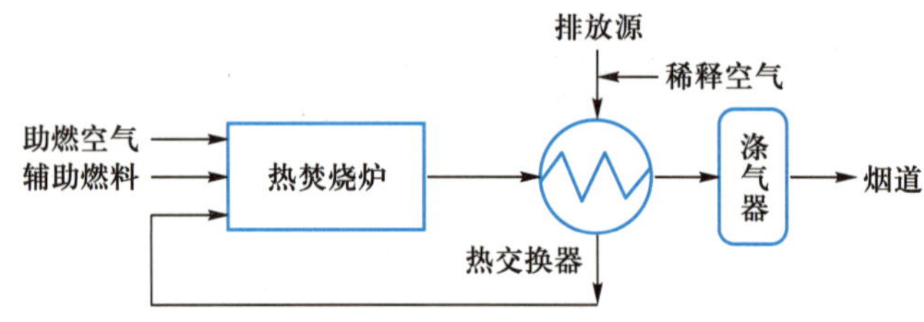

图 7-40 热力燃烧工艺示意图

(2) 燃烧条件:在热力燃烧中,废气中有害的可燃组分经氧化生成 CO_2 和 H_2O,但不同组分燃烧氧化的条件不完全相同。对大部分物质来说,温度在740~820℃,0.1~0.3 s 停留时间内即可反应完全;大多数碳氢化合物在 590~820℃即可完全氧化,而 CO 和碳烟粒子则需较高的温度和较长的停留时间。因此,温度和停留时间是影响热力燃烧的重要因素。此外,高温燃气与废气的混合也是一个关键问题。因此,在供氧充分的情况下,反应温度、停留时间、湍流混合构成了热力燃烧的必要条件。不同的气态污染物,在燃烧炉中完全燃烧所需的反应温度和停留时间不完全相同,某些含有机物的废气在燃烧净化时所需的反应温度和停留时间列于表 7-13 中。

表 7-13 废气燃烧净化所需的温度、时间条件

废气净化范围	燃烧炉停留时间/℃	反应温度/℃
碳氢化合物 (HC 销毁 90%以上)	0.3~0.5	680~820[①]
碳氢化合物+CO (HC+CO 销毁 90%以上)	0.3~0.5	680~820
臭味		
(销毁 50%~90%)	0.3~0.5	540~650
(销毁 90%~99%)	0.3~0.5	590~700
(销毁 99%以上)	0.3~0.5	650~820

续表

废气净化范围	燃烧炉停留时间/℃	反应温度/℃
烟和缕烟		
白烟(雾滴缕烟消除)	0.3~0.5	430~540②
HC+CO 销毁 90%以上	0.3~0.5	680~820
黑烟(碳粒和可燃粒)	0.7~1.0	760~1 100

注:① 如甲烷、溶纤剂[$C_2H_5O(CH_2)_2OH$]及置换的甲苯等存在,则需 760~820℃;
② 缕烟消除一般是不实用的,因为往往因为氧化不完全又产生臭味问题。

(3) 燃烧装置:热力燃烧可以在专用的燃烧装置中进行,也可以在普通的燃烧炉中进行。热力燃烧炉的结构应保证获得 760℃以上的温度和 0.5 s 左右的接触时间,才能实现对大多数碳氢化合物及有机蒸气的燃烧净化。热力燃烧炉的主体结构包括两部分:燃烧器,其作用为使辅助燃料燃烧生成高温燃气;燃烧室,其作用为使高温燃气与旁通废气湍流混合达到反应温度,并使废气在其中的停留时间达到要求。按所使用的燃烧器的不同,热力燃烧炉分为配焰燃烧系统与离焰燃烧系统两大类。

3. 催化燃烧法

催化燃烧是在催化剂作用下,使废气中的有害可燃组分在较低温度下氧化分解的方法。与其他燃烧法相比,催化燃烧法具有如下特点:无火焰燃烧,安全性好;要求的燃烧温度低(大部分烃类和 CO 在 300~450℃之间即可完成反应),辅助燃料消耗少;对可燃组分浓度和热值限制较少,燃烧设备的体积小;为使催化剂延长使用寿命,不允许废气中含有尘粒和雾滴。

(1) 催化剂的选择:用于催化燃烧的催化剂多为贵金属 Pt 和 Pd 催化剂。这些催化剂活性好,寿命长,使用稳定。目前,国内已研制使用的催化剂有:以 Al_2O_3 为载体的催化剂,可做成蜂窝状或粒状等,然后将活性组分负载其上,现已使用的有蜂窝陶瓷钯催化剂、蜂窝陶瓷铂催化剂、蜂窝陶瓷非贵金属催化剂、γ-Al_2O_3 粒状铂催化剂、γ-Al_2O_3 稀土催化剂等;以金属作为载体的催化剂,可用镍铬合金、镍铬镍铝合金、不锈钢等金属作为载体。

常见用于催化燃烧的各种催化剂及其性能见表 7-14。

表 7-14 用于催化燃烧的各种催化剂及其性能

催化剂品种	活性组分含量/%	2 000 m^3/h 下 90% 转化温度/℃	最高使用温度/℃
Pt-Al_2O_3	0.1~0.5	250~300	650
Pd-Al_2O_3	0.1~0.5	250~300	650
Pd-Ni、Cr 丝或网	0.1~0.5	250~300	650
Pd-蜂窝陶瓷	0.1~0.5	250~300	650
Mn、Cu-Al_2O_3	5~10	350~400	650
Mn、Cu、Cr-Al_2O_3	5~10	350~400	650

续表

催化剂品种	活性组分含量/%	2 000 m^3/h 下 90% 转化温度/℃	最高使用温度/℃
Mn-Cu、Co-Al_2O_3	5~10	350~400	650
Mn、Fe-Al_2O_3	5~10	350~400	650
稀土催化剂	5~10	350~400	700
锰矿石颗粒	25~35	300~350	500

(2) 工艺流程：催化燃烧法的工艺流程见图 7-41。进入催化燃烧装置的气体首先要经过预处理，除去粉尘、液滴及有害组分，以避免催化床层的堵塞和催化剂的中毒。进入催化床层的气体温度必须要达到所用催化剂的起燃温度，催化反应才能进行。因此，对于低于起燃温度的进气，必须进行预热使其达到起燃温度。气体的预热方式可以采用电加热，也可以采用烟道气加热，目前应用较多的为电加热。催化燃烧反应放出大量的反应热，其燃烧尾气温度较高，对这部分热量必须回收。

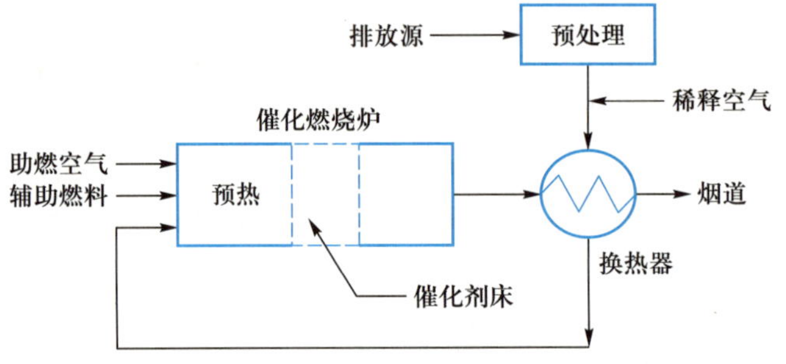

图 7-41 催化燃烧炉系统示意图

二、吸收法控制 VOCs 污染

吸收法是采用低挥发或不挥发性溶剂对 VOCs 进行吸收，再利用 VOCs 分子和吸收剂物理性质的差异进行分离。吸收效果主要取决于吸收剂的吸收性能和吸收设备的结构特征。

（一）吸收工艺

吸收法控制 VOCs 污染的典型工艺如图 7-42 所示。含 VOCs 的气体由底部进入吸收塔，在上升的过程中与来自塔顶的吸收剂逆流接触而被吸收，被净化后的气体由塔顶排出。吸收了 VOCs 的吸收剂通过热交换器后，进入汽提塔顶部，在温度高于吸收温度或/压力低于吸收压力时得以解吸，吸收剂再经过溶剂冷凝器冷凝后进入吸收塔循环使用。解吸出的 VOCs 气体经过冷凝器、气液分离器后以纯 VOCs 气体的形式离开汽提塔，被进一步回收利用。该工艺适用于 VOCs 浓度较高、温度较低和压力较高的场合。

（二）吸收剂

吸收剂必须对被去除的 VOCs 有较大的溶解性，同时，如果需回收有用的 VOCs 组分，则回收组分不得和其他组分互溶；吸收剂的蒸气压必须相当低，如果净化过的气体被排放到大气环境，吸收剂的排放量必须降到最低；洗涤塔在较高的温度或较低的压力下，被吸收的

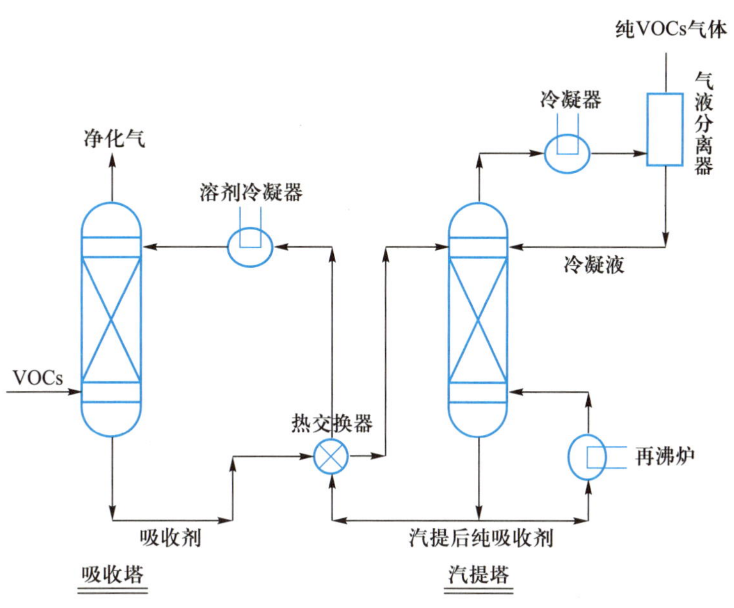

图 7-42　VOCs 吸收工艺

VOCs 必须容易从吸收剂中分离出来，并且吸收剂的蒸气压必须低于不污染被回收的 VOCs 所需的蒸气压；吸收剂在吸收塔和汽提塔的运行条件下必须具有较好的化学稳定性及无毒无害；吸收剂分子量要尽可能低（同时需考虑低吸收剂蒸气压的要求），以使它的吸收能力最大化。

（三）吸收设备

用于 VOCs 净化的吸收装置，多数为气液相反应器，一般要求气液有效接触面积大，气液湍流程度高，设备的压力损失小，易于操作和维修。填料塔的气液接触时间、气液比均可在较大范围内调节，且结构简单，因而在 VOCs 吸收净化中应用较广。

填料层高度由传质单元数和传质单元高度推算。根据经验，对工业用吸收塔，传质单元高度可取为 1.5~1.8 m。如果算出的高度太大则要分成若干段，每段高度一般不宜超过 6 m。填料尺寸也影响填料层高度的分段。对拉西环，每段填料层高度可为塔径的 3 倍，对鲍尔环及鞍形填料可为 5~6 倍。

三、冷凝法控制 VOCs 污染

冷凝法是利用物质在不同温度下具有不同饱和蒸气压这一性质，采用降低温度、提高系统的压力或者既降低温度又提高压力的方法，使 VOCs 冷凝并与废气分离。该法特别适用于处理废气体积分数在 10^{-2}以上的有机蒸气，不适宜处理低浓度的有机气体，而常作为其他方法净化高浓度废气的前处理，以降低有机负荷并回收有机物。

（一）冷凝原理

物质在不同的温度和压力下，具有不同的饱和蒸气压。由于废气中污染物含量往往很低，而空气或其他不凝性气体所占比重很大，可近似认为当气体混合物中污染物的蒸气分压等于它在该温度下的饱和蒸气压时，废气中的污染物就开始凝结出来。

为了计算气液平衡体系的有关参数，在热力学中，通常选用克劳修斯-克拉佩龙方程：

$$\lg p = A - \frac{B}{T} \tag{7-76}$$

式中：p——与液相平衡的气体蒸气压，mmHg；

T——系统温度，K；

A 和 B——由实验确定的经验常数。

通常，实验数据可以用安托万方程更好地表示：

$$\lg p = A - \frac{B}{T+C} \tag{7-77}$$

式中：A,B,C——均为经验常数，由实验确定。

表 7-15 给出了 23 种物质的经验常数值。

表 7-15 安托万方程经验常数

名称	分子式	温度范围/℃	A	B	C
乙醛	C_2H_4O	-40~70	6.810 89	992	230
乙酸	$C_2H_4O_2$	0~36	7.803 07	1 651.1	225
		36~170	7.188 07	1 416.7	211
丙酮	C_3H_6O	—	7.024 47	1 161	224
氨	NH_3	-83~60	7.554 66	1 002.7	247.9
苯	C_6H_6	—	6.905 65	1 211	220.8
四氯化碳	CCl_4	—	6.933 9	1 242.4	230
氯苯	C_6H_5Cl	0~42	7.106 9	1 500	224
		42~230	6.945 04	1 413.1	216
氯仿	$CHCl_3$	-30~150	6.903 28	1 163	227.4
环己烷	C_6H_{12}	-50~200	6.844 98	1 203.5	222.9
乙酸乙酯	$C_4H_8O_2$	-20~150	7.098 08	1 238.7	217
乙醇	C_2H_6O	—	8.044 94	1 554.3	222.7
乙苯	C_8H_{10}	—	6.957 19	1 424.3	213.2
正庚烷	C_7H_{16}	—	6.902 4	1 268.1	216.9
正己烷	C_6H_{14}	—	6.877 76	1 171.5	224.4
铅	Pb	525~1 325	7.827	9 845.4	273.2
汞	Hg	—	7.975 76	3 255.6	282
甲醇	CH_4O	-20~140	7.878 63	1 471.1	230
丁酮	C_4H_8O	—	6.974 21	1 209.6	216
正戊烷	C_5H_{12}	—	6.852 21	1 064.6	232
异戊烷	C_5H_{12}	—	6.789 67	1 020	233.2
苯乙烯	C_8H_8	—	6.924 09	1 420	206
甲苯	C_7H_8	—	6.953 34	1 343.9	219.4
水	H_2O	0~60	8.107 65	1 750.3	235
		60~150	7.966 81	1 668.2	228

（二）冷凝工艺流程

典型的冷凝系统工艺流程见图 7-43。在工程实际中，常采用多级冷凝串联。通常第一级的冷凝温度设为 0℃，以去除从气相中冷凝的水。

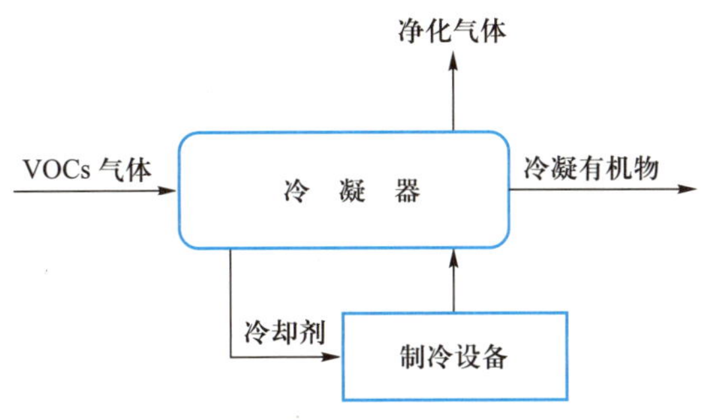

图 7-43　冷凝系统工艺流程图

（三）冷凝设备计算

冷凝器按照气态污染物与冷却剂的接触方式可分为表面冷凝器和接触冷凝器。

1. 接触冷凝

接触冷凝是指在接触冷凝器中，被冷凝气体与冷却介质（通常采用冷水）直接接触而使气体中的 VOCs 组分得以冷凝，冷凝液与冷却介质以废液的形式排出冷却器。常用的接触冷凝设备有喷射器、喷淋塔、填料塔和筛板塔。

接触冷凝器所需移出的热量（q_c）可由热量衡算得到：

$$q_c = F\sum_{i=1}^{n} H_i z_i - D\sum_{i=1}^{n} H_i y_i - B\sum_{i=1}^{n} h_i x_i \tag{7-78}$$

式中：B——冷凝液排出摩尔流率，kmol/h；

F——进料 VOCs 摩尔流率，kmol/h；

D——未凝气中 VOCs 排出流率，kmol/h；

H_i——组分 i 的气相焓；

h_i——组分 i 的液相焓；

z_i——进料中 i 组分的摩尔分率；

x_i——冷凝后冷凝液的组成；

y_i——未凝气体的组成。

冷却介质（以水为例）用量为：

$$q_{m,w} = \frac{(q_m \Delta H + q_m c_p(t_2 - t_1) + q_{m,g} c_p'(t_2 - t_1))}{c_w(t_2 - t_1)} \tag{7-79}$$

式中：$q_{m,w}$，q_m，$q_{m,g}$——分别是冷却水用量、气体有害物质冷凝量和废气量，kg/h；

c_p，c_p'，c_w——分别是冷凝液、废气和水的比热，kJ/(kg℃)；

t_1，t_2——冷却水进出口温度，℃；

ΔH——气体有害物质的冷凝潜热，kJ/kg。

2. 表面冷凝

表面冷凝也称间接冷却，冷却壁把冷凝气与冷凝液分开，因而冷凝液组分较为单一，可以直接回收利用。

表面冷凝器的热计算和一般换热器相同，根据传热理论对换热器进行计算，传热方程为：

$$q = KA\Delta t_m \tag{7-80}$$

式中：q——总的交换热量，包括气态有害物质冷凝的潜热及废气冷却和冷凝液进一步冷却的显热，kJ/h；

K——传热系数，kJ/(m·h·℃)；

A——传热面积，m^2；

Δt_m——对数平均温差，℃。

3. 冷凝温度的确定

对单组分冷凝而言，为达到给定的脱除效率(或出口浓度)所需要的温度取决于气液平衡条件下 VOCs 的蒸气压。对于给定的 VOCs，只要给定了脱除效率，冷凝所需要的温度就可以根据它的蒸气压-温度来确定。对于一些典型 VOCs，其蒸气压力-温度关系可用柯克斯气压图表示(图 7-44)。冷却剂则可根据所需要的冷凝温度选择。

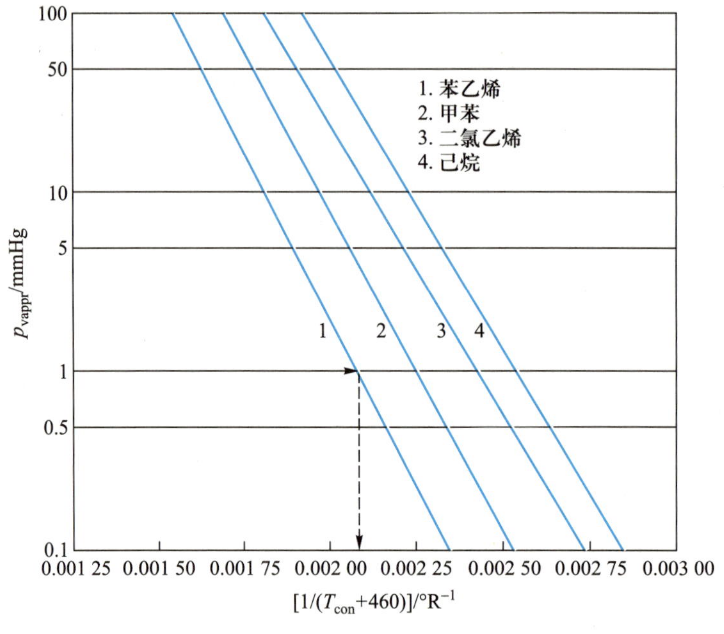

图 7-44 柯克斯气压图

1°R=(5/9)K

四、吸附法控制 VOCs 污染

吸附法是将含 VOCs 的气态混合物与多孔性固体接触，利用固体表面存在的未平衡的分子吸引力或化学键力，把混合气体中 VOCs 组分吸附留在固体表面。

(一) 吸附工艺

VOCs 污染控制的活性炭吸附工艺流程见图 7-45。

含 VOCs 的混合气体先去除颗粒状污染物后，再经过调压器调整压力，然后进入吸附床进行吸附净化，净化后的气体排入大气环境。当吸附床 I 内的活性炭饱和后，通过阀门转换

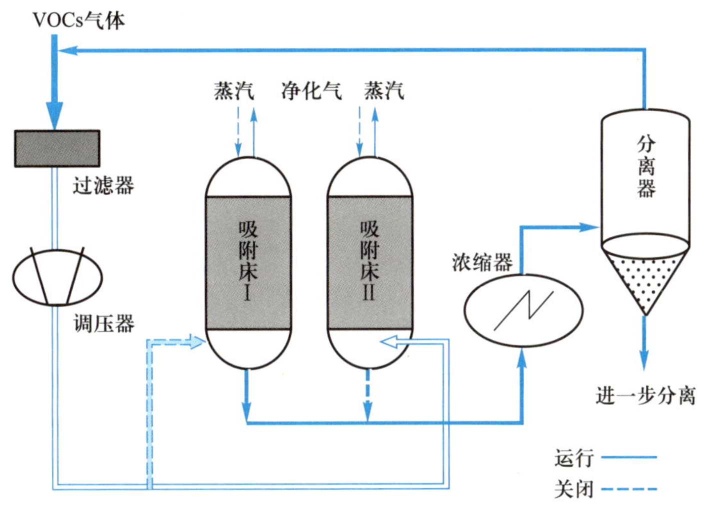

图 7-45 活性炭吸附 VOCs 工艺

至吸附床Ⅱ进行吸附。向吸附床Ⅰ通入蒸汽进行脱附,解吸出来的蒸汽(空气)混合物冷凝后由浓缩器、分离器进行分离,脱附后的活性炭用热空气干燥后循环使用,一般可重复使用五年。该法适用于处理中低浓度 VOCs 尾气,吸附效果取决于吸附剂性质,VOCs 种类、浓度、性质和吸附系统的操作温度、湿度、压力等因素。在一般情况下,不饱和化合物比饱和化合物吸附更完全,环状化合物比直链结构的物质更易被吸附。

一般而言,活性炭吸附 VOCs 性能最佳。但是,也有部分 VOCs 被活性炭吸附后难以再从活性炭中除去(见表 7-16),对于此类 VOCs,不宜采用活性炭作为吸附剂。

表 7-16 难以从活性炭中除去的 VOCs

丙烯酸	丙烯酸乙酯	谷朊醛	皮考啉
丙烯酸丁酯	2-乙基己醇	异佛尔酮	丙酸
丁酸	丙烯酸二乙基酯	甲基乙基吡啶	二异氰酸甲苯酯
丁二胺	丙烯酸异丁酯	甲基丙烯酸甲酯	三亚乙基四胺
二乙酸三胺	丙烯酸异癸酯	苯酚	戊酸

沸石是一种含水碱金属或碱土金属的铝硅酸矿物的总称,独特的内部结构和结晶化学性质使其具有较强的吸附性,可有效去除烃类、脂肪酸类、硫醇类、酚类、有机氯化物、丙酮、醇类和醛类等有机废气。该技术的吸附设备系以陶瓷纤维为基材做成蜂窝状的大圆盘轮状系统(图 7-46),轮子表面涂覆疏水性沸石作吸附剂。整个轮面分为吸附区、再生区和吹冷区三个区域,以齿轮带动。有机废气以风车送入转轮吸附区,废气中的 VOCs 大部分被转轮上的沸石吸附,而使废气变为较洁净的空气排放至大气中;当轮子吸附饱和后转入再生区,以高温加热使被吸附的 VOCs 脱附出来;经再生后的轮子,再转入吹冷区,降温后继续进行吸附。而被脱附出来的浓缩有机废气,浓缩比例可达到 6~20 倍,可通过调整转轮速度、再生温度和风量等参数调节。浓缩的废气一般利用焚烧技术无害化处理或冷凝技术回收利用。

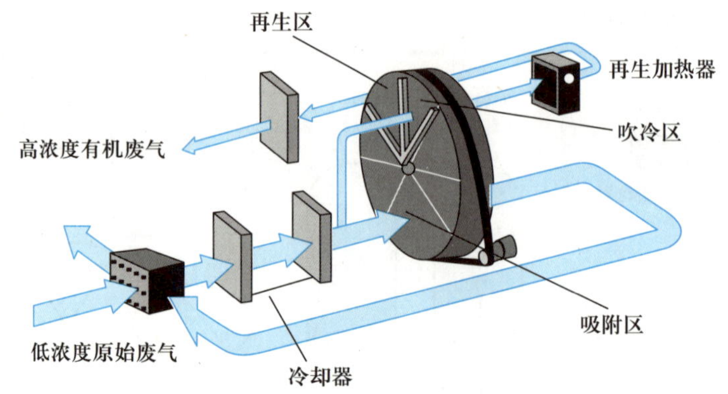

图 7-46 沸石浓缩转轮示意图

转轮转速一般为 2~5 r/h。脱附温度一般设定于 170~250℃。因此,该技术不适合对高沸点 VOCs 的处理。与活性炭吸附相比,沸石转轮技术为动态吸附和解吸,不存在吸附剂饱和问题,适合处理高流量、低污染物浓度及多物种的 VOCs 废气。

(二) 吸附容量

吸附容量决定吸附质在吸附床中的停留时间和吸附设备的规模。通过吸附实验可得到吸附质在指定吸附剂中的吸附容量曲线。工程上,可利用波拉尼(Polanyi)曲线估算吸附容量。

图 7-47 中,曲线 A、B、C 是以硅胶为吸附剂,曲线 D~I 是以不同种类活性炭为吸附剂,吸附质是 C_1~C_6的链烷烃石蜡和烯烃;w^* 指单位吸附剂吸附吸附质的量,g/g;ρ'_L指沸点时液相吸附质的密度,g/cm³;T 是热力学温度,°R;M 是吸附质的摩尔质量,g/mol;f 是气相中

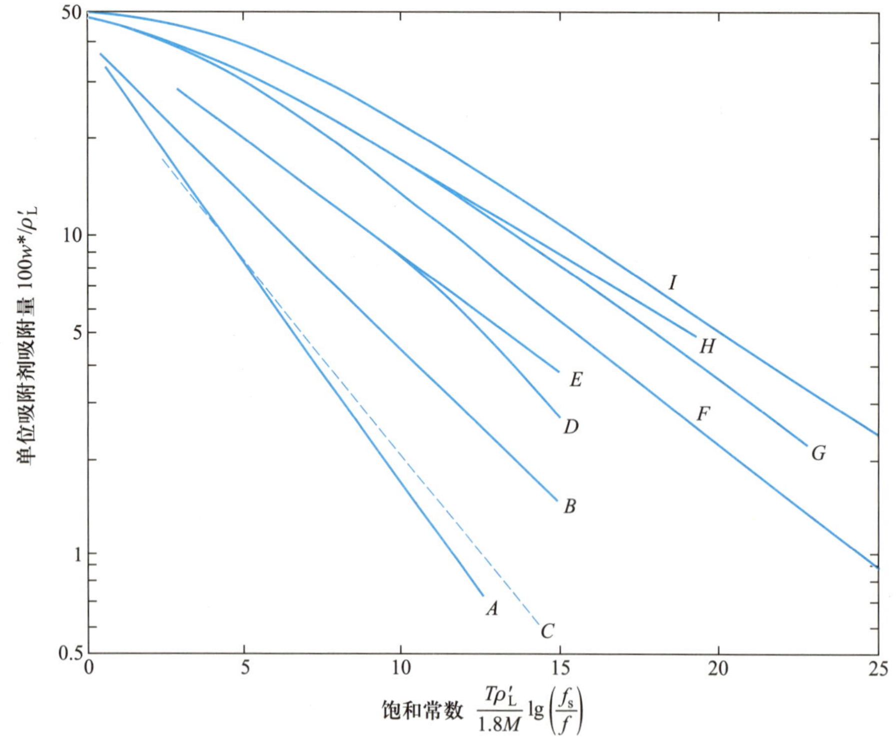

图 7-47 吸附量随吸附饱和常数变化曲线

吸附质的逸度常数；f_s是气液平衡时吸附质的逸度常数，低压时$f_s/f \approx p/(\gamma p_0)$。

[例 7-9] 利用图 7-47，估算 101 325 Pa 下，100°F 和 300°F 时，活性炭吸附甲苯的吸附容量曲线。

解：图 7-47 从曲线 D 到曲线 I 都是以活性炭为吸附剂，其中曲线 F 位于中间。这里选择曲线 F 进行计算。

根据图 7-47，计算气相组分中任一甲苯含量 x 下活性炭平衡吸附量 w^*，绘制 w^*-x，即得吸附平衡曲线。当 p = 101 325 Pa、T = 100°F = 560°R 时，甲苯的摩尔质量 M = 92 g/mol；沸点 110.6℃时的甲苯溶液密度 ρ'_L = 0.782 g/cm^3(20℃时为 0.867 g/cm^3)；有机溶液的热扩散系数为 0.67×10^{-3}/°F。常压下逸度系数 f 和饱和逸度系数 f_s 可分别用分压 p 和饱和蒸气压 p_s 代替；当 x = 1% 时，$f=p=0.01$，$f_s=0.070p_0$。由此得：

$$\frac{T\rho'_L}{1.8M}\lg\left(\frac{f_s}{f}\right)=\frac{560\times0.782}{1.8\times92}\lg\left(\frac{0.070}{0.010}\right)=2.3$$

查图：$100w^*/\rho'_L=41$，进而求得 $w^*=41\rho'_L/100=0.41\times0.782=0.31$

同理，可计算不同 x 时以及 T = 300°F 时的 w^*，计算结果见图 7-48。

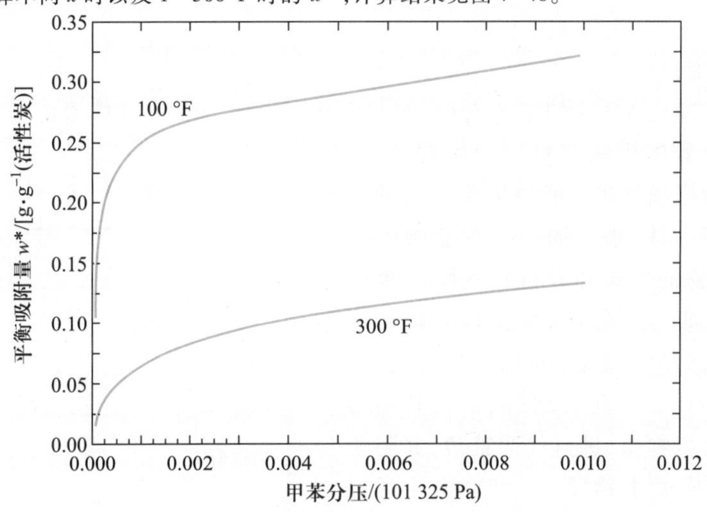

图 7-48 活性炭吸附甲苯曲线

从图 7-48 可知，两条吸附曲线贴近 y 轴，说明该活性炭能很好地去除甲苯，300°F 时吸附剂的吸附能力远远低于 100°F 时的吸附能力，因此可在 100°F 时进行吸附，而在 300°F 时再生。

五、生物法控制 VOCs 污染

VOCs 生物净化是附着在滤料介质中的微生物在适宜的环境条件下，利用废气中的有机成分作为碳源和能源，维持其生命活动，并将有机物同化为 CO_2、H_2O 和细胞质的过程。生物法处理 VOCs 的工艺主要有生物洗涤法、生物滴滤法和生物过滤法。

(一) 生物洗涤法

生物洗涤法净化 VOCs 的工艺流程，如图 7-49 所示。生物洗涤塔由吸收和生物降解两部分组成。经有机物驯化的循环液由洗涤塔顶部布液装置喷淋而下，与沿塔而上的气相主体逆流接触，使气相中的有机物和氧气转入液相，进入再生器(活性污泥池)，被微生物氧化分解，得以降解。该法适用于气相传质速率大于生化反应速率的有机物的降解。

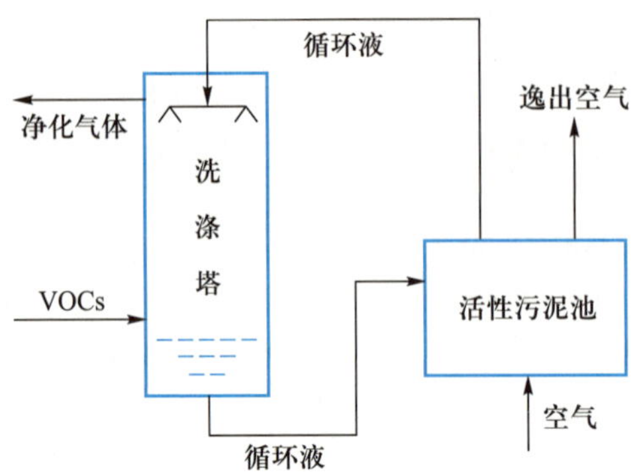

图 7-49 生物洗涤法净化 VOCs 的工艺流程

目前,常用的洗涤塔有多孔板式塔和鼓泡塔。经过液相吸收的有机物进入再生系统,在适当的环境中被微生物降解,从而使液相得以再生,继续循环使用。日本一家污水处理厂利用该系统脱除臭气,去除率高达 99%。

(二)生物滴滤法

生物滴滤法净化 VOCs 的工艺流程,如图 7-50 所示。VOCs 气体由塔底进入,在流动过程中与已接种挂膜的生物滤料接触而被净化,净化后的气体由塔顶排出。滴滤塔集废气的吸收与液相再生于一体,塔内增设了附着微生物的填料,为微生物的生长和有机物的降解提供了条件。启动初期,在循环液中接种了经被测定有机物驯化的微生物菌种,从塔顶喷淋而下,与进入滤塔的 VOCs 异向流动;微生物利用溶解于液相中的有机物质,进行代谢繁殖,并附着于填料表面,形成微生物膜,完成生物挂膜过程;气相主体的有机物和氧气经过传输进入微生物膜,被微生物利用,代谢产物再经过扩散作用进入气相主体后外排。

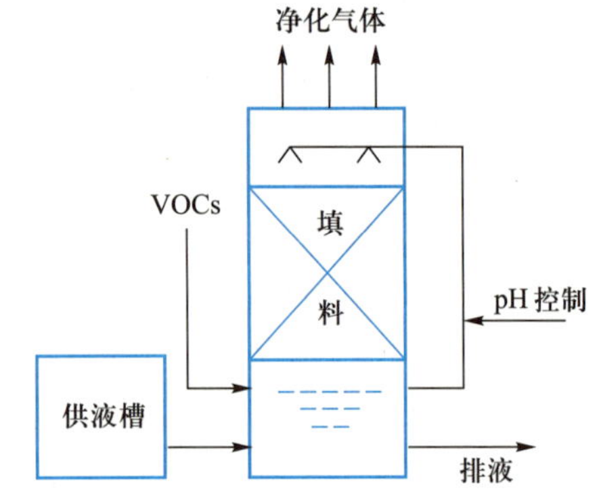

图 7-50 生物滴滤法净化 VOCs 的工艺流程

影响生物滴滤塔处理效率的技术因素包括:① 进气流量、反应器体积及容积负荷。② 循环液喷淋量及湿度。生物膜附着介质的含水率过高,会使得填料压差升高,过滤孔隙开始积水而影响通过气流的稳定性,不利于氧的传输,导致厌氧层增高和分解率的降低。但含水率过低,又会降低微生物活性,填料介质紧缩而使得材质裂化,缩小了气体的停留时间。③ 营养液配比。有机废气生物处理法在常温、常压下进行生物分解,除了微量元素供给外,碳∶氮∶磷的比值至少需要 100∶5∶1。④ 系统 pH。大多数好氧微生物,最佳生物滤床操作 pH 为7~8;因为滤塔无循环水洗系统,对填充介质本身所产生酸性物质和微生物分解的污染物,所产生的酸性中间代谢产物无法有效排出。因此,通常设计为弱碱性。

(三)生物过滤法

生物过滤塔降解 VOCs 工艺流程,如图 7-51 所示。

VOCs 气体由塔顶进入过滤塔,在流动过程中与已接种挂膜的生物滤料接触而被净化,净化后的气体由塔底排出。定期在塔顶喷淋营养液，为滤料微生物提供养分、水分并调整 pH，营养液呈非连续相，其流向与气体流向相同。在过滤塔内，水只是滞留在生物膜表面和内层中，用于生物生长和自身代谢，而非 VOCs 溶剂，没有形成贯穿于整个滤料塔层的连续流动相。因此，在建立模型过程中，滤塔的相构成视为两相，即含有 VOCs 的气相主体和由水、含水微生物膜及含生物膜的滤料介质组成的液/固相。VOCs 通过扩散效应、平流效应以及气相、液/固相的传递而被吸附到液/固相中，传递到液/固相中的 VOCs 通过微生物降解生成 CO_2、H_2O 和生物机体，生成的 CO_2 再通过液/固相与气相主体之间的传递，进入气相主体，并通过气相主体外排，从而完成了 VOCs 降解过程。

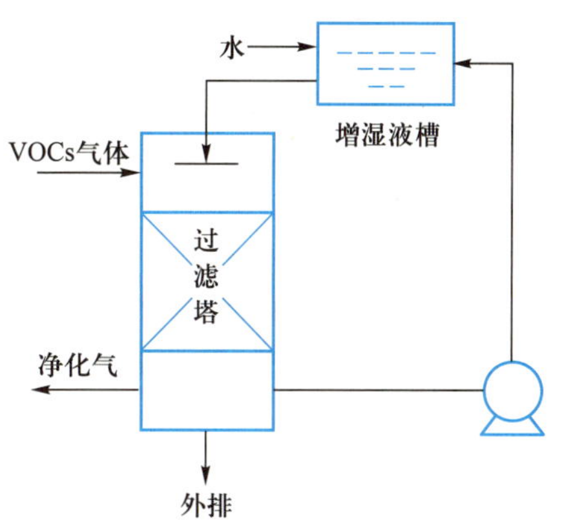

图 7-51　生物过滤工艺流程

较为常用的生物过滤工艺有土壤法和堆肥法。

最初的生物过滤法采用土壤为过滤介质，利用其吸附性能和土壤中的细菌、真菌等微生物的分解作用，将污染物去除。适宜的工艺条件为：温度为 5～30℃，相对湿含量为 50%～70%，pH 为 7～8，滤料配比为黏土 1.2%、富含有机质灰土 15.3%、细砂土 53.9%、粗砂 29.6%，厚度一般为 0.5～1 m，通风速率为 0.1～1 m/min。

堆肥法是利用泥炭、堆肥和木屑等为滤料，经熟化后形成一种有利于气体通过的堆肥层，更适宜于微生物的生长繁殖。由于堆肥中的微生物含量、种类大大高于土壤法，因此在去除相同负荷有机污染物时，可大大缩短停留时间，减少占地面积，克服了土壤法占地面积大的缺点。研究表明，利用该法处理浓度为1 500 mg/m^3乙醇或苯乙烯废气，在停留时间为 1～1.5 min 时，净化率可达 95%。但由于堆肥是由生物可降解物质所构成，因而寿命有限，运行 1～5 a 后就必须更换滤料。开放式的堆肥处理系统也同样受气候等自然因素影响。

思考题与习题

7-1　试分析如何提高吸收效率。

7-2　吸附过程与吸收过程在传质机理上有何异同？这两种过程的传质速率有何异同点？

7-3　在希洛夫方程中 K 和 h 各有什么物理意义？其中 h 与哪些因素有关？

7-4　什么是催化剂的活性、选择性和稳定性？催化剂的活性一般如何表示？

7-5　空间速度和接触时间的含义是什么？

7-6　在吸收塔内用清水吸收混合气中的 SO_2，气体流量为 5 000 m_N^3/h，其中 SO_2 占 5%，要求 SO_2 的回收率为 95%，气、液逆流接触，在塔的操作条件下，SO_2 在两相间的平衡关系近似为 $Y^*=26.7X$，试求：

(1) 若用水量为最小用水量的 1.5 倍，用水量应为多少？

(2) 在上述条件下，用图解法求所需的传质单元数。

7-7　某活性炭填充固定吸附床层的活性炭颗粒直径为 3 mm，把浓度为 0.15 kg/m^3的 CCl_4 蒸气通入床层，气体速度为 5 m/min，在气流通过 220 min 后，吸附质达到床层 0.1 m 处；505 min 后达到 0.2 m 处。设床层高 1 m，计算吸附床最长能够操作多少分钟，而 CCl_4 蒸气不会逸出？

7-8 把处理量为 250 mol/min 的某一污染物引入催化反应器,要求达到 74%的转化率。假设采用长 6.1 m,直径 3.8 cm 的管式反应器,求所需要催化剂的质量和所需要的反应管数目。假定反应速率可表示为:$R_A=-0.15(1-x_A)$ mol/(kg 催化剂 · min)。催化剂堆积密度为 580 kg/m^3。

7-9 某电厂采用石灰石湿法进行烟气脱硫,脱硫效率为 90%。电厂燃煤含硫为 3.6%,含灰为 7.7%。试计算:

(1) 如果按化学剂量比反应,脱除 1 kg SO_2 需要多少 $CaCO_3$?

(2) 如果实际应用时 $CaCO_3$ 过量 30%,每燃烧 1 t 煤需要消耗多少 $CaCO_3$?

(3) 脱硫污泥中含有 60%的水分和 40% $CaSO_4 \cdot 2H_2O$,如果灰渣与脱硫污泥一起排放,每吨燃煤会排放多少污泥?

7-10 分析比较不同氮氧化物排放控制技术的优缺点。

7-11 比较氮氧化物和硫氧化物在形成和排放控制方面的相似和不同点。

7-12 一电厂排放的烟气中 NO 体积分数为 10^{-3},烟气排放量为 1 000 m^3/s,排烟温度 573 K。用 SCR 脱除 NO,要求脱除效率 75%,计算每天消耗的氨量。

7-13 利用溶剂吸收法处理甲苯废气。已知甲苯体积分数为 3×10^{-3},气体在标准状态下的流量为 20 000 m^3/min,处理后甲苯体积分数为 5×10^{-5},试选择合适的吸收剂,计算吸收剂的用量。

7-14 采用活性炭吸附法处理含苯废气。废气排放条件为 298 K、101 325 Pa、废气量 20 000 m^3/h,苯的体积分数为 3×10^{-3},要求回收率为 99.5%;已知活性炭的吸附容量为 0.18 kg(苯)/kg(活性炭),活性炭的密度为 580 kg/m^3,操作周期为吸附 4 h,再生 3 h,备用 1 h。试计算活性炭的用量。

第八章　机动车污染控制技术

汽车是20世纪最伟大的科技成果之一，它极大地推动了经济增长，并给人们的生产和生活活动提供了便利。与此同时，机动车排放污染及其控制也成为全世界共同关注的环境问题。机动车排放导致的污染是多方面的。除造成一氧化碳、碳氢化合物（HC）和氮氧化物污染外，柴油车还排放有致癌作用的细微颗粒物。此外，汽车空调用的氟利昂是破坏平流层臭氧的主要物质，大量的二氧化碳排放还导致气候变化。

随着机动车保有量的快速增长，我国许多城市空气呈现出煤烟和机动车尾气复合污染的特点，机动车已经成为我国许多城市大气污染最重要的来源之一。2010年，中国机动车排放污染物共5 226.8万t，其中氮氧化物599.4万t，碳氢化合物487.2万t，一氧化碳4 080.4万t，颗粒物59.8万t。因此，控制机动车尾气排放是改善城市和区域空气质量的主要任务。

机动车大气污染物排放取决于车用燃料类型和品质、发动机技术水平、尾气净化装置的有效性以及汽车运行和维护状况。本章将从车用燃料改进、汽油车污染控制技术及柴油车污染控制技术等方面介绍机动车的污染控制。

第一节　车用燃料改进和燃料替代技术

油品的质量是影响机动车排放的最重要因素之一。而且排放控制技术越先进，对油品质量的要求越苛刻，对油品中的有害物质越敏感，油品质量必须与机动车发展水平相适应。

一、常规燃料质量提升

（一）改进车用汽油

汽油是由200~300种碳氢化合物组成的混合物，其沸点从常温到200℃，汽油由原油炼制而成，为达到车用燃料的要求，还掺加了大量的添加剂。影响排放的汽油特性一般包括辛烷值、蒸发特性和化学成分等。

1. 提高辛烷值

辛烷值是影响机动车抗“爆震”性能的指标，爆震会减少车辆做功，造成车辆的损坏。辛烷值是根据各种不同燃料同异辛烷（辛烷值100）和庚烷（辛烷值为0）的混合物对比得到的，当燃料和混合物抗爆震性能的测试结果一致时，混合物中辛烷的比例即为燃料的辛烷值。

传统的汽油一般采用四乙基铅作为添加剂以提高辛烷值，但由于铅对人体健康的影响以及对催化剂的毒害作用，目前已经被广泛替代，我国从2000年禁止了有铅汽油的生产和销售。目前，已有很多技术和方法来提高无铅汽油的辛烷值。其中最重要的手段有催化裂解和重整，以提高油料中苯、甲苯等芳香烃以及烯烃含量；其次还有烷基化和异构化以增加支链烃的含量；另外，广泛采用加入甲醇、乙醇，特别是甲基叔丁基醚(MTBE)等添加剂的方法提高辛烷值。这些方法在替代铅的同时，也会产生各自新的排放问题，如含氧剂的使用会导致有毒物质如醛类排放的增加，使用较轻的碳氢化合物会造成饱和蒸气压的增加等。

2. 控制蒸发性

燃料的蒸发性能一般以雷氏饱和蒸气压(RVP)表示，它对使用和不使用蒸发控制系统的车辆的蒸发排放均有很大影响。欧洲对不加控制系统的车辆测试表明，如果车辆的RVP从62 kPa增加到82 kPa，HC的蒸发排放会增加1倍左右，在加装控制装置的车辆上这种影响也是很大的。另外，降低油料的RVP还可以减少加油以及油料储运过程中的HC的排放。目前，降低油料RVP的方法主要是减少油品内低质量HC的含量。

3. 降低烯烃和芳烃含量

烯烃是汽油中含碳双键的不饱和碳氢化合物，主要是在石油炼制的高温裂解过程产生。由于烯烃的火焰温度较烷烃高，故烯烃含量高的油料排放的NO_x会有所增加。试验表明，当烯烃的体积含量从20%降到5%时，NO_x排放会下降6%左右。另外，烯烃具有较高的化学反应活性，容易在大气中反应生成臭氧。烯烃含量高的另一个不利影响是烯烃容易结焦，造成发动机运行的不正常，从而增加排放。

芳烃是指含有苯环分子结构的碳氢化合物，与烯烃一样是一种高辛烷值成分。目前，汽油中芳烃的含量一般在30%~50%之间，芳烃含量增加也会增加NO_x的排放，并增加排放HC的大气化学反应活性以及增加有毒有害物质(如苯)的排放。将汽油中芳烃含量由45%下降到20%时，安装催化器机动车有毒物质的排放会下降23%~38%。

4. 添加含氧剂

油品中添加少量的含氧剂，如乙醇、甲醇、叔丁醇以及MTBE，虽然会降低单位体积的能源效率，但这些物质将改善燃料的爆震性能，从而减少芳香烃和铅的使用。另外，由于含氧剂中氧的存在，使燃烧趋向于贫燃料燃烧，故CO和HC的排放也会相应减少。目前，美国部分州已经规定，在冬季CO排放水平很高的时候，要通过燃料加含氧剂的方法来减少CO的排放。

含氧剂的加入会有效降低CO和HC的排放，但是会使NO_x的排放有所升高。有实验表明，加入10%的乙醇会分别降低5.9%的HC和13.4%的CO的排放，但NO_x排放相应升高5.1%；加入15%的MTBE分别降低7%的HC和9.3%的CO排放，但同时增加3.9%的NO_x排放。由于醇类对车辆有腐蚀性，目前发达国家比较倾向于采用MTBE作为含氧添加剂。

5. 降低含硫量

车用汽油中硫分危害极大，不仅腐蚀金属，还会黏附并富积到催化器的金属表面，从而造成催化剂中毒。试验证明，当油品的硫含量从0.09%降低到0.01%时，HC、CO和NO_x的排放会相应减少10%~15%。

除了对催化器的影响，硫在燃烧过程中还会转化为各种硫化物污染环境，在贫燃料燃烧时，硫会转化为硫酸盐颗粒，在富燃料燃烧时会在尾气管内形成硫化氢，造成恶臭。因此，应该采取措施尽量减少燃料中的硫含量。

6. 添加发动机清洗剂

发动机工作一段时间之后,燃油输送和燃烧系统及润滑系统都会产生积垢,如积碳和其他胶状物。这些积垢不仅使发动机油耗上升而且使排放物增加。因此,用发动机清洗剂清除这些积垢,可使发动机的动力性、经济性及排放等都有明显改善。

(二) 改进车用柴油

柴油主要由沸点在 180~400℃ 的烃类组成。柴油性质与发动机工作状态和排放之间的关系十分复杂,一般来说,柴油发动机比汽油发动机具备更强的适应性,柴油油品的影响小于发动机设计和运行工况的影响。柴油质量对排放的影响主要包括三个方面,即含硫量、十六烷值和芳香烃含量。

1. 降低含硫量

未经处理的柴油含硫量通常在 0.1%~0.5%。柴油中硫含量对排放的影响有直接影响和间接影响。直接影响主要是燃烧后生成的二氧化硫随着尾气排入大气中,造成大气污染。SO_2 由于催化过程还会转化为硫酸盐和硫酸,形成气溶胶。

柴油含硫量过高是限制柴油车排放控制技术发展的瓶颈。柴油含硫量从 0.3% 降到 0.05% 时,车用柴油机颗粒物排放减少 9%。柴油中较高的硫含量也影响氧化型催化转换器的净化效果,硫含量大于 0.05% 就会使得氧化型催化剂无法正常使用。我国第三阶段机动车污染物排放标准中柴油含硫量的要求为 0.035%,而第四阶段机动车污染物排放标准要求是 0.005%。

柴油中的硫可以通过水力脱硫的过程去除,低压水力脱硫可以去除 65%~75% 的硫,减少 5%~10% 的芳香烃含量。而新型的中、高压水力脱硫系统则可以去除 95% 以上的硫和 20%~30% 的芳香烃。

2. 提高十六烷值

十六烷值反映了柴油在一定的汽缸温度和压力下容易点燃的程度,十六烷值越高,油料点火延迟的时间越短。十六烷值的确定方法同汽油的辛烷值相似,采用的参比混合物为直链十六烷(十六烷值 100)和支链的环庚基壬烷(十六烷值 30)的混合物。研究表明,高十六烷值的柴油能改善燃烧,改善冷启动过程,降低白烟、HC、CO、NO_x 以及颗粒物的排放。

由于十六烷值和排放之间的相关性是非线性的,因此一般在十六烷值较低的范围内提高十六烷值具有较好的排放效益,当十六烷值达到一定程度后,继续提高十六烷值并不会显著改善排放,反而会引起其他一些燃烧问题。

3. 降低芳香烃含量

芳香烃是柴油的重要组分,芳香烃密度较大,不容易自燃而且会产生大量的碳烟颗粒。一般直馏柴油的芳香烃含量在 20%~25%,裂化柴油的含量相对较高,在 40%~50%。由于芳烃的自燃性质差,故芳烃含量增加会降低柴油的十六烷值,造成排放和车辆噪声的增加,而且会增加汽缸内的沉积物。对于芳香烃含量较高的柴油,可以通过加入十六烷值增强剂的方法来改善排放。

4. 燃料改性添加剂

利用添加剂可以改变燃料物性,降低油耗和减少污染。柴油添加剂按其功能大致可以分为改善油质型、促进燃烧型和消烟减污型。应用较多的添加剂有钡盐和其他金属消烟剂、十六烷值改进剂和消除积碳添加剂。其原理是当它与汽油、柴油混合后，产生化学反应，使燃料的分子结构得到改善，即通过降低燃料的分子量、缩短燃料分子键的长度，以降低燃料的点火温度，从而达到降低油耗和减少污染的目的。它同时还可以起到分离燃料中杂质，清除燃烧室内积垢等作用。

二、车用燃料替代技术

目前，采用清洁的替代燃料取代传统的汽油和柴油的方法得到广泛的关注。世界各国及其各大机动车制造公司都在致力于开发代用燃料机动车。按《美国能源政策法规》将替代燃料定义为天然气、液化石油气、氢气、甲醇、变性酒精（乙醇）、醇类与汽油的混合物（醇类体积含量不少于 85%）、从煤中提取的液体燃料、非醇类生物燃料和电。表 8-1 列出了传统燃料和替代燃料的物化特性比较。

表 8-1 传统燃料和替代燃料的物化特性比较

性质	汽油	柴油	甲醇	乙醇	液化石油气（LPG）	压缩天然气（CNG）
碳氢比（H/C）	1.9	1.88	4.0	3.0	2.7	4.0
低位热值/（$MJ\cdot kg^{-1}$）	44.0	42.5	20.0	26.9	46.4	50.0
密度/（$kg\cdot L^{-1}$）	0.72~0.78	0.84~0.86	0.792	0.785	0.51	0.422
能量密度/（$MJ\cdot L^{-1}$）	33.0	36.5	15.8	21.2	23.7	21.1
沸点/℃	37~205	140~360	65	79	-42.2	-161.6
RON	92~98	-25	106	107	112	120
MON	80~90	—	92	89	97	120
十六烷值	0~5	45~55	5	5	-2	0
理论空燃比	14.7	14.6	6.5	9.0	15.7	17.2
RVP（psi）	8~15	0.2	4.6	2.3	208	2 400

（一）天然气

天然气主要成分为甲烷（CH_4），其辛烷值高，燃烧限宽，可燃烧稀混合气，以提高内燃机的经济性，废气排放少于汽油和柴油，燃烧过程产生同体积的二氧化碳和两倍体积的水蒸气。天然气中也含有少量的乙烷、丙烷和 H_2S 等物质，但含量极少。没有铅、苯和芳香烃等有毒物质。

天然气汽车可分为压缩天然气车和液化天然气车两种。压缩天然气的压力一般在 20~30 MPa，液化天然气的绝热容器压力为 0.05~0.5 MPa。压缩天然气车是天然气车的主流车型。实验证明，与汽油车相比，压缩天然气车 HC 降低 90%，CO 降低 40%~80%，NO_x 降低 10%~80%，但燃料经济性也降低15%~20%。

（二）液化石油气

液化石油气主要成分是丙烷（C_3H_8）、丙烯（C_3H_6）、丁烷（C_4H_{10}）和丁烯（C_4H_8）。着火温度为441～550℃，比车用汽油着火温度（427℃）高，辛烷值高达103～105，故抗爆性能好。

液化石油气（LPG）发动机技术成熟，其钢瓶自重轻，充气站布站灵活性大，站间距可达300 km，而压缩天然气（CNG）加气站必须沿天然气管线，站间距不超过200 km。LPG汽车在排放方面与天然气汽车相似，CO和HC排放低，NO_x排放水平与汽油车相近。

（三）甲醇及甲醇-汽油混合燃料

甲醇辛烷值高，理论空燃比小，有利于完全燃烧，CO、HC和NO_x的排放量减少，但掺烧汽油后，甲醇和甲醛的排放有所增加。目前常用的混合形式有：M5—M20（M5甲醇混合燃料是指甲醇体积浓度为5%的汽油），M50—M85，M85—M100。M85机动车的排放性能与汽油车相比，HC降低31%，CO降低13%，NO_x降低6%，但燃料经济性降低40%。

由于甲醇热值是石油系燃料的一半，并且十六烷值低，不能压缩点火，在用作柴油机燃料时，需要其他辅助着火手段。

（四）乙醇及乙醇-汽油混合燃料

乙醇可由各种谷物、纤维生物质和植物合成，属可再生能源。燃用乙醇或乙醇-汽油混合燃料，可降低污染物的排放。在巴西，乙醇机动车已占机动车总数的30%。根据美国的研究，E85机动车的排放性能与汽油车相比，HC降低5%，CO增加7%，NO_x降低40%～50%，但燃料经济性降低25%。

（五）氢燃料

氢是一种理想的清洁燃料。以氢为燃料的发动机只有NO_x一种有害排放物，并不存在CO和HC的排放污染。此外，由1%的氢和99%的汽油混合燃烧，可以取得较好的净化效果，特别是对控制怠速排放是一种可行的措施。但是，由于氢气的工业制取与贮存问题还有待于进一步解决，氢气发动机还停留在实验阶段，尚无正式产品问世。

三、电动汽车

电动汽车（EV）是指以全部或部分由电能驱动电机作为动力系统的汽车。电动汽车包括纯电动汽车（BEV）、燃料电池汽车（FCEV）、混合动力汽车（HEV）三种类型。

（一）纯电动汽车

纯电动汽车是指以车载蓄电池为动力的汽车。电动汽车的最大特点是在行驶过程中不排放任何有害气体，是目前唯一的零排放车。

1. 环境效益

电动汽车没有直接的空气污染，它的污染来自上游的发电厂。由表8-2可看出，电动汽车的环境效益因环境条件的不同而有所差异。如果采用太阳能、原子能、风能和水力能发电，则对空气不会造成污染。如果还是采用化石燃料，则发电厂控制空气污染依然很重要。

表 8-2 电动汽车替代燃油汽车排放污染物变化的比例 单位:%

	HC	CO	NO_x	SO_2	颗粒物
法国	-99	-99	-91	-58	-59
德国	-98	-99	-66	+96	-96
日本	-99	-99	-66	-40	+10
英国	-98	-99	-34	+407	+165
美国	-96	-99	-67	+203	+122

注:表中分析是针对轿车的,考虑了燃料的生命周期排放,包括尾气管排放、蒸发和车用汽油相关的炼油过程排放,以及电厂的排放。

电动汽车还能减少温室气体的排放。从原油计算到驱动汽车车轮的效率(即能源利用率),电动汽车比传统汽车高 2%~5%,达 14%~17%。随着电动车能源效率的提高和电厂技术的进步,其效果将会更稳定。天然气电力的电动汽车排放的温室气体比传统的汽油车要少,因为天然气的含碳率较低。原子能电力或水力发电驱动的电动汽车的温室气体排放几乎为零。

2. 电池技术

电池是电动汽车的核心。目前可供选择的电池技术相当多,包括固态、液态和气态电解液电池,高温及中温电池,代用金属电池,代用液体电池以及用其他各种各样的材料制成的电池。此外,镍钙、镍铁、钠硫和铁电池也受到关注。

电池作为能量存储媒介,其性能比汽油差很多。即使是最强的电池其能量密集度也不会超过汽油的 4%。因此,目前在对电动汽车的定位上,仍是较短行程且载重量较小的机动车。

3. 纯电动汽车的成本

由于电动汽车具有比汽油车更低的行驶成本和更长的使用寿命,因此,若将电动汽车所需的总成本分摊到整个生命周期中,那么电动汽车并不比普通汽油车贵很多。

(二) 燃料电池汽车

燃料电池车是在汽车上直接将化学能转换为电能作为驱动力的车辆,化学电池的发电效率可高达 55%以上。这种电池与蓄电池不同,它是通过捕捉原子化合成分子时释放出的电子而直接将化学能转化为电能的。燃料电池的优点是无须充电,比能量高;缺点是成本高,燃料贮藏和运输较为困难。

燃料电池车只需消耗汽油车所需能源的一半,而且驱动过程本身不排放污染物和温室气体,其应用前景是非常诱人的。早期的燃料电池车是靠来自天然气或甲醇的氢驱动的,或者直接利用石油产品。未来的燃料电池车也许可以靠太阳能分解水产生的氢为燃料,用这种方法,从燃料反应到汽车行驶的整个过程,都接近零排放。

1. 燃料电池系统

燃料电池是将氢和氧转化成电能的装置。由燃料(氢、煤气、天然气等)、氧化剂(氧气、空气、氯气等)、电极(多孔烧结镍电极、多孔烧结银电极等)组成。只要不断加入燃料和氧化剂,电池就会不断地产生电能,而产生的废物只是水和热量。它不像传统电池那样贮存能量，这正是燃料电池系统的优势所在。

燃料电池车的动力装置包括一个容纳氢或者含氢燃料的贮存箱、燃料-电能转换系统、电动马达、电池、超高速离心器等。车用燃料电池所用的氢和氧是分开的，氢气被导到正电极或阳极，空气被送到负电极或阴极，如图 8-1 所示。通过连接发电机的电线，在电流的作用下，氢分子得到分离。残余氢（阳离子）通过电解液向阴极移动，并与阴极的氧结合。其产物是水和电力，反应原理很简单并且很容易控制，通过散热损失的能量极少。

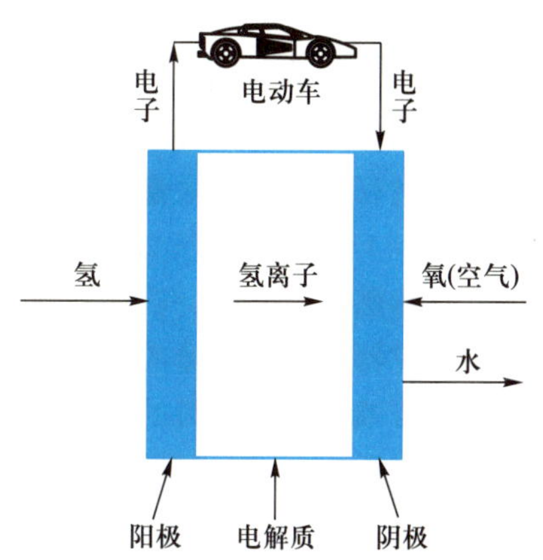

图 8-1 质子交换膜（PEM）燃料电池系统的工作原理

2. 燃料电池技术

根据所采用的电解质类型的不同，常用的燃料电池可分为采用固体聚合电解质的质子交换膜（PEM）电池、采用陶制电解质的固体氧化物电池、采用液体电解质的含磷酸性或碱性电池。几种燃料电池的特性见表 8-3。

表 8-3 几种燃料电池的特性

燃料电池	应用范围	功率密度/（$kW \cdot L^{-1}$）	温度/°C	影响因素
碱性	太空船	0.16	150~250	CO
磷酸	商业	0.1~1.5	65~220	CO_2
PEM	试用	0.1~1.5	25~120	CO
固性氧化物	实验室	1~4	700~1 000	—

燃料电池汽车的大规模应用还需要一段时间，仍有许多问题没有完全解决。例如，在不影响安全性的前提下，如何尽可能将燃料电池、峰值动力装置、马达、电子发生器和燃料贮存系统设计进一个小空间内；对 PEM 电池而言，如何减轻整体质量，减小体积并降低制造成本等。

3. 氢的来源和储运

引入燃料电池最简单的方法是利用随车反应器将石油燃料转变为氢。甲醇相对比较便宜，且因其为液态，有较高的能源密度，容易贮存和运输。目前，最适合用甲醇的燃料电池是磷酸电池和固体氧化物电池。以甲醇制氢来驱动的汽车必须随车安装一个小的化学重整装置，因而会降低推进系统的效率。从污染物排放的角度看，甲醇驱动的车并不是一种零排放车。

天然气也被认为是氢的一个重要来源。因为随车天然气反应器不可行，必须单独进行天然气加工，然后将生产的氢贮备到车上，而随车贮备氢的技术目前还未能达到实用化的阶段。太阳能制氢是利用太阳能电池电解水产生氢，从而实现对环境更友好的发展。从生物质中获取氢可作为太阳能氢或化石燃料氢的过渡或补充来源，较常用的生物质包括树、草、农作物秸秆等。

氢的随车贮存不论是在技术上,还是在经济上,都是一大挑战。目前,研究的贮存技术主要有高压压缩、低温液化、与金属或液态氢化物、棉状铁或活性炭反应等。然而,无论采用压缩还是液化的方式,氢的能源密度与甲醇相比都是非常低的,与汽油相比更低,而且其压缩或液化过程都将消耗大量的额外能源。

4. 燃料电池车的环境效益

以氢为燃料的 PEM 汽车是真正的零排放汽车,水是唯一的排放物。甲醇燃料电池汽车的甲醇反应器会产生痕量的 NO_x 和 CO,燃料供应和贮存系统会有少量的甲醇蒸发。以汽油和其他石油产品为原料的燃料电池汽车也会存在一定的排放,不是源于燃料电池本身,而是来自转换反应器、燃料箱等。

燃料电池汽车除了排放低外,其噪声也很低。泵、风机和压缩机等燃料电池辅助系统会发出部分噪声,发电机也会产生一定的噪声,但由于电池内部的电化学反应是无声的,所以整体上噪声比内燃机要低,特别是在低速行驶的时候。

(三) 混合动力车

混合动力汽车指能够至少从两种能源、车载能量存储器或转化器中获得动力的汽车,在运行中至少有一种能量存储器或转化器直接驱动汽车,并至少有一种能量存储器或转化器能够传递电能。

混合动力车既继承了电动车节约能源和低排放的优点,又弥补了电动车的续驶里程不足的缺点。与同类型发动机的传统汽车相比,混合动力车的燃油消耗指标平均降低 30%~40%,尾气排放平均降低 50%~60%。

1. 混合动力车的类型

混合动力车的技术种类很多,但其基本技术原理是让内燃机在燃烧效率相对稳定的行驶条件下发电,并将电能储存进电池,借助电动马达驱使车辆行驶。它不仅废气排放少、能耗低、噪声小,而且也不像纯电动车那样受每次充电后行驶距离的限制,能够像一般汽油车一样长距离行驶。

混合动力车汲取了纯电池驱动汽车和传统内燃机汽车的设计思路。与电动汽车最相近的,称作扩展电池混合动力车,它利用 50~100 kW 的蓄电池组,能提供很好的加速和行驶性能,全部利用电力行程可达 80 km,绝大部分时间可在零排放状态下运行。附带 5~10 kW 的发动机,可使行程再扩大 80 km,但不能保持持续不变的速度。

双模式混合动力车也能持续 80 km 零排放行驶,但装的是 25~40 kW 的发动机。由于具备更长的行驶能力和更高的速度,配备大型发动机的双模式混合动力车能替代传统的汽油车。不过,在非零排放模式下行驶时,它的排放和燃油消耗也很高。

接近传统内燃机汽车的是内燃机-电力混合动力车,驱动这种车的能量都来自随车储备的汽油或其他化石燃料。电机为电马达提供电力,并将过剩的电能用于随车蓄电池、调速轮和极电容,用于提供变化的峰值功率。发动机在近似常速的稳定状态下,持续地工作。这种车的排放水平和汽油消耗比内燃机汽车低得多,但不能在全电力模式下行驶,因而不能被看作零排放车。

2. 混合动力技术

混合动力车根据动力系统结构形式可分为三类:串联式混合动力汽车(SHEV)、并联式混合动力汽车(PHEV)和混联式混合动力汽车(CHEV)。

并联式混合动力车的驱动力是由电动机及发动机同时或单独供给的。其结构特点是并联式驱动系统可以单独使用发动机或电动机作为动力源，也可以同时使用电动机和发动机作为动力源驱动汽车行驶（图 8-2）。因此，平行混合动力车的电动马达可比发动机小，在汽车运行中起的作用也相对较小，通常适合于双模式混合动力车应用。

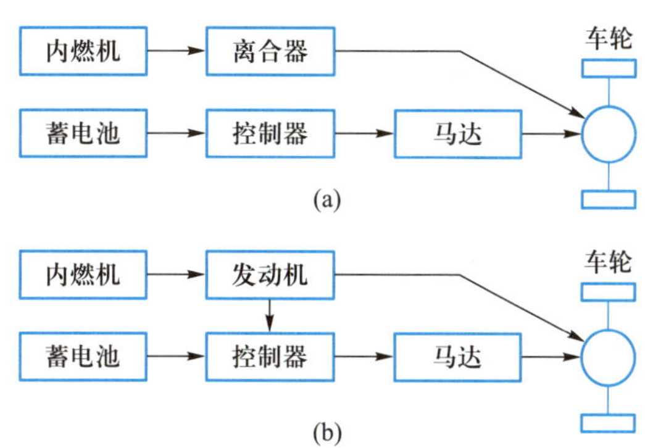

图 8-2　并联式和串联式混合动力车构造示意图

（a）并联式；（b）串联式

串联式混合动力车的驱动力只来源于电动机的混合动力（电动）。其结构特点是发动机带动发电机发电，电能通过电机控制器输送给电动机，由电动机驱动汽车行驶。另外，动力电池也可以单独向电动机提供电能驱动汽车行驶。对于内燃机-电力混合动力车，内燃机以较恒定的速度和功率运行较长时间，只有在电池充满电的时候才停止运行。峰值功率由电池或其他装置提供，而不是发动机。

串联式混合动力车面临的主要问题是电池的使用寿命。从发动机到电动马达的急剧功率切换，虽然减少了发动机的能耗和排放，但是以缩短电池的使用寿命为代价的。

混联式混合动力车是同时具有串联式、并联式驱动方式的混合动力（电动）汽车。其特点是可以在串联混合模式下工作，也可以在并联混合模式下工作，同时兼顾了串联式和并联式的特点。

3. 混合动力车的环境效益和能耗分析

由于混合动力车改变了峰值功率供应功能，因而具备改进排放和降低能耗的可能性。第一，发动机尺寸可以减小 3/4；第二，发动机缓慢改变速度和功率时，削减排放容易实现；第三，近似恒定速度的运行大大增加了利用更高效内燃机的可能，如气体涡轮发动机。表 8-4 给出了不同类型轿车能耗结果的比较。

混合动力车比内燃机汽车的排放低得多，如果尽量扩展车辆的全电力行驶能力，使发动机以恒定速度和功率运行（减少电机运行波动），在连续混合动力车中采用低排放的气体涡轮机或直喷甲醇-柴油混合内燃机等，还可以进一步降低排放。不同种类混合动力车的排放水平见表 8-5。

表 8-4 不同类型轿车能源消耗的比较

车型	城区			高速路		
	电力[①] $(W \cdot h \cdot km^{-1})$	燃料[②] $[L \cdot (100\ km)^{-1}]$	合计[③] $(kW \cdot h \cdot km^{-1})$	电力[①] $(W \cdot h \cdot km^{-1})$	燃料[②] $[L \cdot (100\ km)^{-1}]$	合计[③] $(kW \cdot h \cdot km^{-1})$
电动汽车	116	—	0.53	103	—	0.47
扩展电池混合车	—	46	0.58	24	72	0.48
双模式混合车	—	46	0.58	—	53	0.51
内燃机-电力混合车[④]	—	52	0.52	—	56	0.48
汽油内燃机车	—	35	0.77	—	46	0.58

注:① 按蓄电池(或极电容)衡量所消耗电力。

② 按混合模式运行时每百千米耗油。

③ 整个燃料循环基本燃料总消耗,这里考虑了石油精炼、电厂、配送和加油等环节的能源损失,假设电厂效率为 33%。

④ 在这个分析中,内燃机-电力混合车采用极电容而不是蓄电池,作为随车电力和峰值功率储备。

表 8-5 采用先进排放技术的混合动力车城区污染物排放水平 单位:g/km

污染物	全电力模式的电厂排放	混合模式排气管排放	扩展模式和双模式总排放	内燃机-电力混合模式总排放	加利福尼亚电动车排放限值
HC	0.003	0.031	0.004	0.031	0.025
CO	0.025	0.280	0.037	0.280	1.057
NO_x	0.093	0.286	0.106	0.286	0.124

第二节 汽油车污染物的形成与排放控制技术

一、汽油机污染物形成机理

汽油机工作过程中,发动机推动活塞在缸体内作上下往复运动,通过连杆、曲轴柄带动曲轴旋转,向外输出功率(图 8-3)。通过进气门进入缸体的空气和燃料的混合物,在缸体上部燃烧室内燃烧的过程中会产生大量 CO、NO_x 和 HC,以及少量的含有铅、硫、磷的化合物。其中,硫氧化物和铅化合物可以通过降低燃料中的含硫量以及采用无铅汽油来有效控制。目前,排放法规主要限制的是 CO、HC、NO_x 和颗粒物等四类污染物。

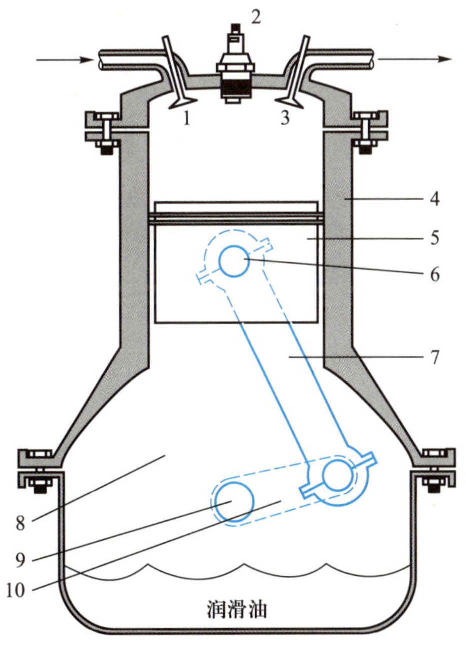

1. 进气门;2. 火花塞;3. 排气门;4. 缸体;5. 活塞;
6. 活塞销;7. 连杆;8. 曲轴箱;9. 曲轴;10. 曲轴柄

图 8-3 四冲程汽油机结构示意图

(一) 汽油机 CO 形成机理

CO 是燃料中碳氢不完全燃烧的产物,决定 CO 排放量的主要因素是空燃比、空气和燃料的混合程度、内壁的淬灭效应等。汽油是多种碳氢化合物的混合物，可以用 C_xH_y 来表示。虽然 x 和 y 的值随汽油产地、生产季节和炼化工艺而异，它们的典型值为 $x=8, y=17$。燃料完全燃烧的化学方程式如下：

$$C_xH_y+\left(x+\frac{y}{4}\right)O_2 \rightarrow xCO_2+\left(\frac{y}{2}\right)H_2O$$

当空气量不足或混合不均匀时，就会生成不完全燃烧产物 CO。假设供给每摩尔燃料的氧气量比完全燃烧所需氧气量少 z 摩尔，则方程式为：

$$C_xH_y+\left(x+\frac{y}{4}-z\right)O_2 \rightarrow (x-2z)CO_2+\left(\frac{y}{2}\right)H_2O+(2z)CO$$

从空气中每供入 1 mol 的 O_2，会带入 3.76 mol 的 N_2，因此，燃烧产物的总摩尔数为：

$$n_{总}=3.76\left(x+\frac{y}{4}-z\right)+(x-2z)+\frac{y}{2}+2z$$

CO 的摩尔比为：

$$y_{CO}=\frac{2z}{3.76\left(x+\frac{y}{4}-z\right)+(x-2z)+\frac{y}{2}+2z}$$

根据该方程可以粗略算出燃烧生成 CO 的量，但是实际燃烧过程是个复杂的动态过程，还应考虑化学动力学对平衡的影响。

（二）汽油机 HC 化合物形成机理

HC 主要来自未燃的燃油和润滑油。与 CO 一样，HC 也是一种不完全燃烧（氧化）的产物，因而与过量空气系数（φ_a）有密切关系。但即使在 $\varphi_a \geqslant 1$ 的条件下，由于壁面淬熄和吸附效应的存在，往往也会产生 HC。

（1）不完全燃烧：汽油机中不完全燃烧的原因主要有，怠速及高负荷工况时，可燃混合气浓度处于 $\varphi_a<1$ 的过浓状态，加之怠速时残余废气系数较大，造成不完全燃烧，失火也是汽油机 HC 排放的重要原因。另外，汽车在加速或减速时，会造成暂时的混合气过浓或过稀现象，也会产生不完全燃烧或失火。当然，即使在 $\varphi_a>1$ 时，由于油气混合不均匀，也会因不完全燃烧产生 HC 排放。

（2）壁面淬熄效应：所谓壁面淬熄效应是指温度较低的燃烧室壁面对火焰的迅速冷却（也称冷激），使活化分子的能量被吸收，燃烧链反应中断，在壁面形成厚约 0.1～0.2 mm 左右的不燃烧或不完全燃烧的火焰淬熄层（图 8-4），产生大量 HC。淬熄层在整个缸体中只是很少的一部分，但是由于发动机的富集作用，残留气体中 HC 的浓度非常高。淬熄层厚度随发动机工况、混合气湍流程度和壁温的不同而不同，小负荷时较厚，特别是冷起动和怠速时，燃室壁温较低，形成很厚的淬熄层。壁面淬熄效应产生的 HC 可占排气管排放 HC 的 30%～50%。

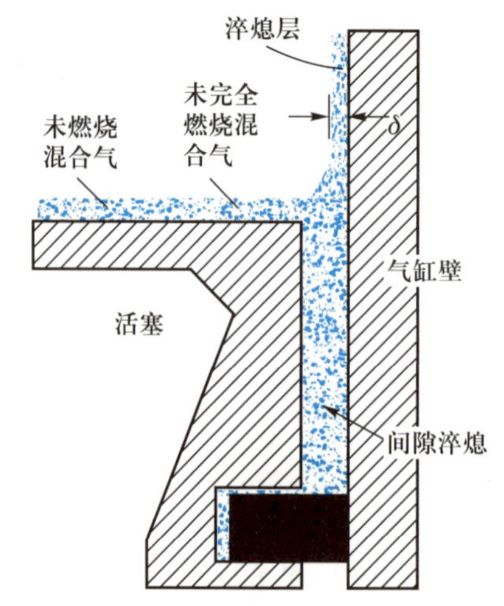

图 8-4 燃烧过程中的淬熄层

另外，燃烧室中各种狭窄的缝隙，例如活塞头部与气缸壁之间形成的窄缝，火花塞中心电极周围，进排气门头部周围等处，由于面容比（表面积与容积之比）很大，淬熄效应十分强烈，火焰无法传入其中继续燃烧；而在膨胀和排气过程中，缸内压力下降，缝隙中的未燃混合气返回气缸，并随排气一起排出。虽然缝隙容积较小，但其中气体压力高，温度低，因而密度大，HC 的浓度极高。这种现象也称为缝隙效应。

（3）壁面油膜和积碳的吸附：在进气和压缩过程中，气缸壁面上的润滑油膜，以及沉积在活塞顶部、燃室壁面和进排气门上的多孔性积碳，会吸附未燃混合气及燃料蒸气，而在膨胀过程和排气过程时压力降低，部分 HC 脱附进入燃烧产物中。这种由油膜和积碳吸附产生的 HC 占总数的 35%～50%。

（三）汽油机 NO_x 生成机理

汽车发动机燃烧过程中主要生成 NO，另有少量的 NO_2。对一般汽油机，NO_2/NO_x = 1%～10%。NO 的生成途径有热力型、燃料型和瞬时型三种。汽油基本不含氮，因而基本可以不考虑燃料型 NO_x。瞬时 NO_x 只占很小的比重，因而热力型 NO_x 是汽车 NO_x 的主要来源。

热力型 NO_x 是高温下 N_2 和 O_2 反应产生的，其生成量取决于温度、氧浓度和反应时间。在理论空燃比时，整个燃烧体系达到的温度最高，产生的 NO_x 浓度也最大。贫燃区过量的空气吸收了部分热量，使温度有所降低，富燃区 O_2 含量少，平衡向左移，生成的 NO_x 也减少。

除燃料在发动机内的燃烧过程外，汽油车的曲轴箱通风系统泄漏、汽油箱通风、化油器泄漏和其他蒸发过程也会排放一定量的 HC 化合物。对于一辆没有采用污染排放控制措施的汽车，其污染物来源和相对排放量见表 8-6。

表 8-6　无污染控制技术的汽油车污染物排放来源及其相对比例

排放源	排放量占该污染物总排放量的百分比/%		
	CO	NO_x	HC
尾气管	98～99	98～99	55～65
曲轴箱	1～2	1～2	25
蒸发排放	0	0	10～20

（四）发动机运行条件对污染物排放的影响

发动机产生污染物的量与空燃比直接相关，如图 8-5 所示。贫燃条件下发动机燃烧效率高，生成的 HC 和 CO 浓度低；富燃时燃烧不完全，生成的 HC 和 CO 较多。NO_x 的产生量在略高于理论空燃比的附近最高，这是由于燃烧温度较高的缘故。

发动机运转工况不同，污染物的生成量也大不相同。汽车在加速和高速行驶时，由于燃烧温度高，因而 NO_x 排放浓度较高。CO 在怠速和加速时排放浓度较高，这是因为此时的空燃比偏浓，怠速时温度较低并且残余废气比例也较高。减速时，CO 和 HC 的排放均较高，因为减速时汽油机节气门关闭，而发动机在汽车反拖下继续高速运转，进气管中突然形成高真空度状态，使管壁上的液态燃油（油膜）急剧蒸发，形成过浓混合气而导致较高的 HC 和 CO 排放。汽油喷射式发动机在减速时不再供油，而且进气管中油膜少，因此 HC 和 CO 排放较少。而带有减速断油装置的改进型化油器情况也有改善。

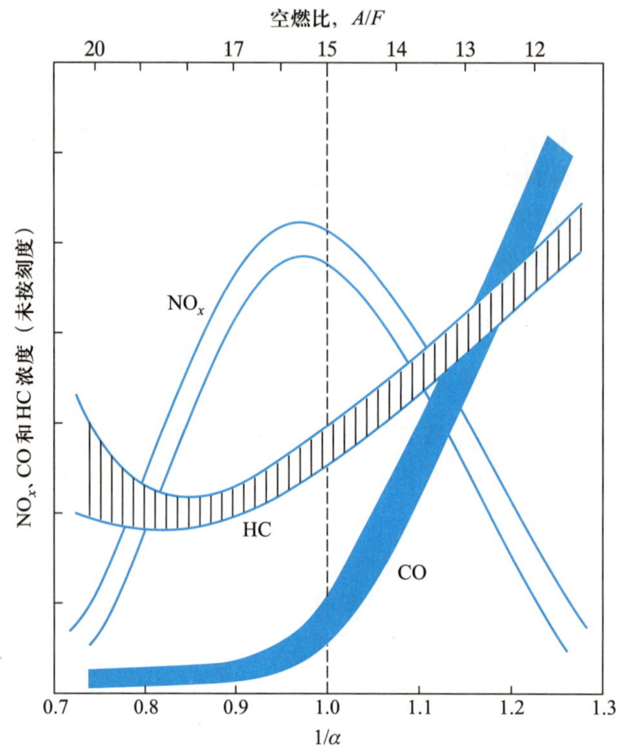

图 8-5 不同空燃比下汽油机污染物的产生（CO 的刻度大约为 HC 和 NO_x 的 100 倍）

传统的化油器汽油机在不同工况下尾气排放的大致成分如表 8-7 所示。此外，发动机运行过程中，外界空气温度、压力、湿度、使用的燃料等都会影响发动机污染物的形成。

表 8-7 化油器汽油机在不同工况下的排气成分

排气成分	怠速	加速	定速	减速
$HC/10^{-6}$	800	540	485	5 000
$NO_x/10^{-6}$	23	1 543	1 270	6
CO/%	4.9	1.8	1.7	3.4
CO_2/%	10.2	12.1	12.4	6.0

二、污染物产生过程控制技术

（一）汽油机排放机内控制技术

对于汽油机而言，降低污染和提高效率的关键之一是精确控制空燃比。通过优化发动机设计，如改进点火系统、采用多气阀气缸设计、改善燃料供给系统、采用汽油喷射技术、引入废气再循环（EGR）和使用电子控制汽油喷射等技术，已经使得现代的发动机污染物排放比传统发动机减少了 60%～70%甚至更多。

电子控制汽油喷射（electronic fuel injection，EFI）系统以其出色的控制精度和灵活性得到了广泛应用，并淘汰了化油器供油系统。目前电子控制汽油喷射主要有单点喷射和多点喷射两种形式。单点喷射系统是将燃油喷入进气总管的节气门前，而多点喷射则是将燃油喷入每个气缸进气门前的进气道或进气歧管内，两者的主要区别在于前者是数缸合用一只喷嘴，后者是每缸单独用一只喷嘴供油。单点喷射系统造价低，但仍存在各缸燃油分配不均及冷机运转时燃油在进气管壁沉积而导致启动性欠佳等问题。多点喷射则不存在这种弊端，因而加速性能良好，动态反应灵敏，但成本相对较高，控制难度更大。

废气再循环（EGR）技术将部分燃烧产物返流至进气管再吸入气缸参加燃烧，也是一种减少发动机 NO_x 排放的有效方法。其原理是将部分废气循环至燃烧室，一方面减少了废气总量，包括污染物量；另一方面使得燃烧室内气体的热容量增大，并通过稀释进气降低最高燃烧温度和氧的浓度，从而降低了 NO_x 的生成量。其中，废气混入量的百分比用 EGR 率表示。NO_x 的排放量随着 EGR 率的增大而减小，但如果 EGR 率过大，不仅会使燃油经济性恶化，油耗增加，还会增大 HC 的排放，同时对材料性能和成本要求也会增加。因此，EGR 率一般在 15%～20%以内（图 8-6）。

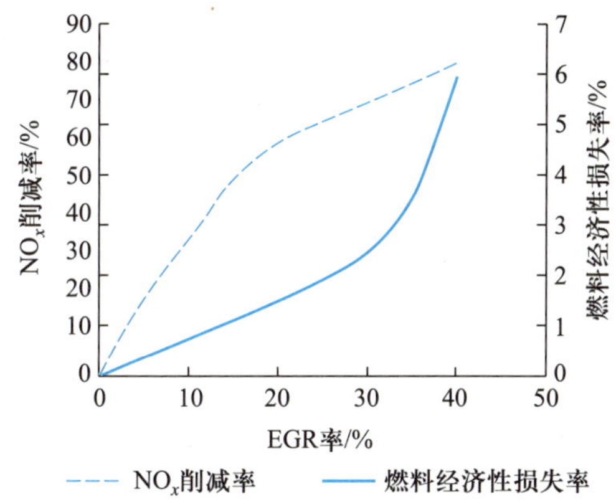

图 8-6　EGR 率对 NO_x 削减率与燃料经济性损失率的影响

汽油机的理论空燃比约为 14.7，稀薄燃烧为空燃比大于理论空燃比的燃烧，稀薄燃烧按供给方式可以分为均质和非均质两种。非均质燃烧中的分层燃烧是发动机实现稀薄燃烧的主要方式。这种燃烧方式主要通过控制混合气的浓度分布实现，即在火花塞附近的混合气较浓，空燃比约为 12～13，可以保证点火，其余区域的混合气较稀，空燃比会大于 20。分层燃烧的汽油机在空燃比 20～25 的范围内稳定工作，通过缸内直喷技术，稀薄燃烧的空燃比极限能提高到 40 以上，小负荷工况时无须采用节流，减少泵气损失，同时能够提高燃油经济性。

（二）曲轴箱污染物排放控制技术

曲轴箱排放来自压缩和做功冲程中从缸体中逸出的气体。这些气体可以从活塞与缸壁的接合处的缝隙中逸出，这种现象叫窜气。当发动机负荷增加时，曲轴箱排放量也增加。曲轴箱排放的气体由大约 85%的未燃烧的空气燃料混合气和 15%的燃烧产物组成，其中未燃烧 HC 是主要的污染物，窜漏气体中 HC 体积分数为 $(6\sim15)\times10^{-3}$。对曲轴箱排放进行控制是最早实施的汽车排放控制措施之一。这种控制相对比较简单，主要办法是将窜漏的气体再循环进入发动机的进气管，然后在发动机气缸中烧掉。大多数汽车采用封闭式曲轴箱通风装置，窜缸气体的控制是靠曲轴箱强制通风阀（positive crankcase ventilation，PCV）实现的，称为 PCV 系统（图 8-7）。

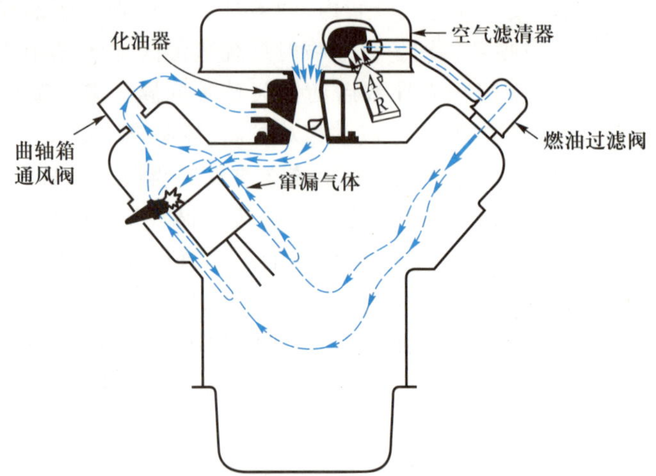

图 8-7 封闭式曲轴箱强制通风装置

进入进气歧管的气体流量是由 PCV 阀控制的，以保证强制通风装置在任何工况下都能正常稳定地工作，确保曲轴箱气体不向大气泄漏。当发动机处于怠速或低速时，进气管真空度较高，PCV 阀会自动控制流量，使强制通风量减小；而在发动机高负荷工作时，控制阀会打开到最大流量状态。如果窜缸气体量大于 PCV 阀的流通能力时，曲轴箱中过量的窜气将通过空气滤清器连接管进入空气滤清器，进入气缸再次燃烧，确保没有泄漏出现。此外，PCV 阀还具有防止发动机回火的功能，回火出现时进气歧管中压力骤增，迫使 PCV 阀全部关闭，从而避免回火火焰进入曲轴箱点燃窜气而损坏发动机。

（三）燃油蒸发排放控制技术

油箱和化油器是汽油蒸发排放的两大主要来源。温度越高，蒸发排放量就越大。为减小周围热源对蒸发排放的影响，油箱和化油器可以采取防热隔热措施。为了满足排放法规对燃油蒸发控制的要求，还必须采取有效的控制措施，目前最常用的是吸附法。图 8-8 为

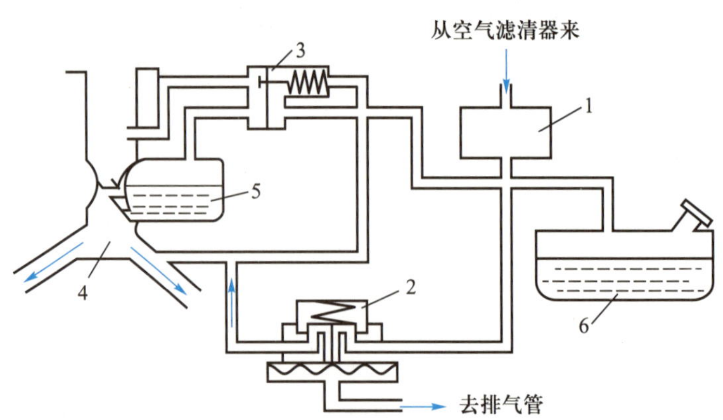

1. 吸附罐；2. 净化控制阀；3. 压力平衡阀；4. 进气管；5. 化油器；6. 汽油箱

图 8-8 吸附法蒸发排放控制装置原理图

吸附法蒸发排放控制装置的原理图。吸附罐 1 内装有活性炭，负责将油箱、化油器等部位蒸发出来的 HC 收集起来。当发动机运转时，排气压力上升将净化控制阀 2 顶开，使罐 1 与进气管 4 相通，吸附罐内的 HC 从活性炭中分离出来和来自空气滤清器的空气一起进入发动机中烧掉。压力平衡阀 3 由进气管真空度控制。停机时，进气管无真空度，平衡阀向左，使浮子室与吸附罐相通。在发动机运转时，平衡阀处于图示中间位置，油箱蒸发的 HC 和浮子室蒸发的 HC，在平衡阀两边，由当时压力的平衡状态决定吸入化油器通气管或进气管。当进气管负压高时，平衡阀关闭将左右隔开。采用这种装置，几乎能将 HC 蒸气完全吸附。

除了汽车本身的蒸发排放外，汽油转运和加油过程的蒸发排放也比较重要。这种排放是由于储油罐和车辆燃料箱的上部保留着一部分燃料蒸气。当加油时，蒸气的位置被汽油所占据而逸出。汽油加油过程的 HC 蒸发排放的来源和数量如图 8-9 所示。减少燃料分配时 HC 排放的技术主要经历了两个阶段。第一阶段控制是在汽油转运过程中，将储油罐的蒸气，通过封闭管道通入注油卡车的油罐。其效率约为 95%，可将每升油的蒸发排放从 1.14 g 降到 0.06 g。经验证明，对储油罐、输油卡车和加油站进行翻新改进，增加蒸气回收装置的花费很小，单单考虑节约燃料部分的效益，资金回收期也只有两到三年。第二阶段的控制是针对汽车的加油过程，有两种方法可以减少汽车油箱中燃油蒸气的排放：其一是改进加油枪为负压操作以捕获蒸气；另一种选择则是在汽车上安装活性炭吸附罐。此外，最先进的车辆还采用车载油气回收系统，用于控制加油、停车和运行阶段的汽油蒸发排放。当汽车加油时，油箱中被置换的油气通过系统回收到车载吸附炭罐；当车辆运行时，炭罐吸附的油气被脱附进入进气歧管并在发动机燃烧。

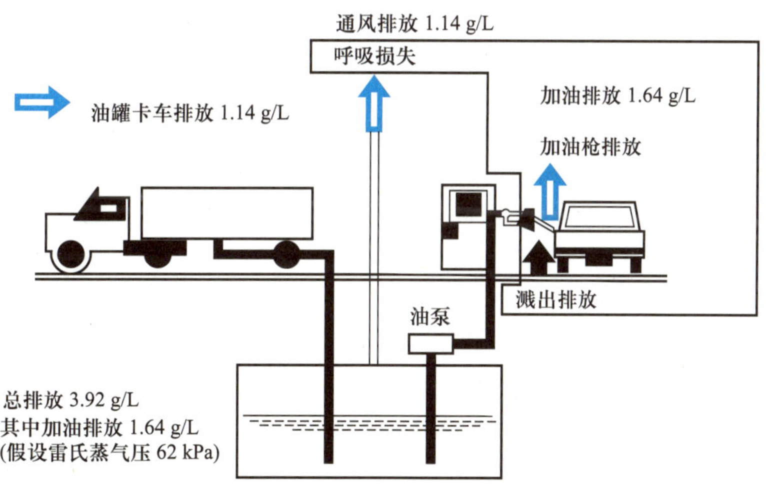

图 8-9　汽油加油过程的 HC 蒸发排放的来源和数量

三、汽油车尾气排放后处理技术

常见的排气后处理装置有空气喷射装置、热反应器、三效催化转化器等。三效催化转化器已经得到广泛应用，目前研发的重点在冷启动和稀燃汽车尾气的催化净化等方面。

电控汽油喷射耦合三效催化转化器是目前汽油车排气净化的主流技术。三效催化转化器的工作原理是：当高温的发动机排出的气体经过该后处理净化装置时，在三效催化剂的强化催化氧化和还原作用下，CO 被氧化成为无色、无毒的 CO_2 气体，HC 化合物被氧化为 H_2O 和 CO_2，NO_x 则被 CO 和 HC 等还原成 N_2。三效催化转化关键是如何能够使三种污染物同时获得很高的净化效果。图 8-10 为不同空燃比下三种污染物的净化效率，可见，只有将空燃比精确控制在理论空燃比附近很窄的窗口内（一般为 14.7±0.25），才能使三种污染物同时得到净化。为了满足在不同工况下都能严格控制空燃比的要求，通常采用以氧传感器为中心的空燃比反馈控制系统，最常见的氧传感器是 ZrO_2 传感器。

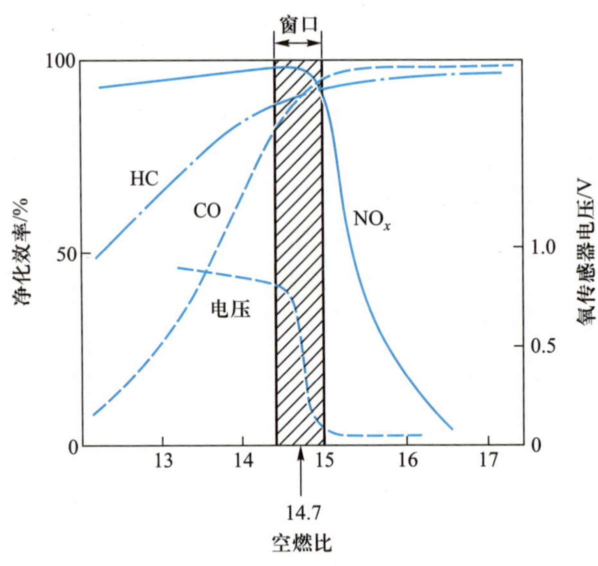

图 8-10 空燃比对三效催化转化器性能的影响

三效催化剂一般由贵金属［铂（Pt）、钯（Pd）、铑（Rh）等］、助催化剂（CeO_2 等稀土氧化物）和表面涂附活性 Al_2O_3（增大比表面积）的多孔蜂窝陶瓷载体组成（图 8-11）。除陶瓷载体外，也有使用金属载体的。由于汽车排气温度变化范围大，运行路况复杂，因此，对催化剂载体的机械稳定性和热稳定性要求都很高。典型的整体多孔蜂窝状陶瓷载体，其蜂窝孔的内径约为 1 mm，在蜂窝孔内有大约 20 μm 厚的活性表层，孔之间的壁面为多孔陶瓷材料，厚度为 0.15～0.33 mm。横截面上每平方厘米有 30～60 个通道。由于汽油中的铅（Pd）会使催化剂永久中毒，因此，应用催化转化器的前提条件是必须使用无铅汽油。此外，汽油中较高的硫含量也会降低催化转化器的效率。

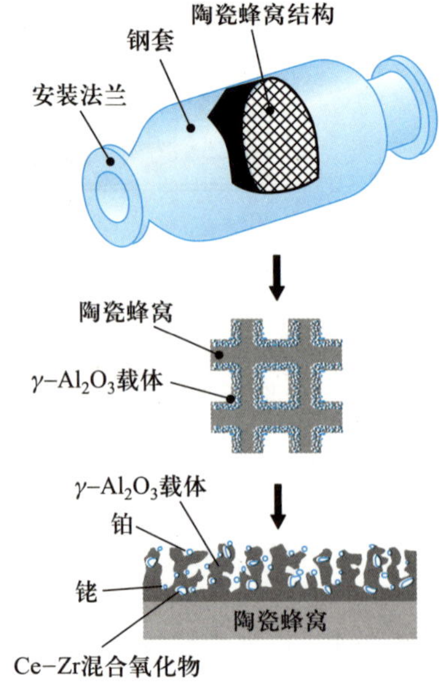

图 8-11 三效催化转化器结构示意图

第三节 柴油车污染物的形成与排放控制技术

一、柴油机污染物形成机理

柴油机的工作原理与汽油机基本相同,也是四个冲程,通过活塞往复运动做功。不过由于柴油的黏度比汽油大,不易蒸发,而其自燃温度比汽油低,故四冲程柴油发动机的混合气形成和燃烧方式都与汽油机有所不同。柴油机在进气过程中吸入的是纯空气,而在压缩过程中,由于压缩比高,所以压缩终了时气缸内气体压力可达 3.5~4.5 MPa,温度可达 750~1 000 K,大大超过柴油的自燃温度。这时经 10 MPa 以上高压喷油泵以雾状喷入的柴油,在极短时间内完成蒸发、扩散以及与空气混合一系列过程,形成可燃混合气。在混合气浓度和温度都合适的地方首先自行着火燃烧。这种燃料一边扩散混合一边燃烧的方式称为扩散燃烧;而像汽油机那样,在燃烧空间之外预先形成可燃混合气的方式称为预混燃烧。

由于柴油机直接将液体柴油喷入气缸中,并且是大面积多点同时着火,因此其初期放热率、压力升高率以及最高爆发压力都比汽油机高,加之是在空气富余的条件下燃烧,避免了器壁淬灭和间隙淬灭现象,HC 和 CO 等不完全燃烧产物少。柴油发动机排放的 HC、CO 一般只有汽油发动机的几十分之一,其 NO_x 排放量,中小负荷时远低于汽油机,大负荷时与汽油机大致处于同一数量级甚至更高(表 8-8)。由于柴油的扩散混合只能在极短的时间内进行,混合气浓度分布极不均匀,容易产生碳烟,而像汽油机那样的预混燃烧中一般不产生碳烟。因此,有别于汽油车以降低 CO、HC 和 NO_x 为主要排放控制目标,柴油机主要是以控制微粒(黑烟)和 NO_x 排放为目标。

表 8-8 汽油机与柴油机排放浓度对比

排放成分	汽油机	柴油机
CO/%	0.5~2.5	0.05~0.35
$HC/10^{-6}$	2 000~5 000	200~1 000
$NO_x/10^{-6}$	2 500~4 000	700~2 000
SO_2/%	0.008	<0.02
碳烟/$(g \cdot m^{-3})$	0.005~0.05	0.10~0.30

(一) 碳氢化合物的生成机理

由于柴油机的燃烧是扩散燃烧,绝大部分工况的过量空气系数(φ_a)远大于汽油机,而且混合气浓度梯度极大,不同区域的 φ_a 可在 0~∞ 之间,火焰外围区域 φ_a 趋向于∞,即几乎没有燃油(尤其是小负荷时),因而受淬熄效应和油膜及积碳吸附的影响很小,这是柴油机 HC 排放低于汽油机的原因。一般认为柴油机燃烧过程中 HC 的产生主要有两种途径:其一是由于混合气过稀以致在燃烧室内不能满足自燃及扩散火焰传播的条件,其二是混合气过浓而不能着火及燃烧。在超出着火界限的过浓或过稀的混合气区域,会产生局部失火。如靠近喷油射束中心区域会形成过浓混合气,而喷油射束的周边区域会因过度混合产生过稀混合气。此外,燃烧过程后期低速离开喷油器的燃油混合及燃烧不良,也会产生 HC 排放。

喷油器压力室容积对 HC 排放有重要影响。一般喷油器针阀密封座面以下有一小空间，称为压力室（图 8-12）。所谓压力室容积实际上还包括各喷孔的容积。喷油结束时，压力室容积中充满燃油；随燃烧和膨胀过程的进行，这部分柴油被加热和汽化，并以液态或气态低速进入燃烧室内。由于这时混合及燃烧速度都极为缓慢，使得这部分柴油很难充分燃烧和氧化，从而导致大量的 HC 产生。随压力室容积的减少，HC 排放明显下降；当压力室容积为 0 时，HC 排放浓度减低到约 150×10^{-6}，对比压力室容积为 1.35 mm^3时的 HC 排放浓度（近 600×10^{-6}），可以认为原机的 HC 排放中，由压力室容积造成的 HC 排放占到总量的 3/4 左右。同理，二次喷射或后滴等不正常喷油也会造成 HC 排放的上升。

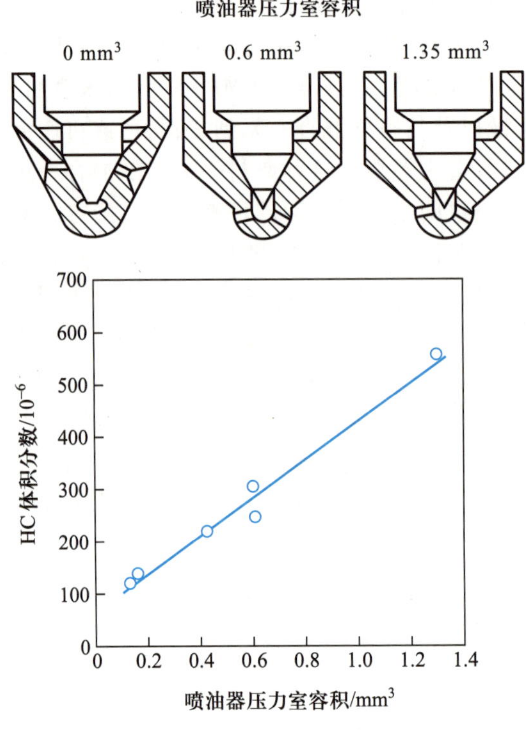

图 8-12 喷油器压力室容积对 HC 排放的影响

（二）颗粒物及碳烟的生成机理

1. 颗粒物组成

如表 8-9 所示，柴油机微粒是由三部分组成的，即（干）碳烟 DS、可溶性有机物（SOF）和硫酸盐。其中 SOF 基本来自未燃烧的柴油和润滑油，两者所占比重一般可认为大致相等。微粒中各种成分所占的百分比并不是一成不变的，它会随工况、发动机类型和技术水平，以及油品特性等因素的不同而变化。

表 8-9 柴油机颗粒物的组成

成分	质量分数/%
干碳烟	40～60
可溶性有机成分	35～45
硫酸盐	5～10

2. 碳烟形成机理

碳烟是烃类燃料在高温缺氧条件下裂解而形成的，当燃油喷射到高温的空气中时，轻质烃很快蒸发汽化，而重质烃会以液态暂时存在，这些细小的重质烃液滴在高温缺氧条件下，直接脱氢碳化，成为焦炭状的液相析出型碳粒，粒度一般比较大。而蒸发汽化了的轻质烃，经过一系列复杂途径，产生气相析出型碳粒，粒度相对较小。

碳烟的生成途径如图 8-13 所示。首先，气相的燃油分子在高温缺氧条件下发生部分氧化和热裂解，生成各种不饱和烃类，如乙烯、乙炔及其较高的同系物和多环芳烃；它们不断脱氢形成原子级的碳粒子，逐渐聚合成直径 2 nm 左右的碳烟核心（碳核）；气相的烃和其他物质在碳核表面的凝聚，以及碳核相互碰撞发生的凝聚，使碳核继续增大，成为直径约为20～30 nm 的碳烟基元；而碳烟基元经过相互聚集形成直径 1 μm 以下的球状或链状的多孔性聚合物。重馏分的未燃烃、硫酸盐以及水分等吸附在碳粒上，形成颗粒物排放。

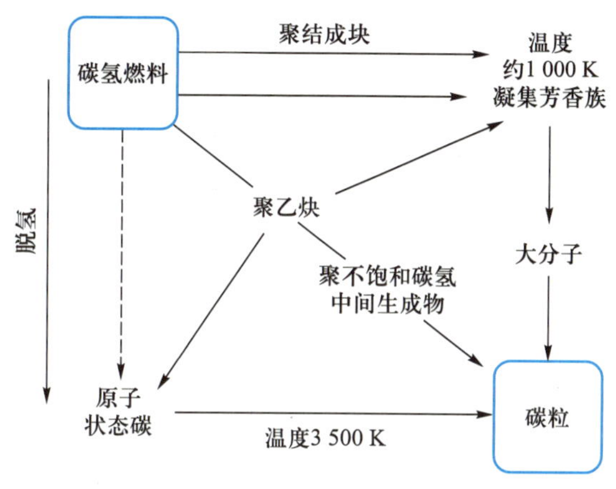

图 8-13　碳烟生成途径

已经生成的碳烟，只要能遇到足够的氧化氛围和高温，也会通过氧化反应，部分甚至完全氧化掉。在整个燃烧过程中，碳烟要经历生成和氧化两个阶段。气缸内不同局部区域的氧化条件不同，碳烟的氧化速率也不同。如果能够在燃烧前期避免高温缺氧，减少碳烟的生成；而在燃烧后期保证高温富氧条件并加强混合强度，以加速碳烟的氧化，则可以实现优化燃烧来控制碳烟颗粒的排放。

3. 碳烟（微粒）与 NO_x 的平衡关系

由过量空气系数 $\varphi_a=0.6$ 开始，随 φ_a 减少，碳烟生成量增大；受温度的影响，在 1 600～1 700 K范围内出现最大值。压力对碳烟的生成影响较小。尽管 $\varphi_a>0.6$ 区域内不会产生碳烟，但 NO_x 的生成量会随 φ_a 的上升而增多，大约在 $\varphi_a=1.1$ 时达到峰值。这样就在碳烟和 NO_x 之间产生如图 8-14 所示的此消彼长的平衡关系，即降低碳烟的方法往往会引起 NO_x 的上升。这就是同时降低柴油机碳烟和 NO_x 的难点所在。如果能将 φ_a 控制在 0.6～0.9，则有可能使碳烟基本不产生以及 NO_x 的生成量也很少，这是近年来学术界提出的一种新的想法。但实际中如何将柴油机的 φ_a（包括局部的 φ_a）控制在这样一个狭窄的范围内，而又保证热效率不受影响，目前还没有可行的技术方案。

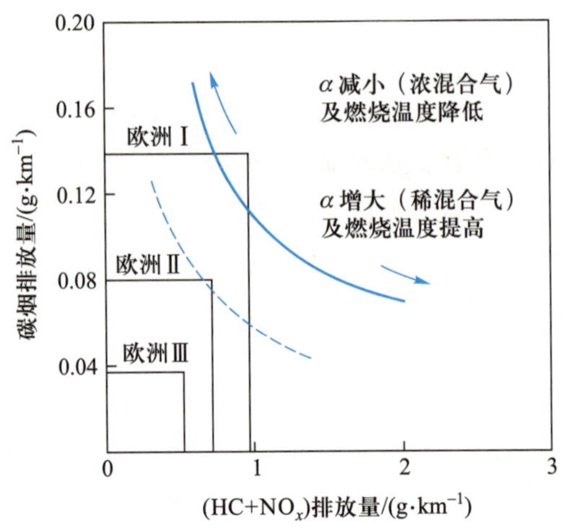

图 8-14 碳烟与 NO_x 之间的平衡关系

（三）空燃比对柴油机排放的影响

柴油机总是在 $\varphi_a>1$ 的稀混合气条件下运转，但由于柴油机是扩散燃烧，混合气的浓稀分布极不均匀，完全燃烧所需的空气要比预混合燃烧时多。直喷式柴油机 φ_a对污染物生成的影响见图 8-15。与汽油机相比，CO、HC 和 NO_x 曲线有向稀区平移的趋势。CO 排放一般很低，不到汽油机的 1/10，只有在高负荷（$\varphi_a<2$）时才开始急剧增加。在中小负荷时（$\varphi_a>2$），由于在燃油喷雾边缘区域形成了过稀混合气以及缸内温度过低的原因，造成 HC 排放略有上升，但仍比汽油机低得多。

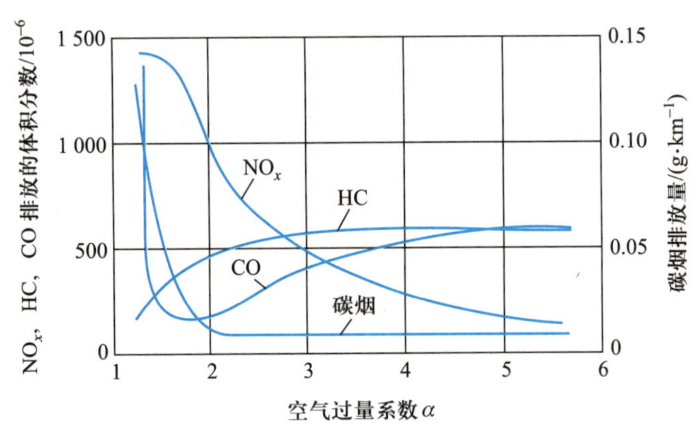

图 8-15 直喷式柴油机的 α 对污染物排放的影响

NO_x 的生成规律与汽油机相同，但生成量低于汽油机，这主要与柴油机的混合气浓度分布不均匀有关。在考虑 NO_x 生成与 φ_a的关系时，不仅要看平均 φ_a，也应看局部 φ_a。尽管在碳烟的生成机理中已讨论过，$\varphi_a>0.6$ 的区域，理论上不应产生碳烟，但由于柴油机混合气浓度分布极不均匀，局部缺氧使得在 $\varphi_a\leqslant2$ 以后，碳烟急剧上升。加强气流混合可以改善局部缺氧，使冒烟极限向化学当量比 $\varphi_a=1$ 靠近，从而减少碳烟的产生。

二、污染物产生过程控制技术

与汽油车不同，柴油车基本不存在曲轴箱泄漏排放和燃油蒸发排放，污染物产生过程控制主要围绕发动机的优化设计开展,常用的控制技术有废气再循环、改进供油系统、增压中冷技术、采用分隔式燃烧室和电控柴油喷射技术等。

(一) 废气再循环

柴油机废气再循环的作用与汽油机相同,主要也是降低热力型 NO_x。目前,EGR 主要应用在柴油轿车和其他轻型柴油车上;随着排放标准持续加严,重型柴油车也采用 EGR 作为机内控制技术辅助 NO_x 排放控制。在柴油发动机内,不同的发动机运行工况设置特定的 EGR 率(0%~40%)。为了不影响高负荷时的动力输出,一般 EGR 用于中负荷,当 EGR 率为 25%~40%时,NO_x 的减排控制效率约为 60%~70%,最高能达到 80%。当轻型柴油车的 EGR 率控制在 30%以内,燃油经济性的恶化能控制在约 2%以内;若大于 30%~40%,燃油经济性会恶化 6%~8%;低负荷工况一般采用低的 EGR 率或者不使用,因为如果此时采用高的 EGR 率,会增加 10%的燃油消耗,增大 CO_2 排放。因此,如果仅通过采用高 EGR 率来控制缸内 NO_x 排放,会带来燃油经济性的恶化,产生较多 CO_2 排放,为满足更严格的轻型柴油车排放标准,同时尽可能减少 CO_2 排放,则还需要添加先进的后处理系统。

(二) 增压中冷技术

增压和中冷技术是提高柴油机功率、燃油经济性以及降低污染物排放量的最有效措施之一。增压技术最常见的是废气涡轮增压,即利用发动机排出的高温废气带动涡轮高速旋转,从而驱动压气机使气缸进气充量提高。由于进气密度的大幅提高,柴油机功率可提高 30%~ 100%,燃油经济性也明显改善,CO、HC 和碳烟的排放都有一定程度的降低(图 8-16)。柴油机采用进气涡轮增压后,由于进气温度较高,提高了最高燃烧温度,反而使 NO_x 的排放增加。为此,可采用增压中冷技术使进气温度降低,防止 NO_x 排放性能的恶化。

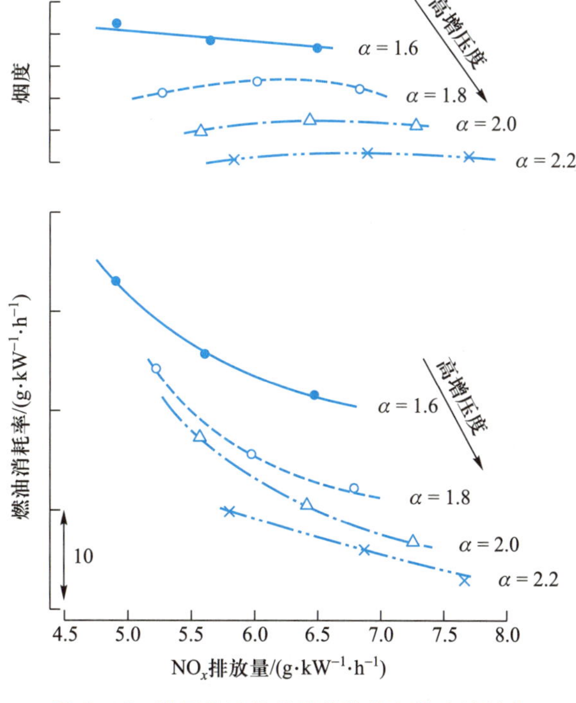

图 8-16　增压柴油机的排放特性和燃油消耗率

（三）采用分隔式燃烧室

柴油机按燃烧室形式不同可分为两类，即直喷式柴油机（direct injection，DI）和非直喷式柴油机（indirect injection，IDI）。DI 柴油机将燃油直接喷入统一的燃烧室空间，而 IDI 柴油机首先将燃油喷入副燃烧室，进行一次混合燃烧，然后冲入主燃烧室进行二次混合燃烧。

IDI 燃烧室，即分隔式燃烧室主要包括涡流室式和预燃室式两种，其 NO_x 的排放量要比直喷式燃烧室低 1/3~1/2。这是因为在分隔式燃烧室中，副燃烧室的壁温较高，滞燃期短，爆发压力低，从而使火焰前峰温度低，且分隔室中 α 小，处于缺氧条件下，这些均抑制了 NO_x 的产生。当燃气进入主燃烧室后，由于主燃烧室中大量空气的冷却以及活塞已开始下行，又继续造成生成 NO_x 的不利条件。由于分隔式燃烧系统利用二次涡流促进主室的混合气形成和燃烧，在主室中减少或避免高温局部缺氧的不利影响，所以分隔式燃烧室的 HC、CO 和颗粒物排放也较低，此外噪声也较低。但分隔式燃烧室的经济性差，燃油消耗率比直喷式高 5%~10%，这使得 IDI 柴油机一直未能成为主流。值得注意的是，为降低 NO_x，许多研究者一直在努力将 IDI 的浓稀两段燃烧方式部分地揉入 DI 的燃烧方式中。

（四）电控柴油喷射

电控柴油喷射系统是近年来开发的新一代发动机技术，与电控汽油喷射系统一样，也由传感器、执行器、电控单元三部分组成，可以在任何工况下都选择最佳的喷油量、喷油压力、喷油提前角、喷油速率等参数，从而改善柴油机的燃油经济性和排放性能，是柴油机排放控制的有效手段。20 世纪 90 年代出现的共轨式时间控制系统，采用高压共轨避免了早期产品压力难以控制的缺点，从而实现喷油参数的更精确控制。

三、柴油车尾气排放后处理技术

柴油发动机排气净化后处理技术主要有过滤捕集法和催化转化法两大类。其中催化转化法与汽油发动机基本类似，主要分为氧化型催化转化器和 NO_x 还原催化转化器。由于柴油机的排放污染物中含有大量微粒，这些微粒主要靠过滤器、收集器等装置来捕获，然后通过清扫或燃烧的办法去除，使颗粒捕集器再生使用。颗粒捕集（氧化）器和氧化型催化转化器已在部分柴油车上得到应用，而柴油机稀燃氮氧化物催化净化技术目前还处于研究开发阶段。

（一）氧化型催化转化器

柴油机氧化催化剂能氧化尾气排放颗粒物中的大部分可溶性有机物（SOF）、气态的 HC 和 CO、臭味和其他一些有毒有机物（如 PAHs，醛类等）。因为不捕集固态的颗粒物，氧化催化剂不需要再生，可以长期连续使用。这类催化剂已成功应用于轻型柴油车，并被看好可移植到重型柴油车上。在不影响燃料消耗情况下，净化挥发性 HC 和 CO 的效率可达 80%，对 SOF 的去除率也能达到 70%左右，因此可在一定程度上减少柴油车的颗粒物排放。氧化型催化器还能将部分 NO 转化成 NO_2，用于后续柴油车颗粒捕集器的再生。

氧化催化剂应用于重型柴油机的主要困难是，尾气中的 SO_2 会被氧化为硫酸盐，反而增加颗粒物的排放，并导致催化剂慢性中毒。因此，使用低硫柴油是非常重要的。图 8-17 所示为柴油车上使用氧化催化剂时排气温度对颗粒物净化效率的影响。氧化型催化转化器的最佳工作温度范围是 200~350℃。

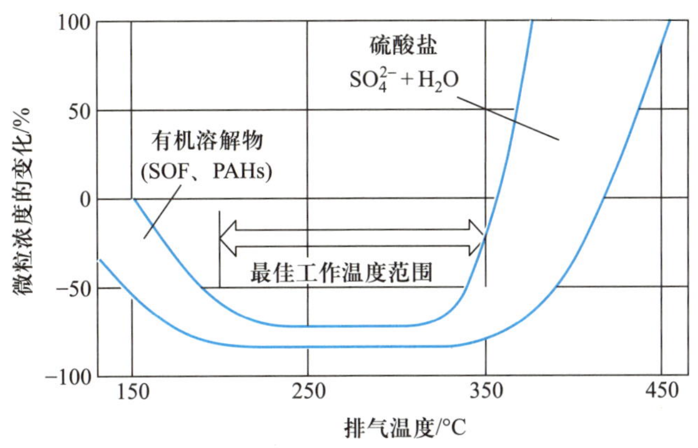

图 8-17　使用氧化催化剂时排气温度对颗粒物净化效率的影响

与汽油机类似,柴油机氧化催化剂活性成分也可用 Pt 和 Pd,虽然钯的活性不如铂,但产生的硫酸盐也要少得多,同时价格也便宜。另外,用氧化硅代替氧化铝作为涂层材料也可以减少硫酸的生成。为了提高催化转化器的机械稳定性能,柴油机上也多采用蜂窝状陶瓷结构作为载体材料。

（二）颗粒捕集器

颗粒捕集器(DPF)是高效净化柴油机排气颗粒物的一种过滤技术,它利用一种内部孔隙极微小、能捕获微粒物的过滤介质来捕集排气中的微粒,捕集到的绝大部分是干的或吸附着可溶性有机成分的碳粒。然后采取不同的方法来燃烧(氧化)清除过滤器中收集的颗粒物,使颗粒捕集器再生后循环使用。

过滤效率随过滤介质的不同略有差异,一般对碳烟的过滤效率可达 60%~90%。但它对 HC 等可溶性有机成分的过滤效率较低。从过滤效果、工作可靠性及再生情况考虑,较优越的也是应用最广泛的过滤介质有陶瓷泡沫体和壁流式陶瓷蜂窝体两种,金属丝过滤材料也有少量的应用。泡沫陶瓷属于体内过滤式,而蜂窝陶瓷则属于表面过滤式。在过滤过程中,微粒被吸附在介质的表面,随后,最初沉积下来的微粒团本身也参与对后续颗粒的过滤捕集。图 8-18 给出了一种整体式陶瓷蜂窝过滤器的滤芯示意图。

开发颗粒物捕集器系统存在的主要问题是如何有效去除捕集下来的碳黑并使过滤器再生。柴油机颗粒物中包含固态的碳,外裹一层分子量很大的碳氢化合物。这种混合物的燃点在 500~600℃,远大于柴油机排气的正常温度范围(150~400℃)。因此,需要设计特殊的方法来保证点火再生,但是一旦被点燃,这些物质燃烧产生的高温又可能使过滤器熔化和断裂。目前认为最有前途的再生方法有间歇加热再生和连续催化再生。

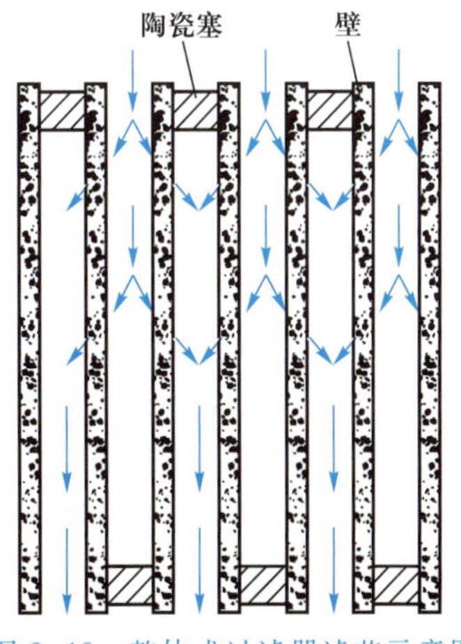

图 8-18　整体式过滤器滤芯示意图

间歇加热再生是指颗粒捕集器每工作一段时间后,采用电加热或其他加热方式清除积存的微粒的方法,最常见的有电加热式再生法、燃烧器加热再生法和反吹式再生法。其中反吹式加热再生法是利用压缩空气先将过滤的碳粒反吹下来，再进行加热处理，这样对过滤材料的耐高温性能要求可大大降低，但过滤器结构设计比较复杂。连续再生方法对颗粒捕集系统的维护要求变得简单很多，常见的有在过滤材料表面涂附催化剂，在燃油中加入活性组分[如铈(Ce)]等方法，这些方法目前正在趋于成熟，并开始逐步走向商业应用。

安装颗粒捕集器会大大增加柴油机的初期成本，并增加燃料消耗和维修费用。当通过改进柴油发动机来降低颗粒物排放还有潜力或柴油硫含量较高(如高于 50×10^{-6})的时候，颗粒捕集器技术一直处于储备阶段。随着全球性的柴油车颗粒物排放法规不断加严，颗粒捕集技术已经在最新的轻型和重型柴油车得到广泛应用。

(三) 柴油机稀燃 NO_x 吸附装置

用于柴油车上的稀燃 NO_x 吸附装置 LNT 类似于汽油车，在稀燃富氧条件下对 NO_x 的削减效率高。排气中的 NO_x 多数为 NO，进入 LNT 后，NO 被催化氧化成 NO_2 以氮氧化物的形式储存起来，随后通过喷入少量燃油实现富燃条件，释放被吸附的 NO_x，迅速地在贵金属上被还原成 N_2，LNT 的 NO_x 转化率通常约为 75%～90%。

虽然 LNT 对 NO_x 的削减率较高，但是很大程度依赖于燃油的含硫量，要求至少小于 50×10^{-6}，最好能够小于 10×10^{-6}，因此如果燃油的含硫量还未达标，LNT 的使用会大大受到限制。另外，由于 LNT 再生过程会需要燃油喷射，因此会一定程度上恶化燃油经济性，增加 CO_2 排放，燃油经济性损失约为 5%～7%。并且，LNT 催化剂的工作范围较为狭窄，一般仅在300～400℃达到最高 NO_x 转化效率。

(四) 选择性催化还原处理 NO_x

选择性催化还原处理 NO_x 技术(SCR)通常按还原剂的不同分为烃类化合物选择性催化还原(HC-SCR)和氨选择性催化还原(NH_3-SCR)。早期，多用 HC-SCR 作为 NO_x 的后处理装置，但由于该装置一方面对 NO_x 的转化效率较低，约为 70%，另一方面再生时需要喷射少量燃油会降低燃油经济性，因此近年来多用 NH_3-SCR，利用尿素分解产生的 NH_3 还原 NO_x 为 N_2。SCR 催化剂可以使用钒基或者分子筛，NH_3-SCR 系统的 NO_x 转化效率通常大于 90%，相比 LNT 燃料经济性较大程度上提高，其燃油经济性的损失可以控制在 1%以内，相比仅采用高 EGR 率的发动机能节省约 8%的燃油消耗量，相对 EGR/DPF 系统，SCR 燃油经济性净提高约 4%(考虑了注入 5%尿素，价格约为 50%燃油)。

然而，SCR 系统的性能很大程度依赖于排气温度与燃油含硫量等，催化剂运行温度约为 200～400℃，范围大于 LNT。但在汽车低温、低负荷和冷启动实际工况时，仍然由于还未达到催化剂工作温度而导致较多排放。不同催化剂为基础的 SCR 对燃油含硫量要求不同，其中钒基 SCR 要求含硫量低于 350×10^{-6} 即可，但效果性能更佳的分子筛 SCR 要求含硫量低于 50×10^{-6}，因此单项技术的采用还需配合上相应标准的燃油才能真正发挥出对污染物的减排效果。除此之外，NH_3-SCR 的缺点是要增加配套设施，而车主既要不断加柴油还要不断补充尿素溶液，且容易产生氨泄漏的情况。

(五) LNT+被动式 SCR

由于 LNT 和 SCR 各自都有自己的优劣势，近年来，为了满足更为严苛的 NO_x 排放标准，同时尽可能减少 CO_2 排放，提高燃油经济性，LNT 和被动式 SCR 结合形成新型 NO_x 后处理装置。一方面 NH_3-SCR 虽然 NO_x 转化率高(90%～95%)，但需要安装添加尿素的基础设施，设备所需空间要相应增加，同时还要控制尿素的喷射防止氨泄漏，HC-SCR 虽然不存在氨的问题，但是再生过程需要消耗燃油，这与 LNT 的劣势类似。另一方面 LNT 成本较高，主要是铂族金属（PGM）稀缺贵重。两者的结合既有利于降低 LNT 催化剂中使用贵金属的含量，从而降低成本；同时，LNT 再生过程会产生 NH_3、HC 等还原物质，SCR 利用这些物质可以进一步转化经过 LNT 后剩余的 NO_x，此时的 SCR 也叫作被动式 SCR，该装置总的 NO_x 转化率可达到 93%～97%。整个 NO_x 后处理装置相比同等大小的 SCR 对 NO_x 的转化率提高了，相对单独使用 LNT，燃油经济性提高了且设备成本降低了，而且扩大了催化剂的工作温度范围。

（六）同时去除碳粒与 NO_x 催化剂技术

同时去除碳颗粒与 NO_x 催化剂技术（DPNR）也称为联用技术，它是通过将碳粒和 NO_x 独立净化技术联合使用，从而在同一装置中实现净化碳粒和 NO_x 的效果。国内外已经开发了许多类型的车用柴油机四效催化转化装置，即以联用技术为主，将 HC、CO 和微粒氧化技术与 NO_x 还原技术相结合。四元催化转化器可由稀燃 NO_x 催化剂和柴油颗粒过滤器两种技术或者由稀燃 NO_x 催化剂和柴油氧化催化剂两种技术综合为一体的组合装置。

思考题与习题

8-1 机动车排放的污染物可能造成哪些环境问题？

8-2 油品质量对机动车污染物排放的控制措施有何影响？油品的哪些指标最为重要？

8-3 机动车排放的 HC、NO_x 和 CO 的主要来源是什么？相应的控制措施是什么？

8-4 分析改变以下因素对汽油机污染排放的影响：① 化油器；② 点火时间；③ 压缩比；④ 废气再循环。

8-5 如何控制曲轴箱和燃油挥发的污染物排放？

8-6 分析柴油车与汽油车污染物排放与控制的不同点。

8-7 使用三效催化剂以后，哪些因素还会导致汽油车的 CO 和 HC 的显著排放？

8-8 汽油发动机的空燃比对污染物排放和燃料经济性有何影响？

8-9 某 6 缸汽油发动机尾气中的 NO_x 流量为 5 g/km，CO 流量为 45 g/km。根据欧洲Ⅱ号机动车排放标准，此车的催化转化器应达到多高的转化率？是否可行？

8-10 假定发动机的燃料为 C_8H_{18}，在理论空燃比下燃烧。发动机排气的状态为 540℃ 和 1 atm（101 325 Pa），尾气中 CO 体积分数为 2×10^{-3}，HC 体积分数为 10^{-4}，NO_x 体积分数为 5×10^{-5}。发动机转速为 4 000 r/min。

① 对于四冲程发动机，已知其排气体积为 5 240 cm^3，计算每分钟需要的空气量；

② 分别计算每分钟排放 CO、HC 和 NO_x 的量，以 kg 表示。

第三篇

固体废物污染控制工程及其他污染防治技术

第九章　固体废物的环境问题及其管理

第一节　固体废物分类及其对环境影响

一、固体废物的定义

人类一切活动(包括生产与生活)过程中产生的、对原过程已不再具有使用价值而被废弃的固态或半固态物质,通称为固体废物。各类生产活动中产生的固体废物俗称废渣(residue);生活过程中产生的固体废物则称为垃圾(refuse)。

"固体废物"实际上只是针对原过程而言。在任何生产或生活过程中,对原料、商品或消费品,往往仅利用了其中某些有效成分,而产生的大多数固体废物中,仍含有其他生产或生活过程有用的成分,经过一定的技术环节,可以转变为相关行业的生产原料、能源,或直接再使用的物品。例如,冶金行业典型的固体废物——炼铁水淬高炉渣过去被作为冶金废弃物,现在却成了重要的建材原料,用于生产水泥、矿棉、微晶玻璃等;电力行业典型的固体废物——粉煤灰过去被作为电厂的废弃物,现在已用于生产水泥、砖、加气混凝土等硅酸盐制品,成了不废之物。可见,固体废物的概念,随时空的变迁而具有一定的相对性。

目前固体废物的定义尚无学术上统一的确切界定。从环境保护角度考虑,1995 年我国首次颁布实施的《中华人民共和国固体废物污染环境防治法》(以下简称《固废法》)明确提出了"固体废物"的法律定义:是指在生产建设、日常生活和其他活动中产生的污染环境的固体、半固态物质。2020 年修订后的《固废法》对"固体废物"又有了新的诠释:是指在生产、生活和其他活动中产生的丧失原有利用价值或者虽未丧失利用价值但被抛弃或者放弃的固态、半固态和置于容器中的气态的物品、物质以及法律、行政法规规定纳入固体废物管理的物品、物质。经无害化加工处理,并且符合强制性国家产品质量标准,不会危害公众健康和生态安全,或者根据固体废物鉴别标准和鉴别程序认定为不属于固体废物的除外。

二、固体废物的分类

在经济发达国家,将固体废物分为工业废物、矿业废物、农业废物、城市垃圾与放射性废物五类。我国制定的《固废法》将固体废物分为一般工业固体废物、生活垃圾和危险废物三类进行管理,2020 年新修订后的《固废法》对建筑垃圾和农业固体废物进行了专门要求。表 9-1 列出《固体废物分类与代码目录》中的固体废物分类及其行业来源。

表 9-1 固体废物分类及其行业来源

类别	废物种类	行业来源
工业固体废物	冶炼废渣	炼铁、炼钢 、钢压延加工、铁合金冶炼、常用有色金属冶炼、贵金属冶炼、稀有稀土金属冶炼、有色金属合金制造、有色金属压延加工、非特定行业
	粉煤灰	非特定行业
	炉渣	电力生产、非特定行业
	煤矸石	煤炭开采和洗选
	尾矿	铁矿采选，锰矿、铬矿采选，常用有色金属矿采选，贵金属矿采选，稀有稀土金属矿采选，化学矿开采，石棉及其他非金属矿采选，非特定行业
	脱硫石膏	煤炭加工、炼铁、电力生产、非特定行业
	污泥	屠宰及肉类加工，食品制造业，酒、饮料和精制茶制造业，纺织业，造纸和纸制品业，电子器件制造业，非特定行业
	赤泥	常用有色金属冶炼
	磷石膏	基础化学原料制造
	其他工业副产石膏	基础化学原料制造、常用有色金属冶炼、非特定行业
	钻井岩屑	石油开采、天然气开采、非特定行业
	食品残渣	植物油加工，屠宰及肉类加工，调味品、发酵制品制造，酒的制造，饮料制造，烟叶复烤，卷烟制造，非特定行业
	纺织皮革业废物	机织服装制造、皮革鞣制加工、非特定行业
	造纸印刷业废物	纸浆制造、造纸、印刷、非特定行业
	化工废物	精炼石油产品制造、煤炭加工、生物质燃料加工、基础化学原料制造、合成材料制造、金属表面处理及热处理加工、非特定行业
	可再生类废物	非特定行业
	其他工业固体废物	非特定行业
生活垃圾	有害垃圾	非特定行业
	厨余垃圾	非特定行业
	可回收物	非特定行业
	大件垃圾	非特定行业
	其他垃圾	非特定行业
建筑垃圾	工程渣土	非特定行业
	工程泥浆	非特定行业
	工程垃圾	非特定行业
	拆除垃圾	建筑物拆除和场地准备活动
	装修垃圾	建筑装饰和装修业
农业固体废物	农业固废	农业
	林业废物	林业
	畜牧业废物	畜牧业
	渔业废物	渔业
其他固体废物	城镇污水污泥	自来水生产和供应、污水处理及其再生利用
	清淤疏浚污泥	非特定行业
	实验室固体废物	非特定行业

注：摘自生态环境部办公厅 2024 年 1 月 22 日印发的《固体废物分类与代码目录》。

三、固体废物对人类环境的危害

固体废物固然有可资源化的一面,但其对人类环境的危害是严重的,并且是多方面的,在某些领域甚至超过废水与废气。其危害可以归纳为如下几个方面。

1. 占据大片土地

由于大量固体废物的产生与积累,已有大片土地被堆占。随着时间的延续,固体废物的堆积量将不断增加,对于人口众多、人均可耕地面积较少的我国而言,将是极大的威胁。

2. 污染土壤、水体,危害人类健康

固体废物是多种污染物的集合体,在露天堆置条件下,经过长期降水的淋溶,地表径流的渗沥,其中各类污染物质随水流扩散至土壤、地下水与地表水源中,通过食物链与饮用水,危害人体健康,并导致土地盐碱化等危害。

3. 污染大气、影响环境卫生

固体废物在自然环境中堆置,其中的细颗粒随着大风飞扬,产生飞尘、生物气溶胶、恶臭,或通过化学反应产生有害气体,严重危害大气环境。此外,废物的堆置亦为蚊、蝇与寄生虫的滋生提供了有利的场所,有导致传染疾病的潜在威胁。

总之,固体废物对人类环境的危害具有多样性、长期性与潜在性。

第二节 固体废物的性质

由表 9-1 可见,工业固体废物与生活垃圾的成分有显著差异,工业固体废物带有明显的行业生产特征,其中大部分含有可回收利用的资源,但也有些行业产生有毒有害固体废物。因此,大多数工业固体废物通常不与生活垃圾相混合,而由各行业单独管理与处理,这不仅便于回收有用资源,同时也便于对有毒有害废物进行特殊处理与处置。生活垃圾则无上述特征,一般均由市政系统集中管理与处置。本节着重对生活垃圾,以及与生活垃圾有直接关系的某些工业固体废物的性质进行描述,为生活垃圾管理系统与处置措施提供基本依据。

一、生活垃圾物理组成与分析方法

(一)生活垃圾的物理组成

生活垃圾的物理组成是十分复杂的。由于经济与技术发展状况、生活水平与习俗的差异,不同国家生活垃圾的物理组成及特点有显著的差异,即使在同一国家中,城市和农村的生活垃圾组成也有明显差异。经济发达国家对生活垃圾物理组分,已有比较统一、全面与完整的分析资料。表 9-2 列出了几个发达国家生活垃圾的物理组分。

表 9-2 发达国家生活垃圾的物理组分 单位:%

组成	美国	英国	法国	荷兰	意大利	比利时	日本
厨余	19.1	37.7	34.1	28.9	49.8	46.0	43.4
纸类	49.8	38.0	9.1	30.1	20.2	29.5	37.8
金属	9.0	9.1	9.1	3.6	3.0	2.0	4.1

续表

组成	美国	英国	法国	荷兰	意大利	比利时	日本
玻璃	8.9	9.2	4.5	12.0	7.2	3.9	7.0
塑料	5.0	2.5	4.5	4.8	4.8	8.8	7.2
其他	8.2	3.5	4.5	20.5	15.0	9.8	0.5

我国将生活垃圾分为厨余垃圾、可回收物、有害垃圾和其他垃圾。表 9-3 和表 9-4 分别列出了十个不同类型城市与北京市不同区域的生活垃圾物理组分。

表 9-3　我国十个城市生活垃圾的物理组分　　单位:%

城市	厨余	纸类	竹木	织物	塑料	渣石	玻璃	金属
北京	66.2	10.9	3.3	1.2	13.1	3.9	1.0	0.4
天津	56.9	15.3	1.6	3.9	16.9	2.9	1.6	0.7
济南	58.7	11.2	1.0	3.0	9.9	14.6	1.3	0.3
武汉	55.3	1.5	8.3	0.0	4.5	27.3	2.0	1.1
苏州	62.6	10.9	0.9	4.2	18.6	0.7	2.0	0.2
上海	65.2	10.6	2.7	2.0	16.0	0.7	2.3	0.5
杭州	64.5	6.7	0.1	1.2	10.1	15.1	2.0	0.3
成都	65.7	13.0	0.9	2.5	12.0	2.1	0.8	2.9
广州	53.4	8.3	1.7	10.0	18.6	6.2	1.4	0.4
深圳	51.1	17.2	3.9	2.7	21.8	0.8	2.1	0.4

表 9-4　北京市不同区域的生活垃圾组分　　单位:%

采样点	厨余	纸类	竹木	织物	塑料	渣石	玻璃	金属
农村	66.8	7.1	66.8	0.6	15.6	3.1	0.6	0.1
平房区	59.5	6.1	59.5	0.9	11.1	5.4	0.1	0.2
文教区	20.2	34.4	20.2	3.2	39.8	0.8	3.2	0.0
旅游区	45.5	23.2	45.5	0.0	28.8	1.1	0.0	0.0
商业区	29.3	28.8	29.3	3.7	24.6	11.2	1.3	1.1
广场区	53.0	7.6	53.0	0.0	29.3	10.1	0.0	0.0
道路	27.9	7.5	27.9	0.0	32.6	0.4	0.0	1.6

由上述资料可见,不同国家生活垃圾物理组分可以概略地反映一个国家的经济状况、国民生活水平与习俗。一般,经济发达、国民生活水平较高的国家或地区,食品废物比率相对较低,而金属、玻璃、塑料、纸类与庭院废物的比率较高。对同一国家而言,垃圾的组成也反映不同地区、气候条件、饮食结构与能源结构的差异。

随着我国经济、技术与社会的快速发展,人民生活与消费水平的不断提高,产生的生活垃圾物理组分已有重大变化。其中无机废物逐年减少，厨余组分有所降低，可回收再利用的废品类逐年增长，垃圾的可燃性明显提高。

（二）生活垃圾物理组成分析方法

由于生活垃圾物理组分的不均匀性与多变性，加之受多种客观因素的影响，欲精确测定其物理组分比较困难。当前不同国家与地区采用的测量方法亦不尽相同，即使对同一地点，用不同方法测量，也会出现不同的结果。因而，进一步研究较为准确且通用的测量方法，对提高生活垃圾的管理水平是十分有意义的。目前通常采用的有下述两种方法。

1. 手工采样分选（质量-体积测量）法

① 在不同垃圾收集点，选取一定体积的有代表性的垃圾；

② 以四分法逐级分隔上述选取的垃圾，直至每份质量在 100~200 kg（有的国家确定为 90 kg）为止；

③ 取其中一份按预定物理组分的类别，用手工进行分选；

④ 将分选好的每一种组分，装入已知质量与容积的容器中，并压实到与原贮存器内相似的密实状态，测量其体积与质量；

⑤ 根据测定结果，分别计算出各组分的比例与贮存站存放条件下的密度。

此种分析方法简单、快速、直观性好、相对准确，但测量者需要直接接触垃圾。

2. 摄影分析法

这种分析方法采样的要求、方法与上述手工采样分析法相同。选取代表性样品后，应用手机等电子设备与电子闪光装置摄影，镜头以 90 度角对准垃圾样品堆拍摄。将拍好的照片用幻灯机投影到带有 10 cm×10 cm 方格网的屏幕上，鉴别每一网格中的废物成分，并列表统计。用已确定的各种组分密度，分别计算其含量。下面举例说明此方法的统计计算过程。

［例 9-1］　通过摄影分析法得到某城市产出垃圾的代表性样品，在投影屏幕网格中出现的数据列于表 9-5。计算获得各组分的质量分数，结果列于表 9-6 中。

表 9-5　例 9-1 附表 1

与网格相交的成分	相交格数	比例/%
废纸类	8	61.5
马口铁罐头盒	4	30.8
废木料	1	7.7
总计	13	100.0

表 9-6　例 9-1 附表 2

组分	网格相交比值×密度/($kg \cdot m^{-3}$)	质量比率	质量分数/%
废纸类	0.615×85	52.28	53.10
马口铁罐头盒	0.308×90	27.72	28.15
废木料	0.077×240	18.48	18.76
总计		98.48	100.00

注：密度见表 9-8。

这种方法的缺点是花费时间较长，精度低于手工法，但尚能满足要求；优点是工作人员无须直接接触垃圾废物。

为了更加确切地掌握城市垃圾物理组分的变化规律，一般要求每年按不同季节测量一次。

二、生活垃圾的物理性质

生活垃圾主要物理性质包括含水率与密度两项指标，它们与垃圾的堆存、运输、处理与处置，有着密切关系。

（一）含水率

含水率（简称水分）即样品中水的质量分数。生活垃圾与污水处理厂污泥有所不同，属于低含水率固体废物，而且受地区与季节显著影响，在收集与运输过程，也发生水分传递。因此，生活垃圾含水率应根据季节与地区定期测定。

生活垃圾含水率的测定应在测定物理组成后 24 h 内完成。生活垃圾含水率通常用烘干法测定。将样品的各种成分分别放在干燥的容器内，置于电热鼓风恒温干燥箱内，在 105℃±5℃的条件下烘 4~8 h（厨余类生活垃圾可适当延长烘干时间），待冷却 0.5 h 后称重。重复烘 1~2 h，冷却 0.5 h 后再称重，直至两次称量之差小于样品量的 1%。含水率用下式计算：

$$p=\left(\frac{m_w-m_d}{m_w}\right)\times 100\% \tag{9-1}$$

式中：p——含水率，%；

m_w——样品初始湿基质量，kg；

m_d——样品烘干后干基质量，kg。

表 9-7 为我国部分城市生活垃圾各单一物理组分含水率统计数据。

表 9-7 我国部分城市生活垃圾单一物理组分含水率

城市	含水率/%							
	厨余	纸类	竹木	织物	渣石	金属	玻璃	塑料
北京	82.1	29.2	21.6	22.9	11.5	1.6	2.6	32.5
天津	64.7	48.1	40.4	46.9	14.1	8.9	2.4	44.4
上海	70.8	36.4	48.0	37.0	25.0	7.0	11.0	33.3
杭州	70.6	26.2	27.3	43.2	49.0	2.2	0.3	12.9
重庆	74	66.7	62.6	62.8	58.0	5.4	12.7	54.7
广州	62.7	49.1	58.9	41.6	46.1	2.2	1.3	49.9
深圳	64.4	60	48.1	47.6	1.4	3.8	2.1	52.2

（二）密度

密度是指在自然堆放条件下，单位体积垃圾的质量（kg/m^3 或 t/m^3）。由于运输、处理与处置过程中，需要经过不同程度的压实，密度随压实程度而变化。

表 9-8 为我国生活垃圾单一组分与不同压实程度的密度统计数据。

表 9-8 我国生活垃圾密度

组分	厨余	纸类	竹木	织物	渣石	金属	玻璃	塑料
密度/($kg \cdot m^{-3}$)	130~480	30~130	130~320	30~100	5~20	50~160	160~480	30~130

三、生活垃圾的化学性质

生活垃圾化学性质主要包括化学成分与热值两项指标。

（一）化学成分

化学成分通常包括两种分析结果，即近似分析与基础成分分析结果。

1. 近似分析

近似分析项目包括水分、挥发分、灰分和固定碳。水分的分析方法与定义同上节的含水率。

（1）挥发分。挥发分是指物体在标准温度试验时呈气体或蒸气而散失的量。ASTM 试验法是将定量样品（已除去水分）置于已知质量的铂金坩埚内，于无氧燃烧室内加热（600℃±20℃）所散失的量。

（2）灰分。灰分的计算是先对垃圾进行分类，将各组分破碎至 2 mm 以下，取一定量在 105℃±5℃下干燥 2 h，冷却后称量（P_0），再将干燥后的样品放入电炉中，在 800℃下灼烧 2 h，冷却后再在 105℃±5℃下干燥 2 h，冷却后称量（P_1）。

$$各组分的灰分：I_i(\%)=\frac{P_1(kg)}{P_0(kg)}\times 100$$

（3）固定碳。固定碳是除去水分、挥发性物质及灰分后的可燃烧物。

$$固定碳(\%)=100-(含水率+灰分+挥发分)$$

2. 基础成分分析

基础成分分析项目包括垃圾中碳（C）、氢（H）、氧（O）、氮（N）、硫（S）与不可燃物（惰性物）主要化学成分的含量。表 9-9 是代表性的生活垃圾化学成分近似分析结果。近似分析资料是初步评估生活垃圾资源回收利用的参考依据。由于废物的不均匀性以及受地理环境的影响，分析数据范围较大，欲获得较准确的数据，可以通过即时采样分析，获得某一特定条件的分析数据。

表 9-9 代表性的生活垃圾化学成分近似分析结果

项目	含量/%		
	办公室清扫垃圾	居住区垃圾	庭院垃圾
水分	3.2	21.0	60.0
挥发分	20.5	52.0	30.0

续表

项目	含量/%		
	办公室清扫垃圾	居住区垃圾	庭院垃圾
固定碳	6.3	7.0	9.5
灰分	70.0	20.0	0.5

基础成分分析的另一种方法，是分析生活垃圾各物理组分的化学成分质量分数。表 9-10 介绍了我国生活垃圾单一物理组分基础成分分析统计数据。

表 9-10 我国生活垃圾单一物理组分基础成分分析统计数据(干基) 单位:%

成分	惰性残余物（燃烧后）范围/%	热值/(kJ·kg^{-1})	质量分数/%				
			碳	氢	氧	氮	硫
厨余	2~8	4 650	48	6.4	37.6	2.6	0.4
纸类	4~8	16 750	43.5	6	44	0.3	0.2
纸板	3~6	16 300	44	5.9	44.6	0.3	0.2
塑料	6~20	32 570	60	7.2	22.8	—	—
织物	2~4	17 450	55	6.6	31.2	4.6	0.15
橡胶	8~20	23 260	78	10	—	2	—
皮革	8~20	17 450	60	8	11.6	10	0.4
园林废物	2~6	6 510	47.8	6	38	3.4	0.3
木料	0.6~2	18 610	49.5	6	42.7	0.2	0.1
碎玻璃	6~99	140	—	—	—	—	—
罐头盒	90~99	700	—	—	—	—	—
非铁金属	90~99	—	—	—	—	—	—
铁金属	94~99	700					
土、灰、砖	60~80	6 980	26.3	3	2	0.5	0.3

（二）生活垃圾热值及其估算方法

由于生活垃圾中含有一定量的可燃成分，因此具有一定的热(能)量。热值(发热值)表示单位质量垃圾完全燃烧后，待残余物温度降至燃烧前之起始温度时所放出的热量(kJ/kg 或 kcal/kg)。热值表明的可燃性质，是预测生活垃圾作为再生能源燃料的基础参数。

1. 生活垃圾热值测定方法

测定生活垃圾热值的常用仪器为氧弹量热计。将定量典型垃圾样品压片置于密闭的氧弹容器中，内装定量净水，向氧弹中充氧至压力为 2.5~3.0 MPa，通电点火，使垃圾压片完全燃烧，将燃烧热传递于净水，用量热计测定水温变化(Δt)，即可换算出燃烧热值。实际测定步骤可查阅相关技术手册。表 9-11 介绍了我国单一垃圾组分的热值。

表 9-11　我国生活垃圾单一组分的热值

成分	数量/kg	热值/($kJ \cdot kg^{-1}$)	总热值/kJ
厨余	15	4 550	60 750
纸类	40	16 750	676 000
纸板	4	16 300	65 200
塑料	3	32 570	97 710
织物	2	17 450	34 900
橡胶	0.5	23 260	11 630
皮革	0.5	17 450	8 725
园林废物	12	6 510	78 120
木料	2	18 510	37 220
碎玻璃	8	140	1 120
罐头盒	6	700	4 200
非铁金属	1		—
铁金属	2	700	1 400
土、灰、砖	4	6 980	27 020
总结	100		1 107 896

2. 生活垃圾热值估算法

生活垃圾热值的估算方法很多，在这些方法中，以 Dulong 公式最普遍与简单[见式(9-2)]，但由于这种方法估算废物热值的误差过大，故工业界常改以式(9-3)、式(9-4)和式(9-5)估算高位热值(H_H)或低位热值(H_L)(kcal/kg)。

$$H_L = 81C + 342.5\left(H - \frac{O}{8}\right) + 22.5S - 5.85(9H + W) \qquad (9-2)$$

式中：C、H、O、S——废物的元素组成，kg/kg；

W——废物的含水量，kg/kg。

$$H_H = 7\,381m_{C_1} + 35\,932\left(m_H - \frac{m_O}{8}\right) + 2\,212m_S - 3\,546m_{C_2} + 1\,187\,m_O - 578\,m_N \qquad (9-3)$$

式中：m_{C_1} 和 m_{C_2}——有机碳和无机碳的质量分数。此式误差约为 5%。

部分有害废物中氯的含量很高，也必须考虑氯的影响。式(9-3)则变成：

$$H_H = 7\ 381m_{C_1} + 35\ 932\left(m_H - \frac{m_O}{8} - \frac{m_{Cl}}{35.5}\right) + 2\ 212m_S - 3\ 546m_{C_2} + 1\ 187\ m_O - 578m_N - 620m_{Cl} \tag{9-4}$$

低热值可由以下公式求得：

$$H_L = H_H - 583\times\left[m_{H_2O} + 9\left(m_H - \frac{m_{Cl}}{35.5}\right)\right] \tag{9-5}$$

式中：m_{Cl}——氯的质量分数。

［例 9-2］ 设某生活垃圾元素组成分析结果如下：碳 15.6%（其中含有机碳为 12.4%无机碳 3.2%），氢 6.5%，氧 14.7%，氮 0.4%，硫 0.2%，氯 0.2%，水分 39.9%，灰分 22.5%。试根据其元素组成估算该废物的高位热值和低位热值。

解：由式(9-3)可知：

$$H_H = 7\ 381m_{C_1} + 35\ 932\left(m_H - \frac{m_O}{8}\right) + 2\ 212m_S - 3\ 546m_{C_2} + 1\ 187m_O - 578m_N$$

$$= \frac{1}{100}\times[7\ 831\times12.4 + 35\ 932\times\left(6.5 - \frac{14.7}{8}\right) + 2\ 212\times0.2 - 3\ 546\times3.2 + 1\ 187\times14.7 - 578\times0.4]$$

$$= 2\ 709.5(\text{kcal/kg})$$

另由式(9-5)可知：

$$H_L = H_H - 583\times\left[m_{H_2O} + 9\left(m_H - \frac{m_{Cl}}{35.5}\right)\right] = 2\ 709.5 - 583\times\left[39.9 + 9\left(6.5 - \frac{0.2}{35.5}\right)\right] = 2\ 136.1(\text{kcal/kg})$$

四、危险废物的性质与鉴别标准

（一）危险废物的定义与性质

《中华人民共和国固体废物污染环境防治法》规定，危险废物是指列入国家危险废物名录或者根据国家规定的危险废物鉴别标准和鉴别方法认定的具有危险特性的废物。这类废物具有潜在的物理毒性、化学毒性和生物毒性，一旦扩散至环境中，对人类健康将造成极大危害，对生态环境将造成严重的后果。鉴于危险废物对人类与环境的危害性，各国对此类废物的生产、运输、管理与处置均有严格要求，并制定了统一管理的法规。

大多数危险废物来源于工、矿企业的生产过程与相关科学研究机构，虽然城市垃圾中也有此类废物，但数量与品种较少。我国 1998 年 7 月 1 日实施的《国家危险废物名录》中规定了 47 类危险废物，之后分别于 2008 年、2016 年和 2021 年对《国家危险废物名录》进行了修订，2021 版共计列入 467 种危险废物。未列入《国家危险废物名录》的废物类别要进行鉴别，高于鉴别标准的属于危险废物，列入国家危险废物管理范围，低于鉴别标准的，不列入国家危险废物管理范围。

（二）危险废物的鉴别标准

我国于 2007 年发布了《危险废物鉴别标准》（GB 5085.1—2007～GB 5085.7—2007），确定了 6 种危险废物鉴别标准，并在 2019 年发布了《危险废物鉴别标准　通则》（GB 5085.7—2019），代替 GB 5085.7—2007，下面分别介绍。

1. 危险废物鉴别标准——腐蚀性鉴别

凡符合下列条件之一的固体废物，属于腐蚀性废物：按照《固体废物　腐蚀性测定　玻璃电极法》（GB/T 15555.12—1995）制备的浸出液，pH≥12.5，或者 pH≤2.0；在 55℃ 条件下，对 GB/T 966 规定的 20 号钢材腐蚀速率≥6.35 mm/a。

2. 危险废物鉴别标准——急性毒性初筛

经口摄取，固态 LD_{50}≤200 mg/kg，液态 LD_{50}≤500 mg/kg；经皮肤接触：LD_{50}≤1 000 mg/kg；蒸气、烟雾或粉尘吸入：LC_{50}≤10 mg/L。凡符合上述标准者，即属于急性毒性废物。

3. 危险废物鉴别标准——浸出毒性鉴别

在《危险废物鉴别标准　浸出毒性鉴别》（GB 5085.3—2007）中规定了 4 类共 50 种浸出毒性物质鉴别标准值，如表 9-12 所示。

表 9-12　浸出毒性鉴别标准

序号	项目	最高允许浓度/($mg\cdot L^{-1}$)	序号	项目	最高允许浓度/($mg\cdot L^{-1}$)
无机元素及化合物			有机农药类		
1	铜（以总铜计）	100	17	滴滴涕	0.1
2	锌（以总锌计）	100	18	六六六	0.5
3	镉（以总镉计）	1	19	乐果	8
4	铅（以总铅计）	5	20	对硫磷	0.3
5	总铬	15	21	甲基对硫磷	0.2
6	铬（六价）	5	22	马拉硫磷	5
7	烷基汞	不得检出	23	氯丹	2
8	汞（以总汞计）	0.1	24	六氯苯	5
9	铍（以总铍计）	0.02	25	毒杀芬	3
10	钡（以总钡计）	100	26	灭蚁灵	0.05
11	镍（以总镍计）	5	非挥发性有机物		
12	总银	5	27	硝基苯	20
13	砷（以总砷计）	5	28	二硝基苯	20
14	硒（以总硒计）	1	29	对硝基氯苯	5
15	无机氟化物（不包括氟化钙）	100	30	2.4-二硝基氯苯	5
16	氰化物（以 CN 计）	5	31	五氯酚及五氯酚钠	50

续表

序号	项目	最高允许浓度/(mg·L^{-1})	序号	项目	最高允许浓度/(mg·L^{-1})
32	苯酚	3	41	乙苯	4
33	2.4-二氯苯酚	6	42	二甲苯	4
34	2.4.6-三氯苯酚	6	43	氯苯	2
35	苯并[*a*]芘	0.000 3	44	1.2-二氯苯	4
36	邻苯二甲酸二丁酯	2	45	1.4-二氯苯	4
37	邻苯二甲酸二辛酯	3	46	丙烯腈	20
38	多氯联苯	0.002	47	三氯甲烷	3
挥发性有机物			48	四氯化碳	0.3
39	苯	1	49	三氯乙烷	3
40	甲苯	1	50	四氯乙烯	1

注:本表摘自 GB 5085.3—2007。

凡浸出液中含有一种或一种表 9-12 中物质,超出其最高允许浓度者,即属于含浸出毒性危险废物。

4. 危险废物鉴别标准——易燃性鉴别

符合下列任何条件之一的固体废物,属于易燃性危险废物。

(1) 液态易燃性危险废物:闪点低于 60℃(闭杯试验)的液体、液态混合物或含有固体的液体。

(2) 固态易燃性危险废物:在标准温度与压力下,因摩擦或自发性燃烧而起火,经点燃后能剧烈而持续地燃烧并产生危害的固态废物。

(3) 气态易燃性危险废物:在 20℃,101.3 kPa 状态下,在与空气的混合物中体积百分比≤13%时可点燃的气体,或在该状态下,不论易燃下限如何,与空气混合,易燃范围的易燃上限与易燃下限之差大于或等于 12 个百分点的气体。

5. 危险废物鉴别标准——反应性鉴别

符合下列任何条件之一的固体废物,属于反应性危险废物。

(1) 具有爆炸性质:常温常压下不稳定,在无引爆条件下,易发生剧烈变化;标准温度与压力下(25℃,101.3 kPa),易发生爆轰或爆炸性分解反应;受强起爆剂作用或在封闭条件下加热,能发生爆轰或爆炸反应。

(2) 与水或酸接触产生易燃气体或有毒气体:与水混合发生剧烈化学反应,并放出大量易燃气体和热量；与水混合产生足以危害人体健康或环境的有毒气体、蒸气或烟雾；在酸性条件下，每千克含氰化物废物分解产生≥250 mg 氰化氢气体，或者每千克含硫化物废物分解产生≥500 mg 硫化氢气体。

（3）废弃氧化剂或有机过氧化物：极易引起燃烧或爆炸的废弃氧化剂；对热、震动或摩擦极为敏感的含过氧化基的废弃有机过氧化物。

6. 危险废物鉴别标准——毒性物质含量鉴别

在 GB 5085.6—2007 中规定了下列 6 类毒性物质。

（1）剧毒性物质：具有非常强烈毒性危害的化学物质，包括人工合成的化学品及其混合物与天然毒素。表 9-13 列出了剧毒性物质名录 39 种。

表 9-13　剧毒性物质名录

序号	名称	序号	名称
1	苯硫酚	16	灭多威（灭多虫；灭索威）
2	丙酮氰醇	17	氰化钡
3	丙烯醛	18	氰化钙
4	丙烯酸	19	氰化汞
5	虫螨威	20	氰化钾
6	碘化汞	21	氰化钠
7	碘化铊	22	氰化锌
8	二硝基邻甲酚	23	氰化亚铜
9	二氧化硒	24	氰化亚铜钠
10	甲拌磷（三九一一）	25	氰化银
11	磷胺（大灭虫）	26	三碘化砷
12	硫氰酸汞	27	三氯化砷
13	氯化汞	28	砷酸钠（以元素砷为分析目标，以该化合物计）
14	氯化硒	29	四乙基铅
15	氯化亚铊	30	铊

续表

序号	名称	序号	名称
31	碳氯灵(碳氯特灵)	36	溴化亚铊
32	羰基镍	37	亚碲酸钠(以元素碲为分析目标,以该化合物计)
33	涕灭威(丁醛肟威;涕灭克)	38	亚砷酸钠(以元素砷为分析目标,以该化合物计)
34	硒化镉	39	烟碱(尼古丁)
35	硝酸亚汞(一水合物)		

注:摘自 GB 5085.6—2007。

(2) 有毒物质:经吞食、吸入或皮肤接触可能造成死亡或对健康造成严重危害的物质。表 9-14 列出了毒性物质名录 143 种。

表 9-14 有毒物质名录

序号	名称	序号	名称	序号	名称
1	氨基三唑	14	表氯醇	27	叔丁醇
2	钯	15	丙酮	28	毒草胺
3	百草枯	16	铂	29	多菌灵
4	百菌清	17	草甘膦	30	多硫化钡
5	倍硫磷	18	除虫脲	31	1,1-二苯肼
6	苯胺	19	2,4-滴(含量>75%)	32	N,N-二甲基苯胺
7	1,4-苯二胺	20	敌百虫	33	二甲基苯酚
8	1,3-苯二酚	21	敌草快	34	1,2-二氯苯
9	1,4-苯二酚	22	敌草隆	35	1,3-二氯苯
10	苯肼	23	敌敌畏	36	1,4-二氯苯
11	苯菌灵	24	1-丁醇(正丁醇)	37	2,4-二氯苯胺
12	苯醌	25	2-丁醇	38	2,5-二氯苯胺
13	苯乙烯	26	异丁醇	39	2,6-二氯苯胺

续表

序号	名称	序号	名称	序号	名称
40	3,4-二氯苯胺	67	2-甲基苯酚	94	氯化钡
41	3,5-二氯苯胺	68	3-甲基苯酚	95	2-氯乙醇
42	1,3-二氯丙烯，1,2-二氯丙烷及其混合物	69	甲基叔丁基醚	96	锰
43	2,4-二氯甲苯	70	甲基溴	97	萘胺
44	2,5-二氯甲苯	71	甲基乙基酮	98	三(2,3-二溴丙基)膦酸酯和二(2,3-二溴丙基)膦酸酯
45	3,4-二氯甲苯	72	甲基异丁酮	99	三丁基锡化合物
46	二氯甲烷	73	3-甲氧基苯胺	100	1,2,3-三氯苯
47	二嗪农	74	4-甲氧基苯胺	101	1,2,4-三氯苯
48	1,2-二硝基苯	75	2-甲氧基乙醇，2-乙氧基乙醇及其醋酸酯	102	1,3,5-三氯苯
49	1,3-二硝基苯	76	开蓬	103	2,4,5-三氯苯胺
50	1,4-二硝基苯	77	克来范	104	2,4,6-三氯苯胺
51	2,4-二硝基苯胺	78	邻苯二甲酸二乙基已酯	105	1,2,3-三氯丙烷
52	2,6-二硝基苯胺	79	林丹	106	1,1,1-三氯乙烷
53	1,2-二溴乙烷	80	磷酸三苯酯	107	1,1,2-三氯乙烷
54	钒	81	磷酸三丁酯	108	杀螟硫磷
55	氟化铝	82	磷酸三甲苯酯	109	石油溶剂
56	氟化钠	83	硫丹	110	1,2,3,4-四氯苯
57	氟化铅	84	六氯丁二烯	111	1,2,3,5-四氯苯
58	氟化锌	85	六氯环戊二烯	112	1,2,4,5-四氯苯
59	氟硼酸锌	86	六氯乙烷	113	2,3,4,6-四氯苯酚
60	甲苯二胺	87	2-氯-4-硝基苯胺	114	四氯硝基苯
61	甲苯二异氰酸酯	88	2-氯苯胺	115	四氧化三铅
62	4-甲苯酚	89	3-氯苯胺	116	钛
63	甲醇	90	4-氯苯胺	117	碳酸钡
64	甲酚(混合异构体)	91	2-氯苯酚	118	锑粉
65	3-甲基苯胺	92	3-氯苯酚	119	五氯硝基苯
66	4-甲基苯胺	93	氯酚	120	五氯乙烷

续表

序号	名称	序号	名称	序号	名称
121	五氧化二锑	129	4-硝基苯酚	137	亚苄基二氯
122	西维因(氨基萘)	130	2-硝基丙烷	138	N-亚硝基二苯胺
123	锡及有机锡化合物	131	2-硝基甲苯	139	亚乙烯基氯
124	2-硝基苯胺	132	3-硝基甲苯	140	一氧化铅
125	3-硝基苯胺	133	4-硝基甲苯	141	乙腈
126	4-硝基苯胺	134	4-溴苯胺	142	乙醛
127	2-硝基苯酚	135	溴丙酮	143	异佛尔酮
128	3-硝基苯酚	136	溴化亚汞		

注:摘自 GB 5085.6—2007。

(3) 致癌性物质:可诱发癌症或增加癌症发生率的物质。表 9-15 列出了致癌性物质名录 63 种。

表 9-15 致癌性物质名录

序号	名称	序号	名称	序号	名称	序号	名称
1	4-氨基-3-氟苯酚	14	二甲基硫酸酯	27	环氧丙烷	40	六甲基磷三酰胺
2	4-氨基联苯	15	1,3-二氯-2-丙醇	28	4-甲基间苯二胺	41	氯化镉
3	4-氨基偶氮苯	16	二氯化钴	29	甲醛	42	α-氯甲苯
4	苯	17	3,3′-二氯联苯胺	30	2-甲基苯胺	43	氯甲基甲醚
5	苯并[a]蒽	18	3,3′-二氯联苯胺盐	31	联苯胺	44	氯甲基醚
6	苯并[b]荧蒽	19	1,2-二氯乙烷	32	联苯胺盐	45	氯乙烯
7	苯并[j]荧蒽	20	2,4-二硝基甲苯	33	邻甲苯胺	46	2-萘胺
8	苯并[k]荧蒽	21	2,5-二硝基甲苯	34	邻联茴香胺	47	2-萘胺盐
9	丙烯腈	22	2,6-二硝基甲苯	35	邻联甲苯胺	48	铍
10	除草醚	23	二氧化镍	36	邻联甲苯胺盐	49	铍化合物(硅酸铝铍除外)
11	次硫化镍	24	铬酸镉	37	硫化镍	50	α,α,α-三氯甲苯
12	二苯并[a,h]蒽	25	铬酸铬(Ⅲ)	38	硫酸镉	51	三氯乙烯
13	1,2:3,4-二环氧丁烷	26	铬酸锶	39	硫酸钴	52	三氧化二镍

续表

序号	名称	序号	名称	序号	名称	序号	名称
53	三氧化二砷	56	五氧化二砷	59	1,2-亚肼基苯	62	氧化铍
54	三氧化铬	57	2-硝基丙烷	60	N-亚硝基二甲胺	63	一氧化镍
55	砷酸及其盐（以元素砷为分析目标，以该化合物计）	58	硝基联苯	61	氧化镉		

注：摘自 GB 5085.6—2007。

（4）致突变性物质：可引起人类生殖细胞突变并能遗传给后代的物质。表 9-16 列出了致突变性物质名录 7 种。

表 9-16　致突变性物质名录

序号	名称
1	苯并[a]芘
2	丙烯酰胺
3	1,2-二溴-3-氯丙烷
4	二乙基硫酸酯
5	氟化镉
6	铬酸钠（以元素铬为分析目标，以该化合物计）
7	环氧乙烷

注：摘自 GB 5085.6—2007。

（5）生殖毒性物质：对成年男女性功能和生育能力以及对后代发育具有有害影响的物质。表 9-17 列出了生殖毒性物质名录 11 种。

表 9-17　生殖毒性物质名录

序号	名称
1	碱式醋酸铅
2	叠氮化铅
3	二醋酸铅
4	铬酸铅
5	甲基磺酸铅（Ⅱ）
6	邻苯二甲酸二丁酯
7	磷酸铅
8	六氟硅酸铅
9	收敛酸铅
10	烷基铅
11	2-乙氧基乙醇

注：摘自 GB 5085.6—2007。

(6) 持久性有机污染物(POPs):具有毒性、难降解与生物蓄积性等特征,可以通过空气、水和迁徙物种长距离迁移并沉积,在沉积的陆地生态系统与水域生态系统中蓄积的有机化学物质。表 9-18 列出了持久性有机污染物名录 21 种。

表 9-18 持久性有机污染物名录

序号	名称
1	多氯联苯
2	氯丹
3	滴滴涕
4	六氯苯
5	灭蚁灵(十二氯代八氢-亚甲基-环丁并[cd]戊搭烯)
6	毒杀芬(氯化莰烯)
7	艾氏剂(六氯-六氢-二甲撑萘)
8	狄氏剂(六氯-环氧八氢-二甲撑萘)
9	异狄氏剂(1,2,3,4,10,10-六氯-6,7-环氧-1,4,4a,5,6,7,8,8a-八氢-1,4-挂-5,8-挂-二甲撑萘)
10	七氯(七氯-四氢-甲撑茚;七氯化茚)
11	多氯二苯并对二噁英和多氯二苯并呋喃
12	α-六氯环己烷
13	β-六氯环己烷
14	林丹
15	十氯酮
16	五氯苯
17	六溴联苯
18	四溴二苯醚和五溴二苯醚
19	六溴二苯醚和七溴二苯醚
20	全氟辛基磺酸及其盐类和全氟辛基磺酰氟
21	硫丹

注:摘自 GB 5085.6—2007。有补充。

符合下列条件之一的固体废物,为危险废物:

① 含有表 9-13 中之一种或一种以上剧毒性物质总含量≥0.1%;

② 含有表 9-14 中之一种或一种以上毒性物质总含量≥3%;

③ 含有表 9-15 中之一种或一种以上致癌性物质总含量≥0.1%;

④ 含有表 9-16 中之一种或一种以上致突变性物质总含量≥0.1%;

⑤ 含有表 9-17 中之一种或一种以上生殖毒性物质总含量≥0.5%;

⑥ 含有表 9-18 中之一种或一种以上持久性有机物总含量≥0.5%;

⑦ 含有表 9-13~表 9-18 中两种以上不同毒性物质,如符合式(9-6),按照危险废物管理。

$$\sum\left[\left(\frac{p_{\mathrm{T^+}}}{L_{\mathrm{T^+}}}+\frac{p_{\mathrm{T}}}{L_{\mathrm{T}}}+\frac{p_{\mathrm{Carc}}}{L_{\mathrm{Carc}}}+\frac{p_{\mathrm{Muta}}}{L_{\mathrm{Muta}}}+\frac{p_{\mathrm{Tera}}}{L_{\mathrm{Tera}}}\right)\right]\geqslant 1 \tag{9-6}$$

式中:　$p_{\mathrm{T^+}}$——固体废物中剧毒物质的含量;

p_{T}——固体废物中有毒物质的含量;

p_{Carc}——固体废物中致癌性物质的含量;

p_{Muta}——固体废物中致突变性物质的含量;

p_{Tera}——固体废物中生殖毒性物质的含量;

$L_{\mathrm{T^+}}, L_{\mathrm{T}}, L_{\mathrm{Carc}}, L_{\mathrm{Muta}}, L_{\mathrm{Tera}}$——分别为上述 5 类毒性物质规定的标准值。

⑧ 含有表 9-18 中的任何一种持久性有机污染物(除多氯二苯并对二噁英与多氯二苯并呋喃外)的含量≥50 mg/kg;

⑨ 含有多氯二苯并对二噁英和多氯二苯并呋喃的含量≥15 μg(TEQ)/kg。

第三节　固体废物的产量测算方法

一、生活垃圾与工业固体废物产量测算方法

统计生活垃圾与工业固体废物的产量,是经济合理地规划与建立生活垃圾与工业固体废物管理系统的基本依据之一。较精确地掌握特定区域生活垃圾与工业固体废物产量与分布状况,是环境科学工作者的重要职责。

因生活垃圾与工业固体废物的性质与管理方法不同,产量的测算方法亦不尽相同。式(9-7)与式(9-8)分别为生活垃圾与工业固体废物产量测算公式:

$$Q_{\mathrm{m}}=R_{\mathrm{m}}\cdot P_{\mathrm{m}} \tag{9-7}$$

式中:Q_{m}——某区域垃圾总产量,kg/d;

R_{m}——该区域垃圾产率(日人均垃圾产量),kg/(人·d);

P_{m}——该区域总人口数。

$$Q_{\mathrm{i}}=R_{\mathrm{i}}\cdot P_{\mathrm{i}} \tag{9-8}$$

式中:Q_{i}——某工、矿企业固体废物总产量,t/a;

R_{i}——该工、矿企业固体废物产率[单位质量产品(或产值)固体废物平均产量],t/t(产品)或 t/万元;

P_{i}——该工、矿企业年(日)总产量或总产值,t 或万元。

上述计算方法中,区域人口与工业产品产量或产值是较易于获得的数据,而固体废物产率 R_{m} 与 R_{i} 的精确度是影响测算固体废物产量可靠程度的关键,通常应用统计分析法获得此数据。

二、生活垃圾与工业固体废物产率统计分析法

生活垃圾与工业固体废物产率通常用下述三种统计分析方法确定:

(一) 质量负荷实测统计分析法

取一确定的时间周期,通过实测废物产量,经统计计算获得其产率。

生活垃圾与工业固体废物的统计方法稍有不同。对生活垃圾，首先选择该区域中几个典型地区，确定各地区服务人口数(P_m)或居民住户数(H_m)与每户的平均人口(P_n)，在确定的时间周期(D)内，获得各典型地区产生垃圾的实测质量(Q_m)，则各地区垃圾的产率(R_{mi})由式(9-9)或式(9-10)计算：

$$R_{mi}=\frac{Q_{mi}}{P_m D} \tag{9-9}$$

$$R_{mi}=\frac{Q_{mi}}{H_m P_n D} \tag{9-10}$$

对于工业固体废物产率(R_{ii})，是在确定的时间周期内，实测废物产量(Q_{ii})与该周期内企业产品的产量(P_{ii})或产值(P_{iv})，用式(9-11)或式(9-12)计算：

$$R_{ii}=\frac{Q_{ii}}{P_{ii}} \tag{9-11}$$

$$R_{ii}=\frac{Q_{ii}}{P_{iv}} \tag{9-12}$$

此方法最终获得的实测数据应是多次测定的统计结果，尤其对生活垃圾，更需要根据不同季节进行较长期的统计测算，从而获得固体废物产率的统计特征，这种统计特征对制定固体废物管理系统是十分必要的。统计量包括以下五个量值：

1. 统计均值($\overline{R}_i$)

$$\overline{R}_i=\frac{1}{n}\sum_{i=1}^{n}R_i \tag{9-13}$$

式中：n——统计过程中观测计算次数；

R_i——第 i 次实测计算的固体废物产率。

2. 中值

按实测统计顺序排列的数据系列中，当统计次数 n 为奇数时，中值为该组的中心数据。若 n 为偶数，则该组中心两个数值均值为统计中值。

3. 众数

在一组实测统计值中，有最大频率出现的数值。

4. 标准偏差(δ_s)

$$\delta_s=\sqrt{\frac{\sum(R_i-\overline{R}_i)^2}{n-1}} \tag{9-14}$$

5. 变化系数(C_v)

$$C_v=\frac{100\delta_s}{\overline{R}_i} \tag{9-15}$$

固体废物产率的实测统计经验表明，在实测数据系列中，数据的离散度较大，变化系数(C_v)一般为 10%~60%。

(二) 质量-体积实测统计分析法

此方法与上述方法相同，除实测废物质量外，尚需实测相应体积。应在一定地点测出不同形式固体废物的密度数据，从而为该地区提供更加完整的资料。

（三）物料衡算分析法

此方法仅适用于产生固体废物的小单元，如某工、矿业中的一个工厂或车间；一家一户或一项商业活动产生的垃圾。其特点是可以提供固体废物产生与迁移过程更加详尽与可靠的资料。本分析方法的要点是以质量守恒规律为依据，即在一定边界系统中，物料的总投入量等于物料总产出量。可用图 9-1 与式(9-16)描述此系统。

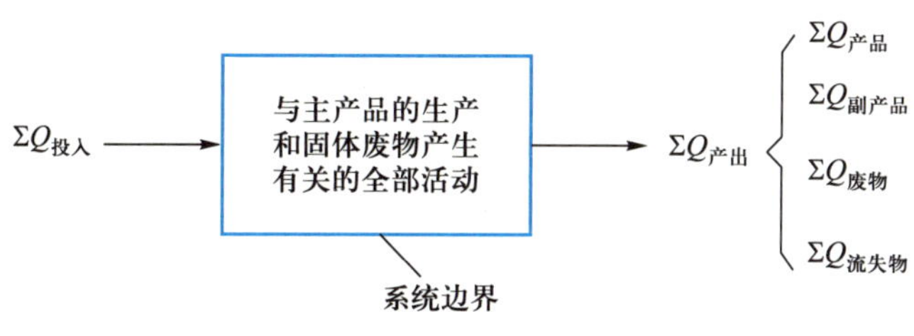

图 9-1　物料衡算系统

$$\sum Q_{投入}=\sum Q_{产出}=\sum Q_{产品}+\sum Q_{副产品}+\sum Q_{废物}+\sum Q_{流失物} \tag{9-16}$$

式中：$\sum Q_{产品}$，$\sum Q_{副产品}$，$\sum Q_{废物}$，$\sum Q_{流失物}$——分别表示系统中产出的产品总量、副产品总量、收集的固体废物总量和以气体、粉尘、灰分、渗滤液与流失的其他物质总量。

固体废物产率(R_i)：

$$R_i=\sum Q_{废物}/\sum Q_{产品} \tag{9-17}$$

下面通过一实例说明物料衡算分析法的应用。

［例 9-3］　某黄磷厂在一天的生产周期内，投入磷矿石 9.339 t，焦炭 1.551 t，硅石 1.557 t。经过系统中全部生产过程后，生产黄磷 1.00 t，副产品磷铁 0.356 t，排出废气 2.824 t，粉尘 0.135 t 与废磷渣。试用物料衡算分析法求该封闭系统中废磷渣的产率。

解：(1) 该黄磷厂 1 天生产周期内物料投入量：

磷矿石　9.339 t

焦炭　1.551 t

硅石　1.557 t

(2) 系统内全部生产活动的产出结果：

黄磷　1.00 t

磷铁副产品　0.356 t

废气量　2.824 t

粉尘　0.135 t

(3) 求废磷渣产率

废磷渣产量：

$$\begin{aligned}\sum Q_{废磷渣}&=\sum Q_{投入}-\sum Q_{产品}-\sum Q_{副产品}-\sum Q_{流失物}\\&=[(9.339+1.551+1.557)-(1.000+0.356+2.824+0.135)]\ \text{t}\\&=8.132\ \text{t}\end{aligned}$$

磷废渣产率：

$$R=\frac{\sum Q_{废渣}}{\sum Q_{产品}}=\frac{8.132}{1.000}\text{t/t(产品)}=8.132\ \text{t/t(产品)}$$

（4）绘制物流平衡图

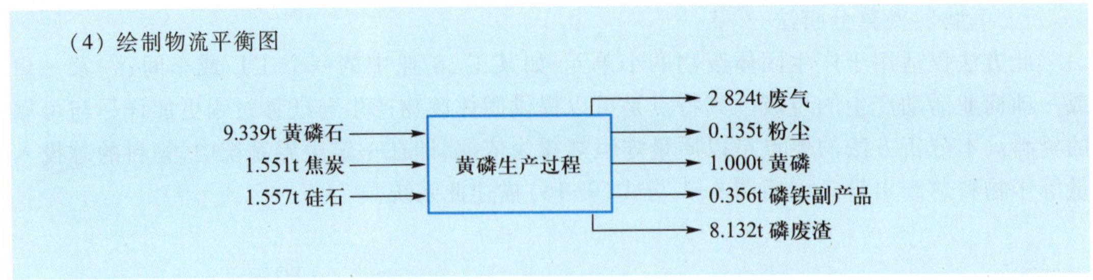

除上述三种方法外，尚有一些关于固体废物产量与产率的经验计算法，都是根据各生产行业与各城乡垃圾管理部门在长期统计分析的基础上建立的适合于本部门或地区的经验公式与统计数据，相关技术手册中均有记载。

第四节　固体废物的环境管理及制度

一、固体废物的管理原则

固体废物的有效管理是环境保护的一项重要内容，《固废法》首先确立了固体废物管理的"三化"基本原则，同时确立了对固体废物进行全过程管理的原则。近年来，根据上述原则逐渐形成了按照循环经济模式对固体废物进行管理的基本框架。

（一）"三化"基本原则

1. 减量化原则

"减量化"是指通过采用合适的管理和技术手段减少固体废物的产生量和排放量。实现固体废物减量化实际上包括两方面内容，首先要从源头上解决问题，这也就是通常所说的"源削减"；其次，要对产生的废物进行有效的处理和最大限度的回收利用，以减少固体废物的最终处置量。

目前固体废物的排放量巨大，如果能够采取措施，最小限度地产生和排放固体废物，就可以从"源头"上直接减少或减轻固体废物对环境和人体健康的危害，可以最大限度地合理开发利用资源和能源。减量化的要求，不只是减少固体废物的数量和减少其体积，还包括尽可能地减少其种类、降低有害成分的浓度、减轻或清除其危险特性等。减量化是对固体废物的数量、体积、种类、有害性质的全面管理，应积极开展清洁生产工艺。因此减量化是防止固体废物污染环境的优先措施。就国家而言，应当继续鼓励和支持开展清洁生产，开发和推广先进的生产技术和设备，充分合理地利用原材料、能源和其他资源。

2. 资源化原则

"资源化"是指采取管理和工艺措施从固体废物中回收物质和回用能源，加速物质和能源的循环，创造经济价值的广泛的技术方法。

从便于固体废物管理的观点来说，资源化的定义包括以下三个范畴：① 物质回收，即从处理的废物中回收一定的二次物质如纸张、玻璃、金属等；② 物质转换，即利用废物制取新形态的物质，如利用废玻璃和废橡胶生产铺路材料，利用炉渣生产水泥和其他建筑材料，利用生物质废物堆肥等；③ 能量转换，即从废物处理过程中回收能量，以生产热能或电能，例如通过生活垃圾焚烧处理回收热量，进一步发电，利用生物质废物厌氧消化产生沼气，作为能源向居民和企业供热或发电。

3. 无害化原则

“无害化”是指对已产生又无法或暂时尚不能综合利用的固体废物，采用物理、化学或生物手段，进行无害或低危害的安全处理、处置，达到消毒、解毒或稳定化，以防止并减少固体废物对环境的污染和危害。

在固体废物的无害化处理中，已有多种技术得到了应用，如焚烧处理技术、稳定化/固化处理技术、热处理技术、填埋处置技术等。

（二）全过程管理原则

在初期，世界各国都把注意力放在末端治理上。在经历了许多事故与教训之后，人们越来越意识到对固体废物实行首端控制的重要性，于是出现了“从摇篮到坟墓（cradle-to-grave）”的固体废物全过程管理的新概念。目前，在世界范围内取得共识的解决固体废物污染控制问题的基本对策是避免产生（clean）、综合利用（cycle）和妥善处置（control）的“3C 原则”。《固废法》也确立了对固体废物进行全过程管理的原则，即对固体废物的产生、贮存、收集、运输、利用、处理和处置的全过程及各个环节都实行控制管理和开展污染防治。

图 9-2 归纳了常见的固体废物管理系统。该系统包括六个功能环节，各功能环节中均涵盖了上述三原则。

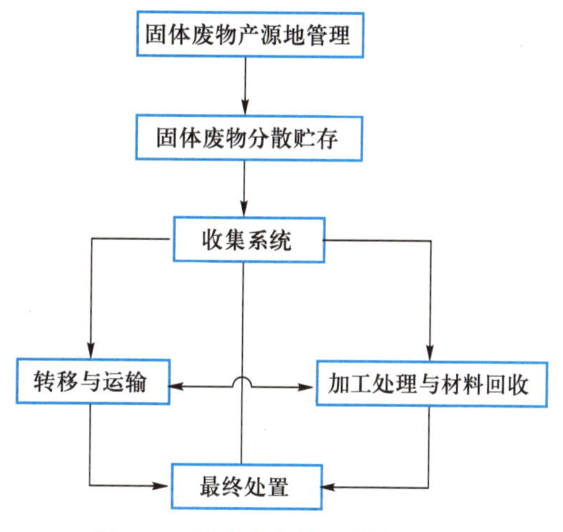

图 9-2 固体废物管理系统示意图

1. 固体废物产源地管理

此环节的主要任务是最大限度地控制固体废物的产量。在这一环节中，必须掌握固体废物的来源，测定其产量，鉴别其性质，并按性质进行分类，为后续各管理环节提供基本依据。

2. 分散贮存

此环节是就近选择贮存地点，设置临时存放废物的容器及初步分选加工等管理工序。

3. 收集系统

将分散存放的固体废物，用小型运输车辆进行收集，运送到物料回收加工中心或转运站，进一步回收有用物料，并转移、运输到最终处置地点。

4. 转运、材料回收与加工处理

用小型车辆收集的固体废物，运送到较近地点，再改用大型运输工具，运至材料回收与加工处理站或转运站，通过相关技术环节，全面回收其中有用资源，进而缩减容积，以便再运输。在收集过程中，某些无任何回收价值的固体废物，可直接运至最终处置站。

5. 最终处置

经过上述各环节之后，再无任何利用价值的剩余部分，于自然环境中，安排一处较为安全、使之对环境的影响降至最低限度的最终归宿。

（三）循环经济理念下的固体废物管理原则

所谓循环经济（circular economy），是一种以物质闭环流动为特征的经济模式，一改传统的以单纯追求经济利益为目标的线性(资源—产品—废物)经济发展模式,借鉴生态学原理和规律,将经济、社会生活的每个环节与自然生态的各个要素有机地结合成一个整体,运用生态学规律指导人类社会的经济活动,使物质和能源在“资源—产品—废物—资源”的封闭循环过程中得到最大限度的合理、高效和持久的利用,并把经济活动对自然环境的影响降低到尽可能小的程度,从而形成“低开采、高利用、低排放”的新型经济发展模式,实现可持续发展所要求的环境与经济的双赢。

循环经济是一种运用生态学规律指导人类社会经济活动的发展理念,该体系下要求所有物质和能源能够通过不断的经济循环体系得到合理和持久的利用,从而将人类经济活动对自然的影响尽可能降低到最低限度。循环经济倡导建立与自然和谐的经济发展模式,以低开采、高利用、低排放为特征,要求人类经济活动形成“资源—产品—再生资源”的正反馈。

循环经济理念下的固体废物管理要求将再生利用原则和废物最小化原则运用于人类社会生产生活的各个环节中,包括“资源提取—生产—加工—装配—消费—固体废物贮存—收运—处理—最终处置”的整个过程(见图 9-3)。

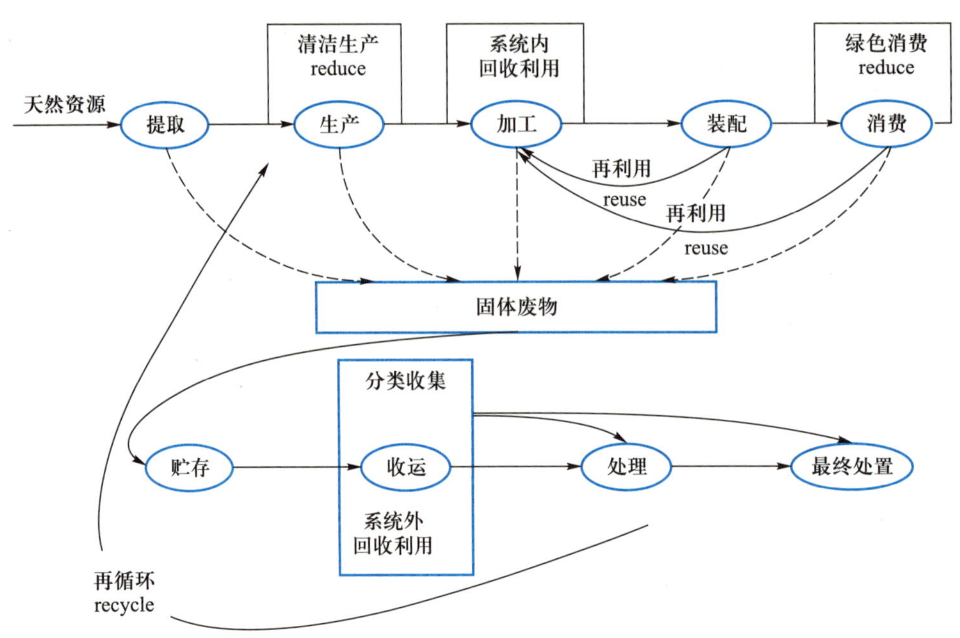

图 9-3 循环经济模式下固体废物管理系统概念图

对于社会生产过程中产生的固体废物来说,循环经济要求对其从产生到处置的整个过程实行全程管理。

对于生活消费领域产生的固体废物来说,首先应通过实施绿色消费,从源头上减少固体废物的产生。对于不可避免产生的生活垃圾,由于其中包含废纸、废塑料、废玻璃、废金属、废橡胶等多种可回收利用的组分,资源化价值较大,因此应将其中可回收利用部分与其他垃圾分离开来,并进行再生利用。否则垃圾混合收集的做法将导致垃圾中有用部分和无用部分混杂在一起,从而使其中的有用部分受到不同程度的污染,给资源回收带来巨大障碍。另外，对于生活垃圾中的可降解有机部分，可以通过厌氧消化或堆肥等处理方式，变废为宝，达到造福社会，同时又不污染环境的目的。

为了促进循环经济的发展，从 2004 年到 2013 年，我国实施了《中华人民共和国循环经济促进法》，开展了循环经济示范试点、“城市矿产”示范基地建设、餐厨废弃物资源化利用和无害化处理试点等工作，循环经济发展获得了明显的提升。2018 年 12 月，国务院办公厅印发了《“无废城市”建设试点工作方案》，正式启动“无废城市”建设工作。“无废城市”是一种先进的城市管理理念，体现了一种美好的追求，通过逐步形成绿色发展方式和生活方式，持续推进固体废物源头减量和资源化利用，物质消耗大幅度减少，资源能源效率进一步提升，废弃物充分利用、近零排放，最终实现整个城市固体废物产生量最小、资源化利用充分、处置安全的目标。“无废城市”的内在要求体现出循环经济的最高境界，即首先是预防废物产生，其次才是降低废物管理中的环境风险，实现全方位的资源能源可持续管理，持续提升城市固体废物的减量化、资源化、无害化水平，将固体废物环境影响降至最低。

二、我国固体废物环境管理体系

我国固体废物环境管理的法律法规体系主要包括法律、行政法规和部门规章。

《固废法》是固体废物环境管理的基本法。1995 年《固废法》颁布后，相对完善、有效的固体废物管理体系基本形成。此后，根据形势发展的需要，该法在 2004 年、2020 年进行了两次修订，并在 2013 年、2015 年、2016 年进行了三次修正。2020 年修订的《固废法》坚持以人民为中心的发展思想，贯彻新发展理念，突出问题导向，总结实践经验，回应人民群众期待和实践需求，健全固体废物污染环境防治长效机制，用最严格制度最严密法治保护生态环境。主要作了以下修改。

（1）明确固体废物污染环境防治坚持减量化、资源化和无害化原则。

（2）强化政府及其有关部门监督管理责任。明确目标责任制、信用记录、联防联控、全过程监控和信息化追溯等制度，明确国家逐步实现固体废物零进口。

（3）完善工业固体废物污染环境防治制度。强化产生者责任，增加排污许可、管理台账、资源综合利用评价等制度。

（4）完善生活垃圾污染环境防治制度。明确国家推行生活垃圾分类制度，确立生活垃圾分类的原则。统筹城乡，加强农村生活垃圾污染环境防治。规定地方可以结合实际制定生活垃圾具体管理办法。

（5）完善建筑垃圾、农业固体废物等污染环境防治制度。建立建筑垃圾分类处理、全过程管理制度。健全秸秆、废弃农用薄膜、畜禽粪污等农业固体废物污染环境防治制度。明确国家建立电器电子、铅蓄电池、车用动力电池等产品的生产者责任延伸制度。加强过度包装、塑料污染治理力度。明确污泥处理、实验室固体废物管理等基本要求。

（6）完善危险废物污染环境防治制度。规定危险废物分级分类管理、信息化监管体系、区域性集中处置设施场所建设等内容。加强危险废物跨省转移管理，通过信息化手段管理、共享转移数据和信息，规定电子转移联单，明确危险废物转移管理应当全程管控、提高效率。

（7）健全保障机制。增加保障措施一章，从用地、设施场所建设、经济技术政策和措施、从业人员培训和指导、产业专业化和规模化发展、污染防治技术进步、政府资金安排、环境污染责任保险、社会力量参与、税收优惠等方面全方位保障固体废物污染环境防治工作。

（8）严格法律责任。对违法行为实行严惩重罚，提高罚款额度，增加处罚种类，强化处罚到人，同时补充规定一些违法行为的法律责任。比如有未经批准擅自转移危险废物等违法行为的，对法定代表人、主要负责人、直接负责的主管人员和其他责任人员依法给予罚款、行政拘留处罚。

行政法规主要由国务院制定，针对固体废物环境管理的迫切需要，我国近几年出台了数部与固体废物环境管理相关的行政法规，包括：《建设项目环境保护管理条例》《医疗废物管理条例》《危险废物经营许可证管理办法》《废弃电器电子产品回收处理管理条例》《关于进一步加强城市生活垃圾处理工作的意见》《污染场地土壤环境管理暂行办法》《加快推进再生资源产业发展的指导意见》。其中，《建设项目环境保护管理条例》与固体废物环境管理相关外，其他几部行政法规都与固体废物环境管理直接有关。

部门规章主要由国务院组成部门负责制定，生态环境部主要负责制定环境保护规章。另外，住房和城乡建设部、国家发展改革委等部门也有一些与环境保护相关的规章出台，其中部分与固体废物环境管理有关的规章包括：《废弃危险化学品污染环境防治办法》《危险废物转移管理办法》《危险废物出口核准管理办法》《电子废物污染环境防治管理办法》《废弃电器电子产品处理资格许可管理办法》《废弃电器电子产品处理基金征收使用管理办法》《防止含多氯联苯电力装置及其废物污染环境的规定》《尾矿污染环境防治管理办法》《化学品首次进口及有毒化学品进出口环境管理规定》《固体废物进口管理办法》《限制进口类可用作原料的固体废物环境保护管理规定》《报废机动车回收管理办法》《城市市容和环境卫生管理条例》《城市生活垃圾管理办法》。

《固废法》对我国固体废物的管理规定了一系列有效的制度，主要包括：将循环经济理念融入相关政府责任、污染者付费原则和相关付费规定、产品和包装的生产者责任制度、工业固体废物和危险废物申报登记制度、固体废物建设项目环境影响评价制度、固体废物污染防治设施的"三同时"制度、固体废物环境污染限期治理制、固体废物进口审批制度、危险废物行政代执行制度、危险废物经营单位许可证制度、危险废物转移报告单制度、危险废物从业人员培训与考核制度。

《固废法》还对我国的固体废物的管理部门进行了规定。国务院生态环境主管部门对全国固体废物污染环境防治工作实施统一监督管理。国务院发展改革、工业和信息化、自然资源、住房城乡建设、交通运输、农业农村、商务、卫生健康、海关等主管部门在各自职责范围内负责固体废物污染环境防治的监督管理工作。地方人民政府生态环境主管部门对本行政区域固体废物污染环境防治工作实施统一监督管理。地方人民政府发展改革、工业和信息化、自然资源、住房城乡建设、交通运输、农业农村、商务、卫生健康等主管部门在各自职责范围内负责固体废物污染环境防治的监督管理工作。

三、我国固体废物环境管理标准体系

我国所颁布的与固体废物有关的标准主要分为固体废物分类及鉴别标准、固体废物环境污染及控制监测标准、固体废物综合利用标准三大类。

（一）固体废物分类及鉴别标准

固体废物的分类标准与鉴别标准经常需要配合使用。固体废物分类标准主要包括《固体废物分类与代码目录》《一般固体废物分类与代码》（GB/T 39198—2020）、《国家危险废物名录》《危险废物鉴别标准》(GB 5085.1~7—2007)、《危险废物鉴别标准　通则》(GB 5085.7—2019)等,固废废物鉴别标准主要包括《危险废物鉴别标准》(GB 5085.1~7—2007)、《危险废物鉴别标准　通则》(GB 5085.7—2019)、《危险废物鉴别技术规范》(HJ 298—2019)、《固体废物浸出毒性测定方法》(GB/T 15555.1~12)、《固体废物浸出毒性浸出方法》(HJ/T 299~300)、《工业固体废物采样制样技术规范》(HJ/T 20—1998)、《城镇污泥标准检验方法》(CJ/T 221—2023)、《城市生活垃圾采样和物理分析方法》(CJ/T 3039—1995)、《生活垃圾化学特性通用检测方法》(CJ/T 96—2013)、《生活垃圾采样和分析方法》(CJ/T 313—2009)等。

(二)固体废物污染控制标准

固体废物污染控制标准是固体废物管理标准中最重要的标准,是环境影响评价、三同时、限期治理、排污收费等一系列管理制度的基础。

固体废物污染控制标准分为三大类,一类是废物处置控制标准,即对某种特定废物的处置标准、要求。目前,这类标准有《含氰废物污染控制标准》(GB 12502)、《含多氯联苯废物污染控制标准》(GB 13015)、《城市垃圾产生源分类及排放》(CJ/T 368)。

第二类标准是固体废物利用污染控制标准,这类标准主要有:《建筑材料用工业废渣放射性物质限制标准》(GB 6763)、《农用污泥中污染物控制标准》(GB 4284)、《农用粉煤灰中污染物控制标准》(GB 8173)。

第三类标准则是固体废物处理处置设施控制标准,目前已经发布或正在制定的标准大多属这类标准,如:《生活垃圾填埋污染控制标准》(GB 16889)、《生活垃圾焚烧污染控制标准》(GB 18485)、《一般工业固体废物贮存和填埋污染控制标准》(GB 18599)、《生物质废物堆肥污染控制技术规范》(HJ 1266)、《危险废物安全填埋污染控制标准》(GB 18598)、《危险废物焚烧污染控制标准》(GB18484)、《危险废物贮存污染控制标准》(GB 18597)。

(三)固体废物综合利用法规标准

根据《固废法》的"三化"原则,固体废物的资源化利用非常重要。为了促进循环经济发展,提高资源利用效率,保护和改善环境,实现可持续发展,我国政府在 2009 年 1 月 1 日出台了《中华人民共和国循环经济促进法》后,并在 2018 年重新修订。国家生态环境部、发展和改革委员会、工业和信息化部等部委密集出台了一批固体废物综合利用的法规标准文件,主要包括:《固体废物进口管理办法》《"无废城市"建设试点工作方案》《"十四五"时期"无废城市"建设工作方案》《关于"十四五"大宗固体废弃物综合利用的指导意见》《"十四五"循环经济发展规划》等。

以上相关文件的出台,为各种固体废物综合利用的规范和技术标准的出台确定了方向,今后将根据技术的成熟程度陆续制定有关各种固体废物综合利用的标准。

第五节　固体废物的收集与运输

固体废物的收集与运输是连接废物产生源和废物处理设置设施的重要环节,在固体废物管理体系中占有非常重要的地位。此工作不仅能简化后续处理的设施,减少处理设备的耗损,如焚烧处理的焚烧炉寿命,还能同时完成资源回收工作。固体废物收集和运输工作的成本往往是整个处理工作中最高的,如生活垃圾处理中其收运成本一般占了总成本的 60%~

80%。因此,妥善规划收集和运输系统,对于改进固体废物管理系统、降低固体废物处理处置费用是十分重要的。

一、固体废物的收集方式与生活垃圾的分类收集

(一) 固废废物的收集方式

固体废物的收集主要有混合收集和分类收集两种形式。另外,根据收集的时间,又可以分定期收集和随时收集。

1. 混合收集

混合收集是指统一收集未经任何处理的原生废物的方式。这种收集方式历史悠久,应用也最广泛。混合收集的主要优点是收集费用低,简便易行;缺点是各种废物相互混杂,降低了废物中有用物质的纯度和再生利用的价值,同时也增加了各类废物的处理难度,造成处理费用的增大。从当前的趋势来看,该种方式正在逐渐被淘汰。

2. 分类收集

分类收集是指根据废物的种类和组成分别进行收集的方式。分类收集的主要优点是:可以提高废物中有用物质的纯度,有利于废物的综合利用;同时,通过分类收集,还以减少需要后续处理处置的废物量,从而降低整个管理的费用和处理处置成本。对固体废物进行分类收集时,一般应遵循如下原则。

(1) 工业废物与生活垃圾分开。由于工业废物和生活垃圾的产生量、性质以及发生源都有大的差异,其管理和处理处置方式也不尽相同。一般来说,工业废物的发生源集中、产生量大、可回收利用率高,而且危险废物也大都源自工业废物;而生活垃圾的发生源分散、产生量相对少、污染成分也以有机物为主。因此,对工业废物和生活垃圾实行分类,有利于大批量废物的集中管理和综合利用,可以提高废物管理、综合利用和处理处置的效率。

(2) 危险废物与一般废物分开。由于危险废物具有可能对环境和人类造成危害的特性,一般需要对其进行特殊的管理,对处理处置设施的要求和设施建设费用、运行费用都要比一般废物高得多。对危险废物和一般废物实行分类,可以大大减少需要特殊处理的危险废物量,从而降低废物管理的成本,并能减少和避免由于废物中混入有害物质而在处置过程中对环境产生潜在的危害。

(3) 可回收利用物质与不可回收利用物质分开。固体废物作为人类对自然资源利用的产物,其中包含大量的资源,这些资源的可利用价值的大小,取决于它们的存在形态,即废物中资源的纯度。废物中资源的纯度越高,利用价值就越大。对废物中的可回收利用物质和不可回收利用物质实行分类,有利于固体废物资源化的实现。

(4) 可燃性物质与不可燃性物质分开。固体废物是一种成分复杂的非均质体系,很难将其完全分离为若干单一的物质。在多数情况下,将其分离为若干具有相同性质的混合物较为容易。对于大批量产生的固体废物,如生活垃圾,常用的处理处置方法有:焚烧、堆肥和填埋等。将废物分为可燃与不可燃,有利于处理处置方法的选择和处理效率的提高。不可燃物质可以直接填埋处置,可燃物质可以采取焚烧处理,或将其中的可堆腐物质进行堆肥或消化产气处理。

3. 定期收集

定期收集是指按固定的时间周期对特定废物进行收集的方式。定期收集是常规收集的

补充手段，其优点主要表现为：可以将暂存废物的危险性减小到最低程度；可以有计划地使用运输车辆；有利于处理处置规划的制定。定期收集方式适用于危险废物和大型垃圾（如废旧家具、废旧家用电器等耐久消费品）的收集。

4. 随时收集

对于产生量无规律的固体废物，如采用非连续生产工艺或季节性生产的工厂产生的废物，通常采用随时收集的方式。

（二）生活垃圾的分类收集

城市生活垃圾分类收集是指按废物组分分别收集的方法，这种方法可以提高回收物料的纯度和数量，减少需处理的垃圾量，有利于废物的进一步处理和再利用，并能够较大幅度地降低废物的运输及处理费用。在现阶段，各国采用的废物分类收集方法主要是将可直接回收利用的物质和其他废物分类存放（产生源分类收集法），分类回收的废金属、废纸、废塑料、废玻璃等可以直接出售给有关厂家作为二次利用的原料，再把其他有机垃圾和无机垃圾分类收集，使其经过不同的工艺处理后得到综合利用。一些发达国家，除分类收集有用废物之外，还单独收集电池、废药品、废漆、染料等特殊废物，严禁这类废物进入混合收集过程，以避免造成污染，增加处理的难度。这些国家大多采取国家或地方奖励的方式推行分类收集。目前我国分类收集的废物有纸、塑料、橡胶、金属、玻璃、破布等，并采取收购的方式鼓励居民分类收集。拾荒者将垃圾桶内未分类的废物，进行分类收集，卖给回收公司。

近年来我国政府高度重视环境保护问题，城市生活垃圾处理和污染防治工作也取得了显著的效果。然而，在我国城市生活垃圾产量显著增加、城市人均垃圾产量与国外发达国家城市日趋相近的同时，我国城市生活垃圾分类、回收和末端处理能力发展相对滞后，与德国、日本等在城市生活垃圾处理及资源化利用领域走在前列的国家之间的差距仍然较大。城市生活垃圾的处理处置已然成为资源化管理的重要影响因素，且随着城镇化的进程，垃圾产量将继续增多且组分将会更为复杂。在这种背景下，我国针对城市生活垃圾的相关政策不断出台，且相关的配套措施也在不断加码。

2017 年 12 月 20 日，住房城乡建设部印发了《关于加快推进部分重点城市生活垃圾分类工作的通知》。2018 年 3 月，深圳市颁布了《深圳市生活垃圾强制分类工作方案》，对各类垃圾收集提出了具体要求。2019 年 7 月 1 日，《上海市生活垃圾管理条例》正式实施，上海开始普遍推行强制垃圾分类。2019 年 11 月北京市通过了对 2011 年发布的《北京市生活垃圾管理条例》的修订，并于 2020 年 5 月 1 日正式施行，明确生活垃圾分为厨余垃圾、可回收物、有害垃圾、其他垃圾四大基本类别，并且首次明确单位和个人是生活垃圾分类投放的责任主体，北京生活垃圾分类进入强制时代。2020 年 11 月，住建部等部门联合印发的《关于进一步推进生活垃圾分类工作的若干意见》中指出，力争到 2035 年，全国城市生活垃圾回收利用率达到 35%以上。2020 年修订的《固废法》明确国家推行生活垃圾分类制度，确立生活垃圾分类的原则。

目前，我国很多城市都因地制宜建立了垃圾分类管理体系。一是基本按照垃圾减量化、无害化、资源化的要求，明确工作思路，确定切合实际的工作目标。二是多数示范城市制定出台了垃圾分类地方性政策法规，并筹措垃圾分类专项资金。三是垃圾分类收运体系基本建立，相当一部分示范城市在发展推广“两网融合”。四是示范城市均注重政府、企业、社会在垃圾分类工作中的良性互动，力求发挥各类责任主体的积极性。但需要明确的是，我国垃圾处理处置总体水平仍处于落后位置，相关的垃圾处理技术装备、数据和专业人才仍存在较大缺口。同时我们应该看到，我国在互联网、大数据、物联网以及云计算等方面目前处于世界前列，同时我国智能手机的覆盖率较高，未来不同城市垃圾分类及相关管理工作若能与中国的优势技术相结合，我国城市生活垃圾处理处置总体水平可以迅速赶上发达国家。此外，在垃圾分类和实现“碳中和”大背景下，我国环保产业将迎来新的发展机遇，智能化垃圾分类、智能化回收及转运、原材料物质回收以及热能应用等技术将会得到迅速的发展。

（三）生活垃圾临时收集站

生活垃圾临时收集站包括储存容器与适宜的地点，需要考虑环境美学与后续收集系统的要求。

1. 储存容器

根据环境卫生与美学要求，垃圾储存容器带有封盖为宜。容器结构材料视垃圾性质而定，通常采用铁皮、塑料、陶瓷、木材与钢筋混凝土等制作，表面加以美化。容器结构尺寸、形状与每一储存站设置的容器数，视服务区人口、垃圾产率、收集系统特点而定。容器分为大型与小型两种，大型容器每站1~2个，多为自动吊装倾倒型，小型容器每站设置多个，于僻静路边排放。

2. 收集站地址选择

储存站地点选择遵循下述三原则：① 方便住户垃圾运送；② 方便收集装运；③ 考虑环境卫生与美学的要求，以僻静的街区或胡同边为宜。

3. 垃圾就地拣选与加工

在收集站进行人工预拣选，进一步回收有用材料是十分必要的，并进行适当的破碎、压实等作业，以减少运输体积。

二、生活垃圾的清运

（一）清运系统类型

生活垃圾清运系统按现有操作方式分为拖运容器系统与固定容器系统两类。

1. 拖运容器清运系统

拖运容器清运系统是将储存站已装满垃圾的容器，用运输车直接拖运至处理中心或转运站，卸空后的容器运回原站或其他站。这种方式适用于垃圾产率较高的区域，优点是可以减少人工装、卸车时间，可以采取不同容积的容器，以适于不同类型垃圾的装运。缺点是大型容器人工装载时易导致较低的容积效率，需建造站台与装载坡道，以便压实。在远距离运送可压缩性废物时，容积利用率是影响操作费用的主要因素。

2. 固定容器清运系统

固定容器清运系统是在储存站设置固定的小型容器若干个，收集卡车沿规定路线逐站收集，可采用人工或机械将容器中垃圾倾入车斗内。收集车通常装有压实装置，待垃圾装满压实后，运送至处理中心或转运站。这种系统比较灵活、方便，车辆可大可小，但装卸工作卫生条件稍差。

（二）清运系统分析

清运系统分析是在不同收运系统操作运行模式的基础上，建立操作运行数学模型，确定收集车辆与劳力因素，以便实施有效的经济管理。

1. 收运系统操作运行模式

（1）拖运容器清运系统操作运行模式：拖运容器收集系统的操作运行，分为传统模式与交换容器模式，图 9-4(a)、(b)分别描述了上述两种操作运行模式。每一模式均表明一辆收集运输车在一个工作日内全部操作运行过程。

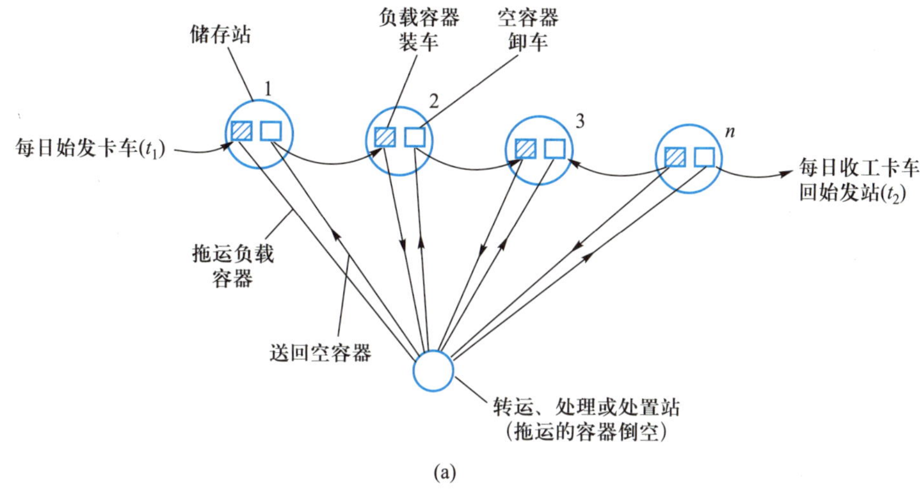

(a)

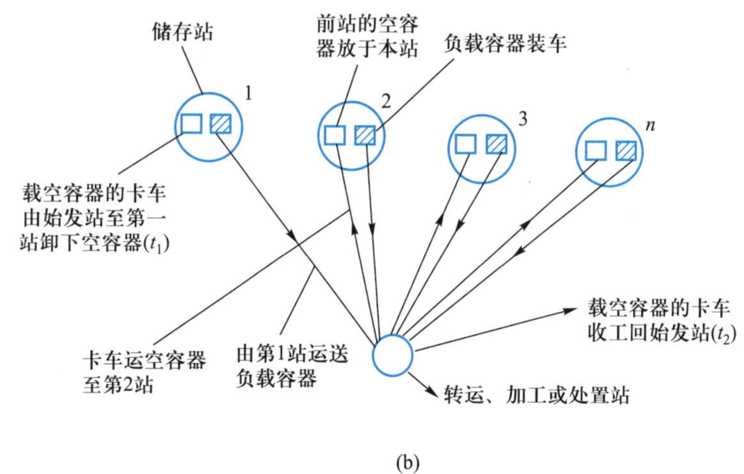

(b)

图 9-4　拖运容器清运系统两种操作运行模式

(a) 传统操作运行模式；(b) 交换容器运行模式

（2）固定容器清运系统操作运行模式：图 9-5 描述了固定容器清运系统操作运行模式，模式中表明一辆收集运输车往返一次全部操作运行过程。

2. 单元操作

为建立系统操作运行时间数学模型，将车辆往返一次的全过程分解为四组单元操作：

① 储存站装（卸）车操作；② 车辆往返路途运行操作；③ 卸料站卸料操作；④ 无效操作。四组单元操作各自所需时间的定义列于表 9-19。

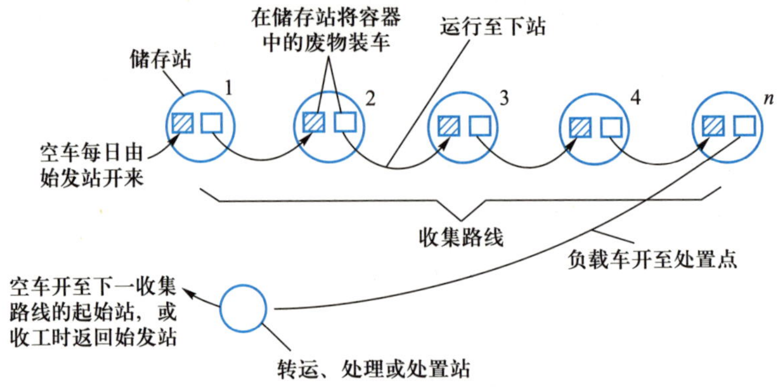

图 9-5 固定容器清运系统操作运行模式

表 9-19 各单元操作所需时间定义

单元操作	符号	定 义
1. 储存站装卸车操作	P	
拖运容器系统	P_{hCS}	负载容器装车耗费的时间+空容器卸车复位所需时间+由本站至下一储存站车开行时间（传统模式）
固定容器系统	P_{SCS}	装满收集车耗费时间（包括由第 1 站停车第 1 容器倾倒前开始，至第 n 站最后一容器倒空，车装满的时间）
2. 往返路途运行	h	
拖运容器系统	h_{hCS}	由负载容器装车后启动开始，至卸料站运行时间+卸空后，车离站至空容器卸车站运行时间
固定容器系统	h_{SCS}	车装满启动至卸料站运行时间+空车离站至下一收集路线第 1 容器倾倒前运行时间
3. 卸料站卸料操作	S	等待卸车时间+卸料时间
4. 无效操作因数	W	上下班登记与交班所需时间+由始发站至收集站与收班回始发站时间+车辆维修时间+交通阻塞损失时间+规定的工间休息、午饭及超过的时间在内的时间因数，在 0.1～0.25 间取经验值

3. 拖运容器清运系统操作运行数学模型

在拖运容器清运系统中，车辆每往返运送一次需要的时间由式(9-18)计算：

$$T_{hCS}=\frac{P_{hCS}+h_{hCS}+S}{1-W} \tag{9-18}$$

式中：T_{hCS}——拖运容器清运系统车辆往返一次所需全部的时间，h；

其余符号见表 9-19。

当 P_{hCS} 与 S 相对恒定时，则车辆往返路程运行时间（h）取决于速度（v）与距离（x）。通过不同收集车辆大量运行数据统计分析结果，可得到如图 9-6 所示的 $v—x$ 关系图，由 $v—x$ 曲线可回归获得式(9-19)。

$$v=\frac{x}{a+bx} \tag{9-19}$$

$$\frac{x}{v}=a+bx$$

因为

$$\frac{x}{v}=h_{\text{hCS}}$$

所以

$$h_{\text{hCS}}=a+bx \tag{9-20}$$

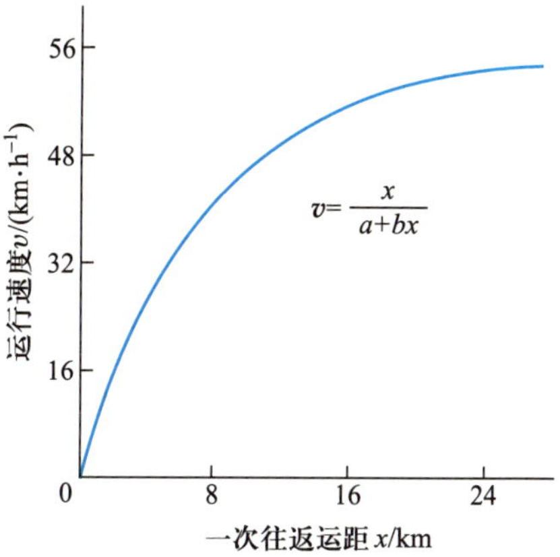

图 9-6　$v-x$ 关系曲线

式中：a——经验运程常数，h；

b——经验运程常数，h/km；

x——一次往返距离，km。

将式(9-20)代入式(9-18)，得：

$$T_{\text{hCS}}=\frac{P_{\text{hCS}}+s+a+bx}{1-W} \tag{9-21}$$

经验数据 a、b 列于表 9-20 中。

表 9-20　经验运程常数 a、b 值

限速 $v/(\text{km}\cdot\text{h}^{-1})$	a	b
88	0.016	0.011
72	0.022	0.014
56	0.034	0.018
40	0.050	0.025

P_{hCS} 由式(9-22)计算：

$$P_{\text{hCS}}=p_c+u_c+d_{\text{bc}} \tag{9-22}$$

式中：p_c——负载容器装车所需时间，h；

u_c——空容器卸车所需时间，h；

d_{bc}——车辆由本储存站行至下一站所需时间，h。

每个工作日、每辆运输车往返运行次数由式(9-23)计算：

$$N_d=\frac{(1-W)H}{P_{\text{hCS}}+S+a+bx} \tag{9-23}$$

式中：N_d——每日往返运行次数，次/d；

H——每日工作时间，h/d。

储存站之间，车辆运行时间可根据距离与速度由式(9-17)计算。

表 9-21 给出上述各式中有关数据。

表 9-21 拖运容器系统模式有关数据

车型	装车方式	压实比	p_c+u_c/h	S/h
翻斗卡车	机械	—	0.4	0.127
容器拖车	机械	2.0~2.4	0.4	0.133

4. 固定容器清运系统操作运行数学模型

定点容器收集系统采用机械或人工装车两种方式,分别建立操作运行数学模型。

机械装车操作运行数学模型:该系统运输车辆每往返一次操作运行时间由式(9-24)计算:

$$T_{SCS}=\frac{P_{SCS}+S+a+bx}{1-W} \tag{9-24}$$

$$P_{SCS}=C_f u_c+(n_p-1)d_{bc} \tag{9-25}$$

式中:T_{SCS}——固定容器系统每一往返操作运行时间,h;

C_f——每往返一次可腾空的负载容器数,个;

u_c——倒空一负载容器所需平均时间,h;

n_p——每一往返通过的储存站数;

d_{bc}——两储存站间车行平均时间,h

C_f 值可由式(9-26)计算:

$$C_f=\frac{Vr}{cf} \tag{9-26}$$

式中:V——收集车容积,m^3;

r——压实比,废物原体积与压实后之体积比;

c——容器容积,m^3;

f——权重容器利用因素。

每一工作日收集车往返操作次数由式(9-27)计算:

$$N_d=\frac{V_d}{rV} \tag{9-27}$$

式中:N_d——每工作日收集车往返次数,取整数,次/d;

V_d——垃圾日产率,m^3/d。

每日工作时间由式(9-28)计算:

$$H=\frac{N_d(P_{SCS}+S+a+bx)}{1-W} \tag{9-28}$$

应用式(9-28)时,分别代入 2~3 个不同的 N_d 值,利用式(9-25)与式(9-26)以试差法求出 N_d 值对应的卡车所需容积,从已有不同容积的卡车中,分别选择与各计算值最接近的一种。如果所有卡车容积均小于各计算值,再利用这些已知容积卡车,分别反算每日实际工作时间(h)。当卡车容积与每日往返次数之每一组合劳力需求量一经确定,即能选择最经济有效的组合关系。一般情况,大容积车与较少的日往返次数的组合,比小容积车与较多日往返次数的组合更为经济。

人工装车操作运行数学模型:固定容器收运系统人工装车操作是我国生活垃圾收集广

为采用的方式。此系统分析概括如下：若日操作时间（h）与日收集往返次数为已知或为定值时，采用式（9-28）计算 P_{scs} 值，并由式（9-29）计算每一往返可收集的储存站数：

$$N_p = \frac{60P_{SCS}n}{t_p} \tag{9-29}$$

式中：N_p——每一往返可收集的储存站数；

60——时间转换因数，60 min/h；

n——收集操作人员数；

t_p——每一储存站装车时间，min。

若由二人搭配收集操作，每站装车时间（t_p）可由下述经验公式估算：

$$t_p = 0.72 + 0.18C_n + 0.014\text{PRH} \tag{9-30}$$

式中：C_n——每站平均容器数

PRH——房后（巷内）收集站所占比率（%）×100。

收集车容积由式（9-31）计算：

$$V = \frac{V_p N_p}{r} \tag{9-31}$$

式中：V——收集车容积，m^3；

V_p——每储存站收集的垃圾体积，m^3；

r——压实比。

通常，每周收集频率取 2 次为宜，劳动量分配按第二次收集大约为第一次的 90%～95%，计算时可忽略此差别。此系统正确估算的关键在于合理假设每个工作日运输往返次数。

（三）收运路线规划

收运路线是指收集车辆在服务区内，沿街按收集站逐站收集过程的运行路线，不包括满载车向转运站或处理中心运送的往返路程。为区别起见，可将收运路线称为“小路线”（microcosmic route），运载往返路线称为“大路线”（caeroscopie route）。由于每一收集路线上包括几十乃至几百个储存站，因此，正确规划行驶路线可以经济有效地利用能源、劳力与设备，从而节约费用。目前尚无确定的规划方法适用于所有情况，通常采用试差法，目的是使收集车辆如何通过一系列的“单行”或“双行”线，沿收集站街道行驶，在满足全部垃圾收集的条件下，使整体行驶距离与空载运程最短。

1. 收运路线规划的基本原则

收运路线规划遵循如下基本原则：

① 在匹配的收运系统条件下，给出与各储存站位置、垃圾产率、收集频率等相关规定标志；

② 行驶路线中尽量不重叠，紧凑而不分散；

③ 起点应尽量靠近收集车始发点与车库，终点应尽量靠近处理中心或转运站；

④ 交通量较大的路段，应避开交通高峰时间收集；

⑤ 对于大垃圾产源区，每日用主要时间进行服务，对小而分散的产源区，在允许的条件下，尽量达到同等收集频率；

⑥ 环绕街道运行，应尽量采用顺时针方向行驶；

⑦ 在不能横穿的单行线上，应在路顶端形成回路；

⑧ 在山地与坡道上收集时，应安排在下坡时收集。

2. 收运路线规划

（1）绘制统计图：在一张较大比例尺的服务区域（或全城）地图上，标绘出每一确定的垃圾收集点位置、容器数与收集频率，对定点容器系统要标出每站垃圾产率。对于较大区域或整个城市，应将地图分解为几个矩形或方形分图，使大体符合“功能土地利用区域”。少于 30 个储存站的区域无须分解。

（2）收运路线规划：将拖运容器清运系统与固定容器收运系统的收运路线规划步骤分述于下。

a. 拖运容器清运系统收运路线规划：图 9-7 给出一典型拖运容器垃圾收运服务区收运路线规划图，标出各收集点的收运频率与容器数。已知下列资料：收运车类型为翻斗自装卡车，每周操作 5 天，日平均运送往返次数为 9 次。

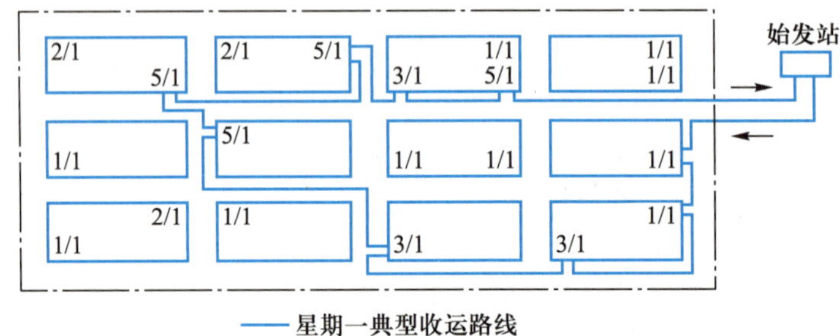

图 9-7 典型城市垃圾拖运容器收集服务区收运线路规划图

F/N = 收运频率（每周次数）/容器数

数据分析：将图 9-7 中各收运站频率与相应频率的收运站数，分列于表 9-22(1)(2)栏内，从而可确定每一工作日有相同频率的容器数，列于表 9-22(4)～(8)栏内。

表 9-22 服务区收运路线规划数据与分析结果

收运频率 /(次·周$^{-1}$)	收运站数	往返/(次·周$^{-1}$)	每日倒空容器数(具有相同收集频率)				
			周一	周二	周三	周四	周五
(1)	(2)	(3)=(1)×(2)	(4)	(5)	(6)	(7)	(8)
1	10	10	2	2	2	2	2
2	3	6	0	3	0	3	0
3	3	9	3	0	3	0	3
4	0	0	0	0	0	0	0
5	4	20	4	4	4	4	4
总计		45	9	9	9	9	9

收运路线初步规划与劳动量的平衡：收运车由始发站出发，根据表 9-22(4)～(8)栏中数据，分别规划每一工作日的收运路线，使出发点与终点最靠近始发站。图 9-7 中仅规划

了周一的行驶路线。

用试差法平衡各工作日的收运路线。当 5 个工作日的收运路线初步规划完毕，即可计算各收运站（容器）间的距离。若计算结果表明 5 天收运路线距离不平衡，则需重新设计规划，最终使每日收运路线距离基本接近为止。一般情况，选用的收集车均多于一辆，规划区所有收运路线均应一一规划，且使每一司机与操作员的日工作量基本平衡。

b. 固定容器清运系统收运路线规划：图 9-8 给出了一典型商业区垃圾固定容器收运路线规划图。已知下列数据数：收集车辆为 23 m^3 带压实器自装翻斗车；压实比为 3；每周工作天数为 3 天，定为周一、三、五；每日收运往返次 1 次。

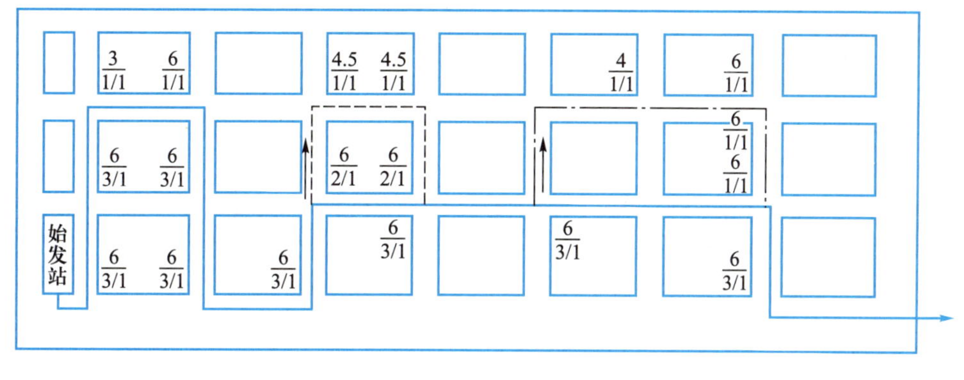

——— 以周一为基础的基本路线； ------ 周三的替换路线； —·—·— 周五的替换路线；

图 9-8　典型商业区定点容器垃圾收运系统线路规划图

$$\frac{SW}{F/N}=\frac{\text{垃圾产量}(m^3/\text{往返})}{\text{收运频率}/\text{容器数}}$$

数据分析：由图中标注数据可知，每周 3 个工作日中，均需收运的有 8 个站，由这 8 个站收集的日垃圾量为 48 m^3（松散态）。收集车每工作日的总容量为69 m^3（压实比为 3）。因此，每工作日除此 8 站外，尚有 21 m^3 空车余量。由图可进一步发现，有两个站点收运频率为 2，日垃圾量为 12 m^3，若此两处分别安排在周一与周三两天收运，则 3 个工作日中分别尚有 9、9 与 21 m^3 空余车容量，而最后剩余的几个收集站垃圾，恰好补足 3 天的空余容积。由此分析结果可以进行初步规划。

收运路线初步规划：根据上述分析，基本可以确定车辆行驶路线。运输车由始发站起，使路线连接每一工作日全部应规划收运的各站，并使最后收集站靠近运送地点。图中粗实线为周一规划路线，虚线与点画线是在周一运行的基础上，分别表示周三与周五局部替换路线。可以认为，此一规划既满足收集站的要求，又使车辆每日以满负荷运行，且路线最短。

（3）路线的调整与劳动量的平衡：当收运路线初步规划完成后，需核算每一工作日的运行距离与收集垃圾的体积与质量，以校核有效日劳动量。为使日劳动量比较平衡，常需适当调整初步规划路线。

（4）制作一览表：对每一规划收运线路，均应由工程或交通部门制成标准一览表，以供司机使用。在一览表中，应能找到所有收集站点的位置与顺序。

三、生活垃圾的中转运输

生活垃圾转运是垃圾管理系统中的过渡环节。在某些条件下,可同处理加工中心合而为一。顾名思义,中转运输(又称转运)是将收集的垃圾运送至一个特定集中点,通过专门装置,再由大型运输车转运至加工处理中心或最终处置地点。因此,转运环节应设置一套专门装、卸车装备与大型运输车辆。

(一) 设置转运站的经济评价

垃圾收集系统采用小型车辆居多,经验证明,用小型车辆分散地直接将垃圾运送至远距离处置站,在经济上往往是不合理的,应考虑设置转运站方案。下面用实例评价分析设置转运站的经济效果。

[例 9-4] 比较拖运容器收集系统与定点容器收集系统在直接运送与设转运站两种情况下,费用与行车时间的关系,分别求出两种收集系统与转运操作间的等效时间,进行方案评价、决策。

评价资料

运输费用:定点容器收集系统采用带压实器自装卸卡车,容积 15 m^3,运输费用 44 元/h;拖运容器收集系统容器容积 6 m^3,运输费用 30 元/h;转运站采用牵引拖车,容积 90 m^3,运输费用 60 元/h。

其他费用:转运站操作费(包括设备折旧)1.1 元/m^3;牵引车空载时间增加的费用 0.19 元/m^3。

解:(1) 将费用单位转换为:元/(m^3 · min);

拖运容器系统:0.083 元/(m^3 · min);

定点容器系统:0.049 元/(m^3 · min);

转运站操作系统:0.011 元/(m^3 · min);

转运站操作增加的费用:1.29 元/m^3。

(2) 绘图:利用上述数据,分别标绘三种操作系统费用与运输路途行驶时间关系曲线,如图 9-9 所示。

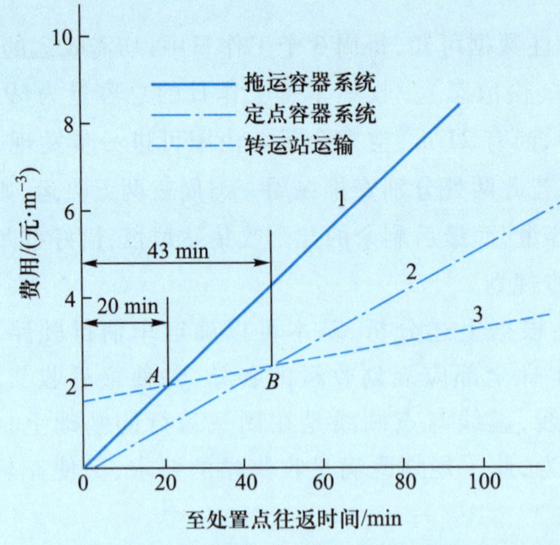

图 9-9 转运站经济分析评价图

(3) 求三种操作系统费用等效时间:图中直线 1 与 3 的交点 A 即为拖运容器收集系统与转运操作系统费用等效点,两者等效时间为 20 min;直线 2 与 3 的交点 B 为定点容器系统与转运操作费用等效点,等效时间为 43 min。

(4) 评价:由 A、B 两费用等效点可知,采用拖运容器系统,若运输路途往返时间超过 20 min,应考虑设转运站。采用定点容器系统,当运输路途往返时间超过 43 min,应考虑设转运站。可见,经济因素是决定设置转运站与否的评价标准,而终点运距是经济评价的条件。

(二) 生活垃圾转运站设计要素

转运站设计应重点考虑下述各要素:

1. 转运站类型选择

根据操作规模与方式,大体有三种类型转运站可供选择。

(1) 直接排料型:收集车直接将垃圾倾入料斗,固定压实器将斗内垃圾压入拖运车活动车厢内。转运站台总体结构分为上下两层,收集车停于上层卸料,转运车在下层,料斗接于拖运车厢尾端。这种转运操作适于小型转运站使用。

(2) 储存码头型:收集车将垃圾卸于储料码头,码头储存量一般为 0.5~1 d 垃圾产量,由铲车、推土机或抓斗,将堆放的垃圾送入传送料斗,经传送带,首先经过加工、分选,回收有用物料后,再装车起运。转运码头与操作方式见图 9-10。这种转运操作适用于大、中规模转运站使用。

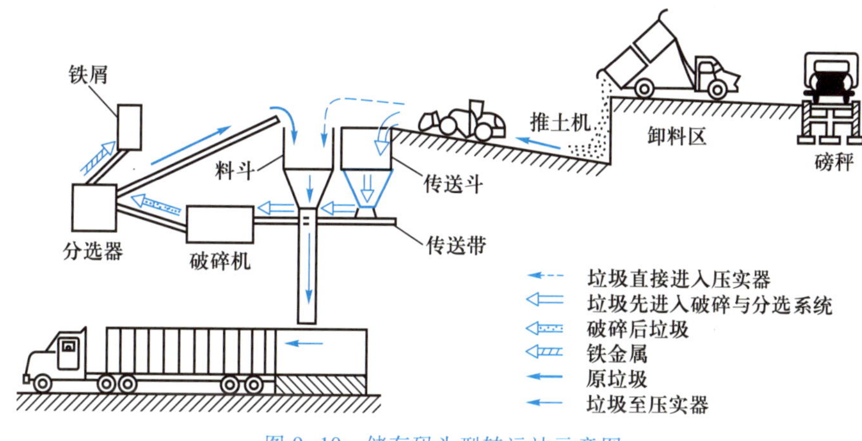

图 9-10 储存码头型转运站示意图

(3) 直接排料与储存结合型:此类型是上述两类型转运站的组合,可为更多不同用户服务。

2. 转运站操作容量

转运站操作容量可分为大、中、小三种规模。日装运量小于 100 t 者为小型站,日装运量 100~500 t 者为中型站,日装运量大于 500 t 者为大型站。操作容量设计,是以收集车辆在转运站卸车等候时间最短为准则。经验证明,用单位时间负荷操作极限值设计转运站操作容量是不合理的,必须根据收集车在站内停留时间、转运车容量、设置的车辆数、垃圾总产量、储料场容量等多种因素综合经济分析而确定。

3. 转运站的设备与建筑物

转运站的设备配置取决于其实际功能。直接排料型配有现场清理的推料机或抓斗机、装料斗与压实器。储料型转运站多数配置加工、分选系统,装料斗、固定压实器与推料机是必不可少的装备。设备数量视操作规模而定。大、中型转运站多设置磅秤室,以便积累必要的工程数据。

转运站建筑包括转运站码头与装、卸料站,从环境卫生角度考虑,应建带通风系统的厂房。其他辅助建筑包括车库、维修车间、调度办公室及生活设施。

4. 转运站地址优选

转运站地址选择应考虑下述四项因素:① 距收集路线终点最近(最经济距离);② 易与主干公路相通;③ 考虑环境景观因素,使转运站公众与环境目标最小;④ 建设与运输费用最小。

为使转运站选址获得最优方案,需进行多因素综合经济分析,即以不同选址,在保证满足第①~③项因素条件下,以运输费用为目标,做出各方案的经济比较后选优。尤其是对两个以上转运站与最终处置场较为复杂组合的方案下选优时,更需要经济分析。图 9-11 表示了由 3 个转运站向 3 个最终处置场转运垃圾,使总运输费最小的方案。解决此问题可采用分配模型,即在一定约束条件下,使费用函数最小。此类问题通常应用线性规划法,假设下列条件:① 单位时间运往处置场的垃圾量等于转运站的运出量;② 每一处置场的处置能力是有限的;③ 每一转运站运送出的垃圾量必须大于或等于零。

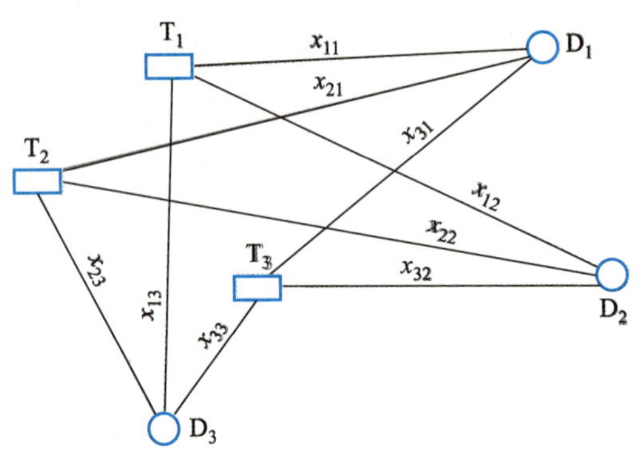

图 9-11 3 个转运站向 3 个处置场运送垃圾定点问题分配模型

建立费用目标函数:

$$y_{ij} = \sum_{j=1}^{m} \sum_{i=1}^{n} x_{ij} C_{ij} (i = 1 - n, j = 1 - m) \tag{9-32}$$

约束条件:

$$\sum_{i=1}^{m} x_{ij} \leqslant D_j$$

$$\sum_{j=1}^{n} x_{ij} = R_i$$

$$x_{ij} \geqslant 0$$

式中:i——各转运站位置排列;

j——处置场位置排列;

x_{ij}——第 i 站向第 j 处置场单位时间运送的垃圾量;

C_{ij}——第 i 站向第 j 处置场运送单位垃圾量的费用;

R_i——第 i 站单位时间运出的垃圾量;

D_j——第 j 处置场单位时间可能接收的垃圾量;

y_{ij}——总运输费用。

在各约束条件下使目标函数最小:

$$y_{ij} = \sum_{j=1}^{3} \sum_{i=1}^{3} x_{ij} C_{ij} = \min \tag{9-33}$$

求解式(9-33),即可得到最优解。有多种求解方法,最常用的是线性规划单纯形法。应用运筹学中“运输问题”算法,亦可求得最优解。借助计算机求解是最快捷的方法。

5. 运输方式

根据转运站所在地区的运输环境、最终处置站的距离与垃圾处置方式等因素,确定垃圾运输方式。内陆运输大多采用公路运输,除非运距过于遥远,用汽车运输已非最经济的情况下,才考虑用铁路运输。水路运输仅适用于沿海城市的特殊情况下采用。采用公路汽车运输,应满足下列条件:① 运输费用最小;② 运输过程垃圾容器应密封;③ 车辆设计应符合公路运输要求,质量荷载低于允许限度;④ 卸车方法简易可靠。

思考题与习题

9-1 试调查你所在校园内垃圾的产率与主要物理组分,列出产率与组分表。

9-2 根据习题 9-1 的结果,试估算垃圾含水率、密度与热值,做出近似化学分子式。

9-3 根据习题 9-1 与习题 9-2 的结果,评价该垃圾可资源回收的价值。

9-4 规划如图 9-12 所示的小区定点容器垃圾收集系统的路线,进行分析。设定如下数据:① 容器容量 4 m^3;② 容器利用系数 0.8;③ 收集频率示于图中;④ 收集车容积 26 m^3。

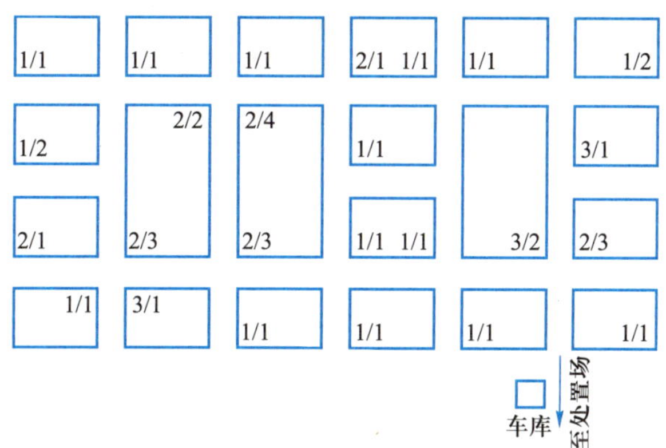

图 9-12 习题 9-4 附图

F/N = 容器数/收集频率(每周次)

第十章　固体废物处理与资源化技术

固体废物处理通常同固体废物资源化联系在一起。固体废物中含有各种可回收的原材料，经过一定的技术处理与分离手段，其中大部分有用资源可以得到回收与利用。处理的目的是为资源回收创造条件，两者的综合效果，又可以达到减少废物最终处置的体积与提高经济与社会效益的目的。

第一节　固体废物压实技术

一、压实的定义

压实是为减少固体废物表观体积、提高运输与管理效率的一种操作技术。固体废物是由不同颗粒与颗粒间孔隙组成的集合体，自然堆放时，其表观体积是垃圾颗粒有效体积与孔隙占有体积之和。当实施压实操作时，随压力的增大，孔隙率减少，表观体积随之而减小，密度增大。因此，压实的实质，可以看作是在消耗一定能量的同时，固体废物各颗粒间相互挤压、变形或破碎，从而达到重新组合的效果。图 10-1 显示了垃圾被压实的强度与密度的关系。

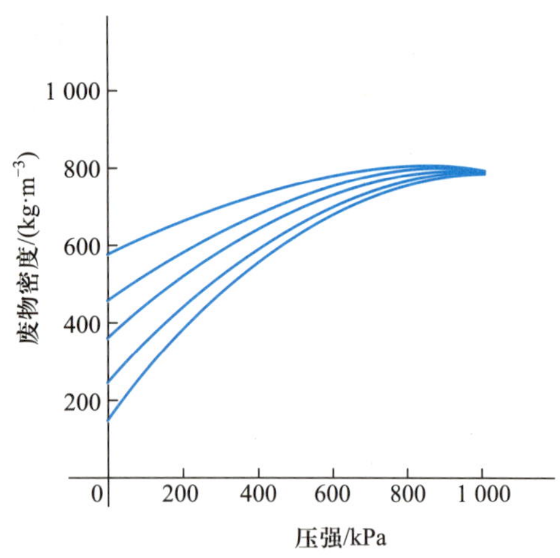

图 10-1　施加于生活垃圾的压强与密度关系

图中表示几组同一生活垃圾样品，分别采用不同程度破碎处理，使之形成不同密度，经压实试验获得的结果。结果表明，随初始密度的增大，密度随压强变化趋势逐渐减缓，在压强较小的范围内，如 700 kPa 以下，初始密度对压实后的密度影响甚为明显。但随压强的继续增大，这一影响逐渐减小，当施加的压强达到较高程度时，此影响随即消失。

在压实过程中，某些可塑性物质，当解除压力后不能恢复原状，而有些弹性废物，在解除压力后几秒钟内，体积膨胀 20%，几分钟后达到 50%。

二、压实机械

压实机械分为固定型与移动型两种。定点使用的压实器称为固定型压实器，如用于收集或转运站装车的压实器属于此类。带有行驶轮或可在轨道上行驶的压实器称为移动型压实器，常用于废物处置场所。下面按结构分别介绍几种常用的压实器。

1. 水平压实器

借助于水平往返运动的压头，将垃圾压入矩形或方形容器的压实器，为水平压实器。此类压实器常用于转运站固定型压实操作。

2. 三向垂直压实器

此类压实器带有三个相互垂直的压头，可将装入料斗中的垃圾压实成块，适用于金属类废物压实。

3. 回转式压实器

此类压实器有一平板型压头，连接于容器一端转动轴上，借助液压驱动，使压头以轴向旋转运动，将垃圾压入容器中。这种压实器适于压实体积与质量较小的生活垃圾处理，其结构如图 10-2 所示。

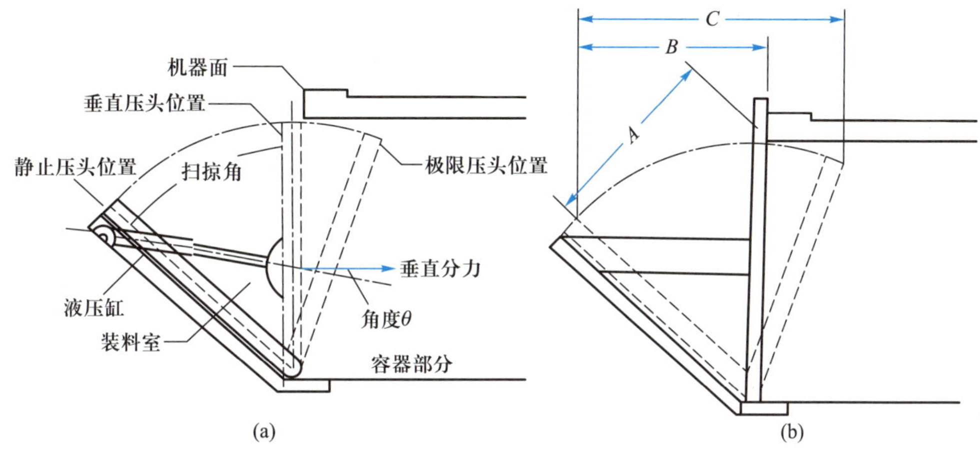

A——有效顶部开口长度；*B*——装料室长度；*C*——压头行程（*C*-*B* 为压头进入深度）

图 10-2 回转式压实器结构示意图

（a）表示压头限定位置的侧视图；（b）表示规定尺寸的侧视图

三、压实器的选择

为了最大限度减容，获得较高的压缩比，应尽可能选择适宜的压实器。影响压实器的选择因素很多，除废物的性质外，主要应从压实器性能参数进行考虑。对于生活垃圾，除废物的性质外，还与收运过程中的转运工艺、规模有关。

（1）装载面的面积

装载面的面积应足够大，以便容纳要处理的最大件的废物。压实器的装载面的面积一般为 0.765～9.18 m^2。

（2）循环时间

所谓循环时间是指压头的压面从装料箱把废物压入容器，然后再完全缩回到原来位置，准备接受下一次装载废物所需要的时间。循环时间变化范围很大，通常为 20～60 s。如果希望压实器接受废物的能力快，则要选择短循环时间的压实器。这种压实器是按每个循环操作压实较少数量的废物而设计的，质量较轻，其成本可能比长时间压实器低，但牢固性差，其压实比也不一定高。

（3）压面压力

压实器压面压力通常根据某一具体压实器的额定作用力这一参数来确定。额定作用力作用在压头的全部高度和宽度上。固定式压实器的压面压力一般为1.0~35 kg/cm^2（98~3 432 kPa）。

（4）压面的行程

压面的行程是指压面压入容器的深度。压头进入压实容器中越深，装填得越有效、越干净。为防止压实废物填满时反弹回装载区，要选择行程长的压实器，现行的各种压实容器的实际进入深度为10.2~66.2 cm。

（5）体积排率

体积排率也即处理率，它等于压头每次压入容器的可压缩废物体积与每小时机器的循环次数之积，通常要根据废物产生率来确定。

（6）压实器与容器匹配

压实器应与容器匹配，最好是由同一厂家制造，这样才能使压实器的压力行程、循环时间、体积排率以及其他参数相互协调。如果二者不相匹配，如选择不可能承受高压的轻型容器，在压实操作的较高压力下，容器很容易发生膨胀变形。

此外，在选择压实器时，还应考虑与预计使用场所相适应，要保证轻型车辆容易进行装料区和容器装卸提升位置。

第二节 固体废物破碎技术

一、破碎的意义

生活垃圾破碎的目的，是为减小其粒度，使之质地均匀，从而降低孔隙率和增大密度。有关研究表明，经破碎的生活垃圾比未经破碎时密度增加25%~60%，且易于压实。垃圾破碎对城市生活垃圾大规模运输、物料回收、最终处置以及对提高城市生活垃圾管理水平，具有重要意义。但破碎过程不应一味追求小尺寸，并非尺寸越小越利于后续的处理，处置或资源化，应按需求与后续处理技术条件选择适当尺寸。

二、破碎机械

用于生活垃圾的破碎机械大体有三种类型：冲击磨切型、剪切粉碎型与挤压破碎型。每种类型还包括多种不同的结构形式，各种形式破碎机械的应用范围亦不尽相同。下面介绍生活垃圾处理工程中常用的三种典型破碎机械。

1. 锤式破碎机

锤式破碎机属于冲击磨切型破碎机，其工作原理如图10-3所示。其主体破碎部件是由电机驱动、铰接多排重锤的大转子与相对于转子转动方向设置的破碎板。由快速旋转的重锤冲击与破碎板间的磨切作用，完成由进料口流入的垃圾破碎过程，通过下面的筛板排除破碎物料。锤式破碎机可用于破碎大型固体废物，如电冰箱、洗衣机及废旧汽车等。

2. 剪切破碎机

剪切破碎机是利用一组固定刀刃与一组（或两组）活动刀刃之间的剪切作用来完成垃圾的破碎过程。根据活动刀刃运动方式，可分为往复式与回转式两种。其主体破碎部件为

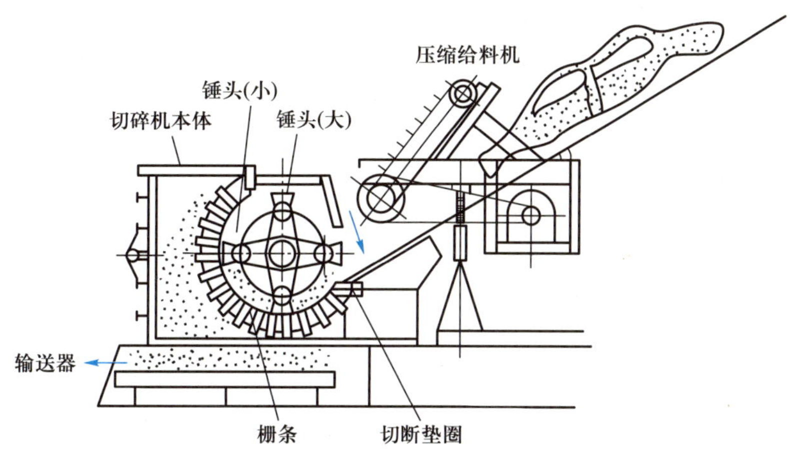

图 10-3 Hammer Mills 锤式破碎机工作原理

摘自李国鼎.环境工程手册(固体废物防治技术卷).北京:高等教育出版社,2003

活动连接的 V 式钢架,固定架由每隔 30 cm 带有一个刀刃的平行钢部件构成,活动架由两组与固定架相应、带有刀刃的耙齿形构件组成。机件由两组液压缸前后驱动。垃圾在两支架间合拢时,通过挤压与剪切而被破碎,破碎物粒径约 30 cm,或根据需要调整。这种机械适用于松散片、条状废物的破碎。

回转式剪切破碎机是依靠快速转动刀刃之间的挤压与剪切作用来完成破碎任务。这种机械适用于家庭生活垃圾的破碎。

3. 腭式破碎机

腭式破碎机属于挤压型破碎机械,分为简单摆动与复式摆动型两种。其主要部件为固定腭板、可动腭板与连接于传动轴的偏心转动轮。简单摆动型破碎机的可动腭板不与偏心轮轴相连,在偏心轮的驱动下做简单往复运动,进入两板间的垃圾被挤压而破碎。复式摆动型的可动腭板与偏心轮挂于同一传动轴上,因此既有往复摆动,又有上下摆动,垃圾因挤压与磨挫作用而被破碎。这种机械适用于破碎中等硬度脆性物料。其优点是结构简单,不易堵塞,维修方便;缺点是生产效率低,破碎粒度不均。

三、破碎设备技术指标

在进行破碎设备的设计时,主要应考虑两方面的技术指标:一是破碎比;二是单位动力消耗。

(1) 破碎比

破碎比是指给料粒度与破碎后产品的粒度之比,用以说明破碎过程的特征及鉴别破碎设备破碎的效率。破碎比的动力消耗和处理能力都与破碎比有关。破碎比包括极限破碎比和真实破碎比。

极限破碎比(i)用废物破碎前的最大粒度(D_{max})与破碎后的最大粒度(d_{max})的比值来确定,计算如下:

$$i=\frac{D_{max}}{d_{max}} \tag{10-1}$$

真实破碎比(i)用废物破碎前的平均粒度(D_{cp})与破碎后的平均粒度(d_{cp})的比值来确定,计算如下:

$$i=\frac{D_{cp}}{d_{cp}} \tag{10-2}$$

(2) 单位动力消耗

单位动力消耗是指单位质量破碎产品的能量消耗,用以判别破碎机消耗的经济性。

一般情况下,废物破碎设备的单位动力消耗可根据经验数据来确定,在经验数据不足的情况下,可以根据 Kick 定律来计算:

$$E=c\ln\frac{D}{d} \tag{10-3}$$

式中:E——单位动力消耗,kW·h/t;

c——动力消耗常数,kW·h/t;

D——废物原始尺寸;

d——废物最终尺寸。

第三节 固体废物分选技术

一、分选的定义及评价指标

分选是通过一定的技术将固体废物分成两种或两种以上的粒度级别的过程。由于固体废物所包含的各种成分性质不一,其处理与回收操作方法具有多样性,使得分选过程成为固体废物预处理中最为重要的操作工序。通过分选可以将有用的成分筛选出来加以利用,将有害的成分分离出来,防止环境损害。例如,废物堆肥前进行分选可以去除非堆肥化物质,提高堆肥产品的质量。固体废物焚烧前分选可以回收部分有用物质,去除部分不燃物质,从而可提高燃料的热值,保证燃烧过程的顺利进行。

分选的基本原理是利用物料的某些性质为识别标志,然后用机械或电磁的分选装置加以选别,达到分离的目的。例如磁性和非磁性的识别,粒径大小的识别、浮选性能的识别等。根据这一原理形成了多种多样的分选机械,包括:手工拣选、筛选、风力分选、跳汰机、浮选、溜槽、摇床、色别分选、磁选、漩涡分选、静电分选、磁液分选等。

评价分选效果的好坏可采用不同的指标来评定,常用的指标有:回收率、纯度和综合效率等。

所谓回收效率指的是单位时间内某一排料口中排出的某一组分的量与进入分选机的此组分量之比。对于最简单的二级分选设备,如果以 x、y 代表两种物料,x 在两个排出口被分为 x_1、x_2,在入口处为 x_0,y 在两个排出口被分为 y_1、y_2,在入口处为 y_0,则在第一排出口 x 及 y 的回收率为:

$$R_{x_1}=\frac{x_1}{x_1+x_2}\times100\% \tag{10-4a}$$

$$R_{y_1}=\frac{y_1}{y_1+y_2}\times100\% \tag{10-4b}$$

式中:R_{x_1}——在第一排出口物料 x 的回收率,%;

R_{y_1}——在第一排出口物料 y 的回收率,%。

但用回收率的概念不能完全说明分选效果,还应考虑某一组分物料在同一排出口排出物所占的分数,即纯度。则在第一排出口 x 及 y 的纯度为:

$$p_{x_1}=\frac{x_1}{x_1+y_1}\times 100\% \tag{10-5a}$$

$$p_{y_1}=\frac{y_1}{x_1+y_1}\times 100\% \tag{10-5b}$$

式中:p_{x_1}——在第一排出口物料 x 的纯度,%;

p_{y_1}——在第一排出口物料 y 的纯度,%。

回收率又因分选方法的不同而又有不同的含义。如对筛分来说,回收率又称为筛分效率。理想的分选设备既要有高的回收率,也需要有高的纯度,在计算时,一般采用综合效率E来表示。

$$E(x,y)=\left|\frac{x_1}{x_0}-\frac{y_1}{y_0}\right|\times 100\%=\left|\frac{x_2}{x_0}-\frac{y_2}{y_0}\right|\times 100\% \tag{10-6}$$

二、筛分

(一) 筛分过程与应用

筛分是根据固体废物颗粒粒径的差异,通过一定孔径的筛分器,达到不同粒径的颗粒分级的分选方法。一个有均匀筛孔的筛分器,只允许小于筛孔的颗粒通过,较大颗粒留在筛面之上而被排除。一个颗粒至少有两个方向尺寸小于筛孔才能通过。因此,筛分是通过一个以上不同孔径的筛面,将不同粒径颗粒的混合固体分选为两组以上颗粒组的过程。筛分有湿筛与干筛两种操作,生活垃圾多采用干筛。

(二) 筛分设备

旋转圆筒形筛分器是常用的筛分设备,其结构如图 10-4 所示。此种筛分器的主体,是一个筒壁开有筛孔的倾斜圆筒,置于若干驱动滚轮之上,以较缓慢的速度(10~15 r/min)转动。其优点是不易堵塞,功率较小,应用广泛。

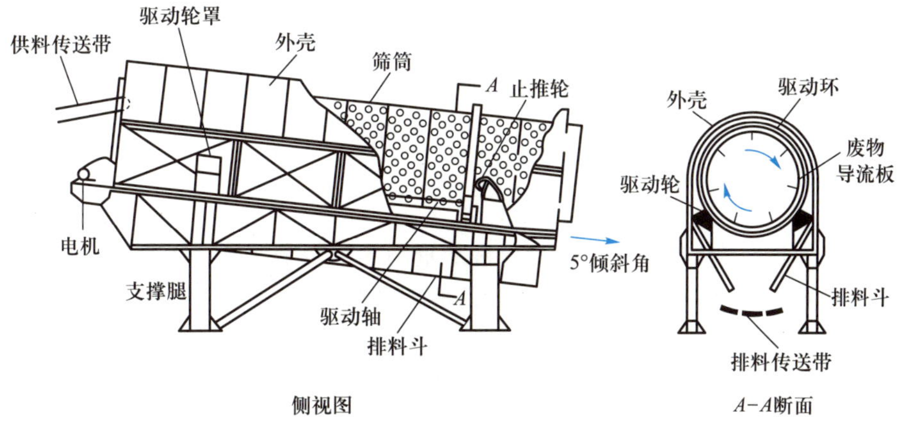

图 10-4 旋转圆筒筛分器

振动平板筛也是一种常用的筛分设备，由于此种筛分设备易为纺织物或废纸堵塞，因而限制了其用于轻组分的筛分。这种筛的主要用途是筛除小颗粒的玻璃，以获得尺寸较为均匀的物料。

（三）影响筛分效率的因素

在筛分过程中，小于筛孔的所有颗粒，由于种种影响因素，不可能全部通过筛孔，因此有一个筛分效率问题。通常情况，筛分综合效率在 85%～95%之间。筛分效率受下列各因素影响：

1. 颗粒尺寸与形状

颗粒尺寸与形状是影响筛分效率的主要因素。粒径与筛孔孔径差异愈大，筛分效率愈高，球形与多边形颗粒比其他形状更易于过筛。

2. 含水率

固体废物含水率过高，易造成细小颗粒黏附成团，从而影响筛分效率。

3. 筛孔形状

筛分器筛孔形状有方形与圆形两种。方孔面积较大，有利于筛分。但颗粒小、含水率高的颗粒宜采用圆孔筛。

4. 操作方式

供料负荷的均匀程度，沿筛面宽度方向上给料方式，均影响筛分效率。

5. 筛分器的长宽比、倾斜度与振荡频率

当给料负荷恒定时，筛面长宽比对筛分效率有较大影响，平板筛长宽比通常在 2.5～3 之间取值；筛面与水平倾斜度在 15°～30°之间；振动筛振幅与频率必须使筛面产生足够的加速作用，以防堵塞。

三、重力分选

重力分选就是根据固体颗粒间密度的差异，以及在运动介质中所受的重力、流体动力和其他机械力不同而实现按密度分选的过程。

重力分选的方法很多，都是以固体颗粒在分选介质中沉降规律为基础的。它们共同的特点是：① 固体颗粒间必须存在密度（或粒度）的差异；② 分选过程在运动介质中进行；③ 在重力、流体动力、颗粒间摩擦力的综合作用下，固体颗粒群松散并按密度（或料度）分层；④ 分好层的物料在运动介质的拖运下达到分离。

常用的分选介质有空气、水、重液（密度比水大的液体）、悬浮液等。

根据分选介质和作用原理上的差异，重力分选可分为风选、重介质分选、跳汰分选、溜槽分选、摇床分选等。

（1）风选

风选又叫气流分选，其作用是将轻物料从重物料中分离出来。风选的基本原理是气流能将较轻的物料向上带走或水平带向较远的地方，而重物料则由于上升气流不能支持它而沉降或由于足够的惯性在水平方向抛出较近的距离。两种情况如图 10-5 所示。后一种情况下，气流由水平方向吹入，故又称为“水平气流风选”，前者则叫“竖向气流风选”。

被气流带走的轻物料还必须从气流中分离出来，一般可用旋流器达到分离的目的。

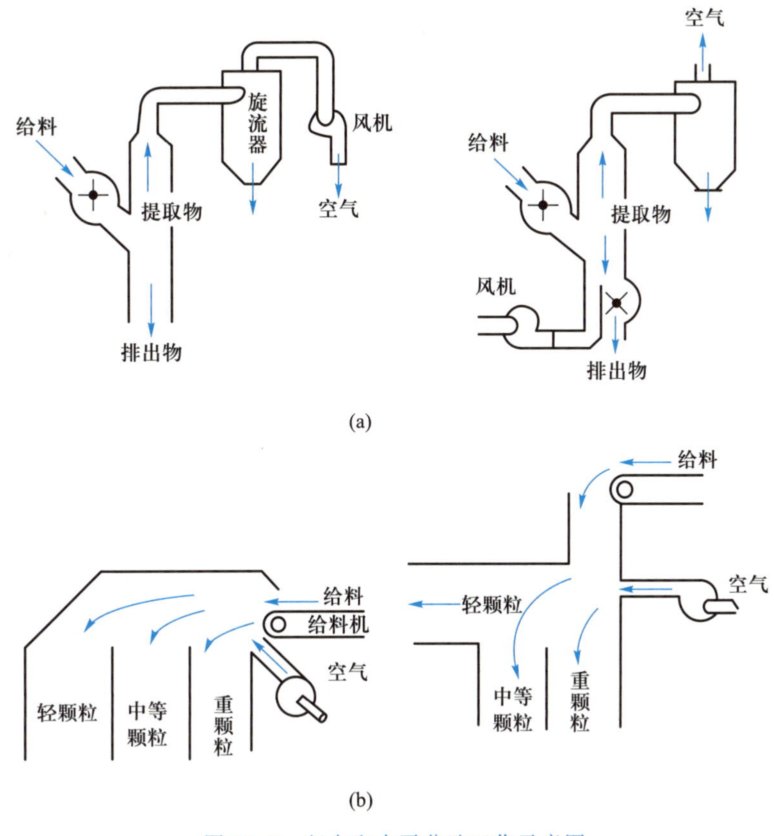

图 10-5 竖向和水平分选工作示意图

(a) 竖向;(b) 水平

无论是竖向气流风选,还是水平气流风选,分离效果都与物料的密度有关。固体废物各组分的密度差别大,则各组分颗粒的沉降速度差别也就大,分离效果也好;反之,则很难进行风选分离。影响固体颗粒的沉降速度的因素很多,除颗粒的密度之外,颗粒的大小和形状也起重要的作用,因此,风选的分离效果有时不够理想。为提高分离效果,还必须采取其他辅助措施。如生活垃圾风选,多采用破碎、筛选、风选的联合流程,即便如此,也很难将各类废物按密度分开。

(2) 重介质分选

重介质分选亦称沉浮分选。这种方法是利用密度适宜的重液体做分选介质,当把破碎的固体废物放入重液中时,密度比液体大的颗粒下沉,而密度较液体轻的颗粒上浮,从而达到分离的目的。适于重介质分选方法的重介质的密度一般 1.25~3.9 g/cm^3。

重介质分选适于分离密度相差较大的固体颗粒,如果待分离的固体颗粒密度相差不大,则分离比较困难。图 10-6 为重介质分离器的分选工艺流程。国外用此法从混合废物中回收金属铝已达到实用的程度。

(3) 摇床分选

摇床分选是在一个倾斜的床面上,借助床面的不对称往复运动和薄层斜面水流与上述运动相结合的综合作用过程。当密度、粒度、形状不同的废物供人往复振动的具有格条(来

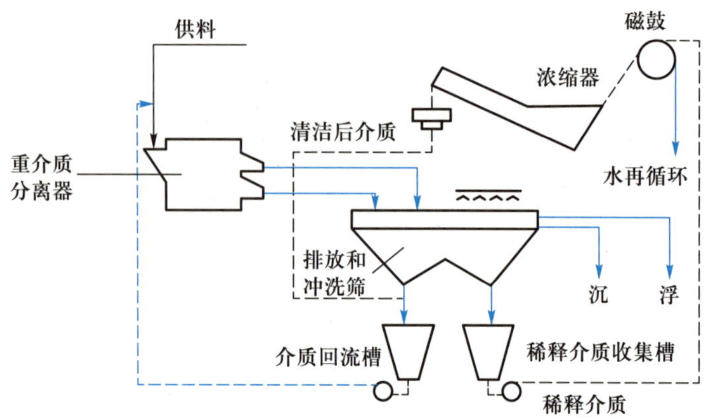

图 10-6 重介质分离器分选的工艺流程

复条)的床面时,废物颗粒在重力、水流冲力、床面摇动产生的惯性力以及摩擦力的综合作用下,将物料按密度松散分层,同时,不同密度的颗粒以不同的速度,沿纵向和横向运动。由于不同颗粒的速度偏离摇动方向的角度不同,最终不同密度的颗粒在床面上呈扇形分布,从而达到分离。密度小的轻料在水的作用下上浮,流过格条从摇床的下端排出。

此种方法适于金属混合废物中回收密度差别较大的各种金属及合金。

(4) 跳汰分选

跳汰分选是在垂直变速介质流中按密度分选固体废物的一种方法,适宜于处理密度差较大的粗粒固体废物。根据分选介质,跳汰分选为三种:分选介质是水,称为水力跳汰;若为空气,称为风力跳汰;个别情况有用重介质的,则称为重介质跳汰。固体废物分选多用水力跳汰。

水力跳汰是一种湿式分选方法,跳汰机分选原理如图 10-7 所示。该法是将磨碎的固体物输入跳汰机,废物颗粒在筛网上形成床层。由于传动机构的强迫振动,在跳汰机内形成周期性的垂直交变水流。在上升水流作用下,床层松散,固体颗粒按密度、粒度和形状不同而逐渐分层。在下降水流作用阶段,床层逐渐紧密,固体颗粒继续运动并分层,直至大部分颗粒沉到筛网上,停止运动;下降流结束,分层终止,此时完成一个循环(即一个跳汰周期)。如此反复运动,密度大的颗粒集中于底层,密度小的颗粒集中于上层。上层轻物料被水平水流带到机外成为轻产物;下层重物料透过筛板或通过特殊的排料装置排出成为重产物。

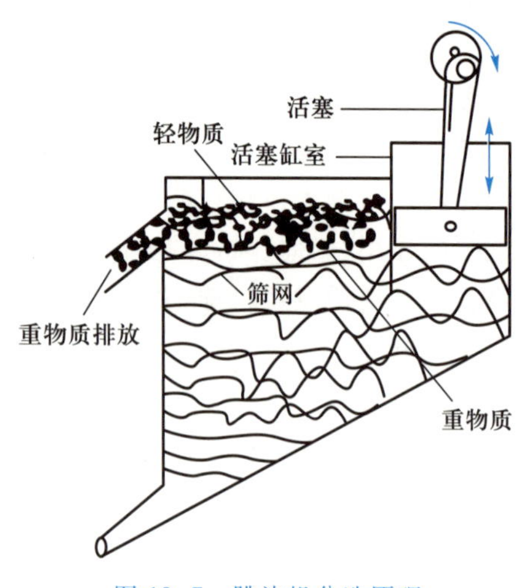

图 10-7 跳汰机分选原理

四、磁选

(一) 磁选原理

磁选是利用固体废物中各种组分的磁性差别,在不均匀磁场中进行分离的一种分选方法。固体废物中的各组分按磁性可分为强磁性组分、中磁性组分、弱磁性组分和非磁性组分。当固体废物通过磁选机时，由于各组分的磁性不同，它们所受到的磁力作用也就不相等。磁性较强的颗粒在不均匀磁场作用下被磁化，在磁场吸引力的作用下被吸在磁选机的圆筒上，并随之被转筒带至非磁性区的排料端排出，磁性差的或非磁性颗粒由于所受的磁场作用力很小，仍留在物料中，随物料排出，从而达到有效的分离。

磁选技术是一种重力和磁力联合作用的分选过程。各种物质在重力作用下按密度差异分离、在磁场作用下按磁性差异分离，因此磁选过程不仅可以将磁性和非磁性物质分离，也可以将非磁性物质按密度差异分离。

磁选是固体废物预处理的一种方法，在固体废物的处理、处置和利用中占有特殊的地位。磁选的作用有：① 回收利用黑色金属；② 保护后续设备免遭损坏；③ 提供净化无铁非磁性物料；④ 减少垃圾填埋处置量；⑤ 回收焚烧后炉渣中的金属。

（二）磁选机械

用于固体废物的磁选机械有以下几种类型：

1. 吸持型磁选机

图 10-8 为两种吸持型磁选机概念图。图中：(a) 为滚筒式吸持磁选机，水平滚筒外壳由黄铜或不锈钢制造，内包有半环形磁铁。垃圾颗粒由传送带落入滚筒表面时，铁磁性材料被吸引至下部，由刮板刮脱至收集斗，非铁金属与其他非磁性材料由滚筒面直接落入另一集料斗。(b) 为带式吸持磁选机，磁性滚筒与废物传送带合为一体，传送带随滚筒旋转，带上垃圾颗粒至磁性面时，即发生如图 10-8(a)的分选作用。

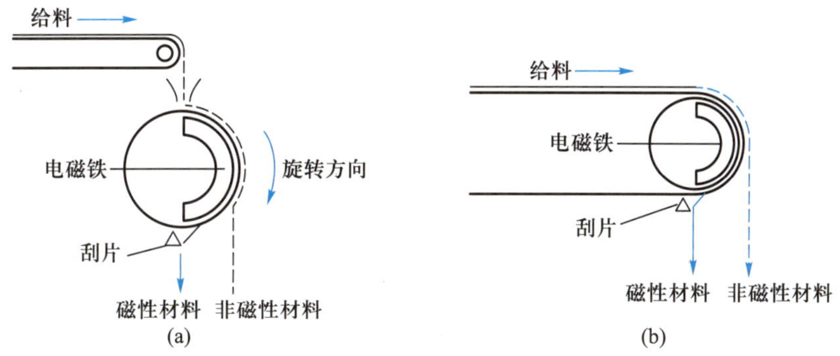

图 10-8　吸持型磁选机

2. 悬吸型磁选机

图 10-9 为悬吸型磁选机示意图。磁选机通过传送带，将垃圾颗粒输送至有较大磁场梯度的磁选机下方，其中黑色金属被传送带式磁选器悬吸至远离磁场部位，落入集料斗；而弱磁性材料被悬吸至磁场梯度较小处被收集；非磁性材料则直接由传送带端部落入集料斗。

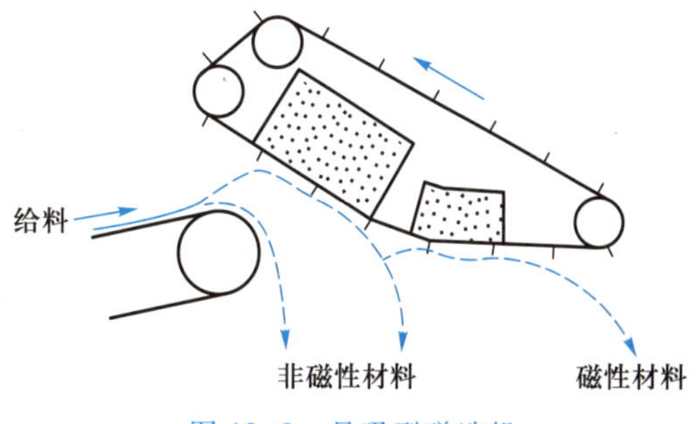

图 10-9　悬吸型磁选机

五、其他分选技术简介

除上述常用的几种分选技术外,尚有以下几种可供选用的分选技术。

(一) 浮选

1. 浮选原理

浮选是在固体废物与水形成的悬浮液中加入浮选剂,依据不同物料表面性质的差异,一部分可浮性好的颗粒被通入水中的微气泡吸附(黏附),形成密度小于水的气浮体上浮至液面,另一部分物料仍留在料浆内,把液面上泡沫刮出,形成泡产物,从而达到物料分离的目的。

浮选方法所分离的物质与其密度无关,主要取决于其表面特性的差异。固体废物各组分在浮选过程中对气泡黏附的选择性,是由固体颗粒、水、气泡组成的三相界面间的物理化学特性所决定的:有些颗粒的表面疏水性较强,容易黏附在气泡上;另一些颗粒表面亲水,不易黏附在气泡上。颗粒能否附着在气泡上的关键在于能否最大限度地提高被浮颗粒表面的疏水性。为改变颗粒表面的亲水性,最有效的办法是采用各种不同的浮选药剂。

根据浮选工艺的特点,在处理固体废物时,主要用来分离密度相差不大的固体颗粒,如从焚烧残渣中回收有用的金属等。

2. 浮选药剂

浮选药剂对调整颗粒的可浮性起主要作用,因此,在浮选工艺中,必须正确地选择。浮选药剂的种类很多,根据其在浮选中的作用,可以分为以下五类。

(1) 捕收剂。能够选择性地作用于固体废物颗粒表面,使颗粒表面疏水的有机物质,常用的有异极性、非极性油类捕收剂和两性捕收剂三类。

(2) 起泡剂。能够使浮选过程产生大量而稳定的气泡,常用的有松油,二号浮选油、甲酚酸、重吡酸、重吡啶等,也可用其他有机废物代替。

(3) 活化剂。主要用来提高被抑制颗粒的浮游活性,常用的有无机盐类、酸类、硫化钠等。

(4) 抑制剂。其作用是削弱捕收剂与某些颗粒表面的作用,抑制这些颗粒的可浮性,使捕收剂更好地吸附所需要分离的物质,常用的有石灰、氰化钾(钠)、重铬酸钾、硫酸锌、硫化钠等。

(5) 调整剂。其主要作用是调整料浆的 pH,调整料浆的分散与团聚,以加强捕收剂的选择吸附作用,使之有利于浮选过程的完成,常用的有石灰、碳酸钠、苛性钠、硫化钠、硫酸等。

3. 浮选机械

浮选机是实现浮选工艺过程的主要装置。浮选机的结构与效率,是影响浮选指标的重要因素。浮选机除应具有工作连续可靠、耐磨、耗电少、构造简单等良好的机械性能外,还应该具有充气,搅拌,调节料浆液、料浆循环量及充气量,连续排出泡沫产品及槽内残料浆的作用。在选矿生产实践中,应用最广泛的是机械搅拌式浮选机,主要有叶轮式机械搅拌机和棒型浮选机。

4. 浮选的应用

浮选是固体废物分选的一种重要技术,成功的应用有从粉煤灰中回收炭、从煤矸石中回收硫铁矿、从焚烧炉渣中回收金属等。一般应用于尾矿分选、制酶生产中固废回收等。

浮选技术的主要缺点是有些工业固体废物浮选前要破碎和磨碎到一定的细度。浮选时要消耗一定数量的浮选药剂,易造成环境污染或增加配套的净化设施。因此,在生产实践中究竟采用哪一种分选方法,应根据固体废物的性质,经技术经济综合比较后确定。

(二) 静电分选

静电分选是基于垃圾中含有不同导电性的物料颗粒,可以通过充电识别,被反向电极所吸引,以达到分离的目的。这种技术既可以从导体与绝缘体的混合物中分离出导体,也可以对含不同介电常数的绝缘体进行分离。用于导体(如金属类)和绝缘体(如玻璃、砖瓦、塑料与纸类等)混合颗粒分离的静电分选装置,其主要部件是由一带负电的绝缘滚筒与靠近滚筒和供料器的一组正电极组成,当物料接近滚筒表面时,由于高压电场感应作用,导体颗粒表面发生极化作用,产生正电荷,被滚筒聚合电场所吸引;与滚筒接触后,由于传导作用,使之转而带负电荷,在库仑力作用下,又被滚筒排斥,脱离滚筒而下落。绝缘体因不产生上述作用,被滚筒迅速甩落,达到导体与绝缘体的分离。

对于不同介电常数的绝缘体静电分选,是将待分离的混合颗粒悬浮于介电常数介于两种绝缘体之间的液体中,在悬浮物间建立汇聚电场,介电常数高于液体的绝缘体,向电场增强方向移动,低介电常数的绝缘体则反向移动,达到分离目的。静电分选可使塑料类物质回收率达到99%以上,纸类回收率高达100%。含水率对静电分选的影响与其他分选方法相反,回收率随含水率升高而增加。

第四节 固体废物的脱水技术

固体废物脱水问题,常见于城市污水与工业废水处理厂产生的污泥处理,以及类似于污泥含水率的其他固体废物的处理。凡含水率超过90%的固体废物,一般先脱水、减容,以便包装与运输。脱水方法有机械脱水与固定床自然干化脱水两类,下面分别讨论。

一、机械过滤理论与设备

(一) 机械过滤理论基础

机械过滤脱水是以过滤介质两边的压力差为推动力,使水分被强制通过过滤介质,固体颗粒被截留,从而达到固、液分离的目的。

过滤时,滤液必须克服过滤介质和滤饼的阻力。单位时间通过滤饼的滤液体积可用卡曼(Carman)公式表示:

$$\frac{\mathrm{d}V}{\mathrm{d}t}=\frac{pA^2}{\mu(wVr+R_f A)} \tag{10-7}$$

式中:V——滤液体积,m^3;

t——过滤时间,s;

p——过滤压力,N/m^3;

A——过滤面积,m^2;

μ——滤液动力黏度,$N \cdot s/m^2$;

w——单位体积滤液产生的滤饼干重,kg/m^3;

r——比阻,m/kg;

R_f——过滤介质阻抗,$1/m^2$。

定压过滤时,对式(10-7)积分,得:

$$\frac{t}{V}=\frac{\mu wrV}{2pA^2}+\frac{\mu R_f}{pA} \tag{10-8}$$

式(10-8)为直线方程式,斜率 $b=\frac{\mu wr}{2pA^2}$,整理后,比阻(r)可表示为:

$$r=\frac{2pA^2b}{\mu w} \tag{10-9}$$

“比阻”可定义为:在一定压力下,单位面积上、单位质量滤饼对过滤所产生的阻力。b 可通过试验获得。比阻是污泥脱水性能的重要指标,污水处理厂产生的各种污泥比阻列于表 10-1 中。从表中可看出,经过混凝处理的污泥,比阻显著下降,易于过滤。

表 10-1 不同污泥比阻

污泥类型	比阻/$(m\cdot kg^{-1})$
初沉污泥	$1.5\times10^{14}\sim5.0\times10^{14}$
活性污泥	$1.0\times10^{12}\sim10.0\times10^{12}$
消化污泥	$1.0\times10^{14}\sim6.0\times10^{14}$
混凝消化污泥	$3.0\times10^{11}\sim40.0\times10^{11}$

过滤机械产率由式(10-10)表示:

$$L=\frac{2pAw}{\mu(rwV+2AR_f)} \tag{10-10}$$

式中:L——过滤机械的产率,kg(干基)$/m^2$。

由于滤饼比阻远大于过滤介质,$2AR_f$ 项可以忽略,则

$$L=\frac{2PA}{\mu rV} \tag{10-11}$$

(二)机械过滤设备

压滤机是固体废物脱水最常用的机械过滤设备。压滤是在外加一定压力下,强制水分通过过滤介质,以达到固、液分离的目的。压滤机可分为间歇型与连续型两种。典型间歇压滤机为板框压滤机,连续型为带式压滤机。

a. 板框压滤机:这种压滤机结构如图 10-10 所示,由滤板与滤框相间排列组成,滤框两侧用滤布包夹,两端用夹板固定。板与框均开有沟槽与孔相连,形成导管。过滤时,用污泥泵将泥浆输入导管,压入机内,分别导入各滤框空腔内,借助输入的侧压力,滤液通过滤布,沿滤板沟槽,汇集于排液管排出,滤饼留在框内。当一次操作完成后,拆开过滤机,卸出滤饼。

板框压滤机结构简单,可在污泥含水率较大的范围内应用,适应性好;滤饼含水率与滤出液含悬浮物量均相对较低;滤布寿命较长,因而得到广泛应用;缺点是操作比较烦琐。压滤机操作压力一般要求 4~8 kg/cm^2。滤饼含水率与污泥性质有关,一般为 45%~80%。

b. 带式压滤机:这种压滤机结构如图 10-11,由上下两组压辊与同向运动的带状传动滤布

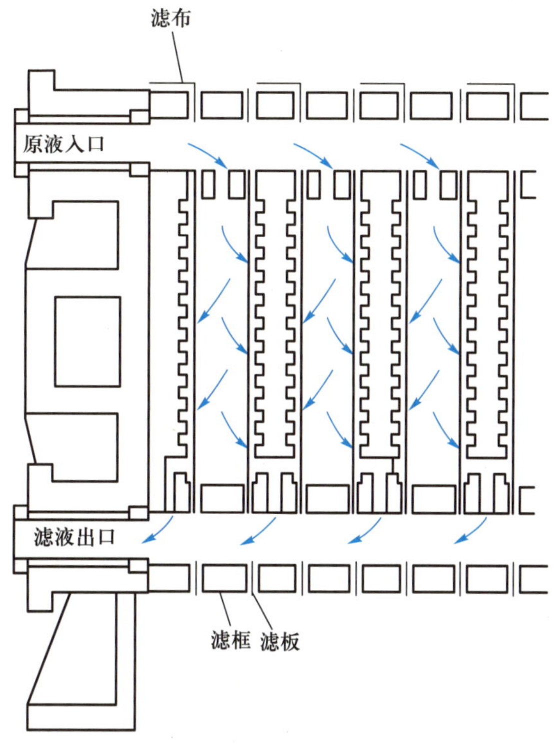

图 10-10 板框压滤机结构

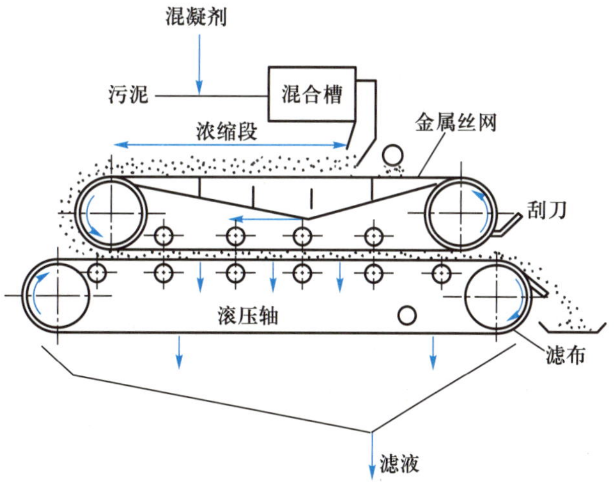

图 10-11 带式压滤结构

组成，泥浆由双带间通过，经上下压辊挤压，滤液透过滤布排出，滤饼随传动滤布卸入料斗。这种压滤机为连续性操作，适用于真空抽滤难于脱水的各种污泥，效率较高，生产能力大，占地面积较小，滤饼含水率与污泥性质有关，经带式压滤机处理后含水率可达到 70%~80%，部分无机污泥经带式压滤机处理后含水率可达 50%。

二、离心脱水机

离心脱水是利用高速旋转产生的离心力，将密度大于水的固体颗粒与水分离的过程。常用的离心分离机为转筒式，图 10-12 为卧式螺旋转筒离心机结构。这种离心机主体部件由螺旋输送器与转筒组成，转轴为变径空心轴，泥浆由空心轴腔输入，流经空心轴扩大段，由侧孔流入转筒，在高速旋转中，泥渣被甩至筒壁，压实成饼，水层则浮于泥饼内表面，由尾端排放口流出。泥饼由螺旋器推动，由锥体端部出口排出。

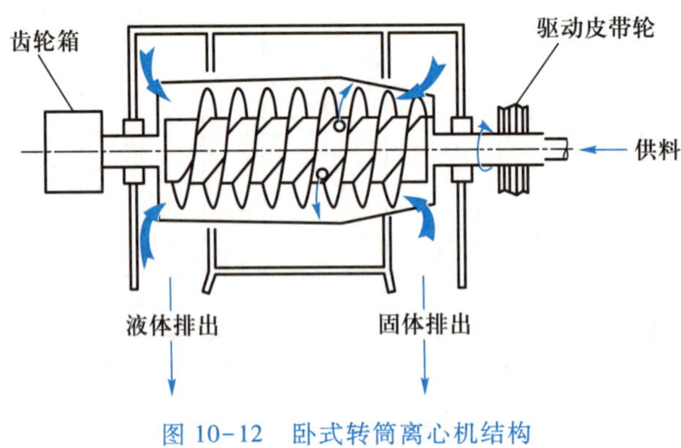

图 10-12 卧式转筒离心机结构

离心脱水机具有操作简便、设备紧凑、运行条件良好、脱水效率高等优点，适用于各种不同性质的泥浆脱水，脱水后泥渣含水率可降低至 70% 左右，剩余污泥离心脱水后含水率一般在 80% 左右；缺点是能耗较大、滤液悬浮物质含量较高且对加药量敏感。

三、污泥自然干化脱水

自然干化脱水是小型城市污水处理厂污泥脱水常用的方法，是利用自然蒸发、底部滤料和土壤过滤脱水的一种传统方法，脱水的场地称为污泥干化场或晒泥场。干化场四周建有土或板体围堤，中间用土堤或隔板隔成等面积若干区段（一般不少于 3 块）。为便于起运脱水污泥，一般每区段宽不大于 10 m，长 6~30 m。渗滤水经排水管汇集排出。污泥入流口设有散泥板，使污泥能均匀地分布于每一区段面积上，并防止冲刷滤层。

自然脱水设备简单，干化污泥含水率低，但占用土地面积大，环境卫生条件差，受季节、当地气候与气象条件影响较大，适于较干旱地区小规模应用。

第五节 危险废物的固化与稳定化技术

一、危险废物的固化处理

固化处理是利用物理或化学方法，将危险废物固定或包容于惰性固体基质内，使之呈现化学稳定性或密封性的一种无害化处理方法。固化后的产物，应具有良好的机械性能、抗渗透、抗浸出、抗干、抗湿、抗冻及抗融等特性。迄今为止，在理论方面，尚未对固化过程进行充分研究，也未能获得一种适于处理任何危险废物的最佳固化方法，比较成熟的固化方法往往只适于一种或几种危险废物的处理，尤以无机物的处理为主。

当前研究的固化方法，根据固化基质，可分为六种类型：水泥固化，石灰固化，热塑性材料固化，有机聚合物固化，自胶结固化与玻璃固化。下面分别介绍几种常用的固化方法。

（一）水泥固化与应用

1. 水泥固化工艺过程与操作条件

水泥固化是以水泥为固化基质，利用水泥与水反应后可形成坚固块体的特征，将危险废物包容其中，从而达到减小表面积，降低渗透性，使之能在较为安全的条件下运输与处置。

水泥品种较多，可根据废物性质、当地水泥生产情况、处理费用等因素进行选择。欲使水泥固化达到满意的效果，必须满足下列各项操作条件与指标：

（1）水、灰比：为确保水泥固化充分的水合条件，必须选定适宜的水、灰比，一般水、灰比控制在 1∶2 为宜，过大的水、灰比易于泌水。

（2）水泥与废物的配比：水泥与废物的配比是影响固化产物性质的重要因素，废物中含有妨碍水泥水合反应的化学物质时，水泥投配量应适当加大。此配比应通过实验确定。

（3）pH：pH 应控制在 8 以上，以保证产物中含有的金属成分处于化学稳定状态。

（4）固化时间：控制初凝时间大于 2 h，以保证运输与浇筑成形时有较好的流动性。终凝时间应控制在 48 h 内。

（5）添加剂：被固化的废物中，若含有某些对水泥固化性能产生影响的成分，必须投配适量添加剂。添加剂包括减水剂、缓凝剂、促凝剂、吸附剂和乳化剂等，根据固化过程的性质，通过实验，选择添加剂的种类与投配量。

（6）养护时间：养护是水泥固化的重要环节，在室温条件下，相对湿度大于 80%，养护时间约 28 d。

（7）操作条件：实施危险废物水泥固化时，尤其是对放射性废物，应在较严格的密封与防护条件下操作，采取远距离自动控制，以防污染环境，保证操作者的安全。

（8）机械强度与抗浸出性：机械强度与抗浸出性是固化产物的主要性能指标，对于要进行填埋处置的固化废物，机械强度应控制在 10～50 kg/cm^2；对于用作建筑材料或路基的固化产品，机械强度应大于 100 kg/cm^2。抗浸出指标应满足危险废物鉴别标准。

2. 水泥固化方法的应用

水泥固化法已是较为成熟的方法，在原子能工业固体与液体废物处理中，已得到广泛应用，对含重金属污泥、含汞泥渣、含砷泥渣等危险废物，也有所应用。

此方法具有工艺设备简单、操作方便、材料来源广泛、费用相对较低、产品机械强度较高等优点。主要缺点是，产品体积比原废物增大约 0.5～1.0 倍，致使最终处置费用增大。

（二）石灰固化与应用

石灰固化是以石灰为固化基质，以活性硅酸盐类为添加剂的一种固定危险废物的方法，其工艺与设备大体与水泥固化相似。各项工艺参数应通过实验确定。添加剂主要采用粉煤灰与水泥窑灰，为提高强度，也可添加其他类型添加剂。

石灰固化法适用于各种含重金属泥渣，并已应用于烟道气脱硫废物（如钙基 SO_x）的固化中。这种固化方法除有水泥固化的缺点外，其抗浸出性较差，易受酸性水溶液侵蚀。

（三）沥青固化与应用

沥青固化属于热塑性材料固化，用热塑性材料为固化基质的种类较多，除沥青之外，尚有聚乙烯、石蜡、聚氯乙烯等。在常温下，此类材料为较坚硬的固体，在较高温度下，有可塑性与流动性，利用此特性，可对危险废物进行固化处理。

沥青是高分子碳氢化合物的混合物，有较好的化学稳定性，不溶于水，在常温下有一定的弹性和塑性。目前使用的沥青，主要来自原油蒸馏余渣，称为石油沥青。石油沥青的主要成分为脂肪烃与芳香烃混合物，由油分、脂胶、沥青质、游离碳、石蜡与沥青酸酐等组成。作为固化基质的沥青，要求沥青质与胶质含量较高，含石蜡质较低。其物理性质指标用针入度、延伸度、软化点和闪点表征。我国用于放射性废物固化处理的沥青（60#），含沥青质11.77%，胶质42.19%，油分41.04%，蜡质7.29%。针入度与延伸度分别为41~80 mm与105 mm，软化点为49℃，闪点大于230℃。

用沥青固化的危险废物种类，与水泥固化基本相同，但由于此种固化法是在较高温度下操作，因此，含水率较高的废物需预先脱水。此外，待固化的废物中，需尽量少含或不含氧化性物质及导致沥青黏度增大的物质。固化过程中，沥青与废物的配料比为1~2∶1，混合温度230℃。搅拌设备与升温装置应设联动控制系统。沥青固化工艺过程如图10-13所示。

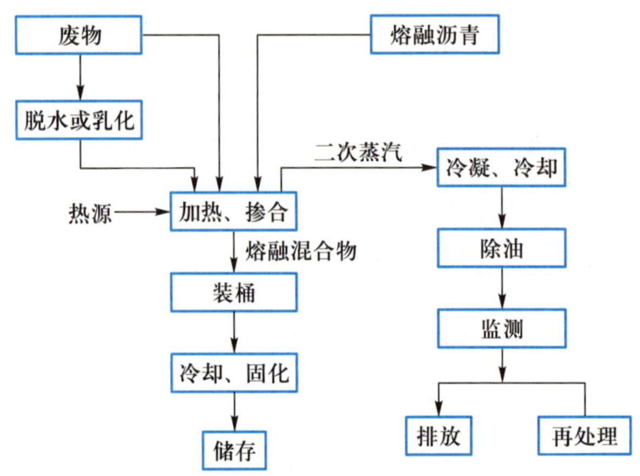

图10-13 沥青固化工艺流程

沥青固化一般用来处理中、低放射性蒸发残液、废水化学处理产生的沉淀、焚烧炉产生的灰渣以及毒性较大的电镀污泥和砷渣等危险废物。

（四）玻璃固化与应用

这种固化方法的基质为玻璃原料。首先将待固化的废物在高温下煅烧，使之形成氧化物，然后再与熔融玻璃料混合，在1 000℃烧结，冷却后形成十分坚固而稳定的玻璃体。操作方式可以采用间歇型单罐式，也可以采用连续性操作设备，将熔融与煅烧分别在两个设备中进行，并设计成连续出料方式。

玻璃固化普遍采用的配方是磷酸盐和硼硅酸盐玻璃。硼硅酸盐玻璃对设备材质要求较低，产品浸出率低，晶析倾向较小，是比较受欢迎的固化基质材料。

玻璃固化主要适用于含高比放射性废物的处理，许多国家已达到工业应用规模。

二、危险废物的稳定化处理

危险废物的稳定化处理主要采用化学稳定化技术，可以在实现废物无害化的同时，达到废物少增容或不增容，从而提高危险废物处理处置系统的总体效果和经济性。同时，可以通过改进化学药剂的构造和性能，使之与废物中危险成分之间的化学作用得到强化，进而提高稳定化产物的长期稳定性，减少最终处置过程中稳定化产物对环境的二次污染。

到目前为止，基于不同的原理已发展了许多化学稳定化的方法，主要包括：基于 pH 控制原理的中和法、基于氧化/还原电势控制原理的氧化法和还原法、基于沉淀原理的沉淀法、基于吸附原理的吸附法以及基于离子交换原理的离子交换法等。

（一）中和法

这是一种最普遍、最简单的方法。中和法处理工艺与设备，是根据废物的酸、碱性质、含量、负荷与性状等因素进行设计。中和剂的选择是以废物的酸、碱强度，药剂来源与处理费用为依据。对酸性泥渣的处理多以石灰为中和剂，也可以选用氢氧化钠或碳酸钠，但费用较高。另外，除了这些常用的强碱外，大部分固化基材，如普通水泥、石灰窑灰渣、硅酸钠等也都是碱性物质，它们在固化废物的同时，也有调整 pH 的作用。对含碱废物则宜采用硫酸或盐酸中和。在同一城市或地区，往往既有产酸性泥渣，又有产碱性泥渣的企业，通过设计者的调查与协调，使之互为中和剂，以达到经济、有效的中和处理效果。中和反应设备可以采用罐式机械搅拌或池式人工搅拌，前者多用于较大规模的中和处理，后者多用于间断的、小规模处理。

（二）氧化法

氰化物是一种常见的危险废物，因此需在填埋前对其进行预处理。一方面如果可以用简单的方法将氰化物转化成无毒物质，这样不仅可以对重金属进行资源回收，另一方面还会减少需要填埋处理的废物的量。世界银行第 93 号技术报告中指出，氰化物污泥可方便地用化学氧化法处理。氰化物废物大都来自电镀车间的电镀槽漂洗污泥，因此通常含有重金属。常用的处理方法是在碱性溶液中用氯或次氯酸盐氧化，其反应可用下式表示：

$$CN^- + Cl_2 \longrightarrow CNCl + Cl^- \tag{10-12a}$$

$$CNCl + 2OH^- \longrightarrow CNO^- + Cl^- + H_2O \tag{10-12b}$$

式（10-12a）反应产生的 CNCl 的毒性比氰化物强，必须在强碱性条件下（pH 大于 10）使之迅速转化为氰酸盐［见式（10-12b）］。

上述反应生成的氰酸盐被过量氯进一步氧化：

$$2CNO^- + 3Cl_2 + 4OH^- \longrightarrow 2CO_2 + 6Cl^- + 2H_2O + N_2 \tag{10-12c}$$

由上述的反应式可以提供计算所需要氯量的方法。但是由于在废物中还含有相当数量的其他物质，例如金属和还原剂等，它们会消耗一定数量的氯。当氰化物以铁或镍的络合物的形式存在时，对氰化物的破坏就有一定的困难。亚铁氰酸盐$\{[Fe(CN_6)]^{4-}\}$会转化为铁氰酸盐$\{[Fe(CN_6)]^{3-}\}$，此时，氧化的效率是很低的。当存在镍时情况要好一些，例如，可以增加 20% 氯的投量来得到解决。

砷渣是一种毒性较大的物质，在对此进行处理时，可以采用氧化法把三价砷氧化为五价砷，然后利用沉淀方法使其解毒，也可以结合固化法对此进行处理，常采用的氧化剂有过氧化氢和 MnO_2。

用 H_2O_2 氧化处理砷渣的反应如下：

$$As(OH)_3+H_2O_2 \longrightarrow HAsO_4^{2-}+2H^++H_2O \tag{10-13a}$$

$$AsO(OH)^-+H_2O_2 \longrightarrow HAsO_4^{2-}+H^++H_2O \tag{10-13b}$$

用 MnO_2 氧化处理砷渣的反应如下：

$$H_3AsO_3+MnO_2 \longrightarrow HAsO_4^{2-}+Mn^{2+}+H_2O \tag{10-14a}$$

$$H_3AsO_3+2MnOOH+2H^+ \longrightarrow HAsO_4^{2-}+2Mn^{2+}+3H_2O \tag{10-14b}$$

另外，对于一些被有机物污染的土壤，用过氧化氢进行现场处理可以取得很好的效果。实验证实，当土壤被五氯酚污染时，利用过氧化氢作为氧化剂，可以使 99.9%的五氯酚得到降解。此外，在五氯酚分解以后，总有机碳也可以有效地去除。这说明羟基与降解产物之间的作用要比它和酚类化合物之间的作用容易发生得多。这可能是由于降解产物的环结构处于较低氧化态，并具有较高的水溶性。

（三）还原法

铬酸是一种广泛用于金属表面处理及镀铬过程的有腐蚀性的极毒物质。铬酸在化学上可被还原成毒性较低的三价铬状态。许多种化学品均能作为有效的还原剂，其中包括：二氧化硫（SO_2）、亚硫酸盐类（SO_3^{2-}）、酸式亚硫酸盐类（HSO_3^-）以及亚铁盐类（Fe^{2+}）。其典型的还原过程如下式所示：

$$2Na_2CrO_4+6FeSO_4+8H_2SO_4 \longrightarrow Cr_2(SO_4)_3+3Fe_2(SO_4)_3+2Na_2SO_4+8H_2O \tag{10-15a}$$

此反应在 pH 为 2.5～3.0 时进行，然后可溶性铬（Cr^{3+}）一般按下式通过碱性沉淀法除去：

$$Cr_2(SO_4)_3+3Ca(OH)_2 \longrightarrow 2Cr(OH)_3+3CaSO_4 \tag{10-15b}$$

Cr^{6+} 经化学还原后再进行碱性沉淀会产生大量残渣。按 $Cr(OH)_3$ 的化学计量计算，每处理 1 kg Cr^{6+}，预计会产生 2 kg 污泥。Cr^{3+} 不用石灰而用氢氧化钠沉淀时产生的污泥较少。

（四）沉淀法

利用沉淀技术对危险废物进行稳定化处理是目前应用相当广泛的一项技术，对于溶解度很低的化合物可以采用沉淀的方法进行稳定化处理（典型难溶化合物的溶解积见附录）。常用的沉淀技术包括氢氧化物沉淀、硫化物沉淀、硅酸盐沉淀、磷酸盐沉淀、共沉淀、无机络合物沉淀和有机络合物沉淀等。

（五）吸附法

作为处理重金属废物的常用的吸附剂有：活性炭、黏土、金属氧化物（氧化铁、氧化镁、氧化铝等）、天然材料（锯末、沙、泥炭等）、人工材料（飞灰、活性氧化铝、有机聚合物等）。研究发现，一种吸附剂往往只对某一种或某几种污染物具有优良的吸附性能，而对其他污染成分则效果不佳。例如，活性炭对吸附有机物最有效，活性氧化铝对镍离子的吸附能力较强，而其他吸附剂对这种金属离子却表现出无能为力。

（六）离子交换原理

最常见的离子交换剂是有机离子交换树脂、天然或人工合成的沸石、硅胶等。用有机树脂和其他的人工合成材料去除水中的重金属离子通常是非常昂贵的，而且和吸附一样，这种方法一般只适用于给水和废水处理。另外，还需注意的是，离子交换与吸附都是可逆的过程，如果逆反应发生的条件得到满足，污染物将会重新逸出。

可以大规模应用的重金属稳定化的方法是比较有限的，但由于重金属在危险废物中存在形态的千差万别，具体到某一种废物，根据所需达到的处理效果，处理方法和实施工艺的选择是很值得研究的。

第六节 有机固体废物堆肥与厌氧消化处理技术

一、固体废物生物处理的定义

固体废物生物处理是以固体废物中的可降解有机物为对象，通过生物的好氧或厌氧作用，使之转化为生物稳定产物、能源和其他有用物质的一种处理技术。

固体废物生物处理方法有多种，例如堆肥化、厌氧消化、水解酸化、有机废物生物制氢技术等。其中，堆肥化作为大规模处理固体废物的常用方法得到了广泛的应用，并已经取得较成熟的经验。厌氧消化也是一种古老的生物处理技术，早期主要用于粪便和污泥的稳定化处理以及分散式沼气池，近年来随着对固体废物资源化的重视，在生活垃圾的处理和农业废弃物的处理方面也得到开发和应用。其他的生物处理技术虽然不能解决大规模固体废物减量化的问题，但是作为从废物中回收高附加值生物制品的重要手段，也得到了较多的研究。

固体废物生物处理的作用可归纳为以下四个方面：

(1) 稳定化和杀菌消毒作用

在生物处理过程中，废物中的有机物转化为 H_2O 和 CO_2、CH_4、NH_3、H_2S 等，以及性质稳定的难降解有机物，不仅可以达到稳定化的效果，而且其产物不会对环境造成污染。另外，有机物分解过程中的厌氧环境以及反应热所导致的高温过程，还可以杀灭废物中绝大多数病原菌，实现废物的无害化。

(2) 废物减量化

废物经过生物处理后，其中的有机物可以减少 30%～50%。这对于以有机物为主的城市生活垃圾来说，其减量化效果尤其显著。

(3) 回收能源

我们生活中大量使用的各种生物质(biomass)，作为重要的太阳能储存体，蕴涵着巨大的潜在能源。随着生物科学的进步与发展，利用生物技术使之转化为可以直接利用的能源，即开发生物能，已成为一种时代的潮流。例如，厌氧消化可以使污泥和生活垃圾中的有机物转化为具有较高能源价值的沼气，还可以将其转换成热能或电能，从而实现固体废物的资源化。

(4) 回收物质

通过生物处理的手段从固体废物中回收有用物质的方法，除了应用较为广泛的生产堆肥化产品外，还有纤维素水解生产化工原料和其他生物制品，养殖蚯蚓或黑水虻生产生物蛋白，以及生物制氢回收利用氢气等技术。

固体废物的生物处理可以减少最终处置的废物量，减轻其对环境污染的负荷，并伴随着能源和物质的再生与回用，恰好适应低碳这一时代需求，在固体废物处理与资源化中有广泛的应用前景。

二、生活垃圾堆肥化技术

利用生活垃圾实施堆肥化处理，是一种古老而备受国内外重视的生物转化方法。此方法既对垃圾实施了稳定化与无害化处理，又同时实现了资源化，既经济，又简单，通常称为“天然处理过程”。目前，我国已有多个城市利用城市生活垃圾实施机械化堆肥处理，堆肥技术已日臻完善。

（一）堆肥过程基本原理

垃圾堆肥化是在一定的人工控制条件下，通过生物化学作用，使垃圾中的有机成分分解转化为比较稳定的腐殖肥料过程，其实质是一种发酵过程。根据发酵过程中微生物对氧的需求关系，又可分为好氧与厌氧两种堆肥方式。目前，国内普遍使用好氧堆肥方式。

好氧堆肥过程是在有氧条件下，通过好氧微生物作用，使垃圾中有机物发生一系列放热分解反应，最终转化为简单而稳定的腐化质。由于好氧分解速度较快，一般 5~6 周即可完成，且环境条件较好，适于大规模生产。

下列化学反应方程式描述了垃圾好氧堆肥过程中有机物生物化学转化的基本反应过程。

$$C_aH_bO_cN_d+0.5(ny+2s+r-c)O_2 \longrightarrow nC_wH_xO_yN_z+sCO_2+rH_2O+(d-nx)NH_3 \tag{10-16}$$

式中：

$$r=0.5[b-nx-z(d-nz)]$$

$$s=a-nw$$

$C_aH_bO_cN_d$ 与 $C_wH_xO_yN_z$ 分别表示堆肥前与终了时有机物组成经验分子式（下标数值的计算方法见第九章）。

过程中产生的 NH_3，在氧化条件下继续发生硝化反应，最终以 NO_3^- 形式存在：

$$NH_3+3/2\ O_2 \longrightarrow HNO_2+H_2O$$

$$HNO_2+1/2\ O_2 \longrightarrow HNO_3$$

总反应式：

$$NH_3+2O_2 \longrightarrow HNO_3+H_2O \tag{10-17}$$

用式（10-16）与式（10-17）可以估算堆肥过程的理论需氧量。

经验表明，垃圾堆肥产品的产率约为 30%~50%，即 50%~70%的堆肥原料转化为气体与水分。好氧堆肥过程中，温度与 pH 发生显著变化，其规律如图 10-14 所示。

由图 10-14 可见，堆肥第一周，中温菌起主导作用，一周后，嗜热的放线菌与霉菌开始活跃，它们在转化与利用化学能的过程中，将化学能部分转换为热能；第三周，温度达到 70℃以上，此时芽孢菌占有优势；随分解作用的减缓，温度由第四周逐步下降，中温菌又开始活跃；堆肥最后阶段，出现原生动物。堆肥初期，由于 CO_2 大量产生，pH 明显下降，随后由于 NH_3 的产生，pH 迅速上升。为防止 NH_3 大量溢出，应控制堆肥 pH<8。

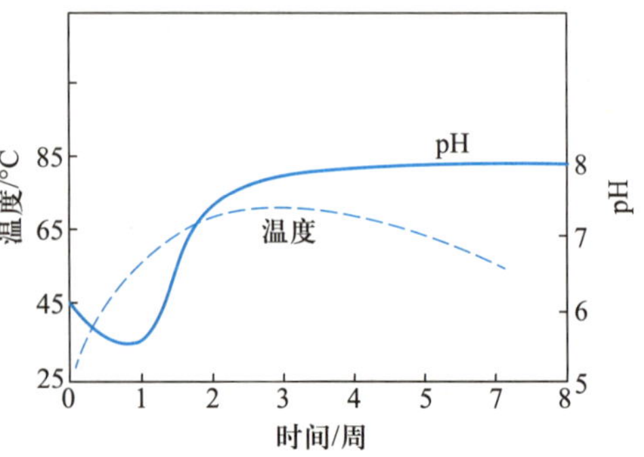

图 10-14 堆肥过程温度与 pH 变化规律

（二）好氧堆肥工艺过程

好氧堆肥工艺有野外人工堆肥与工厂化机械堆肥两类。野外人工堆肥是以传统农家堆肥方式为基础，发展起来的一种垃圾堆肥工艺过程。其工艺操作简单，费用低廉，许多国家都有应用。按堆肥配料比要求，将垃圾、污水处理厂污泥或粪便等进行调配，选择野外空地，堆成平行条堆，每堆宽为 1.2～2 m，长为1.8～3 m。定期人工翻动，一般每周 1～2 次，直至发酵完毕，通常需要 5～6 周。由于这种堆肥过程不能控制空气、水分、温度等条件，故难以获得优质肥料。

工厂化机械堆肥工艺是由市政管理部门集中生活垃圾，实施社会化堆肥的快速方法。经过加工处理与材料回收后的垃圾集中于堆肥工厂，在发酵池中采用机械搅拌与强制通风的方法，使之快速发酵。图 10-15 表示了一典型工厂化机械堆肥工艺流程。这种堆肥工艺包括发酵、熟化、加工与储存四个阶段。

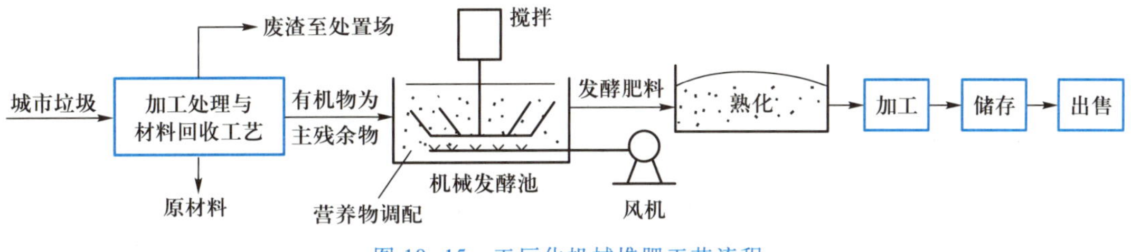

图 10-15　工厂化机械堆肥工艺流程

1. 发酵阶段

此阶段是生物化学反应的基本阶段，需要 2～3 周时间。发酵期需要满足下列各项工艺条件：

（1）碳氮比（C/N）：堆肥的最佳碳氮比以 20∶1～30∶1 为宜，当 C/N<20∶1 时，发酵过程中将有部分氮以氨气逸出，使 C/N 上升；当 C/N>30∶1 时，嗜热菌活动将受到抑制，使发酵受阻，发酵时间随之延长。若生活垃圾中氮源不足，应适当掺入含氮较高的物质，如城市污水处理厂污泥或粪便等废物。

（2）含水率：发酵过程中，应保证发酵物含水率为 40%～60%。水分过高易造成发酵的厌氧条件；水分过低，则会影响好氧微生物的繁殖。

（3）温度：图 10-14 已给出堆肥过程温度的变化规律，温度的变化是预示好氧微生物活性的重要指标。野外堆肥最高温度在 66～71℃，维持 7～10 d，发酵完毕时，温度降至 60～66℃。工厂化堆肥最高温度可达到 79～82℃，温度的降低预示空气供应不足或发酵接近终点。在堆肥的最高温度下，大部分病原体、寄生虫与蚊、蝇卵，以及杂草种子等均可被杀灭。

（4）pH：垃圾的 pH 一般为 5～8。在良好的发酵条件下，开始的几天 pH 稍有降低，随后逐日上升，直至 8.0～8.5 范围而恒定。若过程中 pH<4.5，表明发酵供氧不足，已处于厌氧条件；若 pH>8.5，NH_3 将大量逸出。

（5）空气需要量：较好的通风条件，充足的氧气，是好氧堆肥过程正常运行的基本保证。堆肥理论需氧量可根据生产能力，通过式（10-23）与式（10-24）估算。实际供气量通常为理论量的 2～10 倍。但过量供气易使温度下降，不利于发酵进程。

2. 熟化阶段

发酵完成后的肥料中，微生物仍比较活跃，其中未被分解的有机物将继续分解，此时C/N较高。若将这种新发酵完毕的肥料直接施于农田，将会消耗土壤中的氮素，于作物不利。“熟化”是将新发酵的肥料在相对静止条件下，继续完成有机物的分解过程，使较难降解的有机物得到进一步降解。肥料熟化的主要指标，是其中的淀粉质得到完全分解，C/N达到12∶1左右。通常情况下，野外人工堆肥熟化时间约为1~2周，工厂化机械堆肥则需要7~12 d。在此阶段中，除熟化外，肥料也得以脱水与干燥。

3. 加工

熟化后的肥料中，尚含有少量未被分离的塑料、玻璃、陶瓷等不利于施肥的杂物碎片，且肥料颗粒亦不均匀。因此，需要进一步利用破碎、筛分等加工手段处理，以去除杂质使颗粒均化。加工时肥料的含水率宜小于30%。

4. 储存

为适应农田施肥的高峰与淡季需求，大型垃圾堆肥厂均须备有6个月以上产品储存能力的储存场所与设施，并应配备防雨措施。

（三）堆肥产品的质量标准

针对污泥和生活垃圾堆肥后的农用问题，我国早在1984年和1987年先后出台了《农用污泥中污染物控制标准》（GB 4284—1984）和《城镇垃圾农用控制标准》（GB 8172—1987），上述标准的出台是为防止污泥和城镇垃圾农用对土壤、农作物、水体的污染，保护农业生态环境，保证农作物正常生长，因此，应满足标准规定的相应指标的控制值。例如，城镇垃圾农用控制标准规定了包括杂质、粒度、蛔虫卵死亡率、大肠杆菌、有机质（以C计）、总氮（以N计）、总磷（以P_2O_5计）、总钾（以K_2O）、pH、水分、总汞（以Hg计）、总镉（以Cd计）、总铬（以Cr计）、总铅（以Pb计）、总砷（以As计）等15项指标，农用污泥的控制标准也类似。《城镇垃圾农用控制标准》（GB 8172—1987）已于2017年废止，《农用污泥中污染物控制标准》（GB 4284—1984）于2018年进行了修订，新的标准名为《农用污泥污染物控制标准》（GB 4284—2018）。2021年农业农村部修订了《有机肥料（NY 525—2012）》标准，新的标准名为《有机肥料（NY/T 525—2021）》，该标准相关指标包括有机肥料的技术指标要求和限量指标要求。

（1）有机质质量分数（以烘干基计）：≥30%

（2）总养分（$N+P_2O_5+K_2O$）质量分数（以烘干基计）：≥4.0%

（3）水分（鲜样）的质量分数：≤30%

（4）酸碱度（pH）：5.5~8.5

（5）种子发芽指数（GI）：≥70%

（6）机械杂质的质量分数：≤0.5%

（7）重金属含量：总镉（以Cd计）≤3 mg/kg；总汞（以Hg计）≤2 mg/kg；总铅（以Pb计）≤50 mg/kg；总铬（以Cr计）≤150 mg/kg；总砷（以As计）≤15 mg/kg。

（8）粪大肠杆菌群数：≤100个/g或≤100个/mL

（9）蛔虫卵死亡率：≥95%

生活垃圾堆肥产品具有改良土壤结构、增大土壤容水量、减少无机氮的流失、促进难溶磷转化为易溶性、增加土壤缓冲能力、提高化学肥料的效力等多种功效，适量施用可促进农作物生长，提高产量，是一种廉价、优质的土壤改良肥料。

三、生活垃圾厌氧消化技术

通过厌氧细菌的生物转化作用，将生活垃圾中大部分可生物降解的有机质转化为能源产品——沼气，是生活垃圾又一资源化途径。

（一）生活垃圾厌氧消化处理工艺流程

关于厌氧消化原理、设备与操作，在第三章已有详细论述。生活垃圾厌氧消化处理与城市污水处理厂污泥厌氧消化处理基本相似，唯因垃圾的性状与含水率异于污泥，且垃圾中含有不适于厌氧处理或对厌氧菌有毒害作用的物质，因而与污泥厌氧消化处理过程有所差异。图 10-16 概括了生活垃圾厌氧消化处理与沼气回收的基本流程。

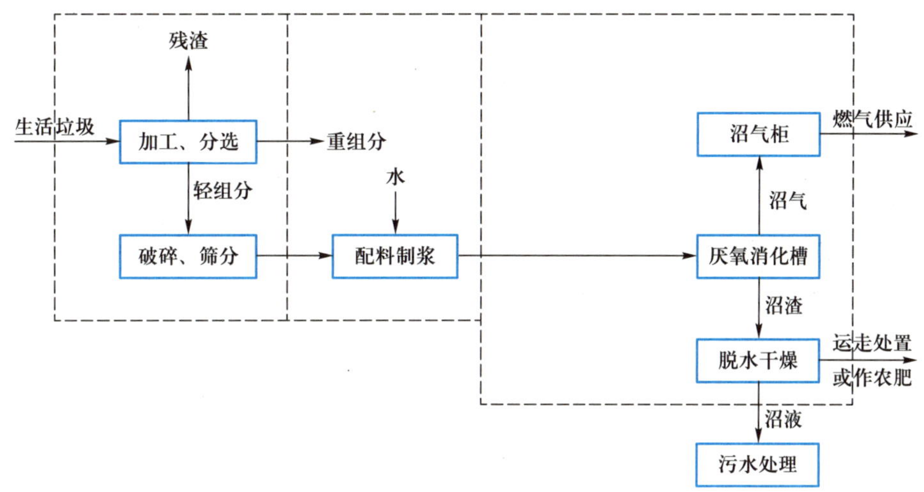

图 10-16 生活垃圾厌氧消化工艺流程

（二）垃圾预处理

生活垃圾经加工、分选处理后的轻组分中，含有少量有害物质，必须进一步去除；此外，处理后的组分颗粒较大，不适于厌氧消化处理的技术要求，需要再进一步破碎与筛分，使颗粒细化、质地均匀后，方可进入厌氧消化系统。

（三）配料与制浆

厌氧消化处理的废物，须有适宜的碳氮比（C/N）与碳磷比（C/P），其中碳氮比尤为重要。配料后的混合物加入适量水，使含水率大于 90%，制成流动性浆体，以便输送与搅拌操作，并调节浆体至适宜的 pH。

（四）厌氧消化处理工艺条件

1. 碳氮比（C/N）

厌氧消化反应的碳氮比以 20∶1～30∶1 为宜，若高于 35∶1，则甲烷产量将明显下降。

2. 操作温度

较为理想的厌氧消化温度为 30～39℃（中温）和 50～55℃（高温）。一般情况下，高温发酵时间较短且对病原微生物灭杀率较高，但其过程需较高能耗且管理复杂，所以实际应用不如中温发酵普遍。

3. pH 与碱度

消化反应器内 pH 应维持在 7.0～8.0 之间，过高或过低的 pH 均影响厌氧菌的活性。为维持反应器内适宜的 pH，配料中应含适度碳酸盐碱度，在反应过程中，碳酸盐碱度起到缓冲作用。通常配料中碱度控制在 2 000 mg/L 以上（以 $CaCO_3$ 计）。

4. 投料方式与投配率

垃圾浆体厌氧消化投料方式有间歇式与连续式两种。间歇式适于农村用小型沼气池，对大、中型垃圾浆体厌氧消化处理系统，多采用连续投料方式。投配率应以有机物容积负荷计算确定，经验容积负荷为 1～4 kg(VS)/(m^3·d)（中温湿式厌氧），大体相当于日投配率为 6%～8%。

5. 搅拌与强度

垃圾浆体厌氧消化处理装置中，多数采用机械搅拌，也可以采用沼气回流搅拌方式。搅拌强度与频率以保证槽内浆料均匀混合、防止局部过热与表面结壳。浆体最大运动线速度应小于 0.5 m/s，以防止破坏厌氧菌的活性。

（五）沼气回收与利用

1. 沼气的成分与产量

垃圾中有机质部分被厌氧分解生成沼气，部分转化为低分子有机质。不可生物降解的有机质，基本上不被分解。用 $C_aH_bO_cN_d$ 与 $C_wH_xO_yN_z$ 分别表示浆体原料中与消化完成后的有机物化学式，则垃圾厌氧生物分解反应如下：

$$C_aH_bO_cN_d \xrightarrow{\text{厌氧菌}} nC_wH_xO_yN_z + mCH_4\uparrow + sCO_2\uparrow + rH_2O + (d-nz)NH_3\uparrow \qquad (10-18)$$

式中：

$$s = a - nw - m$$

$$r = ny - 2s$$

反应产生的气体基本成分为 CH_4 与 CO_2（CH_4 占 55%～60%，CO_2 占 35%～40%），并含少量 NH_3 与 H_2S 气体。沼气产率一般为 170～320 $m^3(CH_4)$/t(VS)（被分解的可挥发性固体），浆体原料中可挥发性固体总分解率为 40%～75%；被分解的固体量占浆体原料中总固体量的 40%～60%，据此可以估算一座规模化垃圾厌氧处理厂的沼气产量。

2. 沼气的储存与利用

根据沼气产量与使用途径，确定沼气的储存方式与储存设备容量。通常情况下，一座规模化垃圾处理厂，需合建沼气发电机组，并配建一座金属沼气储柜，以起调节作用。

此外，在我国农村，采用农、畜废料与粪便建造村镇与家庭用小型沼气池，供家庭生活用气，已得到发展，并积累了一定的经验。

第七节 固体废物焚烧技术

一、焚烧技术的定义及焚烧的基本条件

（一）焚烧技术的定义及特点

固体废物的焚烧（incineration/combustion）是一种高温热处理技术，即以一定量的过剩空气与被处理的有机废物在焚烧炉内进行氧化燃烧反应，废物中的有害物质在高温下氧化

热解而被破坏，是一种可同时实现废物无害化、减量化、资源化的处理技术。焚烧的主要目的是尽可能焚毁废物，使被焚烧物质变为无害和最大限度地减容；尽量减少新的污染物质产生，避免造成二次污染。焚烧法适宜处理有机物多、热值高的废物，不但可以处理固体废物，而且还可以处理液体废物和气体废物；不但可以处理城市垃圾和一般工业废物，而且可以用于处理危险废物，危险废物中的有机固态、液态和气态废物，常常用焚烧来处理。在采用焚烧技术处理城市生活垃圾时，也常常将垃圾焚烧处理前暂时贮存过程中产生的臭气引入焚烧炉进行焚烧处理。

焚烧技术的最大优点在于大大减少了需最终处置的废物量，具有减容作用、去毒作用、资源和能量回收作用；另外，还能够减轻或消除后续处置过程对环境的二次污染和长期潜在风险。焚烧技术的缺点主要有投资和运行费用相对较高、操作运行复杂且严格；要求工作人员技术水平高；会产生二次污染物如 SO_2、NO_x、HCl、二噁英和焚烧飞灰等，需要严格控制二次污染物的排放；另外，建设过程中需要考虑公众反应。

（二）焚烧过程的基本条件

欲使燃料在炉中达到最佳燃烧水平，必须满足下列三项基本条件。

1. 温度

温度对于含水废物干燥速率、燃烧速率的提高都至关重要。从稳定燃烧的角度，燃烧产生的热量必须大于炉体散失的热量，并保持炉内温度在 800～900℃。焚烧炉内的总传热系数中辐射传热系数的贡献占一大半（80%～90%），辐射传热系数与绝对温度的3～4次方成正比。因此，保持炉内的温度是维持稳定燃烧的基础。另外，从防止二次污染的角度看，维持 850℃以上的稳定燃烧温度，可以有效分解焚烧过程中产生的二噁英类污染物。然而，燃烧温度过高，也会对炉体材料产生影响，还可能发生炉排结焦、产生高浓度 NO_x 等问题。

2. 扰动

扰动可以有效地促进物料与空气、热解气化产物与空气之间的混合，扰动程度越大，混合越充分。一方面可以有效降低传热界膜阻力，有利于物料的干燥；另一方面可以提高氧气的扩散速率常数 k_2，改善扩散控制的状况。

3. 时间

为了保证充分燃烧，物料需要在炉内有一定的停留时间，这段时间包括加热干燥物料热分解及氧化反应的时间。停留时间不仅与物料粒度、传热、传质、氧化反应速率有关，也与温度、扰动程度等因素有关。

以上三项基本条件既有独立性，又相互制约，在燃烧理论中称为 3T（temperature，turbulance and time）原则。

二、燃烧过程的热量衡算与物料衡算

燃烧过程是能量转化与物质转化的过程，因而遵循能量守恒与质量守恒规律。在燃烧过程中，可以列出能量衡算与质量衡算关系式。燃烧过程的能量与质量衡算关系，热量与物质产出的各项数据，是焚烧炉或锅炉设计的主要依据。

（一）焚烧空气量及烟气量

在废物中 Cl^- 含量不高的情况下，设 1 kg 燃料中含有碳 C（kg）、氢 H（kg）、氧 O（kg）、硫

S(kg)、氮 N(kg)和水分 W(kg)，则该燃料完全燃烧可以由下列主要反应进行描述：

碳燃烧	$C+O_2 \longrightarrow CO_2$	$C/12\times22.4$	(m^3)	(10-19a)
氢燃烧	$\frac{1}{2}H_2+1/4O_2 \longrightarrow \frac{1}{2}H_2O$	$H\times(22.4/2)$	(m^3)	(10-19b)
硫燃烧	$S+O_2 \longrightarrow SO_2$	$S/32\times22.4$	(m^3)	(10-19c)
燃料中的氧	$O \longrightarrow 1/2O_2$	$O/16\times(22.4/2)$	(m^3)	(10-19d)

1. 理论需氧量

燃烧时理论需氧量可表达如下：

(1) 以体积表示

$$V_o=22.4\left(\frac{C}{12}+\frac{H}{4}+\frac{S}{32}-\frac{O}{32}\right)=\frac{22.4}{12}C+\frac{22.4}{4}\left(H-\frac{O}{8}\right)+\frac{22.4}{32}S(m^3/kg) \quad (10-20a)$$

(2) 以质量表示

$$V_o=32\left(\frac{C}{12}+\frac{H}{4}+\frac{S}{32}-\frac{O}{32}\right)=\frac{32}{12}C+8H+S-O(kg/kg) \quad (10-20b)$$

2. 理论需空气量 空气中的氧含量若以体积计算为 21%，若以质量计算为 23%，所以燃烧的理论需空气量为：

(1) 以体积表示

$$V_a=\frac{1}{0.21}\left[1.867C+5.6\left(H-\frac{O}{8}\right)+0.7S\right](m^3/kg) \quad (10-21a)$$

(2) 以质量表示

$$V_a=\frac{1}{0.23}(2.67C+8H-O+S)(kg/kg) \quad (10-21b)$$

如果在垃圾焚烧时使用了辅助燃料(如天然气等)，则可将其视为 CO、H_2、CH_4、C_2H_4、O_2、CO_2、N_2 等的混合气体，可补充分析如下：

$$CO+\frac{1}{2}O_2 \longrightarrow CO_2 \quad (10-22a)$$

$$H_2+\frac{1}{2}O_2 \longrightarrow H_2O \quad (10-22b)$$

$$CH_4+2O_2 \longrightarrow CO_2+2H_2O \quad (10-22c)$$

$$C_2H_4+3O_2 \longrightarrow 2CO_2+2H_2O \quad (10-22d)$$

理论需氧量为：

$$V_o=\frac{1}{2}(CO)+\frac{1}{2}(H_2)+2(CH_4)+3(C_2H_4)-(O_2)(m^3/m^3) \quad (10-23a)$$

理论需空气量为：

$$V_a=\frac{1}{0.21}V_o(m^3/m^3) \quad (10-23b)$$

3. 实际空气量

实际燃烧使用的空气量通常用理论空气量 V_a 的倍数 m 表示，称为空气比或过剩空气系数。

$$V'_a = mV_a \tag{10-24}$$

废物完全燃烧的假设在仅供应理论需空气量的条件下是无法被满足的，因为氧化反应仅发生在垃圾的表面，需要充分的反应时间，因此需要超量供应助燃空气并加强搅拌能力。

过剩空气量通常占理论需空气量的 50%～90%，因此真正的助燃空气量 V'_a 为 $(1.5\sim1.9)V_a$。

4. 烟气量

若不考虑辅助燃料的影响，废气中各生成组分的体积可根据上述化学反应加以推求如下：

$$V_{CO_2} = 22.4\frac{C}{12}(m^3/kg)$$

$$V_{H_2O} = 22.4\left(\frac{H}{2}+\frac{W}{18}\right)(m^3/kg)$$

$$V_{SO_2} = 22.4\left(\frac{S}{32}\right)(m^3/kg)$$

$$V_{O_2} = 0.21(m-1)V_a = 0.21V_a - V_o(m^3/kg)$$

$$V_{N_2} = 0.79mV_a + 22.4\left(\frac{N}{28}\right) = 0.79V'_a + 22.4\left(\frac{N}{28}\right)(m^3/kg)$$

在上述方程式中，有几点假设，即物料中所有的 C 均氧化成 CO_2，所有的 S 均氧化成 SO_2，所有的 N 均以 N_2 存在于废气中，但实际情况并非如此，不完全燃烧将产生 CO，而少部分 N 会变成 NO_x，以及 Cl 有一部分会变成 HCl，在本估算中忽略其影响。

根据上述方程，总烟气量为：

$$\begin{aligned} V &= V_{CO_2}+V_{SO_2}+V_{H_2O}+V_{N_2}+V_{O_2} \\ &= (m-0.21)V_a+\frac{22.4}{12}\left(C+6H+\frac{2}{3}W+\frac{3}{8}S+\frac{3}{7}N\right)(m^3/kg) \end{aligned} \tag{10-25}$$

若不考虑烟气中的含水量，则总干烟气量为：

$$V_d = V_{CO_2}+V_{SO_2}+V_{N_2}+V_{O_2} = (m-0.21)+\frac{22.4}{12}\left(C+\frac{3}{8}S+\frac{3}{7}N\right)(m^3/kg) \tag{10-26}$$

若使用辅助燃料时，则每立方米的气态燃料在 $V'_a = mVs$ 的助燃空气供应下，会产生废气，组成如下：

$$V_{O_2} = 0.21(m-1)V_a(m^3/m^3)$$

$$V_{N_2} = 0.79mV_a(m^3/m^3)$$

$$V_{CO_2} = (CO_2)+(CO)+(CH_4)+2(C_2H_4)(m^3/m^3)$$

$$V_{H_2O} = (H_2)+2(CH_4)+2(C_2H_4)(m^3/m^3)$$

则辅助燃料的总废气产量为：

$$\begin{aligned} V &= V_{O_2}+V_{N_2}+V_{CO_2}+V_{H_2O} \\ &= [(CO_2)+(CO)+(CH_4)+2(C_2H_4)]+[(H_2)+2(CH_4)+2(C_2H_4)]+ \\ &\quad (m-0.21)V_a+(N_2)(m^3/m^3) \end{aligned} \tag{10-27}$$

通常空气污染防治法规对排放浓度标准均是以标准状态作为基准，因此要根据所求的废气中污染物浓度，并与相关法规比较，并进一步将实际量测的值作如下校正：

$$V[t(℃),p(\mathrm{mmHg})]=V^0(\mathrm{m}^3)\left(\frac{273+t}{273}\right)\left(\frac{760}{p}\right)(\mathrm{m}^3) \tag{10-28}$$

式中：t、p——废气的温度、压力；

V——废气的体积；

V^0——标准状态下废气体积。

5. 过剩空气系数 m

在实际操作中，为了掌握燃烧状况，常常通过测定烟气组分求算过剩空气系数 m。烟气中各种组分的分量用(CO_2)、(CO)、(N_2)、(O_2)、(SO_2)表示，则实际供氧量 V'_o和理论供氧量 V_o 可以用不参与燃烧反应的 N_2 为基准由下式给出：

$$V'_o=\frac{0.21}{0.79}\left[(N_2)-\frac{N}{14}\times\frac{22.4}{2V}\right]V$$

$$V_o=V'_o-[(O_2)-(O'_2)]V$$

式中：V——1 kg 燃料燃烧产生的烟气量；

$\frac{N}{14}\times\frac{22.4}{2V}$——燃料中的氮燃烧产生的氮气量；

(O'_2)——烟气中未燃尽组分燃烧所需氧的分量，通常取$(O'_2)=1/2(CO)$。

因此：

$$m=\frac{V'_a}{V_a}=\frac{V'_o}{V_o}=\frac{\frac{0.21}{0.79}\left[(N_2)-\frac{0.8N}{V}\right]}{\frac{0.21}{0.79}\left[(N_2)-\frac{0.8N}{V}\right]-[(O_2)-(O'_2)]}$$

$$=\frac{(N_2)-\frac{0.8N}{V}}{(N_2)-3.77\left[(O_2)-\frac{1}{2}(CO)\right]-\frac{0.8N}{V}}$$

燃料中氮含量较少时，$0.8N/V$ 可以忽略不计，

$$m=\frac{1}{1-\frac{3.77\left[(O_2)-\frac{1}{2}(CO)\right]}{(N_2)}}$$

正常燃烧情况下，可以假设$(CO)\approx0$，$(N_2)\approx0.79$，则：

$$m\approx\frac{0.21}{0.21-(O_2)} \tag{10-29}$$

（二）烟气温度

燃料燃烧产生的热量绝大部分贮存在烟气中，因此掌握烟气的温度无论对于了解燃烧效率还是进行余热利用都是十分重要的。燃料与空气混合燃烧后，在没有任何热量损失的情况下，燃烧烟气所能达到的最高温度称为“绝热火焰温度”，决定火焰温度的关键因素是燃料的热值。由于燃烧过程中必然伴随部分热量损失，实际烟气温度总是低于绝热火焰温

度。但它可以给出理论上可以达到的最高烟气温度(即炉膛温度)。

理论燃烧温度(绝热火焰温度)可以通过下列近似方法求得:

$$H_L = GC_{pg}(T-T_0) \tag{10-30}$$

式中:H_L——燃料的低位热值,kJ/kg;

C_{pg}——废气在 T 及 T_0 间的平均比热容,kJ/(kg·℃),在 0~100℃ 范围内,$C_{pg} \approx$ 1.254 kJ/(kg·℃);

T_0——大气或助燃空气温度,℃;

T——最终废气温度,℃;

G——燃烧产生的废气质量,kg。

此时 T 可当成是近似的理论燃烧温度(绝热火焰温度),式(10-30)可以变换为:

$$T=\frac{H_L}{VC_{pg}}+T_0 \tag{10-31}$$

若系统总热损失为 ΔH,则实际燃烧温度可由下式估算:

$$T=\frac{H_L-\Delta H}{VC_{pg}}+T_0 \tag{10-32}$$

(三) 焚烧系统热平衡计算

焚烧过程进行着一系列能量转换和能量传递,是一个热能和化学能的转换过程。固体废物和辅助燃料的热值、燃烧效率、机械热损失及各物料的潜热和显热等,决定了系统的有用热,最终也决定了焚烧炉的火焰温度和烟气温度。

在整个焚烧系统中,能量是守恒的,即

$$Q_w+Q_f+Q_a=Q_1+Q_2+Q_3+Q_4+Q_5 \tag{10-33}$$

式中:Q_w——固体废物的热量,kJ;

Q_f——辅助燃料的热量,kJ;

Q_a——助燃空气的热量,kJ;

Q_1——有用热量,kJ;

Q_2——化学不完全燃烧热损失,kJ;

Q_3——机械热损失,kJ;

Q_4——烟气显热(含热量),kJ;

Q_5——灰渣显热(含热量),kJ。

三、生活垃圾焚烧工艺

(一) 概述

就不同时期、不同炉型,以及不同的固体废物种类和处理要求而言,固体废物焚烧技术和工艺流程也各不相同,如间歇焚烧、连续焚烧、固定炉排焚烧、流化床焚烧、回转窑焚烧、机械炉排焚烧、单室焚烧、多室焚烧等。不同焚烧技术和工艺流程,有着各自不同的特点。

目前大型现代化生活垃圾焚烧技术的基本过程大体相同,如图 10-17 所示,现代化生活垃圾焚烧工艺流程主要由前处理系统、进料系统、焚烧炉系统、空气系统、烟气系统、灰渣系统、余热利用系统及自动化控制系统组成。

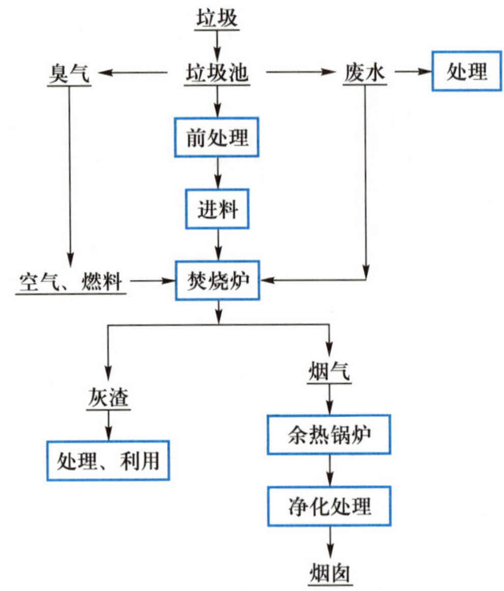

图 10-17 生活垃圾焚烧工艺流程图

(二)工艺过程

1. 前处理系统

固体废物焚烧的前处理系统,主要包括固体废物的接收、贮存、分选或破碎,如固体废物运输、计量、登记、进场、卸料、混料、破碎、手选、磁选、筛分等。由于垃圾的成分十分复杂,既有坚硬的金属类废物和砖石,又有韧性很强的条带类物质。这就要求破碎和筛分设备既要有足够的抗缠绕、剪切能力,又要能够击碎坚硬的金属和砖石固体废物。前处理系统,特别是对于我国非常普遍的混装生活垃圾的破碎和筛分处理过程,在某种意义上往往是整个工艺系统的关键步骤。

前处理系统的设备、设施和构筑物,主要包括车辆、地衡、控制间、垃圾池、吊车、抓斗、破碎和筛分设备、磁选机,以及臭气和渗滤液收集、处理设施等。

2. 进料系统

进料系统的主要作用是向焚烧炉定量给料,同时要将垃圾池中的垃圾与焚烧炉的高温火焰和高温烟气隔开、密闭,以防止焚烧炉火焰通过进料口向垃圾池垃圾反烧和高温烟气反窜。

目前应用较广的进料方法有炉排进料、螺旋给料、推料器给料几种形式。

3. 焚烧热反应系统

焚烧热反应系统是整个工艺系统的核心系统,是固体废物进行蒸发、干燥、热分解和燃烧的场所。焚烧反应系统的核心装置就是焚烧炉。焚烧炉有多种炉型,如固定炉排焚烧炉、水平链条炉排焚烧炉、倾斜机械炉排焚烧炉、回转式焚烧炉、流化床焚烧炉、立式焚烧炉、气化热解炉、气化熔融炉、电子束焚烧炉、离子焚烧炉、催化焚烧炉等。

在现代生活垃圾焚烧工艺中,应用最多的是水平链条炉排焚烧炉和倾斜机械炉排焚烧炉。

4. 空气系统

空气系统，即助燃空气系统，是焚烧炉非常重要的组成部分。空气系统除了为固体废物的正常焚烧提供必需的助燃氧气外，还有冷却炉排、混合炉料和控制烟气气流等作用。助燃空气可分为一次助燃空气和二次助燃空气。一次助燃空气是指由炉排下送入焚烧炉的助燃空气，即火焰下空气。一次助燃空气占助燃空气总量的 60%～80%，主要起助燃、冷却炉排搅动炉料的作用。一次助燃空气分别从炉排的干燥段（着火段）、燃烧段（主燃烧段）和燃烬段（后燃烧段）送入炉内，气量分配约为 15%、75% 和 10%。火焰上空气和二次燃烧室的空气属于二次助燃空气。二次助燃空气主要是为了助燃和控制气量的湍流程度。二次助燃空气一般为助燃空气总量的 20%～40%。

部分一次助燃空气可从垃圾池上方抽取，以防止垃圾池臭气对环境的污染。为了提高助燃空气的温度，常常将助燃空气通过设置在余热锅炉之后的换热器进行预热。预热助燃空气不仅能够改善焚烧效果，而且能够提高焚烧系统的有用热，有利于系统的余热回收。预热空气温度的高低主要取决于生活垃圾的热值和烟气余热利用的要求，通常要求预热空气的温度为 200～280 ℃。

空气系统的主要设施是通风管道、进气系统、风机和空气预热器等。

5. 烟气系统

焚烧炉烟气是固体废物焚烧炉系统的主要污染源。焚烧炉烟气含有大量颗粒状污染物质和气态污染物质。设置烟气系统的目的就是去除烟气中的这些污染物质，并使之达到国家有关排放标准的要求，最终排入大气。

烟气中的颗粒状污染物质，即各种烟尘，主要可通过重力沉降、离心分离、静电除尘、袋式过滤等技术手段去除；而烟气中的气态污染物质，如 SO_x、NO_x、HCl 及有机气体物质等，则主要是利用吸收、吸附、氧化还原等技术途径净化。

烟气净化处理是防治固体废物焚烧二次环境污染的关键。国家现行有关标准对焚烧烟气烟尘、林格曼黑度、CO、NO_x、SO_2、HCl、二噁英、汞、铅、镉等污染物的排放作出了明确规定。

氯化物、硫氧化物、氟化氢的去除工艺可分为干法、半干法和湿法工艺三类。干法工艺是将石灰粉喷入烟气净化反应器，使之与氯化物、硫氧化物、氟化氢等酸性气体接触反应而生成固态物质，干法工艺对氯化氢的去除率一般为 80%～90%。半干法工艺是将限量的一定浓度的石灰浆喷入烟气净化反应器，使之与酸性气体接触反应而去除，同时石灰浆的水分被烟气加热蒸发，该法对氯化氢的去除率可高达 98%～99%。而湿法工艺是将过量的石灰浆喷入烟气净化反应器，净化烟气中酸性气体。湿法工艺通常对烟气中污染物有很高的去除率，但经过湿法处理的烟气往往温度较低、湿度较高，这可能会给后续的布袋过滤处理造成困难。此外，湿法净化工艺不可避免地存在废水处理问题。目前，由于半干法烟气净化工艺具有对酸性气体去除率高、系统简单、设备成熟、零废水排放等特点，在生活垃圾焚烧处理中得到了广泛应用。

二噁英类物质（PCDDs）是已知的毒性最大的一类物质之一。二噁英类物质主要有两类：第一类是氯苯并二噁英（TCDDs），有 75 种化合物，其中毒性最大的是 2,3,7,8-四氯二苯并二噁英（2,3,7,8-TCDDs）；第二类是二苯并呋喃类物质（PCDFs），共有 135 种物质。在生活垃圾焚烧过程中，特定条件下有可能生成二噁英类物质，对大气环境造成污染。

虽然二噁英类物质生成的机理非常复杂，但就生活垃圾焚烧而言，二噁英类物质生成的可能途径主要有三种：第一种是在生活垃圾中可能含有微量二噁英类物质或其前驱体物质，当焚烧不完全时这些物质会进入焚烧烟气；第二种在垃圾焚烧过程中，一些二噁英类物质前驱体物质等可能会反应生成二噁英类物质，在焚烧不完全时进入烟气；第三种可能的途径就是炉外生成二噁英类物质，即二噁英类物质前驱体物质和分解的二噁英类物质的化合物，在适当温度（300～500℃）和催化剂（如烟尘中的铜等过渡金属物质）存在的条件下，可能会重新反应合成二噁英类物质。

根据二噁英类物质生成的机理和可能途径，通常控制二噁英类物质可采用以下三个措施：一是严格控制焚烧炉燃烧室温度和固体废物、烟气的停留时间，确保固体废物及烟气中有机气体，包括二噁英类物质前驱体物质的有效焚毁率；二是减少烟气在200～500℃温度段的停留时间，以避免或减少二噁英类物质的炉外生成；三是对烟气进行有效的净化处理，以去除可能存在的微量二噁英类物质，如利用活性炭或多孔性吸附剂等净化去除二噁英类物质。

根据焚烧炉烟气成分和处理要求，常用的烟气处理技术有旋风除尘、静电除尘、湿式洗涤、半干式洗涤、干式洗涤、布袋过滤、活性炭吸附等。有时还设有催化脱硝、烟气再加热和设备减振降噪等设施。

焚烧炉烟气处理系统的主要设备和设施有沉降室、旋风除尘器、静电除尘器、洗涤塔、布袋过滤器等。

6. 其他工艺系统

除以上工艺系统外，固体废物焚烧系统还包括灰渣系统、废水处理系统、余热系统、发电系统、自动化控制系统等。其中，灰渣系统的典型工艺流程如图 10-18 所示。

灰渣 → 收集 → 冷却 → 输送 → 渣池 → 抓吊 → 处理或外运

图 10-18 灰渣系统的典型工艺流程

灰渣系统的主要内容有灰渣收集、冷却、加湿处理、贮运、处理处置和资源化。灰渣系统的主要设备、设施有灰渣漏斗、渣池、排渣机械、滑槽、水池或喷水器、抓提设备、输送机械、磁选机等。

四、焚烧炉类型

焚烧炉系统的主体设备是焚烧炉，包括受料斗、饲料器、炉体、炉排、助燃器、出渣和进风装置等设备、设施。目前在垃圾焚烧中应用最广的生活垃圾焚烧炉，主要有机械炉排焚烧炉、流化床焚烧炉和回转窑焚烧炉三种类型。

（一）焚烧炉

1. 机械炉排焚烧炉

机械炉排焚烧炉可分为水平链条机械炉排焚烧炉和倾斜机械炉排焚烧炉。倾斜机械炉排多为多级阶梯式炉排，有多种类型，其代表性炉排有并列摇动式、台阶式、往复移动式、倾斜履带式、滚筒式等（如图 10-19、图 10-20 和图 10-21 所示）。层状燃烧技术的关键是炉排，机械焚烧炉炉排通常可分为三个区或三个段：预热干燥区（干燥段）、燃烧区（主燃段）和燃烬区（后燃段）。

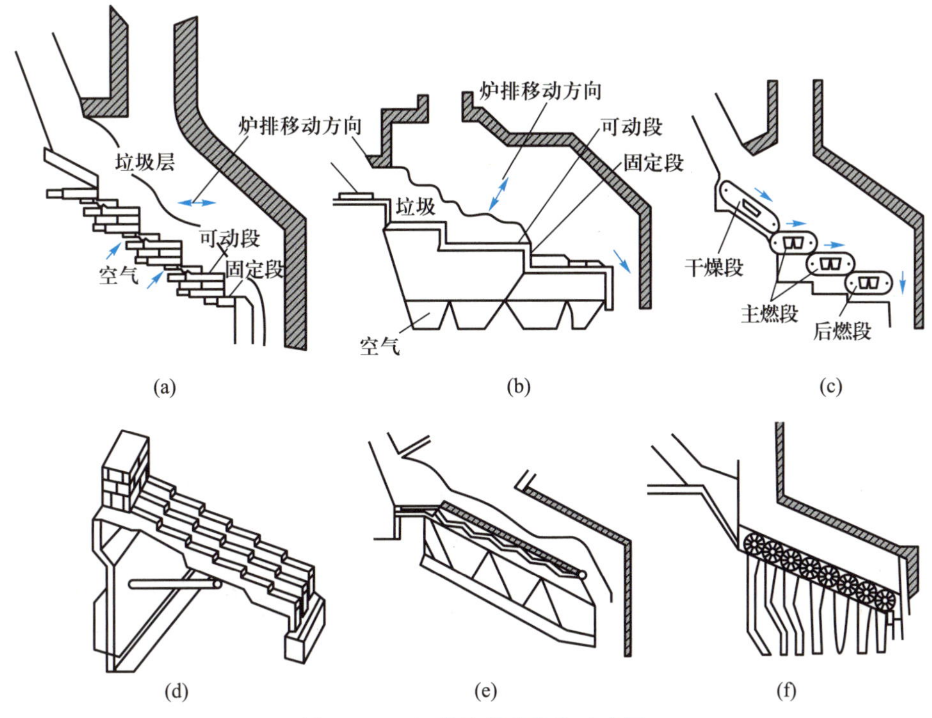

图 10-19　机械炉排焚烧炉示意图

(a) 台阶式炉排;(b) 往复移动式炉排;(c) 倾斜履带式炉排;(d) 摇动式炉排;(e) 逆动式炉排;(f) 滚筒式炉排

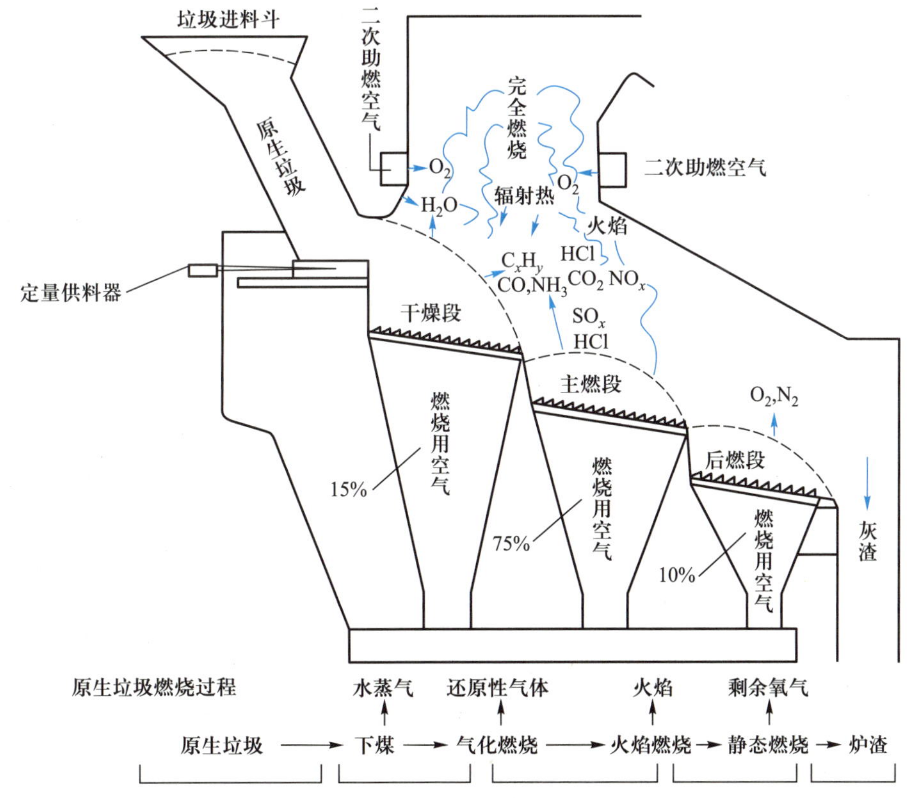

图 10-20　倾斜机械炉排焚烧炉焚烧示意图

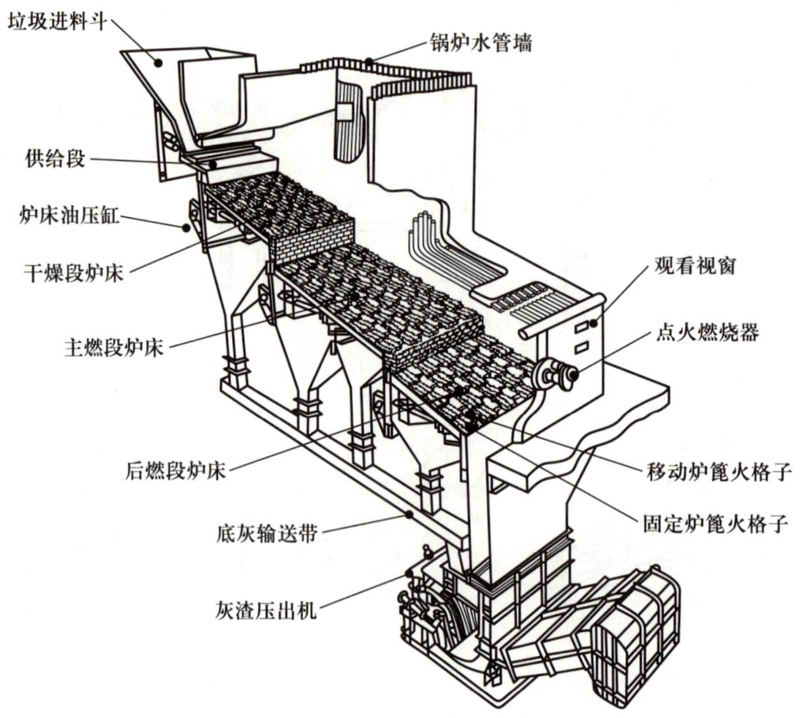

图 10-21 倾斜机械炉排焚烧炉构造示意图

在入炉固体废物从进料端(干燥段)向出料端(后燃段)移动的过程中,分别进行固体废物蒸发、干燥、热分解及燃烧反应,同时松散和翻动料层,并从炉排缝隙中漏出灰渣。大型倾斜机械炉排焚烧炉,如马丁炉等,具有工艺先进、技术可靠、焚烧效率和热回收效率高、对垃圾适应性强等优点,在国外应用较为广泛。但这种炉排对材质要求高,而且炉排加工、制造复杂,设备造价昂贵,一次性投资大,因而在某种程度上不适合经济不发达地区和中小城镇的垃圾处理。

2. 流化床焚烧炉

流化床焚烧炉是一种相对较新的清洁燃烧技术,其基本特征是炉膛内装有布风板、导流板、载热媒介惰性颗粒,在焚烧运行时物料呈沸腾状态。流化床焚烧炉传热和传质速率高,物料几乎呈完全混合状态,能迅速分散均匀。载热体贮存大量的热量,床层的温度保持均匀,避免了局部过热,温度易于控制。流化床焚烧炉具有固体废物焚烧效率高、负荷调节范围宽、污染物排放少、热强度高、适合燃烧低热值物料等优点。流化床焚烧炉在中小城镇较有发展前景,尤其对于热值相对偏低的垃圾的焚烧,流化床焚烧技术不失为一种较佳选择。

3. 回转窑焚烧炉

回转窑焚烧炉是一可旋转的倾斜钢制圆筒,筒内加装耐火衬里或由冷却水管和有孔钢板焊接成的内筒。炉体向下方倾斜,分成干燥、燃烧及燃烬三段,并由前后两端滚轮支撑和电机链轮驱动装置驱动。固体废物在窑内由进到出的移动过程中,完成干燥、焚烧及燃烬过程。冷却后的灰渣由炉窑下方末端排出。在进行固体废物焚烧时,随着回转窑焚烧炉的缓慢转动,固体废物获得良好的翻搅及向前输送,预热空气由底部穿过有孔钢板至窑内,使垃圾能完全燃烧。回转窑焚烧炉通常在窑尾设置一个二次燃烧室，使烟中可燃成分在二次燃烧室得到充分燃烧。

回转窑焚烧炉具有对固体废物适应性广、故障少、效率高、可连续运行等特点。回转窑焚烧炉不仅能焚烧固体废物，还可焚烧液体废物、气体废物。但回转窑焚烧炉存在窑身较长、占地面积较大、热效率低、成本高、价格较贵等缺点。

（二）焚烧炉比较

除上述机械炉排焚烧炉、流化床焚烧炉和回转窑焚烧炉外，还有多种不同种类的其他焚烧炉，如：液体喷注式焚烧炉、多炉床式焚烧炉、垃圾衍生燃料焚烧炉等，适合于处理不同性质的固体废物和满足不同的技术、经济要求，都有其各自不同特点。部分焚烧炉的优、缺点比较如表 10-2 所示。

表 10-2　部分焚烧炉的优、缺点比较

炉型	优点	缺点
机械炉排焚烧炉	容量大（单炉容量 100～500 t/d）、效率高、焚烧彻底、公害易处理、焚烧稳定、管控容易、余热利用高	造价高、技术复杂、维修费高、需连续运行、运行管理要求高
回转窑焚烧炉	垃圾搅拌及干燥性好、可适用中小容量（单炉容量 100～400 t/d）、可高温安全燃烧，残灰颗粒小	连续转动装置复杂、炉内的耐火材料易损坏
排气式焚烧炉	适用中小容量（单炉容量 150 t/d）、构造简单、装置可移动、机动性强	燃烧不完全、燃烧效率低、使用年限短、平均建造成本较高
流化床焚烧炉	容量适中（单炉容量 50～200 t/d）、燃烧温度较低（750～850℃）、热传导好、公害低、燃烧效率高	操作技术高、燃料种类受限制、进料颗粒较小、单位处理量所需动力高、炉床材料易冲蚀损坏
垃圾衍生燃料焚烧炉	适用大容量（单炉容量 200～750 t/d）焚烧、余热利用率高、可资源回收	造假昂贵、设备构造复杂、技术复杂、不适合高水分垃圾

第八节　固体废物热解技术

一、固体废物热解的定义及原理

热解（pyrolysis）是在无氧或缺氧的还原性气氛下加热有机物，破坏有机物的高分子键合状态，将其分解成低分子物质的反应，反应的生成物是气体、油类和碳化物。对气化而言，主要是在热解的基础上，改变了废物反应时的气氛。一般引入二氧化碳、氧气、氢气、水蒸气等作为气化剂，气化剂使长链高分子产物进一步向小分子气体转变，同时与热解焦炭发生气化反应生成气体产物。气化产物主要是由一氧化碳、氢气和甲烷组成的中、低热值燃气。热解和气化处理技术,因其高效的能源回收利用和较低的二次污染排放等优点,逐渐成为各国发展的新型环保技术。

固体废物的热解处理是利用有机物的热不稳定性,在无氧或缺氧条件下,使可燃性废物在高温下分解,最终成为可燃气、油和固形炭的过程,可简单表示如下。

$$\text{有机物} \xrightarrow[\text{无氧或缺氧}]{\text{加热}} \text{可燃性气体}+\text{有机液体}+\text{固体残渣}$$

固体废物的热解过程是一个复杂的化学反应过程,包括大分子的键断裂、异构化等化学反应。在热解过程中,其中间产物有两种变化趋势,它们一方面有从大分子变成小分子直至气体的裂解过程,另一方面又有小分子聚合成较大分子的聚合过程。在热解反应过程中没有十分明显的阶段性,许多反应是交叉进行的,较复杂的方程式可表示为:

$$\text{有机物} \xrightarrow[\text{无氧或缺氧}]{\text{加热}} \begin{cases} \text{大分子量及中等分子量的有机液体(焦油等)} \\ \text{分子量小的有机液体} \\ \text{多种有机酸+其他液体芳香化合物液体产物} \\ CH_4+H_2+H_2O+CO+CO_2+NH_3+H_2S+HCN\ \text{等气体产物} \\ \text{炭黑等固体残余物} \end{cases}$$

焚烧是氧化放热分解反应过程,而热解则是吸热分解反应过程。热解可在比焚烧温度低的条件下,从有机废物中直接回收燃料油或燃料气,从资源化角度讲,热解比焚烧更有利。但是,并非所有有机废物都适于热解,对含水率过高、性质不同的可热解的有机混合物,由于热解困难,回收燃料油气在经济上并不合算。即使是同类有机物,若数量不足以发挥处理设备能力的经济优势,也是不经济的。因此,在选择和使用热解技术时,必须详细查明废物的组成、性质和数量,充分考虑其经济效益。适于热解处理的废物有废塑料(含氯的除外)、树脂、废橡胶、废轮胎、废油及油泥(渣)、废有机污泥、城市固体废物、农业废物、人畜粪便等。

二、热解设备及系统

(一) 热解工艺流程

热解处理的一般工艺流程包括破碎、预热和热分解,流程的主要工艺参数大致如下。

(1) 破碎工序:将垃圾或废塑料破碎成直径为 50 mm 左右的颗粒或碎片。

(2) 预热工序:对于废塑料,控制温度在 230~280℃,使其达到熔融状态;对于城市生活垃圾,则主要目的是干化,温度可依据具体成分和焚烧设施的种类而定。

(3) 热分解工序:热解技术可分为 3 大类,主要工艺参数指标见表 10-3。

表 10-3 热解技术的主要工艺参数

主要工艺参数	常规热解	快速热解	闪解
热解温度/℃	300~700	500~1 000	800~1 000
加热速率/(℃·s^{-1})	0.1~1	10~200	>1 000
颗粒尺寸/mm	5~50	<1	<0.2
停留时间/s	600~6 000	0.5~10	<0.5

（二）热解反应器

在不同的热解工艺中，采用了形式多样的热解反应器和工艺路线。热解反应器的类型和传热传质方式的选择，直接影响热解产物的分布。常用的反应器主要有以下几种形式。

（1）固定床反应器：固定床由炉箅支持，运行温度为 1 000～1 650℃，维持连续反应的热量由部分产物的燃烧得到。此类反应器中，气体流速较低，不但有充分停留时间使物料转化，而且气体中夹带的固体颗粒很少，对物料的利用率达到很高水平。其缺点是不能直接处理含水量大或黏稠的物料。大块的固体废物还会使反应器中的气体产生沟流，降低气化效果。灰渣的黏结也会妨碍正常的热解过程。因此，此类反应器对物料的预处理要求较严格。

（2）流化床反应器：与固定床的主要差别是气流速度较高，可以使物料处于膨胀和悬浮状态。为了提高热解效率，流化床反应器中需要加入一定量的热载体。它的主要优点是对物料的适应性很强，处理能力很强。由于载体可以储存大量的热，所以床层温度均匀，温度容易控制。此类反应器的缺点是热效率低，未气化燃料和粉尘会带走大量热量。如果处理不当，粉尘和噪声将会对环境产生明显影响。

（3）回转式热解反应器：常用的回转式热解反应器，是典型的与外界空气隔绝的外加热式设备。物料通过一个慢速旋转、倾斜的圆筒逐渐移动到出料口并分解完毕。此类装置的运行温度范围较宽，热解效率高。外加热大部分采用部分气体产物作燃料。由于此类反应器中的热传导作用很重要，所以事先必须将废物破碎，一般要小于 5 cm。此外，该类反应器不易混合高黏度物料，操作稳定性相对较差。

（4）输送式反应器：该反应器借助热解废渣和部分热解气态产物的再循环，来提供热解所需要的热量。将经过破碎的废物用部分循环的气体产物送入反应器中，并在大约 500℃和 1 个大气压（表压）下进行热解；热解后，将产生的固体废渣分离，与一定数量的空气混合燃烧；燃烧残渣再次送回反应器入口，以供应高温分解所需要的热量。完全的湍流可使细颗粒废物之间有很好的热传递效率，从而使有机物快速分解。由于固体废渣与高温分解产物在反应后立即分离，所以气体产物得到快速冷却，阻止了油类热解产物的进一步分解。因此，该流程能得到比较高比例的燃油。

（三）热解工艺应用

（1）城市生活垃圾的热解：可以根据装置的类型，将城市生活垃圾的热解技术分为移动床熔融炉方式、回转窑方式、流化床方式和瞬时热解（flash pyrolysis）方式。其中，回转窑方式和瞬时热解方式是最早开发的城市生活垃圾热解处理技术。流化床有单塔式和双塔式两种，其中双塔式流化床已经达到工业化生产规模。移动床熔融炉方式，是城市生活垃圾热解技术中最为成熟的方法，代表性的系统有新日铁系统、Purox 系统和 Torrax 系统。在此仅对新日铁系统进行具体介绍。

新日铁系统是将热解和熔融一体化的设备，通过控制炉温和供氧条件，使垃圾在同一炉体内完成干燥、热解、燃烧和熔融。干燥段温度约为 300℃，热解段温度为 300～1 000℃，熔融段温度为 1 700～1 800℃，其工艺流程见图 10-22。垃圾由炉顶投料口进入炉内，为了防止空气的混入和热解气体的泄漏，投料口采用双重密封阀结构。进入炉内的垃圾在竖式炉内由上向下移动，通过与上升的高温气体换热，垃圾中的水分受热蒸发，逐渐降至热解段，在可控制的缺氧状态下有机物发生热解，生成可燃气和灰渣。可燃气导入二次燃烧室进一步燃烧，并利用尾气的余热发电。灰渣进一步下移进入燃烧室，灰渣中残存的热解固相产物——炭黑与从炉下部通入的空气发生燃烧反应，其产生的热量并不足以满足灰渣熔融所需的温度，一般需要通过添加焦炭来提供能源。

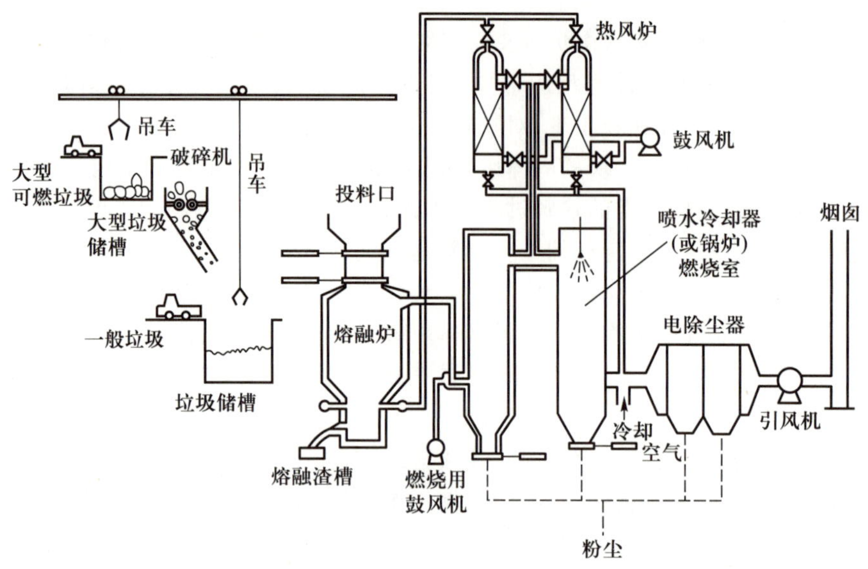

图 10-22 新日铁系统垃圾热解熔融处理工艺流程

灰渣熔融后形成玻璃体和铁，体积大大减小，重金属等有害物质也被完全固定在固相中。玻璃体可以直接填埋处置或作为建材加以利用，磁分选出的铁可以回收利用。热解得到可燃性气体的热值一般为 1 500～2 500 $kcal/m_N^3$。

(2) 废塑料的热解：废塑料热解处理的主要产物为 C_1～C_{44}的燃料油和燃料气，以及固体残渣。在通常情况下，热解产生的燃料气基本上在系统内全部消耗掉，生成的燃料油也部分得到消耗。在配备发电设施的系统中，最终得到的燃料油产品约为总投入物料的 40%。

KPY 型废塑料热解处理系统的工艺流程如图 10-23 所示。左上方为通风干燥装置，废塑料在干燥器内经 80℃的热风干燥后，通过计量槽送入熔融釜。废塑料在熔融釜内边搅拌边熔融，保持停留时间 2 h。在此期间，产生的氯化氢气体送往中和装置处理。单方向从熔融釜向热解釜输送物料，熔融釜内的物料黏度会逐渐升高，因此，需要从热解釜回流 400℃左右的低黏度熔融塑料，以保证熔融釜的正常运行。熔融后的废塑料送往热解釜，热解反应后的物料通过沉降槽去除残渣，再通过熔融塑料加热炉加热后，重新回流至热解釜，如此循环操作。

热解釜产生的热解气体，经气体分离器去除重组分后送往酸性气体吸收塔，进一步脱除氯化氢。脱除氯化氢后的热解气体进入催化反应器改性，在冷凝器冷凝后贮存于储油罐中。根据产品的用途，还可以进一步通过分馏塔分离成汽油、煤油和柴油。

该系统的主要技术特点可以概括为以下几个方面：可以处理从城市生活垃圾中分选出的废塑料(PVC 含量小于 10%)；生成燃料油的品质较高，为汽油、煤油和柴油的混合油；产物收率和能量回收率高；系统的安全性好；由于是向熔融釜中直接投入废塑料，设施维护管理简单；对环境的污染负荷小。

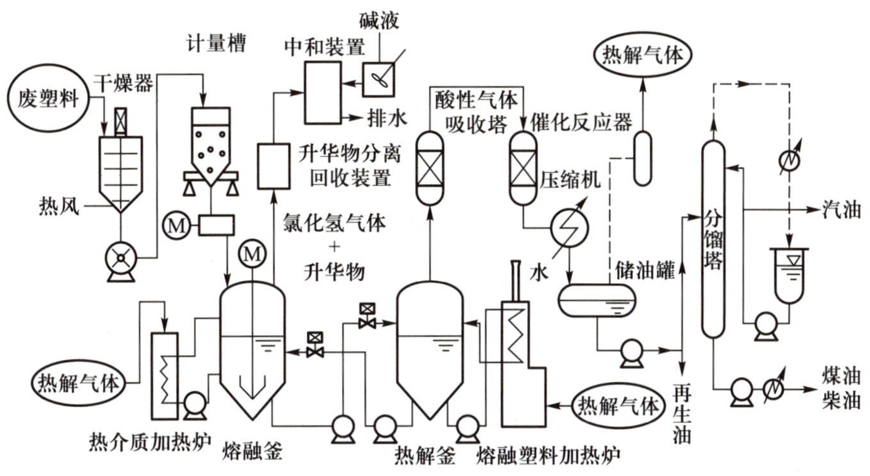

图 10-23　KPY 型废塑料热解处理系统工艺流程图

三、固体废物的气化

固体废物气化，是在气化剂的参与下发生化学反应，使生物质固体燃料转化为生物质燃气的过程。气化过程的主要化学反应列于表 10-4，主要包括氧化、热解和气化 3 个阶段。

表 10-4　气化过程的主要化学反应

阶段	反应式	反应热/(kJ·mol^{-1})
氧化阶段	$C+\frac{1}{2}O_2 \longrightarrow CO$	+110.700
	$CO+\frac{1}{2}O_2 \longrightarrow CO_2$	+283.000
	$C+O_2 \longrightarrow CO_2$	+393.700
	$C_6H_{10}O_5+O_2 \longrightarrow xCO_2+y\ H_2O$	≫0
	$H_2+\frac{1}{2}O_2 \longrightarrow H_2O$	+241.820
	$CO+H_2O \longrightarrow CO_2+H_2$	+41.170
	$CO+3H_2 \longrightarrow CH_4+H_2O$	+206.300
热解阶段	$C_6H_{10}O_5 \longrightarrow C_zH_y+CO$	<0
	$C_6H_{10}O_5 \longrightarrow C_nH_mO_y$	<0
气化阶段	$C+H_2O \longrightarrow CO+H_2$	-131.400
	$C+CO_2 \longrightarrow 2CO$	-172.580
	$CO_2+H_2 \longrightarrow CO+H_2O$	-41.170

气化产物的热值取决于 CO、H_2、C_xH_y，等可燃气的比例。根据气体产品的高位热值，可分为低热量气体（4～12 MJ/m^3）、中热量气体（12～28 MJ/m^3）和高热量气体（28 MJ/m^{3}以

上)。生物质直接气化产物几乎都属于低热量气体。

目前,商业化的气化炉几乎都采用常压直接气化工艺。气化炉的形式有固定床、流化床、回转窑等,气化剂则有空气、氧气、水蒸气及它们的混合气。Bridgwater 总结了各种气化反应器的工作特点,如表 10-5 所示。

表 10-5 气化反应器的工作特点

气化反应器		工作特点
固定床	上吸式	固体向下流,气体向上流
	下吸式	固体向下流,气体向下流
	横吸式	固体向下流,气体以某一角度流入
	变化式	搅拌床或两阶段气化反应器
流化床	单反应器	气体流速低,惰性固体颗粒位于反应器内
	快速流化床	惰性固体颗粒和生物质燃气一起向上流,并循环
	循环流化床	惰性固体颗粒和生物质燃气一起向上流,分离,并循环
	内置床	无惰性颗粒,气体速度高
	双反应器	气化和热解在第一个反应器,炭黑在第二个反应器中燃烧
移动床		固体颗粒通过机械输送
其他	旋转堆	良好的气固接触
	旋风反应器	高速度的颗粒流速

第九节 固体废物的填埋处置

通常固体废物经减量化和资源化处理后剩余下来的残渣,往往存在较大的环境风险,需要对其进行最终处置。固体废物处置的基本方法是通过多重屏障(如天然屏障或人工屏障)实现有害物质同生物圈的隔离。

概括来说,固体废物的处置可分为海洋处置和陆地处置两大类。海洋处置是利用海洋具有的巨大稀释能力,在海洋上选择适宜的洋面作为固体废物处置场所的处理方法。海洋处置主要包括传统的海洋倾倒和随后发展起来的远洋焚烧;而陆地处置根据废物的种类及其处置底层位置(地上、地表、地下和深底层),可分为土地耕作、工程库、土地填埋(卫生土地填埋和安全土地填埋)、浅地层埋藏以及深井灌注处置等几种。

土地填埋处置具有工艺简单、成本较低、适于处理多种类型固体废物的优点。目前,土地填埋处置已经成为固体废物最终处置的一种主要方法。

一、生活垃圾陆地填埋处置

经验证明,陆地填埋处置是最终处置生活垃圾最经济有效的方法,这种处置方法是基于环境卫生角度,因而又称为“卫生填埋”。

(一) 卫生填埋场选址条件

选择卫生填埋场址,必须考虑下述各项条件:

1. 场地有效利用面积

根据《生活垃圾卫生填埋处理技术规范》(GB 50869—2013)要求,填埋场面积应满足10年以上使用期最为经济,至少不能少于8年。除填埋完成后的总有效覆盖面积外,还应留有预处理、物料回收等辅助性场地。填埋场设计时,面积与容量应根据城市人口、垃圾产率、填埋深度、垃圾与覆盖材料的体积比(3~4∶1),以及压实度等参数进行详细计算。

2. 运输距离

运输距离是影响生活垃圾管理系统总体设计的重要因素之一,同时又是填埋场地址选择的制约因素,运输距离既不能太远,又要防止填埋场对居民区环境造成影响。

3. 土壤与地形条件

填埋场每日卸料完毕与最终封场时,均需用土壤或合成膜覆盖。因此,选址的土壤条件也是重要因素之一,包括土壤的可压实性、渗水性、可开采面积、深度、地下水位与开采量等。此类资料均需通过实际勘探获得。

地形条件对填埋方式起决定性作用,且制约采土方法。如选用坡度平缓的平原地为填埋场时,土质优良者,宜采用开槽填埋,开槽挖掘的土方作为覆盖土。不宜开槽的平原或峡谷,以及天然坑塘或矿坑作为填埋场时,则必须在场外采土。此外,地形条件对填埋场地表径流的排泄亦有较大影响。

4. 气象条件

填埋场选址应在居民区下风向,防止灰尘、气味等对居民区环境的影响;高寒地区,冬季土壤封冻影响采土作业;地区的气候干、湿条件、雨量、风力与风向,均属于填埋场选址的气象评价因素。

5. 地表与地质、水文条件

地表坡度、坡向与地表径流排泄能力是影响建设填埋场排水系统的因素,选址时,应充分考虑地表径流特征与当地洪水泛滥情况。地质与水文是指土壤性质、地下水的埋深与流向等。通常,选址的地质应为透水性较小的黏土或岩层,地下水位越深越有利于填埋场的利用。

6. 地区环境条件

卫生填埋场多远离居民区与工业区,若选址在邻近人口集聚区,必须采取严格措施,限制噪声、气味、灰尘及飘飞物等对人口集聚区的影响。

7. 填埋场封场后的最终利用与开发

一旦填埋场使用完毕,建成封场后,场地即可考虑作为其他目的开发利用。场地开发利用的途径,将影响填埋场的设计与操作,因此,在设计前必须先确定场地最终开发利用的目标。

(二) 卫生填埋场的一般结构形式

干燥地区卫生填埋的操作方式,大体分为地面堆埋、开槽填埋与天然洼地(谷地)填埋。无论采用何种方式,填埋的结构形式基本一致。每日被填埋废物逐层压实,每日操作结束时,垃圾表面应覆盖15~30 cm土层或其他复合膜,边坡为2∶1~3∶1,使形成一规整的棱形“单元”。当填埋场全部填埋完毕,外表面用厚度为0.5~0.7 m的覆盖土封场,为最终场地开发利用创造一良好的表面条件。结构单元层数，视地形与封场后场地最终利用目的而定。

（三）卫生填埋场防渗结构

卫生填埋场防渗结构为保证生活垃圾卫生填埋场（以下简称卫生填埋场）防渗系统工程的建设水平、可靠性和安全性，防止垃圾渗滤液渗漏对周围环境造成污染和损害，国家住建部先后颁布了行业标准《生活垃圾卫生填埋处理技术规范》（GB 50869—2013）和《生活垃圾卫生填埋场防渗系统工程技术标准》（GB/T 51403—2021），对卫生填埋场防渗系统工程的设计、施工、验收及维护等进行了规定，要求卫生填埋场基础必须具有足够的承载能力，且应采取有效措施防止基础层失稳，卫生填埋场的场地和四周边坡必须满足整体及局部稳定性的要求，防渗系统工程应在填埋场的使用期限和封场后的稳定期限内有效地发挥其功能。在进行防渗系统工程设计时应依据填埋场分区进行设计，填埋场场底的纵、横坡度不宜小于2%，垃圾填埋场渗滤液处理设施必须进行防渗处理。

《生活垃圾卫生填埋场防渗系统工程技术标准》（GB/T 51403—2021）要求卫生填埋场防渗系统的设计应符合下列要求：选用可靠的防渗材料及相应的保护层；设置渗滤液收集导排系统；垃圾填埋场工程应根据水文地质条件的情况，设置地下水收集导排系统，以防止地下水对防渗系统造成危害和破坏；地下水收集导排系统应具有长期的导排性能。防渗结构的类型应分为单层防渗结构、复合防渗结构和双层防渗结构，复合防渗结构是目前最常采用的卫生填埋场防渗结构型式。

无论采用单层防渗层结构还是复合防渗层结构，其防渗结构并无显著差异，只是防渗的性能有所差异，其结构层次从上至下分别为：渗滤液收集导排系统、防渗层（含防渗材料及保护材料）、基础层、地下水收集导排系统。根据所使用的防渗材料的不同，可以分为天然黏土防渗和人工材料防渗；根据起防渗作用的材料层而言，采用一层防渗材料的形成单层防渗层，采用两层或几层紧密接触的防渗材料的形成复合防渗层。双层防渗结构是在单层防渗结构基础上又增加了一个防渗层和一个渗漏检测层。双层防渗结构中的主防渗层和次防渗层分别可以是单层防渗层或复合防渗层。

1. 单层防渗层结构

（1）压实黏土单层防渗。采用黏土类衬层（自然防渗）的填埋场，天然黏土类衬层的渗透系数不应大于 1.0×10^{-7} cm/s，场底及四壁衬层厚度不应小于 2 m，或者改良土衬层性能应达到黏土类防渗性能。其结构示意见图 10-24（a）。当填埋场不具备黏土类衬层或改良土衬层防渗要求时，宜采用自然和人工结合的防渗技术措施。

（2）HDPE 膜单层防渗。该防渗结构的高密度聚乙烯（high density polyethylene，HDPE）膜上应采用非织造土工布（geo-textile）作为保护层，规格不得小于 600 g/m^2；HDPE 膜的厚度不应小于 1.5 mm 并应具有较大延伸率，膜的焊（粘）接处应通过试验、检验；HDPE 膜下应采用压实土壤作为保护层，压实土壤渗透系数不得大于 1×10^{-5} cm/s，厚度不得小于 750 mm。其结构示意见图 10-24（b）。

2. 复合防渗层结构

（1）HDPE 膜和压实土壤的复合防渗层。HDPE 膜上应采用非织造土工布作为保护层，规格不得小于 600 g/m^2；HDPE 膜的厚度不应小于 1.5 mm；压实土壤渗透系数不得大于 1×10^{-7} cm/s，厚度不得小于 750 mm。其结构示意见图 10-25（a）。

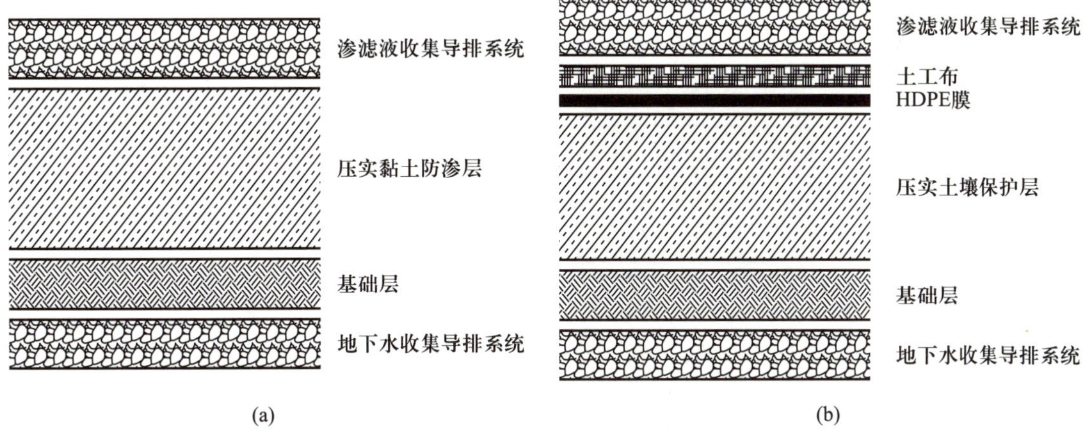

图 10-24　卫生填埋场单层防渗层结构(GB/T 51403—2021)

(a) 压实黏土单层防渗结构;(b) HDPE 膜单层防渗结构

(2) HDPE 膜和 GCL 的复合防渗层。HDPE 膜上应采用非织造土工布作为保护层,规格不得小于 600g/m^2;HDPE 膜的厚度不应小于 1.5 mm;GCL(geo-clay liner)渗透系数不得大于 5×10^{-9}cm/s,规格不得低于 4 800 g/m^2;GCL 下应采用一定厚度的压实土壤作为保护层,压实土壤渗透系数不得大于 1×10^{-5}cm/s。其结构示意见图 10-25 (b)。

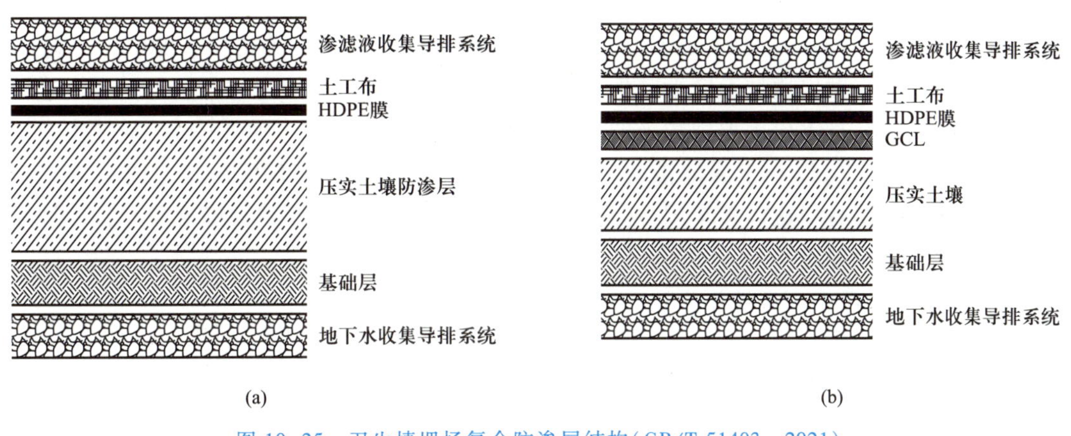

图 10-25　卫生填埋场复合防渗层结构(GB/T 51403—2021)

(a) HDPE 膜+压实土壤复合防渗结构;(b) HDPE 膜+GCL 复合防渗结构

3. 双层防渗结构

双层防渗结构的层次从上至下为渗滤液收集导排系统、主防渗层(含防渗材料及保护材料)、渗漏检测层、次防渗层(含防材料及保护材料)、基础层、地下水收集导排系统。双层防渗结构的防渗层设计应符合下列规定:主防渗层和次防渗层均应采用 HDPE 膜作为防渗材料,HDPE 膜厚度不应小于 1.5 mm;主防渗层 HDPE 膜上应采用非织造土工布作为保护层,规格不得小于 600 g/m^2;HDPE 膜下宜采用非织造土工布作为保护层;次防渗层 HDPE 膜上宜采用非织造土工布作为保护层,HDPE 膜下应采用压实土壤作为保护层,压实土壤渗透系数不得大于 1×10^{-5} cm/s,厚度不宜小于 750 mm;主防渗层和次防渗层之间的排水层宜采用复合土工排水网(geo-net)。其结构示意见图 10-26。

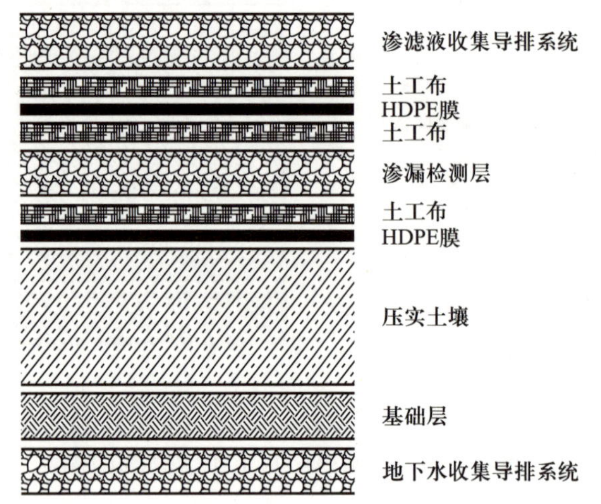

图 10-26 卫生填埋场双层防渗层结构(GB/T 51403—2021)

4. 填埋场基础层

基础层应平整、压实、无裂缝、无松土,表面应无积水、石块、树根及尖锐杂物。防渗系统的场底基础层应根据渗滤液收集导排要求设计纵、横坡度,且向边坡基础层平缓过渡,压实度不得小于 93%。防渗系统的四周边坡基础层应结构稳定,压实度不得小于 90%。边坡坡度陡于 1∶2 时,应做出边坡稳定性分析。场底地基应是具有承载能力的自然土层或经过碾压、夯实的平稳层,且不应因填埋垃圾的沉陷而使场底变形、断裂。场底应有纵、横坡度。纵横坡度宜在 2%以上,以利于渗滤液的导流。黏土表面经碾压后,方可在其上铺设人工衬层。铺设人工衬层材料应焊接牢固,达到强度要求,局部不应产生下沉拉断现象。在大坡度斜面铺设时。应设锚定平台。

(四)干燥地区填埋场操作方法

1. 地面堆埋法

这种方法主要适用于地形、地质条件不宜开挖沟槽的平原地区。填埋场起始端,先建土坝作为外屏障,于坝内沿坝长方向堆卸垃圾,使其形成每层厚0.4~0.8 m 连续层叠的条形堆,并逐层压实。每天完成条堆高度为 1.8~3.0 m 之间,最后覆盖 15~30 cm 土层,形成地面堆埋单元,覆盖土由邻近适宜地区采集。每一单元长度,视场地条件与操作规模而定,通常为 2.4~6.0 m。如此堆埋操作,直至完成填埋场的最终高度,最后进行封场。

2. 开槽填埋法

这种方法适用于地面有足够深度的可采土壤且地下水位较深的地区。填埋初期,先挖掘一段足够一日填埋量的条形槽。将开挖土方于槽边筑成条形土堤,作为储备覆盖土。垃圾向槽中卸入,展成薄层压实,连续操作至预期高度,日覆盖土由相邻沟槽开挖的土方获得。典型填埋场沟槽开挖长度在 30~120 m 之间,深度为 1~2 m,宽为 4.5~7.5 m。图 10-27 为典型开槽卫生填埋场操作方式。

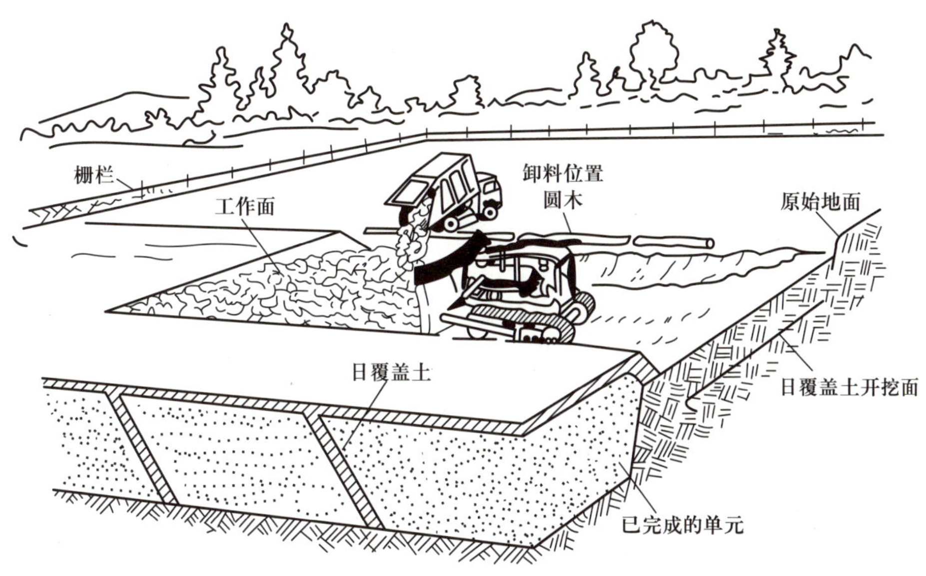

图 10-27　开槽型卫生填埋场操作图

3. 谷地(沟壑)填埋法

有天然或人为谷地与沟壑可利用的地区,可以采用这种填埋法。垃圾卸料位置与压实方式视地形、覆盖土性质、水文地质条件与通路而定。若谷底较为平整,第一层填埋可采用开槽式操作,上面各层则用地面堆埋法操作。填埋场完成时,封场高度应稍高于谷口上沿,以免积水。

(五) 潮湿地区卫生填埋场结构与操作特点

沼泽、潮汐洼地、水塘、采土与采石场,都可作为湿地卫生填埋场。设计此类填埋场时,为防止地下水的污染需要设置地下水抽提、排泄系统与气体收集系统。湿地填埋通常分隔为若干单元或储留槽,每一单元或储留槽应满足一年填埋量。为使填埋结构有足够的稳定性,通常每一填埋单元或储留槽,先用木条、石块或城市废建筑砌块衬砌边坡,用黏土类铺衬底部,再用清洁废物填充,防止垃圾渗沥液扩散,污染地下水。

(六) 卫生填埋场气体的产生、迁移与控制

1. 卫生填埋场中垃圾发酵分解与气体的产生

生活垃圾一旦填埋入场后,其中可生物降解有机组分即开始发酵分解。初始阶段,由于垃圾空隙中夹带大量空气,好氧微生物起主要作用。待内部空气耗尽后,将长时间处于厌氧生物反应环境中,可生物降解有机物(包括纤维素、蛋白质、糖类与脂肪类),经厌氧分解后,最终产物为较稳定的有机质、可挥发性有机酸以及由 CH_4、CO_2、CO、NH_3、H_2S 与 N_2 所组成的气体。上述分解反应速率,取决于有机物的性质与含水率,通常以气体产率为指标的反应速率在封场后两年内达到峰值,之后逐渐减缓,可持续 25 年之久。表 10-6 列出了填埋场产气中 N_2、CO_2 与 CH_4 三种气体随时间延续的变化状况。

表 10-6 典型卫生填埋场单元封闭后 48 个月内产气成分变化

封闭后时间/月	气体成分平均百分率/%		
	N_2	CO_2	CH_4
0~3	5.2	88	5
3~6	3.8	76	21
6~12	0.4	65	29
12~18	1.1	52	40
18~24	0.4	53	47
24~30	0.2	52	48
30~36	1.3	46	51
36~42	0.9	50	47
42~48	0.4	51	48

表中数据表明，由开始阶段的好氧条件向厌氧发展的趋势，三种气体占总产气产量 90%以上，而 CO_2 与 CH_4 又占绝对优势。

2. 卫生填埋场中气体的迁移与控制

填埋场产生的气体随时间的延续不断增加，并沿土壤向各方向扩散。据美国对一典型填埋场的测定结果，距边沿 120 m 的侧向土壤中，CO_2 与 CH_4 占孔隙气体含量的 40%。由于 CH_4 密度小于空气，易向大气逸散；而 CO_2 密度大于空气，易向下部土壤扩散，直达地下水位，并溶于地下水，导致 pH 下降，硬度与矿化度升高。对于气体的迁移，CH_4 易于控制，而 CO_2 较为困难，下面介绍几种控制填埋场气体迁移扩散的方法。

(1) 透气通道控制法：用透气性良好的材料，在填埋场不同部位设排气通道，如图 10-28所示。通气井结构与尺寸如图 10-29 所示。通常情况，排出的气体在井口燃烧，若有回收价值时，则各井点管口用水平管连接，由抽气加压机将气体抽提、输入净化装置，收集后的气体作发电燃料。气体集气系统如图 10-30 所示。

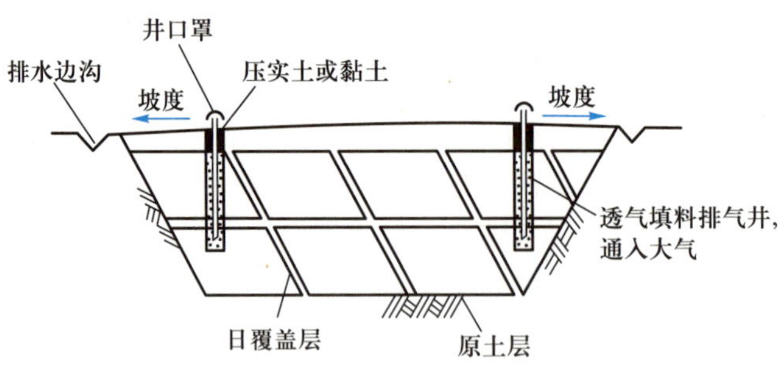

图 10-28 控制卫生填埋场气体迁移的排气通道结构

(2) 密封法控制气体迁移：利用不透气性材料在填埋场底部与四周铺衬全封闭型防渗层，同时控制气体与渗滤液的迁移，其结构形式如图 10-31 所示。图中(a)适用于无气体回收系统的填埋场；(b)适用于建有气体收集系统的填埋场。最经济的防渗材料为压实黏土衬层，厚度为 0.15~1.20 m。改良性沥青或沥青混凝土以及压实土喷涂混凝土等亦可作为防渗层材料。柔性薄膜不透性材料，如聚氯乙烯、丁酯橡胶、氢硫酰化乙烯橡胶等，是当前最受青睐的卫生填埋场防渗层材料。

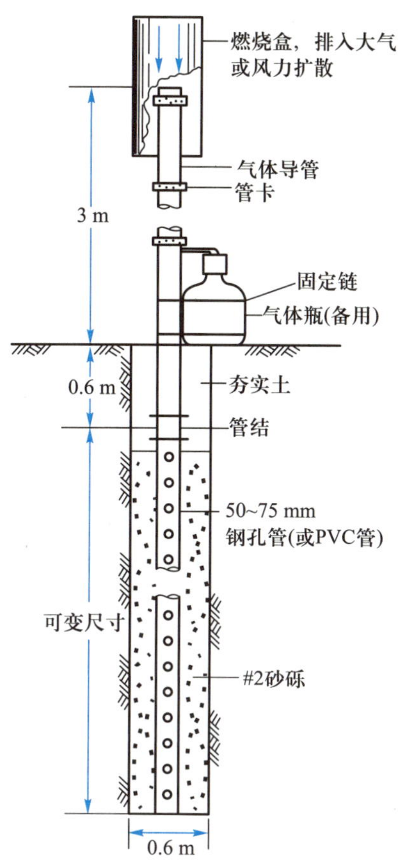

图 10-29 通气井结构与尺寸

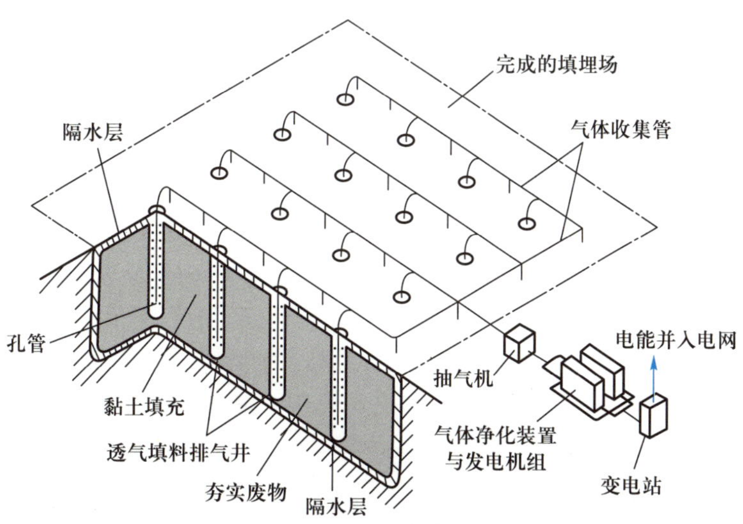

图 10-30 气体收集系统

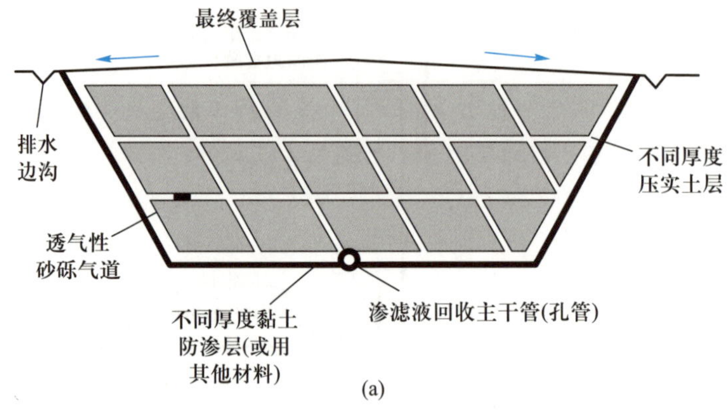

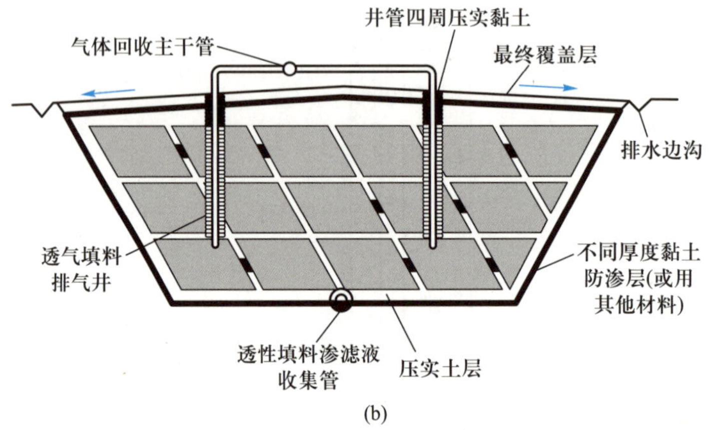

图 10-31 不透气性材料防渗层结构

(a) 无气体回收系统;(b) 有气体回收系统

(七) 卫生填埋场中渗滤液的产生与迁移控制

1. 渗滤液的产生与性质

卫生填埋场渗滤液来源于被填埋垃圾生物降解的自身产物,以及外部地面径流水和地下水通过垃圾层时携带其中可溶性与悬浮性污染物而下渗的液体。渗滤液的性质十分复杂,且浓度甚高,如不加以控制,势必严重污染地下水。渗滤液成分列于表 10-7中。

表 10-7 我国典型卫生填埋场渗滤液污染物浓度 单位:mg/L

成分	范围	典型值
BOD	1 660~24 300	9 000
TOC	3 095~22 230	7 500
COD	5 020~43 300	15 000
SS	6 740~48 400	1 100
有机氮	46~816	250

续表

成分	范围	典型值
氨氮	941~2 850	1 200
硝酸盐	6~85	30
总磷	7~44	25
正磷	—	—
碱度(以 $CaCO_3$ 计)	5 000~10 000	3 500
pH(无量纲)	6.51~8.25	6.89
总硬度(以 $CaCO_3$ 计)	300~5 400	2 100
钙	100~4 000	900
镁	—	—
钾	200~1 500	300
钠	300~1 500	200
氯盐	500~3 000	600
硫酸盐	3~370	35
总铁	5.2~78.6	20

资料来源:蒋建国等,2022。

2. 渗滤液向地下水的迁移

渗滤液在填埋场底部集聚,并透过底部向下部土壤纵向迁移,侧向扩散亦有可能发生,纵向迁移是填埋场污染地下水的主要途径。若填埋场底部为黏土层,渗滤液纵向迁移渗透率可用达西(Darcy)公式估算:

$$Q=-KA\frac{\mathrm{d}h}{\mathrm{d}L} \tag{10-34}$$

式中:Q——单位时间渗滤液的排出量,m^3/d;

K——土壤渗透系数,m/d;

A——渗滤液在填埋场内渗过的横断面积,m^2;

$\frac{\mathrm{d}h}{\mathrm{d}L}$——水力坡度。填埋场底部为黏土层的水力坡度为:

$$\frac{\mathrm{d}h}{\mathrm{d}L}=\frac{H+L}{L} \tag{10-35}$$

式中:H——黏土层顶部积水深度,m;

L——黏土层厚度,m。

若顶部积水能随时排走,则 $H\approx0$,$\frac{\mathrm{d}h}{\mathrm{d}L}\approx1$,达西公式可以改写为:

$$Q=-KA \tag{10-36}$$

由式(10-36)可知,黏土单位面积渗透率等于黏土层渗透系数。若防渗层采用夯实黏土,为减轻浸沥液对地下水的污染,尽量采用渗透系数最小的黏土或胶质黏土(渗透系数 9×

$10^{-5}\sim9\times10^{-7}$)。

3. 垃圾填埋场渗滤液的控制措施

垃圾填埋场渗滤液是高污染废液,必须严密控制其向地下水迁移。因此,预设防渗层是十分必要的。防渗层结构与材料,与密封法气体迁移控制防渗层一致。为能将集聚于防渗层上部的渗滤液及时抽走,必须在防渗层上部设置收集管道系统,与抽提泵站相连,连续地将渗滤液输送到处理系统中。封场后的顶部覆盖土,应由中心向四周坡降,场外地面沟通排水系统,以便疏导地表径流水。

4. 渗滤液处理工艺

一般很少用单一工艺进行渗滤液处理,而是按渗滤液的进水水质、水量及排放要求选取“预处理+生物处理+深度处理”组合工艺或“预处理+深度处理”组合工艺或“生物处理+深度处理”组合工艺等上述三种工艺组合方式中的一种进行渗滤液处理。目前组合工艺第一种应用较广,大多数填埋场是采用该组合工艺将渗滤液处理达标后直接排放。关键污染物的可行处理途径如下。

(1) COD_{Cr}:在填埋场运行时间不超过 5 a 时,生物处理(厌氧+好氧)通常可以去除 80%~90%的 COD_{Cr}。生物处理出水 COD_{Cr}一般可达到 1 500~2 500 mg/L。

再进一步处理生物处理出水,可采用混凝+微滤或芬顿(Fenton)试剂+微滤/超滤等物理化学处理方法,最佳去除效果为 60%左右,出水 COD_{Cr}可达到 800~1 500 mg/L,仍然无法达到控制指标要求。

采用纳滤和反渗透处理技术可以使生物处理出水最终达到控制指标要求,但会产生占处理量 20%左右的浓液,需要另行处置。

(2) 含氮类污染物:填埋场渗滤液中的含氮类污染物以氨氮和易水解为氨氮的凯氏氮(KN)为主。

在运行 0~5 a 的周期内,氨氮可通过生物脱氮与 COD_{Cr}同步去除,采用 A^2/O 等处理工艺时其去除率可达到 60%~90%。为保证达标排放,可在生物处理环节前配置吹氨(亦称氨氮吹脱,渗滤液先加碱调至 pH 大于 10,再鼓入空气或水蒸气将分子态氨吹除)单元,除氨率达到 50%以上时,最终出水可达到控制指标要求。

在运行期 5 a 以上时,采用上述同样的处理工艺,须采用反硝化单元补充外加碳源的方式,才能取得相同的处理效果。

在运行期 10 a 年以上时,渗滤液经吹氨-生物处理后,还须配置反渗透工序才能保证达到氨类污染控制指标要求。

(3) 典型处理工艺:根据渗滤液中关键污染物的水质特征和可处理性,典型的渗滤液达标处理工艺如图 10-32 所示。

针对污染物的可处理特征,渗滤液处理工艺以吹氨、脱氮型生物处理和膜处理为核心单元。

吹氨前,设置混凝单元可以去除一部分腐殖态的有机物,避免腐殖酸的缓冲容量对后续 pH 调整的不利影响。填埋场运行期在 3 a 以下时,腐殖态有机物含量低,无须设置混凝单元。

膜处理采用反渗透方式,达标保证率优于纳滤。但是,其浓液盐度更高,处置困难,需附加蒸发-焚烧处理环节进行处置。

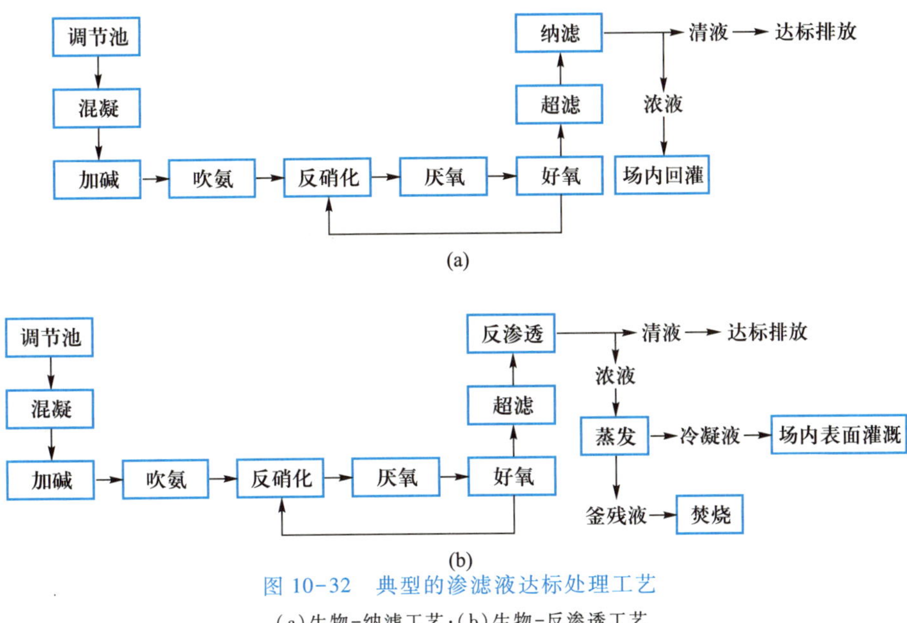

图 10-32　典型的渗滤液达标处理工艺

(a)生物-纳滤工艺;(b)生物-反渗透工艺

二、危险废物安全填埋场的结构与安全措施

安全填埋法指将危险废物填埋于抗压及双层不透水材质所构筑并设有阻止污染物外泄及地下水监测装置的填埋场的一种处理方法。安全填埋场专门用于处理危险废物,危险废物进行安全填埋处置前需经过固化稳定化预处理。

1. 安全填埋场结构

安全填埋主要用于处理危险废物,因此不单填埋场地构筑较前两种方法复杂,且对处理人员的操作要求也更加严格。其填埋方法所应遵循的基本原则如下。

① 根据估算的废物处理量,构筑适当大小的填埋空间,并须筑有挡土墙。

② 在入口处竖立标示牌,标示废物种类、使用期限及管理人。

③ 在填埋场周围设有转篱或障碍物。

④ 填埋场须构筑防止地层下陷及设施沉陷的措施。

⑤ 须根据场址地下水流向在填埋场的上下游各设置一个以上监测井。

⑥ 除填埋物属不可燃者外,须设置灭火器或其他有效消防设备。

⑦ 填埋场应有抗压及抗震的设施。

⑧ 填埋场应铺设进场道路。

⑨ 应有防止地表水流入及雨水渗入设施。

⑩ 分级危险废物的种类、特性及填埋场土壤性质,采取防腐蚀、防渗漏措施。

⑪ 填埋场衬层系统设置见下。

⑫ 应有收集或处理渗滤液的设施。

⑬ 当填埋场处置的废物数量达到填埋场设计容量时,应实行填埋封场,封场要求见危险废物封场设计。

需要强调的是,有些国家要求安全填埋场将废物填埋于具有刚性结构的填埋场内,其目的是借助此刚性体保护所填埋的废物，以避免因地层变动、地震或水压、土压等应力作用破坏填埋场，而导致废物的失散及渗滤液的外泄。图 10-33 为安全填埋场的构造示意图。刚性体安全填埋场构造示意图如图 10-34 所示。

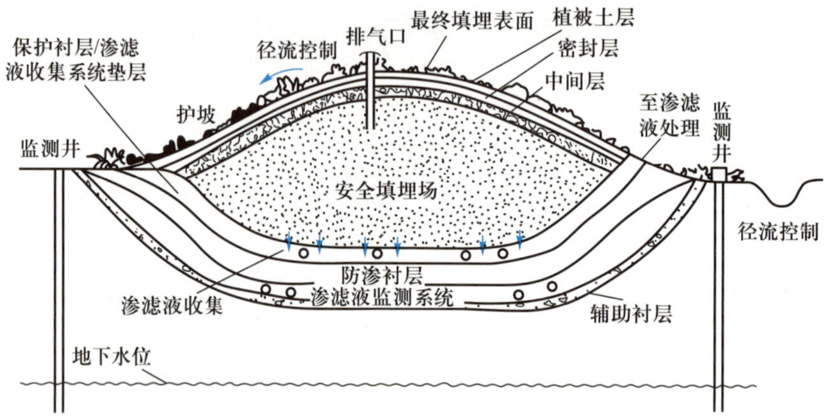

图 10-33 安全填埋结构示意图

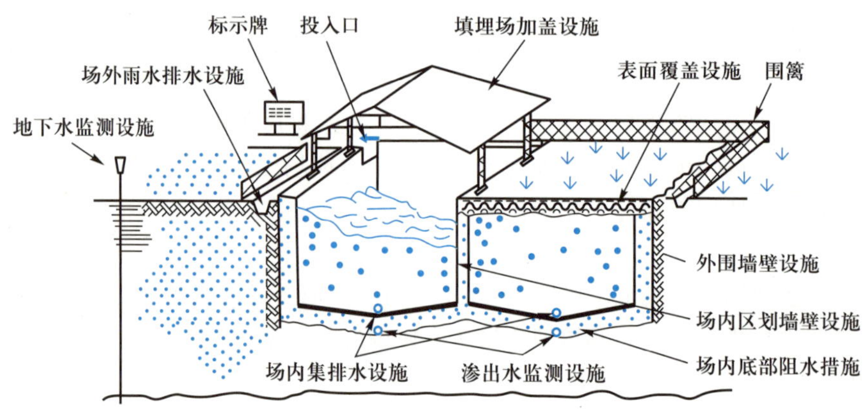

图 10-34 刚性结构安全填埋场构造示意图

采用刚性结构的安全填埋场其刚性体的设计需遵循以下设计要求。

① 材质。人工材料如混凝土、钢筋混凝土等结构，自然地质可资利用的天然岩磐或岩石。

② 强度。单轴压缩强度在 245 kgf/cm^2（约 2.4×10^7 Pa）以上。

③ 厚度。作为填埋场周围的边界墙厚度至少达 15 cm；单体间的隔墙厚度至少达 10 cm。

④ 面积。每单体的填埋面积以不超过 50 m^2 为原则。

⑤ 体积。每单体的填埋容积以不超过 250 m^2 为原则。

⑥ 在无遮雨设备的条件下，废物在实施安全填埋作业时，以一次完成一个填埋单体为原则；为避免产生巨大冲击力，填埋时应以抓吊方式作业，当贮存区饱和后，即实施刚性体的封顶工程。

2. 安全填埋场防渗层结构

根据《危险废物填埋污染控制标准》（GB 18598—2019），安全填埋场防渗层的结构设计根据柔性填埋场和刚性填埋场分别要求，其结构示意见图 10-35。

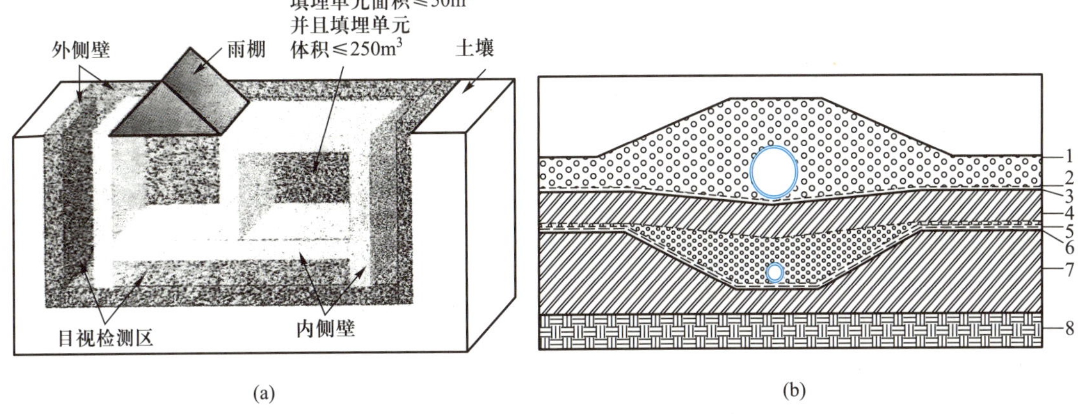

(a) (b)

1—渗滤液导排层；2—保护层；3—主人工衬层（HDPE）；4，7—压实黏土衬层；

5—渗漏检测层；6—次人工衬层（HDPE）；8—基础层

图 10-35 安全填埋场衬层系统结构示意（GB 18598—2019）

（a）刚性填埋场示意图（地下）；（b）双人工复合衬层系统

（1）柔性填埋场设计规定。柔性填埋场应采用双人工复合衬层作为防渗层。双人工复合衬层中的人工合成材料采用高密度聚乙烯膜时应满足《垃圾填埋场用高密度聚乙烯土工膜》（CJ/T 234—2006）规定的技术指标要求，并且厚度不小于 2.0 mm。双人工复合衬层中的黏土衬层应满足下列条件。

a. 主衬层应具有厚度不小于 0.3 m，且经过压实、人工改性等措施后的饱和渗透系数小于 1.0×10^{-5} cm/s 的黏土衬层；

b. 次衬层应具有厚度不小于 0.5 m，且经过压实、人工改性等措施后的饱和渗透系数小于 1.0×10^{-7} cm/s 的黏土衬层。

黏土衬层施工过程应充分考虑压实度与含水率对其饱和渗透系数的影响，并满足下列条件。

a. 每平方米黏土层高度差不得大于 2 cm；

b. 黏土的细粒含量（粒径小于 0.075 mm）应大于 20%，塑性指数应大于 10%，不应含有粒径大于 5 mm 的尖锐颗粒物；

c. 黏土衬层的施工不应对渗滤液收集和导排系统、人工合成材料衬层、渗漏检测层造成破坏。

柔性填埋场应设置两层人工复合衬层之间的渗漏检测层，包括双人工复合衬层之间的导排介质、集排水管道和集水井，并应分区设置。检测层渗透系数应大于 0.1 cm/s。

（2）刚性填埋场设计规定。刚性填埋场设计应符合以下规定。

a. 刚性填埋场钢筋混凝土的设计应符合《混凝土结构设计规范》（GB 50010—2010）的相关规定，防水等级应符合《地下工程防水技术规范》（GB 50108—2008）一级防水标准；

b. 钢筋混凝土与废物接触面上应覆有防渗、防腐材料；

c. 钢筋混凝土抗压强度不低于 25 N/mm²，厚度不小于 35 cm；

d. 应设计成若干独立对称的填埋单元，每个填埋单元面积不得超过 50 m² 且容积不得超过 250 m³；

e. 填埋结构应设置雨棚，杜绝雨水进入；

f. 在人工目视条件下能观察到填埋单元的破损和渗漏情况，并能及时进行修补。

3. 封场结构

安全填埋场的最终覆盖层应为多层结构，应包括下列部分。

① 底层（兼作导气层）。厚度不应小于 20 cm，倾斜度不小于 2%，由透气性好的颗粒物质组成。

② 防渗层。天然材料防渗层厚度不应小于 50cm，渗透系数不大于 1.0×10^{-7} cm/s；若采用复合防渗层，人工合成材料层厚度不应小于 1.0 mm，天然材料层厚度不应小于 30 cm，其他设计要求同衬层。

③ 排水层及排水管网。排水层和排水系统的要求同底部渗滤液及排水系统，设计时采用的暴雨强度不应小于 50 年。

④ 保护层。保护层厚度不应小于 20 cm，由粗砥性坚硬鹅卵石组成。

⑤ 植被恢复层。植被层厚度一般不应小于 60 cm，其土质应有利于植物生长和场地恢复，同时植被层的坡度不应超过 33%。在坡度超过 10% 的地方，须建造水平台阶；坡度小于 20%时标高每升高 3 m，建造一个台阶；坡度大于 20%时，标高每升高 2 m，建造一个台阶。台阶应有足够的宽度和坡度，要能经受暴雨的冲刷。

⑥ 封场后还应继续进行以下工作，并持续到封场后 30 年：维护最终覆盖层的完整性和有效性；维护和监测检漏系统；继续进行渗滤液的收集和处理；继续监测地下水水质的变化。

⑦ 当发现场址或处置系统的设计有不可改正的错误，或发生严重事故及发生不可预见的自然灾害使得填埋场不能继续运行时，填埋场应实行非正常封场。非正常封场应预先作出相应补救计划，防止污染扩散。

思考题与习题

10-1 试分述各种压实机械与破碎机械的作用原理与应用范围。

10-2 生活垃圾中含有铁金属 10%，废铝金属 4%，采用风选、磁选组合工艺，分离铁与铝。废物供料负荷 100 t/h，回收铁金属物料 11 t/h，其中实际含铁质量为 9.2 t/h；回收铝金属 4.5 t/h，实际含铝为 3.5 t/h，求各自的回收率、纯净度与综合效率。

10-3 评价风选与磁选在处理生活垃圾中的作用。

10-4 根据我国当前生活垃圾的实际状况，试评价各类处理技术应用与选择的原则。

10-5 试规划设计你校园（或居住区）生活垃圾（成分依据习题 9-1 或自设适宜数据）一组最佳材料回收系统。

10-6 利用表 10-8 所列数据，试估算 1 t 垃圾可产生多少堆肥？并估算完成堆肥过程的理论需氧量与空气量。

表 10-8 习题 10-6 附表

垃圾成分	质量百分率/%
食品废物	12
废纸类	40
塑料类	4
庭院废物	15
木料	5
惰性废物	16

10-7 根据图 10-36 与下述数据，试做一垃圾卫生填埋场的操作规划。主要参数：① 垃圾收集服务站 3 000 个，每站日收集量为 6.5 kg（按 20 年期限考虑）；② 填埋后垃圾容重 475 kg/m^3；③ 填埋封场后，顶部在地面上最大高度为 1.5 m；④ 废物与覆盖土比例为 6 : 1。

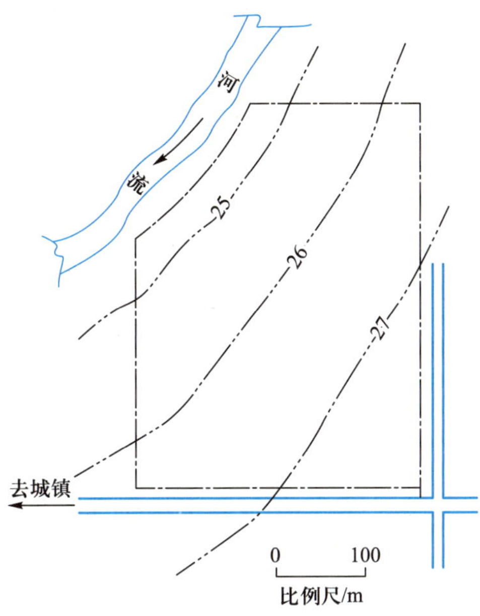

图 10-36 习题 10-7 附图

试规划下列内容：

（1）使用 20 年的填埋场总有效容量；

（2）填埋层数、填埋操作方式与结构形式；

（3）操作与场地使用顺序；

（4）估计所需操作设备。

第十一章　噪声、电磁辐射与其他污染防治技术

第一节　噪声污染与防治技术

噪声是声波的一种，具有声音的所有特征。从物理学的观点来看，噪声是指声波的频率和强弱变化毫无规律、杂乱无章的声音。

人们生活的环境中存在各种各样的声波，其中有的声波是在进行交流和传递信息，进行社会活动所需要的；有的声波则会影响人们工作和休息，甚至危害人体健康，是人们不需要的。因此，从心理学的观点看，凡是人们不需要的，使人烦躁的声音叫作噪声，它对周围环境造成的不良影响叫噪声污染。

随着工业、交通运输业的发展，噪声的种类越来越多，也越来越强，几乎没有一个城市居民不受噪声的干扰或危害。汽车、飞机和各种机器的噪声已被列为城市的第三大公害。据不完全统计，近年来向环境保护部门投诉的污染事件中，噪声事件所占的比例已上升到第一位。因此，降低建筑物内部和周围环境的噪声，防止噪声的危害，是环境保护的重要任务之一。

1996 年 10 月 29 日，我国颁布了《中华人民共和国环境噪声污染防治法》，2022 年 6 月 5 日施行了《中华人民共和国噪声污染防治法》（以下简称《噪声法》），《中华人民共和国环境噪声污染防治法》同时废止。《噪声法》规定噪声是指在工业生产、建筑施工、交通运输和社会生活中产生的干扰周围生活环境的声音；噪声污染是指超过噪声排放标准或者未依法采取防控措施产生噪声，并干扰他人正常生活、工作和学习的现象。

一、噪声的基本概念

噪声的种类很多，按照声源的不同，可以分为工业交通类噪声和生活类噪声两大类。前者主要有空气动力性噪声、机械性噪声和电磁性噪声；后者主要有电声性噪声、声乐性噪声和人类语言性噪声。

（1）空气动力性噪声：这类噪声是在高速气流、不稳定气流中由涡流或压力的突变引起的气体振动而产生的。如通风机、鼓风机、空压机、燃气轮机和锅炉排气放空等所产生的噪声都属于这一类。

（2）机械性噪声：这类噪声是在撞击、摩擦和交变的机械力作用下，部件发生振动而产生的。如织布机、球磨机、破碎机、电锯、汽锤和打桩机等产生的噪声属于这一类。

（3）电磁性噪声：这类噪声是由于磁场脉动、磁场伸缩引起电气部件振动而产生的。如电动机、变压器等产生的噪声属于此类。

（4）电声性噪声：此类噪声是由于电—声转换而产生的。如广播、电视、收录机、电话机、计算机等产生的噪声属于此类。

噪声污染与大气污染、水污染相比，具有以下四个特点：

第一，噪声是人们不需要的声音的总称，故一种声音是否属于噪声，除声音本身的物理性质外，还与判断者心理和生理上的因素有关。对于某人喜欢的声音，对于另一个人却被视为噪声，这样的情况是非常多的。例如，优美的音乐对正在思考问题的人却是噪声。所以，可以说任何声音都可以成为噪声。

第二，声音在空气中传播时衰减很快，它的影响面不如大气污染和水污染那么广，而具有局部性。但是在某些情况下，噪声的影响范围很广，如发电厂高压排气放空，其噪声可能干扰周围几十千米内居民生活的安宁。

第三，噪声污染在环境中不会有残剩的污染物质存在，一旦噪声源停止发声后，噪声污染也立即消失。

第四，噪声一般不直接致命或致病，它的危害是慢性的和间接的。

二、噪声的测量

（一）噪声的物理度量

空气中传播的声波是一种疏密波，描述波动的三个物理量是波长（λ，m），频率（f，Hz）和声速（c，m/s），它们之间的关系是：

$$c=\lambda f \tag{11-1}$$

声音音调的高低取决于声波的频率，频率高的声音称为高音，频率低的声音称为低音。人能听到的声音的频率范围是 20～20 000 Hz，而对频率在 3 000～4 000 Hz的声音最为敏感。

对噪声的量度，主要有噪声强弱的量度和噪声频谱的分析。前者主要包括声强和声强级、声压与声压级、声功率与声功率级。

（二）声强与声强级

声波具有能量，声波的传播过程实质上就是声振动能量的传播过程。垂直于声波传播方向上，单位时间内通过单位面积的声能量称为声强，常用符号 I 表示，单位是 W/m^2。声强越大，表示声音越强。

听力正常的青年人对频率为 1 000 Hz 的纯音的听觉范围是 10^{-12}～10 W/m^2，高限（痛阈）和低限（听阈）之间相差 10^{13} 倍。下面要提到的声压和声功率等参量变化范围也很大，所以，用线性标度来表示这些量是不方便的，而且人的听觉机构对声音大小的感觉不是与声强或声压的绝对值呈线性关系，而是呈对数关系的。因此，常采用对数标度来表示声强、声压或声功率的大小。由于对数的自变量是无量纲的，用对数标度必须先选定基准量（或称参考量），然后取被量度的量与基准量比值的对数，这个对数值称为被量度量的“级”。“级”的单位是贝尔，贝尔的 1/10 称为分贝，用 dB 表示。声强级（L_I）可表示为：

$$L_I=10\ \lg\frac{I}{I_0} \tag{11-2}$$

式中：I_0——基准声强，$I_0=10^{-12}\ W/m^2$。

（三）声压与声压级

声波是疏密波，声波传播时，使空气发生压缩和膨胀的变化，压缩时使压强增加，膨胀时使压强减小。设某体积元内，平衡时的静压强为 p_0，声波作用下变化的压强为 p，则压强增量$\Delta p=p-p_0$叫作声压。声压的单位与压强相同，在国际单位制中压强的单位为 Pa，1 Pa = 1 N/m^2。

声波在空气中传播时，声压(p)实际上随时间迅速变化，对应于某一瞬时的声压叫作瞬时声压。瞬时声压对时间取均方根(把瞬时声压平方，再对时间取平均，然后开方)称为有效声压。在应用中，如不做说明，所谓声压指的是有效声压。

声压与声强的区别在于一个是压强，一个是能量。在自由声场中，某点的声强(I)与该点的有效声压(p)间有如下关系：

$$I=\frac{p^2}{\rho c} \tag{11-3}$$

式中：ρ——空气密度，kg/m^3；

c——空气中声速，m/s。

ρc 称为空气的特性阻抗，其值随媒质的性质而异。在 $p=1.013\times10^5$ Pa 及 15℃时，空气的特性阻抗为 400 N · s/m^3 左右。

在噪声控制中，常用声压级衡量声音的强弱。声压级(L_p)可用下式表示：

$$L_p=20\ \lg\frac{p}{p_0} \tag{11-4}$$

式中：L_p——对应于声压(p)的声压级，dB；

p_0——基准声压，$p_0=2\times10^{-5}$ Pa。

人类的听觉对于 1 000 Hz 的纯音，能感觉到的声压范围为 2×10^{-5} Pa～20 Pa，相应的声压级范围为 0～120 dB。

(四) 声功率与声功率级

每秒从声源放射出的声波能量叫作声功率，用符号 W 表示，单位是瓦(W)。声功率的大小反映声源辐射声波能力的高低，是从能量角度描述噪声特性的重要物理量。

对应于声功率的声功率级(L_W，dB)可用下式表示：

$$L_W=10\ \lg\frac{W}{W_0} \tag{11-5}$$

式中：W_0——基准声功率，取 $W_0=10^{-12}$ W。

对于电源发出的球面声波，如果声源的声功率为 W，距离声源 r 处的声强为 I(W/m^2)，可得：

$$W=SI=4\pi r^2 I \tag{11-6}$$

式中：S——距离 r(m)处的球面面积，m^2。

由此可得声功率级(L_W)与声强级(L_I)之间的关系：

$$L_W=L_I+20\ \lg r+11.0 \tag{11-7}$$

根据式(11-3)和式(11-4)可得声功率级(L_W)和声压级的关系：

$$L_W=L_p+20\ \lg r+11.0+10\ \lg\frac{400}{C} \tag{11-8}$$

(五) 噪声的评价

声压和声压级是衡量声音强度的物理量，声压级越高，声音越强。但人耳对声音的感觉不仅与声压有关，还与频率有关。人耳对高频声感觉灵敏，对低频声感觉迟钝，频率不同而声压级相同的声音听起来不一般响。因此，声压级并不能表示人对声音的主观感觉。我们研究噪声的目的是要防止噪声影响人们的正常生活，所以，评价噪声必须以人的主观感觉程度为准。下面仅就最常用的评价量作简单介绍。

1. 响度、响度级和等响曲线

在一定条件下，根据人的主观感觉对声音进行测试，以声音的频率为横坐标，以声压级为纵坐标，把在听觉上大小相同的点用曲线连接起来，这样得到的一组曲线就叫作等响曲线。图 11-1 为国际标准化组织（ISO）采用的等响曲线。在同一等响曲线上，反应声音客观强弱的声压级一般并不相同。

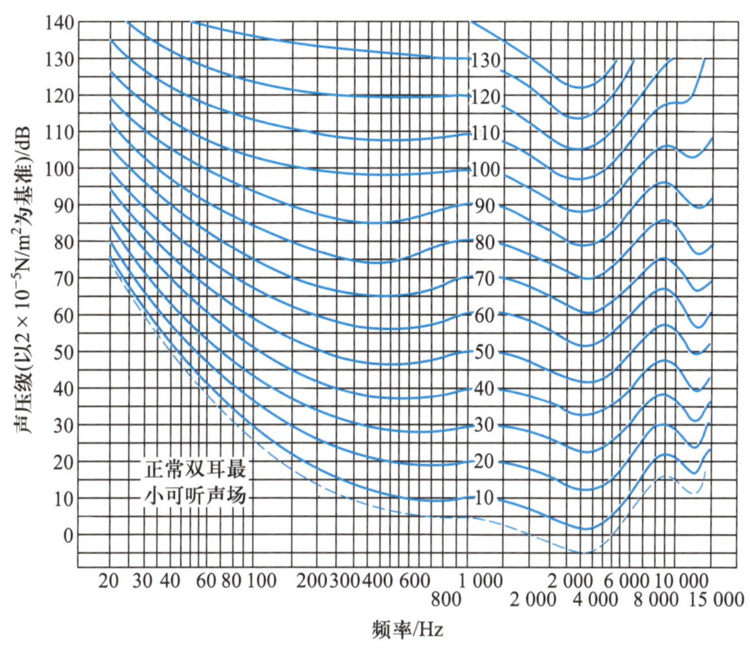

图 11-1　等响曲线

各条等响曲线上，横坐标为 1 000 Hz 点的纵坐标值（声压级）就叫作这条等响曲线的响度级，用 L_N 表示，单位为方（phon），并标注在曲线上。例如，声压级为 85 dB 的 50 Hz 纯音，65 dB 的400 Hz纯音，62 dB 的 4 000 Hz 纯音与 70 dB 的1 000 Hz纯音的响度相等，响度级都等于 70 方。

定量反映声音响亮程度的主观量叫作响度，用符号 N 表示，单位为宋（sone）。响度与人们的主观感觉成正比，声音的响度加倍时，该声音听起来加倍响。规定响度级为 40 方时响度为 1 宋。响度与响度级有如下关系：

$$N=2^{0.1(L_N-40)} \tag{11-9}$$

式中：N——响度，sone；

L_N——响度级，phon。

响度级每增加 10 方，响度增加一倍。

2. A 声级和等效连续 A 声级

以上介绍的是纯音的响度级，而一般的噪声是由频率范围很宽的纯音组成的，其响度级的计算非常复杂。为了能用仪器直接测量噪声评价的主观量，可在声级计放大线路中设置计权网络，以模拟人耳的响度频率特性，测得的结果称为计权声级。一般声级计有 A、B、C 三个计权网络，分别模拟人耳对 40 方、70 方和 100 方纯音的响应，它们的特性曲线如图 11-2 所示。在声级计中设置 A、B、C 计权网络后测得的噪声级分别称为 A 声级、B 声级和 C 声级。A 网络对接收通过的 500 Hz 以下低频段的声音有较大的衰减，它与人耳对低频声音感觉迟钝的特点一致，因此，A 声级能较好地反映人类对噪声的主观感觉，它与噪声引起听力损害程度的相关性也很好，近年来 A 声级越来越广泛地用于噪声的主观评价中。

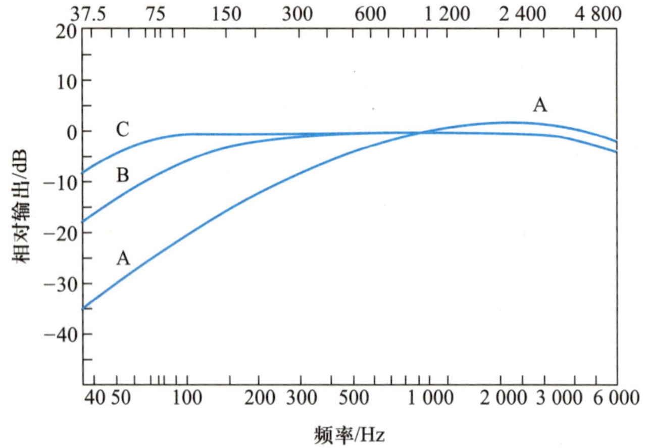

图 11-2 声级计用的国际标准 A、B、C 计权曲线

A 声级适用于连续稳态噪声的评价，但不适用于起伏或者不连续的稳态噪声。这时要用等效连续 A 声级来评价，它是在时间 t 范围内噪声的 A 声级按能量的平均值，计算时将时间划分为 n 个区间，分别测定各时段的 A 声级，按下式算出等效连续 A 声级 L_{eq}：

$$L_{eq} = 10 \lg\left(\frac{1}{n}\sum_{t=1}^{n} 10^{L_{Ai}/10}\right) \tag{11-10}$$

式中：L_{Ai}——第 i 个 A 声级测定值。

对于不规则幅度起伏变化的噪声，常用 A 声级统计量（又称累积百分声级）L_{10}、L_{50}、L_{90}表示，他们分别为测定时间内出现时间为 10%以上，50%以上和 90%以上的 A 声级值，其中 L_{10}表示峰值噪声，L_{50}表示平均噪声，L_{90}表示背景噪声。

（六）噪声的测量仪器

最常用的噪声测量仪器是声级计。声级计由电容传声器、输入级、衰减器、放大器、计权网络、检波网络和读出表头及电源等几部分组成，可在表头上直接读出声压级。声级计按测量精度和稳定性区分有 0 级、1 级、2 级、3 级四种类型：3 级声级计只有 A 计权网络，适用于室外噪声调查；2 级普通声级计具有 A、B、C 三种计权网络，适用于一般现场噪声测量；1 级精密声级计除有 A、B、C 计权网络外，还有外接滤波器插口，可以进行频谱分析，专供声场需要严格控制的实验室使用；0 级标准声级计具有严格的准确度和容许极限，仅作为实验室标准。

在测定不规则大幅度变动噪声时，采用磁带记录仪是很方便的，它能把每时每刻变化的声压级记录下来。

三、噪声的控制技术

（一）环境噪声标准

噪声防治的目的是降低噪声，以创造一个理想的声环境，使每个人都能在令人愉快的环境中工作、学习和休息。为此，就需要制定一系列的标准和规范，作为噪声防治工作的目标。近年来，我国已颁布了声学方面的一系列国家标准。其中 GB 3096—93 中规定的城市区域环境噪声标准，如表 11-1 所示。

表 11-1　城市区域环境噪声标准（等效声级 L_{eq}）　单位：dB

类别	昼间	夜间
0	50	40
1	55	45
2	60	50
3	65	55
4	70	55

表 11-1 中 0 类标准适用于疗养区、高级别墅区、高级宾馆区等特别需要安静的区域，位于城郊和乡村的这一类区域分贝按严于 0 类标准 5 dB 执行；1 类标准适用于以居住、文教机关为主的区域，乡村居住环境可参照执行该类标准；2 类标准适用于居住、商业和工业混杂区；3 类标准适用于工业区；4 类标准适用于城市中的道路交通干线道路两侧区域，穿越城区的内河航道两侧区域，穿越城区的铁路主、次干线两侧区域的背景噪声（指不通过列车时的噪声水平）限制也执行该类标准。对于夜间突发噪声，其最大值不准超过标准值 15 dB。

（二）噪声控制技术

噪声从声源发生，通过一定的传播途径到达接受者，才能发生危害作用。因此，噪声污染涉及噪声源、传播途径和接受者三个环节组成的声学系统。要控制噪声必须分析这个系统：既要分别研究这三个环节，又要作综合系统考虑。噪声控制的一般程序是：进行噪声污染情况的实地调查，测量噪声级和频谱分析，确定噪声发生源，根据测定数据和有关标准决定降低噪声的目标，研究噪声控制的方法，确定和实施技术上、经济上合理可行的方案。

1. 噪声源的控制技术

从噪声源控制噪声，是最积极、最彻底的控制措施。

（1）减少冲击力：许多机器和设备零件间会因强烈的碰撞而产生噪声，通常这些碰撞或撞击是机器工作所必需的。针对机器不同的特性可采用不同的方法，减少因冲击力而产生的噪声。

（2）降低速度和压力：降低机器和机械系统运动部件的速度，可以使其运行更平稳，发出噪声更小。同样，降低空气、气体和液体循环系统的压力和流速，也可以减小紊流度，使噪声辐射减少。

(3) 降低摩擦阻力:降低机械系统中转动、滑动和运动部件之间的摩擦,通常可以使运转更顺畅并降低噪声。同样,降低流体分配系统中的流动阻力也可以减少噪声。

(4) 减少辐射面积:一般而言,较大的振动部件会发出较大的噪声。安静的机械设计的首要法则就是在不损害其运行和结构强度的情况下,尽可能减少噪声辐射的有效表面积。以上要求可通过制造较小的元件、移去过多的材料或除去元件中的开口、沟槽或穿孔部分来实现。例如,用线网或金属织品来代替机器上较大、易振动的金属薄板安全装置,可大量减少表面积,从而降低噪声。

(5) 减少噪声泄漏:在很多情况下,通过简单的设计,将机器用外壳进行隔声或进行吸声处理,可以有效地防止噪声泄漏。

(6) 消声器和弱声器:消声器和弱声器之间没有明显的区别,通常它们可以互用。事实上,它们是声音过滤器,用于降低流体流动时产生的噪声。这些装置基本上分为两类:吸收消声器和反应消声器。吸收消声器的噪声降低方式主要由可吸收声音的纤维或多孔材料决定。反应消声器则由其几何形状决定,即通过反射或扩散声波,使产生的声波自身破坏而降低噪声。

2. 声音传播途径上的控制

控制噪声传播途径的措施就是在噪声传播途径上安装一个可以阻断或降低声能进入耳朵的装置。可通过以下几种方法来实现:沿声音传播途径吸收声音;在传播途径上放置反射障碍物,使声音向其他方向偏转;将声音容纳在声音隔离系统内。可根据不同的因素,选择最有效的噪声控制技术。如声源的大小和形式、噪声的强度和频率范围、环境的类型和特性。

(1) 分离:我们可以利用大气的吸收能力以及散射作用,作为一种简单、有效降低噪声的方法,空气吸收高频声音比吸收低频声音的效果好。然而,若有足够的距离,低频声音也会被大量地吸收。

与声源间的距离加倍时,声压级将降低 6 dB。声压级减少 10 dB 可以使响度减少一半。对于像火车一样的线声源,则与声源间的距离增加 1 倍,声压级仅会降低 3 dB。声音衰减率如此低,主要是因为线型声源以圆柱状形式辐射声波。声波的表面积在与声源间距离加倍时只增加 2 倍。然而,当离火车的距离接近火车的长度时,则随距离的倍增,距离增加 1 倍,声级降低 6 dB。

室内在声源附近,随着与声源距离的倍增,噪声级下降 3~5 dB。然而,离声源距离较远时,由于坚硬的墙壁和天花板表面会反射声音,所以,随着距离的倍增,声压级只能降低1~2 dB。

(2) 吸声材料:噪声和光线一样,会从一个坚硬的表面反弹到其他位置。在噪声控制上,这种现象称作回响。如果将一块柔软的、海绵状的材料放置在墙壁、地板和天花板上,则反射的声音会被扩散和吸收。吸声材料可以按其在 125、500、1 000、2 000 和 4 000 Hz 时的 sabin 吸收系数来分级。对于一个单位面积开孔,假设所有的声能都经过开孔,且没有任何反射,则称作 100%吸收,此时吸收表面的单位面积称作一个 sabin。吸声材料的吸声性质以此作为比较标准,而吸声性能则以 sabin 吸收系数(a_{SAB})的比例表示。NRC 是 250、500、1 000和2 000 Hz时的 a_{SAB}乘上 0.05 后的平均值。NRC 没有物理意义,但在比较相似的吸声材料性能方面,它是一个有用的工具。

如果将吸声材料,如吸声瓦、地毯、窗帘等放在天花板、地板和墙壁表面,可以使室内的高频声音降低 5~10 dB,但对于低频声音则只能降低 2~3 dB。然而,对于正处于嘈杂机器运转中的操作人员来说,以上的处理方式无法提供保护,最有效的方法是将吸声材料置于离噪声源尽可能近的地方。

如果拥有的吸声材料有限,且希望在嘈杂的房间内有效地利用它,最好将其放置在房间的上方角落,即天花板和墙壁的交接处。由于反射原因,房间内该处声音最大。此外,置于房间的上方角落还可防止易碎的轻质吸声材料受到损坏。

吸声材料一般具有轻质和多孔的特性,能有效地防止房间内声音通过空气或建筑结构传到其他地方。换言之,如果能听到楼上房间内人们走路或谈话的声音,则表示安装在天花板上的吸声瓦没有有效地降低噪声的传递。

(3) 吸声内衬:利用吸声材料作为管线内表面的衬里,可以使通过导管、管线和电力管线传递的噪声得到有效降低。对于高频噪声,在一般的导管上安装 2.5 cm 厚的吸声内衬,可以使噪声降低的数量为 10 dB/m。对于低频噪声而言,要降低噪声是相当困难的,至少需要 2 倍厚的吸声内衬才能达到相同的效果。

(4) 障碍物和隔板:在噪声传播路径上设置障碍物、屏风或散射装置可有效地降低噪声,降低的程度取决于障碍物的大小和噪声频率的高低。高频噪声比低频噪声可以更有效地被降低。

障碍物降低噪声的效率取决于其所在的位置、高度和长度。如图 11-3 所示,我们可以看出噪声有五个不同的传播路径。

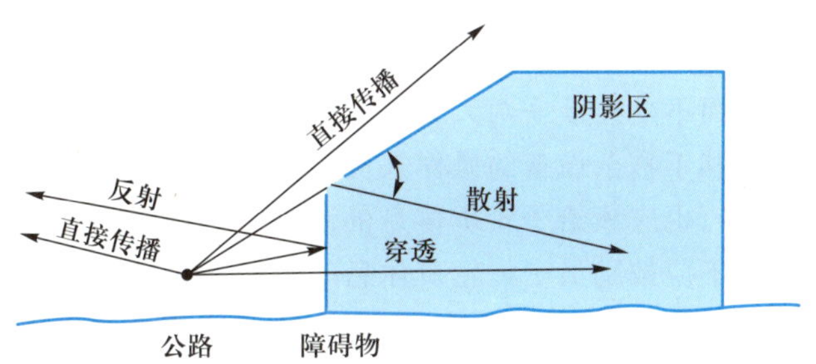

图 11-3 噪声从声源到接受者之间的传播路径

引自 Mackenzie L. David A. Comwell 著.环境工程导论.第 3 版.王建龙译.北京:清华大学出版社,2002.

在障碍物上方,接受者可清楚看见声源时,噪声沿直接路径传播。障碍物并不阻断其视线,所以也不会存在衰减作用。不论障碍物的吸声能力有多好,都不会产生吸声效果。

噪声在障碍物的阴影区沿散射路径传播。通过障碍物顶端的噪声会散射(弯曲)进入图中的阴影区。散射角越大,阴影区内噪声因障碍物造成的衰减也越大。

在某些情况下,噪声在阴影区内直接通过障碍物的比例相当大。例如,散射角非常大时,散射的噪声比传导的噪声少。在这种情况下,障碍物的吸声效果将降低。通过设置更大的障碍物可减少传导的噪声。

第四种路径是如图所示的反射路径。反射后的噪声,对位于声源对面的接受者非常重要。考虑这个原因,障碍物表面吸收的声音有时会降低反射噪声,然而这样的处理不会使阴影区中的任何接受者受益。值得注意的是,在大多数的障碍物设计实例中,反射噪声并不起重要的作用。如果噪声源可以用线声源表示，其他短路路径有可能出现，部分声源可能不被障碍物所屏蔽。例如，障碍物长度不够时，接受者可能会从障碍物的边缘看到声源。来自障碍物边缘的噪声会减少衰减，或造成短路。所需要的障碍物长度取决于所期望的噪声净衰减值。当需要 10~15 dB 的衰减时，障碍物要非常长。因此，为了有效阻隔噪声，障碍物不仅要能阻断噪声源最近部分的视线，还要能阻断远离噪声源上下的视线。

在以上四个路径中，从障碍物设计的观点来看，通过散射越过障碍物而进入阴影区的噪声是最重要的参数。一般而言，确定障碍物衰减或障碍物噪声降低只涉及计算散射进入阴影区的能量。

(5) 传送损失：当噪声源的位置相当靠近障碍物时，散射噪声不如传导噪声重要。如果障碍物实际上是边缘封闭良好的墙板，则只需考虑传导噪声。

隔板表面吸收的声能与从隔板的另一面发散出的声能的比率称为声音传送损失。实际的能量损失部分是由于反射，部分是由于吸收造成的。因为传送损失与频率有关，因此，只有完整的八度音阶或 1/3 八度音阶频带曲线可以全面地描述障碍物的效能。

(6) 封闭：有时候把一台轰鸣的机器放到一隔离室内或箱子中，比改变机器的设计、操作或零件更加实用和经济。封闭噪声所用的墙壁必须质量大且不透气。在内壁表面加上吸声内衬可降低噪声的回响。必须避免噪声源和封闭结构的接触，以免声源振动传送到封闭所用的隔板上，造成噪声隔离上的短路。

3. 保护接受者

当需要暴露在强烈的噪声场所，且前面讨论的措施均不实用时（如操作链锯或柏油破碎机时），必须采取措施保护这些操作者。一般可利用下面介绍的两种措施。

(1) 改变工作日程：限制连续暴露在强噪声环境中的时间。最好是每天短时间间隔的在强烈噪声环境中工作，而不是连续一两天，每天八小时工作。在工业生产或建筑施工的操作中，间歇性工作不但有利于嘈杂设备的操作人员，而且有利于其他邻近的工作人员。如果无法执行间歇性的工作表，也应该给予轮班休息的时间，而且在轮班休息时，应该让工作人员待在低噪声级的地方，不应鼓励员工将轮班休息的时间折算成工资、假期或提早下班等条件。对于接到维修、城市垃圾收集、工厂生产、航空交通等这些本质上处于嘈杂工作环境的工作，应缩短在夜间和清晨的工作时间，避免干扰社区大众的睡眠。应注意，在晚上 10 时到清晨 7 时之间工作时，感觉的噪声会比实际测量值高出约 10 dB。

(2) 耳朵保护：在市场上可以购买到听力保护装置包括耳塞、耳罩和头盔。这些装置可以将噪声降低 15~35 dB。耳塞只有在医疗人员的指导下佩戴才会生效。当耳塞和耳罩一并使用时，可以获得最大的效果。这些装置仅当所有其他方法都无法将噪声降到允许值限制以内时，用作最后的手段。

第二节 电磁辐射污染与防治技术

电气与电子设备仪器已遍及生产、科学研究与医疗卫生等各个领域，并已进入人们日常生活之中。随着电子工业的发展与电子仪器设备的广泛应用而造成的电磁辐射对环境的污染与危害，已越来越为人们所认识。减少电磁污染，保障居民与操作人员的身心健康，已经成为环境科学工作中的一个重要部分。

一、电磁辐射及其危害

（一）电磁辐射的作用机理及其对人体的危害

电子与电子设备的运行过程产生电波，电波的实质就是电磁辐射。从频率的概念而言，主要是指射频电磁场频段。当射频电磁场达到足够的强度时，就会对生物体产生作用，机体可吸收一定的辐射能量，发生生物学效应，主要表现为热效应。通常可将处于电磁场中的生物机体看作介质电容器。介质中含有极性与非极性分子，极性分子在射频电磁场作用下，将发生重新排列，这种作用称为偶极子的取向作用。非极性分子在电磁场中可被极化，同样可以产生偶极子取向作用。由于射频电磁场的方向变化极快，致使偶极子取向作用迅速变化。在这一过程中，偶极子与周围的分子发生剧烈碰撞而产生大量热能，这就是处于射频电磁场中生物机体产生热效应的基本过程。此外，机体中的电解质因受场力作用发生位移，高频条件下，在平衡位置上振动发热；机体内的体液多为导体，在不同程度上具有闭合回路的性质，在电磁场作用下，会发生局部感应涡流致热。这种能量转化率与场强成正比。当射频电磁场辐射强度在一定范围内，可对人体有良好作用；而超过一定范围时，则可破坏人体热平衡，有害健康。

电磁辐射对人体危害程度随波长而异，波长越短，对人体作用越强，微波作用最为突出。射频电磁场的生物学活性与频率的关系为：微波>超短波>短波>中波>长波。不同频段的电磁辐射在大强度与长时间作用下，对人体产生下述病理危害：

（1）处于中、短波频段电磁场（高频电磁场）的操作人员或居民，经受一定强度与时间的暴露，将产生身体不适感，严重者可引起神经衰弱症与反映在心血管系统的植物神经失调。但是这种作用是可逆的，脱离作用区，经过一定时间的恢复，症状可以消失，不形成永久性损伤。

（2）处于超短波与微波电磁场中的作业人员与居民，其受伤害程度要比中、短波严重，尤其是微波的伤害更甚，其频率在 3×10^{8} Hz 以上。在其作用下，机体内分子与电解质偶极子产生强烈射频振荡，媒质间的摩擦作用转化为热能，从而引起机体升温。微波的功率、频率、波形、环境温度与湿度，以及被辐射的部位等因素，对伤害的程度与深度都有一定的影响。这种危害的主要病理表现为：引起严重神经衰弱症状，最突出的是造成植物神经机能紊乱。在高强度与长时间作用下，对视觉器官造成严重损伤，同时对生育机能也有显著不良影响。

微波对生物危害的一个显著特点是具有累积性，在一次伤害未得到恢复前再次受辐射，伤害将积累，多次累积，则伤害不易恢复。

（二）电磁污染源的种类和传播途径

1. 射频污染源的种类

射频电磁场包括两类：天然源和人为源（表 11-2 和表 11-3）。天然源是由自然现象所引起，由于大气中发生电离作用，导致电荷的蓄积，从而引起放电现象。这种放电的频带较宽，可从几千赫兹到几百兆赫，乃至更高的频率。人为源按频率的不同可分为工频场源与射频场源。工频场源以大功率输电线路产生的电磁污染为主，也包括若干放电型污染源。射频场源主要由无线电或射频设备工作过程产生的电磁感应与电磁辐射所引起。由于电子工业的迅速发展与电气、电子设备广泛应用，人为电磁辐射污染已成为环境污染的主要来源。近年来，对电磁辐射危害与防护的研究在国内外受到了普遍重视。联合国人类环境会议已经把微波辐射列入“造成公害的主要污染物”之一，我国也在《中华人民共和国环境保护法》中明确规定必须对电磁辐射切实加强防护和管制。

表 11-2 天然电磁污染源

分类	来源
大气与空间污染源	自然界的火花放电、雷电、台风、高寒地区飘雪、火山喷烟……
太阳电磁场源	太阳的黑点活动与黑体放射……
宇宙电磁场源	银河系恒星的爆发、宇宙间电子转移……

表 11-3 人为电磁污染源

分类		设备名称	污染源与部件
放电所致污染源	电晕放电	电力线(送配电线)	由于高电压、大电流而引起静电感应、电磁感应、大地泄漏电流所造成
	辉光放电	放电管	白光灯、高压水银灯及其他放电管
	弧光放电	开关、电气铁道、放电管	点火系统、发电机、整流装置等
	火花放电	电气设备、发动机、冷藏车、汽车等	整流器、发电机、放电管、点火系统等
工频辐射场源		大功率输电线、电气设备、电气铁道	污染来自高电压、大电流的电力线场电气设备
射频辐射场源		无线电发射机、雷达等	广播、电视与通风设备的振荡与发射系统
		高频加热设备、热合机、微波干燥机等	工业用射频利用设备的工作电路与振荡系统等
		理疗机、治疗机	医学用射频利用设备的工作电路与振荡系统等
家用电器		微波炉、电脑、电磁炉、电热毯等	功率源为主等
移动通信设备		手机、对讲机等	天线为主等
建筑物反射		高层楼群以及大的金属构件	墙壁、钢筋、吊车等

2. 电磁污染的传播途径

电磁污染大体可由下述三种途径传播:

(1) 空间辐射:电子设备与电气装置的工作过程,相当于一个多向发射天线,不断地向空间辐射电磁能。这种辐射传播途径又分为两种方式:一种以场源为核心,在半径为一个波长范围内,电磁能向周围传播,是以电磁感应方式为主,将能量施加于附近的仪器以及人体。一般情况,在射频设备某些强辐射部位,由于感应作用,可使日光灯自动发光与金属板间碰撞产生火花等现象,这就说明近场感应已十分危险;另一种是在半径为一个波长范围之外,电磁能进行传播,以空间放射方式将能量施加于敏感元件。在远区场中,输电线路、控制线等具有天线效应,接收空间电磁辐射能进行再传播而构成危害。

(2) 导线传播:当射频设备与其他设备共用同一电源,或两者间有电气连接关系,电磁能(信号)即可通过导线进行传播。此外信号输出、输入电路、控制电路等,也能在强磁场中拾取信号进行传播。

（3）复合传播污染：同时存在空间传播与导线传播所造成的电磁辐射污染，称为复合传播的污染。

二、电磁污染的测量

电磁场有远区场和近区场之分。远区场是以场源为中心，半径在一个波长之外的区域；近区场则是指一个波长范围内的区域。由于两种区场电磁辐射能传播特性与规律不同，因而其测量特点也不同。

1. 远区场电磁污染测量特点

远区场电磁传播方式以辐射为主，也称为辐射场。由于已脱离了场源，电磁辐射强度的衰减比近区场缓慢，其电场强度（E）与磁场强度（H）的关系为：

$$E=120\pi H=377H \tag{11-11}$$

因此，只要测量出该区场中电场或磁场任一强度，即可推算出另一场强。由于磁场易于测量，故常测定磁场强度后再推算电场强度。在实践中常以电场强度表示电磁污染程度。

2. 近区场电磁污染测量特点

近区场主要为感应场。电场强度与磁场强度无固定关系，需要由偶极子天线与环形天线分别测量电场和磁场强度。由于近区场强大，要求场强仪有较大的测量范围。近区场电磁场强随空间位置的不同而迅速变化，为使在仪器接收天线范围内场强保持为常数，仪器的天线尺寸应尽可能小，以便使测定结果能代表天线所在区域的场强值。

3. 电磁污染的量度单位

由于射频电磁场的频段不同，其测量采用的单位也有所不同。高频（100 kHz～30 MHz）与甚高频（30～300 MHz）的电场强度用 V/m、mV/m 和 μV/m 表示。磁场强度用 A/m、mA/m 或 μA/m 表示。微波（特高频>300 MHz）是以能量通量密度度量，其单位为 W/cm^2、mW/cm^2 或 $\mu W/cm^2$。

4. 测量方法与仪器

对于主要辐射场源污染的测量是以设备为原点，做东、西、南、北、东南、西南、东北、西北 8 个方位的测量，每一方向上的选取 10、20、30、40 m 为测定距离，一直测到近区场边界位置。测量前，根据污染源的工作频率（f）求出大致波长（λ），$\lambda=\dfrac{c}{f}=\dfrac{3\times10^8}{f}$（$c$ 为光速）即为近区场之作用半径。按近区场与远区场范围分别测量场强，将测量数据（包括峰值与平均值）记录于设定的表格中，可以作出辐射特性曲线与辐射图。

高频、甚高频与微波的辐射性质不同，且近、远区场测量要求也有差别。因此，测量仪器也各不相同，需根据测量的频段与范围分别选用各自的场强测量仪。

三、电磁辐射的控制技术

电磁辐射是不可见的物理性污染，防治这种污染的技术称为抑制技术。常用的抑制技术包括下述几个方面。

（一）电磁屏蔽技术

1. 电磁屏蔽的原理与方式

电磁屏蔽是采用某种能抑制电磁辐射能扩散的材料，将电磁场源与外界隔离开来，使辐射能限制在某一范围内，达到防止电磁污染的目的。屏蔽材料选用良导体。当场源作用于屏蔽体时,因电磁感应,屏蔽体产生与场源电流方向相反的感应电流而生成反向磁力线,这种磁力线与场源磁力线相抵消,达到屏蔽效应。屏蔽体采取接地处理,使屏蔽体对外界一侧电位为零,这样电场也起到屏蔽作用。电磁屏蔽的实质是屏蔽材料对电磁辐射的吸收与反射效应。由于反射作用,使射入屏蔽体内部的电磁能显著减少;而射入屏蔽体内的部分电磁能又被吸收,从而使穿透屏蔽体的能量显著降低。

根据场源与屏蔽体相对位置,屏蔽方式可分为主动场屏蔽与被动场屏蔽两类。主动场屏蔽是将场源作用限制在某一范围之内,使之对限定范围之外的任何生物机体或仪器不产生影响。主动场屏蔽的特点是场源与屏蔽体之间距离小,结构严密,可以屏蔽电磁场强大的场源,要有符合技术要求的接地处理。被动场屏蔽是将场源设置于屏蔽体之外,使之对限定范围内的生物机体或仪器不产生影响。其特点是屏蔽体与场源间距大,屏蔽体可不接地。

2. 屏蔽材料与结构

实验证明,铜、铝与铁对各种频段的电磁辐射源都有较好的屏蔽效果。在屏蔽设计中可以根据技术与经济评价选材。一般情况,电场屏蔽宜选用铜材,磁场屏蔽则宜选用铁材。

屏蔽体结构一般选用板结构或网结构两种。板结构的设计厚度根据下式确定:

$$R_a = 1.413d\sqrt{fG\mu} \tag{11-12}$$

式中:R_a——金属板内对电磁能吸收衰减量,dB

d——金属板厚度,cm

G——金属相对导电系数;

μ——金属磁导率;

f——场源频率。

由式(11-12)可见,电磁能的吸收衰减随屏蔽层厚度增大而增大。但由于射频电流的集肤效应,过厚的屏蔽也是不必要的。实验表明,当厚度超过 1 mm 时,屏蔽效果不再有显著改善。

对于网状结构,设计时应考虑网孔目数与层数。网孔目数越大,金属丝直径越粗,越有利于屏蔽。对中、短波场源屏蔽要求不严格,可以根据取材的方便确定。对于微波场源则要高目数网材,但网孔的直径要防止与波长构成比例关系。网层数的选择根据屏蔽要求而定,一般双层效果远高于单层。

屏蔽体要求有较好的整体性,交接处需用严格的焊接结构。缝隙与门窗要严密,但防止产生绝缘部位。

3. 接地处理

接地处理是将屏蔽体用导线与大地连接,为屏蔽体与大地间提供一个等电势分布。设计接地系统必须遵守下述各项要求:① 由于射频电流的集肤效应,接地系统要有足够的表面积,以宽为 10 cm 的铜带为佳;② 为保证接地系统有较低的阻抗,接地线应尽量短;③ 为保证接地系统的良好作用,接线长度应避免 1/4 波长的奇数倍;④ 接地方式有埋接地棒、铜板或网格等,无论哪种方式,都应有足够厚度,以保证一定的机械强度与耐腐蚀性。

(二) 吸收法控制微波污染

可以采用对微波辐射产生强烈吸收作用的材料敷设于场源外围,以防止大范围的污染。目前,电磁辐射吸收材料可分为两类:一类为谐振型吸收材料,是利用某些材料的谐振特性制成的吸收材料。这种吸收材料厚度小,对频率范围较窄的微波辐射有较好的吸收效率。

另一类为匹配型吸收材料，是利用某些材料和自由空间的阻抗匹配，达到吸收微波辐射能的目的。

应用吸收材料防护，一般多用在微波设备调试过程，要求在场源附近能将辐射能大幅度衰减。实际应用的吸收材料种类繁多，如各种塑料、橡胶、胶木、陶瓷等加入铁粉、石墨、木材和水等物质制备而成。此外，应用等效天线吸收辐射能，也有良好效果。

（三）远距离控制和自动作业

根据射频电磁场，特别是中、短波，其场强距场源距离的增大而迅速衰减的原理，若采取对射频设备远距离控制或自动化作业，将会显著减少辐射能对操作人员的伤害。

（四）线路滤波

为了减少或消除电源线可能传播的射频信号和电磁辐射能，可在电源线与设备交接处加装电源（低通）滤波器，以保证低频信号畅通，而将高频信号滤除，起到对高频传导隔离去除作用。

（五）合理设计工作参数，保证射频设备在匹配状态下操作

合理的射频设备工作参数，正确的元件、线路布局，使设备在匹配条件下工作时，可以避免设备因参数不能处于最佳状态或负载过轻而形成高频功率以驻波形式通过馈线辐射造成污染。

（六）个人防护

对于直接暴露于微波辐射近区场临时无屏蔽条件的操作人员，必须采取个人防护措施，包括穿防护服，戴防护头盔和防护眼镜。

第三节　放射性污染与防治技术

随着原子能工业的日益发展与核能、核素在各国和许多领域中的应用，放射性废物的排放量不断增加，已严重威胁着人类与自然环境。放射性废物处理与处置问题早已引起了环境科学界的关注，并进行了大量研究工作。放射性废物处理与处置技术得到很大的发展，已形成一整套特殊的环境工程技术体系，并在不断地完善。

一、放射性废物的危害性

放射性废物的危害在于其对人类机体与生态环境的严重破坏性。放射性核素通过外照射与内照射两种途径危害人类机体与生态环境。外照射是由废物中含有的 γ 辐射体与部分 β 辐射体直接对人体照射，在大剂量的辐照下，人体造血器官、神经系统、消化系统均会遭受损伤而致病。内照射则是废物中含有的 α 辐射体为主的核素，通过各种渠道进入人体，按不同性质分别聚集于不同的器官，产生破坏作用。内照射作用因具有累积性，比外照射的危害更加严重。

二、放射性废物的来源

放射性废物来源于下述四个方面：

① 核燃料的生产过程产生的放射性废物，包括铀矿开采、铀水法冶金工厂、核燃料精制与加工过程。

② 核反应堆运行过程产生的放射性废物，包括生产性反应堆、核电站与其他核动力装置的运行过程。

③ 核燃料后处理过程产生的放射性废物，包括废燃料元件的切割、脱壳、酸溶与燃料的分离与净化过程。

④ 放射性同位素应用过程产生的放射性废物。

由于放射性废物来源的不同，其性质也各有差异。在核工业的各个环节中产生的放射性固体、液体与气体废物，各自的放射性水平有显著的差异，为使能经济有效地分别处理各类放射性废物，各国按放射性废物的放射性水平制定了分类标准。根据国际原子能机构的建议，放射性废液与废气按单位体积具有的放射性强度（Bq/m^3 或 Bq/L）作为统一的分类标准，固体废物则按单位时间固体表面积辐射的剂量[C/(kg · h)]进行分类，如表 11-4 所示。

表 11-4 国际原子能机构建议的放射性废物分类表

相态	类别	放射性强度 A / $3.7\times10^{10}\,Bq\cdot m^{-3}$	废物表面辐射剂量 D / $2.58\times10^{-4}\,C\cdot kg^{-1}\cdot h^{-1}$	备注
液体	1	$A\leqslant10^{-6}$	—	一般可不处理
	2	$10^{-6}<A\leqslant10^{-3}$		处理时不用屏蔽
	3	$10^{-3}<A\leqslant10^{-1}$		处理时可能需要屏蔽
	4	$10^{-1}<A\leqslant10^{4}$		处理时必须屏蔽
	5	$10^{4}<A$		必须先冷却
气体	1	$A\leqslant10^{-10}$	—	一般不处理
	2	$10^{-10}<A\leqslant10^{-6}$		一般用过滤法处理
	3	$10^{-6}<A$		用其他严格方法处理
固体	1		$D\leqslant0.2$	β、γ 辐射体占优势
	2		$0.2<D\leqslant2.0$	含 α 辐射体微量
	3		$2.0<D$	
	4		α 放射性用 Bq/m^3 表示	从危害观点确定 α 辐射占优势，β、γ 辐射体微量

由表 11-4 可见，放射性废液的 5 类中第一类允许不加处理直接排放于环境中；第二类需采取一般的物理、化学法处理后，使其达到第一类水平，排放或回用，操作者可直接操作；第三类也需经过常规物理、化学法处理达到第一类水平后，排放或回用，但需在屏蔽条件下或远距离操作。上述三类废液归类为低水平放射性废液。第四类属于中水平放射性废液，仍可采用常规物理、化学方法与蒸发浓缩处理，但必须在较严密的屏蔽下操作；第五类属于高水平放射性废液，必须采取特殊安全措施进行最终安全处置。

放射性废气中第一类为低水平放射性废气，一般直接通过高烟囱排放；第二类属于中水平放射性废气，在通过高烟囱排放前，必须经过过滤器净化；第三类废气必须采用特殊的处理技术，去除其中的裂变产物与高放射性溶胶。

四类放射性固体废物中，前三类均含有高穿透性 β、γ 射线为主的辐射固体废物，主要需防止这几类废物对人体的外照射伤害。第四类则主要是含高辐射能量、短射程的 α 辐射体为主的废物，对这种废物主要应防止侵入人体造成内照射的危害。

三、放射性污染的控制技术

（一）放射性废物处理与处置技术特点

由于放射性废物的特殊性与危害性，对其处理与处置的方法也有显著的特点。特别是在运输、包装、操作、设备以及处理与处置的标准、水平方面，都有特殊的要求。放射性废水采用常规物理、化学处理，但大都要达到深度处理，尽量复用，减少排放，并使放射性物质最大限度地浓集于最小的体积内，以便进一步处理或处置。放射性废气从表观观察是"清洁"的无色气体，放射性是以气态或少量气溶胶混于空气中，因此非一般工业废气的处理技术能够解决。即使直接排放的放射性废气，也需要比一般废气更高的烟囱与更大的稀释倍数。放射性固体废物的包装、运输、处理与处置均需在特别严格的防护条件下进行，需要采取特殊的安全处置或永久性储存。

总之，放射性废物的处理与处置技术体现下列特点：① 控制标准以放射性单位表示的去污率（因素）衡量；② 处理与处置所需设备都是耐腐蚀、耐辐照的合金材质；③ 绝大部分操作是在较严密的保护与屏蔽条件下进行，屏蔽体可用铸铁板、钢筋混凝土，特别高水平的操作需要重混凝土屏蔽；④ 操作中、高水平放射性废物时，设备或厂房应为密封与负压条件；⑤ 废物处理过程产生的二次废物均需纳入后续的处理系统进一步处理。

放射性三废的处理与处置之间有密切相关性，可用图 11-4 来描述。

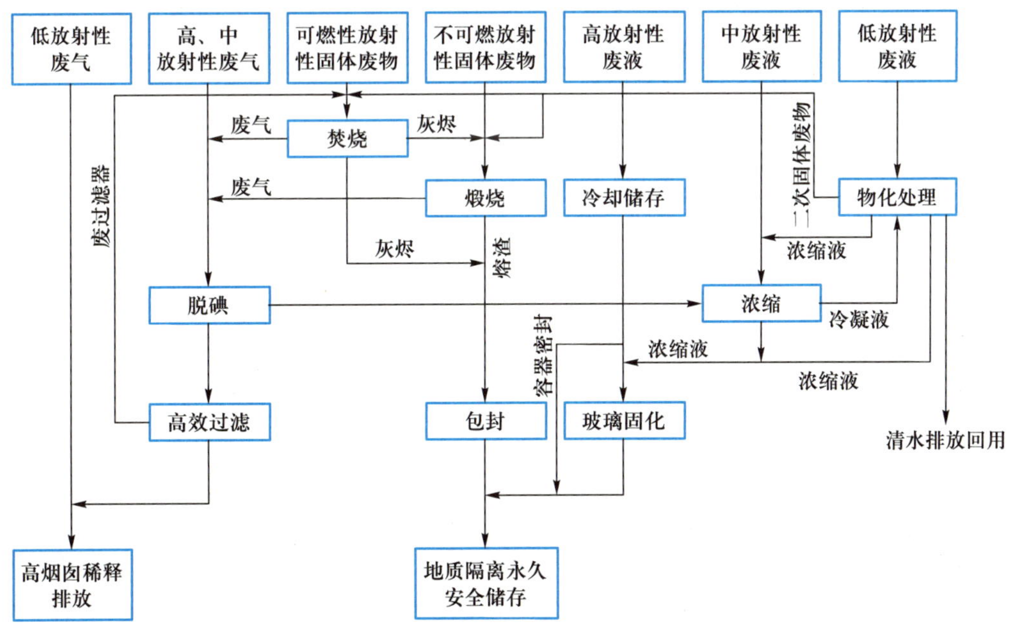

图 11-4 放射性三废处理、处置关联图

(二) 放射性废液处理技术

1. 低放射性废水的处理

图 11-5 描述了低放射性废水处理工艺流程。低放射性废水分为表观清洁水与混浊水两类。前者可以直接采用离子交换法、蒸发法或膜分离法处理,处理后的轻水可以再回用,浓缩液(二次废物)以中等水平放射性废液进行再处理。混浊性废水则需除浊与除放射性的组合处理工艺,一般采用混凝沉淀—过滤—离子交换工艺。沉渣归于放射性固体废物系统。废过滤料与废离子交换树脂也作为放射性固体废物处置。

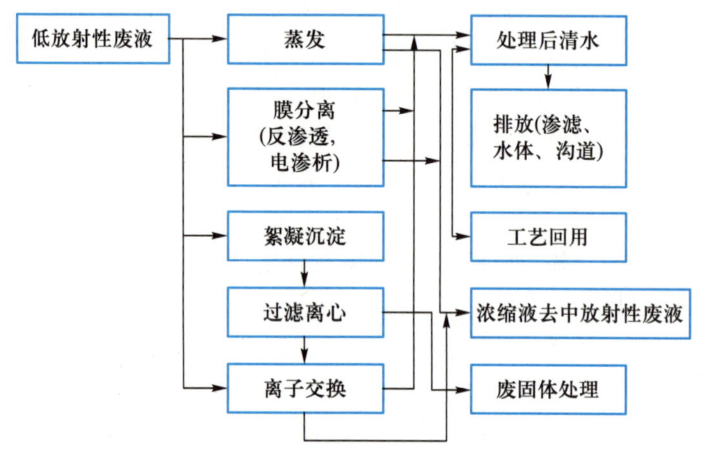

图 11-5 低放射性废液处理工艺流程

处理放射性废水的蒸发器,可以采用内循环、外循环列管蒸发器或薄膜蒸发器,底部常需屏蔽措施。二次蒸汽可以采用泡罩塔或填料塔进行净化。对低放射性废水的浓缩倍数视原水放射性水平而异,以浓缩液达到中等放射性水平为准。

离子交换与膜分离技术在放射性废水处理的应用中,前者更加成熟与可靠,应用更加广泛。两者的浓缩液一般都不能达到预期的浓缩倍数,往往需要进一步蒸发浓缩。

混凝沉淀与过滤技术在放射性废水处理的应用中,除设备与材质要求较高外,其他与常规无异。混凝剂主要采用铝盐、铁盐、磷酸盐、锰盐等,高分子混凝剂,如聚合铝与铁盐、有机高分子负离子型混凝剂等,均能有效地去除放射性。混凝过程去除放射性的机制是吸附共沉淀。混凝剂在溶液中形成带负电荷的絮体,作为载体强烈吸附放射性金属离子,形成共沉淀体系。对于放射性离子,用不同混凝剂产生的去除效果不同,一般应根据水质选用适宜的混凝剂。过滤处理可以采用砂滤,也可以采用微滤技术。

2. 中水平放射性废液的处理

中水平放射性废液产生途径较多,成分比较复杂。由核燃料后处理净化循环产生的中水平放射性残液中,含有微量钚,并夹带少量有机溶剂。为保持后续处理的正常操作,必须首先实施钚的回收与有机溶剂的去除。中水平放射性废液的主要处理手段是蒸发浓缩,使废液体积进一步减小,达到形成高放射性废液的水平。浓缩倍数视原废液放射性强度而定。图 11-6 给出了中水平放射性废液处理流程。这种废液的蒸发过程存在的主要问题是二次蒸汽放射性雾沫夹带。废液中含有易于发泡的有机质,在蒸发过程产生大量泡沫,随二次蒸汽夹带排出。由于泡沫中含有高浓度放射性物质，为二次蒸汽后续处理造成困难。为降低蒸发过程的泡沫与减少二次蒸汽的夹带雾沫，可采用多种措施，其中向蒸发液中投加消泡剂是重要的措施之一。一般常采用的消泡剂有醇类的衍生物、脂肪酸类、酰胺类、磺酸蓖麻油与硅油等有机液体，投加量应通过实验确定。蒸发操作中，控制蒸发废液 pH 偏酸性条件，也可以减少泡沫的发生。保持蒸发器内较低的操作液位，可以减少二次蒸汽雾沫夹带量。然而无论采用何类措施，二次蒸汽的雾沫夹带不可能完全消除，必须在冷凝前采用适当的二次蒸汽的除沫净化处理。

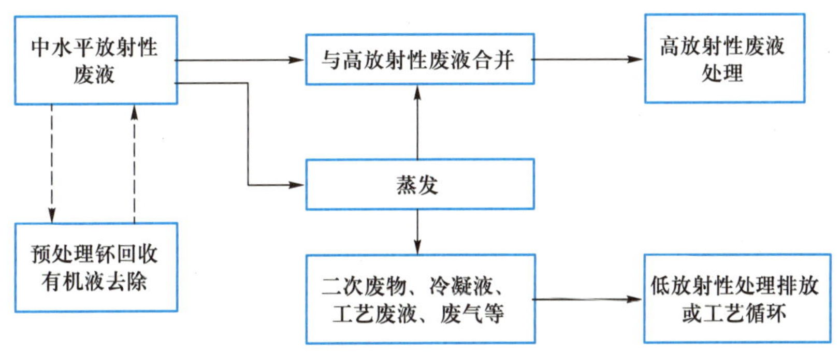

图 11-6 中水平放射性废液处理流程

有的放射性操作部门产生中水平放射性废液量甚少，不足以建立处理设施，也可以与高放射性废液合并一起处理。

蒸发过程产生的二次废物均以低放射性废物进行再处理，有一些二次废液需要返回蒸发器再处理。

3. 高放射性废液的处理储存

高放射性废液是核工业中高水平的放射性废液，产量较少，是实施最终安全储存（处置前）的终态液体。前已述及，这类废液终因含有大量裂变产物，衰变过程产热而升温，处理前需要有一定时间的冷却储存过程。储存池一般设于离开操作间与居住区的地下深层。池结构为不锈钢覆面的钢筋混凝土储存室，室内设带有冷却系统的不锈钢储存槽。

经冷却后的高放射性废液大多数国家都采用固化技术进一步处理，使之固定到高度稳定性的惰性固体物中，以便实施最终安全处置。这种废液的固化体应具备化学稳定性、水浸出惰性、抗放射辐照性、抗老化性及热稳定性。国内外研究了多种实用的固化技术，如玻璃固化、沥青固化、人工合成树脂固化与水泥固化都可以应用于此类废液的处理，其中硅酸盐玻璃固化技术更受到各国的重视。

经固化处理后的放射性固化体在最终送入国家统一管理的安全储存（处置）库之前，需有临时储存措施，包括容器与储存地点。这种措施必须方便操作与运输；有较严密的防护措施；防止受到偶然侵蚀、破坏或其他不利影响；设置冷却措施。表 11-5 列出几种可选择的储存方式与措施。最实际有效的储存方式是使废物从产生到最终储存（处置）之间的包装、处理与运输等步骤减少到最少。

表 11-5 放射性固化体临时储存方式与措施

储存方式	冷却措施	腐蚀控制	维修要求
水池	池水强制循环	在惰性气体或非腐蚀性介质中包封	高
空气冷却地下室	空气自然循环	在惰性气体或非腐蚀性介质中包封	低
混凝土衬里密室	空气自然循环或通向大气	在惰性气体或非腐蚀性介质中包封	低
靠近地面散热室	热量导向地面	在惰性气体或非腐蚀性介质中包封	低

（三）放射性固体废物的处理与处置技术

1. 可燃性放射性固体废物处理方法

可燃性放射性固体废物往往与大多数不可燃固体废物混杂在一起，必须先进行分选。不同性质的可燃性固体废物可以选用不同的处理方法。一般采用焚烧法最为理想，使之生成水蒸气、二氧化碳与灰分，二次废物分别进一步处理。灰分中如含有钚，必须通过回收系统加以回收。固化与储存是固体废物最终处置途径。图 11-7 表明可燃放射性固体废物可选用的处理与处置途径。

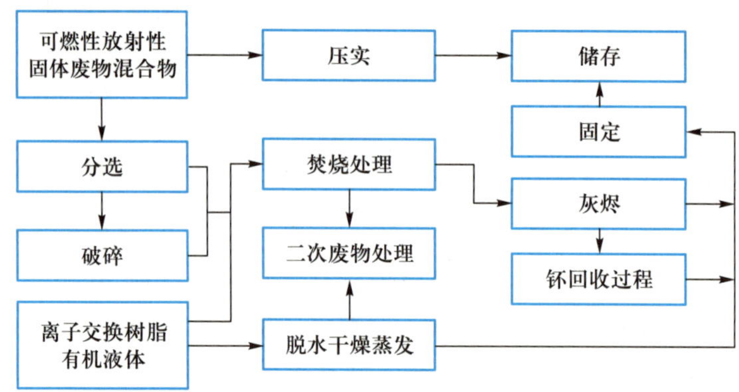

图 11-7 可燃性放射性固体废物处理方法选择

2. 不可燃放射性固体废物的处理与处置

这类废物以受污染的金属设备、部件为主，并杂以其他无机废物，因此首先进行拆卸与破碎处理，减少其有效体积是十分必要的。最终以煅烧、熔融处理，使最终体积减到最小，最有利于最终储存。煅烧可使固体废物体积减小到原有的 1/10 左右。对于高放射性固体废物处置的操作，必须在严密的屏蔽条件下进行。图 11-8 为不可燃放射性废物的处理流程。

3. 放射性固体废物最终处置

核工业中，大多数放射性废物最后形成稳定的固态物进行最终处置。对于含长寿命核素的核废物的最终处置需要十分谨慎，在核工业环境工程领域，将这种最终安全处置称作

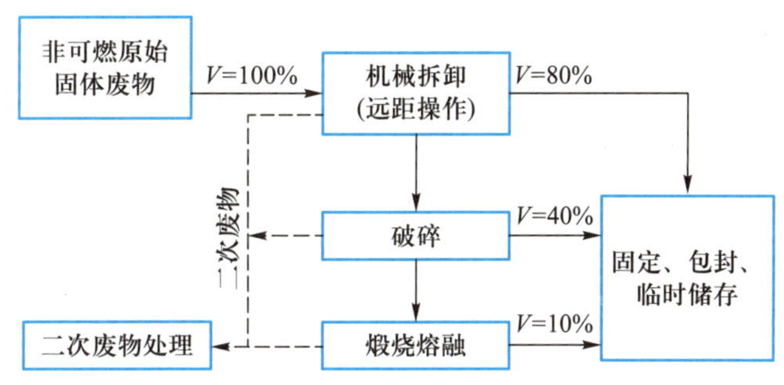

图 11-8　不可燃放射性固体废物处理流程

“地质隔离”。地质隔离的选址和地质条件与其他有毒有害固体废物相似，但更加严格，以选择沙漠或山区谷地为宜。

最终储存的废物应封装于不锈钢容器内。储存库提供三道屏障：① 内储存库结构一般采用不锈钢覆面的钢筋混凝土储存室。② 第二道为工程屏障，一般包括一整套地下水抽提系统，维持库外区域较低的地下水位。有时为加固深层地质而设置混凝土墙或金属板结构。③ 外层的天然屏障是指地质介质与距离因素。地质结构有多种多样，如美国与前联邦德国研究的大盐库地质结构已证明了其不渗透的特点，而沙漠土壤显示了对碱土金属与锕系元素的俘获与滞留能力。即使在这些地质层中设置的储存库浸泡于流动水中，放射性核素的迁移可能也是最小的，加之储存库与人类活动区有较远的距离，能保证有可靠的安全性。

（四）放射性废气的处理

对于低放射性废气，特别是不含长寿命的超铀元素的低放射性废气，一般可以直接稀释排放。排风机与排放烟囱是根据排气量、放射性水平、大气的放射性控制标准，以及当地的气象特征进行设计。对于含有长寿命超铀元素的废气与含高放射性的气溶胶，则需要通过一定的处理措施。例如，含有^{131}碘、^{129}碘挥发性气体的废气，可以通过吸收处理，使碘元素转入液体，吸收剂采用硝酸或硝酸汞-硝酸混合液，对碘都有较好的效果；也可以采用分子筛吸附法脱碘。对废气中的氚最有效的捕集方法是采用以氧化铜为催化剂的分子筛催化吸附床吸附处理。对气溶胶与惰性气体的处理常采用气体高效过滤器，过滤材质一般为纸质或人造纤维波纹板的多层叠加体。通过上述各种处理后的废气，仍需要通过高烟囱稀释排放。

总之，放射性废物与一般工业或生活废物的处理与处置在技术上有一定的共性，但由于其危害性，在处理与处置方面，也显著地体现了其特殊性。

第四节　其他物理性污染及其防治技术

环境中的物理性污染还包括振动污染、光污染和热污染等。下面简单介绍振动污染和光污染的一些基本情况。

一、振动污染及其防治技术

振动是一种很普遍的运动形式，在自然界、日常生活和生产中极为常见。当物体在其平衡位置围绕平均值或基准值作从大到小，又从小到大的周期性往复运动时，就可以说物体在振动。从高层建筑物的随风晃动到昆虫翅翼的微弱抖动都属于振动这一现象。然而,某些振动对人体是有害的,甚至可以破坏建筑物和机械设备。

(一) 振动的危害

在工业生产中,机械设备运转发生的振动大多是有害的。振动使机械设备本身疲劳和磨损,从而缩短机械设备的使用寿命,甚至使机械设备中的构件发生刚度和强度破坏。对于机械加工机床,如振动过大,可使加工精度降低;飞机机翼的颤振、机轮的摆动和发动机的异常振动,都有可能造成飞行事故。各种机器设备、运输工具会引起附近地面的振动,并以波动形式传播到周围的建筑物,造成不同程度的环境污染,从而使振动引起的环境公害日益受到人们的关注。具体说来,振动引起的公害主要表现在以下几个方面:

由振动引起的对机器设备、仪表和对建筑物的破坏,主要表现为干扰机器设备、仪表的正常工作,对其工作精度造成影响,并由于对设备、仪表的刚度和强度的损伤造成其使用寿命的降低;振动能够削弱建筑物的结构强度,在较强振源的长期作用下,建筑物会出现墙壁裂缝,基础下沉,甚至发生当振级超过 140 dB 使建筑物倒塌的现象。

冲锻设备、加工机械、纺织设备如打桩机、锻锤等都可以引起强烈的支撑面振动,有时地面垂直向振级最高可达 150 dB 左右。另外,为居民日常服务的锅炉引风机、水泵等都可以引起 75~135 dB 之间的地面振动振级。调查表明,当振级超过 70 dB 时,人便可感觉到振动;超过 75 dB 时,便产生烦躁感;85 dB 以上,就会严重干扰人们正常的生活和工作,甚至损害人体健康。

机械设备运行时产生的振动传递到建筑物的基础、楼板或其相邻结构,可以引起它们振动,这种振动可以以弹性波的形式沿着建筑结构进行传递,使相邻的建筑物空气发生振动,并产生辐射声波,引起所谓的结构噪声。由于固体声衰缓慢,可以传递到很远的地方,所以常常造成大面积的结构噪声污染。

强烈的地面振动源不但可以产生地面振动,还能产生很大的撞击噪声,有时可达 100 dB,这种空气噪声可以以声波的形式进行传递,从而引起噪声环境污染,影响人们的正常生活。

振动与噪声相结合会严重影响人们的生活,降低工作效率,有时会影响到人的身体健康。

从物理学和生理学的角度看,人体是一个复杂的系统,可以近似等效于一个机械系统。它包含着若干线性和非线性的“部件”,且机械性很不稳定。骨骼近似为一般固体,但比较脆弱;肌肉比较柔软,并有一定弹性,其他诸如心、肝、胃等身体器官都可以看成弹性系统。研究表明,人体的各部分器官都有其固有频率,当振动频率接近某个器官的固有频率时,就会引起共振,对该器官影响较大。

例如,胸腹系统对 3~8 Hz 的振动有明显的共振响应;头、颈、肩部分引起共振的频率为 20~30 Hz,眼球为 60~90 Hz。另外,频率 100~200 Hz 的振动能引起“下颚-头盖骨”的共振,造成身体的损伤。振动主要通过振动振幅和加速度对人体造成危害,其危害程度与振动频率有关:在高频振动时,振幅的影响是主要的;在低频振动时,则加速度起主要作用。例如,振动频率为 40~100 Hz,振幅达到 0.05~1.3 mm 后,就会引起末梢血管痉挛;当振动频率较低时(15~20 Hz),随着加速度的增大,会引起前庭装置反应和使内脏、血管位移,造成不同程度的皮肉青肿、骨折、器官破裂和脑震荡等。

振动按其对人体的影响,可分为全身振动与局部振动。前者是指振动通过支撑面传递到整个人体,主要在运输工具或振源附近发生。后者振动主要通过作用于人体的某些部位,如使用电动工具,振动通过操作的手柄传递到人的手和手臂系统,往往会引起不舒适,降低工作效率危及身体健康。

研究表明,人受振动的时间越长,危害越大。长时间地从事与振动有关的工作会患振动职业病,主要表现为手麻、无力、关节痛、白指、白手、注意力不集中、头晕、呕吐甚至丧失活动能力。此外,振动还能造成听力损伤,噪声性损伤以高频 3 000~4 000 Hz 段为主,振动性损伤是以低频 125~250 Hz 为主。

(二) 振动的评价

振动的强度一般用机械振动参数级来描述,单位为分贝(dB)。在环境振动测量中,一般选用振动的加速度级和振动级作为振动的强度参数。

振动的加速度级定义为:

$$V_{AL}=20\lg\frac{a}{a_0} \tag{11-13}$$

式中:V_{AL}——振动的加速度级,dB;

a——有效加速度,m/s^2;

a_0——加速度参考值,一般取 $1\times10^{-6}\ m/s^2$。

振动级的定位为不同频率计权因子修正后得到的振动加速度级,可用下式表示:

$$V_L=V_{AL}+C_f \tag{11-14}$$

式中:V_L——振动级,dB;

C_f——振动修正值,可参考表 11-6。

表 11-6 不同频率振动修正值

频率/Hz	1	1.25	1.6	2	2.5	3.15	4	5	6.3	8
修正值/dB	-6.33	-6.29	-6.12	-5.49	-4.01	-1.90	-0.29	0.33	0.46	0.31
频率/Hz	10	12.5	16	20	25	31.5	40	50	63	80
修正值/dB	-0.10	-0.89	-2.28	-3.93	-5.8	-7.86	-10.05	-12.19	-14.61	-17.56

更为具体的修正值可参考国标《人体全身振动暴露的舒适性降低界限和评价准则》(GB/T 13442—2007)。

(三) 城市区域环境振动标准

我国《城市区域环境振动标准》(GB 10070—88)中规定了有关城市各类区域铅垂方向振级标准值,如表 11-7 所示。

表 11-7 城市各类区域铅垂向振级标准值 单位:dB

适用地带范围	昼间	夜间
特殊住宅区	65	65
居民、文教区	70	67
混合区、商业中心区	75	72

续表

适用地带范围	昼间	夜间
工业集中区	75	72
交通干线道路两侧	75	72
铁路干线两侧	80	80

该标准适用于连续发生的稳态振动、冲击振动和无规振动。每日发生冲击振动,其最大值昼间不允许超过标准值 10 dB,夜间不超过 3 dB。表中"特殊住宅区"指特别需要安宁的住宅区;"居民、文教区"指纯居民区和文教、机关区;"混合区"指工业、商业、少量交通与居民混合区;"商业中心区"指商业集中的繁华地区;"交通干线道路两侧"指车流量 100 辆/h 以上的道路两侧;"铁路干线两侧"指距每日车流量不小于 200 列的铁道外轨 30 m 外两侧的住宅区。

(四) 振动的防治

在实际工程中,振动现象是不可避免的。人们在长期的实践中,积累了丰富的控制振动的有效方法。任何一个振动系统都可概括为三部分:振源、振动途径和接受体,并按照振源、振动途径(传递介质)、接受体进行传播。根据振动的性质及其传播的途径,振动的控制方法主要是通过控制振源、切断振动的途径和保护接受体来研究。

1. 控制振源

就机械设备而言,引起振动的原因主要有以下三个:一是由突然的作用力或反作用力引起的冲击振动,如打桩机、剪板机、冲锻设备等,这是一种瞬间的作用力;二是由于旋转机械静平衡力所产生的不平衡力引起振动,如风机、水泵等;三是往复机械,如内燃机或空压机等,由于本身不平衡引起振动。改进振动设备的设计和提高制造加工装配精度,可以使其减小振动,是最有效的控制方法。例如,鼓风机、蒸汽轮机、燃气轮机等旋转机械,大多数转速在每分钟千转以上,其微小的质量偏心力或安装间隙的不均匀常带来严重的危害。性能差的风机往往是动平衡不佳,不仅振动剧烈还伴有强烈的噪声。为此,应尽可能调好其动、静平衡,提高其制造质量,严格控制安装间隙,减少其离心、偏心惯性力的产生。

2. 防止共振

当振动机械的振动频率与设备的固有频率一致时就会产生共振。由于共振的放大作用,其放大倍数可由几倍到几十倍,其后果十分严重。美国塔克马峡谷中的长 853 m、宽 12 m的悬索吊桥,在 1940 年的 8 级飓风的袭击中发生了难以理解的振动,引起的共振使笨重的钢铁桥发生扭曲最后彻底毁坏。因此,减少和防止共振响应是振动控制的一个重要方面。

对于建筑物来说,主要振源是安装在建筑物内的辅助机械设备。另外,建筑物外的如打桩机、地铁和机械工程以及载重卡车也能引起建筑物的共振。建筑物内振动传递主要通过四种振动波,分别是纵向波、切向波、扭转波和弯曲波。

纵向波是一种沿着构件振动与传递方向一致的疏密波;切向波是沿构件横截面振动与传递方向垂直的一种疏密波;扭转波是由扭曲、剪切和旋转力所引起的;弯曲波是在构件表面产生的波动,是大多数材料最容易产生的一种波,是建筑构件振动传递的主要波。

为了防止建筑物产生共振响应，需要估算建筑物各个构件的共振的频率。当机械设备安装在房屋地板（楼板）上时，可用下式计算其固有频率：

$$f_0=\frac{1}{2\pi}\sqrt{\frac{K}{m}}=0.498\sqrt{\frac{K}{W}}\approx0.5\sqrt{\frac{1}{\xi_d}} \tag{11-15}$$

式中：ξ_d——地面（楼板）的变形量，m；

W——物体的重量，N；

K——弹簧的刚度系数，N/m；

m——物体的质量，kg。

只要估算出地面（楼板）的变形，便可以大致确定建筑结构中大多数公共系统中地面（楼板）的共振频率。

当机器安装在悬臂梁或间支梁不同位置时，由于梁的变形不同，固有频率也不同。当机器从梁的中心点移向支撑点时，由于梁的变形逐渐减小其固有频率也逐步提高。

3. 隔振技术

对于环境来说，振动的影响主要是通过振动的传递来达到的。因此，减少或隔离振动的传递就可以有效地控制振动。隔振就是利用振动元件间阻抗的不匹配来达到减少振动传播的目的。隔振技术常应用在振源附近，把振动能量限制在振源上而不向外界扩散，以免激发其他构件的振动，有时也应用在需要保护的物体附近，把需要低振动的物体同振动环境隔开，避免物体受到振动的影响。采用大型基础来减少振动的影响是最常用最原始的方法。根据工程振动学原理合理地设计机器的基础，可以减少基础（和机器）的振动和振动向周围的传递。根据经验，一般的切削机床的基础是本身质量的 1~2 倍，冲锻设备要达到本身的 2~5 倍，有时达到 10 倍以上。

利用防振沟也是一种常见的防振措施，即在振动机械基础的四周开有一定宽度和深度的沟槽，里面可填充松软的物质（如木屑）来隔离振动的传递。一般来说，防振沟越深、隔振效果就越好，而沟的宽度取振动波长的 1/20，当沟的深度为振动波长的 1/4 时，振动幅度将减少 1/2；当沟深为波长的 3/4 时，振幅将减少 1/3；当沟深进一步增加，不仅施工困难而且隔振效果也不明显。防振沟可用在积极隔振上，即在振动的机械设备周围挖掘防振沟；也可以用于消极隔振，即在怕振动干扰的机械设备附近，在其垂直方向上开挖防振沟。

在设备下安装隔振元件——隔振器，是目前工程上常见的控制振动的有效措施。其隔振原理就是把物体和隔振器（主要是弹簧）系统的固有频率设计得比激发频率低得多（至少 3 倍），再在隔振器上垫上橡胶、毛毡等垫子。安装这种隔振元件后，能真正起到减少振动与冲击力的传递作用，只要隔振元件选用得当，隔振效果可在 85%~90%以上，而且不必采用上面提到的大型基础。对于一般中小型设备，甚至可以不用地脚螺丝和基础，只要普通的地坪能承受设备的负荷即可。

4. 阻尼减振

许多设备是由金属板制成的（如车、船、飞机的主体，机器的护壁，空气动力机械的管道壁等），当其受到外界的激励时便会产生弯曲振动，辐射出很强烈的噪声，这类噪声称之为结构噪声。同时，这些薄板又可以将机械设备的噪声或气流噪声辐射出来。结构噪声不宜用隔声罩加以限制，因为隔声罩的壁壳受激励后也会产生辐射噪声。有时不但起不到隔声作用，反而因为增加了噪声的辐射面积而使噪声变得更加强烈。结构噪声的控制一般有两种方法:一是在尽量减少噪声辐射面积、去掉不必要的金属板面的基础上,利用阻尼材料,即在金属结构上涂一层阻尼材料来抑制结构振动减少噪声。结构噪声的大小与材料的阻尼特性有密切关系,在同样的外界激励的情况下,材料的阻尼结构越大,其结构振动就越弱,噪声也就越低。二是非材料阻尼,如利用固体摩擦阻尼器、电磁阻尼器和液体摩擦器等来降低振动。需要注意,阻尼减振与隔振在性质上是不同的,减振是在振源上采取措施,直接减弱振动,而隔振措施并不一定要求减弱振源的本身振动幅度,而只是把振动加以隔离,使振动不容易传递到需要控制的部位。

阻尼的作用是将振动的动能转化为热能而消耗掉。材料阻尼的大小取决于其内部分子运动使这种能量转化的能力。合理的材料选择,可以有效地降低振动系统的振动和噪声,它同材料本身的弹性模量和消耗因子有关。衡量材料阻尼的大小,可以用材料损耗因子(η)来表征,它不仅可以作为对材料内部阻尼的量度,还可以成为涂层与金属薄板复合系统的阻尼特征的量度。同时,η 与薄板的固有振动、在单位时间内转变为热能而散失的部分振动能量成正比。η 值越大,则单位时间内损耗的振动能量越多,减振的阻尼效果越好。一般,金属材料的损耗因子小,而非金属材料具有较高的阻尼,损耗因子大,而且往往随着温度和频率而变化。近年来国内开发并在减振工程应用的有阻尼合金和黏弹性阻尼材料。阻尼合金是一种具有较高阻尼损耗因子的金属材料,既是结构材料又有好的阻尼性能,其弹性模量在 10^{11} Pa 左右,损耗因子在 0.05~0.15 之间。黏弹性阻尼材料是应用很广泛的非金属阻尼材料,弹性模量为 10^{6} Pa 左右,损耗因子大于 1,最高可达 2 左右,在工程上常常将它与金属板材黏结成既具有很高的强度又有较大结构损耗因子的阻尼结构,来抑制和减弱随机振动和多自由度的结构共振。

二、光污染及其防治技术

眼睛是人体最重要的感觉器官,人通过眼睛获得 2/3 以上的外界信息。尽管人体的眼睛对光的适应能力较强,瞳孔可随环境的明暗进行调节,但是人长期处于强光和弱光的条件下,视力就会受到损伤。在光源与照明给人类带来现代文明的同时,也可能由于光源的使用不当或者灯具的配光欠佳而对环境造成污染,给人类的生活和生产环境带来不良的影响。光污染是指各种光源(日光、灯光、各种反折射光及红外和紫外线等过量的辐射)对周围环境和人类生活和生产环境造成不良影响的现象。

(一)光污染的危害

光污染可分为红外线光污染、可见光污染和紫外线光污染。

1. 红外线光污染

红外线是波长在 760~10^{6} nm 范围内的电磁辐射,也称为热辐射。自然界中红外线主要来源是太阳光,人工的红外线来源是加热金属、熔融玻璃、红外激光器等。物体的温度越高,其辐射波长越短,发射的热量就越高。

伴随着红外线的广泛应用,红外线污染也逐渐引起了人们的注意。红外线对人体的危害主要是对眼睛的损伤,当波长在 750~1 300 nm 时主要损伤眼底视网膜,超过 1 900 nm 时就会灼伤角膜,近红外辐射能量在眼睛晶体内被大量吸收,随着波长的增加,角膜和房水基本上吸收全部入射的辐射,这些吸收的能量可传导到眼睛内部结构,从而升高晶体本身的温度,也升高角膜的温度。而晶状体的细胞更新速率非常慢,一天内照射受到伤害,可能在几年后也难以恢复(吹玻璃工或者钢铁冶炼工白内障得病率较高就是其中的一例)。此外,红外线可以通过高温灼伤人的皮肤。

2. 可见光光污染

可见光是波长在 390~760 nm 的电磁波,是自然光的主要部分。但是当光的亮度过高或者过低,对比度过强或过弱时,长期生活在这样的环境中就会引起视疲劳,影响身心健康,从而导致工作效率降低。

激光的光谱中大部分属于可见光的范围,而激光具有指向性好,能量集中,颜色纯正的特点,在医学、环境监测、物理、化学、天文学及工业生产中大量应用。但是由于激光的高亮度和强度,同时它通过人体的眼睛晶状体聚集后,到达眼底时增大数百至数万倍。因此,会对眼睛产生巨大的伤害,严重时会破坏机体组织和神经系统。所以在激光应用的过程中,要特别注意避免激光污染。

杂散光也是光污染中的一部分,它主要来自建筑的玻璃幕墙,光面的建筑装饰(高级光面瓷砖、光面涂料),由于这些物质的反射系数较高一般在 60%~90%,比一般较暗建筑表面和粗糙表面的建筑反射系数大 10 倍。当阳光照射在上面时,其反射光对人的眼睛产生刺激。此外,夜间照明的灯光通过直射或者反射进入住户内,其光强可能超过人夜晚休息时能承受的范围,从而影响人的睡眠质量,导致神经失调引起头晕目眩、困倦乏力、精神不集中。

当汽车夜间行驶时使用车头灯以及使用不合理的照明,就会产生眩光污染,它可以使人眼受到损伤,甚至失明。

在可见光的污染中,过度的城市照明,对天文观测的影响很大,国际天文学联合会就将光污染列为影响天文学工作的现代四大污染之一。各种光污染直接作用于观测系统使天文系统观测的数据变得模糊甚至作出错误的判断。由于光污染的影响,洛杉矶附近的芒特威尔逊天文台几乎放弃了深空天文学的研究,我国的南京紫金山天文台部分机构也不得不迁出市区。

3. 紫外线光污染

紫外线辐射是波长范围在 10~390 nm 的电磁波,相应的光子能量为 3.1~12.4 eV(电子伏特)。自然界中的紫外线来自太阳辐射,不同波长的紫外线可被空气、水或生物分子吸收。而人工紫外线是由电弧和气体放电所产生的。紫外线中的长波部分对人体是有益的。一般都认为,长期缺乏紫外线辐射可对人体产生有害作用,其中最明显的现象是维生素 D 缺乏症和由于磷和钙的新陈代谢紊乱所导致的儿童佝偻病发生。紫外线中的短波部分对人体有一定的危害。其危害可分为急性和慢性两种,主要影响眼睛和皮肤。紫外线辐射对眼睛的急性效应有光致结膜炎的发生,引起不舒适,但通常可恢复,采用适当的眼镜就可预防;紫外辐射对皮肤的急性效应可引起水泡和皮肤表面的损伤,继发感染和全身效应,类似一度或者二度烧伤。眼睛的慢性效应可导致结膜鳞状细胞癌及白内障的发生。紫外辐射引起的慢性皮肤病变,也可能产生恶性皮肤肿瘤。

(二)光污染的防治

光污染已经成为现代社会的公害之一,引起了政府及专家的足够重视。现代社会对光源的使用不可避免,对于光污染的防治则主要在于合理使用光源;强化自我保护意识,注意工作环境中的紫外、红外及高强度眩光的损伤,劳逸结合,夜间尽量少到强光污染的场所活动;在建筑物和娱乐场所的周围做合理规划,减少反射系数大的装饰材料的使用;特殊部门在建设选址(如天文台)时要注意光环境因素,避免选址错误;制定相应技术标准和法律法规,采取综合的防治措施;同时研究光污染对人群健康影响。

思考题与习题

11-1 有六台机器,单独工作时在同一点的声压级分别为 90、95、100、93、82、75 dB,求它们共同工作时合成总声压级为多少 dB?

11-2 试分别论述噪声、电磁辐射和放射性污染对人类和环境的危害。

11-3 试述噪声污染的主要控制方法。

11-4 电磁污染的测量体现哪些特点?不同射频污染测量方法有何不同?

11-5 试述放射性废物的分类与性质。

11-6 试述振动和光污染对人类和环境的主要危害。

11-7 振动有哪些控制技术,各有什么特点?

主要参考书目

[1] 顾夏声,黄铭荣,王占生,等.水处理工程.北京:清华大学出版社,1985.
[2] 许保玖,龙腾锐.当代给水与废水处理原理.2版.北京:高等教育出版社,2000.
[3] 奚旦立.环境监测.6版.北京:高等教育出版社,2024.
[4] 高廷耀,顾国维,周琪.水污染控制工程.5版.北京:高等教育出版社,2023.
[5] 严煦世,范瑾初.给水工程.4版.北京:中国建筑工业出版社,1999.
[6] 张自杰.排水工程(下).4版.北京:中国建筑工业出版社,2000.
[7] 李圭白,张杰.水质工程学.北京:中国建筑工业出版社,2005.
[8] 范瑾初,金兆丰.水质工程.北京:中国建筑工业出版社,2009.
[9] 张自杰.环境工程手册(水污染防治卷).北京:高等教育出版社,1996.
[10] 张忠祥,钱易.废水生物处理新技术.北京:清华大学出版社,2004.
[11] 雷乐成等.水处理高级氧化技术.北京:化学工业出版社,2001.
[12] 叶建锋.废水生物脱氮处理新技术.北京:化学工业出版社,2006.
[13] 郝吉明,马广大,王书肖.大气污染控制工程.4版.北京:高等教育出版社,2014.
[14] 贺克斌,杨复沫,段凤魁,等.大气颗粒物与区域复合污染.北京:科学出版社,2011.
[15] 马广大,黄学敏,朱天乐,等.大气污染控制技术手册.北京:化学工业出版社,2010.
[16] 蒋文举.大气污染控制工程.2版.北京:高等教育出版社,2019.
[17] 胡洪营,张旭,黄霞,等.环境工程原理.4版.北京:高等教育出版社,2022.
[18] 郝吉明,傅立新,贺克斌,等.城市机动车排放污染控制.北京:中国环境科学出版社,2001.
[19] 党小庆.大气污染控制工程技术与实践.北京:化学工业出版社,2009.
[20] 王晓昌,张承中.环境工程学.北京:高等教育出版社,2011.
[21] 李国鼎.固体废物处理与资源化.北京:清华大学出版社,1990.
[22] 李国鼎.环境工程手册(固体废物污染防治卷).北京:高等教育出版社,2003.
[23] 孙兴滨,闫立龙,张宝杰,等.环境物理性污染控制.北京:化学工业出版社,2010.
[24] 凯纳兹.水的物理化学处理.李维音,等,译.北京:清华大学出版社,1982.
[25] 德格雷蒙公司.水处理手册.王业俊,等,译.北京:中国建筑工业出版社,1983.
[26] 福本勤.废弃物处理工学.东京:朝苍书店,1980.
[27] 蒋建国.固体废物处置与资源化.北京:化学工业出版社,2022.
[28] 宁平.固体废物处理与处置.北京:高等教育出版社,2007.
[29] 赵由才,牛冬杰,柴晓利.固体废物处理与资源化.北京:化学工业出版社,2019.
[30] Peavy H S, et al. Environmental Engineering. New York: McGraw-Hill, Inc., 1985.
[31] Clark J W, et al. Water Supply and Pollution Control. 4th ed. New York: Thomas Y. Crowell Company, Inc., 1985.

[32] Davis M L, et al. Introduction to Environmental Engineering. 4th ed. New York: McGraw-Hill, Inc. ,2008.

[33] Reible D D. Fundamentals of Environmental Engineering. New York: CRC Press LLC. , 1999.

[34] Lee C C, Lin S D. Handbook of Environmental Engineering Calculations. 2nd ed. New York: McGraw- Hill, Inc. ,2007.

[35] Nevers N D. Air Pollution Control Engineering. 2nd ed. New York: McGraw- Hill, Inc. , 2000.

[36] Theodore L, Buonicore A. Air Pollution Control Equipment. Berlin: Springer Varlag Berlin Heideldellery, 1994.

[37] Tchobanoglous G, et al. Solid Wastes: Engineering Principles and Management Issues. New York: McGraw- Hill, Inc. ,1977.

[38] Wilson D C. Waste Management, Planning, Evaluation, Technologies. Oxford: Clarenden Press, 1989.

[39] Metcalf E. Wastewater Engineering: Treatment and Reuse. 4th ed. McGraw- Hill, Boston, USA, 2003.

[40] Chang I S, Clech P L, Jefferson B, et al. Membrane fouling in membrane bioreactors for wastewater treatment. Journal of Environmental Engineering- ASCE 128(2002) 1018-1029.

郑重声明

高等教育出版社依法对本书享有专有出版权。任何未经许可的复制、销售行为均违反《中华人民共和国著作权法》,其行为人将承担相应的民事责任和行政责任;构成犯罪的,将被依法追究刑事责任。为了维护市场秩序,保护读者的合法权益,避免读者误用盗版书造成不良后果,我社将配合行政执法部门和司法机关对违法犯罪的单位和个人进行严厉打击。社会各界人士如发现上述侵权行为,希望及时举报,我社将奖励举报有功人员。

反盗版举报电话 (010)58581999 58582371

反盗版举报邮箱 dd@hep.com.cn

通信地址 北京市西城区德外大街4号 高等教育出版社知识产权与法律事务部

邮政编码 100120

读者意见反馈

为收集对教材的意见建议,进一步完善教材编写并做好服务工作,读者可将对本教材的意见建议通过如下渠道反馈至我社。

咨询电话 400-810-0598

反馈邮箱 hepsci@pub.hep.cn

通信地址 北京市朝阳区惠新东街4号富盛大厦1座 高等教育出版社理科事业部

邮政编码 100029

防伪查询说明

用户购书后刮开封底防伪涂层,使用手机微信等软件扫描二维码,会跳转至防伪查询网页,获得所购图书详细信息。

防伪客服电话 (010)58582300

数字课程账号使用说明

一、注册/登录

访问 https://abooks.hep.com.cn,点击“注册/登录”,在注册页面可以通过邮箱注册或者短信验证码两种方式进行注册。已注册的用户直接输入用户名加密码或者手机号加验证码的方式登录。

二、课程绑定

登录之后,点击页面右上角的个人头像展开子菜单,进入“个人中心”,点击“绑定防伪码”按钮,输入图书封底防伪码(20位密码,刮开涂层可见),完成课程绑定。

三、访问课程

在“个人中心”→“我的图书”中选择本书,开始学习。